"十四五"时期国家重点出版物
出版专项规划项目

药理活性海洋天然产物手册

HANDBOOK OF PHARMACOLOGICALLY
ACTIVE MARINE NATURAL PRODUCTS

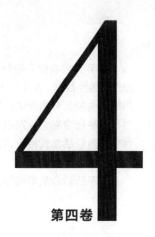

第四卷

氧杂环、芳香族和肽类化合物

Oxyheterocyclic,
Aromatic and
Peptide Compounds

周家驹 —— 编著

化学工业出版社
·北京·

内容简介

本手册数据信息取材于中国科学院过程工程研究所分子设计研究组研制的"海洋天然产物数据库"的活性数据，从 19715 种海洋天然产物中遴选出具有药理活性的海洋天然产物 8344 种，并按照物质的结构特征分类介绍。手册的编排注重化学结构的多样性、生物资源的多样性和药理活性的多样性。对每一种化合物，分别描述了其中英文名称、生物来源、化学结构式和分子式、所属结构类型、基本性状、药理活性及相应的参考文献。本卷总结了含氧杂环化合物、芳香族化合物、多肽及多硫化合物等海洋天然产物的相关信息。

本手册适合从事海洋天然产物化学、药理研究以及新药开发的人员参考。

图书在版编目（CIP）数据

药理活性海洋天然产物手册. 第四卷，氧杂环、芳香族和肽类化合物/周家驹编著. —北京：化学工业出版社，2022.11

ISBN 978-7-122-42093-0

Ⅰ.①药… Ⅱ.①周… Ⅲ.①氧杂环化合物-海洋生物-手册②氧杂环化合物-海洋药物-药理学-手册③芳香族化合物-海洋生物-手册④芳香族化合物-海洋药物-药理学-手册⑤肽-化合物-海洋生物-手册⑥肽-化合物-海洋药物-药理学-手册 Ⅳ.①Q178.53-62②R282.77-62

中国版本图书馆 CIP 数据核字（2022）第 165219 号

责任编辑：李晓红	装帧设计：刘丽华
责任校对：张茜越	

出版发行：化学工业出版社（北京市东城区青年湖南街 13 号　邮政编码 100011）
印　　装：北京科印技术咨询服务有限公司数码印刷分部

787mm×1092mm　1/16　印张 34¼　字数 1028 千字　2023 年 3 月北京第 1 版第 1 次印刷

购书咨询：010-64518888　　　　　　　售后服务：010-64518899
网　　址：http://www.cip.com.cn

凡购买本书，如有缺损质量问题，本社销售中心负责调换。

定　　价：298.00 元　　　　　　　　　　　　　　　　　　　　版权所有　违者必究

贡献者名单

本书是周家驹及中国科学院过程工程研究所分子设计研究组全体人员集体智慧的结晶，在此向所有为本书的编写做出贡献的成员表示感谢。

下面是 11 位贡献者的名单及对本书的贡献，按姓氏笔画先后顺序排列。

姓 名	对本书的贡献	当前工作单位
乔颖欣	数据源搜寻，原始论文收集，关键信息查找	中国国家图书馆
刘 冰	早期数据收集	Lead Dev. Prophix Software Inc.（加拿大）
刘海波	编辑转换专用软件研制	中国医学科学院药用植物研究所
何险峰	早期数据收集	中国科学院过程工程研究所
唐武成	部分原始论文收集	中国科学院过程工程研究所
彭 涛	自动产生索引软件研制	北京联合大学计算机学院
谢桂荣	数据收集、整理和编辑	中国科学院过程工程研究所
谢爱华	部分数据收集	河北中医学院药学院
雷 静	博士毕业论文	中华人民共和国教育部教学设备研究发展中心
裴剑锋	早期数据收集	北京大学交叉学科研究院定量生物学中心
廖晨钟	原始论文收集	合肥科技大学生物药物工程学院药学系

序

  《药理活性海洋天然产物手册》（以下简称"手册"）是编著者所在的中国科学院过程工程研究所分子设计研究组研制的"海洋天然产物数据库"的活性数据选集。海洋天然产物数据库收录了海洋天然产物 19715 种，本手册选录了其中具有药理活性的海洋天然产物 8344 种。

  广袤的海洋是地球上最后也是最大的资源宝库，迄今为止人类尚未对其进行系统研究和开发。

  海洋的性质及其生态环境和陆地有很大的不同。首先它是一个全面联通的，又永远流动的盐水体系。其次，在一定深度以下，它又是一个高压、缺氧、缺光照的特殊体系。海洋特殊的性质及其生态环境决定了海洋生物具有和陆地生物迥然不同的多样性，其分布和景观更加多姿多彩。因此，海洋生物的二级代谢产物在结构类型、药理活性等方面也具有和陆地天然产物很不相同的多样性。

  本手册论及的"海洋天然产物"是一个化学概念，它是指源于海洋生物的次生代谢物有机小分子，而不是指海洋生物本身。有机化学把有机分子分为两类：一类是天然产物；另一类是人工合成的化合物。对于天然产物，应该是研究探索其产生和变化的自然规律，进而根据自然规律加以利用，以利于人类和自然的和谐共存与发展。

  海洋天然产物小分子的分子结构千变万化，具有极为丰富的药理活性和结构多样性，无论从资源的角度，还是从信息的角度，对于研制开发新型药物的人们都具有巨大的吸引力。根据分子结构的类型不同，我们把本手册划分为四卷，分别是：

  第一卷 萜类化合物

  第二卷 生物碱

  第三卷 聚酮、甾醇和脂肪族化合物

  第四卷 氧杂环、芳香族和肽类化合物

  这些化合物的天然来源是 3025 种海洋生物，包括各类海洋微生物、海洋植物和各类海洋无脊椎动物，但不包括鱼类等海洋脊椎动物。所有的内容都是由全世界的海洋生物学家、化学家、药物学家进行分离、鉴定和生物活性测定，并公开发表在有关领域核心杂志上的实验结果，因而数据全面、翔实、可靠。

  手册系统收集范围截止到 2012 年，并包括了直至 2016 年的部分核心期刊新数据。这些化合物中大约有 85%是 1985~2014 年这 30 年间发表的，而在此前发表的只占 20%。要查找 1984 年以前发表的"老"化合物，不建议使用本手册，推荐使用文献[R1]和[R2]。查找 1985~2016 年发表的"新"化合物，推荐使用本手册。

  手册编著分两个时间段，其中 1998~2001 年为准备阶段，2011~2020 年为主要编著阶段。在最初的原始版本中，收集的化合物约为 25000 种，其中 3000 多种是来自不同作者的重复化合物，因此收集的化合物真正种类约为 22000 种。经过数据定义规范化、交叉验证、评估确认、重复结构识别和相关数据整合等全面的数据整理过程，最终完成的数据集含有 19715 种化合物，其中有药理活性数据的为 8344 种。

编著过程分四个步骤。首先，从 D. J. Faulkner 1986~2002 年发表在 *Nat. Prod. Rep.* 上的连续 17 篇综述[R3]和 J. W. Blunt 等 2003~2015 年发表在 *Nat. Prod. Rep.* 上的连续 13 篇综述[R4]中得到 25000 多种海洋天然产物的名单、来源和结构等信息；第二步，根据此名单处理数千篇原始文献，核实和完善各种数据，并使用网上的化合物信息系统，以交叉验证法确定各类数据的准确性；第三步，以人工识别和计算机程序相结合，对整理过的 22000 种化合物重新检查，并对信息进行整合，得到 19715 种化合物的数据全集；最后一步，从此数据全集中提取全部有药理活性数据的化合物 8344 种，编成本手册。

编制多学科工具书要解决三个问题：一是对涉及的所有定义和概念都应明确其知识的内涵和外延；二是对所有类型的数据进行可靠性评估；三是对重复数据的搜索识别和信息集成。十分幸运的是，我们自行开发的几款实用型软件可以帮助自动进行许多种作业，例如自动识别绝大多数重复的化合物等。剩下的问题则是结合手动过程来解决的。

本手册的特点可以用"三种多样性"来描述，即"化学结构的多样性""生物资源的多样性"和"药理活性的多样性"。在化学结构多样性方面，我们采用了以前在中药数据库和中药有关书籍中使用过的行之有效的分类体系[R5]，该体系可以根据最新的研究和发展随时改进分类框架的结构，使之具有随时能更新的可持续发展性，建议读者浏览参看本手册各卷的目录，这些目录都是按照化学结构的详尽分类排序的，结构的分类又有三个详细的层次。

在编写过程中我们采用了两项方便读者阅读的新举措。一是对所有化合物都根据一般规则给出了中文名称，书中 15%已经有中文名称者均保留已有的名称，另外 85%没有中文名称的新化合物，则根据一般规则由编者定义中文名称。二是对 3025 种海洋生物都给出了"捆绑式"的中文-拉丁文生物名称，为读者在阅读中自然而然地熟悉大批海洋生物提供可能。

使用文后的 7 个索引，不但能方便地进行一般性查询，更重要的是从这些索引出发，读者可以方便地开展许许多多以前难以进行的信息之间关系的系统研究。

本手册将帮助海洋资源管理者、研究者和教学者，以及对海洋资源感兴趣的社会各界读者了解海洋生物资源及海洋天然产物的概貌和详情。对相关专业的大学生、研究生等也有助益。

是为序。

周家驹

2022 年于京华寓所

参考文献

[R1] J. Buckingham (Executive Editor), Dictionary of Natural Products, Chapman & Hall, London, Vol 1~Vol 7, 1994; Vol 8, 1995; Vol 9, 1996; Vol 10, 1997; Vol 11, 1998.

[R2] CRC Press, Dictionary of Natural Products on DVD, Version 20.2, 2012.

[R3] D. J. Faulkner. Marine Natural Products (综述). Nat. Prod. Rep., 1986~2002, Vol 3~Vol 19.

[R4] J.W. Blunt, et al. Marine Natural Products (综述). Nat. Prod. Rep., 2003~2015, Vol 20~Vol 32.

[R5] 周家驹, 谢桂荣, 严新建. 中药药理活性成分丛书. 北京：科学出版社, 2015.

新海洋天然产物中文名称的命名

本手册收集了 8344 种海洋天然产物化合物，绝大部分在原始文献中都只有英文名称。为了使中国读者能尽快熟悉这一大批新的海洋天然产物，更方便、顺畅地阅读和掌握它们的相关信息并进而不失时机地开展研究，编著者根据化合物命名的一般规则，基于英文名称，定义了目前各种工具书中都没有中文名的新化合物的中文名称，约占总数的 85%。新化合物中文名称的命名依据有下面五种情况。

(1) 根据系统命名法把英文名称译成中文名称，各卷举例如下：

卷	代码	化合物英文名称	化合物中文名称
1	63	(3Z,5E)-3,7,11-Trimethyl-9-oxododeca-1,3,5-triene	(3Z,5E)-3,7,11-三甲基-9-氧代十二烷基-1,3,5-三烯
2	1958	2-Amino-8-benzoyl-6-hydroxy-3H-phenoxazin-3-one	2-氨基-8-苯甲酰基-6-羟基-3H-吩噁嗪-3-酮
3	1163	2-Amino-9,13-dimethylheptadecanoic acid	2-氨基-9,13-二甲基十七烷酸
4	782	N-Phenyl-1-naphthylamine	N-苯基-1-萘胺

(2) 根据化合物半系统命名法命名，各卷举例如下：

卷	代码	化合物英文名称	化合物中文名称
1	116	1-Hydroxy-4,10(14)-germacradien-12,6-olide	1-羟基-4,10(14)-大根香叶二烯-12,6-内酯
2	898	3,4-Dihydro-6-hydroxy-10,11-epoxymanzamine A	3,4-二氢-6-羟基-10,11-环氧曼扎名胺 A
3	1076	(24R)-Stigmasta-4,25-diene-3,6-diol	(24R)-豆甾-4,25-二烯-3,6-二醇
4	871	Physcion-10,10′-cis-bianthrone	大黄素甲醚-10,10′-cis-二蒽酮*

(3) 根据化合物结构类别+通用词尾命名，各卷举例如下：

卷	代码	化合物英文名称	化合物中文名称	结构类型 英文	结构类型 中文	通用词尾 英文	通用词尾 中文
1	115	(+)-Germacrene D	(+)-大根香叶烯 D	Germacrane	大根香叶烷倍半萜	-ene	-烯
2	784	1-Methyl-9H-carbazole	1-甲基-9H-咔唑	Carbazole	咔唑类生物碱	-zole	-唑
3	696	Cholest-4-ene-3,24-dione	胆甾-4-烯-3,24-二酮	Cholestane	胆甾烷甾醇	-dione	-二酮
4	1416	Anabaenopeptin A	鱼腥藻肽亭 A*	Anabaenopeptin	鱼腥藻肽亭类	-tin	-亭

(4) 根据化合物源生物的名称+通用词尾命名，各卷举例如下：

卷	代码	化合物英文名称	化合物中文名称	生物来源 中文	生物来源 拉丁文	通用词尾 英文	通用词尾 中文
1	40	Plocamene D	海头红烯 D	红藻蓝紫色海头红	*Plocamium violaceum*	-ene	-烯

续表

卷	代码	化合物英文名称	化合物中文名称	生物来源		通用词尾	
				中文	拉丁文	英文	中文
2	6	Acarnidine C	丰肉海绵定 C	丰肉海绵属	*Acarnus erithacus*	-dine	-定
3	2	Aureoverticillactam	金黄回旋链霉菌内酰胺	金黄回旋链霉菌	*Streptomyces aureoverticillatus*	-lactam	-内酰胺
4	2	Salinosporamide B	热带盐水孢菌酰胺 B	热带盐水孢菌	*Salinispora tropica*	-amide	-酰胺

(5) 根据化合物源生物名称+结构类型或特征+通用词尾命名，各卷举例如下：

卷	代码	化合物英文名称	化合物中文名称	结构类型或特征	生物来源	
					中文	拉丁文
1	4	Plocamenone	海头红烯酮	烯酮	海头红属红藻	*Plocamium angustum*
2	135	Flavochristamide A	黄杆菌酰胺 A	酰胺类生物碱	黄杆菌属海洋细菌	*Flavobacterium* sp.
3	722	Dendronesterol B	巨大海鸡冠珊瑚甾醇 B	胆甾烷甾醇类	巨大海鸡冠珊瑚	*Dendronephthya gigantean*
4	295	Terrestrol D	土壤青霉醇 D	苄醇类	海洋真菌土壤青霉	*Penicillium terrestre*

此外，还有极少数化合物不便归入上述五类者，直接采用英文名称音译为中文名称。

海洋生物捆绑式中-拉名称

本手册正文包含了 8344 种海洋天然产物化合物，它们当中大约 85%都是 1985~2014 年这 30 年来新发现的海洋天然产物，源自 3000 多种海洋生物。这些海洋生物包括：海洋细菌、海洋真菌等海洋微生物；红藻、绿藻、棕藻、甲藻、金藻、微藻等海洋藻类；红树、半红树等海洋植物；以及海绵、珊瑚、海鞘、软体动物等各类海洋无脊椎动物。这一大批海洋生物对于绝大部分读者都是不熟悉的。为了方便广大中国读者和海洋生物及其天然产物研究者尽快熟悉这批数以千计的各类海洋生物，本手册对所有的海洋生物都采用了"捆绑式"中-拉名称来表达。

对 3025 种海洋生物，首先根据有关的工具书[1-8]编辑审定其中文名称，进而使用网上的软件 "世界海洋物种注册表"（WoRMS，World Register of Marine Species）审定、确认该种海洋生物在生物分类体系中的正确位置；最后定义其中文名称。本手册各卷中的索引 6 就系统地给出了全部"捆绑式"中-拉海洋生物名称。

本手册对于海洋生物中文名称有下列四种不同的表达格式。

(1) 标准格式

只有属名或属种名的格式称为标准格式，例如：

卷 1 中的埃伦伯格肉芝软珊瑚 *Sarcophyton ehrenbergi*，凹入环西柏柳珊瑚 *Briareum excavatum*。

卷 1 中的巴塔哥尼亚箱海参 *Psolus patagonicus*，白底辐肛参 *Actinopyga mauritiana*，碧玉海绵属 *Japsis* sp.。

卷 2 中的阿拉伯类角海绵 *Pseudoceratina arabica*，巴厘海绵属 *Acanthostrongylophora* sp.，碧玉海绵属 *Jaspis duoaster*。

卷 2 中的豹斑褶胃海鞘 *Aplidium pantherinum*，髌骨海鞘属 *Lissoclinum vareau*，柄雷海鞘 *Ritterella tokioka*。

卷 3 中的柏柳珊瑚属 *Acabaria undulate*，斑锚参 *Synapta maculate*，斑沙海星 *Luidia maculata*。

卷 3 中的埃伦伯格肉芝软珊瑚 *Sarcophyton ehrenbergi*，矮小拉丝海绵 *Raspailia pumila*，爱丽海绵属 *Erylus* cf. *lendenfeldi*。

卷 4 中的碧玉海绵属 *Jaspis* sp.，扁板海绵属 *Plakortis* sp.，不分支扁板海绵 *Plakortis simplex*。

卷 4 中的艾丽莎美丽海绵 *Callyspongia aerizusa*，澳大利亚短足软珊瑚 *Cladiella australis*。

(2) 类别信息+标准格式的复合格式

在属种名前面加上红藻、绿藻、棕藻、红树、半红树、软体动物、半索动物等类别信息（用下划线标出的部分），例如：

卷 1 中的<u>红藻</u>顶端具钩海头红 *Plocamium hamatum*，<u>红藻</u>钝形凹顶藻 *Laurencia obtuse*，<u>红藻</u>粉枝藻 *Liagora viscid*。

卷 1 中的<u>绿藻</u>瘤枝藻 *Tydemania expeditionis*，<u>绿藻</u>石莼属 *Ulva* sp.，<u>绿藻</u>小球藻属 *Chlorella zofingiensis*。

卷 2 中的<u>软体动物</u>前鳃蝾螺属 *Turbo stenogyrus*，<u>软体动物</u>褶纹冠蚌 *Cristaria plicata*。

卷 2 中的<u>棕藻</u>鼠尾藻 *Sargassum thunbergii*，<u>棕藻</u>黏皮藻科辐毛藻 *Actinotrichia fragilis*。

卷 3 中的<u>海蛇尾</u>卡氏筐蛇尾 *Gorgonocephalus caryi*，<u>海蛇尾</u>南极蛇尾 *Ophionotus victoriae*。

卷 3 中的<u>甲藻</u>共生藻属 *Symbiodinium* sp.，<u>甲藻</u>前沟藻属 *Amphidinium* sp.。

卷 4 中的<u>半索动物</u>翅翼柱头虫属 *Ptychodera* sp.，<u>半索动物</u>肉质柱头虫 *Balanoglossus cornosus*。

卷 4 中的<u>半红树</u>黄槿 *Hibiscus tiliaceus*，<u>红树</u>海桑 *Sonneratia caseolaris*，<u>红树</u>金黄色卤蕨 *Acrostichum aureum*。

(3) 生物分类系统中的位置+标准格式的复合格式

例如：

卷 1 中的软体动物腹足纲囊舌目海天牛属 *Elysia* sp.，软体动物裸鳃目海牛亚目海牛科疣海牛 *Doris verrucosa*。

卷 1 中的刺胞动物门珊瑚纲八放亚纲海鸡冠目软珊瑚 *Plumigorgia terminosclera*，六放珊瑚亚纲棕绿纽扣珊瑚 *Zoanthus* sp.。

卷 2 中的钵水母纲根口目根口水母科水母属 *Nemopilema nomurai*，脊索动物背囊亚门海鞘纲海鞘 *Atapozoa* sp.。

卷 2 中的棘皮动物门海百合纲羽星目句翅美羽枝 *Himerometra magnipinna*，棘皮动物门真海胆亚纲海胆亚目毒棘海胆科喇叭毒棘海胆 *Toxopneustes pileolus*。

卷 3 中的棘皮动物门真海胆亚纲海胆科秋葵海胆 *Echinus esculentus*，棘皮动物门真海胆亚纲心形海胆目心形棘心海胆 *Echinocardium cordatum*。

卷 3 中的匍匐珊瑚目绿色羽珊瑚 *Clavularia viridis*，软体动物翼足目海若螺科南极裸海蝶 *Clione antarctica*。

卷 4 中的软体动物门腹足纲囊舌目树突柱海蛞蝓 *Placida dendritica*，水螅纲软水母亚纲环状加尔弗螅 *Garveia annulata*。

卷 4 中的百合超目泽泻目海神草科二药藻属海草 *Halodule wrightii*。

(4) 来源说明+标准格式的复合格式

例如：

卷 1 中的海洋导出的真菌新喀里多尼亚枝顶孢 *Acremonium neo-caledoniae*，海绵导出的放线菌珊瑚状放线菌属 *Actinomadura* sp.。

卷 2 中的红树导出的真菌黄柄曲霉 *Aspergillus flavipes*，红树导出的放线菌诺卡氏放线菌属 *Nocardia* sp.。

卷 3 中的海洋导出的灰色链霉菌 *Streptomyces griseus*，海洋导出的产黄青霉真菌 *Penicillium chrysogenum*。

卷 4 中的海洋导出的原脊索动物 *Amaroucium multiplicatum*，红树导出的真菌红色散囊菌 *Eurotium rubrum*。

总之，对海洋生物采用"捆绑式"中-拉名称来表达，首先是为了读者能无障碍地顺畅地阅读本手册，同时又便于读者在不经意间逐步扩大海洋生物的有关知识。

工具性参考文献：

[1] 杨瑞馥等主编. 细菌名称双解及分类词典. 北京：化学工业出版社, 2011.
[2] 蔡妙英等主编. 细菌名称. 2 版. 北京：科学出版社, 1999.
[3] P. M. Kirk, et al. Dictionary of the Fungi. 10th Edition. CABI, 2011, Europe-UK.
[4] C. J. Alexopoulos 等编. 菌物学概论. 4 版. 姚一建，李玉主译. 北京：中国农业出版社, 2002.
[5] 中国科学院植物研究所. 新编拉汉英植物名称. 北京：航空工业出版社, 1996.
[6] 赵毓堂，吉金祥. 拉汉植物学名辞典. 长春：吉林科学技术出版社, 1988.
[7] 齐钟彦主编. 新拉汉无脊椎动物名称. 北京：科学出版社, 1999.
[8] 陆玲娣，朱家柟主编. 拉汉科技词典. 北京：商务印书馆, 2017.
[9] WoRMS, World Register of Marine Species.

体 例 说 明

在国际上常用的科学数据库和英文信息表达体系中,每一个化合物及其各种属性信息的集合称为一个"入口 (entry)"。本手册沿用这一普遍使用的概念。

对每一个化合物入口,按顺序最多给出 12 项数据。其中,加粗标题行包括 3 项数据:各卷中的化合物唯一代码、化合物英文名、化合物中文名。数据体部分包括 8 项数据:化合物英文别名、中文别名、分子式、物理化学性质、结构类型、天然来源、药理活性、参考文献。最后第 12 项是包含立体化学信息的化合物化学结构式。

其中,化合物代码、英文名称、中文名称、分子式、结构类型、天然来源、药理活性、参考文献和结构式等 9 项是非空项目,其它 3 项是可选项。应该指出,在看似复杂纷纭的诸多类别信息中,分子结构及其类型、规范化的药理活性以及用中文名和拉丁文名"捆绑"表达的天然来源这三项是最有价值的核心信息。

(1) **化合物唯一代码** 即本手册正文中化合物的顺序号,用加粗字体给出,是一个非空项。在后面的 7 个索引中,也都是用化合物代码来代表化合物,从索引中查到化合物代码之后,就可以方便地从正文部分查到该化合物的全部信息。

(2) **化合物英文名** 用加粗字体给出,首字母大写,是一个非空项。前缀中所用的 α-、β-、γ-、δ-、ε-、ζ-、ψ-; *dl*-、*R*-、*S*-; *cis*-、*trans*-、*Z*-、*E*-; *Δ*(双键符号); *o*-、*m*-、*p*-; *O*-、*N*-、*S*-; *sec*-、*n*-、*t*-、*ent*-、*meso*-、*epi*-、*rel*-、*all*-等符号均为斜体。但 D-、L-、iso-、abeo-、seco-、nor-等用正体。对极少数没有英文名的化合物,采用一种可以自解释其原始参考文献来源的英文名称代码。

(3) **化合物中文名** 用加粗字体给出。有星号*标记的化合物中文名都是由本手册编著者命名的。

(4) **别名** 此项数据为可选项,本手册对部分化合物给出了英文别名和中文别名。

(5) **基本信息** 包括分子式和物理化学性质。其中分子式各元素按国际上通用的 Hill 规则排序;物理化学性质为可选项,包括形态、熔点、沸点、旋光性等性质。

(6) **结构类型** 是一个非空项。在小标题【类型】后面给出。有两种情形,一种是用本手册目录中的最后一个层次的结构类型表达,另一种是用分类更细的结构类型表达。

(7) **天然来源** 是一个非空项。在小标题【来源】后面给出每一个化合物的海洋生物来源信息。为方便读者在无障碍的条件下顺畅地阅读本手册,对所有的海洋生物天然来源都给出了"捆绑式中-拉海洋生物名称"。由本手册编著者命名的海洋生物中文名在正文和索引中出现时右上角处标有星号*。

(8) **药理活性** 是一个非空项。在小标题【活性】后面给出每一入口化合物的药理活性实验数据。同一化合物有多项药理活性时,各项数据平行排列,用分号隔开。来自不同原始文献的同种药理活性数据一般不予合并。各项活性数据的出现先后顺序是随机的,并不表示其重要性的顺序,只有 LD_{50} 等毒性数据统一规定放在最后。在每一项药理活性数据中,按照下面的规范化格式进行细节的描述:关于该项药理性质的进一步描述、实验对象、定量活性数据、对照物及定量活性数据、关于作用机制等的补充描述。对于发表了实验数据但是未发现明显活性甚至没有活性的数据,同样作为有价值的科学实验数据加以收集,因此数据收集范围不仅包括活性成分,也包括少量无活性成分,这些无活性结果的表达格式是"活性条目 + 实验无活性"。这样的格式保证了在药理活性索引(索引 4)中无活性结果紧随在同一条目有活性结果之后,便于读者查找相关信息。

(9) **参考文献** 是一个非空项。在小标题【文献】后面给出参考文献,包括第一作者、期刊名称、卷、期、页码及年代等。多篇参考文献用分号";"隔开,例如: C. Klemke, et al. JNP, 2004, 67, 1058; M.

D. Lebar, et al. NPR, 2007, 24, 774 (Rev.); S. S. Ebada, et al. BoMC, 2011, 19, 4644.

(10) 化学结构式 是一个非空项。化学结构及其类型是本手册的核心信息。其立体化学一般根据最新的文献。所有的化学结构式都和分子式数据进行过一致性检验。

(11) 索引 在本手册各卷的正文后面都编制了 7 个索引，索引词对应的数字是化合物的编号（即化合物在该卷中的唯一代码），而不是页码。通过这些化合物的编号来查找定位化合物最为方便。

导　　读

编者在此试图用实例说明如何从本书数据库出发，用极为简单有效的方法获得系统的知识，从而引领重大领域的高效率、开拓性综合研究。和本手册完全对应的数据库是由一系列 WORD 表格形式的"数据库根文件"组成的，需要该数据库部分文件的读者可致函本书编者jjzhou@mail.ipe.ac.cn无偿得到这些文件。

科学研究方法总体上可划分为"分析"和"综合"两大类，二者相辅相成，共同构成完整的科研体系，不应偏废。本手册的编著就是一个典型的综合研究课题。综合研究有三个灵魂因素：严格的定义，合理的分类，以及用数理统计、逻辑推理、人工智能等方法找出不同类别研究对象之间的有统计意义的关系。简言之，综合研究的目标就是寻找"关系"。近年来社会上开始看重人工智能，殊不知只有有了量大质精的数据集合，才有人工智能的用武之地。精准数据集合是"水"，而人工智能是"渠"，只有"水到"，才能"渠成"！

近十多年，大数据应用得到迅猛发展，明确预示长期坐冷板凳的综合方法将迎来李时珍、林奈、达尔文时代之后的第二个春天。只要有了规模足够大的精准数据集合后，只需要初级人工智能，就完全可以方便快捷地开展许许多多综合研究课题，包括综合理论研究、综合比较研究和综合应用研究。反之，如果面对良莠不齐、杂乱无章的被我们戏称为"荆棘丛数据"的数据，再高级的人工智能也无能为力，根本无法工作，更谈不上得到任何有意义的结果。

本手册以及相应的数据库作为我们综合研究的成果，不仅得到一个实用有效的查找工具，还可以作为系统、综合地研究海洋天然产物的基础平台，用来综合提取各种知识。也就是说，用科学的大数据研究方法，建立一个多学科的、支撑新药开发及其它有关领域研究的精准数据系统，打开低成本、高效率、科学、丰产的综合研究大门。

从知识计算机化角度看，科学知识就是不同类型研究对象之间相互关系的表达，寻找规律就是寻找"关系"。在过去没有电脑的时期，人们通过传统方式学习和传播知识，包括教育、阅读和相互信息交换等。我们通过本手册的编著，将提供一种全新的方法，用来研究、管理和保存系统的完整的知识。而且系统的更新还非常方便，可以与时俱进，有良好的可扩展性和可持续发展性。简言之，这一新方法的学习过程就是寻找许许多多的"关系"，这在过去是根本无法进行的。

下面举一个具体的实例，用来说明基础平台的巨大作用，此例是关于如何发现先导化合物的。说明这里提出的方法是如何以低成本、高效率的方式，经过数据提取和综合分析两个简单步骤，就可以得到极有实用价值的结果。

如果某研究团队以氧杂环化合物为主要研究领域，他们面临的核心问题是"哪些结构的氧杂环可以作为设计新药先导物的候选物？从它们出发可以设计哪些类型的新药？"

首先，从第四卷的 WORD 表格文件（这个表格文件就是我们研发的数据库"根文件"）出发，用拷贝、排序等基本功能得出全部 259 个活性氧杂环化合物。其次，以半抑制浓度 $IC_{50} \leq 0.5\mu g/mL$ 或 $IC_{50} \leq 2\mu mol/L$ 作为高活性的判据，利用匹配、替换、删除、排序等基本功能筛选出下面表 1 中 41 个高活性氧杂环化合物（在此我们强调这一判据比文献中通用的活性判据 $IC_{50} \leq 4\mu g/mL$ 要严格很多！），其中包括，有潜力的法尼醇 X 受体拮抗剂 3 个，抗肥胖药物先导物 1 个，高活性抗菌化合物 2 个，选择性抗利什曼原虫化合物 4 个，高活性抗恶性疟原虫化合物 2 个，有潜力的和选择性杀线虫剂 2 个，有潜力的神经毒素 1 个，抑制过早有丝分裂的高活性蛋白磷酸酶 2A 抑制剂 2 个，以及高活性体外抗癌细胞毒化合物 24 个。可以看出，用这种方法，迅速得出了大量值得注意的新药先导物的信息。从表 1 中还能方便地看出各自所属结构类型及其海洋生物来源。

表1 41个高活性氧杂环化合物

序号	化合物代码	中文名称	类型	来源	药理活性数据
1	78	瘤状菊海鞘内酯A*	丁内酯类	瘤状菊海鞘 Botryllus tuberatus (统营市，庆尚南道，韩国)	法尼醇X受体拮抗剂 (有潜力的)
2	79	瘤状菊海鞘内酯B*	丁内酯类	瘤状菊海鞘 Botryllus tuberatus (统营市，庆尚南道，韩国)	法尼醇X受体拮抗剂 (有潜力的)
3	80	2'-epi-瘤状菊海鞘内酯B*	丁内酯类	瘤状菊海鞘 Botryllus tuberatus (统营市，庆尚南道，韩国)	法尼醇X受体拮抗剂 (有潜力的)
4	220	优西酮A*	4-吡喃酮类	蓝细菌 Leptolyngbyoideae 亚科蓝细菌 Leptolyngbya sp.	抗肥胖 (抑制3T3-L1细胞分化成为脂肪细胞，不伴随产生细胞毒，建议作为潜在的抗肥胖药物先导物)
⋮	⋮	⋮	⋮	⋮	⋮
40	238	小裸囊菌斯他汀I*	螺缩酮类	海洋导出的真菌小裸囊菌属 Gymnascella dankaliensis	细胞毒 (一组39种人癌细胞株)；细胞毒 (P_{388}，有潜力的)
41	239	小裸囊菌斯他汀J*	螺缩酮类	海洋导出的真菌小裸囊菌属 Gymnascella dankaliensis	细胞毒 (一组39种人癌细胞株)；细胞毒 (P_{388}，有潜力的)

目 录

1 氧杂环

1.1 β-内酯类	002	1.5 2-吡喃酮类	016
1.2 呋喃类	002	1.6 环壬烷类	030
1.3 丁内酯类	005	1.7 4-吡喃酮类（γ-吡喃酮类）	030
1.4 吡喃类	015	1.8 螺缩酮类	037

2 芳香代谢物

2.1 简单苯衍生物	047	2.8 新木脂素类	147
2.2 二芳基衍生物	068	2.9 萘衍生物类	148
2.3 环庚三烯酚酮衍生物	118	2.10 蒽衍生物类	164
2.4 苯并呋喃类	118	2.11 延伸醌类	177
2.5 苯并吡喃类	122	2.12 非那烯类	177
2.6 类黄酮类	146	2.13 萘嵌戊烷类（茋类）	178
2.7 单宁葡萄糖	147	2.14 杂项多环芳烃类	179

3 肽类

3.1 二酮哌嗪类	184	3.12 鱼腥藻肽亭类	278
3.2 二肽类	206	3.13 腐败菌素类	282
3.3 铜锈微囊藻新类	208	3.14 简单环状缩酚酸肽类	282
3.4 三肽类	211	3.15 环状脂缩酚酸肽类	333
3.5 线型寡肽类	215	3.16 含噻唑的环状缩酚酸肽类	346
3.6 线型多肽类	229	3.17 含噁唑和噻唑的环状缩酚酸肽类	353
3.7 简单环肽类	234	3.18 含 AHP 的环状缩酚酸肽类	353
3.8 含噁唑的环肽	265	3.19 含哒嗪的缩酚酸肽类	362
3.9 含噁唑和噻唑的环肽	267	3.20 单环 β-内酰胺	363
3.10 含噻唑的环肽	273	3.21 脂肽类	363
3.11 恩镰孢菌素类	278	3.22 含噻唑的脂肽类	368

4 其它

4.1 氨基酸类 370	4.4 含硫化合物	380
4.2 糖类化合物 375	4.5 含砷化合物	401
4.3 核苷类 377	4.6 杂项	401

附 录

附录1 缩略语和符号表 402　　附录2 癌细胞代码表 408

索 引

索引1 化合物中文名称索引 414　　索引5 海洋生物拉丁学名及其成分索引 496
索引2 化合物英文名称索引 439　　索引6 海洋生物中-拉（英）捆绑名称及
索引3 化合物分子式索引 464　　　　　　成分索引 512
索引4 化合物药理活性索引 476　　索引7 化合物取样地理位置索引 528

1

氧杂环

1.1 β内酯类 / 002
1.2 呋喃类 / 002
1.3 丁内酯类 / 005
1.4 吡喃类 / 015
1.5 2-吡喃酮类 / 016
1.6 环壬烷类 / 030
1.7 4-吡喃酮类（γ-吡喃酮类） / 030
1.8 螺缩酮类 / 037

1.1 β-内酯类

1 Salinosporamide A 热带盐水孢菌酰胺 A*
【别名】Antibiotics NPI 0052; 抗生素 NPI 0052.
【基本信息】$C_{15}H_{20}ClNO_4$, 针状晶体 (乙酸乙酯/2,3,3-三甲基戊烷), mp 169~171°C, $[\alpha]_D^{25} = -72.9°$ ($c = 0.55$, 甲醇).【类型】β-内酯类.【来源】海洋导出的放线菌热带盐水孢菌 Salinispora tropica CNB-392.【活性】细胞毒 (NCI-H226, $IC_{50} < 0.011\mu mol/L$; NCI-H522, $IC_{50} = 0.043\mu mol/L$; HCC2998, $IC_{50} = 0.018\mu mol/L$; CNS 肿瘤 SNB75, $IC_{50} < 0.011\mu mol/L$; SK-MEL-28, $IC_{50} < 0.011\mu mol/L$; 黑色素瘤 SNB75, $IC_{50} = 0.032\mu mol/L$; A498, $IC_{50} = 0.011\mu mol/L$; RXF-393, $IC_{50} = 0.023\mu mol/L$; MDA-MB-435, $IC_{50} < 0.011\mu mol/L$; CCRF-CEM, $IC_{50} > 100\mu mol/L$; DU145, $IC_{50} > 100\mu mol/L$); 细胞毒 (NCI 60 种癌细胞试验: 平均 $GI_{50} < 0.011\mu mol/L$; HCT116, $GI_{50} = 0.035\mu mol/L$; LOX-IMVI, $GI_{50} < 0.011\mu mol/L$; HOP-92, $GI_{50} < 0.011\mu mol/L$; OVCAR-3, $GI_{50} < 0.011\mu mol/L$; PC3, $GI_{50} < 0.011\mu mol/L$); 蛋白酶体抑制剂.【文献】P. G. Williams, et al. JOC, 2005, 70, 6196.

2 Salinosporamide B 热带盐水孢菌酰胺 B*
【别名】Antibiotics NPI 0047; 抗生素 NPI 0047.
【基本信息】$C_{15}H_{21}NO_4$, 晶体 (乙酸乙酯), mp 143~145°C, $[\alpha]_D^{25} = -54.5°$ ($c = 0.29$, 甲醇).【类型】β-内酯类.【来源】海洋导出的放线菌热带盐水孢菌 Salinispora tropica CNB-392.【活性】细胞毒 (HCT116, $GI_{50} = 20\mu mol/L$).【文献】P. G. Williams, et al. JOC, 2005, 70, 6196.

3 Salinosporamide K 热带盐水孢菌酰胺 K*
【基本信息】$C_{13}H_{17}NO_4$.【类型】β-内酯类.【来源】海洋导出的放线菌太平洋盐水孢菌 Salinispora pacifica (斐济).【活性】20S-蛋白酶体抑制剂 (类似胰凝乳蛋白酶).【文献】A. S. Eustáquio, et al. Chem. Bio. Chem., 2011, 12, 61.

1.2 呋喃类

4 Acetylsumiki's acid 乙酰苏米开酸*
【基本信息】$C_8H_8O_5$.【类型】呋喃类.【来源】海洋导出的真菌枝孢属 Cladosporium herbarum, 来自艾丽莎美丽海绵* Callyspongia aerizusa; 海洋导出的真菌附球菌属 Epicoccum sp.【活性】抗菌 (枯草杆菌 Bacillus subtilis 和金黄色葡萄球菌 Staphylococcus aureus, 5μg/盘).【文献】R. Jadulco, et al. JNP, 2001, 64, 527.

5 4,5-Dihydro-2,4-dimethyl-3-furancarbox-aldehyde 4,5-二氢-2,4-二甲基-3-呋喃甲醛
【基本信息】$C_7H_{10}O_2$, 油状物, $[\alpha]_D^{20} = +38.9°$ ($c = 0.61$, 氯仿).【类型】呋喃类.【来源】海洋导出的真菌细基格孢 Ulocladium botrytis, 来自叶鞘美丽海绵* Callyspongia vaginalis.【活性】抗真菌.【文献】U. Höller, et al. EurJOC, 1999, 2949.

6 2,3-Dihydro-2-hydroxy-2,4-dimethyl-5-trans-propenylfuran-3-one 2,3-二氢-2-羟基-2,4-二甲基-5-trans-丙烯基呋喃-3-酮
【基本信息】$C_9H_{12}O_3$, 棱柱状晶体 (石油醚), mp 99°C, $[\alpha]_D^{20} = +1.8°$ ($c = 0.29$, 乙醇).【类型】呋喃

类.【来源】海洋导出的亚隔孢壳科盐角草壳二孢真菌* Ascochyta salicorniae, 来自绿藻石莼属 Ulva sp. (德国北海海岸); 真菌匍柄霉属 Stemphylium radicinum 和亚隔孢壳科盐角草壳二孢真菌* Ascochyta salicorniae.【活性】酪氨酸激酶抑制剂 (TKp56^{lck}: 40μg/mL, InRt=44%; 200μg/mL, InRt=91%); 杀疟原虫的 (恶性疟原虫 Plasmodium falciparum K1, IC$_{50}$=1.763μg/mL; 恶性疟原虫 Plasmodium falciparum NF 54, IC$_{50}$=1.760μg/mL); 抗真菌 (50μg/盘, 黑粉菌属 Microbotryum violacea, IZD=1mm; 匍匐散囊菌原变种 Eurotium repens, IZD=2mm).【文献】C. Osterhage, et al. JOC, 2000, 65, 6412.

7 Echinofuran‡ 柳珊瑚呋喃*‡
【别名】8,12-Epoxy-1(10),4(15),7,11-guaiatetraene; 8,12-环氧-1(10),4(15),7,11-愈创木四烯.【基本信息】C$_{15}$H$_{18}$O, 油状物, [α]$_D^{20}$ = −91º (c = 0.138, 氯仿).【类型】呋喃类.【来源】刺柳珊瑚属 Echinogorgia praelonga (冲绳, 日本).【活性】细胞分裂抑制剂 (受精海胆卵实验).【文献】J. Tanaka, et al. JNP, 1992, 55, 1522.

8 (2S,3S,5R)-5-[(1R)-1-Hydroxydec-9-enyl]-2-pentyltetrahydrofuran-3-ol (2S,3S,5R)-5-[(1R)-1-羟基十(碳)-9-烯基]-2-戊基四氢呋喃-3-醇
【基本信息】C$_{19}$H$_{36}$O$_3$, 片状晶体 (正己烷), mp 54.5~55.0ºC, [α]$_D^{21}$ = +15.0º (c = 1, 氯仿).【类型】呋喃类.【来源】棕藻 Notheiaceae 科 Notheia anomala (南澳大利亚).【活性】杀线虫剂 (寄生线虫幼虫发育抑制剂, 有潜力的和选择性的).【文献】R. G. Warren, et al. Aust. J. Chem., 1980, 33, 891; S. Hatakeyamu, et al. Tetrahedron Lett., 1985, 26, 1333; R. A. Barrow, et al. Aust. J. Chem., 1990, 43, 895; L. M. Murray, et al. Aust. J. Chem., 1991, 44, 843; H. Chikashita, et al. Chem. Lett., 1993, 477; Z.M. Wang, et al. JOC, 1998, 63, 1414; Y. Mori, et al. Tetrahedron Lett., 1999, 40, 731; C. G. García, et al. Tetrahedron Lett., 2000, 41, 4127.

9 (2S,3S,5S)-5-[(1S)-1-Hydroxydec-9-enyl]-2-pentyltetrahydrofuran-3-ol (2S,3S,5S)-5-[(1S)-1-羟基十(碳)-9-烯基]-2-戊基四氢呋喃-3-醇
【基本信息】C$_{19}$H$_{36}$O$_3$.【类型】呋喃类.【来源】棕藻 Notheiaceae 科 Notheia anomala (南澳大利亚).【活性】杀线虫剂 (寄生线虫幼虫发育抑制剂, 有潜力的和选择性的).【文献】R. G. Warren, et al. Aust. J. Chem., 1980, 33, 891; R. A. Barrow, et al. Aust. J. Chem., 1990, 43, 895; L. M. Murray, et al. Aust. J. Chem., 1991, 44, 843; R. J. Capon, et al. Tetrahedron, 1998, 54, 2227; C. G. García, et al. Tetrahedron Lett., 2000, 41, 4127.

10 Laurencione (cyclic hemiacetal form) 环状半缩醛凹顶藻酮*
【别名】Dihydro-3(2H)-furanone; 二氢-3(2H)-呋喃酮.【基本信息】C$_5$H$_8$O$_3$, 亮绿色油状物.【类型】呋喃类.【来源】红藻醒目凹顶藻* Laurencia spectabilis (俄勒冈州, 美国).【活性】有毒的 (盐水丰年虾).【文献】M. W. Bernart, et al. Phytochemistry, 1992, 31, 1273; N. De Kimpe, et al. JOC, 1995, 60, 5162; N. De Kimpe, et al. Synthesis, 1996, 1131.

11 Mutafuran H 木塔呋喃 H*
【基本信息】C$_{16}$H$_{26}$Br$_2$O$_2$.【类型】呋喃类.【来源】似龟锉海绵* Xestospongia testudinaria (三亚, 海南,

中国).【活性】AChE 抑制剂 (有潜力的).【文献】X. Zhou, et al. Chem. Phys. Lipids, 2011, 164, 703.

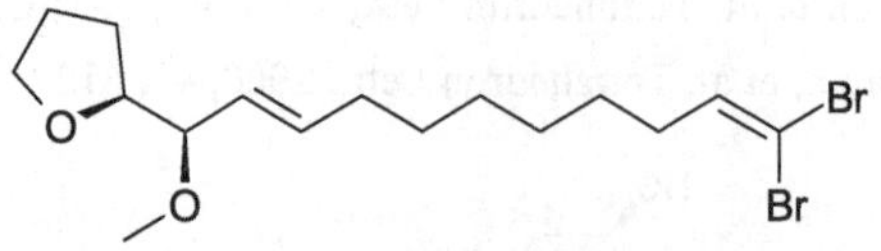

12 Plakorfuran A 扁板海绵呋喃 A*
【基本信息】$C_{19}H_{30}O_4$.【类型】呋喃类.【来源】不分支扁板海绵* *Plakortis simplex* (永兴岛, 海南, 中国).【活性】抗真菌 (低活性).【文献】X.-F. Liu, et al. Tetrahedron, 2012, 68, 4635.

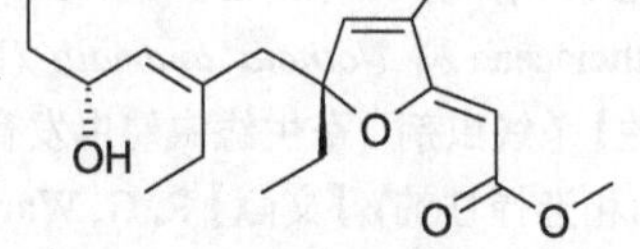

13 Plakorsin B 扁板海绵新 B*
【基本信息】$C_{22}H_{38}O_3$, 无定形物质, 固体.【类型】呋喃类.【来源】不分支扁板海绵* *Plakortis simplex* (台湾水域, 中国).【活性】细胞毒 (KB16, IC_{50} = 3.43μg/mL; Colon250, IC_{50} = 0.28μg/mL).【文献】Y. C. Shen, et al. JNP, 2001, 64, 324.

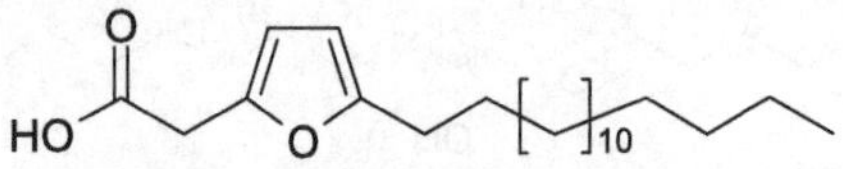

14 Sargafuran 马尾藻呋喃*
【基本信息】$C_{27}H_{36}O_4$, 油状物, $[α]_D$ = –1.3º (c = 0.9, 氯仿).【类型】呋喃类.【来源】棕藻大果马尾藻* *Sargassum macrocarpum* (日本水域).【活性】抗菌; 抗痤疮 (预防或改善丙酸杆菌引起的痤疮).【文献】Y. Kamei, et al. J. Antibiot., 2009, 62, 259.

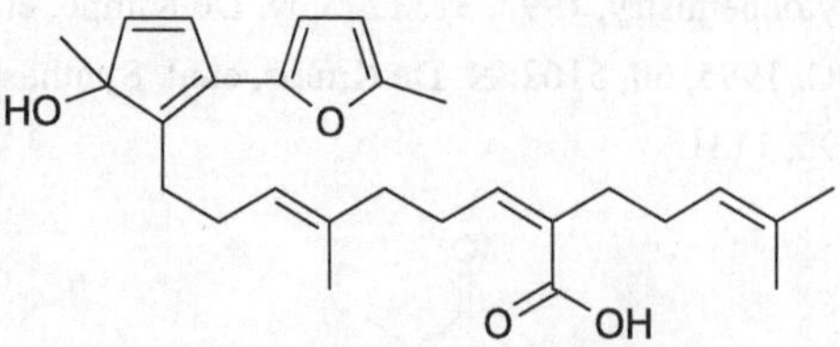

15 Testufuran A 似龟锉海绵呋喃 A*
【基本信息】$C_{18}H_{25}BrO_3$, 黄色油状物, $[α]_D^{23}$ = –18º (c = 0.04, 甲醇).【类型】呋喃类.【来源】似龟锉海绵* *Xestospongia testudinaria*.【活性】脂肪生成促进剂 (前成脂肪细胞分化诱导活性: 30μmol/L, 2+; 130μmol/L, 3+).【文献】T. Akiyama, et al. Tetrahedron, 2013, 69, 6560.

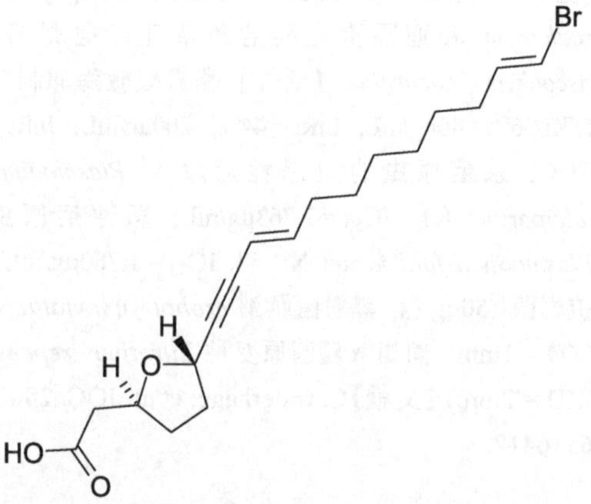

16 (all-Z)-5-(2,5,8,11-Tetradecatetraenyl)-2-furanacetic acid (all-Z)-5-(2,5,8,11-十四(碳)四烯基)-2-呋喃乙酸
【基本信息】$C_{20}H_{26}O_3$, 黄色油状物.【类型】呋喃类.【来源】缺刻网架海绵* *Dictyonella incisa* (地中海) 和膜海绵属 *Hymeniacidon hauraki* (新西兰).【活性】细胞毒 (P_{388}, IC_{50} = 13.4μg/mL).【文献】P. Ciminiello, et al. Experientia, 1991, 47, 739; M. R. Prinsep, et al. JNP, 1994, 57, 1557.

17 Varitriol 杂色裸壳孢三醇*
【基本信息】$C_{15}H_{20}O_5$, 油状物, $[α]_D^{25}$ = +18.5º (c = 2.3, 甲醇).【类型】呋喃类.【来源】海洋导出的真菌杂色裸壳孢 *Emericella variecolor* M75-2.【活性】细胞毒 (NCI 60 种癌细胞筛选程序, 对选择性肾癌、脑癌和乳腺癌显示潜力增加).【文献】J. Malmstrøm, et al. JNP, 2002, 65, 364; M. Saleem, et al. NPR, 2007, 24, 1142 (Rev.).

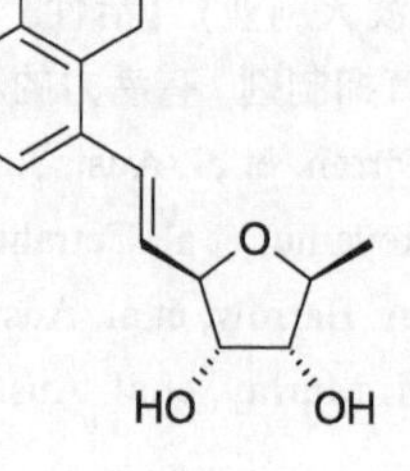

1.3 丁内酯类

18　Acetoxyfimbrolide A　乙酰氧基流苏顶珠藻内酯 A*

【基本信息】$C_{11}H_{12}Br_2O_4$, $[\alpha]_D^{25} = -4.1º$ ($c = 1.3$, 氯仿).【类型】丁内酯类.【来源】红藻钥藻科 Bonnemaisoniaceae 流苏顶珠藻* Delisea fimbriata.【活性】抗生素；抗真菌.【文献】R. Kazlauskas, et al. Tetrahedron Lett., 1977, 37; J. A. Pettus, et al. Tetrahedron Lett., 1977, 41.

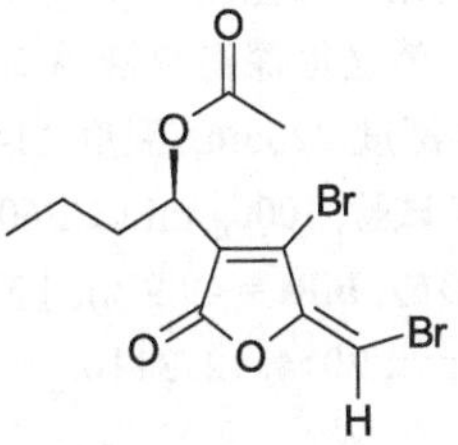

19　Acetoxyfimbrolide B　乙酰氧基流苏顶珠藻内酯 B*

【基本信息】$C_{11}H_{12}Br_2O_4$, $[\alpha]_D^{25} = +29º$ ($c = 5.8$, 氯仿).【类型】丁内酯类.【来源】红藻钥藻科 Bonnemaisoniaceae 流苏顶珠藻* Delisea fimbriata.【活性】抗生素；抗真菌.【文献】R. Kazlauskas, et al. Tetrahedron Lett., 1977, 37; J. A. Pettus, et al. Tetrahedron Lett., 1977, 41.

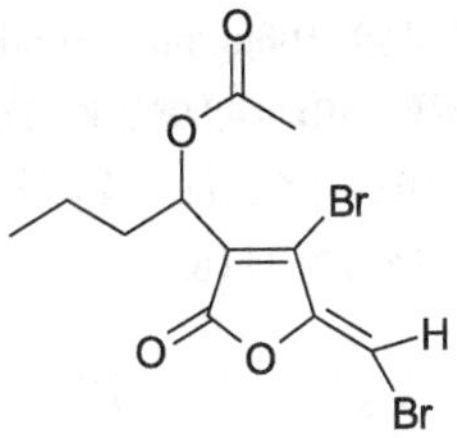

20　Acetoxyfimbrolide D　乙酰氧基流苏顶珠藻内酯 D*

【基本信息】$C_{11}H_{12}BrIO_4$, $[\alpha]_D^{25} = +26º$ ($c = 1.4$, 氯仿).【类型】丁内酯类.【来源】红藻钥藻科 Bonnemaisoniaceae 流苏顶珠藻* Delisea fimbriata.【活性】抗生素；抗真菌.【文献】R. Kazlauskas, et al. Tetrahedron Lett., 1977, 37; J. A. Pettus, et al. Tetrahedron Lett., 1977, 41.

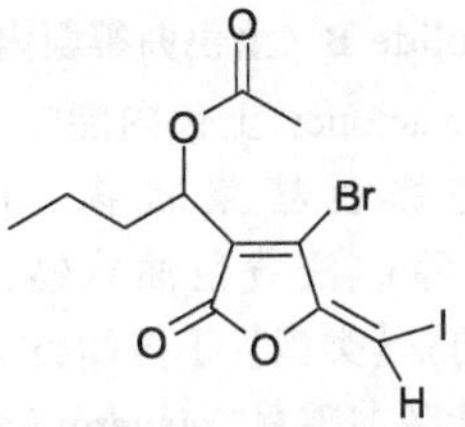

21　Antibiotics MKN 003C　抗生素 MKN 003C

【基本信息】$C_{13}H_{22}O_3$, $[\alpha]_D^{25} = +20.3º$ ($c = 0.16$, 甲醇).【类型】丁内酯类.【来源】海洋导出的链霉菌属 Streptomyces sp. M02750 (朝鲜半岛水域).【活性】抗污剂.【文献】K. W. Cho, et al. JNP, 2001, 64, 664.

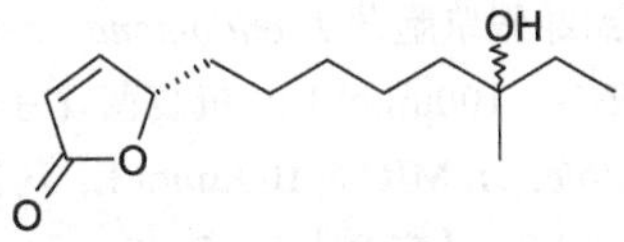

22　Asperlactone　曲霉菌内酯*

【基本信息】$C_9H_{12}O_4$, 黄色油状物.【类型】丁内酯类.【来源】海洋导出的真菌外瓶霉属 Exophiala sp.【活性】抗真菌；抗菌.【文献】M. J. Garson, et al. JCS Perkin Trans. I, 1984, 1021.

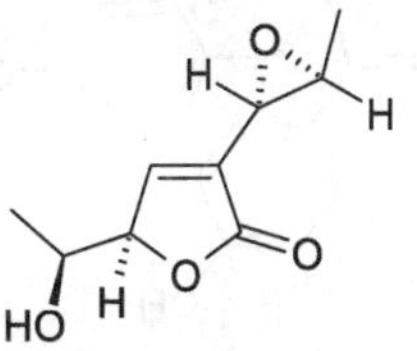

23　Aspernolide A　土色曲霉菌内酯 A*

【基本信息】$C_{24}H_{24}O_7$, 树胶状固体, $[\alpha]_D^{28} = +88.7º$ ($c = 0.58$, 氯仿).【类型】丁内酯类.【来源】海洋导出的真菌土色曲霉菌* Aspergillus terreus PT06-2 (在高盐环境中生长, 中等活性, 10%盐度), 海洋导出的真菌土色曲霉菌* Aspergillus terreus SCSGAF0162.【活性】细胞毒 (数种癌细胞, 温和活性); 抗病毒 (HSV 病毒, $IC_{50} = 68.16\mu mol/L$).【文献】R. R. Parvatkar, et al. Phytochemistry, 2009, 70, 128; Y. Wang, et al. Mar. Drugs, 2011, 9, 1368; X.-H. Nong, et al. Mar. Drugs, 2014, 12, 6113.

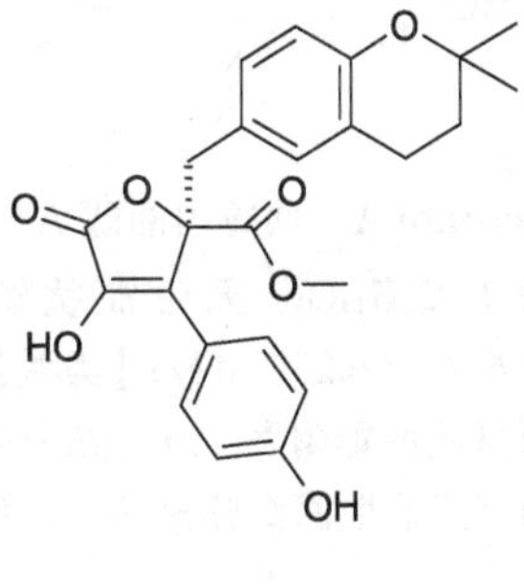

24 Aspernolide B 土色曲霉菌内酯B*

【别名】Terrelactone; 土色内酯*.【基本信息】$C_{24}H_{26}O_8$, 亮棕色糖浆状物, $[α]_D^{28} = +48.3º$ ($c = 0.29$, 甲醇); 浅黄色油状物, $[α]_D^{25} = +71º$ ($c = 0.5$, 氯仿).【类型】丁内酯类.【来源】海洋导出的真菌土色曲霉菌* Aspergillus terreus 来自短指软珊瑚属 Sinularia kavarattiensis (印度水域), 海洋导出的真菌土色曲霉菌* Aspergillus terreus PT06-2 (在高盐环境中生长, 中等活性, 10%盐度).【活性】抗菌 (产气肠杆菌 Enterobacter aerogenes, 金黄色葡萄球菌 Staphylococcus aureus 和铜绿假单胞菌 Pseudomonas aeruginosa, 所有的 MIC > 100μmol/L); 抗真菌 (白色念珠菌 Candida albicans, MIC > 100μmol/L, 对照酮康唑, MIC = 5μmol/L).【文献】R. R. Parvatkar, et al. Phytochemistry, 2009, 70, 128; Y. Wang, et al. Mar. Drugs, 2011, 9, 1368.

25 Aspiketolactonol 曲霉酮内酯醇*

【基本信息】$C_9H_{12}O_4$, 无色油状物 (甲醇), $[α]_D^{25} = +10.5º$ ($c = 0.12$, 甲醇).【类型】丁内酯.【来源】深海真菌曲霉菌属 Aspergillus sp. 16-02-1, 来自沉积物 (劳盆地深海热液喷口, 西南太平洋劳盆地, 采样深度 2255m, 温度 114ºC).【活性】细胞毒 (MTT 试验, 100μg/mL: HL60, InRt = 11.7%, 对照多烯紫杉醇, InRt = 49.9%).【文献】X. Chen, et al. Mar. Drugs, 2014, 12, 3116.

26 Aspilactonol A 曲霉内酯醇A*

【基本信息】$C_9H_{14}O_3$, 无色油状物 (甲醇), $[α]_D^{25} = +24.6º$ ($c = 0.23$, 甲醇).【类型】丁内酯类.【来源】深海真菌曲霉菌属 Aspergillus sp. 16-02-1, 来自沉积物 (劳盆地深海热液喷口, 西南太平洋劳盆地, 采样深度 2255m, 温度 114ºC).【活性】细胞毒 (MTT 试验, 100μg/mL: HL60, InRt = 17.7%, 对照多烯紫杉醇, InRt = 49.9%).【文献】X. Chen, et al. Mar. Drugs, 2014, 12, 3116.

27 Aspilactonol B 曲霉内酯醇B*

【基本信息】$C_9H_{14}O_5$, 无色油状物 (甲醇), $[α]_D^{25} = +34.5º$ ($c = 0.41$, 甲醇).【类型】丁内酯类.【来源】深海真菌曲霉菌属 Aspergillus sp. 16-02-1, 来自沉积物 (劳盆地深海热液喷口, 西南太平洋劳盆地, 采样深度 2255m, 温度 114ºC).【活性】细胞毒 (MTT 试验, 100μg/mL: HL60, InRt = 22.2%, 对照多烯紫杉醇, InRt = 49.9%).【文献】X. Chen, et al. Mar. Drugs, 2014, 12, 3116.

28 Aspilactonol C 曲霉内酯醇C*

【基本信息】$C_9H_{14}O_5$, 无色油状物 (甲醇), $[α]_D^{25} = +27.2º$ ($c = 0.32$, 甲醇).【类型】丁内酯类.【来源】深海真菌曲霉菌属 Aspergillus sp. 16-02-1, 来自沉积物 (劳盆地深海热液喷口, 西南太平洋劳盆地, 采样深度 2255m, 温度 114ºC).【活性】细胞毒 (MTT 试验, 100μg/mL: HL60, InRt = 16.7%, 对照多烯紫杉醇, InRt = 49.9%, K562, InRt = 20.0%, 多烯紫杉醇, InRt = 55.6%).【文献】X. Chen, et al. Mar. Drugs, 2014, 12, 3116.

29 Aspilactonol D 曲霉内酯醇D*

【基本信息】$C_{10}H_{16}O_5$, 无色油状物 (甲醇), $[α]_D^{25} = -1.7º$ ($c = 0.38$, 甲醇).【类型】丁内酯类.【来源】深海真菌曲霉菌属 Aspergillus sp. 16-02-1, 来自沉积物 (劳盆地深海热液喷口, 西南太平洋劳盆地, 采样深度 2255m, 温度 114ºC).【活性】

细胞毒 (MTT 试验, 100μg/mL: HL60, InRt = 20.0%, 对照多烯紫杉醇, InRt = 49.9%; BGC823, InRt = 13.2%, 多烯紫杉醇, InRt = 61.5%).【文献】X. Chen, et al. Mar. Drugs, 2014, 12, 3116.

30 Aspilactonol E 曲霉内酯醇 E*
【基本信息】$C_9H_{14}O_4$, 和曲霉内酯醇 F 的混合物, 无色油状物 (甲醇), $[\alpha]_D^{25}$ = +78.1° (c = 1.00, 甲醇).【类型】丁内酯类.【来源】深海真菌曲霉菌属 Aspergillus sp. 16-02-1, 来自沉积物 (劳盆地深海热液喷口, 西南太平洋劳盆地, 采样深度 2255m, 温度 114°C).【活性】细胞毒 (MTT 试验, 和曲霉内酯醇 F 的混合物, 100μg/mL: HeLa, InRt = 13.4%, 对照多烯紫杉醇, InRt = 45.1%; K562, InRt = 14.1%, 多烯紫杉醇, InRt = 55.6%).【文献】X. Chen, et al. Mar. Drugs, 2014, 12, 3116.

31 Aspilactonol F 曲霉内酯醇 F*
【基本信息】$C_9H_{14}O_4$, 和曲霉内酯醇 E 的混合物, 无色油状物 (甲醇), $[\alpha]_D^{25}$ = +78.1° (c = 1.00, 甲醇).【类型】丁内酯类.【来源】深海真菌曲霉菌属 Aspergillus sp. 16-02-1, 来自沉积物 (劳盆地深海热液喷口, 西南太平洋劳盆地, 采样深度 2255m, 温度 114°C).【活性】细胞毒 (MTT 试验, 和曲霉内酯醇 E 的混合物, 100μg/mL: HeLa, InRt = 13.4%, 对照多烯紫杉醇, InRt = 45.1%; K562, InRt = 14.1%, 多烯紫杉醇, InRt = 55.6%).【文献】X. Chen, et al. Mar. Drugs, 2014, 12, 3116.

32 4-Bromobeckerelide 4-溴翼枝藻内酯*
【基本信息】$C_9H_{13}BrO_4$.【类型】丁内酯类.【来源】红藻亚肋翼枝藻 Beckerella subcostatum.【活性】抗微生物.【文献】K. Ohta, Agrc. Biol. Chem., 1977, 41, 2105.

33 (+)-Butyrolactone I (+)-丁酸内酯 I
【基本信息】$C_{24}H_{24}O_7$, 晶体 (二氯甲烷), mp 95°C (分解), $[\alpha]_D^{17}$ = +86° (c = 0.5, 乙醇).【类型】丁内酯类.【来源】海洋导出的真菌土色曲霉菌* Aspergillus terreus PT06-2 (在高盐环境中生长, 中等活性, 10%盐度), 陆地和海洋导出的真菌土色曲霉菌* Aspergillus terreus (菌株 IFO 8835, DRCC 152 和 HKI0499).【活性】抗病毒 (流感病毒 H1N1, 低细胞毒, IC_{50} = 143.1μmol/L, CC_{50} = 976.4μmol/L, 对照病毒唑, IC_{50} = 100.8μmol/L); 细胞毒 [HL60, IC_{50} = 57.5μmol/L, 对照 VP-16 (依托泊苷), IC_{50} = 0.042μmol/L]; 激酶抑制剂 (对 CDK1 和 CDK2 有高选择性).【文献】M. Kitagawa, et al. Oncogene, 1994, 9, 2549; K. V. Rao, et al. CPB, 2000, 48, 559; Y. Wang, et al. Mar. Drugs, 2011, 9, 1368.

34 (+)-Butyrolactone II (+)-丁酸内酯 II
【基本信息】$C_{19}H_{16}O_7$, 片状晶体 (二氯甲烷), mp 94~96°C, $[\alpha]_D^{25}$ = +85° (c = 1.0, 乙醇).【类型】丁内酯类.【来源】海洋导出的真菌土色曲霉菌* Aspergillus terreus PT06-2 (在高盐环境中生长, 中等活性, 10%盐度).【活性】细胞毒.【文献】Y. Wang, et al. Mar. Drugs, 2011, 9, 1368.

35　(+)-Butyrolactone Ⅲ　(+)-丁酸内酯Ⅲ

【基本信息】$C_{24}H_{24}O_8$，淡黄色团块（二氯甲烷），mp 70ºC，$[α]_D^{25}$ = +80º (c = 0.7，乙醇).【类型】丁内酯类.【来源】海洋导出的真菌土色曲霉菌* *Aspergillus terreus* PT06-2 (在 10%盐度的高盐介质中生长).【活性】细胞毒.【文献】Y. Wang, et al. Mar. Drugs, 2011, 9, 1368.

36　9-Chloro-8-hydroxy-8,9-deoxyasperlactone　9-氯-8-羟基-8,9-去氧曲霉内酯*

【基本信息】$C_9H_{13}ClO_4$，$[α]_D^{26}$ = +76º (c = 0.01，氯仿).【类型】丁内酯类.【来源】海洋导出的真菌曲霉菌属 *Aspergillus ostianus* TUF 01F313，来自未鉴定的海绵（波纳佩岛，密克罗尼西亚联邦）.【活性】抗菌 (25μg/盘，抑制海洋细菌大西洋鲁杰氏菌**Ruegeria atlantica* 生长，IZD = 10.1mm).【文献】M. Namikoshi, et al. J. Antibiot., 2003, 56, 755; M. Saleem, et al. NPR, 2007, 24, 1142 (Rev.).

37　8-Chloro-9-hydroxy-8,9-deoxyasperlactone　8-氯-9-羟基-8,9-去氧曲霉内酯*

【基本信息】$C_9H_{13}ClO_4$，$[α]_D^{24}$ = +22.5º (c = 0.17，氯仿).【类型】丁内酯类.【来源】海洋导出的真菌曲霉菌属 *Aspergillus ostianus* TUF 01F313，来自未鉴定的海绵（波纳佩岛，密克罗尼西亚联邦）.【活性】抗菌 (5μg/盘，抑制海洋细菌大西洋鲁杰氏菌**Ruegeria atlantica* 生长，IZD = 12.7mm).【文献】M. Namikoshi, et al. J. Antibiot., 2003, 56, 755; M. Saleem, et al. NPR, 2007, 24, 1142 (Rev.).

38　Cillifuranone　产黄青霉呋喃酮*

【基本信息】$C_{10}H_{12}O_4$，浅黄色针状晶体.【类型】丁内酯类.【来源】海洋导出的产黄青霉真菌 *Penicillium chrysogenum*，来自柑橘荔枝海绵 *Tethya aurantium* (里姆斯基海峡，亚得里亚海，克罗地亚).【活性】抗真菌（小麦壳针孢 *Septoria tritici*，100μmol/L，20%抑制生长）；抗菌（油菜黄单胞菌 *Xanthomonas campestris*，100μmol/L，24%抑制生长）.【文献】J. Wiese, et al. Mar. Drugs, 2011, 9, 561.

39　Eutypoid B　优提波德 B*

【基本信息】$C_{17}H_{14}O_4$.【类型】丁内酯类.【来源】海洋导出的真菌青霉属 *Penicillium* sp. (海水样本，北海，德国).【活性】糖原合成酶激酶-3β 抑制剂.【文献】D. Schulz, et al. JNP, 2011, 74, 99.

40　Eutypoid C　优提波德 C*

【基本信息】$C_{17}H_{14}O_5$.【类型】丁内酯类.【来源】海洋导出的真菌青霉属 *Penicillium* sp. (海水样本，北海).【活性】糖原合成酶激酶-3β 抑制剂.【文献】D. Schulz, et al. JNP, 2011, 74, 99.

41　Eutypoid D　优提波德 D*

【基本信息】$C_{17}H_{14}O_5$.【类型】丁内酯类.【来源】海洋导出的真菌青霉属 *Penicillium* sp. (海水样本，北海).【活性】糖原合成酶激酶-3β 抑制剂.【文献】D. Schulz, et al. JNP, 2011, 74, 99.

42 Eutypoid E 优提波德 E*

【基本信息】$C_{17}H_{14}O_6$.【类型】丁内酯类.【来源】海洋导出的真菌青霉属 *Penicillium* sp. (海水样本, 北海).【活性】糖原合成酶激酶-3β 抑制剂.【文献】D. Schulz, et al. JNP, 2011, 74, 99.

43 Flavalactone 1 黄色真丛柳珊瑚内酯 1*

【基本信息】$C_{21}H_{38}O_3$, 针状晶体 (甲醇), mp 67°C.【类型】丁内酯类.【来源】黄色真丛柳珊瑚* *Euplexaura flava*.【活性】抗炎.【文献】H. Kikuchi, et al. Chem. Lett., 1982, 233; H. Kikuchi, et al. CPB, 1983, 31, 1172.

44 Flavalactone 2 黄色真丛柳珊瑚内酯 2*

【基本信息】$C_{25}H_{42}O_3$, 油状物.【类型】丁内酯类.【来源】黄色真丛柳珊瑚* *Euplexaura flava*.【活性】抗炎.【文献】H. Kikuchi, et al. Chem. Lett., 1982, 233; H. Kikuchi, et al. CPB, 1983, 31, 1172.

45 Flavalactone 3 黄色真丛柳珊瑚内酯 3*

【基本信息】$C_{27}H_{44}O_3$, 油状物.【类型】丁内酯类.【来源】黄色真丛柳珊瑚* *Euplexaura flava*.【活性】抗炎.【文献】H. Kikuchi, et al. Chem. Lett., 1982, 233; H. Kikuchi, et al. CPB, 1983, 31, 1172.

46 Flavipesin A 黄柄曲霉新 A*

【基本信息】$C_{22}H_{22}O_5$.【类型】丁内酯类.【来源】红树导出的真菌黄柄曲霉* *Aspergillus flavipes* AIL8 (内生的), 来自红树老鼠簕 *Acanthus ilicifolius*.【活性】抗菌 (金黄色葡萄球菌 *Staphylococcus aureus*, MIC = 8.0μg/mL; 枯草杆菌 *Bacillus subtilis*, MIC = 0.25μg/mL).【文献】Z. Q. Bai, et al. Fitoterapia, 2014, 95, 194.

47 Harzialactone A 哈茨木霉内酯 A*

【基本信息】$C_{11}H_{12}O_3$, 无色油状物, mp 82~84°C, $[\alpha]_D^{32} = +33.3°$ ($c = 0.3$, 氯仿).【类型】丁内酯类.【来源】海洋导出的真菌哈茨木霉* *Trichoderma harzianum* OUPS-N115, 来自冈田软海绵* *Halichondria okadai*.【活性】细胞毒 (培养的 P_{388}, $ED_{50} > 100$μg/mL).【文献】T. Amagata, et al. J. Antibiot., 1998, 51, 33.

48 Honaucin A 夏威夷本瑠瑠新 A*

【基本信息】$C_8H_9NO_4$.【类型】丁内酯类.【来源】蓝细菌 Leptolyngbyoideae 亚科蓝细菌 *Leptolyngbya crossbyana* (火奴鲁鲁礁, 夏威夷, 美国).【活性】抑制几种预炎细胞因子 NO 生成和表达 (RAW264.7 细胞); 抑制生物发光 (哈维氏弧菌 *Vibrio harveyi*).【文献】H. Choi, et al. Chem. Biol., 2012, 19, 589.

49 (S)-2-(2′-Hydroxyethyl)-4-methyl-γ-butyrolactone (S)-2-(2′-羟乙基)-4-甲基-γ-丁内酯

【基本信息】$C_7H_{10}O_3$.【类型】丁内酯类.【来源】

深海真菌曲霉菌属 *Aspergillus* sp. 16-02-1, 来自沉积物 (劳盆地深海热液喷口, 西南太平洋劳盆地, 采样深度2255m, 温度114℃).【活性】细胞毒 (MTT 试验, 100μg/mL: HL60, InRt = 14.2%, 对照多烯紫杉醇, InRt = 49.9%; HeLa, InRt = 15.7%, 多烯紫杉醇, InRt = 45.1%).【文献】X. Chen, et al. Mar. Drugs, 2014, 12, 3116.

50 Isobutyrolactone Ⅱ 异丁内酯Ⅱ*
【基本信息】$C_{18}H_{16}O_6$.【类型】丁内酯类.【来源】红树导出的真菌土色曲霉菌* *Aspergillus terreus* SCSGAF0162.【活性】抗病毒 (HSV 病毒, IC_{50} = 62.08μmol/L).【文献】X.-H. Nong, et al. Mar. Drugs, 2014, 12, 6113.

51 Isocladosporolide B 异枝孢内酯B*
【别名】NG 261.【基本信息】$C_{12}H_{20}O_4$, 无定形固体, $[α]_D$ = –90º (c = 0.23, 甲醇).【类型】丁内酯类.【来源】未鉴定的海洋导出的真菌 I96S215, 来自未鉴定的海绵和来自真菌枝孢属 *Cladosporium cladosporioides* sp. TF-0380.【活性】神经生长因子激动剂.【文献】C. J. Smith, et al. JNP, 2000, 63, 142; S. Gesner, et al. JNP, 2005, 68, 135.

52 Lissoclinolide 碟状簇骨海鞘内酯*
【别名】Tetrenolin; 四烯醇素.【基本信息】$C_{11}H_{12}O_4$, 黄色晶体 (氯仿), mp 126~128℃.【类型】丁内酯类.【来源】碟状簇骨海鞘* *Lissoclinum patella*.【活性】抗菌 (革兰氏阴性菌大肠杆菌 *Escherichia coli*).【文献】B. S. Davidson, et al. JNP, 1990, 53, 1036; R. Rossi, et al. Tetrahedron Lett., 1998, 39, 7799; C. Xu, et al. Tetrahedron Lett., 1999, 40, 431.

53 Microperfuranone
【基本信息】$C_{17}H_{14}O_3$, 片状晶体 (乙醇), mp 106~108℃, $[α]_D^{21}$ = –6.8º (c = 0.6, 甲醇).【类型】丁内酯类.【来源】海洋导出的真菌裸壳孢属 *Emericella nidulans* var. *acristata*, 来自未鉴定的绿藻 (地中海).【活性】细胞毒 无活性 (体外, 生存和增殖试验, 一组 36 种人癌细胞株).【文献】Kralj, et al. JNP, 2006, 69, 995; U. Fujimoto, et al, CPB, 2006, 54, 550.

54 Nodulisporacid A 多节孢酸A*
【基本信息】$C_{16}H_{20}O_6$, E-和 Z-同分异构体的 1:1 平衡混合物, 无定形黄色固体, $[α]_D^{27}$ = –20.6º (c = 1.1, 甲醇).【类型】丁内酯类.【来源】海洋导出的真菌多节孢属 *Nodulisporium* sp. CRIF 1.【活性】杀疟原虫的 (恶性疟原虫 *Plasmodium falciparum* 94 菌株, IC_{50} = 1~10μmol/L).【文献】C. Kasettrathat, et al. Phytochemistry, 2008, 69, 2621; T. Sumiya, et al. Tetrahedron Lett., 2010, 51, 2765.

55 Nodulisporacid A phenyl ester 多节孢酸A苯酯*
【基本信息】$C_{22}H_{24}O_6$.【类型】丁内酯类.【来源】海洋导出的真菌多节孢属 *Nodulisporium* sp. CRIF 1.【活性】细胞毒 (HuCCA-1, IC_{50} = 2.10μg/mL; KB, IC_{50} = 3.20μg/mL; HeLa, IC_{50} = 2.60μg/mL; MDA-MB-231, IC_{50} = 0.38μg/mL; T47D, IC_{50} = 0.14μg/mL; HepG2, IC_{50} = 2.00μg/mL; A549, IC_{50} = 2.20μg/mL; HCC-S102, IC_{50} = 4.80μg/mL; HL60, IC_{50} = 1.18μg/mL; P_{388}, IC_{50} = 0.70μg/mL. 对照依托泊苷: HuCCA-1, IC_{50} = 5.30μg/mL; KB, IC_{50} = 0.46μg/mL;

HeLa, IC_{50} = 0.40μg/mL; MDA-MB-231, IC_{50} = 0.40μg/mL; T47D, IC_{50} = 0.04μg/mL; HL60, IC_{50} = 0.77μg/mL; P_{388}, IC_{50} = 0.10μg/mL. 对照阿霉素: HepG2, IC_{50} = 0.19μg/mL; A549, IC_{50} = 0.48μg/mL; HCC-S102, IC_{50} = 1.20μg/mL). 【文献】C. Kasettrathat, et al. Phytochemistry, 2008, 69, 2621.

56　Nodulisporacid A methyl ester　多节孢酸 A 甲酯*

【基本信息】$C_{17}H_{22}O_6$.【类型】丁内酯类.【来源】海洋导出的多节孢属真菌 *Nodulisporium* sp. CRIF 1.【活性】细胞毒 (HuCCA-1, IC_{50} = 2.30μg/mL; KB, IC_{50} = 2.20μg/mL; HeLa, IC_{50} = 2.70μg/mL; MDA-MB-231, IC_{50} = 2.50μg/mL; T47D, IC_{50} = 1.70μg/mL; HepG2, IC_{50} = 2.30μg/mL; A549, IC_{50} = 7.50μg/mL; HCC-S102, IC_{50} = 6.00μg/mL; HL60, IC_{50} = 1.01μg/mL; P_{388}, IC_{50} = 0.77μg/mL. 对照依托泊苷: HuCCA-1, IC_{50} = 5.30μg/mL; KB, IC_{50} = 0.46μg/mL; HeLa, IC_{50} = 0.40μg/mL; MDA-MB-231, IC_{50} = 0.40μg/mL; T47D, IC_{50} = 0.04μg/mL; HL60, IC_{50} = 0.77μg/mL; P_{388}, IC_{50} = 0.10μg/mL. 对照阿霉素: HepG2, IC_{50} = 0.19μg/mL; A549, IC_{50} = 0.48μg/mL; HCC-S102, IC_{50} = 1.20μg/mL). 【文献】C. Kasettrathat, et al. Phytochemistry, 2008, 69, 2621.

57　Penicilactone　青霉内酯*

【基本信息】$C_7H_{10}O_4$, 树胶状物, $[\alpha]_D^{25}$ = +23º (c = 0.12, 甲醇).【类型】丁内酯类.【来源】海洋导出的真菌青霉属 *Penicillium* sp. PSU-F44, 来自柳珊瑚海扇 *Annella* sp. (泰国).【活性】抗菌 (MRSA SK1).【文献】K. Trisuwan, et al. CPB, 2009, 57, 1100.

58　Pestalolide　拟盘多毛孢内酯*

【基本信息】$C_{12}H_{20}O_2$, 无色树胶状物.【类型】丁内酯类.【来源】红树导出的真菌盘拟多毛孢属 *Pestalotiopsis* sp., 来自红树鸡笼答 *Rhizophora apiculata* (沙敦府, 泰国).【活性】抗真菌 (白色念珠菌 *Candida albicans* NCPF3153 和新型隐球酵母 *Cryptococcus neoformans* ATCC 90112, MIC = 128μg/mL).【文献】S. Klaiklay, et al. Tetrahedron, 2012, 68, 2299.

59　Plakilactone C　多板海绵内酯 C*

【基本信息】$C_{16}H_{24}O_3$.【类型】丁内酯类.【来源】Plakinidae 多板海绵科海绵 *Plakinastrella mamillaris* (斐济).【活性】治疗糖尿病药和抗动脉粥样硬化 (由于它与过氧化物酶体增殖物激活受体γ (PPARγ) 的共价结合, 抑制脂肪细胞基因转录).【文献】C. Festa, et al. JMC, 2012, 55, 8303.

60　Plakorsin D　扁板海绵新 D*

【基本信息】$C_{15}H_{24}O_3$.【类型】丁内酯类.【来源】不分支扁板海绵* *Plakortis simplex* (永兴岛, 海南, 中国).【活性】细胞毒 (HeLa, IC_{50} > 100μmol/L; K562, IC_{50} > 100μmol/L; A549, IC_{50} > 100μmol/L; Bel7402, IC_{50} > 100μmol/L. 对照阿霉素: HeLa, IC_{50} = 0.6μmol/L; K562, IC_{50} = 0.3μmol/L; A549, IC_{50} = 0.2μmol/L).【文献】J. Zhang, et al. JNP, 2013, 76, 600.

61 Plakortone G 扁板海绵酮 G*

【基本信息】$C_{18}H_{30}O_2$，油状物，$[\alpha]_D = -25.9°$ ($c = 0.008$，氯仿).【类型】丁内酯类.【来源】扁板海绵属 Plakortis sp. (Homoscleromorpha 亚纲, Homosclerophorida 目, Plakinidae 科, 牙买加).【活性】杀疟原虫的（恶性疟原虫 Plasmodium falciparum D6 克隆, in vitro, $IC_{50} = 4200$ng/mL, 对照青蒿素, $IC_{50} = 12$ng/mL; CRPF W2 克隆, in vitro, $IC_{50} > 4760$ng/mL, 对照青蒿素, $IC_{50} = 7$ng/mL); 细胞毒 (HT29, $IC_{50} > 1$μg/mL, 对照他莫昔芬, $IC_{50} = 1.86$μg/mL; A549, $IC_{50} > 1$μg/mL, 对照他莫昔芬, $IC_{50} = 1.86$μg/mL; MEL28, $IC_{50} > 10$μg/mL, 对照他莫昔芬, $IC_{50} = 1.86$μg/mL; 人原发癌细胞, $IC_{50} = 4.7$μg/mL, 对照阿霉素, $IC_{50} = 25$nmol/L); 抗乙型肝炎 ($EC_{50} > 100$μg/mL, 对照 3TC, $EC_{50} = 0.062~0.065$μg/mL); 抗结核（结核分枝杆菌 Mycobacterium tuberculosis, 6.25μg/mL, InRt = 4%, 对照利福平, MIC = 0.25μg/mL).【文献】D. J. Gochfeld, et al. JNP, 2001, 64, 1477; S. Kowashi, et al. Tetrahedron Lett., 2004, 45, 4393.

62 Plakortoxide A 扁板海绵氧化物 A*

【基本信息】$C_{17}H_{28}O_3$，无色油状物.【类型】丁内酯类.【来源】不分支扁板海绵* Plakortis simplex (永兴岛，海南，中国).【活性】细胞毒 [HeLa, $IC_{50} = (31.5\pm2.9)$μmol/L; K562, $IC_{50} > 50$μmol/L; A549, $IC_{50} > 100$μmol/L; Bel7402, $IC_{50} > 100$μmol/L. 对照阿霉素: HeLa, $IC_{50} = 0.6$μmol/L; K562, $IC_{50} = 0.3$μmol/L; A549, $IC_{50} = 0.2$μmol/L].【文献】J. Zhang, et al. JNP, 2013, 76, 600.

63 Plakortoxide B 扁板海绵氧化物 B*

【基本信息】$C_{18}H_{30}O_3$.【类型】丁内酯类.【来源】不分支扁板海绵* Plakortis simplex (永兴岛，海南，中国).【活性】细胞毒 (HeLa, $IC_{50} > 50$μmol/L; K562, $IC_{50} > 100$μmol/L; A549, $IC_{50} > 100$μmol/L; Bel7402, $IC_{50} > 100$μmol/L. 对照阿霉素: HeLa, $IC_{50} = 0.6$μmol/L; K562, $IC_{50} = 0.3$μmol/L; A549, $IC_{50} = 0.2$μmol/L).【文献】J. Zhang, et al. JNP, 2013, 76, 600.

64 Rubrolide R 红色雷海鞘内酯 R*

【基本信息】$C_{22}H_{20}O_4$，无色三斜晶体.【类型】丁内酯类.【来源】海洋导出的真菌土色曲霉菌* Aspergillus terreus OUCMDZ-1925.【活性】抗氧化剂 (ABTS•+自由基阳离子清除剂, $IC_{50} = 1.33$mmol/L); 细胞毒 (K562, $IC_{50} = 12.8$mmol/L).【文献】T. Zhu, et al. J. Antibiot., 2014, 67, 315.

65 Rubrolide S 红色雷海鞘内酯 S*

【基本信息】$C_{22}H_{20}O_4$.【类型】丁内酯类.【来源】海洋导出的真菌土色曲霉菌* Aspergillus terreus OUCMDZ-1925.【活性】抗病毒 (流感病毒 IFV 病毒, $IC_{50} = 87.1$μmol/L); 细胞毒 (K562, $IC_{50} = 12.8$mmol/L).【文献】T. Zhu, et al. J. Antibiot., 2014, 67, 315.

66 (5E)-Simplexolide (5E)-不分支扁板海绵丁内酯*

【基本信息】$C_{18}H_{32}O_3$.【类型】丁内酯类.【来源】

不分支扁板海绵* *Plakortis simplex* (永兴岛, 海南, 中国).【活性】抗真菌 (低活性).【文献】X.-F. Liu, et al. Tetrahedron, 2012, 68, 4635.

67 (5*E*)-Simplexolide A (5*E*)-不分支扁板海绵丁内酯 A*

【基本信息】$C_{17}H_{30}O_3$.【类型】丁内酯类.【来源】不分支扁板海绵* *Plakortis simplex* (永兴岛, 海南, 中国).【活性】抗真菌 (低活性).【文献】X.-F. Liu, et al. Tetrahedron, 2012, 68, 4635.

68 (5*Z*)-Simplexolide A (5*Z*)-不分支扁板海绵丁内酯 A*

【基本信息】$C_{17}H_{30}O_3$.【类型】丁内酯类.【来源】不分支扁板海绵* *Plakortis simplex* (永兴岛, 海南, 中国).【活性】抗真菌 (低活性).【文献】X.-F. Liu, et al. Tetrahedron, 2012, 68, 4635.

69 (5*Z*)-Simplexolide B (5*Z*)-不分支扁板海绵丁内酯 B*

【基本信息】$C_{17}H_{30}O_3$.【类型】丁内酯类.【来源】不分支扁板海绵* *Plakortis simplex* (永兴岛, 海南, 中国).【活性】细胞毒 [HeLa, IC_{50} = (4.7±0.5)μmol/L; K562, IC_{50} = (2.2±0.2)μmol/L; A549, IC_{50} > 100μmol/L; Bel7402, IC_{50} > 100μmol/L. 对照阿霉素：HeLa, IC_{50} = 0.6μmol/L; K562, IC_{50} = 0.3μmol/L; A549, IC_{50} = 0.2μmol/L].【文献】J. Zhang, et al. JNP, 2013, 76, 600.

70 (5*E*)-Simplexolide E (5*E*)-不分支扁板海绵丁内酯 E*

【基本信息】$C_{17}H_{30}O_3$.【类型】丁内酯类.【来源】不分支扁板海绵* *Plakortis simplex* (永兴岛, 海南, 中国).【活性】细胞毒 [HeLa, IC_{50} = (31.2±2.4)μmol/L; K562, IC_{50} = (49.2±4.2)μmol/L; A549, IC_{50} > 100μmol/L; Bel7402, IC_{50} > 100μmol/L. 对照阿霉素：HeLa, IC_{50} = 0.6μmol/L; K562, IC_{50} = 0.3μmol/L; A549, IC_{50} = 0.2μmol/L].【文献】J. Zhang, et al. JNP, 2013, 76, 600.

71 Simplextone A 不分支扁板海绵酮 A*

【基本信息】$C_{18}H_{32}O_4$, 无色晶体, $[\alpha]_D^{23}$ = +28° (c = 0.085, 甲醇).【类型】丁内酯类.【来源】不分支扁板海绵* *Plakortis simplex* (永兴岛, 海南, 中国).【活性】细胞毒 (MTT 试验: HCT116, IC_{50} = 26.3μmol/L; SGC7901, IC_{50} = 57.4μmol/L; HeLa, IC_{50} = 64.7μmol/L; SW480, IC_{50} = 60.6μmol/L).【文献】X.-F. Liu, et al. Org. Lett., 2011, 13, 3154.

72 Simplextone B 不分支扁板海绵酮 B*

【基本信息】$C_{17}H_{30}O_4$, 无色油状物, $[\alpha]_D^{23}$ = +21° (c = 0.085, 甲醇).【类型】丁内酯类.【来源】不分支扁板海绵* *Plakortis simplex* (永兴岛, 海南, 中国).【活性】细胞毒 (MTT 试验: HCT116, IC_{50} = 23.7μmol/L; SGC7901, IC_{50} = 45.8μmol/L; HeLa, IC_{50} = 66.2μmol/L; SW480, IC_{50} = 61.1μmol/L).【文献】X.-F. Liu, et al. Org. Lett., 2011, 13, 3154.

73 Simplextone C 不分支扁板海绵酮 C*

【基本信息】$C_{18}H_{30}O_4$.【类型】丁内酯类.【来源】不分支扁板海绵* *Plakortis simplex* (永兴岛, 海

南，中国).【活性】细胞毒 [HeLa, IC_{50} = (29.0±2.0)μmol/L; K562, IC_{50} = (19.4±1.0)μmol/L; A549, IC_{50} = (40.4±3.5)μmol/L; Bel7402, IC_{50} > 100μmol/L. 对照阿霉素：HeLa, IC_{50} = 0.6μmol/L; K562, IC_{50} = 0.3μmol/L; A549, IC_{50} = 0.2μmol/L].【文献】J. Zhang, et al. JNP, 2013, 76, 600.

74 Simplextone D 不分支扁板海绵酮 D*

【基本信息】$C_{17}H_{30}O_4$.【类型】丁内酯类.【来源】不分支扁板海绵* *Plakortis simplex* (永兴岛, 海南, 中国).【活性】细胞毒 (HeLa, IC_{50} > 50μmol/L; K562, IC_{50} > 100μmol/L; A549, IC_{50} > 100μmol/L; Bel7402, IC_{50} > 100μmol/L. 对照阿霉素：HeLa, IC_{50} = 0.6μmol/L; K562, IC_{50} = 0.3μmol/L; A549, IC_{50} = 0.2μmol/L).【文献】J. Zhang, et al. JNP, 2013, 76, 600.

75 Spiculisporic acid B 刺孢青霉酸 B*

【基本信息】$C_{17}H_{26}O_6$.【类型】丁内酯类.【来源】海洋导出的真菌曲霉菌属 *Aspergillus* sp. HDf 2, 来自棘皮动物门真海胆亚纲长海胆科紫海胆 *Anthocidaris crassispina* (琼海市, 海南, 中国).【活性】抗菌 (金黄色葡萄球菌 *Staphylococcus aureus*, 低活性).【文献】R. Wang, et al. Molecules, 2012, 17, 13175.

76 Spiculisporic acid D 刺孢青霉酸 D*

【基本信息】$C_{18}H_{30}O_6$.【类型】丁内酯类.【来源】海洋导出的真菌曲霉菌属 *Aspergillus* sp. HDf 2, 来自棘皮动物门真海胆亚纲长海胆科紫海胆 *Anthocidaris crassispina* (琼海市, 海南, 中国).【活性】抗菌 (金黄色葡萄球菌 *Staphylococcus aureus*, 低活性).【文献】R. Wang, et al. Molecules, 2012, 17, 13175.

77 Tetracyclic salimabromide 四环黏细菌溴化物*

【基本信息】$C_{20}H_{20}Br_2O_3$.【类型】丁内酯类.【来源】海洋黏细菌 *Enhygromxya salina* (沉积物, 普雷罗岛, 德国).【活性】抗菌 (细菌 *Arthrobacter cristallopoietes*, 中等活性).【文献】S. Felder, et al. Chem. Eur. J., 2013, 19, 9319.

78 Tuberatolide A 瘤状菊海鞘内酯 A*

【基本信息】$C_{18}H_{26}O_3$.【类型】丁内酯类.【来源】瘤状菊海鞘 *Botryllus tuberatus* (统营市, 庆尚南道, 韩国).【活性】法尼醇 X 受体拮抗剂 (有潜力的).【文献】H. Choi, et al. JNP, 2011, 74, 90.

79 Tuberatolide B 瘤状菊海鞘内酯 B*

【基本信息】$C_{27}H_{34}O_4$.【类型】丁内酯类.【来源】瘤状菊海鞘 *Botryllus tuberatus* (统营市, 庆尚南道, 韩国).【活性】法尼醇 X 受体拮抗剂 (有潜力的).【文献】H. Choi, et al. JNP, 2011, 74, 90.

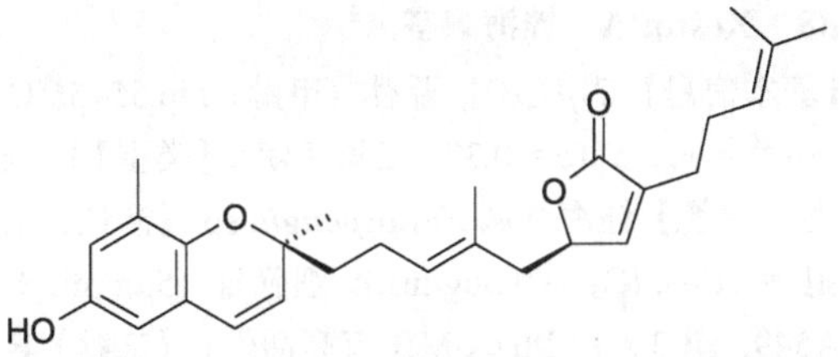

80 2′-epi-Tuberatolide B   2′-epi-瘤状菊海鞘内酯 B*

【基本信息】$C_{27}H_{34}O_4$.【类型】丁内酯类.【来源】瘤状菊海鞘 *Botryllus tuberatus* (统营市, 庆尚南道, 韩国).【活性】法尼醇 X 受体拮抗剂 (有潜力的).【文献】H. Choi, et al. JNP, 2011, 74, 90.

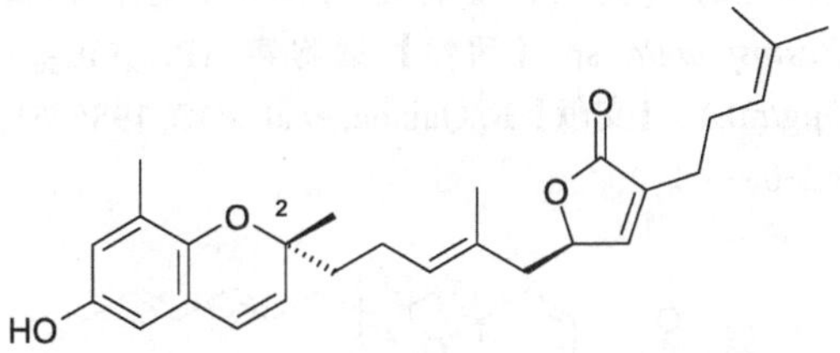

81 Tubingenoic anhydride A   塔宾曲霉酸酸酐 A*

【基本信息】$C_{11}H_{16}O_3$.【类型】丁内酯类.【来源】海洋导出的真菌塔宾曲霉* *Aspergillus tubingensis* OY907.【活性】抗真菌 (抑制粉色面包霉菌 *Neurospora crassa* 生长, MIC = 330μmol/L, 受影响的菌丝形态学).【文献】L. Koch, et al. Mar. Drugs, 2014, 12, 4713.

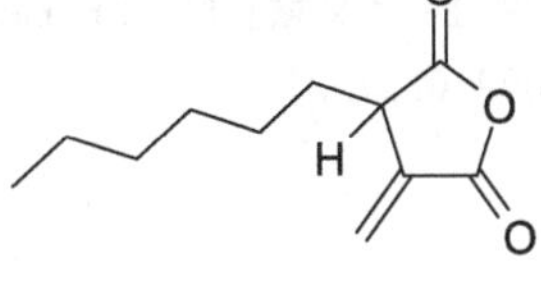

82 Zooxanthellactone   组仙得拉内酯*

【基本信息】$C_{22}H_{30}O_2$, 油状物, $[\alpha]_D^{27} = +64.6°$ ($c = 0.24$, 氯仿).【类型】丁内酯类.【来源】甲藻共生藻属 *Symbiodinium* spp.【活性】细胞毒.【文献】K. Onodera, et al. Biosci. Biotechnol. Biochem., 2004, 68, 848.

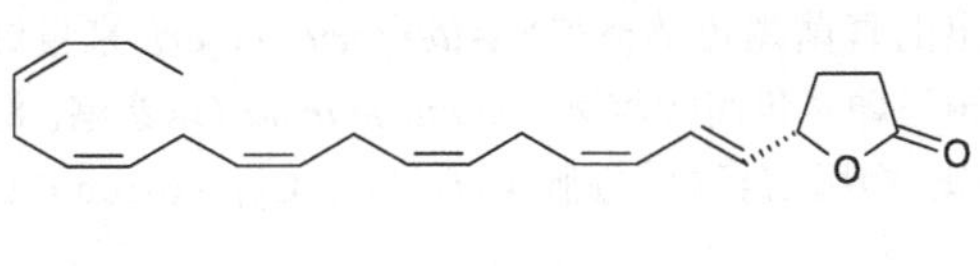

1.4 吡喃类

83 Mycalamide C   山海绵酰胺 C

【基本信息】$C_{20}H_{35}NO_8$.【类型】吡喃类.【来源】柱海绵属 *Stylinos* sp.【活性】细胞毒 (P_{388}, IC_{50} = 95ng/mL).【文献】J. S. Simpson, et al. JNP, 2000, 63, 704.

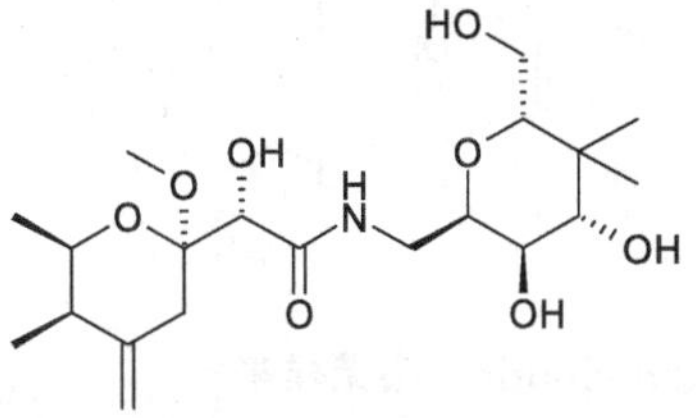

84 NSC 646282

【基本信息】$C_{30}H_{50}N_2O_8$, 油状物, $[\alpha]_D = -3.1°$ ($c = 0.005$, 甲醇).【类型】吡喃类.【来源】海洋导出的细菌交替单胞菌属 *Alteromonas* sp., 来自似蔷薇达尔文海绵* *Darwinella rosacea*.【活性】抗微生物.【文献】D. B. Stierle, et al. Experientia, 1992, 48, 1165.

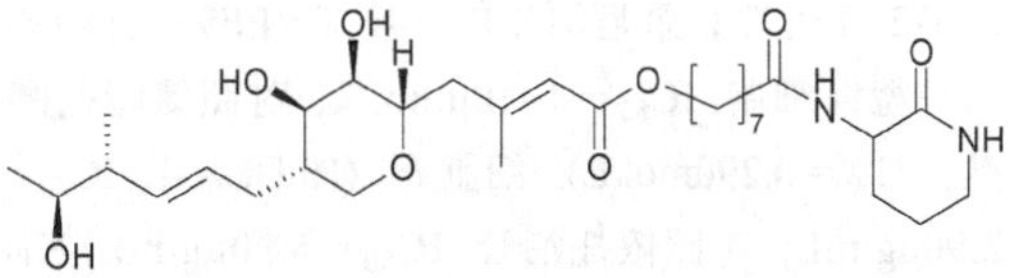

85 8-[(2-Oxo-3-piperidinyl)amino]-8-oxooctyl-5,9-anhydro-2,3,8-trideoxy-8-(5-hydroxy-4-methyl-2-hexenyl)-3-methyl-DL-glycero-LD-*allo*-non-2-enoate   8-[(2-氧代-3-哌啶基)氨基]-8-氧辛基-5,9-脱水-2,3,8-三去氧-8-(5-羟基-4-甲基-2-己烯基)-3-甲基-DL-丙三氧基-LD-*allo*-壬 (碳)-2-烯酸酯*

【基本信息】$C_{30}H_{50}N_2O_9$, 油状物, $[\alpha]_D = -1.8°$ ($c = 0.003$, 甲醇).【类型】吡喃类.【来源】海洋导出的细菌交替单胞菌属 *Alteromonas* sp., 来自似蔷薇达尔文海绵* *Darwinella rosacea*.【活性】抗微生物.【文献】D. B. Stierle, et al. Experientia, 1992, 48, 1165.

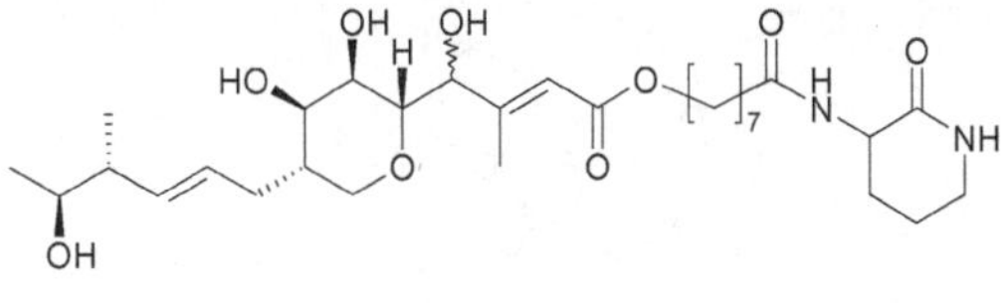

86 (+)-Pederin (+)-隐翅虫素

【基本信息】$C_{25}H_{45}NO_9$，mp 113ºC.【类型】吡喃类.【来源】昆虫毒隐翅虫* Paederus fuscipes (有毒的原理).【活性】真皮毒性；起疱剂 (人和动物的皮肤).【文献】J. Piel, et al. JNP, 2005, 68, 472 (Rev.); S. J. Robinson, et al. JNP, 2007, 70, 1002.

87 Vermelhotin 韦茉侯亭*

【别名】3-[6-(1-Propenyl)-2H-pyran-2-ylidene]-2,4-pyrrolidinedione; 3-[6-(1-丙烯基)-2H-吡喃-2-基亚基]-2,4-丁二酰亚胺.【基本信息】$C_{12}H_{11}NO_3$，E-和 Z-同分异构体 1:1 平衡混合物，红色针状结晶 (二氯甲烷/甲醇)，mp 212~214ºC，来自 CRI247-01 的 E-和 Z-同分异构体 1:2 平衡混合物.【类型】吡喃类.【来源】海洋导出的真菌多节孢属 Nodulisporium sp. CRI247-01, 未鉴定的真菌 IFM 52672.【活性】杀疟原虫的 (被 CRPF94 感染的人 O 型红细胞，$IC_{50} = 1$~$10\mu mol/L$，对照氯喹盐酸盐，$IC_{50} = 0.29\mu mol/L$); 细胞毒 (HuCCA-1, $IC_{50} = 2.90\mu g/mL$; 对照依托泊苷，$IC_{50} = 5.30\mu g/mL$; KB, $IC_{50} = 0.50\mu g/mL$，依托泊苷，$IC_{50} = 0.46\mu g/mL$; HeLa, $IC_{50} = 0.33\mu g/mL$，依托泊苷，$IC_{50} = 0.40\mu g/mL$; MDA-MB-231, $IC_{50} = 0.31\mu g/mL$，依托泊苷，$IC_{50} = 0.40\mu g/mL$; T47D, $IC_{50} = 1.25\mu g/mL$，依托泊苷，$IC_{50} = 0.04\mu g/mL$; H69AR, $IC_{50} = 2.50\mu g/mL$，依托泊苷，$IC_{50} = 36.0\mu g/mL$; HepG2, $IC_{50} = 2.50\mu g/mL$，对照阿霉素，$IC_{50} = 0.19\mu g/mL$; A549, $IC_{50} = 8.20\mu g/mL$，阿霉素，$IC_{50} = 0.48\mu g/mL$; HCC-H102, $IC_{50} = 13.5\mu g/mL$，阿霉素，$IC_{50} = 1.20\mu g/mL$; HL60, $IC_{50} = 1.60\mu g/mL$，依托泊苷，$IC_{50} = 0.77\mu g/mL$; P_{388}, $IC_{50} = 1.23\mu g/mL$ 依托泊苷，$IC_{50} = 0.10\mu g/mL$).【文献】T. Hosoe, et al. Heterocycles, 2006, 68, 1949; C. Kasettrathat, et al. Phytochemistry, 2008, 69, 2621.

88 Xestin A 锉海绵亭 A*

【基本信息】$C_{27}H_{46}O_4$，晶体 (甲醇)，mp 55~56ºC，$[\alpha]_D^{20} = +26.5º$ ($c = 0.37$, 二氯甲烷).【类型】吡喃类.【来源】锉海绵属 Xestospongia sp.【活性】细胞毒 (P_{388}, $IC_{50} = 0.3\mu g/mL$); 细胞毒 ($5\mu g/mL$ 对 A549, HCT8 和 MDA-MB 有高活性).【文献】E. Quinoa, et al. JOC, 1986, 51, 4260.

89 Xestin B 锉海绵亭 B*

【基本信息】$C_{27}H_{46}O_4$，$[\alpha]_D^{20} = +19.6º$ ($c = 0.11$, 二氯甲烷).【类型】吡喃类.【来源】锉海绵属 Xestospongia sp.【活性】细胞毒 (P_{388}, $IC_{50} = 3\mu g/mL$).【文献】E. Quinoa, et al. JOC, 1986, 51, 4260.

1.5 2-吡喃酮类

90 Albidopyrone 阿尔比多吡喃酮*

【基本信息】$C_{14}H_{13}NO_4$，粉末.【类型】2-吡喃酮类.【来源】海洋导出的链霉菌属 Streptomyces sp. NTK 227.【活性】蛋白酪氨酸磷酸酶 B (PTPB) 抑制剂 (中等活性).【文献】C. Hohmann, et al. J. Antibiot., 2009, 62, 75.

91 Asnipyrone A 阿斯尼吡喃酮 A*

【基本信息】$C_{21}H_{22}O_3$，黄色晶体 (乙醇)，mp 161~163ºC.【类型】2-吡喃酮类.【来源】红树导出的真菌黑色链格孢* Alternaria niger, 来自红树马鞭草科海榄雌 Avicennia marina (东寨港, 海南, 中国).【活性】细胞毒 (A549, $IC_{50} = 62\mu mol/L$,

对照氟尿嘧啶, IC$_{50}$ = 52μmol/L). 【文献】G. Y. Li, et al. Heterocycles, 1989, 28, 899; D. Liu, et al. JNP, 2011, 74, 1787.

92　Asnipyrone B　阿斯尼吡喃酮 B*
【基本信息】C$_{20}$H$_{20}$O$_3$, 黄色晶体（甲醇/二氯甲烷), mp 158~160℃.【类型】2-吡喃酮类.【来源】红树导出的真菌黑色链格孢* *Alternaria niger*, 来自红树马鞭草科海榄雌 *Avicennia marina*（东寨港, 海南, 中国).【活性】真菌毒素.【文献】G. Y., Li, et al. Heterocycles, 1989, 28, 899; D. Liu, et al. JNP, 2011, 74, 1787.

93　Aspyrone　阿斯吡喃酮*
【基本信息】C$_9$H$_{12}$O$_4$, 晶体（苯或丙酮/石油醚), mp 112~112.5℃, [α]$_D$ = −14º (c = 1, 乙醇).【类型】2-吡喃酮类.【来源】海洋导出的真菌外瓶霉属 *Exophiala* sp., 陆地真菌曲霉属 *Aspergillus* spp. 【活性】抗生素（广谱, 低活性).【文献】CRC Press, DNP on DVD, 2012, version 20.2.

94　Aspyronol　阿斯吡喃酮醇*
【基本信息】C$_{10}$H$_{16}$O$_5$, 无色油状物（甲醇), [α]$_D^{25}$ = −41.6º (c = 0.22, 甲醇).【类型】2-吡喃酮类.【来源】深海真菌曲霉菌属 *Aspergillus* sp. 16-02-1, 来自沉积物（劳盆地深海热液喷口, 西南太平洋劳盆地, 采样深度2255m, 温度114℃).【活性】细胞毒（MTT 试验, 241.2μmol/L: HL60,

IC$_{50}$ = 52.1μg/mL. 100μg/mL: HL60, InRt =67.2%, 对照多烯紫杉醇, InRt = 49.9%; HeLa, InRt = 14.0%, 多烯紫杉醇, InRt = 45.1%; K562, InRt = 27.9%, 多烯紫杉醇, InRt = 55.6%).【文献】X. Chen, et al. Mar. Drugs, 2014, 12, 3116.

95　Bitungolide A　比通内酯 A*
【基本信息】C$_{25}$H$_{33}$ClO$_5$, 针状晶体（甲醇水溶液), mp 179~182℃, [α]$_D^{27}$ = +30º (c = 0.38, 甲醇).【类型】2-吡喃酮类.【来源】岩屑海绵斯氏蒂壳海绵 *Theonella* cf. *swinhoei*（比通港外沿蓝碧海峡, 苏拉威西岛, 印度尼西亚).【活性】双重特异性蛋白磷酸酶抑制剂 [和 Vaccinia H1 有关的 (VHR), 低活性].【文献】S. Sirirath, et al. JNP, 2002, 65, 1820; P. L. Winder, et al. Mar. Drugs, 2011, 9, 2644 (Rev.).

96　Bitungolide B　比通内酯 B*
【基本信息】C$_{25}$H$_{33}$ClO$_5$, 无定形固体, [α]$_D^{27}$ = +42º (c = 4.2, 氯仿).【类型】2-吡喃酮类.【来源】岩屑海绵斯氏蒂壳海绵 *Theonella* cf. *swinhoei*（比通港外沿蓝碧海峡, 苏拉威西岛, 印度尼西亚).【活性】双重特异性蛋白磷酸酶抑制剂 [和 Vaccinia H1 有关的 (VHR), 低活性].【文献】S. Sirirath, et al. JNP, 2002, 65, 1820; P. L. Winder, et al. Mar. Drugs, 2011, 9, 2644 (Rev.).

97　Bitungolide C　比通内酯 C*
【基本信息】C$_{25}$H$_{33}$ClO$_5$, 无定形固体, [α]$_D^{27}$ = +89º (c = 0.11, 氯仿).【类型】2-吡喃酮类.【来源】岩屑海绵斯氏蒂壳海绵 *Theonella* cf. *swinhoei*（比

通港外沿蓝碧海峡，苏拉威西岛，印度尼西亚).
【活性】双重特异性蛋白磷酸酶抑制剂 [和Vaccinia H1 有关的 (VHR), 低活性].【文献】S. Sirirath, et al. JNP, 2002, 65, 1820; P. L. Winder, et al. Mar. Drugs, 2011, 9, 2644 (Rev.).

98 Bitungolide D 比通内酯 D*

【基本信息】$C_{25}H_{33}ClO_5$，无定形固体，$[\alpha]_D^{27}$ = +66º (c = 0.58, 氯仿).【类型】2-吡喃酮类.【来源】岩屑海绵斯氏蒂壳海绵 *Theonella* cf. *swinhoei* (比通港外沿蓝碧海峡，苏拉威西岛，印度尼西亚).【活性】双重特异性蛋白磷酸酶抑制剂 [和Vaccinia H1 有关的 (VHR), 低活性].【文献】S. Sirirath, et al. JNP, 2002, 65, 1820; P. L. Winder, et al. Mar. Drugs, 2011, 9, 2644 (Rev.).

99 Bitungolide E 比通内酯 E*

【基本信息】$C_{25}H_{34}O_4$，浅黄色玻璃体，$[\alpha]_D^{27}$ = +107º (c = 1.3, 氯仿).【类型】2-吡喃酮类.【来源】岩屑海绵斯氏蒂壳海绵 *Theonella* cf. *swinhoei* (比通港外沿蓝碧海峡，苏拉威西岛，印度尼西亚).【活性】双重特异性蛋白磷酸酶抑制剂 [和Vaccinia H1 有关的 (VHR), 低活性].【文献】S. Sirirath, et al. JNP, 2002, 65, 1820; P. L. Winder, et al. Mar. Drugs, 2011, 9, 2644 (Rev.).

100 Bitungolide F 比通内酯 F*

【基本信息】$C_{24}H_{32}O_4$，浅黄色玻璃体，$[\alpha]_D^{27}$ = +43º (c = 0.85, 氯仿).【类型】2-吡喃酮类.【来源】岩屑海绵斯氏蒂壳海绵 *Theonella* cf. *swinhoei* (比通港外沿蓝碧海峡，苏拉威西岛，印度尼西亚).

【活性】双重特异性蛋白磷酸酶抑制剂 [和Vaccinia H1 有关的 (VHR), 低活性].【文献】S. Sirirath, et al. JNP, 2002, 65, 1820; P. L. Winder, et al. Mar. Drugs, 2011, 9, 2644 (Rev.).

101 Bromomethylchlamydosporol A 溴甲基厚垣镰孢霉醇 A*

【基本信息】$C_{12}H_{15}BrO_5$.【类型】2-吡喃酮类.【来源】海洋导出的真菌三隔镰孢霉 *Fusarium tricinctum* (加溴化钙于培养物中)，来自棕藻马尾藻属粗马尾藻 *Sargassum ringgoldianum* (巨文岛，丽水，韩国).【活性】抗菌 (金黄色葡萄球菌 *Staphylococcus aureus* 三种菌株，MIC = 15.6μg/mL).【文献】V. Nenkep, et al. JNP, 2010, 73, 2061.

102 Bromomethylchlamydosporol B 溴甲基厚垣镰孢霉醇 B*

【基本信息】$C_{12}H_{14}Br_2O_5$.【类型】2-吡喃酮类.【来源】海洋导出的真菌三隔镰孢霉 *Fusarium tricinctum* (加溴化钙于培养物中)，来自棕藻马尾藻属粗马尾藻 *Sargassum ringgoldianum* (巨文岛，丽水，韩国).【活性】抗菌 (金黄色葡萄球菌 *Staphylococcus aureus* 三种菌株，MIC = 15.6μg/mL).【文献】V. Nenkep, et al. JNP, 2010, 73, 2061.

103 Callystatin A 美丽海绵斯他汀 A*

【基本信息】$C_{29}H_{44}O_4$，油状物，$[\alpha]_D$ = –107º (c = 0.1, 甲醇).【类型】2-吡喃酮类.【来源】截型美丽海绵* *Callyspongia truncata*. (日本水域).【活性】细胞毒 (KB, IC_{50} = 0.01ng/mL).【文献】

M. Kobayashi, et al. Tetrahedron Lett., 1997, 38, 2859;
N. Murakami, et al. Tetrahedron Lett., 1997, 38, 5533.

104　Chaetoquadrin F　毛壳库得林 F*
【基本信息】$C_9H_{12}O_4$.【类型】2-吡喃酮类.【来源】深海真菌曲霉菌属 *Aspergillus* sp. 16-02-1, 来自沉积物 (劳盆地深海热液喷口, 西南太平洋劳盆地, 温度114°C, 采样深度2255m).【活性】细胞毒 (MTT试验, 100μg/mL: HeLa, InRt =13.5%, 对照多烯紫杉醇, InRt = 45.1%).【文献】X. Chen, et al. Mar. Drugs, 2014, 12, 3116.

105　Chlamydosporol　厚垣镰孢霉醇*
【基本信息】$C_{11}H_{14}O_5$, 棱镜状晶体 (乙酸乙酯), mp 172~174°C.【类型】2-吡喃酮类.【来源】海洋导出的真菌三隔镰孢霉 *Fusarium tricinctum* (加溴化钙于培养物中), 来自棕藻马尾藻属 *Sargassum ringgoldianum* (巨文岛, 丽水, 韩国), 陆地真菌镰孢霉属 *Fusarium acuminatum* 和厚垣镰孢霉* *Fusarium chlamydosporum*.【活性】抗菌 (中等活性).【文献】M. E. Savard, et al. Mycopathologia, 1990, 110, 177; J. F. Grove, et al. JCS Perkin Trans. I, 1991, 997; V. Nenkep, et al. JNP, 2010, 73, 2061.

106　Chlorohydroaspyrone A　氯氢阿斯吡喃酮 A*
【基本信息】$C_9H_{13}ClO_4$, 油状物, $[\alpha]_D^{20} = -110°$ ($c = 0.1$, 甲醇).【类型】2-吡喃酮类.【来源】海洋导出的真菌外瓶霉属 *Exophiala* sp., 来自面包软海绵 *Halichondria panicea* (表层, 朝鲜半岛水域).【活性】抗菌 (温和活性: 金黄色葡萄球菌 *Staphylococcus aureus*, MRSA, MDRSA).【文献】D. Zhang, et al. JNP, 2008, 71, 1458.

107　Chlorohydroaspyrone B　氯氢阿斯吡喃酮 B*
【基本信息】$C_9H_{13}ClO_4$, 油状物, $[\alpha]_D^{20} = +70°$ ($c = 0.1$, 甲醇).【类型】2-吡喃酮类.【来源】海洋导出的真菌外瓶霉属 *Exophiala* sp., 来自面包软海绵 *Halichondria panicea* (表层, 朝鲜半岛水域).【活性】抗菌 (温和活性: 金黄色葡萄球菌 *Staphylococcus aureus*, MRSA, MDRSA).【文献】D. Zhang, et al. JNP, 2008, 71, 1458.

108　9-Chloro-8-hydroxy-8,9-deoxyaspyrone　9-氯-8-羟基-8,9-去氧阿斯吡喃酮*
【基本信息】$C_9H_{13}ClO_4$, $[\alpha]_D^{26} = +17.2°$ ($c = 0.17$, 氯仿).【类型】2-吡喃酮类.【来源】海洋导出的真菌曲霉菌属 *Aspergillus ostianus* TUF 01F313, 来自未鉴定的海绵 (波纳佩岛, 密克罗尼西亚联邦).【活性】抗菌 (25μg/盘, 抑制海洋细菌大西洋鲁杰氏菌 *Ruegeria atlantica* 生长, IZ = 10.5mm).【文献】M. Namikoshi, et al. J. Antibiot., 2003, 56, 755; M. Saleem, et al. NPR, 2007, 24, 1142 (Rev.).

109　Coibacin A　巴拿马柯义巴新 A*
【基本信息】$C_{19}H_{24}O_2$.【类型】2-吡喃酮类.【来源】蓝细菌颤藻属 *Oscillatoria* sp. (柯义巴国家公园, 巴拿马).【活性】抗利什曼原虫 (选择性的); 抗炎 (有潜力的).【文献】M. J. Balunas, et al. Org. Lett., 2012, 14, 3878.

110　Coibacin B　巴拿马柯义巴新 B*

【基本信息】$C_{17}H_{22}O_2$.【类型】2-吡喃酮类.【来源】蓝细菌颤藻属 *Oscillatoria* sp. (柯义巴岛国家公园, 巴拿马).【活性】抗利什曼原虫 (选择性的); 抗炎 (有潜力的).【文献】M. J. Balunas, et al. Org. Lett., 2012, 14, 3878.

111　Coibacin C　巴拿马柯义巴新 C*

【基本信息】$C_{15}H_{19}ClO_2$.【类型】2-吡喃酮类.【来源】蓝细菌颤藻属 *Oscillatoria* sp. (柯义巴岛国家公园, 巴拿马).【活性】抗利什曼原虫 (选择性的); 抗炎 (有潜力的).【文献】M. J. Balunas, et al. Org. Lett., 2012, 14, 3878.

112　Coibacin D　巴拿马柯义巴新 D*

【基本信息】$C_{15}H_{21}ClO_2$.【类型】2-吡喃酮类.【来源】蓝细菌颤藻属 *Oscillatoria* sp. (柯义巴岛国家公园, 巴拿马).【活性】抗利什曼原虫 (选择性的); 抗炎 (有潜力的).【文献】M. J. Balunas, et al. Org. Lett., 2012, 14, 3878.

113　9(13)-Cyclodiscodermolide　9(13)-环圆皮海绵内酯*

【基本信息】$C_{33}H_{53}NO_7$, 固体, $[\alpha]_D^{21} = +24°$ ($c = 0.01$, 甲醇).【类型】2-吡喃酮类.【来源】岩屑海绵圆皮海绵属 *Discodermia* sp. (许多地方, 巴哈马, 加勒比海, 使用 Johnson-Sea-Link 潜水器).【活性】细胞毒 (P_{388}, $IC_{50} = 5043$nmol/L; A549, $IC_{50} = 4487$nmol/L).【文献】S. P. Gunasekera, et al. JNP, 2002, 65, 1643; P. L. Winder, et al. Mar. Drugs, 2011, 9, 2644 (Rev.).

114　Cyercene 1　囊舌烯 1*

【别名】4-Methoxy-3-methyl-6-(3-methyl-1,3-pentadienyl)-2H-pyran-2-one; 4-甲氧基-3-甲基-6-(3-甲基-1,3-戊二烯基)-2H-吡喃-2-酮.【基本信息】$C_{13}H_{16}O_3$.【类型】2-吡喃酮类.【来源】软体动物门腹足纲囊舌目叶鳃螺科 *Cyerce cristallina*.【活性】鱼毒.【文献】R. R. Vardaro, et al. Tetrahedron, 1991, 47, 5569.

115　Cyercene 2　囊舌烯 2*

【别名】4-Methoxy-3-methyl-6-(3-methyl-1,3-hexadienyl)-2H-pyran-2-one; 4-甲氧基-3-甲基-6-(3-甲基-1,3-己二烯基)-2H-吡喃-2-酮.【基本信息】$C_{14}H_{18}O_3$.【类型】2-吡喃酮类.【来源】软体动物门腹足纲囊舌目叶鳃螺科 *Cyerce cristallina*.【活性】鱼毒.【文献】R. R. Vardaro, et al. Tetrahedron, 1991, 47, 5569.

116　Cyercene 3　囊舌烯 3*

【别名】6-(3,5-Dimethyl-1,3-hexadienyl)-4-methoxy-3-methyl-2H-pyran-2-one; 6-(3,5-二甲基-1,3-己二烯基)-4-甲氧基-3-甲基-2H-吡喃-2-酮.【基本信息】$C_{15}H_{20}O_3$.【类型】2-吡喃酮类.【来源】软体动物门腹足纲囊舌目叶鳃螺科 *Cyerce cristallina*.【活性】鱼毒.【文献】R. R. Vardaro, et al. Tetrahedron, 1991, 47, 5569.

117　Cyercene 4　囊舌烯 4*

【别名】6-(1,3-Dimethyl-1,3-pentadienyl)-4-methoxy-5-methyl-2H-pyran-2-one; 6-(1,3-二甲基-1,3-戊二烯基)-4-甲氧基-5-甲基-2H-吡喃-2-酮.【基本信息】$C_{14}H_{18}O_3$.【类型】2-吡喃酮类.【来源】软体动物门腹足纲囊舌目叶鳃螺科 Cyerce cristallina.【活性】鱼毒.【文献】R. R. Vardaro, et al. Tetrahedron, 1991, 47, 5569.

118　Cyercene 5　囊舌烯 5*

【别名】6-(1,3-Dimethyl-1,3-hexadienyl)-4-methoxy-5-methyl-2H-pyran-2-one; 6-(1,3-二甲基-1,3-己二烯基)-4-甲氧基-5-甲基-2H-吡喃-2-酮.【基本信息】$C_{15}H_{20}O_3$.【类型】2-吡喃酮类.【来源】软体动物门腹足纲囊舌目叶鳃螺科 Cyerce cristallina.【活性】鱼毒.【文献】V. Roussis, et al. Experientia, 1990, 46, 327; R. R. Vardaro, et al. Tetrahedron, 1991, 47, 5569.

119　19-Deaminocarbonyldiscodermolide　19-去氨基羰基圆皮海绵内酯*

【基本信息】$C_{32}H_{54}O_7$, 固体, $[\alpha]_D^{21}$ = +18º (c = 0.1, 甲醇).【类型】2-吡喃酮类.【来源】岩屑海绵圆皮海绵属 Discodermia sp.（多处地方，巴哈马，加勒比海，使用 Johnson-Sea-Link 潜水器）.【活性】细胞毒（P_{388}, IC_{50} = 128nmol/L; A549, IC_{50} = 74nmol/L）.【文献】S. P. Gunasekera, et al. JNP, 2002, 65, 1643; P. L. Winder, et al. Mar. Drugs, 2011, 9, 2644 (Rev.).

120　8,9-Dehydroxylarone C　8,9-去氢囊舌烯 C*

【基本信息】$C_{13}H_{16}O_3$.【类型】2-吡喃酮类.【来源】软体动物门腹足纲囊舌目叶鳃螺科的 Aplysiopsis formosa（食草的，亚速尔群岛，葡萄牙）.【活性】细胞毒（Colo320, IC_{50} = 25μg/mL; L_{1210}, IC_{50} = 25μg/mL; HL60, IC_{50} = 50μg/mL）；抗菌（藤黄色微球菌 Micrococcus luteus, 100μg/mL）.【文献】A. Schuffler, et al. Z. Naturforsch. C., 2007, 62c, 169.

121　2-Demethyldiscodermolide　2-去甲基圆皮海绵内酯*

【基本信息】$C_{32}H_{53}NO_8$, 固体, $[\alpha]_D^{21}$ = +10.2º (c = 0.1, 甲醇).【类型】2-吡喃酮类.【来源】岩屑海绵圆皮海绵属 Discodermia sp.（多处地方，巴哈马，加勒比海，使用 Johnson-Sea-Link 潜水器）.【活性】细胞毒（P_{388}, IC_{50} = 172nmol/L; A549, IC_{50} = 120nmol/L）.【文献】S. P. Gunasekera, et al. JNP, 2002, 65, 1643; P. L. Winder, et al. Mar. Drugs, 2011, 9, 2644 (Rev.).

122　Diemenensin A　菊花螺新 A*

【别名】4-Hydroxy-3,5-dimethyl-6-(1,3,5,7-tetramethyl-1,3-decadienyl)-2H-pyran-2-one; 4-羟基-3,5-二甲基-6-[1,3,5,7-四甲基-1,3-癸二烯基]-2H-吡喃-2-酮.【基本信息】$C_{21}H_{32}O_3$, 油状物, $[\alpha]_D$ = +77.3º (c = 4.7, 甲醇).【类型】2-吡喃酮类.【来源】软体动物菊花螺属* Siphonaria diemenensis（澳大利亚）.【活性】抗菌（金黄色葡萄球菌 Staphylococcus aureus 和枯草杆菌 Bacillus *subtilis*).【文献】J. E. Hochlowski, et al. Tetrahedron Lett., 1983, 24, 1917.

123　Diemenensin B　菊花螺新 B*
【基本信息】$C_{21}H_{32}O_3$，油状物，$[\alpha]_D = +32.4º$ (c = 1.15，甲醇).【类型】2-吡喃酮类.【来源】软体动物菊花螺属* *Siphonaria diemenensis* (澳大利亚).【活性】抗菌.【文献】J. E. Hochlowski, et al. Tetrahedron Lett., 1983, 24, 1917.

124　Dihydroaspyrone　二氢阿斯吡喃酮*
【基本信息】$C_9H_{14}O_4$，$[\alpha]_D^{20} = +17.8º$ (c = 0.7，甲醇).【类型】2-吡喃酮类.【来源】海洋导出的真菌曲霉菌属 *Aspergillus ostianus* 01F313，来自未鉴定的海绵 (波纳佩岛，密克罗尼西亚联邦)；深海真菌曲霉菌属 *Aspergillus* sp. 16-02-1，来自沉积物 (劳盆地深海热液喷口，西南太平洋劳盆地，温度 114ºC，采样深度 2255m)；陆地真菌赭曲霉菌 *Aspergillus ochraceus*.【活性】细胞毒 (MTT 试验，100μg/mL：HL60，InRt =19.9%，对照多烯紫杉醇，InRt = 49.9%；HeLa，InRt =10.1%，多烯紫杉醇，InRt = 45.1%).【文献】J. Fuchser, et al. Liebigs Ann./Recl., 1997, 87; K. Kito, et al. JNP, 2007, 70, 2022; X. Chen, et al. Mar. Drugs, 2014, 12, 3116.

125　3′,4′-Dihydroinfectopyrone　3′,4′-二氢感染吡喃酮*
【基本信息】$C_{14}H_{18}O_5$.【类型】2-吡喃酮类.【来源】海洋导出的真菌彼得壳属 *Petriella* sp. TUBS 7961，来自寄居蟹皮海绵* *Suberites domuncula* (地中海).【活性】细胞毒 (L5178Y，显著的活性).【文献】P. Proksch, et al. Bot. Mar., 2008, 51, 209.

126　5,7-Dihydroxy-2-[[1-(4-methoxy-2-oxo-2*H*-pyran-6-yl)-2-phenylethyl]amino]-1,4-naphthoquinone　5,7-二羟基-2-[[1-(4-甲氧基-2-氧代-2*H*-吡喃-6-基)-2-苯乙基]氨基]-1,4-萘醌
【基本信息】$C_{24}H_{19}NO_7$，无定形红色粉末，mp 118~120ºC，$[\alpha]_D^{25} = +54.9º$ (c = 0.19，氯仿).【类型】2-吡喃酮类.【来源】海洋导出的真菌黑曲霉菌 *Aspergillus niger* EN-13，来自棕藻囊藻* *Colpomenia sinuosa* (中国水域).【活性】抗真菌 (白色念珠菌 *Candida albicans*，中等活性).【文献】Y. Zhang, et al. Chin. Chem. Lett., 2007, 18, 951.

127　Discodermolide　圆皮海绵内酯
【别名】Disermolide；圆皮海绵内酯.【基本信息】$C_{33}H_{55}NO_8$，晶体，mp 115~116ºC，$[\alpha]_D^{22} = +7.2º$ (c = 0.72，甲醇).【类型】2-吡喃酮类.【来源】岩屑海绵圆皮海绵属 *Discodermia dissoluta* (巴哈马，大巴哈马岛，大巴哈马岛外海，加勒比海，采样深度 33m).【活性】阻止细胞循环的 G_2/M 期；细胞毒 (乳腺癌 MDA-MB-231，GI_{50} = 0.029μmol/L；非小细胞肺癌 A549，GI_{50} = 0.020μmol/L；结肠癌 HT29，GI_{50} = 0.015μmol/L)；细胞毒 (P388，IC_{50} = 35nmol/L；A549，IC_{50} = 13.5nmol/L)；细胞毒 (以微管蛋白聚合和超稳定化来抑制细胞增殖，活性和紫杉醇类似，但对有紫杉醇抗性的肿瘤有活性)；微管蛋白装配的有潜力的促进剂 (类似紫杉醇)；免疫抑制剂.【文献】S. P. Gunasekera, et al. JOC, 1990, 55, 4912；1991, 56, 1346; R. E. Longley, et al. Ann. N.Y. Acad. Sci., 1993, 696, 94; L. E. Broker, et al. Cancer Res., 2002, 62, 4081; G. J.

Florence, et al. Nat. Prod. Rep., 2008, 25, 342; A. B. Smith, et al. Tetrahedron, 2008, 64, 261; P. L. Winder, et al. Mar. Drugs, 2011, 9, 2644 (Rev.).

128 2-epi-Discodermolide 2-epi-圆皮海绵内酯
【基本信息】$C_{33}H_{55}NO_8$, 固体, $[\alpha]_D^{21}$ = +10.7° (c = 0.1, 甲醇).【类型】2-吡喃酮类.【来源】岩屑海绵圆皮海绵属 Discodermia sp. (多处地方, 巴哈马, 加勒比海, 使用 Johnson-Sea-Link 潜水器).【活性】细胞毒 (P_{388}, IC_{50} = 134nmol/L; A549, IC_{50} = 67nmol/L).【文献】S. P. Gunasekera, et al. JNP, 2002, 65, 1643; P. L. Winder, et al. Mar. Drugs, 2011, 9, 2644 (Rev.).

129 Harzialactone B 哈茨木霉内酯 B*
【基本信息】$C_7H_{10}O_3$, 油状物, $[\alpha]_D^{32}$ = –23.5° (c = 1.76, 氯仿).【类型】2-吡喃酮类.【来源】海洋导出的真菌哈茨木霉* Trichoderma harzianum OUPS-N115, 来自冈田软海绵* Halichondria okadai.【活性】细胞毒 (培养的 P_{388}, ED_{50} = 60.0μg/mL).【文献】T. Amagata, et al. J. Antibiot., 1998, 51, 33.

130 Helicascolide C 赫利卡斯克内酯 C*
【基本信息】$C_{12}H_{18}O_3$.【类型】2-吡喃酮类.【来源】海洋导出的真菌弯孢霉属 Curvularia eschscholzii, 来自红藻江蓠属 Gracilaria sp. (南苏拉威西海岸, 印度尼西亚) 和海洋微生物光轮层碳壳菌 Daldinia eschscholzii KT32 (藻上寄生的, 印度尼西亚).【活性】抗真菌 (致植物病的真菌黄瓜枝孢霉 Cladosporium cucumerinum, 200μg/盘, IZ = 5mm).【文献】K. Tarman, et al. Phytochem. Lett., 2012, 5, 83.

131 (E)-6-(1-Heptenyl)-2H-pyran-2-one (E)-6-(1-庚烯基)-2H-吡喃-2-酮
【基本信息】$C_{12}H_{16}O_2$, 油状物.【类型】2-吡喃酮类.【来源】海洋导出的真菌葡萄孢属 Botrytis sp., 来自红藻亮管藻 Hyalosiphonia caespitosa (朝鲜半岛水域).【活性】酪氨酸酶抑制剂 (IC_{50} = 4.5μmol/L, 比对照物曲酸活性高).【文献】D. Zhang, et al. Bull. Korea Chem. Soc., 2007, 28, 887.

132 5-Hydroxy-4-hydroxymethyl-2H-pyran-2-one 5-羟基-4-羟甲基-2H-吡喃-2-酮
【基本信息】$C_6H_6O_4$, 晶体 (甲醇), mp 138~140°C.【类型】2-吡喃酮类.【来源】海洋导出的真菌黄曲霉 Aspergillus flavus C-F-3, 来自绿藻管浒苔 Enteromorpha tubulosa (中国水域).【活性】诱导 cAMP 的产生 [G 蛋白耦合受体 12 (GPR12) 以剂量相关模式使 CHO 和 HEK-293 转染, 5-羟基-4-(羟甲基)-2H-吡喃-2-酮可能是 GPR12 的配体, 而 GPR12 可能是处理多种神经系统疾病的重要分子靶标].【文献】A. Lin, et al. J. Antibiot., 2008, 61, 245.

133 Hydroxypestalopyrone 羟基培斯它娄吡喃酮*
【基本信息】$C_{10}H_{12}O_4$, 粉末.【类型】2-吡喃酮类.【来源】海洋导出的真菌黑孢霉属 Nigrospora sp. PSU-F5.【活性】抗真菌.【文献】K. Trisuwan, et al. JNP, 2008, 71, 1323.

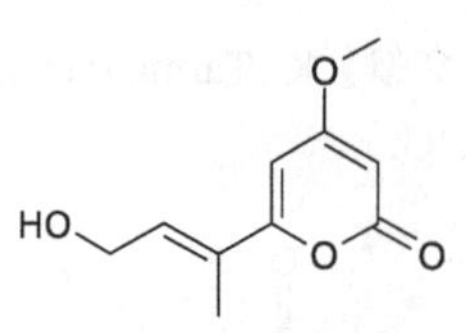

134 Isopectinatone 异菊花螺酮*
【基本信息】$C_{21}H_{34}O_3$，油状物，$[α]_D^{25} = +35°$ (c = 0.1，氯仿).【类型】2-吡喃酮类.【来源】软体动物栉状菊花螺* Siphonaria pectinata (加的斯，西班牙，W6°18′ N36°32′).【活性】细胞毒 (P_{388}, A549, HT29 和 MEL28, ED_{50} = 2.5μg/mL).【文献】M.C. Paul, et al. Tetrahedron, 1997, 53, 2303.

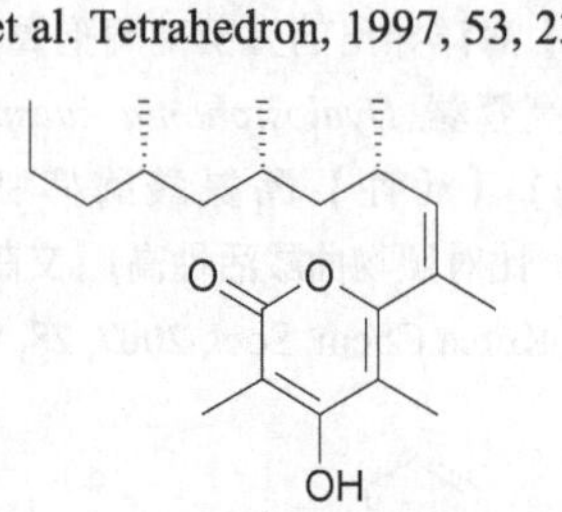

135 Lagunapyrone B 拉古那吡喃酮 B*
【基本信息】$C_{34}H_{52}O_5$，$[α]_D^{20} = +10.9°$ (c = 4, 甲醇).【类型】2-吡喃酮类.【来源】海洋导出的放线菌 Actinomyces sp. CNB-984 (浅滩水域海洋沉积物，南加利福尼亚，加利福尼亚，美国).【活性】细胞毒 (HCT116, ED_{50} = 3.5μg/mL).【文献】T. Lindel, et al. Tetrahedron Lett., 1996, 37, 1327.

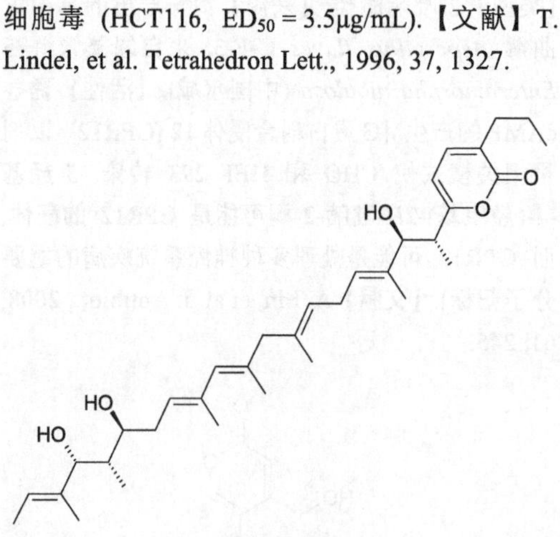

136 Lehualide E 勒胡阿内酯 E*
【基本信息】$C_{24}H_{32}O_4$.【类型】2-吡喃酮类.【来源】扁板海绵属 Plakortis sp. (埃瓦岛，汤加，大洋洲).【活性】勒胡阿内酯类化合物对敏感的酵母细胞有中等毒性，但对野生类型没有毒性，因此它们易受射流泵作用的影响.【文献】J. M. Barber, et al. JNP, 2011, 74, 809.

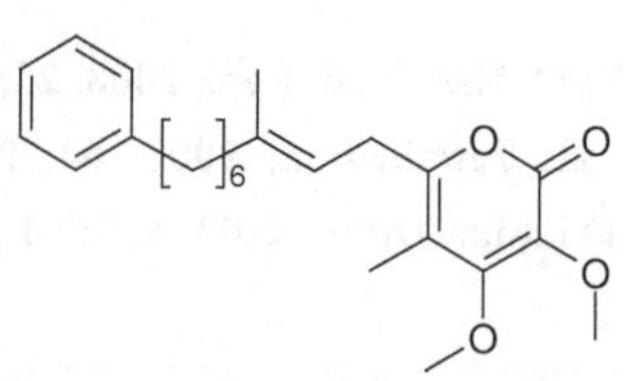

137 (−)-Malyngolide (−)-稍大鞘丝藻内酯*
【基本信息】$C_{16}H_{30}O_3$，晶体，mp 36~38°C，$[α]_D^{20} = −13.0°$ (c = 0.9, 氯仿); mp 36~37°C，$[α]_D = −13°$ (c = 2, 氯仿).【类型】2-吡喃酮类.【来源】蓝细菌稍大鞘丝藻 Lyngbya majuscula.【活性】抗菌 (包皮垢分枝杆菌 Mycobacterium smegmatis，酿脓链球菌 Streptococcus pyogenes).【文献】J. H. Cardellina II, et al. JOC, 1979, 44, 4039; S. Ohira, et al. J. Chem. Soc., Chem. Commun., 1993, 1299; D. Enders, et al. Tetrahedron, 1996, 52, 5805; H. Flörke, et al. Liebigs Ann. Chem., 1996, 147; S. Sankaranarayanan, et al. Tetrahedron: Asymmetry, 1996, 7, 2639; S. Ohira, et al. JCS Perkin Trans. I, 1998, 293; E. Winter, et al. Tetrahedron, 1998, 54, 10329; N. Maezaki, et al. Tetrahedron, 1998, 54, 13087; K. Matsuo, Heterocycles, 1998, 48, 1213.

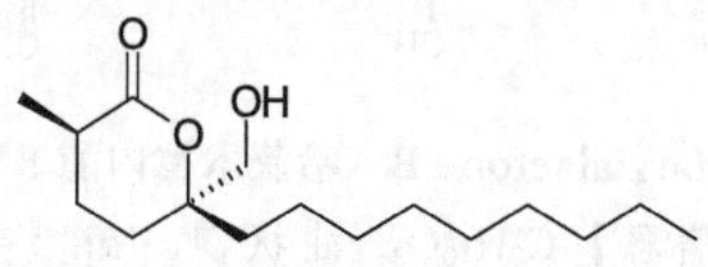

138 Malyngolide dimer 稍大鞘丝藻内酯二聚体*
【基本信息】$C_{32}H_{60}O_6$.【类型】2-吡喃酮类.【来源】蓝细菌稍大鞘丝藻 Lyngbya majuscula (柯义巴岛国家公园，巴拿马).【活性】杀疟原虫的 (in vitro, CRPF W2, 中等活性); 细胞毒 (H460).【文献】M. Gutiérrez, et al. JNP, 2010, 73, 709.

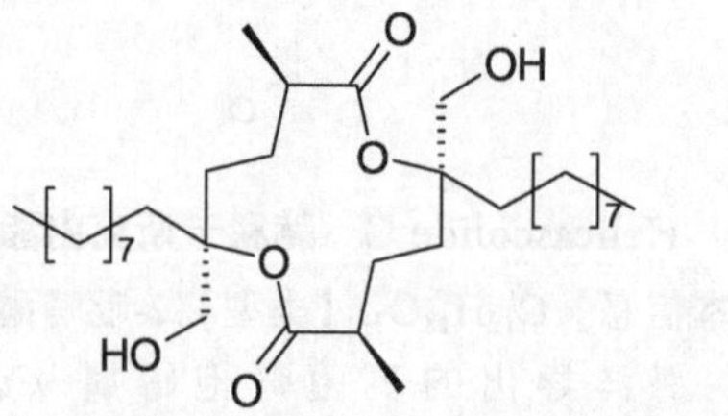

139 7-Methylcyercene 1 7-甲基囊舌烯 1*
【基本信息】$C_{14}H_{18}O_3$，固体.【类型】2-吡喃酮类.【来源】软体动物门腹足纲囊舌目叶鳃属 Ercolania funerea (地中海).【活性】植物毒素.【文

【文献】R. R. Vardaro, et al. Tetrahedron, 1991, 47, 5569; 1992, 48, 9561.

140　Nectriapyrone A　丛赤壳吡喃酮*
【基本信息】$C_{11}H_{14}O_3$, 晶体, mp 111~102℃.【类型】2-吡喃酮类.【来源】海洋导出的真菌, 来自软海绵科海绵 *Stylotella* sp.【活性】黑色素生物合成抑制剂.【文献】L. M. Abrell, et al. Tetrahedron Lett., 1994, 35, 9159.

141　Neofusapyrone　新镰孢霉吡喃酮*
【基本信息】$C_{34}H_{54}O_9$, 油状物, $[\alpha]_D^{20} = -23.6°$ ($c = 1$, 甲醇).【类型】2-吡喃酮类.【来源】海洋导出的真菌镰孢霉属 *Fusarium* sp. FH-146 (腐木, 日本水域).【活性】抗真菌 (曲霉属**Aspergillus clavatus* F318a, MIC = 6.26μg/mL, 对照两性霉素 B, MIC = 0.15μg/mL; 白色念珠菌 *Candida albicans* ATCC 2019, MIC > 100μg/mL, 两性霉素 B, MIC = 0.62μg/mL); 抗菌 (铜绿假单胞菌 *Pseudomonas aeruginosa* ATCC 15442, MIC > 100μg/mL, 对照氯霉素, MIC = 1.25μg/mL; 金黄色葡萄球菌 *Staphylococcus aureus* NBRC 13276, MIC > 100μg/mL 氯霉素, MIC = 5μg/mL).【文献】F. Hiramatsu, et al. J. Antibiot., 2006, 59, 704.

142　Neurymenolide A　脉膜藻内酯 A*
【基本信息】$C_{24}H_{32}O_3$, 油状物, $[\alpha]_D^{24} = -150°$ ($c = 0.02$, 甲醇).【类型】2-吡喃酮类.【来源】红藻脉膜藻 *Neurymenia fraxinifolia* (塔芙妮岛, 斐济).【活性】抗菌 (MRSA, IC_{50} = 2.1μmol/L; VREF, IC_{50} = 4.5μmol/L; 肺结核菌, IC_{50} > 100μmol/L); 细胞毒 (12 种癌细胞平均值, IC_{50} = 8.8μmol/L; DU4475, IC_{50} = 3.9μmol/L); 抗疟疾 (IC_{50} = 68μmol/L); 抗真菌 [耐两性霉素 B 的白色念珠菌 *Candida albicans* (ABRCA), IC_{50} > 600μmol/L].【文献】E. P. Stout, et al. Org. Lett., 2009, 11, 225; 1865.

143　Neurymenolide B　脉膜藻内酯 B*
【基本信息】$C_{26}H_{36}O_3$, 油状物, $[\alpha]_D^{24} = -240°$ ($c = 0.02$, 甲醇).【类型】2-吡喃酮类.【来源】红藻脉膜藻 *Neurymenia fraxinifolia* (塔芙妮岛, 斐济).【活性】抗菌 (MRSA, IC_{50} = 7.8μmol/L; VREF, IC_{50} = 31μmol/L; 肺结核菌, IC_{50} > 100μmol/L); 细胞毒 (12 种癌细胞平均值, IC_{50} = 39μmol/L; DU4475, IC_{50} = 19μmol/L); 抗疟疾 (IC_{50} > 100μmol/L); 抗真菌 [耐两性霉素 B 的白色念珠菌 *Candida albicans* (ABRCA), IC_{50} > 600μmol/L].【文献】E. P. Stout, et al. Org. Lett., 2009, 11, 225; 1865.

144　Nigerapyrone B　黑色链格孢吡喃酮 B*
【基本信息】$C_{21}H_{20}O_3$, 浅黄色无定形粉末.【类型】2-吡喃酮类.【来源】红树导出的真菌黑色链格孢* *Alternaria niger*, 来自红树马鞭草科海榄雌 *Avicennia marina* (东寨港, 海南, 中国).【活性】细胞毒 (HepG2, IC_{50} = 62μmol/L, 对照氟尿嘧啶, IC_{50} = 109μmol/L).【文献】D. Liu, et al. JNP, 2011, 74, 1787.

145　Nigerapyrone D　黑色链格孢吡喃酮 D*

【基本信息】$C_{14}H_{16}O_4$, 浅黄色无定形粉末.【类型】2-吡喃酮类.【来源】红树导出的真菌黑色链格孢* *Alternaria niger*, 来自红树马鞭草科海榄雌 *Avicennia marina* (东寨港, 海南, 中国).【活性】细胞毒 (MCF7, $IC_{50} = 121\mu mol/L$, 对照氟尿嘧啶, $IC_{50} = 31\mu mol/L$; HepG2, $IC_{50} = 81\mu mol/L$, 氟尿嘧啶, $IC_{50} = 109\mu mol/L$; A549, $IC_{50} = 81\mu mol/L$, 氟尿嘧啶, $IC_{50} = 52\mu mol/L$).【文献】D. Liu, et al. JNP, 2011, 74, 1787.

146　Nigerapyrone E　黑色链格孢吡喃酮 E*

【基本信息】$C_{11}H_{12}O_4$, 浅黄色无定形粉末.【类型】2-吡喃酮类.【来源】红树导出的真菌黑色链格孢* *Alternaria niger*, 来自红树马鞭草科海榄雌 *Avicennia marina*, (东寨港, 海南, 中国).【活性】细胞毒 (A549, $IC_{50} = 43\mu mol/L$ 对照氟尿嘧啶, $IC_{50} = 52\mu mol/L$; MDA-MB-231, $IC_{50} = 48\mu mol/L$, 氟尿嘧啶, $IC_{50} = 59\mu mol/L$; SW1990, $IC_{50} = 38\mu mol/L$, 氟尿嘧啶, $IC_{50} = 121\mu mol/L$; MCF7, $IC_{50} = 105\mu mol/L$, 氟尿嘧啶, $IC_{50} = 31\mu mol/L$; HepG2, $IC_{50} = 86\mu mol/L$, 氟尿嘧啶, $IC_{50} = 109\mu mol/L$; DU145, $IC_{50} = 86\mu mol/L$, 氟尿嘧啶, $IC_{50} = 3.3\mu mol/L$; NCI-H460, $IC_{50} = 43\mu mol/L$, 氟尿嘧啶, $IC_{50} = 8.5\mu mol/L$; MDA-MB-231, $IC_{50} = 48\mu mol/L$, 氟尿嘧啶, $IC_{50} = 59\mu mol/L$).【文献】D. Liu, et al. JNP, 2011, 74, 1787.

147　Nigrosporapyrone A　黑孢吡喃酮 A*

【基本信息】$C_{18}H_{22}O_5$, 树胶状物, $[\alpha]^{29} = -254°$ ($c = 0.1$, 氯仿).【类型】2-吡喃酮类.【来源】海洋导出的真菌黑孢属 *Nigrospora* sp. PSU-F18, 来自柳珊瑚海扇 *Annella* sp. (斯米兰群岛, 攀牙府, 泰国).【活性】抗菌 (金黄色葡萄球菌 *Staphylococcus aureus* ATCC 25923, MIC = 128μg/mL,

MRSA, MIC = 128μg/mL).【文献】K. Trisuwan, et al. Phytochemistry, 2009, 70, 554.

148　Pectinatone　栉状菊花螺酮*

【别名】4-Hydroxy-3,5-dimethyl-6-(1,3,5,7-tetramethyl-1-decenyl)-2*H*-pyran-2-one; 4-羟基-3,5-二甲基-6-(1,3,5,7-四甲基-1-癸烯基)-2*H*-吡喃-2-酮.【基本信息】$C_{21}H_{34}O_3$, 晶体 (二氯甲烷), mp 127~129ºC, $[\alpha]_D^{20} = +62°$ ($c = 0.184$, 氯仿).【类型】2-吡喃酮类.【来源】软体动物栉状菊花螺* *Siphonaria pectinata* (加的斯, 西班牙, W6°18′ N36°32′) 和软体动物灰菊花螺* *Siphonaria grisea*.【活性】细胞毒 (P_{388}, A549, HT29 和 MEL28, 所有的 $ED_{50} = 5\mu g/mL$); 抗菌 (革兰氏阳性菌, 枯草杆菌 *Bacillus subtilis*); 抗真菌 (白色念珠菌 *Candida albicans*, 酿酒酵母 *Saccharomyces cerevisiae*).【文献】J. E. Biskupiak, et al. Tetrahedron Lett., 1983, 24, 3055; M. J. Garson, et al. JCS Perkin Trans. I, 1990, 805; M. Norte, et al. Tetrahedron, 1990, 46, 1669; M.C. Paul, et al. Tetrahedron, 1997, 53, 2303; A. A. Birkbeck, et al. Tetrahedron Lett., 1998, 39, 7823.

149　Penicitide A　黄青霉内酯 A*

【基本信息】$C_{18}H_{34}O_4$, 无色油状物, $[\alpha]_D^{20} = +42.9°$ ($c = 0.14$, 甲醇).【类型】2-吡喃酮类.【来源】海洋导出的产黄青霉真菌 *Penicillium chrysogenum* QEN-24S, 来自红藻凹顶藻属 *Laurencia* sp. (涠洲岛, 广西, 中国).【活性】抗真菌 (20μg/盘, 白菜曲霉菌 *Aspergillus brassicae*, IZD = 6mm, 对照两性霉素 B, IZD = 18mm; 黑曲霉菌 *Aspergillus niger*, 轻微抑制, 对照两性霉素

B, IZD = 24mm); 细胞毒 (HepG2, 中等活性).
【文献】S.-S. Gao, et al. Mar. Drugs, 2011, 9, 59.

150 Peniphenone B 青霉酰苯B*
【基本信息】$C_{21}H_{18}O_8$.【类型】2-吡喃酮类.【来源】海洋真菌青霉属 *Penicillium dipodomyicola*.【活性】抗结核 (结核分枝杆菌 *Mycobacterium tuberculosis*, 强烈抑制分枝杆菌蛋白酪氨酸磷酸酶 B (MPtpB).【文献】H. Li, et al. JNP 2014, 77, 800.

151 Phomalactone 茎点霉内酯*
【别名】Antibiotics LL-Z 1276; 抗生素 LL-Z 1276*.
【基本信息】$C_8H_{10}O_3$, mp 50~53℃, $[\alpha]_D^{22} = +179°$ (氯仿).【类型】2-吡喃酮类.【来源】海洋导出的真菌黑孢属 *Nigrospora* sp. PSU-F18.【活性】抗菌 (假单胞菌属 *Pseudomonas* spp., 毛藓菌属 *Trichophyton* spp.); 植物毒素; 除草剂.【文献】K. Trisuwan, et al. Phytochemistry, 2009, 70, 554.

152 Phomapyrone C 茎点霉吡喃酮 C*
【基本信息】$C_{10}H_{14}O_3$, 薄膜, $[\alpha]_D = -16.1°$ ($c = 0.28$, 氯仿).【类型】2-吡喃酮类.【来源】海洋导出的真菌淡紫拟青霉 *Paecilomyces lilacinus*.【活性】植物毒素.【文献】M. S. C. Pedras, et al. Phytochemistry, 1994, 36, 1315; M. Elbandy, et al. Bull. Korea Chem. Soc., 2009, 30, 188.

153 Phomopsis H76C 拟茎点霉素 H76C
【基本信息】$C_{30}H_{17}NO_{10}$, 黄色粉末, mp 317~320℃.【类型】2-吡喃酮类.【来源】红树导出的真菌拟茎点霉属 *Phomopsis* sp. ZSU-H76, 来自红树似沉香海漆* *Excoecaria agallocha* (中国水域).【活性】血管生长抑制剂.【文献】J.-X. Yang, et al. EurJOC, 2010, 3692.

154 Pseudopyronine A 假派若宁 A*
【基本信息】$C_{16}H_{26}O_3$, 粉末.【类型】2-吡喃酮类.【来源】海洋细菌假单胞菌属 *Pseudomonas* sp. F92S91.【活性】抗菌 (包括 MRSA).【文献】M. P. Singh, et al. J. Antibiot., 2003, 56, 1033.

155 Pterocidin 坡泰柔西定*
【基本信息】$C_{23}H_{34}O_6$, 浅黄色油状物, $[\alpha]_D^{20} = -27.7°$ ($c = 0.46$, 氯仿).【类型】2-吡喃酮类.【来源】海洋导出的吸水链霉菌 *Streptomyces hygroscopicus* TP-A0451 和海洋导出的链霉菌属 *Streptomyces* sp. (沉积物, 大槌町, 日本).【活性】细胞毒.【文献】Y. Igarashi, et al. J. Antibiot., 2006, 59, 193; Y. Igarashi, et al. Tetrahedron Lett., 2012, 53, 654.

156　Pyrenocine A　派若农辛 A*

【别名】Citreopyrone；斯特欧吡喃酮*.【基本信息】$C_{11}H_{12}O_4$，晶体（甲醇），mp 110.9~111.6ºC.【类型】2-吡喃酮类.【来源】海洋导出的真菌青霉属 *Penicillium waksmanii*.【活性】细胞毒；植物生长抑制剂.【文献】T. Amagata, et al. J. Antibiot., 1998, 51, 432.

157　Pyrenocine B　派若农辛 B*

【基本信息】$C_{11}H_{14}O_5$，晶体（乙醚/己烷），mp 103~103.5ºC, $[\alpha]_D^{20} = +0.03º$ ($c = 0.56$，氯仿).【类型】2-吡喃酮类.【来源】海洋导出的真菌青霉属 *Penicillium waksmanii*.【活性】细胞毒；植物毒素.【文献】T. Amagata, et al. J. Antibiot., 1998, 51, 432.

158　Pyrenocine E　派若农辛 C*

【基本信息】$C_{12}H_{16}O_5$，粉末，mp 82~84ºC.【类型】2-吡喃酮类.【来源】海洋导出的真菌青霉属 *Penicillium waksmanii* OUPS-N133，来自棕藻马尾藻属 *Sargassum ringgoldianum*.【活性】细胞毒 (P_{388}, $ED_{50} = 1.30\mu g/mL$).【文献】T. Amagata, et al. J. Antibiot., 1998, 51, 432.

159　Salinipyrone A　盐水孢菌吡喃酮 A*

【基本信息】$C_{17}H_{24}O_4$，黄色油状物，$[\alpha]_D = -87º$ ($c = 0.33$，甲醇).【类型】2-吡喃酮类.【来源】海洋导出的放线菌太平洋盐水孢菌 *Salinispora pacifica* CNS-237.【活性】抗炎（小鼠脾细胞 IL-5 抑制剂，$IC_{50} = 10\mu g/mL$).【文献】D.-C. Oh, et al. JNP, 2008, 71, 570.

160　Simplactone A　不分支扁板海绵戊内酯 A*

【基本信息】$C_7H_{12}O_3$，无定形固体，$[\alpha]_D^{25} = -3º$ ($c = 0.002$，氯仿).【类型】2-吡喃酮类.【来源】不分支扁板海绵* *Plakortis simplex*（加勒比海）.【活性】细胞毒 (WEHI-164, $IC_{50} = 20\mu g/mL$).【文献】F. Cafieri, et al. Tetrahedron, 1999, 55, 13831.

161　Simplactone B　不分支扁板海绵戊内酯 B*

【基本信息】$C_7H_{12}O_3$，无定形固体，$[\alpha]_D^{25} = -6º$ ($c = 0.001$，氯仿).【类型】2-吡喃酮类.【来源】不分支扁板海绵* *Plakortis simplex*（加勒比海）.【活性】细胞毒 (WEHI-164, $IC_{50} = 20\mu g/mL$).【文献】F. Cafieri, et al. Tetrahedron, 1999, 55, 13831.

162　Solanapyrone A　索拉那吡喃酮 A*

【基本信息】$C_{18}H_{22}O_4$，油状物，$[\alpha]_D = -67.3º$ ($c = 2.26$，氯仿).【类型】2-吡喃酮类.【来源】海洋导出的真菌黑孢霉 *Nigrospora* sp. PSU-F18.【活性】植物毒素.【文献】A. Ichihara, et al. Tetrahedron Lett., 1983, 24, 5373; 1985, 26, 2453; 1987, 28, 1175.

163　Solanapyrone C　索拉那吡喃酮 C*

【基本信息】$C_{19}H_{25}NO_4$，油状物，$[\alpha]_D = -5º$ ($c = 0.88$，氯仿).【类型】2-吡喃酮类.【来源】未鉴定的海洋导出的真菌，来自绿藻念珠状仙掌藻 *Halimeda monile*（表层）.【活性】抗藻（杜氏藻属绿藻* *Dunaliella* sp., EC = $100\mu g/mL$)；植物毒素.【文献】A. Ichihara, et al. Tetrahedron Lett., 1983,

24, 5373; 1985, 26, 2453; 1987, 28, 1175; K. M. Jenkins, et al. Phytochemistry, 1998, 49, 2299.

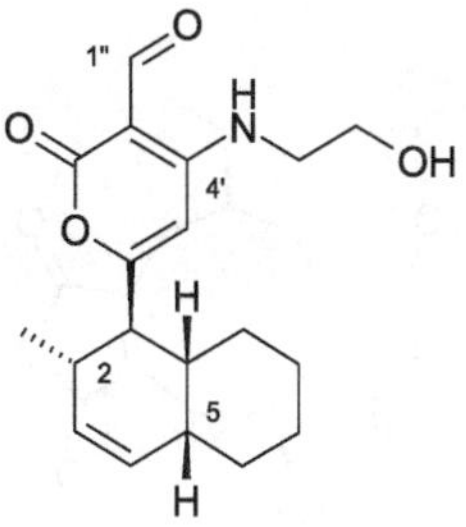

164 Solanapyrone E 索拉那吡喃酮 E*
【基本信息】$C_{18}H_{24}O_4$, 油状物, $[\alpha]_D^{22} = -76.4°$ (c = 1, 氯仿). 【类型】2-吡喃酮类. 【来源】未鉴定的海洋真菌. 【活性】抗藻 (杜氏藻属绿藻 *Dunaliella* sp., EC = 100μg/mL). 【文献】K. M. Jenkins, et al. Phytochemistry, 1998, 49, 2299.

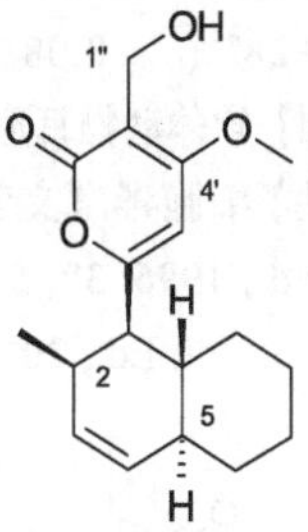

165 7β-Solanapyrone F 7β-索拉那吡喃酮 F*
【基本信息】$C_{17}H_{21}NO_4$, 固体, $[\alpha]_D^{25} = -16.4°$ (c = 0.28, 甲醇). 【类型】2-吡喃酮类. 【来源】未鉴定的海洋导出的真菌 CNC-159 (培养的), 来自绿藻念珠状仙掌藻 *Halimeda monile* (表层). 【活性】杀藻剂 (杜氏藻属绿藻*Dunaliella* sp., EC = 100μg/mL). 【文献】K. M. Jenkins, et al. Phytochemistry, 1998, 49, 2299.

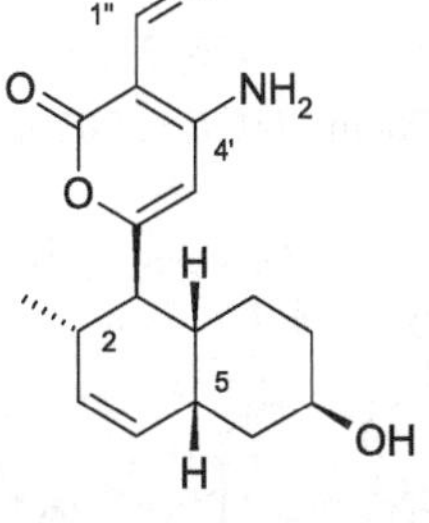

166 Solanapyrone F 索拉那吡喃酮 F*
【基本信息】$C_{17}H_{21}NO_4$, 固体, $[\alpha]_D^{25} = -53.2°$ (c = 0.3, 甲醇). 【类型】2-吡喃酮类. 【来源】未鉴定的海洋导出的真菌 CNC-159 (培养的), 来自绿藻念珠状仙掌藻 *Halimeda monile* (表层). 【活性】抗藻 (杜氏藻属绿藻*Dunaliella* sp., EC = 100μg/mL). 【文献】K. M. Jenkins, et al. Phytochemistry, 1998, 49, 2299.

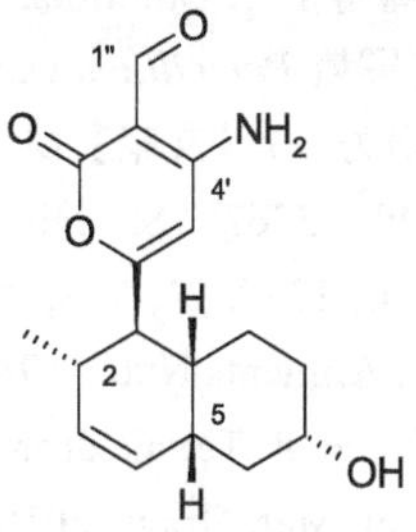

167 Solanapyrone G 索拉那吡喃酮 G*
【基本信息】$C_{17}H_{21}NO_3$, 固体. 【类型】2-吡喃酮类. 【来源】未鉴定的海洋导出的真菌, 来自绿藻念珠状仙掌藻 *Halimeda monile* (表层). 【活性】抗藻 (杜氏藻属绿藻*Dunaliella* sp., EC = 100μg/mL). 【文献】K. M. Jenkins, et al. Phytochemistry, 1998, 49, 2299.

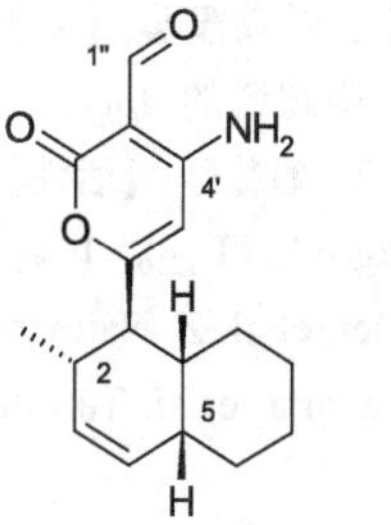

168 (+)-Tanikolide (+)-塔尼克利内酯*
【基本信息】$C_{17}H_{32}O_3$, 油状物, $[\alpha]_D^{25} = +2.3°$ (c = 0.65, 氯仿). 【类型】2-吡喃酮类. 【来源】蓝细菌稍大鞘丝藻 *Lyngbya majuscula* (马达加斯加). 【活性】抗真菌 (纸琼脂圆盘板试验, 白色念珠菌 *Candida albicans*, 100μg/盘, IZD = 13mm); 灭螺剂 (无毛双脐螺*Biomphalaria glabrata*, LD_{50} = 31.6μmol/L); LD_{50} (盐水丰年虾) = 3.6μg/mL, LD_{50} (蜗牛) = 9.0μg/mL. 【文献】I. P. Singh, et al. JNP, 1999, 62, 1333; R. M. Kanada, et al. Synlett, 2000, 1019; A. R. Pereira, et al. JNP, 2010, 73, 217.

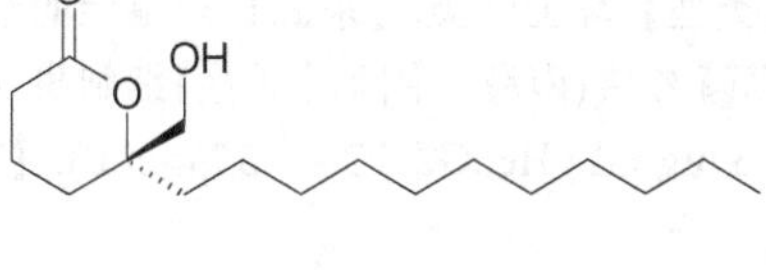

169 Verrucosidin 疣状青霉菌定*
【基本信息】$C_{24}H_{32}O_6$, 片状晶体（乙醚），mp 90~91ºC, $[α]_D^{26}$ = +92.4º (c = 0.25, 甲醇).【类型】2-吡喃酮类.【来源】海洋导出的真菌黄灰青霉 *Penicillium aurantiogriseum* (泥浆, 渤海, 中国), 陆地真菌疣状青霉菌* *Penicillium verrucosum* var. *cyclopium* 和青霉属 *Penicillium variabile*.【活性】神经毒素（有潜力的）.【文献】M. Ganguli, et al. JOC, 1984, 49, 3762; S. Nishiyama, et al. Tetrahedron Lett., 1986, 27, 723; A. A. El-Banna, et al. Microbiol. Aliments Nutr., 1987, 5, 191; 1989, 7, 161; J. K. Cha, et al. Tetrahedron Lett., 1987, 28, 5473; K. Yu, et al. Mar. Drugs, 2010, 8, 2744.

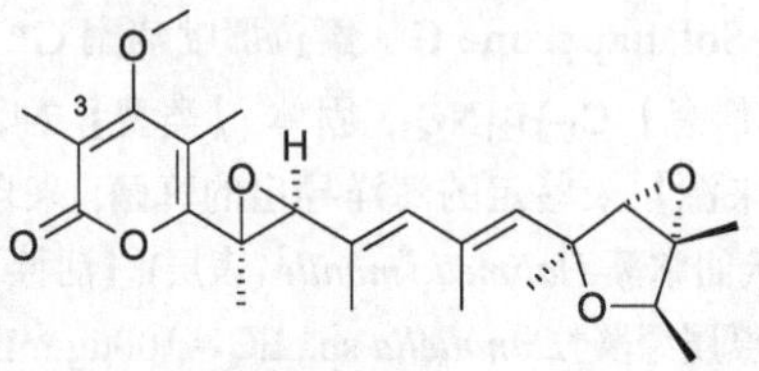

170 Xylarone 囊舌烯 C*
【别名】Aplysiopsene C.【基本信息】$C_{13}H_{18}O_3$, 油状物.【类型】2-吡喃酮类.【来源】软体动物门腹足纲囊舌目叶鳃螺科的 *Aplysiopsis formosa* (食草的, 亚速尔群岛, 葡萄牙).【活性】细胞毒 (Colo320, IC_{50} = 40~50μg/mL; L_{1210}, IC_{50} = 50μg/mL).【文献】A. Schüffler, et al. Z. Naturforsch., C, 2007, 62, 169; M. L. Ciavatta, et al. Tetrahedron Lett., 2009, 50, 527.

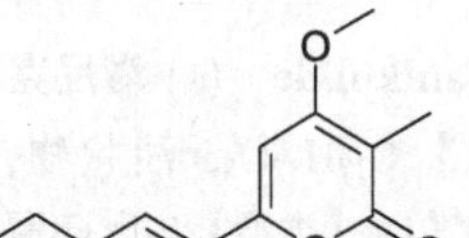

1.6 环壬烷类

171 (−)-Byssochlamic acid (−)-丝衣霉酸*
【基本信息】$C_{18}H_{20}O_6$, 晶体（乙酸乙酯/石油醚或氯仿），mp 164~165ºC, $[α]_D^{23}$ = −104º (c = 0.1, 氯仿).【类型】环壬烷类.【来源】未鉴定的红树导出的真菌 K38（南海, 中国）.【活性】细胞毒 (Hep2, IC_{50} = 37μg/mL; HepG2, IC_{50} = 35μg/mL).【文献】

C. Y. Li, et al. Chem. Nat. Compd., 2006, 42, 290; C.-Y.Li, et al. J. Asian Nat. Prod. Res., 2007, 9, 285.

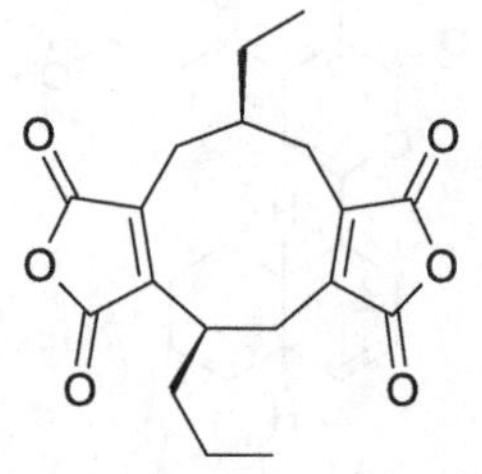

1.7 4-吡喃酮类（γ-吡喃酮类）

172 Auripyrone A 耳形尾海兔吡喃酮 A*
【基本信息】$C_{33}H_{50}O_7$, 晶体（戊烷），mp 172~176ºC, $[α]_D^{26}$ = +28º (c = 0.08, 氯仿).【类型】4-吡喃酮类.【来源】软体动物耳形尾海兔 *Dolabella auricularia*.【活性】细胞毒.【文献】K. Suenaga, et al. Tetrahedron Lett., 1996, 37, 5151; I. Hayakawa, et al. Angew. Chem., Int. Ed., 2010, 49, 2401.

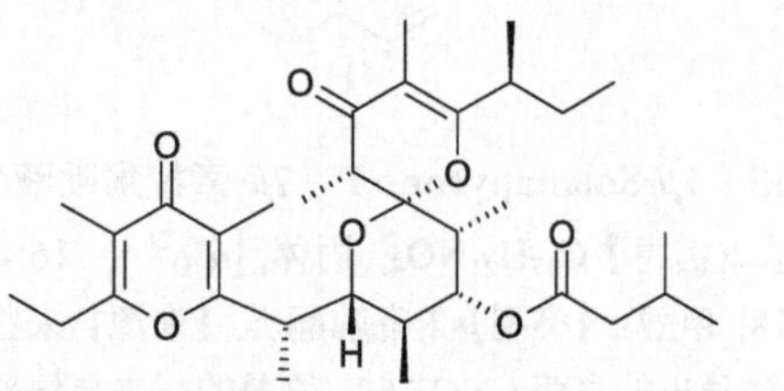

173 Auripyrone B 耳形尾海兔吡喃酮 B*
【基本信息】$C_{33}H_{50}O_7$, 晶体（戊烷），mp 126~128ºC, $[α]_D^{26}$ = +39º (c = 0.14, 氯仿).【类型】4-吡喃酮类.【来源】软体动物耳形尾海兔 *Dolabella auricularia*.【活性】细胞毒.【文献】K. Suenaga, et al. Tetrahedron Lett., 1996, 37, 5151; I. Hayakawa, et al. Angew. Chem., Int. Ed., 2010, 49, 2401.

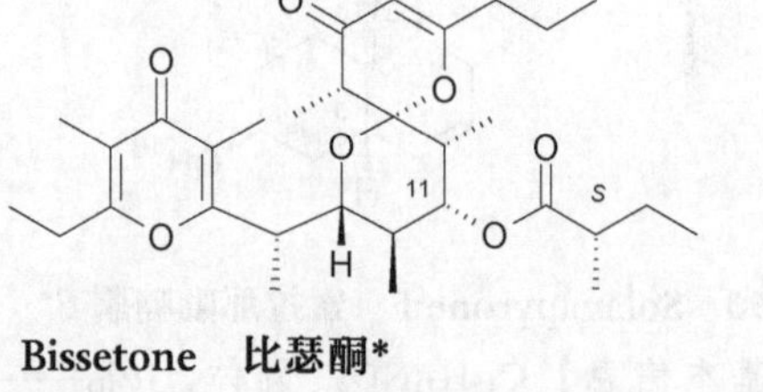

174 Bissetone 比瑟酮*
【基本信息】$C_9H_{14}O_5$, 油状物, $[α]_D$ = −43.6º (c = 4.25,

乙醇).【类型】4-吡喃酮类.【来源】多花环西柏柳珊瑚 Briareum polyanthes.【活性】抗微生物；杀昆虫剂；植物生长调节剂.【文献】J. H. Cardellina, et al. Tetrahedron Lett., 1987, 28, 727.

175　Carbonarone A　炭黑曲霉酮 A*

【别名】6-Benzyl-4-oxo-4H-pyran-3-carboxamide; 6-苄基-4-氧代-4H-吡喃-3-甲酰胺.【基本信息】$C_{13}H_{11}NO_3$, 无定形黄色粉末.【类型】4-吡喃酮类.【来源】海洋导出的真菌炭黑曲霉* Aspergillus carbonarius WZ-4-11.【活性】细胞毒 (K562, IC_{50} = 56.0μg/mL).【文献】Y. P. Zhang, et al. J. Antibiot., 2007, 60, 153.

176　Carbonarone B　炭黑曲霉酮 B*

【基本信息】$C_{13}H_{11}NO_3$, 针状晶体, mp 209~209.5ºC.【类型】4-吡喃酮类.【来源】海洋导出的真菌炭黑曲霉* Aspergillus carbonarius WZ-4-11.【活性】细胞毒 (K562, IC_{50} = 50.6μg/mL, 带有抗恶性细胞增生活性).【文献】Y. Zhang, et al. J. Antibiot., 2007, 60, 153.

177　Chromanone　苯并二氢吡喃酮衍生物*

【基本信息】$C_{18}H_{18}O_6$.【类型】4-吡喃酮类.【来源】海洋导出的链霉菌属 Streptomyces sundarbansensis (内生的), 来自棕藻墨角藻属 Fucus sp. (贝贾亚港, 阿尔及利亚).【活性】抗菌 (MRSA, 适度活性, 但有一定的选择性).【文献】I. Djinni, et al. Mar. Drugs, 2013, 11, 124.

178　Crispatene　海天牛烯*

【基本信息】$C_{25}H_{34}O_4$, 油状物, $[\alpha]_D$ = −92.8º (c = 0.12, 氯仿).【类型】4-吡喃酮类.【来源】软体动物门腹足纲囊舌目海天牛属* Elysia crispata [Syn. Tridachia crispata].【活性】细胞毒 (PS, ED_{50} = 7.2μg/mL).【文献】M. B. Ksebati, et al. JOC, 1985, 50, 5637.

179　Crispatone　海天牛酮*

【基本信息】$C_{25}H_{34}O_5$, 晶体 (正己烷), mp 164.5~166.5ºC, $[\alpha]_D$ = −84.7º (c = 0.03, 氯仿).【类型】4-吡喃酮类.【来源】软体动物门腹足纲囊舌目海天牛属* Elysia crispata [Syn. Tridachia crispata].【活性】细胞毒 (PS, ED_{50} = 3.7μg/mL).【文献】M. B. Ksebati, et al. JOC, 1985, 50, 5637.

180　Cyercene A　囊舌烯 A*

【基本信息】$C_{16}H_{22}O_3$.【类型】4-吡喃酮类.【来源】软体动物门腹足纲囊舌目叶鳃螺科 Cyerce cristallina.【活性】鱼毒, 组织再生刺激剂.【文献】R. R. Vardaro, et al. Tetrahedron, 1991, 47, 5569.

181　Cyercene B　囊舌烯 B*

【基本信息】$C_{14}H_{18}O_3$.【类型】4-吡喃酮类.【来源】软体动物门腹足纲囊舌目叶鳃螺科 Cyerce cristallina 和软体动物门腹足纲囊舌目叶鳃属 Ercolania funerea.【活性】鱼毒.【文献】R. R. Vardaro, et al. Tetrahedron, 1991, 47, 5569; 1992, 48, 9561.

182　Deoxyfusapyrone　去氧镰孢霉吡喃酮*

【基本信息】$C_{34}H_{54}O_8$, 油状物, $[\alpha]_D^{20} = -23.3º$ ($c = 0.23$, 甲醇).【类型】4-吡喃酮类.【来源】海洋导出的真菌镰孢霉属 *Fusarium* sp. FH-146 (腐木, 日本水域).【活性】抗真菌 (曲霉属* *Aspergillus clavatus* F318a, MIC = 3.12μg/mL, 对照两性霉素 B, MIC = 0.15μg/mL; 白色念珠菌 *Candida albicans* ATCC 2019, MIC > 100μg/mL, 两性霉素 B, MIC = 0.62μg/mL); 抗菌 (铜绿假单胞菌 *Pseudomonas aeruginosa* ATCC 15442, MIC = 12.5μg/mL, 对照氯霉素, MIC = 1.25μg/mL; 金黄色葡萄球菌 *Staphylococcus aureus* NBRC 13276, MIC > 100μg/mL, 氯霉素, MIC = 5μg/mL).【文献】F. Hiramatsu, et al. J. Antibiot., 2006, 59, 704.

183　Fusapyrone　镰孢霉吡喃酮*

【基本信息】$C_{34}H_{54}O_9$, 油状物, $[\alpha]_D^{20} = -22.9º$ ($c = 0.31$, 甲醇).【类型】4-吡喃酮类.【来源】海洋导出的真菌镰孢霉属 *Fusarium* sp. FH-146 (腐木, 日本水域).【活性】抗真菌 (曲霉属* *Aspergillus clavatus* F318a, MIC = 25μg/mL, 对照两性霉素 B, MIC = 0.15μg/mL; 白色念珠菌 *Candida albicans* ATCC 2019, MIC > 100μg/mL, 两性霉素 B, MIC = 0.62μg/mL); 抗菌 (铜绿假单胞菌 *Pseudomonas aeruginosa* ATCC 15442, MIC = 50μg/mL, 对照氯霉素, MIC = 1.25μg/mL; 金黄色葡萄球菌 *Staphylococcus aureus* NBRC 13276, MIC > 100μg/mL, 氯霉素, MIC = 5μg/mL).【文献】F. Hiramatsu, et al. J. Antibiot., 2006, 59, 704.

184　Himeic acid A　海眉克酸 A*

【基本信息】$C_{22}H_{29}NO_8$, $[\alpha]_D^{26} = -15º$ ($c = 0.14$, 甲醇).【类型】4-吡喃酮.【来源】海洋导出的真菌曲霉菌属 *Aspergillus* sp.【活性】泛素活化酶抑制剂.【文献】S. Tsukamoto, et al. BoMCL, 2005, 15, 191.

185　Hyalopyrone　亮管藻吡喃酮*

【别　名】6-(2-Hydroxypropyl)-3-methyl-2-(1-methylpropyl)-4H-pyran-4-one; 6-(2-羟丙基)-3-甲基-2-(1-甲基丙基)-4H-吡喃-4-酮.【基本信息】$C_{13}H_{20}O_3$, 浅黄色糖浆状物, $[\alpha]_D^{27} = -16.6º$ ($c = 1$, 甲醇).【类型】4-吡喃酮类.【来源】海洋导出的亚隔孢壳科盐角草壳二孢真菌* *Ascochyta salicorniae*, 来自绿藻石莼属 *Ulva* sp. (北海海岸, 德国).【活性】蛋白磷酸酶 PP 抑制剂 (MPtpB, $IC_{50} = 87.8$μmol/L; Cdc25a, PTP1B, VHR, MPtpA 和 VE-PTP, 对所有 5 种均无活性); 植物毒素.【文献】P. Venkatasubbaiah, et al. JNP, 1992, 55, 461; S. F. Seibert, et al. Org. Biomol. Chem., 2006, 4, 2233.

186　Ilikonapyrone　伊利扣那吡喃酮*

【基本信息】$C_{32}H_{48}O_7$, 晶体, mp 96~98ºC, $[\alpha]_D = -16º$ ($c = 1.5$, 二氯甲烷).【类型】4-吡喃酮类.【来源】软体动物腹足纲缩眼目石磺属 *Onchidium verruculatum*.【活性】防卫异种信息素 (石磺属 *Onchidium verruculatum*).【文献】C. M. Ireland, et al. JOC, 1984, 49, 559; H. Arimoto, et al. Tetrahedron Lett., 1993, 34, 5781.

187　Isoplacidene A　异树突柱海蛞蝓烯 A*

【基本信息】$C_{16}H_{22}O_3$.【类型】4-吡喃酮类.【来

源】软体动物门腹足纲囊舌目树突柱海蛞蝓* *Placida dendritica*.【活性】鱼毒.【文献】R. R, Vardaro, et al. Tetrahedron Lett., 1992, 33, 2875.

188 Isoplacidene B 异树突柱海蛞蝓烯 B*
【基本信息】$C_{15}H_{20}O_3$.【类型】4-吡喃酮类.【来源】软体动物门腹足纲囊舌目树突柱海蛞蝓* *Placida dendritica*.【活性】鱼毒.【文献】R. R, Vardaro, et al. Tetrahedron Lett., 1992, 33, 2875.

189 Kalkipyrone 卡尔开吡喃酮*
【基本信息】$C_{20}H_{28}O_4$, 油状物, $[\alpha]_D^{20} = +8.2°$ (c = 0.22, 氯仿).【类型】4-吡喃酮类.【来源】蓝细菌稍大鞘丝藻 *Lyngbya majuscula* 蓝细菌单歧藻属 *Tolypothrix* sp. (库拉索岛, 加勒比海).【活性】LD_{50} (盐水丰年虾) = 1μg/mL, LD_{50} (金鱼) = 2μg/mL.【文献】M. A. Graber, et al. JNP, 1998, 61, 677.

190 Lehualide B 勒胡阿内酯 B*
【基本信息】$C_{28}H_{36}O_4$, 油状物.【类型】4-吡喃酮类.【来源】扁板海绵属 *Plakortis* sp.【活性】细胞毒.【文献】N. Sata, et al. JNP, 2005, 68, 1400.

191 Lehualide D 勒胡阿内酯 D*
【基本信息】$C_{21}H_{34}O_4S$, 油状物.【类型】4-吡喃酮类.【来源】扁板海绵属 *Plakortis* sp.【活性】细胞毒.【文献】N. Sata, et al. JNP, 2005, 68, 1400.

192 Marinactinone B 海放射孢菌酮 B*
【基本信息】$C_{16}H_{26}O_3$.【类型】4-吡喃酮类.【来源】海洋导出的细菌耐高温海放射孢菌* *Marinactinospora thermotolerans* (沉积物, 南海, 中国).【活性】细胞毒 (HTCLs, 中等活性); 拓扑异构酶Ⅱ抑制剂 (低活性).【文献】F. Wang, et al. J. Antibiot., 2011, 64, 189.

193 Marinactinone C 海放射孢菌酮 C*
【基本信息】$C_{16}H_{26}O_3$.【类型】4-吡喃酮类.【来源】海洋导出的细菌耐高温海放射孢菌* *Marinactinospora thermotolerans* (沉积物, 南海, 中国).【活性】细胞毒 (HTCLs, 中等活性).【文献】F. Wang, et al. J. Antibiot., 2011, 64, 189.

194 Maurapyrone A 莫拉菊花螺吡喃酮 A*
【基本信息】$C_{26}H_{36}O_5$, 晶体, mp 110~112℃.【类型】4-吡喃酮类.【来源】软体动物门腹足纲莫拉菊花螺* *Siphonaria maura*.【活性】抗菌 (鳗弧菌 *Vibrio anguillarum*).【文献】D. C. Manker, et al. JOC, 1986, 51, 814.

195 Maurapyrone C 莫拉菊花螺吡喃酮 C*
【基本信息】$C_{25}H_{34}O_5$, 蜡状物.【类型】4-吡喃酮类.【来源】软体动物门腹足纲莫拉菊花螺 *Siphonaria maura*.【活性】抗菌（鳗弧菌 *Vibrio anguillarum*）.【文献】D. C. Manker, et al. JOC, 1986, 51, 814.

196 Maurapyrone D 莫拉菊花螺吡喃酮 D*
【基本信息】$C_{25}H_{34}O_5$, 油状物.【类型】4-吡喃酮类.【来源】软体动物门腹足纲莫拉菊花螺 *Siphonaria maura*.【活性】抗菌（鳗弧菌 *Vibrio anguillarum*）.【文献】D. C. Manker, et al. JOC, 1986, 51, 814.

197 5′-Methoxyvermistatin 5′-甲氧基沃米他汀*
【基本信息】$C_{19}H_{18}O_7$, 晶体, mp 198~199ºC, $[\alpha]_D^{20} = -30º$ ($c = 0.1$, 丙酮).【类型】4-吡喃酮类.【来源】红树导出的真菌球座菌属 *Guignardia* sp. 4382, 来自红树秋茄树 *Kandelia candel*（南海）.【活性】细胞毒（KB, $IC_{50} = 20.0\mu g/mL$, 对照顺铂, $IC_{50} = 0.56\mu g/mL$; KBV200, $IC_{50} = 15.1\mu g/mL$, 顺铂, $IC_{50} = 0.78\mu g/mL$）.【文献】X. K. Xia, et al. Helv. Chim. Acta, 2007, 90, 1925.

198 Onchitriol Ⅰ 石磺三醇 Ⅰ*
【基本信息】$C_{32}H_{48}O_7$, $[\alpha]_D = -20.0º$ ($c = 0.01$, 二氯甲烷).【类型】4-吡喃酮类.【来源】软体动物腹足纲缩眼目石磺属 *Onchidium* sp.【活性】细胞毒（P_{388}, $IC_{50} \approx 10\mu g/mL$; A549, $IC_{50} \approx 10\mu g/mL$; HT29, $IC_{50} \approx 10\mu g/mL$); 抗病毒（单纯性疱疹病毒 *Herpes simplex* HSV-1, $IC_{50} = 10\mu g/mL$; 疱疹性口炎病毒 *Vesicular stomatitis* VSV, $IC_{50} = 20\mu g/mL$); 细胞毒（KB, 1~10μg/mL, InRt = 90%~98%).【文献】J. Rodriguez, et al. Tetrahedron Lett., 1992, 33, 1089; J. Rodríguez, et al. JOC, 1992, 57, 4624; H. Arimoto, et al. Tetrahedron Lett., 1995, 36, 5357.

199 Onchitriol ⅡA 石磺三醇 ⅡA*
【基本信息】$C_{36}H_{52}O_9$, $[\alpha]_D = -11.5º$ ($c = 0.02$, 二氯甲烷).【类型】4-吡喃酮类.【来源】软体动物腹足纲缩眼目石磺属 *Onchidium* sp. [新喀里多尼亚（法属）].【活性】细胞毒（KB, 1~10μg/mL, InRt = 90%~98%).【文献】J. Rodriguez, et al. Tetrahedron Lett., 1992, 33, 1089; J. Rodriguez, et al. JOC, 1992, 57, 4624.

200 Onchitriol ⅡB 石磺三醇 ⅡB*
【基本信息】$C_{37}H_{54}O_9$, $[\alpha]_D = -19.5º$ ($c = 0.01$, 二氯甲烷).【类型】4-吡喃酮类.【来源】软体动物腹足纲缩眼目石磺属 *Onchidium* sp. [新喀里多尼亚（法属）].【活性】细胞毒（KB, 1~10μg/mL, InRt = 90%~98%).【文献】J. Rodriguez, et al. Tetrahedron Lett., 1992, 33, 1089; J. Rodriguez, et al. JOC, 1992, 57, 4624.

201 Onchitriol ⅡC 石磺三醇 ⅡC*
【基本信息】$C_{37}H_{54}O_9$, $[\alpha]_D = -18.0º$ ($c = 0.1$, 二氯甲烷).【类型】4-吡喃酮类.【来源】软体动物腹足纲缩眼目石磺属 *Onchidium* sp. [新喀里多尼亚（法属）].【活性】细胞毒（KB, 1~10μg/mL, InRt = 90%~98%).【文献】J. Rodriguez, et al. Tetrahedron Lett., 1992, 33, 1089; J. Rodriguez, et

202 Onchitriol Ⅰ D 石磺三醇Ⅰ D*

【基本信息】$C_{40}H_{58}O_{10}$, $[\alpha]_D = -25.2°$ (c = 0.01, 二氯甲烷).【类型】4-吡喃酮类.【来源】软体动物腹足纲缩眼目石磺属 *Onchidium* sp. [新喀里多尼亚（法属）].【活性】细胞毒 (KB, 1~10μg/mL, InRt = 90%~98%).【文献】J. Rodriguez, et al. Tetrahedron Lett., 1992, 33, 1089; J. Rodriguez, et al. JOC, 1992, 57, 4624.

203 Onchitriol Ⅱ 石磺三醇Ⅱ*

【基本信息】$C_{32}H_{48}O_7$, $[\alpha]_D = -33°$ (c = 0.01, 氯仿).【类型】4-吡喃酮类.【来源】软体动物腹足纲缩眼目石磺属 *Onchidium* sp.【活性】细胞毒 (P_{388}, $IC_{50} \approx 20$μg/mL; A549, $IC_{50} \approx 20$μg/mL; HT29, $IC_{50} \approx 20$μg/mL); 抗病毒（单纯性疱疹病毒 HSV-1, $IC_{50} = 10$μg/mL; 疱疹性口炎病毒 *Vesicular stomatitis* virus VSV, $IC_{50} = 20$μg/mL); 细胞毒 (KB, 1~10μg/mL, InRt = 90%~98%).【文献】J. Rodríguez, et al. Tetrahedron Lett., 1992, 33, 1089; J. Rodríguez, et al. JOC, 1992, 57, 4624; H. Arimoto, et al. Tetrahedron Lett., 1994, 35, 9581.

204 Onchitriol Ⅱ A 石磺三醇Ⅱ A*

【基本信息】$C_{34}H_{50}O_8$, $[\alpha]_D = -26.0°$ (c = 0.1, 二氯甲烷).【类型】4-吡喃酮类.【来源】软体动物腹足纲缩眼目石磺属 *Onchidium* sp. [新喀里多尼亚（法属）].【活性】细胞毒 (KB, 1~10μg/mL, InRt = 90%~98%).【文献】J. Rodriguez, et al. JOC, 1992, 57, 4624; J. Rodriguez, et al. Tetrahedron Lett., 1992, 33, 1089.

205 Onchitriol Ⅱ B 石磺三醇Ⅱ B*

【基本信息】$C_{35}H_{52}O_8$, $[\alpha]_D = -25.2°$ (c = 0.01, 二氯甲烷).【类型】4-吡喃酮类.【来源】软体动物腹足纲缩眼目石磺属 *Onchidium* sp. [新喀里多尼亚（法属）].【活性】细胞毒 (KB, 1~10μg/mL, InRt = 90%~98%).【文献】J. Rodriguez, et al. Tetrahedron Lett., 1992, 33, 1089; J. Rodriguez, et al. JOC, 1992, 57, 4624.

206 Onchitriol Ⅱ C 石磺三醇Ⅱ C*

【基本信息】$C_{38}H_{54}O_{10}$, $[\alpha]_D = -26.0°$ (c = 0.01, 二氯甲烷).【类型】4-吡喃酮类.【来源】软体动物腹足纲缩眼目石磺属 *Onchidium* sp. [新喀里多尼亚（法属）].【活性】细胞毒 (KB, 1~10μg/mL, InRt = 90%~98%).【文献】J. Rodriguez, et al. Tetrahedron Lett., 1992, 33, 1089; J. Rodriguez, et al. JOC, 1992, 57, 4624.

207 Onchitriol Ⅱ D 石磺三醇Ⅱ D*

【基本信息】$C_{36}H_{52}O_9$, $[\alpha]_D = -20.0°$ (c = 0.1, 二氯甲烷).【类型】4-吡喃酮类.【来源】软体动物腹足纲缩眼目石磺属 *Onchidium* sp. [新喀里多尼亚（法属）].【活性】细胞毒 (KB, 1~10μg/mL, InRt = 90%~98%).【文献】J. Rodriguez, et al. Tetrahedron Lett., 1992, 33, 1089; J. Rodriguez, et al. JOC, 1992, 57, 4624.

208 Peroniatriol Ⅰ 刺皮石磺三醇Ⅰ*

【基本信息】$C_{32}H_{48}O_7$, $[\alpha]_D = -12.4°$ ($c = 1.2$, 二氯甲烷).【类型】4-吡喃酮类.【来源】软体动物腹足纲缩眼目刺皮石磺* Peronia peronii.【活性】细胞毒.【文献】J. E. Biskupiak, et al. Tetrahedron Lett., 1985, 26, 4307; H. Arimoto, et al. Tetrahedron Lett., 1993, 34, 5781.

209 Peroniatriol Ⅱ 刺皮石磺三醇Ⅱ*

【基本信息】$C_{32}H_{48}O_7$, $[\alpha]_D = +224.8°$ ($c = 1$, 二氯甲烷).【类型】4-吡喃酮类.【来源】软体动物腹足纲缩眼目刺皮石磺* Peronia peronii.【活性】细胞毒.【文献】J. E. Biskupiak, et al. Tetrahedron Lett., 1985, 26, 4307; H. Arimoto, et al. Tetrahedron Lett., 1993, 34, 5781.

210 Photodeoxytridachione 发光去氧特里达吡酮*

【基本信息】$C_{22}H_{30}O_3$, $[\alpha]_D^{25} = +14.4°$ ($c = 0.6$, 氯仿).【类型】4-吡喃酮类.【来源】软体动物门腹足纲囊舌目海天牛属 Elysia timida (地中海) 和软体动物门腹足纲囊舌目海天牛科 Placobranchus ocellatus.【活性】鱼毒.【文献】C. M. Ireland, et al. Science, 1979, 205, 922; C. M. Ireland, et al. Tetrahedron, 1981, 37, 233.

211 Pinnamine 多棘裂江瑶胺*

【基本信息】$C_{13}H_{19}NO_2$, 油状物.【类型】4-吡喃酮类.【来源】多棘裂江瑶* Pinna muricata (冲绳, 日本).【活性】毒素, LD_{50} (小鼠, 急性毒性) $= 0.5\mu g/mL$; 有剧毒的, $LD_{99} = 0.5mg/kg$ (小鼠).【文献】N. Takada, et al. Tetrahedron Lett., 2000, 41, 6425; H. Kigoshi, et al. Tetrahedron Lett., 2001, 42, 7469; M. Kuramoto, et al. Mar. Drugs, 2004, 2, 39.

212 Placidene A 树突柱海蛞蝓烯 A*

【基本信息】$C_{16}H_{22}O_3$.【类型】4-吡喃酮类.【来源】软体动物门腹足纲囊舌目树突柱海蛞蝓* Placida dendritica.【活性】鱼毒.【文献】R. R, Vardaro, et al. Tetrahedron Lett., 1992, 33, 2875.

213 Placidene B 树突柱海蛞蝓烯 B*

【基本信息】$C_{15}H_{20}O_3$.【类型】4-吡喃酮类.【来源】软体动物门腹足纲囊舌目树突柱海蛞蝓* Placida dendritica.【活性】鱼毒.【文献】R. R, Vardaro, et al. Tetrahedron Lett., 1992, 33, 2875.

214 Polyporapyranone A 多孔菌吡喃酮 A*

【基本信息】$C_{13}H_{12}O_4$.【类型】4-吡喃酮类.【来源】两种海洋导出的真菌多孔菌目 Polyporales sp., 来自绿藻长喙藻属 Thalassia hemprichii (未说明采样地点, 可能是泰国).【活性】细胞毒 (Vero, 中低活性).【文献】V. Rukachaisirikul, et al. Tetrahedron, 2013, 69, 6981.

215　Polyporapyranone D　多孔菌吡喃酮 D*

【基本信息】$C_{11}H_7ClO_3$.【类型】4-吡喃酮类.【来源】两种海洋导出的真菌多孔菌目 *Polyporales* sp.，来自绿藻长喙藻属 *Thalassia hemprichii* (未说明采样地点，可能是泰国).【活性】细胞毒 (Vero，中低活性).【文献】V. Rukachaisirikul, et al. Tetrahedron, 2013, 69, 6981.

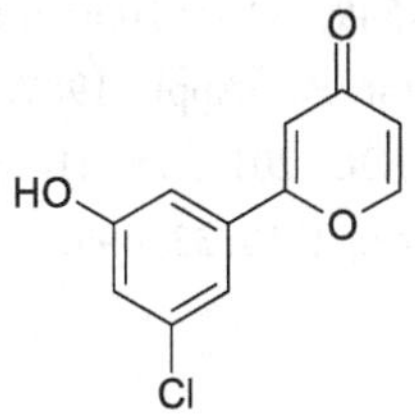

216　Tridachiapyrone A　海天牛吡喃酮 A*

【基本信息】$C_{25}H_{34}O_4$，油状物.【类型】4-吡喃酮类.【来源】软体动物门腹足纲囊舌目海天牛属* *Elysia crispata* [Syn. *Tridachia crispata*].【活性】细胞毒 (PS，$ED_{50} = 7.2\mu g/mL$).【文献】M. B. Ksebati, et al. JOC, 1985, 50, 5637.

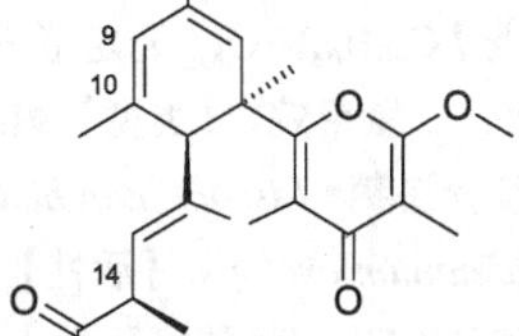

217　Tridachiapyrone B　海天牛吡喃酮 B*

【基本信息】$C_{25}H_{32}O_5$，油状物.【类型】4-吡喃酮类.【来源】软体动物门腹足纲囊舌目海天牛属* *Elysia crispata* [Syn. *Tridachia crispata*].【活性】细胞毒 (PS，$ED_{50} = 6\mu g/mL$).【文献】M. B. Ksebati, et al. JOC, 1985, 50, 5637.

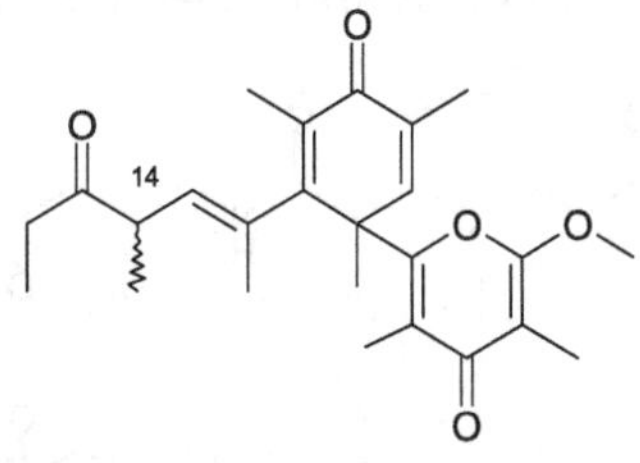

218　Tridachiapyrone D　海天牛吡喃酮 D*

【基本信息】$C_{25}H_{34}O_6$，油状物.【类型】4-吡喃酮类.【来源】软体动物门腹足纲囊舌目海天牛属* *Elysia crispata* [Syn. *Tridachia crispata*].【活性】细胞毒 (PS，$ED_{50} = 3.1\mu g/mL$).【文献】M. B. Ksebati, et al. JOC, 1985, 50, 5637.

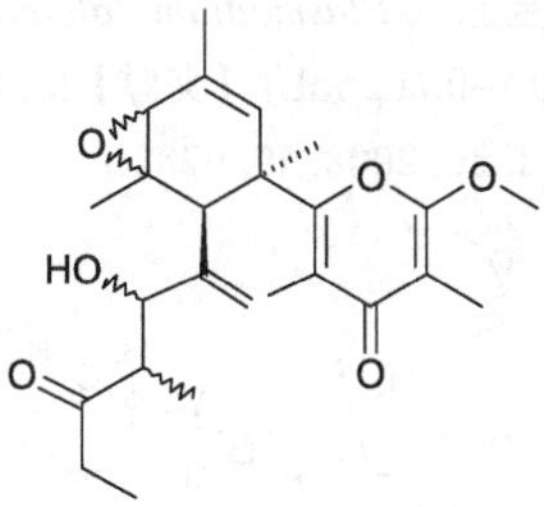

219　Vermistatin　沃米他汀*

【别名】Fijiensin；斐济烯新*.【基本信息】$C_{18}H_{16}O_6$，晶体，mp 213~214ºC，$[\alpha]_D^{20} = -8.5º$ ($c = 0.2$，氯仿).【类型】4-吡喃酮类.【来源】红树导出的真菌球座菌属 *Guignardia* sp. 4382，来自红树秋茄树 *Kandelia candel* (南海，中国).【活性】细胞毒 (EAC 和 P_{388}，作为弹性蛋白酶抑制剂的 RNA 合成抑制剂)；细胞毒 (KB，$IC_{50} = 90.2\mu g/mL$，对照顺铂，$IC_{50} = 0.56\mu g/mL$)；植物毒素 (对各种类的香蕉).【文献】J. Fuska, et al. J. Antibiot., 1986, 39, 1605; X. K. Xia, et al. Helv. Chim. Acta, 2007, 90, 1925.

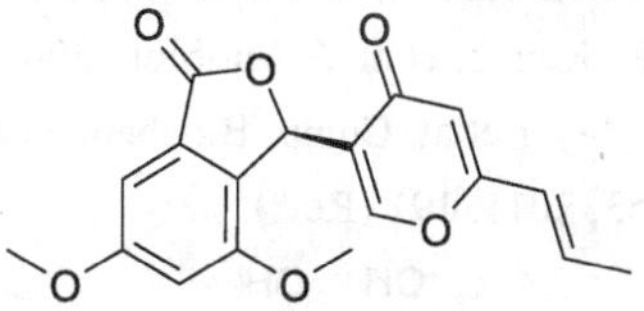

220　Yoshinone A　优西酮 A*

【基本信息】$C_{21}H_{32}O_5$.【类型】4-吡喃酮类.【来源】蓝细菌 Leptolyngbyoideae 亚科蓝细菌 *Leptolyngbya* sp.【活性】抗肥胖 (抑制 3T3-L1 细胞分化成为脂肪细胞，不伴随产生细胞毒，建议作为潜在的抗肥胖药物先导物).【文献】T. Inuzuka, et al. Tetrahedron Lett., 2014, 55, 6711.

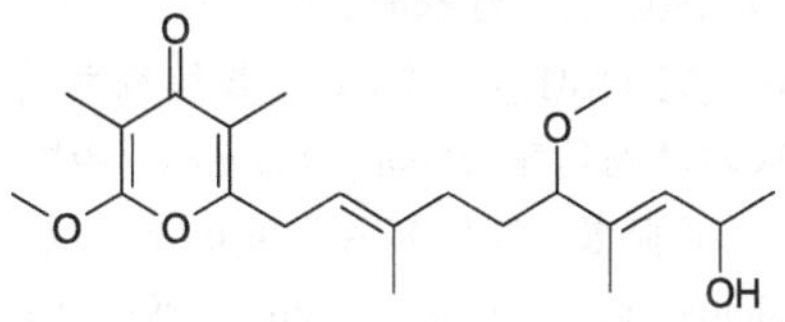

1.8　螺缩酮类

221　Antibiotics H 668　抗生素 H 668

【基本信息】$C_{36}H_{64}O_{12}$，无定形固体，$[\alpha]_D^{24} = +48.2º$

(c = 0.17, 甲醇).【类型】螺缩酮类.【来源】海洋导出的链霉菌属 *treptomyces* sp. H668.【活性】抗疟疾（恶性疟原虫 *Plasmodium falciparum* D6 和 W2, IC_{50} = 0.1~0.2µg/mL).【文献】M. K. Na, et al. Tetrahedron Lett., 2008, 49, 6282.

222 Ascochytatin 壳二孢亭*

【基本信息】$C_{20}H_{14}O_7$, 针状晶体（甲醇），mp 227~229ºC（分解），$[α]_D^{25}$ = –153º (c = 0.2, 甲醇).【类型】螺缩酮类.【来源】海洋导出的亚隔孢壳科壳二孢属真菌* *Ascochyta* sp. NGB4.【活性】抗菌（热敏突变形枯草杆菌 *Bacillus subtilis* CNM2000, MID = 0.3µg, 活性高于野生菌株 168, 建议二孢亭抑制细胞中 YycG/YycF-TCS 的功能); 抗菌（革兰氏阳性菌，高活性); 抗真菌（白色念珠菌 *Candida albicans*, 高活性); 细胞毒（两种哺乳动物癌细胞株，IC_{50} 值在低的 µmol/L 范围).【文献】K. Kanoh, et al. J. Antibiot., 2008, 61, 142; A. M. S. Mayer et al. Comp. Biochem. and Physiol., Part C, 153, 2011, 191 (Rev.).

223 Attenol A 丝鳃醇 A*

【基本信息】$C_{22}H_{38}O_5$.【类型】螺缩酮类.【来源】双壳软体动物丝鳃 *Pinna attenuate*（中国水域).【活性】细胞毒（P_{388}, IC_{50} = 24µg/mL).【文献】N. Takada, et al. Chem. Lett., 1999, 1025; K. Suenaga, et al. Org. Lett., 2001, 3, 527.

224 Azaspirofuran A 氮杂螺呋喃 A*

【基本信息】$C_{22}H_{21}NO_7$, 浅黄色油状物，$[α]_D^{20}$ = –19.7º (c = 0.295, 氯仿).【类型】螺缩酮类.【来源】海洋导出的真菌萨氏曲霉菌 *Aspergillus sydowi*（沉积物，胶州湾，山东，中国）和烟曲霉菌 *Aspergillus fumigatus*, 来自鲻鱼 *Mugil cephalus*（胜浦湾，日本水域).【活性】细胞毒（MTT 试验: A549, IC_{50} = 10µmol/L).【文献】K. Mizoue, et al. Eur. Pat. Appl., 1987, EP 216607; T. Yamada, et al. JOC, 2010, 75, 4146; H. Ren, et al. Arch. Pharm. Res., 2010, 33, 499.

225 Bistramide A 二条纹槟骨海鞘酰胺 A*

【别名】Bistratene A; BST-A; 二条纹槟骨海鞘烯 A*.【基本信息】$C_{40}H_{68}N_2O_8$, 无定形固体，$[α]_D^{20}$ = +10º (c = 0.05, 二氯甲烷).【类型】螺缩酮类.【来源】二条纹槟骨海鞘* *Lissoclinum bistratum* 和膜海鞘属 *Trididemnum cyclops*.【活性】细胞毒（成纤维细胞 MRC5CV1 和膀胱癌恶性上皮肿瘤细胞 T-24, IC_{50} = 0.07µg/mL); 细胞毒 (KB, IC_{50} = 0.53µg/mL; P_{388}, IC_{50} = 0.20µg/mL; P_{388}/Dox, IC_{50} = 0.05µg/mL; B16, IC_{50} = 0.10µg/mL; HT29, IC_{50} = 0.32µg/mL; NSCLC-N6, IC_{50} = 0.03µg/mL; 对照 6-巯基嘌呤: KB, IC_{50} = 0.55µg/mL; P_{388}, IC_{50} = 0.70µg/mL; P_{388}/Dox, IC_{50} = 0.26µg/mL; B16, IC_{50} = 0.80µg/mL; HT29, IC_{50} = 0.87µg/mL; NSCLC-N6, IC_{50} = 0.79µg/mL); 抑制细胞循环（有值得注意

的活性,抑制细胞循环中的 S 阶段并部分阻碍 G 阶段).【文献】D. Gouiffes, et al. Tetrahedron, 1988, 44, 451; B. M. Degnan, et al. JMC, 1989, 32, 1354; M. P. Foster, et al. JACS, 1992, 114, 1110 (structure revised); R. Dunkel, et al. Anal. Chem., 1992, 64, 3150; J.-F. Biard, et al. JNP, 1994, 57, 1336.

226 Bistramide B 二条纹簇骨海鞘酰胺 B*

【别名】BST-B.【基本信息】$C_{40}H_{70}N_2O_8$, $[\alpha]_D^{20} = +10°$ ($c = 0.01$, 二氯甲烷).【类型】螺缩酮类.【来源】二条纹簇骨海鞘* Lissoclinum bistratum [新喀里多尼亚(法属)和斐济].【活性】细胞毒 (KB, $IC_{50} = 2.10\mu g/mL$; P_{388}, $IC_{50} = 0.20\mu g/mL$; P_{388}/Dox, $IC_{50} = 1.16\mu g/mL$; B16, $IC_{50} = 1.20\mu g/mL$; HT29, $IC_{50} = 0.71\mu g/mL$; NSCLC-N6, $IC_{50} = 0.32\mu g/mL$. 对照 6-巯基嘌呤:KB, $IC_{50} = 0.55\mu g/mL$; P_{388}, $IC_{50} = 0.70\mu g/mL$; P_{388}/Dox, $IC_{50} = 0.26\mu g/mL$; B16, $IC_{50} = 0.80\mu g/mL$; HT29, $IC_{50} = 0.87\mu g/mL$; NSCLC-N6, $IC_{50} = 0.79\mu g/mL$); 抑制细胞循环(有值得注意的活性,抑制细胞循环中的 S 阶段并部分阻碍 G 阶段); 抗寄生虫.【文献】J.-F. Biard, et al. JNP, 1994, 57, 1336.

227 Bistramide C 二条纹簇骨海鞘酰胺 C*

【别名】BST-C.【基本信息】$C_{40}H_{66}N_2O_8$, 无定形固体, $[\alpha]_D^{20} = +10°$ ($c = 0.05$, 二氯甲烷).【类型】螺缩酮类.【来源】二条纹簇骨海鞘* Lissoclinum bistratum [新喀里多尼亚(法属)和斐济].【活性】细胞毒 (KB, $IC_{50} = 0.65\mu g/mL$; P_{388}, $IC_{50} = 0.02\mu g/mL$; P_{388}/Dox, $IC_{50} = 0.05\mu g/mL$; B16, $IC_{50} = 0.06\mu g/mL$; HT29, $IC_{50} = 0.50\mu g/mL$; NSCLC-N6, $IC_{50} = 0.05\mu g/mL$. 对照 6-巯基嘌呤:KB, $IC_{50} = 0.55\mu g/mL$; P_{388}, $IC_{50} = 0.70\mu g/mL$; P_{388}/Dox, $IC_{50} = 0.26\mu g/mL$; B16, $IC_{50} = 0.80\mu g/mL$; HT29, $IC_{50} = 0.87\mu g/mL$; NSCLC-N6, $IC_{50} = 0.79\mu g/mL$); 抑制细胞循环(有值得注意的活性,抑制细胞循环中的 S 阶段并部分阻碍 G 阶段); 抗寄生虫; 抗恶性细胞增生.【文献】J.-F. Biard, et al. JNP, 1994, 57, 1336; G. Zuber, et al. Org. Lett., 2005, 7, 5269.

228 Bistramide D 二条纹簇骨海鞘酰胺 D*

【别名】BST-D.【基本信息】$C_{40}H_{70}N_2O_8$, 无定形固体, $[\alpha]_D^{20} = +8°$ ($c = 0.04$, 二氯甲烷).【类型】螺缩酮类.【来源】二条纹簇骨海鞘* Lissoclinum bistratum [新喀里多尼亚(法属)和斐济] 和膜海鞘属 Trididemnum cyclops.【活性】细胞毒 (KB, $IC_{50} = 10.0\mu g/mL$; P_{388}, $IC_{50} = 0.36\mu g/mL$; P_{388}/Dox, $IC_{50} = 5.82\mu g/mL$; B16, $IC_{50} = 0.10\mu g/mL$; HT29, $IC_{50} = 2.76\mu g/mL$; NSCLC-N6, $IC_{50} = 3.43\mu g/mL$. 对照 6-巯基嘌呤:KB, $IC_{50} = 0.55\mu g/mL$; P_{388}, $IC_{50} = 0.70\mu g/mL$; P_{388}/dox, $IC_{50} = 0.26\mu g/mL$; B16, $IC_{50} = 0.80\mu g/mL$; HT29, $IC_{50} = 0.87\mu g/mL$; NSCLC-N6, $IC_{50} = 0.79\mu g/mL$); 抑制细胞循环(有值得注意的活性,抑制细胞循环中的 S 阶段并部分阻碍 G 阶段); 抗寄生虫.【文献】J.-F. Biard, et al. JNP, 1994, 57, 1336; C. Bauder, et al. Org. Biomol. Chem., 2006, 4, 1860.

229 Bistramide K 二条纹簇骨海鞘酰胺 K*

【基本信息】$C_{40}H_{70}N_2O_8$, 无定形固体, $[\alpha]_D^{20} = +20°$ ($c = 0.02$, 二氯甲烷).【类型】螺缩酮类.【来源】二条纹簇骨海鞘* Lissoclinum bistratum [新喀里多尼亚(法属)和斐济].【活性】细胞毒 (KB, $IC_{50} > 10.0\mu g/mL$; P_{388}, $IC_{50} = 0.57\mu g/mL$; P_{388}/Dox, $IC_{50} > 10.0\mu g/mL$; B16, $IC_{50} = 1.90\mu g/mL$; HT29, $IC_{50} = 5.60\mu g/mL$; NSCLC-N6, $IC_{50} = 3.23\mu g/mL$. 对照 6-巯基嘌呤:KB, $IC_{50} = 0.55\mu g/mL$; P_{388}, $IC_{50} = 0.70\mu g/mL$; P_{388}/Dox, $IC_{50} = 0.26\mu g/mL$; B16,

$IC_{50} = 0.80 \mu g/mL$; HT29, $IC_{50} = 0.87 \mu g/mL$; NSCLC-N6, $IC_{50} = 0.79 \mu g/mL$);抑制细胞循环（阻碍 G 阶段）(生长 48h 后，完全阻断 NSCLC-N6 细胞循环的 G 阶段）；抗寄生虫.【文献】J.-F. Biard, et al. JNP, 1994, 57, 1336.

230 Bistratene B 二条纹髌骨海鞘烯 B*
【基本信息】$C_{42}H_{70}N_2O_9$.【类型】螺缩酮类.【来源】二条纹髌骨海鞘* Lissoclinum bistratum.【活性】细胞毒（MRC5CV1 和 T-24, $IC_{50} = 0.09 \mu g/mL$).【文献】B. M. Degnan, et al. JMC, 1989, 32, 1354; M. P. Foster, et al. JACS, 1992, 114, 1110（结构修正）; R. Dunkel, et al. Anal. Chem., 1992, 64, 3150.

231 Didemnaketal A 星骨海鞘缩酮 A*
【基本信息】$C_{44}H_{72}O_{14}$，油状物，$[\alpha]_D = -11.0°$ ($c = 0.8$，氯仿).【类型】螺缩酮类.【来源】星骨海鞘属 Didemnum sp.（帕劳，大洋洲）.【活性】HIV-1 蛋白酶抑制剂 ($IC_{50} = 2 \mu g/mL$).【文献】B. C. M. Potts, et al. JACS, 1991, 113, 6321; C. E. Salomon, et al. Org. Lett., 2002, 4, 1699.

232 Didemnaketal B 星骨海鞘缩酮 B*
【基本信息】$C_{52}H_{86}O_{15}$，油状物.【类型】螺缩酮类.【来源】星骨海鞘属 Didemnum sp.（帕劳，大洋洲）.【活性】HIV-1 蛋白酶抑制剂 ($IC_{50} = 10 \mu g/mL$).【文献】B. C. M. Potts, et al. JACS, 1991, 113, 6321; C. E. Salomon, et al. Org. Lett., 2002, 4, 1699.

233 Gymnastatin A 小裸囊菌斯他汀 A*
【基本信息】$C_{23}H_{31}Cl_2NO_4$，粉末，mp 74.2~76.0ºC，$[\alpha]_D = -3.8°$ ($c = 0.73$，氯仿).【类型】螺缩酮类.【来源】海洋导出的真菌小裸囊菌属 Gymnascella dankaliensis，来自日本软海绵 Halichondria japonica.【活性】细胞毒 (P_{388}, $ED_{50} = 18 ng/mL$).【文献】Numata, et al. Tetrahedron Lett., 1997, 38, 5675; T. Amagata, et al. JCS Perkin Trans. I, 1998, 3585; M. K. Gurjar, et al. Heterocycles, 2000, 53, 143.

234 Gymnastatin B 小裸囊菌斯他汀 B*
【基本信息】$C_{24}H_{35}Cl_2NO_5$，粉末，mp 73.5~77.5ºC，$[\alpha]_D = -122.1°$ ($c = 0.3$，氯仿).【类型】螺缩酮类.【来源】海洋导出的真菌小裸囊菌属 Gymnascella dankaliensis，来自日本软海绵 Halichondria japonica.【活性】细胞毒 (P_{388}, $ED_{50} = 108 ng/mL$).【文献】T. Amagata, et al. JCS Perkin Trans. I, 1998, 3585.

235 Gymnastatin C 小裸囊菌斯他汀 C*
【基本信息】$C_{24}H_{37}Cl_2NO_6$，粉末，mp 104.7~107.5ºC，$[\alpha]_D = -101.2º$ ($c = 0.1$，氯仿).【类型】螺缩酮类.
【来源】海洋导出的真菌小裸囊菌属 *Gymnascella dankaliensis*，来自日本软海绵 *Halichondria japonica*.
【活性】细胞毒 (P_{388}, ED_{50} = 106ng/mL).【文献】T. Amagata, et al. JCS Perkin Trans. I, 1998, 3585.

236 Gymnastatin D 小裸囊菌斯他汀 D*
【基本信息】$C_{23}H_{34}ClNO_5$，无定形粉末，mp 86.4~88.2ºC，$[\alpha]_D = -8.9º$ ($c = 0.45$，氯仿).【类型】螺缩酮类.【来源】海洋导出的真菌小裸囊菌属 *Gymnascella dankaliensis*，来自日本软海绵 *Halichondria japonica*.【活性】细胞毒 (P_{388}, ED_{50} = 10.5μg/mL).【文献】T. Amagata, et al. JCS Perkin Trans. I, 1998, 3585.

237 Gymnastatin E 小裸囊菌斯他汀 E*
【基本信息】$C_{23}H_{34}ClNO_5$，无定形粉末，mp 87.3~88ºC，$[\alpha]_D = -8.5º$ ($c = 0.52$，氯仿).【类型】螺缩酮类.【来源】海洋导出的真菌小裸囊菌属 *Gymnascella dankaliensis*，来自日本软海绵 *Halichondria japonica*.【活性】细胞毒 (P_{388}, ED_{50} = 10.8μg/mL).【文献】T. Amagata, et al. JCS Perkin Trans. I, 1998, 3585.

238 Gymnastatin I 小裸囊菌斯他汀 I*
【基本信息】$C_{23}H_{31}Br_2NO_4$.【类型】螺缩酮类.【来源】海洋导出的真菌小裸囊菌属 *Gymnascella dankaliensis*.【活性】细胞毒（一组 39 种人癌细胞株）；细胞毒 (P_{388}, 有潜力的).【文献】T. Amagata, et al. Heterocycles, 2010, 81, 897.

239 Gymnastatin J 小裸囊菌斯他汀 J*
【基本信息】$C_{24}H_{35}Br_2NO_6$.【类型】螺缩酮类.【来源】海洋导出的真菌小裸囊菌属 *Gymnascella dankaliensis*.【活性】细胞毒（一组 39 种人癌细胞株）；细胞毒 (P_{388}, 有潜力的).【文献】T. Amagata, et al. Heterocycles, 2010, 81, 897.

240 Gymnastatin K 小裸囊菌斯他汀 K*
【基本信息】$C_{24}H_{37}Br_2NO_6$.【类型】螺缩酮类.【来源】海洋导出的真菌小裸囊菌属 *Gymnascella dankaliensis*.【活性】细胞毒 (P_{388}, 有潜力的).【文献】T. Amagata, et al. Heterocycles, 2010, 81, 897.

241 Marinisporolide A 放线菌内酯 A*
【基本信息】$C_{38}H_{58}O_{10}$，无定形黄色粉末.【类型】螺缩酮类.【来源】海洋导出的放线菌 *Marinispora* sp. CNQ-140（沉积物，培养物，拉霍亚，加利福尼亚，美国).【活性】抗真菌（白色念珠菌 *Candida albicans*, 适度活性).【文献】H. C. Kwon, et al. JOC, 2009, 74, 675.

242 30-Methyloscillatoxin D 30-甲基墨绿颤藻毒素 D*

【基本信息】$C_{32}H_{44}O_8$, 晶体 (甲醇), mp 166°C. 【类型】螺缩酮类. 【来源】蓝细菌稍大鞘丝藻 *Lyngbya majuscula* (深水水域); 一种蓝细菌钙生裂须藻* *Schizothrix calcicola* 和蓝细菌墨绿颤藻 *Oscillatoria nigroviridis* 的混合物. 【活性】抗白血病; 毒素. 【文献】M. Entzeroth, et al. JOC, 1985, 50, 1255; H. -J. Knölker, et al. Tetrahedron Lett., 1995, 36, 5339; H. Toshima, et al. Tetrahedron Lett., 1995, 36, 3373.

243 Oscillatoxin D 墨绿颤藻毒素 D*

【基本信息】$C_{31}H_{42}O_8$, 树胶状物. 【类型】螺缩酮类. 【来源】一种蓝细菌钙生裂须藻* *Schizothrix calcicola* 和蓝细菌墨绿颤藻 *Oscillatoria nigroviridis* 的混合物. 【活性】抗白血病; 毒素. 【文献】M. Entzeroth, et al. JOC, 1985, 50, 1255; H. -J. Knölker, et al. Tetrahedron Lett., 1995, 36, 5339; H. Toshima, et al. Tetrahedron Lett., 1995, 36, 3373.

244 39-Oxobistramide K 39-氧代二条纹簇骨海鞘酰胺 K*

【基本信息】$C_{40}H_{68}N_2O_8$, 无定形粉末, $[α]_D^{25}$ = −72° (c = 0.05, 甲醇). 【类型】螺缩酮类. 【来源】膜海鞘属 *Trididemnum cyclops* (马达加斯加). 【活性】细胞毒 (A2780, IC_{50} = 0.34μmol/L). 【文献】B. T. Murphy, et al. JNP, 2009, 72, 1338.

245 Paecilospirone 拟青霉螺酮*

【基本信息】$C_{32}H_{44}O_5$, $[α]_D^{25}$ = +202.5° (c = 0.37, 甲醇). 【类型】螺缩酮类. 【来源】海洋导出的真菌拟青霉属 *Paecilomyces* sp. (珊瑚礁, 雅浦岛, 密克罗尼西亚联邦). 【活性】微管聚集抑制剂. 【文献】M. Namikoshi, et al. Chem. Lett., 2000, 308; M. Namikoshi, et al. CPB, 2000, 48, 1452.

246 Penisporolide A 青霉孢子内酯 A*

【基本信息】$C_{18}H_{30}O_5$, 浅黄色油状物, $[α]_D^{20}$ = +37° (c = 0.5, 甲醇). 【类型】螺缩酮类. 【来源】红树导出的真菌青霉属 *Penicillium* sp. HKI GT20022605, 来自红树秋茄树 *Kandelia candel* (中国水域). 【活性】黄嘌呤氧化酶抑制剂 (温和活性); 3α-羟基类固醇脱氢酶抑制剂 (温和活性). 【文献】X. Li, et al. J. Antibiot., 2007, 60, 191.

247 Penisporolide B 青霉孢子内酯 B*

【基本信息】$C_{17}H_{26}O_5$, 浅黄色油状物, $[α]_D^{20}$ = +81° (c = 1, 甲醇). 【类型】螺缩酮类. 【来源】红树导出的真菌青霉属 *Penicillium* sp. HKI GT20022605, 来自红树秋茄树 *Kandelia candel* (中国水域). 【活性】黄嘌呤氧化酶抑制剂 (温和活性); 3α-羟基类固醇脱氢酶抑制剂 (温和活性). 【文献】X. Li, et al. J. Antibiot., 2007, 60, 191.

248 Prunolide A 海鞘内酯 A*

【基本信息】$C_{34}H_{14}Br_8O_9$, 黄色片状晶体 (二甲亚砜), mp 212~214°C, $[α]_D^{25}$ = 0° (c = 0.5, 甲醇). 【类型】螺缩酮类. 【来源】Polyclinidae 科海鞘 *Synoicum prunum* (澳大利亚). 【活性】细胞毒 (25μmol/L 抑

制 HeLa 细胞生长，低活性)．【文献】A. R. Carroll, et al. JOC, 1999, 64, 2680.

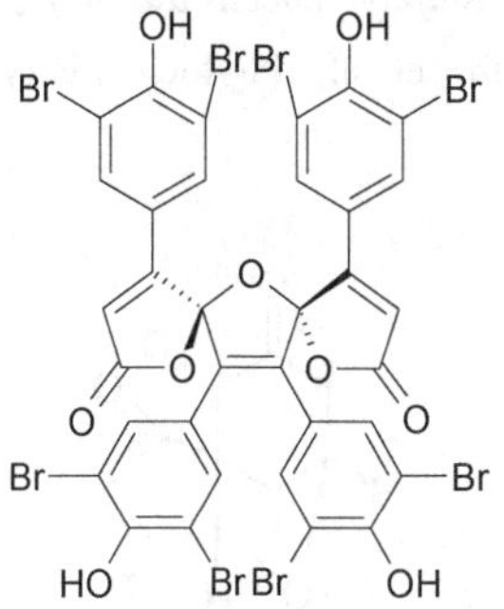

249　Prunolide B　海鞘内酯 B*
【基本信息】$C_{34}H_{16}Br_6O_9$，黄色树胶状物，$[\alpha]_D^{25} = 0°$ ($c = 0.1$, 甲醇)．【类型】螺缩酮类．【来源】Polyclinidae 科海鞘 *Synoicum prunum* (澳大利亚)．【活性】细胞毒 (低活性)．【文献】A. R. Carroll, et al. JOC, 1999, 64, 2680.

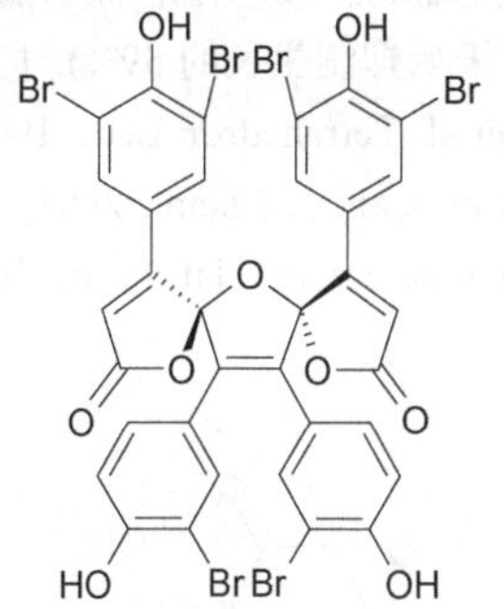

250　Prunolide C　海鞘内酯 C*
【基本信息】$C_{34}H_{22}O_9$，黄色树胶状物，$[\alpha]_D^{25} = 0°$ ($c = 0.4$, 甲醇)．【类型】螺缩酮类．【来源】Polyclinidae 科海鞘 *Synoicum prunum* (澳大利亚)．【活性】细胞毒 (15μmol/L 抑制 HeLa 细胞生长，低活性)．【文献】A. R. Carroll, et al. JOC, 1999, 64, 2680.

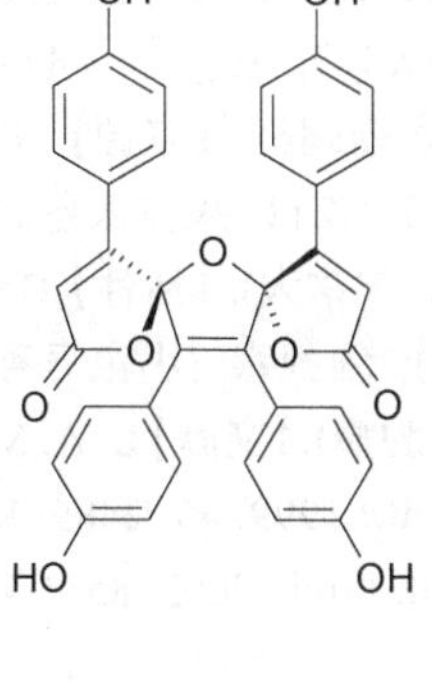

251　Spirastrellolide A　绯红璇星海绵 A*
【基本信息】$C_{52}H_{81}ClO_{17}$，油状物 (甲酯)，$[\alpha]_D^{25} = +27°$ ($c = 0.16$, 二氯甲烷) (甲酯)．【类型】螺缩酮类．【来源】绯红璇星海绵* *Spirastrella coccinea*, 外轴海绵属 *Epipolasis* sp. (那加鲁岛，冲绳，日本；中国东海)．【活性】抗有丝分裂；蛋白磷酸酶 PP 抑制剂 (选择性的)；细胞毒 (游离酸活性高于其甲酯)．【文献】D. E. Williams, et al. JACS, 2003, 125, 5296; D. E. Williams, et al. Org. Lett., 2004, 6, 2607; M. Suzuki, et al. JNP, 2012, 75, 1192.

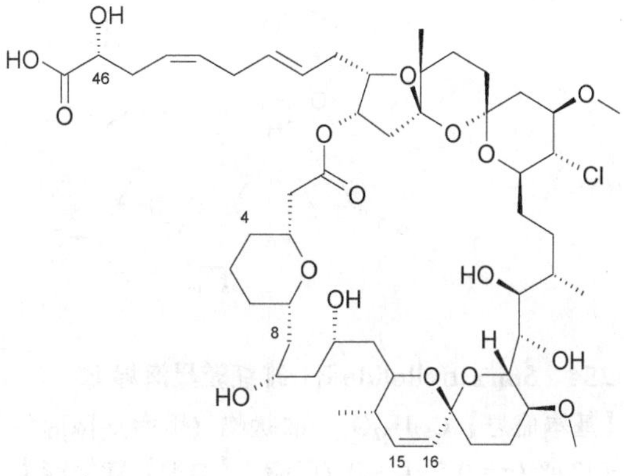

252　Spirastrellolide B　绯红璇星海绵 B*
【别名】15,16-Dihydrospirostrellolide E; 15,16-二氢绯红璇星海绵 E*．【基本信息】$C_{52}H_{84}O_{17}$，油状物 (甲酯)，$[\alpha]_D^{25} = +44.7°$ ($c = 0.5$, 甲醇) (甲酯)．【类型】螺缩酮类．【来源】绯红璇星海绵* *Spirastrella coccinea*, 外轴海绵属 *Epipolasis* sp. (那加鲁岛，冲绳，日本；中国东海)．【活性】细胞毒 (游离酸活性高于其甲酯)．【文献】K. Warabi, et al. JACS, 2007, 129, 508; M. Suzuki, et al. JNP, 2012, 75, 1192.

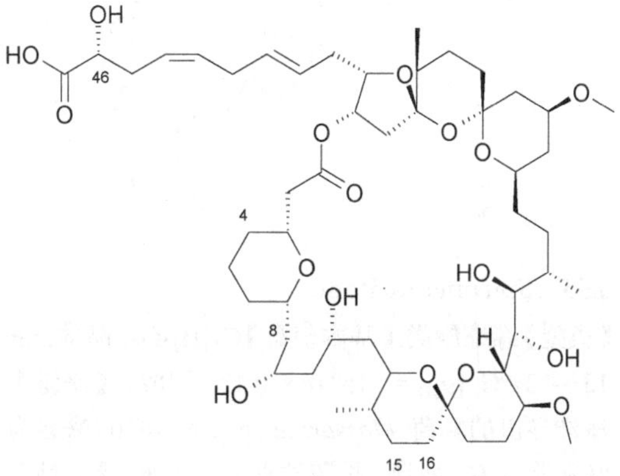

253 Spirastrellolide D 绯红璇星海绵 D*

【基本信息】$C_{52}H_{80}Cl_2O_{17}$, 油状物（甲酯），$[\alpha]_D^{25} = +45.9°$ ($c = 0.5$, 甲醇)（甲酯）. 【类型】螺缩酮类. 【来源】绯红璇星海绵* *Spirastrella coccinea*. 【活性】抑制过早的有丝分裂（$IC_{50} = 0.4~0.7\mu mol/L$，作用的分子机制：抑制蛋白磷酸酶 2A）.【文献】D. E. Williams, et al. JOC, 2007, 72, 9842.

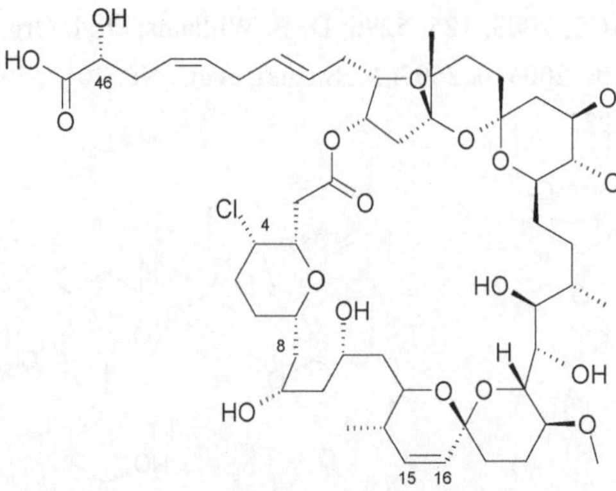

254 Spirastrellolide E 绯红璇星海绵 E*

【基本信息】$C_{52}H_{82}O_{17}$, 油状物（甲酯），$[\alpha]_D^{25} = +47.4°$ ($c = 0.5$, 甲醇)（甲酯）. 【类型】螺缩酮类. 【来源】绯红璇星海绵* *Spirastrella coccinea*. 【活性】抑制过早的有丝分裂（$IC_{50} = 0.4~0.7\mu mol/L$，作用的分子机制：抑制蛋白磷酸酶 2A）.【文献】D. E. Williams, et al. JOC, 2007, 72, 9842.

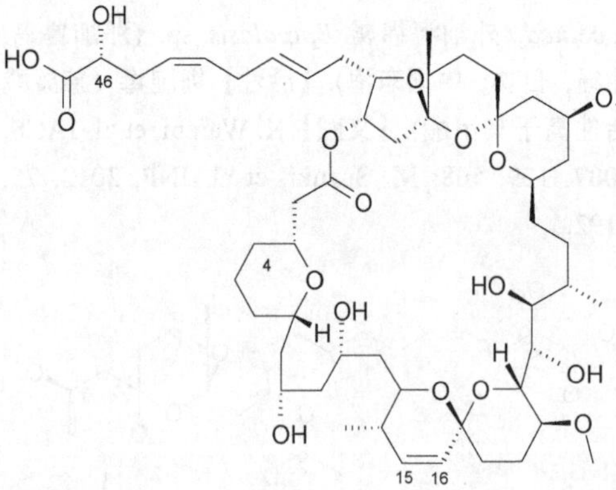

255 Spiromassaritone

【类型】螺缩酮类. 【基本信息】$C_{11}H_{12}O_5$, 晶体, mp 131~132℃, $[\alpha]_D = +15°$ ($c = 0.13$, 甲醇). 【来源】海洋导出的真菌 *Massarina* sp. CNT-016（来自海洋泥浆样本, 浅海, 帕劳群岛, 大洋洲）. 【活性】细胞毒 无活性 (HCT116); 抗真菌 无活性 (白色念珠菌 *Candida albicans*); 抗菌 无活性 (金黄色葡萄球菌 *Staphylococcus aureus*).【文献】M. A. Abdel-Wahab, et al, Phytochemistry, 2007, 68, 1212

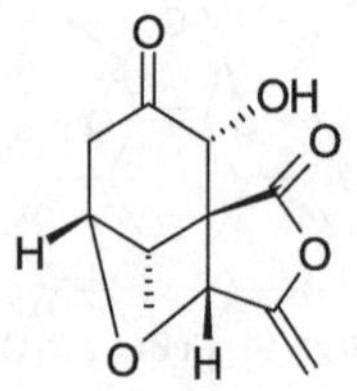

256 Spiroxin A 螺缩酮新 A*

【基本信息】$C_{20}H_9ClO_8$, $[\alpha]_D^{25} = -644°$ ($c = 0.18$, 甲醇). 【类型】螺缩酮类. 【来源】未鉴定的海洋导出的真菌 LL-37H248, 来自未鉴定的软珊瑚. 【活性】细胞毒 (25 种不同的癌细胞, $IC_{50} = 0.09\mu g/mL$); 抗肿瘤 (*in vivo*, 裸小鼠卵巢恶性上皮肿瘤, 21 天后抑制生长的 59%).【文献】L. A. McDonald, et al. Tetrahedron Lett., 1999, 40, 2489; T. Wang, et al. Can. J. Chem., 2001, 79, 1786; K. Krohn, Prog. Chem. Org. Nat. Prod., 2003, 85, 1-49 (Rev.).

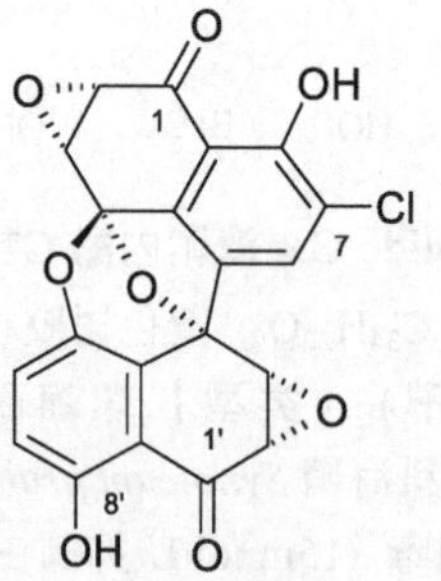

257 Spiroxin B 螺缩酮新 B*

【别名】Antibiotics F12517; 抗生素 F12517. 【基本信息】$C_{20}H_8Cl_2O_8$, $[\alpha]_D^{25} = -475°$ ($c = 0.21$, 甲醇). 【类型】螺缩酮类. 【来源】未鉴定的海洋导出的真菌 LL-37H248, 来自未鉴定的软珊瑚 (橙色, 温哥华岛, 加拿大). 【活性】DNA 断裂剂 (抗肿瘤, 抗生素); 细胞毒 (小鼠异种移植模型, 人卵巢恶性上皮肿瘤).【文献】L. A. McDonald, et al. Tetrahedron Lett., 1999, 40. 2489; K. Krohn, Prog. Chem. Org. Nat. Prod., 2003, 85, 1-49 (Rev.).

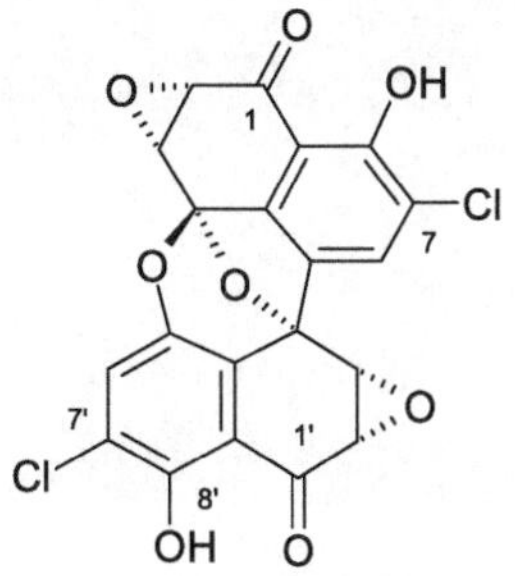

DNA 断裂剂 (抗肿瘤, 抗生素); 细胞毒 (小鼠异种移植模型, 人卵巢恶性上皮肿瘤).【文献】L. A. McDonald, et al. Tetrahedron Lett., 1999, 40, 2489; K. Krohn, Prog. Chem. Org. Nat. Prod., 2003, 85, 1-49 (Rev.).

258　Spiroxin C　螺缩酮新 C*

【基本信息】$C_{20}H_{10}O_7$, $[\alpha]_D^{25} = -706°$ ($c = 0.26$, 甲醇).【类型】螺缩酮类.【来源】未鉴定的海洋导出的真菌 LL-37H248, 来自未鉴定的软珊瑚 (橙色, 温哥华岛, 加拿大).【活性】DNA 断裂剂 (抗肿瘤, 抗生素); 细胞毒 (小鼠异种移植模型, 人卵巢恶性上皮肿瘤).【文献】L. A. McDonald, et al. Tetrahedron Lett., 1999, 40, 2489; K. Krohn, Prog. Chem. Org. Nat. Prod., 2003, 85, 1-49 (Rev.).

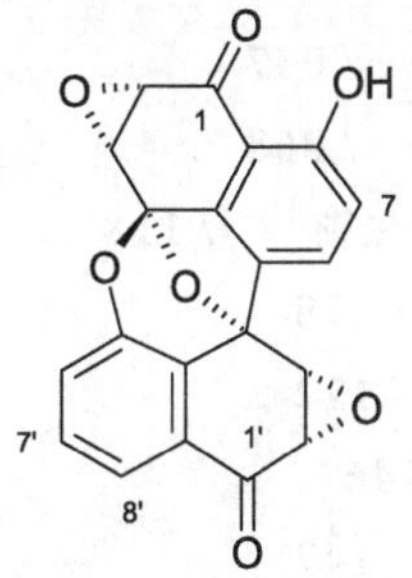

259　Spiroxin D　螺缩酮新 D*

【基本信息】$C_{20}H_{12}O_7$.【类型】螺缩酮类.【来源】未鉴定的海洋导出的真菌 LL-37H248, 来自未鉴定的软珊瑚 (橙色, 温哥华岛, 加拿大).【活性】

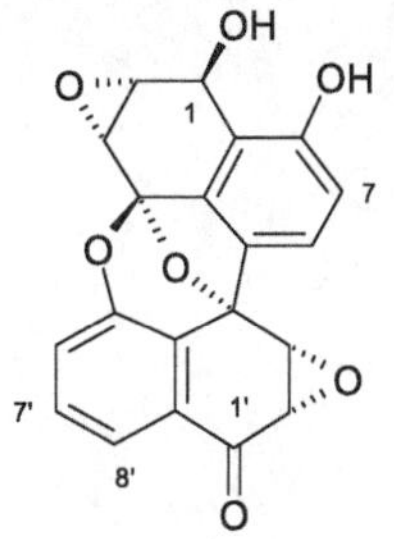

260　Spiroxin E　螺缩酮新 E*

【基本信息】$C_{20}H_{10}Cl_2O_8$.【类型】螺缩酮类.【来源】未鉴定的海洋导出的真菌 LL-37H248, 来自未鉴定的软珊瑚 (橙色, 温哥华岛, 加拿大).【活性】DNA 断裂剂 (抗肿瘤, 抗生素); 细胞毒 (小鼠异种移植模型, 人卵巢恶性上皮肿瘤).【文献】L. A. McDonald, et al. Tetrahedron Lett., 1999, 40, 2489; K. Krohn, Prog. Chem. Org. Nat. Prod., 2003, 85, 1-49 (Rev.).

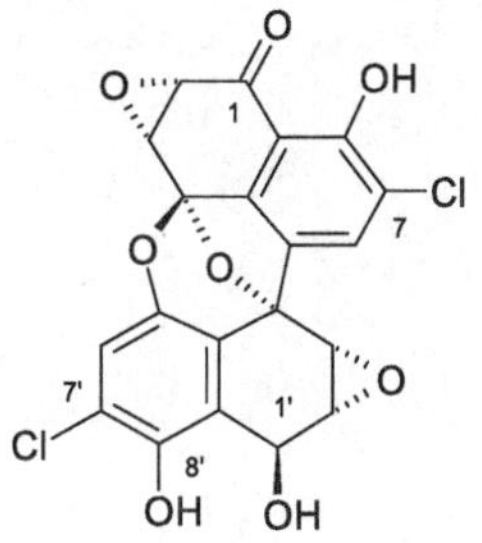

2 芳香代谢物

- 2.1 简单苯衍生物　/047
- 2.2 二芳基衍生物　/068
- 2.3 环庚三烯酚酮衍生物　/118
- 2.4 苯并呋喃类　/118
- 2.5 苯并吡喃类　/122
- 2.6 类黄酮类　/146
- 2.7 单宁葡萄糖　/147
- 2.8 新木脂素类　/147
- 2.9 萘衍生物类　/148
- 2.10 蒽衍生物类　/164
- 2.11 延伸醌类　/177
- 2.12 非那烯类　/177
- 2.13 萘嵌戊烷类（苊类）　/178
- 2.14 杂项多环芳烃类　/179

2.1 简单苯衍生物

261　2,4-Dibromo-6-chlorophenol　2,4-二溴-6-氯苯酚

【基本信息】$C_6H_3Br_2ClO$, mp 78~79°C.【类型】苯酚衍生物.【来源】海洋导出的细菌假交替单胞菌属 *Pseudoalteromonas luteoviolacea*, 来自棕藻南方团扇藻 *Padina australis* (表面, 夏威夷, 美国).【活性】抗菌 (MRSA 和洋葱假单胞菌*Burkholderia cepacia*).【文献】Z. Jiang, et al. Nat. Prod. Lett., 2000, 14, 435.

262　2,6-Dibromophenol　2,6-二溴苯酚

【基本信息】$C_6H_4Br_2O$, 针状晶体 (水), mp 56~57°C, bp_{21mmHg} 162°C, pK_a = 6.67 (25°C), 升华.【类型】苯酚衍生物.【来源】半索动物柱头虫属 *Balanoglossus biminiensis*, 帚虫动物门多毛虫 *Phoronida tubeworm*, 帚虫动物门帚虫纲帚虫科哈氏领帚虫 *Phoronopsis viridis*, 广泛存在于海洋藻类, 鱼类, 软体动物和甲壳动物中, 例如绿藻石莼 *Ulva lactuca* 中.【活性】有气味; 香味的成分 (海鱼, 软体动物和甲壳类动物).【文献】R. B. Ashworth, et al. Science, 1967, 155, 1588; Y. M. Sheikh, et al. Experientia, 1975, 31, 265; J. Buckingham (executive editor), Dictionary of Natural Products, Vol 2, pp1416, Chapman & Hall, 1994; F. B. Whitfield, et al. J. Agric. Food Chem., 1997, 45, 4398; 1999, 47, 2367; 4756.

263　2,4-Dibromophenol　2,4-二溴苯酚

【基本信息】$C_6H_4Br_2O$, mp 40°C, bp_{11mmHg} 154°C.【类型】苯酚衍生物.【来源】半索动物肉质柱头虫 *Balanoglossus cornosus* 和半索动物翅翼柱头虫属 *Ptychodera* sp., 海洋藻类如红藻椭圆形蜒蚰藻* *Grateloupia elliptica*, 以及软体动物和甲壳动物中.【活性】降血糖 (α-葡萄糖苷酶抑制剂) (*in vitro*, 嗜热脂肪芽孢杆菌 *Bacillus stearothermophilus*, IC_{50} = 230.3μmol/L; 酿酒酵母 *Saccharomyces cerevisiae*, IC_{50} = 110.4μmol/L; 大白鼠肠道麦芽糖酶, IC_{50} = 4.8mmol/L; 大白鼠肠道蔗糖酶, IC_{50} = 3.6mmol), LD_{50} (小鼠, orl) = 282mg/kg.【文献】T. Higa, et al. Comp. Biochem. Physiol., B, 1980, 65, 525; F. B. Whitfield, et al. J. Agric. Food Chem., 1997, 45, 4398; 1999, 47, 2367: K. Y. Kim, et al. Phytochemistry, 2008, 69, 2820.

264　4-(1,1-Dimethyl-2-propenyl)-2-(3-methyl-2-butenyl)phenol　4-(1,1-二甲基-2-丙烯基)-2-(3-甲基-2-丁烯基)苯酚

【基本信息】$C_{16}H_{22}O$, 油状物.【类型】苯酚衍生物.【来源】棕藻毛头藻属 *Sporochnus comosus* (肖岛, 昆士兰, 澳大利亚), 棕藻 Sporochnaceae 科 *Perithalia caudata*, 棕藻 Sporochnaceae 科 *Perithalia capillaris* 和棕藻毛头藻属 *Sporochnus pedunculatus*.【活性】细胞毒 (SF268, GI_{50} = 39μmol/L; MCF7, GI_{50} = 27μmol/L; H460, GI_{50} = 37μmol/L; HT29, GI_{50} = 57μmol/L; CHO-K1, GI_{50} = 17μmol/L); 抗菌; 抗真菌.【文献】A. Blackman, et al. Aust. J. Chem., 1979, 32, 2783; L. S. Gunasekera, et al. Int. J. Pharmacogn., 1995, 33, 253; C. E. Sansom, et al. JNP, 2007, 70, 2042; S. P. B. Ovenden, et al. JNP, 2011, 74, 739.

265　2,4-Diprenylphenol　2,4-二异戊二烯苯酚

【基本信息】$C_{16}H_{22}O$, 油状物.【类型】苯酚衍生

物.【来源】棕藻西澳大利亚棕藻* *Encyothalia cliftonii* (澳大利亚).【活性】拒食活性.【文献】V. Roussis, et al. Phytochemistry, 1993, 34, 107.

266　2,4,6-Tribromophenol　2,4,6-三溴苯酚

【别名】Bromol; 三溴酚.【基本信息】$C_6H_3Br_3O$, 针状晶体（乙醇），棱柱状晶体（苯），mp 87~89℃, 95~96℃升华.【类型】苯酚衍生物.【来源】帚虫动物门帚虫纲帚虫科哈氏领帚虫 *Phoronopsis viridis*, 半索动物柱头虫变种 *Ptychodera flava laysanica*, 绿藻石莼属 *Ulva lactate*, 红藻椭圆形蜈蚣藻* *Grateloupia elliptica*.【活性】降血糖（α-葡萄糖苷酶抑制剂）(*in vitro*, 嗜热脂肪芽孢杆菌 *Bacillus stearothermophilus*, IC_{50} = 103.3μmol/L; 酿酒酵母 *Saccharomyces cerevisiae*, IC_{50} = 60.3μmol/L; 大白鼠肠道麦芽糖酶, IC_{50} = 5.0mmol/L; 大白鼠肠道蔗糖酶, IC_{50} = 4.2mmol) (Kim, 2008); 杀菌剂（高活性）；刺激剂（LD_{50}（大白鼠,orl）= 2000mg/kg.【文献】Y. M. Sheikh, et al. Experientia, 1975, 31, 265; C. Flodin, et al. Phytochemistry, 1999, 51, 249; 2000, 53, 77; K. Y. Kim, et al. Phytochemistry, 2008, 69, 2820.

267　Citrinin H_2　橘霉素 H_2

【基本信息】$C_{12}H_{16}O_4$, 针状晶体（氯仿），mp 139.5~140℃, mp 131~133℃.【类型】间苯二酚衍生物.【来源】海洋导出的真菌青霉属 *Penicillium* sp. MFA446, 来自绿藻孔石莼 *Ulva pertusa* (朝鲜半岛水域).【活性】抗氧化剂 (DPPH 自由基清除剂, 中等活性).【文献】M. Hirota, et al. Biosci. Biotechnol. Biochem., 2002, 66, 206; D. Zhang, et al. J. Microbiol. Biotechnol., 2007, 17, 865.

268　5,6-Dibromoresorcin　5,6-二溴间苯二酚

【别名】4,5-Dibromo-1,3-benzenediol; 4,5-二溴-1,3-苯二酚.【基本信息】$C_6H_4Br_2O_2$.【类型】间苯二酚衍生物.【来源】掘海绵属 *Dysidea* sp. (印度-太平洋).【活性】肌苷单磷酸脱氢酶 IMPDH 抑制剂；鸟苷单磷酸合成酶抑制剂；15-脂氧合酶抑制剂.【文献】X. Fu, et al. JNP, 1995, 58, 1384.

269　2,4-Dihydroxy-3,5,6-trimethylbenzaldehyde　2,4-二羟基-3,5,6-三甲基苯甲醛

【基本信息】$C_{10}H_{12}O_3$.【类型】间苯二酚衍生物.【来源】深海真菌萨氏曲霉菌 *Aspergillus sydowi* YH11-2 (关岛，美国，E144°43′ N13°26′, 采样深度1000m).【活性】细胞毒（P_{388}, IC_{50} = 0.59μmol/L, 对照 CDDP, IC_{50} = 0.039μmol/L).【文献】L. Tian, et al. Arch. Pharm. Res., 2007, 30, 1051.

270　Phenol A acid　苯酚衍生物 A 酸

【基本信息】$C_{12}H_{16}O_5$.【类型】间苯二酚衍生物.【来源】深海真菌曲霉菌属 *Aspergillus* sp. SCSIOW3.【活性】抗 Aβ 肽聚集抑制 (Aβ42 装配活性, 100μmol/L, 40.3%~72.3%).【文献】H. Liu, et al. Chin. J. Mar. Drugs, 2014, 33, 71 (in Chinese).

271　Acremonin A　枝顶孢素 A
【别名】7-Isopropenylbicyclo[4.2.0]octa-1,3,5-triene-2,5-diol; 7-异丙烯基双环[4.2.0]八(碳)-1,3,5-三烯-2,5-二醇.【基本信息】$C_{11}H_{12}O_2$, 黄棕色黏性油状物, $[\alpha]_D^{23}$ = +93º (c = 1.4, 丙酮).【类型】对苯二酚衍生物.【来源】海洋导出的真菌枝顶孢属 *Acremonium* sp.【活性】抗氧化剂（硫代巴比妥酸反应性物质 TBARS 试验, 25.0μg/mL, InRt = 85.5%).【文献】A. Abdel-Lateff, et al. JNP, 2002, 65, 1605; M. Saleem, et al. NPR, 2007, 24, 1142 (Rev.).

272　Acremonin A 5-β-glucopyranoside　枝顶孢素 A 5-β-吡喃葡萄糖苷
【别名】7-Isopropenylbicyclo[4.2.0]octa-1,3,5-triene-2,5-diol-5-β-glucopyranoside; 7-异丙烯基双环[4.2.0]八(碳)-1,3,5-三烯-2,5-二醇-5-β-吡喃葡萄糖苷.【基本信息】$C_{17}H_{22}O_7$, 无定形粉末, $[\alpha]_D^{23}$ = +4.3º (c = 2, 丙酮).【类型】对苯二酚衍生物.【来源】海洋导出的真菌枝顶孢属 *Acremonium* sp.【活性】抗氧化剂（硫代巴比妥酸反应性物质 TBARS 试验, 25.0μg/mL, InRt = 85.5%).【文献】A. Abdel-Lateff, et al. JNP, 2002, 65, 1605; M. Saleem, et al. NPR, 2007, 24, 1142 (Rev.).

273　Comosone A　毛头藻酮 A*
【基本信息】$C_{16}H_{24}O_2$.【类型】对苯二酚衍生物.【来源】棕藻凤梨毛头藻属 *Sporochnus comosus*（肖岛, 昆士兰, 澳大利亚).【活性】细胞毒 (SF268, GI_{50} = 13μmol/L; MCF7, GI_{50} = 14μmol/L; H460, GI_{50} = 19μmol/L; HT29, GI_{50} = 19μmol/L; CHO-K1, GI_{50} = 17μmol/L).【文献】S. P. B. Ovenden, et al. JNP, 2011, 74, 739.

274　Comosusol A　凤梨毛头藻醇 A*
【基本信息】$C_{16}H_{22}O_3$.【类型】对苯二酚衍生物.【来源】棕藻凤梨毛头藻* *Sporochnus comosus*（肖岛, 昆士兰, 澳大利亚).【活性】细胞毒 (SF268, GI_{50} = 55μmol/L; MCF7, GI_{50} = 52μmol/L; H460, GI_{50} = 55μmol/L; HT29, GI_{50} = 53μmol/L; CHO-K1, GI_{50} = 57μmol/L).【文献】S. P. B. Ovenden, et al. JNP, 2011, 74, 739.

275　Comosusol B　凤梨毛头藻醇 B*
【基本信息】$C_{16}H_{22}O_3$.【类型】对苯二酚衍生物.【来源】棕藻凤梨毛头藻* *Sporochnus comosus*（肖岛, 昆士兰, 澳大利亚).【活性】细胞毒 (SF268, GI_{50} = 5μmol/L; MCF7, GI_{50} = 6μmol/L; H460, GI_{50} = 6μmol/L; HT29, GI_{50} = 6μmol/L; CHO-K1, GI_{50} = 6μmol/L).【文献】S. P. B. Ovenden, et al. JNP, 2011, 74, 739.

276　Comosusol C　凤梨毛头藻醇 C*
【基本信息】$C_{16}H_{22}O_2$.【类型】对苯二酚衍生物.【来源】棕藻凤梨毛头藻* *Sporochnus comosus*（肖岛, 昆士兰, 澳大利亚).【活性】细胞毒 (SF268, GI_{50} = 35μmol/L; MCF7, GI_{50} = 25μmol/L; H460, GI_{50} = 29μmol/L; HT29, GI_{50} = 43μmol/L; CHO-K1, GI_{50} = 27μmol/L).【文献】S. P. B. Ovenden, et al. JNP, 2011, 74, 739.

277 Comosusol D 凤梨毛头藻醇 D*
【基本信息】$C_{16}H_{24}O_5$.【类型】对苯二酚衍生物.【来源】棕藻凤梨毛头藻* Sporochnus comosus (肖岛，昆士兰，澳大利亚).【活性】细胞毒 (SF268, GI_{50} = 59μmol/L; MCF7, GI_{50} = 46μmol/L; H460, GI_{50} = 54μmol/L; HT29, GI_{50} = 51μmol/L; CHO-K1, GI_{50} = 63μmol/L).【文献】S. P. B. Ovenden, et al. JNP, 2011, 74, 739.

278 Geroquinol 吉罗酚
【别名】双戊烯对酚*.【基本信息】$C_{16}H_{22}O_2$, 油状物.【类型】对苯二酚衍生物.【来源】褶胃海鞘属 Aplidium sp. (西班牙) 和褶胃海鞘属 Aplidium savignyi.【活性】细胞毒 (P_{388}, IC_{50} = 0.2μg/mL; A549, IC_{50} = 1μg/mL; HT29, IC_{50} = 1μg/mL; MEL28, IC_{50} = 1μg/mL); 辐射防护剂; 抗氧化剂; 接触性变应原.【文献】A. Rueda, et al. Nat. Prod. Lett., 1998, 11, 127; M.Aknin, et al. J. Agric. Food Chem., 1999, 47, 4175.

279 2-(7-Hydroxy-3,7-dimethyl-2-octenyl)-1,4-benzenediol 2-[7-羟基-3,7-二甲基-2-辛烯基]-1,4-苯二酚
【基本信息】$C_{16}H_{24}O_3$, 油状物.【类型】对苯二酚衍生物.【来源】褶胃海鞘属 Aplidium sp. (西班牙).【活性】细胞毒 (P_{388}, IC_{50} = 1.2μg/mL; A549, IC_{50} = 5μg/mL; HT29, IC_{50} = 2μg/mL; MEL28, IC_{50} = 2μg/mL).【文献】A. Rueda, et al. Nat. Prod. Lett., 1998, 11, 127.

280 2-(3-Hydroxy-3,7-dimethyl-6-octenyl)-1,4-benzenediol 2-[3-羟基-3,7-二甲基-6-辛烯基]-1,4-苯二酚
【基本信息】$C_{16}H_{24}O_3$, 油状物.【类型】对苯二酚衍生物.【来源】海洋导出的原脊索动物 Amaroucium multiplicatum, 来自褶胃海鞘属 Aplidium savignyi.【活性】细胞毒 (有值得注意的活性); 抗氧化剂.【文献】A. Sato, et al. JNP, 1989, 52, 975; M. Aknin, et al. J. Agric. Food Chem., 1999, 47, 4175.

281 Mediterraneol A 囊链藻醇 A*
【基本信息】$C_{27}H_{36}O_5$.【类型】对苯二酚衍生物.【来源】棕藻囊链藻属 Cystoseira mediterranea.【活性】细胞毒 (受精海胆卵，有丝分裂细胞分裂抑制剂).【文献】C. Francisco, et al. Tetrahedron Lett., 1985, 26, 2629; C. Francisco, et al. JOC, 1986, 51, 1115.

282 2-(Methoxymethyl)-1,4-benzenediol 2-(甲氧甲基)-1,4-苯二酚
【基本信息】$C_8H_{10}O_3$, 无定形粉末.【类型】对苯二酚衍生物.【来源】海洋导出的青霉属真菌 Penicillium terrestre (来自沉积物样本，中国水域).【活性】细胞毒 (HL60, IC_{50} = 58.9μmol/L; Molt4, IC_{50} = 86.2μmol/L; A549, IC_{50} > 100μmol/L; Bel7402, IC_{50} > 100μmol/L); 抗氧化剂 (DPPH自由基清除剂, IC_{50} = 9.8μmol/L; 对照抗坏血酸, IC_{50} = 17.4μmol/L).【文献】L. Chen, et al. JNP, 2008, 71, 66.

283 2-Pentaprenyl-1,4-benzenediol 2-五异戊二烯基-1,4-苯二酚

【基本信息】$C_{31}H_{46}O_2$.【类型】对苯二酚衍生物.【来源】羊海绵属 *Ircinia* sp. [新喀里多尼亚（法属）] 和角骨海绵属 *Spongia* sp. (澳大利亚).【活性】酪氨酸蛋白激酶 TPK 抑制剂；HIV 整合酶抑制剂；键合到神经肽 Y 的受体.【文献】D. Lumsdon, et al. Aust. J. Chem., 1992, 45, 1321; G. Bifulco, et al. JNP, 1995, 58, 1444.

284 Phloroglucinol 间苯三酚

【别名】1,3,5-Benzenetriol; 1,3,5-苯三酚.【基本信息】$C_6H_6O_3$.【类型】间苯三酚衍生物.【来源】棕藻匍匐茎昆布* *Ecklonia stolonifera*, 棕藻二环羽叶藻* *Eisenia bicyclis* 和棕藻最大昆布* *Ecklonia maxima*.【活性】降血糖（醛糖还原酶抑制剂）（大白鼠眼晶状体醛糖还原酶 RLAR 体外试验，$IC_{50} = 72.54\mu mol/L$）(Jung, 2008); 降血糖（α-葡萄糖苷酶抑制剂）（体外试验，$IC_{50} = 141.18\mu mol/L$）(Moon, 2011); 降血糖（PTP1B 抑制剂）（体外试验，$IC_{50} = 55.48\mu mol/L$）(Moon, 2011); 降血糖（α-葡萄糖苷酶抑制剂）（体外试验，$IC_{50} = 1991\mu mol/L$，对照阿卡波糖，$IC_{50} = 1013\mu mol/L$）(Rengasamy, 2013); 抗氧化剂 [DPPH 自由基清除剂，$EC_{50} = 0.128\mu mol/L$, AAI (抗氧化剂活性指数 = 最终 DPPH 浓度 /EC_{50}) = 390, 对照抗坏血酸，$EC_{50} = 0.011\mu mol/L$, AAI = 4356] (Rengasamy, 2013).【文献】H. A. Jung, et al. Fish. Sci., 2008, 74, 1363; H. E. Moon, et al. Biosci. Biotechnol. Biochem., 2011, 75, 1472; K. R. Rengasamy, et al. Food Chem., 2013, 141, 1412.

285 BDDE

【别名】Bis(2,3-dibromo-4,5-dihydroxybenzyl) ether; 双(2,3-二溴-4,5-二羟基苄基)醚.【基本信息】$C_{14}H_{10}Br_4O_5$, 浅黄色固体.【类型】苄醇类.【来源】红藻松节藻科 *Odonthalia corymbifera*, 红藻海柏属 *Polyopes lancifolia*, 红藻松节藻属 *Rhodomela* spp. 和红藻鸭毛藻 *Symphyocladia latiuscula*.【活性】降血糖（α-葡萄糖苷酶抑制剂）(体外试验，酿酒酵母 *Saccharomyces cerevisiae*, $IC_{50} = 0.098\mu mol/L$); 降血糖（α-葡萄糖苷酶抑制剂）(体外试验，嗜热脂肪芽孢杆菌 *Bacillus stearothermophilus*, $IC_{50} = 0.12\mu mol/L$; 酿酒酵母 *Saccharomyces cerevisiae*, $IC_{50} = 0.098\mu mol/L$; 大白鼠肠道麦芽糖酶，$IC_{50} = 1.20mmol/L$; 大白鼠肠道蔗糖酶，$IC_{50} = 1.00mmol$); 降血糖（α-葡萄糖苷酶抑制剂）(体外试验，$IC_{50} = 0.03\mu mol/L$); 降血糖（蔗糖酶抑制剂）(体外试验，$IC_{50} = 2.4mmol/L$); 降血糖（麦芽糖酶抑制剂）(体外试验，$IC_{50} = 3.2mmol/L$); α-葡萄糖苷酶抑制剂（$IC_{50} = 25\mu mol/L$）.【文献】H. Kurihara, et al. JNP, 1999, 62, 882; H. Kurihara, et al. Fish. Sci. 1999, 65, 300; K. Y. Kim, et al. J. Food Sci. 2010, 75, H145; Y. Sharifuddin, et al. Mar. Drugs 2015, 13, 5447 (Rev.).

286 Bis(2,3-dibromo-4,5-dihydroxybenzyl) ether 双(2,3-二溴-4,5-二羟基苄基)醚

【基本信息】$C_{14}H_{10}Br_4O_5$.【类型】苄醇类.【来源】红藻疏松丝状体松节藻* *Rhodomela confervoides*.【活性】降血糖（蛋白酪氨酸磷酸酯酶 1B (PTP1B) 抑制剂，对链脲霉素诱发的糖尿病 Wistar 大白鼠有降血糖效应，$IC_{50} = 1.5\mu mol/L$).【文献】D. Shi, et al. Chin. Sci. Bull., 2008, 53, 2476.

287 Bis(2,3,6-tribromo-4,5-dihydroxybenzyl) ether 双(2,3,6-三溴-4,5-二羟基苄基)醚
【别名】4,4′-[Oxybis(methylene)]bis[3,5,6-tribromo-1,2-benzenediol]; 4,4′-[氧双(亚甲基)]双[3,5,6-三溴-1,2-苯二酚].【基本信息】$C_{14}H_8Br_6O_5$, 细针状晶体 (苯/丙酮), mp 177~178℃.【类型】苄醇类.【来源】红藻鸭毛藻* Symphyocladia latiuscula.【活性】降血糖 (PTP1B 抑制剂) (体外试验, $IC_{50} = 4.3\mu mol/L$); 抗真菌.【文献】K. Kurata, et al. Phytochemistry, 1980, 19, 141; X. Liu, et al. Chin. J. Oceanol. Limnol., 2011, 29, 686.

288 3-Chloro-4,5-dihydroxybenzyl alcohol 3-氯-4,5-二羟基苄醇
【基本信息】$C_7H_7ClO_3$.【类型】苄醇类.【来源】海洋导出的真菌寄生曲霉 Aspergillus parasiticus.【活性】抗氧化剂 (自由基清除剂: DPPH 自由基, $IC_{50} = 1.4\mu mol/L$; $ONOO^-$自由基, $IC_{50} = 2.2\mu mol/L$; $O_2^{\bullet-}$自由基, $IC_{50} = 50\mu mol/L$, 无活性; $NO^{\bullet}$自由基, $IC_{50} = 0.4\mu mol/L$).【文献】B. W. Son, et al. JNP, 2002, 65, 794.

289 Chlorogentisyl alcohol 氯龙胆根黄素醇*
【别名】2-Chloro-6-hydroxymethyl-1,4-benzenediol; 2-氯-6-羟甲基-1,4-苯二酚.【基本信息】$C_7H_7ClO_3$, 针状晶体 (乙酸乙酯/石油醚), mp 147~148℃, mp 140~141.5℃.【类型】苄醇类.【来源】海洋导出的真菌茎点霉属 Phoma herbarum, 来自红藻鹿角海萝 Gloiopeitis tenax (添加盐卤化物到发酵培养介质中, 石宝泉, 统营市, 韩国), 海洋导出的真菌曲霉菌属 Aspergillus varians 和海洋导出的真菌白粉寄生菌属 Ampelomyces sp.【活性】抗氧化剂 (DPPH 自由基清除剂, $IC_{50} = 1.0\mu mol/L$, 对照 L-抗坏血酸, $IC_{50} = 20\mu mol/L$); 抗菌.【文献】O. F. Smetanina, et al. Chem. Nat. Compd. (Engl. Transl.), 2005, 41, 243; V. N. Nenkep, et al. J. Antibiot., 2010, 63, 199.

290 2-Chloro-6-methoxymethyl-1,4-benzenediol 2-氯-6-甲氧甲基-1,4-苯二酚
【基本信息】$C_8H_9ClO_3$, 无定形粉末.【类型】苄醇类.【来源】海洋导出的真菌青霉属 Penicillium terrestre (来自沉积物样本, 中国水域).【活性】细胞毒 (HL60, $IC_{50} = 6.7\mu mol/L$; Molt4, $IC_{50} = 64.7\mu mol/L$; A549, $IC_{50} = 56.5\mu mol/L$; Bel7402, $IC_{50} = 58.1\mu mol/L$); 抗氧化剂 (DPPH 自由基清除剂, $IC_{50} = 8.5\mu mol/L$; 对照抗坏血酸, $IC_{50} = 17.4\mu mol/L$).【文献】L. Chen, et al. JNP, 2008, 71, 66.

291 2,3-Dibromo-4,5-dihydroxybenzyl alcohol 2,3-二溴-4,5-二羟基苄醇
【基本信息】$C_7H_6Br_2O_3$, 晶体 (苯), mp 129~130℃.【类型】苄醇类.【来源】红藻松节藻科 Odonthalia corymbifera, Odonthalia spp. 和 Lenormandia prolifera, 红藻多管藻属 Polysiphonia spp., 红藻松节藻属 Rhodomela spp.【活性】降血糖 (α-葡萄糖苷酶抑制剂) (体外试验, 酿酒酵母 Saccharomyces cerevisiae, $IC_{50} = 89.0\mu mol/L$).【文献】H. Kurihara, et al. Fish. Sci. 1999, 65, 300; CRC Press, DNP on DVD, 2012, version 20.2; Y. Sharifuddin, et al. Mar. Drugs 2015, 13, 5447 (Rev.).

292 Gentisyl alcohol 龙胆根黄素醇*
【别名】2,5-Dihydroxybenzyl alcohol; 2,5-二羟基苄醇.【基本信息】$C_7H_8O_3$，红棕色晶体 (乙醚/石油醚), mp 104~105℃.【类型】苄醇类.【来源】海洋导出的真菌茎点霉属 Phoma herbarum，来自红藻鹿角海萝 Gloiopeitis tenax (添加盐卤化物到发酵培养介质中，石宝泉，统营市，韩国)，海洋导出的真菌寄生曲霉 Aspergillus parasiticus 和曲霉属 Aspergillus varians.【活性】抗氧化剂 (自由基清除剂: DPPH 自由基，IC_{50} = 0.6μmol/L; $ONOO^-$ 自由基，IC_{50} = 3.1μmol/L; $O_2^{\bullet-}$ 自由基，IC_{50} = 11.0μmol/L; $NO^{\bullet}$ 自由基，IC_{50} = 0.5μmol/L; 对照 carboxy-PTIO, IC_{50} = 137.7μmol/L); 抗氧化剂 (DPPH 自由基清除剂，IC_{50} = 7.0μmol/L).【文献】B. W. Son, et al. JNP, 2002, 65, 794; O. F. Smetanina, et al. Chem. Nat. Compd. (Engl. Transl.), 2005, 41, 243; V. N. Nenkep, et al. J. Antibiot., 2010, 63, 199.

293 Terrestrol B 土壤青霉醇 B*
【基本信息】$C_{14}H_{13}ClO_5$，棕色树胶状物.【类型】苄醇类.【来源】海洋导出的真菌土壤青霉* Penicillium terrestre (来自沉积物样本，中国水域).【活性】细胞毒 (HL60, IC_{50} = 6.1μmol/L; Molt4, IC_{50} = 5.8μmol/L; A549, IC_{50} = 18.3μmol/L; Bel7402, IC_{50} = 62.3μmol/L); 抗氧化剂 (DPPH 自由基清除剂，IC_{50} = 4.3μmol/L; 对照抗坏血酸，IC_{50} = 17.4μmol/L).【文献】L. Chen, et al. JNP, 2008, 71, 66.

294 Terrestrol C 土壤青霉醇 C*
【基本信息】$C_{14}H_{14}O_5$，棕色树胶状物.【类型】苄醇类.【来源】海洋导出的真菌土壤青霉* Penicillium terrestre (来自沉积物样本，中国水域).【活性】细胞毒 (HL60, IC_{50} = 5.5μmol/L; Molt4, IC_{50} = 5.6μmol/L; A549, IC_{50} = 18.2μmol/L; Bel7402, IC_{50} = 57.3μmol/L); 抗氧化剂 (DPPH 自由基清除剂，IC_{50} = 4.6μmol/L; 对照抗坏血酸，IC_{50} = 17.4μmol/L).【文献】L. Chen, et al. JNP, 2008, 71, 66.

295 Terrestrol D 土壤青霉醇 D*
【基本信息】$C_{14}H_{13}ClO_5$，棕色树胶状物.【类型】苄醇类.【来源】海洋导出的真菌土壤青霉* Penicillium terrestre (来自沉积物样本，中国水域).【活性】细胞毒 (HL60, IC_{50} = 5.3μmol/L; Molt4, IC_{50} = 5.5μmol/L; A549, IC_{50} = 14.3μmol/L; Bel7402, IC_{50} = 38.5μmol/L); 抗氧化剂 (DPPH 自由基清除剂，IC_{50} = 4.4μmol/L; 对照抗坏血酸，IC_{50} = 17.4μmol/L).【文献】L. Chen, et al. JNP, 2008, 71, 66.

296 Terrestrol E 土壤青霉醇 E*
【基本信息】$C_{14}H_{14}O_5$，棕色树胶状物.【类型】苄醇类.【来源】海洋导出的真菌土壤青霉* Penicillium terrestre (来自沉积物样本，中国水域).【活性】细胞毒 (HL60, IC_{50} = 54.7μmol/L; Molt4, IC_{50} = 6.4μmol/L; A549, IC_{50} = 9.6μmol/L; Bel7402, IC_{50} = 59.0μmol/L); 抗氧化剂 (DPPH 自由基清除剂，IC_{50} = 6.2μmol/L; 对照抗坏血酸，IC_{50} = 17.4μmol/L).【文献】L. Chen, et al. JNP, 2008, 71, 66.

297 2,3,6-Tribromo-4,5-dihydroxybenzyl alcohol 2,3,6-三溴-4,5-二羟基苄醇
【基本信息】$C_7H_5Br_3O_3$, mp 128~130℃.【类型】

苄醇类.【来源】红藻鸭毛藻 Symphyocladia latiuscula, 红藻多管藻属 Polysiphonia lanosa, 和 Polysiphonia elongate, 红藻松节藻 Rhodomela subfusca.【活性】降血糖（α-葡萄糖苷酶抑制剂）（体外试验，IC$_{50}$ = 11.0μmol/L）；降血糖（蔗糖酶抑制剂）（体外试验，IC$_{50}$ = 4.2mmol/L）；降血糖（麦芽糖酶抑制剂）（体外试验，IC$_{50}$ > 5.0mmol/L）；抗生素；抗氧化剂（DPPH 自由基清除剂）.【文献】H. Kurihara, et al. Fish. Sci. 1999, 65, 300; CRC Press, DNP on DVD, 2012, version 20.2.

298 2,3,6-Tribromo-4,5-dihydroxybenzyl methyl ether 2,3,6-三溴-4,5-二羟基苄基甲醚
【基本信息】C$_8$H$_7$Br$_3$O$_3$.【类型】苄醇类.【来源】红藻鸭毛藻 Symphyocladia latiuscula.【活性】降血糖（PTP1B 抑制剂）（体外试验，IC$_{50}$ = 3.9μmol/L）.【文献】X. Liu, et al. Chin. J. Oceanol. Limnol.,2011, 29, 686.

299 2,2′,3-Tribromo-3′,4,4′,5-tetrahydroxy-6′-ethyloxymethyldiphenylmethane 2,2′,3-三溴-3′,4,4′,5-四羟基-6′-乙氧甲基二苯甲烷
【基本信息】C$_{16}$H$_{15}$Br$_3$O$_5$.【类型】苄醇类.【来源】红藻疏松丝状体松节藻* Rhodomela confervoides.【活性】降血糖（蛋白酪氨酸磷酸酯酶 1B（PTP1B）抑制剂，对链脲霉素诱发的糖尿病 Wistar 大白鼠有降血糖效应，IC$_{50}$ = 0.84μmol/L）.【文献】D. Shi, et al. Chin. Sci. Bull., 2008, 53, 2476.

300 3-(2-Acetoxy-4,8-dimethyl-3,7-nonadienyl)benzaldehyde 3-[2-乙酰氧基-4,8-二甲基-3,7-壬(碳)二烯基]苯甲醛
【基本信息】C$_{20}$H$_{26}$O$_3$, 油状物, [α]$_D^{25}$ = +2.4º (c = 0.5, 氯仿).【类型】芳香醛类.【来源】绿藻仙掌藻属 Halimeda spp.【活性】抗微生物；细胞毒.【文献】V. J. Paul, et al. Tetrahedron, 1984, 40, 3053.

301 Chaetopyranin 毛壳派拉宁*
【别名】5-Formyl-6-hydroxy-2-(3-hydroxy-1-butenyl)-7-prenylchroman; 5-甲酰基-6-羟基-2-(3-羟基-1-丁烯基)-7-异戊二烯基苯并二氢吡喃.【基本信息】C$_{19}$H$_{24}$O$_4$, 浅黄色粉末（丙酮）, mp 136~138ºC, [α]$_D^{22}$ = +8º (c = 0.5, 甲醇).【类型】芳香醛类.【来源】海洋导出的真菌毛壳属 Chaetomium globosum, 来自红藻多管藻 Polysiphonia urceolata（中国水域）.【活性】抗氧化剂（DPPH 自由基清除剂, 中等活性）；细胞毒（SMMC-7721, A549 和 HMEC, 低到中等活性）.【文献】S. Wang, et al. JNP, 2006, 69, 1622.

302 Cylindrocarpol 圆筒嘉宝利*
【基本信息】C$_{23}$H$_{34}$O$_5$, 树胶状物, [α]$_D^{23}$ = −11.7º (c = 0.3, 甲醇).【类型】芳香醛类.【来源】海洋导出的真菌枝顶孢属 Acremonium sp., 来自星芒海绵属 Stelletta sp.（朝鲜半岛水域）.【活性】法呢基蛋白转移酶抑制剂.【文献】P. Zhang, et al. JNP, 2009, 72, 270; S. B. Singh, et al. JOC, 1996, 61, 7727.

303 Flavoglaucin 灰绿曲霉黄色素*
【基本信息】C$_{19}$H$_{28}$O$_3$, 浅黄色晶体, mp 109~110ºC,

mp 103ºC.【类型】芳香醛类.【来源】海洋导出的真菌小孢霉属 *Microsporum* sp., 来自红藻链状节荚藻 *Lomentaria catenata* (表层, 朝鲜半岛水域).【活性】抗氧化剂 (DPPH 自由基清除剂, IC$_{50}$ = 11.3μmol/L, 对照抗坏血酸, IC$_{50}$ = 20μmol/L); 真菌毒素; 抗肿瘤.【文献】Y. Li, et al. CPB, 2006, 54, 882.

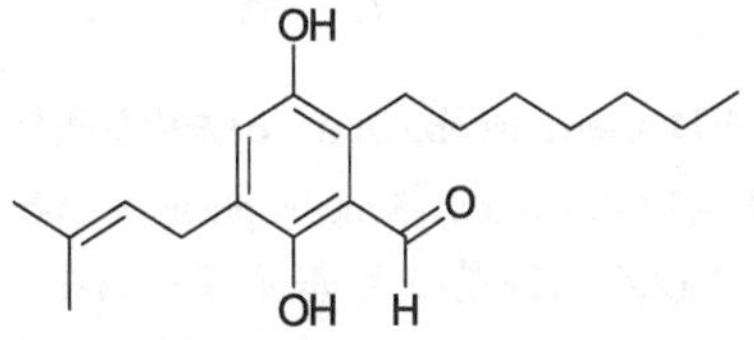

304 *p*-Hydroxybenzaldehyde   *p*-羟基苯甲醛
【别名】*p*-Formylphenol.【基本信息】C$_7$H$_6$O$_2$, 针状晶体 (水), mp 115~116ºC, pK_a = 7.62 (25ºC, 水).【类型】芳香醛类.【来源】红树导出的真菌拟盘多毛孢属 *Pestalotiopsis* sp., 来自红树红茄冬 *Rhizophora mucronata* (中国水域), 绿藻布氏藻 *Boodlea composita*.【活性】免疫抑制剂; 对植物有毒的.【文献】S. F. Hinkley, et al. J. Antibiot., 1999, 52, 988.

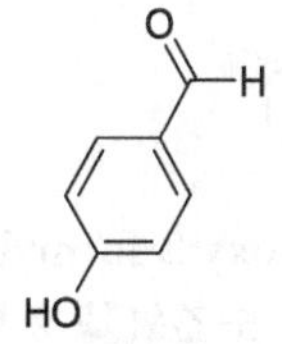

305 Isodihydroauroglaucin   异二氢金色灰绿曲霉素*
【基本信息】C$_{19}$H$_{24}$O$_3$, 黄色针状晶体 (正己烷), mp 114~115ºC.【类型】芳香醛类.【来源】海洋导出的真菌小孢霉属 *Microsporum* sp., 来自红藻链状节荚藻 *Lomentaria catenata* (表层, 朝鲜半岛水域).【活性】抗氧化剂 (DPPH 自由基清除剂, IC$_{50}$ = 11.5μmol/L, 对照抗坏血酸, IC$_{50}$ = 20μmol/L).【文献】Y. Li, et al. CPB, 2006, 54, 882.

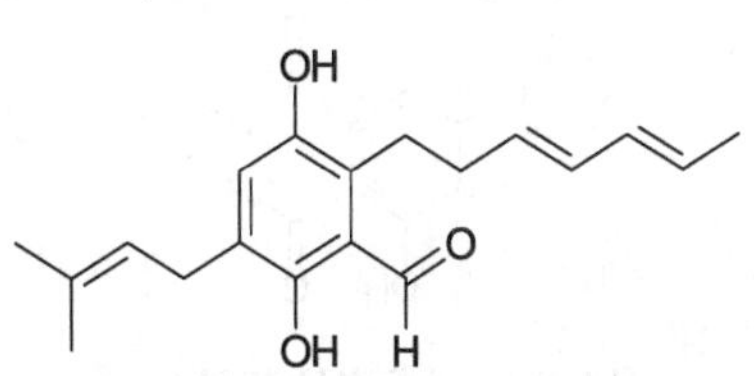

306 Redoxcitrinin   氧化还原橘霉素*
【基本信息】C$_{13}$H$_{16}$O$_4$.【类型】芳香醛类.【来源】海洋真菌青霉属 *Penicillium* sp. MFA446, 来自绿藻孔石莼 *Ulva pertusa* (朝鲜半岛水域).【活性】抗氧化剂 (DPPH 自由基清除剂, 中等活性).【文献】D. Zhang, et al. J. Microbiol. Biotechnol., 2007, 17, 865.

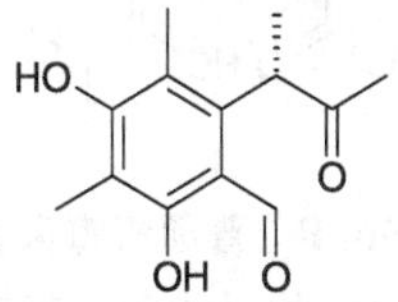

307 2,3,6-Tribromo-4,5-dihydroxybenzaldehyde   2,3,6-三溴-4,5-二羟基苯甲醛
【基本信息】C$_7$H$_3$Br$_3$O$_3$, 无定形浅黄色固体, mp 134~135ºC.【类型】芳香醛类.【来源】红藻鸭毛藻 *Symphyocladia latiuscula*.【活性】降血糖 (PTP1B 抑制剂) (*in vitro* 试验, IC$_{50}$ = 19.40μmol/L).【文献】W. Wang, et al. JNP, 2005, 68, 620; X. Liu, et al. Chin. J. Oceanol. Limnol., 2011, 29, 686.

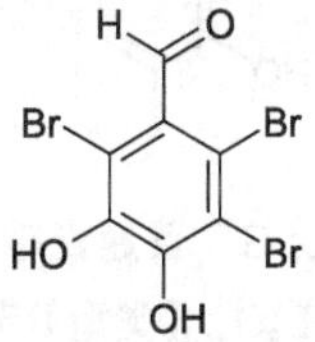

308 Acetylbenzoyl   苯丙二酮
【别名】Methyl phenyl diketone; 甲基苯基双酮.【基本信息】C$_9$H$_8$O$_2$, 有辛辣气味的黄色油状物, bp 222ºC, bp$_{12mmHg}$ 102ºC.【类型】芳基酮类.【来源】海洋导出的细菌产吲哚海洋葱头状菌 (模式种) *Oceanibulbus indolifex* HEL-4.【活性】调味料成分.【文献】V. Thiel, et al. Org. Biomol. Chem., 2010, 234.

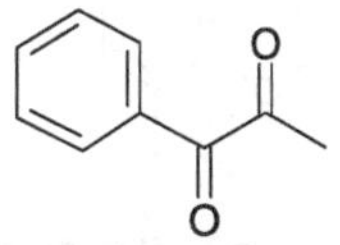

309 Communol A   普通青霉菌醇 A*
【基本信息】C$_{16}$H$_{16}$O$_6$.【类型】芳基酮类.【来源】海洋导出的真菌普通青霉菌* *Penicillium commune* 518, 来自小尖柳珊瑚属 *Muricella abnormalis* (儋州, 海南, 中国).【活性】抗菌 (大肠杆菌 *Escherichia coli*, MIC = 4.1μmol/L; 产气肠杆菌

Enterobacter aerogenes, MIC = 16.4μmol/L).【文献】J. Wang, et al. Chin. J. Chem., 2012, 30, 1236; 2880.

310 Communol F 普通青霉菌醇 F*

【基本信息】$C_{10}H_{10}O_4$.【类型】芳基酮类.【来源】海洋导出的真菌普通青霉菌* *Penicillium commune* 518, 来自一种柳珊瑚, 两种海洋真菌 (菌株 E33 和 K38, 共液体培养基).【活性】抗菌 (肠杆菌杆菌 *Enterobacter coli*, MIC = 6.4μmol/L; 产气肠杆菌 *Enterobacter aerogenes*, MIC = 25.8μmol/L).【文献】J. Wang, et al. Chin. J. Chem., 2012, 30, 1236; 2880.

311 Communol G 普通青霉菌醇 G*

【基本信息】$C_{11}H_{14}O_4$.【类型】芳基酮类.【来源】海洋导出的真菌普通青霉菌* *Penicillium commune* 518, 来自一种柳珊瑚, 两种海洋真菌 (菌株 E33 和 K38, 共液体培养基).【活性】抗菌 (肠杆菌杆菌 *Enterobacter coli*, MIC = 23.8μmol/L, 产气肠杆菌 *Enterobacter aerogenes*, MIC = 23.8μmol/L).【文献】J. Wang, et al. Chin. J. Chem., 2012, 30, 1236; 2880.

312 Cytosporone B 壳囊孢酮 B*

【基本信息】$C_{18}H_{26}O_5$.【类型】芳基酮类.【来源】红树导出的真菌珀松白孔座壳 *Leucostoma persoonii*, 来自美国红树 *Rhizophora mangle* (树枝, 佛罗里达湿地, 佛罗里达, 美国), 真菌壳囊孢属 *Cytospora* sp.【活性】抗菌 (MRSA, MIC = 78μmol/L, MBC$_{90}$ = 93μmol/L, MBEC$_{90}$ = 110μmol/L; A549, IC$_{50}$ = 170μmol/L, IC$_{90}$ = 190μmol/L).【文献】M. P. Singh, et al. Mar. Drugs, 2007, 5, 71; J. Beau, et al. Mar. Drugs, 2012, 10, 762.

313 6-Demethylsorbicillin 6-去甲基曲比西林*

【别名】1-(2,4-Dihydroxy-5-methylphenyl)-2,4-hexadien-1-one; 1-(2,4-二羟基-5-甲基苯基)-2,4-己二烯-1-酮.【基本信息】$C_{13}H_{14}O_3$, 黄色固体 (甲醇).【类型】芳基酮类.【来源】海洋导出的真菌木霉属 *Trichoderma* sp. f-13 (沉积物, 福建, 中国).【活性】细胞毒 (HL60 细胞株, IC$_{50}$ = 23.9μmol/L, 对照 VP-16, IC$_{50}$ = 2.1μmol/L; 提高细胞在 sub-G$_1$ 部分的百分数, sub-G$_1$ = 66.4%, 负效应对照甲醇, sub-G$_1$ = 2.3%).【文献】L. Du, et al. CPB, 2009, 57, 220.

314 Ethyl 5-ethoxy-2-formyl-3-hydroxy-4-methylbenzoate 5-乙氧基-2-甲酰基-3-羟基-4-甲基-苯甲酸乙酯

【基本信息】$C_{13}H_{16}O_5$, 无色针状晶体.【类型】芳基酮类.【来源】未鉴定的海洋真菌 (菌株 E33 和 K38, 共液体培养基).【活性】抗真菌 (0.25mmol/L: 白粉菌属 *Blumeria graminearum*, IZD = 12.1mm; 盘长孢属 *Gloeosporium musae*, IZD = 11.6mm; 立枯丝核菌 *Rhizoctonia solani*, IZD = 10.2mm; 疫霉菌属 *Phytophthora sojae*, IZD = 8.5mm).【文献】J. H. Wang, et al. Chem. Nat. Compd. 2013, 49, 799.

315 Isosorbicillin 异曲比西林*

【别名】(2*E*,4*E*)-1-(2,6-Dihydroxy-3,5-dimethyl-phenyl)hexa-2,4-dien-1-one; (2*E*,4*E*)-1-(2,6-二羟基-3,5-二

甲基-苯基)六(碳)-2,4-二烯-1-酮.【基本信息】$C_{14}H_{16}O_3$, 黄色针状晶体.【类型】芳基酮类.【来源】海洋导出的真菌青霉属 Penicillium sp. M207142.【活性】细胞毒 (HeLa 和 SW620, 高活性).【文献】S. Liu, et al. Chem. Nat. Compd., 2010, 46, 116.

316 5-O-Methyldothiorelone A 5-O-甲基小穴壳菌酮 A*

【别名】Ethyl 2-(3-hydroxy-2-(7-hydroxyoctanoyl)-5-methoxyphenyl)acetate; 2-(3-羟基-2-(7-羟基辛酰基)-5-甲氧基苯基)乙酸乙酯.【基本信息】$C_{19}H_{28}O_6$, 油状物.【类型】芳基酮类.【来源】红树导出的真菌拟茎点霉属 Phomopsis sp. ZSU-H76, 来自红树似沉香海漆* Excoecaria agallocha (中国水域).【活性】细胞毒 (MTT 试验: Hep2, IC_{50} = 25μg/mL; HepG2, IC_{50} = 30μg/mL).【文献】Z. J. Huang, et al. Chem. Nat. Compd., 2009, 45, 625.

317 14,15-Secocurvularin 14,15-开环弯孢霉菌素

【基本信息】$C_{16}H_{22}O_5$.【类型】芳基酮类.【来源】未鉴定的海洋导出的真菌 951014, 来自游荡璇星海绵* Spirastrella vagabunda (印度-太平洋).【活性】抗菌 (枯草杆菌 Bacillus subtilis, 活性比四环素温和).【文献】L. M. Abrell, et al. Tetrahedron Lett., 1996, 37, 8983.

318 Sohirnone A 叟会姆酮 A*

【别名】1-(2,4-Dihydroxy-5-methylphenyl)-4-hexen-1-one; 1-(2,4-二羟基-5-甲基苯基)-4-己烯-1-酮.【基本信息】$C_{13}H_{16}O_3$, 浅黄色固体.【类型】芳基酮类.【来源】海洋导出的真菌木霉属 Trichoderma sp. f-13 (沉积物样本, 中国水域).【活性】细胞毒 (HL60, IC_{50} > 50μmol/L, 对照 VP-16, IC_{50} = 2.1μmol/L; 提高细胞在亚 G_1 部分的百分数, sub-G_1 = 5.4%, 负效应对照甲醇, 亚 G_1 = 2.3%).【文献】L. Du, et al. CPB, 2009, 57, 220; R. P. Maskey, et al. JNP, 2005, 68, 865.

319 (4′Z)-Sorbicillin (4′Z)-叟比西林*

【基本信息】$C_{14}H_{16}O_3$.【类型】芳基酮类.【来源】海洋导出的真菌木霉属 Trichoderma sp., 来自长棘海星 Acanthaster planci (三亚国家珊瑚礁自然保护区, 海南, 中国).【活性】细胞毒 (几种人肿瘤细胞 HTCLs 细胞, 中等活性).【文献】W.-J. Lan, et al. Nat. Prod. Commun., 2012, 7, 1337.

320 Ascochital 草壳二孢醛*

【别名】4-(1,3-Dimethyl-2-oxopentyl)-3-formyl-2,6-dihydroxybenzoic acid; 4-(1,3-二甲基-2-氧代苯基)-3-甲酰-2,6-二羟基苯甲酸.【基本信息】$C_{15}H_{18}O_6$, mp 122~124℃.【类型】苯甲酸和酯类.【来源】海洋导出的亚隔孢壳科盐角草壳二孢真菌* Ascochyta salicorniae, 来自绿藻石莼属 Ulva sp. (德国北海海岸), 海洋导出的真菌环盾壳属 Kirschsteiniothelia maritima.【活性】蛋白磷酸酶 PPs 抑制剂 [MPtpB (分枝杆菌蛋白酪氨酸磷酸酶 B], IC_{50} = 61.2μmol/L; Cdc25a, PTP1B, VHR, MPtpA 和 VE-PTP, 对所有 5 种均无活性); 抗菌 (枯草杆菌 Bacillus subtilis, MIC = 500ng/mL).【文献】C. Kusnick, et al. Pharmazie, 2002, 57, 510; S. F. Siebert, et al. Org. Biomol. Chem., 2006, 4, 2233.

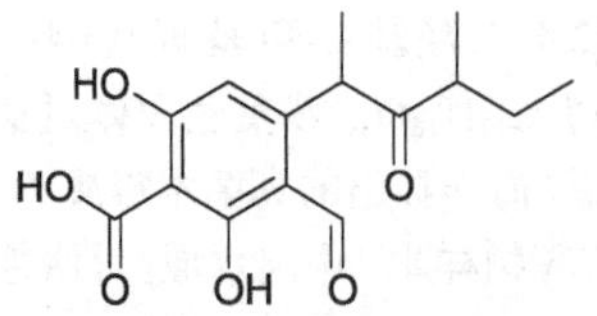

321 1,2-Benzenedicarboxylic acid 2,12-diethyl-11-methylhexadecyl 2-ethyl-11-methylhexadecyl ester 1,2-苯二甲酸 2,12-二乙基-11-甲基十六烷基 2-乙基-11-甲基十六烷基酯

【基本信息】$C_{48}H_{86}O_4$.【类型】苯甲酸和酯类.【来源】脊椎动物门海龙科海马亚科海马 *Hippocampus kuda*.【活性】组织蛋白酶 B 抑制剂 (IC_{50} = 0.18~0.29mmol/L).【文献】Y. Li, et al. BoMCL, 2008, 18, 6130.

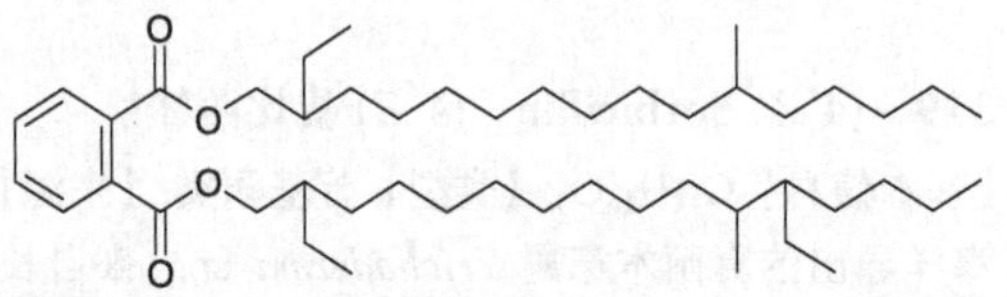

322 1,2-Benzenedicarboxylic acid-2-ethyl-decyl 2-ethylundecyl ester 1,2-苯二甲酸 2-乙基癸基 2-乙基十一烷基酯

【基本信息】$C_{33}H_{56}O_4$.【类型】苯甲酸和酯类.【来源】脊椎动物门海龙科海马亚科海马 *Hippocampus kuda*.【活性】组织蛋白酶 B 抑制剂 (IC_{50} = 0.18~0.29mmol/L).【文献】Y. Li, et al. BoMCL, 2008, 18, 6130.

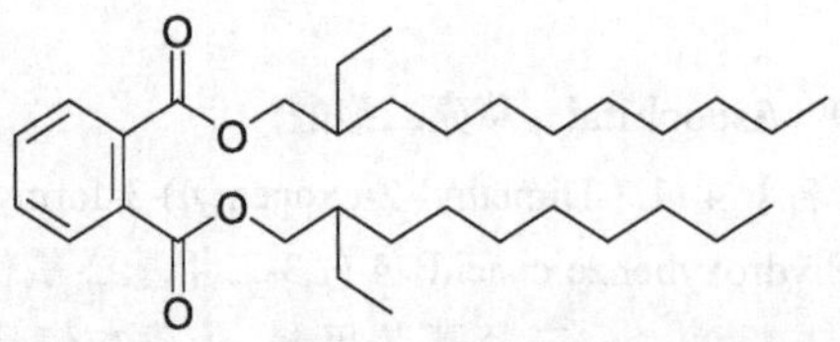

323 Bis(2-ethyldodecyl) phthalate 双(2-乙基十二烷基)邻苯二甲酸酯

【基本信息】$C_{36}H_{62}O_4$.【类型】苯甲酸和酯类.【来源】脊椎动物门海龙科海马亚科海马 *Hippocampus kuda*.【活性】组织蛋白酶 B 抑制剂 (IC_{50} = 0.18~0.29mmol/L).【文献】Y. Li, et al. BoMCL, 2008, 18, 6130.

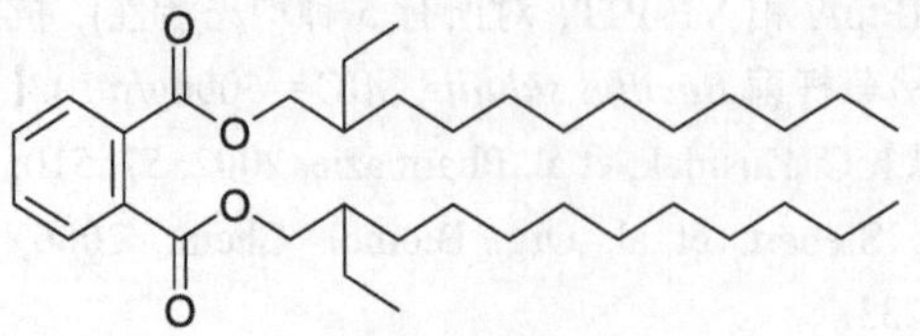

324 Butyl-isobutylphthalate 丁基-异丁基邻苯二甲酸酯

【基本信息】$C_{16}H_{22}O_4$.【类型】苯甲酸和酯类.【来源】棕藻海带 *Laminaria japonica* (拟根共肉).【活性】降血糖 (α-葡萄糖苷酶抑制剂) (体外试验, IC_{50} = 38.00μmol/L); 降血糖 (*in vivo*, 链脲霉素诱导的糖尿病小鼠).【文献】T. Bu, et al. Phytother. Res., 2010, 24, 1588.

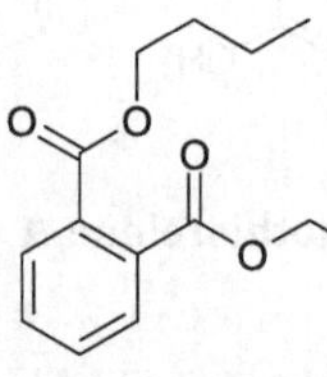

325 3,4-Dihydroxybenzoic acid 3,4-二羟基苯甲酸

【基本信息】$C_7H_6O_4$.【类型】苯甲酸和酯类.【来源】海洋导出的真菌费氏新萨托菌 *Neosartorya fischeri* 1008F1, 各种高等植物.【活性】抗病毒 (TMV 病毒, IC_{50} = 630μmol/L); 抗氧化剂 (游离自由基清除剂); 膳食化学预防剂 (抑制动物模型中肿瘤的发育); 抑制 LDL 氧化; 血小板聚集抑制剂.【文献】Q.-W. Tan, et al. Nat. Prod. Res., 2012, 26, 1402; CRC press, DNP in DVD, 2012, version20.2.

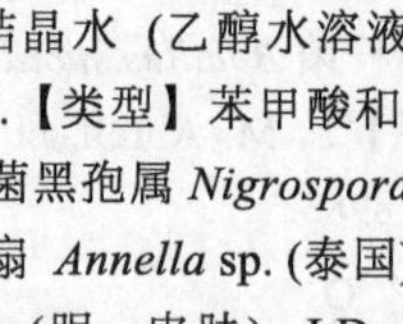

326 4-Hydroxybenzoic acid 4-羟基苯甲酸

【基本信息】$C_7H_6O_3$, 棱柱状晶体 (二甲苯/乙醇), 晶体+1 分子结晶水 (乙醇水溶液或丙酮/乙醇), mp 213~214℃.【类型】苯甲酸和酯类.【来源】海洋导出的真菌黑孢属 *Nigrospora* sp. PSU-F12, 来自柳珊瑚海扇 *Annella* sp. (泰国).【活性】抗真菌; 眼刺激剂 (眼, 皮肤); LD_{50} (小鼠, orl) = 2200mg/kg.【文献】V. Rukachaisirikul, et al. Arch. Pharm. Res., 2010, 33, 375.

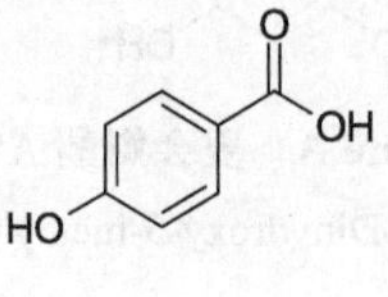

327 5-Hydroxy-2-methoxy benzoic acid 5-羟基-2-甲氧基苯甲酸
【基本信息】$C_8H_8O_4$.【类型】苯甲酸和酯类.【来源】深海真菌曲霉菌属 *Aspergillus* sp. CXCTD-06-6a.【活性】细胞毒 (1.68μg/mL, HeLa, InRt = 7.29%).【文献】C. Ji, et al. Chin. J. Mar. Drugs, 2011, 30, 1.

328 (2′*S*)-4-Methoxy-3-(2′-methyl-3′-hydroxy)propionyl-methyl benzoate (2′*S*)-4-甲氧基-3-(2′-甲基-3′-羟基)丙酰基-苯甲酸甲酯
【基本信息】$C_{13}H_{16}O_6$.【类型】苯甲酸和酯类.【来源】深海真菌曲霉菌属 *Aspergillus* sp. 16-02-1 (沉积物).【活性】细胞毒 (100μg/mL: K562, InRt = 34.5%; HL60, InRt = 25.2%; HeLa, InRt = 3.2%; BGC823, InRt = 15.5%).【文献】X. Chen, et al. Chin. J. Mar. Drugs, 2013, 32, 1 (中文版).

329 Methyl 4-hydroxy-3-(3-methylbut-2-enyloxy)benzoate 4-羟基-3-(3-甲基丁-2-烯氧)苯甲酸甲酯
【基本信息】$C_{13}H_{16}O_4$, mp 49~50°C.【类型】苯甲酸和酯类.【来源】未鉴定的红树导出的真菌 (来自中国水域红树栖息地).【活性】抗菌 (革兰氏阳性菌金黄色葡萄球菌 *Staphylococcus aureus* ATCC27154, MIC = 6.25g/mL; 革兰氏阴性菌大肠杆菌 *Escherichia coli* ATCC 25922; MIC = 25μg/mL, 中等活性); 抗真菌 (尖孢镰刀菌属*Fusarium oxysporum*, MIC = 12.5μg/mL; 白色念珠菌 *Candida albicans* ATCC 10231, 无活性); 细胞毒 (MTT试验: HepG2, IC_{50} = 10.0μg/mL, 中等活性).【文献】C. L. Shao, et al. Chem. Nat. Compd., 2007, 43, 377.

330 Tenellic acid C 特涅酸 C*
【基本信息】$C_{23}H_{26}O_8$, 无定形固体, mp 108~110°C, $[\alpha]_D = -7.4°$ (c = 0.13, 甲醇).【类型】苯甲酸和酯类.【来源】红树导出的真菌发菌科踝节菌属 *Talaromyces* sp. SBE-14, 来自红树秋茄树 *Kandelia candel* (香港, 中国).【活性】抗菌 (标准圆盘试验, 200μg/盘: 革兰氏阳性菌枯草杆菌 *Bacillus subtilis* ATCC 6051, IZD = 12mm; 金黄色葡萄球菌 *Staphylococcus aureus* ATCC 29213, IZD = 14mm; 白色念珠菌 *Candida albicans* ATCC 14053, 无活性).【文献】H. Oh, et al. JNP, 1999, 62, 580; F. Liu, et al. Magn. Reson. Chem., 2009, 47, 453.

331 (+)-Aeroplysinin 1 (+)-秒色海绵宁 1*
【别名】3,5-Dibromo-1-cyanomethyl-4-methoxy-3,5-cyclohexadiene-1,2-diol; 3,5-二溴-1-氰甲基-4-甲氧基-3,5-环己二烯-1,2-二醇.【基本信息】$C_9H_9Br_2NO_3$, mp 120~121°C, mp 112~113°C, $[\alpha]_D = +193°$ (c = 0.63, 丙酮), $[\alpha]_D^{20} = +185°$ (c = 0.17, 甲醇).【类型】苯乙醇类.【来源】秒色海绵属 *Aplysina aerophoba* [Syn. *Verongia aerophoba*], 烟管秒色海绵* *Aplysina archeri*, Aplysinidae 科海绵 *Aiolochroia crassa* 和 *Verongula rigida*, 紫色沙肉海绵 *Psammaplysilla purpurea*, 小紫海绵属 *Ianthella* sp.【活性】抗菌 (磷发光菌 *Photobacterium phosphoreum*, IC_{50} = 3.5μmol/L) (García-Vilas, 2016); 抗微藻 (海洋微藻 *Coscinodiscus wailesii*, IC_{50} = 5.6μmol/L; 微型原甲藻 *Prorocentrum minimum*, IC_{50} = 7.0μmol/L) (García-Vilas, 2016); 抗病毒 (HIV-1, IC_{50} = 14.6μmol/L) (García-Vilas, 2016); 抗血管生成 [EVLC-2 细胞株 (SV40 大 T-抗原无限增殖化的人脐带静脉细胞), 2.5μmol/L, 靶标基质金属蛋白酶-2 (MMP-2), 效果降低;

HUVEC 细胞株（人脐带静脉内皮细胞），2.5µmol/L，靶标 MMP-2，效果降低；RF-24 细胞株（乳头瘤病毒 16 E6/E7 无限增殖化的人脐带静脉细胞），2.5µmol/L，靶标 MMP-2，效果降低；BAEC 细胞株（牛动脉内皮细胞），3µmol/L，靶标 MMP-2，效果降低；BAEC 细胞株，3µmol/L，靶标 PA，效果降低；BAEC 细胞株，3µmol/L，靶标 PAI，效果升高](García-Vilas, 2016); 抗炎（HUVEC 细胞株，10µmol/L，靶标 MCP-1，靶标 TSP-1 和靶标 COX-2，效果皆降低；HUVEC 细胞株，20µmol/L，靶标 Il-1α 和靶标 MMP-1，效果皆降低)(García-Vilas, 2016); 细胞凋亡（BAEC 细胞株，10µmol/L：靶标裂开的 lamin-A，效果升高；靶标半胱氨酸天冬氨酸蛋白酶-2，-3，-8，-9，效果升高；靶标细胞色素 C，在细胞浆中效果升高．HUVEC 细胞株，10µmol/L，靶标 p-Bad，效果升高）(García-Vilas, 2016); 抗血管生成 [HUVEC, IC_{50} = 4.7µmol/L; EVLC-2, IC_{50} = 3.0µmol/L; RF-24, IC_{50} = 2.8µmol/L; HMEC (人微血管内皮细胞), IC_{50} = 2.6µmol/L; BAEC, IC_{50} = 2.1µmol/L] (García-Vilas, 2016); 细胞毒（HT1080, IC_{50} = 2.3µmol/L; HTC116, IC_{50} = 4.7µmol/L; HeLa, IC_{50} = 3.0µmol/L; THP-1, IC_{50} = 10.0µmol/L; NOMO-1, IC_{50} = 17.0µmol/L; HL60, IC_{50} = 5.0µmol/L) (García-Vilas, 2016); 抗生素（革兰氏阳性菌和几种引起有毒水华的甲藻微藻类）(García-Vilas, 2016); 表皮生长因子受体 EGFR 抑制剂 (IC_{100} = 0.5µmol/L); 抗肿瘤（对 EGFR 肿瘤细胞有高活性，阻断依赖于 EGFR 的人乳腺癌细胞 MCF7 和 ZR-75-1 的增殖); 灭螺剂 [注: (+)-秒色海绵宁 1 有广谱生物活性．在临床前研究中，已经证明有希望抗炎、抗血管生成和抗肿瘤]．【文献】T. N. Makarieva, et al. Comp. Biochem. Physiol., B, 1981, 68, 481; M.-H. Kreuter, et al. Comp. Biochem. Physiol. B Biochem. Mol. Biol. 1990, 97, 151; A. Koulman, et al. JNP, 1996, 59, 591; M. Kita, et al. Tetrahedron Lett., 2008, 49, 5383; D. Skropeta, et al. Mar. Drugs, 2011, 9, 2131 (Rev.); J. A. García-Vilas, et al. Mar. Drugs, 2016, 14, 1 (Rev.).

332　4-Hydroxy-3-methoxyphenylglyoxylic acid methyl ester　4-羟基-3-甲氧基-苯基乙醛酸甲酯

【基本信息】$C_{10}H_{10}O_5$，黄色无定形粉末．【类型】苯乙醇类．【来源】精囊海鞘属 Polyandrocarpa zorritensis（塔兰托湾，意大利).【活性】细胞毒（C6，IC_{50} > 1000µmol/L; HeLa 和 H9c2，无活性）．【文献】A. Aiello, et al. Mar. Drugs, 2011, 9, 1157.

333　4-Hydroxyphenethyl 2-(4-hydroxyphenyl) acetate　4-羟基苯乙基 2-(4-羟苯基)乙酸盐

【基本信息】$C_{16}H_{16}O_4$．【类型】苯乙醇类．【来源】红树导出的真菌黄灰青霉 Penicillium griseofulvum Y19-07，来自红树总状花序榄李* Lumnitzera racemosa．【活性】抗氧化剂（自由基清除剂，中等活性); 细胞毒（低活性).【文献】Y. N. Wang, et al. J. Asian Nat. Prod. Res., 2009, 11, 912.

334　4-Hydroxyphenethyl methyl succinate　4-羟基苯乙基-甲基琥珀酸酯

【基本信息】$C_{13}H_{16}O_5$，油状物．【类型】苯乙醇类．【来源】红树导出的真菌黄灰青霉 Penicillium griseofulvum Y19-07，来自红树总状花序榄李* Lumnitzera racemosa．【活性】抗氧化剂（自由基清除剂，中等活性).【文献】Y. N. Wang, et al. J. Asian Nat. Prod. Res., 2009, 11, 912.

335　Isojaspisin　异碧玉海绵新*

【基本信息】$C_8H_8O_6S$，黏性油（钠盐).【类型】苯乙醇类．【来源】碧玉海绵属 Jaspis sp.（日本水域).【活性】抑制海胆胚胎孵化．【文献】C. M. Cerda-Garcia-Rojas, et al. JNP, 1994, 57, 1758.

336　Jaspisin　碧玉海绵新*

【别名】3,4-Dihydroxystyryl sulfate; 3,4-二羟基苯乙烯基硫酸酯.【基本信息】$C_8H_8O_6S$, 黏性油（钠盐）.【类型】苯乙醇类.【来源】杂星海绵属 *Poecillastra wondoensis* 和碧玉海绵属 *Jaspis* sp.（日本水域）.【活性】海胆配子抑制剂；蛋白内切酶抑制剂；受精抑制剂（海燕 *Asterina pectinifera*）.【文献】C. M. Cerda-Garcia-Rojas, et al. JNP, 1994, 57, 1758; S. Ohta, et al. Biosci. Biotechnol. Biochem., 1994, 58, 1752; S. Ikegami, et al. J. Biol. Chem., 1994, 269, 23262; Y. H. Chang, et al. JNP, 2008, 71, 779.

337　Methyl 4-hydroxyphenylacetate　4-羟苯基乙酸甲酯

【基本信息】$C_9H_{10}O_3$.【类型】苯乙醇类.【来源】海洋真菌青霉属 *Penicillium oxalicum* 0312f1.【活性】抗病毒（TMV 病毒，EC_{50} = 829.15μmol/L）.【文献】S. Shen, et al. Acta Microbiol. Sinic., 2009, 49, 1240; S. Shen, et al. Nat. Prod. Res., 2013, 27, 2286.

338　Subereaphenol B　苏本拉海绵酚 B*

【别名】4,6-Dibromo-homogentisic acid methyl ester; 4,6-二溴-高龙胆酸甲酯.【基本信息】$C_9H_8Br_2O_4$.【类型】苯乙醇类.【来源】类角海绵属 *Pseudoceratina* sp.（瓦努阿图），Aplysinellidae 科海绵 *Suberea* sp.（赫尔哥达，红海，埃及）和 Aplysinellidae 科海绵 *Suberea mollis*.【活性】蛋白激酶 Pfnek-1（恶性疟原虫 *Plasmodium falciparum* 中和 NIMA 相关的蛋白激酶）抑制剂（IC_{50} = 1.8μmol/L）.【文献】M. I. Abou-Shoer, et al. JNP, 2008, 71, 1464; N. Lebouvier, et al. Mar. Drugs, 2009, 7, 640; K. H. Shaker, et al. Chem. Biodivers, 2010, 7, 2880; D. Skropeta, et al. Mar. Drugs, 2011, 9, 2131 (Rev.).

339　(3*S*)-(3,5-Dihydroxyphenyl)butan-2-one　(3*S*)-(3,5-二羟基苯基)丁基-2-酮

【别名】姜油酮；萘丁美酮；覆盆子酮.【基本信息】$C_{10}H_{12}O_3$, 油状物, $[\alpha]_D^{20}$ = +124.0° (*c* = 0.12, 氯仿).【类型】苯丙醇类.【来源】海洋导出的真菌盾壳霉属 *Coniothyrium* sp., 来自 Raspailiinae 亚科海绵 *Ectyoplasia ferox*.【活性】抗真菌（花药黑粉菌 *Ustilago violacea*）.【文献】U. Höller, et al. JNP, 1999, 62, 114.

340　Ethyl 3,5-dibromo-4(3′-*N*,*N*-dimethylaminopropyloxy)-cinnamate　3,5-二溴-4(3′-*N*,*N*-二甲氨基丙基氧代)-肉桂酸乙酯

【基本信息】$C_{16}H_{21}Br_2NO_3$, 鳞片状晶体, mp 67°C.【类型】苯丙醇类.【来源】肥厚类角海绵* *Pseudoceratina crassa*.【活性】抗菌.【文献】K. E. Kassühlke, et al. Tetrahedron, 1991, 47, 1809.

341　Fijiolide A　斐济内酯 A*

【基本信息】$C_{34}H_{38}Cl_2N_2O_{10}$, 浅黄色油状物, $[\alpha]_D^{21}$ = −440° (*c* = 0.5, 甲醇).【类型】苯丙醇类.【来源】海洋导出的放线菌拟诺卡氏放线菌属 *Nocardiopsis* sp. CNS-653.【活性】TNF-α 诱导的 NF-κB 活化抑制剂.【文献】S.-J. Nam, et al. JNP, 2010, 73, 1080.

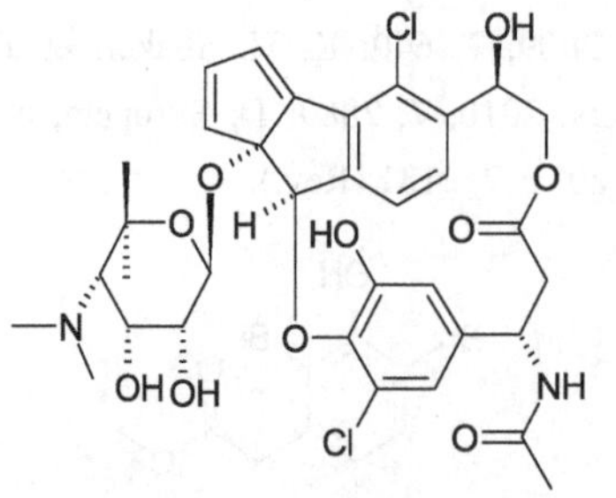

海洋大叶藻 Zostera marina.【活性】抗污剂.【文献】J. S. Todd, et al. Phytochemistry, 1993, 34, 401.

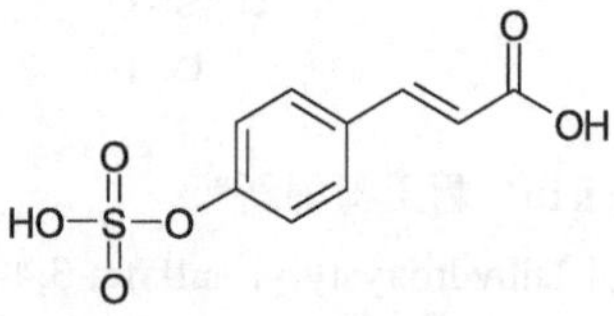

345 Aspergillusene A 曲霉烯 A*

【基本信息】$C_{15}H_{22}O_2$.【类型】其它苯基烷烃 (C_4~C_8) 衍生物.【来源】海洋导出的真菌萨氏曲霉菌 Aspergillus sydowii ZSDS1-F6.【活性】抗菌 (肺炎克雷伯菌 *Klebsiella pneumonia*, MIC = 21.4μmol/L).【文献】J.-F. Wang, et al. J. Antibiot., 2014, 67, 581.

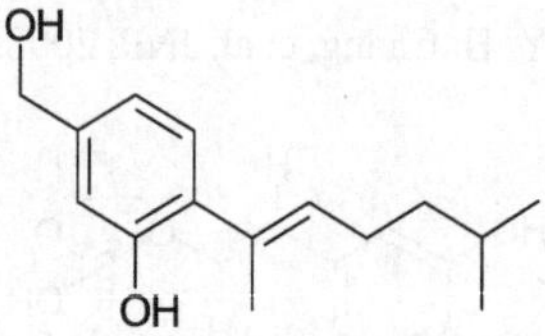

342 Hibiscusamide 黄槿酰胺*

【别名】N-trans-Feruloyl-3,5-dimethoxytyramine.【基本信息】$C_{20}H_{23}NO_6$, 针状晶体 (乙醇) 或黄色固体, mp 126~128℃, $[\alpha]_D^{25}$ = −18º (c = 0.68, 甲醇).【类型】苯丙醇类.【来源】半红树黄槿 Hibiscus tiliaceus (树干).【活性】细胞毒.【文献】J.-J. Chen, et al. Planta Med., 2006, 72, 932.

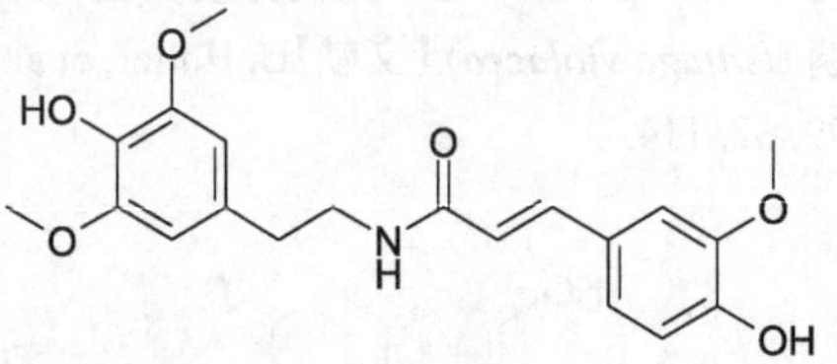

346 Caulerprenylol A 花序蕨藻异戊二烯基醇 A*

【基本信息】$C_{18}H_{26}O_2$.【类型】其它苯基烷烃(C_4~C_8) 衍生物.【来源】绿藻总状花序蕨藻* Caulerpa racemosa (湛江海岸, 广东, 中国).【活性】抗真菌 (低活性).【文献】A.-H. Liu, et al. Bioorg. Med. Chem. Lett., 2013, 23, 2491.

343 Phenol A 苯酚衍生物 A

【别名】5-[(2S,3R)-3-Hydroxybutan-2-yl]-4-methylbenzene-1,3-diol; 5-[(2S,3R)-3-羟基丁-2-基]-4-甲基苯-1,3-二醇.【基本信息】$C_{11}H_{16}O_3$.【类型】苯丙醇类.【来源】海洋导出的真菌青霉属 Penicillium sp. MFA446, 来自绿藻孔石莼 Ulva pertusa (朝鲜半岛水域), 深海真菌萨氏曲霉菌 Aspergillus sydowi YH11-2 (关岛, 美国, E144º43′N13º26′, 采样深度 1000m).【活性】抗氧化剂 (DPPH 自由基清除剂, 中等活性); 细胞毒 (P_{388}, IC_{50} = 10.41μmol/L, 对照 CDDP, IC_{50} = 0.039μmol/L).【文献】R. F. Curtis, et al. JCS Perkin Trans. I, 1968, 1, 85; Zhang, D. et al. J. Microbiol. Biotechnol., 2007, 17, 865; L. Tian, et al. Arch. Pharm. Res., 2007, 30, 1051.

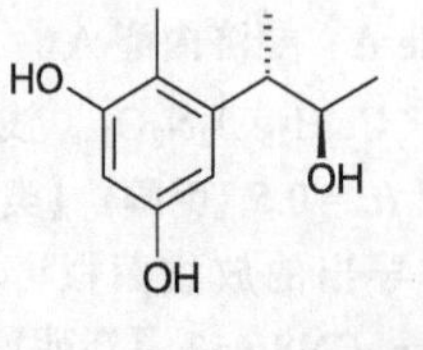

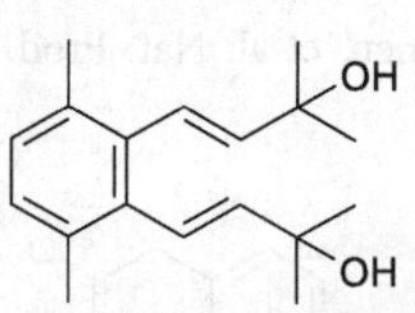

347 Caulerprenylol B 花序蕨藻异戊二烯基醇 B*

【基本信息】$C_{18}H_{26}O_2$.【类型】其它苯基烷烃 (C_4~C_8) 衍生物.【来源】绿藻总状花序蕨藻* Caulerpa racemosa (湛江海岸, 广东, 中国).【活性】抗真菌 (低活性).【文献】A.-H. Liu, et al. Bioorg. Med. Chem. Lett., 2013, 23, 2491.

344 Sulfated cinnamic acid 硫酸化苯丙烯酸*

【基本信息】$C_9H_8O_6S$.【类型】苯丙醇类.【来源】

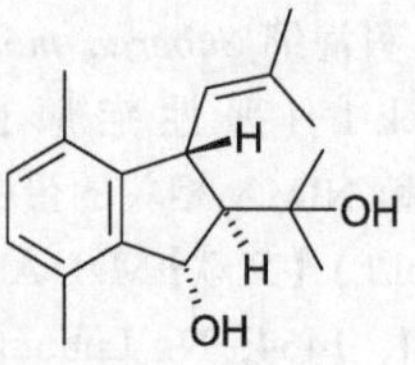

348　1,11-Dihydroxy-1,3,5,7E-bisabolatetren-15-oic acid　1,11-二羟基-1,3,5,7E-没药四烯-15-酸
【别名】Engyodontiumone I；白色侧齿霉酮 I*.
【基本信息】$C_{15}H_{20}O_4$，黄色树胶状物.【类型】其它苯基烷烃（C_4~C_8）衍生物.【来源】深海真菌共附生白色侧齿霉 Engyodontium album DFFSCS021.
【活性】抗菌（枯草杆菌 Bacillus subtilis, 25μg/盘, IZ = 10.0mm, MIC = 256.0μg/mL, 对照 PG, 10μg/盘, IZ = 43.3mm, MIC = 2.0μg/mL).【文献】Q. Yao, et al. Mar. Drugs, 2014, 12, 5902.

349　(Z)-5-(Hydroxymethyl)-2-(6′-methylhept-2′-en-2′-yl)-phenol　(Z)-5-(羟甲基)-2-[6′-甲基庚-2′-烯-2′-基]-苯酚
【基本信息】$C_{15}H_{22}O_2$.【类型】其它苯基烷烃（C_4~C_8）衍生物.【来源】海洋导出的真菌萨氏曲霉菌 Aspergillus sydowii ZSDS1-F6.【活性】抗病毒（H3N2 病毒, IC_{50} = 57.4μmol/L)；抗菌（肺炎克雷伯菌*Klebsiella pneumonia, MIC = 10.7μmol/L).【文献】J.-F. Wang, et al. J. Antibiot., 2014, 67, 581.

350　Lorneic acid A　娄内克酸 A*
【别名】4-[2-(1-Hexenyl)-4-methylphenyl]-3-butenoic acid; 4-[2-(1-己烯基)-4-甲基苯基]-3-丁烯酸.【基本信息】$C_{17}H_{22}O_2$，油状物.【类型】其它苯基烷烃（C_4~C_8）衍生物.【来源】海洋导出的链霉菌属 Streptomyces sp. NPS-554（沉积物, 宫崎骏港, 日本水域).【活性】人血小板磷酸二酯酶 5 抑制剂（PDE5）（高活性).【文献】F. Iwata, et al. JNP, 2009, 72, 2046.

351　Lorneic acid B　娄内克酸 B*
【基本信息】$C_{17}H_{24}O_3$，油状物，$[α]_D$ = –22º (c = 0.2, 甲醇).【类型】其它苯基烷烃衍生物（C_4~C_8).【来源】海洋导出的链霉菌属 Streptomyces sp. NPS-554 [沉积物, 宫崎骏港（Miyazaki harbor), 日本水域].【活性】人血小板磷酸二酯酶 5 抑制剂（PDE5).【文献】F. Iwata, et al. JNP, 2009, 72, 2046.

352　Nakitriol　那开三醇*
【基本信息】$C_{11}H_{12}O_3$.【类型】其它苯基烷烃（C_4~C_8）衍生物.【来源】蓝细菌集胞藻属 Synechocystis sp. 生长于鹿角珊瑚属石珊瑚 Acropora sp（冲绳, 日本).【活性】细胞毒 [DNA 修复有缺陷的细胞：EM9（拓扑异构酶 I 敏感的中国仓鼠卵巢癌），XRS-6（拓扑异构酶 II 敏感的中国仓鼠卵巢癌），UV20（DNA 交联剂敏感的中国仓鼠卵巢癌）和 BR1（有 DNA 修复能力的中国仓鼠卵巢癌），所有的 LD_{50} ≈ 20μg/mL].【文献】D. G. Nagle, et al. Tetrahedron Lett., 1995, 36, 849.

353　Rubrenoic acid A　红色假交替单胞菌烯酸 A*
【基本信息】$C_{16}H_{22}O_2$.【类型】其它苯基烷烃衍生物（C_4~C_8).【来源】海洋细菌红色假交替单胞菌 Alteromonas rubra.【活性】支气管扩张药.【文献】G. S. Holl, et al. Chem. Ind. (London), 1984, 850.

354　Rubrenoic acid B　红色假交替单胞菌烯酸 B*
【基本信息】$C_{16}H_{20}O_2$.【类型】其它苯基烷烃（C_4~C_8）衍生物.【来源】海洋细菌红色假交替单胞

菌 *Alteromonas rubra*.【活性】支气管扩张药.【文献】G. S. Holl, et al. Chem. Ind. (London), 1984, 850.

355　Rubrenoic acid C　红色假交替单胞菌烯酸 C*
【基本信息】$C_{16}H_{20}O_2$.【类型】其它苯基烷烃 (C_4~C_8) 衍生物.【来源】海洋细菌红色假交替单胞菌 *Alteromonas rubra*.【活性】支气管扩张药.【文献】G. S. Holl, et al. Chem. Ind. (London), 1984, 850.

356　Strepchloritide A　链霉菌氯酮 A*
【基本信息】$C_{10}H_8Cl_2O_4$.【类型】其它苯基烷烃 (C_4~C_8) 衍生物.【来源】海洋导出的链霉菌属 *Streptomyces* sp., 来自未鉴定的软珊瑚 (涠洲岛, 广西, 中国).【活性】细胞毒 (MCF7, 适度活性).【文献】P. Fu, et al. Chin. J. Chem., 2013, 31, 100.

357　Strepchloritide B　链霉菌氯酮 B*
【基本信息】$C_{10}H_7Cl_3O_4$.【类型】其它苯基烷烃 (C_4~C_8) 衍生物.【来源】海洋导出的链霉菌属 *Streptomyces* sp., 来自未鉴定的软珊瑚 (涠洲岛, 广西, 中国).【活性】细胞毒 (MCF7, 适度活性).【文献】P. Fu, et al. Chin. J. Chem., 2013, 31, 100.

358　(ξ)-Sydonic acid　(ξ)-萨氏曲霉菌酸*
【别名】1,7-Dihydroxy-1,3,5-bisabolatrien-15-oic acid; 1,7-二羟基-1,3,5-没药三烯-15-酸.【基本信息】$C_{15}H_{22}O_4$, 针状晶体 (苯), mp 158~159°C.【类型】其它苯基烷烃 (C_4~C_8) 衍生物.【来源】深海真菌共附生白色侧齿霉 *Engyodontium album* DFFSCS021, 陆地和海洋导出的真菌萨氏曲霉菌 *Aspergillus sydowi*, 海洋导出的 Pleosporales 目真菌 (淡水).【活性】抗菌 (大肠杆菌 *Escherichia coli*, 25μg/盘, IZ = 11.4mm, MIC = 64.0μg/mL, 对照 PG, 10μg/盘, IZ = 31.8mm, MIC = 2.0μg/mL; 枯草杆菌 *Bacillus subtilis*, 25μg/盘, IZ = 13.6mm, MIC = 128.0μg/mL, 对照 PG, 10μg/盘, IZ = 43.3mm, MIC = 2.0μg/mL).【文献】N. Ein-Gil, et al. ISME J., 2009, 3, 752; T. Hosoe, et al. Heterocycles, 2010, 81, 2123; Q. Yao, et al. Mar. Drugs, 2014, 12, 5902.

359　Varioxirane　杂色裸壳孢环氧乙烷*
【基本信息】$C_{15}H_{20}O_5$, 油状物 (三乙酰化合物), $[α]_D^{25} = -28°$ (c = 0.31, 氯仿) (三乙酰化合物).【类型】其它苯基烷烃 (C_4~C_8) 衍生物.【来源】海洋导出的真菌杂色裸壳孢 *Emericella variecolor*.【活性】抗微生物.【文献】J. Malmstrøm, et al. JNP, 2002, 65, 364; M. Saleem, et al. NPR, 2007, 24, 1142 (Rev.).

360　Ayamycin　绫霉素
【基本信息】$C_{14}H_{17}Cl_2NO_3$, 晶体, mp 115~117°C.【类型】硝基苯衍生物.【来源】海洋导出的放线菌诺卡氏放线菌属 *Nocardia* sp. ALAA 2000.【活性】抗菌 (革兰氏阳性菌和革兰氏阴性菌, MIC = 0.1μg/mL).【文献】M. M. A. El-Gendy, et al. J. Antibiot. (Tokyo) 2008, 61, 149; M. M. A. El-Gendy, et al. J. Antibiot., 2008, 61, 379; A. M. S. Mayer, et al. Comp Biochem. Physiol., Part C, 153, 2011, 191 (Rev.).

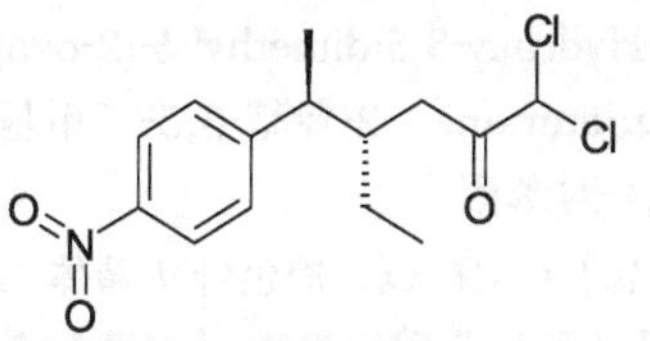

361 Bromochlorogentisylquinone A 溴氯龙胆霉素 A*

【基本信息】$C_7H_4BrClO_3$, 黄色固体.【类型】苯醌衍生物.【来源】海洋导出的真菌茎点霉属 Phoma herbarum, 来自红藻鹿角海萝 Gloiopeitis tenax (添加盐卤化物到发酵培养介质中, 石宝泉, 统营市, 韩国).【活性】抗氧化剂 (DPPH 自由基清除剂, $IC_{50} = 3.8\mu mol/L$, 对照 L-抗坏血酸, $IC_{50} = 20\mu mol/L$).【文献】V. N. Nenkep, et al. J. Antibiot., 2010, 63, 199.

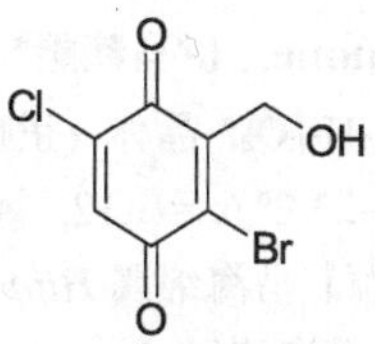

362 Bromochlorogentisylquinone B 溴氯龙胆霉素 B*

【基本信息】$C_7H_5BrClO_3$, 黄色固体.【类型】苯醌衍生物.【来源】海洋导出的真菌茎点霉属 Phoma herbarum, 来自红藻鹿角海萝 Gloiopeitis tenax (添加盐卤化物到发酵培养介质中, 石宝泉, 统营市, 韩国).【活性】抗氧化剂 (DPPH 自由基清除剂, $IC_{50} = 3.9\mu mol/L$, 对照 L-抗坏血酸, $IC_{50} = 20\mu mol/L$).【文献】V. N. Nenkep, et al. J. Antibiot., 2010, 63, 199.

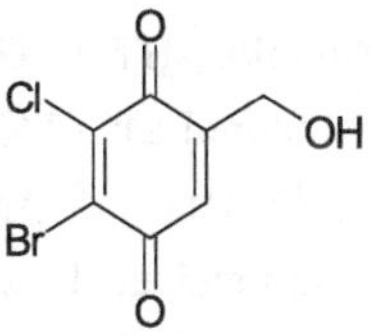

363 Chlorogentisylquinone 氯龙胆霉素*

【基本信息】$C_7H_5ClO_3$, 棕色针状晶体.【类型】苯醌衍生物.【来源】未鉴定的海洋导出的真菌.【活性】鞘磷脂酶抑制剂 (大白鼠大脑膜).【文献】R. Uchida, et al. J. Antibiot., 2001, 54, 882.

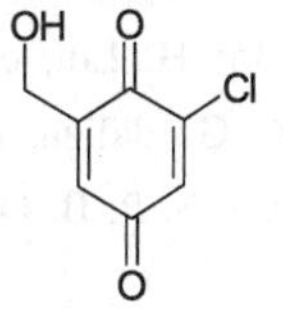

364 Coenzyme Q_9 辅酶 Q_9

【别名】Ubiquinone 45; 泛醌 45.【基本信息】$C_{54}H_{82}O_4$, 橙色晶体 (乙醇), mp 45.2°C.【类型】苯醌衍生物.【来源】海洋导出的放线菌诺卡氏放线菌属 Nocardia sp. KMM 3749 (嗜冷生物, 冷水域, 千岛群岛和新知岛探险航程, 鄂霍次克海).【活性】细胞毒 (小鼠红细胞, MIC = 30~50μg/mL; 海胆 Strongylocentrotus intermedius 受精卵, MIC = 40μg/mL).【文献】T. A. Kuznetsova, et al. Russ. Chem. Bull., 2002, 51, 1951; M. D. Lebar, et al. NPR, 2007, 24, 774 (Rev.); CRC Press, DNP on DVD, 2012, version 20.2.

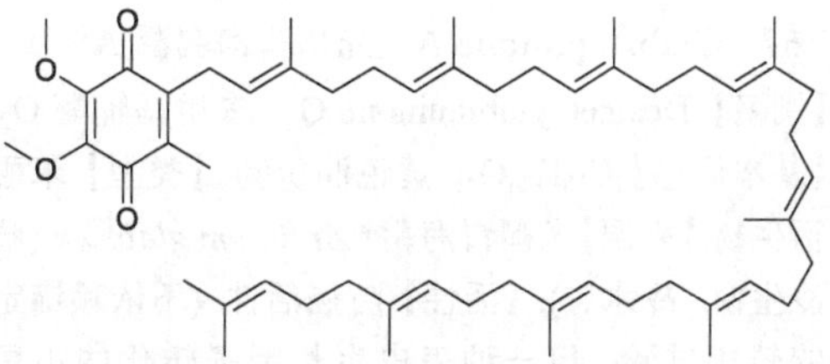

365 2,6-Dimethoxy-1,4-benzoquinone 2,6-二甲氧基-1,4-对苯醌

【基本信息】$C_8H_8O_4$, 黄色晶体 (乙酸), mp 256°C, bp 311.1°C.【类型】苯醌衍生物.【来源】海洋导出的细菌需盐杆菌属 Salegentibacter sp. T436; 海洋导出的真菌小树状霉属 Dendryphiella salina (生长在废弃的亚硫酸盐溶液中), 红树海莲木榄变种 Bruguiera sexangula var. rhynchopetala.【活性】抗菌; 引起皮炎; 致突变的.【文献】S. Bao, et al. Helv. Chim. Acta, 2005, 88, 2757; I. Schuhmann, et al. J. Antibiot., 2009, 62, 453.

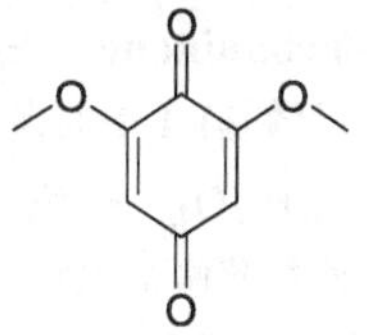

366 2-(1,1-Dimethyl-2-propenyl)-5-(3-methyl-2-butenyl)-1,4-benzoquinone 2-(1,1-二甲基-2-丙烯基)-5-(3-甲基-2-丁烯基)-1,4-对苯醌

【基本信息】$C_{16}H_{20}O_2$, 黄色晶体 (石油醚), mp 27.5~29°C.【类型】苯醌衍生物.【来源】棕藻毛头藻属 Sporochnus comosus (肖岛, 昆士兰, 澳大利亚) 和棕藻 Sporochnaceae 科 Perithalia capillaris.【活性】细胞毒 (SF268, $GI_{50} = 17\mu mol/L$;

MCF7, GI_{50} = 26μmol/L; H460, GI_{50} = 41μmol/L; HT29, GI_{50} = 37μmol/L; CHO-K1, GI_{50} = 29μmol/L); 抗炎 (抑制人中性粒细胞游离自由基的释放, in vitro, IC_{50} = 2.1μmol/L, 分子作用机制: 抑制超氧化物阴离子).【文献】S. P. B. Ovenden, et al. JNP, 2011, 74, 739; C. E. Sansom, et al. JNP 2007, 70, 2042.

367 Glabruquinone A 光褶胃海鞘醌 A*
【别名】Desmethylubiquinone Q_2; 去甲基辅酶 Q_2.
【基本信息】$C_{18}H_{24}O_4$, 黄色油状物.【类型】苯醌衍生物.【来源】光褶胃海鞘* Aplidium glabrum (嗜冷生物, 冷水域).【活性】防癌活性 (不依赖锚定的转化试验, 用一种表皮生长因子转化的小鼠 JB6 P+ CI41 细胞); 细胞毒 (HCT116, IC_{50} = 12.7μmol/L; MEL28, IC_{50} = 17.5μmol/L; HT460, IC_{50} = 50.5μmol/L); 接触变应原.【文献】L. K. Shubina, et al. Tetrahedron Lett., 2005, 46, 559; M. D. Lebar, et al. NPR, 2007, 24, 774 (Rev.).

368 2-Hydroxy-3,6-dimethyl-5-(1-oxo-4-hexenyl)-1,4-benzoquinone 2-羟基-3,6-二甲基-5-(1-氧代-4-己烯基)-1,4-对苯醌
【基本信息】$C_{14}H_{16}O_4$, 橙色针状晶体, mp 127~129°C.【类型】苯醌衍生物.【来源】海洋导出的真菌青霉属 Penicillium terrestre.【活性】细胞毒 (MTT 试验: P_{388} 和 A549).【文献】W. Liu, et al. J. Antibiot., 2005, 58, 441; M. Saleem, et al. NPR, 2007, 24, 1142 (Rev.).

369 2-Hydroxy-3,5-dimethyl-6-(2-oxopropyl)-1,4-benzoquinone 2-羟基-3,5-二甲基-6-(2-丙酰基)-1,4-对苯醌
【基本信息】$C_{11}H_{12}O_4$, 橙色针状晶体, mp 118°C (分解).【类型】苯醌衍生物.【来源】海洋导出的真菌青霉属 Penicillium terrestre.【活性】细胞毒 (MTT 试验: P_{388} 和 A549).【文献】W. Liu, et al. J. Antibiot., 2005, 58, 441; M. Saleem, et al. NPR, 2007, 24, 1142 (Rev.).

370 Ilimaquinone 伊马喹酮*
【基本信息】$C_{22}H_{30}O_4$, 晶体 (正己烷), mp 113~114°C, $[\alpha]_D^{23}$ = –23.2° (c = 1.12, 氯仿).【类型】苯醌衍生物.【来源】马海绵属 Hippospongia sp. (帕劳, 大洋洲), 角骨海绵属 Spongia sp. (澳大利亚), 马海绵属 Hippospongia metachromia, 胄甲海绵科 Smenospongia spp., 多丝海绵属 Polyfibrospongia australis, 格形海绵属 Hyatella spp., 胄甲海绵亚科 Thorectinae 海绵 Dactylospongia elegans 和 Petrosaspongia metachromia.【活性】细胞毒 (诱导分化活性, K562 细胞进入有核红细胞, 最低有效浓度 = 15μmol/L); 细胞毒 (NCI-H460, HepG2, SF268, MCF7, HeLa 和 HL60 人癌细胞, 对海星卵母细胞的成熟有抑制效应); 细胞毒 (SF268, GI_{50} = 2.7μmol/L; MCF7, GI_{50} = 3.9μmol/L; H460, GI_{50} = 1.8μmol/L; HT29, GI_{50} = 5.4μmol/L; CHO-K1, GI_{50} = 2.0μmol/L); 抗葡萄球菌的; HIV 逆转录酶抑制剂; 抗 HIV; 诱导高尔基膜囊泡形成.【文献】R. T. Luibrand, et al. Tetrahedron, 1979, 35, 609; R. J. Capon, et al. JOC, 1987, 52, 5059; S. Loya, Antimicrob. Agents Chemother., 1990, 34, 2009; P. A. Takizawa, et al. Cell (Cambridge, Mass.), 1993, 73, 1079; U. Acharya, et al. J. Cell Biol., 1995, 129, 577; N.K. Utkina, et al. Tetrahedron Lett., 2003, 44, 101; S. Aoki, et al. CPB, 2004, 52, 935; H. Liu, et al. Pharm. Biol., 2006, 44, 522; M. Gordaliza, et al. Mar. Drugs, 2010, 8, 2849 (Rev.); S. P. B. Ovenden, et al. JNP, 2011, 74, 65.

371 5-*epi*-Ilimaquinone 5-*epi*-伊马喹酮
【基本信息】$C_{22}H_{30}O_4$, $[\alpha]_D = +29.8°$ ($c = 0.4$, 氯仿).【类型】苯醌衍生物.【来源】马海绵属 *Hippospongia* sp. (帕劳, 大洋洲), 胄甲海绵亚科 Thorectinae 海绵 *Fenestraspongia* sp. 和 *Dactylospongia elegans*, 冲绳海绵 *Hyrtios* sp.【活性】细胞毒 (P_{388}, $IC_{50} = 2.2\mu g/mL$; A549, $IC_{50} = 0.9\mu g/mL$; HT29, $IC_{50} = 3.4\mu g/mL$; B16-F-10, $IC_{50} = 1.1\mu g/mL$); 细胞毒 (NCI-H460, HepG2, SF268, MCF7, HeLa 和 HL60 人癌细胞, 对海星卵母细胞的成熟有抑制效应); 细胞毒 (诱导分化活性, K562 细胞进入有核红细胞, 最低有效浓度 = $15\mu mol/L$); 有毒的 (盐水丰年虾 *Artemia larvae*).【文献】B. Carté, et al. JOC, 1985, 50, 2785; J. Rodriguez, et al. Tetrahedron, 1992, 48, 6667; S. Aoki, et al. CPB, 2004, 52, 935; H. Liu, et al. Pharm. Biol., 2006, 44, 522; M. Gordaliza, et al. Mar. Drugs, 2010, 8, 2849 (Rev.).

372 Longithorone A 长胸褶胃海鞘苯醌 A*
【基本信息】$C_{42}H_{46}O_5$, 晶体 (甲醇/二氯甲烷), mp 195~196°C, $[\alpha]_D = -87.5°$ ($c = 2.7$, 氯仿).【类型】苯醌衍生物.【来源】长胸褶胃海鞘* *Aplidium longithorax* [Syn. *Aplydium longithorax*].【活性】细胞毒 (P_{388}, $ED_{50} = 10\mu g/mL$, 低活性).【文献】X. Fu, et al. JACS, 1994, 116, 12125 (勘误: 1995, 117, 9381).

373 Sarcophytonone 肉芝软珊瑚苯醌*
【基本信息】$C_{20}H_{30}O_5$, 黄色油状物, $[\alpha]_D^{25} = +5.8°$ ($c = 0.4$, 氯仿).【类型】苯醌衍生物.【来源】微厚肉芝软珊瑚 *Sarcophyton crassocaule* (陵水湾, 海南, 中国).【活性】有毒的 (盐水丰年虾 *Artemia salina*, 温和活性).【文献】L. Li, et al. J. Asian Nat. Prod. Res., 2009, 11, 851.

374 Sargaquinoic acid 马尾藻喹诺酸*
【基本信息】$C_{27}H_{36}O_4$, 黄色油状物.【类型】苯醌衍生物.【来源】棕藻锯齿形叶马尾藻* *Sargassum serratifolium*.【活性】神经系统活性 (丁酰胆碱酯酶抑制剂, $IC_{50} = 26nmol/L$); 质体醌的抗胆碱酯酶活性 (治疗 AD 症药物的先导化合物).【文献】T. Kusumi, et al. Chem. Lett., 1979, 277; B. W. Choi, et al. Phytother. Res., 2007, 21, 423.

375 Smenoquinone 胄甲海绵醌*
【基本信息】$C_{21}H_{28}O_4$, 晶体, mp 350°C.【类型】苯醌衍生物.【来源】胄甲海绵亚科 Thorectinae 海绵 *Smenospongia* sp.【活性】细胞毒 (L_{1210}, $IC_{50} = 2.5\mu g/mL$).【文献】M.-L. Kondracki, et al. Tetrahedron, 1989, 45, 1995; M. Gordaliza, et al. Mar. Drugs, 2010, 8, 2849 (Rev.).

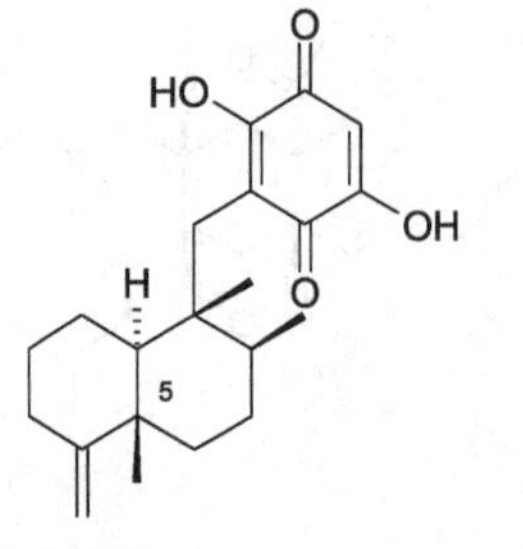

2.2 二芳基衍生物

376 Avrainvilleol 长茎绒扇藻醇*
【基本信息】$C_{14}H_{12}Br_2O_4$，黏性油.【类型】二苯甲烷类.【来源】绿藻长茎绒扇藻* *Avrainvillea longicaulis*.【活性】鱼毒；次黄苷—磷酸 IMP 脱氢酶抑制剂；拒食活性（暗礁鱼）；毒素.【文献】H. H. Sun, et al. Phytochemistry, 1983, 22, 743.

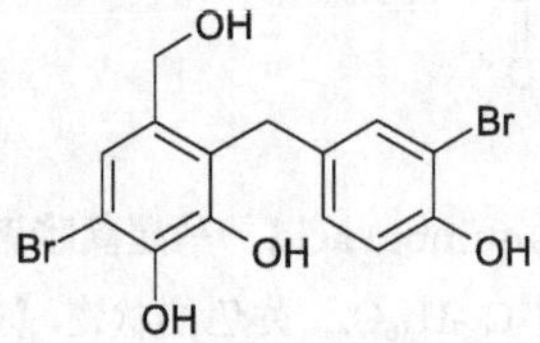

377 3-Bromo-4,5-bis(2,3-dibromo-4,5-dihydroxybenzyl)pyrocatechol 3-溴-4,5-双(2,3-二溴-4,5-二羟基苄基)邻苯二酚
【基本信息】$C_{20}H_{13}Br_5O_6$.【类型】二苯甲烷类.【来源】红藻疏松丝状体松节藻* *Rhodomela confervoides*.【活性】降血糖（PTP1B 抑制剂）（对链脲霉素诱发的糖尿病 Wistar 大白鼠有降血糖效应，$IC_{50} = 1.7\mu mol/L$）.【文献】D. Shi, et al. Chin. Sci. Bull., 2008, 53, 2476.

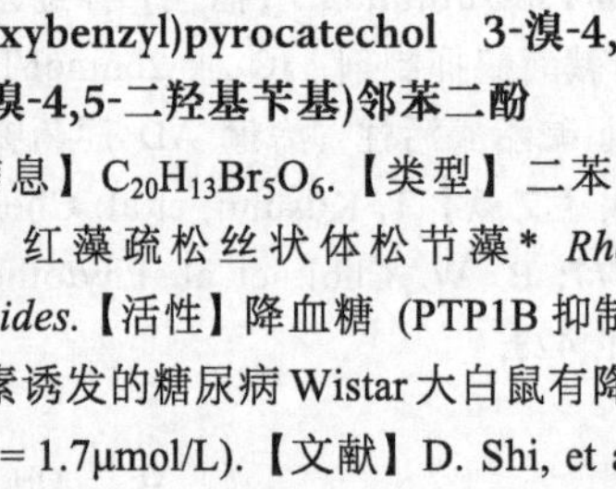

378 Isorawsonol 异罗氏绒扇藻醇*
【基本信息】$C_{28}H_{22}Br_4O_7$.【类型】二苯甲烷类.【来源】绿藻罗氏绒扇藻 *Avrainvillea rawsonii*.【活性】肌苷 5'-单磷酸脱氢酶抑制剂.【文献】J. L. Chen, et al. JNP, 1994, 57, 947.

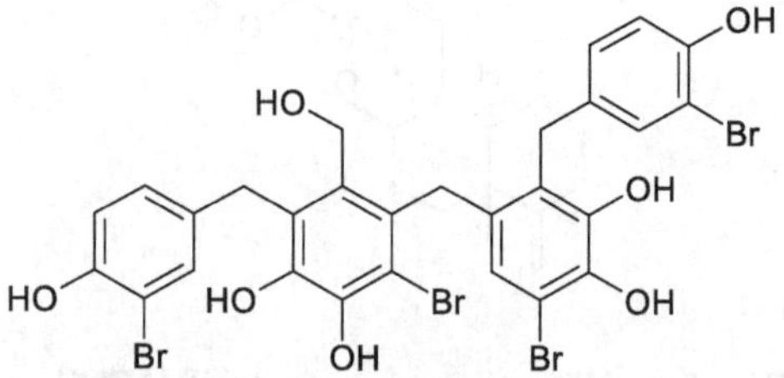

379 Peniphenone C 青霉酰苯 C*
【基本信息】$C_{18}H_{18}O_6$.【类型】二苯甲烷类.【来源】海洋真菌青霉属 *Penicillium dipodomyicola*.【活性】抗结核（结核分枝杆菌 *Mycobacterium tuberculosis*，强烈抑制分枝杆菌蛋白酪氨酸磷酸酶 B (MPtpB).【文献】H. Li, et al. JNP 2014, 77, 800.

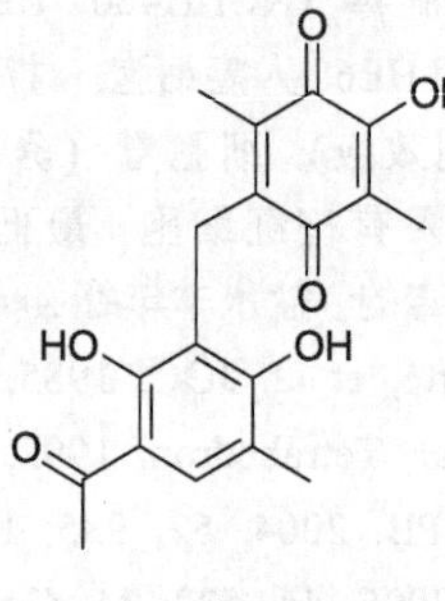

380 Rawsonol 罗氏绒扇藻醇*
【基本信息】$C_{29}H_{24}Br_4O_7$.【类型】二苯甲烷类.【来源】绿藻罗氏绒扇藻 *Avrainvillea rawsonii*.【活性】3-羟基-3-甲基戊二酰辅酶 A 还原酶 HMG-CoA 抑制剂（$IC_{50} = 5\mu mol/L$，对照真菌代谢物 Mevinolin, $IC_{50} = 2nmol/L$).【文献】B. K. Corte, et al. Phytochemistry, 1989, 28, 2917.

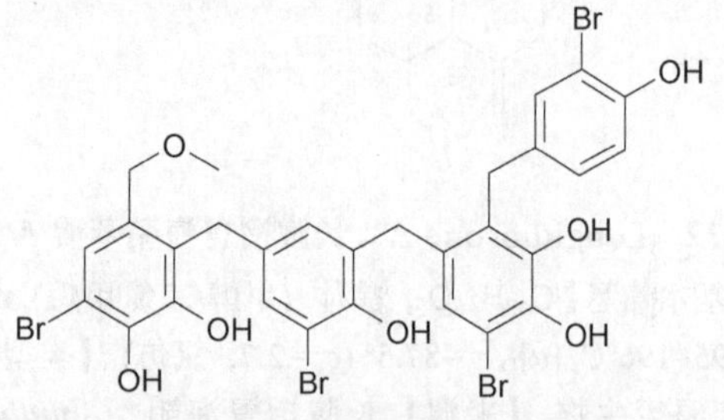

381 Terrestrol A 土壤青霉醇 A*
【基本信息】$C_{22}H_{22}O_7$，棕色树胶状物.【类型】二苯甲烷类.【来源】海洋导出的真菌土壤青霉* *Penicillium terrestre*（来自沉积物样本，中国水

域).【活性】细胞毒 (HL60, IC$_{50}$ = 33.3μmol/L; Molt4, IC$_{50}$ = 5.5μmol/L; A549, IC$_{50}$ = 23.5μmol/L; Bel7402, IC$_{50}$ = 57.0μmol/L); 抗氧化剂 (DPPH 自由基清除剂, IC$_{50}$ = 2.6μmol/L; 对照抗坏血酸, IC$_{50}$ = 17.4μmol/L).【文献】L. Chen, et al. JNP, 2008, 71, 66.

382　Terrestrol F　土壤青霉醇 F*

【基本信息】C$_{14}$H$_{13}$ClO$_5$, 棕色树胶状物.【类型】二苯甲烷类.【来源】海洋导出的真菌土壤青霉* *Penicillium terrestre* (来自沉积物样本, 中国水域).【活性】细胞毒 (HL60, IC$_{50}$ = 55.0μmol/L; Molt4, IC$_{50}$ = 58.1μmol/L; A549, IC$_{50}$ = 13.8μmol/L; Bel7402, IC$_{50}$ = 63.2μmol/L); 抗氧化剂 (DPPH 自由基清除剂, IC$_{50}$ = 5.2μmol/L; 对照抗坏血酸, IC$_{50}$ = 17.4μmol/L).【文献】L. Chen, et al. JNP, 2008, 71, 66.

383　Terrestrol G　土壤青霉醇 G*

【基本信息】C$_{14}$H$_{13}$ClO$_5$, 棕色树胶.【类型】二苯甲烷类.【来源】海洋导出的真菌土壤青霉* *Penicillium terrestre* (来自沉积物样本, 中国水域).【活性】细胞毒 (HL60, IC$_{50}$ = 5.1μmol/L; Molt4, IC$_{50}$ = 6.5μmol/L; A549, IC$_{50}$ = 5.7μmol/L; Bel7402, IC$_{50}$ = 6.0μmol/L); 抗氧化剂 (DPPH 自由基清除剂, IC$_{50}$ = 4.1μmol/L; 对照抗坏血酸, IC$_{50}$ = 17.4μmol/L); 蛋白酪氨酸激酶 PTK 抑制剂 (Src, 10μmol/L, InRt = 35.9%, 对照 PP2, 1μmol/L, InRt = 89.4%; KDR, 10μmol/L, InRt = 31.8%, 对照 SU11248, 10μmol/L, InRt = 82.1%).【文献】L. Chen, et al. JNP, 2008, 71, 66.

384　Terrestrol H　土壤青霉醇 H*

【基本信息】C$_{15}$H$_{16}$O$_5$, 棕色树胶.【类型】二苯甲烷类.【来源】海洋导出的真菌土壤青霉* *Penicillium terrestre* (来自沉积物样本, 中国水域).【活性】细胞毒 (HL60, IC$_{50}$ = 6.3μmol/L; Molt4, IC$_{50}$ = 5.8μmol/L; A549, IC$_{50}$ = 33.8μmol/L; Bel7402, IC$_{50}$ = 61.9μmol/L); 抗氧化剂 (DPPH 自由基清除剂, IC$_{50}$ = 6.3μmol/L; 对照抗坏血酸, IC$_{50}$ = 17.4μmol/L).【文献】L. Chen, et al. JNP, 2008, 71, 66.

385　2,2′,3,3′-Tetrabromo-4,4′,5,5′-tetrahydroxydiphenylmethane　2,2′,3,3′-四溴-4,4′,5,5′-四羟基二苯甲烷

【基本信息】C$_{13}$H$_8$Br$_4$O$_4$, 晶体 (苯/甲醇), mp 200~201ºC.【类型】二苯甲烷类.【来源】红藻落叶松节藻* *Rhodomela larix* 和红藻疏松丝状体松节藻* *Rhodomela confervoides*.【活性】降血糖 (PTP1B 抑制剂) (对链脲霉素诱发的糖尿病 Wistar 大白鼠有降血糖效应, IC$_{50}$ = 2.4μmol/L).【文献】K. Kurata, et al. Chem. Lett., 1977, 1435; D. Shi, et al. Chin. Sci. Bull., 2008, 53, 2476.

386　Arugosin H　阿如勾新 H*

【基本信息】C$_{20}$H$_{20}$O$_6$, 亮橙色固体.【类型】二苯甲酮类.【来源】海洋导出的真菌裸壳孢属 *Emericella nidulans* var. *acristata*, 来自未鉴定的绿藻 (地中海).【活性】抗真菌 (小孢子蒲头霉* *Mycotypha microspore*, 50μg/盘, IZD = 3mm); 抗藻 (暗色小球藻* *Chlorella fusca*, 50μg/盘, IZD = 2mm).【文献】A. Kralj, et al. JNP, 2006, 69, 995.

387 Isomonodictyphenone 异腐败单格孢酰苯*

【基本信息】$C_{15}H_{12}O_6$.【类型】二苯甲酮类.【来源】红树导出的真菌青霉属 *Penicillium* sp. MA-37（来自红树根际土壤）.【活性】抗菌（嗜水气单胞菌* *Aeromonas hydrophilia*, MIC = 8μg/mL, 有潜力的).【文献】H. Luo, et al. Phytochem. Lett., 2014, 9, 22; Y. Zhang, et al. JNP, 2012, 75, 1888.

388 Monodictyphenone 腐败单格孢酰苯*

【基本信息】$C_{15}H_{12}O_6$, 黄色固体.【类型】二苯甲酮类.【来源】海洋导出的真菌腐败单格孢 *Monodictys putredinis* 187/195 15 I.【活性】细胞色素 P450 1A 抑制剂（50μmol/L, InRt = 28%）；醌还原酶 NAD(P)H 诱导剂（Hepa1c1c7, CD > 50μmol/L, IC$_{50}$ > 50μmol/L）；芳香化酶 Cyp1A 抑制剂（50μmol/L, InRt = 25%）.【文献】A. Krick, et al. JNP, 2007, 70, 353.

389 2′,5′,6′,5,6-Pentabromo-3′,4′,3,4-tetra-methoxybenzophenone 2′,5′,6′,5,6-五溴-3′,4′,3,4-四甲氧基二苯甲酮

【基本信息】$C_{17}H_{13}Br_5O_5$, 浅黄色无定形固体.【类型】二苯甲酮类.【来源】红藻相似凹顶藻* *Laurencia similis*.【活性】降血糖（PTP1B 抑制剂）（体外试验：IC$_{50}$ = 2.66μg/mL, 对照 HD, IC$_{50}$ = 0.80μg/mL）.【文献】J. Qin, et al. Bioorg. Med. Chem. Lett., 2010, 20, 7152.

390 Pestalone 盘多毛孢酮*

【基本信息】$C_{21}H_{20}Cl_2O_6$, 黄色晶体, mp 153～155℃.【类型】二苯甲酮类.【来源】海洋导出的真菌盘多毛孢属 *Pestalotia* sp.（在细菌拮抗剂存在下培养），来自棕藻萱藻 Scytosiphonaceae 科 *Rosenvingea* sp.（巴哈马, 加勒比海）.【活性】抗菌（MRSA, MIC = 37ng/mL; VREF, MIC = 78ng/mL）；细胞毒.【文献】M. Cueto, et al. JNP, 2001, 64, 1444.

391 1,7-Dihydroxy-9-methyldibenzo[*b*,*d*]furan-3-carboxylic acid 1,7-二羟基-9-甲基二苯并[*b*,*d*]呋喃-3-羧酸

【基本信息】$C_{14}H_{10}O_5$.【类型】二苯并呋喃（氧芴）类.【来源】中空棘头海绵* *Acanthella cavernosa*（斐济）.【活性】激酶 EGFR 抑制剂（100μmol/L, InRt = 58.8%, 对照染料木素, InRt = 80%）.【文献】M. E. Rateb, Bot. Mar. 2010, 53, 499; D. Skropeta, et al. Mar. Drugs, 2011, 9, 2131 (Rev.).

392 3,9-Dimethyldibenzo[*b*,*d*]furan-1,7-diol 3,9-二甲基二苯并[*b*,*d*]呋喃-1,7-二醇

【基本信息】$C_{14}H_{12}O_3$.【类型】二苯并呋喃（氧芴）类.【来源】中空棘头海绵* *Acanthella cavernosa*（斐济）.【活性】激酶 EGFR 抑制剂（100μmol/L, InRt = 32.5%, 对照染料木素, InRt = 80%）.【文献】M. E. Rateb, Bot. Mar. 2010, 53, 499; D. Skropeta, et al. Mar. Drugs, 2011, 9, 2131 (Rev.).

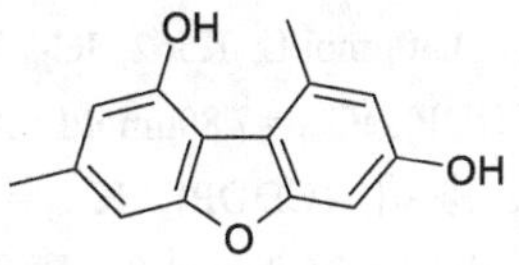

393 3-(Hydroxymethyl)-9-methyldibenzo[b,d]furan-1,7-diol 3-(羟甲基)-9-甲基二苯并[b,d]呋喃-1,7-二醇

【基本信息】$C_{14}H_{12}O_4$.【类型】二苯并呋喃（氧芴）类.【来源】中空棘头海绵* Acanthella cavernosa (斐济).【活性】激酶 EGFR 抑制剂 (100μmol/L, InRt = 42.5%; 对照染料木素, InRt = 80%).【文献】M. E. Rateb, Bot. Mar. 2010, 53, 499; D. Skropeta, et al. Mar. Drugs, 2011, 9, 2131 (Rev.).

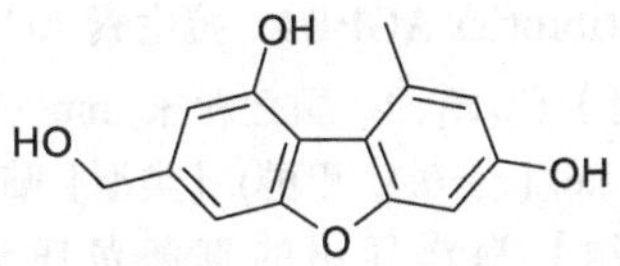

394 Isopopolohuanone E 异坡坡咯环酮 E*

【基本信息】$C_{42}H_{54}O_6$, 深紫色固体.【类型】二苯并呋喃（氧芴）类.【来源】掘海绵属 Dysidea sp. (新西兰).【活性】细胞毒 (P_{388}, IC_{50} = 25μg/mL); 抗菌（枯草杆菌 Bacillus subtilis）; 抗真菌（须发癣菌 Trichophyton mentagrophytes）.【文献】M. Stewart, et al. Aust. J. Chem., 1997, 50, 341.

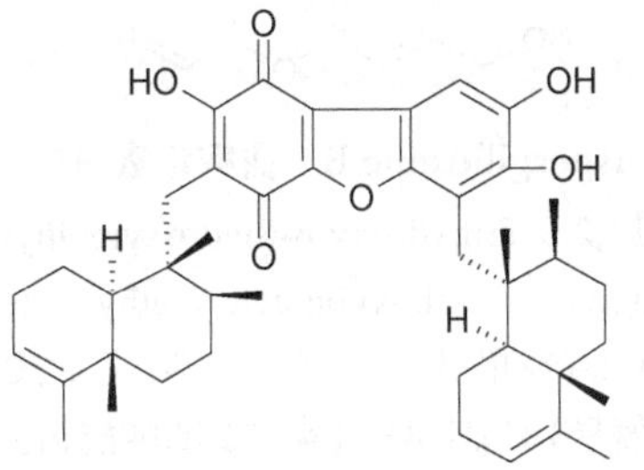

395 5,5'-diepi-Δ3,Δ3'-Popolohuanone E 5,5'-diepi-Δ3,Δ3'-坡坡咯环酮 E*

【基本信息】$C_{42}H_{54}O_6$, 深紫色无定形固体.【类型】二苯并呋喃（氧芴）类.【来源】掘海绵属 Dysidea sp.（新西兰）.【活性】细胞毒 (P_{388}, IC_{50} = 50μg/mL); 抗菌（枯草杆菌 Bacillus subtilis）; 抗真菌（须发癣菌 Trichophyton mentagrophytes）.【文献】M. Stewart, et al. Aust. J. Chem., 1997, 50, 341.

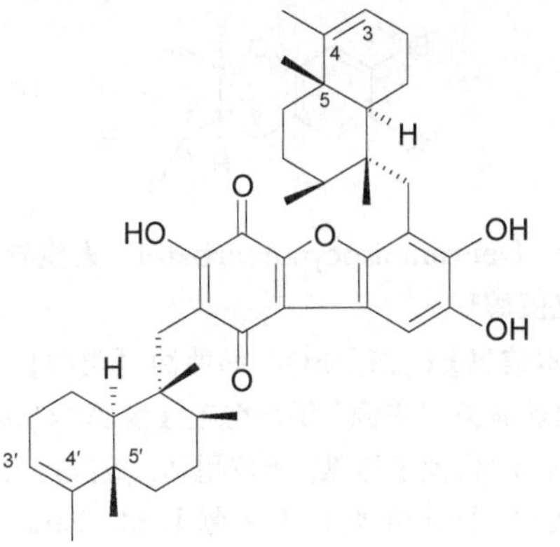

396 Popolohuanone E 坡坡咯环酮 E*

【基本信息】$C_{42}H_{54}O_6$, 深紫色固体.【类型】二苯并呋喃（氧芴）类.【来源】掘海绵属 Dysidea sp.（波纳佩岛, 密克罗尼西亚联邦）.【活性】拓扑异构酶 II 抑制剂（对 A549 人非小细胞肺癌细胞有选择性细胞毒）.【文献】J. R. Carney, et al. Tetrahedron Lett., 1993, 34, 3727; M. Gordaliza, et al. Mar. Drugs, 2010, 8, 2849 (Rev.).

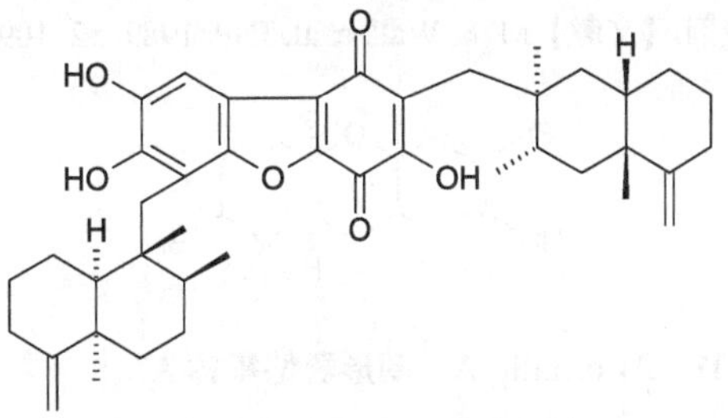

397 Porric acid D 坡瑞克酸 D*

【基本信息】$C_{15}H_{12}O_6$.【类型】二苯并呋喃（氧芴）类.【来源】海洋导出的真菌链格孢属 Alternaria sp. (渤海, 天津, 中国).【活性】抗菌（金黄色葡萄球菌 Staphylococcus aureus, 低活性）.【文献】X. Xu, et al. Chem. Nat. Compd., 2012, 47, 893.

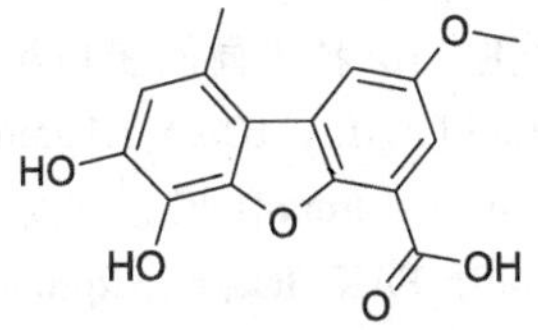

398 Cymobarbatol 髯毛波纹藻醇*

【基本信息】$C_{16}H_{20}Br_2O_2$, 晶体, mp 166°C, $[α]_D^{23}$ = –15.4°.【类型】二苯并[b,e]吡喃类.【来源】绿藻髯毛波纹藻* Cymopolia barbata.【活性】抗诱变剂.【文献】M. E. Wall, et al. JNP, 1989, 52, 1092.

399 Debromoisocymobarbatol 去溴异髯毛波纹藻醇*

【基本信息】$C_{16}H_{21}BrO_2$，黏性油．【类型】二苯并[b,e]吡喃类．【来源】绿藻髯毛波纹藻* *Cymopolia barbata* (佛罗里达礁，佛罗里达，美国)．【活性】拒食活性（鱼类）．【文献】M. Park, et al. Phytochemistry, 1992, 31, 4115.

400 Isocymobarbatol 异髯毛波纹藻醇*

【基本信息】$C_{16}H_{20}Br_2O_2$，晶体，mp 147°C，$[\alpha]_D^{23} = -51.4°$．【类型】二苯并[b,e]吡喃类．【来源】绿藻髯毛波纹藻* *Cymopolia barbata*．【活性】抗诱变剂．【文献】M. E. Wall, et al. JNP, 1989, 52, 1092.

401 Anomalin A 畸形沃德霉林 A*

【别名】2,3,6,8-Tetrahydroxy-1-methylxanthone; 2,3,6,8-四羟基-1-甲基呫吨酮*．【基本信息】$C_{14}H_{10}O_6$，黄棕色粉末．【类型】呫吨酮衍生物．【来源】海洋导出的真菌 Apiosporaceae 科节菱孢属 *Arthrinium* sp., 来自温栉钵海绵* *Geodia cydonium* (亚得里亚海意大利海岸，意大利)，海洋真菌梨孢假壳属 *Apiospora montagnei* 和海洋真菌畸形沃德霉* *Wardomyces anomalus*．【活性】蛋白激酶抑制剂（16 种不同的蛋白激酶：AKT1, $IC_{50} > 100\mu mol/L$; ALK, $IC_{50} = 1.1\mu mol/L$; ARK5, $IC_{50} = 15.6\mu mol/L$; Aurora-B, $IC_{50} = 0.5\mu mol/L$; AXL, $IC_{50} = 6.6\mu mol/L$; FAK, $IC_{50} = 15.2\mu mol/L$; IGF1-R, $IC_{50} = 8.6\mu mol/L$; MEK1 wt, $IC_{50} > 100\mu mol/L$; MET wt, $IC_{50} = 4.4\mu mol/L$; NEK2, $IC_{50} = 83.9\mu mol/L$; NEK6, $IC_{50} = 67.8\mu mol/L$; PIM1, $IC_{50} = 0.3\mu mol/L$; PLK1, $IC_{50} = 8.8\mu mol/L$; PRK1, $IC_{50} = 45.3\mu mol/L$; SRC, $IC_{50} = 12.9\mu mol/L$; VEGF-R2, $IC_{50} = 0.8\mu mol/L$); 细胞毒 [L5178Y, $IC_{50} = 0.40\mu mol/L$, 对照卡哈拉内酯 F, $IC_{50} = 4.30\mu mol/L$; K562, $IC_{50} > 365\mu mol/L$, 对照顺铂 (CDDP), $IC_{50} = 7.80\mu mol/L$; A2780, $IC_{50} = 4.34\mu mol/L$, 顺铂 (CDDP), $IC_{50} = 0.80\mu mol/L$; A2780CisR, $IC_{50} = 26.0\mu mol/L$, 顺铂 (CDDP), $IC_{50} = 8.40\mu mol/L$]; 抑制 VEGF-A 诱导的内皮细胞催芽（细胞血管生成试验，$IC_{50} = 1.80\mu mol/L$, 对照舒尼替尼，$IC_{50} = 0.12\mu mol/L$); 抗氧化剂 (25.0μg/mL, 94.7%)．【文献】A. Abdel-Lateff, et al. JNP, 2003, 66, 706; M. Saleem, et al. NPR, 2007, 24, 1142 (Rev.); S. S. Ebada, et al. BoMC, 2011, 19, 4644.

402 Antibiotics AGI-B4 抗生素 AGI-B4

【基本信息】$C_{16}H_{16}O_7$，黄色粉末，mp 166~168°C，$[\alpha]_D^{25} = -1.6°$ ($c = 0.4$, 甲醇)．【类型】呫吨酮衍生物．【来源】海洋导出的真菌费氏新萨托菌 *Neosartorya fischeri* 1008F1，陆地真菌曲霉菌属 *Aspergillus* sp. Y80118．【活性】抗病毒 (TMV 病毒，$IC_{50} = 260\mu mol/L$); VEGF 诱导的内皮细胞生长抑制剂．【文献】H. S. Kim, et al. J. Antibiot., 2002, 55, 669; Q.-W. Tan, et al. Nat. Prod. Res., 2012, 26, 1402.

403 Aspergillusone B 曲霉毒素 B*

【别名】1,2,8-Trihydroxy-6-(hydroxymethyl)-9-oxo-9H-xanthene-1-carboxylic acid methyl ester; 1,2,8-三羟基-6-(羟甲基)-9-氧代-9H-呫吨-1-羧酸甲酯．【基本信息】$C_{16}H_{14}O_8$．【类型】呫吨酮衍生物．【来源】海洋导出的真菌萨氏曲霉菌 *Aspergillus sydowii*，来自柳珊瑚海扇 *Annella* sp. (素叻他尼府，泰国)，深海真菌共附生白色侧齿霉 *Engyodontium album* DFFSCS021．【活性】抗菌（大肠杆菌 *Escherichia coli*, 25μg/盘，IZ = 11.0mm, MIC = 64.0μg/mL, 对照 PG, 10μg/盘，IZ = 31.8mm, MIC = 2.0μg/mL; 枯草杆菌 *Bacillus subtilis*, 25μg/盘，IZ = 14.4mm, , MIC = 64.0μg/mL, 对照 PG, 10μg/盘，IZ = 43.3mm, MIC = 2.0μg/mL)．【文献】K. Trisuwan, et al. JNP, 2011, 74, 1663; Q. Yao, et al. Mar. Drugs, 2014, 12, 5902.

404　Chaetoxanthone A　毛壳呫吨酮 A*
【基本信息】$C_{20}H_{18}O_7$，黄色固体，$[\alpha]_D^{24}=-118°$ ($c=0.19$，氯仿).【类型】呫吨酮衍生物.【来源】海洋导出的真菌毛壳属 Chaetomium sp.，来自未鉴定的藻类（希腊水域）.【活性】抗锥虫（布氏锥虫 Trypanosoma brucei rhodesiense 菌株 STIB 900，$IC_{50}=4.7μg/mL$，对照美拉胂醇，$IC_{50}=0.004μg/mL$；克氏锥虫 Trypanosoma cruzi 菌株 Tulahuen C4，$IC_{50}>10μg/mL$，对照苄硝唑，$IC_{50}=0.317μg/mL$）；抗利什曼原虫（杜氏利什曼原虫 Leishmania donovani 菌株 MHOM-ET-67/L82，$IC_{50}=5.3μg/mL$，对照米替福新，$IC_{50}=0.125μg/mL$）；抗疟疾（恶性疟原虫 Plasmodium falciparum 菌株 K1，$IC_{50}=3.5μg/mL$，对照氯喹，$IC_{50}=0.079μg/mL$）；细胞毒（L-6，$IC_{50}=59.1μg/mL$；对照鬼臼毒素，$IC_{50}=0.006μg/mL$）.【文献】A. Pontius, et al. JNP, 2008, 71, 1579.

405　Chaetoxanthone B　毛壳呫吨酮 B*
【基本信息】$C_{20}H_{18}O_6$，黄色固体，$[\alpha]_D^{24}=+1.7°$ ($c=0.15$，氯仿).【类型】呫吨酮衍生物.【来源】海洋导出的真菌毛壳属 Chaetomium sp.，来自未鉴定的藻类（希腊水域）.【活性】抗锥虫（布氏锥虫 Trypanosoma brucei rhodesiense 菌株 STIB 900，$IC_{50}=9.3μg/mL$，对照美拉胂醇，$IC_{50}=0.004μg/mL$；克氏锥虫 Trypanosoma cruzi 菌株 Tulahuen C4，$IC_{50}=7.1μg/mL$，对照苄硝唑，$IC_{50}=0.317μg/mL$）；抗利什曼原虫（杜氏利什曼原虫 Leishmania donovani 菌株 MHOM-ET-67/L82，$IC_{50}=3.4μg/mL$，对照米替福新，$IC_{50}=0.125μg/mL$）；抗疟疾（恶性疟原虫 Plasmodium falciparum 菌株 K1，$IC_{50}=0.5μg/mL$，对照氯喹，$IC_{50}=0.079μg/mL$）；细胞毒（L-6，$IC_{50}>90μg/mL$；对照鬼臼毒素，$IC_{50}=0.006μg/mL$）.【文献】A. Pontius, et al. JNP, 2008, 71, 1579.

406　Chaetoxanthone C　毛壳呫吨酮 C*
【基本信息】$C_{20}H_{19}ClO_6$，黄色固体，$[\alpha]_D^{24}=+88°$ ($c=0.2$，氯仿).【类型】呫吨酮衍生物.【来源】海洋导出的真菌毛壳属 Chaetomium sp.，来自未鉴定的藻类（希腊水域）.【活性】抗锥虫（布氏锥虫 Trypanosoma brucei rhodesiense 菌株 STIB 900，$IC_{50}=42.6μg/mL$，对照美拉胂醇，$IC_{50}=0.004μg/mL$；克氏锥虫 Trypanosoma cruzi 菌株 Tulahuen C4，$IC_{50}=1.5μg/mL$，对照苄硝唑，$IC_{50}=0.317μg/mL$）；抗利什曼原虫（杜氏利什曼原虫 Leishmania donovani 菌株 MHOM-ET-67/L82，$IC_{50}=3.1μg/mL$，对照米替福新，$IC_{50}=0.125μg/mL$）；抗疟疾（恶性疟原虫 Plasmodium falciparum 菌株 K1，$IC_{50}=4.0μg/mL$；对照氯喹，$IC_{50}=0.079μg/mL$）；细胞毒（L-6，$IC_{50}=46.7μg/mL$；对照鬼臼毒素，$IC_{50}=0.006μg/mL$）.【文献】A. Pontius, et al. JNP, 2008, 71, 1579.

407　12-O-Deacetylphomoxanthone A　12-O-去乙酰拟茎点霉呫吨酮 A*
【基本信息】$C_{36}H_{36}O_{15}$.【类型】呫吨酮衍生物.【来源】红树导出的真菌拟茎点霉属 Phomopsis sp.，来自红树红茄冬 Rhizophora mucronata（穆阿拉红溪，雅加达，印度尼西亚）.【活性】抗菌（几种革兰氏阳性菌，中等活性）.【文献】Y. Shiono, et al. Nat. Prod. Commun., 2013, 8, 1735.

408　Deacetylphomoxanthone B　去乙酰拟茎点霉呫吨酮 B*
【基本信息】$C_{34}H_{34}O_{14}$，树胶状物，$[\alpha]_D^{26}=+106.8°$

(c = 0.01, 氯仿).【类型】占吨酮衍生物.【来源】红树导出的真菌拟茎点霉属 *Phomopsis* sp., 来自红树老鼠簕 *Acanthus ilicifolius* (树枝, 海南, 中国, 首次作为海洋天然产物被分离), 陆地真菌拟茎点霉属 *Phomopsis* sp. PSU-D15.【活性】细胞毒 [MDA-MB-435, IC_{50} = (14.40±1.18)μmol/L, 对照表阿霉素, IC_{50} = (0.56±0.06)μmol/L; HCT116, IC_{50} = (7.12±0.70)μmol/L, 表阿霉素, IC_{50} = (0.48±0.03)μmol/L; Calu3, IC_{50} = (4.14±0.02)μmol/L, 表阿霉素, IC_{50} = (1.03±0.10)μmol/L; Huh7, IC_{50} = (29.20±0.19)μmol/L, 表阿霉素, IC_{50} = (0.96±0.01)μmol/L; MCF-10A, IC_{50} > 50μmol/L, 表阿霉素, IC_{50} = (0.48±0.08)μmol/L].【文献】V. Rukachaisirikul, et al. Phytochemistry, 2008, 69, 783; B. Ding, et al. Mar. Drugs, 2013, 11, 4961.

409 Deacetylphomoxanthone C 去乙酰拟茎点霉占吨酮 C*

【基本信息】$C_{34}H_{34}O_{14}$, 黄色粉末, mp 145.5~146.7°C, $[\alpha]_D^{25}$ = +101.6° (c = 0.44, 甲醇).【类型】占吨酮衍生物.【来源】红树导出的真菌拟茎点霉属 *Phomopsis* sp., 来自红树老鼠簕 *Acanthus ilicifolius* (树枝, 海南, 中国).【活性】细胞毒 [MDA-MB-435, IC_{50} > 50μmol/L; HCT116, IC_{50} = (44.06±3.29)μmol/L, 对照表阿霉素, IC_{50} = (0.48±0.03)μmol/L; Calu3, IC_{50} = (43.35±2.09)μmol/L, 表阿霉素, IC_{50} = (1.03±0.10)μmol/L; Huh7, IC_{50} > 50μmol/L; MCF-10A, IC_{50} > 50μmol/L].【文献】B. Ding, et al. Mar. Drugs, 2013, 11, 4961.

410 Dicerandrol A 唇形科稀有植物醇 A*

【基本信息】$C_{34}H_{34}O_{14}$, 无定形黄色粉末, $[\alpha]_D^{25}$ = −50.9° (c = 0.1, 氯仿).【类型】占吨酮衍生物.【来源】红树导出的真菌拟茎点霉属 *Phomopsis* sp., 来自红树老鼠簕 *Acanthus ilicifolius* (树枝, 海南, 中国; 首次作为海洋天然产物被分离), 陆地真菌拟茎点霉属 *Phomopsis longicolla*, 来自唇形科稀有植物 *Dicerandra frutescens* (濒临灭绝的).【活性】细胞毒 [MDA-MB-435, IC_{50} (3.03±0.12)μmol/L, 对照表阿霉素, IC_{50} = (0.56±0.06)μmol/L; HCT116, IC_{50} = (2.64±0.03)μmol/L, 表阿霉素, IC_{50} = (0.48±0.03)μmol/L; Calu3, IC_{50} = (1.76±0.02)μmol/L, 表阿霉素, IC_{50} = (1.03±0.10)μmol/L; Huh7, IC_{50} = (4.19±0.08)μmol/L, 表阿霉素, IC_{50} = (0.96±0.01)μmol/L; MCF-10A, IC_{50} = (28.32±3.57)μmol/L, 表阿霉素, IC_{50} = (0.48±0.08)μmol/L]; 抗菌.【文献】M. M. Wagenaar et al. JNP, 2001, 64, 1006; B. Ding, et al. Mar. Drugs, 2013, 11, 4961.

411 Dicerandrol B 唇形科稀有植物醇 B*

【基本信息】$C_{36}H_{36}O_{15}$, $[\alpha]_D^{25}$ = −6.5° (c = 0.1, 氯仿).【类型】占吨酮衍生物.【来源】红树导出的真菌拟茎点霉属 *Phomopsis* sp., 来自红树老鼠簕 *Acanthus ilicifolius* (树枝, 海南, 中国; 首次作为海洋天然产物被分离), 陆地真菌拟茎点霉属 *Phomopsis longicolla*, 来自唇形科稀有植物 *Dicerandra frutescens* (濒临灭绝的).【活性】细胞毒 [MDA-MB-435, IC_{50} = (8.65±0.06)μmol/L, 对照表阿霉素, IC_{50} = (0.56±0.06)μmol/L; HCT116, IC_{50} = (3.94±0.39)μmol/L, 表阿霉素, IC_{50} = (0.48±0.03)μmol/L; Calu3, IC_{50} = (4.10±0.08)μmol/L, 表阿霉素, IC_{50} = (1.03±0.10)μmol/L; Huh7, IC_{50} = (30.37±1.10)μmol/L, 表阿霉素, IC_{50} = (0.96±0.01)μmol/L; MCF-10A, IC_{50} = (8.14±1.27)μmol/L, 表阿霉素, IC_{50} = (0.48±0.08)μmol/L].【文献】M. M. Wagenaar et al. JNP, 2001, 64, 1006; B. Ding, et al. Mar. Drugs, 2013, 11, 4961.

412 Dicerandrol C 唇形科稀有植物醇 C*

【基本信息】$C_{38}H_{38}O_{16}$, $[α]_D = +44.3°$ ($c = 0.003$, 氯仿). 【类型】呫吨酮衍生物. 【来源】红树导出的真菌拟茎点霉属 Phomopsis sp., 来自红树老鼠簕 Acanthus ilicifolius (树枝, 海南, 中国, 首次作为海洋天然产物被分离), 陆地真菌拟茎点霉属 Phomopsis longicolla, 来自唇形科稀有植物 Dicerandra frutescens (濒临灭绝的). 【活性】细胞毒 [MDA-MB-435, $IC_{50} = (44.10±2.45)$μmol/L, 对照表阿霉素, $IC_{50} = (0.56±0.06)$μmol/L; HCT116, $IC_{50} = (42.63±2.90)$μmol/L, 表阿霉素, $IC_{50} = (0.48±0.03)$μmol/L; Calu3, $IC_{50} = (36.52±0.32)$μmol/L, 表阿霉素, $IC_{50} = (1.03±0.10)$μmol/L; Huh7, $IC_{50} > 50$μmol/L, 表阿霉素, $IC_{50} = (0.96±0.01)$μmol/L; MCF-10A, $IC_{50} = (33.05±2.74)$μmol/L, 表阿霉素, $IC_{50} = (0.48±0.08)$μmol/L]. 【文献】M. M. Wagenaar, et al. JNP, 2001, 64, 1006; B. Ding, et al. Mar. Drugs, 2013, 11, 4961.

413 1,7-Dihydroxy-2-methoxy-3-(3-methylbut-2-enyl)-9H-xanthen-9-one 1,7-二羟基-2-甲氧基-3-(3-甲基丁-2-烯基)-9H-呫吨-9-酮

【基本信息】$C_{20}H_{18}O_5$, 黄色无定形固体; mp 142~143°C. 【类型】呫吨酮衍生物. 【来源】红树导出的真菌拟茎点霉属 Phomopsis sp., 来自红树马鞭草科海榄雌 Avicennia marina (东寨港, 海南, 中国). 【活性】细胞毒 (KB 细胞, $IC_{50} = 20$μmol/L; KBV200 细胞, $IC_{50} = 30$μmol/L). 【文献】Z. J. Huang, et al. Magn. Reson. Chem., 2010, 48, 80.

414 Dimethyl 8-methoxy-9-oxo-9H-xanthene-1,6-dicarboxylate 8-甲氧基-9-氧代-9H-呫吨酮-1,6-二羧酸甲酯

【基本信息】$C_{18}H_{14}O_7$, 晶体, mp 188~189°C. 【类型】呫吨酮衍生物. 【来源】红树导出的真菌青霉属 Penicillium sp. ZZF 32 (液体培养基), 来自红树老鼠簕 Acanthus ilicifolius (树皮, 中国水域). 【活性】抗真菌 (尖孢镰刀菌属 *Fusarium oxysporum* f. cubense, MIC = 12.5μg/mL). 【文献】C. Shao, et al. Magn. Reson. Chem., 2008, 46, 1066.

415 Emerixanthone A 裸壳孢呫吨酮 A*

【基本信息】$C_{25}H_{27}ClO_6$, 黄色针状晶体, $[α] = -78.1°$ ($c = 0.0031$, 氯仿). 【类型】呫吨酮衍生物. 【来源】深海真菌裸壳孢属 Emericella sp. SCSIO 05240 (沉积物样本, E 120°0.975′ N 19°0.664′, 南海开放航道, 南海, 深度 3258m, 2007 年 8 月采样). 【活性】抗菌 (大肠杆菌 Escherichia coli ATCC 29922, 肺炎克雷伯菌 *Klebsiella pneumonia* ATCC 13883, 金黄色葡萄球菌 Staphylococcus aureus ATCC 29213, 粪肠球菌 Enterococcus faecalis ATCC 29212, 鲍曼静止杆菌 *Acinetobacter baumannii* ATCC 19606 和嗜水气单胞菌 *Aeromonas hydrophila* ATCC 7966, 所有的 IZD = 4~6mm, 低活性, 对照环丙沙星, IZD = 35~40mm). 【文献】M. Fredimoses, et al. Mar. Drugs, 2014, 12, 3190.

416 Emerixanthone C 裸壳孢呫吨酮 C*

【基本信息】$C_{27}H_{32}O_7$, 黄色针状晶体, $[\alpha] = -95.5°$ ($c = 0.0018$, 氯仿). 【类型】呫吨酮衍生物. 【来源】深海真菌裸壳孢属 *Emericella* sp. SCSIO 05240 (沉积物样本, E 120°0.975′ N 19°0.664′, 南海开放航道, 南海, 深度3258m, 2007年8月采样). 【活性】抗菌（大肠杆菌 *Escherichia coli* ATCC 29922, 肺炎克雷伯菌*Klebsiella pneumonia* ATCC 13883, 金黄色葡萄球菌 *Staphylococcus aureus* ATCC 29213, 粪肠球菌 *Enterococcus faecalis* ATCC 29212, 鲍曼静止杆菌* *Acinetobacter baumannii* ATCC 19606, 和嗜水气单胞菌*Aeromonas hydrophila* ATCC 7966, 所有的 IZD = 4~6mm, 低活性, 对照环丙沙星, IZD = 35~40mm). 【文献】M. Fredimoses, et al. Mar. Drugs 2014, 12, 3190.

417 Emerixanthone D 裸壳孢呫吨酮 D*

【基本信息】$C_{27}H_{30}O_8$, 黄色针状晶体, $[\alpha] = -93.3°$ ($c = 0.009$, 氯仿). 【类型】呫吨酮衍生物. 【来源】深海真菌裸壳孢属 *Emericella* sp. SCSIO 05240 (沉积物样本, E 120°0.975′ N 19°0.664′, 南海开放航道, 南海, 深度3258m, 2007年8月采样). 【活性】抗真菌（农业病原菌: 镰孢霉属 *Fusarium* sp., 青霉属 *Penicillium* sp., 黑曲霉菌 *Aspergillus niger*, 立枯丝核菌*Rhizoctonia solani*, 雪白尖孢镰刀菌 *Fusariumoxy sporium* f. sp. *niveum*, 像甜瓜尖孢镰刀菌*Fusariumoxy sporium* f. sp. *cucumeris*, 所有的 IZD = 3~4mm, 温和活性, 对照多菌灵, IZD = 40~45mm). 【文献】M. Fredimoses, et al. Mar. Drugs 2014, 12, 3190.

418 Engyodontiumone B 侧齿霉酮 B*

【基本信息】$C_{16}H_{11}ClO_6$, 黄色针状晶体. 【类型】呫吨酮衍生物. 【来源】深海真菌共附生白色侧齿霉 *Engyodontium album* DFFSCS021. 【活性】细胞毒 (U937, $IC_{50} = 55.5\mu mol/L$, 对照阿霉素, $IC_{50} = 0.06\mu mol/L$; HeLa, $IC_{50} = 96.1\mu mol/L$, 阿霉素, $IC_{50} = 0.8\mu mol/L$; MCF7, $IC_{50} = 172.3\mu mol/L$, 阿霉素, $IC_{50} = 23.1\mu mol/L$; HepG2, $IC_{50} = 73.8\mu mol/L$, 阿霉素, $IC_{50} = 3.3\mu mol/L$; Huh7, $IC_{50} > 300\mu mol/L$, 阿霉素, $IC_{50} = 1.2\mu mol/L$). 【文献】Q. Yao, et al. Mar. Drugs, 2014, 12, 5902.

419 Engyodontiumone C 侧齿霉酮 C*

【基本信息】$C_{16}H_{14}O_7$, 棕色针状晶体, $[\alpha]_D^{25} = +5°$ ($c = 0.5$, 甲醇). 【类型】呫吨酮衍生物. 【来源】深海真菌共附生白色侧齿霉 *Engyodontium album* DFFSCS021. 【活性】细胞毒 (U937, $IC_{50} = 218.4\mu mol/L$, 对照阿霉素, $IC_{50} = 0.06\mu mol/L$; HeLa, $IC_{50} > 300\mu mol/L$, 阿霉素, $IC_{50} = 0.8\mu mol/L$; MCF7, $IC_{50} > 300\mu mol/L$, 阿霉素, $IC_{50} = 23.1\mu mol/L$; HepG2, $IC_{50} > 300\mu mol/L$, 阿霉素, $IC_{50} = 3.3\mu mol/L$; Huh7, $IC_{50} > 300\mu mol/L$, 阿霉素, $IC_{50} = 1.2\mu mol/L$). 【文献】Q. Yao, et al. Mar. Drugs, 2014, 12, 5902.

420 Engyodontiumone D 侧齿霉酮 D*

【基本信息】$C_{16}H_{16}O_7$，棕色针状晶体，$[\alpha]_D^{25}$ = +14º (c = 0.3, 甲醇).【类型】呫吨酮衍生物.【来源】深海真菌共附生白色侧齿霉 *Engyodontium album* DFFSCS021.【活性】细胞毒 (U937, IC_{50} = 208.6µmol/L, 对照阿霉素, IC_{50} = 0.06µmol/L; HeLa, IC_{50} >300µmol/L, 阿霉素 IC_{50} = 0.8µmol/L; MCF7, IC_{50} > 300µmol/L, 阿霉素, IC_{50} = 23.1µmol/L; HepG2, IC_{50} > 300µmol/L, 阿霉素, IC_{50} = 3.3µmol/L; Huh7, IC_{50} > 300µmol/L, 阿霉素, IC_{50} = 1.2 µmol/L).【文献】Q. Yao, et al. Mar. Drugs, 2014, 12, 5902.

421 (±)-Engyodontiumone E (±)-侧齿霉酮 E*

【基本信息】$C_{16}H_{16}O_7$，棕色针状晶体，$[\alpha]_D^{25}$ = 0º (c = 0.4, 甲醇).【类型】呫吨酮衍生物.【来源】深海真菌共附生白色侧齿霉 *Engyodontium album* DFFSCS021.【活性】细胞毒 (U937, IC_{50} = 15.9µmol/L, 对照阿霉素, IC_{50} = 0.06µmol/L; HeLa, IC_{50} = 205.2µmol/L, 阿霉素 IC_{50} = 0.8µmol/L; MCF7, IC_{50} > 300µmol/L, 阿霉素, IC_{50} = 23.1µmol/L; HepG2, IC_{50} > 300µmol/L, 阿霉素, IC_{50} = 3.3µmol/L; Huh7, IC_{50} > 300µmol/L, 阿霉素, IC_{50} = 1.2µmol/L).【文献】Q. Yao, et al. Mar. Drugs, 2014, 12, 5902.

422 (±)-Engyodontiumone F (±)-侧齿霉酮 F*

【基本信息】$C_{16}H_{16}O_8$，棕色针状晶体，$[\alpha]_D^{25}$ = 0º (c = 0.3, 甲醇).【类型】呫吨酮衍生物.【来源】深海真菌共附生白色侧齿霉 *Engyodontium album* DFFSCS021.【活性】细胞毒 (U937, IC_{50} = 192.7µmol/L, 对照阿霉素, IC_{50} = 0.06µmol/L; HeLa, IC_{50} >300µmol/L, 阿霉素, IC_{50} = 0.8µmol/L; MCF7, IC_{50} > 300µmol/L, 阿霉素, IC_{50} = 23.1µmol/L; HepG2, IC_{50} > 300µmol/L, 阿霉素, IC_{50} = 3.3µmol/L; Huh7, IC_{50} > 300µmol/L, 阿霉素, IC_{50} =1.2µmol/L).【文献】Q. Yao, et al. Mar. Drugs, 2014, 12, 5902.

423 (±)-Engyodontiumone G (±)-侧齿霉酮 G*

【基本信息】$C_{16}H_{16}O_8$，棕色针状晶体，$[\alpha]_D^{25}$ = 0º (c = 0.2, 甲醇).【类型】呫吨酮衍生物.【来源】深海真菌共附生白色侧齿霉 *Engyodontium album* DFFSCS021.【活性】细胞毒 (U937, IC_{50} = 287.2µmol/L, 对照阿霉素, IC_{50} = 0.06µmol/L; HeLa, IC_{50} >300µmol/L, 阿霉素, IC_{50} = 0.8µmol/L; MCF7, IC_{50} > 300µmol/L, 阿霉素, IC_{50} = 23.1µmol/L; HepG2, IC_{50} > 300µmol/L, 阿霉素, IC_{50} = 3.3µmol/L; Huh7, IC_{50} > 300µmol/L, 阿霉素, IC_{50} = 1.2µmol/L).【文献】Q. Yao, et al. Mar. Drugs, 2014, 12, 5902.

424 Engyodontiumone H 侧齿霉酮 H*

【基本信息】$C_{16}H_{14}O_7$，棕色针状晶体，$[\alpha]_D^{25}$ = −56º (c = 1, 甲醇).【类型】呫吨酮衍生物.【来源】深海真菌共附生白色侧齿霉 *Engyodontium album* DFFSCS021.【活性】细胞毒 (U937, IC_{50} = 4.9µmol/L, 对照阿霉素, IC_{50} = 0.06µmol/L; HeLa, IC_{50} = 24.8µmol/L, 阿霉素, IC_{50} = 0.8µmol/L; MCF7, IC_{50} = 38.5µmol/L, 阿霉素, IC_{50} = 23.1µmol/L; HepG2, IC_{50} = 60.5µmol/L, 阿霉素, IC_{50} = 3.3µmol/L; Huh7, IC_{50} = 53.3µmol/L, 阿霉素, IC_{50} =1.2 µmol/L); 抗菌 (大肠杆菌 *Escherichia coli*, 25µg/ 盘,

IZ = 13.8mm, MIC = 64.0μg/mL, 对照 PG, 10μg/盘, IZ = 31.8mm, MIC = 2.0μg/mL; 枯草杆菌 *Bacillus subtilis*, 25μg/盘, MIC = 32.0μg/mL, IZ = 16.5mm, 对照 PG, 10μg/盘, IZ = 43.3mm, MIC = 2.0μg/mL).【文献】Q. Yao, et al. Mar. Drugs, 2014, 12, 5902.

425 (2β)-Engyodontiumone H (2β)-侧齿霉酮 H*

【别名】AGI-B4; AGI-B4.【基本信息】$C_{16}H_{14}O_7$. 【类型】呫吨酮衍生物.【来源】深海真菌共附生白色侧齿霉 *Engyodontium album* DFFSCS021.【活性】细胞毒 (U937, IC_{50} = 8.8μmol/L, 对照阿霉素, IC_{50} = 0.06μmol/L; HeLa, IC_{50} = 60.0μmol/L, 阿霉素, IC_{50} = 0.8μmol/L; MCF7, IC_{50} = 102.2μmol/L, 阿霉素, IC_{50} = 23.1μmol/L; HepG2, IC_{50} = 52.7μmol/L, 阿霉素, IC_{50} = 3.3μmol/L; Huh7, IC_{50} = 133.3μmol/L, 阿霉素, IC_{50} = 1.2 μmol/L); 抗菌 (大肠杆菌 *Escherichia coli*, 25μg/盘, IZ = 15.8mm, MIC = 64μg/mL, 对照 PG, 10μg/盘, IZ = 31.8mm, MIC = 2.0μg/mL; 枯草杆菌 *Bacillus subtilis*, 25μg/盘, IZ = 17.5mm, MIC = 64μg/mL, 对照 PG, 10μg/盘, IZ = 43.3mm, MIC = 2.0μg/mL).【文献】Q. Yao, et al. Mar. Drugs, 2014, 12, 5902.

426 Globosuxanthone A 格娄波苏呫吨酮 A*

【基本信息】$C_{15}H_{12}O_7$, 黄色晶体, mp 152°C, $[α]_D^{25}$ = −50º (c = 1.2, 甲醇/氯仿), $[α]_D^{25}$ = −29º (c = 0.2, 二甲亚砜).【类型】呫吨酮衍生物.【来源】海洋导出的真菌白僵菌 *Beauveria bassiana*, 来自未鉴定的海绵 (西表岛, 冲绳, 日本), 未鉴定的陆地植物.【活性】抗肿瘤.【文献】H. Yamazaki, et al. Mar. Drugs, 2012, 10, 2691; E. M. K. Wijeratne, et al. BoMC, 2006, 14, 7917.

427 Grisephenone A 灰酰苯 A*

【基本信息】$C_{17}H_{17}ClO_6$.【类型】呫吨酮衍生物.【来源】海绵导出的真菌葡萄穗霉属 *Stachybotrys* sp. HH1 ZSDS1F1-2.【活性】抗病毒 (肠道病毒 Enterovirus-71, IC_{50} = 50.0μmol/L).【文献】C. Qin, et al. J. Antibiot., 2014, 68, 121.

428 1-Hydroxy-4,7-dimethoxy-6-(3-oxobutyl)-9*H*-xanthen-9-one 1-羟基-4,7-二甲氧基-6-(3-丁酰基)-9*H*呫吨-9-酮

【基本信息】$C_{20}H_{18}O_6$, 黄色半固体.【类型】呫吨酮衍生物.【来源】红树导出的真菌拟茎点霉属 *Phomopsis* sp., 来自红树马鞭草科海榄雌 *Avicennia marina* (东寨, 南海海岸, 海南, 中国).【活性】细胞毒 (KB, IC_{50} = 35μmol/L; KBV200, IC_{50} = 41μmol/L).【文献】Z. J. Huang, et al. Magn. Reson. Chem., 2010, 48, 80.

429 8-Hydroxy-3-methyl-9-oxo-9*H*-xanthene-1-carboxylic acid methyl ester 8-羟基-3-甲基-9-氧代-9*H*呫吨-1-羧酸甲酯

【基本信息】$C_{16}H_{12}O_5$, 黄色针状晶体.【类型】呫吨酮衍生物.【来源】两种未鉴定的海洋真菌 (菌株 E33 和菌株 K38, 共液体培养基).【活性】抗真菌 (五种细丝状的真菌株, 100μg/mL: 盘长孢属 *Gloeasporium musae*, InRt = 53%; 白粉菌属 *Blumeria graminearum*, InRt = 4.6%; 尖孢镰刀菌 *Fusarium oxysporum*, InRt = 9.5%; 霜疫霉属 *Peronophthora cichoralearum*, InRt = 48%; 炭疽菌属 *Colletotrichum glocosporioides*, InRt = 28%)

【文献】C. Y. Li, et al. Chem. Nat. Compd., 2011, 47, 382; L. Xu, et al. Mar. Drugs, 2015, 13, 3479 (Rev.).

430　JBIR 97　抗生素 JBIR 97

【基本信息】$C_{33}H_{28}O_{12}$，黄色无定形固体，$[\alpha]_D^{25}$ = +316º (c = 0.1, 甲醇).【类型】呫吨酮衍生物.【来源】海洋导出的真菌麦轴梗霉属 Tritirachium sp., 来自紫色类角海绵* Pseudoceratina purpurea (樱花古驰, 石垣岛, 冲绳, 日本).【活性】细胞毒 (WST-8 比色试验: 人子宫颈恶性上皮肿瘤 HeLa, IC_{50} = 11μmol/L; ACC-MESO-1, IC_{50} = 31μmol/L). 【文献】J. Ueda, et al. J. Antibiot., 2010, 63, 615.

431　JBIR 98　抗生素 JBIR 98

【基本信息】$C_{33}H_{28}O_{12}$，黄色无定形固体，$[\alpha]_D^{25}$ = +229º (c = 0.1, 甲醇).【类型】呫吨酮衍生物.【来源】海洋导出的真菌麦轴梗霉属 Tritirachium sp., 来自紫色类角海绵* Pseudoceratina purpurea [樱花古驰 (Sakuraguchi), 石垣岛, 冲绳, 日本].【活性】细胞毒 (WST-8 比色试验: 人子宫颈恶性上皮肿瘤 HeLa, IC_{50} = 17μmol/L; ACC-MESO-1, IC_{50} = 63μmol/L).【文献】J. Ueda, et al. J. Antibiot., 2010, 63, 615.

432　JBIR 99　抗生素 JBIR 99

【基本信息】$C_{33}H_{28}O_{12}$，黄色无定形固体，$[\alpha]_D^{25}$ = +333º (c = 0.1, 甲醇).【类型】呫吨酮衍生物.【来源】海洋导出的真菌麦轴梗霉属 Tritirachium sp., 来自紫色类角海绵* Pseudoceratina purpurea (樱花古驰, 石垣岛, 冲绳, 日本).【活性】细胞毒 (WST-8 比色试验: 人子宫颈恶性上皮肿瘤 HeLa, IC_{50} = 17μmol/L; ACC-MESO-1, IC_{50} = 59μmol/L). 【文献】J. Ueda, et al. J. Antibiot., 2010, 63, 615.

433　Monodictysin A　腐败单格孢新 A*

【别名】1,2,3,4,4a,9a-Hexahydro-1,3,4,8-tetrahydroxy-4a,6-dimethyl-9H-xanthen-9-one; 1,2,3,4,4a,9a- 六氢-1,3,4,8-四羟基-4a,6-二甲基-9H-氧杂蒽-9-酮. 【基本信息】$C_{15}H_{18}O_6$，黄色晶体，$[\alpha]_D^{24}$ = +53º (c = 0.43, 氯仿).【类型】呫吨酮衍生物.【来源】海洋导出的真菌腐败单格孢 Monodictys putredinis 187/195 15 I.【活性】细胞色素 P450 1A (CYP1A) 抑制剂 (IC_{50} ≥ 50μmol/L, 对照 α-萘并黄酮, IC_{50} = 0.0035μmol/L; 400μmol/L 无细胞毒活性); 醌还原酶 NAD(P)H 诱导剂 (Hepa1c1c7, CD = 191.1μmol/L, IC_{50} > 400μmol/L); 芳香化酶 Cyp1A 抑制剂 (50μmol/L, InRt = 32%).【文献】A. Krick, et al. JNP, 2007, 70, 353.

434　Monodictysin B　腐败单格孢新 B*

【别名】1,2,3,4,4a,9a-Hexahydro-1,4,8-trihydroxy-3,4a-dimethyl-9H-xanthen-9-one; 1,2,3,4,4a,9a- 六氢-1,4,8-三羟基-3,4a-二甲基-9H-氧杂蒽-9-酮.【基本信息】$C_{15}H_{18}O_5$，无定形固体，$[\alpha]_D^{24}$ = +80.5º (c = 0.2, 氯仿).【类型】呫吨酮衍生物.【来源】海洋导出的真菌腐败单格孢 Monodictys putredinis 187/195 15 I.【活性】细胞色素 P450 1A 抑制剂 (IC_{50} = 23.3μmol/L, 对照 α-萘并黄酮, IC_{50} = 0.0035μmol/L); 醌还原酶 NAD(P)H 诱导剂 (Hepa1c1c7, CD = 12.0μmol/L, IC_{50} > 50μmol/L);

芳香化酶 Cyp1A 抑制剂 (50µmol/L, InRt = 9%).
【文献】A. Krick, et al. JNP, 2007, 70, 353.

435 Monodictysin C 腐败单格孢新 C*

【基本信息】$C_{16}H_{20}O_6$, 无定形固体, $[\alpha]_D^{24} = +102°$ ($c = 0.5$, 氯仿).【类型】呫吨酮衍生物.【来源】海洋导出的真菌腐败单格孢 *Monodictys putredinis*.【活性】细胞色素 P450 1A 抑制剂 ($IC_{50} = 3.0$µmol/L, 对照 α-萘并黄酮, $IC_{50} = 0.0035$µmol/L); 醌还原酶 NAD(P)H 诱导剂 (Hepa1c1c7, CD = 12.8µmol/L, $IC_{50} > 50$µmol/L); 芳香化酶抑制剂 [人重组芳香化酶 (人 Cyp 19 + P_{450} 还原酶) $IC_{50} = 27$µmol/L, 低活性, 对照 Ketokonazole, $IC_{50} = 0.9$µmol/L]; 芳香化酶 Cyp1A 抑制剂 ($IC_{50} = 28.3$µmol/L, 剂量相关方式).【文献】A. Krick, et al. JNP, 2007, 70, 353.

436 Monodictyxanthone 腐败单格孢呫吨酮*

【基本信息】$C_{15}H_{10}O_5$, 黄色固体.【类型】呫吨酮衍生物.【来源】海洋导出的真菌腐败单格孢 *Monodictys putredinis* 187/195 15 I.【活性】细胞色素 P450 1A 抑制剂 ($IC_{50} = 34.8$µmol/L); 醌还原酶 NAD(P)H 诱导剂 (Hepa1c1c7, CD > 50µmol/L, $IC_{50} > 50$µmol/L); 芳香化酶 Cyp1A 抑制剂 (50µmol/L, InRt = 37%).【文献】A. Krick, et al. JNP, 2007, 70, 353.

437 Norlichexanthone 去甲地衣氧杂蒽酮*

【别名】3,6,8-Trihydroxy-1-methylxanthone; 3,6,8-三羟基-1-甲基呫吨酮.【基本信息】$C_{14}H_{10}O_5$, 黄色棱柱状晶体 (乙醇水溶液或乙醚), mp 285~290℃, mp 274~275℃.【类型】呫吨酮衍生物.【来源】海洋导出的真菌 Apiosporaceae 科节菱孢属 *Arthrinium* sp., 来自温梓钵海绵* *Geodia cydonium* (亚得里亚海意大利海岸, 意大利), 海洋导出的真菌沃德霉 *Wardomyces anomalus*; 海绵导出的真菌葡萄穗霉属 *Stachybotrys* sp. HH1 ZSDS1F1-2 (Qin, 2014).【活性】蛋白激酶抑制剂 (16 种不同的蛋白激酶: AKT1, $IC_{50} > 100$µmol/L; ALK, $IC_{50} = 41.3$µmol/L; ARK5, $IC_{50} = 33.0$µmol/L; Aurora-B, $IC_{50} = 3.0$µmol/L; AXL, $IC_{50} > 100$µmol/L; FAK, $IC_{50} > 100$µmol/L; IGF1-R, $IC_{50} = 33.3$µmol/L; MEK1 wt, $IC_{50} > 100$µmol/L; MET wt, $IC_{50} > 100$µmol/L; NEK2, $IC_{50} > 100$µmol/L; NEK6, $IC_{50} > 100$µmol/L; PIM1, $IC_{50} = 0.3$µmol/L; PLK1, $IC_{50} = 75.7$µmol/L; PRK1, $IC_{50} = 54.9$µmol/L; SRC, $IC_{50} = 35.0$µmol/L; VEGF-R2, $IC_{50} = 11.7$µmol/L); 细胞毒 [L5178Y, $IC_{50} = 1.16$µmol/L, 对照卡哈拉内酯 F, $IC_{50} = 4.30$µmol/L; K562, $IC_{50} = 253.50$µmol/L, 对照顺铂 (CDDP), $IC_{50} = 7.80$µmol/L; A2780, $IC_{50} = 68.2$µmol/L, 顺铂 (CDDP), $IC_{50} = 0.80$µmol/L; A2780CisR, $IC_{50} = 74.0$µmol/L, 顺铂 (CDDP), $IC_{50} = 8.40$µmol/L]; 抗菌 (魏氏梭状芽孢杆菌 *Clostridium welchii*; 有活性); 真菌毒素; 抗病毒 (肠道病毒 Enterovirus-71, $IC_{50} = 40.3$µmol/L) (Qin, 2014).【文献】A. Abdel-Lateff, et al. JNP, 2003, 66, 706; S. S. Ebada, et al. BoMC, 2011, 19, 4644; C. Qin, et al. J. Antibiot., 2014, 68, 121.

438 Oxisterigmatocystin A 氧柄曲菌素 A*

【别名】毒性霉毒素 A.【基本信息】$C_{20}H_{18}O_8$.【类型】呫吨酮衍生物.【来源】深海真菌变色曲霉菌 *Aspergillus versicolor*.【活性】细胞毒 (A549 和 HL60).【文献】S. Cai, et al. J. Antibiot., 2011, 64, 193.

439 Oxisterigmatocystin B 氧柄曲菌素 B*
【别名】毒性霉毒素 B.【基本信息】$C_{20}H_{18}O_8$.【类型】呫吨酮衍生物.【来源】深海真菌变色曲霉菌 *Aspergillus versicolor*.【活性】细胞毒 (A549 和 HL60).【文献】S. Cai, et al. J. Antibiot., 2011, 64, 193.

440 Oxisterigmatocystin C 氧柄曲菌素 C*
【别名】毒性霉毒素 C.【基本信息】$C_{19}H_{16}O_7$.【类型】呫吨酮衍生物.【来源】深海真菌变色曲霉菌 *Aspergillus versicolor*.【活性】细胞毒 (A549 和 HL60).【文献】S. Cai, et al. J. Antibiot., 2011, 64, 193.

441 Paeciloxanthone 拟青霉呫吨酮*
【基本信息】$C_{20}H_{20}O_4$, 无定形黄色固体, mp 137ºC.【类型】呫吨酮衍生物.【来源】红树导出的真菌拟青霉属 *Paecilomyces* sp. Tree1-7, 来自未鉴定的红树 (树皮, 台湾水域, 中国).【活性】细胞毒 (HepG2, $IC_{50} = 1.08μg/mL$); 抗真菌 (新月弯孢霉 *Curvularia lunata* 和白色念珠菌 *Candida albicans*); AChE 抑制剂 ($IC_{50} = 2.25μg/mL$); 抗菌 (标准圆盘试验, 40μg/mL, 大肠杆菌 *Escherichia coli*, IZD = 12mm); 抗真菌 (标准圆盘试验, 40μg/mL: 新月弯孢霉 *Curvularia lunata*, IZD = 6mm; 白色念珠菌 *Candida albicans*, IZD = 10mm).【文献】L. Wen, et al. J. Asian Nat. Prod. Res., 2008, 10, 133.

442 Penexanthone A 青霉呫吨酮 A*
【基本信息】$C_{36}H_{36}O_{15}$, 黄色粉末, $[α]_D^{23} = -36º$ ($c = 0.1$, 甲醇).【类型】呫吨酮衍生物.【来源】红树导出的真菌拟茎点霉属 *Phomopsis* sp., 来自红树老鼠簕 *Acanthus ilicifolius* (树枝, 海南, 中国; 首次作为海洋天然产物被分离), 陆地真菌青霉属 *Penicillium* sp. (雨林, 哥斯达黎加).【活性】细胞毒 (骨髓瘤: Dox40, 无骨髓基质细胞 $IC_{50} = 15μmol/L$, 带基质细胞 $IC_{50} = 21.6μmol/L$; H929, 无骨髓基质细胞 $IC_{50} = 54.5μmol/L$, 带骨髓基质细胞 $IC_{50} = 35.2μmol/L$; KMS34, 无骨髓基质细胞 $IC_{50} = 22.6μmol/L$, 带骨髓基质细胞 $IC_{50} = 55.6μmol/L$; L363, 无骨髓基质细胞 $IC_{50} = 66.0μmol/L$, 带骨髓基质细胞 $IC_{50} = 79.4μmol/L$; MM1S, 无骨髓基质细胞 $IC_{50} = 37.1μmol/L$, 带骨髓基质细胞 $IC_{50} = 47.1μmol/L$; OCIMY5, 无骨髓基质细胞 $IC_{50} = 18.8μmol/L$, 带骨髓基质细胞 $IC_{50} = 47.7μmol/L$; OPM2, 无骨髓基质细胞 $IC_{50} = 12.7μmol/L$, 带骨髓基质细胞 $IC_{50} = 10.5μmol/L$; RPMI8226, 无骨髓基质细胞 $IC_{50} = 12.9μmol/L$, 带骨髓基质细胞 $IC_{50} = 8.9μmol/L$) (Cao, 2012); 细胞毒 (淋巴瘤: Farage, 无骨髓基质细胞 $IC_{50} = 12.4μmol/L$, 带骨髓基质细胞 $IC_{50} = 10.5μmol/L$; HT, $IC_{50} = 10.8μmol/L$, 带骨髓基质细胞 $IC_{50} = 9.9μmol/L$; OCILY17R, 无骨髓基质细胞 $IC_{50} = 31.1μmol/L$, 带骨髓基质细胞 $IC_{50} = 47.4μmol/L$) (Cao, 2012); 细胞毒 (白血病: KU812F, 无骨髓基质细胞 $IC_{50} = 14.6μmol/L$, 带骨髓基质细胞 $IC_{50} = 24.2μmol/L$; 乳腺癌: MDA-MB-231, 无骨髓基质细胞 $IC_{50} = 43.4μmol/L$, 带骨髓基质细胞 $IC_{50} = 34.2μmol/L$; 前列腺癌: PC3, 无骨髓基质细胞 $IC_{50} = 122.3μmol/L$, 带骨髓基质细胞 $IC_{50} = 66.3μmol/L$) (Cao, 2012); 细胞毒 [MDA-MB-435, $IC_{50} = (7.90±0.58)μmol/L$, 对照表阿霉素, $IC_{50} = (0.56±0.06)μmol/L$; HCT116, $IC_{50} = (6.92±0.38)μmol/L$, 表阿霉素, $IC_{50} = (0.48±0.03)μmol/L$; Calu3, $IC_{50} = (6.44±0.86)μmol/L$,

表阿霉素，IC$_{50}$ = (1.03± 0.10)μmol/L; Huh7, IC$_{50}$ = (42.84±3.58)μmol/L，表阿霉素，IC$_{50}$ = (0.96± 0.01)μmol/L; MCF-10A, IC$_{50}$ = (16.13±1.57)μmol/L，表阿霉素，IC$_{50}$ = (0.48±0.08)μmol/L] (Ding, 2013).【文献】S. Cao, et al. JNP, 2012, 75, 793; B. Ding, et al. Mar. Drugs, 2013, 11, 4961.

443　Phomolactonexanthone A　拟茎点霉内酯呫吨酮 A*

【基本信息】C$_{34}$H$_{34}$O$_{14}$，黄色粉末，mp 102.1~103.2ºC, [α]$_D^{25}$ = −75º (c = 0.2, 甲醇).【类型】呫吨酮衍生物.【来源】红树导出的真菌拟茎点霉属 *Phomopsis* sp.，来自红树老鼠簕 *Acanthus ilicifolius* (树枝，海南，中国).【活性】细胞毒 [MDA-MB-435, IC$_{50}$ > 50μmol/L; HCT116, IC$_{50}$ > 50μmol/L; Calu3, IC$_{50}$ = (43.45±2.51)μmol/L, 对照表阿霉素，IC$_{50}$ = (1.03±0.10)μmol/L; Huh7, IC$_{50}$ > 50μmol/L; MCF-10A, IC$_{50}$ > 50μmol/L].【文献】B. Ding, et al. Mar. Drugs, 2013, 11, 4961.

444　Phomolactonexanthone B　拟茎点霉内酯呫吨酮 B*

【基本信息】C$_{34}$H$_{34}$O$_{14}$，黄色粉末，mp 101.6~102.4ºC, [α]$_D^{25}$ = −21.7º (c = 0.6, 甲醇).【类型】呫吨酮衍生物.【来源】红树导出的真菌拟茎点霉属 *Phomopsis* sp.，来自红树老鼠簕 *Acanthus ilicifolius* (树枝，海南，中国).【活性】细胞毒 (MDA-MB-435, HCT116, Calu3, Huh7 和 MCF-10A, 所有的 IC$_{50}$ > 50μmol/L).【文献】B. Ding, et al. Mar. Drugs, 2013, 11, 4961.

445　Stachybogrisephenone B　葡萄穗霉灰酰苯 B*

【基本信息】C$_{16}$H$_{15}$ClO$_6$.【类型】呫吨酮衍生物.【来源】海绵导出的真菌葡萄穗霉属 *Stachybotrys* sp. HH1 ZSDS1F1-2.【活性】抗病毒 (肠道病毒 Enterovirus-71, IC$_{50}$ = 30.1μmol/L).【文献】C. Qin, et al. J. Antibiot., 2014, 68, 121.

446　Sydowinin A　萨氏曲霉菌宁 A*

【基本信息】C$_{16}$H$_{12}$O$_6$，黄色针状晶体 (丙酮)，mp 218~220ºC.【类型】呫吨酮衍生物.【来源】深海真菌共附生白色侧齿霉 *Engyodontium album* DFFSCS021, 真菌萨氏曲霉菌 *Aspergillus sydowi*.【活性】细胞毒 (U937, IC$_{50}$ = 75.6μmol/L, 对照阿霉素，IC$_{50}$ = 0.06μmol/L; HeLa, IC$_{50}$ >300μmol/L, 阿霉素，IC$_{50}$ = 0.8μmol/L; MCF7, IC$_{50}$ > 300μmol/L, 阿霉素，IC$_{50}$ = 23.1μmol/L; HepG2, IC$_{50}$ > 300μmol/L, 阿霉素，IC$_{50}$ = 3.3μmol/L; Huh7, IC$_{50}$ > 300μmol/L, 阿霉素，IC$_{50}$ =1.2μmol/L).【文献】T. Hamasaki, et al. Agric. Biol. Chem., 1975, 39, 2337; 2341; Q. Yao, et al. Mar. Drugs, 2014, 12, 5902.

447　Sydowinin B　萨氏曲霉菌宁 B*

【别名】Antibiotics MS 347B; 抗生素 MS 347B.【基本信息】C$_{16}$H$_{12}$O$_7$，黄色针状晶体 (丙酮)，mp 220ºC (分解).【类型】呫吨酮衍生物.【来源】深海真菌共附生白色侧齿霉 *Engyodontium album* DFFSCS021, 真菌萨氏曲霉菌 *Aspergillus sydowi* 和真菌曲霉菌属 *Aspergillus* sp. KY52178.【活性】细胞毒 (U937, IC$_{50}$ = 127.0μmol/L, 对照阿霉素，IC$_{50}$ = 0.06μmol/L; HeLa, IC$_{50}$ >300μmol/L, 阿霉素，IC$_{50}$ = 0.8μmol/L; MCF7, IC$_{50}$ > 300μmol/L, 阿霉素，IC$_{50}$ = 23.1μmol/L; HepG2, IC$_{50}$ > 300μmol/L, 阿霉素，IC$_{50}$ = 3.3μmol/L; Huh7, IC$_{50}$ > 300μmol/L, 阿霉素，IC$_{50}$ =1.2μmol/L).【文献】

T. Hamasaki, et al. Agric. Biol. Chem., 1973, 372341; 1975, 39, 2337; S. Nakanishi, et al. J. Antibiot., 1993, 46, 1775; Q. Yao, et al. Mar. Drugs, 2014, 12, 5902.

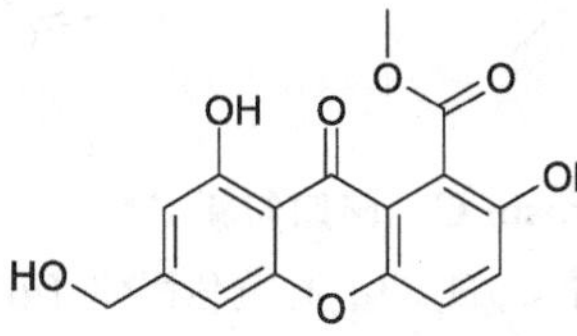

448　TAN-931

【基本信息】$C_{15}H_{10}O_7$.【类型】呫吨酮衍生物.【来源】耐酸真菌紫青霉 Penicillium purpurogenum JS03-21 (鹭江红壤地区, 云南, 中国).【活性】抗病毒 (IFV, IC_{50} = 58.6μmol/L).【文献】H. Wang, et al. JNP, 2011, 74, 2014.

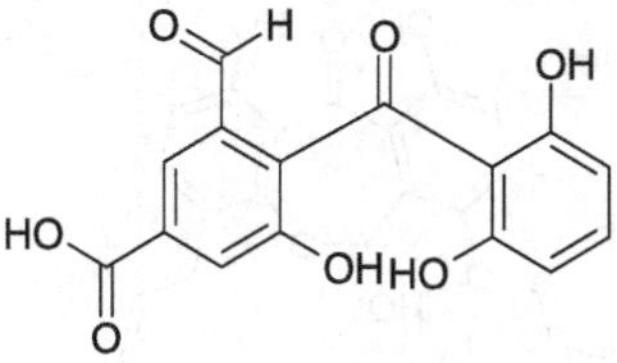

449　Varixanthone　杂色裸壳孢呫吨酮*

【基本信息】$C_{26}H_{28}O_8$, 黄色针状晶体, mp 125~127ºC, $[\alpha]_D^{25}$ = +62.1º (c = 1.13, 氯仿).【类型】呫吨酮衍生物.【来源】海洋导出的真菌杂色裸壳孢 Emericella variecolor M75-2.【活性】抗菌 (大肠杆菌 Escherichia coli, 枯草杆菌 Bacillus subtilis 和金黄色葡萄球菌 Staphylococcus aureus, MIC = 12.5μg/mL; 粪肠球菌 Enterococcus faecalis, MIC = 50μg/mL).【文献】J. Malmstrom, et al. JNP, 2002, 65, 364; T. S. Bugni, et al. NPR, 2004, 21, 143 (Rev.); M. Saleem, et al. NPR, 2007, 24, 1142 (Rev.).

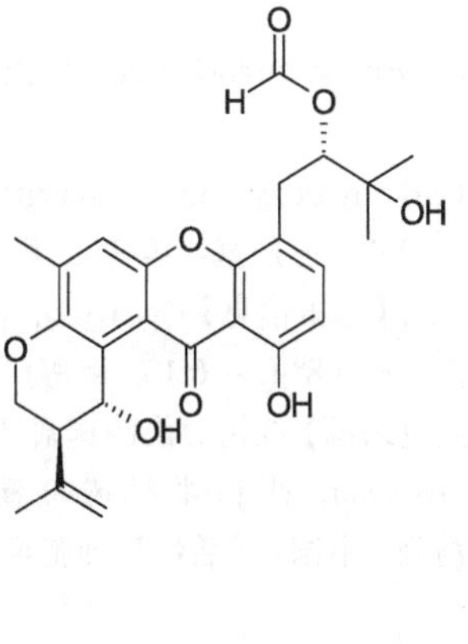

450　Vinaxanthone　维那呫吨酮*

【基本信息】$C_{28}H_{16}O_{14}$, 浅黄色晶体 (含 $1/2H_2O$) (乙酸乙酯), mp 280ºC.【类型】呫吨酮衍生物.【来源】海洋导出的真菌青霉属 Penicillium glabrum.【活性】磷酸酯酶 C 抑制剂; 信号素抑制剂; CD-4 捆绑键合活性.【文献】K. Kumagai, et al. J. Antibiot., 2003, 56, 610.

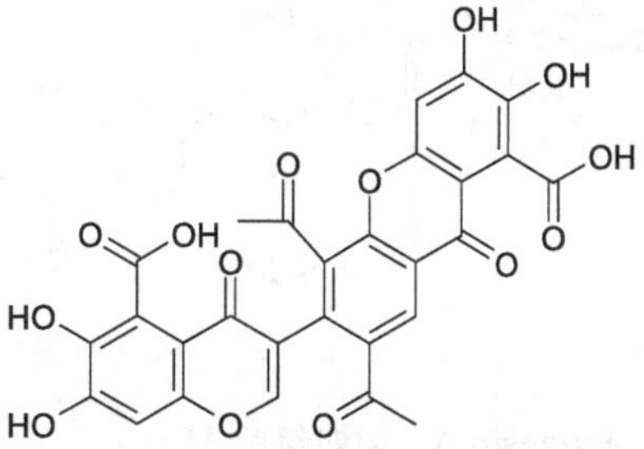

451　Yicathin B　伊卡替因 B*

【基本信息】$C_{16}H_{12}O_6$.【类型】呫吨酮衍生物.【来源】海洋导出的真菌曲霉菌属 Aspergillus wentii (内生的), 来自红藻扇形叉枝藻 Gymnogongrus flabelliformis (平潭岛, 福建, 中国).【活性】抗微生物.【文献】R.-R. Sun, et al. Magn. Reson. Chem., 2013, 51, 65.

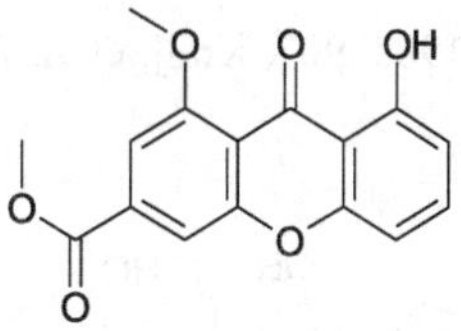

452　Yicathin C　伊卡替因 C*

【基本信息】$C_{15}H_{10}O_6$.【类型】呫吨酮衍生物.【来源】海洋导出的真菌曲霉菌属 Aspergillus wentii (内生的), 来自红藻扇形叉枝藻 Gymnogongrus flabelliformis (平潭岛, 福建, 中国).【活性】抗微生物.【文献】R.-R. Sun, et al. Magn. Reson. Chem., 2013, 51, 65.

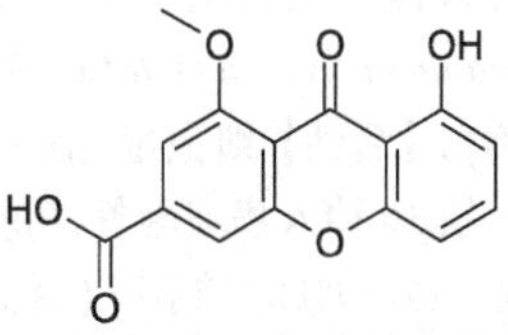

453　Aquastatin A　阿夸他汀 A*

【基本信息】$C_{36}H_{52}O_{12}$, 粉末.【类型】缩酚酸环醚类.【来源】海洋导出的真菌赤壳属 Cosmospora sp. SF-5060.【活性】哺乳动物腺苷三磷酸酶抑制剂; 蛋白酪氨酸磷酸酶 1B 抑制剂; 烯酯酰-ACP 还原酶抑制剂; 抗菌.【文献】K. Hamano, et al. J. Antibiot., 1993, 46, 1648; C. Seo, et al. BoMCL, 2009, 19, 6095; Y.-J. Kwon, et al. Biol. Pharm. Bull., 2009, 32, 2061.

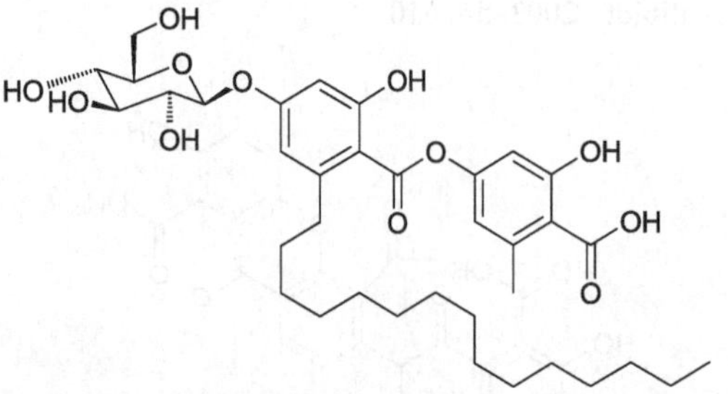

454 Arugosin A 阿如勾新 A*
【基本信息】$C_{25}H_{28}O_6$, 黄色油状物.【类型】缩酚酸环醚类.【来源】海洋导出的真菌裸壳孢属 *Emericella nidulans* var. *acristata*, 来自未鉴定的绿藻 (地中海).【活性】细胞毒 (*in vitro*, 生存和增殖试验, 一组 36 种人癌细胞株, 10μg/mL 对其中 7 种有活性, 占 19%); 抗菌 (巨大芽孢杆菌 *Bacillus megaterium*, 和阿如勾新 B 的混合物, 50μg/盘, IZD = 4mm).【文献】N. Kawahara, et al. JCS Perkin I, 1988, 907; Kralj, et al. JNP, 2006, 69, 995.

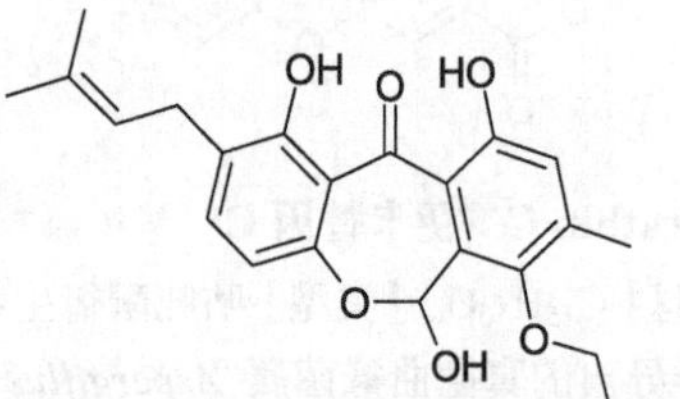

455 Arugosin B 阿如勾新 B*
【基本信息】$C_{25}H_{28}O_6$, 黄色油状物.【类型】缩酚酸环醚类.【来源】海洋导出的真菌裸壳孢属 *Emericella nidulans* var. *acristata*, 来自未鉴定的绿藻 (地中海).【活性】细胞毒 (*in vitro*, 生存和增殖试验, 一组36种人癌细胞株, 0μg/mL 对其中 7 种有活性, 占 19%); 抗菌 (巨大芽孢杆菌 *Bacillus megaterium*, 和阿如勾新 A 的混合物, 50μg/盘, IZD = 4mm).【文献】N. Kawahara, et al. JCS Perkin Trans. Ⅰ, 1988, 907; Kralj, et al. JNP, 2006, 69, 995.

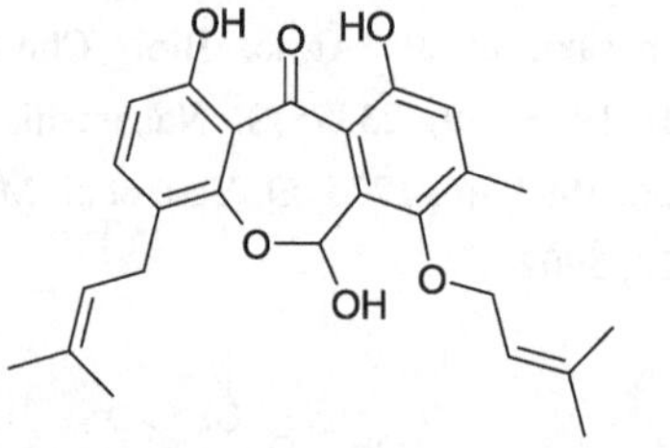

456 Arugosin G 阿如勾新 G*
【基本信息】$C_{30}H_{36}O_6$, 亮黄色固体, $[\alpha]_D^{24} = -1.1°$ ($c = 0.29$, 甲醇).【类型】缩酚酸环醚类.【来源】海洋导出的真菌裸壳孢属 *Emericella nidulans* var. *acristata*, 来自未鉴定的绿藻 (地中海).【活性】细胞毒无活性 (体外, 生存及增殖试验, 一组 36 种人肿瘤细胞).【文献】A. Kralj, et al, JNP, 2006, 69, 995.

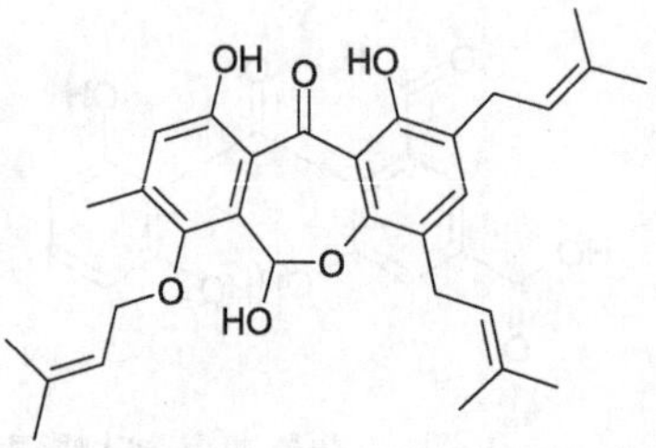

457 Corynesidone A 棒孢霉酮 A*
【基本信息】$C_{15}H_{12}O_5$, 固体, mp 235~237°C.【类型】缩酚酸环醚类.【来源】海洋导出的真菌多主棒孢霉 *Corynespora cassiicola* L36.【活性】芳香化酶抑制剂.【文献】P. Chomcheon, et al. Phytochemistry, 2009, 70, 407.

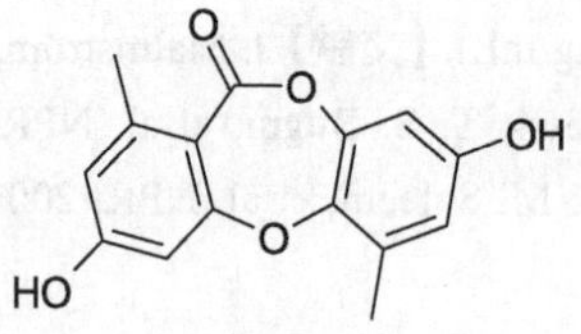

458 9-Dehydroxyeurotinone 9-去羟基红色散囊菌酮*
【别名】2,4,7-Trihydroxy-9-methyldibenz[*b,e*]oxepin-6(11*H*)-one; 2,4,7-三羟基-9-甲基二苯并[*b,e*]氧杂草-6(11*H*)-酮.【基本信息】$C_{15}H_{12}O_5$, 白色无定形粉末, $[\alpha]_D^{25} = -30.8°$ ($c = 0.13$, 甲醇).【类型】缩酚酸环醚类.【来源】红树导出的真菌红色散囊菌 *Eurotium rubrum*, 来自半红树黄槿 *Hibiscus tiliaceus* (海南, 中国).【活性】细胞毒 (SW1990,

$IC_{50} = 25\mu g/mL$); 抗菌 (100mg/盘, 肠杆菌杆菌 *Enterobacter coli*, IZ = 7mm).【文献】H.-J. Yan, et al. Helv. Chim. Acta, 2012, 95, 163.

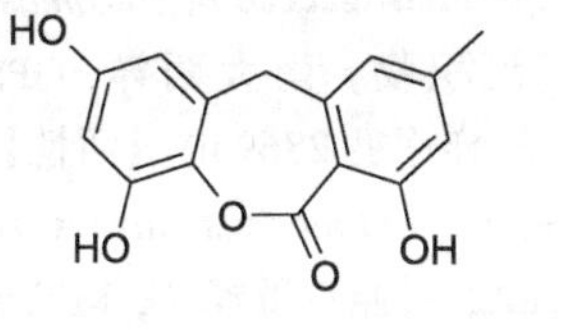

459 Guisinol 圭新醇*

【基本信息】$C_{23}H_{25}ClO_5$, 浅黄色油状物.【类型】缩酚酸环醚类.【来源】海洋导出的真菌爪状裸壳孢 *Emericella unguis* (真菌曲霉菌属 *Aspergillus unguis* 的有性型), 来自未鉴定的软体动物和未鉴定的水母 (委内瑞拉).【活性】抗菌 (金黄色葡萄球菌 *Staphylococcus aureus*, 5mg/mL 二甲亚砜, 15μL 加到 4mm 盘中, 温和活性).【文献】J. Nielsen, et al. Phytochemistry, 1999, 50, 263; T. S. Bugni, et al. NPR, 2004, 21, 143 (Rev.).

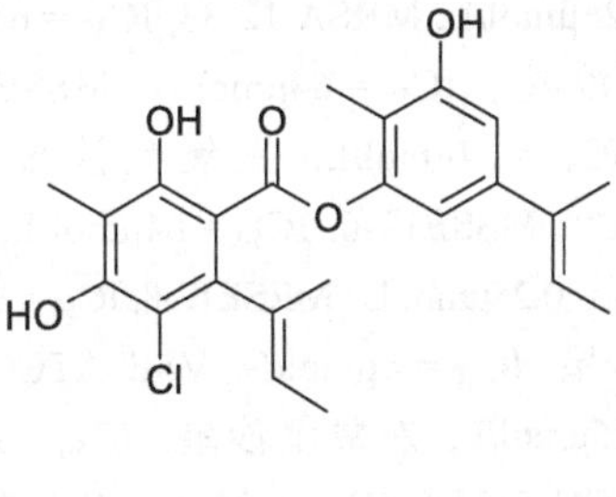

460 2-*O*-Methyl-4-*O*-(*a*-D-ribofuranosyl)-9-deoxyeurotinone 2-*O*-甲基-4-*O*-(*a*-D-呋喃核糖基)-9-去氧散囊菌酮*

【基本信息】$C_{21}H_{22}O_9$.【类型】缩酚酸环醚类.【来源】红树导出的真菌红色散囊菌* *Eurotium rubrum*, 来自半红树黄槿 *Hibiscus tiliaceus* (中国水域).【活性】抗氧化剂 (DPPH 自由基清除剂, 中等活性).【文献】D.-L. Li, et al. J. Microbiol. Biotechnol., 2009, 19, 675.

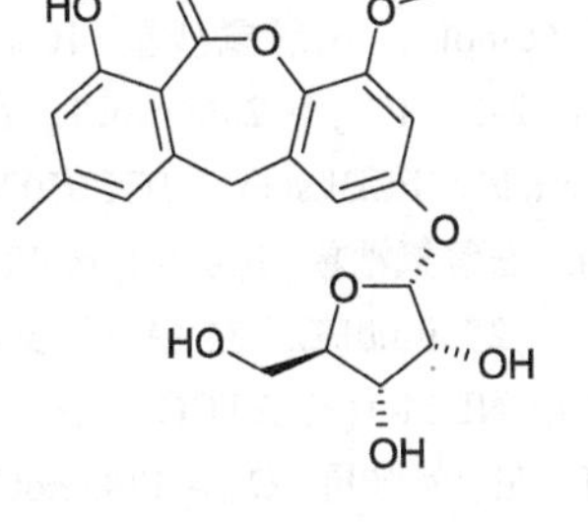

461 3'-*O*-Methyldehydroisopenicillide 3'-*O*-甲基去氢异盘尼西内酯*

【别名】Antibiotics MC 142; 抗生素 MC 142.【基本信息】$C_{22}H_{24}O_6$, 粉末, $[\alpha]_D = -25°$ (氯仿), $[\alpha]_D = +11.6°$ ($c = 0.17$, 氯仿).【类型】缩酚酸环醚类.【来源】红树导出的真菌青霉属 *Penicillium* sp., 来自红树木榄 *Bruguiera gymnorrhiza* (根际土壤, 摇动培养物, 海南, 中国). 海洋导出的真菌紫青霉菌 *Penicillium purpurogenum* 和真菌青霉属 *Penicillium* sp.【活性】抗高血脂药.【文献】H. Kawamura, et al. Nat. Prod. Lett., 2000, 14, 477; Y. Zhang, et al. JNP, 2012, 75, 1888.

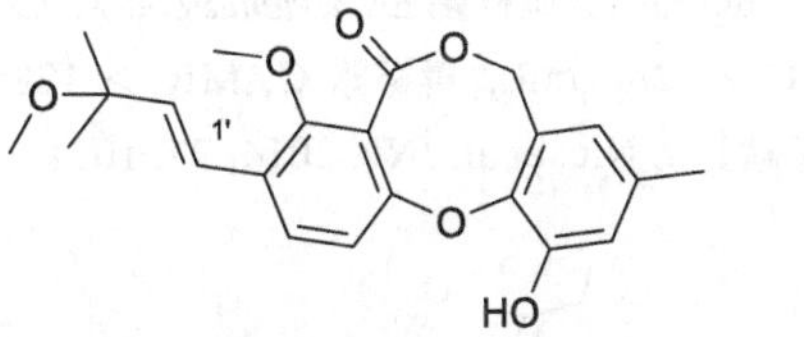

462 2-*O*-Methyl-9-deoxyeurotinone 2-*O*-甲基-9-去氧散囊菌酮*

【基本信息】$C_{16}H_{14}O_5$, 无定形粉末.【类型】缩酚酸环醚类.【来源】红树导出的真菌红色散囊菌* *Eurotium rubrum*, 来自半红树黄槿 *Hibiscus tiliaceus* (中国水域).【活性】抗氧化剂 (DPPH 自由基清除剂, 中等活性).【文献】D.-L. Li, et al. J. Microbiol. Biotechnol., 2009, 19, 675.

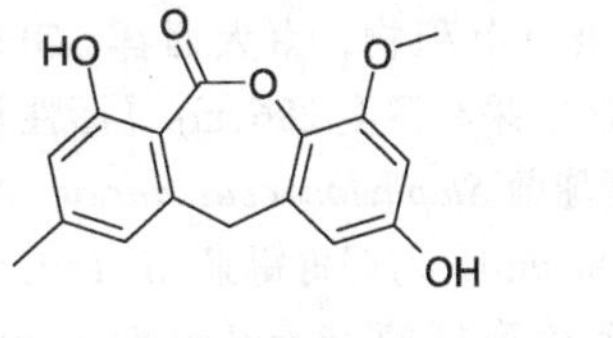

463 Penicillide 盘尼西内酯*

【基本信息】$C_{21}H_{24}O_6$, 无定形粉末, $[\alpha]_D^{24} = +4.9°$ ($c = 0.82$, 甲醇), $[\alpha]_D = +21°$ ($c = 1$, 甲醇).【类型】缩酚酸环醚类.【来源】红树导出的真菌青霉属 *Penicillium* sp., 来自红树木榄 *Bruguiera gymnorrhiza* (根际土壤, 海南, 中国).【活性】植物生长抑制剂.【文献】T. Sassa, et al. Tetrahedron Lett., 1974, 3941; Y. Zhang, et al. JNP, 2012, 75, 1888.

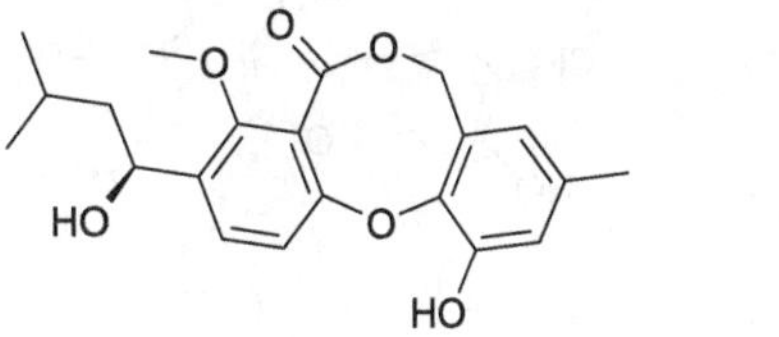

464　Spiromastixone A　斯皮柔马斯替科松 A*
【基本信息】$C_{19}H_{20}O_5$，白色粉末，$[\alpha]_D^{25}$ = +36º (c = 0.05，甲醇).【类型】缩酚酸环醚类.【来源】深海真菌 Spiromastigaceae 科 *Spiromastix* sp. MCCC 3A00308（沉积物，南大西洋 GPS 13.7501W, 15.1668S，采样深度 2869m）.【活性】抗菌（金黄色葡萄球菌 *Staphylococcus aureus* ATCC 29213，MIC = 4μg/mL，对照青霉素 G，MIC = 0.125μg/mL；苏云金芽孢杆菌 *Bacillus thuringiensis* SCSIO BT01，MIC = 4μg/mL，青霉素 G, MIC = 128μg/mL；枯草杆菌 *Bacillus subtilis* SCSIO BT01，MIC = 8μg/mL，青霉素 G，MIC = 0.125μg/mL；大肠杆菌 *Escherichia coli* ATCC 25922，MIC > 128μg/mL，青霉素 G, MIC > 128μg/mL).【文献】S. Niu, et al. JNP, 2014, 77, 1021.

465　Spiromastixone B　斯皮柔马斯替科松 B*
【基本信息】$C_{19}H_{19}ClO_5$，白色粉末，$[\alpha]_D^{25}$ = +18º (c = 0.05，甲醇).【类型】缩酚酸环醚类.【来源】深海真菌 Spiromastigaceae 科 *Spiromastix* sp. MCCC 3A00308（沉积物，南大西洋 GPS 13.7501W, 15.1668S，采样深度 2869m）.【活性】抗菌（金黄色葡萄球菌 *Staphylococcus aureus* ATCC 29213，MIC = 8μg/mL，对照青霉素 G，MIC = 0.125μg/mL；苏云金芽孢杆菌 *Bacillus thuringiensis* SCSIO BT01，MIC = 4μg/mL，青霉素 G，MIC = 128μg/mL；枯草杆菌 *Bacillus subtilis* SCSIO BT01，MIC = 8μg/mL，青霉素 G，MIC = 0.125μg/mL；大肠杆菌 *Escherichia coli* ATCC 25922，MIC > 128μg/mL，青霉素 G, MIC > 128μg/mL).【文献】S. Niu, et al. JNP, 2014, 77, 1021.

466　Spiromastixone C　斯皮柔马斯替科松 C*
【基本信息】$C_{19}H_{19}ClO_5$，白色粉末，$[\alpha]_D^{25}$ = +22º (c = 0.05，甲醇).【类型】缩酚酸环醚类.【来源】深海真菌 Spiromastigaceae 科 *Spiromastix* sp. MCCC 3A00308（沉积物，南大西洋 GPS 13.7501W, 15.1668S，采样深度 2869m）.【活性】抗菌（金黄色葡萄球菌 *Staphylococcus aureus* ATCC 29213，MIC = 8μg/mL，对照青霉素 G，MIC = 0.125μg/mL；苏云金芽孢杆菌 *Bacillus thuringiensis* SCSIO BT01，MIC = 8μg/mL，青霉素 G，MIC = 128μg/mL；枯草杆菌 *Bacillus subtilis* SCSIO BT01，MIC = 16μg/mL，青霉素 G，MIC = 0.125μg/mL；大肠杆菌 *Escherichia coli* ATCC 25922，MIC > 128μg/mL，青霉素 G，MIC > 128μg/mL）；抗菌（MSSA ATCC 29213，IC_{50} = 32μmol/L，对照左氧氟沙星，IC_{50} = 0.25μmol/L；MRSA ATCC 33591，IC_{50} = 64μmol/L，左氧氟沙星，IC_{50} = 0.25μmol/L；MSSA 15，IC_{50} = 64μmol/L，左氧氟沙星，IC_{50} = 0.125μmol/L；MSSA 12-28，IC_{50} = 64μmol/L，左氧氟沙星，IC_{50} = 0.25μmol/L；MRSA 12-33，IC_{50} = 64μmol/L，左氧氟沙星，IC_{50} = 64μmol/L；MSSE ATCC 12228，IC_{50} = 64μmol/L，左氧氟沙星，IC_{50} = 0.25μmol/L；MSSE12-6，IC_{50} = 64μmol/L，左氧氟沙星，IC_{50} = 0.25μmol/L；MRSE12-8，IC_{50} = 32μmol/L，左氧氟沙星，IC_{50} = 4μmol/L；VSE ATCC 29212，IC_{50} = 256μmol/L，左氧氟沙星，IC_{50} = 1μmol/L；VRE ATCC 51299，IC_{50} > 256μmol/L，左氧氟沙星，IC_{50} = 1μmol/L；VSE 12-5，IC_{50} > 256μmol/L，左氧氟沙星，IC_{50} = 1μmol/L；VRE 09-9，IC_{50} = 256μmol/L，左氧氟沙星，IC_{50} > 128μmol/L；VRE ATCC 700221，IC_{50} > 256μmol/L，左氧氟沙星，IC_{50} = 64μmol/L；VRE 12-1，IC_{50} = 256μmol/L，左氧氟沙星，IC_{50} = 64μmol/L；VRE 12-3，IC_{50} > 256μmol/L，左氧氟沙星，IC_{50} = 64μmol/L；ESBLs(−) ATCC 25922，IC_{50} > 256μmol/L，左氧氟沙星，IC_{50} ≤ 0.03μmol/L；ESBLs(−) 1515，IC_{50} > 256μmol/L，左氧氟沙星，IC_{50} = 0.125μmol/L；ESBLs(−) 12-14，IC_{50} > 256μmol/L，左氧氟沙星，IC_{50} = 1μmol/L；ESBLs(+) 12-15，IC_{50} > 256μmol/L，左氧氟沙星，IC_{50} = 32μmol/L；ESBLs(+) ATCC 700603，IC_{50} > 256μmol/L，左氧氟沙星，IC_{50} = 1μmol/L；ESBLs(−) 7，IC_{50} > 256μmol/L，左氧氟沙星，IC_{50} = 0.25μmol/L；NDM-1(+) ATCC BAA-2146，IC_{50} > 256μmol/L，左氧氟沙星，IC_{50} > 128μmol/L；ESBLs(−)

12-4, IC_{50} > 256μmol/L, 左氧氟沙星, IC_{50} = 0.125μmol/L; ESBLs(+) 12-8, IC_{50} > 256μmol/L, 左氧氟沙星, IC_{50} = 16μmol/L).【文献】S. Niu, et al. JNP, 2014, 77, 1021.

467 Spiromastixone D 斯皮柔马斯替科松 D*
【基本信息】$C_{19}H_{18}Cl_2O_5$, 白色粉末, $[α]_D^{25}$ = +45º (c = 0.05, 甲醇).【类型】缩酚酸环醚类.【来源】深海真菌 Spiromastigaceae 科 *Spiromastix* sp. MCCC 3A00308（沉积物，南大西洋 GPS 13.7501W, 15.1668S, 采样深度 2869m).【活性】抗菌（金黄色葡萄球菌 *Staphylococcus aureus* ATCC 29213, MIC = 2μg/mL, 对照青霉素 G, MIC = 0.125μg/mL; 苏云金芽孢杆菌 *Bacillus thuringiensis* SCSIO BT01, MIC = 2μg/mL, 青霉素 G, MIC = 128μg/mL; 枯草杆菌 *Bacillus subtilis* SCSIO BT01, MIC = 2μg/mL, 青霉素 G, MIC = 0.125μg/mL; 大肠杆菌 *Escherichia coli* ATCC 25922, MIC > 128μg/mL, 青霉素 G, MIC > 128μg/mL).【文献】S. Niu, et al. JNP, 2014, 77, 1021.

468 Spiromastixone E 斯皮柔马斯替科松 E*
【基本信息】$C_{19}H_{18}Cl_2O_5$, 白色粉末, $[α]_D^{25}$ = +18º (c = 0.05, 甲醇).【类型】缩酚酸环醚类.【来源】深海真菌 Spiromastigaceae 科 *Spiromastix* sp. MCCC 3A00308（沉积物，南大西洋 GPS 13.7501W, 15.1668S, 采样深度 2869m).【活性】抗菌（金黄色葡萄球菌 *Staphylococcus aureus* ATCC 29213, MIC = 4μg/mL, 对照青霉素 G, MIC = 0.125μg/mL; 苏云金芽孢杆菌 *Bacillus thuringiensis* SCSIO BT01, MIC = 2μg/mL, 青霉素 G, MIC = 128μg/mL; 枯草杆菌 *Bacillus subtilis* SCSIO BT01, MIC = 4μg/mL, 青霉素 G, MIC = 0.125μg/mL; 大肠杆菌 *Escherichia coli* ATCC 25922, MIC > 128μg/mL, 青霉素 G, MIC > 128μg/mL); 抗菌（MSSA ATCC 29213, IC_{50} = 64μmol/L, 对照左氧氟沙星, IC_{50} = 0.25μmol/L; MRSA ATCC 33591, IC_{50} = 32μmol/L, 左氧氟沙星, IC_{50} = 0.25μmol/L; MSSA 15, IC_{50} = 64μmol/L, 左氧氟沙星, IC_{50} = 0.125μmol/L; MSSA 12-28, IC_{50} = 128μmol/L, 左氧氟沙星, IC_{50} = 0.25μmol/L; MRSA 12-33, IC_{50} = 128μmol/L, 左氧氟沙星, IC_{50} = 64μmol/L; MSSE ATCC 12228, IC_{50} = 32μmol/L, 左氧氟沙星, IC_{50} = 0.25μmol/L; MSSE12-6, IC_{50} = 32μmol/L, 左氧氟沙星, IC_{50} = 0.25μmol/L; MRSE12-8, IC_{50} = 64μmol/L, 左氧氟沙星, IC_{50} = 4μmol/L; VSE ATCC 29212, IC_{50} > 256μmol/L, 左氧氟沙星, IC_{50} = 1μmol/L; VRE ATCC 51299, IC_{50} > 256μmol/L, 左氧氟沙星, IC_{50} = 1μmol/L; VSE 12-5, IC_{50} > 256μmol/L, 左氧氟沙星, IC_{50} = 1μmol/L; VRE 09-9, IC_{50} > 256μmol/L, 左氧氟沙星, IC_{50} > 128μmol/L; VRE ATCC 700221, IC_{50} > 256μmol/L, 左氧氟沙星, IC_{50} = 64μmol/L; VRE 12-1, IC_{50} > 256μmol/L, 左氧氟沙星, IC_{50} = 64μmol/L; VRE 12-3, IC_{50} > 256μmol/L, 左氧氟沙星, IC_{50} = 64μmol/L; ESBLs(−) ATCC 25922, IC_{50} > 256μmol/L, 左氧氟沙星, IC_{50} ≤ 0.03μmol/L; ESBLs(−) 1515, IC_{50} > 256μmol/L, 左氧氟沙星, IC_{50} = 0.125μmol/L; ESBLs(−) 12-14, IC_{50} > 256μmol/L, 左氧氟沙星, IC_{50} = 1μmol/L; ESBLs(+) 12-15, IC_{50} > 256μmol/L, 左氧氟沙星, IC_{50} = 32μmol/L; ESBLs(+) ATCC 700603, IC_{50} > 256μmol/L, 左氧氟沙星, IC_{50} = 1μmol/L; ESBLs(−) 7, IC_{50} > 256μmol/L, 左氧氟沙星, IC_{50} = 0.25μmol/L; NDM-1(+) ATCC BAA-2146, IC_{50} > 256μmol/L, 左氧氟沙星, IC_{50} > 128μmol/L; ESBLs(−) 12-4, IC_{50} > 256μmol/L, 左氧氟沙星, IC_{50} = 0.125μmol/L; ESBLs(+) 12-8, IC_{50} > 256μmol/L, 左氧氟沙星, IC_{50} = 16μmol/L).【文献】S. Niu, et al. JNP, 2014, 77, 1021.

469 Spiromastixone F 斯皮柔马斯替科松 F*
【基本信息】$C_{19}H_{17}Cl_3O_5$，白色粉末，$[\alpha]_D^{25} = +31°$ ($c = 0.05$, 甲醇).【类型】缩酚酸环醚类.【来源】深海真菌 Spiromastigaceae 科 *Spiromastix* sp. MCCC 3A00308（沉积物，南大西洋 GPS 13.7501W, 15.1668S，采样深度 2869m）.【活性】抗菌（金黄色葡萄球菌 *Staphylococcus aureus* ATCC 29213, MIC = 2μg/mL, 对照青霉素 G, MIC = 0.125μg/mL; 苏云金芽孢杆菌 *Bacillus thuringiensis* SCSIO BT01, MIC = 1μg/mL, 青霉素 G, MIC = 128μg/mL; 枯草杆菌 *Bacillus subtilis* SCSIO BT01, MIC = 0.5μg/mL, 青霉素 G, MIC = 0.125μg/mL; 大肠杆菌 *Escherichia coli* ATCC 25922, MIC > 128μg/mL, 青霉素 G, MIC > 128μg/mL); 抗菌 (MSSA ATCC 29213, IC_{50} = 4μmol/L, 对照左氧氟沙星, IC_{50} = 0.25μmol/L; MRSA ATCC 33591, IC_{50} = 4μmol/L, 左氧氟沙星, IC_{50} = 0.25μmol/L; MSSA 15, IC_{50} = 4μmol/L, 左氧氟沙星, IC_{50} = 0.125μmol/L; MSSA 12-28, IC_{50} = 4μmol/L, 左氧氟沙星, IC_{50} = 0.25μmol/L; MRSA 12-33, IC_{50} = 4μmol/L, 左氧氟沙星, IC_{50} = 64μmol/L; MSSE ATCC 12228, IC_{50} = 2μmol/L, 左氧氟沙星, IC_{50} = 0.25μmol/L; MSSE 12-6, IC_{50} = 4μmol/L, 左氧氟沙星, IC_{50} = 0.25μmol/L; MRSE 12-8, IC_{50} = 4μmol/L, 左氧氟沙星, IC_{50} = 4μmol/L; VSE ATCC 29212, IC_{50} = 32μmol/L, 左氧氟沙星, IC_{50} = 1μmol/L; VRE ATCC 51299, IC_{50} = 32μmol/L, 左氧氟沙星, IC_{50} = 1μmol/L; VSE 12-5, IC_{50} = 32μmol/L, 左氧氟沙星, IC_{50} = 1μmol/L; VRE 09-9, IC_{50} = 32μmol/L, 左氧氟沙星, IC_{50} > 128μmol/L; VRE ATCC 700221, IC_{50} = 32μmol/L, 左氧氟沙星, IC_{50} = 64μmol/L; VRE 12-1, IC_{50} = 16μmol/L, 左氧氟沙星, IC_{50} = 64μmol/L; VRE 12-3, IC_{50} = 32μmol/L, 左氧氟沙星, IC_{50} = 64μmol/L; ESBLs(−) ATCC 25922, IC_{50} > 256μmol/L, 左氧氟沙星, IC_{50} ≤ 0.03μmol/L; ESBLs(−) 1515, IC_{50} > 256μmol/L, 左氧氟沙星, IC_{50} = 0.125μmol/L; ESBLs(−) 12-14, IC_{50} > 256μmol/L, 左氧氟沙星, IC_{50} = 1μmol/L; ESBLs(+) 12-15, IC_{50} > 256μmol/L, 左氧氟沙星, IC_{50} = 32μmol/L; ESBLs(+) ATCC 700603, IC_{50} > 256μmol/L, 左氧氟沙星, IC_{50} = 1μmol/L; ESBLs(−) 7, IC_{50} > 256μmol/L, 左氧氟沙星, IC_{50} = 0.25μmol/L; NDM-1(+) ATCC BAA-2146, IC_{50} > 256μmol/L, 左氧氟沙星, IC_{50} > 128μmol/L; ESBLs(−) 12-4, IC_{50} > 256μmol/L, 左氧氟沙星, IC_{50} = 0.125μmol/L; ESBLs(+) 12-8, IC_{50} > 256μmol/L, 左氧氟沙星, IC_{50} = 16μmol/L).【文献】S. Niu, et al. JNP, 2014, 77, 1021.

470 Spiromastixone G 斯皮柔马斯替科松 G*
【基本信息】$C_{20}H_{19}Cl_3O_5$，白色粉末，$[\alpha]_D^{25} = +46°$ ($c = 0.05$, 甲醇).【类型】缩酚酸环醚类.【来源】深海真菌 Spiromastigaceae 科 *Spiromastix* sp. MCCC 3A00308（沉积物，南大西洋 GPS 13.7501W, 15.1668S，采样深度 2869m）.【活性】抗菌（金黄色葡萄球菌 *Staphylococcus aureus* ATCC 29213, MIC = 0.5μg/mL, 对照青霉素 G, MIC = 0.125μg/mL; 苏云金芽孢杆菌 *Bacillus thuringiensis* SCSIO BT01, MIC = 0.5μg/mL, 青霉素 G, MIC = 128μg/mL; 枯草杆菌 *Bacillus subtilis* SCSIO BT01, MIC = 0.25μg/mL, 青霉素 G, MIC = 0.125μg/mL; 大肠杆菌 *Escherichia coli* ATCC 25922, MIC > 128μg/mL, 青霉素 G, MIC > 128μg/mL); 抗菌 (MSSA ATCC 29213, IC_{50} = 8μmol/L, 对照左氧氟沙星, IC_{50} = 0.25μmol/L; MRSA ATCC 33591, IC_{50} = 4μmol/L, 左氧氟沙星, IC_{50} = 0.25μmol/L; MSSA 15, IC_{50} = 4μmol/L, 左氧氟沙星, IC_{50} = 0.125μmol/L; MSSA 12-28, IC_{50} = 4μmol/L, 左氧氟沙星, IC_{50} = 0.25μmol/L; MRSA 12-33, IC_{50} = 8μmol/L, 左氧氟沙星, IC_{50} = 64μmol/L; MSSE ATCC 12228, IC_{50} = 4μmol/L, 左氧氟沙星, IC_{50} = 0.25μmol/L; MSSE12-6, IC_{50} = 4μmol/L, 左氧氟沙星, IC_{50} = 0.25μmol/L; MRSE12-8, IC_{50} = 2μmol/L, 左氧氟沙星, IC_{50} = 4μmol/L; VSE ATCC 29212, IC_{50} = 128μmol/L, 左氧氟沙星, IC_{50} = 1μmol/L; VRE ATCC 51299, IC_{50} > 256μmol/L, 左氧氟沙星, IC_{50} = 1μmol/L; VSE 12-5, IC_{50} > 256μmol/L, 左氧氟沙星, IC_{50} = 1μmol/L; VRE 09-9, IC_{50} = 256μmol/L, 左氧氟沙星, IC_{50} > 128μmol/L; VRE ATCC 700221, IC_{50} = 256μmol/L, 左氧氟沙星, IC_{50} = 64μmol/L; VRE 12-1, IC_{50} = 16μmol/L, 左氧氟沙星, IC_{50} =

64μmol/L; VRE 12-3, IC$_{50}$ = 256μmol/L, 左氧氟沙星, IC$_{50}$ = 64μmol/L; ESBLs(−) ATCC 25922, IC$_{50}$ > 256μmol/L, 左氧氟沙星, IC$_{50}$ ≤ 0.03μmol/L; ESBLs(−) 1515, IC$_{50}$ > 256μmol/L, 左氧氟沙星, IC$_{50}$ = 0.125μmol/L; ESBLs(−) 12-14, IC$_{50}$ > 256μmol/L, 左氧氟沙星, IC$_{50}$ = 1μmol/L; ESBLs(+) 12-15, IC$_{50}$ > 256μmol/L, 左氧氟沙星, IC$_{50}$ = 32μmol/L; ESBLs(+) ATCC 700603, IC$_{50}$ > 256μmol/L, 左氧氟沙星, IC$_{50}$ = 1μmol/L; ESBLs(−) 7, IC$_{50}$ > 256μmol/L, 左氧氟沙星, IC$_{50}$ = 0.25μmol/L; NDM-1(+) ATCC BAA-2146, IC$_{50}$ > 256μmol/L, 左氧氟沙星, IC$_{50}$ > 128μmol/L; ESBLs(−) 12-4, IC$_{50}$ > 256μmol/L, 左氧氟沙星, IC$_{50}$ = 0.125μmol/L; ESBLs(+) 12-8, IC$_{50}$ > 256μmol/L, 左氧氟沙星, IC$_{50}$ = 16μmol/L). 【文献】S. Niu, et al. JNP, 2014, 77, 1021.

471 Spiromastixone H 斯皮柔马斯替科松 H*
【基本信息】C$_{19}$H$_{17}$Cl$_3$O$_5$, 白色粉末, [α]$_D^{25}$ = +43° (c = 0.05, 甲醇). 【类型】缩酚酸环醚类. 【来源】深海真菌 Spiromastigaceae 科 Spiromastix sp. MCCC 3A00308（沉积物，南大西洋 GPS 13.7501W, 15.1668S, 采样深度 2869m). 【活性】抗菌（金黄色葡萄球菌 Staphylococcus aureus ATCC 29213, MIC = 4μg/mL, 对照青霉素 G, MIC = 0.125μg/mL; 苏云金芽孢杆菌 Bacillus thuringiensis SCSIO BT01, MIC = 1μg/mL, 青霉素 G, MIC = 128μg/mL; 枯草杆菌 Bacillus subtilis SCSIO BT01, MIC = 1μg/mL, 青霉素 G, MIC = 0.125μg/mL; 大肠杆菌 Escherichia coli ATCC 25922, MIC > 128μg/mL, 青霉素 G, MIC > 128μg/mL); 抗菌 (MSSA ATCC 29213, IC$_{50}$ = 4μmol/L, 对照左氧氟沙星, IC$_{50}$ = 0.25μmol/L; MRSA ATCC 33591, IC$_{50}$ = 4μmol/L, 左氧氟沙星, IC$_{50}$ = 0.25μmol/L; MSSA 15, IC$_{50}$ = 4μmol/L, 左氧氟沙星, IC$_{50}$ = 0.125μmol/L; MSSA 12-28, IC$_{50}$ = 8μmol/L, 左氧氟沙星, IC$_{50}$ = 0.25μmol/L; MRSA 12-33, IC$_{50}$ = 8μmol/L, 左氧氟沙星, IC$_{50}$ = 64μmol/L; MSSE ATCC 12228, IC$_{50}$ = 16μmol/L, 左氧氟沙星, IC$_{50}$ = 0.25μmol/L; MSSE12-6, IC$_{50}$ = 16μmol/L, 左氧氟沙星, IC$_{50}$ = 0.25μmol/L; MRSE12-8, IC$_{50}$ = 4μmol/L, 左氧氟沙星, IC$_{50}$ = 4μmol/L; VSE ATCC 29212, IC$_{50}$ = 16μmol/L, 左氧氟沙星, IC$_{50}$ = 1μmol/L; VRE ATCC 51299, IC$_{50}$ = 16μmol/L, 左氧氟沙星, IC$_{50}$ = 1μmol/L; VSE 12-5, IC$_{50}$ = 16μmol/L, 左氧氟沙星, IC$_{50}$ = 1μmol/L; VRE 09-9, IC$_{50}$ = 16μmol/L, 左氧氟沙星, IC$_{50}$ > 128μmol/L; VRE ATCC 700221, IC$_{50}$ = 16μmol/L, 左氧氟沙星, IC$_{50}$ = 64μmol/L；VRE 12-1, IC$_{50}$ = 16μmol/L, 左氧氟沙星, IC$_{50}$ = 64μmol/L; VRE 12-3, IC$_{50}$ = 32μmol/L, 左氧氟沙星, IC$_{50}$ = 64μmol/L; ESBLs(−) ATCC 25922, IC$_{50}$ = 64μmol/L, 左氧氟沙星, IC$_{50}$ ≤ 0.03μmol/L; ESBLs(−) 1515, IC$_{50}$ = 64μmol/L, 左氧氟沙星, IC$_{50}$ = 0.125μmol/L; ESBLs(−) 12-14, IC$_{50}$ = 64μmol/L, 左氧氟沙星, IC$_{50}$ = 1μmol/L; ESBLs(+) 12-15, IC$_{50}$ = 64μmol/L, 左氧氟沙星, IC$_{50}$ = 32μmol/L; ESBLs(+) ATCC 700603, IC$_{50}$ = 256μmol/L, 左氧氟沙星, IC$_{50}$ = 1μmol/L; ESBLs(−) 7, IC$_{50}$ = 256μmol/L, 左氧氟沙星, IC$_{50}$ = 0.25μmol/L; NDM-1(+) ATCC BAA-2146, IC$_{50}$ = 256μmol/L, 左氧氟沙星, IC$_{50}$ > 128μmol/L; ESBLs(−) 12-4, IC$_{50}$ = 128μmol/L, 左氧氟沙星, IC$_{50}$ = 0.125μmol/L; ESBLs(+) 12-8, IC$_{50}$ = 128μmol/L, 左氧氟沙星, IC$_{50}$ = 16μmol/L). 【文献】S. Niu, et al. JNP, 2014, 77, 1021.

472 Spiromastixone I 斯皮柔马斯替科松 I*
【基本信息】C$_{19}$H$_{16}$Cl$_4$O$_5$ 白色粉末, [α]$_D^{25}$ = +23° (c = 0.05, 甲醇). 【类型】缩酚酸环醚类. 【来源】深海真菌 Spiromastigaceae 科 Spiromastix sp. MCCC 3A00308（沉积物，南大西洋 GPS 13.7501W, 15.1668S, 采样深度 2869m). 【活性】抗菌（金黄色葡萄球菌 Staphylococcus aureus ATCC 29213, MIC = 4μg/mL, 对照青霉素 G, MIC = 0.125μg/mL; 苏云金芽孢杆菌 Bacillus thuringiensis SCSIO BT01, MIC = 2μg/mL, 青霉素 G, MIC = 128μg/mL; 枯草杆菌 Bacillus subtilis

SCSIO BT01, MIC = 2μg/mL, 青霉素 G, MIC = 0.125μg/mL; 大肠杆菌 Escherichia coli ATCC 25922, MIC > 128μg/mL, 青霉素 G, MIC > 128μg/mL); 抗菌 (MSSA ATCC 29213, IC_{50} = 16μmol/L, 对照左氧氟沙星, IC_{50} = 0.25μmol/L; MRSA ATCC 33591, IC_{50} = 16μmol/L, 左氧氟沙星, IC_{50} = 0.25μmol/L; MSSA 15, IC_{50} = 16μmol/L, 左氧氟沙星, IC_{50} = 0.125μmol/L; MSSA 12-28, IC_{50} = 16μmol/L, 左氧氟沙星, IC_{50} = 0.25μmol/L; MRSA 12-33, IC_{50} = 32μmol/L, 左氧氟沙星, IC_{50} = 64μmol/L; MSSE ATCC 12228, IC_{50} = 4μmol/L, 左氧氟沙星, IC_{50} = 0.25μmol/L; MSSE12-6, IC_{50} = 4μmol/L, 左氧氟沙星, IC_{50} = 0.25μmol/L; MRSE12-8, IC_{50} = 8μmol/L, 左氧氟沙星, IC_{50} = 4μmol/L; VSE ATCC 29212, IC_{50} = 64μmol/L, 左氧氟沙星, IC_{50} = 1μmol/L; VRE ATCC 51299, IC_{50} = 64μmol/L, 左氧氟沙星, IC_{50} = 1μmol/L; VSE 12-5, IC_{50} = 64μmol/L, 左氧氟沙星, IC_{50} = 1μmol/L; VRE 09-9, IC_{50} = 64μmol/L, 左氧氟沙星, IC_{50} > 128μmol/L; VRE ATCC 700221, IC_{50} = 64μmol/L, 左氧氟沙星, IC_{50} = 64μmol/L; VRE 12-1, IC_{50} = 64μmol/L, 左氧氟沙星, IC_{50} = 64μmol/L; VRE 12-3, IC_{50} = 64μmol/L, 左氧氟沙星, IC_{50} = 64μmol/L; ESBLs(−) ATCC 25922, IC_{50} > 256μmol/L, 左氧氟沙星, IC_{50} ≤ 0.03μmol/L; ESBLs(−) 1515, IC_{50} > 256μmol/L, 左氧氟沙星, IC_{50} = 0.125μmol/L; ESBLs(−) 12-14, IC_{50} > 256μmol/L, 左氧氟沙星, IC_{50} = 1μmol/L; ESBLs(+) 12-15, IC_{50} > 256μmol/L, 左氧氟沙星, IC_{50} = 32μmol/L; ESBLs(+) ATCC 700603, IC_{50} > 256μmol/L, 左氧氟沙星, IC_{50} = 1μmol/L; ESBLs(−) 7, IC_{50} > 256μmol/L, 左氧氟沙星, IC_{50} = 0.25μmol/L; NDM-1(+) ATCC BAA-2146, IC_{50} > 256μmol/L, 左氧氟沙星, IC_{50} > 128μmol/L; ESBLs(−) 12-4, IC_{50} > 256μmol/L, 左氧氟沙星, IC_{50} = 0.125μmol/L; ESBLs(+) 12-8, IC_{50} > 256μmol/L, 左氧氟沙星, IC_{50} = 16μmol/L). 【文献】S. Niu, et al. JNP, 2014, 77, 1021.

473 Spiromastixone J 斯皮柔马斯替科松 J*

【基本信息】$C_{20}H_{18}Cl_4O_5$, 白色粉末, $[\alpha]_D^{25}$ = +33º (c = 0.05, 甲醇). 【类型】缩酚酸环醚类. 【来源】深海真菌 Spiromastigaceae 科 Spiromastix sp. MCCC 3A00308 (沉积物, 南大西洋 GPS 13.7501W, 15.1668S, 采样深度 2869m). 【活性】抗菌 (金黄色葡萄球菌 Staphylococcus aureus ATCC 29213, MIC = 0.125μg/mL, 对照青霉素 G, MIC = 0.125μg/mL; 苏云金芽孢杆菌 Bacillus thuringiensis SCSIO BT01, MIC = 0.25μg/mL, 青霉素 G, MIC = 128μg/mL; 枯草杆菌 Bacillus subtilis SCSIO BT01, MIC = 0.125μg/mL, 青霉素 G, MIC = 0.125μg/mL; 大肠杆菌 Escherichia coli ATCC 25922, MIC >128μg/mL, 青霉素 G, MIC > 128μg/mL); 抗菌 (MSSA ATCC 29213, IC_{50} = 4μmol/L, 对照左氧氟沙星, IC_{50} = 0.25μmol/L; MRSA ATCC 33591, IC_{50} = 2μmol/L, 左氧氟沙星, IC_{50} = 0.25μmol/L; MSSA 15, IC_{50} = 2μmol/L, 左氧氟沙星, IC_{50} = 0.125μmol/L; MSSA 12-28, IC_{50} = 4μmol/L, 左氧氟沙星, IC_{50} = 0.25μmol/L; MRSA 12-33, IC_{50} = 4μmol/L, 左氧氟沙星, IC_{50} = 64μmol/L; MSSE ATCC 12228, IC_{50} = 4μmol/L, 左氧氟沙星, IC_{50} = 0.25μmol/L; MSSE 12-6, IC_{50} = 2μmol/L, 左氧氟沙星, IC_{50} = 0.25μmol/L; MRSE 12-8, IC_{50} = 1μmol/L, 左氧氟沙星, IC_{50} = 4μmol/L; VSE ATCC 29212, IC_{50} = 4μmol/L, 左氧氟沙星, IC_{50} = 1μmol/L; VRE ATCC 51299, IC_{50} = 4μmol/L, 左氧氟沙星, IC_{50} = 1μmol/L; VSE 12-5, IC_{50} = 4μmol/L, 左氧氟沙星, IC_{50} = 1μmol/L; VRE 09-9, IC_{50} = 4μmol/L, 左氧氟沙星, IC_{50} > 128μmol/L; VRE ATCC 700221, IC_{50} = 4μmol/L, 左氧氟沙星, IC_{50} = 64μmol/L; VRE 12-1, IC_{50} = 4μmol/L, 左氧氟沙星, IC_{50} = 64μmol/L; VRE 12-3, IC_{50} = 4μmol/L, 左氧氟沙星, IC_{50} = 64μmol/L; ESBLs(−) ATCC 25922, IC_{50} > 256μmol/L, 左氧氟沙星, IC_{50} ≤ 0.03μmol/L; ESBLs(−) 1515, IC_{50} > 256μmol/L, 左氧氟沙星, IC_{50} = 0.125μmol/L; ESBLs(−) 12-14, IC_{50} > 256μmol/L, 左氧氟沙星, IC_{50} = 1μmol/L; ESBLs(+) 12-15, IC_{50} > 256μmol/L, 左氧氟沙星, IC_{50} = 32μmol/L; ESBLs(+) ATCC 700603, IC_{50} > 256μmol/L, 左氧氟沙星, IC_{50} = 1μmol/L; ESBLs(−) 7, IC_{50} > 256μmol/L, 左氧氟沙星, IC_{50} = 0.25μmol/L; NDM-1(+) ATCC BAA-2146, IC_{50} > 256μmol/L, 左氧氟沙星, IC_{50} >

128μmol/L; ESBLs(−) 12-4, IC$_{50}$ > 256μmol/L, 左氧氟沙星, IC$_{50}$ = 0.125μmol/L; ESBLs(+) 12-8, IC$_{50}$ > 256μmol/L, 左氧氟沙星, IC$_{50}$ = 16μmol/L).【文献】S. Niu, et al. JNP, 2014, 77, 1021.

474　Spiromastixone K　斯皮柔马斯替科松 K*
【基本信息】C$_{20}$H$_{19}$Cl$_3$O$_5$, 白色粉末, [α]$_D^{25}$ = +34° (c = 0.05, 甲醇).【类型】缩酚酸环醚类.【来源】深海真菌 Spiromastigaceae 科 *Spiromastix* sp. MCCC 3A00308（沉积物，南大西洋　GPS 13.7501W, 15.1668S, 采样深度 2869m).【活性】抗菌（金黄色葡萄球菌 *Staphylococcus aureus* ATCC 29213, MIC = 0.5μg/mL, 对照青霉素 G, MIC = 0.125μg/mL; 苏云金芽孢杆菌 *Bacillus thuringiensis* SCSIO BT01, MIC = 0.5μg/mL, 青霉素 G, MIC = 128μg/mL; 枯草杆菌 *Bacillus subtilis* SCSIO BT01, MIC = 0.5μg/mL, 青霉素 G, MIC = 0.125μg/mL; 大肠杆菌 *Escherichia coli* ATCC 25922, MIC > 128μg/mL, 青霉素 G, MIC > 128μg/mL).【文献】S. Niu, et al. JNP, 2014, 77, 1021.

475　Spiromastixone L　斯皮柔马斯替科松 L*
【基本信息】C$_{20}$H$_{18}$Cl$_4$O$_5$, 白色粉末, [α]$_D^{25}$ = +36° (c = 0.05, 甲醇).【类型】缩酚酸环醚类.【来源】深海真菌 Spiromastigaceae 科 *Spiromastix* sp. MCCC 3A00308（沉积物，南大西洋　GPS 13.7501W, 15.1668S, 采样深度 2869m).【活性】抗菌（金黄色葡萄球菌 *Staphylococcus aureus* ATCC 29213, MIC = 0.25μg/mL, 对照青霉素 G, MIC = 0.125μg/mL; 苏云金芽孢杆菌 *Bacillus thuringiensis* SCSIO BT01, MIC = 0.5μg/mL, 青霉素 G, MIC = 128μg/mL; 枯草杆菌 *Bacillus*

subtilis SCSIO BT01, MIC = 0.25μg/mL, 青霉素 G, MIC = 0.125μg/mL; 大肠杆菌 *Escherichia coli* ATCC 25922, MIC > 128μg/mL, 青霉素 G, MIC > 128μg/mL).【文献】S. Niu, et al. JNP, 2014, 77, 1021.

476　Spiromastixone M　斯皮柔马斯替科松 M*
【基本信息】C$_{19}$H$_{18}$Cl$_2$O$_5$, 白色粉末, [α]$_D^{25}$ = +43° (c = 0.05, 甲醇).【类型】缩酚酸环醚类.【来源】深海真菌 Spiromastigaceae 科 *Spiromastix* sp. MCCC 3A00308（沉积物，南大西洋　GPS 13.7501W, 15.1668S, 采样深度 2869m).【活性】抗菌（金黄色葡萄球菌 *Staphylococcus aureus* ATCC 29213, MIC = 4μg/mL, 对照青霉素 G, MIC = 0.125μg/mL; 苏云金芽孢杆菌 *Bacillus thuringiensis* SCSIO BT01, MIC = 2μg/mL, 青霉素 G, MIC = 128μg/mL; 枯草杆菌 *Bacillus subtilis* SCSIO BT01, MIC = 2μg/mL, 青霉素 G, MIC = 0.125μg/mL; 大肠杆菌 *Escherichia coli* ATCC 25922, MIC > 128μg/mL, 青霉素 G, MIC > 128μg/mL).【文献】S. Niu, et al. JNP, 2014, 77, 1021.

477　Spiromastixone N　斯皮柔马斯替科松 N*
【基本信息】C$_{19}$H$_{17}$Cl$_3$O$_5$, 白色粉末, [α]$_D^{25}$ = +48° (c = 0.05, 甲醇).【类型】缩酚酸环醚类.【来源】深海真菌 Spiromastigaceae 科 *Spiromastix* sp. MCCC 3A00308（沉积物，南大西洋　GPS 13.7501W, 15.1668S, 采样深度 2869m).【活性】抗菌（金黄色葡萄球菌 *Staphylococcus aureus* ATCC 29213, MIC = 1μg/mL, 对照青霉素 G, MIC = 0.125μg/mL; 苏云金芽孢杆菌 *Bacillus thuringiensis* SCSIO BT01, MIC = 1μg/mL, 青霉素 G, MIC = 128μg/mL; 枯草杆菌 *Bacillus subtilis*

SCSIO BT01, MIC = 0.5µg/mL, 青霉素 G, MIC = 0.125µg/mL; 大肠杆菌 Escherichia coli ATCC 25922, MIC > 128µg/mL, 青霉素 G, MIC > 128µg/mL).【文献】S. Niu, et al. JNP, 2014, 77, 1021.

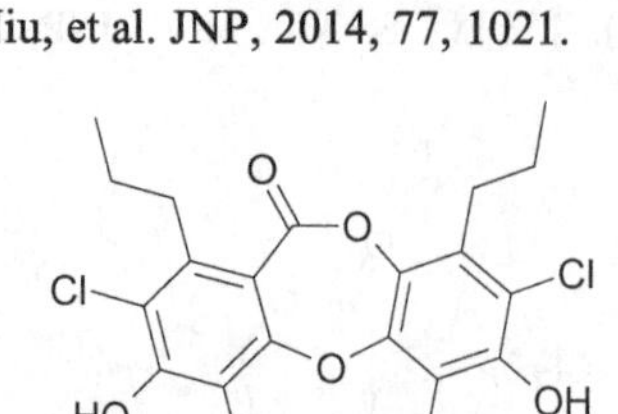

478 Spiromastixone O 斯皮柔马斯替科松 O*
【基本信息】$C_{19}H_{16}Cl_4O_5$, 白色粉末, $[α]_D^{25} = +36°$ (c = 0.05, 甲醇).【类型】缩酚酸环醚类.【来源】深海真菌 Spiromastigaceae 科 Spiromastix sp. MCCC 3A00308（沉积物，南大西洋 GPS 13.7501W, 15.1668S, 采样深度 2869m).【活性】抗菌（金黄色葡萄球菌 Staphylococcus aureus ATCC 29213, MIC = 4µg/mL, 对照青霉素 G, MIC = 0.125µg/mL; 苏云金芽孢杆菌 Bacillus thuringiensis SCSIO BT01, MIC = 2µg/mL, 青霉素 G, MIC = 128µg/mL; 枯草杆菌 Bacillus subtilis SCSIO BT01, MIC = 2µg/mL, 青霉素 G, MIC = 0.125µg/mL; 大肠杆菌 Escherichia coli ATCC 25922, MIC > 128µg/mL, 青霉素 G, MIC > 128µg/mL).【文献】S. Niu, et al. JNP, 2014, 77, 1021.

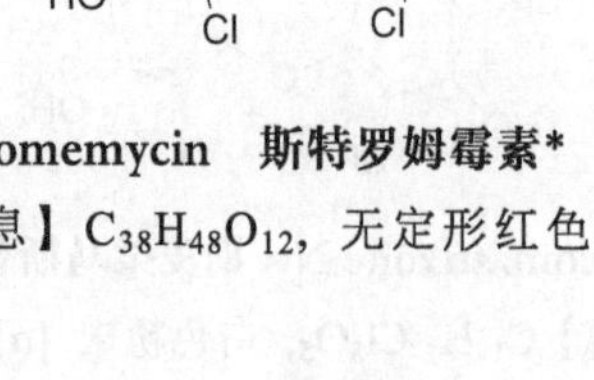

479 Stromemycin 斯特罗姆霉素*
【基本信息】$C_{38}H_{48}O_{12}$, 无定形红色粉末, mp 139°C, $[α]_D^{20} = +29°$ (c = 0.1, 乙醇).【类型】缩酚酸环醚类.【来源】海洋导出的真菌杂色裸壳孢 Emericella variecolor, 来自蜂海绵属 Haliclona valliculata.【活性】金属蛋白酶抑制剂.【文献】Pat. Coop. Treaty (WIPO), 2001, 01 44 264; CA, 135, 60263d; G. Bringmann, et al. Phytochemistry, 2003, 63, 437.

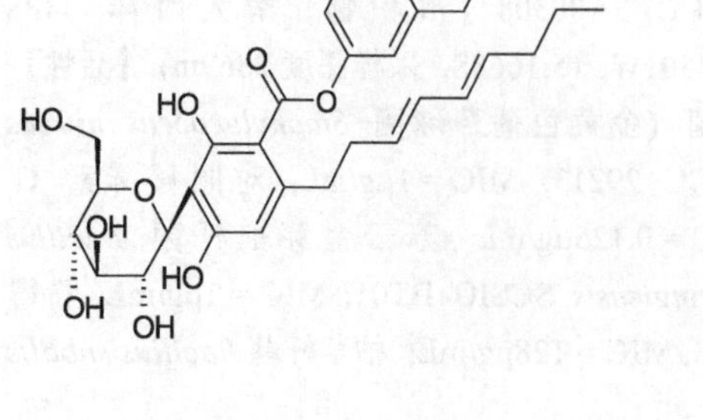

480 7-O-Acetylsecopenicillide C 7-O-乙酰断青霉内酯 C
【基本信息】$C_{22}H_{24}O_7$.【类型】简单二苯醚类.【来源】红树导出的真菌青霉属 Penicillium sp. MA-37（来自红树根际土壤).【活性】抗菌（藤黄色微球菌 Micrococcus luteus, MIC = 64µg/mL; 肠杆菌杆菌 Enterobacter coli, MIC = 16µg/mL).【文献】Y. Zhang, et al. JNP, 2012, 75, 1888.

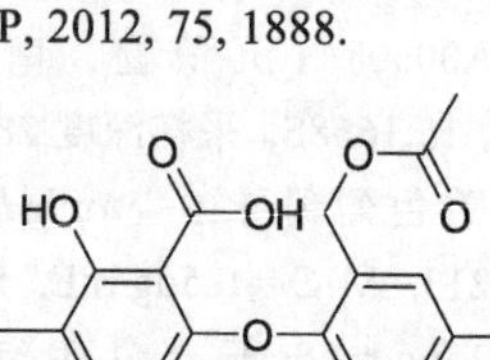

481 Ambigol A 可疑飞氏藻醇 A*
【别名】3′,4,5′,6-Tetrachloro-3-(2,4-dichlorophenoxy)-2, 2′-biphenyldiol; 3′,4,5′,6-四氯-3-(2,4-二氯苯氧基)-2,2′-二羟基联苯.【基本信息】$C_{18}H_8Cl_6O_3$, 粉末, mp 181.5~183.5°C, $[α]_D = 0°$.【类型】简单二苯醚类.【来源】蓝细菌可疑飞氏藻 Fischerella ambigua.【活性】灭螺剂（海洋无毛双脐螺 *Biomphalaria glabrata); 抗菌（藤黄色微球菌 Micrococcus luteus ATCC 9341, 枯草杆菌 Bacillus subtilis ATCC 6633 和大肠杆菌 Escherichia coli ATCC 25922.18); 抗真菌（真菌 P. oralicum CBS 219.30); 细胞毒 (KB 细胞); 有毒的（盐水丰年虾 Artemia salina).【文献】B. S. Falch, et al. JOC, 1993, 58, 6570; B. S. Falch, et al. Planta Med., 1995, 61, 321.

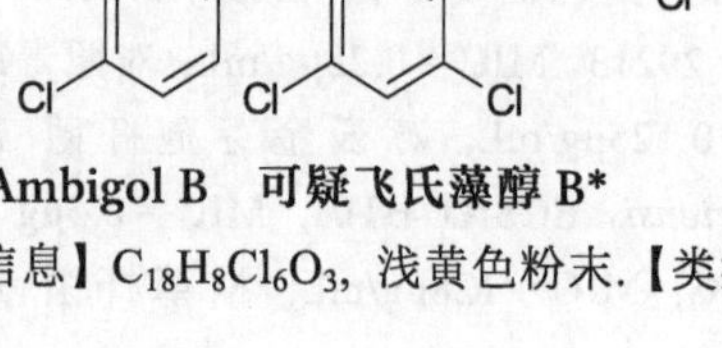

482 Ambigol B 可疑飞氏藻醇 B*
【基本信息】$C_{18}H_8Cl_6O_3$, 浅黄色粉末.【类型】简

单二苯醚类.【来源】蓝细菌可疑飞氏藻 *Fischerella ambigua*.【活性】灭螺剂（海洋无毛双脐螺 *Biomphalaria glabrata*）；抗菌（藤黄色微球菌 *Micrococcus luteus* ATCC 9341, 枯草杆菌 *Bacillus subtilis* ATCC 6633,和大肠杆菌 *Escherichia coli* ATCC 25922.18）；抗真菌（真菌 *P. oralicum* CBS 219.30）；细胞毒（KB 细胞）；有毒的（盐水丰年虾 *Artemia salina*).【文献】B. S. Falch, et al. JOC, 1993, 58, 6570; B. S. Falch, et al. Planta Med., 1995, 61, 321.

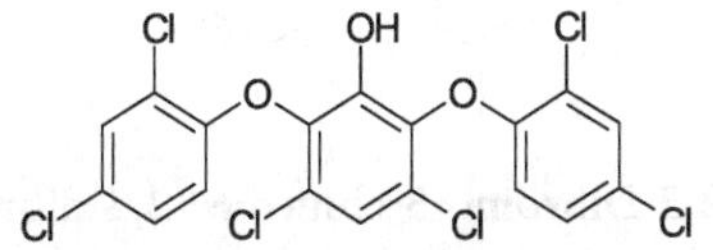

483 Ambigol C 可疑飞氏藻醇 C*
【基本信息】$C_{18}H_8Cl_6O_3$，无定形粉末，mp 197°C.【类型】简单二苯醚类.【来源】蓝细菌可疑飞氏藻 *Fischerella ambigua*.【活性】杀疟原虫的（恶性疟原虫 *Plasmodium falciparum*）；抗锥虫（布氏锥虫 *Trypanosoma brucei rhodesiense*).【文献】G. M. König, et al. JNP, 2005, 68, 459.

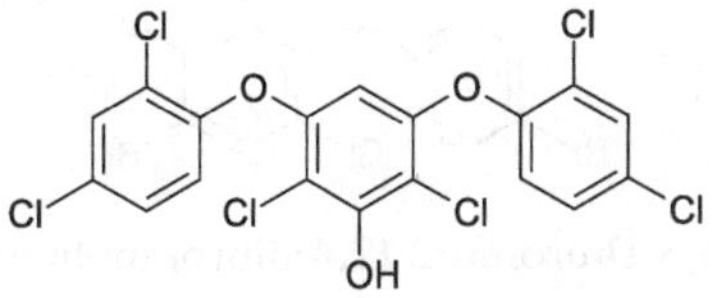

484 Awajanoran 日本枝顶孢素*
【基本信息】$C_{19}H_{22}O_4$，油状物，$[\alpha]_D^{25} = -21°$ ($c = 0.1$, 甲醇).【类型】简单二苯醚.【来源】海洋导出的真菌枝顶孢属 *Acremonium* sp. AWA16-1（海泥样本，日本水域).【活性】细胞毒 (A549, 中等活性)；抗菌（5 种不同的细菌株）；抗真菌（白色念珠菌 *Candida albicans*).【文献】J.-H. Jang, et al. J. Antibiot., 2006, 59, 428.

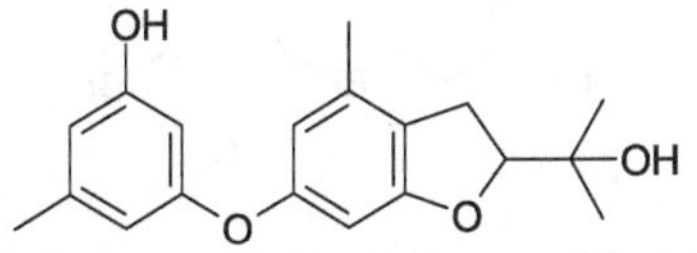

485 2-(5-Bromo-2-methoxy-phenoxy)-3,5-dibromophenol 2-(5-溴-2-甲氧基-苯氧基)-3,5-二溴苯酚
【基本信息】$C_{13}H_9Br_3O_3$.【类型】简单二苯醚.【来源】叶海绵属 *Phyllospongia dendyi*（帕劳，大洋洲).【活性】有毒的（多种微藻和巨藻).【文献】T. Hattori, et al. Fish. Sci., 2001, 67, 899.

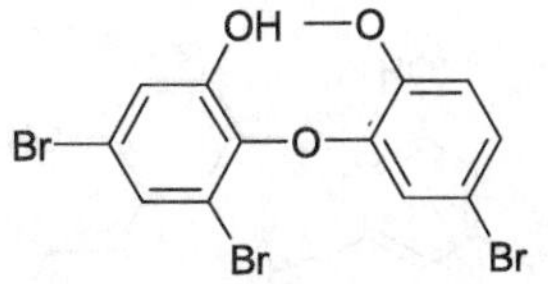

486 Chrysophaentin A 金藻烯亭 A*
【基本信息】$C_{32}H_{24}Cl_4O_8$，无定形粉末.【类型】简单二苯醚类.【来源】金藻纲 Chrysophyceae *Chrysophaeum taylorii*.【活性】抗菌 (MRSA, MIC = 1.5µg/mL; VREF, MIC = 2.9µg/mL; 作用的分子机制：抑制细菌细胞分裂蛋白 FtsZ 的 GTPase 活性). (注: FtsZ 是真核生物微管蛋白的结构同系物并类似于微管蛋白，是以 GTP 控制的方式聚合的鸟苷三磷酸酶 GTPase).【文献】A. Plaza, et al. JACS, 2010, 132, 9069.

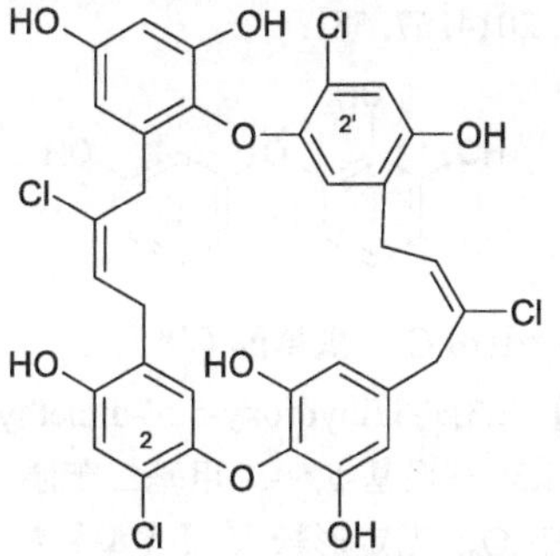

487 Chrysophaentin E 金藻烯亭 E*
【基本信息】$C_{32}H_{26}Cl_4O_6$，无定形粉末.【类型】简单二苯醚类.【来源】金藻纲 Chrysophyceae *Chrysophaeum taylorii*.【活性】抗菌.【文献】A. Plaza, et al. JACS, 2010, 132, 9069.

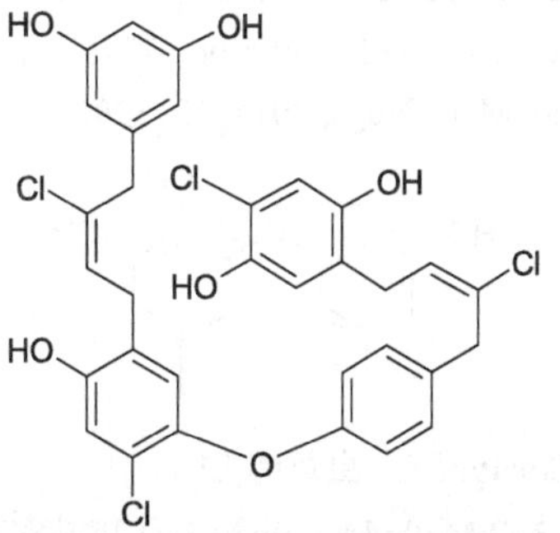

488 Chrysophaentin F 金藻烯亭 F*
【基本信息】$C_{32}H_{24}Cl_4O_8$，无定形粉末.【类型】简单二苯醚类.【来源】金藻纲 Chrysophyceae

Chrysophaeum taylorii. 【活性】抗菌. 【文献】A. Plaza, et al. JACS, 2010, 132, 9069.

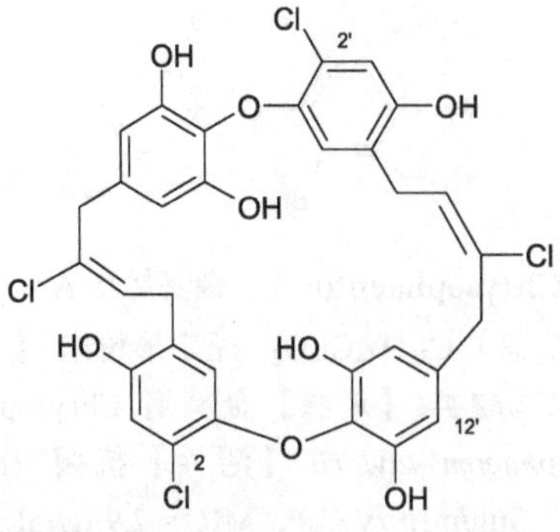

489　Cordyol C　虫草醇 C*

【基本信息】$C_{12}H_{10}O_4$. 【类型】简单二苯醚类. 【来源】海洋导出的真菌萨氏曲霉菌 *Aspergillus sydowii* ZSDS1-F6. 【活性】抗病毒 (H3N2 病毒, IC_{50} = 78.5μmol/L). 【文献】J.-F. Wang, et al. J. Antibiot., 2014, 67, 581.

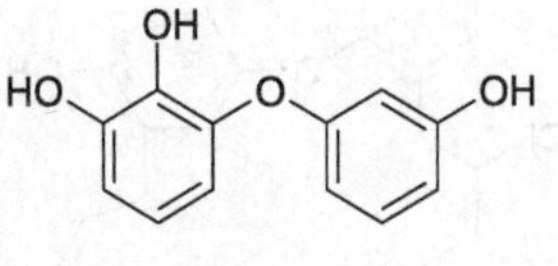

490　Cordyol C′　虫草醇 C′*

【别名】2,3,3′-Trihydroxy-5,5′-dimethyldiphenyl ether; 2,3,3′-三羟基-5,5′-二甲基二苯醚. 【基本信息】$C_{14}H_{14}O_4$, 无定形粉末. 【类型】简单二苯醚类. 【来源】海洋导出的真菌萨氏曲霉菌 *Aspergillus sydowii* ZSDS1-F6, 深海真菌共附生白色侧齿霉 *Engyodontium album* DFFSCS021, 真菌虫草属 *Cordyceps* sp. BCC1861. 【活性】抗病毒 (IFV, IC_{50} = 78.5μmol/L); 抗病毒 (HSV-1); 抗菌. 【文献】T. Bunyapaiboonsri, et al. CPB, 2007, 55, 304; J.-F. Wang, et al. J. Antibiot., 2014, 67, 581; Q. Yao, et al. Mar. Drugs, 2014, 12, 5902.

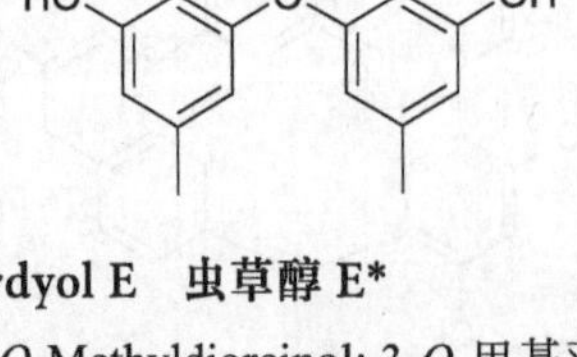

491　Cordyol E　虫草醇 E*

【别名】3-O-Methyldiorcinol; 3-O-甲基双苔黑酚*. 【基本信息】$C_{15}H_{16}O_3$. 【类型】简单二苯醚类. 【来源】红树导出的真菌扩展青霉 *Penicillium expansum*, 来自红树似沉香海漆* *Excoecaria agallocha* 和真菌曲霉菌属 *Aspergillus* sp. XS-20090066. 【活性】抗菌 (表皮葡萄球菌 *Staphylococcus epidermidis*, 金黄色葡萄球菌 *Staphylococcus aureus*, 鳗弧菌 *Vibrio anguillarum*, 副溶血弧菌 *Vibrio parahaemolyticus* 和恶臭假单胞菌 *Pseudomonas putida*, MIC = 25.6~51.2μmol/L). 【文献】J. F. Wang, et al. Planta Med., 2012, 78, 1861; M. Chen, et al. JNP, 2013, 76, 547.

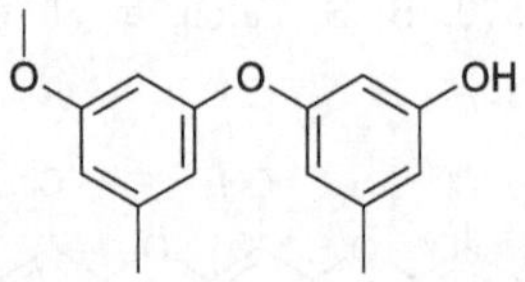

492　2,3-Dibromo-5-chloro-6-(2,4-dibromophenoxy)phenol　2,3-二溴-5-氯-6-(2,4-二溴苯氧基)苯酚

【基本信息】$C_{12}H_5Br_4ClO_2$, 粉末. 【类型】简单二苯醚类. 【来源】颗粒状掘海绵* *Dysidea granulosa* (米尔恩湾, 巴布亚新几内亚). 【活性】蛋白 Bcl-2 抑制剂 (温和活性). 【文献】L. Calcul, et al. JNP, 2009, 72, 443.

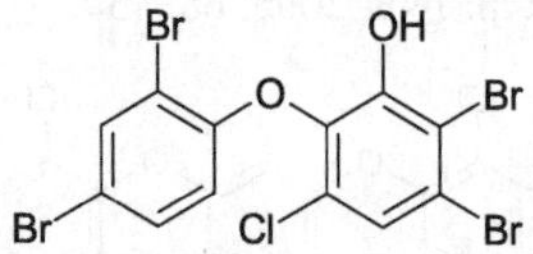

493　3,5-Dibromo-2-(2,4-dibromophenoxy)-4-methoxyphenol　3,5-二溴-2-(2,4 二溴苯氧基)-4-甲氧基苯酚

【基本信息】$C_{13}H_8Br_4O_3$, 绿色胶状物. 【类型】简单二苯醚类. 【来源】颗粒状掘海绵* *Dysidea granulosa* (米尔恩湾, 巴布亚新几内亚). 【活性】蛋白 Bcl-2 抑制剂 (温和活性). 【文献】L. Calcul, et al. JNP, 2009, 72, 443.

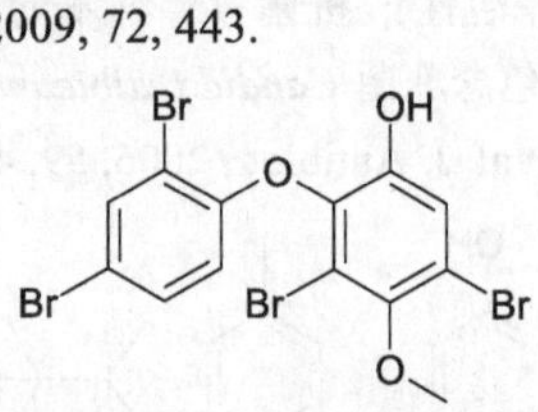

494　4,6-Dibromo-2-(2′-methoxy-4′,6′-dibromophenoxy)phenol　4,6-二溴-2-(2′-甲氧基-4′,6′-二溴苯氧基)苯酚

【基本信息】$C_{13}H_8Br_4O_3$. 【类型】简单二苯醚类. 【来源】掘海绵属 *Dysidea* sp. (4 个海绵样本, 印度-太平洋). 【活性】肌苷单磷酸脱氢酶 IMPDH

抑制剂；鸟苷单磷酸盐合成酶抑制剂；15-脂氧合酶抑制剂.【文献】X. Fu, et al. JNP, 1995, 58, 1384.

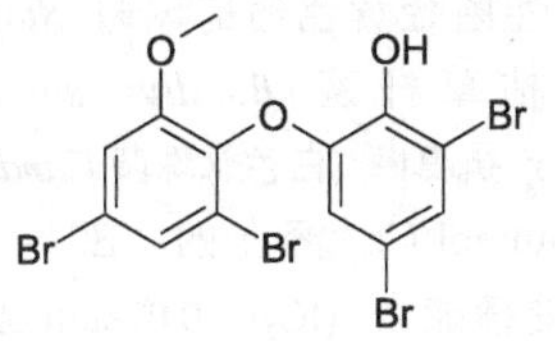

495 2-(3,5-Dibromo-2-methoxy-phenoxy)-3-bromophenol 2-(3,5-二溴-2-甲氧基-苯氧基)-3-溴苯酚

【基本信息】$C_{13}H_9Br_3O_3$.【类型】简单二苯醚类.【来源】叶海绵属 *Phyllospongia dendyi* (帕劳，大洋洲).【活性】有毒的（多种微藻和巨藻）.【文献】T. Hattori, et al. Fish. Sci., 2001, 67, 899.

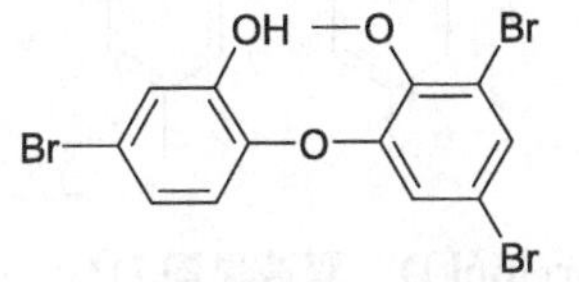

496 2-(4,6-Dibromo-2-methoxy-phenoxy)-3,5-dibromophenol 2-(4,6-二溴-2-甲氧基-苯氧基)-3,5-二溴苯酚

【基本信息】$C_{13}H_8Br_4O_3$.【类型】简单二苯醚类.【来源】叶海绵属 *Phyllospongia dendyi* (帕劳，大洋洲).【活性】有毒的（多种微藻和巨藻）.【文献】T. Hattori, et al. Fish. Sci., 2001, 67, 899.

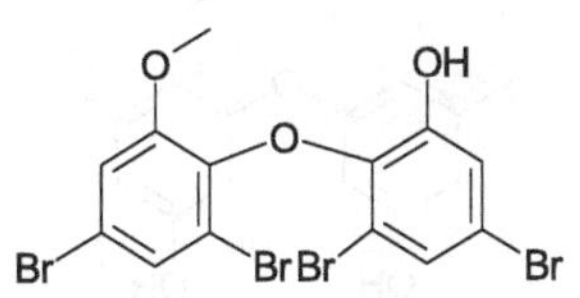

497 2-(3,5-Dibromo-2-methoxy-phenoxy)-3,4,5-tribromoanisole 2-(3,5-二溴-2-甲氧基-苯氧基)-3,4,5-三溴苯甲醚

【基本信息】$C_{14}H_9Br_5O_2$, 晶体（氯仿），mp 142~144℃.【类型】简单二苯醚类.【来源】拟草掘海绵 *Dysidea herbacea* (澳大利亚).【活性】抗微生物 (*in vitro*).【文献】R. S. Norton, et al. Tetrahedron, 1981, 37, 2341.

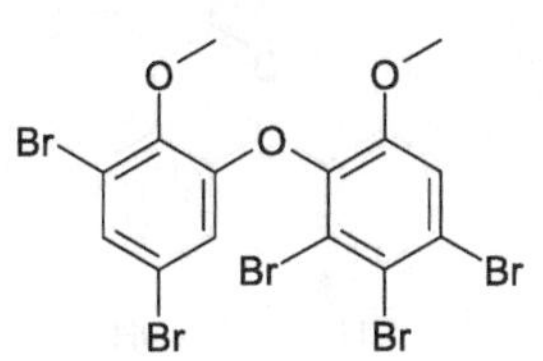

498 2-(2,4-Dibromo-phenoxy)-3,4,5-tribromo-phenol 2-(2,4-二溴-苯氧基)-3,4,5-三溴苯酚

【基本信息】$C_{12}H_5Br_5O_2$, 晶体（正己烷），mp 195~196℃, mp 185~186℃.【类型】简单二苯醚类.【来源】拟草掘海绵 *Dysidea herbacea* (帕劳，大洋洲).【活性】抗微生物 (*in vitro*).【文献】G. M. Sharma, et al. Tetrahedron Lett., 1969, 1715; B. Carté, et al. Tetrahedron, 1981, 37, 2335.

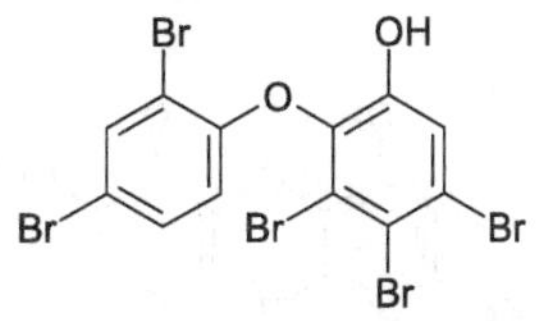

499 3,5-Dibromo-2-(4′,5′,6′-tribromo-2′-hydroxyphenoxy) phenol 3,5-二溴-2-(4′,5′,6′-三溴-2′-羟苯氧基)苯酚

【基本信息】$C_{12}H_5Br_5O_3$, 细针晶（甲醇），mp 132~133℃.【类型】简单二苯醚类.【来源】掘海绵属 *Dysidea* sp. (4个海绵样本，印度-太平洋).【活性】肌苷单磷酸脱氢酶 IMPDH 抑制剂；鸟苷单磷酸盐合成酶抑制剂；15-脂氧合酶抑制剂.【文献】X. Fu, et al. JNP, 1995, 58, 1384.

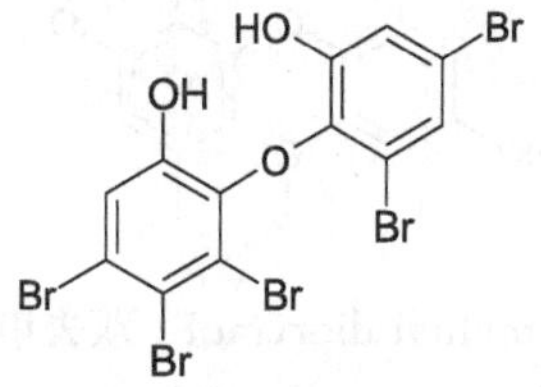

500 4,6-Dibromo-2-(4′,5′,6′-tribromo-2′-hydroxy-phenoxy)-phenol 4,6-二溴-2-(4′,5′,6′-三溴-2′-羟苯氧基)苯酚

【基本信息】$C_{12}H_5Br_5O_3$, mp 132~133℃.【类型】简单二苯醚类.【来源】掘海绵属 *Dysidea* sp. (4个海绵样本，印度-太平洋).【活性】肌苷单磷酸脱氢酶 IMPDH 抑制剂；鸟苷单磷酸盐合成酶抑制剂；15-脂氧合酶抑制剂.【文献】X. Fu, et al. JNP, 1995, 58, 1384.

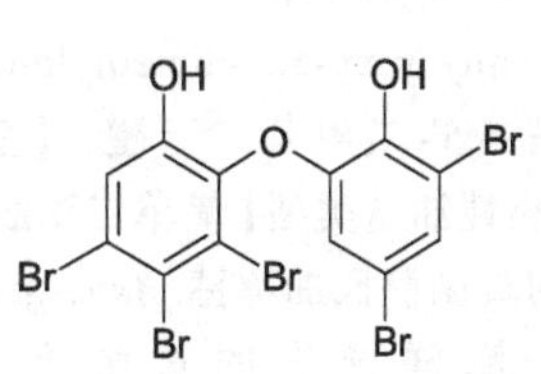

501 4,6-Dibromo-2-(4′,5′,6′-tribromo-2′-hydroxyphenoxy) phenol-1-methylether 4,6-二溴-2-(4′,5′,6′-三溴-2′-羟苯氧基)苯酚-1-甲醚

【基本信息】$C_{13}H_7Br_5O_3$, 黏性油.【类型】简单二苯醚类.【来源】掘海绵属 *Dysidea* sp. (4 个海绵样本, 印度-太平洋).【活性】肌苷单磷酸脱氢酶 IMPDH 抑制剂; 鸟苷单磷酸盐合成酶抑制剂; 15-脂氧合酶抑制剂.【文献】X. Fu, et al. JNP, 1995, 58, 1384.

502 Dimethyl-2,3′-dimethylosoate

【基本信息】$C_{19}H_{20}O_8$, 针状晶体, mp 159~161ºC.【类型】简单二苯醚类.【来源】海洋导出的真菌曲霉菌属 *Aspergillus* sp. B-F-2 (来自沉积物样本, 中国水域).【活性】细胞毒 (K562, $IC_{50} = 76.5 \mu mol/L$, 可能由于阻碍细胞循环 S 相).【文献】R. Liu, et al. J. Antibiot., 2006, 59, 362.

503 Didemethyl-diorcinol 双去甲双苔黑酚*

【基本信息】$C_{12}H_{10}O_3$.【类型】简单二苯醚类.【来源】海洋导出的真菌萨氏曲霉菌 *Aspergillus sydowii* ZSDS1-F6.【活性】抗病毒 (H3N2 病毒, $IC_{50} = 66.5 \mu mol/L$); 抗菌 (肺炎克雷伯菌*Klebsiella pneumonia*, $MIC = 21.7 \mu mol/L$).【文献】J.-F. Wang, et al. J. Antibiot., 2014, 67, 581.

504 Diorcinol 双苔黑酚*

【别名】3,3′-Dihydroxy-5,5′-dimethyldiphenyl ether; 3,3′-二羟基-5,5′-二甲基二苯醚.【基本信息】$C_{14}H_{14}O_3$, 黏性油.【类型】简单二苯醚类.【来源】海绵导出的真菌萨氏曲霉菌 *Aspergillus sydowii* ZSDS1-F6, 海洋导出的真菌变色曲霉菌 *Aspergillus versicolor*, 深海真菌共附生白色侧齿霉 *Engyodontium album* DFFSCS021.【活性】抗菌 (革兰氏阳性菌金黄色葡萄球菌 *Staphylococcus aureus* 和枯草杆菌 *Bacillus subtilis*, $MIC = 4.35 mmol/L$); 抗真菌 (白色念珠菌 *Candida albicans*, $MIC = 3.45 mmol/L$); 溶血的 ($EC = 1.96 mmol/L$); 抑制精子受精能力 ($IC_{50} = 0.078 mmol/L$, 抗 HIV ($IC_{50} = 66.5 \mu mol/L$); 细胞毒 (小鼠脾脏细胞, $MIC = 0.11 mmol/L$).【文献】L. J. Fremlin, et al. JNP, 2009, 72, 666; A. N. Yurchenko, et al. Russ. Chem. Bull., 2010, 59, 852; J.-F. Wang, et al. J. Antibiot., 2014, 67, 581; Q. Yao, et al. Mar. Drugs, 2014, 12, 5902.

505 Diorcinol D 双苔黑酚 D*

【基本信息】$C_{19}H_{22}O_3$.【类型】简单二苯醚类.【来源】海洋导出的真菌变色曲霉菌 *Aspergillus versicolor* (泥浆, 黄海).【活性】细胞毒 (HTCLs).【文献】L.-N. Zhou, et al. Helv. Chim. Acta, 2011, 94, 1065; H. Gao, et al. J. Antibiot., 2013, 66, 539.

506 Diorcinol E 双苔黑酚 E*

【基本信息】$C_{19}H_{22}O_4$.【类型】简单二苯醚类.【来源】海洋导出的真菌变色曲霉菌 *Aspergillus versicolor* (泥浆, 黄海).【活性】细胞毒 (HTCLs).【文献】L.-N. Zhou, et al. Helv. Chim. Acta, 2011, 94, 1065; H. Gao, et al. J. Antibiot., 2013, 66, 539.

507 2,3,3′,4,5,5′-Hexabromo-2′,6-dihydroxy-diphenyl ether 2,3,3′,4,5,5′-六溴-2′,6-二羟基二苯醚

【基本信息】$C_{12}H_4Br_6O_3$.【类型】简单二苯醚类.【来源】卡特海绵属 *Carteriospongia foliascens* [Syn. *Phyllospongia foliascens*] (帕劳, 大洋洲) 和拟草掘海绵 *Dysidea herbacea* (澳大利亚).【活性】抗微生物 (*in vitro*).【文献】B. Carté, et al. Tetrahedron, 1981, 37, 2335; R. S. Norton, et al. Tetrahedron, 1981, 37, 2341.

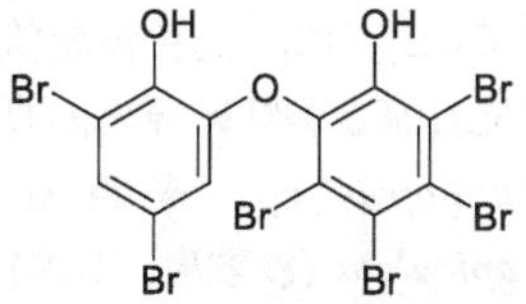

508 Lithothamnin A 石枝草宁 A*

【基本信息】$C_{34}H_{27}Br_5N_4O_{10}$, 亮黄色固体.【类型】简单二苯醚类.【来源】红藻石枝草属 *Lithothamnion fragilissimum* (灯塔礁, 帕劳, 帕劳群岛, 大洋洲).【活性】细胞毒 (LOX, IC_{50} = 9.5μmol/L; SNB19, IC_{50} = 7.6μmol/L; OVCAR-3, IC_{50} = 7.6μmol/L; Colon205, IC_{50} = 19.0μmol/L; Molt4, IC_{50} = 19.0μmol/L).【文献】A. W. W. Van Wyk, et al. JNP, 2011, 74, 1275.

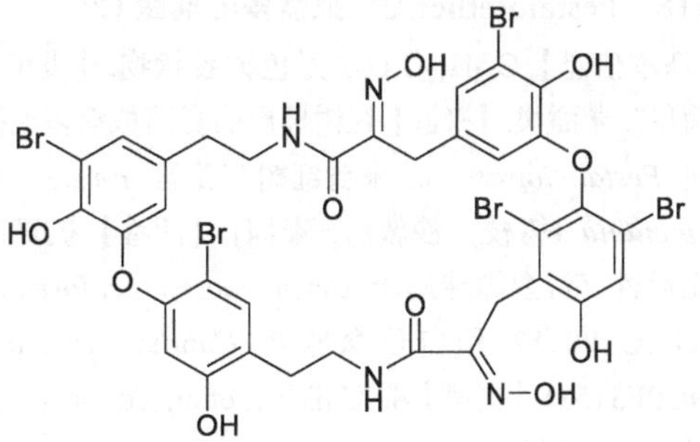

509 *O*-Methylspongia dioxin A *O*-甲基海绵二噁英 A*

【基本信息】$C_{13}H_6Br_4O_3$.【类型】简单二苯醚类.【来源】掘海绵属 *Dysidea dendyi*.【活性】细胞分裂抑制剂 (海胆 *Strongylocentrotus intermedius* 受精卵, IC_{50} = 141μmol/L).【文献】N. K. Utkina, et al. JNP, 2001, 64, 151; 2002, 65, 1213.

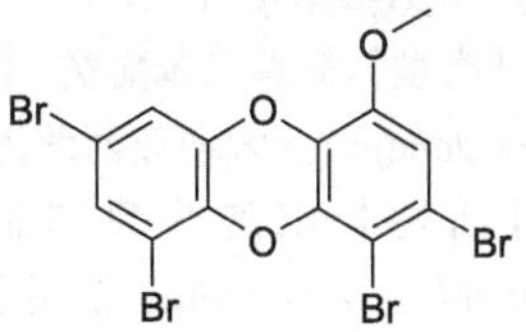

510 *O*-Methylspongiadioxin B *O*-甲基海绵二噁英 B*

【基本信息】$C_{13}H_6Br_4O_3$, 针状晶体 (氯仿) (半合成样本), mp 204~206°C (半合成样本).【类型】简单二苯醚类.【来源】掘海绵属 *Dysidea dendyi*.【活性】细胞分裂抑制剂 (海胆 *Strongylocentrotus intermedius* 受精卵, IC_{50} = 94μmol/L).【文献】N. K. Utkina, et al. JNP, 2001, 64, 151; 2002, 65, 1213.

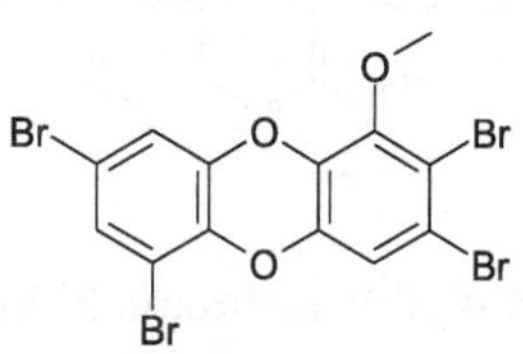

511 *O*-Methylspongiadioxin C *O*-甲基海绵二噁英 C*

【基本信息】$C_{13}H_7Br_3O_3$, 针状晶体 (氯仿), mp 205~207°C.【类型】简单二苯醚类.【来源】掘海绵属 *Dysidea dendyi*.【活性】细胞分裂抑制剂 (海胆 *Strongylocentrotus intermedius* 受精卵, IC_{50} = 166μmol/L).【文献】N. K. Utkina, et al. JNP, 2001, 64, 151; 2002, 65, 1213.

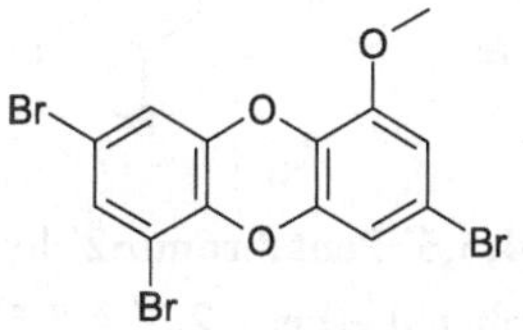

512 Microsphaerol 拟小球霉醇*

【基本信息】$C_{23}H_{21}Cl_3O_5$.【类型】简单二苯醚类.【来源】海洋导出的真菌拟小球霉属 *Microsphaeropsis* sp. 7820 (内生的).【活性】抗菌 (50μg/盘: 肠杆菌杆菌 *Enterobacter coli*, IZ = 8mm, 巨大芽孢杆菌 *Bacillus megaterium*, IZ = 9mm, 花药黑粉菌 *Microbotryum violaceum*, IZ = 9mm).【文献】H. Hussain, et al. Chem. Biodivers., 2015, 12, 289.

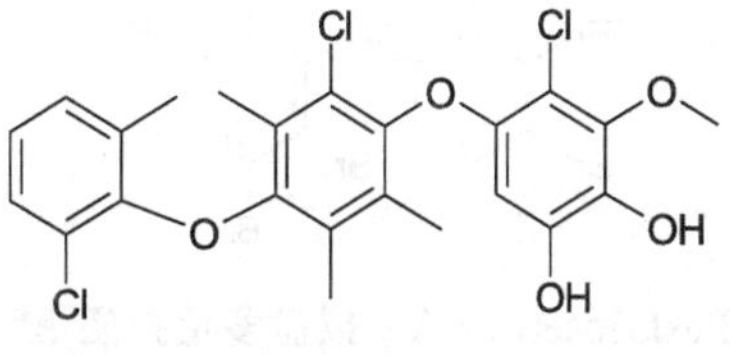

513 2,3′,4,5,5′-Pentabromo-2′,6-dihydroxydiphenyl ether 2,3′,4,5,5′-五溴-2′,6-二羟基二苯醚

【基本信息】$C_{12}H_5Br_5O_3$, 晶体 (氯仿), mp 183~

184℃.【类型】简单二苯醚类.【来源】卡特海绵属 Carteriospongia [Syn. Phyllospongia] foliascens (帕劳，大洋洲) 和拟草掘海绵 Dysidea herbacea (澳大利亚).【活性】抗微生物 (in vitro).【文献】B. Carté, et al. Tetrahedron, 1981, 37, 2335; R. S. Norton, et al. Tetrahedron, 1981, 37, 2341.

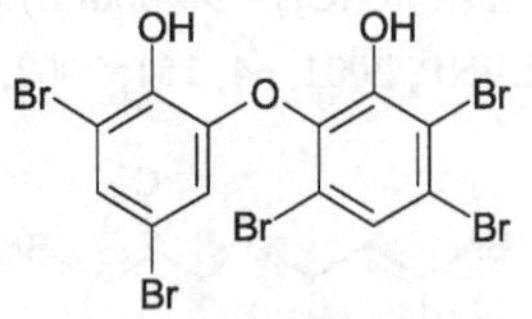

514　2,3′,4,4′,5′-Pentabromo-2′-hydroxy-diphenyl ether　2,3′,4,4′,5′-五溴-2′-羟基二苯醚

【基本信息】$C_{12}H_5Br_5O_2$, mp 138~140℃.【类型】简单二苯醚类.【来源】拟草掘海绵 Dysidea herbacea (帕劳，大洋洲).【活性】抗微生物 (in vitro).【文献】G. M. Sharma, et al. Tetrahedron Lett., 1969, 1715; B. Carté, et al. Tetrahedron, 1981, 37, 2335.

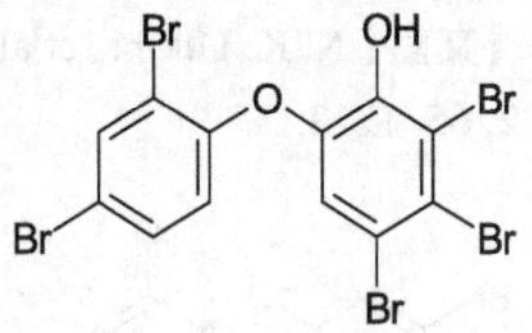

515　2,3′,4,5,5′-Pentabromo-2′-hydroxy-6-methoxydiphenyl ether　2,3′,4,5,5′-五溴-2′-羟基-6-甲氧基二苯醚

【基本信息】$C_{13}H_7Br_5O_3$, 晶体（氯仿），mp 202~204℃.【类型】简单二苯醚类.【来源】掘海绵属 Dysidea sp.（4 个海绵样本，印度-太平洋）.【活性】肌苷单磷酸脱氢酶 IMPDH 抑制剂；鸟苷单磷酸合成酶抑制剂；15-脂氧合酶抑制剂.【文献】X. Fu, et al. JNP, 1995, 58, 1384.

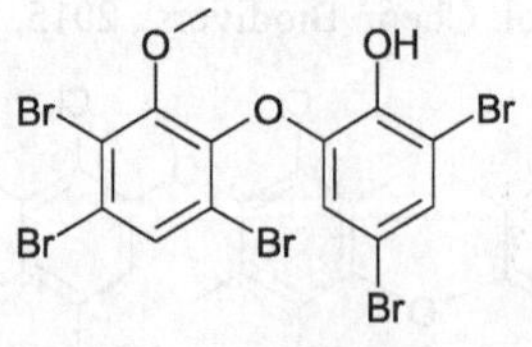

516　Pestalotether A　拟盘多毛孢醚 A*

【基本信息】$C_{18}H_{17}ClO_8$, 无色树胶状物.【类型】简单二苯醚类.【来源】红树导出的真菌拟盘多毛孢属 Pestalotiopsis sp., 来自红树鸡笼答 Rhizophora apiculata (沙敦府，泰国).【活性】抗真菌（新型隐球酵母 Cryptococcus neoformans ATCC 90112，MIC = 200μg/mL；白色念珠菌 Candida albicans NCPF3153，无活性）.【文献】S. Klaiklay, et al. Tetrahedron, 2012, 68, 2299.

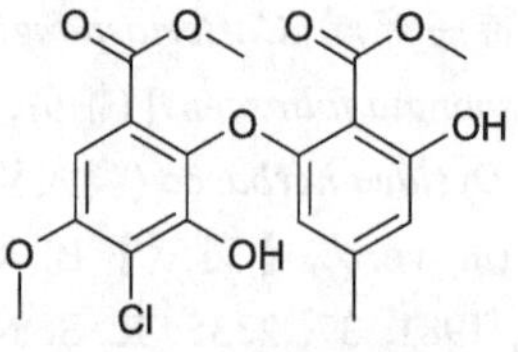

517　Pestalotether B　拟盘多毛孢醚 B*

【基本信息】$C_{16}H_{15}ClO_6$, 无色树胶状物.【类型】简单二苯醚类.【来源】红树导出的真菌拟盘多毛孢属 Pestalotiopsis sp., 来自红树鸡笼答 Rhizophora apiculata (沙敦府，泰国).【活性】抗真菌（新型隐球酵母 Cryptococcus neoformans ATCC 90112，MIC = 200μg/mL；白色念珠菌 Candida albicans NCPF3153，无活性）.【文献】S. Klaiklay, et al. Tetrahedron, 2012, 68, 2299.

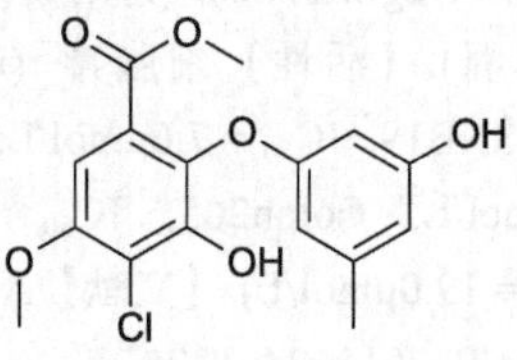

518　Pestalotether C　拟盘多毛孢醚 C*

【基本信息】$C_{18}H_{17}ClO_8$, 无色树胶状物.【类型】简单二苯醚类.【来源】红树导出的真菌拟盘多毛孢属 Pestalotiopsis sp., 来自红树鸡笼答 Rhizophora apiculata (树枝，沙敦府，泰国).【活性】抗真菌无活性（新型隐球酵母 Cryptococcus neoformans ATCC 90112 和白色念珠菌 Candida albicans NCPF3153）.【文献】S. Klaiklay, et al, Tetrahedron, 2012, 68, 2299

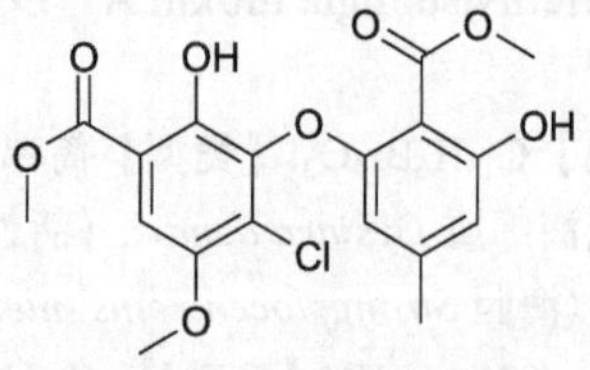

519　Spongiadioxin A　海绵动物二噁英 A*

【基本信息】$C_{12}H_4Br_4O_3$, 针状晶体（氯仿），mp 241~242℃.【类型】简单二苯醚类.【来源】掘海绵属 Dysidea dendyi (澳大利亚西北海岸，西北澳大利亚).【活性】细胞分裂抑制剂（海胆 Strongylocentrotus intermedius 的受精卵，IC_{50} =

4.8μmol/L); 细胞毒 (EAC, ED_{50} = 29μg/mL); LD_{50} (小鼠) > 150mg/kg.【文献】N. K. Utkina, et al. JNP, 2001, 64, 151; 2002, 65, 1213.

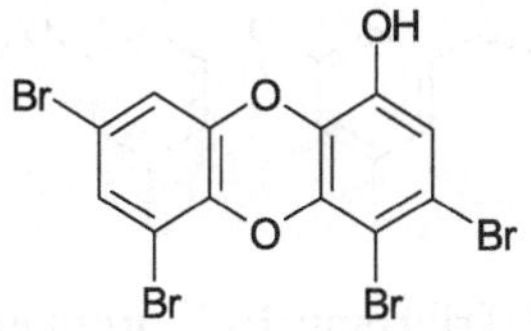

520 Spongiadioxin B 海绵动物二噁英 B*
【基本信息】$C_{12}H_4Br_4O_3$, 针状晶体 (氯仿), mp 245~247ºC.【类型】简单二苯醚类.【来源】掘海绵属 *Dysidea dendyi*.【活性】细胞分裂抑制剂 (海胆 *Strongylocentrotus intermedius* 的受精卵, IC_{50} = 1.1μmol/L); 细胞毒 (EAC, ED_{50} = 15.5μg/mL); LD_{50} (小鼠) > 150mg/kg.【文献】N. K. Utkina, et al. JNP, 2001, 64, 151; 2002, 65, 1213.

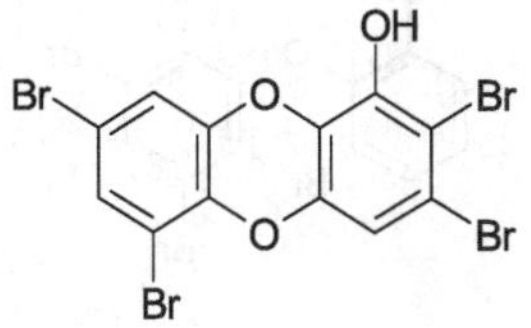

521 Spongiadioxin C 海绵动物二噁英 C*
【基本信息】$C_{12}H_5Br_3O_3$, 针状晶体 (氯仿), mp 203~205ºC.【类型】简单二苯醚类.【来源】掘海绵属 *Dysidea dendyi*.【活性】细胞分裂抑制剂 (海胆 *Strongylocentrotus intermedius* 的受精卵, IC_{50} = 5.7μmol/L).【文献】N. K. Utkina, et al. JNP, 2001, 64, 151; 2002, 65, 1213.

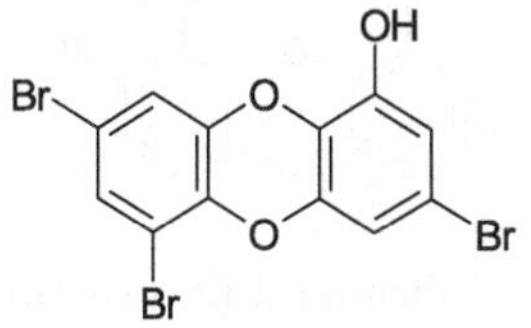

522 Tedarene A 居苔海绵烯 A*
【基本信息】$C_{19}H_{18}O_2$.【类型】简单二苯醚类.【来源】居苔海绵 *Tedania ignis* (情人礁, 巴哈马).【活性】阻旋异构; NO 生成抑制剂 (LPS 诱导的巨噬细胞).【文献】V. Costantino, et al. JOC, 2012, 77, 6377.

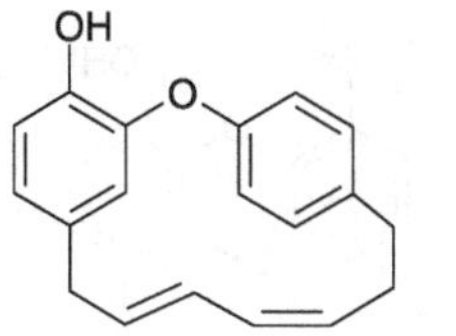

523 2,3′,4,5′-Tetrabromo-2′,6-dimethoxy-diphenyl ether 2,3′,4,5′-四溴-2′,6-二甲氧基二苯醚
【基本信息】$C_{14}H_{10}Br_4O_3$, mp 86~88ºC.【类型】简单二苯醚类.【来源】拟草掘海绵 *Dysidea herbacea* (斐济, 澳大利亚) 和卡特海绵属 *Carteriospongia* [Syn. *Phyllospongia*] *foliascens* (帕劳, 大洋洲).【活性】抗微生物 (*in vitro*).【文献】R. S. Norton, et al. Tetrahedron Lett., 1980, 21, 3801; B. Carté, et al. Tetrahedron, 1981, 37, 2335; R. S. Norton, et al. Tetrahedron, 1981, 37, 2341.

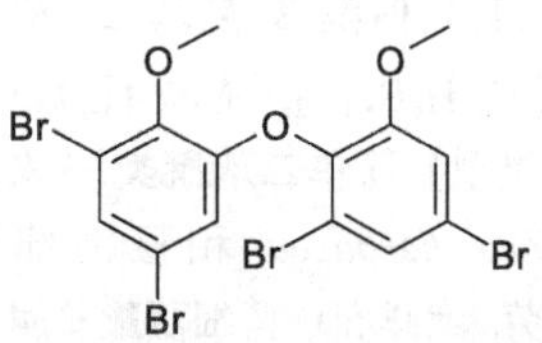

524 3′,5′,6′,6-Tetrabromo-2,4-dimethyl-diphenyl ether 3′,5′,6′,6-四溴-2,4-二甲基二苯醚
【基本信息】$C_{14}H_{10}Br_4O$, 无色油状物.【类型】简单二苯醚类.【来源】红藻相似凹顶藻* *Laurencia similis*.【活性】降血糖 (PTP1B 抑制剂) (*in vitro* 试验, IC_{50} = 2.97μg/mL, 对照 HD, IC_{50} = 0.80μg/mL).【文献】J. Qin, et al. Bioorganic Med. Chem. Lett., 2010, 20, 7152.

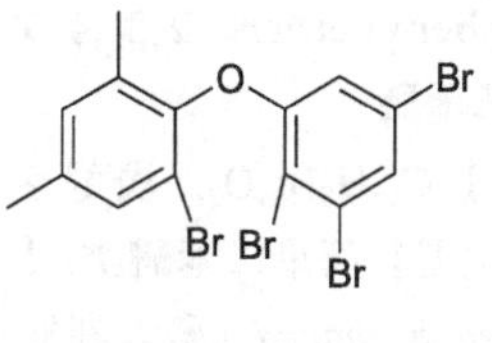

525 3,3′,5,5′-Tetrabromo-2-hydroxy-2′,6-dimethoxydiphenyl ether 3,3′,5,5′-四溴-2-羟基-2′,6-二甲氧基二苯醚
【基本信息】$C_{14}H_{10}Br_4O_4$.【类型】简单二苯醚类.【来源】叶海绵属 *Phyllospongia dendyi* (帕劳, 大洋洲).【活性】有毒的 (多种微藻和巨藻).【文献】T. Hattori, et al. Fish. Sci., 2001, 67, 899.

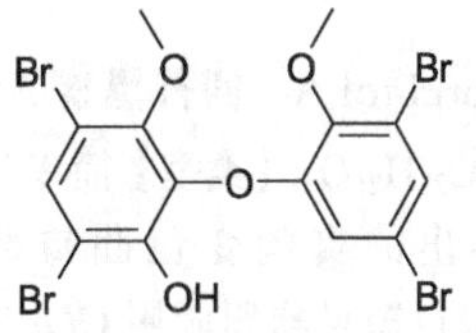

526 2,2′,4,4′-Tetrabromo-6-hydroxydiphenyl ether 2,2′,4,4′-四溴-6-羟基二苯醚
【基本信息】$C_{12}H_6Br_4O_2$, mp 172.5~173°C.【类型】简单二苯醚类.【来源】拟草掘海绵 *Dysidea herbacea* (帕劳, 大洋洲).【活性】抗微生物.【文献】B. Carté, et al. Tetrahedron, 1981, 37, 2335.

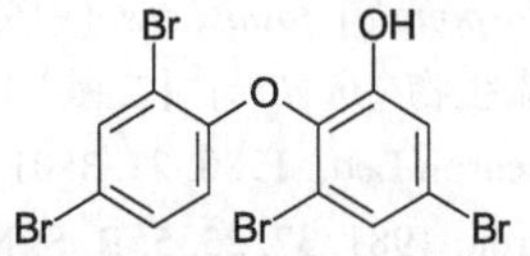

527 2,3′,4,5′-Tetrabromo-2′-hydroxydiphenyl ether 2,3′,4,5′-四溴-2′-羟基二苯醚
【基本信息】$C_{12}H_6Br_4O_2$, 晶体 (己烷/石油醚), mp 89~91°C.【类型】简单二苯醚类.【来源】拟草掘海绵 *Dysidea herbacea* 和掘海绵属 *Dysidea chlorea* (帕劳, 大洋洲), 蓝细菌颤藻属 *Oscillatoria spongeliae*.【活性】抗微生物.【文献】G. M. Sharma, et al. Tetrahedron Lett., 1969, 1715; B. Carté, et al. Tetrahedron, 1981, 37, 2335; M. D. Unson, et al. Mar. Biol., 1994, 119, 1.

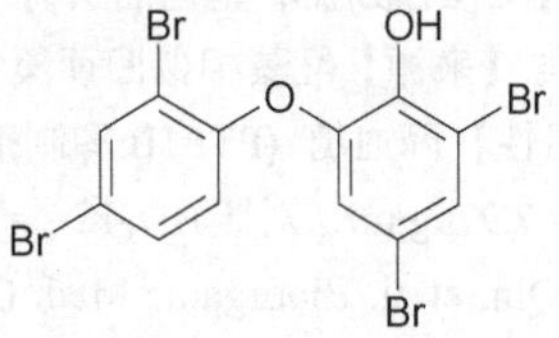

528 2,3′,4,5′-Tetrabromo-6-hydroxy-2′-methoxydiphenyl ether 2,3′,4,5′-四溴-6-羟基-2′-甲氧基二苯醚
【基本信息】$C_{13}H_8Br_4O_3$, 浅绿色蜡状物, mp 32~33°C.【类型】简单二苯醚类.【来源】拟草掘海绵 *Dysidea herbacea* (澳大利亚) 和掘海绵属 *Dysidea* spp.【活性】抗微生物.【文献】R. S. Norton, et al. Tetrahedron, 1981, 37, 2341; N. K. Utkina, et al. Chem. Nat. Comp., 1994, 29, 291.

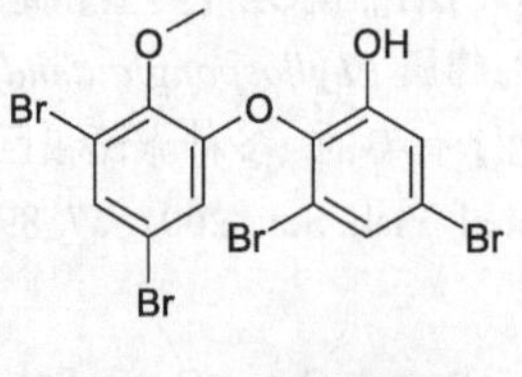

529 Tetraorcinol A 四苔黑素 A*
【基本信息】$C_{28}H_{26}O_5$.【类型】简单二苯醚类.【来源】海洋导出的真菌变色曲霉菌 *Aspergillus versicolor*, 来自短足软珊瑚属 *Cladiella* sp. (临高, 海南, 中国).【活性】抗氧化剂 (DPPH 自由基清除剂, 低活性).【文献】Y. Zhuang, et al. Tetrahedron, 2011, 67, 7085.

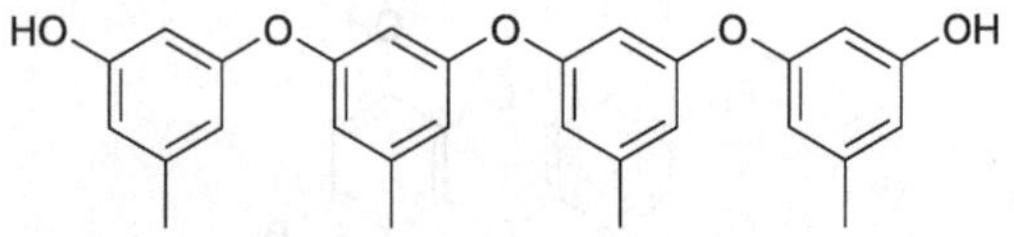

530 3,5,6-Tribromo-1-(2′-bromophenoxy)-2-benzene methyl ether 3,5,6-三溴-1-(2′-溴苯氧基)-2-苯甲醚
【基本信息】$C_{13}H_8Br_4O_2$, 黏性油.【类型】简单二苯醚类.【来源】拟草掘海绵 *Dysidea herbacea* (西苏门答腊, 印度尼西亚).【活性】有毒的 [盐水丰年虾, 致命毒性, $IC_{50} = (26.25\pm0.42)$ μg/mL].【文献】D. Handayani, et al. JNP, 1997, 60, 1313.

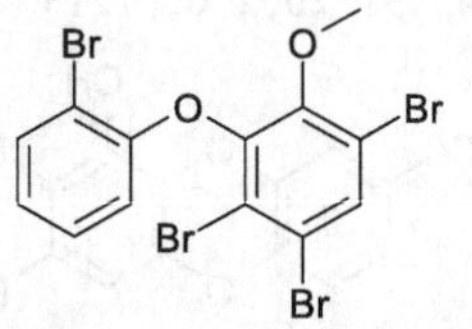

531 3,5,6-Tribromo-2-(2′-bromophenoxy)-phenol 3,5,6-三溴-2-(2′-溴苯氧基)苯酚
【基本信息】$C_{12}H_6Br_4O_2$, 黏性油.【类型】简单二苯醚类.【来源】拟草掘海绵 *Dysidea herbacea* (西苏门答腊, 印度尼西亚).【活性】有毒的 [盐水丰年虾, 致命毒性, $IC_{50} = (3.20\pm0.35)$ μg/mL].【文献】D. Handayani, et al. JNP, 1997, 60, 1313.

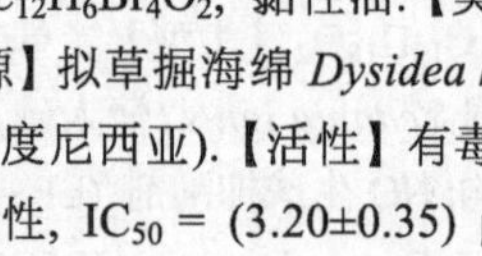

532 3,4,6-Tribromo-2-(2′-bromophenoxy)-phenol 3,4,6-三溴-2-(2′-溴苯氧基)苯酚
【基本信息】$C_{12}H_6Br_4O_2$, 黏性油.【类型】简单二苯醚类.【来源】拟草掘海绵 *Dysidea herbacea* (西苏门答腊, 印度尼西亚).【活性】有毒的 [盐水丰年虾, 致命毒性, $IC_{50} = (3.20\pm0.35)$ μg/mL].【文献】D. Handayani, et al. JNP, 1997, 60, 1313.

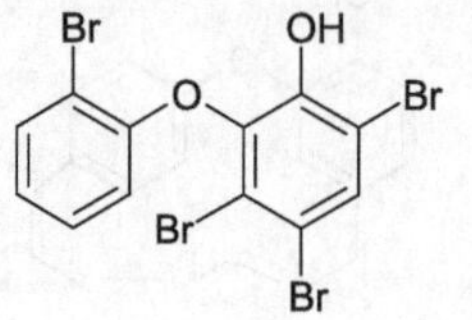

533 3,4,5-Tribromo-2-(2′-bromophenoxy)-phenol 3,4,5-三溴-2-(2′-溴苯氧基)苯酚
【基本信息】$C_{12}H_6Br_4O_2$, 黏性油.【类型】简单二苯醚类.【来源】拟草掘海绵 *Dysidea herbacea* (西苏门答腊, 印度尼西亚).【活性】有毒的 [盐水丰年虾, 致命毒性, IC_{50} = (3.30±0.51)μg/mL].【文献】D. Handayani, et al. JNP, 1997, 60, 1313.

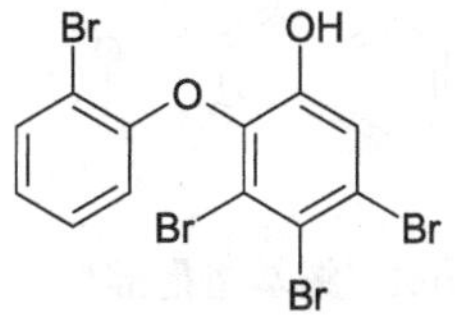

534 2,3,4-Tribromo-6-(3,5-dibromo-2-hydroxyphenoxy)phenol 2,3,4-三溴-6-(3,5-二溴-2-羟苯氧基)苯酚
【基本信息】$C_{12}H_5Br_5O_3$, 针状晶体 (氯仿/二甲亚砜).【类型】简单二苯醚类.【来源】Dysideidae 科海绵 *Lamellodysidea herbacea* (维提岛, 斐济).【活性】蛋白 Bcl-2 抑制剂 (温和活性).【文献】L. Calcul, et al. JNP, 2009, 72, 443.

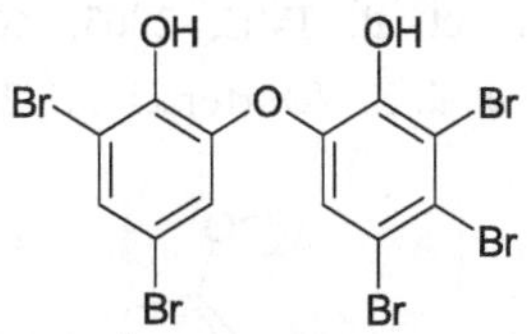

535 3,4,6-Tribromo-2-(3,5-dibromo-2-hydroxyphenoxy)phenol 3,4,6-三溴-2-(3,5-二溴-2-羟苯氧基)苯酚
【基本信息】$C_{12}H_5Br_5O_3$, 针状晶体 (乙腈).【类型】简单二苯醚类.【来源】Dysideidae 科海绵 *Lamellodysidea herbacea* (维提岛, 斐济).【活性】蛋白 Bcl-2 抑制剂 (温和活性).【文献】L. Calcul, et al. JNP, 2009, 72, 443.

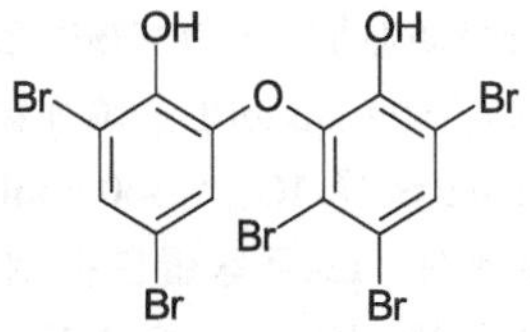

536 2,4′,5-Tribromo-2′,3′,6-trihydroxy-3,6′-bis(hydroxymethyl)diphenyl ether 2,4′,5-三溴-2′,3′,6-三羟基-3,6′-双(羟甲基)二苯醚
【基本信息】$C_{14}H_{11}Br_3O_6$, 浅黄色固体.【类型】简单二苯醚类.【来源】红藻松节藻科 *Odonthalia corymbifera*.【活性】α-葡萄糖苷酶抑制剂 (IC_{50} = 25μmol/L).【文献】H. Kurihara, et al. JNP, 1999, 62, 882.

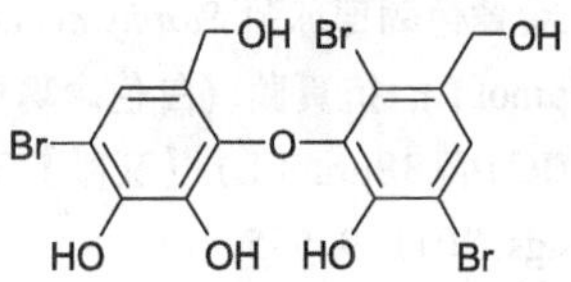

537 2,4,4′-Trichloro-2′-hydroxydiphenyl ether 2,4,4′-三氯-2′-羟二苯醚
【基本信息】$C_{12}H_7Cl_3O_2$, 类白色晶体粉末或软凝聚体, mp 54~57ºC, 不溶于水, 溶于有机溶剂.【类型】简单二苯醚类.【来源】海洋导出的细菌藤黄微球菌 (模式种) *Micrococcus luteus*, 来自锉海绵属 *Xestospongia* sp. (表面, 印度-太平洋).【活性】抑制细菌的; 低急性毒性; 蛋白 Fab I 抑制剂.【文献】R. Zinkernagle, et al. Seifen-oele-fette wachse, 1967, 93, 670; CRC Press, DNP on DVD, 2012, Version 20.2.

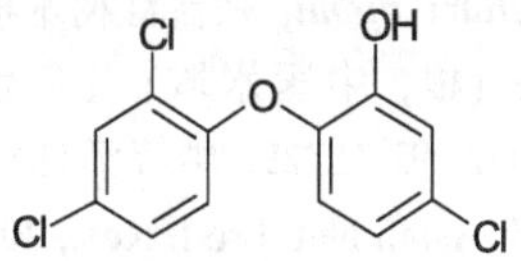

538 Altenusin 细格菌素
【基本信息】$C_{15}H_{14}O_6$.【类型】简单联苯类.【来源】红树导出的真菌链格孢属 *Alternaria* sp. JCM9.2.【活性】抗菌 (MRSA, MIC = 31.25μg/mL; 粪肠球菌 *Enterococcus faecalis*, MIC = 62.5μg/mL; 阴沟肠杆菌 *Enterobacter cloacae*, MIC = 125μg/mL); 抗真菌 (白色念珠菌 *Candida albicans*, MIC = 125μg/mL).【文献】J. Kjer, et al. JNP, 2009, 72, 2053.

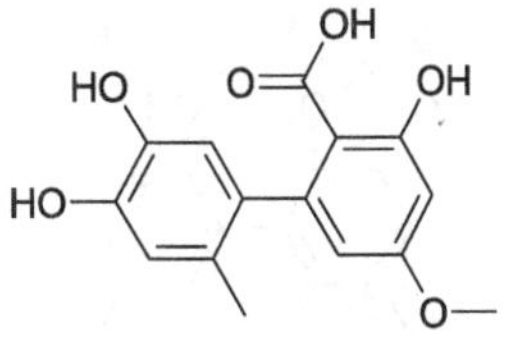

539 (2*E*,2′*Z*)-3,3′-(6,6′-Dihydroxybiphenyl-3,3′-diyl)diacrylic acid (2*E*,2′*Z*)-3,3′-(6,6′-二羟二苯基-3,3′-二基)二丙烯酸
【基本信息】$C_{18}H_{14}O_6$, 白色无定形粉末.【类型】简单联苯类.【来源】海洋导出的真菌曲丽穗霉

Spicaria elegans KLA-03.【活性】抗菌（产气肠杆菌 *Enterobacter aerogenes*, MIC = 0.15μmol/L; 肠杆菌杆菌 *Enterobacter coli*, MIC = 0.04μmol/L, 铜绿假单胞菌 *Pseudomonas aeruginosa*, MIC = 1.53μmol/L, 金黄色葡萄球菌 *Staphylococcus aureus*, MIC = 0.77μmol/L); 抗真菌（白色念珠菌 *Candida albicans*, MIC = 0.38μmol/L).【文献】Y. Wang, et al. Mar. Drugs, 2011, 9, 535.

540 4-(3-Hydroxypropyl)-5,6-dimethoxybiphenyl-3,4′-diol 4-(3-羟丙基)-5,6-二甲氧二苯基-3,4′-二醇

【基本信息】$C_{17}H_{20}O_5$, 针状晶体, mp 205~207℃.【类型】简单联苯类.【来源】红树导出的真菌青霉属 *Penicillium thomi*, 来自红树木榄 *Bruguiera gymnorrhiza*（根，中国水域）.【活性】细胞毒（A549、HepG2 和 HT29，中等活性).【文献】G. Chen, et al. J. Asian Nat. Prod. Res., 2007, 9, 159.

541 Tedarene B 居苔海绵烯 B*

【基本信息】$C_{19}H_{17}O_5S^-$.【类型】简单联苯类.【来源】居苔海绵 *Tedania ignis*（情人礁，巴哈马).【活性】阻旋异构.【文献】V. Costantino, et al. JOC, 2012, 77, 6377.

542 3′,4,4″-Trihydroxy-2′,6′-dimethoxy-*p*-terphenyl 3′,4,4″-三羟基-2′,6′-二甲氧基-*p*-三联苯

【基本信息】$C_{20}H_{18}O_5$.【类型】简单联苯类.【来源】深海真菌曲霉菌属 *Aspergillus candidus*.【活性】抗真菌（白色念珠菌 *Candida albicans*, 高度抑制生长).【文献】F. Liu, et al. J. Xiamen Univ., 2013, 52, 670 (in Chinese).

543 Ulocladol 细基格孢醇*

【基本信息】$C_{16}H_{14}O_7$, 粉末, mp 110~111℃.【类型】简单联苯类.【来源】海洋导出的真菌细基格孢 *Ulocladium botrytis*（培养物），来自外套黏海绵 *Myxilla incrustans*; 海洋导出的真菌拟小球霉属 *Microsphaeropsis olivacea*.【活性】酪氨酸激酶 p56lck 抑制剂（基于 ELISA 的试验，0.02μg/mL, 降低酶活性到 7%，由于 p56lck 对 T-细胞活化是必要的，激酶抑制剂对处理自身免疫疾病可能有用).【文献】U. Holler, et al. EurJOC, 1999, 2949; D. R. Goldberg, et al. JMC, 2003, 46, 1337; E. Hormazabal, et al. Z. Naturforsch., C, 2005, 60, 11.

544 6,6′-Bieckol 6,6′-双鹅掌菜酚

【别名】8,8′-Bieckol; 8,8′-双鹅掌菜酚.【基本信息】$C_{36}H_{22}O_{18}$, 棱柱状晶体（水），mp 300℃.【类型】棕藻多酚类.【来源】棕藻昆布 *Ecklonia kurome*, 棕藻腔昆布 *Ecklonia cava* 和棕藻昆布属 *Eisenia arborea*.【活性】降血糖（α-葡萄糖苷酶抑制剂）(*in vitro* 试验, IC_{50} = 22.2μmol/L); 降血糖（α-淀粉酶抑制剂）(*in vitro* 试验, IC_{50} > 500μmol/L); 抗纤维蛋白溶解酶抑制剂；α2-巨球蛋白抑制剂；抗病毒（抑制 HIV-1 感染，IC_{50} = 1.07~1.72μmol/L, 作用的分子机制：抑制 Viralp24 抗原生成和逆转录酶).【文献】Y. Fukuyama, et al. CPB, 1989, 37, 2438; M. Artan, et al. BoMC, 2008, 16, 7921; S. H. Lee, et al. J. Sci. Food Agric., 2009, 89, 1552.

545　Crossbyanol B　鞘丝藻属醇 B*

【基本信息】$C_{30}H_{15}Br_7O_{12}S_2$，浅黄色固体.【类型】棕藻多酚类.【来源】蓝细菌 Leptolyngbyoideae 亚科鞘丝藻属 *Leptolyngbya crossbyana*（火奴鲁鲁礁，夏威夷，美国）.【活性】抗菌（MRSA）；有毒的（盐水丰年虾，相对有潜力).【文献】H. Choi, et al. JNP, 2010, 73, 517.

546　Dibenzo [1,4]dioxine-2,4,7,9-tetraol　二苯并[1,4]二噁英-2,4,7,9-四醇

【基本信息】$C_{12}H_8O_6$.【类型】棕藻多酚类.【来源】棕藻最大昆布* *Ecklonia maxima*.【活性】降血糖（α-葡萄糖苷酶抑制剂）（*in vitro* 试验，IC_{50} = 33.69μmol/L，对照阿卡波糖，IC_{50} = 1013μmol/L）；抗氧化剂 [DPPH 自由基清除剂，EC_{50} = 0.012μmol/L，AAI（抗氧化剂活性指数 = 最后的 DPPH 浓度/EC_{50}）= 4037，对照抗坏血酸，EC_{50} = 0.011μmol/L，AAI = 4356].【文献】K. R. Rengasamy, et al. Food Chem., 2013, 141, 1412.

547　Dieckol　双鹅掌菜酚

【别名】4'''-*O*-7-Bieckol; 4'''-*O*-7-双鹅掌菜酚.【基本信息】$C_{36}H_{22}O_{18}$，晶体，mp 300℃.【类型】棕藻多酚类.【来源】棕藻昆布 *Ecklonia kurome*，昆布属 *Ecklonia stolonifera*，棕藻二环羽叶藻* *Eisenia bicyclis* 和棕藻腔昆布 *Ecklonia cava*.【活性】降血糖（α-淀粉酶抑制剂：*in vitro* 试验，1mmol/L，InRt = 97.5%）；降血糖（α-葡萄糖苷酶抑制剂：*in vitro* 试验，IC_{50} = 1.61μmol/L）；降血糖（α-葡萄糖苷酶抑制剂：IC_{50} = 10.8μmol/L）；降血糖（α-淀粉酶抑制剂：IC_{50} = 124.9μmol/L）；降血糖（α-葡萄糖苷酶抑制剂：*in vitro* 试验，IC_{50} = 0.24mmol/L）；降血糖（α-淀粉酶抑制剂：*in vitro* 试验，IC_{50} = 0.66mmol/L）；降血糖 [抑制 AGE（改进的糖化作用终端产物）的形成，*in vitro* 试验，1mmol/L，InRt = 86.7%]；降血糖（醛糖还原酶抑制剂：大白鼠眼晶状体醛糖还原 RLAR 试验，IC_{50} = 42.39μmol/L）；降血糖（PTP1B 抑制剂：*in vitro* 试验，IC_{50} = 1.18μmol/L）；降血糖（C57BL/KsJ-db/db 糖尿病小鼠，*in vivo*，血糖减少，糖化血红蛋白水平减少；肝脏脂浓度减少和改善受损的糖耐量；减少葡萄糖-6-磷酸酶和磷酸烯醇丙酮酸羧基激酶的酶活性；并提高含糖激酶活性）；降血糖（链脲佐菌素诱发的糖尿病小鼠，*in vivo*，降低餐后血糖水平和延迟饮食中碳水化合物的吸收）；降血糖（胰脂肪酶抑制剂：*in vitro* 试验，IC_{50} = 0.26mg/mL）；降血糖（胰脂肪酶抑制剂：*in vitro* 试验，IC_{50} = 99.3μmol/L）；抗氧化剂（10μg/mL 或 100μg/mL）；减少 ROS 过量产生；抗炎（减少促炎的 NF-κB，COX-2 和 iNOS 的表达）；减轻Ⅱ型糖尿病（db/db 小鼠模型）；减少氧化应激（*in vivo*，提高肝抗氧化酶的活性，包括谷胱甘肽过氧化物酶和超氧化物歧化酶）；抑制血浆中 $α_2$-巨球蛋白和 $α_2$-纤溶酶抑制剂的作用；组胺释放抑制剂（人嗜碱性粒细胞 KU-812，IC_{50} = 27.8μmol/L）.【文献】K.-W. Glombitza, et al. Phytochemistry, 1985, 24, 543; Y. Okada, et al. JNP, 2004, 67, 103; H. A. Jung, et al. Fish. Sci., 2008, 74, 1363; S. H. Lee, et al. J. Sci. Food Agric., 2009, 89, 1552; Q. T. Le, et al. Process Biochem., 2009, 44, 168; S. H. Lee, et al. Food Chem. Toxicol., 2010, 48, 2633; S. H. Lee, et al. Toxicol. Vitro, 2010, 24, 375; H. E. Moon, et al. Biosci. Biotechnol. Biochem., 2011, 75, 1472; S. H. Lee, et al. Food Chem. Toxicol., 2012, 50, 575; K. B. W. R. Kim, et al. Biotechnol. Bioprocess Eng., 2012, 17, 739; S. H. Eom, et al. Phytother. Res., 2013, 27, 148; M. C. Kang, et al. Food Chem. Toxicol., 2013, 53, 294.

548 Dioxinodehydroeckol

【基本信息】$C_{18}H_{10}O_9$，粉末.【类型】棕藻多酚类.【来源】棕藻匍匐茎昆布* Ecklonia stolonifera，棕藻羽叶藻属 Eisenia arborea，棕藻最大昆布* Ecklonia maxima 和棕藻二环羽叶藻* Eisenia bicyclis.【活性】降血糖（醛糖还原酶抑制剂：大白鼠眼晶状体醛糖还原酶 RLAR 试验，$IC_{50} = 21.95\mu mol/L$）；降血糖（α-葡萄糖苷酶抑制剂：in vitro 试验，$IC_{50} = 34.60\mu mol/L$）(Moon, 2011)；降血糖（PTP1B 抑制剂：in vitro 试验，$IC_{50} = 29.97\mu mol/L$）(Moon, 2011)；降血糖（α-葡萄糖苷酶抑制剂：in vitro 试验，$IC_{50} = 97.33nmol/L$）(Eom, 2012)；降血糖（α-淀粉酶抑制剂：in vitro 试验，$IC_{50} = 472.70\mu mol/L$）(Eom, 2012).【文献】K.-W. Glombitza, et al. Phytochemistry, 1985, 24, 543; K.-W. Glombitza, et al. Planta Med., 1985, 51, 308; H. S. Kang, et al. CPB, 2003, 51, 1012; H. A. Jung, et al. Fish. Sci., 2008, 74, 1363; H. E. Moon, et al. Biosci. Biotechnol. Biochem., 2011, 75, 1472; S. H. Eom, et al. J. Sci. Food Agric., 2012, 92, 2084.

549 Diphlorethohydroxycarmalol 双二羟苯氧羟基棕藻醇*

【别名】DPHC.【基本信息】$C_{24}H_{16}O_{13}$.【类型】棕藻多酚类.【来源】棕藻马尾藻科 Carpophyllum maschalocarpum 和棕藻铁钉菜 Ishige okamurae.【活性】降血糖（α-葡萄糖苷酶抑制剂：in vitro 试验，$IC_{50} = 0.16\mu mol/L$）；降血糖（α-淀粉酶抑制剂：in vitro 试验，$IC_{50} = 0.53\mu mol/L$）；降血糖（链脲佐菌素诱发的糖尿病小鼠，in vivo，降低餐后血糖水平和延迟饮食中碳水化合物的吸收）.【文献】S.-M. Li, et al. Phytochemistry, 1991, 30, 3417; S. J. Heo, et al. J. Microbiol. Biotechnol., 2008, 18, 676; S. J. Heo, et al. Eur. J. Pharmacol., 2009, 615, 252.

550 Eckol 鹅掌菜酚

【别名】Hexahydroxyphenoxydibenzo[1,4]dioxine；六羟基苯氧基二苯并[1,4]二噁英.【基本信息】$C_{18}H_{12}O_9$，晶体，mp 243~244°C.【类型】棕藻多酚类.【来源】棕藻匍匐茎昆布* Ecklonia stolonifera，棕藻昆布 Ecklonia kurome，棕藻最大昆布* Ecklonia maxima，棕藻羽叶藻属 Eisenia arborea 和棕藻二环羽叶藻* Eisenia bicyclis.【活性】降血糖（α-淀粉酶抑制剂：in vitro 试验，1mmol/L，InRt = 87.5%）；降血糖（α-葡萄糖苷酶抑制剂：in vitro 试验：文献 1 $IC_{50} = 22.78\mu mol/L$；文献 2 $IC_{50} = 11.16\mu mol/L$，对照阿卡波糖，$IC_{50} = 1013\mu mol/L$）；降血糖 [抑制 AGE（改进的糖化作用终端产物）的形成，in vitro 试验，1mmol/L，InRt = 96.2%]；降血糖（醛糖还原酶抑制剂：大白鼠眼晶状体醛糖还原酶 RLAR 试验，$IC_{50} = 54.68\mu mol/L$）；降血糖（PTP1B 抑制剂：in vitro 试验，$IC_{50} = 2.64\mu mol/L$）；降血糖（胰脂肪酶抑制剂：in vitro 试验，$IC_{50} = 76.6\mu mol/L$）；抗氧化剂 [DPPH 自由基清除剂，$EC_{50} = 0.008\mu mol/L$，AAI（抗氧化剂活性指数 = 最终 DPPH 浓度/EC_{50}）= 6096，对照抗坏血酸，$EC_{50} = 0.011\mu mol/L$，AAI = 4356]；α2-巨球蛋白抑制剂；糖化抑制剂.【文献】K.-W. Glombitza, et al. Phytochemistry, 1985, 24, 543; Y. Fukuyama, et al. CPB, 1989, 37, 349; Y. Okada, et al. JNP, 2004, 67, 103; H. A. Jung, et al.

Fish. Sci., 2008, 74, 1363; H. E. Moon, et al. Biosci. Biotechnol. Biochem., 2011, 75, 1472; K. R. Rengasamy, et al. Food Chem., 2013, 141, 1412; S. H. Eom, et al. Phytother. Res., 2013, 27, 148.

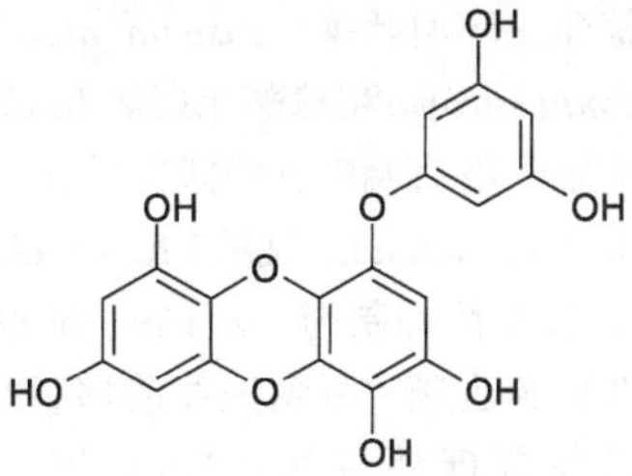

551 Fucodiphlorethol G 呋扣双二羟苯氧醇 G*
【基本信息】$C_{24}H_{18}O_{12}$.【类型】棕藻多酚类.【来源】棕藻腔昆布 *Ecklonia cava*.【活性】降血糖 (α-葡萄糖苷酶抑制剂: *in vitro* 试验, IC_{50} = 19.5μmol/L); 降血糖 (α-淀粉酶抑制剂: *in vitro* 试验, IC_{50} > 500μmol/L).【文献】S. H. Lee, et al. J. Sci. Food Agric., 2009, 89, 1552.

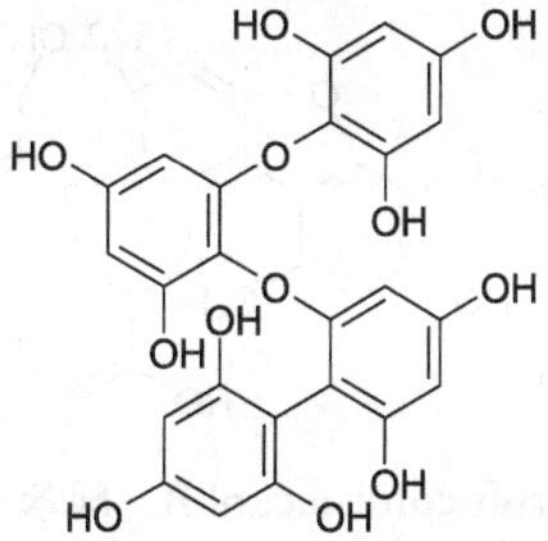

552 Fucofuroeckol A 呋扣呋柔鹅掌菜酚 A*
【基本信息】$C_{24}H_{14}O_{11}$.【类型】棕藻多酚类.【来源】棕藻羽叶藻属 *Eisenia bicyclis*.【活性】降血糖 (α-淀粉酶抑制剂: *in vitro* 试验, IC_{50} = 42.91μmol/L); 降血糖 (α-葡萄糖苷酶抑制剂: *in vitro* 试验, IC_{50} = 131.34nmol/L); 降血糖 (胰脂肪酶抑制剂: *in vitro* 试验, IC_{50} = 37.2μmol/L).【文献】S. H. Eom, et al. et al. J. Sci. Food Agric., 2012, 92, 2084; S. H. Eom, et al. Phytother. Res., 2013, 27, 148.

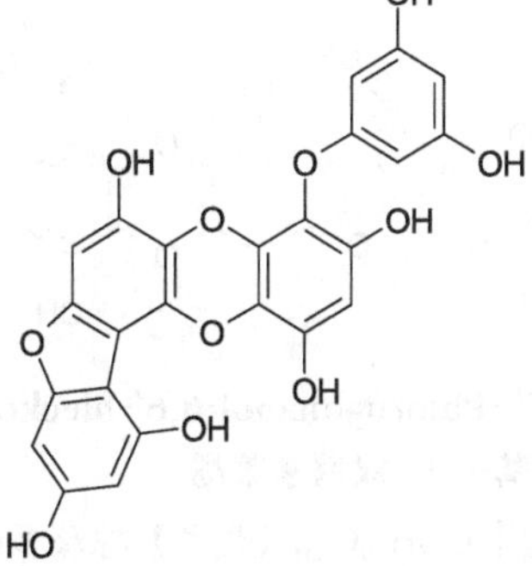

553 Octaphlorethol A 八(二羟苯氧醇) A*
【基本信息】$C_{48}H_{34}O_{24}$.【类型】棕藻多酚类.【来源】棕藻叶状铁钉菜 *Ishige foliacea* (济州岛, 韩国).【活性】降血糖 (增加葡萄糖摄取用 GLUT4 通过 PI3-K/Akt 和 AMPK 信号途径增加葡萄糖摄取, L-6 大白鼠成肌细胞 *in vitro*); 抗氧化剂 (提高抗氧化的谷胱甘肽过氧化物酶 GSH-px, 过氧化氢酶 CAT 和超氧化物歧化酶 SOD 活性); 抗氧化剂 (减少 ROS 的过度产生); 胰脏 β-细胞的细胞保护作用 (用链脲佐菌素处理, 保护胰脏 β-细胞免受高血糖症的损害); 治疗糖尿病药.【文献】S. H. Lee, et al. Biochem. Biophys. Res. Commun., 2012, 420, 576; S. H. Lee, et al. Food Chem. Toxicol., 2013, 59, 643.

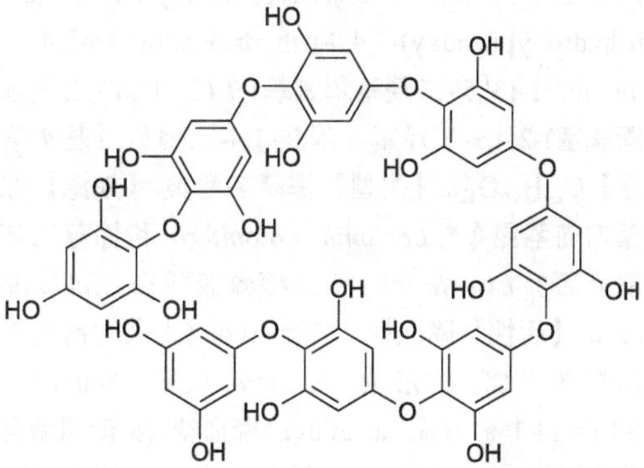

554 2-Phloro-6,6′-bieckol 2-间苯三酚基-6,6′-双鹅掌菜酚
【别名】2-*O*-(2,4,6-Trihydroxyphenyl)-6,6′-bieckol; 2-*O*-(2,4,6-三羟苯基)-6,6′-双鹅掌菜酚.【基本信息】$C_{42}H_{26}O_{21}$, 无定形固体.【类型】棕藻多酚类.【来源】棕藻昆布 *Ecklonia kurome*.【活性】纤维蛋白溶酶抑制剂; α2-免疫巨球蛋白抑制剂.【文献】Y. Fukuyama, et al. CPB, 1989, 37, 2438.

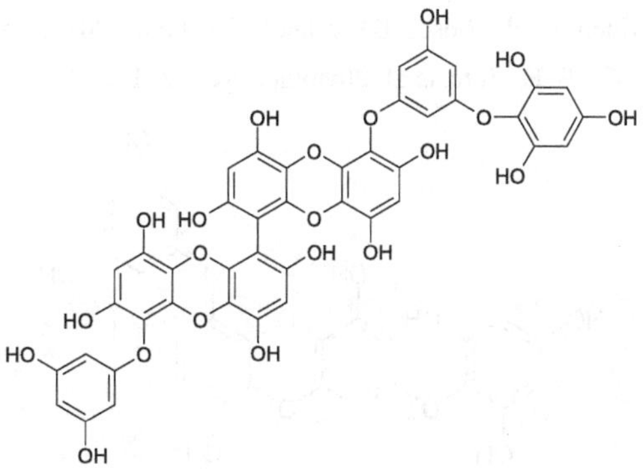

555 2-Phloroeckol 2-间苯三酚基鹅掌菜酚

【基本信息】$C_{24}H_{16}O_{12}$.【类型】棕藻多酚类.【来源】棕藻昆布 *Ecklonia kurome*.【活性】纤维蛋白溶酶抑制剂; α2-免疫巨球蛋白抑制剂.【文献】K.-W. Glombitza, et al. Phytochemistry, 1985, 24, 543.

556 7-Phloroeckol 7-间苯三酚基鹅掌菜酚

【别名】1-(3′,5′-Dihydroxyphenoxy)-7-(2″,4″,6″-trihydroxyphenoxy)-2,4,9-trihydroxydibenzo-1,4-dioxin; 1-(3′,5′-二羟基苯氧基)-7-(2″,4″,6″-三羟基苯氧基)-2,4,9-三羟基二苯并-1,4-二噁英.【基本信息】$C_{24}H_{16}O_{12}$.【类型】棕藻多酚类.【来源】棕藻匍匐茎昆布* *Ecklonia stolonifera* 和棕藻二环羽叶藻* *Eisenia bicyclis*, 棕藻腔昆布 *Ecklonia cava*.【活性】降血糖 [抑制 AGE (改进的糖化作用终端产物) 的形成, in vitro 试验, 1mmol/L, InRt = 91.1%] (Okada, 2004); 降血糖 (α-葡萄糖苷酶抑制剂, in vitro 试验: 文献 1 IC_{50}= 6.13μmol/L; 文献 2 IC_{50} = 49.5μmol/L); 降血糖 (α-淀粉酶抑制剂: in vitro 试验, IC_{50} = 250μmol/L); 降血糖 (醛糖还原酶抑制剂: 大白鼠眼晶状体醛糖还原酶 RLAR 试验, IC_{50} = 27.54μmol/L); 降血糖 (PTP1B 抑制剂: in vitro 试验, IC_{50} = 2.09μmol/L); 降血糖 (胰脂肪酶抑制剂: in vitro 试验, IC_{50} = 12.7μmol/L).【文献】Y. Okada, et al. JNP, 2004, 67, 103; H. A. Jung, et al. Fish. Sci., 2008, 74, 1363; S. H. Lee, et al. J. Sci. Food Agric., 2009, 89, 1552; H. E. Moon, et al. Biosci. Biotechnol. Biochem., 2011, 75, 1472; S. H. Eom, et al. Phytother. Res., 2013, 27, 148.

557 Phlorofucofuroeckol A 间苯三酚基呋扣呋柔鹅掌菜酚 A*

【基本信息】$C_{30}H_{18}O_{14}$, 无定形固体.【类型】棕藻多酚类.【来源】棕藻昆布属 *Ecklonia stolonifera* (可食), 棕藻二环羽叶藻* *Eisenia bicyclis*, 棕藻昆布 *Ecklonia kurome* 和棕藻昆布属 *Ecklonia cava*.【活性】降血糖 (α-葡萄糖苷酶抑制剂, in vitro 试验: 文献 1, IC_{50} = 1.37μmol/L; 文献 2 IC_{50} = 19.7μmol/L); 降血糖 (α-淀粉酶抑制剂: in vitro 试验, IC_{50} > 500μmol/L); 降血糖 (醛糖还原酶抑制剂) (大白鼠眼晶状体醛糖还原酶 RLAR 试验, IC_{50} = 125.45μmol/L) (Jung, 2008); 降血糖 (PTP1B 抑制剂) (in vitro 试验, IC_{50} = 0.56μmol/L) (Moon, 2011); 抗纤溶酶抑制剂.【文献】Y. Fukuyama, et al. CPB, 1990, 38, 133; H. A. Jung, et al. Fish. Sci., 2008, 74, 1363; Y. Li, et al. BoMC, 2009, 17, 1963; S. H. Lee, et al. J. Sci. Food Agric., 2009, 89, 1552; H. E. Moon, et al. Biosci. Biotechnol. Biochem., 2011, 75, 1472.

558 Phlorofucofuroeckol B 间苯三酚基呋扣呋柔鹅掌菜酚 B*

【基本信息】$C_{30}H_{18}O_{14}$, 黄棕色油状物.【类型】棕藻多酚类.【来源】棕藻羽叶藻属 *Eisenia arborea* (可食).【活性】抗炎 (大白鼠嗜碱性白血病细胞抑制组胺释放, IC_{50} = 7.8μmol/L, 作用的分子机制: 抑制 β-氨基己糖苷酶释放); 抗变应性的褐藻多酚.【文献】Y. Sugiura, et al. Food Sci. Technol. Res., 2007, 13, 54.

559 2,7″-Phloroglucinol-6,6′-bieckol 2,7″-间苯三酚基-6,6′-双鹅掌菜酚

【基本信息】$C_{48}H_{30}O_{23}$.【类型】棕藻多酚类.【来

【源】棕藻腔昆布 Ecklonia cava (济州岛, 韩国).
【活性】抗氧化剂.【文献】S.-M. Kang, et al. J. Funct. Foods, 2012, 4, 158.

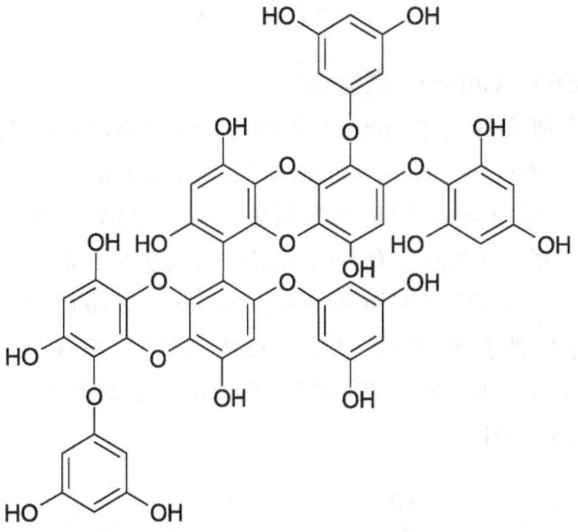

560 Phlorotannin DDBT   褐藻多酚 DDBT

【别名】2-(4-(3,5-Dihydroxyphenoxy)-3,5-dihydroxyphenoxy)benzene-1,3,5-triol; 2-[4-(3,5-二羟基苯氧基)-3,5-二羟基苯氧基]苯-1,3,5-三酚.
【基本信息】$C_{18}H_{16}O_9$.【类型】棕藻多酚类.【来源】棕藻展枝马尾藻 Sargassum patens.【活性】降血糖 (α-淀粉酶抑制剂: in vitro 试验, $IC_{50} = 3.2\mu g/mL$); 降血糖 (α-葡萄糖苷酶抑制剂: in vitro 试验, 大白鼠肠道麦芽糖酶, $IC_{50} = 114.0\mu g/mL$; 大白鼠肠道蔗糖酶, $IC_{50} = 25.4\mu g/mL$).【文献】Y. Kawamura-Konishi, et al. J. Agric. Food Chem., 2012, 60, 5565.

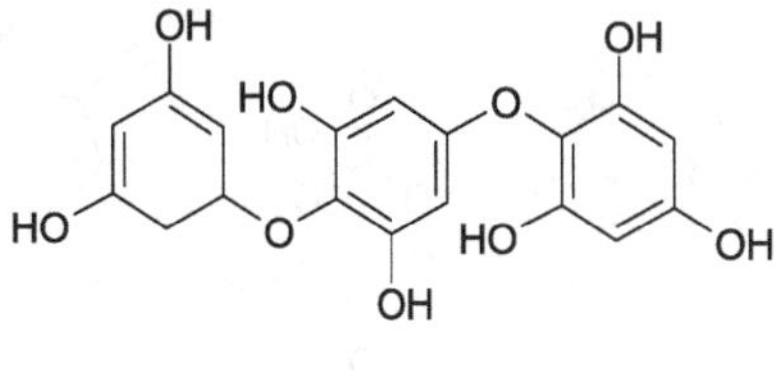

561 Phlorotannin representative trimer B   褐藻多酚代表物三聚体 B

【基本信息】$C_{18}H_{16}O_9$.【类型】棕藻多酚类.【来源】棕藻二列墨角藻* Fucus distichus (亚级分 FD-E-22, 阿拉斯加).【活性】降血糖 [α-葡萄糖苷酶抑制剂: in vitro 试验, 二列墨角藻*Fucus distichus 的乙酸乙酯亚级分 22 (FD-E-22), $IC_{50} = 0.89\mu mol/L$; 降血糖 [α-淀粉酶抑制剂: in vitro 试验, 二列墨角藻*Fucus distichus 的乙酸乙酯亚级分 22 (FD-E-22), $IC_{50} = 13.9\mu mol/L$].【文献】J. Kellogg, et al. Mar. Drugs, 2014, 12, 5277.

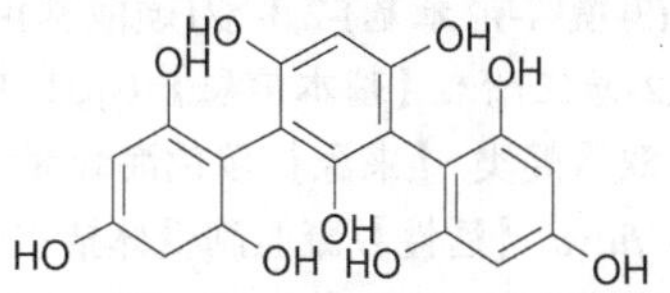

562 Phlorotannin representative trimer C   褐藻多酚代表物三聚体 C

【基本信息】$C_{18}H_{16}O_9$.【类型】棕藻多酚类.【来源】棕藻二列墨角藻* Fucus distichus (亚级分 FD-E-22, 阿拉斯加).【活性】降血糖 [α-葡萄糖苷酶抑制剂: in vitro 试验, 二列墨角藻* Fucus distichus 的乙酸乙酯亚级分 22 (FD-E-22), $IC_{50} = 0.89\mu mol/L$; 降血糖 [α-淀粉酶抑制剂: in vitro 试验, 二列墨角藻* Fucus distichus 的乙酸乙酯亚级分 22 (FD-E-22), $IC_{50} = 13.9\mu mol/L$].【文献】J. Kellogg, et al. Mar. Drugs, 2014, 12, 5277.

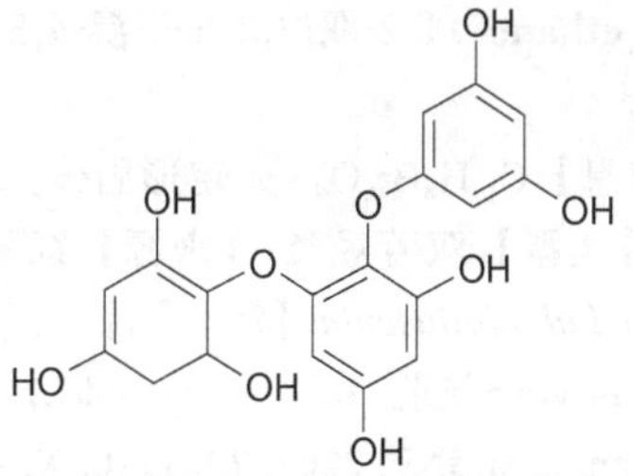

563 Phlorotannin representative trimer D   褐藻多酚代表物三聚体 D

【基本信息】$C_{18}H_{16}O_8$.【类型】棕藻多酚类.【来源】棕藻二列墨角藻* Fucus distichus (亚级分 FD-E-22, 阿拉斯加).【活性】降血糖 [α-葡萄糖苷酶抑制剂: in vitro 试验, 二列墨角藻*Fucus distichus 的乙酸乙酯亚级分 22 (FD-E-22), $IC_{50} = 0.89\mu mol/L$; 降血糖 [α-淀粉酶抑制剂: in vitro 试验, 二列墨角藻*Fucus distichus 的乙酸乙酯亚级分 22 (FD-E-22), $IC_{50} = 13.9\mu mol/L$].【文献】J. Kellogg, et al. Mar. Drugs, 2014, 12, 5277.

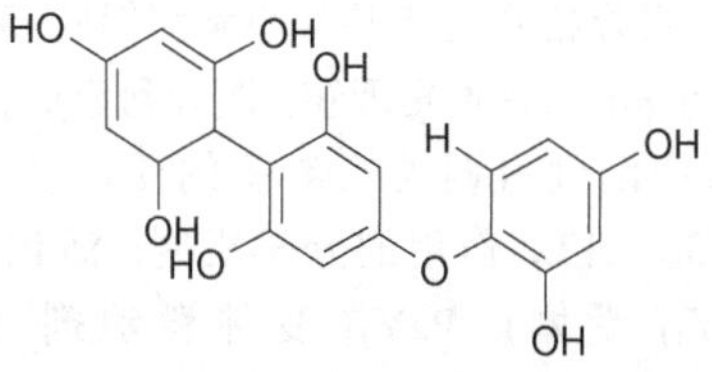

564 Aplysillin A   秽色海绵林 A*

【别名】3-Bromo-5-[4-(3-bromo-4-hydroxyphenyl)-2,

3-bis(sulfoxy)-1,3-butadienyl]-1,2-benzenediol; 3-溴-5-[4-(3-溴-4-羟苯基)-2,3-双(磺酸基)-1,3-丁二烯基]-1,2-苯二酚*.【基本信息】$C_{16}H_{12}Br_2O_{11}S_2$.【类型】双芳烃类.【来源】秽色海绵属 *Aplysina fistularis fulva*.【活性】凝血酶受体拮抗剂 (抑制 $[^{125}I]$-凝血酶结合到血小板膜, $IC_{50} = 20\mu mol/L$, 低活性).【文献】N. K. Gulavita, et al. JNP, 1995, 58, 954.

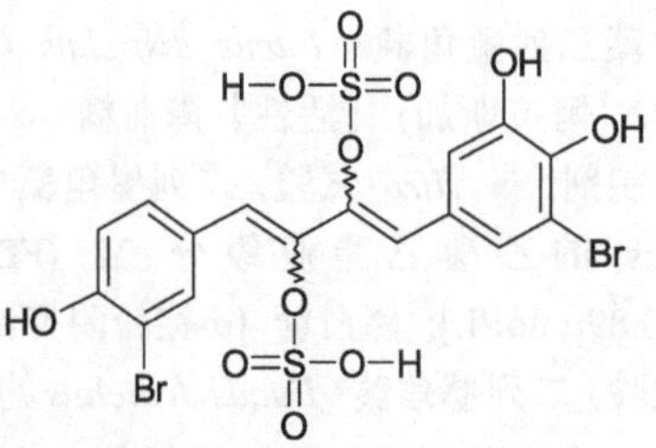

565 1,2-Bis(2,3,6-tribromo-4,5-dihydroxy-phenyl) ethane 1,2-双(2,3,6-三溴-4,5-二羟苯基)乙烷*

【基本信息】$C_{14}H_8Br_6O_4$, 无定形固体, mp 230~232°C.【类型】双芳烃类.【来源】红藻鸭毛藻 *Symphyocladia latiuscula*.【活性】降血糖 (PTP1B 抑制剂: *in vitro* 试验, $IC_{50} = 3.5\mu mol/L$).【文献】X.-J. Duan, et al. JNP, 2007, 70, 1210; X. Liu, et al. Chin. J. Oceanol. Limnol., 2011, 29, 686.

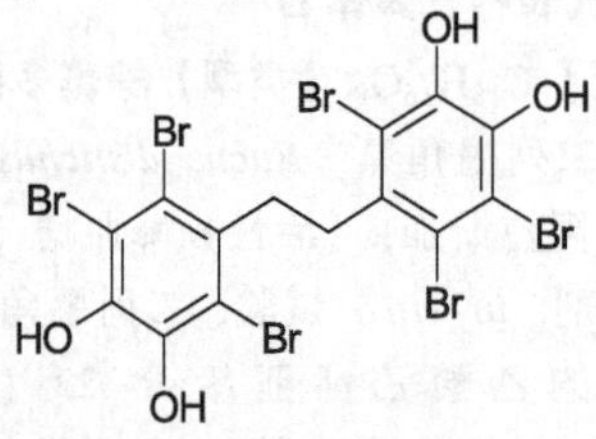

566 8-Carboxy-isoiantheran A 8-羧基-异澳大利亚艾安瑟拉海绵素 A*

【基本信息】$C_{33}H_{18}Br_4O_{14}S_2$, 微棕色无定形固体.【类型】双芳烃类.【来源】小紫海绵属 *Ianthella quadrangulata* (极性提取物, 澳大利亚).【活性】免疫系统活性 (调动钙离子的活动性, $IC_{50} = 0.48$~$1.3\mu mol/L$, 作用的分子机制: 活化亲离子的 $P2Y_{11}$ 受体); $P2Y_{11}$ 受体激动剂 ($EC_{50} = 0.48\mu mol/L$, 表明对 $P2Y_{11}$ 受体有某些选择性超过 $P2Y_1$ 和 $P2Y_2$ 受体).【文献】H. Greve, et al. JMC, 2007, 50, 5600.

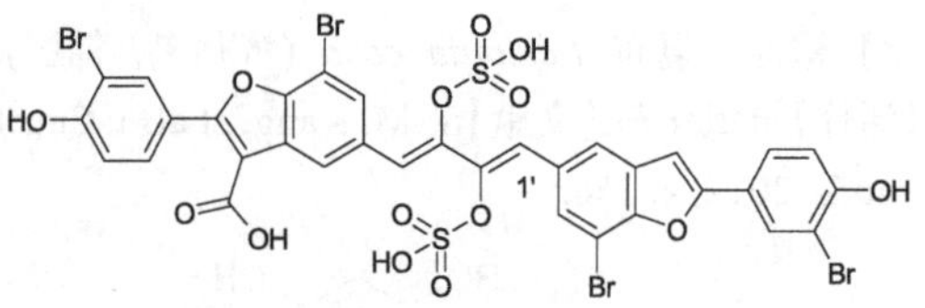

567 Colpol 囊藻醇*

【别名】2-Bromo-5-[4-(4-bromo-2-hydroxy-5-methoxyphenyl)-2-butenyl]-1,3-benzenediole; 2-溴-5-[4-(4-溴-2-羟基-5-甲氧苯基)-2-丁烯基]-1,3-苯二酚*.【基本信息】$C_{17}H_{16}Br_2O_4$.【类型】双芳烃类.【来源】棕藻囊藻* *Colpomenia sinuosa* (红海).【活性】细胞毒 (P_{388}, A549, HT29 和 CV-1, $IC_{50} = 10\mu g/mL$).【文献】D. Green, et al. JNP, 1993, 56, 1201.

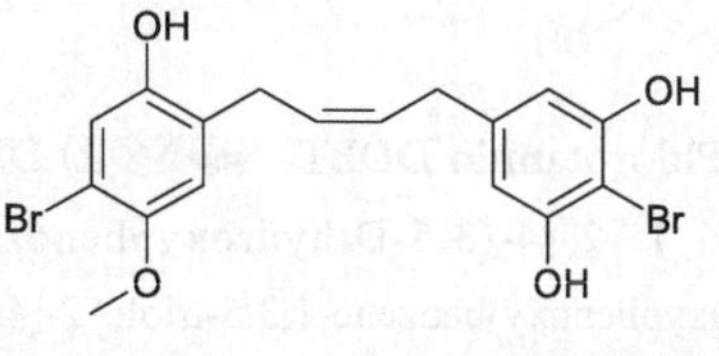

568 Iantheran A 澳大利亚艾安瑟拉海绵素 A*

【基本信息】$C_{32}H_{18}Br_4O_{12}S_2$, 浅黄色晶体 (二钠盐), mp 172~173°C (分解点, 二钠盐).【类型】双芳烃类.【来源】小紫海绵属 *Ianthella* sp. (澳大利亚).【活性】钠/钾-腺苷三磷酸酶抑制剂 ($IC_{50} = 10\mu mol/L$).【文献】Y. Okamoto, et al. Tetrahedron Lett., 1999, 40, 507; Y. Okamoto, et al. BoMC, 2001, 9, 179.

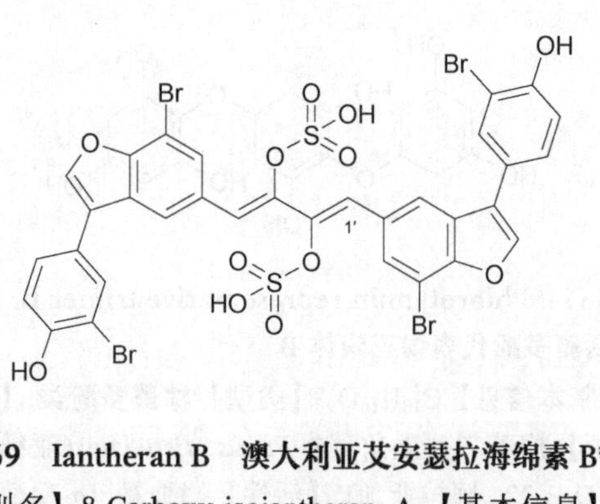

569 Iantheran B 澳大利亚艾安瑟拉海绵素 B*

【别名】8-Carboxy-isoiantheran A.【基本信息】$C_{32}H_{22}Br_4O_{12}S_2$, mp 155~156°C (分解) (二钠盐).【类型】双芳烃类.【来源】小紫海绵属 *Ianthella* sp. (大堡礁, 澳大利亚).【活性】钠/钾-腺苷三磷酸酶抑制剂.【文献】Y. Okamoto, et al. BoMC, 2001, 9, 179.

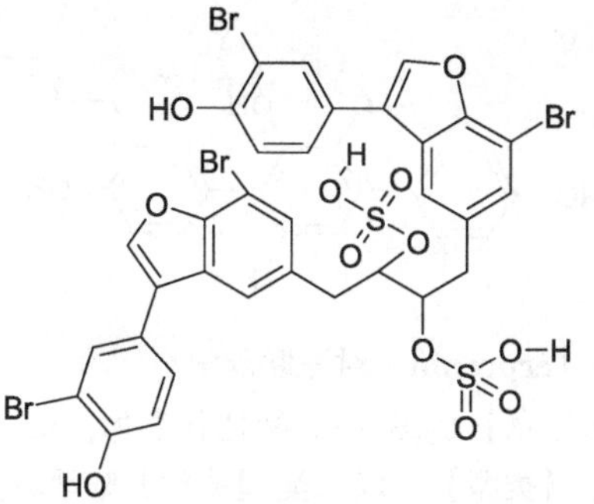

570 Isoiantheran A 异澳大利亚艾安瑟拉海绵素 A*

【基本信息】$C_{32}H_{18}Br_4O_{12}S_2$，浅棕色无定形固体，$[\alpha]_D^{23} = -0.7°$ ($c = 0.39$, 甲醇).【类型】双芳烃类.【来源】小紫海绵属 *Ianthella quadrangulata* (极性提取物，澳大利亚).【活性】免疫系统活性（调动钙离子的活性性，$IC_{50} = 0.48$~$1.3\mu mol/L$，作用的分子机制：活化亲离子的$P2Y_{11}$受体）；$P2Y_{11}$受体激动剂（$EC_{50} = 1.29\mu mol/L$）.【文献】H. Greve, et al. JMC, 2007, 50, 5600.

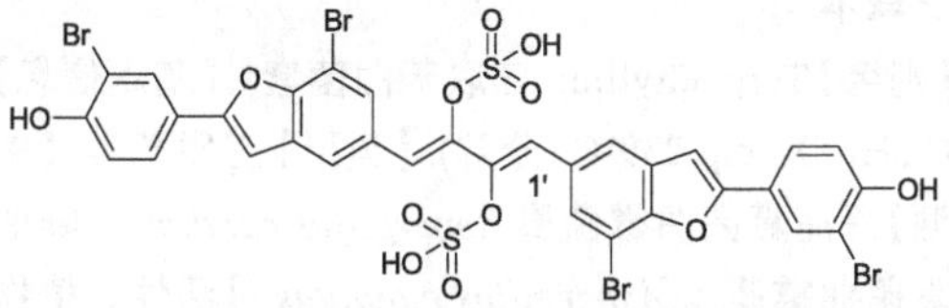

571 Panicein A₂ 帕尼赛恩 A₂*

【基本信息】$C_{22}H_{26}O_3$，油状物.【类型】双芳烃类.【来源】黏滑矾海绵* *Reniera mucosa*.【活性】细胞毒（P_{388}, A549, HT29 和 MEL28, $ED_{50} = 5\mu g/mL$）.【文献】E. Zubía, et al. Tetrahedron, 1994, 50, 8153; M. Gordaliza, et al. Mar. Drugs, 2010, 8, 2849 (Rev.).

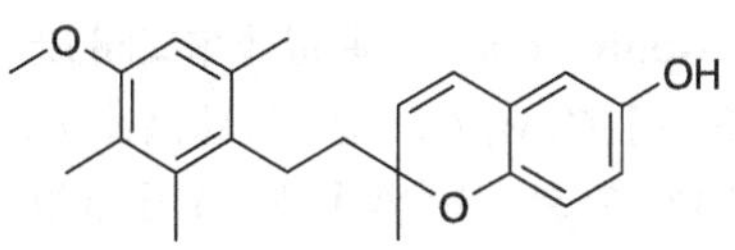

572 Panicein F₁ 帕尼赛恩 F₁*

【基本信息】$C_{22}H_{28}O_4$，橙色油状物.【类型】双芳烃类.【来源】黏滑矾海绵* *Reniera mucosa*.【活性】细胞毒（P_{388}, A549 和 MEL28, $ED_{50} = 5\mu g/mL$）；二氢叶酸还原酶 DHFR 抑制剂（$ED_{50} = 3\mu g/mL$）.【文献】E. Zubia, et al. Tetrahedron, 1994, 50, 8153; M. Gordaliza, et al. Mar. Drugs, 2010, 8, 2849 (Rev.).

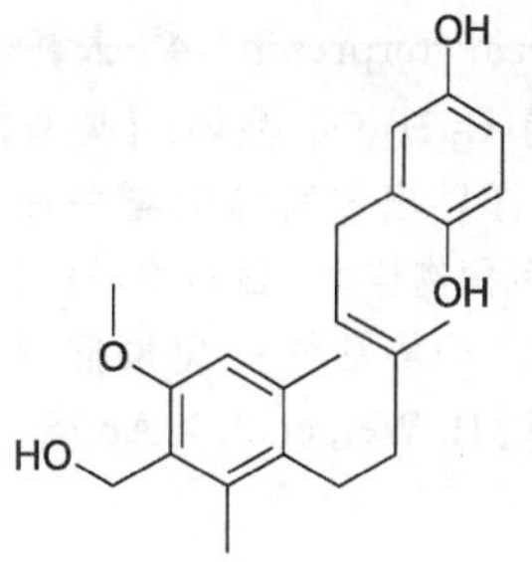

573 3″-Deoxy-6′-O-desmethylcandidusin B 3″-去氧-6′-O-去甲基秋茄树新 B*

【基本信息】$C_{19}H_{14}O_6$.【类型】三联苯类.【来源】红树导出的产黄青霉真菌 *Penicillium chermesinum*，来自红树秋茄树 *Kandelia candel* (南海，广东，中国).【活性】乙酰胆碱酯酶抑制剂.【文献】H. Huang, et al. JNP, 2011, 74, 997.

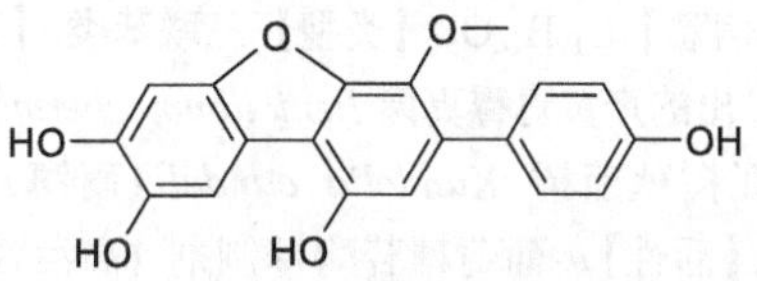

574 4″-Deoxyisoterprenin 4″-去氧异对三联苯宁*

【基本信息】$C_{25}H_{26}O_5$, 粉末.【类型】三联苯类.【来源】海洋导出的真菌曲霉菌属 *Aspergillus candidus* IF10 (沉积物样本，日本水域).【活性】细胞毒（KB-3-1，中等活性）.【文献】H. Wei, et al. J. Antibiot., 2007, 60, 586.

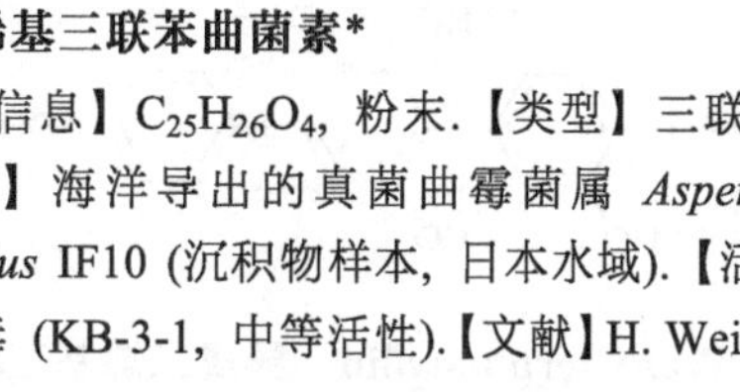

575 4″-Deoxyprenylterphenyllin 4″-去氧异戊二烯基三联苯曲菌素*

【基本信息】$C_{25}H_{26}O_4$, 粉末.【类型】三联苯类.【来源】海洋导出的真菌曲霉菌属 *Aspergillus candidus* IF10 (沉积物样本，日本水域).【活性】细胞毒（KB-3-1，中等活性）.【文献】H. Wei, et al. J. Antibiot., 2007, 60, 586.

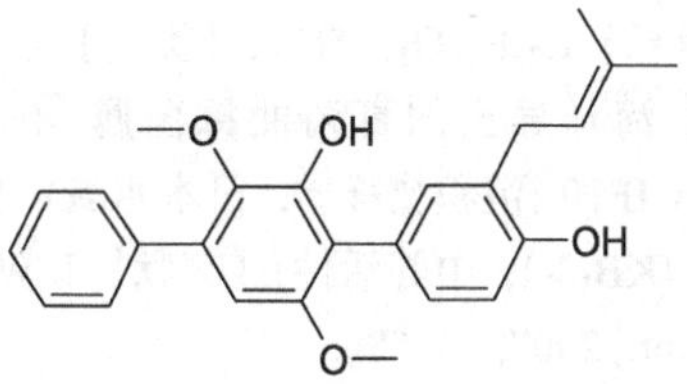

576 4‴-Deoxyterprenin 4‴-去氧对三联苯宁*

【基本信息】$C_{25}H_{26}O_5$, 晶体.【类型】三联苯类.【来源】海洋导出的真菌曲霉菌属 Aspergillus candidus (沉积物样本, 日本水域).【活性】细胞毒 (KB-3-1, 中等活性); 免疫抑制剂; 抗代谢物质.【文献】H. Wei, et al. J. Antibiot., 2007, 60, 586.

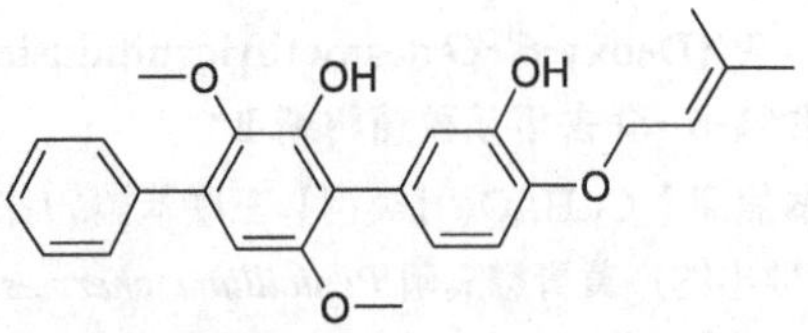

577 6′-O-Desmethylterphenyllin 6′-O-去甲基三联苯曲菌素*

【基本信息】$C_{19}H_{16}O_5$.【类型】三联苯类.【来源】红树导出的产黄青霉真菌 Penicillium chermesinum, 来自红树秋茄树 Kandelia candel (南海, 广东, 中国).【活性】α-葡萄糖苷酶抑制剂 (高活性).【文献】H. Huang, et al. JNP, 2011, 74, 997.

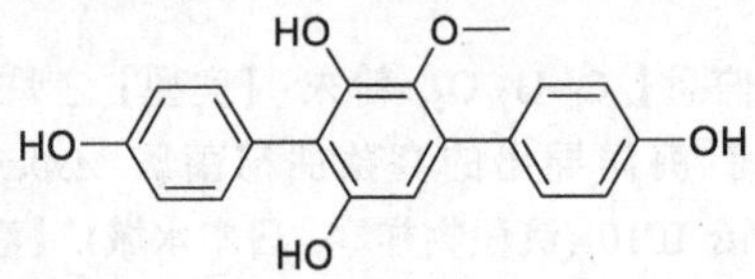

578 3-Hydroxy-6′-O-desmethylterphenyllin 3-羟基-6′-O-去甲基三联苯曲菌素*

【基本信息】$C_{19}H_{16}O_6$.【类型】三联苯类.【来源】红树导出的产黄青霉真菌 Penicillium chermesinum, 来自红树秋茄树 Kandelia candel (南海, 广东, 中国).【活性】α-葡萄糖苷酶抑制剂 (高活性).【文献】H. Huang, et al. JNP, 2011, 74, 997.

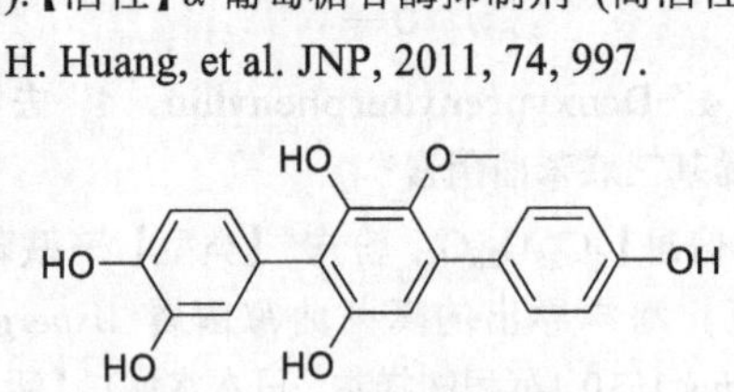

579 Prenylterphenyllin 异戊二烯基三联苯曲菌素*

【基本信息】$C_{25}H_{26}O_5$, 粉末.【类型】三联苯类.【来源】海洋导出的真菌曲霉菌属 Aspergillus candidus IF10 (沉积物样本, 日本水域).【活性】细胞毒 (KB-3-1, 中等活性).【文献】H. Wei, et al. J. Antibiot., 2007, 60, 586.

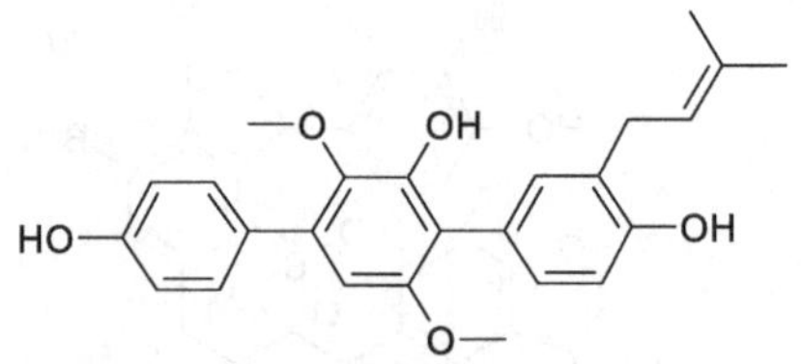

580 Terprenin 对三联苯宁*

【基本信息】$C_{25}H_{26}O_6$, 棱柱状晶体, mp 155.5~156ºC.【类型】三联苯类.【来源】陆地真菌曲霉菌属 Aspergillus candidus.【活性】免疫抑制剂.【文献】T. Kamigauchi, et al. J. Antibiot., 1998, 51, 445.

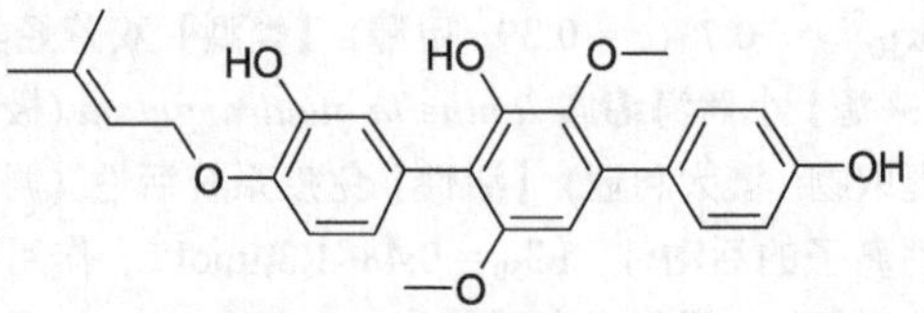

581 3′,4,4″-Trihydroxy-2′,5′-dimethoxy-p-terphenyl 3′,4,4″-三羟基-2′,5′-二甲氧基-p-对三联苯*

【别名】Terphenyllin; 三联苯曲菌素*.【基本信息】$C_{20}H_{18}O_5$, mp 239ºC (分解).【类型】三联苯类.【来源】深海真菌曲霉菌属 Aspergillus candidus, 陆地真菌曲霉菌属 Aspergillus candidus.【活性】植物生长抑制剂.【文献】R. Marchelli, et al. J. Antibiot., 1975, 28, 328; F. Liu, et al. J. Xiamen Univ., 2013, 52, 670 (in Chinese).

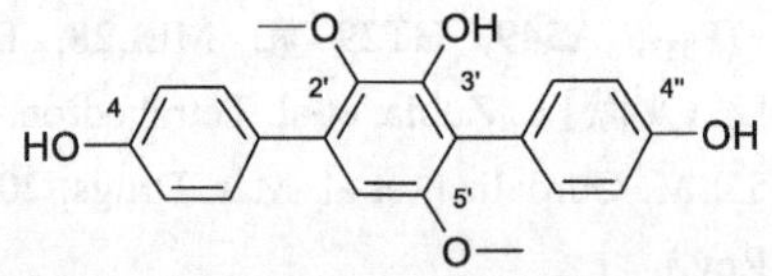

582 Aspulvinone E 曲霉普尔文酮 E*

【基本信息】$C_{17}H_{12}O_5$, 黄色针状晶体 (甲醇), mp 282~284ºC, 275ºC.【类型】普尔文酮群组.【来源】红树导出的真菌土色曲霉菌* Aspergillus terreus GWQ-48, 来自未鉴定的红树 (根际土壤, 福建, 中国); 陆地真菌土色曲霉菌* Aspergillus terreus.【活性】抗病毒 (流感病毒 IFV H1N1 抑制剂, IC_{50} = 192.05μmol/L, 有值得注意的活性); 葡萄糖-6-磷酸酶抑制剂.【文献】N. Ojima, et al. Phytochemistry, 1973, 12, 2527; Vertesy, L. et al. J. Antibiot., 2000, 53, 677; H. Gao, et al. Bioorg. Med. Chem. Lett., 2013, 23, 1776; S. Z. Moghadamtousi, et al. Mar. Drugs, 2015, 13, 4520 (Rev.).

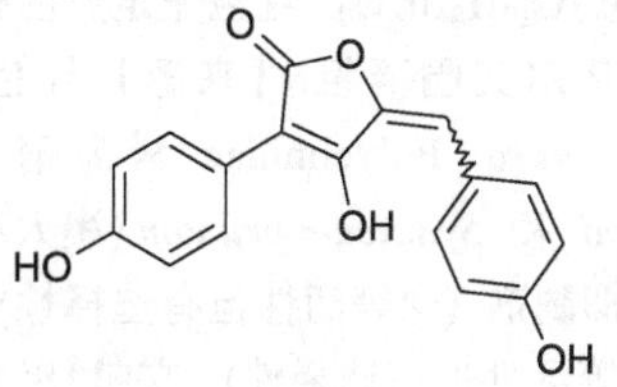

583 Cadiolide B 卡迪内酯 B*
【基本信息】$C_{24}H_{10}Br_6O_6$, 橙色无定形固体. 【类型】普尔文酮群组. 【来源】Pseudodistomidae 科伪二气孔海鞘属* Pseudodistoma antinboja (统营市, 庆尚南道, 韩国) 和菊海鞘属 Botryllus sp. 【活性】抗菌 (MSSA 和 MRSA). 【文献】C. J. Smith, et al. JOC, 1998, 63, 4147; W. Wang, et al. JNP, 2012, 75, 2049.

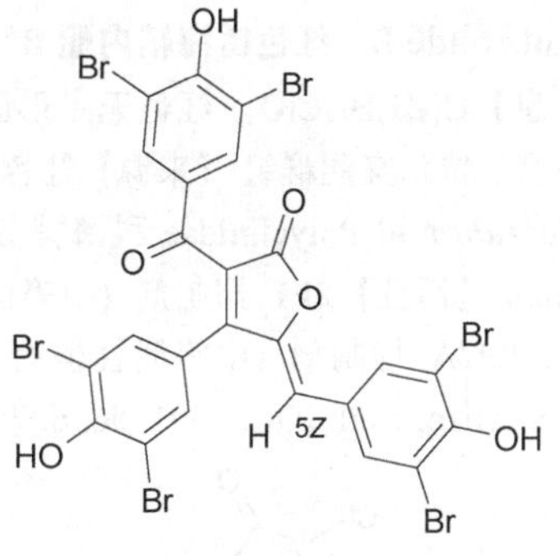

584 Cadiolide E 卡迪内酯 E*
【基本信息】$C_{24}H_{11}Br_5O_6$. 【类型】普尔文酮群组. 【来源】Pseudodistomidae 科伪二气孔海鞘属* Pseudodistoma antinboja (统营市, 庆尚南道, 韩国). 【活性】抗菌 (革兰氏阳性菌和革兰氏阴性菌). 【文献】W. Wang, et al. JNP, 2012, 75, 2049.

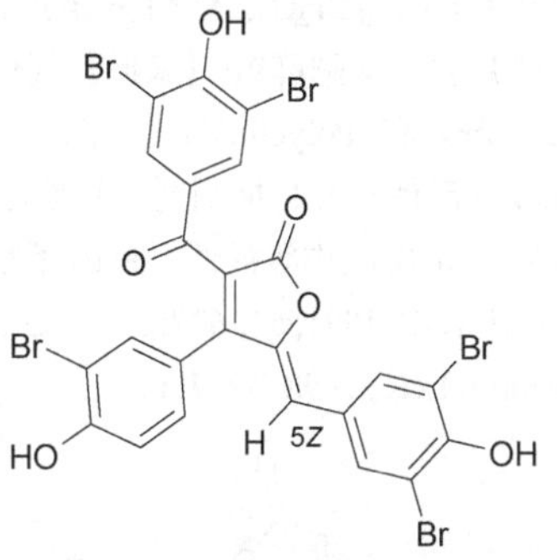

585 Cadiolide G 卡迪内酯 G*
【基本信息】$C_{24}H_{14}Br_4O_6$. 【类型】普尔文酮群组. 【来源】Polyclinidae 科海鞘 Synoicum sp., 楸子岛, 韩国). 【活性】抗菌 (革兰氏阳性菌和革兰氏阴性菌). 【文献】T. H. Won, et al. JNP, 2012, 75, 2055.

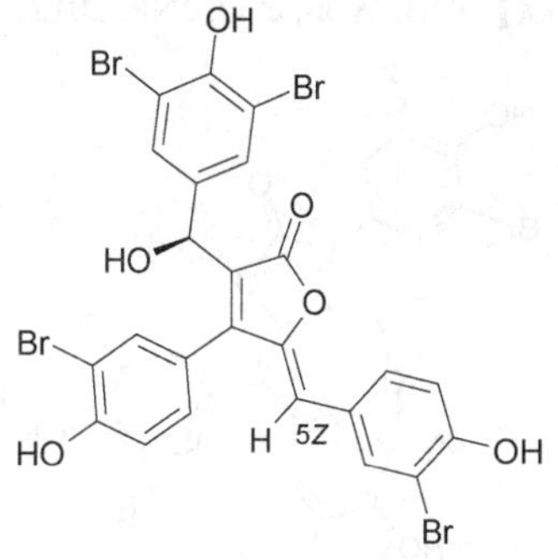

586 (5E)-Cadiolide H (5E)-卡迪内酯 H*
【基本信息】$C_{25}H_{16}Br_4O_6$. 【类型】普尔文酮群组. 【来源】Polyclinidae 科海鞘 Synoicum sp., 楸子岛, 韩国). 【活性】抗菌 (革兰氏阳性菌和革兰氏阴性菌). 【文献】T. H. Won, et al. JNP, 2012, 75, 2055.

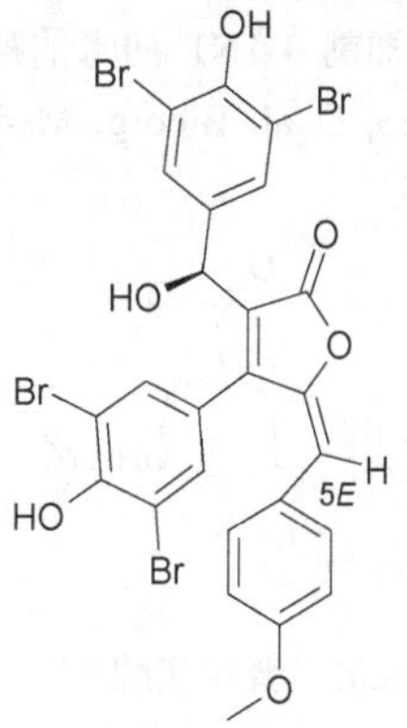

587 (5Z)-Cadiolide H (5Z)-卡迪内酯 H*
【基本信息】$C_{25}H_{16}Br_4O_6$. 【类型】普尔文酮群组. 【来源】Polyclinidae 科海鞘 Synoicum sp., 楸子岛, 韩国). 【活性】抗菌 (革兰氏阳性菌和革兰氏阴性菌). 【文献】T. H. Won, et al. JNP, 2012, 75, 2055.

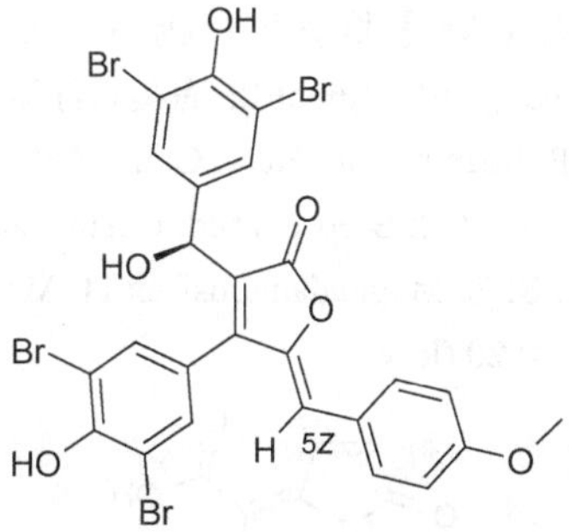

588 Cadiolide I 卡迪内酯 I*
【基本信息】$C_{25}H_{12}Br_6O_7$. 【类型】普尔文酮群组.

【来源】Polyclinidae 科海鞘 *Synoicum* sp., 楸子岛, 韩国).【活性】抗菌 (革兰氏阳性菌和革兰氏阴性菌).【文献】T. H. Won, et al. JNP, 2012, 75, 2055.

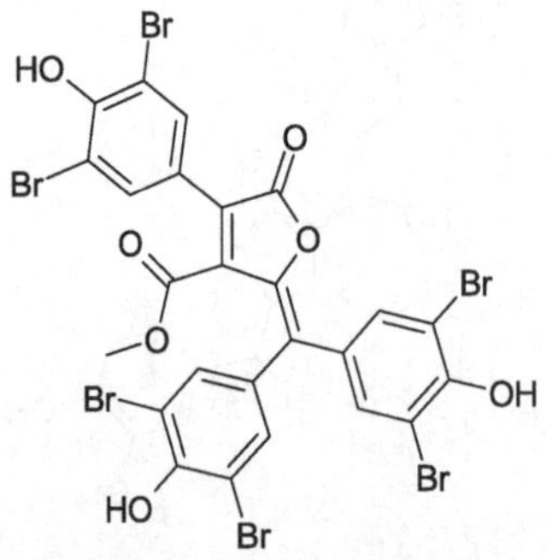

589　Isoaspulvinone E　异曲霉普尔文酮 E*

【基本信息】$C_{17}H_{12}O_5$.【类型】普尔文酮群组.【来源】红树导出的真菌土色曲霉菌* *Aspergillus terreus*, 来自未鉴定的红树 (根际土壤, 福建, 中国).【活性】抗病毒 (H1N1 病毒抑制剂, 有值得注意的活性, 抑制 H1N1 病毒的神经氨酸苷酶).【文献】H. Gao, et al. Bioorg. Med. Chem. Lett., 2013, 23, 1776.

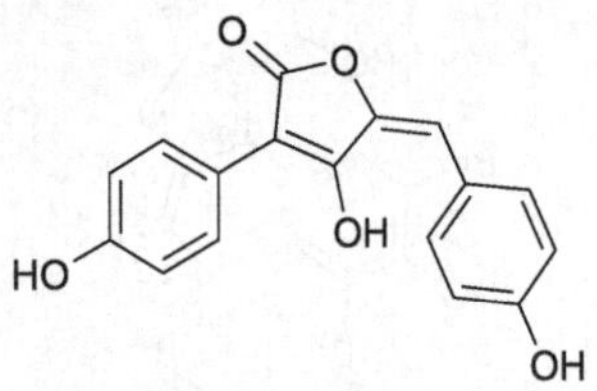

590　Pulvic acid　普尔文酸*

【别名】Pulvinic acid; 地衣枕酸.【基本信息】$C_{12}H_8O_4$, 橙色粉末 (乙醚或氯仿); 橙色棱镜状晶体 (苯), mp 216~217°C.【类型】普尔文酮群组.【来源】红树导出的真菌土色曲霉菌* *Aspergillus terreus* GWQ-48, 来自未鉴定的红树 (根际土壤, 福建, 中国; 首次作为海洋天然产物分离), 各种陆地地衣.【活性】抗病毒 (流感病毒 IFV H1N1 抑制剂, IC_{50} = 94.42μmol/L, 有值得注意的活性).【文献】P. Karrer, et al. Helv. Chim. Acta, 1926, 9, 446; H. Gao, et al. Bioorg. Med. Chem. Lett., 2013, 23, 1776; S. Z. Moghadamtousi, et al. Mar. Drugs, 2015, 13, 4520 (Rev.).

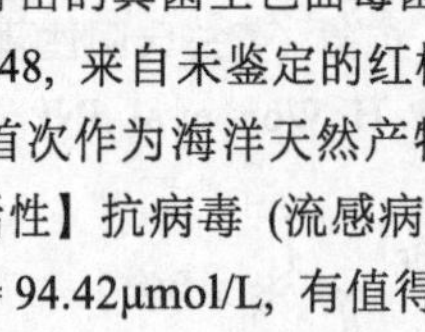

591　Rubrolide A　红色雷海鞘内酯 A*

【基本信息】$C_{17}H_8Br_4O_4$, 红色无定形固体 (丙酮).【类型】普尔文酮群组.【来源】红色雷海鞘* *Ritterella rubra*, Polyclinidae 科海鞘 *Synoicum blochmanni* 和 *Synoicum prunum* (澳大利亚).【活性】PP1 抑制剂 (中等活性但有选择性); PP2A 抑制剂 (中等活性但有选择性).【文献】S. Miao, et al. JOC, 1991, 56, 6275; A. R. Carroll, et al. JOC, 1999, 64, 2680.

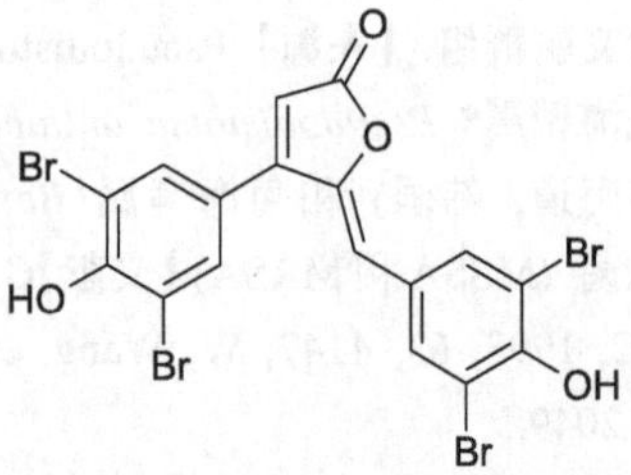

592　Rubrolide B　红色雷海鞘内酯 B*

【基本信息】$C_{17}H_7Br_4ClO_4$, 红色无定形固体 (丙酮).【类型】普尔文酮群组.【来源】红色雷海鞘* *Ritterella rubra* 和 Polyclinidae 科海鞘 *Synoicum blochmanni*.【活性】PP1 抑制剂 (中等活性但有选择性); PP2A 抑制剂 (中等活性但有选择性).【文献】S. Miao, et al. JOC, 1991, 56, 6275.

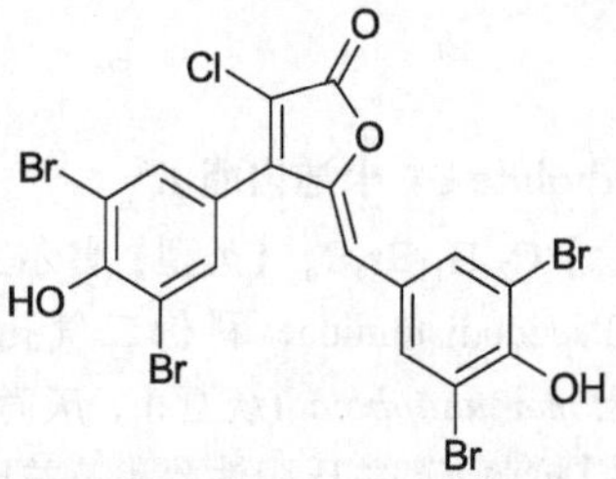

593　Rubrolide C　红色雷海鞘内酯 C*

【基本信息】$C_{17}H_{10}Br_2O_4$, 红色无定形固体 (丙酮).【类型】普尔文酮群组.【来源】红色雷海鞘* *Ritterella rubra* 和 Polyclinidae 科海鞘 *Synoicum blochmanni*.【活性】PP1 抑制剂 (中等活性但有选择性); PP2A 抑制剂 (中等活性但有选择性).【文献】S. Miao, et al. JOC, 1991, 56, 6275; J. Boukouvalas, et al. Tetrahedron Lett., 1998, 39, 7665.

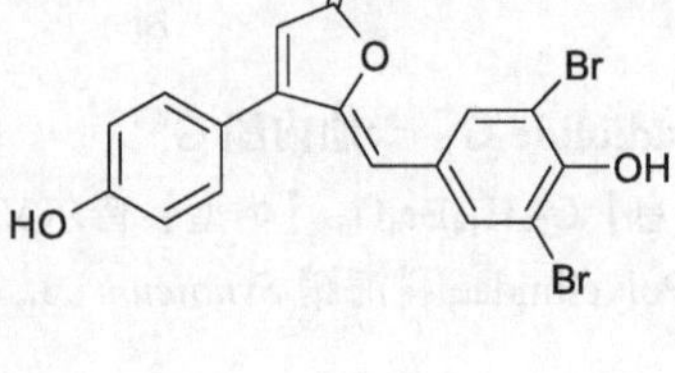

594　Rubrolide D　红色雷海鞘内酯 D*
【基本信息】$C_{17}H_{10}Br_2O_4$.【类型】普尔文酮群组.
【来源】红色雷海鞘* *Ritterella rubra*.【活性】PP1
抑制剂 (中等活性但有选择性); PP2A 抑制剂 (中
等活性但有选择性).【文献】S. Miao, et al. JOC,
1991, 56, 6275.

595　Rubrolide E　红色雷海鞘内酯 E*
【基本信息】$C_{17}H_{12}O_4$, 黄色固体, mp 278~281℃.
【类型】普尔文酮群组.【来源】Polyclinidae 科海
鞘 *Synoicum globosum* (阿尔哥亚湾, 南非), 海鞘
红色雷海鞘* *Ritterella rubra* 和 Polyclinidae 科海
鞘 *Synoicum blochmanni*.【活性】PP1 抑制剂 (中
等活性但有选择性); PP2A 抑制剂 (中等活性但
有选择性).【文献】S. Miao, et al. JOC, 1991, 56,
6275; J. Boukouvalas, et al. Tetrahedron Lett., 1998,
39, 7665; J. Sikorska, et al. JNP, 2012, 75, 1824.

596　Rubrolide F　红色雷海鞘内酯 F*
【基本信息】$C_{18}H_{14}O_4$, 黄色固体.【类型】普尔文
酮群组.【来源】Polyclinidae 科海鞘 *Synoicum
globosum* (阿尔哥亚湾, 南非), 红色雷海鞘*
Ritterella rubra.【活性】PP1 抑制剂 (中等活性但
有选择性); PP2A 抑制剂 (中等活性但有选择性).
【文献】S. Miao, et al. JOC, 1991, 56, 6275; J.
Sikorska, et al. JNP, 2012, 75, 1824.

597　Rubrolide G　红色雷海鞘内酯 G*
【基本信息】$C_{17}H_{10}Br_4O_5$.【类型】普尔文酮群组.
【来源】红色雷海鞘* *Ritterella rubra*.【活性】PP1
抑制剂 (中等活性但有选择性); PP2A 抑制剂 (中
等活性但有选择性).【文献】S. Miao, et al. JOC,
1991, 56, 6275.

598　Rubrolide H　红色雷海鞘内酯 H*
【基本信息】$C_{17}H_9Br_4ClO_5$.【类型】普尔文酮群组.
【来源】红色雷海鞘* *Ritterella rubra*.【活性】PP1
抑制剂 (中等活性但有选择性); PP2A 抑制剂 (中
等活性但有选择性).【文献】S. Miao, et al. JOC,
1991, 56, 6275.

599　Rubrolide I　红色雷海鞘内酯 I*
【基本信息】$C_{17}H_8Br_3ClO_4$, 橙黄色粉末.【类型】
普尔文酮群组.【来源】Polyclinidae 科海鞘
Synoicum blochmanni (西班牙).【活性】细胞毒
(HT29, $ED_{50} = 5.0 \mu g/mL$).【文献】M. J. Ortega, et
al. Tetrahedron, 2000, 56, 3963.

600　Rubrolide K　红色雷海鞘内酯 K*
【基本信息】$C_{17}H_9Br_2ClO_4$, 橙色无定形固体.【类
型】普尔文酮群组.【来源】Polyclinidae 科海鞘
Synoicum blochmanni (西班牙).【活性】细胞毒
(P_{388}, $ED_{50} = 2.5 \mu g/mL$, A549, $ED_{50} = 2.5 \mu g/mL$,

HT29, ED_{50} = 1.2μg/mL).【文献】M. J. Ortega, et al. Tetrahedron, 2000, 56, 3963.

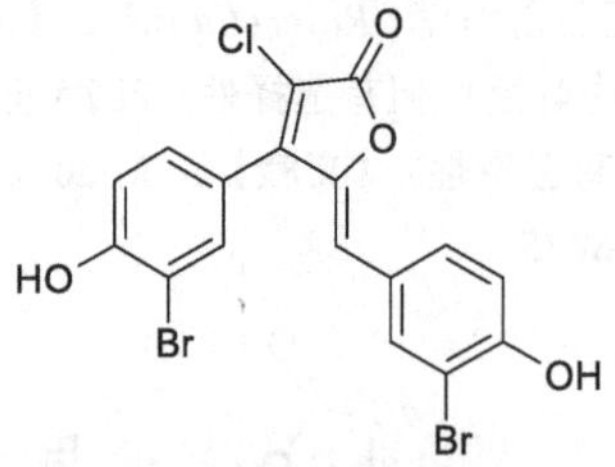

601 Rubrolide L 红色雷海鞘内酯 L*
【基本信息】$C_{17}H_9Br_2ClO_4$, 微红橙色无定形固体.【类型】普尔文酮群组.【来源】Polyclinidae 科海鞘 *Synoicum blochmanni* (西班牙).【活性】细胞毒 (P_{388}, ED_{50} = 5μg/mL; A549, ED_{50} = 5μg/mL; HT29, ED_{50} = 2.5μg/mL, MEL28, ED_{50} = 5μg/mL).【文献】M. J. Ortega, et al. Tetrahedron, 2000, 56, 3963.

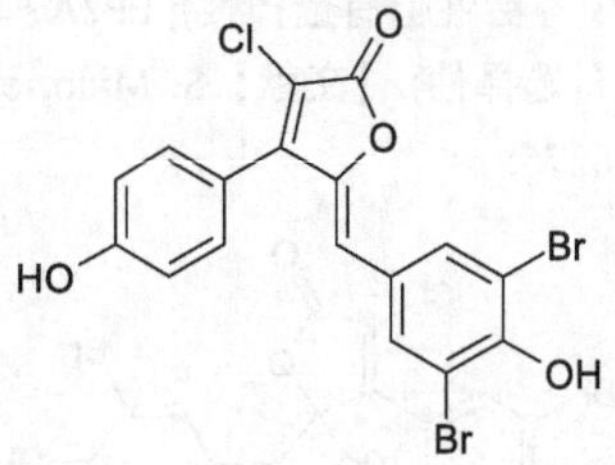

602 Rubrolide M 红色雷海鞘内酯 M*
【基本信息】$C_{17}H_{10}BrClO_4$, 橙色无定形固体.【类型】普尔文酮群组.【来源】Polyclinidae 科海鞘 *Synoicum blochmanni* (西班牙).【活性】细胞毒 (P_{388}, ED_{50} = 1.2μg/mL; A549, ED_{50} = 1.2μg/mL; HT29, ED_{50} = 1.2μg/mL; MEL28, ED_{50} = 1.2μg/mL).【文献】M. J. Ortega, et al. Tetrahedron, 2000, 56, 3963.

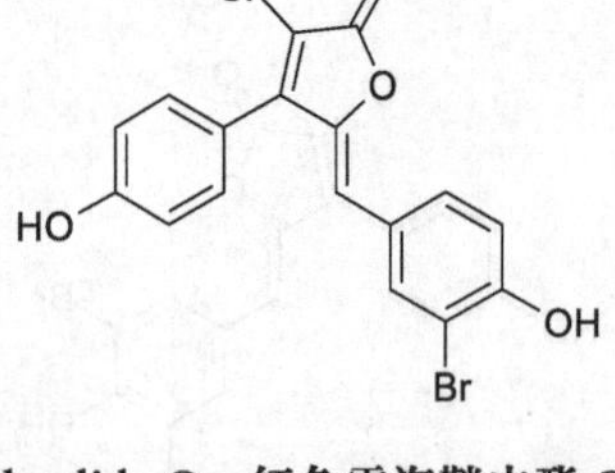

603 Rubrolide O 红色雷海鞘内酯 O*
【基本信息】$C_{17}H_9Br_2ClO_4$, 无定形黄色固体.【类型】普尔文酮群组.【来源】Polyclinidae 科海鞘 *Synoicum* sp.【活性】抗炎 (Z/E 异构体比例 9:1, 抑制通过人中性粒细胞生成超氧化物, *in vitro*, IC_{50} = 35μmol/L, 无短期毒性); 抗炎 (抑制 PMA 诱导的中性粒细胞对微滴定盘的黏附); 抗恶性细胞增生（暴露 48h MTT-检测试验, IC_{50} = 33μmol/L).【文献】A. N. Pearce, et al. JNP, 2007, 70, 111.

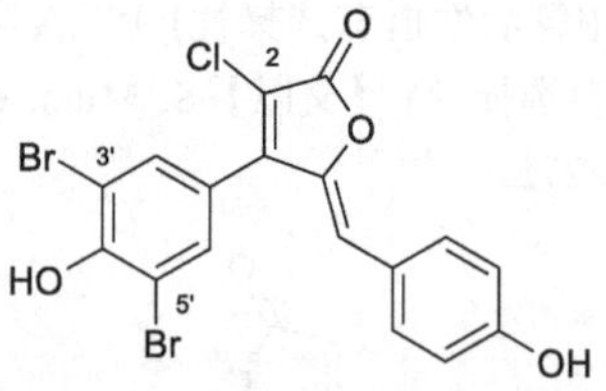

604 Carbamidocyclophane A 碳酰胺环芳 A*
【基本信息】$C_{38}H_{54}Cl_4N_2O_8$, $[α]_D^{22}$ = −1.2º (c = 0.4, 甲醇).【类型】圆筒二苯撑环烷烃衍生物.【来源】蓝细菌念珠藻属 *Nostoc* sp. CAVN 10.【活性】抗菌 (金黄色葡萄球菌 *Staphylococcus aureus* ATCC 6538, MIC = 0.1mmol/L); 细胞毒 (MCF7, IC_{50} = 0.86μmol/L, 人羊膜上皮细胞系 Fl, IC_{50} = 3.3μmol/L).【文献】H. T. N. Bui, et al. JNP, 2007, 70, 499.

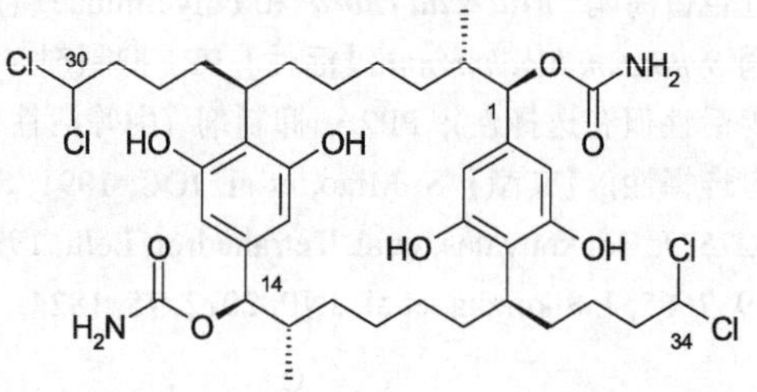

605 Carbamidocyclophane B 碳酰胺环芳 B*
【基本信息】$C_{38}H_{55}Cl_3N_2O_8$, $[α]_D^{22}$ = −0.3º (c = 0.34, 甲醇).【类型】圆筒二苯撑环烷烃衍生物.【来源】蓝细菌念珠藻属 *Nostoc* sp. CAVN 10.【活性】抗菌 (金黄色葡萄球菌 *Staphylococcus aureus* ATCC 6538, MIC = 0.04mmol/L); 细胞毒 (MCF7, IC_{50} = 1.8μmol/L, 人羊膜上皮细胞系 Fl, IC_{50} = 4.2μmol/L).【文献】H. T. N. Bui, et al. JNP, 2007, 70, 499.

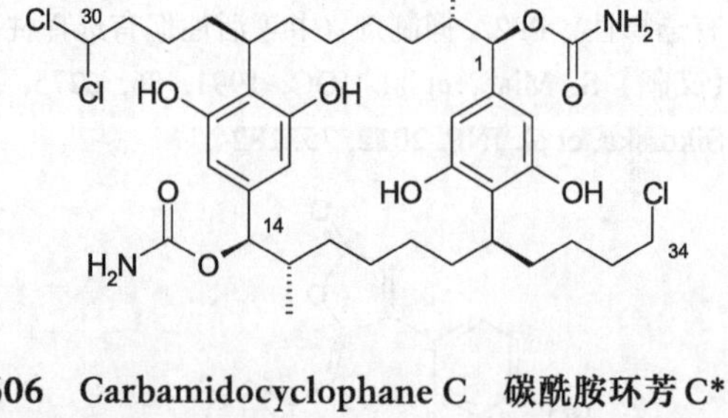

606 Carbamidocyclophane C 碳酰胺环芳 C*
【基本信息】$C_{38}H_{56}Cl_2N_2O_8$, $[α]_D^{22}$ = +8.5º (c = 0.56, 甲醇).【类型】圆筒二苯撑环烷烃衍生物.

【来源】蓝细菌念珠藻属 *Nostoc* sp. CAVN 10.【活性】抗菌 (金黄色葡萄球菌 *Staphylococcus aureus* ATCC 6538, MIC = 0.06mmol/L); 细胞毒 (MCF7, IC$_{50}$ = 2.2μmol/L; 人羊膜上皮细胞系 Fl, IC$_{50}$ = 5.1μmol/L).【文献】H. T. N. Bui, et al. JNP, 2007, 70, 499.

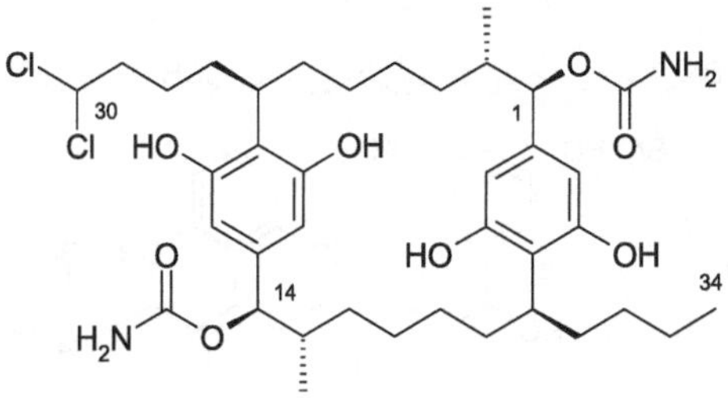

607 Carbamidocyclophane D 碳酰胺环芳 D*
【基本信息】C$_{38}$H$_{57}$ClN$_2$O$_8$, [α]$_D^{22}$ = +5.6º (*c* = 0.26, 甲醇).【类型】圆筒二苯撑环烷烃衍生物.【来源】蓝细菌念珠藻属 *Nostoc* sp. CAVN 10.【活性】抗菌 (金黄色葡萄球菌 *Staphylococcus aureus*); 细胞毒 (MCF7 和人羊膜上皮细胞系 Fl).【文献】H. T. N. Bui, et al. JNP, 2007, 70, 499.

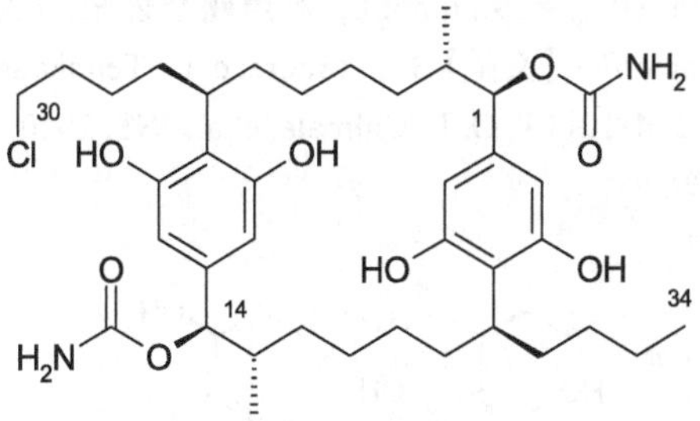

608 Carbamidocyclophane E 碳酰胺环芳 E*
【基本信息】C$_{38}$H$_{58}$N$_2$O$_8$, [α]$_D^{22}$ = +5.7º (*c* = 0.12, 甲醇).【类型】圆筒二苯撑环烷烃衍生物.【来源】蓝细菌念珠藻属 *Nostoc* sp. CAVN 10【活性】抗菌 (金黄色葡萄球菌 *Staphylococcus aureus*); 细胞毒 (MCF7 和人羊膜上皮细胞系 Fl).【文献】H. T. N. Bui, et al. JNP, 2007, 70, 499.

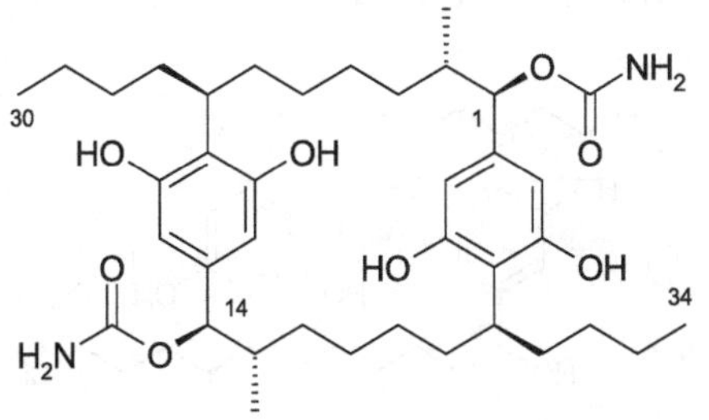

609 Cylindrocyclophane A 圆筒二苯撑环烷烃 A*
【基本信息】C$_{36}$H$_{56}$O$_6$, 晶体, mp 276~278ºC, [α]$_D$ = –20º (*c* = 0.5, 甲醇).【类型】圆筒二苯撑环烷烃衍生物.【来源】蓝细菌念珠藻科地衣形简胞藻 *Cylindrospermum licheniforme* ATCC 29204 和蓝细菌念珠藻属 *Nostoc* sp. UIC 10022A.【活性】20S-蛋白酶体抑制剂 (IC$_{50}$ = 33.9μmol/L, 对照硼替佐米, IC$_{50}$ = 2.5nmol/L).【文献】B. S. Moore, et al. Tetrahedron, 1992, 48, 3001; G. E. Chlipala, et al. JNP, 2010, 73, 1529.

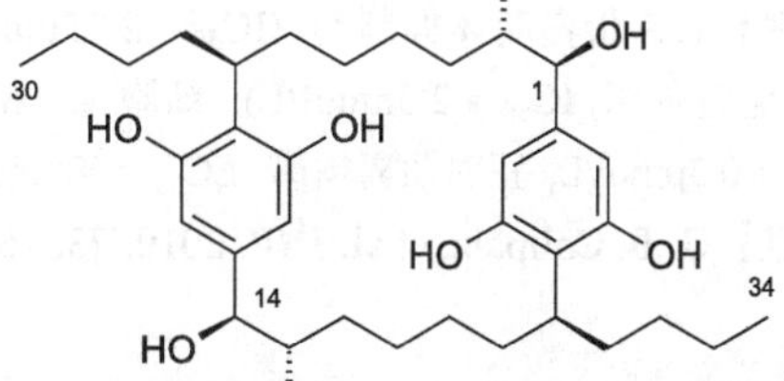

610 Cylindrocyclophane A$_1$ 圆筒二苯撑环烷烃 A$_1$*
【基本信息】C$_{36}$H$_{55}$ClO$_6$, 无定形粉末.【类型】圆筒二苯撑环烷烃衍生物.【来源】蓝细菌念珠藻属 *Nostoc* sp. UIC 10022A.【活性】20S-蛋白酶体抑制剂 (IC$_{50}$ = 27.6μmol/L, 对照硼替佐米, IC$_{50}$ = 2.5nmol/L).【文献】G. E. Chlipala, et al. JNP, 2010, 73, 1529.

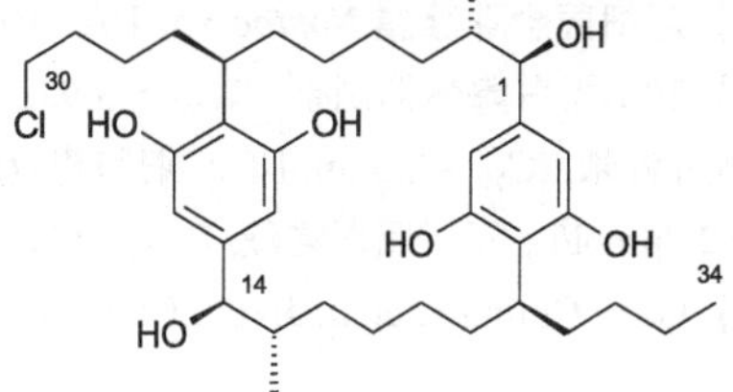

611 Cylindrocyclophane A$_2$ 圆筒二苯撑环烷烃 A$_2$*
【基本信息】C$_{36}$H$_{54}$Cl$_2$O$_6$, 无定形粉末, [α]$_D$ = –26º (*c* = 0.07, 甲醇).【类型】圆筒二苯撑环烷烃衍生物.【来源】蓝细菌念珠藻属 *Nostoc* sp. UIC 10022A.【活性】20S-蛋白酶体抑制剂 (IC$_{50}$ = 2.55μmol/L, 对照硼替佐米, IC$_{50}$ = 2.5nmol/L); 细胞毒 (HT29, EC$_{50}$ = 1.7μmol/L, 正对照喜树碱, EC$_{50}$ = 60nmol/L).【文献】G. E. Chlipala, et al. JNP, 2010, 73, 1529.

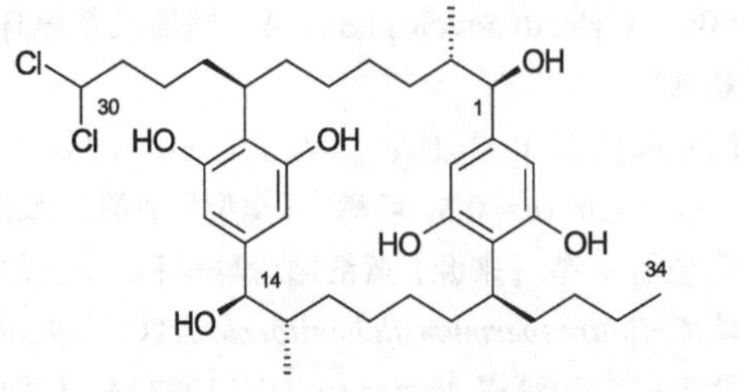

612 Cylindrocyclophane A₃ 圆筒二苯撑环烷烃 A₃*

【基本信息】$C_{36}H_{53}Cl_3O_6$，无定形粉末，$[\alpha]_D = -27º$ ($c = 0.06$, 甲醇).【类型】圆筒二苯撑环烷烃衍生物.【来源】蓝细菌念珠藻属 Nostoc sp. UIC 10022A.
【活性】20S-蛋白酶体抑制剂（$IC_{50} = 2.75\mu mol/L$, 对照硼替佐米, $IC_{50} = 2.5nmol/L$）；细胞毒（HT29, $EC_{50} = 0.5\mu mol/L$, 正对照喜树碱, $EC_{50} = 60nmol/L$）.【文献】G. E. Chlipala, et al. JNP, 2010, 73, 1529.

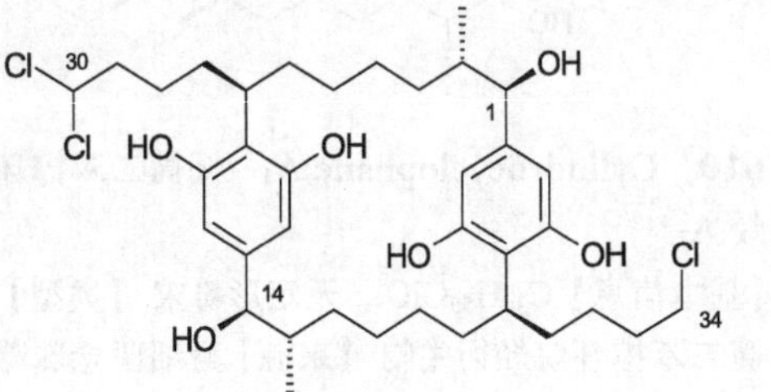

613 Cylindrocyclophane A₄ 圆筒二苯撑环烷烃 A₄*

【基本信息】$C_{36}H_{52}Cl_4O_6$，无定形粉末，$[\alpha]_D = -26º$ ($c = 0.2$, 甲醇).【类型】圆筒二苯撑环烷烃衍生物.【来源】蓝细菌念珠藻属 Nostoc sp. UIC 10022A.
【活性】20S-蛋白酶体抑制剂（$IC_{50} = 3.93\mu mol/L$, 对照硼替佐米, $IC_{50} = 2.5nmol/L$）；细胞毒（HT29, $EC_{50} = 2.0\mu mol/L$, 正对照喜树碱, $EC_{50} = 60nmol/L$）.【文献】G. E. Chlipala, et al. JNP, 2010, 73, 1529.

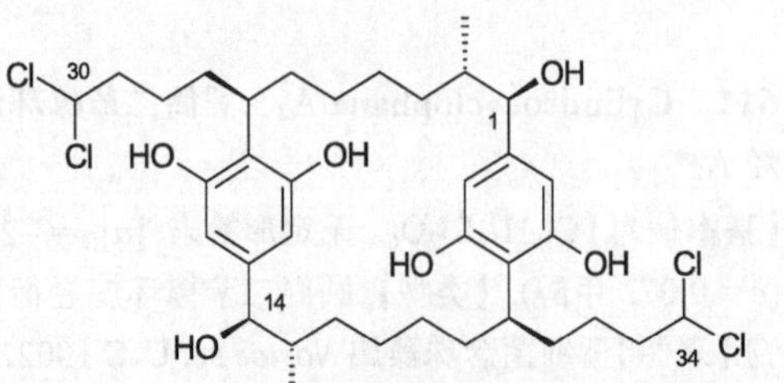

614 Cylindrocyclophane A_{B4} 圆筒二苯撑环烷烃 A_{B4}*

【基本信息】$C_{36}H_{52}Br_4O_6$，无定形粉末，$[\alpha]_D = -45º$ ($c = 0.04$, 甲醇).【类型】圆筒二苯撑环烷烃衍生物.【来源】蓝细菌念珠藻属 Nostoc sp. UIC 10022A.
【活性】20S-蛋白酶体抑制剂（$IC_{50} = 2.23\mu mol/L$, 对照硼替佐米, $IC_{50} = 2.5nmol/L$）；细胞毒（HT29, $EC_{50} = 0.5\mu mol/L$, 正对照喜树碱, $EC_{50} = 60nmol/L$）.【文献】G. E. Chlipala, et al. JNP, 2010, 73, 1529.

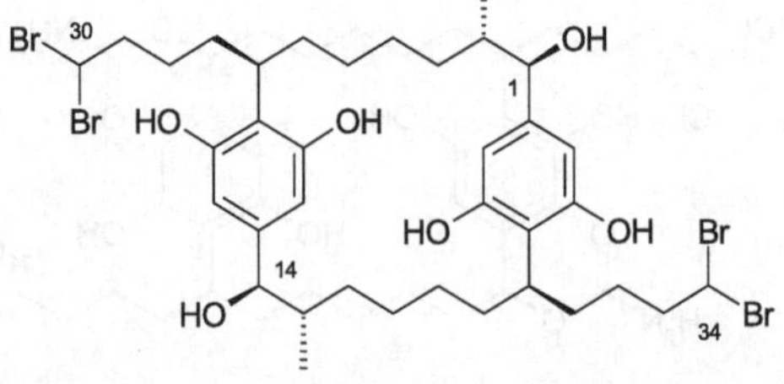

615 Cylindrocyclophane C 圆筒二苯撑环烷烃 C*

【基本信息】$C_{36}H_{56}O_5$, $[\alpha]_D = -40º$ ($c = 0.1$, 甲醇).【类型】圆筒二苯撑环烷烃衍生物.【来源】蓝细菌念珠藻科地衣形筒孢藻 Cylindrospermum licheniforme ATCC 29204 和蓝细菌念珠藻属 Nostoc sp. UIC 10022A.【活性】20S-蛋白酶体抑制剂（$IC_{50} = 59.3\mu mol/L$, 对照硼替佐米, $IC_{50} = 2.5nmol/L$）.【文献】B. S. Moore, et al. Tetrahedron, 1992, 48, 3001; G. E. Chlipala, et al. JNP, 2010, 73, 1529.

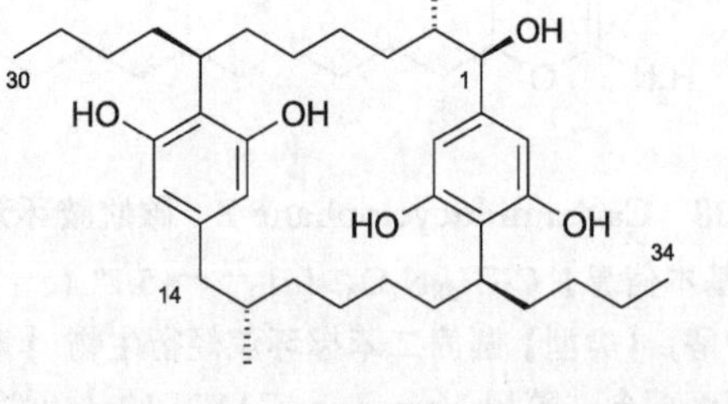

616 Cylindrocyclophane C₂ 圆筒二苯撑环烷烃 C₂*

【基本信息】$C_{36}H_{54}Cl_2O_5$，无定形粉末，$[\alpha]_D = -37º$ ($c = 0.15$, 甲醇).【类型】圆筒二苯撑环烷烃衍生

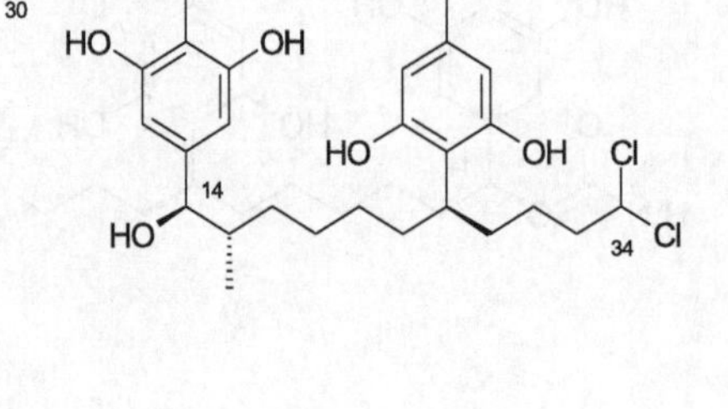

物.【来源】蓝细菌念珠藻属 *Nostoc* sp. UIC 10022A.
【活性】20S-蛋白酶体抑制剂 (IC$_{50}$ = 22.8μmol/L, 对照硼替佐米, IC$_{50}$ = 2.5nmol/L); 细胞毒 (HT29, EC$_{50}$ = 0.9μmol/L, 正对照喜树碱, EC$_{50}$ = 60nmol/L).
【文献】G. E. Chlipala, et al. JNP, 2010, 73, 1529.

617 Cylindrocyclophane C$_4$ 圆筒二苯撑环烷烃 C$_4$*

【基本信息】C$_{36}$H$_{52}$Cl$_4$O$_5$, 无定形粉末, [α]$_D$ = –40° (*c* = 0.03, 甲醇).【类型】圆筒二苯撑环烷烃衍生物.【来源】蓝细菌念珠藻属 *Nostoc* sp. UIC 10022A.【活性】20S-蛋白酶体抑制剂 (IC$_{50}$ = 11.2μmol/L, 对照硼替佐米, IC$_{50}$ = 2.5nmol/L); 细胞毒 (HT29, EC$_{50}$ = 2.8μmol/L, 正对照喜树碱, EC$_{50}$ = 60nmol/L).
【文献】G. E. Chlipala, et al. JNP, 2010, 73, 1529.

618 Cylindrocyclophane F 圆筒二苯撑环烷烃 F*

【基本信息】C$_{36}$H$_{56}$O$_4$, [α]$_D$ = –72° (*c* = 0.9, 甲醇).
【类型】圆筒二苯撑环烷烃衍生物.【来源】蓝细菌念珠藻科地衣形筒孢藻 *Cylindrospermum licheniforme* ATCC 29412 和蓝细菌念珠藻属 *Nostoc* sp. UIC 10022A.【活性】20S-蛋白酶体抑制剂 (IC$_{50}$ > 100μmol/L, 对照硼替佐米, IC$_{50}$ = 2.5nmol/L).【文献】B. S. Moore, et al. Tetrahedron, 1992, 48, 3001; G. E. Chlipala, et al. JNP, 2010, 73, 1529.

619 Cylindrocyclophane F$_4$ 圆筒二苯撑环烷烃 F$_4$*

【基本信息】C$_{36}$H$_{52}$Cl$_4$O$_4$, 无定形粉末.【类型】圆筒二苯撑环烷烃衍生物.【来源】蓝细菌念珠藻属 *Nostoc* sp. UIC 10022A.【活性】20S-蛋白酶体抑制剂 (IC$_{50}$ = 44.8μmol/L, 对照硼替佐米, IC$_{50}$ = 2.5nmol/L).【文献】G. E. Chlipala, et al. JNP, 2010, 73, 1529.

620 Nostocyclophane A 念珠藻环芳 A*

【基本信息】C$_{48}$H$_{74}$Cl$_2$O$_{16}$, 油状物, [α]$_D^{25}$ = –12° (*c* = 0.1, 甲醇).【类型】圆筒二苯撑环烷烃衍生物.
【来源】蓝细菌林氏念珠藻* *Nostoc linckia* UTEX B1932.【活性】细胞毒 (KB, LoVo, IC$_{50}$ = 1~2μg/mL).【文献】B. S. Moore, et al. JACS, 1990, 112, 4061; J. L. Chen, et al. JOC, 1991, 56, 4360.

621 Nostocyclophane B 念珠藻环芳 B*

【基本信息】C$_{42}$H$_{64}$Cl$_2$O$_{11}$, 油状物, [α]$_D^{25}$ = –3.7° (*c* = 0.25, 甲醇).【类型】圆筒二苯撑环烷烃衍生物.【来源】蓝细菌林氏念珠藻* *Nostoc linckia* UTEX B1932.【活性】细胞毒 (KB, LoVo, IC$_{50}$ = 1~2μg/mL).【文献】B. S. Moore, et al. JACS, 1990, 112, 4061; J. L. Chen, et al. JOC, 1991, 56, 4360.

622 Nostocyclophane C 念珠藻环芳 C*

【基本信息】C$_{35}$H$_{52}$Cl$_2$O$_6$, 油状物, [α]$_D^{25}$ = –5.53° (*c* = 0.27, 甲醇).【类型】圆筒二苯撑环烷烃衍生

物.【来源】蓝细菌林氏念珠藻* Nostoc linckia UTEX B1932.【活性】细胞毒 (KB, LoVo, IC$_{50}$ = 1~2μg/mL).【文献】B. S. Moore, et al. JACS, 1990, 112, 4061; J. L. Chen, et al. JOC, 1991, 56, 4360.

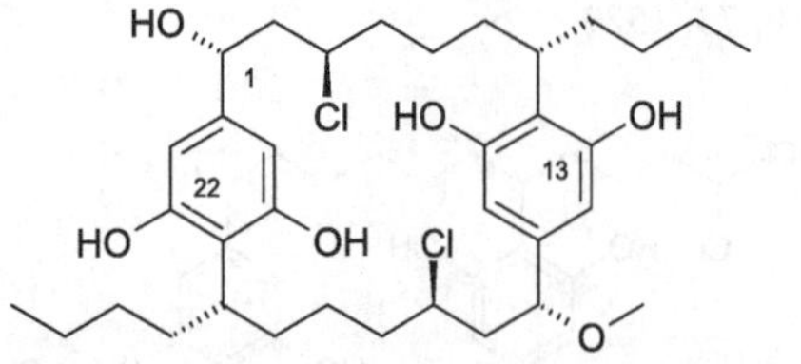

623　Nostocyclophane D　念珠藻环芳 D*
【基本信息】C$_{36}$H$_{54}$Cl$_2$O$_6$, 晶体 (乙醇水溶液), mp 242~243°C, $[\alpha]_D^{25}$ = +10.8° (c = 0.4, 甲醇).【类型】圆筒二苯撑环烷烃衍生物.【来源】蓝细菌林氏念珠藻* Nostoc linckia UTEX B1932.【活性】细胞毒 (KB, LoVo, IC$_{50}$ = 0.5μg/mL).【文献】B. S. Moore, et al. JACS, 1990, 112, 4061; J. L. Chen, et al. JOC, 1991, 56, 4360.

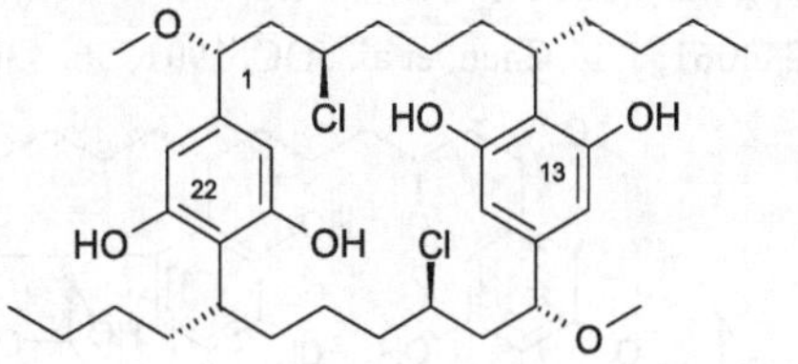

2.3　环庚三烯酚酮衍生物

624　Thiotropocin　硫代环庚三烯酚新*
【别名】4-Hydroxy-8-thioxocyclohept[c][1,2]oxathiol-3(8H)-one; Antibiotics CB 104; 4-羟基-8-硫酮基环庚[c][1,2]氧杂硫醇-3(8H)-酮; 抗生素 CB 104.【基本信息】C$_8$H$_4$O$_3$S$_2$, 细橙色针晶, mp 222~225°C (分解), mp 300°C.【类型】环庚三烯酚酮衍生物.【来源】海洋导出的细菌柄杆菌属 Caulobacter sp. PK654.【活性】抗菌 (革兰氏阳性菌和革兰氏阴性菌), 抗真菌; 抗支原体; LD$_{50}$ (小鼠, orl) = 50~100mg/kg.【文献】Y. Kawano, et al. J. Mar. Biotechnol., 1997, 5, 225; 1998, 6, 49.

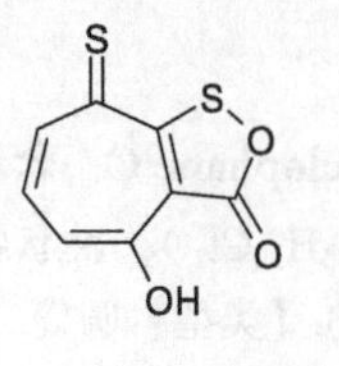

625　Tropolone　环庚三烯酚酮
【别名】2-Hydroxy-2,4,6-cycloheptatrien-1-one; 2-羟基-2,4,6-环庚三烯-1-酮; 托酚酮.【基本信息】C$_7$H$_6$O$_2$, 针状晶体 (己烷或石油醚), mp 49~50°C.【类型】环庚三烯酚酮衍生物.【来源】海洋导出的细菌加利西亚暗棕色杆菌 (模式种) Phaeobacter gallaciensis DSM17395.【活性】LD$_{50}$ (大白鼠, ipr) = 190mg/kg.【文献】V. Thiel, et al. Org. Biomol. Chem., 2010, 8, 234.

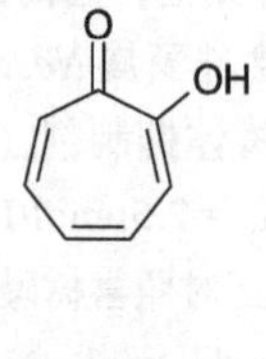

2.4　苯并呋喃类

626　6,7-Dihydro-3-(hydroxymethyl)-6-methyl-4(5H)-benzofuranone　6,7-二氢-3-(羟基甲基)-6-甲基-4(5H)-苯并呋喃酮*
【基本信息】C$_{10}$H$_{12}$O$_3$.【类型】苯并呋喃类.【来源】海洋导出的真菌拟茎点霉属 Phomopsis sp. hzla01-1, 来自未鉴定的海洋生物.【活性】抗菌 (大肠杆菌 Escherichia coli, 白色念珠菌 Candida albicans, 酿酒酵母 Saccharomyces cerevisiae, 枯草杆菌 Bacillus subtilis).【文献】X. P. Du, et al. J. Antibiot., 2008, 61, 250.

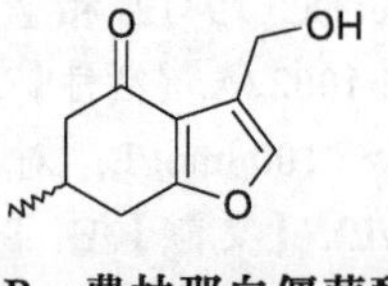

627　Felinone B　费林那白僵菌酮 B*
【基本信息】C$_{12}$H$_{14}$O$_3$.【类型】苯并呋喃类.【来源】海洋导出的真菌费林那白僵菌* Beauveria felina EN-135 (昆虫病源真菌).【活性】抗菌 (铜绿假单胞菌 Pseudomonas aeruginosa, MIC = 32μg/mL).【文献】F. Y. Du, et al. Mar. Drugs, 2014, 12, 2816.

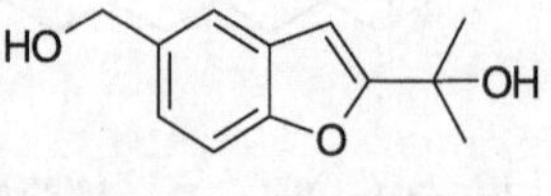

628　Isoacremine D
【基本信息】C$_{12}$H$_{14}$O$_3$.【类型】苯并呋喃类.【来

源】海洋导出的真菌毁丝霉属 *Myceliophthora lutea*. 【活性】抗菌（金黄色葡萄球菌 *Staphylococcus aureus*, MIC = 200μg/mL）. 【文献】O. F. Smetanina, et al. Chem. Nat. Compd., 2011, 47, 385.

629 Phialofurone 海洋真菌呋喃酮*

【基本信息】$C_{14}H_{16}O_4$, 黄色粉末, $[\alpha]_D^{20} = -4.9°$ ($c = 0.16$, 甲醇). 【类型】苯并呋喃类. 【来源】海洋导出的真菌 *Phialocephala* sp. (深海沉积物, 东太平洋). 【活性】细胞毒 [P_{388}, $IC_{50} = (0.2\pm0.01)$μmol/L, 对照顺-二胺二氯铂 (CDDP), $IC_{50} = (0.04\pm0.03)$μmol/L; K562, $IC_{50} = (22.4\pm0.9)$μmol/L, 顺-二胺二氯铂 (CDDP), $IC_{50} = (0.08\pm0.05)$μmol/L]. 【文献】D.-H. Li, et al. Chem. Biodiv., 2011, 8, 895.

630 Thelepin 日本沙蚕素

【基本信息】$C_{14}H_9Br_3O_3$, 浅黄色晶体（甲醇）, mp 202~203°C. 【类型】苯并呋喃类. 【来源】环节动物蠕虫 *Thelepus setosus*. 【活性】抗真菌. 【文献】T. Higa, et al. Tetrahedron, 1975, 31, 2379; O. Tsuge, et al. Chem. Lett., 1984, 1415.

631 Ustusorane E 焦曲霉欧兰 E*

【基本信息】$C_{15}H_{22}O_4$, 无定形固体, $[\alpha]_D^{20} = -11°$ ($c = 0.1$, 甲醇). 【类型】苯并呋喃类. 【来源】红树导出的真菌焦曲霉* *Aspergillus ustus* 094102, 来自红树木榄 *Bruguiera gymnorrhiza* (根际土壤, 文昌, 海南, 中国). 【活性】细胞毒 (A549, $IC_{50} > 100$μmol/L, 对照 VP-16, $IC_{50} = 0.63$μmol/L; HL60, $IC_{50} = 0.13$μmol/L, VP-16, $IC_{50} = 0.042$μmol/L). 【文献】Z. Lu, et al. JNP, 2009, 72, 1761.

632 (±)-Acetophthalidin (±)-乙酰苯并呋喃酮因*

【别名】3-Acetyl-5,7-dihydroxy-1(3*H*)-isobenzofuranone; 3-乙酰基-5,7-二羟基-1(3*H*)-异苯并呋喃酮*. 【基本信息】$C_{10}H_8O_5$, 粉末, mp 213~215°C (分解), mp 195~205°C. 【类型】异苯并呋喃类. 【来源】红树导出的真菌曲霉菌属 *Aspergillus* sp. (来自沉积物). 【活性】细胞毒; 哺乳动物细胞循环抑制剂 (tsFT210, 6.25μg/mL, 完全阻断细胞周期的 G_2/M 相). 【文献】C.-B. Cui, et al. J. Antibiot., 1996, 49, 216; S. Nomoto, et al. Liebigs Ann., 1997, 721; T. S. Bugni, et al. NPR, 2004, 21, 143 (Rev.).

633 3-Acetyl-7-hydroxy-5-methoxy-3,4-dimethyl-1(3*H*)-isobenzofuranone 3-乙酰基-7-羟基-5-甲氧基-3,4-二甲基-1(3*H*)-异苯并呋喃酮*

【基本信息】$C_{13}H_{14}O_5$, 针状晶体, $[\alpha]_D^{29} = +200°$ ($c = 0.05$, 乙醇). 【类型】异苯并呋喃类. 【来源】海洋导出的真菌炭角菌科 *Halorosellinia oceanica* BCC5149 和 *Leptosphaeria* sp. KTC 727. 【活性】抗结核 (结核分枝杆菌 *Mycobacterium tuberculosis*, MIC = 200μg/mL, 低活性). 【文献】M. Chinworrungsee, et al. JCS Perkin Trans. I, 2002, 2473; W. C. Tayone, et al. JNP, 2011, 74, 425.

634 Ascolactone B 盐角草壳二孢内酯 B*

【基本信息】$C_{15}H_{16}O_7$, 无定形固体, $[\alpha]_D^{25} = -169.2°$ ($c = 0.5$, 甲醇). 【类型】异苯并呋喃类. 【来源】海洋导出的亚隔孢壳科盐角草壳二孢真菌* *Ascochyta salicorniae*, 来自绿藻石莼属 *Ulva* sp.

(德国, 北海海岸). 【活性】蛋白磷酸酶抑制剂 [MPtpB (分枝杆菌的蛋白酪氨酸磷酸酶 B), IC_{50} = 95.0μmol/L; Cdc25a, PTP1B, VHR, MPtpA 和 VE-PTP, 对 5 种酶均无活性]. 【文献】S. F. Seibert, et al. Org. Biomol. Chem., 2006, 4, 2233.

635 3-Butyl-7-methoxyphthalide 3-丁基-7-甲氧基苯并呋喃酮*

【基本信息】$C_{13}H_{16}O_3$, 黏性液体, $[\alpha]_D^{27}$ = –49.1º (c = 1.8, 氯仿). 【类型】异苯并呋喃类. 【来源】海洋导出的真菌Pleosporales目CRIF2, 来自未鉴定的海绵 (泰国). 【活性】细胞毒 (数种癌细胞). 【文献】V. Prachyawarakorn, et al. Planta Med., 2008, 74, 69.

636 Corollosporin 花冠菌林*

【别名】3-Hexyl-3,7-dihydroxy-1(3H)-isobenzofuranone; 3-己基-3,7-二羟基-1(3H)-异苯并呋喃酮*. 【基本信息】$C_{14}H_{18}O_4$, 晶体 (己烷/乙酸乙酯), mp 79.5~81.5ºC. 【类型】异苯并呋喃类. 【来源】海洋导出的海壳真菌科花冠菌属* Corollospora maritima. 【活性】抗菌. 【文献】K. Liberra, et al. Pharmazie, 1998, 53, 578.

637 Cytosporone E 壳囊孢酮 E*

【基本信息】$C_{15}H_{22}O_5$. 【类型】异苯并呋喃类. 【来源】红树导出的真菌珀松白孔座壳 Leucostoma persoonii, 来自美洲红树 Rhizophora mangle (树枝, 佛罗里达湿地, 佛罗里达, 美国), Cytospora sp. 【活性】杀疟原虫的 (恶性疟原虫 Plasmodium falciparum, IC_{90} = 13μmol/L, 对 A549 细胞毒 IC_{90} = 437μmol/L, 90%抑制治疗指数 TI_{90} = 33); 抗菌 (MRSA, MIC = 72μmol/L, 最低杀菌浓度 MBC_{90} = 45μmol/L, 最低生物薄膜根除计数 $MBEC_{90}$ = 39μmol/L, 对 A549 细胞毒 IC_{50} = 280μmol/L, IC_{90} = 440μmol/L). 【文献】M. P. Singh, et al. Mar. Drugs, 2007, 5, 71; J. Beau, et al. Mar. Drugs, 2012, 10, 762.

638 Diaporthelactone 间座壳内酯*

【基本信息】$C_{11}H_{10}O_4$, 晶体 (乙酸乙酯). 【类型】异苯并呋喃类. 【来源】海洋导出的真菌间座壳属 Diaporthe sp. HLY2. 【活性】细胞毒 (KB, IC_{50} = 6.25μg/mL; 淋巴瘤 Raji 细胞株, IC_{50} = 5.51μg/mL). 【文献】X. Lin, et al. FEMS Microbiol. Lett., 2005, 251, 53.

639 Epicoccone 附球菌酮*

【基本信息】$C_9H_8O_5$, 晶体, mp 249~250ºC. 【类型】异苯并呋喃类. 【来源】海洋导出的真菌附球菌属 Epicoccum sp., 来自棕藻墨角藻属 Fucus vesiculosus; 陆地真菌附球菌属 Epicoccum purpurascens MYC 1097. 【活性】抗氧化剂 (DPPH 自由基清除剂, 25μg/mL, ScRt = 95%; 抑制亚麻酸过氧化, TBARS 试验, 37μg/mL, InRt = 62%). 【文献】A. Abdel-Lateff, et al. Planta Med., 2003, 69, 831; N. H. Lee, et al. Bull. Korean Chem. Soc., 2007, 28, 877; M. Saleem, et al. NPR, 2007, 24, 1142 (Rev.).

640　Marilone A　海洋隆 A*

【基本信息】$C_{21}H_{28}O_4$, 透明油状物.【类型】异苯并呋喃类.【来源】海洋导出的真菌指轮枝孢属 *Stachylidium* sp., 来自美丽海绵属* *Callyspongia flammea* (熊岛, 悉尼, 澳大利亚).【活性】杀疟原虫的 (伯氏疟原虫 *Plasmodium berghei* 肝阶段, $IC_{50} = 12.1\mu mol/L$); 细胞毒 (NCI-H460, MCF7 和 SF268, 平均 $GI_{50} = 36.7\mu mol/L$, 低活性抗恶性细胞增生).【文献】C. Almeida, et al. Beilstein J. Org. Chem., 2011, 7, 1636.

641　Marilone B　海洋隆 B*

【基本信息】$C_{11}H_{12}O_4$, 白色无定形固体.【类型】异苯并呋喃类.【来源】海洋导出的真菌指轮枝孢属 *Stachylidium* sp., 来自美丽海绵属* *Callyspongia flammea* (熊岛, 悉尼, 澳大利亚).【活性】选择性 5-羟色胺受体 5-HT_{2B} 拮抗剂 ($K_i = 7.7\mu mol/L$).【文献】C. Almeida, et al. Beilstein J. Org. Chem., 2011, 7, 1636.

642　Marilone C　海洋隆 C*

【基本信息】$C_{20}H_{26}O_4$, 透明油状物.【类型】异苯并呋喃类.【来源】海洋导出的真菌指轮枝孢属 *Stachylidium* sp., 来自美丽海绵属* *Callyspongia flammea* (熊岛, 悉尼, 澳大利亚).【活性】细胞毒 (NCI-H460, MCF7 和 SF268, 平均 $GI_{50} = 26.6\mu mol/L$, 低活性抗恶性细胞增生).【文献】C. Almeida, et al. Beilstein J. Org. Chem., 2011, 7, 1636.

643　Mycophenolic acid　霉酚酸

【基本信息】$C_{17}H_{20}O_6$, 针状晶体 (水), mp 141℃.【类型】异苯并呋喃类.【来源】陆地真菌青霉属 *Penicillium* spp.【活性】抗肿瘤; 抗病毒; 免疫抑制剂; 用于处理银屑病和利什曼病; 用于急性肾移植排斥反应的预防治疗.【文献】CRC Press, DNP on DVD, 2012, version 20.2.

644　Paecilocin A　多变拟青霉菌新 A*

【基本信息】$C_{16}H_{22}O_3$, 白色无定形粉末, $[\alpha]_D^{25} = -8.6º$ ($c = 0.25$, 氯仿).【类型】异苯并呋喃类.【来源】海洋导出的真菌多变拟青霉菌 *Paecilomyces variotii*, 来自钵水母纲根口目根口水母科水母属 *Nemopilema nomurai* (韩国南海岸).【活性】抗菌 (金黄色葡萄球菌 *Staphylococcus aureus* SG 511, MIC > $40\mu g/mL$, 对照四环素, MIC = $1.25\mu g/mL$; MRSA 3089, MIC > $40\mu g/mL$, 对照万古霉素, MIC = $0.625\mu g/mL$; MDR 副溶血弧菌 *Vibrio parahaemolyticus* 7001, MIC > $40\mu g/mL$, 对照左氧氟沙星, MIC = $0.156\mu g/mL$).【文献】J. Liu, et al. JNP, 2011, 74, 1826.

645　Paecilocin B　多变拟青霉菌新 B*

【基本信息】$C_{18}H_{28}O_4$, 黄色油状物, $[\alpha]_D^{25} = -4.1º$ ($c = 0.10$, 甲醇).【类型】异苯并呋喃类.【来源】海洋导出的真菌多变拟青霉菌 *Paecilomyces variotii*, 来自钵水母纲根口目根口水母科水母属 *Nemopilema nomurai* (韩国南海岸).【活性】抗菌 (金黄色葡萄球菌 *Staphylococcus aureus* SG 511, MIC = $5\mu g/mL$, 对照四环素, MIC = $1.25\mu g/mL$; MRSA 3089, MIC = $20\mu g/mL$, 对照万古霉素, MIC = $0.625\mu g/mL$; MDR 副溶血弧菌 *Vibrio parahaemolyticus* 7001, MIC > $40\mu g/mL$, 对照左氧氟沙星, MIC = $0.156\mu g/mL$).【文献】J. Liu, et al. JNP, 2011, 74, 1826.

646 Paecilocin C 多变拟青霉菌新 C*

【基本信息】$C_{18}H_{28}O_4$，黄色油状物，$[\alpha]_D^{25} = -12.6°$ ($c = 0.10$, 甲醇).【类型】异苯并呋喃类.【来源】海洋导出的真菌多变拟青霉菌 *Paecilomyces variotii*，来自钵水母纲根口目根口水母科水母属 *Nemopilema nomurai* (韩国南海岸).【活性】抗菌 (金黄色葡萄球菌 *Staphylococcus aureus* SG 511, MIC = 20μg/mL, 对照四环素, MIC = 1.25μg/mL; MRSA 3089, MIC = 40μg/mL, 对照万古霉素, MIC = 0.625μg/mL; MDR 副溶血弧菌 *Vibrio parahaemolyticus* 7001, MIC > 40μg/mL, 对照左氧氟沙星, MIC = 0.156μg/mL).【文献】J. Liu, et al. JNP, 2011, 74, 1826.

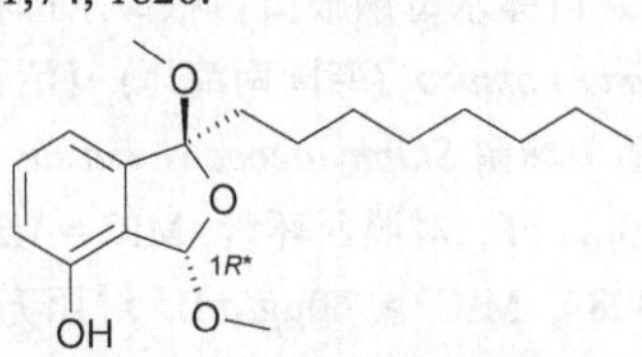

647 Pestaliopen A 拟盘多毛孢素 A*

【基本信息】$C_{27}H_{33}ClO_{10}$.【类型】异苯并呋喃类.【来源】红树导出的真菌拟盘多毛孢属 *Pestalotiopsis* sp. (内生的), 来自红树属红茄冬 *Rhizophora mucronata* (树叶, 海南, 中国).【活性】抗菌 (粪肠球菌 *Enterococcus faecalis*, 适度活性).【文献】Y. Hemberger, et al. Chem.-Eur. J., 2013, 19, 15556.

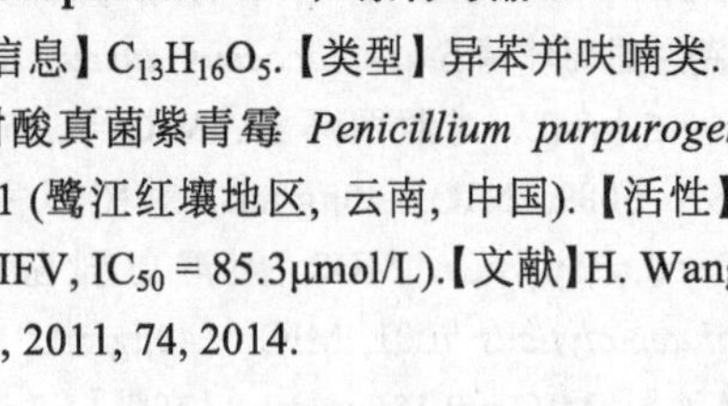

648 Purpurester A 产紫青霉酯 A*

【基本信息】$C_{13}H_{16}O_5$.【类型】异苯并呋喃类.【来源】耐酸真菌紫青霉 *Penicillium purpurogenum* JS03-21 (鹭江红壤地区, 云南, 中国).【活性】抗病毒 (IFV, IC_{50} = 85.3μmol/L).【文献】H. Wang, et al. JNP, 2011, 74, 2014.

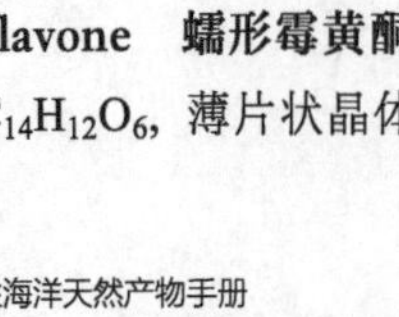

649 Talaroflavone 蠕形霉黄酮*

【基本信息】$C_{14}H_{12}O_6$, 薄片状晶体, mp 230℃ (分解), $[\alpha]_D = +181°$ ($c = 0.74$, 甲醇).【类型】异苯并呋喃类.【来源】未鉴定的海洋导出的真菌, 来自未鉴定的藻类 (日本水域), 陆地真菌黄色蠕形霉* *Talaromyces flavus*.【活性】真核生物 DNA 聚合酶选择性抑制剂 (X家族和Y家族); 其它真核生物或原核生物聚合酶或其它 DNA 代谢酶抑制剂无活性.【文献】W. A. Ayer, et al. Can. J. Chem., 1990, 68, 2085; M. Naganuma, et al. BoMC, 2008, 16, 2939.

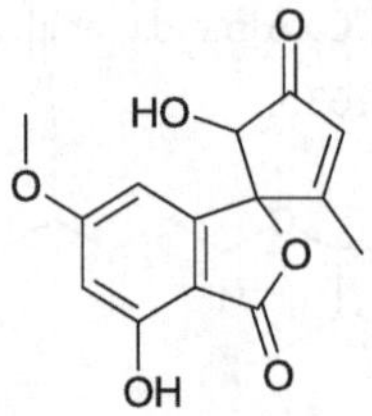

2.5 苯并吡喃类

650 Aflatoxin B2b 黄曲霉毒素 B2b

【基本信息】$C_{22}H_{20}O_{10}$.【类型】1-苯并吡喃类.【来源】红树导出的真菌黄曲霉 *Aspergillus flavus* 092008, 来自半红树黄槿 *Hibiscus tiliaceus* (根, 文昌, 海南, 中国).【活性】抗菌 (肠杆菌杆菌 *Enterobacter coli*, MIC = 22.5μmol/L, 枯草杆菌 *Bacillus subtilis*, MIC = 1.7μmol/L, 产气肠杆菌 *Enterobacter aerogenes*, MIC = 1.1μmol/L).【文献】H. Wang, et al. Arch. Pharm. Res., 2012, 35, 1387.

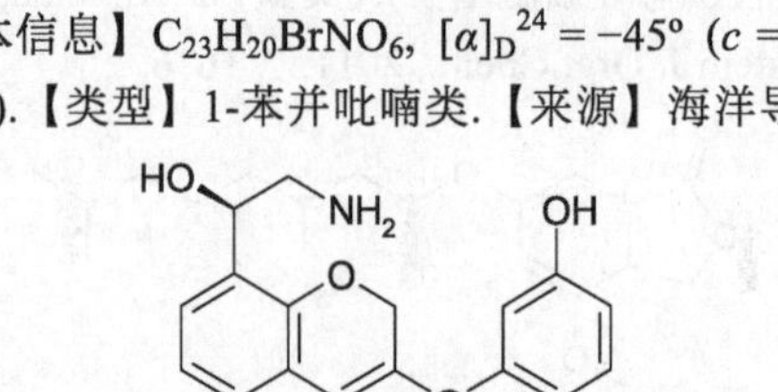

651 Ammonificin C 加氨热弧菌新 C*

【基本信息】$C_{23}H_{20}BrNO_6$, $[\alpha]_D^{24} = -45°$ ($c = 0.8$, 甲醇).【类型】1-苯并吡喃类.【来源】海洋导出

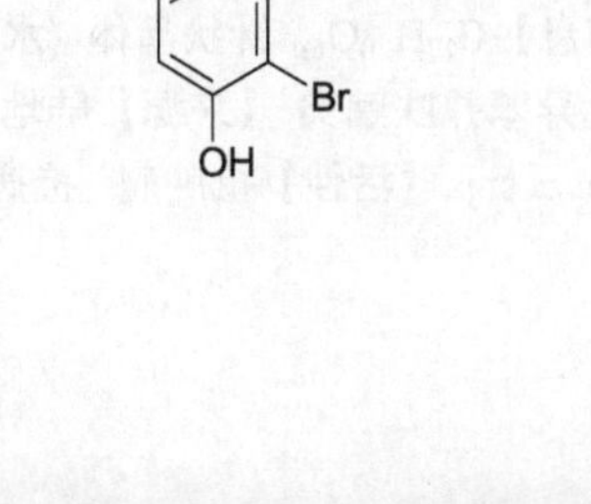

的细菌加氨热弧菌 Thermovibrio ammonificans
(东太平洋热液喷口, 东太平洋隆起).【活性】细
胞凋亡诱导剂 (2μmol/L, 对照星形孢菌素,
0.1μmol/L).【文献】E. H. Andrianasolo, et al. Mar.
Drugs, 2012, 10, 2300.

652 Ammonificin D 加氨热弧菌新 D*
【基本信息】$C_{23}H_{19}Br_2NO_5$, $[\alpha]_D^{24} = -45º$ ($c = 0.8$,
甲醇).【类型】1-苯并吡喃类.【来源】海洋导出
的细菌加氨热弧菌 Thermovibrio ammonificans
(东太平洋热液喷口, 东太平洋隆起).【活性】细
胞凋亡诱导剂 (3μmol/L, 对照星形孢菌素,
0.1μmol/L).【文献】E. H. Andrianasolo, et al. Mar.
Drugs, 2012, 10, 2300.

653 Antibiotics SB 236049 抗生素 SB 236049
【基本信息】$C_{14}H_9NO_6$, 黄色固体.【类型】1-苯并
吡喃类.【来源】真菌毛壳属 Chaetomium funicola
TCF 6040.【活性】金属-β-内酰胺酶抑制剂 (脆弱
拟杆菌*Bacteroides fragilis CfiA 的金属-β-内酰胺
酶, $K_i = 15$μmol/L); 金属-β-内酰胺酶抑制剂 (蜡
样芽孢杆菌 Bacillus cereus II 的金属-β-内酰胺酶,
Zn^{2+} 1μmol/L, $IC_{50} = 0.3$μmol/L; Zn^{2+} 100μmol/L,
$IC_{50} = 0.7$μmol/L; 脆弱拟杆菌*Bacteroides fragilis
CfiA 的金属-β-内酰胺酶, Zn^{2+} 100μmol/L, $IC_{50} =$
2μmol/L; 铜绿假单胞菌 Pseudomonas aeruginosa
IMP-1 的金属-β-内酰胺酶, Zn^{2+}100μmol/L, $IC_{50} =$
151μmol/L; L-1 的金属-β-内酰胺酶, Zn^{2+}
100μmol/L, $IC_{50} > 1000$μmol/L; 血管紧张素转化
酶 ACE, Zn^{2+} 1μmol/L, $IC_{50} > 333$μmol/L).【文献】
D. J. Payne, et al. Antimicrob. Agents Chemother.,
2002, 46, 1880.

654 Apralactone A 阿泊拉内酯 A*
【基本信息】$C_{18}H_{20}O_6$, 无定形固体, $[\alpha]_D^{20} = +10º$
($c = 0.3$, 乙醇).【类型】1-苯并吡喃类.【来源】
海洋导出的真菌弯孢霉属 Curvularia sp. 768, 来
自红藻松节藻科穗状鱼栖苔 Acanthophora
spicifera (关岛, 美国).【活性】细胞毒 (一组 36 种
人肿瘤细胞, 平均 $IC_{50} = 9.87$μmol/L BXF-1218L,
$IC_{50} = 12.3$μmol/L; BXF-T24, $IC_{50} = 6.36$μmol/L;
CNXF-SF268, $IC_{50} = 6.85$μmol/L; CXF-HCT116,
$IC_{50} = 9.59$μmol/L; CXF-HT29, $IC_{50} = 10.26$μmol/L;
GXF-251L, $IC_{50} = 9.35$μmol/L; LXF-1121L, $IC_{50} =$
11.43μmol/L; LXF-289L, $IC_{50} = 15.77$μmol/L; LXF-
526L, $IC_{50} = 4.61$μmol/L; LXF-629L, $IC_{50} =$
9.71μmol/L; LXF-H460, $IC_{50} = 6.74$μmol/L; MAXF-
401NL, $IC_{50} = 9.17$μmol/L; MAXF-MCF7, $IC_{50} =$
10.11μmol/L; MEXF-276L, $IC_{50} = 9.03$μmol/L;
MEXF-462NL, $IC_{50} = 12.2$μmol/L; MEXF-520L,
$IC_{50} = 7.66$μmol/L; OVXF-899L, $IC_{50} = 9.56$μmol/L;
OVXF-OVCAR3, $IC_{50} = 10.97$μmol/L; PAXF-1657L,
$IC_{50} = 13.25$μmol/L; PAXF-PANC1, $IC_{50} = 11.43$μmol/L;
PRXF-22RV1, $IC_{50} = 7.66$μmol/L; PRXF-DU145,
$IC_{50} = 7.94$μmol/L; PRXF-LNCAP, $IC_{50} = 9.52$μmol/L;
PRXF-PC3M, $IC_{50} = 10.05$μmol/L; PXF-1752L,
$IC_{50} = 16.78$μmol/L; RXF-1781L, $IC_{50} = 16.57$μmol/L;
RXF-486L, $IC_{50} = 12.64$μmol/L; UXF-1138L, $IC_{50} =$
10.11μmol/L).【文献】H. Greve, et al. EurJOC, 2008,
5085.

655 Aspergillitine 变色曲霉亭*
【基本信息】$C_{15}H_{13}NO_2$, 黄色粉末 (甲醇).【类型】
1-苯并吡喃类.【来源】红树导出的真菌变色曲霉菌
Aspergillus versicolor, 来自小锉海绵* Xestospongia
exigua (孟嘉干岛, 巴厘, 印度尼西亚, 1997 年 9

月采样).【活性】抗菌 (枯草杆菌 Bacillus subtilis, 中等活性).【文献】W. Lin, et al. JNP, 2003, 66, 57.

656　Caffeoylate ester　咖啡酸酯
【基本信息】$C_{24}H_{18}O_8$.【类型】1-苯并吡喃类.【来源】红树总状花序假红树* Laguncularia racemosa.【活性】抗氧化剂 (有值得注意的活性); 人激酶抑制剂 (FLT3 和 SAK, 中等活性).【文献】C. Shi, et al. Phytochemistry, 2010, 71, 435.

657　Chromanone A　苯并吡喃酮 A
【基本信息】$C_{12}H_{12}O_4$.【类型】1-苯并吡喃类.【来源】海洋导出的真菌青霉属 Penicillium sp., 来自绿藻石莼属 Ulva sp. (苏伊士运河, 埃及).【活性】抗氧化剂 (羟基自由基清除剂, 有潜力的); 抑制细胞色素P450 1A (CYP1A); 谷胱甘肽硫转移酶GST 抑制剂; 酶类诱导剂 (环氧化物水解酶, 谷胱甘肽硫转移酶, 涉及致癌物质代谢的酶类).【文献】A. M. Gamal-Eldeen, et al. Environ. Toxicol. Pharmacol., 2009, 28, 317.

658　Chromenol　苯并吡喃烯醇(色原烯醇)*
【别名】2-Methyl-2-(prenylmethyl)-2H-1-benzopyran-6-ol; 2-甲基-2-(异戊二烯甲基)-2H-1-苯并吡喃-6-醇*.【基本信息】$C_{16}H_{20}O_2$, 亮黄色油状物.【类型】1-苯并吡喃类.【来源】褶胃海鞘属 Aplidium constellatum.【活性】抗炎.【文献】N. M. Targett, et al. JNP, 1984, 47, 556.

659　(±)-Dictyochromenol　(±)-波状网翼藻色原烯醇*
【基本信息】$C_{21}H_{28}O_2$, 油状物.【类型】1-苯并吡喃类.【来源】棕藻波状网翼藻 Dictyopteris undulata.【活性】鱼毒 (27μg/mL).【文献】M.-N, Dave, et al. Heterocycles, 1984, 22, 2301.

660　(2R)-2,3-Dihydro-7-hydroxy-6,8-dimethyl-2-[(E)-propenyl]chromen-4-one　(2R)-2,3-二氢-7-羟基-6,8-二甲基-2-[(E)-丙烯基]色烯-4-酮
【基本信息】$C_{14}H_{16}O_3$, 黄色针状晶体, $[\alpha]_D^{20}$ = +44.5º (c = 0.10, 甲醇).【类型】1-苯并吡喃类.【来源】深海真菌萨氏曲霉菌 Aspergillus sydowi YH11-2 (关岛, 美国, E144º43′ N13º26′, 采样深度 1000m).【活性】细胞毒 (P_{388}, IC_{50} = 0.14μmol/L, 对照顺-二胺二氯铂 (CDDP), IC_{50} = 0.039μmol/L).【文献】L. Tian, et al. Arch. Pharm. Res., 2007, 30, 1051.

661　2,3-Dihydro-7-hydroxy-6-methyl-2-(1-propenyl)-4H-1-benzopyran-4-one　2,3-二氢-7-羟基-6-甲基-2-(1-丙烯基)-4H-1-苯并吡喃-4-酮
【基本信息】$C_{13}H_{14}O_3$.【类型】1-苯并吡喃类.【来源】海洋导出的真菌木霉属 Trichoderma sp., 来自长棘海星 Acanthaster planci (三亚国家珊瑚礁自然保护区, 海南, 中国).【活性】细胞毒 (几种人肿瘤细胞 HTCLs 细胞, 中等活性).【文献】W.-J. Lan, et al. Nat. Prod. Commun., 2012, 7, 1337.

662　2,2-Dimethyl-2H-1-benzopyran-6-ol　2,2-二甲基-2H-1-苯并吡喃-6-醇
【基本信息】$C_{11}H_{12}O_2$, 晶体 (乙醚/戊烷), mp

86~87ºC.【类型】1-苯并吡喃类.【来源】褶胃海鞘属 *Aplidium californicum*.【活性】抗诱变剂.【文献】B. M. Howard, et al. Tetrahedron Lett., 1979, 4449.

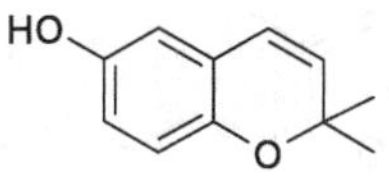

663 Monodictyochrome A 腐败单格孢色素 A*

【基本信息】$C_{30}H_{30}O_{11}$，黄色固体，$[\alpha]_D^{24} = -67º$ ($c = 0.42$, 氯仿).【类型】1-苯并吡喃类.【来源】海洋导出的真菌腐败单格孢 *Monodictys putredinis*.【活性】细胞色素 P450 1A 抑制剂 ($IC_{50} = 5.3\mu mol/L$); 醌还原酶 NAD(P)H 诱导剂 (培养小鼠 Hepa1c1c7 细胞, CD (加倍醌还原酶 QR 特定活性需要的浓度) = $22.1\mu mol/L$, $IC_{50} > 50\mu mol/L$); 芳香化酶抑制剂 ($IC_{50} = 24.4\mu mol/L$, 低活性).【文献】A. Pontius, et al. JNP, 2008, 71, 1793.

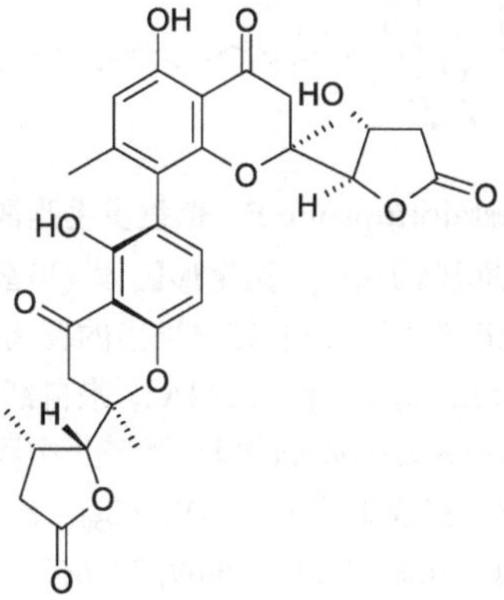

664 Monodictyochrome B 腐败单格孢色素 B*

【基本信息】$C_{30}H_{30}O_{11}$，黄色固体，$[\alpha]_D^{24} = +74º$ ($c = 0.6$, 氯仿).【类型】1-苯并吡喃类.【来源】海洋导出的真菌腐败单格孢 *Monodictys putredinis*.【活性】细胞色素 P450 1A 抑制剂 ($IC_{50} = 7.5\mu mol/L$); 醌还原酶 NAD(P)H 诱导剂 (培养小鼠 Hepa1c1c7 细胞, CD (加倍醌还原酶 QR 特定活性需要的浓度) = $24.8\mu mol/L$, $IC_{50} > 50\mu mol/L$); 芳香化酶抑制剂 ($IC_{50} = 16.5\mu mol/L$, 低活性).【文献】A. Pontius, et al. JNP, 2008, 71, 1793.

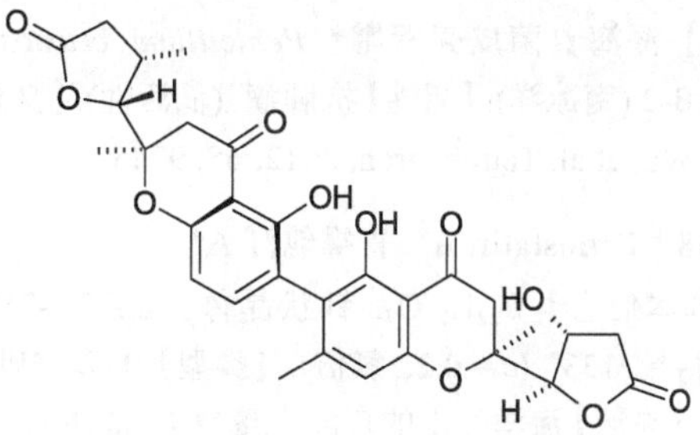

665 Oxirapentyne E 环氧乙烷戊(碳)炔 E*

【基本信息】$C_{16}H_{20}O_5$.【类型】1-苯并吡喃类.【来源】海洋导出的真菌猫棒束孢 *Isaria felina* (沉积物, 越南).【活性】植物生长促进剂 (玉米和大麦的支根).【文献】A. N. Yurchenko, et al. Chem. Nat. Compd., 2013, 49, 857.

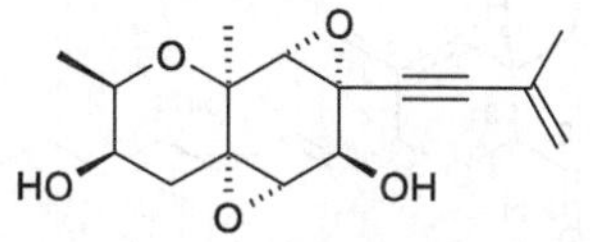

666 Penilactone A 皮壳青霉内酯 A*

【基本信息】$C_{25}H_{26}O_9$.【类型】1-苯并吡喃类.【来源】深海真菌皮壳青霉* *Penicillium crustosum* PRB-2 (南冰洋).【活性】抗肿瘤 (低活性); 细胞毒 (10mmol/L, NF-κB, InRt = 40%).【文献】G. Wu, et al. Tetrahedron, 2012, 68, 9745.

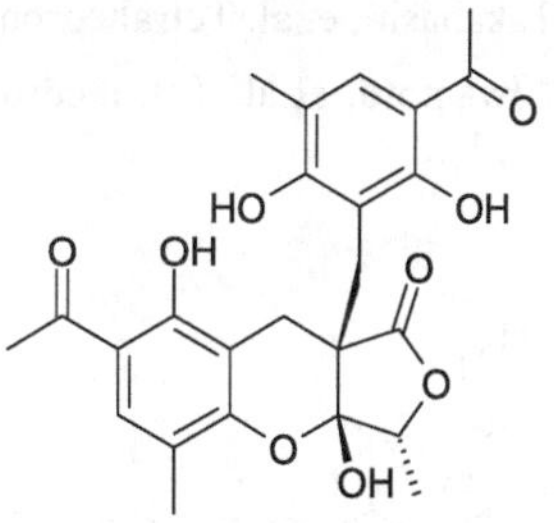

667 Penilactone B 皮壳青霉内酯 B*

【基本信息】$C_{26}H_{26}O_{11}$.【类型】1-苯并吡喃类.【来

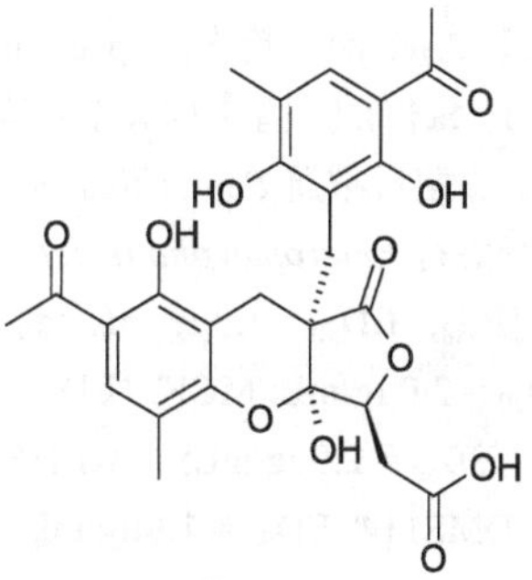

源】深海真菌皮壳青霉* Penicillium crustosum PRB-2 (南冰洋).【活性】抗肿瘤 (低活性).【文献】G. Wu, et al. Tetrahedron, 2012, 68, 9745.

668　Penostatin A　青霉他汀A*
【基本信息】$C_{22}H_{32}O_3$, 针状晶体, mp 73~75ºC, $[\alpha]_D = +133º$ ($c = 0.2$, 氯仿).【类型】1-苯并吡喃类.【来源】海洋导出的真菌青霉属 Penicillium sp. OUPS-79, 来自绿藻肠浒苔 Enteromorpha intestinalis.【活性】细胞毒 (P_{388}, $ED_{50} = 0.8\mu g/mL$).【文献】C. Takahashi, et al. Tetrahedron Lett., 1996, 37, 655; C. Iwamoto, et al. Tetrahedron, 1999, 55, 14353.

669　Penostatin B　青霉他汀B*
【基本信息】$C_{22}H_{32}O_3$, 粉末, mp 63~66ºC, $[\alpha]_D = -103º$ ($c = 0.5$, 氯仿).【类型】1-苯并吡喃类.【来源】海洋导出的真菌青霉属 Penicillium sp. OUPS-79, 来自绿藻肠浒苔 Enteromorpha intestinalis.【活性】细胞毒 (P_{388}, $ED_{50} = 1.2\mu g/mL$).【文献】C. Takahashi, et al. Tetrahedron Lett., 1996, 37, 655; C. Iwamoto, et al. Tetrahedron, 1999, 55, 14353.

670　Penostatin C　青霉他汀C*
【基本信息】$C_{22}H_{30}O_2$, 粉末, mp 63~65ºC, $[\alpha]_D = +120º$ ($c = 1$, 氯仿).【类型】1-苯并吡喃类.【来源】海洋导出的真菌青霉属 Penicillium sp. OUPS-79, 来自绿藻肠浒苔 Enteromorpha intestinalis.【活性】细胞毒 [P_{388}, $ED_{50} = 1.0\mu g/mL$ 或 $1.1\mu g/mL$; BSY1, $ED_{50} = 2.0\mu g/mL$; MCF7, $ED_{50} = 1.6\mu g/mL$; HCC2998, $ED_{50} = 2.0\mu g/mL$; NCI-H522, $ED_{50} = 2.5\mu g/mL$; DMS114, $ED_{50} = 1.9\mu g/mL$; OVCAR-3, $ED_{50} = 2.4\mu g/mL$; MKN1, $ED_{50} = 1.7\mu g/mL$].【文献】C. Takahashi, et al. Tetrahedron Lett., 1996, 37, 655; C. Iwamoto, et al. Tetrahedron, 1999, 55, 14353.

671　Penostatin D　青霉他汀D*
【基本信息】$C_{22}H_{34}O_3$, 粉末, mp 106~110ºC, $[\alpha]_D = -26.7º$ ($c = 0.1$, 氯仿).【类型】1-苯并吡喃类.【来源】海洋导出的真菌青霉属 Penicillium sp. OUPS-79, 来自绿藻肠浒苔 Enteromorpha intestinalis.【活性】细胞毒 (P_{388}, $ED_{50} = 11.0\mu g/mL$ 或 $11.5\mu g/mL$).【文献】C. Takahashi, et al. Tetrahedron Lett., 1996, 37, 655; C. Iwamoto, et al. Tetrahedron, 1999, 55, 14353.

672　Pestalotiopsone F　拟盘多毛孢酮F*
【基本信息】$C_{17}H_{20}O_5$, 无定形固体 (甲醇).【类型】1-苯并吡喃类.【来源】红树导出的真菌拟盘多毛孢属 Pestalotiopsis sp. JCM2A4, 来自红树红茄冬 Rhizophora mucronata (树叶, 海南, 中国).【活性】细胞毒 (小鼠癌细胞 L5178Y, $EC_{50} = 8.93\mu g/mL$).【文献】J. Xu, et al. JNP, 2009, 72, 662.

673　Sacrochromenol A sulfate　角质海绵色原烯醇A硫酸酯*
【基本信息】$C_{36}H_{52}O_5S$.【类型】1-苯并吡喃类.【来源】多刺角质海绵* Sarcotragus spinulosus (深水水域) 和羊海绵属 Ircinia spinosula.【活性】钠/钾-腺苷三磷酸酶抑制剂.【文献】V. A. Stonik, et al. JNP, 1992, 55, 1256; L. A. Tziveleka, et al.

Chem. Biodivers., 2005, 2, 901.

674　Sacrochromenol B sulfate　角质海绵色原烯醇 B 硫酸酯*

【基本信息】$C_{41}H_{60}O_5S$.【类型】1-苯并吡喃类.【来源】多刺角质海绵* Sarcotragus spinulosus (深水水域).【活性】钠/钾-腺苷三磷酸酶抑制剂.【文献】V. A. Stonik, et al. JNP, 1992, 55, 1256.

675　Sacrochromenol C sulfate　角质海绵色原烯醇 C 硫酸酯*

【基本信息】$C_{46}H_{68}O_5S$.【类型】1-苯并吡喃类.【来源】多刺角质海绵* Sarcotragus spinulosus (深水水域).【活性】钠/钾-腺苷三磷酸酶抑制剂.【文献】V. A. Stonik, et al. JNP, 1992, 55, 1256.

676　Trichodermatide B　里氏木霉酮 B*

【基本信息】$C_{16}H_{24}O_4$, 针状晶体（甲醇），mp 65~68°C, $[\alpha]_D^{20}$ = +64° (c = 0.05, 甲醇).【类型】1-苯并吡喃类.【来源】海洋导出的真菌里氏木霉* Trichoderma reesei (沉积物样本, 中国水域).【活性】细胞毒 (MTT 试验, 人黑色素瘤 A375-S2, IC_{50} = 187.3μg/mL).【文献】Y. Sun, et al. Org. Lett., 2008, 10, 393.

677　Trichodermatide C　里氏木霉酮 C*

【别名】2-(1-Heptenyl)-2,3,4,6,7,8-hexahydro-6-hydroxy-5H-1-benzopyran-5-one; 2-(1-庚烯基)-2,3,4,6,7,8-六氢-6-羟基-5H-1-苯并吡喃-5-酮*.【基本信息】$C_{16}H_{24}O_3$, 油状物, $[\alpha]_D^{20}$ = +80° (c = 0.02, 甲醇).【类型】1-苯并吡喃类.【来源】海洋导出的真菌里氏木霉* Trichoderma reesei (沉积物样本, 中国水域).【活性】细胞毒 (MTT 试验, 人黑色素瘤 A375-S2, IC_{50} = 38.8μg/mL).【文献】Y. Sun, et al. Org. Lett., 2008, 10, 393.

678　Trichodermatide D　里氏木霉酮 D*

【基本信息】$C_{16}H_{24}O_4$, 油状物, $[\alpha]_D^{20}$ = +22.5° (c = 0.01, 甲醇).【类型】1-苯并吡喃类.【来源】海洋导出的真菌里氏木霉* Trichoderma reesei (沉积物样本, 中国水域).【活性】细胞毒 (MTT 试验, 人黑色素瘤 A375-S2 细胞株, IC_{50} = 222.2μg/mL).【文献】Y. Sun, et al. Org. Lett., 2008, 10, 393.

679　Xiamenmycin C　厦门霉素 C*

【基本信息】$C_{17}H_{23}NO_3$.【类型】1-苯并吡喃类.【来源】海洋导出的链霉菌厦门链霉菌 Streptomyces xiamenensis (双重突变菌株, 沉积物, 东太平洋).【活性】细胞毒 (WI26, 细胞增殖抑制剂).【文献】Z.-Y. You, et al. Mar. Drugs, 2013, 11, 4035.

680　Xiamenmycin D　厦门霉素 D*

【基本信息】$C_{22}H_{31}NO_6$.【类型】1-苯并吡喃类.【来源】海洋导出的链霉菌厦门链霉菌 Streptomyces xiamenensis (双重突变菌株, 沉积物, 东太平洋).【活性】细胞毒 (WI26, 细胞增殖抑制剂).【文献】Z.-Y. You, et al. Mar. Drugs, 2013, 11, 4035.

681 Anhydrofulvic acid 脱水黄腐酸*

【别名】脱水富里酸*；脱水黄酸*；脱水富啡酸*.
【基本信息】$C_{14}H_{10}O_7$，黄色棱柱状晶体 (DMF 水溶液)，mp 237~242℃.【类型】吡喃并-1-苯并吡喃类.【来源】海洋导出的真菌青霉属 *Penicillium afacidum*.【活性】抗真菌；胶原蛋白酶抑制剂.【文献】K.-I. Fujita, et al. J. Antibiot., 1999, 52, 628.

682 Antibiotics SB 236050 抗生素 SB 236050

【基本信息】$C_{15}H_{14}O_8$，亮黄色固体 (纯度>95%).【类型】吡喃并-1-苯并吡喃类.【来源】真菌毛壳属 *Chaetomium funicola* TCF 6040.【活性】金属-β-内酰胺酶抑制剂 (蜡样芽孢杆菌 *Bacillus cereus* Ⅱ，K_i = 88μmol/L；脆弱拟杆菌**Bacteroides fragilis* CfiA，K_i = 10μmol/L；铜绿假单胞菌 *Pseudomonas aeruginosa* IMP-1，K_i = 32μmol/L)；金属-β-内酰胺酶抑制剂 (蜡样芽孢杆菌 *Bacillus cereus* Ⅱ的金属-β-内酰胺酶，Zn^{2+} 1μmol/L，IC_{50} = 389μmol/L，Zn^{2+} 100μmol/L，IC_{50} = 256μmol/L；脆弱拟杆菌**Bacteroides fragilis* CfiA 的金属-β-内酰胺酶，Zn^{2+} 100μmol/L，IC_{50} = 29μmol/L；铜绿假单胞菌 *Pseudomonas aeruginosa* IMP-1 的金属-β-内酰胺酶，Zn^{2+} 100μmol/L，IC_{50} = 113μmol/L；L-1 的金属-β-内酰胺酶，Zn^{2+} 100μmol/L，IC_{50} > 1000μmol/L；血管紧张素转化酶 ACE，Zn^{2+} 1μmol/L，IC_{50} > 1000μmol/L)；美罗培南抗菌增效剂 (脆弱拟杆菌**Bacteroides fragilis* 262 和脆弱拟杆菌**Bacteroides fragilis* 460：无增效剂的美罗培南，MIC = 16μg/mL；带 8μg/mL 增效剂的美罗培南，MIC = 2μg/mL；带 32μg/mL 增效剂的美罗培南，MIC = 0.5μg/mL；脆弱拟杆菌**Bacteroides fragilis* 288：无增效剂的美罗培南，MIC = 256μg/mL；带 8μg/mL 增效剂的美罗培南，MIC = 32μg/mL；带 32μg/mL 增效剂的美罗培南，MIC = 8μg/mL；嗜麦芽寡养单胞菌 *Stenotrophomonas maltophilia* 511：无增效剂的美罗培南，MIC = 128μg/mL；带 32μg/mL 增效剂的美罗培南，MIC = 128μg/mL；铜绿假单胞菌 *Pseudomonas aeruginosa*101：无增效剂的美罗培南，MIC = 512μg/mL；带 32μg/mL 增效剂的美罗培南，MIC = 512μg/mL).【文献】D. J. Payne, et al. Antimicrob. Agents Chemother., 2002, 46, 1880.

683 Antibiotics SB 238569 抗生素 SB 238569

【基本信息】$C_{15}H_{12}O_8$，黄色固体 (纯度>90%).【类型】吡喃并-1-苯并吡喃类.【来源】真菌毛壳属 *Chaetomium funicola* TCF 6040.【活性】金属-β-内酰胺酶抑制剂 (蜡样芽孢杆菌 *Bacillus cereus* Ⅱ，K_i = 79μmol/L；脆弱拟杆菌**Bacteroides fragilis* CfiA，K_i = 3.4μmol/L；铜绿假单胞菌 *Pseudomonas aeruginosa* IMP-1，K_i = 17μmol/L)；金属-β-内酰胺酶抑制剂 (蜡样芽孢杆菌 *Bacillus cereus* Ⅱ 的金属-β-内酰胺酶：Zn^{2+} 1μmol/L，IC_{50} = 13μmol/L，Zn^{2+} 100μmol/L，IC_{50} = 19μmol/L；脆弱拟杆菌**Bacteroides fragilis* CfiA 的金属-β-内酰胺酶：Zn^{2+} 100μmol/L，IC_{50} = 7μmol/L；铜绿假单胞菌 *Pseudomonas aeruginosa* IMP-1 的金属-β-内酰胺酶：Zn^{2+} 100μmol/L，IC_{50} = 26μmol/L；L-1 的金属-β-内酰胺酶：Zn^{2+} 100μmol/L，IC_{50} > 1000μmol/L；血管紧张素转化酶 ACE：Zn^{2+} 1μmol/L，IC_{50} > 1000μmol/L)；美罗培南抗菌增效剂 (脆弱拟杆菌**Bacteroides fragilis* 262 和脆弱拟杆菌**Bacteroides fragilis* 460：无增效剂的美罗培南，MIC = 16μg/mL；带 8μg/mL 增效剂的美罗培南，MIC = 4μg/mL；带 32μg/mL 增效剂的美罗培南，MIC = 1μg/mL；脆弱拟杆菌**Bacteroides fragilis* 288：无增效剂的美罗培南，MIC = 256μg/mL；带 8μg/mL 增效剂的美罗培南，MIC = 64μg/mL；带 32μg/mL 增效剂的美罗培南，MIC = 16μg/mL；嗜麦芽寡养单胞菌 *Stenotrophomonas maltophilia* 511：无增效剂的美罗培南，MIC = 128μg/mL；带 32μg/mL 增效剂的美罗培南，MIC

128μg/mL；铜绿假单胞菌 *Pseudomonas aeruginosa* 101：无增效剂的美罗培南，MIC = 512μg/mL；带 32μg/mL 增效剂的美罗培南带 32μg/mL 增效剂的美罗培南，MIC = 512μg/mL).【文献】D. J. Payne, et al. Antimicrob. Agents Chemother., 2002, 46, 1880.

684　Chaetocyclinone A　毛壳赛克林酮 A*

【基本信息】$C_{17}H_{16}O_8$，黄色固体.【类型】吡喃并-1-苯并吡喃类.【来源】海洋导出的真菌毛壳属 *Chaetomium* sp. Gö 100/2，来自未鉴定的海洋藻类.【活性】抗真菌（选择性抑制植物病源真菌致病疫霉菌*Phytophthora infestans,* 31μg/mL，生长抑制率 InRt = 90%）.【文献】S. Lösgen, et al. EurJOC, 2007, 2191.

685　Bicoumanigrin　双香豆素尼格林*

【基本信息】$C_{22}H_{18}O_8$，无定形粉末.【类型】香豆素类.【来源】海洋导出的真菌黑曲霉菌 *Aspergillus niger*，来自鹿角杯型小轴海绵* Axinella damicornis*.【活性】细胞毒（中等活性）.【文献】J. Hiort, et al. JNP, 2004, 67, 1532.

686　Esculetin-4-carboxylic acid ethyl ester 七叶内酯-4-羧酸乙酯*

【别名】秦皮乙素-4-羧酸乙酯；马栗树皮素-4-羧酸乙酯*.【基本信息】$C_{12}H_{10}O_6$，无定形绿色固体.【类型】香豆素类.【来源】皱褶小轴海绵* Axinella* cf. *corrugata*.【活性】抗病毒（SARS 冠状病毒蛋白酶 3CL, IC_{50} = 46μmol/L）；SARS 冠状病毒蛋白酶 3CL 抑制剂.【文献】S. P. de Lira, et al. J. Braz. Chem. Soc., 007, 18, 440.

687　Ascochitin　壳二孢素*

【基本信息】$C_{15}H_{16}O_5$，黄色晶体，mp 196~198ºC，$[\alpha]_D^{25}$ = −86º（氯仿）.【类型】2-苯并吡喃类.【来源】海洋导出的亚隔孢壳科盐角草壳二孢真菌* *Ascochyta salicorniae*，来自绿藻石莼属 *Ulva* sp.（北海海岸，德国），陆地真菌 Didymellaceae 科壳二孢属真菌* *Ascochyta* spp.【活性】蛋白磷酸酶 PPs 抑制剂 [MPtpB（分枝杆菌的蛋白酪氨酸磷酸酶 B），IC_{50} = 11.5μmol/L；Cdc25a, IC_{50} = 69μmol/L；PTP1B, IC_{50} = 38.5μmol/L；VHR, MPtpA（分枝杆菌的蛋白酪氨酸磷酸酶 A）和 VE-PTP, 对 3 种酶均无活性]；抗菌（革兰氏阳性菌和革兰氏阴性菌).【文献】L. Colombo, et al. JCS Perkin Trans. I, 1980, 675; S. F. Seibert, et al. Org. Biomol. Chem., 2006, 4, 2233.

688　Asperbiphenyl　曲霉联苯*

【基本信息】$C_{24}H_{30}O_6$，无定形棕色粉末，$[\alpha]_D^{21}$ = +0.1º（c = 0.26，甲醇）.【类型】2-苯并吡喃类.【来源】海洋导出的真菌曲霉菌属 *Aspergillus* sp. MF-93（海水，泉州湾，中国).【活性】抗病毒（抑制烟草花叶病毒 TMV 的增殖，0.2mg/mL，InRt = 35.5%).【文献】Z.-J. Wu, et al. Pest Manag. Sci., 2009, 65, 60.

689　Aspergilone A　曲霉酮 A

【基本信息】$C_{26}H_{26}O_3$，无色固体.【类型】2-苯并吡喃类.【来源】海洋导出的真菌曲霉菌属*Aspergillus* sp., 来自灯芯柳珊瑚 *Dichotella gemmacea*（南海).【活性】细胞毒（HL60, IC_{50} = 3.2μg/mL; MCF7,

IC$_{50}$ = 25.0μg/mL; A549, IC$_{50}$ = 37.0μg/mL); 抗污剂（藤壶 Balanus amphitrite, 在无毒的浓度，EC$_{50}$ = 7.68μg/mL, 定居抑制剂, 有潜力的).【文献】C.-L. Shao, et al. BoMCL, 2011, 21, 690.

690 7-epi-Austdiol 7-epi-焦曲二醇*

【基本信息】C$_{12}$H$_{12}$O$_5$, 晶体（乙酸乙酯/甲醇），mp 174~176ºC, [α]$_D^{20}$ = +116.1º (c = 0.1, 甲醇).【类型】2-苯并吡喃类.【来源】红树导出的真菌发菌科踝节菌属 Talaromyces sp., 来自红树秋茄树 Kandelia candel（树干部分的树皮，淇澳岛，珠海，广东，中国).【活性】细胞毒 (KB 和 KBV200, 中等活性).【文献】F. Liu, et al. Planta Med., 2010, 76, 185.

691 Citrinin 橘霉素

【别名】Monascidin A; 曲霉素 A*.【基本信息】C$_{13}$H$_{14}$O$_5$, 柠檬黄色针状晶体（乙醇或甲醇），mp 178~179ºC, [α]$_D^{18}$ = −37.4º (乙醇).【类型】2-苯并吡喃类.【来源】海洋导出的真菌小孢霉属 Microsporum sp., 来自红藻链状节荚藻 Lomentaria catenata（表层，朝鲜半岛水域).【活性】抗氧化剂（DPPH 自由基清除剂，中等活性）；植物毒素；细胞毒素；剧烈的皮肤刺激剂；LD$_{50}$（小鼠，orl) = 112mg/kg.【文献】Y. Li, et al. CPB, 2006, 54, 882.

692 Cytosporone C 壳囊孢酮 C*

【别名】1-Heptyl-1,4-dihydro-6,8-dihydroxy-3H-2-benzopyran-3-one; 1-庚基-1,4-二氢-6,8-二羟基-3H-2-苯并吡喃-3-酮*.【基本信息】C$_{16}$H$_{22}$O$_4$, 晶体（丙酮），[α]$_D^{20}$ = +11º (c = 0.1, 甲醇).【类型】2-苯并吡喃类.【来源】红树导出的真菌珀松白孔座壳 Leucostoma persoonii, 来自红树美国红树 Rhizophora mangle（树枝，佛罗里达湿地，佛罗里达，美国).【活性】抗菌 (MRSA, MIC > 358μmol/L; A549, IC$_{50}$ = 690μmol/L, IC$_{90}$ = 840μmol/L).【文献】S. F. Brady, et al. Org. Lett., 2000, 2, 4043; M. P. Singh, et al. Mar. Drugs, 2007, 5, 71; J. Xu, et al. BoMC, 2009, 17, 7362; J. Beau, et al. Mar. Drugs, 2012, 10, 762.

693 6-Desmethoxyhormothamnione 6-去甲氧基水条藻酮*

【基本信息】C$_{20}$H$_{18}$O$_7$, 亮黄色固体.【类型】2-苯并吡喃类.【来源】金藻纲 Chrysophyceae Chrysophaeum taylorii.【活性】细胞毒 (KB, ID$_{50}$ = 1μg/mL).【文献】W. H. Gerwick, et al. Tetrahedron Lett., 1986, 27, 1979; W. H. Gerwick, JNP, 1989, 52, 252.

694 Dothiorelone D 小穴壳菌酮 D*

【基本信息】C$_{15}$H$_{20}$O$_5$.【类型】2-苯并吡喃类.【来源】红树导出的真菌小穴壳菌属 Dothiorella sp..【活性】细胞毒.【文献】Q. Yu, et al. CA, 2004, 142, 388784y.

695 Hormothamnione 水条藻酮*

【基本信息】C$_{21}$H$_{20}$O$_8$, 黄色固体, mp 270ºC (分解).

【类型】2-苯并吡喃类.【来源】金藻纲 Chrysophyceae *Chrysophaeum taylorii* 和念珠藻目 Nostocales 念珠藻科 Nostocacea 蓝细菌水条藻属* *Hormothamnion enteromorphoides* [syn. *Hydrocoryne enteromorphoides*] (波多黎各).【活性】细胞毒; RNA 合成抑制剂.【文献】W. H. Gerwick, et al. Tetrahedron Lett., 1986, 27, 1979; W. H. Gerwick, JNP, 1989, 52, 252.

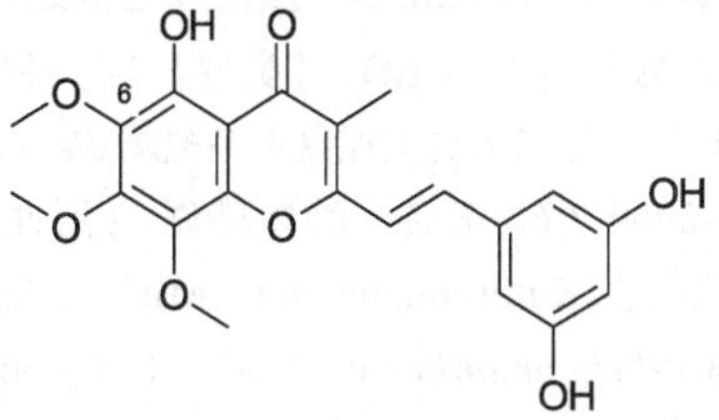

696 Isochromophilone XI 异嗜色细胞酮XI*

【基本信息】$C_{25}H_{29}ClO_8$.【类型】2-苯并吡喃类.【来源】柑橘荔枝海绵 *Tethya aurantium*, 海洋真菌顶多毛孢属 *Bartalinia robillardoides* LF550.【活性】抗菌（枯草杆菌 *Bacillus subtilis*, MIC = 55.6μmol/L; 缓慢葡萄球菌 *Staphylococcus lentus*, MIC = 78.4μmol/L）; 抗真菌（红色毛癣菌 *Trichophyton rubrum*, MIC = 41.5μmol/L）.【文献】J. Wiese, et al. Mar. Drugs, 2011, 9, 561; N. Jansen, et al. Mar. Drugs, 2013, 11, 800.

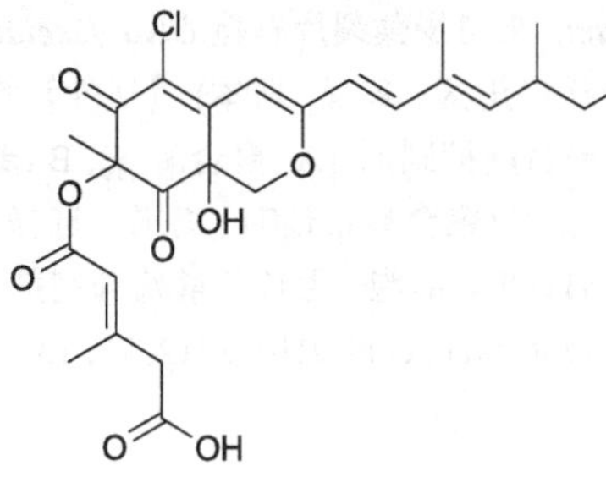

697 8-O-Methyl-*epi*-austdiol 8-O-甲基-*epi*-焦曲二醇*

【基本信息】$C_{13}H_{14}O_5$, 黄色粉末, mp 160~161°C, $[α]_D^{20}$ = +115.5° (c = 0.1, 甲醇).【类型】2-苯并吡喃类.【来源】红树导出的真菌发菌科踝节菌属 *Talaromyces* sp. ZH-154, 来自红树秋茄树 *Kandelia candel* (树干部分的树皮, 淇澳岛, 珠海, 广东, 中国).【活性】细胞毒 (KB 和 KBV200, 中等活性).【文献】F. Liu, et al. Planta Med., 2010, 76, 185.

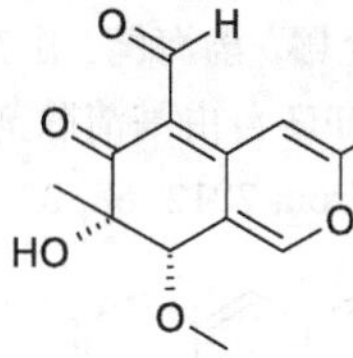

698 Peneciraistin A 雷斯青霉亭 A*

【基本信息】$C_{15}H_{20}O_5$.【类型】2-苯并吡喃类.【来源】海洋导出的真菌雷斯青霉* *Penicillium raistrickii* (含盐土壤, 渤海湾, 山东, 中国).【活性】抗氧化剂 (DPPH 自由基清除剂).【文献】L.-Y. Ma, et al. Tetrahedron, 2012, 68, 2276.

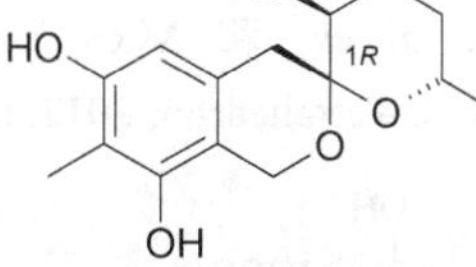

699 Peneciraistin B 雷斯青霉亭 B*

【基本信息】$C_{15}H_{20}O_5$.【类型】2-苯并吡喃类.【来源】海洋导出的真菌雷斯青霉* *Penicillium raistrickii* (含盐土壤, 渤海湾, 山东, 中国).【活性】抗氧化剂 (DPPH 自由基清除剂).【文献】L.-Y. Ma, et al. Tetrahedron, 2012, 68, 2276.

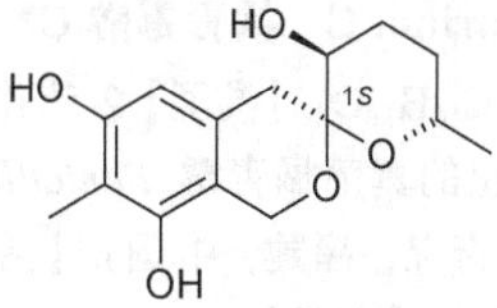

700 Peneciraistin C 雷斯青霉亭 C*

【基本信息】$C_{19}H_{26}O_9$.【类型】2-苯并吡喃类.【来源】海洋导出的真菌雷斯青霉* *Penicillium raistrickii* (含盐土壤, 渤海湾, 山东, 中国).【活性】细胞毒 (A549 和 MCF7, 中等活性).【文献】L.-Y. Ma, et al. Tetrahedron, 2012, 68, 2276.

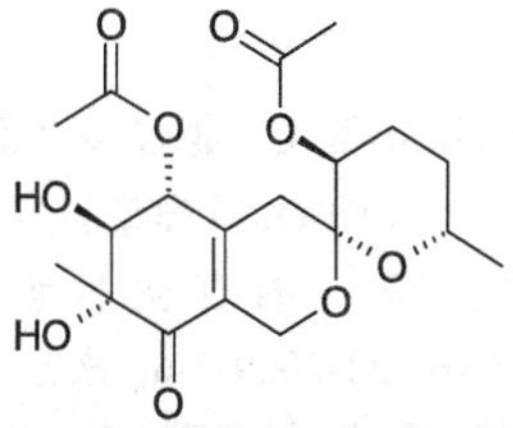

701 Peneciraistin D 雷斯青霉亭 D*

【基本信息】$C_{15}H_{16}O_6$.【类型】2-苯并吡喃类.【来源】海洋导出的真菌雷斯青霉* *Penicillium* *raistrickii* (含盐土壤, 渤海湾, 山东, 中国). 【活性】抗氧化剂 (DPPH 自由基清除剂). 【文献】L.-Y. Ma, et al. Tetrahedron, 2012, 68, 2276.

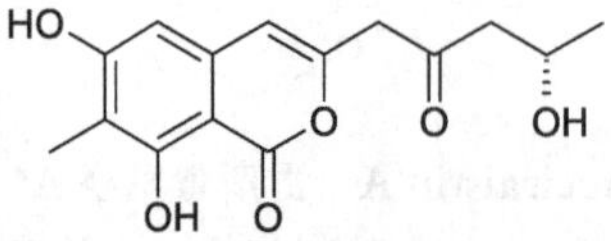

702　Penicillanthranin A　青霉三羟基蒽酚 A*
【基本信息】$C_{28}H_{24}O_{10}$. 【类型】2-苯并吡喃类. 【来源】海洋导出的真菌橘青霉 *Penicillium citrinum*, 来自柳珊瑚海扇 *Annella* sp. (斯米兰群岛, 攀牙府, 泰国). 【活性】抗菌 (金黄色葡萄球菌 *Staphylococcus aureus* 和 MRSA). 【文献】N. Khamthong, et al. Tetrahedron, 2012, 68, 8245.

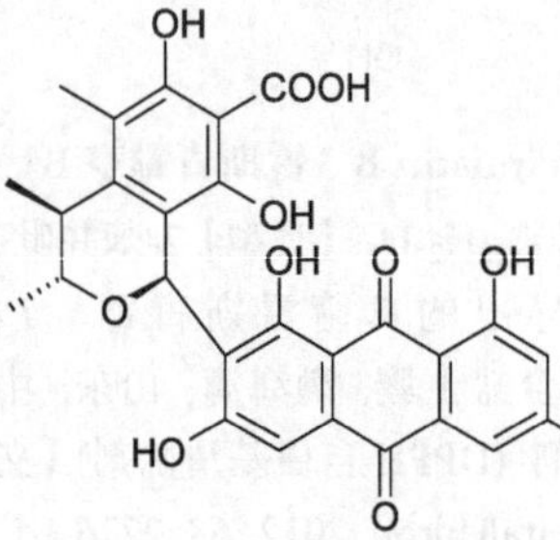

703　Penicitrinol C　橘青霉醇 C*
【基本信息】$C_{14}H_{18}O_4$. 【类型】2-苯并吡喃类. 【来源】海洋导出的真菌橘青霉 *Penicillium citrinum* (沉积物, 兰奇岛, 福建, 中国). 【活性】细胞毒 (HL60, 低活性). 【文献】L. Chen, et al. CPB, 2011, 59, 515.

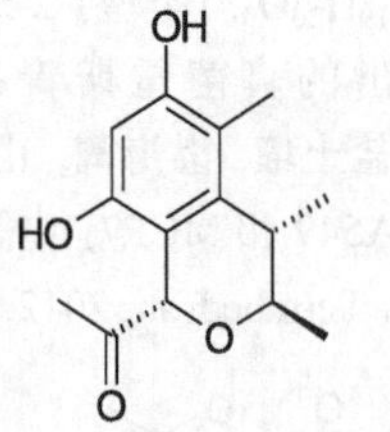

704　Pestalachloride C　拟盘多毛孢氯化物 C*
【基本信息】$C_{21}H_{20}Cl_2O_5$. 【类型】2-苯并吡喃类. 【来源】海洋导出的真菌拟盘多毛孢属 *Pestalotiopsis* sp. ZJ-2009-7-6, 来自一种软珊瑚. 【活性】抗菌 (肠杆菌杆菌 *Enterobacter coli*, MIC = 5.0μmol/L, 鳗弧菌 *Vibrio anguillarum*, MIC = 10.0μmol/L, 副溶血弧菌 *Vibrio parahaemolyticus*, MIC = 20.0μmol/L). 【文献】M. Y. Wei, et al. Mar. Drugs, 2013, 11, 1050.

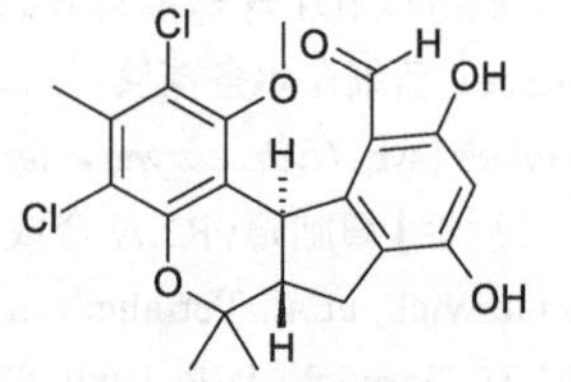

705　Pestalachloride D　拟盘多毛孢氯化物 D*
【基本信息】$C_{21}H_{20}Cl_2O_5$. 【类型】2-苯并吡喃类. 【来源】海洋导出的真菌拟盘多毛孢属 *Pestalotiopsis* sp. ZJ-2009-7-6, 来自一种软珊瑚. 【活性】抗菌 (肠杆菌杆菌 *Enterobacter coli*, MIC = 5.0μmol/L; 鳗弧菌 *Vibrio anguillarum*, MIC = 10.0μmol/L; 副溶血弧菌 *Vibrio parahaemolyticus*, MIC = 20.0μmol/L). 【文献】M. Y. Wei, et al. Mar. Drugs, 2013, 11, 1050.

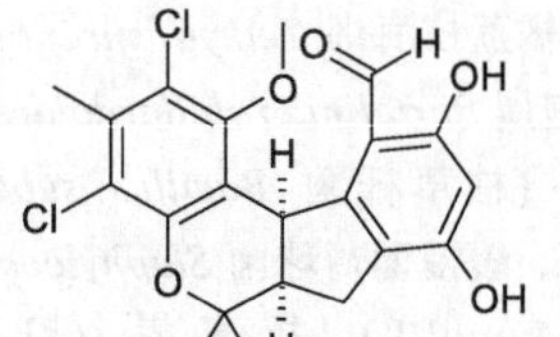

706　Pinophilin A　嗜松青霉林 A*
【基本信息】$C_{21}H_{22}O_7$. 【类型】2-苯并吡喃类. 【来源】海洋导出的真菌嗜松青霉* *Penicillium pinophilum*, 来自绿藻裂片石莼 *Ulva fasciata* (葛西分区, 江户川区, 东京, 日本). 【活性】哺乳动物 DNA 聚合酶抑制剂 [A (聚合酶 γ), B (聚合酶 α, δ 和 ε) 和 Y (聚合酶 η, ι 和 κ) 家族, 选择性的]; 细胞毒 (HTCLs 细胞, 生长和增殖抑制剂). 【文献】Y. Myobatake, et al. JNP, 2012, 75, 135.

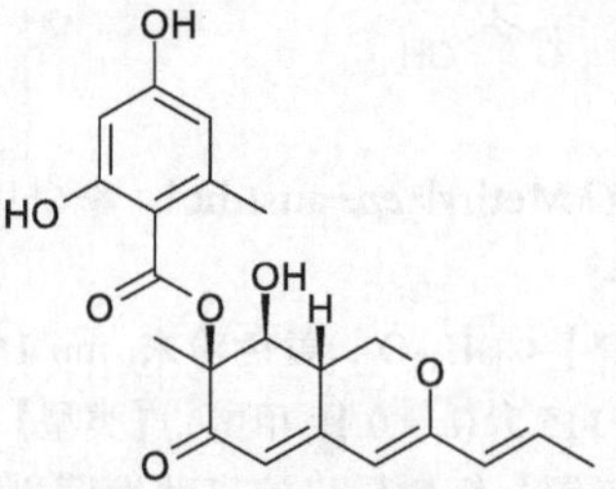

707　Pinophilin B　嗜松青霉林 B*
【基本信息】$C_{21}H_{22}O_8$. 【类型】2-苯并吡喃类. 【来源】海洋导出的真菌嗜松青霉* *Penicillium pinophilum*, 来自绿藻裂片石莼 *Ulva fasciata* (葛西分区, 江户川区, 东京, 日本). 【活性】哺乳动

物 DNA 聚合酶抑制剂 [A (聚合酶γ), B (聚合酶α, δ 和 ε) 和 Y (聚合酶η, ι 和 κ) 家族, 选择性的]; 细胞毒 (HTCLs 细胞, 生长和增殖抑制剂).【文献】Y. Myobatake, et al. JNP, 2012, 75, 135.

708 (3*R*,4*S*)-3,4,5-Trimethylisochroman-6,8-diol　(3*R*,4*S*)-3,4,5-三甲基异苯并二氢吡喃-6,8-二醇*

【基本信息】$C_{12}H_{16}O_3$.【类型】2-苯并吡喃类.【来源】深海真菌萨氏曲霉菌 *Aspergillus sydowi* YH11-2 (关岛, 美国, E144°43′ N13°26′, 采样深度 1000m).【活性】细胞毒 (P_{388}, IC_{50} = 1.95μmol/L, 对照 CDDP, IC_{50} = 0.039μmol/L).【文献】L. Tian, et al. Arch. Pharm. Res., 2007, 30, 1051.

709 Chaetomugilin A　毛壳鲻鱼林 A*

【基本信息】$C_{23}H_{27}ClO_7$, 黄色粉末 (氯仿/甲醇), mp 149~151°C, $[α]_D$ = –50.1° (*c* = 0.16, 乙醇).【类型】嗜氮酮 2-苯并吡喃类.【来源】海洋导出的真菌毛壳属 *Chaetomium globosum* OUPS-T106B-6, 来自鲻鱼 *Mugil cephalus* (胜浦湾, 日本), 陆地真菌毛壳属 *Chaetomium globosum*.【活性】细胞毒 (P_{388}, IC_{50} = 8.7μmol/L, 对照 5-氟尿嘧啶, IC_{50} = 1.7μmol/L; HL60, IC_{50} = 7.3μmol/L, 5-氟尿嘧啶, IC_{50} = 2.7μmol/L); 细胞毒, 选择性的 [一组 39 种人癌细胞株: HBC4, lg GI_{50} (mol/L) = –4.00; BSY1, lg GI_{50} (mol/L) = –4.00; HBC5, lg GI_{50} (mol/L) = –4.00; MCF7, lg GI_{50} (mol/L) = –4.43; MDA-MB-231, lg GI_{50} (mol/L) = –4.00; U251, lg GI_{50} (mol/L) = –4.00; SF268, lg GI_{50} (mol/L) = –4.00; SF295, lg GI_{50} (mol/L) = –4.00; SF539, lg GI_{50} (mol/L) = –4.00; SNB75, lg GI_{50} (mol/L) = –4.36; SNB78, lg GI_{50} (mol/L) = –4.00; HCC2998, lg GI_{50} (mol/L) = –4.00; KM12, lg GI_{50} (mol/L) = –4.00; HT29, lg GI_{50} (mol/L) = –4.00; HCT15, lg GI_{50} (mol/L) = –4.00; HCT116, lg GI_{50} (mol/L) = –4.00; NCI-H23, lg GI_{50} (mol/L) = –4.00; NCI-H226, lg GI_{50} (mol/L) = –4.18; NCI-H522, lg GI_{50} (mol/L) = –4.36; NCI-H460, lg GI_{50} (mol/L) = –4.00; A549, lg GI_{50} (mol/L) = –4.00; DMS273, lg GI_{50} (mol/L) = –4.00; DMS114, lg GI_{50} (mol/L) = –4.06; LOX-IMVI, lg GI_{50} (mol/L) = –4.15; OVCAR-3, lg GI_{50} (mol/L) = –4.00; OVCAR-4, lg GI_{50} (mol/L) = –4.00; OVCAR-5, lg GI_{50} (mol/L) = –4.00; OVCAR-8, lg GI_{50} (mol/L) = –4.00; SK-OV-3, lg GI_{50} (mol/L) = –4.00; RXF-631L, lg GI_{50} (mol/L) = –4.63; ACHN, lg GI_{50} (mol/L) = –5.51; St4, lg GI_{50} (mol/L) = –4.00; MKN1, lg GI_{50} (mol/L) = –4.00; MKN7, lg GI_{50} (mol/L) = –4.00; MKN28, lg GI_{50} (mol/L) = –4.73; MKN45, lg GI_{50} (mol/L) = –4.51; MKN74, lg GI_{50} (mol/L) = –5.24; DU145, lg GI_{50} (mol/L) = –4.00; PC3, lg GI_{50} (mol/L) = –4.00; MG-MID (对所有的测试细胞株平均 lg GI_{50} (mol/L)) = –4.10; Δ (最敏感细胞和 MG-MID 的 lg GI_{50} (mol/L) 值的差别) = 1.13; 范围 (最敏感细胞和最不敏感细胞 lg GI_{50} (mol/L) 值的差别) = 1.24 (当选择性的细胞毒活性有效值: MG-MID < –5, Δ ≥ 0.5 和范围 ≥ 1.0; COMPARE 程序建议新的作用机制)].【文献】T. Yamada, et al. Tetrahedron Lett., 2008, 49, 4192; Y. Muroga, et al. J. Antibiot., 2008, 61, 615.

710 4′-*epi*-Chaetomugilin A　4′-*epi*-毛壳鲻鱼林 A*

【基本信息】$C_{23}H_{27}ClO_7$, 黄色粉末, mp 135~137°C, $[α]_D^{22}$ = –262.5° (*c* = 0.12, 乙醇).【类型】嗜氮酮 2-苯并吡喃类.【来源】海洋导出的真菌毛壳属 *Chaetomium globosum* OUPS-T106B-6, 来自鲻鱼 *Mugil cephalus* (胜浦湾, 日本).【活性】细胞毒 (P_{388}, HL60, L_{1210} 和 KB, 所有的 IC_{50} > 100μmol/L).【文献】Y. Muroga, et al. Helv. Chim.

Acta, 2010, 93, 542.

711　11-*epi*-Chaetomugilin A　11-*epi*-毛壳鲻鱼林 A*

【基本信息】$C_{23}H_{27}ClO_7$, 黄色粉末, mp 127~129°C, $[\alpha]_D^{22} = -185.1°$ ($c = 0.18$, 乙醇).【类型】嗜氮酮 2-苯并吡喃类.【来源】海洋导出的真菌毛壳属 *Chaetomium globosum* OUPS-T106B-6, 来自鲻鱼 *Mugil cephalus* (胜浦湾, 日本).【活性】细胞毒 (P_{388}, $IC_{50} = 88.9\mu mol/L$, 对照 5-氟尿嘧啶, $IC_{50} = 1.7\mu mol/L$; HL60, $IC_{50} = 66.7\mu mol/L$, 5-氟尿嘧啶, $IC_{50} = 2.7\mu mol/L$; L_{1210}, $IC_{50} > 100\mu mol/L$, 5-氟尿嘧啶, $IC_{50} = 1.1\mu mol/L$; KB, $IC_{50} > 100\mu mol/L$, 5-氟尿嘧啶, $IC_{50} = 7.7\mu mol/L$).【文献】Y. Muroga, et al. Helv. Chim. Acta, 2010, 93, 542.

712　Chaetomugilin B　毛壳鲻鱼林 B*

【基本信息】$C_{24}H_{29}ClO_7$, 黄色棱柱状晶体 (氯仿/甲醇), mp 215~217°C, $[\alpha]_D = -40.2°$ ($c = 0.03$, 乙醇).【类型】嗜氮酮 2-苯并吡喃类.【来源】海洋导出的真菌毛壳属 *Chaetomium globosum* OUPS-T106B-6, 来自鲻鱼 *Mugil cephalus* (胜浦湾, 日本).【活性】细胞毒 (P_{388}, $IC_{50} = 18.7\mu mol/L$, 对照 5-氟尿嘧啶, $IC_{50} = 1.7\mu mol/L$; HL60, $IC_{50} = 16.5\mu mol/L$, 5-氟尿嘧啶, $IC_{50} = 2.7\mu mol/L$); 细胞毒, 选择性的 [一组 39 种人癌细胞株: HBC4, lg GI_{50} (mol/L) = -4.22; BSY1, lg GI_{50} (mol/L) = -4.64; HBC5, lg GI_{50} (mol/L) = -4.56; MCF7, lg GI_{50} (mol/L) = -4.16; MDA-MB-231, lg GI_{50} (mol/L) = -4.51; U251, lg GI_{50} (mol/L) = -4.00; SF268, lg GI_{50} (mol/L) = -4.05; SF295, lg GI_{50} (mol/L) = -4.00; SF539, lg GI_{50} (mol/L) = -4.25; SNB75, lg GI_{50} (mol/L) = -4.21; SNB78, lg GI_{50} (mol/L) = -4.15; HCC2998, lg GI_{50} (mol/L) = -4.00; KM12, lg GI_{50} (mol/L) = -4.08; HT29, lg GI_{50} (mol/L) = -4.01; HCT15, lg GI_{50} (mol/L) = -4.14; HCT116, lg GI_{50} (mol/L) = -4.31; NCI-H23, lg GI_{50} (mol/L) = -4.00; NCI-H226, lg GI_{50} (mol/L) = -4.00; NCI-H522, lg GI_{50} (mol/L) = -4.81; NCI-H460, lg GI_{50} (mol/L) = -4.00; A549, lg GI_{50} (mol/L) = -4.00; DMS273, lg GI_{50} (mol/L) = -4.00; DMS114, lg GI_{50} (mol/L) = -4.11; LOX-IMVI, lg GI_{50} (mol/L) = -4.24; OVCAR-3, lg GI_{50} (mol/L) = -4.61; OVCAR-4, lg GI_{50} (mol/L) = -4.18; OVCAR-5, lg GI_{50} (mol/L) = -4.13; OVCAR-8, lg GI_{50} (mol/L) = -4.00; SK-OV-3, lg GI_{50} (mol/L) = -4.00; RXF-631L, lg GI_{50} (mol/L) = -4.00; ACHN, lg GI_{50} (mol/L) = -4.19; St4, lg GI_{50} (mol/L) = -4.00; MKN1, lg GI_{50} (mol/L) = -4.52; MKN7, lg GI_{50} (mol/L) = -4.35; MKN28, lg GI_{50} (mol/L) = -4.22; MKN45, lg GI_{50} (mol/L) = -4.00; MKN74, lg GI_{50} (mol/L) = -4.34; DU145, lg GI_{50} (mol/L) = -4.00; PC3, lg GI_{50} (mol/L) = -4.41; MG-MID (对所有试验细胞 lg GI_{50} (mol/L)平均值) = -4.19; Δ (最敏感细胞和 MG-MID 的 lg GI_{50} (mol/L)值的差别) = 0.62; 范围 (最敏感细胞和最不敏感细胞 lg GI_{50} (mol/L)值的差别) = 0.81 (当选择性细胞毒活性有效值: MG-MID < -5, Δ ≥ 0.5 和范围 ≥ 1.0; COMPARE 程序建议新的作用机制)].【文献】T. Yamada, et al. Tetrahedron Lett., 2008, 49, 4192; Y. Muroga, et al. J. Antibiot., 2008, 61, 615.

713　Chaetomugilin C　毛壳鲻鱼林 C*

【基本信息】$C_{23}H_{25}ClO_6$, 黄色油状物, $[\alpha]_D = +103.3°$ ($c = 0.04$, 乙醇).【类型】嗜氮酮 2-苯并吡喃类.【来源】海洋导出的真菌毛壳属 *Chaetomium globosum* OUPS-T106B-6, 来自鲻鱼 *Mugil cephalus* (胜浦湾, 日本).【活性】细胞毒 (P_{388}, $IC_{50} = 3.6\mu mol/L$, 对照 5-氟尿嘧啶, $IC_{50} = 1.7\mu mol/L$;

HL60, IC_{50} = 2.7μmol/L, 5-氟尿嘧啶, IC_{50} = 2.7μmol/L); 细胞毒, 选择性的 [一组 39 种人癌细胞株: HBC4, lg GI_{50} (mol/L) = –4.82; BSY1, lg GI_{50} (mol/L) = –5.54; HBC5, lg GI_{50} (mol/L) = –4.56; MCF7, lg GI_{50} (mol/L) = –5.00; MDA-MB-231, lg GI_{50} (mol/L) = –4.48; U251, lg GI_{50} (mol/L) = –4.78; SF268, lg GI_{50} (mol/L) = –4.63; SF295, lg GI_{50} (mol/L) = –4.89; SF539, lg GI_{50} (mol/L) = –5.37; SNB75, lg GI_{50} (mol/L) = –5.43; SNB78, lg GI_{50} (mol/L) = –4.70; HCC2998, lg GI_{50} (mol/L) = –4.78; KM12, lg GI_{50} (mol/L) = –4.68; HT29, lg GI_{50} (mol/L) = –4.51; HCT15, lg GI_{50} (mol/L) = –4.65; HCT116, lg GI_{50} (mol/L) = –5.33; NCI-H23, lg GI_{50} (mol/L) = –4.51; NCI-H226, lg GI_{50} (mol/L) = –4.51; NCI-H522, lg GI_{50} (mol/L) = –5.38; NCI-H460, lg GI_{50} (mol/L) = –4.68; A549, lg GI_{50} (mol/L) = –4.71; DMS273, lg GI_{50} (mol/L) = –5.30; DMS114, lg GI_{50} (mol/L) = –4.79; LOX-IMVI, lg GI_{50} (mol/L) = –4.81; OVCAR-3, lg GI_{50} (mol/L) = –4.96; OVCAR-4, lg GI_{50} (mol/L) = –4.36; OVCAR-5, lg GI_{50} (mol/L) = –4.40; OVCAR-8, lg GI_{50} (mol/L) = –4.71; SK-OV-3, lg GI_{50} (mol/L) = –5.20; RXF-631L, lg GI_{50} (mol/L) = –4.47; ACHN, lg GI_{50} (mol/L) = –4.73; St4, lg GI_{50} (mol/L) = –5.03; MKN1, lg GI_{50} (mol/L) = –5.23; MKN7, lg GI_{50} (mol/L) = –4.78; MKN28, lg GI_{50} (mol/L) = –4.52; MKN45, lg GI_{50} (mol/L) = –5.00; MKN74, lg GI_{50} (mol/L) = –4.61; DU145, lg GI_{50} (mol/L) = –4.63; PC3, lg GI_{50} (mol/L) = –4.99; MG-MID (对所有试验细胞 lg GI_{50} (mol/L)平均值) = –4.83; Δ (最敏感细胞和 MG-MID 的 lg GI_{50} (mol/L) 值的差别) = 0.71; 范围 (最敏感细胞和最不敏感细胞 lg GI_{50} (mol/L)值的差别) = 1.19 (当选择性细胞毒活性有效值: MG-MID < –5, Δ ≥ 0.5 和范围 ≥ 1.0; COMPARE 程序建议新的作用机制)].【文献】T. Yamada, et al. Tetrahedron Lett., 2008, 49, 4192; Y. Muroga, et al. J. Antibiot., 2008, 61, 615.

714 Chaetomugilin D 毛壳鲻鱼林 D*

【基本信息】$C_{23}H_{27}ClO_6$, 黄色树胶状物或粉末, mp 95~97°C, $[α]_D^{20}$ = –21° (c = 0.04, 甲醇), $[α]_D^{22}$ = –170.5° (c = 0.1, 乙醇).【类型】嗜氮酮 2-苯并吡喃类.【来源】海洋导出的真菌毛壳属 *Chaetomium globosum* OUPS-T106B-6, 来自鲻鱼 *Mugil cephalus* (胜浦湾, 日本), 陆地真菌毛壳属 *Chaetomium globosum*.【活性】细胞毒 (P_{388}, IC_{50} = 7.5μmol/L, 对照 5-氟尿嘧啶, IC_{50} = 1.7μmol/L; HL60, IC_{50} = 6.8μmol/L, 5-氟尿嘧啶, IC_{50} = 2.7μmol/L); 细胞毒, 选择性的 [一组 39 种人癌细胞株: HBC4, lg GI_{50} (mol/L) = –4.00; BSY1, lg GI_{50} (mol/L) = –4.55; HBC5, lg GI_{50} (mol/L) = –4.36; MCF7, lg GI_{50} (mol/L) = –4.08; MDA-MB-231, lg GI_{50} (mol/L) = –4.00; U251, lg GI_{50} (mol/L) = –4.00; SF268, lg GI_{50} (mol/L) = –4.00; SF295, lg GI_{50} (mol/L) = –4.00; SF539, lg GI_{50} (mol/L) = –5.00; SNB75, lg GI_{50} (mol/L) = –4.34; SNB78, lg GI_{50} (mol/L) = –4.14; HCC2998, lg GI_{50} (mol/L) = –4.00; KM12, lg GI_{50} (mol/L) = –4.00; HT29, lg GI_{50} (mol/L) = –4.00; HCT15, lg GI_{50} (mol/L) = –4.00; HCT116, lg GI_{50} (mol/L) = –4.00; NCI-H23, lg GI_{50} (mol/L) = –4.00; NCI-H226, lg GI_{50} (mol/L) = –4.00; NCI-H522, lg GI_{50} (mol/L) = –4.40; NCI-H460, lg GI_{50} (mol/L) = –4.68; A549, lg GI_{50} (mol/L) = –4.71; DMS273, lg GI_{50} (mol/L) = –5.30; DMS114, lg GI_{50} (mol/L) = –4.79; LOX-IMVI, lg GI_{50} (mol/L) = –4.81; OVCAR-3, lg GI_{50} (mol/L) = –4.96; OVCAR-4, lg GI_{50} (mol/L) = –4.36; OVCAR-5, lg GI_{50} (mol/L) = –4.40; OVCAR-8, lg GI_{50} (mol/L) = –4.71; SK-OV-3, lg GI_{50} (mol/L) = –5.20; RXF-631L, lg GI_{50} (mol/L) = –4.47; ACHN, lg GI_{50} (mol/L) = –4.73; St4, lg GI_{50} (mol/L) = –5.03; MKN1, lg GI_{50} (mol/L) = –5.23; MKN7, lg GI_{50} (mol/L) = –4.78; MKN28, lg GI_{50} (mol/L) = –4.52; MKN45, lg GI_{50} (mol/L) = –5.00; MKN74, lg GI_{50} (mol/L) = –4.61; DU145, lg GI_{50} (mol/L) = –4.00; PC3, lg GI_{50} (mol/L) = –4.13; MG-MID (对所有试验细胞 lg GI_{50} (mol/L)平均值) = –4.05; Δ (最敏感细胞和 MG-MID 的 lg GI_{50} (mol/L) 值的差别) = 0.50; 范围 (最敏感细胞和最不敏感细胞 lg GI_{50} (mol/L) 值的差别) = 0.55 (当选择性细胞毒活性有效值: MG-MID < –5, Δ ≥ 0.5, 和范围 ≥ 1.0; COMPARE 程序建议新的作用机制)].【文献】Y. Muroga, et al. J. Antibiot., 2008, 61, 615; J.-C.

Qin, et al. BoMCL, 2009, 19, 1572.

715 Chaetomugilin E 毛壳鲻鱼林 E*

【基本信息】$C_{24}H_{29}ClO_6$，黄色粉末，mp 95~97°C，$[α]_D = -155.4°$ ($c = 0.11$, 乙醇).【类型】嗜氮酮 2-苯并吡喃类.【来源】海洋导出的真菌毛壳属 *Chaetomium globosum* OUPS-T106B-6，来自鲻鱼 *Mugil cephalus* (胜浦湾，日本).【活性】细胞毒 (P_{388}, $IC_{50} = 15.7 μmol/L$，对照 5-氟尿嘧啶，$IC_{50} = 1.7 μmol/L$; HL60, $IC_{50} = 13.2 μmol/L$, 5-氟尿嘧啶，$IC_{50} = 2.7 μmol/L$); 细胞毒，选择性的 [一组 39 种人癌细胞株: HBC4, lg GI_{50} (mol/L) = −4.59; BSY1, lg GI_{50} (mol/L) = −4.75; HBC5, lg GI_{50} (mol/L) = −4.67; MCF7, lg GI_{50} (mol/L) = −4.44; MDA-MB-231, lg GI_{50} (mol/L) = −4.60; U251, lg GI_{50} (mol/L) = −4.55; SF268, lg GI_{50} (mol/L) = −4.59; SF295, lg GI_{50} (mol/L) = −4.51; SF539, lg GI_{50} (mol/L) = −4.72; SNB75, lg GI_{50} (mol/L) = −4.58; SNB78, lg GI_{50} (mol/L) = −4.68; HCC2998, lg GI_{50} (mol/L) = −4.63; KM12, lg GI_{50} (mol/L) = −4.64; HT29, lg GI_{50} (mol/L) = −4.64; HCT15, lg GI_{50} (mol/L) = −4.60; HCT116, lg GI_{50} (mol/L) = −4.72; NCI-H23, lg GI_{50} (mol/L) = −4.59; NCI-H226, lg GI_{50} (mol/L) = −4.64; NCI-H522, lg GI_{50} (mol/L) = −4.78; NCI-H460, lg GI_{50} (mol/L) = −4.44; A549, lg GI_{50} (mol/L) = −4.38; DMS273, lg GI_{50} (mol/L) = −4.66; DMS114, lg GI_{50} (mol/L) = −4.84; LOX-IMVI, lg GI_{50} (mol/L) = −4.71; OVCAR-3, lg GI_{50} (mol/L) = −4.67; OVCAR-4, lg GI_{50} (mol/L) = −4.72; OVCAR-5, lg GI_{50} (mol/L) = −4.61; OVCAR-8, lg GI_{50} (mol/L) = −4.54; SK-OV-3, lg GI_{50} (mol/L) = −4.38; RXF-631L, lg GI_{50} (mol/L) = −4.52; ACHN, lg GI_{50} (mol/L) = −4.67; St4, lg GI_{50} (mol/L) = −4.54; MKN1, lg GI_{50} (mol/L) = −4.74; MKN7, lg GI_{50} (mol/L) = −4.67; MKN28, lg GI_{50} (mol/L) = −4.47; MKN45, lg GI_{50} (mol/L) = −4.49; MKN74, lg GI_{50} (mol/L) = −4.60; DU145, lg GI_{50} (mol/L) = −4.52; PC3, lg GI_{50} (mol/L) = −4.68;

MG-MID (对所有试验细胞 lg GI_{50} (mol/L)平均值) = −4.61; Δ (最敏感细胞和 MG-MID 的 lg GI_{50} (mol/L)值的差别) = 0.23; 范围 (最敏感细胞和最不敏感细胞 lg GI_{50} (mol/L) 值的差别) = 0.46 (当选择性细胞毒活性有效值: MG-MID < −5, Δ ≥ 0.5 和范围 ≥ 1.0; COMPARE 程序建议新的作用机制)].【文献】Y. Muroga, et al. J. Antibiot., 2008, 61, 615; lg GI50.

716 Chaetomugilin F 毛壳鲻鱼林 F*

【基本信息】$C_{23}H_{25}ClO_5$，黄色粉末，mp 92~94°C，$[α]_D^{22} = -185.1°$ ($c = 0.13$, 甲醇).【类型】嗜氮酮 2-苯并吡喃类.【来源】海洋导出的真菌毛壳属 *Chaetomium globosum* OUPS-T106B-6，来自鲻鱼 *Mugil cephalus* (胜浦湾，日本).【活性】细胞毒 (P_{388}, $IC_{50} = 3.3 μmol/L$，对照 5-氟尿嘧啶，$IC_{50} = 1.7 μmol/L$; HL60, $IC_{50} = 1.3 μmol/L$, 5-氟尿嘧啶，$IC_{50} = 2.7 μmol/L$); 细胞毒，选择性的 [一组 39 种人癌细胞株: HBC4, lg GI_{50} (mol/L) = −6.43; BSY1, lg GI_{50} (mol/L) = −5.63; HBC5, lg GI_{50} (mol/L) = −5.19; MCF7, lg GI_{50} (mol/L) = −6.14; MDA-MB-231, lg GI_{50} (mol/L) = −5.30; U251, lg GI_{50} (mol/L) = −5.50; SF268, lg GI_{50} (mol/L) = −5.37; SF295, lg GI_{50} (mol/L) = −5.85; SF539, lg GI_{50} (mol/L) = −6.66; SNB75, lg GI_{50} (mol/L) = −5.59; SNB78, lg GI_{50} (mol/L) = −5.26; HCC2998, lg GI_{50} (mol/L) = −4.83; KM12, lg GI_{50} (mol/L) = −6.21; HT29, lg GI_{50} (mol/L) = −5.02; HCT15, lg GI_{50} (mol/L) = −5.29; HCT116, lg GI_{50} (mol/L) = −5.61; NCI-H23, lg GI_{50} (mol/L) = −4.83; NCI-H226, lg GI_{50} (mol/L) = −5.26; NCI-H522, lg GI_{50} (mol/L) = −5.67; NCI-H460, lg GI_{50} (mol/L) = −5.23; A549, lg GI_{50} (mol/L) = −5.14; DMS273, lg GI_{50} (mol/L) = −6.35; DMS114, lg GI_{50} (mol/L) = −5.48; LOX-IMVI, lg GI_{50} (mol/L) = −5.34; OVCAR-3, lg GI_{50} (mol/L) = −5.51; OVCAR-4, lg GI_{50} (mol/L) = −4.69; OVCAR-5, lg GI_{50} (mol/L) = −5.39; OVCAR-8, lg GI_{50} (mol/L) = −5.11; SK-OV-3, lg GI_{50} (mol/L) = –5.47; RXF-631L, lg GI_{50} (mol/L) = –5.14; ACHN, lg GI_{50} (mol/L) = –5.33; St4, lg GI_{50} (mol/L) = –4.98; MKN1, lg GI_{50} (mol/L) = –5.55; MKN7, lg GI_{50} (mol/L) = –5.40; MKN28, lg GI_{50} (mol/L) = –5.32; MKN45, lg GI_{50} (mol/L) = –5.28; MKN74, lg GI_{50} (mol/L) = –5.49; DU145, lg GI_{50} (mol/L) = –5.42; PC3, lg GI_{50} (mol/L) = –5.27; MG-MID (对所有试验细胞 lg GI_{50} (mol/L) 平均值) = –5.45; Δ (最敏细胞和 MG-MID 的 lg GI_{50} (mol/L) 值的差别) = 1.21; 范围 (最敏感细胞和最不敏感细胞 lg GI_{50} (mol/L) 值的差别) = 1.97 (当选择性细胞毒活性有效值: MG-MID < –5, Δ ≥ 0.5, 和范围 ≥ 1.0; COMPARE 程序建议新的作用机制].【文献】Y. Muroga, et al. J. Antibiot., 2008, 61, 615.

717　Chaetomugilin G　毛壳鲻鱼林 G*

【基本信息】$C_{24}H_{29}ClO_7$, 黄色粉末, mp 165~167ºC, $[α]_D^{22}$ = –80.1º (c = 0.13, 乙醇).【类型】嗜氮酮 2-苯并吡喃类.【来源】海洋导出的真菌毛壳属 Chaetomium globosum OUPS-T106B-6, 来自鲻鱼 Mugil cephalus (胜浦湾, 日本).【活性】细胞毒 (P_{388}, IC_{50} = 24.1μmol/L, 对照 5-氟尿嘧啶, IC_{50} = 1.7μmol/L; HL60, IC_{50} = 19.8μmol/L, 5-氟尿嘧啶, IC_{50} = 2.7μmol/L; L_{1210}, IC_{50} = 123.6μmol/L; 5-氟尿嘧啶, IC_{50} = 3.0μmol/L; KB, IC_{50} = 137.8μmol/L, 5-氟尿嘧啶, IC_{50} = 6.0μmol/L).【文献】T. Yamada, et al. J. Antibiot., 2009, 62, 353.

718　Chaetomugilin H　毛壳鲻鱼林 H*

【基本信息】$C_{24}H_{29}ClO_6$, 黄色粉末, mp 119~121ºC, $[α]_D^{22}$ = –175º (c = 0.09, 乙醇).【类型】嗜氮酮 2-苯并吡喃类.【来源】海洋导出的真菌毛壳属 Chaetomium globosum OUPS-T106B-6.【活性】细胞毒 (P_{388}, IC_{50} = 12.3μmol/L, 对照 5-氟尿嘧啶, IC_{50} = 1.7μmol/L; HL60, IC_{50} = 10.3μmol/L, 5-氟尿嘧啶, IC_{50} = 2.7μmol/L; L_{1210}, IC_{50} = 93.3μmol/L; 5-氟尿嘧啶, IC_{50} = 3.0μmol/L; KB, IC_{50} = 18.8μmol/L, 5-氟尿嘧啶, IC_{50} = 6.0μmol/L).【文献】T. Yamada, et al. J. Antibiot., 2009, 62, 353.

719　Chaetomugilin I　毛壳鲻鱼林 I*

【基本信息】$C_{22}H_{27}ClO_5$, 黄色粉末 (氯仿/甲醇), mp 98~100ºC, $[α]_D$ = +210.2º (c = 0.04, 乙醇).【类型】嗜氮酮 2-苯并吡喃类.【来源】海洋导出的真菌毛壳属 Chaetomium globosum OUPS-T106B-6.【活性】细胞毒 (P_{388}, IC_{50} = 1.1μmol/L, 对照 5-氟尿嘧啶, IC_{50} = 1.7μmol/L; HL60, IC_{50} = 1.1μmol/L, 5-氟尿嘧啶, IC_{50} = 2.7μmol/L; L_{1210}, IC_{50} = 1.9μmol/L, 5-氟尿嘧啶, IC_{50} = 1.1μmol/L; KB, IC_{50} = 2.3μmol/L, 5-氟尿嘧啶, IC_{50} = 7.7μmol/L); 细胞毒, 选择性的 [一组 39 种人癌细胞株: HBC4, lg GI_{50} (mol/L) = –5.07; BSY1, lg GI_{50} (mol/L) = –5.50; HBC5, lg GI_{50} (mol/L) = –5.25; MCF7, lg GI_{50} (mol/L) = –4.98; MDA-MB-231, lg GI_{50} (mol/L) = –5.38; U251, lg GI_{50} (mol/L) = –4.94; SF268, lg GI_{50} (mol/L) = –4.97; SF295, lg GI_{50} (mol/L) = –4.81; SF539, lg GI_{50} (mol/L) = –5.42; SNB75, lg GI_{50} (mol/L) = –5.42; SNB78, lg GI_{50} (mol/L) = –5.17; HCC2998, lg GI_{50} (mol/L) = –4.88; KM12, lg GI_{50} (mol/L) = –5.09; HT29, lg GI_{50} (mol/L) = –5.32; HCT15, lg GI_{50} (mol/L) = –5.32; HCT116, lg GI_{50} (mol/L) = –5.42; NCI–H23, lg GI_{50} (mol/L) = –4.87; NCI–H226, lg GI_{50} (mol/L) = –4.94; NCI–H522, lg GI_{50} (mol/L) = –5.78; NCI–H460, lg GI_{50} (mol/L) = –4.76; A549, lg GI_{50} (mol/L) = –4.68; DMS273, lg GI_{50} (mol/L) = –5.32; DMS114, lg GI_{50} (mol/L) = –5.32; LOX-IMVI, lg GI_{50} (mol/L) = –5.26; OVCAR-3, lg GI_{50} (mol/L) = –5.58; OVCAR-4, lg GI_{50} (mol/L) =

−5.48; OVCAR-5, lg GI$_{50}$ (mol/L) = −5.36; OVCAR-8, lg GI$_{50}$ (mol/L) = −4.84; SK-OV-3, lg GI$_{50}$ (mol/L) = −4.57; RXF-631L, lg GI$_{50}$ (mol/L) = −4.63; ACHN, lg GI$_{50}$ (mol/L) = −5.51; St4, lg GI$_{50}$ (mol/L) = −4.85; MKN1, lg GI$_{50}$ (mol/L) = −5.70; MKN7, lg GI$_{50}$ (mol/L) = −5.44; MKN28, lg GI$_{50}$ (mol/L) = −5.12; MKN45, lg GI$_{50}$ (mol/L) = −4.71; MKN74, lg GI$_{50}$ (mol/L) = −4.79; DU145, lg GI$_{50}$ (mol/L) = −4.79; PC3, lg GI$_{50}$ (mol/L) = −5.52; MG-MID (对所有试验细胞 lg GI$_{50}$ (mol/L)平均值) = −5.15; Δ (最敏感细胞和 MG-MID 的 lg GI$_{50}$ (mol/L)值的差别) = 0.63; 范围 (最敏感细胞和最不敏感细胞 lg GI$_{50}$ (mol/L) 值的差别) = 1.21 (当选择性细胞毒活性有效值: MG-MID < −5, Δ ≥ 0.5, 范围 ≥ 1.0; COMPARE 程序建议新的作用机制)].【文献】Y. Muroga, et al. Tetrahedron, 2009, 65, 7580; T. Yamada, et al. BoMC, 2011, 19, 4106.

720 11-*epi*-Chaetomugilin I 11-*epi*-毛壳鲻鱼林 I*

【基本信息】C$_{22}$H$_{27}$ClO$_5$, 黄色粉末, mp 85~87°C, (氯仿-甲醇), [α]$_D^{22}$ = +77.5° (c = 0.12, 乙醇).【类型】嗜氮酮 2-苯并吡喃类.【来源】海洋导出的真菌毛壳属 *Chaetomium globosum*, 来自鲻鱼 *Mugil cephalus* (胜浦湾, 日本).【活性】细胞毒 (P$_{388}$, IC$_{50}$ = 0.7pmol/L, 对照 5-氟尿嘧啶, IC$_{50}$ = 1.7pmol/L; HL60, IC$_{50}$ = 1.0pmol/L, 5-氟尿嘧啶, IC$_{50}$ = 2.7pmol/L; L$_{1210}$, IC$_{50}$ = 1.6pmol/L, 5-氟尿嘧啶, IC$_{50}$ = 1.1pmol/L; KB, IC$_{50}$ = 1.2pmol/L, 5-氟尿嘧啶, IC$_{50}$ = 7.7pmol/L).【文献】T. Yamada, et al. BoMC, 2011, 19, 4106.

721 Chaetomugilin J 毛壳鲻鱼林 J*

【基本信息】C$_{22}$H$_{27}$ClO$_4$, 黄色粉末 (氯仿/甲醇), mp 99~101°C, [α]$_D$ = +243.8° (c = 0.1, 乙醇).【类型】嗜氮酮 2-苯并吡喃类.【来源】海洋导出的真菌毛壳属 *Chaetomium globosum* OUPS-T106B-6.【活性】细胞毒 (P$_{388}$, IC$_{50}$ = 12.6μmol/L, 对照 5-氟尿嘧啶, IC$_{50}$ = 1.7μmol/L; HL60, IC$_{50}$ = 12.6μmol/L, 5-氟尿嘧啶, IC$_{50}$ = 2.7μmol/L; L$_{1210}$, IC$_{50}$ = 2.8μmol/L, 5-氟尿嘧啶, IC$_{50}$ = 1.1μmol/L; KB, IC$_{50}$ = 8.5μmol/L, 5-氟尿嘧啶, IC$_{50}$ = 7.7μmol/L).【文献】Y. Muroga, et al. Tetrahedron, 2009, 65, 7580.

722 Chaetomugilin K 毛壳鲻鱼林 K*

【基本信息】C$_{23}$H$_{29}$ClO$_5$, 黄色粉末 (氯仿/甲醇), mp 222~224°C, [α]$_D$ = −65.7° (c = 0.14, 乙醇).【类型】嗜氮酮 2-苯并吡喃类.【来源】海洋导出的真菌毛壳属 *Chaetomium globosum* OUPS-T106B-6.【活性】细胞毒 (P$_{388}$, IC$_{50}$ = 8.2μmol/L, 对照 5-氟尿嘧啶, IC$_{50}$ = 1.7μmol/L; HL60, IC$_{50}$ = 14.1μmol/L, 5-氟尿嘧啶, IC$_{50}$ = 2.7μmol/L; L1210, IC$_{50}$ = 11.2μmol/L, 5-氟尿嘧啶, IC$_{50}$ = 1.1μmol/L; KB, IC$_{50}$ = 18.7μmol/L, 5-氟尿嘧啶, IC$_{50}$ = 7.7μmol/L).【文献】Y. Muroga, et al. Tetrahedron, 2009, 65, 7580.

723 Chaetomugilin L 毛壳鲻鱼林 L*

【基本信息】C$_{23}$H$_{29}$ClO$_4$, 黄色粉末 (氯仿/甲醇), mp 152~154°C, [α]$_D$ = −319.3° (c = 0.09, 乙醇).【类型】嗜氮酮 2-苯并吡喃类.【来源】海洋导出的真菌毛壳属 *Chaetomium globosum* OUPS-T106B-6.【活性】细胞毒 (P$_{388}$, IC$_{50}$ = 10.9μmol/L, 对照 5-

氟尿嘧啶, IC$_{50}$ = 1.7μmol/L; HL60, IC$_{50}$ = 13.1μmol/L, 5-氟尿嘧啶, IC$_{50}$ = 2.7μmol/L; L$_{1210}$, IC$_{50}$ = 15.6μmol/L, 5-氟尿嘧啶, IC$_{50}$ = 1.1μmol/L; KB, IC$_{50}$ = 20.1μmol/L, 5-氟尿嘧啶, IC$_{50}$ = 7.7μmol/L).
【文献】Y. Muroga, et al. Tetrahedron, 2009, 65, 7580.

724 Chaetomugilin N   毛壳鲻鱼林 N*
【基本信息】C$_{23}$H$_{25}$ClO$_6$, 黄色粉末 (氯仿/甲醇), mp 127~129ºC, [α]$_D$ = –71.8º (c = 0.12, 乙醇). 【类型】嗜氮酮 2-苯并吡喃类. 【来源】海洋导出的真菌毛壳属 Chaetomium globosum OUPS-T106B-6. 【活性】细胞毒 (P$_{388}$, IC$_{50}$ = 2.3μmol/L, 对照 5-氟尿嘧啶, IC$_{50}$ = 1.7μmol/L; HL60, IC$_{50}$ = 2.3μmol/L, 5-氟尿嘧啶, IC$_{50}$ = 2.7μmol/L; L$_{1210}$, IC$_{50}$ = 10.6μmol/L, 5-氟尿嘧啶, IC$_{50}$ = 1.1μmol/L; KB, IC$_{50}$ = 10.6μmol/L, 5-氟尿嘧啶, IC$_{50}$ = 7.7μmol/L). 【文献】Y. Muroga, et al. Tetrahedron, 2009, 65, 7580.

725 Chaetomugilin O   毛壳鲻鱼林 O*
【基本信息】C$_{23}$H$_{25}$ClO$_5$, 黄色粉末 (氯仿/甲醇), mp 95~97ºC, [α]$_D$ = –116.1º (c = 0.14, 乙醇). 【类型】嗜氮酮 2-苯并吡喃类. 【来源】海洋导出的真菌毛壳属 Chaetomium globosum OUPS-T106B-6. 【活性】细胞毒 (P$_{388}$, IC$_{50}$ = 11.1μmol/L, 对照 5-氟尿嘧啶, IC$_{50}$ = 1.7μmol/L; HL60, IC$_{50}$ = 11.1μmol/L, 5-氟尿嘧啶, IC$_{50}$ = 2.7μmol/L; L$_{1210}$, IC$_{50}$ = 10.1μmol/L, 5-氟尿嘧啶, IC$_{50}$ = 1.1μmol/L; KB, IC$_{50}$ = 7.2μmol/L, 5-氟尿嘧啶, IC$_{50}$ = 7.7μmol/L). 【文献】Y. Muroga, et al. Tetrahedron, 2009, 65, 7580.

726 Chaetomugilin P   毛壳鲻鱼林 P*
【基本信息】C$_{22}$H$_{27}$ClO$_5$, 黄色粉末, mp 103~105ºC, (氯仿-甲醇), [α]$_D^{22}$ = –49.7º (c = 0.06, 乙醇). 【类型】嗜氮酮 2-苯并吡喃类. 【来源】海洋导出的真菌毛壳属 Chaetomium globosum, 来自鲻鱼 Mugil cephalus (胜浦湾, 日本). 【活性】细胞毒 (P$_{388}$, IC$_{50}$ = 0.7pmol/L, 对照 5-氟尿嘧啶, IC$_{50}$ = 1.7pmol/L; HL60, IC$_{50}$ = 1.2pmol/L, 5-氟尿嘧啶, IC$_{50}$ = 2.7pmol/L; L$_{1210}$, IC$_{50}$ = 1.5pmol/L, 5-氟尿嘧啶, IC$_{50}$ = 1.1pmol/L; KB, IC$_{50}$ = 1.8pmol/L, 5-氟尿嘧啶, IC$_{50}$ = 7.7pmol/L). 【文献】T. Yamada, et al. BoMC, 2011, 19, 4106.

727 Chaetomugilin Q   毛壳鲻鱼林 Q*
【基本信息】C$_{22}$H$_{29}$ClO$_6$, 黄色粉末, mp 110~112ºC (氯仿-甲醇), [α]$_D^{22}$ = –18.3º (c = 0.14, 乙醇). 【类型】嗜氮酮 2-苯并吡喃类. 【来源】海洋导出的真菌毛壳属 Chaetomium globosum, 来自鲻鱼 Mugil cephalus (胜浦湾, 日本). 【活性】细胞毒 (P$_{388}$, IC$_{50}$ = 49.5pmol/L, 对照 5-氟尿嘧啶, IC$_{50}$ = 1.7pmol/L; HL60, IC$_{50}$ = 47.2pmol/L, 5-氟尿嘧啶, IC$_{50}$ = 2.7pmol/L; L$_{1210}$, IC$_{50}$ = 80.2pmol/L, 5-氟尿嘧啶, IC$_{50}$ = 1.1pmol/L; KB, IC$_{50}$ > 100pmol/L, 5-氟尿嘧啶, IC$_{50}$ = 7.7pmol/L). 【文献】T. Yamada, et al. BoMC, 2011, 19, 4106.

728 Chaetomugilin R 毛壳鲻鱼林 R*

【基本信息】$C_{17}H_{23}ClO_5$，黄色粉末，mp 104~106°C，(氯仿-甲醇)，$[\alpha]_D^{22} = -130.2°$ ($c = 0.11$，乙醇).【类型】嗜氮酮 2-苯并吡喃类.【来源】海洋导出的真菌毛壳属 *Chaetomium globosum*，来自鲻鱼 *Mugil cephalus* (胜浦湾，日本).【活性】细胞毒 (P_{388}, IC_{50} = 32.0 pmol/L，对照 5-氟尿嘧啶，IC_{50} = 1.7 pmol/L；HL60，IC_{50} = 51.8 pmol/L，5-氟尿嘧啶，IC_{50} = 2.7 pmol/L；L_{1210}，IC_{50} = 67.1 pmol/L，5-氟尿嘧啶，IC_{50} = 1.1 pmol/L；KB，IC_{50} = 67.1 pmol/L，5-氟尿嘧啶，IC_{50} = 7.7 pmol/L).【文献】T. Yamada, et al. BoMC, 2011, 19, 4106.

729 Chaetomugilin S 毛壳鲻鱼林 S*

【基本信息】$C_{23}H_{27}ClO_6$.【类型】嗜氮酮 2-苯并吡喃类.【来源】海洋导出的真菌毛壳属 *Chaetomium globosum*，来自鲻鱼 *Mugil cephalus* (胜浦湾，日本).【活性】细胞毒 (HTCLs 和 P_{388}，中等活性，细胞生长抑制剂).【文献】T. Yamada, et al. J. Antibiot., 2012, 65, 413.

730 Comazaphilone A 普通青霉嗜氮酮 A*

【基本信息】$C_{22}H_{26}O_7$，黄色无定形粉末，$[\alpha]_D^{25} = +90.7°$ ($c = 0.38$，甲醇).【类型】嗜氮酮 2-苯并吡喃类.【来源】海洋导出的真菌普通青霉菌* *Penicillium commune* QSD-17 (沉积物发酵，南海).【活性】抗菌 (MRSA，MIC > 256 μg/mL，对照氨苄西林，MIC = 8 μg/mL；铜绿假单胞菌 *Pseudomonas aeruginosa*，MIC > 256 μg/mL，氨苄西林，MIC = 2 μg/mL；荧光假单胞菌 *Pseudomonas fluorescens*，MIC > 256 μg/mL，氨苄西林，MIC = 4 μg/mL；枯草杆菌 *Bacillus subtilis*，MIC = 256 μg/mL，氨苄西林，MIC = 4 μg/mL)；抗真菌 (白色念珠菌 *Candida albicans*，MIC > 256 μg/mL，对照制霉菌素，MIC = 2 μg/mL).【文献】S.-S. Gao, et al. JNP, 2011, 74, 256.

731 Comazaphilone B 普通青霉嗜氮酮 B*

【基本信息】$C_{22}H_{26}O_8$，黄色无定形粉末，$[\alpha]_D^{25} = +95.7°$ ($c = 0.23$，甲醇).【类型】嗜氮酮 2-苯并吡喃类.【来源】海洋导出的真菌普通青霉菌* *Penicillium commune* QSD-17 (沉积物发酵，南海).【活性】抗菌 (MRSA，MIC = 128 μg/mL，对照氨苄西林，MIC = 8 μg/mL；铜绿假单胞菌 *Pseudomonas aeruginosa*，MIC > 256 μg/mL，氨苄西林，MIC = 2 μg/mL；荧光假单胞菌 *Pseudomonas fluorescens*，MIC = 128 μg/mL，氨苄西林，MIC = 4 μg/mL；枯草杆菌 *Bacillus subtilis*，MIC = 64 μg/mL，氨苄西林，MIC = 4 μg/mL)；抗真菌 (白色念珠菌 *Candida albicans*，MIC > 256 μg/mL，对照制霉菌素，MIC = 2 μg/mL).【文献】S.-S. Gao, et al. JNP, 2011, 74, 256.

732 Comazaphilone C 普通青霉嗜氮酮 C*

【基本信息】$C_{22}H_{24}O_8$，黄色无定形粉末，$[\alpha]_D^{25} = +205°$ ($c = 0.20$，甲醇).【类型】嗜氮酮 2-苯并吡喃类.【来源】海洋导出的真菌普通青霉菌* *Penicillium commune* QSD-17 (沉积物发酵，南海).【活性】抗菌 (MRSA，MIC = 16 μg/mL，对照氨苄西林，MIC = 8 μg/mL；铜绿假单胞菌 *Pseudomonas aeruginosa*，MIC > 256 μg/mL，氨苄西林，MIC = 2 μg/mL；荧光假单胞菌 *Pseudomonas fluorescens*，MIC = 64 μg/mL，氨苄西林，MIC = 4 μg/mL；枯草杆菌 *Bacillus subtilis*，MIC = 32 μg/mL，氨苄西林，MIC = 4 μg/mL)；抗真菌 (白色念珠菌 *Candida albicans*，MIC > 256 μg/mL，对照制霉菌素，MIC = 2 μg/mL).【文献】S.-S. Gao, et al. JNP, 2011, 74, 256.

733 Comazaphilone D 普通青霉嗜氮酮 D *
【基本信息】$C_{21}H_{22}O_7$, 黄色无定形粉末, $[\alpha]_D^{25}$ = +270º (c = 0.23, 甲醇).【类型】嗜氮酮 2-苯并吡喃类.【来源】海洋导出的真菌普通青霉菌* *Penicillium commune* QSD-17 (沉积物发酵, 南海).【活性】抗菌 (MRSA, MIC = 32μg/mL, 对照氨苄西林, MIC = 8μg/mL; 铜绿假单胞菌 *Pseudomonas aeruginosa*, MIC > 256μg/mL, 氨苄西林, MIC = 2μg/mL; 荧光假单胞菌 *Pseudomonas fluorescens*, MIC = 16μg/mL, 氨苄西林, MIC = 4μg/mL; 枯草杆菌 *Bacillus subtilis*, MIC > 256μg/mL, 氨苄西林, MIC = 4μg/mL); 抗真菌 (白色念珠菌 *Candida albicans*, MIC > 256μg/mL, 对照制霉菌素, MIC = 2μg/mL); 细胞毒 (SW1990, IC_{50} = 51μmol/L, 对照氟尿嘧啶, IC_{50} = 120μmol/L).【文献】S.-S. Gao, et al. JNP, 2011, 74, 256.

734 Comazaphilone E 普通青霉嗜氮酮 E*
【基本信息】$C_{22}H_{24}O_8$, 黄色无定形粉末, $[\alpha]_D^{25}$ = +54.5º (c = 0.33, 甲醇).【类型】嗜氮酮 2-苯并吡喃类.【来源】海洋导出的真菌普通青霉菌* *Penicillium commune* QSD-17 (沉积物发酵, 南海).【活性】抗菌 (MRSA, MIC > 256μg/mL, 对照氨苄西林, MIC = 8μg/mL; 铜绿假单胞菌 *Pseudomonas aeruginosa*, MIC >256μg/mL, 氨苄西林, MIC = 2μg/mL; 荧光假单胞菌 *Pseudomonas fluorescens*, MIC = 32μg/mL, 氨苄西林, MIC = 4μg/mL; 枯草杆菌 *Bacillus subtilis*, MIC = 16μg/mL, 氨苄西林, MIC = 4μg/mL); 抗真菌 (白色念珠菌 *Candida albicans*, MIC > 256μg/mL, 对照制霉菌素, MIC = 2μg/mL); 细胞毒 (SW1990, IC_{50} = 26μmol/L, 对照氟尿嘧啶, IC_{50} = 120μmol/L).【文献】S.-S. Gao, et al. JNP, 2011, 74, 256.

735 Comazaphilone F 普通青霉嗜氮酮 F*
【基本信息】$C_{22}H_{26}O_8$, 黄色无定形粉末, $[\alpha]_D^{25}$ = +30.8º (c = 0.21, 甲醇).【类型】嗜氮酮 2-苯并吡喃类.【来源】海洋导出的真菌普通青霉菌* *Penicillium commune* QSD-17 (沉积物发酵, 南海).【活性】抗菌 (MRSA, MIC = 128μg/mL, 对照氨苄西林, MIC = 8μg/mL; 铜绿假单胞菌 *Pseudomonas aeruginosa*, MIC > 256μg/mL, 氨苄西林, MIC = 2μg/mL; 荧光假单胞菌 *Pseudomonas fluorescens*, MIC = 64μg/mL, 氨苄西林, MIC = 4μg/mL; 枯草杆菌 *Bacillus subtilis*, MIC = 128μg/mL, 氨苄西林, MIC = 4μg/mL); 抗真菌 (白色念珠菌 *Candida albicans*, MIC > 256μg/mL, 对照制霉菌素, MIC = 2μg/mL); 细胞毒 (SW1990, IC_{50} = 53μmol/L, 对照氟尿嘧啶, IC_{50} = 120μmol/L).【文献】S.-S. Gao, et al. JNP, 2011, 74, 256.

736 Purpurquinone B 产紫青霉醌 B*
【基本信息】$C_{21}H_{20}O_{10}$.【类型】嗜氮酮 2-苯并吡喃类.【来源】耐酸真菌紫青霉 *Penicillium purpurogenum* JS03-21 (鹭江红壤地区, 云南, 中国).【活性】抗病毒 (IFV, IC_{50} = 61.3μmol/L).【文献】H. Wang, et al. JNP, 2011, 74, 2014.

737 Purpurquinone C 产紫青霉醌 C*
【基本信息】$C_{21}H_{20}O_8$.【类型】嗜氮酮 2-苯并吡喃类.【来源】耐酸真菌紫青霉 *Penicillium purpurogenum* JS03-21 (鹭江红壤地区, 云南, 中国).【活性】抗病毒 (IFV, IC_{50} = 64.0μmol/L).【文

献】H. Wang, et al. JNP, 2011, 74, 2014.

T. Yamada, et al. Mar. Drugs, 2009, 7, 249.

738 (+)-Sclerotiorin (+)-菌核青霉林*
【基本信息】$C_{21}H_{23}ClO_5$，橙黄色针状晶体，mp 206℃，$[\alpha]_D^{20} = +500°$ ($c = 1$，氯仿). 【类型】嗜氮酮 2-苯并吡喃类. 【来源】真菌核青霉* Penicillium sclerotiorum 和真菌青霉属 Penicillium multicolor. 【活性】抗真菌（酵母和丝状真菌）；抗减数分裂；抑制胆甾醇酯转移蛋白活性. 【文献】J.-Y. Nam, et al. J. Microbiol. Biotechnol., 2000, 10, 544.

739 (−)-Sclerotiorin (−)-菌核青霉林*
【基本信息】$C_{21}H_{23}ClO_5$，黄色针状晶体，mp 203~204℃，$[\alpha]_D^{26} = -482°$ ($c = 0.11$，乙醇). 【类型】嗜氮酮 2-苯并吡喃类. 【来源】未鉴定的海洋真菌，真菌核青霉* Penicillium sclerotiorum 和真菌青霉属 Penicillium multicolor. 【活性】抗真菌（酵母和丝状真菌）；抗减数分裂；抑制胆甾醇酯转移蛋白活性. 【文献】J.-Y. Nam, et al. J. Microbiol. Biotechnol., 2000, 10, 544; L. Bao, et al. Nat. Prod. Commun., 2010, 5, 1789.

740 Secochaetomugilin A 开环毛壳鲻鱼林A*
【基本信息】$C_{24}H_{31}ClO_8$，浅黄色粉末（氯仿/甲醇），mp 97~99℃，$[\alpha]_D^{22} = +294°$ ($c = 0.09$，乙醇). 【类型】嗜氮酮 2-苯并吡喃类. 【来源】海洋导出的真菌毛壳属 Chaetomium globosum OUPS-T106B-6，来自鲻鱼 Mugil cephalus. 【活性】细胞毒（P_{388}，$IC_{50} = 38.6\mu mol/L$；HL60，$IC_{50} = 47.2\mu mol/L$；L_{1210}，$IC_{50} = 53.6\mu mol/L$；KB，$IC_{50} = 47.2\mu mol/L$). 【文献】T. Yamada, et al. Mar. Drugs, 2009, 7, 249.

741 Secochaetomugilin D 开环毛壳鲻鱼林D*
【基本信息】$C_{24}H_{31}ClO_7$，浅黄色粉末（氯仿/甲醇），mp 97~99℃，$[\alpha]_D^{22} = +161.3°$ ($c = 0.13$，乙醇). 【类型】嗜氮酮 2-苯并吡喃类. 【来源】海洋导出的真菌毛壳属 Chaetomium globosum OUPS-T106B-6，来自鲻鱼 Mugil cephalus. 【活性】细胞毒（白血病 P_{388}细胞，$IC_{50} = 38.6\mu mol/L$；人 HL60 白血病细胞，$IC_{50} = 47.2\mu mol/L$；小鼠白血病 L_{1210} 细胞，$IC_{50} = 53.6\mu mol/L$；人表皮样恶性上皮肿瘤 KB 细胞，$IC_{50} = 47.2\mu mol/L$). 【文献】T. Yamada, et al. Mar. Drugs, 2009, 7, 249.

742 Pseudodeflectusin 伪偏斜曲霉新*
【基本信息】$C_{15}H_{16}O_4$，针状晶体（四氢呋喃/己烷），mp 179~180℃，$[\alpha]_D^{23} = +11°$ ($c = 0.18$，甲醇)（+1.9). 【类型】呋喃并-2-苯并吡喃类. 【来源】海洋导出的真菌变色曲霉菌 Aspergillus versicolor, 来自小锉海绵* Xestospongia exigua, 海洋导出的真菌伪偏斜曲霉* Aspergillus pseudodeflectus. 【活性】细胞毒（NUGC-3, HeLa-S3, HL60, $LD_{50} = 39\mu mol/L$). 【文献】W. Lin, et al. JNP, 2003, 66, 57; A. Ogawa, et al. BoMCL, 2004, 14, 3539.

743 Pergillin 曲霉林*
【基本信息】$C_{15}H_{16}O_4$. 【类型】呋喃并-2-苯并吡喃类. 【来源】红树导出的真菌焦曲霉* Aspergillus

ustus 094102，来自红树木榄 *Bruguiera gymnorrhiza*（根际土壤，中国水域），陆地真菌焦曲霉* *Aspergillus ustus*（来自豌豆 *Pisum sativum* 种子）.【活性】植物生长抑制剂.【文献】H. G. Cutler, et al. J. Agric. Food Chem., 1980, 28, 989; Z. Y. Lu, et al. JNP, 2009, 72, 1761.

744   Amicoumacin A   阿米香豆新 A*
【基本信息】$C_{20}H_{29}N_3O_7$，粉末（盐酸），mp 132~135ºC（分解）（盐酸），$[α]_D^{23} = -97.2º$ ($c = 1.0$，甲醇）（盐酸）.【类型】异香豆素类.【来源】海洋导出的细菌枯草芽孢杆菌（模式种）枯草杆菌 *Bacillus subtilis* B1779（沉积物，红海）和海洋导出的细菌短芽孢杆菌 *Bacillus pumilus*.【活性】细胞毒（(MTT 试验，HeLa, $IC_{50} = 4.32 μmol/L$)；抗菌（金黄色葡萄球菌 *Staphylococcus aureus*, 枯草杆菌 *Bacillus subtilis*, 香港洛克氏菌* *Loktanella hongkongensis*)；抗炎；抗溃疡；杀螨剂.【文献】J. Itoh, et al. Agric. Biol. Chem., 1982, 46, 1255; Y. Li, et al. Mar. Drugs, 2012, 10, 319.

745   Amicoumacin B   阿米香豆新 B*
【基本信息】$C_{20}H_{28}N_2O_8$，晶体（+1H_2O)，mp 137~145ºC（分解），$[α]_D^{23} = -106.1º$ ($c = 0.5$，甲醇）.【类型】异香豆素类.【来源】海洋导出的细菌枯草芽孢杆菌（模式种）枯草杆菌 *Bacillus subtilis* B1779（沉积物，红海），海洋导出的细菌短芽孢杆菌 *Bacillus pumilus*, 来自枝骨海绵属 *Dendrilla* sp., 海洋导出的真菌链格孢属 *Alternaria tenuis* Sg17-1.【活性】抗菌（低活性）；抗溃疡（低活性）.【文献】S. S. Afiyatullov, et al. Chem. Nat. Compd. (Engl. Transl.), 1991, 27, 765; Y. Li, et al. Mar. Drugs, 2012, 10, 319.

746   Amicoumacin C   阿米香豆新 C*
【基本信息】$C_{20}H_{26}N_2O_7$，粉末，mp 131~133ºC（分解），$[α]_D^{23} = -81.6º$ ($c = 0.5$，甲醇）.【类型】异香豆素类.【来源】海洋导出的细菌枯草芽孢杆菌（模式种）枯草杆菌 *Bacillus subtilis* B1779（沉积物，红海）.【活性】抗菌；抗炎.【文献】J. Itoh, et al. Agric. Biol. Chem., 1982, 46, 1255; 2659; Y. Li, et al. Mar. Drugs, 2012, 10, 319.

747   Antibiotics AI 77F   抗生素 AI 77F
【基本信息】$C_{20}H_{23}NO_7$.【类型】异香豆素类.【来源】海洋导出的细菌枯草芽孢杆菌（模式种）枯草杆菌 *Bacillus subtilis* B1779（沉积物，红海）；海洋导出的细菌短芽孢杆菌 *Bacillus pumilus*, 来自枝骨海绵属 *Dendrilla* sp.; 海洋导出的真菌链格孢属 *Alternaria tenuis* Sg17-1.【活性】抗菌；抗炎.【文献】Y.-F. Huang, et al. J. Antibiot., 2006, 59, 355; Y. Li, et al. Mar. Drugs, 2012, 10, 319.

748   Antibiotics PM 94128   抗生素 PM 94128
【基本信息】$C_{22}H_{34}N_2O_6$, mp 172~173ºC, $[α]_D^{25} = -88.9º$ ($c = 2$，氯仿）.【类型】异香豆素类.【来源】海洋细菌芽孢杆菌属 *Bacillus* sp.【活性】细胞毒（P_{388}, $IC_{50} = 0.05 μmol/L$, A549, $IC_{50} = 0.05 μmol/L$, HT29, $IC_{50} = 0.05 μmol/L$, MEL28, $IC_{50} = 0.05 μmol/L$).

【文献】L. M. Canedo, et al. J. Antibiot., 1997, 50, 175.

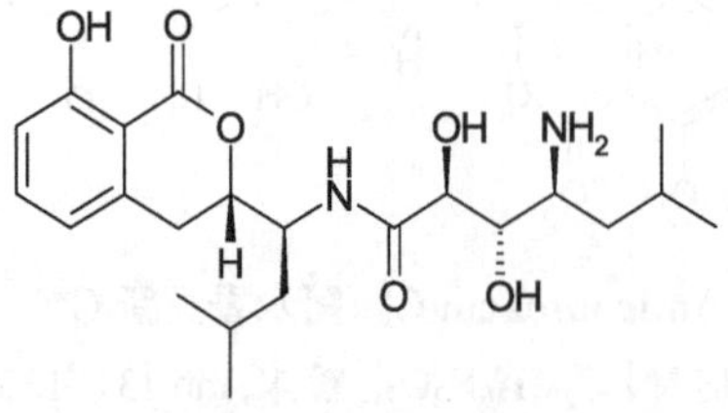

749　Antibiotics Sg 17-1-4　抗生素 Sg 17-1-4
【基本信息】$C_{24}H_{34}N_2O_9$，无定形粉末（甲醇），mp 147~149°C，$[\alpha]_D^{20} = -110°$ ($c = 0.1$, 甲醇).【类型】异香豆素类.【来源】海洋导出的真菌链格孢属 *Alternaria tenuis* Sg17-1，来自未鉴定的藻类（中国水域）.【活性】细胞毒（A375-S2，低活性；HeLa，中等活性）.【文献】Y. F. Huang, et al. J. Antibiot., 2006, 59, 355.

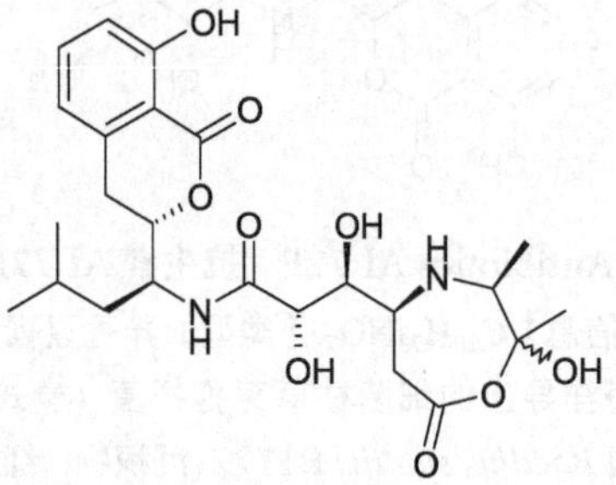

750　Aspergillumarin A　曲霉马林 A*
【基本信息】$C_{14}H_{16}O_4$.【类型】异香豆素类.【来源】红树导出的真菌曲霉菌属 *Aspergillus* sp.，来自红树木榄 *Bruguiera gymnorrhiza*（树叶，南海）.【活性】抗菌（50μg/mL，金黄色葡萄球菌 *Staphylococcus aureus* 和枯草杆菌 *Bacillus subtilis*，低活性）.【文献】S. Li, et al. Chem. Nat. Compd., 2012, 48, 371.

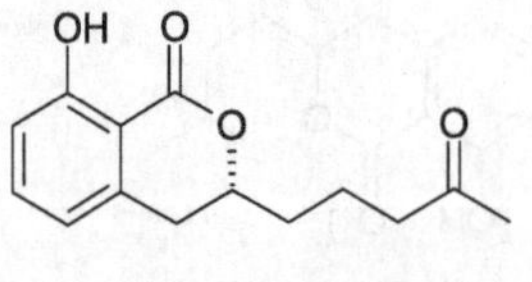

751　Aspergillumarin B　曲霉马林 B*
【基本信息】$C_{14}H_{18}O_4$.【类型】异香豆素类.【来源】红树导出的真菌曲霉菌属 *Aspergillus* sp.，来自红树木榄 *Bruguiera gymnorrhiza*（树叶，南海）.【活性】抗菌（50μg/mL，金黄色葡萄球菌 *Staphylococcus aureus* 和枯草杆菌 *Bacillus subtilis*，低活性）.【文献】S. Li, et al. Chem. Nat. Compd., 2012, 48, 371.

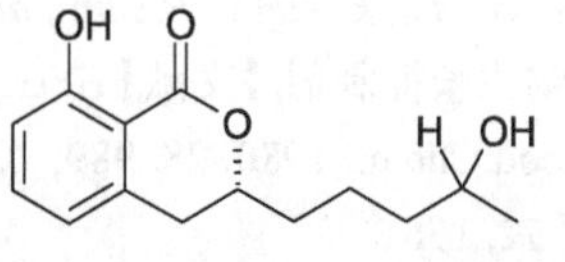

752　Bacilosarcin B　枯草杆八叠球菌素 B*
【基本信息】$C_{24}H_{35}N_3O_8$，粉末，$[\alpha]_D^{25} = -22.9°$ ($c = 0.78$, 甲醇).【类型】异香豆素类.【来源】海洋导出的细菌枯草芽孢杆菌（模式种）枯草杆菌 *Bacillus subtilis* B1779（沉积物，红海）和海洋导出的细菌枯草芽孢杆菌（模式种）枯草杆菌 *Bacillus subtilis* TP-B0611.【活性】细胞毒（MTT 试验，HeLa，$IC_{50} = 33.60\mu mol/L$）；抗菌（高活性）.【文献】M. Azumi, et al. Tetrahedron, 2008, 64, 6420; Y. Li, et al. Mar. Drugs, 2012, 10, 319.

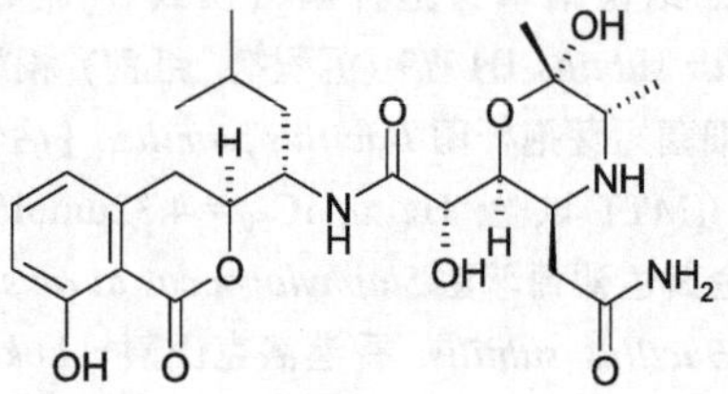

753　5-Carboxymellein　5-羧基蜂蜜曲霉素*
【基本信息】$C_{11}H_{10}O_5$, mp 250~252°C，$[\alpha]_D^{25} = -195°$ ($c = 0.14$, 乙醇).【类型】异香豆素类.【来源】海洋导出的真菌 *Xylariaceae* 炭角菌科 *Halorosellinia oceanica* BCC5149（泰国），海洋导出的真菌炭团菌科 *Hypoxylon* spp.，未鉴定的红树导出的真菌 Nos. 1839 和 dz17.【活性】细胞毒（KB，$IC_{50} = 3\mu g/mL$；BC-1，$IC_{50} = 3\mu g/mL$）；抗疟疾（恶性疟原虫 *Plasmodium falciparum*，$IC_{50} = 4\mu g/mL$）.【文献】M. Chinworrungsee, et al. BoMCL, 2001, 11, 1965.

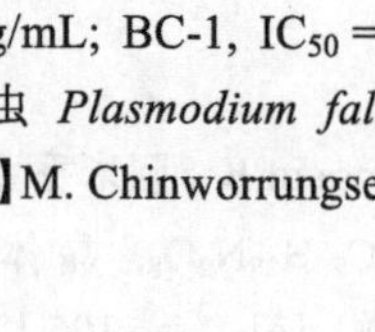

754　Decarboxyhydroxycitrinone　去羧基羟基柠檬酮*
【基本信息】$C_{11}H_{10}O_5$.【类型】异香豆素类.【来源】海洋导出的真菌 Apiosporaceae 科糖节菱孢

Arthrinium sacchari, 来自未鉴定的海绵 (阿塔米温泉, 静冈, 日本).【活性】抗血管生成.【文献】M. Tsukada, et al. JNP, 2011, 74, 1645.

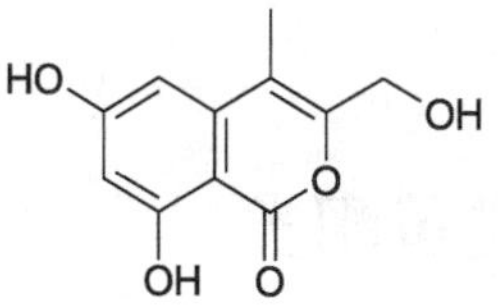

755　1-Deoxyrubralactone　1-去氧如布拉内酯*
【基本信息】$C_{14}H_{12}O_5$, 无定形固体, $[\alpha]_D^{22} = -8.3°$ ($c = 0.06$, 氯仿).【类型】异香豆素类.【来源】未鉴定的海洋导出的真菌, 来自未鉴定的藻类 (日本水域).【活性】真核生物 DNA 聚合酶选择性抑制剂 (X 和 Y 家族, $IC_{50} = 12~60\mu mol/L$, 作用的分子机制: 特定抑制DNA聚合酶β和κ); 其它真核生物或原核生物聚合酶或其它 DNA 代谢酶抑制剂无活性.【文献】M. Naganuma, et al. BoMC, 2008, 16, 2939.

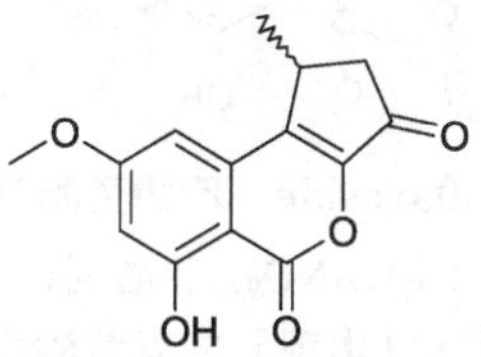

756　3,4-Dihydro-3,4,6,8-tetrahydroxy-3-methyl-1*H*-2-benzopyran-1-one　3,4-二氢-3,4,6,8-四羟基-3-甲基-1*H*-2-苯并吡喃-1-酮*
【基本信息】$C_{10}H_{10}O_6$.【类型】异香豆素类.【来源】海洋导出的真菌青霉属 *Penicillium* sp. BM923 (来自海洋沉积物, 日本外海).【活性】哺乳动物细胞循环抑制剂.【文献】C.-B. Cui, et al. J. Antibiotics, 1996, 49, 216.

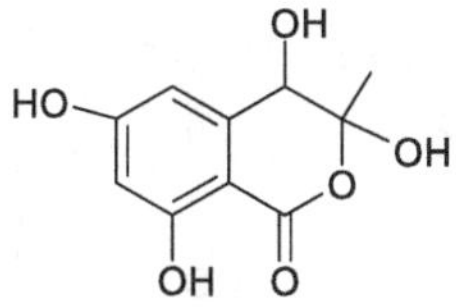

757　(3*R*,4*S*)-6,8-Dihydroxy-3,4,5-trimethyl-isochroman-1-one　(3*R*,4*S*)-6,8-二羟基-3,4,5-三甲基异色满-1-酮*
【基本信息】$C_{12}H_{14}O_4$.【类型】异香豆素类.【来源】深海真菌萨氏曲霉菌 *Aspergillus sydowi* YH11-2 (关岛, 美国, E144°43′ N13°26′, 采样深度 1000m).【活性】细胞毒 (P_{388}, $IC_{50} = 53.2\mu mol/L$, 对照 CDDP, $IC_{50} = 0.039\mu mol/L$).【文献】L. Tian, et al. Arch. Pharm. Res., 2007, 30, 1051.

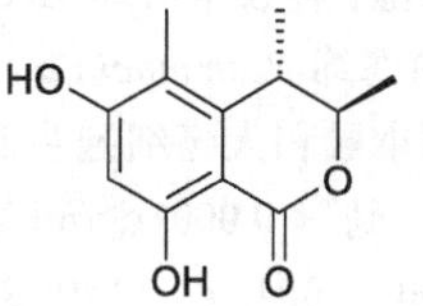

758　Hiburipyranone　亥布里吡喃酮*
【基本信息】$C_{12}H_{13}BrO_4$, $[\alpha]_D = -2.3°$ ($c = 0.028$, 氯仿).【类型】异香豆素类.【来源】黏附山海绵* *Mycale adhaerens*.【活性】细胞毒 (P_{388}, $IC_{50} = 0.19\mu g/mL$).【文献】N. Fusetani, et al. JOC, 1991, 56, 4971; K. Uchida, et al. Tetrahedron, 1998, 54, 8975.

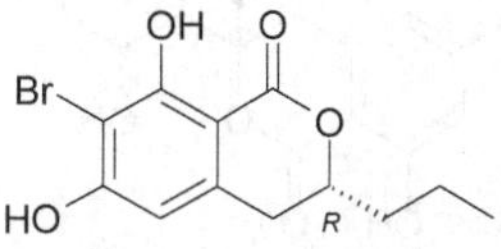

759　6-Hydroxymellein　6-羟基蜂蜜曲霉素*
【基本信息】$C_{10}H_{10}O_4$, 棱柱状晶体 (丙酮/石油醚), mp 214~217°C, $[\alpha]_D^{20} = -63°$ ($c = 0.6$, 乙醇).【类型】异香豆素类.【来源】海洋导出的真菌土色曲霉菌* *Aspergillus terreus* PT06-2 (在10%盐度的高盐介质中生长).【活性】对植物有毒的.【文献】M. S. Islam, et al. Tetrahedron, 2007, 63, 1074; Y. Wang, et al. Mar. Drugs, 2011, 9, 1368.

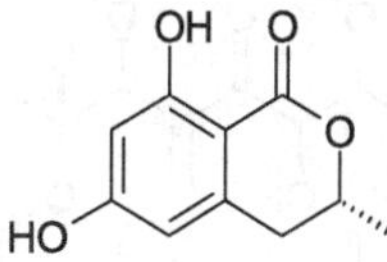

760　6-Hydroxy-5-methylramulosin　6-羟基-5-甲基枝盘孢菌素*
【基本信息】$C_{11}H_{16}O_4$, 油状物, $[\alpha]_D^{25} = +30°$ ($c = 0.24$, 乙醇).【类型】异香豆素类.【来源】海洋导出的真菌 *Sterile mycelium*, 来自绿藻刺松藻 *Codium fragile* (日本水域).【活性】细胞毒 (HeLa, 50μg/mL, 生长抑制率 InRt = 65%, 低活性).【文献】A. A. El-Beih, et al. CPB, 2007, 55, 953.

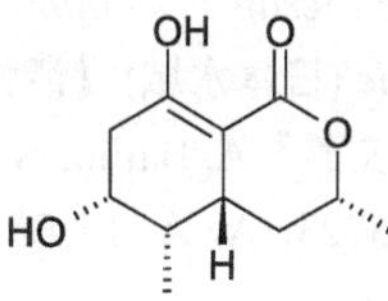

761 Irciniastatin A 羊海绵他汀 A*

【别名】Psymberin.【基本信息】$C_{31}H_{47}NO_{11}$, 无定形粉末, $[\alpha]_D = +29°$ ($c = 0.02$, 甲醇).【类型】异香豆素类.【来源】树枝羊海绵* *Ircinia* cf. *ramosa* 和 Irciniidae 科海绵 *Psammocinia* aff. *bulbosa*.【活性】细胞毒 (小鼠和人癌细胞生长抑制剂, GI_{50} 从 0.001μg/mL 到 <0.0001μg/mL).【文献】G. R. Pettit, et al. JMC, 2004, 47, 1149; R. H. Cichewitz, et al. Org. Lett., 2004, 6, 1951; S. J. Robinson, et al. JNP, 2007, 70, 1002.

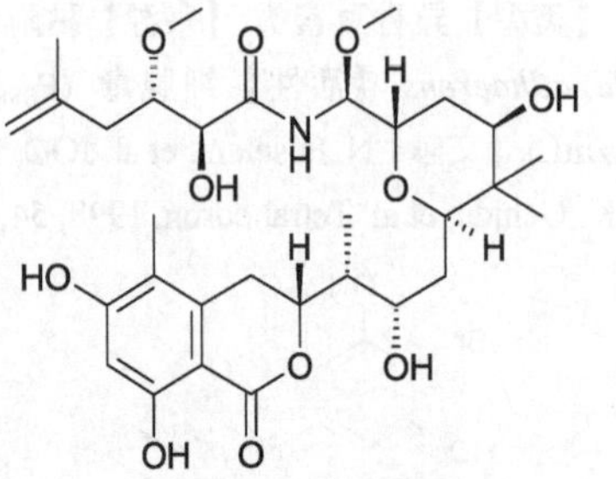

762 Irciniastatin B 羊海绵他汀 B*

【基本信息】$C_{31}H_{45}NO_{11}$, 无定形粉末, $[\alpha]_D = -4.7°$ ($c = 0.15$, 甲醇).【类型】异香豆素类.【来源】树枝羊海绵* *Ircinia* cf. *ramosa*.【活性】细胞毒 (小鼠和人癌细胞生长抑制剂, GI_{50} 从 0.001μg/mL 到 <0.0001μg/mL).【文献】G. R. Pettit, et al. JMC, 2004, 47, 1149.

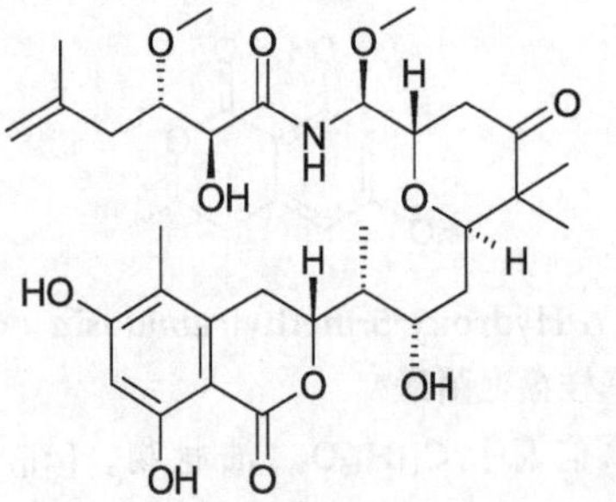

763 (−)-5-Methylmellein (−)-5-甲基蜂蜜曲霉素*

【基本信息】$C_{11}H_{12}O_3$, 晶体, mp 126~127°C, $[\alpha]_D^{15} = -105°$ ($c = 0.5$, 氯仿).【类型】异香豆素类.【来源】海洋导出的真菌 *Sterile mycelium*, 来自绿藻刺松藻 *Codium fragile* (日本水域).【活性】抗真菌 (植物病源真菌).【文献】A. Ballio, et al. Tetrahedron Lett., 1966, 7, 3723; A. A. El-Beih, et al. CPB, 2007, 55, 953.

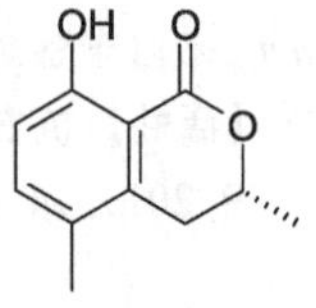

2.6 类黄酮类

764 Thalassiolin A 长喙藻林 A*

【别名】2″-*O*-Sulfoglucoluteolin; 2″-*O*-磺基木犀草素*.【基本信息】$C_{21}H_{20}O_{14}S$.【类型】黄酮类.【来源】绿藻长喙藻属 *Thalassia testudinum*.【活性】抑制共生的杂交聚集裂殖壶菌**Schizochytrium aggregatum* 生长.【文献】P. R. Jensen, et al. Appl. Envir. Microb., 1998, 64, 1490.

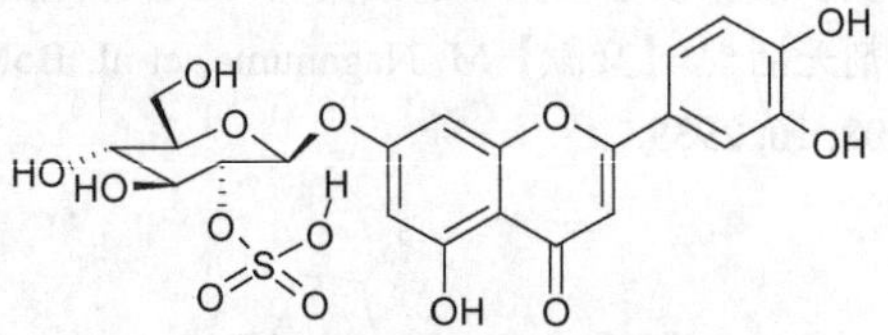

765 Actinoflavoside 放线黄酮苷*

【基本信息】$C_{27}H_{33}NO_9$, 非晶固体, $[\alpha]_D = -110°$ ($c = 1.3$, 甲醇).【类型】二氢黄酮类.【来源】海洋导出的链霉菌属 *Streptomyces* sp. (来自河口沉积物, 新西兰).【活性】抗菌 (革兰氏阳性菌 *Staphylococcus pneunoniae*, MIC = 64μg/mL; 金黄色葡萄球菌 *Staphylococcus aureus*, MIC = 64μg/mL; 藤黄色微球菌 *Micrococcus luteus*, MIC = 64μg/mL).【文献】Z.-D. Jiang, et al. Tetrahedron Lett., 1997, 38, 506.

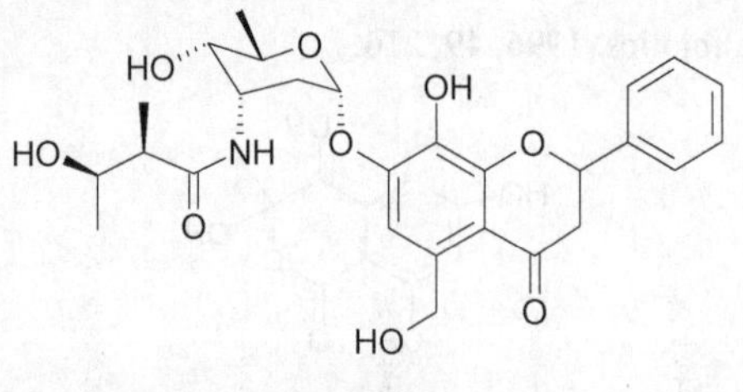

766 Populnin 杨属糖苷

【别名】Kaempferol 7-glucoside; 山奈酚-7-葡糖苷.【基本信息】$C_{21}H_{20}O_{11}$, 晶体 (水), mp 250°C.【类型】黄酮醇类.【来源】红树桐棉 (杨叶肖槿) *Thespesia populnea* 和许多其它植物.【活性】抗炎.【文献】R. Slimestad, et al. Phytochemistry, 1995, 40, 1537.

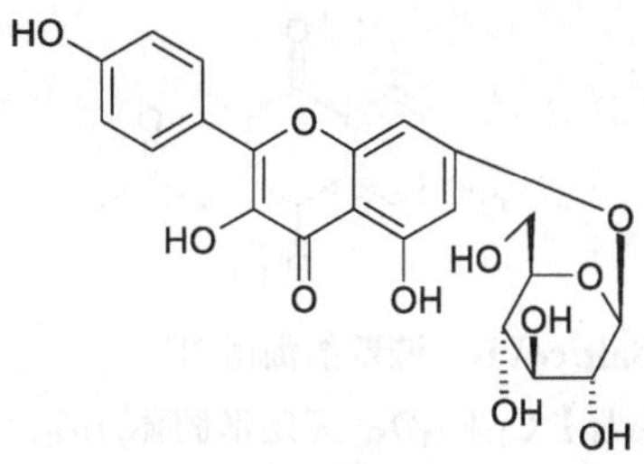

767 Genistein 染料木黄酮

【别名】4′,5,7-Trihydroxyisoflavone; 4′,5,7-三羟基异黄酮.【基本信息】$C_{15}H_{10}O_5$，棱柱状晶体（乙醇 aq），mp 301~302ºC（分解）.【类型】异黄酮类.【来源】海洋导出的亚隔孢壳科盐角草壳二孢真菌* Ascochyta salicorniae，来自绿藻石莼属 Ulva sp.（北海海岸，德国），陆地植物豆科 Leguminosae spp. 和蝶形花科 Papilionoideae spp.【活性】细胞毒 (NCI-H460, GI_{50} = 1.5μg/mL; KM20L2, GI_{50} = 3.7μg/mL; DU145, GI_{50} = 1.9μg/mL; BXPC3, GI_{50} = 2.5μg/mL; MCF7, GI_{50} = 2.5μg/mL; SF268, GI_{50} = 1.7μg/mL) (Pettit, 2008); 酪氨酸激酶抑制剂 ($TKp56^{lck}$, 40μg/mL, InRt = 45%, 200μg/mL, InRt = 93%); 杀疟原虫的（恶性疟原虫 Plasmodium falciparum K1, IC_{50} = 9.272μg/mL; 恶性疟原虫 Plasmodium falciparum NF 54, IC_{50} = 6.054μg/mL); 雌激素（低活性）；抗氧化剂.【文献】C. Osterhage, et al. JOC, 2000, 65, 6412; G. R. Pettit, et al. JNP, 2008, 71, 438; CRC Press, DNP on DVD, 2012, version 20.2.

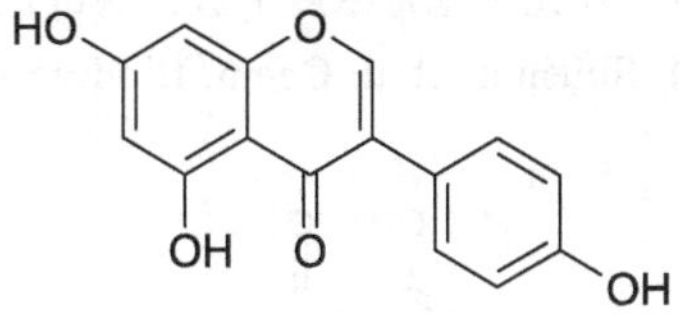

768 Karanjapin 水黄皮素*

【基本信息】$C_{18}H_{16}O_7$，晶体（氯仿/甲醇），mp 136ºC.【类型】查耳酮类黄酮类.【来源】半红树水黄皮 Pongamia pinnata（树皮）.【活性】抗氧化剂【文献】A. Ghosh, et al. Nat. Prod. Commun., 2009, 4, 209.

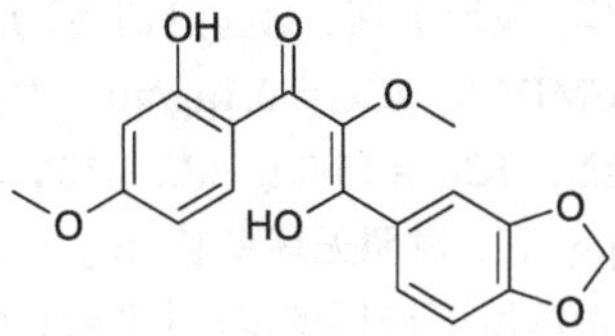

2.7 单宁葡萄糖

769 Excoecariphenol D 海漆酚 D*

【基本信息】$C_{46}H_{36}O_{31}$.【类型】丹宁葡萄糖.【来源】红树似沉香海漆* Excoecaria agallocha（中国水域）.【活性】NS3-4A 蛋白酶抑制剂；抗肝炎 C 病毒(HCV).【文献】Y. Li, et al. BoMCL, 2012, 22, 1099.

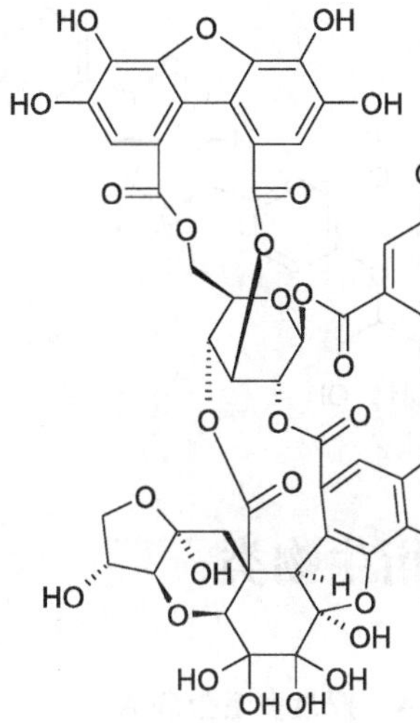

2.8 新木脂素类

770 Kandelisesquilignan A 秋茄树倍半木脂素 A*

【基本信息】$C_{31}H_{36}O_{11}$.【类型】新木脂素类.【来源】红树倒卵圆形秋茄树* Kandelia obovata（地上部分，西门岛，浙江，中国）.【活性】抗氧化剂(DPPH 自由基清除剂，和抗坏血酸活性水平相当).【文献】H. Nan, et al. Heterocycles, 2013, 87, 1093.

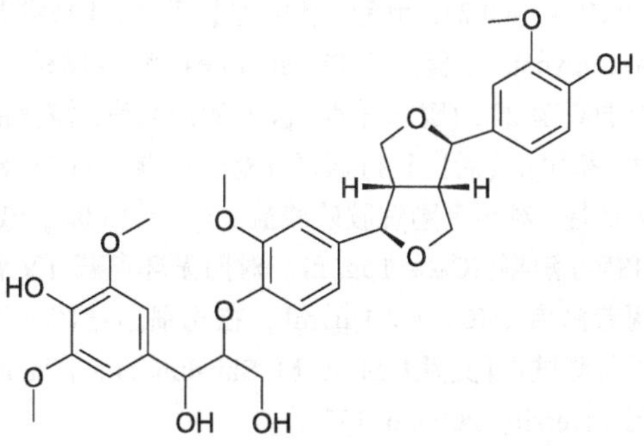

771　Kandelisesquilignan B　秋茄树倍半木脂素 B*

【基本信息】$C_{32}H_{38}O_{12}$.【类型】新木脂素类.【来源】红树倒卵圆形秋茄树* *Kandelia obovata* (地上部分，西门岛，浙江，中国).【活性】抗氧化剂 (DPPH 自由基清除剂，和抗坏血酸活性水平类似).【文献】H. Nan, et al. Heterocycles, 2013, 87, 1093.

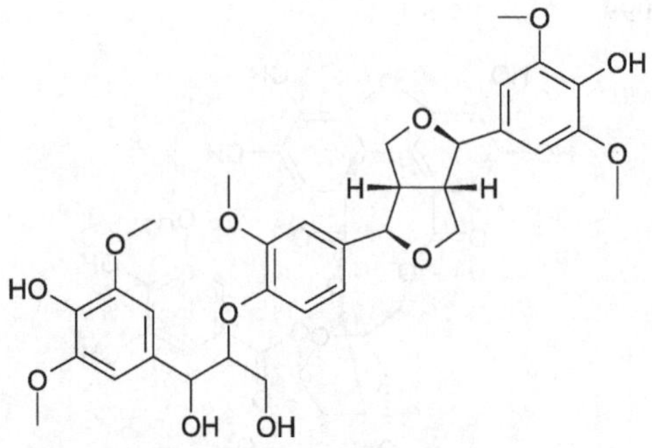

2.9　萘衍生物类

772　Accinal A　拟盘多毛孢醛 A*

【基本信息】$C_{12}H_{10}O_3$.【类型】萘类.【来源】海洋真菌拟盘多毛孢属 *Pestalotiopsis vaccinii*.【活性】环加氧酶-2 抑制剂 (有潜力的).【文献】J. Wang, et al. Tetrahedron, 2014, 70, 9695.

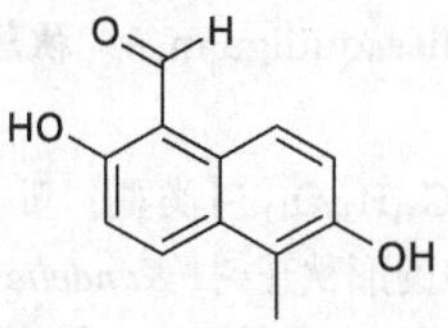

773　Balticol A　波罗的海醇 A*

【基本信息】$C_{14}H_{16}O_5$，无定形粉末，$[\alpha]_D^{22} = -29.1°$ ($c = 0.28$, 甲醇).【类型】萘类.【来源】Ascomycota 子囊菌门 Pleosporales 腔目海洋导出的真菌 222 (腐木样本，波罗的海海岸，波罗的海，德国).【活性】抗病毒 (流感病毒 A/MDCK, 无活性, 对照金刚烷胺硫酸盐, $IC_{50} = 15.0\mu g/mL$; HSV-1 病毒, $IC_{50} = 1\mu g/mL$, 对照无环鸟苷 (又名阿昔洛韦), $IC_{50} = 0.1\mu g/mL$; 在无细胞毒浓度下进行测试).【文献】M. A. M. Shushni, et al. Chem. Biodiversity, 2009, 6, 127.

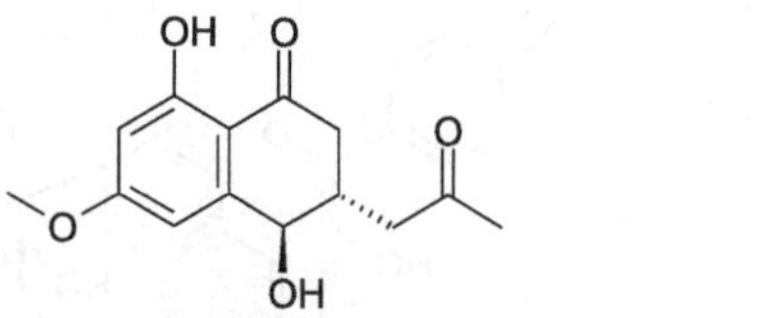

774　Balticol B　波罗的海醇 B*

【基本信息】$C_{12}H_{14}O_5$，无定形固体，$[\alpha]_D^{22} = -8.5°$ ($c = 1.2$, 甲醇).【类型】萘类.【来源】Ascomycota 门 Pleosporales 目海洋导出的真菌 (腐木样本，波罗的海海岸，波罗的海，德国).【活性】抗病毒 (流感病毒 A/MDCK, $IC_{50} = 10\mu g/mL$, 对照金刚烷胺硫酸盐, $IC_{50} = 15.0\mu g/mL$; HSV-1 病毒, $IC_{50} = 1\mu g/mL$, 对照无环鸟苷, $IC_{50} = 0.1\mu g/mL$; 在无细胞毒浓度下进行测试).【文献】M. A. M. Shushni, et al. Chem. Biodivers., 2009, 6, 127.

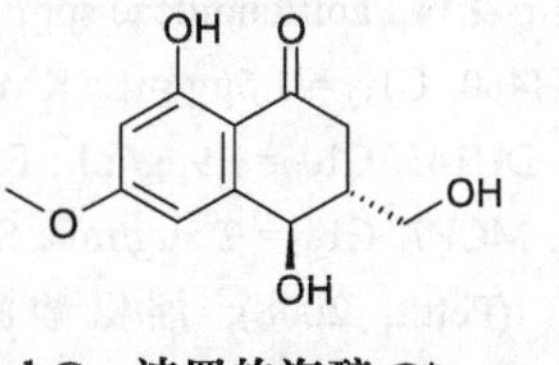

775　Balticol C　波罗的海醇 C*

【基本信息】$C_{12}H_{14}O_6$，浅棕色油状物，$[\alpha]_D^{22} = -18.7°$ ($c = 0.45$, 甲醇).【类型】萘类.【来源】Ascomycota 门 Pleosporales 目海洋导出的真菌 (腐木样本，波罗的海海岸，波罗的海，德国).【活性】抗病毒 (流感病毒 A/MDCK, $IC_{50} = 1\mu g/mL$, 对照金钢烷胺硫酸盐, $IC_{50} = 15.0\mu g/mL$; HSV-1 病毒, $IC_{50} = 1\mu g/mL$, 对照无环鸟苷, $IC_{50} = 0.1\mu g/mL$; 在无细胞毒浓度下进行测试).【文献】M. A. M. Shushni, et al. Chem. Biodivers., 2009, 6, 127.

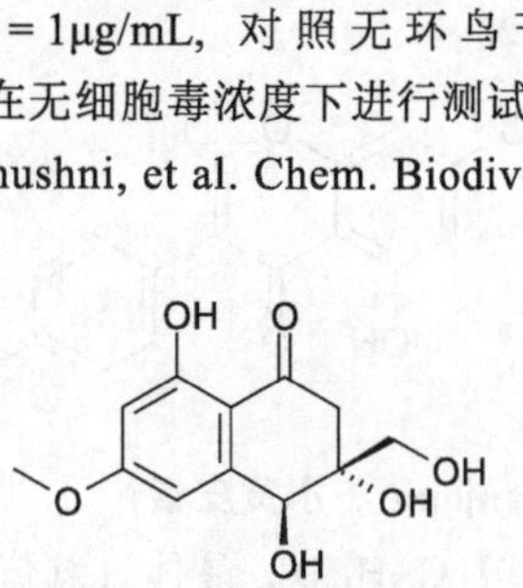

776　Balticol D　波罗的海醇 D*

【基本信息】$C_{14}H_{16}O_6$，油状物，$[\alpha]_D^{22} = -27.2°$ ($c = 1$, 甲醇).【类型】萘类.【来源】Ascomycota 门 Pleosporales 目海洋导出的真菌 (腐木样本，波罗的海海岸，波罗的海，德国).【活性】抗病毒 (流感病毒 A/MDCK, $IC_{50} = 0.1\mu g/mL$, 对照金刚烷胺硫酸盐, $IC_{50} = 15.0\mu g/mL$; HSV-1 病毒, $IC_{50} = 0.1\mu g/mL$, 对照无环鸟苷, $IC_{50} = 0.1\mu g/mL$; 在无细胞毒浓度下进行测试).【文献】M. A. M.

Shushni, et al. Chem. Biodivers., 2009, 6, 127.

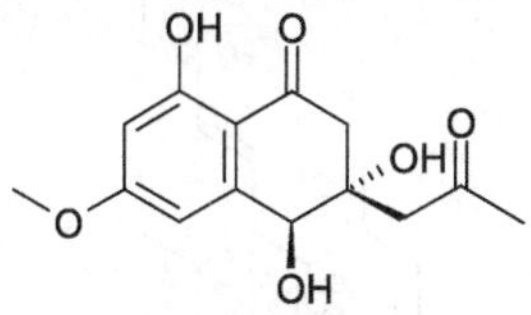

777　Balticol E　波罗的海醇 E*

【别名】3,4-Dihydro-3,4,8-trihydroxy-3-(2-hydroxypropyl)-6-methoxy-1(2H)-naphthalenone；3,4-二氢-3,4,8-三羟基-3-(2-羟丙基)-6-甲氧基-1(2H)-萘酮*.【基本信息】$C_{14}H_{18}O_6$，浅棕色油状物，$[\alpha]_D^{22} = -13.8°$ ($c = 0.24$, 甲醇).【类型】萘类.【来源】Ascomycota 门 Pleosporales 目海洋导出的真菌（腐木样本，波罗的海海岸，波罗的海，德国）.【活性】抗病毒（流感病毒 A/MDCK，无活性，对照金刚烷胺硫酸盐，$IC_{50} = 15.0\mu g/mL$；HSV-1 病毒，$IC_{50} = 0.01\mu g/mL$，对照无环鸟苷，$IC_{50} = 0.1\mu g/mL$；在无细胞毒浓度下进行测试）.【文献】M. A. M. Shushni, et al. Chem. Biodiversity, 2009, 6, 127.

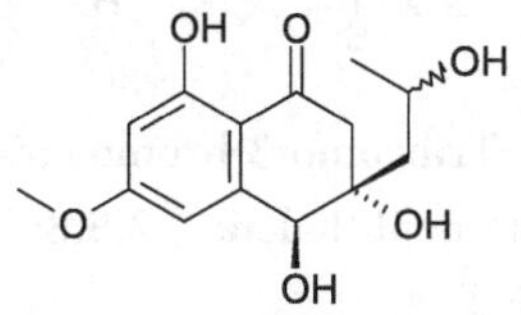

778　Balticol F　波罗的海醇 F*

【基本信息】$C_{15}H_{18}O_6$，油状物，$[\alpha]_D^{22} = +72.5°$ ($c = 0.13$, 甲醇).【类型】萘类.【来源】Ascomycota 门 Pleosporales 目海洋导出的真菌（腐木样本，波罗的海海岸，波罗的海，德国）.【活性】抗病毒（流感病毒 A/MDCK，$IC_{50} = 1\mu g/mL$，对照金刚烷胺硫酸盐，$IC_{50} = 15.0\mu g/mL$；HSV-1 病毒，$IC_{50} = 0.1\mu g/mL$，对照无环鸟苷，$IC_{50} = 0.1\mu g/mL$；在无细胞毒浓度下进行测试）.【文献】M. A. M. Shushni, et al. Chem. Biodiversity, 2009, 6, 127.

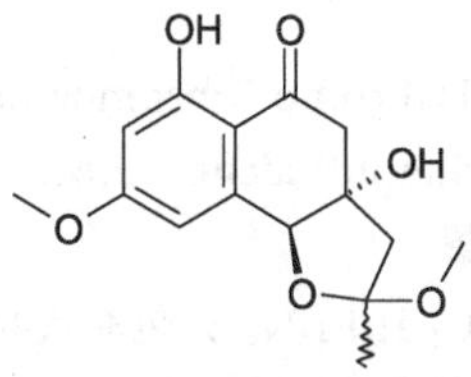

779　Coniolactone　盾壳霉内酯*

【基本信息】$C_{17}H_{16}O_5$.【类型】萘类.【来源】海洋导出的真菌谷物盾壳霉* Coniothyrium cereale，来自绿藻浒苔属 Enteromorpha sp. (费马恩岛，波罗的海，德国).【活性】抗菌（草分枝杆菌 Mycobacterium phlei）.【文献】M. F. Elsebai, et al. Org. Biomol. Chem., 2011, 9, 802.

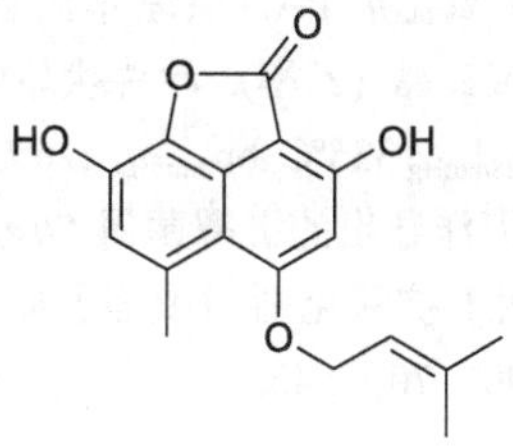

780　Keisstetralone　凯氏腔菌酮*

【基本信息】$C_{19}H_{24}O_5$，浅黄色树胶状物，$[\alpha]_D^{20} = -23.6°$ ($c = 0.06$, 氯仿).【类型】萘类.【来源】海洋导出的真菌凯氏腔菌属 Keissleriella sp. YS4108（沉积物样本，靠近射阳港，黄海，中国，采样深度 50m）.【活性】抗真菌（白色念珠菌 Candida albicans, $MIC = 40\mu g/mL$；红色毛癣菌 Trichophyton rubrum, $MIC = 20\mu g/mL$；黑曲霉菌 Aspergillus niger, $MIC = 80\mu g/mL$）.【文献】C. H. Liu, et al. PM, 2002, 68, 363.

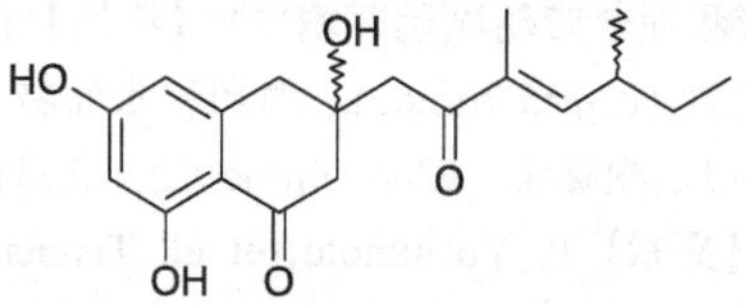

781　($4R^*,5R^*,9S^*,10R^*,11Z$)-4-Methoxy-9-((dimethylamino)-methyl)-12,15-epoxy-11(13)-en-decahydronaphthalen-16-ol　($4R^*,5R^*,9S^*,10R^*,11Z$)-4-甲氧基-9-((二甲氨基)-甲基)-12,15-环氧-11(13)-烯-十氢化萘-16-醇

【基本信息】$C_{24}H_{43}NO_3$，浅黄色油状物，$[\alpha]_D^{24} = +72°$ ($c = 0.67$, 甲醇).【类型】萘类.【来源】短指软珊瑚属 Sinularia sp. (鲍登礁，大堡礁，澳大利亚).【活性】细胞毒（SF268, $GI_{50} = 175\mu mol/L$，MCF7, $GI_{50} = 70\mu mol/L$，H460, $GI_{50} = 125\mu mol/L$）.【文献】A. D. Wright, et al. Mar. Drugs, 2012, 10, 1619.

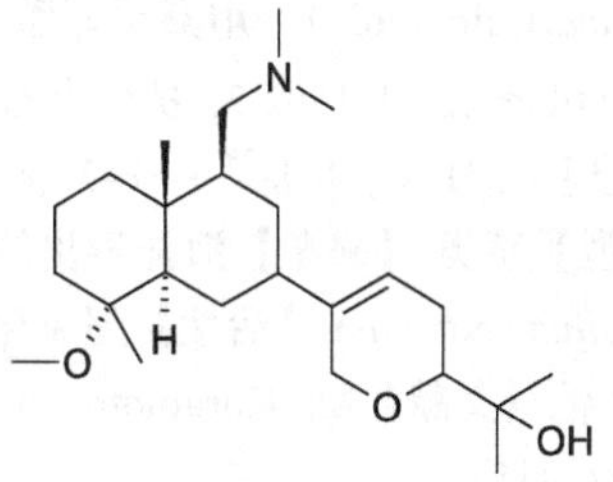

782 N-Phenyl-1-naphthylamine   N-苯基-1-萘胺

【别名】1-Anilinonaphthalene; Antioxidant PAN; 1-苯氨基萘；抗氧化剂 PAN.【基本信息】$C_{16}H_{13}N$，棱镜状晶体或针晶（乙醇），叶片状晶体（石油醚），mp 62ºC, bp$_{528mmHg}$ 335ºC, bp$_{8mmHg}$ 226ºC.【类型】萘类.【来源】海洋导出的链霉菌属 Streptomyces sp. B8335.【活性】抗氧化剂.【文献】K. A. Shaaban, et al. JNP, 2007, 70, 1545.

783 Phomopsidin   拟茎点霉定*

【别名】Antibiotics TUF 95F47; 抗生素 TUF 95F47*.【基本信息】$C_{21}H_{30}O_3$, $[\alpha]_D^{27} = +31º$ ($c = 0.1$, 甲醇).【类型】萘类.【来源】红树导出的真菌拟茎点霉属 Phomopsis sp., 来自未鉴定的红树（水下的树枝，波纳佩岛，密克罗尼西亚联邦，收集于热带和亚热带珊瑚礁环境中）.【活性】微管组装抑制剂（IC$_{50}$=5.7µmol/L, 对照秋水仙碱，IC$_{50}$= 10µmol/L, 根霉素，IC$_{50}$= 4µmol/L）；抗真菌；抗生素.【文献】T. Yoshimoto, et al. Tennen Yuki Kagobutsu Toronkai Koen Yoshishu, 1997, 39, 637; M. Namikoshi, et al. J. Antibiot., 1997, 50, 890; M. Namikoshi, et al. CPB, 2000, 48, 1452; M. Saleem, et al. NPR, 2007, 24, 1142 (Rev.).

784 Tanzawaic acid A   坦桑尼亚酸 A*

【别名】Antibiotics GS 1302-3; 抗生素 GS 1302-3*.【基本信息】$C_{18}H_{26}O_2$, $[\alpha]_D^{28} = +147º$ ($c = 0.04$, 氯仿).【类型】萘类.【来源】海洋导出的真菌橘青霉 Penicillium citrinum.【活性】超氧化物阴离子生成抑制剂.【文献】M. Kuramoto, et al. Chem. Lett., 1997, 885.

785 1,2,5-Tribromo-3-bromoamino-7-bromomethylnaphthalene   1,2,5-三溴-3-溴氨基-7-溴甲基萘

【基本信息】$C_{11}H_6Br_5N$，无色油状物.【类型】萘类.【来源】红藻相似凹顶藻* Laurencia similis.【活性】降血糖（PTP1B 抑制剂）(in vitro 试验, IC$_{50}$ = 102µg/mL, 对照 HD, IC$_{50}$ = 0.80µg/mL).【文献】J. Qin, et al. Bioorganic Med. Chem. Lett., 2010, 20, 7152.

786 2,5,8-Tribromo-3-bromoamino-7-bromomethylnaphthalene   2,5,8-三溴-3-溴氨基-7-溴甲基萘

【基本信息】$C_{11}H_6Br_5N$，无色油状物.【类型】萘类.【来源】红藻相似凹顶藻* Laurencia similis.【活性】降血糖（PTP1B 抑制剂）(in vitro 试验, IC$_{50}$ = 65.30µg/mL, 对照 HD, IC$_{50}$ = 0.80µg/mL).【文献】J. Qin, et al. Bioorganic Med. Chem. Lett., 2010, 20, 7152.

787 2,5,6-Tribromo-3-bromoamino-7-bromomethylnaphthalene   2,5,6-三溴-3-溴氨基-7-溴甲基萘

【基本信息】$C_{11}H_6Br_5N$，无色油状物.【类型】萘类.【来源】红藻相似凹顶藻* Laurencia similis.【活性】降血糖（PTP1B 抑制剂）(in vitro 试验, IC$_{50}$ = 69.80µg/mL, 对照 HD, IC$_{50}$ = 0.80µg/mL).【文献】J. Qin, et al. Bioorganic Med. Chem. Lett., 2010, 20, 7152.

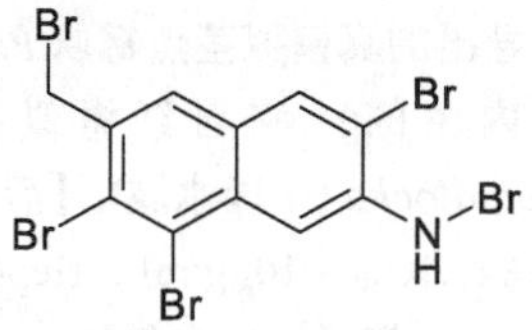

788　Trichoharzin　哈茨木霉因*
【基本信息】$C_{25}H_{38}O_7$，玻璃状固体，$[α]_D = +38º$（甲醇）.【类型】萘类.【来源】海洋导出的真菌哈茨木霉* Trichoderma harzianum, 来自山海绵属 Mycale cecilia.【活性】细胞毒.【文献】M. Kobayashi, et al. Tetrahedron Lett., 1993, 34, 7925.

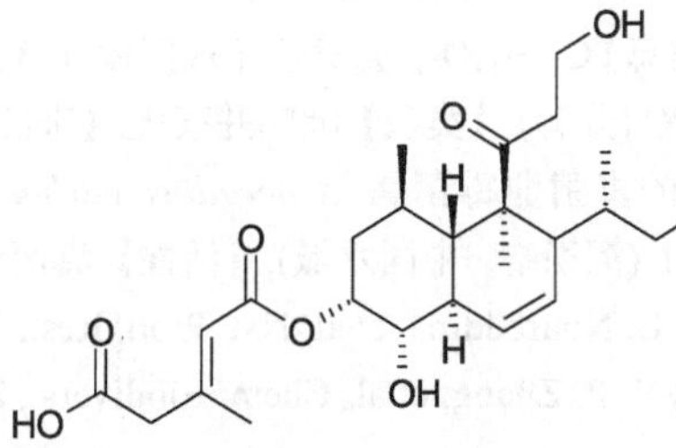

789　(−)-Cereoaldomine
【基本信息】$C_{16}H_{15}NO_5$，亮血红色晶状固体，$[α]_D^{23} = -320º$ ($c = 0.30$, 甲醇).【类型】呋喃并萘类(Furonaphthalenes).【来源】海洋导出的真菌谷物盾壳霉* Coniothyrium cereale, 来自绿藻浒苔属 Enteromorpha sp. (费马恩岛，波罗的海，德国).【活性】人白细胞弹性蛋白酶抑制剂 ($IC_{50} = 3.01μmol/L$, 选择性的).【文献】M. F. Elsebai, et al. JNP, 2011, 74, 2282.

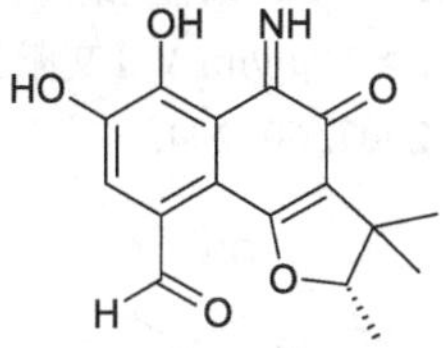

790　(−)-Cereolactam　(−)-谷物盾壳霉内酰胺*
【基本信息】$C_{17}H_{17}NO_4$，绿色无定形固体，$[α]_D^{23} = -70º$ ($c = 0.10$, 甲醇).【类型】呋喃并萘类.【来源】海洋导出的真菌谷物盾壳霉* Coniothyrium cereale, 来自绿藻浒苔属 Enteromorpha sp. (费马恩岛，波罗的海，德国).【活性】人白细胞弹性蛋白酶抑制剂 ($IC_{50} = 9.28μmol/L$, 选择性的).【文献】M. F. Elsebai, et al. JNP, 2011, 74, 2282.

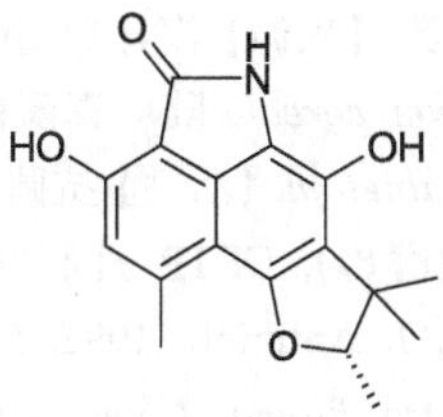

791　2,3-Dihydro-5-hydroxy-8-methoxy-2,4-dimethylnaphtho[1,2-b]furan-6,9-dione　2,3-二氢-5-羟基-8-甲氧基-2,4-二甲基萘[1,2-b]呋喃-6,9-二酮
【别名】Dihydroanhydrojavanicin; 二氢脱水爪哇镰菌素*.【基本信息】$C_{15}H_{14}O_5$, 红色晶体(乙酸乙酯), mp 225~228℃, $[α]_D^{20} = -125º$ ($c = 0.2$, 丙酮).【类型】呋喃并萘类.【来源】海洋导出的真菌镰孢霉属 Fusarium sp. PSU-F135.【活性】细胞毒 (KB, $IC_{50} = 120μmol/L$, 对照阿霉素, $IC_{50} = 0.33μmol/L$; MCF7, $IC_{50} = 101μmol/L$, 对照阿霉素, $IC_{50} = 2.18μmol/L$; Vero, 无活性, 对照玫瑰树碱, $IC_{50} = 4.47μmol/L$); 抗菌 (金黄色葡萄球菌 Staphylococcus aureus 和 MRSA, MIC = 350μmol/L).【文献】Y. Kimura, et al. Agric. Biol. Chem., 1988, 52, 1253; J. H. Tatum, et al. Phytochemistry, 1989, 28, 283; K. Trisuwan, et al. JNP, 2010, 73, 1507.

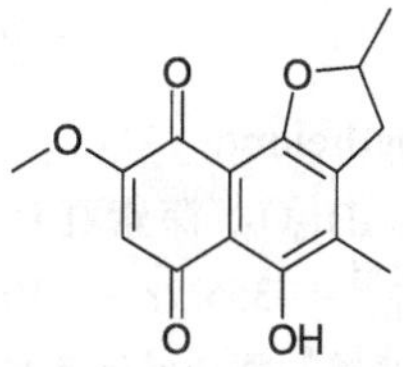

792　Marfuraquinocin A　海洋呋喃萘醌新 A*
【基本信息】$C_{26}H_{32}O_5$.【类型】呋喃并萘类.【来源】海洋导出的链霉菌属 Streptomyces niveus (沉积物，南海).【活性】细胞毒 (NCI-H460, 细胞生长抑制剂，中等活性); 抗菌 (金黄色葡萄球菌 Staphylococcus aureus, 细胞生长抑制剂，中等活性).【文献】Y. Song, et al. JNP, 2013, 76, 2263.

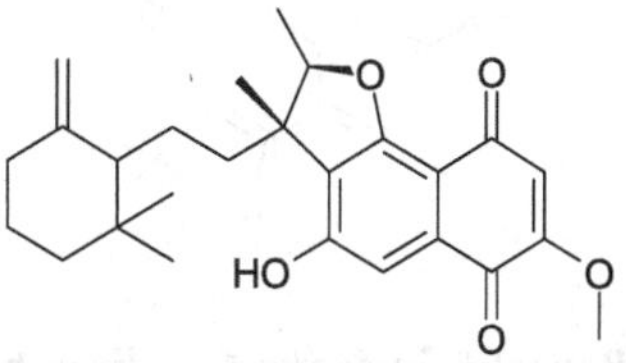

793　Marfuraquinocin C　海洋呋喃萘醌新 C*
【基本信息】$C_{26}H_{32}O_6$.【类型】呋喃并萘类.【来源】海洋导出的链霉菌属 Streptomyces niveus (沉积物，南海).【活性】细胞毒 (NCI-H460, 细胞生

长抑制剂，中等活性）；抗菌（金黄色葡萄球菌 Staphylococcus aureus，细胞生长抑制剂，中等活性）；抗菌（MRSE,抑制剂）.【文献】Y. Song, et al. JNP, 2013, 76, 2263.

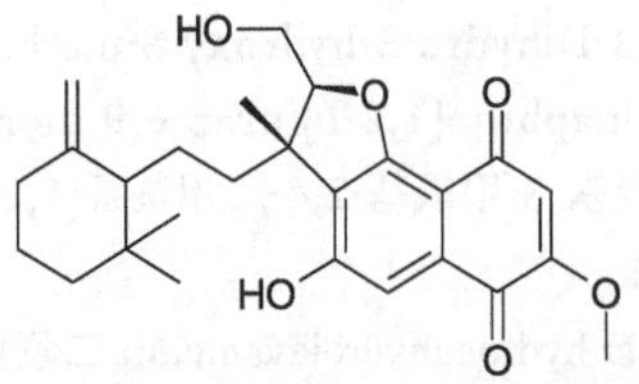

794 Marfuraquinocin D 海洋呋喃萘醌新 D*
【基本信息】$C_{26}H_{32}O_6$.【类型】呋喃并萘类.【来源】海洋导出的链霉菌属 Streptomyces niveus（沉积物，南海）.【活性】抗菌（金黄色葡萄球菌 Staphylococcus aureus 生长抑制剂，中等活性）；抗菌（MRSE 抑制剂）.【文献】Y. Song, et al. JNP, 2013, 76, 2263.

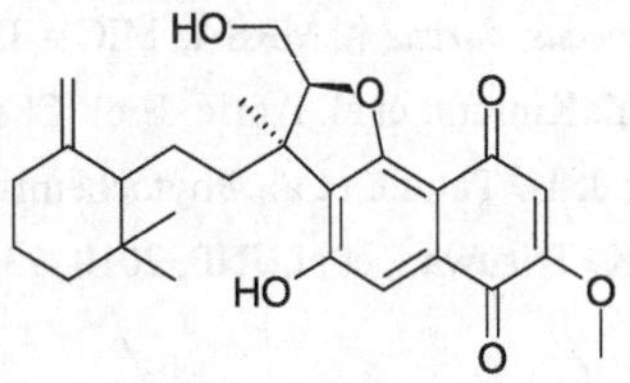

795 (−)-Trypethelone
【基本信息】$C_{16}H_{16}O_4$，深紫红色晶状固体，mp 250~253ºC, $[\alpha]_D^{23} = -355º$ (c = 0.10, 甲醇).【类型】呋喃并萘类.【来源】海洋导出的真菌谷物盾壳霉* Coniothyrium cereale，来自绿藻浒苔属 Enteromorpha sp.（费马恩岛，波罗的海，德国）.【活性】抗菌（草分枝杆菌 Mycobacterium phlei，金黄色葡萄球菌 Staphylococcus aureus 和大肠杆菌 Escherichia coli）；细胞毒（小鼠成纤维细胞）.【文献】M. F. Elsebai, et al. JNP, 2011, 74, 2282.

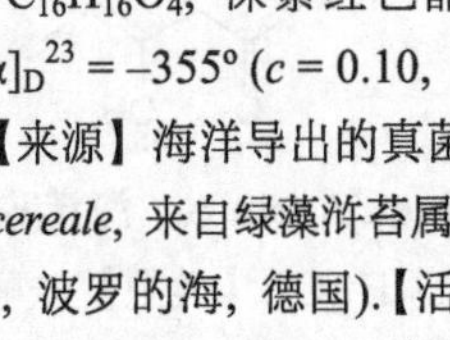

796 2-Benzyl-5-hydroxy-6,8-dimethoxy-4H-benzo[g]chromen-4-one 2-苄基-5-羟基-6,8-二甲氧基-4H-苯并[g]色烯-4-酮
【基本信息】$C_{22}H_{18}O_5$，灰黄色针状晶体，mp 223~225ºC.【类型】吡喃并萘类 (Pyranonaphthalenes).

【来源】红树导出的真菌拟茎点霉属 Phomopsis sp. ZSU-H26（内生的），来自红树似沉香海漆* Excoecaria agallocha（中国水域）.【活性】细胞毒 (Hep2 细胞株，IC_{50} = 10μg/mL; HepG2 细胞株，IC_{50} = 8μg/mL，中等活性).【文献】Z.-J. Huang, et al. Chem. Nat. Compd. (Engl. Transl.), 2010, 46, 15.

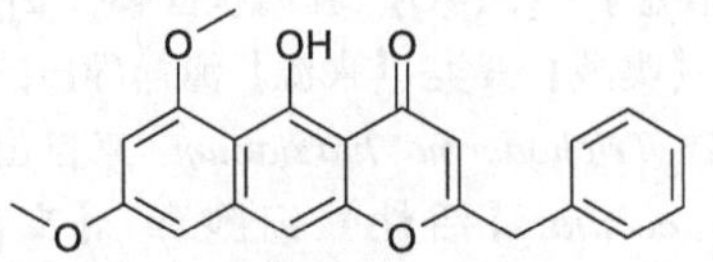

797 Fonsecin 丰塞卡因色素*
【基本信息】$C_{15}H_{14}O_6$，亮黄色无规则棱柱状晶体，mp 198ºC（分解）.【类型】吡喃并萘类.【来源】海洋导出的真菌曲霉菌属 Aspergillus carbonarius WZ-4-11（沉积物，中国水域）.【活性】真菌毒素.【文献】B. Noureddine, et al. Nat. Prod. Res., 2005, 19, 653; Y. P. Zhang, et al. Chem. Biodivers., 2008, 5, 93.

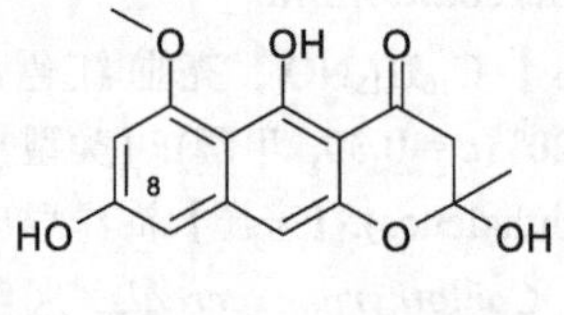

798 Nigerasperone A 黑曲霉菌酮 A*
【基本信息】$C_{16}H_{14}O_6$，黄色粉末，mp 193~195ºC.【类型】吡喃并萘类.【来源】海洋导出的真菌黑曲霉菌 Aspergillus niger EN-13.【活性】细胞毒（人肝癌 SMMC-7721 细胞和人非小细胞肺癌 A549 细胞，IC_{50} > 10μg/mL）.【文献】Y. Zhang, et al. J. Antibiot., 2007, 60, 204.

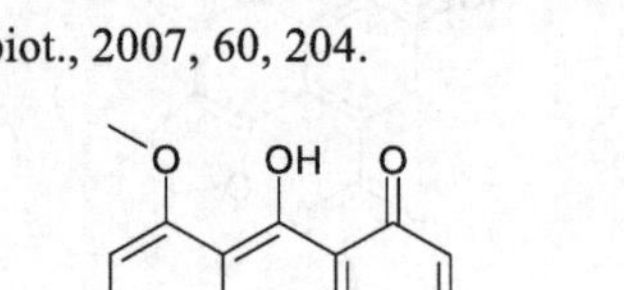

799 (−)-Scleroderolide
【基本信息】$C_{18}H_{16}O_6$，黄色晶体（乙醇/石油醚），mp 232~233ºC, $[\alpha]_D = -116º$ (c = 0.3, 氯仿).【类型】吡喃并萘类.【来源】海洋导出的真菌盾壳霉属 Coniothyrium cereal，陆地真菌松树枯梢病菌 Gremmeniella abietina.【活性】抗菌（革兰氏阳性菌）；抗真菌（酵母）；CETP 抑制剂.【文献】H. Tomoda, et al. J. Antibiot., 1998, 51, 618; M. F. Elsebai, et al. Org. Biomol. Chem., 2011, 9, 802.

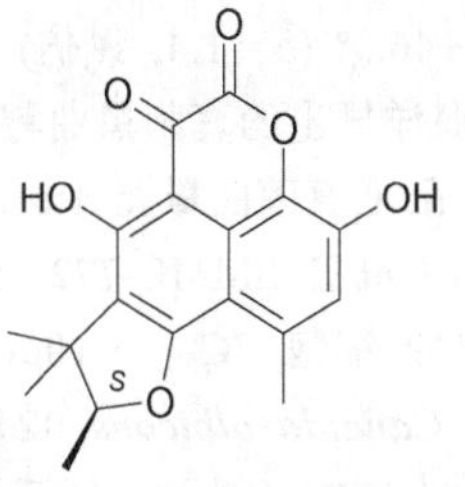

800 TMC 256A₁ 真菌毒素 TMC 256A₁
【基本信息】$C_{15}H_{12}O_5$, 黄色粉末.【类型】吡喃并萘类.【来源】海洋导出的真菌曲霉菌属 *Aspergillus carbonarius* WZ-4-11 (沉积物, 中国水域), 海洋导出的真菌黑曲霉菌 *Aspergillus niger* TC 1629, 来自棘皮动物门海百合纲羽星目羽星属 *Comantheria briareus*.【活性】IL-4 信号转导抑制剂.【文献】M. Sakurai, et al. J. Antibiot., 2002, 55, 685; Y. P. Zhang, et al. Chem. Biodivers., 2008, 5, 93.

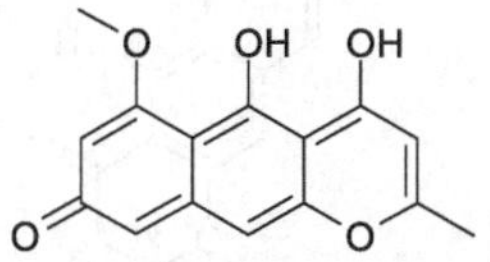

801 TMD 256A₂ 真菌毒素 TMD 256A₂
【基本信息】$C_{16}H_{14}O_5$, 黄色晶体 (氯仿/苯), mp 213ºC, mp 178~180ºC.【类型】吡喃并萘类.【来源】海洋导出的真菌曲霉菌属 *Aspergillus carbonarius* WZ-4-11 (沉积物, 中国水域).【活性】对植物有毒的; 真菌毒素.【文献】C .P. Gorst-Allman, et al. JCS Perkin Trans. Ⅰ, 1980, 2474; Y. P. Zhang, et al. Chem. Biodiversity, 2008, 5, 93.

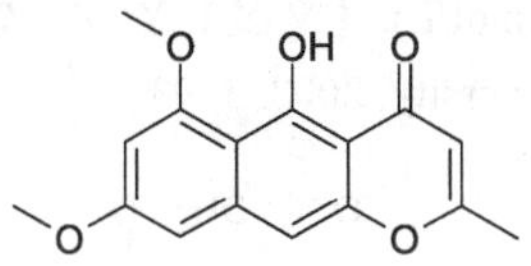

802 TMC 256C₂ 真菌毒素 TMC 256C₂
【别名】Flavasperone.【基本信息】$C_{16}H_{14}O_5$, 黄色针状晶体 (氯仿/乙醇), mp 204ºC, mp 203~204ºC.【类型】吡喃并萘类.【来源】海洋导出的真菌曲霉菌属 *Aspergillus carbonarius* WZ-4-11 (沉积物, 中国水域), 陆地真菌 (曲霉属 *Aspergillus* spp.), 陆地植物 (感染芒果果实和花生的真菌黑曲霉菌 *Aspergillus niger*).【活性】真菌毒素.【文献】M. Sakurai, et al. J. Antibiot., 2002, 55, 685; Y. P. Zhang, et al. Chem. Biodivers., 2008, 5, 93.

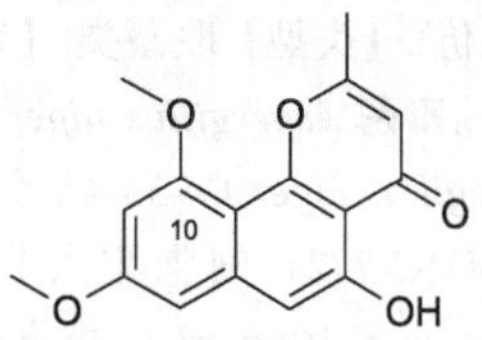

803 Antibiotics SC 2051 抗生素 SC 2051
【基本信息】$C_{32}H_{22}O_{12}$.【类型】联萘类.【来源】海洋导出的真菌 *Hypocrea vinosa* AY380904.【活性】酪氨酸激酶抑制剂 (HUVEC 溶解产物, 酪氨酸激酶试验, IC_{50} = 42.1μmol/L; 抑制生长试验, IC_{50} = 17.4μmol/L; 迁移试验, IC_{50} = 1.09μmol/L; 对增殖, 迁移和小管生成的抑制效应); 磷酸二酯酶 PDE 抑制剂.【文献】Japan. Pat., 1980, 80 54 897; CA, 93, 112329; Y. Ohkawa, et al. JNP, 2010, 73, 579.

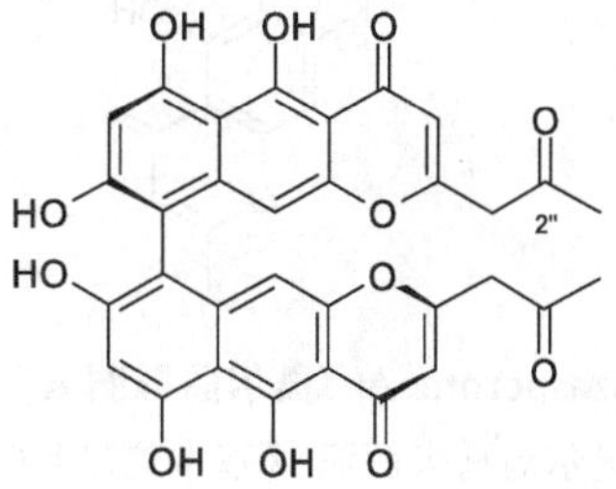

804 Asperpyrone A 黑曲霉吡喃酮 A*
【基本信息】$C_{31}H_{24}O_{10}$, 黄色粉末, $[\alpha]_D^{25}$ = +89º (c = 0.13, 氯仿).【类型】联萘类.【来源】海洋导出的真菌黑曲霉菌 *Aspergillus niger* EN-13, 黑曲霉真菌 *Aspergillus niger* JV-33-48.【活性】细胞毒 (人肝癌 SMMC-7721 细胞和人非小细胞肺癌 A549 细胞, IC_{50} > 10μg/mL); *Taq* DNA 聚合酶抑制剂.【文献】K. Akiyama, et al. JNP, 2003, 66, 136; Y. Zhang, et al. J. Antibiot., 2007, 60, 204.

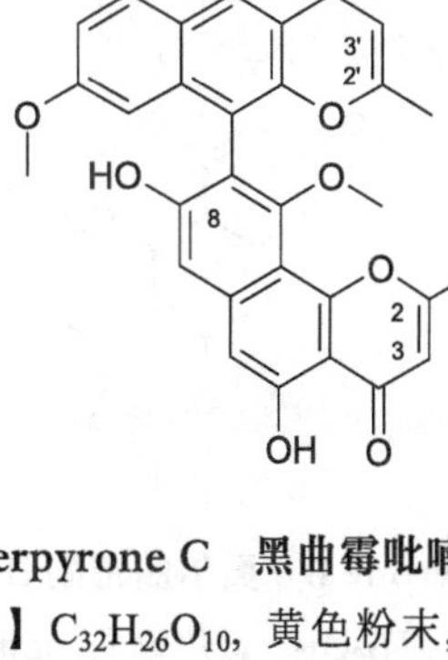

805 Asperpyrone C 黑曲霉吡喃酮 C*
【基本信息】$C_{32}H_{26}O_{10}$, 黄色粉末, $[\alpha]_D^{25}$ = +18º

(c = 0.01, 氯仿).【类型】联萘类.【来源】海洋导出的真菌黑曲霉菌 Aspergillus niger EN-13, 黑曲霉真菌 Aspergillus niger JV-33-48.【活性】细胞毒 (人肝癌 SMMC-7721 细胞和人非小细胞肺癌 A549 细胞, $IC_{50} > 10\mu g/mL$); 抗真菌 (白色念珠菌 Candida albicans, IZD = 10mm, 对照两性霉素 B, IZD = 12mm, 低活性).【文献】K. Akiyama, et al. JNP, 2003, 66, 136; Y. Zhang, et al. J. Antibiot., 2007, 60, 204.

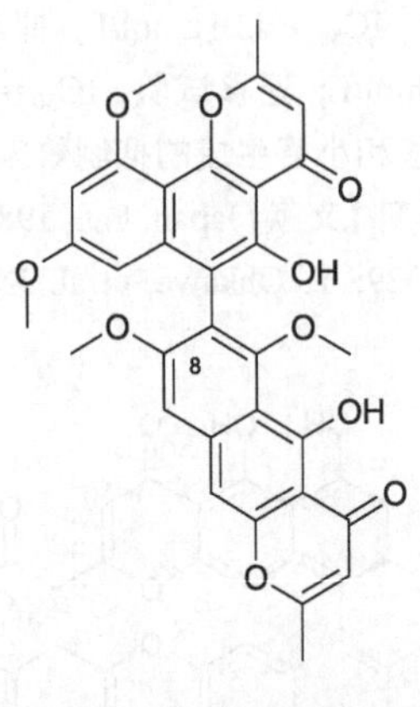

806 Aurasperone A 奥尔曲霉酮 A*

【别名】奥尔岛马来西亚.【基本信息】$C_{32}H_{26}O_{10}$, 黄色片状晶体 (氯仿/丙醇); 针状晶体 (乙醇), mp mp 270ºC, mp 290~291ºC, $[\alpha]_D^{25} = -24.2º$ (c = 1.0, 氯仿).【类型】联萘类.【来源】海洋导出的真菌黑曲霉菌 Aspergillus niger EN-13, 陆地真菌曲霉属 Aspergillus spp.【活性】细胞毒 (人肝癌 SMMC-7721 细胞和人非小细胞肺癌 A549 细胞, $IC_{50} > 10\mu g/mL$); 真菌毒素; 杀昆虫剂.【文献】H. Priestap, Tetrahedron, 1984, 40, 3617; Y. Zhang, et al. J. Antibiot., 2007, 60, 204.

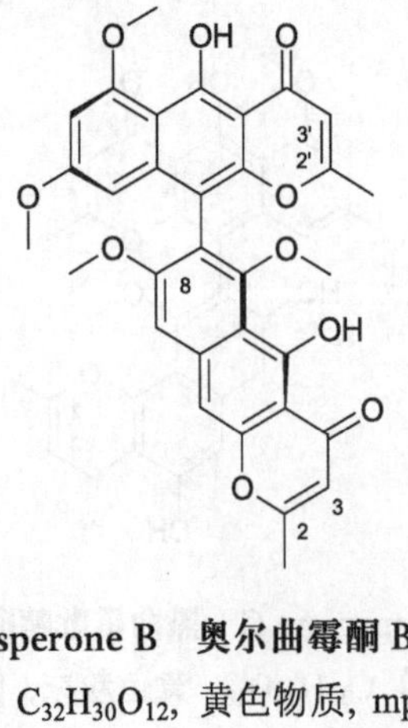

807 Aurasperone B 奥尔曲霉酮 B*

【基本信息】$C_{32}H_{30}O_{12}$, 黄色物质, mp 186ºC (分解), $[\alpha]_D^{25} = +46.3º$ (c = 1.4, 氯仿).【类型】联萘类.【来源】海洋导出的真菌黑曲霉菌 Aspergillus niger EN-13, 陆地真菌曲霉属 Aspergillus spp.【活性】细胞毒 (人肝癌 SMMC-7721 细胞和人非小细胞肺癌 A549 细胞, $IC_{50} > 10\mu g/mL$); 抗真菌 (白色念珠菌 Candida albicans, IZD = 10mm, 对照两性霉素 B, IZD = 12mm, 低活性); 抗氧化剂 (DPPH 自由基清除剂, 50μg/mL, ScRt = 48.1%, 中等活性; 对照 BHT, ScRt = 80.4%); 真菌毒素.【文献】H. Priestap, Tetrahedron, 1984, 40, 3617; Y. Zhang, et al. J. Antibiot., 2007, 60, 204.

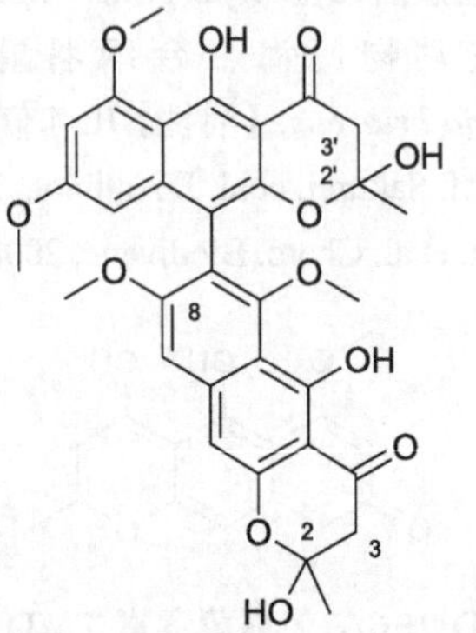

808 8'-O-Demethylisonigerone 8'-O-去甲基异黑曲霉酮*

【基本信息】$C_{31}H_{24}O_{10}$, 黄棕色粉末, $[\alpha]_D^{20} = -90.8º$ (c = 0.15, 甲醇).【类型】联萘类.【来源】海洋导出的真菌曲霉菌属 Aspergillus carbonarius WZ-4-11 (沉积物, 中国水域).【活性】抗结核 (结核分枝杆菌 Mycobacterium tuberculosis, IC_{50} = 43.0μmol/L).【文献】Y. P. Zhang, et al. Chem. Biodiversity, 2008, 5, 93.

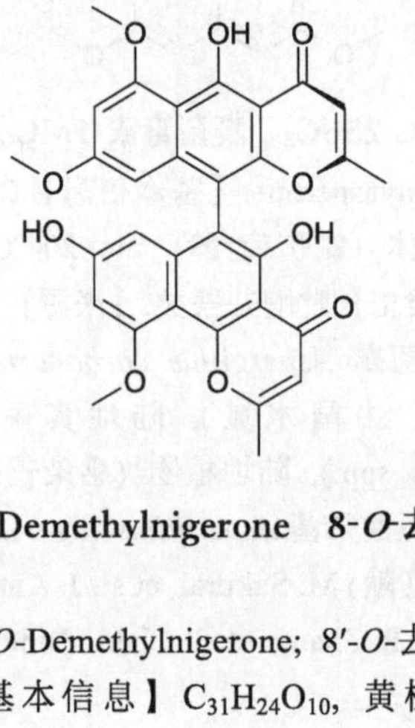

809 8-O-Demethylnigerone 8-O-去甲基黑曲霉酮*

【别名】8'-O-Demethylnigerone; 8'-O-去甲基黑曲霉酮*.【基本信息】$C_{31}H_{24}O_{10}$, 黄棕色粉末,

$[α]_D^{20} = -87.7°$ (c = 0.14, 甲醇).【类型】联蒽类.【来源】海洋导出的真菌曲霉菌属 Aspergillus carbonarius WZ-4-11 (沉积物, 中国水域), 海洋导出的真菌外瓶霉属 Exophiala sp.【活性】抗结核 (结核分枝杆菌 Mycobacterium tuberculosis, IC_{50} = 21.5μmol/L).【文献】D. Zhang, et al. J. Antibiot. (Tokyo) 2008, 61, 40.

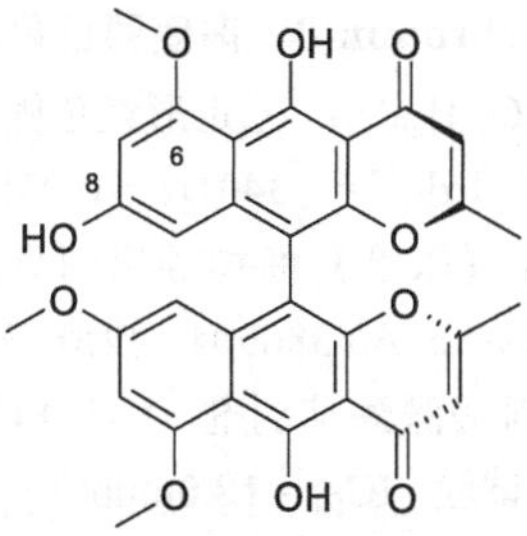

810　Dianhydroaurasperone C　二脱水奥尔曲霉酮 C*

【基本信息】$C_{31}H_{24}O_{10}$.【类型】联蒽类.【来源】海洋导出的真菌黑曲霉菌 Aspergillus niger EN-13, 陆地真菌黑曲霉菌 Aspergillus niger.【活性】细胞毒 (人肝癌 SMMC-7721 细胞和人非小细胞肺癌 A549 细胞, IC_{50} > 10μg/mL).【文献】K. C. Ehrlich, et al. Appl. Environ. Microbiol., 1984, 48, 1; Y. Zhang, et al. J. Antibiot., 2007, 60, 204.

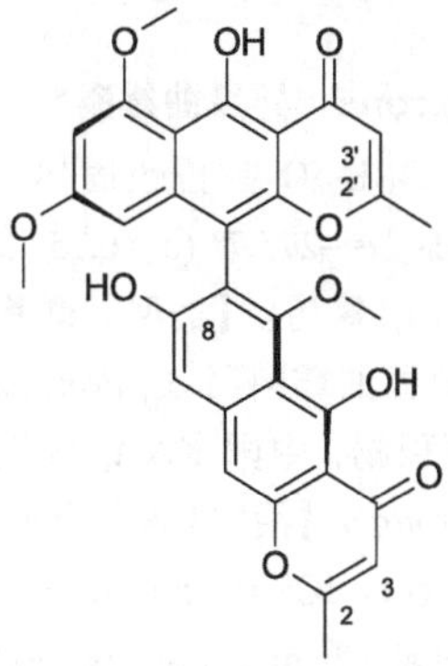

811　Fonsecinone A　丰赛卡曲霉酮 A*

【基本信息】$C_{32}H_{26}O_{10}$, 黄色针状晶体 (氯仿/正丙醇), mp 280°C.【类型】联蒽类.【来源】海洋导出的真菌黑曲霉菌 Aspergillus niger EN-13, 陆地真菌丰赛卡曲霉* Aspergillus fonsecaeus 和曲霉属 Aspergillus carbonarius.【活性】细胞毒 (人肝癌 SMMC-7721 细胞和人非小细胞肺癌 A549 细胞, IC_{50} > 10μg/mL); 抗真菌 (白色念珠菌 Candida albicans, IZD = 14mm, 对照两性霉素 B, IZD = 12mm, 低活性); 真菌毒素; Taq DNA 聚合酶抑制剂.【文献】H. A. Priestap, Tetrahedron, 1984, 40, 3617; K. Akiyama, et al. JNP, 2003, 66, 136; F. R. Campos, et al. Magn. Reson. Chem., 2005, 43, 962; Y. Zhang, et al. J. Antibiot., 2007, 60, 204; S. de Lazaro, et al. Int. J. Quantum Chem., 2008, 108, 2408.

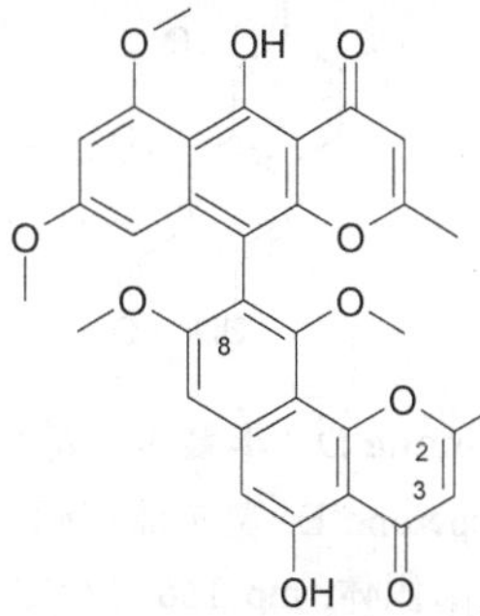

812　Fonsecinone B　丰赛卡曲霉酮 B*

【基本信息】$C_{32}H_{28}O_{11}$, 无定形物质, mp 172~173°C.【类型】联蒽类.【来源】海洋导出的真菌黑曲霉菌 Aspergillus niger EN-13, 陆地真菌丰赛卡曲霉* Aspergillus fonsecaeus.【活性】细胞毒 (人肝癌 SMMC-7721 细胞和人非小细胞肺癌 A549 细胞, IC_{50} > 10μg/mL); 抗氧化剂 (DPPH 自由基清除剂, 50μg/mL, ScRt = 13.2%, 中等活性; 对照 BHT, ScRt = 80.4%); 真菌毒素.【文献】H. Priestap, Tetrahedron, 1984, 40, 3617; Y. Zhang, et al. J. Antibiot., 2007, 60, 204.

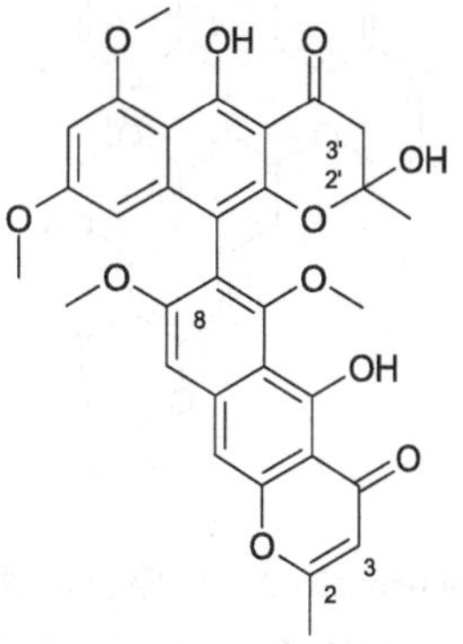

813　Fonsecinone C　丰赛卡曲霉酮 C*

【基本信息】$C_{32}H_{28}O_{11}$, 无定形物质, mp 169~170°C.【类型】联蒽类.【来源】海洋导出的真菌黑曲霉菌 Aspergillus niger EN-13, 陆地真菌丰赛卡曲霉* Aspergillus fonsecaeus.【活性】细胞毒 (人肝癌 SMMC-7721 细胞和人非小细胞肺癌 A549 细胞, IC_{50} > 10μg/mL); 真菌毒素.【文献】

H. Priestap, Tetrahedron, 1984, 40, 3617; Y. Zhang, et al. J. Antibiot., 2007, 60, 204.

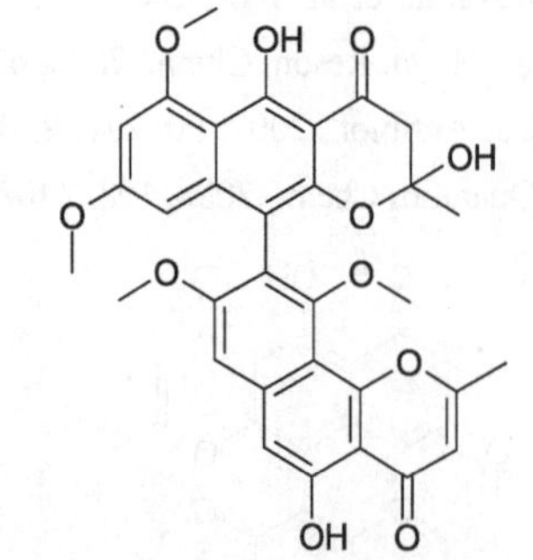

814 Fonsecinone D 丰赛卡曲霉酮 D*

【别名】Aurasperone E；奥尔曲霉酮 E*.【基本信息】$C_{32}H_{28}O_{11}$，固体，mp 166~170℃.【类型】联萘类.【来源】海洋导出的真菌黑曲霉菌 *Aspergillus niger* EN-13, 陆地真菌 (丰赛卡曲霉* *Aspergillus fonsecaeus* 和黑曲霉菌 *Aspergillus niger*).【活性】细胞毒 (人肝癌 SMMC-7721 细胞和人非小细胞肺癌 A549 细胞，IC_{50} > 10μg/mL)；抗氧化剂 (DPPH 自由基清除剂，50μg/mL，ScRt = 37.5% 中等活性；对照 BHT，ScRt = 80.4%)；真菌毒素.【文献】H. Priestap, Tetrahedron, 1984, 40, 3617; Y. Zhang, et al. J. Antibiot., 2007, 60, 204.

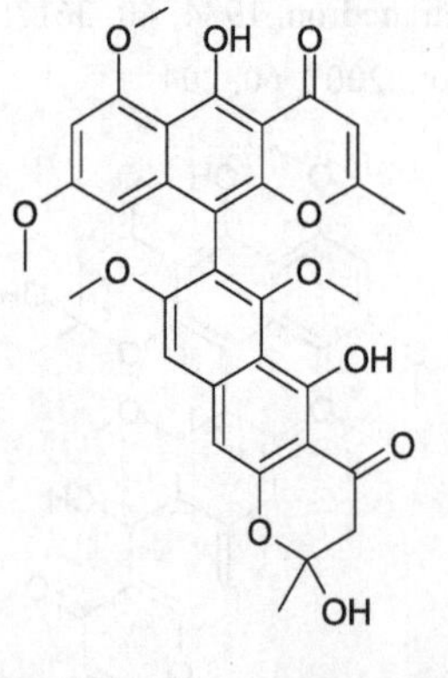

815 Hypochromin A 肉座菌色菌素 A*

【基本信息】$C_{32}H_{24}O_{12}$，无定形红色固体，mp 259~261℃ (分解)，$[\alpha]_D^{25}$ = +410º (c = 0.009, 乙醇).【类型】联萘类.【来源】海洋导出的真菌肉座菌属 *Hypocrea vinosa* AY380904 (沙滩，冲绳，日本).【活性】酪氨酸激酶抑制剂 (IC_{50} = 58.7μmol/L)；增殖抑制剂 (IC_{50} = 50.0μmol/L)；迁移抑制剂 (IC_{50} = 0.87μmol/L)；小管形成抑制剂.【文献】Y. Ohkawa, et al. JNP, 2010, 73, 579.

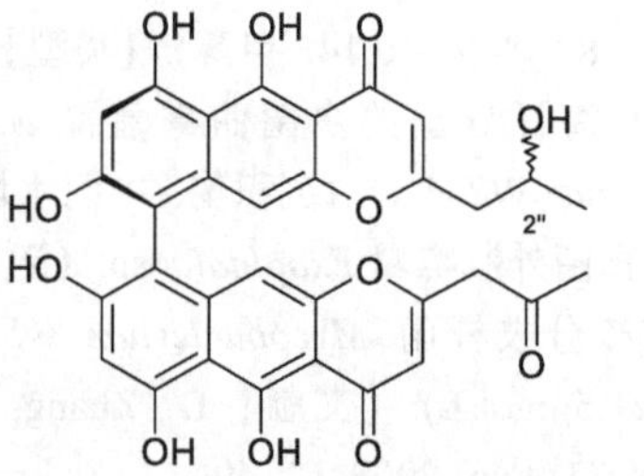

816 Hypochromin B 肉座菌色菌素 B*

【基本信息】$C_{30}H_{20}O_{11}$，无定形红色固体，mp 238~240℃ (分解)，$[\alpha]_D^{25}$ = +340º (c = 0.005, 乙醇).【类型】联萘类.【来源】海洋导出的真菌肉座菌属 *Hypocrea vinosa* AY380904 (沙滩，冲绳，日本).【活性】酪氨酸激酶抑制剂 (HUVEC 溶解产物，酪氨酸激酶试验，IC_{50} = 18.0μmol/L；抑制生长试验，IC_{50} = 13.1μmol/L；迁移试验，IC_{50} = 1.51μmol/L；对增殖，迁移和小管生成有抑制效应).【文献】Y. Ohkawa, et al. JNP, 2010, 73, 579.

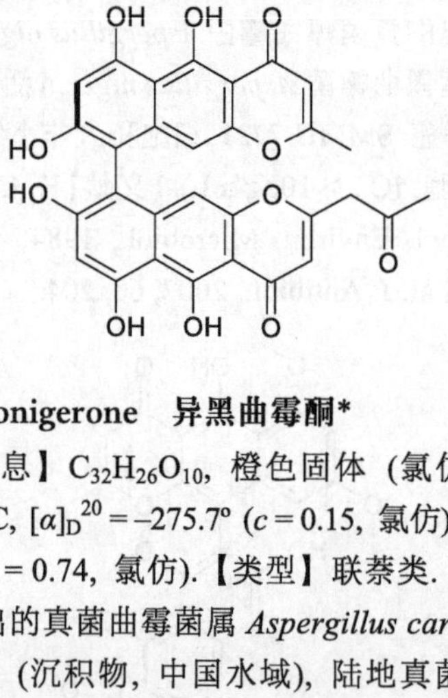

817 Isonigerone 异黑曲霉酮*

【基本信息】$C_{32}H_{26}O_{10}$，橙色固体 (氯仿/甲醇)，mp 330℃，$[\alpha]_D^{20}$ = −275.7º (c = 0.15, 氯仿)，$[\alpha]_D^{20}$ = −93.1º (c = 0.74, 氯仿).【类型】联萘类.【来源】海洋导出的真菌曲霉菌属 *Aspergillus carbonarius* WZ-4-11 (沉积物，中国水域)，陆地真菌黑曲霉菌 *Aspergillus niger*.【活性】真菌毒素.【文献】C.P. Gorst-Allman, et al. JCS Perkin Trans. I, 1980, 2474; Y. P. Zhang, et al. Chem. Biodivers., 2008, 5, 93.

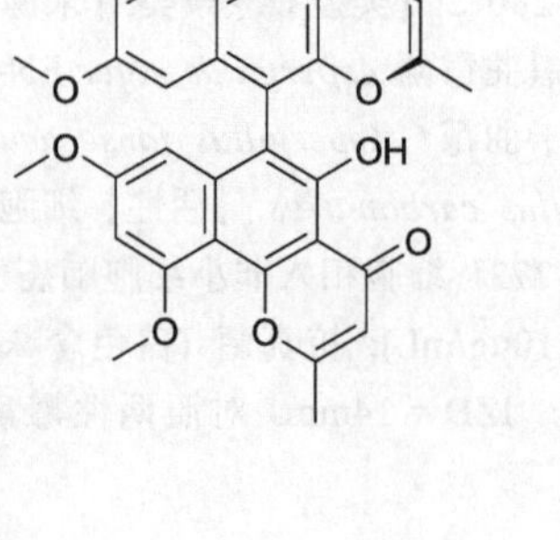

818　Nigerasperone B　黑曲霉酮 B*

【基本信息】$C_{32}H_{30}O_{12}$，黄色粉末，mp 169~170ºC，$[\alpha]_D = -15.3º$ ($c = 0.27$, 甲醇)．【类型】联萘类．【来源】海洋导出的真菌黑曲霉菌 *Aspergillus niger* EN-13．【活性】细胞毒（人肝癌 SMMC-7721 细胞和人非小细胞肺癌 A549 细胞，$IC_{50} > 10\mu g/mL$）．【文献】Y. Zhang, et al. J. Antibiot., 2007, 60, 204.

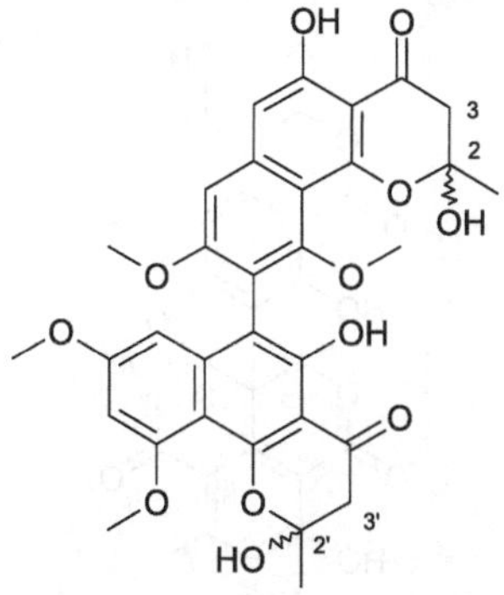

819　Nigerasperone C　黑曲霉酮 C*

【基本信息】$C_{31}H_{26}O_{11}$，黄色粉末，mp 222~224ºC，$[\alpha]_D^{20} = -11.5º$ ($c = 0.34$, 甲醇)．【类型】联萘类．【来源】海洋导出的真菌黑曲霉菌 *Aspergillus niger* EN-13．【活性】细胞毒（人肝癌 SMMC-7721 细胞和人非小细胞肺癌 A549 细胞，$IC_{50} > 10\mu g/mL$）；抗真菌（白色念珠菌 *Candida albicans*，IZD = 9mm，对照两性霉素 B，IZD = 12mm，低活性）；抗氧化剂（DPPH 自由基清除剂，$50\mu g/mL$，ScRt = 41.6%，中等活性；对照 BHT，ScRt = 80.4%）．【文献】Y. Zhang, et al. J. Antibiot., 2007, 60, 204.

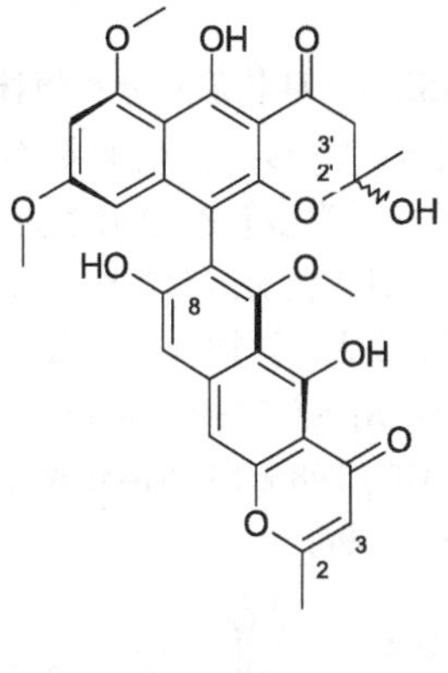

820　Nigerone　黑曲霉酮*

【基本信息】$C_{32}H_{26}O_{10}$，橙色针状晶体（氯仿/甲醇），mp 330ºC，$[\alpha]_D^{20} = -287.7º$ ($c = 1$, 氯仿)．【类型】联萘类．【来源】海洋导出的真菌曲霉菌属 *Aspergillus carbonarius* WZ-4-11（沉积物，中国水域），陆地真菌黑曲霉菌 *Aspergillus niger*．【活性】真菌毒素．【文献】C.P. Gorst-Allman, et al. JCS Perkin Trans. I , 1980, 2474; K. Koyama, et al. CPB, 1987, 35, 4049; Y. P. Zhang, et al. Chem. Biodivers., 2008, 5, 93.

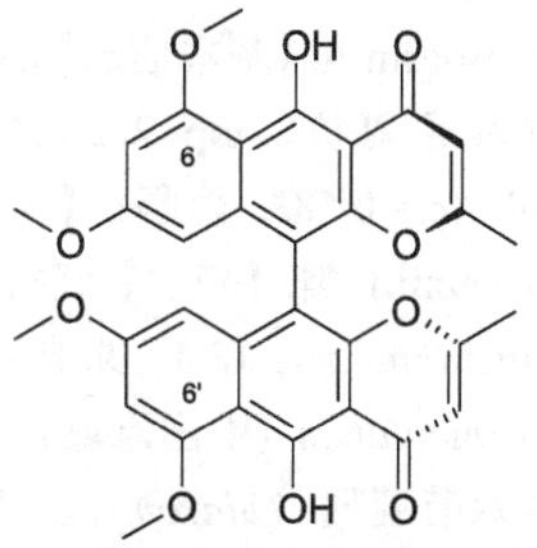

821　Xanalteric acid I　氧杂轮藻氨酸（氧杂蒽酸）I*

【别名】氧杂蒽羟酮酸 I *.【基本信息】$C_{20}H_{12}O_7$，深红色粉末，$[\alpha]_D^{20} = -120º$ ($c = 0.03$, 甲醇)．【类型】蒽类(Perylenes)．【来源】红树导出的真菌链格孢属 *Alternaria* sp. JCM9.2．【活性】抗菌（MRSA，MIC = $125\mu g/mL$，低活性）；细胞毒（L5178Y，$10\mu g/mL$，InRt = 45.0%，对照链格孢酸，InRt = 99.2%，边缘活性）．【文献】J. Kjer, et al. JNP, 2009, 72, 2053.

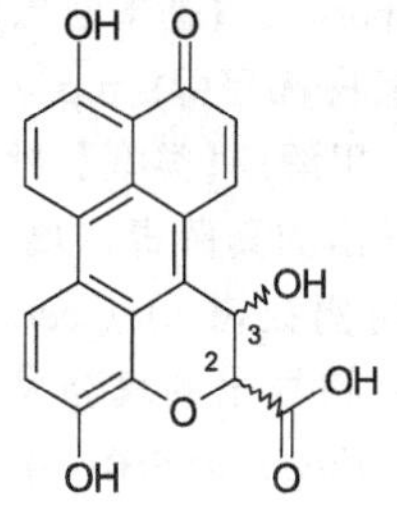

822　Xanalteric acid II　氧杂轮藻氨酸（氧杂蒽酸）II*

【别名】氧杂蒽羟酮酸 II *.【基本信息】$C_{20}H_{12}O_7$，深红色粉末，$[\alpha]_D^{20} = +40º$ ($c = 0.02$, 甲醇)．【类型】蒽类 (Perylenes)．【来源】红树导出的真菌链格孢属 *Alternaria* sp. JCM9.2．【活性】抗菌（MRSA，MIC = $250\mu g/mL$，低活性）；细胞毒（L5178Y，$10\mu g/mL$，InRt = 87.5%，对照链格孢酸，InRt = 99.2%，边缘活性）．【文献】J. Kjer, et al. JNP, 2009, 72, 2053.

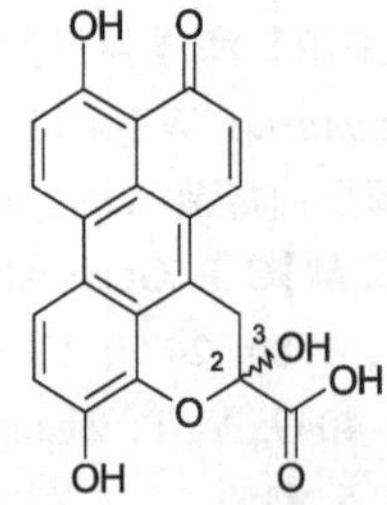

823　Bacillosporin A　发菌科真菌林 A*

【别名】Bacillisporin A.【基本信息】$C_{28}H_{20}O_{10}$，浅黄色粉末（丙酮/氯仿），mp 282~285ºC（分解），$[α]_D^{24} = +484º$ ($c = 0.583$, 丙酮).【类型】杜克拉青霉素 (Duclauxin) 类.【来源】红树导出的真菌青霉属 *Penicillium* sp. JP-1，来自红树桐花树 *Aegiceras corniculatum*（中国水域），红树导出的真菌发菌科踝节菌属 *Talaromyces bacillisporus* SBE-14.【活性】真菌毒素；抗菌.【文献】M. Yamazaki, et al. CPB, 1980, 28, 3649; T. Dethoup, et al. PM, 2006, 72, 957; Z. J. Lin, et al. Phytochemistry, 2008, 69, 1273.

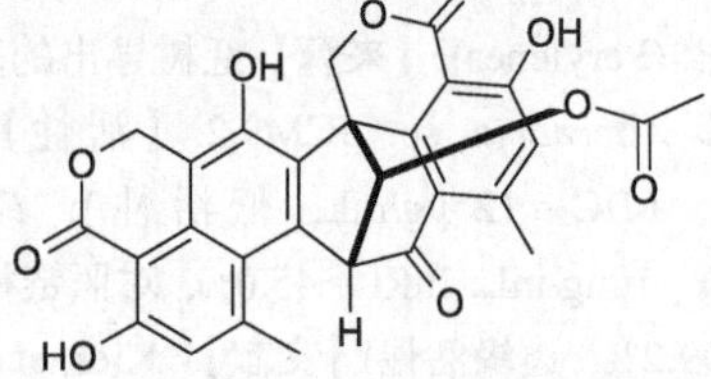

824　Bacillosporin C　发菌科真菌林 C*

【别名】Bacillisporin C.【基本信息】$C_{26}H_{18}O_{10}$，浅黄色粉末（四氢呋喃/甲醇），mp > 280ºC, $[α]_D^{27} = +490º$ ($c = 0.2$, 甲醇).【类型】杜克拉青霉素类.【来源】红树导出的真菌青霉属 *Penicillium* sp. JP-1，来自红树桐花树 *Aegiceras corniculatum*（中国水域），红树导出的真菌发菌科踝节菌属 *Talaromyces bacillisporus* SBE-14.【活性】真菌毒素；抗菌.【文献】M. Yamazaki, et al. CPB, 1980, 28, 3649; T. Dethoup, et al. PM, 2006, 72, 957; Z. Guo, et al. Magn. Reson. Chem., 2007, 45, 439; Z. J. Lin, et al. Phytochemistry, 2008, 69, 1273.

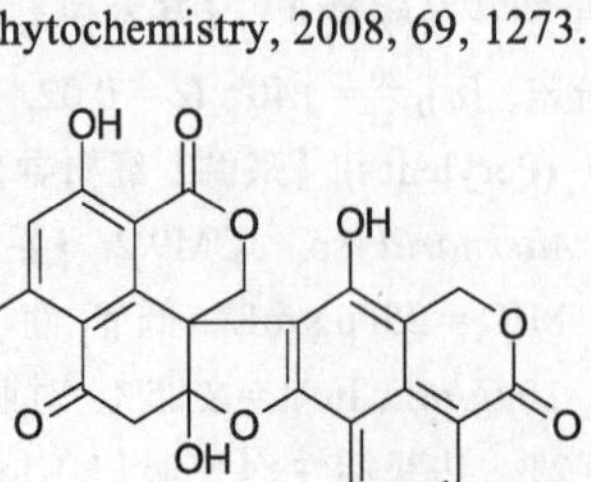

825　Bacillosporin D‡　发菌科真菌林 D*‡

【基本信息】$C_{26}H_{16}O_{11}$，浅黄色晶体，mp > 280ºC, $[α]_D^{27} = +700º$ ($c = 0.2$, 甲醇).【类型】杜克拉青霉素类.【来源】红树导出的真菌发菌科踝节菌属 *Talaromyces bacillisporus* SBE-14.【活性】真菌毒素；抗菌.【文献】M. Yamazaki, et al. CPB, 1980, 28, 3649; T. Dethoup, et al. PM, 2006, 72, 957; Z. Guo, et al. Magn. Reson. Chem., 2007, 45, 439.

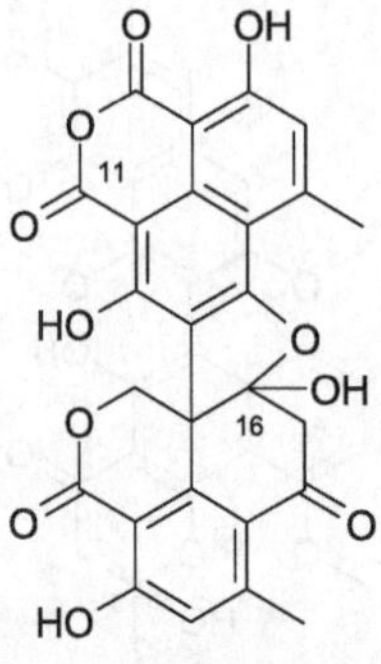

826　Annulin A　环状加尔弗水螅林 A*

【基本信息】$C_{19}H_{20}O_7$，橙色晶体（乙醇），mp 174~176ºC.【类型】萘醌衍生物.【来源】水螅纲软水母亚纲环状加尔弗螅* *Garveia annulata*（东北太平洋）.【活性】抑制吲哚胺 2,3-双加氧酶 IDO (*in vitro*, $K_i = 0.12$~0.69μmol/L)；抗菌.【文献】E. Fahy, et al. JOC, 1986, 51, 5145; A. Pereira, et al. JNP, 2006, 69, 1496.

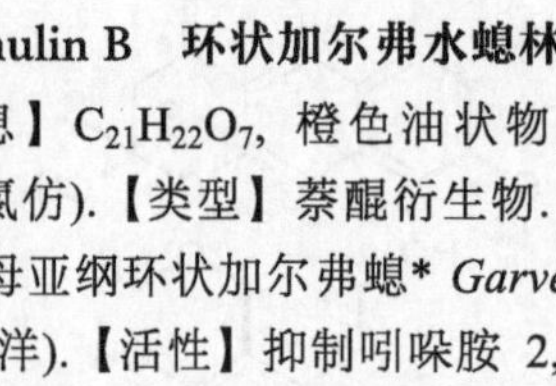

827　Annulin B　环状加尔弗水螅林 B*

【基本信息】$C_{21}H_{22}O_7$，橙色油状物，$[α]_D = +8º$ ($c = 0.2$, 氯仿).【类型】萘醌衍生物.【来源】水螅纲软水母亚纲环状加尔弗螅* *Garveia annulata*（东北太平洋）.【活性】抑制吲哚胺 2,3-双加氧酶 IDO (*in vitro*, $K_i = 0.12$~0.69μmol/L).【文献】E. Fahy, et al. JOC, 1986, 51, 5145; A. Pereira, et al. JNP, 2006, 69, 1496.

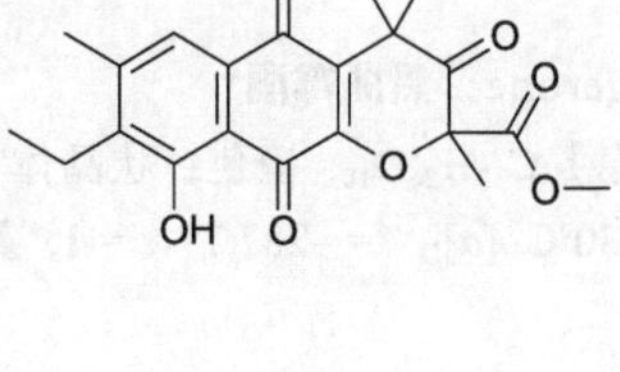

828　Annulin C　环状加尔弗水螅林 C*
【基本信息】$C_{20}H_{22}O_7$, 黄色油状物.【类型】萘醌衍生物.【来源】水螅纲软水母亚纲环状加尔弗螅* *Garveia annulata* (东北太平洋).【活性】抑制吲哚胺 2,3-双加氧酶 IDO (*in vitro*, $K_i = 0.12 \sim 0.69 \mu mol/L$).【文献】A. Pereira, et al. JNP, 2006, 69, 1496.

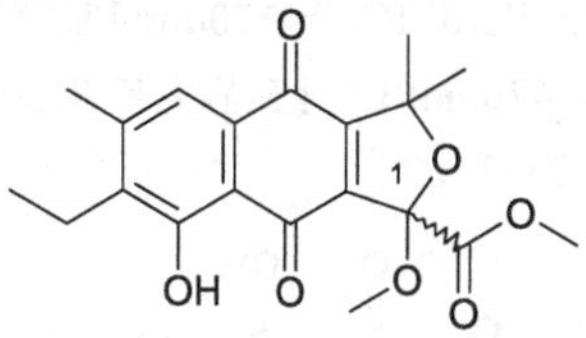

829　Debromomarinone　去溴海洋萘醌*
【基本信息】$C_{25}H_{28}O_5$.【类型】萘醌衍生物.【来源】未鉴定的海洋导出的放线菌 CNB-632 (浅水沉积物).【活性】抗菌 (*in vitro*, 革兰氏阳性菌 MIC = $1 \sim 2 \mu g/mL$; 金黄色葡萄球菌 *Staphylococcus aureus*, 表皮葡萄球菌 *Staphylococcus epidermidis*, 肺炎葡萄球菌 *Staphylococcus pneumoniae* 和致热源葡萄球菌 *Staphylococcus pyrogenes*).【文献】Pathirana, et al. Tetrahedron Lett., 1992, 33, 7663; J. A. Kalaitzis, et al. Org. Lett., 2003, 5, 4449 (结构修正).

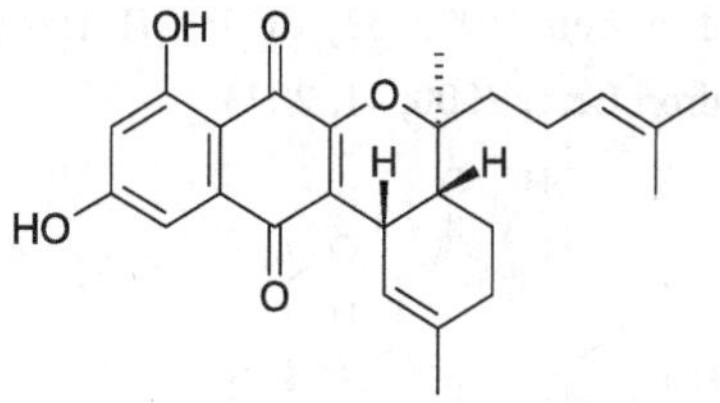

830　Debromomethoxymarinone　去溴甲氧基海洋萘醌*
【别名】Methoxydebromomarinone; 甲氧基去溴海洋萘醌*.【基本信息】$C_{26}H_{30}O_6$, $[\alpha]_D^{25} = +140°$ (*c* = 0.1, 乙醇).【类型】萘醌衍生物.【来源】未鉴定的海洋导出的放线菌 CNH-099 (北圣地亚哥, 巴悌喹投斯潟湖, 加利福尼亚, 美国).【活性】细胞毒 (结肠癌恶性上皮肿瘤 HCT116 细胞株, $IC_{50} \approx 8 \mu g/mL$).【文献】I. H. Hardt, et al. Tetrahedron Lett., 2000, 41, 2073.

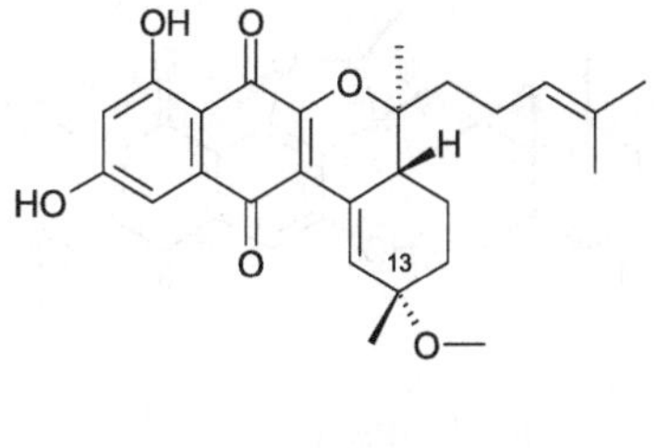

831　Deoxylapachol　去氧黄钟花醌*
【别名】2-Prenyl-1,4-naphthoquinone; 2-异戊二烯-1,4-萘醌*.【基本信息】$C_{15}H_{14}O_2$, 亮黄色棱镜状晶体 (石油醚), mp 60~61℃.【类型】萘醌衍生物.【来源】Sargassaceae 科棕藻 *Landsburgia quercifolia*.【活性】细胞毒; 皮肤刺激剂.【文献】N. B. Perry, et al. JNP, 1991, 54, 978.

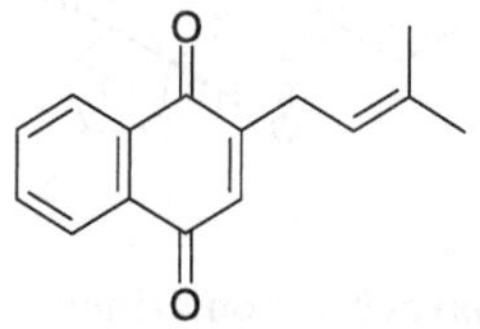

832　Fusarnaphthoquinone A　镰孢霉萘醌 A*
【基本信息】$C_{15}H_{18}O_7$.【类型】萘醌衍生物.【来源】海洋导出的真菌镰孢霉属 *Fusarium* sp., 来自柳珊瑚海扇 *Annella* sp. (叠石岛, 素叻他尼府, 泰国).【活性】细胞毒 (KB, $IC_{50} = 130 \mu mol/L$, 对照阿霉素, $IC_{50} = 0.33 \mu mol/L$; MCF7, $IC_{50} = 22 \mu mol/L$, 对照阿霉素, $IC_{50} = 2.18 \mu mol/L$; Vero, 无活性, 对照玫瑰树碱, $IC_{50} = 4.47 \mu mol/L$).【文献】K. Trisuwan, et al. JNP, 2010, 73, 1507.

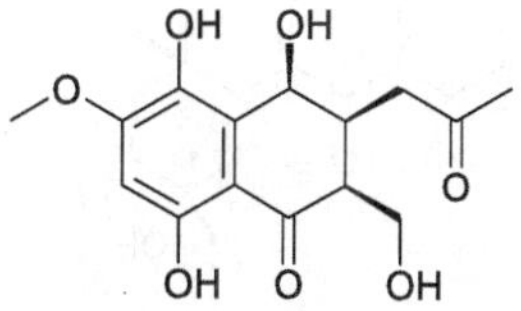

833　Fusarnaphthoquinone B　镰孢霉萘醌 B*
【基本信息】$C_{15}H_{16}O_5$.【类型】萘醌衍生物.【来源】海洋导出的真菌镰孢霉属 *Fusarium* sp., 来自柳珊瑚海扇 *Annella* sp. (叠石岛, 素叻他尼府, 泰国).【活性】抗真菌 (新型隐球酵母 *Cryptococcus neoformans* 和石膏样小孢子菌 *Microsporum gypseum*, MIC = $200 \mu mol/L$).【文献】K. Trisuwan, et al. JNP, 2010, 73, 1507.

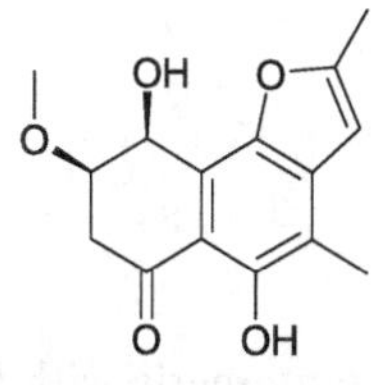

834　Griseusin C
【基本信息】$C_{20}H_{16}O_9$, 橙色粉末.【类型】萘醌衍生物.【来源】红树导出的真菌青霉属 *Penicillium*

sp. GT200261505，来自红树秋茄树 *Kandelia candel* (中国水域).【活性】3α-羟基类固醇脱氢酶抑制剂（温和活性）.【文献】X. Li, et al. Arch. Pharm. Res., 2006, 29, 942.

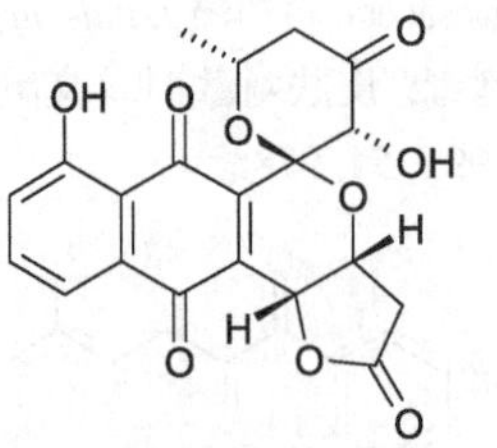

835　Hydroxydebromomarinone　羟基去溴海洋萘醌*

【基本信息】$C_{25}H_{28}O_6$, $[\alpha]_D^{25} = +280°$ ($c = 0.2$, 乙醇).【类型】萘醌衍生物.【来源】未鉴定的海洋导出的放线菌 CNH-099 (北圣地亚哥，巴悌喹投斯潟湖，加利福尼亚，美国).【活性】细胞毒（结肠癌恶性上皮肿瘤 HCT116 细胞株，$IC_{50} \approx 8\mu g/mL$).【文献】I. H. Hardt, et al. Tetrahedron Lett., 2000, 41, 2073.

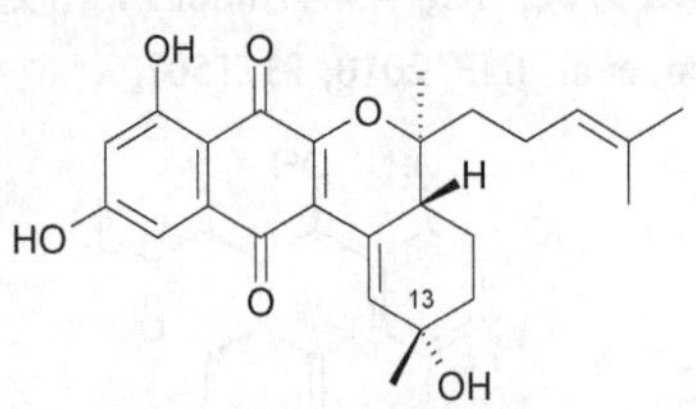

836　Isomarinone　异海洋萘醌*

【基本信息】$C_{25}H_{27}BrO_5$, $[\alpha]_D^{25} = -120°$ ($c = 0.2$, 甲醇).【类型】萘醌衍生物.【来源】未鉴定的海洋导出的放线菌 CNH-099 (北圣地亚哥，巴悌喹投斯潟湖，加利福尼亚，美国).【活性】细胞毒（结肠癌恶性上皮肿瘤 HCT116 细胞株，$IC_{50} \approx 8\mu g/mL$).【文献】I. H. Hardt, et al. Tetrahedron Lett., 2000, 41, 2073.

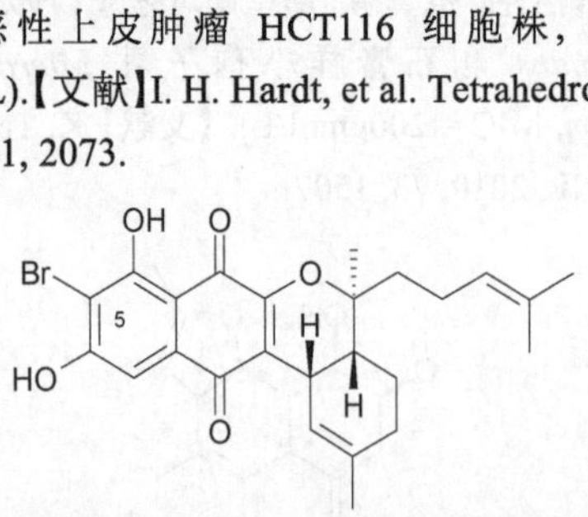

837　Javanicin tautomeric with 5,8-quinone structure　爪哇镰菌素含 5,8-萘醌结构的互变异构体*

【基本信息】$C_{15}H_{14}O_6$.【类型】萘醌衍生物.【来源】海洋导出的真菌镰孢霉属 *Fusarium* sp. PSU-F135.【活性】杀疟原虫的 (*in vitro*, 恶性疟原虫 *Plasmodium falciparum* K1, $IC_{50} = 12\mu mol/L$, 对照双氢青蒿素，$IC_{50} = 0.004\mu mol/L$); 细胞毒 (KB, $IC_{50} = 5.7\mu mol/L$, 对照阿霉素，$IC_{50} = 0.33\mu mol/L$; MCF7, $IC_{50} = 13\mu mol/L$, 对照阿霉素，$IC_{50} = 2.18\mu mol/L$; Vero, $IC_{50} = 170\mu mol/L$, 对照玫瑰树碱，$IC_{50} = 4.47\mu mol/L$).【文献】K. Trisuwan, et al. JNP, 2010, 73, 1507.

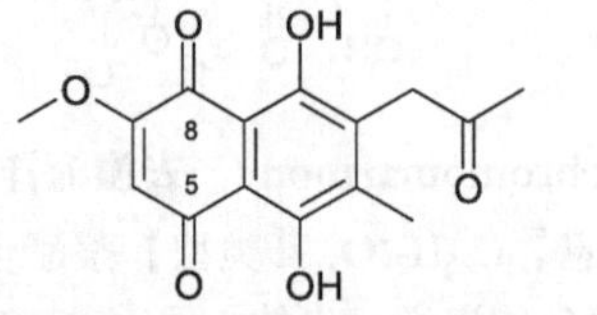

838　Marinone　海洋萘醌*

【基本信息】$C_{25}H_{27}BrO_5$, $[\alpha]_D^{25} = -170°$ ($c = 0.15$, 甲醇).【类型】萘醌衍生物.【来源】未鉴定的海洋导出的放线菌 CNB-632 (浅水沉积物)，未鉴定的海洋导出的放线菌 CNH-099 (北圣地亚哥，巴悌喹投斯潟湖，加利福尼亚，美国).【活性】抗菌 (*in vitro*, 革兰氏阳性菌 MIC = $1.0\mu g/mL$; 枯草杆菌 *Bacillus subtilis*).【文献】C. Pathirana, et al. Tetrahedron Lett., 1992, 33, 7663; I. H. Hardt, et al. Tetrahedron Lett., 2000, 41, 2073.

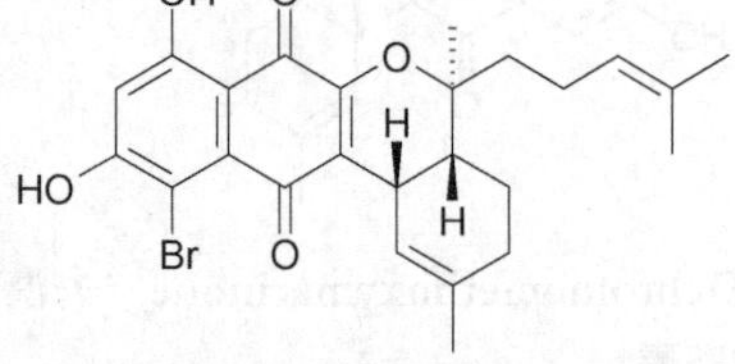

839　Neomarinone　新海洋萘醌*

【基本信息】$C_{26}H_{32}O_5$, $[\alpha]_D^{25} = +86°$ ($c = 0.5$, 甲醇).【类型】萘醌衍生物.【来源】未鉴定的海洋导出的放线菌 CNH-099 (北圣地亚哥，巴悌喹投斯潟湖，加利福尼亚，美国).【活性】细胞毒（结肠癌恶性上皮肿瘤 HCT116 细胞株，$IC_{50} \approx 8\mu g/mL$); 细胞毒 (NCI60 种人癌细胞筛选程序，平均 $IC_{50} = 10\mu g/mL$).【文献】I. H. Hardt, et al.

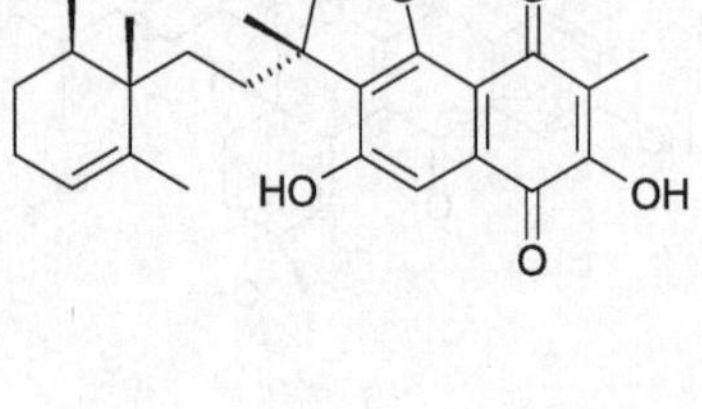

Tetrahedron Lett., 2000, 41, 2073; J. A. Kalaitzis, et al. Org. Lett., 2003, 5, 4449; M. Peña-López, et al. Chem. Eur. J., 2009, 15, 910.

840 Seriniquinone 丝氨酸球菌萘醌*
【基本信息】$C_{20}H_8O_4S$.【类型】萘醌衍生物.【来源】海洋细菌丝氨酸球菌属 *Serinicoccus* sp.【活性】细胞毒 (选择性的).【文献】L. Trzoss, et al. Proc. Natl. Acad. Sci. USA, 2014, 111, 14687.

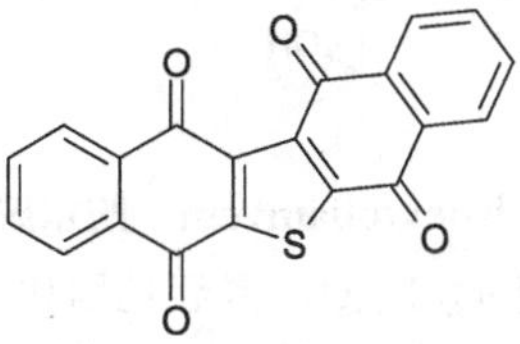

841 Antibiotics A 80915A 抗生素 A 80915A
【基本信息】$C_{26}H_{31}Cl_3O_5$, 浅黄色粉末, $[\alpha]_D^{25}$ = −89.7º (c = 1, 甲醇).【类型】1-吡喃并萘醌类.【来源】未鉴定的海洋导出的放线菌 CNQ-525.【活性】抗菌 (包括 MRSA); 细胞毒.【文献】D. S. Fukuda, et al. J. Antibiot., 1990, 43, 623; I. E. Soria-Mercado, et al. JNP, 2005, 68, 904; N. M. Haste, et al. Mar. Drugs, 2011, 9, 680.

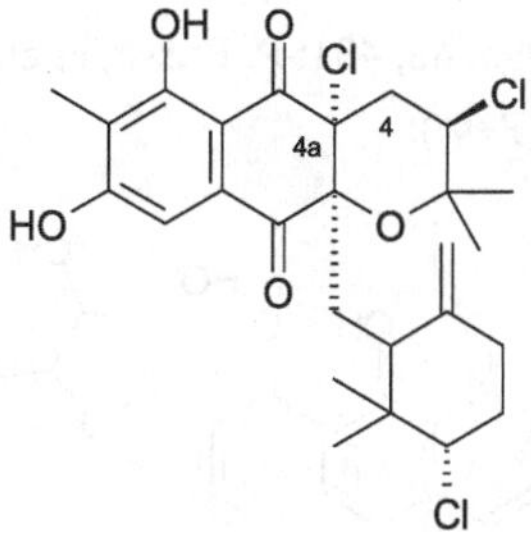

842 Antibiotics A 80915C 抗生素 A 80915C
【基本信息】$C_{26}H_{33}Cl_3O_6$, 黄色棱柱状晶体, $[\alpha]_D^{25}$ = −190º (c = 0.03, 氯仿), $[\alpha]_D^{25}$ = −115.4º (c = 0.56, 甲醇).【类型】1-吡喃并萘醌类.【来源】未鉴定的海洋导出的放线菌 CNQ-525.【活性】抗菌; 细胞毒.【文献】D. S. Fukuda, et al. J. Antibiot., 1990, 43, 623; Soria-Mercado, et al. JNP, 2005, 68, 904.

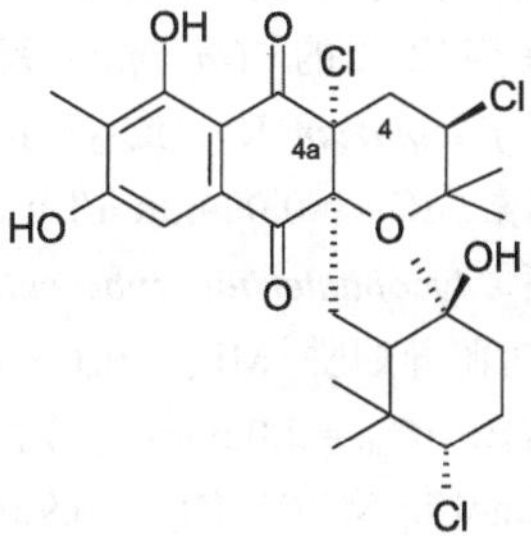

843 4a-Dechloroantibiotics A 80915C 4*a*-去氯抗生素 A 80915C
【基本信息】$C_{26}H_{34}Cl_2O_6$, 浅黄色晶体, mp 197~198ºC, $[\alpha]_D^{25}$ = −24.3º (c = 0.14, 甲醇).【类型】1-吡喃并萘醌类.【来源】未鉴定的海洋导出的放线菌 CNQ-525.【活性】细胞毒.【文献】I. E. Soria-Mercado, et al. JNP, 2005, 68, 904.

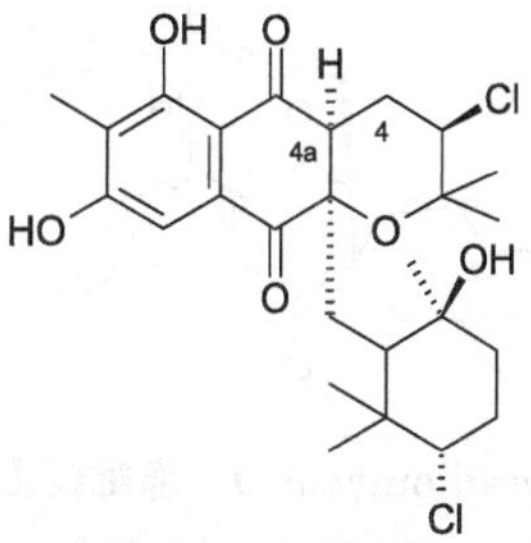

844 4a-Dechloro-4,4a-didehydro-antibiotics A 80915A 4a-去氯-4,4a-双去氢抗生素 A 80915A
【基本信息】$C_{26}H_{30}Cl_2O_5$, 浅黄色晶体, mp 179~181ºC, $[\alpha]_D^{25}$ = −7.7º (c = 0.4, 甲醇).【类型】1-吡喃并萘醌类.【来源】未鉴定的海洋导出的放线菌 CNQ-525.【活性】细胞毒.【文献】N. M. Haste, et al. Mar. Drugs, 2011, 9, 680.

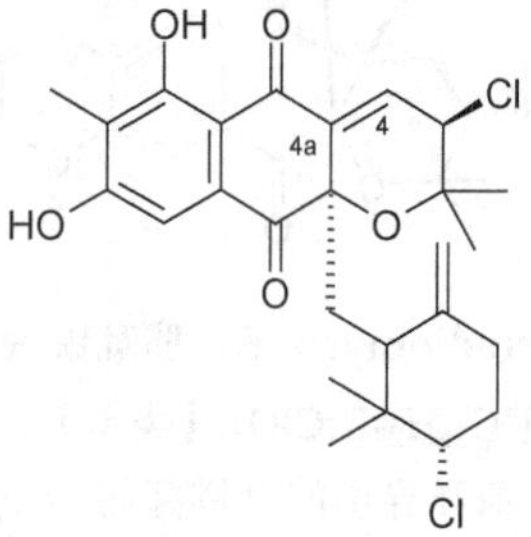

845 Napyradiomycin A 那吡锐丢霉素 A*
【基本信息】$C_{25}H_{27}ClO_6$.【类型】1-吡喃并萘醌类.【来源】海洋导出的链霉菌属 *Streptomyces* sp. CNQ-329 (沉积物, 圣地亚哥, 加利福尼亚, 美国).【活性】细胞毒 (HCT116, 中等活性); 抗菌 (MRSA, 中等活性).【文献】J. W. Blunt, et al. NPR, 2015, 32, 116 (Rev.).

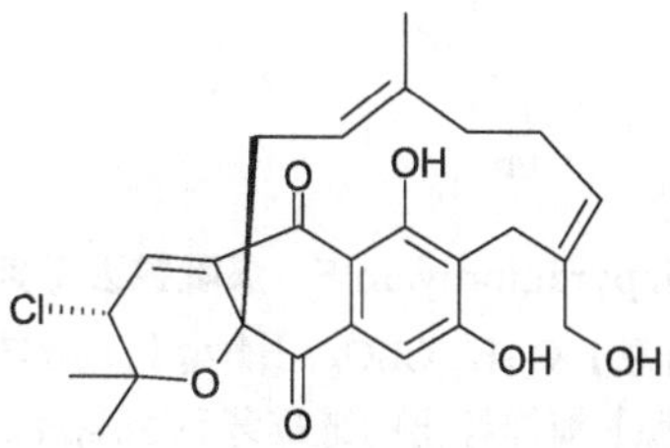

846　Napyradiomycin B　那吡锐丢霉素 B*
【基本信息】$C_{25}H_{28}O_7$.【类型】1-吡喃并萘醌类.【来源】海洋导出的链霉菌属 Streptomyces sp. CNQ-329 (沉积物, 圣地亚哥, 加利福尼亚, 美国).【活性】抗菌 (MRSA, 中等活性).【文献】J. W. Blunt, et al. NPR, 2015, 32, 116 (Rev.).

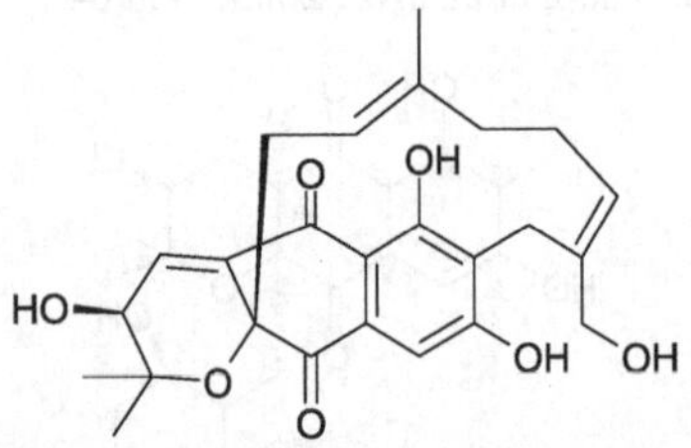

847　Napyradiomycin D　那吡锐丢霉素 D*
【基本信息】$C_{25}H_{26}Cl_2O_5$.【类型】1-吡喃并萘醌类.【来源】海洋导出的链霉菌属 Streptomyces sp. CNQ-329 (沉积物, 圣地亚哥, 加利福尼亚, 美国).【活性】细胞毒 (HCT116, 中等活性).【文献】J. W. Blunt, et al. NPR, 2015, 32, 116 (Rev.).

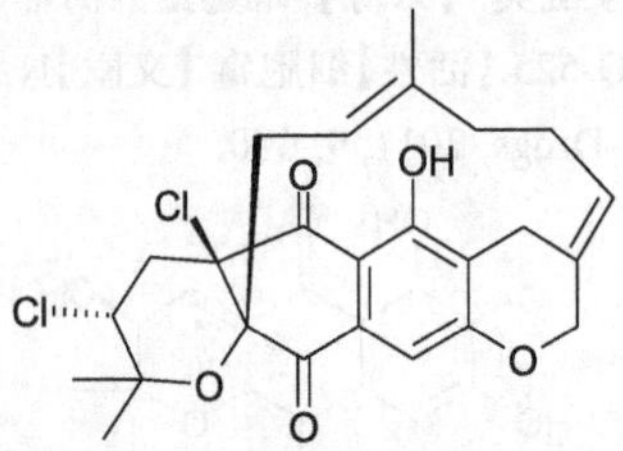

848　Napyradiomycin E　那吡锐丢霉素 E*
【基本信息】$C_{25}H_{28}BrClO_5$.【类型】1-吡喃并萘醌类.【来源】海洋导出的链霉菌属 Streptomyces sp. CNQ-329 (沉积物, 圣地亚哥, 加利福尼亚, 美国).【活性】细胞毒 (HCT116, 中等活性).【文献】J. W. Blunt, et al. NPR, 2015, 32, 116 (Rev.).

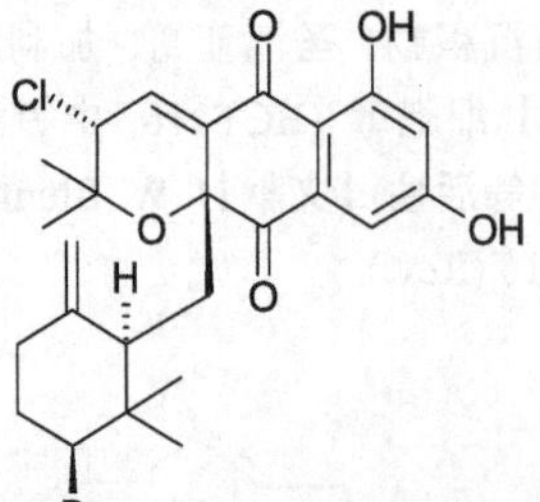

849　Napyradiomycin F　那吡锐丢霉素 F*
【基本信息】$C_{25}H_{32}Cl_2O_6$.【类型】1-吡喃并萘醌类.【来源】海洋导出的链霉菌属 Streptomyces sp. CNH-070 (沉积物, 恩西尼塔斯湿地, 圣埃利约潟湖, 加利福尼亚, 美国).【活性】细胞毒 (HCT116, 中等活性).【文献】J. W. Blunt, et al. NPR, 2015, 32, 116 (Rev.).

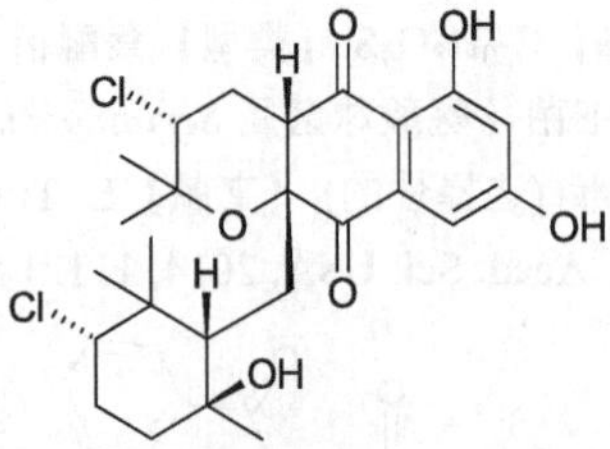

850　Anhydroexfoliamycin　脱水脱叶青兰霉素
【基本信息】$C_{22}H_{24}O_8$, 深红色固体, mp 167°C, $[\alpha]_D^{20}$ = +633° (c = 0.14, 甲醇).【类型】2-吡喃并萘醌类.【来源】海洋导出的脱叶链霉菌* Streptomyces exfoliatus, 来自海洋土壤.【活性】抗菌 (革兰氏阳性菌); 抗 AD 症临床前试验 (目标: 糖原合成激酶-3β (GSK3β) 被 c-Jun-氨基末端激酶 (JNK) 途径介导. 动物模型: 3xTg-AD 小鼠. 效应: GSK3β 抑制 τ 功能紊乱, 磷酸化作用降低) (Russo, 2016).【文献】O. Potterat, et al. J. Antibiot., 1993, 46, 346; C. Volkmann, et al. J. Antibiot., 1995, 48, 431; P. Russo, et al. Mar. Drugs, 2016, 14, 5 (Rev.).

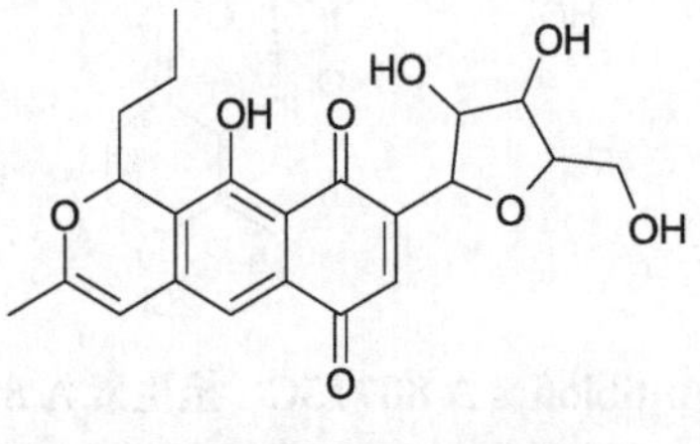

851　Anhydrofusarubin　脱水镰孢霉红宝*
【基本信息】$C_{15}H_{12}O_6$, 紫黑色针状晶体(甲醇), mp 193~201°C.【类型】2-吡喃并萘醌类.【来源】海洋导出的真菌镰孢霉属 Fusarium sp., 来自柳珊瑚海扇 Annella sp. (叠石岛, 素叻他尼府, 泰国), 海洋导出的真菌镰孢霉属 Fusarium sp. PSU-F135.【活性】杀疟原虫的 (in vitro 恶性疟原虫 Plasmodium falciparum K1, IC_{50} = 14μmol/L, 对照双氢青蒿素, IC_{50} = 0.004μmol/L); 抗结核 (结核分枝杆菌 Mycobacterium tuberculosis, MIC = 87μmol/L, 对照异烟肼, MIC = 0.17~0.34μmol/L); 细胞毒 (KB, IC_{50} = 2.0μmol/L, 对照阿霉素, IC_{50} = 0.33μmol/L; MCF7, IC_{50} = 0.9μmol/L, 对照

阿霉素, $IC_{50} = 2.18\mu mol/L$; Vero, $IC_{50} = 58\mu mol/L$, 对照玫瑰树碱, $IC_{50} = 4.47\mu mol/L$); 抗菌 (金黄色葡萄球菌 *Staphylococcus aureus* 和 MRSA, MIC = 350μmol/L).【文献】B. E. Cross, et al. JCS(C), 1970, 930; N. Claydon, et al. J. Invertebr. Pathol., 1977, 30, 216; K. Trisuwan, et al. JNP, 2010, 73, 1507.

852 Fusarubin 镰孢霉红宝*

【别名】Oxyjavanicin; 氧代爪哇镰菌素*.【基本信息】$C_{15}H_{14}O_7$, 红色棱柱状晶体 (苯), mp 218℃.【类型】2-吡喃并萘醌类.【来源】海洋导出的真菌镰孢霉属 *Fusarium* sp. PSU-F135.【活性】细胞毒 (KB, $IC_{50} = 14\mu mol/L$, 对照阿霉素, $IC_{50} = 0.33\mu mol/L$; MCF7, $IC_{50} = 9.8\mu mol/L$, 对照阿霉素, $IC_{50} = 2.18\mu mol/L$; Vero, $IC_{50} = 79\mu mol/L$, 对照玫瑰树碱, $IC_{50} = 4.47\mu mol/L$); 抗菌 (金黄色葡萄球菌 *Staphylococcus aureus* 和 MRSA, MIC = 350μmol/L); 抗真菌 (新型隐球酵母 *Cryptococcus neoformans* 和石膏样小孢子菌 *Microsporum gypseum*, MIC = 200μmol/L).【文献】K. Trisuwan, et al. JNP, 2010, 73, 1507.

853 Halawanone A 夏威夷哈拉瓦蒽醌 A*

【基本信息】$C_{23}H_{22}O_9$.【类型】2-吡喃并萘醌类.【来源】海洋导出的链霉菌属 *Streptomyces* sp. BD-18T (浅水沉积物, 瓦胡岛).【活性】抗菌 (枯草杆菌 *Bacillus subtilis*, 金黄色葡萄球菌 *Staphylococcus aureus*, 革兰氏阳性菌).【文献】P. W. Ford, et al. JNP, 1998, 61, 1232.

854 Halawanone B 夏威夷哈拉瓦蒽醌 B*

【基本信息】$C_{22}H_{20}O_9$.【类型】2-吡喃并萘醌类.【来源】海洋导出的链霉菌属 *Streptomyces* sp. BD-18T (浅水沉积物, 瓦胡岛).【活性】抗菌 (枯草杆菌 *Bacillus subtilis*, 金黄色葡萄球菌 *Staphylococcus aureus*, 革兰氏阳性菌).【文献】P. W. Ford, et al. JNP, 1998, 61, 1232.

855 3-*O*-Methylfusarubin 3-*O*-甲基镰孢霉红宝*

【基本信息】$C_{16}H_{16}O_7$, 微红橙色针状晶体 (氯仿/乙醇), mp 157~158℃, mp 188~189℃.【类型】2-吡喃并萘醌类.【来源】海洋导出的真菌镰孢霉属 *Fusarium* sp. PSU-F135.【活性】抗菌 (革兰氏阳性菌), 抗真菌; 细胞毒 (小鼠白血病).【文献】K. Trisuwan, et al. JNP, 2010, 73, 1507.

856 Obionin A 小球腔菌宁 A*

【基本信息】$C_{21}H_{24}O_5$, 棕红色固体, mp 168~169℃, $[\alpha]_D = +28.5°$ ($c = 0.01$, 氯仿).【类型】2-吡喃并萘醌类.【来源】海洋导出的真菌小球腔菌属 *Leptosphaeria obiones*.【活性】抑制多巴胺 D-1 选择性配体和牛纹状体膜的结合 ($IC_{50} = 2.5\mu g/mL$).【文献】G. K. Poch, et al. Tetrahedron Lett., 1989, 30, 3483; T. S. Bugni, et al. NPR, 2004, 21, 143 (Rev.).

857 Obioninene 小球腔菌宁烯 A*

【别名】Leptosphaerodione; 小球腔菌二酮*.【基本信息】$C_{21}H_{22}O_5$, 深红色固体, $[\alpha]_D^{20} = -53.3°$

(c = 0.02, 甲醇).【类型】2-吡喃并萘醌类.【来源】海洋导出的真菌小球腔菌属 *Leptosphaeria oraemaris*, 真菌壳多胞菌属 *Stagonospora* spp.【活性】植物毒素.【文献】A. Guerriero, et al. Helv. Chim. Acta, 1991, 74, 1445.

858 5-Bromo-4,7-dihydroxy-1-indanone 5-溴-4,7-二羟基-1-茚酮*
【基本信息】$C_9H_7BrO_3$.【类型】茚和二氢化茚类.【来源】未鉴定的海绵.【活性】抗肿瘤.【文献】Japan. Pat., 1996, 96 198 798; CA, 125, 217489a.

859 2,3-Dihydro-1-methoxy-6-methyl-3-oxo-1*H*indene-4-carboxaldehyde 2,3-二氢-1-甲氧基-6-甲基-3-氧代-1*H*茚-4-甲醛*
【别名】7-Formyl-3-methoxy-5-methyl-1-indanone; 7-甲酰基-3-甲氧基-5-甲基-1-茚酮*.【基本信息】$C_{12}H_{12}O_3$, 清亮油, $[\alpha]_D$ = +1.3º (c = 1.1, 甲醇).【类型】茚和二氢化茚类.【来源】蓝细菌稍大鞘丝藻 *Lyngbya majuscula* (关岛, 美国).【活性】抑制缺氧引起的 VEGF 基因启动子(Hep3B)的活化.【文献】D. G. Nagle, et al. JNP, 2000, 63, 1431.

860 Penostatin E 青霉他汀 E*
【基本信息】$C_{22}H_{32}O_3$, 油状物, $[\alpha]_D$ = +48.5º (c = 0.16, 氯仿).【类型】茚和二氢化茚类.【来源】海洋导出的真菌青霉属 *Penicillium* sp. OUPS-79, 来自绿藻肠浒苔 *Enteromorpha intestinalis*.【活性】细胞毒 (P_{388}, ED_{50} = 0.9μg/mL).【文献】C. Takahashi, et al. Tetrahedron Lett., 1996, 37, 655; C. Iwamoto, et al. Tetrahedron, 1999, 55, 14353.

2.10 蒽衍生物类

861 Abietinarin A 枞螅属水螅林 A*
【基本信息】$C_{19}H_{22}O_4$, 黄色无定形固体.【类型】蒽类.【来源】水螅纲枞螅属* *Abietinaria* sp.【活性】细胞毒 (L_{1210}, ED_{50} < 10μg/mL).【文献】C. Pathirana, et al. Can. J. Chem., 1990, 68, 394.

862 Abietinarin B 枞螅属水螅林 B*
【基本信息】$C_{19}H_{22}O_4$, 黄色无定形固体.【类型】蒽类.【来源】水螅纲枞螅属* *Abietinaria* sp.【活性】细胞毒.【文献】C. Pathirana, et al. Can. J. Chem., 1990, 68, 394.

863 Anthracene derivative 100 蒽衍生物 100
【基本信息】$C_{20}H_{18}O_3$.【类型】蒽类.【来源】海洋导出的链霉属 *Streptomyces* sp. (沉积物, 胶州湾, 山东, 中国).【活性】细胞毒 (A549 细胞株).【文献】H. Zhang, et al. Mar. Drugs, 2011, 9, 1502.

864 Asperflavin 6-*O*-α-D-ribofuranoside 曲霉黄素 6-*O*-α-D-呋喃核糖苷*
【基本信息】$C_{21}H_{24}O_9$, 黄色油状物, $[\alpha]_D^{20}$ = +23.8º (c = 0.2, 甲醇).【类型】蒽类.【来源】海洋导出的真菌小孢霉属 *Microsporum* sp., 来自红

藻链状节荚藻 *Lomentaria catenata* (表层, 朝鲜半岛水域).【活性】抗氧化剂 (DPPH 自由基清除剂, $IC_{50} = 14.2\mu mol/L$, 对照抗坏血酸, $IC_{50} = 20\mu mol/L$); 抗菌 (MRSA 和 MDRSA, MIC = $50\mu g/mL$).【文献】Y. Li, et al. CPB, 2006, 54, 882.

865 Eurorubrin 红色散囊菌素*

【别名】5,5′-Methylenebisasperflavin.【基本信息】$C_{33}H_{32}O_{10}$, 无定形棕色粉末, $[\alpha]_D^{25} = +21.1°$ ($c = 0.3$, 甲醇).【类型】蒽类.【来源】红树导出的真菌红色散囊菌* *Eurotium rubrum*., 来自半红树黄槿 *Hibiscus tiliaceus* (茎, 海南, 中国).【活性】抗氧化剂 (DPPH 自由基清除剂, 活性非常强, 对照BHT).【文献】D.-L. Li, et al. J. Microbiol. Biotechnol., 2009, 19, 675.

866 Fusaquinone B 镰孢霉蒽醌 B*

【别名】Tetrahydrobostrycin; 四氢葡萄孢镰菌素*.【基本信息】$C_{16}H_{20}O_8$, 针状晶体, $[\alpha]_D^{20} = -93.2°$ ($c = 0.07$, 二甲亚砜) (镰孢霉属 *Fusarium* sp.), $[\alpha]_D^{18} = -116.6°$ ($c = 0.8$, 甲醇) (*Aspergillus* sp.).【类型】蒽类.【来源】红树导出的真菌镰孢霉属 *Fusarium* sp. ZH-210, 来自未鉴定的红树 (沉积物), 海洋导出的真菌曲霉菌属 *Aspergillus* sp. 05F16.【活性】抗菌 (100μg/盘, 金黄色葡萄球菌 *Staphylococcus aureus*, IZD = 15mm; 大肠杆菌 *Escherichia coli*, IZD = 9.2mm).【文献】J. Xu, et al. J. Antibiot., 2009, 61, 415 (*Aspergillus*); Y. Chen, et al. Magn. Reson. Chem., 2009, 47, 362; K. Trisuwan, et al. JNP, 2010, 73, 1507.

867 Fusaquinone C 镰孢霉蒽醌 C*

【别名】1-Deoxytetrahydrobostrycin; 1-去氧四氢葡萄孢镰菌素*.【基本信息】$C_{16}H_{20}O_7$, 红色晶体, mp 234~235°C, $[\alpha]_D^{20} = -87.8°$ ($c = 0.11$, 二甲亚砜) (样本来自镰孢霉属真菌 *Fusarium* sp.), $[\alpha]_D^{18} = -69.3°$ ($c = 0.4$, 甲醇) (样本来自曲霉属真菌 *Aspergillus* sp.).【类型】蒽类.【来源】海洋导出的真菌曲霉菌属 *Aspergillus* sp., 来自未鉴定的藻类 (印度尼西亚), 红树导出的真菌镰孢霉属 *Fusarium* sp. ZH-210, 来自未鉴定的红树 (沉积物).【活性】抗菌 (100μg/盘, 金黄色葡萄球菌 *Staphylococcus aureus*, IZD = 12mm).【文献】J. Z. Xu, et al. J. Antibiot., 2008, 61, 415; Y. Chen, et al. Magn. Reson. Chem., 2009, 47, 362; K. Trisuwan, et al. JNP, 2010, 73, 1507.

868 Fusaranthraquinone 镰孢霉蒽醌*

【基本信息】$C_{16}H_{20}O_7$.【类型】蒽类.【来源】海洋导出的真菌镰孢霉属 *Fusarium* sp. PSU-F14.【活性】抗真菌 (新型隐球酵母 *Cryptococcus neoformans* 和石膏样小孢子菌 *Microsporum gypseum*, MIC = 200μmol/L).【文献】K. Trisuwan, et al. JNP, 2010, 73, 1507.

869 9α-Hydroxydihydrodesoxybostrycin 9α-羟基二氢去氧葡萄孢镰菌素*

【基本信息】$C_{16}H_{20}O_7$.【类型】蒽类.【来源】海洋导出的真菌镰孢霉属 *Fusarium* sp. PSU-F14.【活性】细胞毒 (KB, $IC_{50} = 19\mu mol/L$, 对照阿霉素, $IC_{50} = 0.33\mu mol/L$; MCF7, $IC_{50} = 15\mu mol/L$,

对照阿霉素，IC_{50} = 2.18μmol/L; Vero, IC_{50} = 57μmol/L, 对照玫瑰树碱, IC_{50} = 4.47μmol/L); 抗菌 (金黄色葡萄球菌 *Staphylococcus aureus* 和 MRSA, MIC = 350μmol/L).【文献】K. Trisuwan, et al. JNP, 2010, 73, 1507.

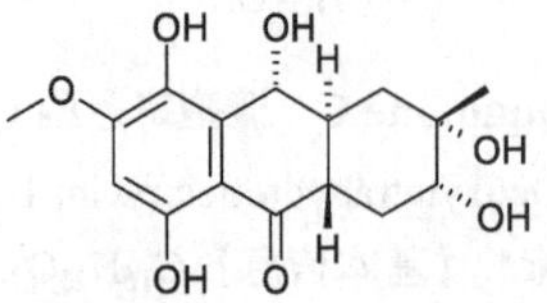

870 9α-Hydroxyhalorosellinia A 9α-羟基哈娄柔色里尼阿真菌素 A*

【基本信息】$C_{16}H_{20}O_8$.【类型】蒽类.【来源】海洋导出的真菌镰孢霉属 *Fusarium* sp. PSU-F14.【活性】杀疟原虫的 (*in vitro*, 恶性疟原虫 *Plasmodium falciparum* K1, IC_{50} = 25μmol/L, 对照双氢青蒿素, IC_{50} = 0.004μmol/L); 抗结核 (结核分枝杆菌 *Mycobacterium tuberculosis*, MIC = 39μmol/L, 对照异烟肼, MIC = 0.17~0.34μmol/L); 细胞毒 (KB, IC_{50} = 49μmol/L, 对照阿霉素, IC_{50} = 0.33μmol/L; MCF7, IC_{50} = 62μmol/L, 对照阿霉素, IC_{50} = 2.18μmol/L; Vero, IC_{50} = 54μmol/L, 对照玫瑰树碱, IC_{50} = 4.47μmol/L).【文献】K. Trisuwan, et al. JNP, 2010, 73, 1507.

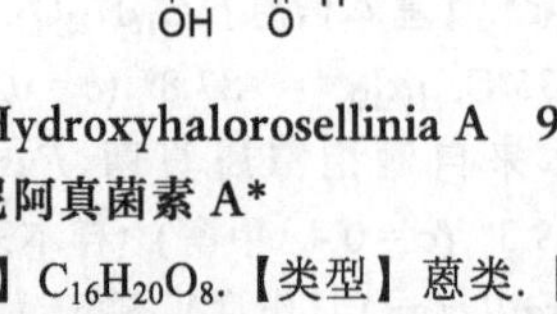

871 Physcion-10,10′-*cis*-bianthrone 大黄素甲醚-10,10′-*cis*-二蒽酮*

【基本信息】$C_{32}H_{26}O_8$.【类型】蒽类.【来源】海洋导出的真菌灰绿曲霉* *Aspergillus glaucus*.【活性】细胞毒 (MTT 试验, HL60, IC_{50} = 44.0μmol/L; SRB 试验, A549, IC_{50} = 14.2μmol/L).【文献】L. Du, et al. JNP, 2008, 71, 1837.

H-10, H-10′ *cis*

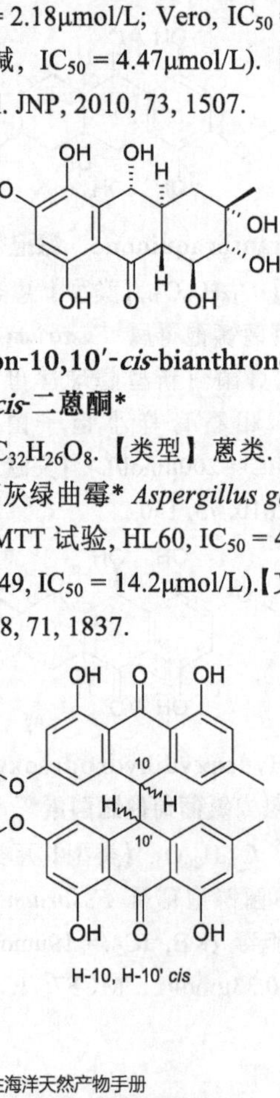

872 Physcion-10,10′-*trans*-bianthrone 大黄素甲醚-10,10′-*trans*-二蒽酮*

【基本信息】$C_{32}H_{26}O_8$.【类型】蒽类.【来源】海洋导出的真菌灰绿曲霉* *Aspergillus glaucus*.【活性】细胞毒 (MTT 试验, HL60, IC_{50} = 7.8μmol/L; SRB 试验, A549, IC_{50} = 9.2μmol/L).【文献】L. Du, et al. JNP, 2008, 71, 1837.

H-10, H10′ *trans*

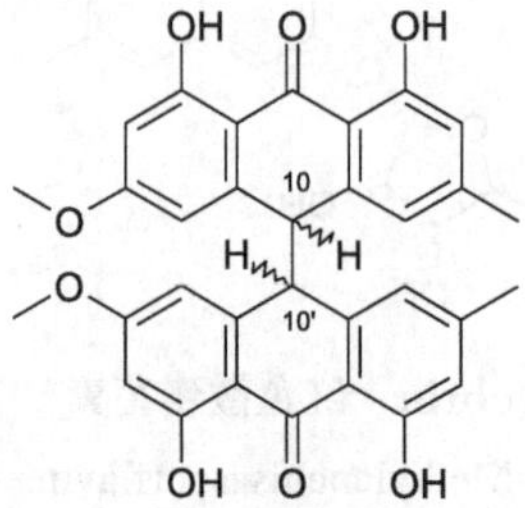

873 Trioxacarcin A 三氧杂卡辛 A*

【别名】Antibiotics DC 45A; 抗生素 DC 45A.【基本信息】$C_{42}H_{52}O_{20}$, 黄色粉末 (+2H_2O), mp 177~183℃ (分解), $[\alpha]_D^{25}$ = −15.3° (*c* = 1, 乙醇).【类型】蒽类.【来源】海洋导出的链霉菌属 *Streptomyces* sp. B8652, 陆地上的链霉菌 *Streptomyces ochraceus* 和 *Streptomyces bottropensis*.【活性】抗菌 (革兰氏阳性菌和革兰氏阴性菌); LD_{50} (小鼠, ipr) = 1mg/kg.【文献】F. J. Tomita, J. Antibiot., 1981, 34, 1519; 1525; R. P. Maskey, et al. J. Antibiot., 2004, 57, 771.

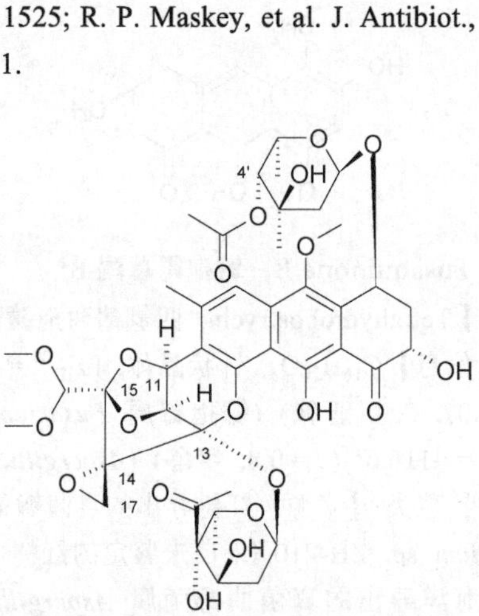

874 Trioxacarcin B 三氧杂卡辛 B*

【别名】Antibiotics DC $45B_1$; 抗生素 DC $45B_1$.【基本信息】$C_{42}H_{54}O_{21}$, 黄色粉末 (+2H_2O), mp 193~194℃ (分解), $[\alpha]_D^{25}$ = −122.7° (*c* = 1, 氯仿).【类型】

蒽类.【来源】海洋导出的链霉菌属 *Streptomyces* sp. B8652, 陆地上的链霉菌 *Streptomyces ochraceus* 和 *Streptomyces bottropensis*.【活性】抗菌 (枯草杆菌 *Bacillus subtilis*, 绿产色链霉菌 *Streptomyces viridochromogenes*, 金黄色葡萄球菌 *Staphylococcus aureus* 和大肠杆菌 *Escherichia coli*, MIC = 0.15~2.5μg/mL); 细胞毒; LD$_{50}$ (小鼠, ipr) = 100mg/kg.【文献】F. J. Tomita, J. Antibiot., 1981, 34, 1519; 1525; R. P. Maskey, et al. J. Antibiot., 2004, 57, 771.

875　Trioxacarcin C　三氧杂卡辛 C*

【别名】Antibiotics DC 45B$_2$; 抗生素 DC 45B$_2$.【基本信息】C$_{42}$H$_{54}$O$_{20}$, 黄色粉末 (+2 H$_2$O), mp 181~182°C (分解), [α]$_D^{25}$ = −10° (c = 0.2, 乙醇).【类型】蒽类.【来源】海洋导出的链霉菌属 *Streptomyces* sp. B8652, 陆地上的链霉菌 *Streptomyces ochraceus* 和 *Streptomyces bottropensis*.【活性】抗菌 (革兰氏阳性菌和革兰氏阴性菌); 细胞毒; LD$_{50}$ (小鼠, ipr) = 2mg/kg, LD$_{50}$ (小鼠, ivn) = 1mg/kg.【文献】F. J. Tomita, J. Antibiot., 1981, 34, 1519; 1525; R. P. Maskey, et al. J. Antibiot., 2004, 57, 771.

876　Austrocortirubin　奥地利丝膜菌红宝*

【基本信息】C$_{16}$H$_{16}$O$_7$, 深红色针状结晶 (苯/石油醚), mp 193~195°C, [α]$_D^{20}$ = +34° (c = 0.543, 氯仿), [α]$_D^{20}$ = +109° (c = 0.824, 乙醇).【类型】1,4-蒽醌类.【来源】海洋导出的真菌镰孢霉属 *Fusarium* sp., 来自柳珊瑚海扇 *Annella* sp. (叠石岛, 素叻他尼府, 泰国), 海洋导出的真菌镰孢霉属 *Fusarium* sp. PSU-F14, 陆地真菌伞丝膜菌* *Cortinarius toadstools* 和灿烂皮盖伞菌 *Dermocybe splendid*.【活性】细胞毒 (KB, 无活性, 对照阿霉素, IC$_{50}$ = 0.33μmol/L; MCF7, IC$_{50}$ = 6.3μmol/L, 对照阿霉素, IC$_{50}$ = 2.18μmol/L; Vero, 无活性, 对照玫瑰树碱, IC$_{50}$ = 4.47μmol/L); 抗菌 (金黄色葡萄球菌 *Staphylococcus aureus* 和 MRSA, MIC = 350μmol/L).【文献】M. A. Archard, et al. Phytochemistry, 1985, 24, 2755; M. Gill, et al. Tetrahedron Lett., 1985, 26, 2593; K. Trisuwan, et al. JNP, 2010, 73, 1507.

877　Bostrycin　葡萄孢镰菌素*

【别名】Rhodosporin; 紫红孢菌素*.【基本信息】C$_{16}$H$_{16}$O$_8$, 红色晶体 (吡啶水溶液), mp 222~224°C.【类型】1,4-蒽醌类.【来源】海洋导出的真菌曲霉菌属 *Aspergillus* sp., 来自未鉴定的藻类 (印度尼西亚); 海洋导出的真菌镰孢霉属 *Fusarium* sp. PSU-F14 和 O5F13.【活性】杀疟原虫的 (in vitro 恶性疟原虫 *Plasmodium falciparum* K1, IC$_{50}$ = 98μmol/L, 对照双氢青蒿素, IC$_{50}$ = 0.004μmol/L); 细胞毒 (KB, IC$_{50}$ = 0.9μmol/L, 对照阿霉素, IC$_{50}$ = 0.33μmol/L; MCF7, IC$_{50}$ = 2.7μmol/L, 对照阿霉素, IC$_{50}$ = 2.18μmol/L; Vero, IC$_{50}$ = 4.2μmol/L, 对照玫瑰树碱, IC$_{50}$ = 4.47μmol/L); 线粒体介导的细胞凋亡诱导剂 (酿酒酵母 *Saccharomyces cerevisiae*); LD$_{50}$ (小鼠, ipr) = 200mg/kg.【文献】B. Beagley, et al. Chem. Commun., 1989, 17; J. Xu, et al. Yakugaku Zasshi, 2006, 126, 234; J. Z. Xu, et al. J. Antibiot., 2008, 61, 415; K. Trisuwan, et al. JNP, 2010, 73, 1507.

878 5,7-Dideoxybostrycin 5,7-双去氧葡萄孢镰菌素*

【基本信息】$C_{16}H_{16}O_6$.【类型】1,4-蒽醌类.【来源】海洋导出的真菌黑孢属 Nigrospora sp. 1403, 来自未鉴定的海葵.【活性】抗菌 (枯草杆菌 Bacillus subtilis, MIC = 0.625µmol/L, 蜡样芽孢杆菌 Bacillus cereus, MIC = 10.0µmol/L, 藤黄色微球菌 Micrococcus luteus, MIC = 20.0µmol/L, 白色葡萄球菌 Staphylococcus albus, MIC = 5.00µmol/L, 金黄色葡萄球菌 Staphylococcus aureus, MIC = 2.50µmol/L, 四联微球菌 Micrococcus tetragenus, MIC = 1.25µmol/L, 大肠杆菌 Escherichia coli, MIC = 2.50µmol/L, 鳗弧菌 Vibrio anguillarum, MIC = 2.50µmol/L, 副溶血弧菌 Vibrio parahaemolyticus, MIC = 1.25µmol/L).【文献】K. L. Yang, et al. JNP, 2012, 75, 935.

879 5-Deoxybostrycin 5-去氧葡萄孢镰菌素*

【基本信息】$C_{16}H_{16}O_7$.【类型】1,4-蒽醌类.【来源】海洋导出的真菌黑孢属 Nigrospora sp., 来自未鉴定的海葵 (涠洲岛, 广西, 中国).【活性】抗菌 (蜡样芽孢杆菌 Bacillus cereus, 高活性); 细胞毒 (A549, 高活性).【文献】K.-L. Yang, et al. JNP, 2012, 75, 935.

880 Nigrosporin B 黑孢林 B*

【基本信息】$C_{16}H_{16}O_6$, 黄色油状物, $[\alpha]_D^{28}$ = −16.7º (c = 0.02, 氯仿).【类型】1,4-蒽醌类.【来源】海洋导出的真菌镰孢霉属 Fusarium sp. PSU-F14.【活性】杀疟原虫的 (in vitro 恶性疟原虫 Plasmodium falciparum K1, IC_{50} = 13µmol/L,

对照双氢青蒿素, IC_{50} = 0.004µmol/L); 抗结核 (结核分枝杆菌 Mycobacterium tuberculosis, MIC = 41µmol/L, 对照异烟肼, MIC = 0.17~0.34µmol/L); 细胞毒 (KB, IC_{50} = 88µmol/L, 对照阿霉素, IC_{50} = 0.33µmol/L; MCF7, IC_{50} = 5.4µmol/L, 对照阿霉素, IC_{50} = 2.18µmol/L; Vero, IC_{50} = 29µmol/L, 对照玫瑰树碱, IC_{50} = 4.47µmol/L).【文献】K. Trisuwan, et al. JNP, 2010, 73, 1507.

881 Albopunctatone 白点星骨海鞘酮*

【基本信息】$C_{28}H_{16}O_8$.【类型】9,10-蒽醌类.【来源】白点星骨海鞘* Didemnum albopunctatum (斯温群岛, 大堡礁, 澳大利亚).【活性】杀疟原虫的 (CSPF 和 CRPF).【文献】A. R. Carroll, et al. JNP, 2012, 75, 1206.

882 Alterporriol K 链格孢保瑞醇 K*

【基本信息】$C_{32}H_{26}O_{11}$, 红色粉末, $[\alpha]_D^{25}$ = +690º (c = 1.0, 甲醇).【类型】9,10-蒽醌类.【来源】红树导出的真菌链格孢属 Alternaria sp., 来自红树桐花树 Aegiceras corniculatum (广东, 中国).【活性】细胞毒 (MTT 试验: MDA-MB-435, IC_{50} = 26.97µmol/L; MCF7, IC_{50} = 29.11µmol/L).【文献】C.-H. Huang, et al. Mar. Drugs, 2011, 9, 832.

883 Alterporriol L 链格孢保瑞醇 L*

【基本信息】$C_{32}H_{26}O_{12}$, 红色粉末, $[\alpha]_D^{25}$ = +30º (c = 1.0, 甲醇).【类型】9,10-蒽醌类.【来源】红

树导出的真菌链格孢属 *Alternaria* sp., 来自红树桐花树 *Aegiceras corniculatum* (广东, 中国).【活性】细胞毒 (MTT 试验: MDA-MB-435, IC_{50} = 13.11μmol/L; MCF7, IC_{50} = 20.04μmol/L).【文献】C.-H. Huang, et al. Mar. Drugs, 2011, 9, 832.

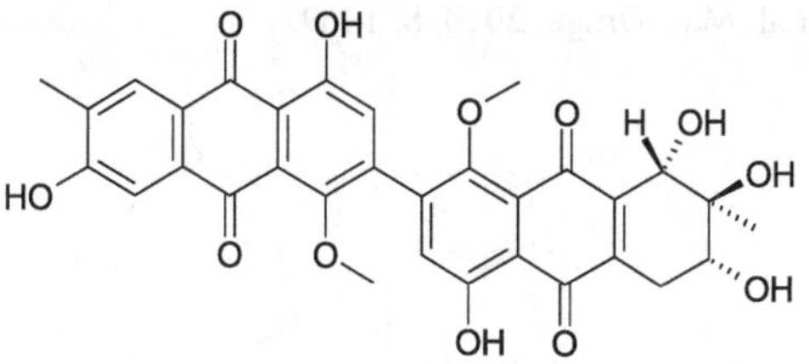

884 Alterporriol P 链格孢保瑞醇 P*
【基本信息】$C_{32}H_{26}O_{12}$.【类型】9,10-蒽醌类.【来源】海洋导出的真菌链格孢属 *Alternaria* sp., 来自肉芝软珊瑚属 *Sarcophyton* sp. (涠州珊瑚礁, 广西, 中国).【活性】细胞毒 (HTCLs 细胞).【文献】C.-J. Zheng, et al. JNP, 2012, 75, 189.

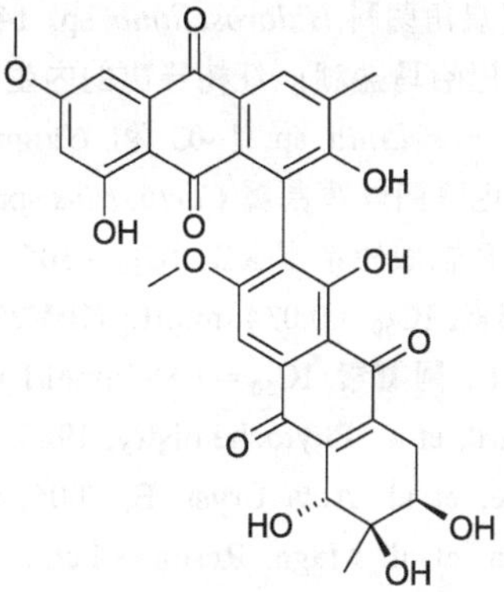

885 Alterporriol Q 链格孢保瑞醇 Q*
【基本信息】$C_{32}H_{22}O_{10}$.【类型】9,10-蒽醌类.【来源】海洋导出的真菌链格孢属 *Alternaria* sp., 来自肉芝软珊瑚属 *Sarcophyton* sp. ZJ-2008003 (涠州珊瑚礁, 广西, 中国).【活性】抗病毒 (猪繁殖和呼吸综合征 PRRS 病毒, IC_{50} = 39μmol/L).【文献】C.-J. Zheng, et al. JNP, 2012, 75, 189; S. Z. Moghadamtousi, et al. *Mar. Drugs*, 2015, *13*, 4520 (Rev.).

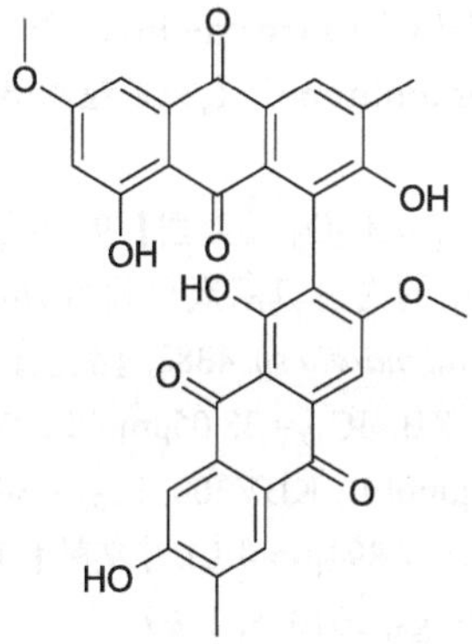

886 Antibiotics BE 43472A 抗生素 BE 43472A
【基本信息】$C_{32}H_{24}O_{10}$, 无定形黄色固体, $[\alpha]_D^{23}$ = +538º (c = 0.23, 氯仿).【类型】9,10-蒽醌类.【来源】海洋导出的链霉菌属 *Streptomyces* sp. N1-78-1.【活性】抗菌; 细胞毒.【文献】A. M. Socha, et al. BoMC, 2006, 14, 8446; A. M. Socha, et al. JNP, 2006, 69, 1070; K. C. Nicolaou, et al. JACS, 2009, 131, 14812.

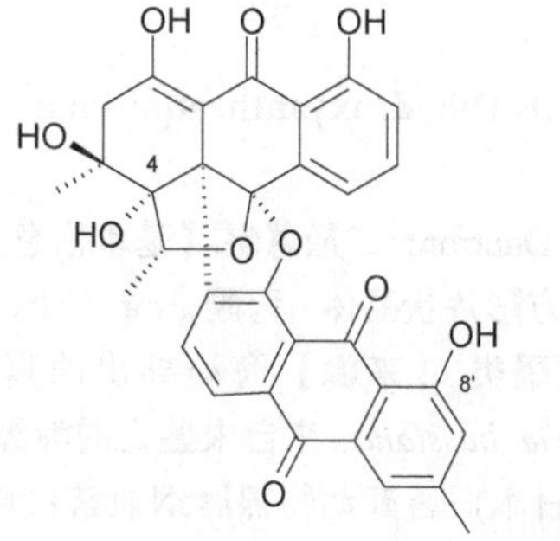

887 7,7′-Bihelminthosporin 7,7′-双三羟甲蒽醌
【别名】2,2′-Bihelminthosporin; Antibiotics 2240A; 2,2′-双三羟甲蒽醌; 抗生素 2240A.【基本信息】$C_{30}H_{18}O_{10}$, 橙红色固体, mp 300ºC, $[\alpha]_D^{20}$ = +62.5º (c = 0.08, 二噁英).【类型】9,10-蒽醌类.【来源】未鉴定的红树导出的真菌 No. 2240 (内生的).【活性】拓扑异构酶 I 抑制剂.【文献】N. Tan, et al. J. Asian Nat. Prod. Res., 2008, 10, 607; N. Tan, et al. Yingyong Huaxue, 2009, 26, 277.

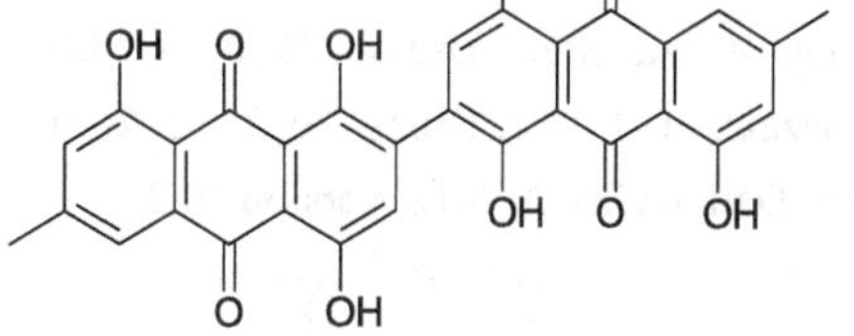

888 Chrysophanol 大黄酚
【别名】1,8-Dihydroxy-3-methylanthraquinone; 1,8-二羟基-3-甲基蒽醌.【基本信息】$C_{15}H_{10}O_4$, 金黄色版状晶体 (苯), mp 200~201ºC, mp 196ºC.【类型】9,10-蒽醌类.【来源】海洋导出的真菌单格孢属 *Monodictys* sp., 来自棘皮动物门真海胆亚纲长海胆科紫海胆 *Anthocidaris crassispina* (日本水

域),环节动物(匙虫) Urechis unicinctus,红树导出的内生真菌炭角菌科 Haloroselinia sp. 1403 和红树导出的内生真菌 Guignardia sp. 4382,并广泛分布于植物中。【活性】抗微生物;轻泻药;细胞毒(药物敏感亲本 KB 细胞,IC_{50} = 174.87μmol/L,对照阿霉素,IC_{50} = 0.034μmol/L;KBV200,IC_{50} = 331.97μmol/L,阿霉素,IC_{50} = 1.894μmol/L)。【文献】A. A. El-Beih, et al. CPB, 2007, 55, 1097; J. Y. Zhang, et al. Mar. Drugs, 2010, 8, 1469.

889 1,8-Dihydroxyanthraquinone 1,8-二羟蒽醌

【别名】Dantron;二羟蒽醌。【基本信息】$C_{14}H_8O_4$,橙色正方形片状晶体(丙酮),mp 193°C。【类型】9,10-蒽醌类。【来源】海洋导出的真菌白僵菌 Beauveria bassiana,来自未鉴定的海绵(西表岛,冲绳,日本),苔藓动物裸唇纲血苔虫属 Dakaria subovoidea(日本水域)和苔藓动物裸唇纲 Watersipora subtorquata,红树导出的内生真菌 Xylariaceae 炭角菌科 Haloroselinia sp. 1403 和 Guignardia sp. 4382,陆地植物 Rheum palmatum, Xyris semifuscata, Cinchona ledgeriana 和 Pyrrhalta luteola。【活性】抗氧化剂;轻泻药;细胞毒(药物敏感亲本KB细胞,IC_{50} = 56.56μmol/L,对照阿霉素,IC_{50} = 0.034μmol/L;KBV200, IC_{50} = 109.15μmol/L,阿霉素,IC_{50} = 1.894μmol/L)。【文献】M. P. Kuntsmann, et al. JOC, 1966, 31, 2920; T. Shindo, et al. Experientia, 1993, 49, 177; J. Y. Zhang, et al. Mar. Drugs, 2010, 8, 1469; H. Yamazaki, et al. Mar. Drugs, 2012, 10, 2691; CRC Press, DNP on DVD, 2012, version 20.2.

890 1,7-Dihydroxy-2,4-dimethoxy-6-methylanthraquinone 1,7-二羟基-2,4-二甲氧基-6-甲基蒽醌

【基本信息】$C_{17}H_{14}O_6$。【类型】9,10-蒽醌类。【来源】红树导出的内生真菌炭角菌科 Haloroselinia sp. 1403 和 Guignardia sp. 4382。【活性】细胞毒(药物敏感亲本 KB,IC_{50} > 500μmol/L,对照阿霉素,IC_{50} = 0.034μmol/L;KBV200,IC_{50} = 301.47μmol/L,阿霉素,IC_{50} = 1.894μmol/L)。【文献】J. Y. Zhang, et al. Mar. Drugs, 2010, 8, 1469.

891 1,4-Dihydroxy-2-methoxy-7-methylanthraquinone 1,4-二羟基-2-甲氧基-7-甲基蒽醌

【别名】Austrocortinin。【基本信息】$C_{16}H_{12}O_5$,红色晶体(氯仿/石油醚),mp 237~240°C, mp 208~209°C。【类型】9,10-蒽醌类。【来源】海洋导出的真菌炭角菌科 Haloroselinia sp. 1403(香港的腐木;巴哈马盐湖),红树导出的内生真菌炭角菌科 Haloroselinia sp. 1403 和 Guignardia sp. 4382,陆地真菌丝膜菌属 Cortinarius spp.。【活性】细胞毒(药物敏感亲本 KB,IC_{50} = 305.14μmol/L,对照阿霉素,IC_{50} = 0.034μmol/L;KBV200, IC_{50} > 500μmol/L,阿霉素,IC_{50} = 1.894μmol/L)。【文献】M. Archard, et al. Phytochemistry, 1985, 24, 2755; Z.-G. She, et al. Acta Cryst. E, 2006, 62, 3737; X.-K. Xia, et al. Magn. Reson. Chem., 2007, 45, 1006; J. Y. Zhang, et al. Mar. Drugs, 2010, 8, 1469.

892 1,3-Dihydroxy-6-methoxy-8-methylanthraquinone 1,3-二羟基-6-甲氧基-8-甲基蒽醌

【基本信息】$C_{16}H_{12}O_5$。【类型】9,10-蒽醌类。【来源】红树导出的内生真菌炭角菌科 Haloroselinia sp. 1403 和 Guignardia sp. 4382。【活性】细胞毒(药物敏感亲本 KB,IC_{50} = 38.05μmol/L,对照阿霉素,IC_{50} = 0.034μmol/L;KBV200, IC_{50} = 34.64μmol/L,阿霉素,IC_{50} = 1.894μmol/L)。【文献】J. Y. Zhang, et al. Mar. Drugs, 2010, 8, 1469.

**893　1,4-Dihydroxy-6-methylanthraquinone
1,4-二羟基-6-甲基蒽醌**

【别名】6-Methylquinizarin.【基本信息】$C_{15}H_{10}O_4$，橙色晶体（乙酸），红色针状结晶（乙醇），mp 175~177ºC, mp 167~168ºC.【类型】9,10-蒽醌类.【来源】海洋导出的真菌炭角菌科 *Halorosellinia* sp. 1403（香港的腐木；巴哈马盐湖），陆地植物 *Rubia cordifolia* 的根，红树导出的内生真菌炭角菌科 *Halorosellinia* sp. 1403 和 *Guignardia* sp. 4382.【活性】细胞毒（药物敏感亲本 KB, IC_{50} = 114.09µmol/L, 对照阿霉素, IC_{50} = 0.034µmol/L; KBV200, IC_{50} = 86.45µmol/L, 阿霉素, IC_{50} = 1.894µmol/L).【文献】A. M. Tessier, et al. PM, 1981, 41, 337; X.-K. Xia, et al. Magn. Reson. Chem., 2007, 45, 1006; J. Y. Zhang, et al. Mar. Drugs, 2010, 8, 1469.

894　1,3-Dihydroxy-6-methyl-8-methoxyanthraquinone　1,3-二羟基-6-甲基-8-甲氧基蒽醌

【基本信息】$C_{16}H_{12}O_5$.【类型】9,10-蒽醌类.【来源】红树导出的内生真菌炭角菌科 *Halorosellinia* sp. 1403 和 *Guignardia* sp. 4382.【活性】细胞毒（药物敏感亲本 KB, IC_{50} > 500µmol/L, 对照阿霉素, IC_{50} = 0.034µmol/L; KBV200, IC_{50} = 109.81µmol/L, 阿霉素, IC_{50} = 1.894µmol/L).【文献】J. Y. Zhang, et al. Mar. Drugs, 2010, 8, 1469.

**895　1,3-Dimethoxy-6-methylanthraquinone
1,3-二甲氧基-6-甲基蒽醌**

【基本信息】$C_{17}H_{14}O_4$.【类型】9,10-蒽醌类.【来源】红树导出的内生真菌炭角菌科 *Halorosellinia* sp. 1403 和 *Guignardia* sp. 4382.【活性】细胞毒（药物敏感亲本 KB, IC_{50} = 57.32µmol/L, 对照阿霉素, IC_{50} = 0.034µmol/L; KBV200, IC_{50} = 90.86µmol/L, 阿霉素, IC_{50} = 1.894µmol/L).【文献】J. Y. Zhang, et al. Mar. Drugs, 2010, 8, 1469.

896　6,8-Di-*O*-methylaverantin　6,8-二-*O*-甲基变色曲霉安亭*

【基本信息】$C_{22}H_{24}O_7$.【类型】9,10-蒽醌类.【来源】海洋导出的真菌变色曲霉菌 *Aspergillus versicolor* EN-7，来自棕藻鼠尾藻 *Sargassum thunbergii*（青岛，山东，中国).【活性】抗菌（大肠杆菌 *Escherichia coli*, 20µg/盘, IZ = 7mm).【文献】Y. Zhang, et al. Biosci. Biotechnol. Biochem., 2012, 76, 1774.

897　Dioxamycin　二噁霉素*

【基本信息】$C_{38}H_{40}O_{15}$，橙色无定形粉末，mp 176~178ºC（分解），$[α]_D^{23}$ = +43.8º (c = 0.05, 甲醇), $[α]_D^{24}$ = +49º (c = 0.2, 甲醇).【类型】9,10-蒽醌类.【来源】海洋导出的弗氏链霉菌* *Streptomyces fradiae* PTZ00025（沉积物，来源未指明).【活性】抗菌（革兰氏阳性菌）；细胞毒.【文献】R. Sawa, et al. J. Antibiot., 1991, 44, 396; W. Xin, et al. Mar. Drugs, 2012, 10, 2388.

898　Emodin　大黄素

【别名】1,3,8-Trihydroxy-6-methylanthraquinone;

1,3,8-三羟基-6-甲基蒽醌.【基本信息】$C_{15}H_{10}O_5$, 橙色或棕黄色针状晶体 (吡啶水溶液或甲醇), mp 266~268ºC, mp 254~256ºC.【类型】9,10-蒽醌类.【来源】海洋导出的真菌单格孢属 Monodictys sp., 来自棘皮动物门真海胆亚纲长海胆科紫海胆 Anthocidaris crassispina (日本水域), 红树导出的内生真菌炭角菌科 Halorosellinia sp. 1403, 和红树导出的内生真菌 Guignardia sp. 4382, 以及陆地植物.【活性】抗微生物; 抗肿瘤; 轻泻药; 单胺氧化酶抑制剂; 细胞毒 (药物敏感亲本 KB, IC_{50} > 500μmol/L, 对照阿霉素, IC_{50} = 0.034μmol/L; KBV200, IC_{50} > 500μmol/L, 阿霉素, IC_{50} = 1.894μmol/L).【文献】A. A. El-Beih, et al. CPB, 2007, 55, 1097; J. Y. Zhang, et al. Mar. Drugs, 2010, 8, 1469.

899 Evariquinone 杂色裸壳孢蒽醌*
【基本信息】$C_{16}H_{12}O_6$, 橙色针状晶体, mp 238~242ºC (升华).【类型】9,10-蒽醌类.【来源】海洋导出的真菌杂色裸壳孢 Emericella variecolor, 来自蜂海绵属 Haliclona valliculata.【活性】抗恶性细胞增殖的 (KB 和 NCI-H460, 3.16μg/mL 有效).【文献】G. Bringmann, et al. Phytochemistry, 2003, 63, 437; M. Saleem, et al. NPR, 2007, 24, 1142 (Rev.).

900 Fradimycin A 弗氏青兰霉素 A
【基本信息】$C_{39}H_{42}O_{15}$, 橙色无定形粉末, $[α]_D^{23}$ = +39.5º (c = 0.05, 甲醇).【类型】9,10-蒽醌类.【来源】海洋导出的弗氏链霉菌* Streptomyces fradiae PTZ00025 (沉积物, 来源未指明).【活性】抗菌 (金黄色葡萄球菌 Staphylococcus aureus, MIC = 2.0~6.0μg/mL); 细胞毒 [人结肠癌 HCT15, IC_{50} = (0.52±0.11)μmol/L; 人结肠癌 SW620, IC_{50} = (6.46±1.44)μmol/L; 大白鼠胶质瘤 C6, IC_{50} = (1.28±0.37)μmol/L].【文献】W. Xin, et al. Mar. Drugs, 2012, 10, 2388.

901 Fradimycin B 弗氏青兰霉素 B
【基本信息】$C_{38}H_{38}O_{14}$, 橙色无定形粉末, $[α]_D^{23}$ = +36.3º (c = 0.05, 甲醇).【类型】9,10-蒽醌类.【来源】海洋导出的弗氏链霉菌* Streptomyces fradiae PTZ00025 (沉积物, 来源未指明).【活性】抗菌 (金黄色葡萄球菌 Staphylococcus aureus, MIC = 2.0~6.0μg/mL); 细胞毒 [Hmn 结肠癌 HCT15, IC_{50} = (0.13±0.04)μmol/L; 人结肠癌 SW620, IC_{50} = (4.33±1.56)μmol/L; 大白鼠胶质瘤 C6, IC_{50} = (0.47±0.09)μmol/L].【文献】W. Xin, et al. Mar. Drugs, 2012, 10, 2388.

902 Galvaquinone B 加尔维斯湾蒽醌 B*
【基本信息】$C_{21}H_{20}O_6$.【类型】9,10-蒽醌类.【来源】海洋导出的链霉菌属 Streptomyces spinoverrucosus (沉积物, 加尔维斯顿, 特里尼蒂湾, 得克萨斯, 美国).【活性】表观遗传调节活性; 细胞毒 (NSCLC, Calu3 和 H2887, 中等活性).【文献】Y. Hu, et al. JNP, 2012, 75, 1759.

903 Halawanone C 夏威夷哈拉瓦蒽醌 C*
【基本信息】$C_{21}H_{20}O_7$.【类型】9,10-蒽醌类.【来源】海洋导出的链霉菌属 Streptomyces sp. BD-18T (浅水沉积物, 瓦胡岛).【活性】抗菌 (枯草杆菌

Bacillus subtilis, 金黄色葡萄球菌 Staphylococcus aureus, 革兰氏阳性菌). 【文献】P. W. Ford, et al. JNP, 1998, 61, 1232.

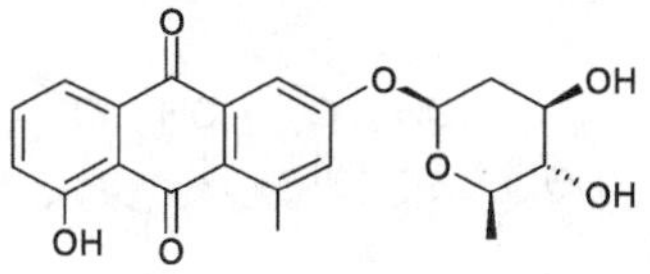

904 Halawanone D 夏威夷哈拉瓦蒽醌 D*
【基本信息】$C_{22}H_{22}O_7$. 【类型】9,10-蒽醌类. 【来源】海洋导出的链霉菌属 Streptomyces sp. BD-18T (瓦胡岛上的浅水沉积物). 【活性】抗菌 (枯草杆菌 Bacillus subtilis, 金黄色葡萄球菌 Staphylococcus aureus, 革兰氏阳性菌). 【文献】P. W. Ford, et al. JNP, 1998, 61, 1232.

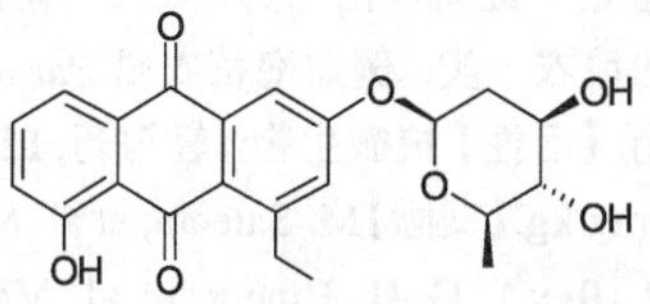

905 1-Hydroxy-2,4-dimethoxy-7-methyl-anthraquinone 1-羟基-2,4-二甲氧基-7-甲基蒽醌
【基本信息】$C_{17}H_{14}O_5$. 【类型】9,10-蒽醌类. 【来源】红树导出的内生真菌炭角菌科 Halorosellinia sp. 1403 和 Guignardia sp. 4382. 【活性】细胞毒 (药物敏感亲本 KB, $IC_{50} = 68.39$ mol/L, 对照阿霉素, $IC_{50} = 0.034$μmol/L; KBV200, $IC_{50} = 243.69$μmol/L, 阿霉素, $IC_{50} = 1.894$μmol/L). 【文献】J. Y. Zhang, et al. Mar. Drugs, 2010, 8, 1469.

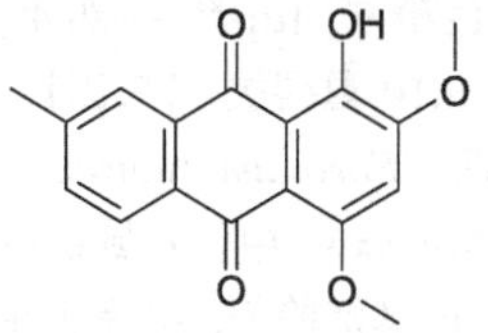

906 Isorhodoptilometrin-1-methyl ether
【基本信息】$C_{18}H_{16}O_6$. 【类型】9,10-蒽醌类. 【来源】海洋导出的真菌变色曲霉菌 Aspergillus versicolor, 来自绿藻仙掌藻 Halimeda opuntia (拉斯穆罕默德, 南西奈, 埃及). 【活性】抗菌 (3 种革兰氏阳性菌, 50μg/盘: 蜡样芽孢杆菌 Bacillus cereus, IZ = 2mm; 枯草杆菌 Bacillus subtilis, IZ = 3mm; 金黄色葡萄球菌 Staphylococcus aureus, IZ = 5mm). 【文献】U. W. Hawas, et al. Arch. Pharm. Res., 2012, 35, 1749.

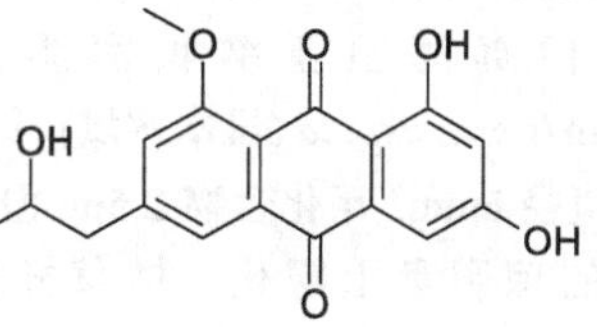

907 1-Methoxy-3-methyl-8-hydroxyanthra-quinone 1-甲氧基-3-甲基-8-羟基蒽醌
【基本信息】$C_{16}H_{12}O_4$. 【类型】9,10-蒽醌类. 【来源】红树导出的内生真菌炭角菌科 Halorosellinia sp. 1403 和 Guignardia sp. 4382. 【活性】细胞毒 (药物敏感亲本 KB, $IC_{50} > 500$μmol/L, 对照阿霉素, $IC_{50} = 0.034$μmol/L; KBV200, $IC_{50} = 185.68$μmol/L, 阿霉素, $IC_{50} = 1.894$μmol/L). 【文献】J. Y. Zhang, et al. Mar. Drugs, 2010, 8, 1469.

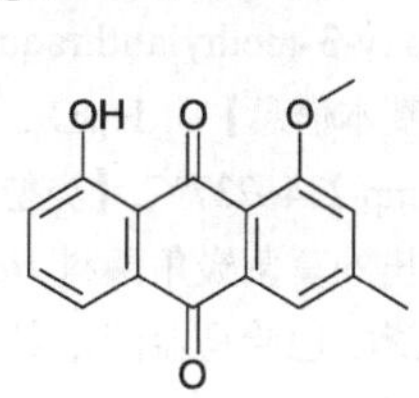

908 MK844-mF10
【基本信息】$C_{38}H_{38}O_{13}$, 橙色无定形粉末, $[α]_D^{23} = +39.6°$ ($c = 0.01$, 甲醇). 【类型】9,10-蒽醌类. 【来源】海洋导出的弗氏链霉菌* Streptomyces fradiae PTZ00025 (沉积物, 未说明来源). 【活性】抗菌 (金黄色葡萄球菌 Staphylococcus aureus, MIC = 2.0~6.0μg/mL); 细胞毒 [人结肠癌 HCT15, $IC_{50} = (0.30±0.07)$μmol/L; 人结肠癌 SW620, $IC_{50} = (4.39±0.93)$μmol/L; 大白鼠胶质瘤 C6, $IC_{50} = (1.31±0.32)$μmol/L]. 【文献】W. Xin, et al. Mar. Drugs, 2012, 10, 2388.

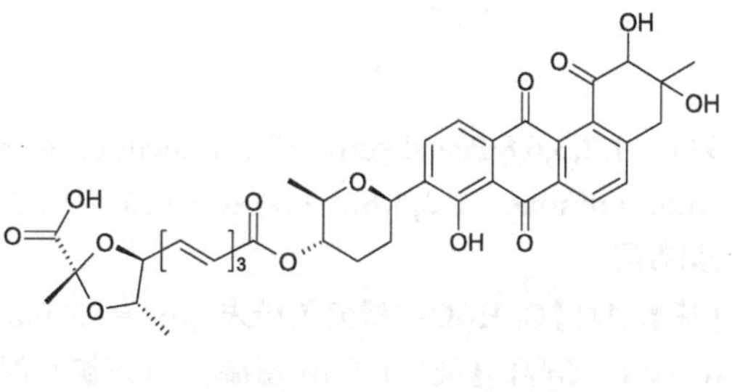

909 Monodictyquinone 单格孢蒽醌*
【别名】1,8-Dihydroxy-2-methoxy-6-methylanthraquinone;

1,8-二羟基-2-甲氧基-6-甲基蒽醌*.【基本信息】$C_{16}H_{12}O_5$, 黄色固体.【类型】9,10-蒽醌类.【来源】海洋导出的真菌单格孢属 Monodictys sp., 来自棘皮动物门真海胆亚纲长海胆科紫海胆 Anthocidaris crassispina (日本水域).【活性】抗菌 (纸圆盘直径 6mm, 用化合物 2.5µg 浸染, 在含有微生物的琼脂盘上孵化: 枯草杆菌 Bacillus subtilis, IZD = 7mm; 大肠杆菌 Escherichia coli, IZD = 8mm); 抗真菌 (白色念珠菌 Candida albicans, IZD = 7mm).【文献】A. A. El-Beih, et al. CPB, 2007, 55, 1097.

910 Pachybasin 帕克巴辛*

【别名】1-Hydroxy-3-methylanthraquinone; 1-羟基-3-甲基蒽醌*.【基本信息】$C_{15}H_{10}O_3$, 黄色针状晶体, mp 175~176ºC, mp 234~237ºC.【类型】9,10-蒽醌类.【来源】海洋导出的真菌炭角菌科 Halorosellinia sp. 1403 (香港的腐木; 巴哈马盐湖), 红树导出的内生真菌炭角菌科 Halorosellinia sp. 1403 和 Guignardia sp. 4382.【活性】细胞毒 (KB, IC_{50} = 1.40µg/mL; KBV200, IC_{50} = 2.58µg/mL); 细胞毒 (药物敏感亲本 KB 细胞, IC_{50} = 3.17µmol/L, 对照阿霉素, IC_{50} = 0.034µmol/L; KBV200, IC_{50} = 3.21µmol/L, 阿霉素, IC_{50} = 1.894µmol/L, 可能通过线粒体途径诱导细胞凋亡).【文献】X.-K. Xia, et al. Magn. Reson. Chem., 2007, 45, 1006; A. A. El-Beih, et al. CPB, 2007, 55, 1097; J. Y. Zhang, et al. Mar. Drugs, 2010, 8, 1469.

911 1,2,3,6,8-Pentahydroxy-7-(1R-methoxyethyl)anthraquinone 1,2,3,6,8-五羟基-7-(1R-甲氧乙基)蒽醌

【基本信息】$C_{17}H_{14}O_8$, 橙黄色粉末, $[α]_D$ = –380.2º (c = 0.1, 乙醇).【类型】9,10-蒽醌类.【来源】海洋导出的真菌拟小球霉属 Microsphaeropsis sp., 来自秽色海绵属 Aplysina aerophoba (地中海).【活性】激酶抑制剂 (PKC-ε, IC_{50} = 54.0µmol/L; CDK4/细胞周期素 D1, IC_{50} = 37.5µmol/L; EGFR, IC_{50} = 41.0µmol/L).【文献】G. Brauers, et al. JNP, 2000, 63, 739.

912 Physcion 大黄素甲醚

【基本信息】$C_{16}H_{12}O_5$, 橙色针状晶体 (乙酸乙酯/石油醚), mp 209~210ºC.【类型】9,10-蒽醌类.【来源】红树导出的真菌链格孢属 Alternaria sp., 来自红树桐花树 Aegiceras corniculatum (广东, 中国); 未鉴定的红树导出的真菌 2526 (南海), 和广泛分布的地衣一类, 例如梅花衣属 Parmelia spp.; 高等植物.【活性】抗微生物; 轻泻药; LD_{50} (小鼠, ipr) = 10mg/kg.【文献】M. Saleem, et al. NPR, 2007, 24, 1142 (Rev.); C.-H. Huang, et al. Mar. Drugs, 2011, 9, 832.

913 Questin 3-α-D-ribofuranoside 奎斯汀 3-α-D-呋喃核糖苷*

【别名】3-O-(α-D-Ribofuranosyl)questin; 3-O-(α-D-呋喃核糖基)奎斯汀*.【基本信息】$C_{21}H_{20}O_9$, 无定形和革橙色粉末, $[α]_D^{25}$ = +89.4º (c = 0.02, 甲醇).【类型】9,10-蒽醌类.【来源】红树导出的真菌红色散囊菌* Eurotium rubrum, 来自半红树黄槿 Hibiscus tiliaceus (中国水域).【活性】抗氧化剂 (DPPH 自由基清除剂, 中等活性).【文献】D.-L. Li, et al. J. Microbiol. Biotechnol., 2009, 19, 675.

914　Tetrahydroaltersolanol C　四氢链格孢索拉醇 C*

【基本信息】$C_{16}H_{20}O_6$.【类型】9,10-蒽醌类.【来源】海洋导出的真菌链格孢属 *Alternaria* sp. ZJ-2008003, 来自肉芝软珊瑚属 *Sarcophyton* sp. (涠州珊瑚礁, 广西, 中国).【活性】抗病毒 (猪繁殖和呼吸综合征 PRRS 病毒, $IC_{50} = 65\mu mol/L$).【文献】C.-J. Zheng, et al. JNP, 2012, 75, 189; S. Z. Moghadamtousi, et al. Mar. Drugs, 2015, 13, 4520 (Rev.).

915　1,3,6,8-Tetrahydroxy-2-(1-hydroxyethyl) anthraquinone　1,3,6,8-四羟基-2-(1-羟乙基)蒽醌

【基本信息】$C_{16}H_{12}O_7$, 橙黄色粉末, $[\alpha]_D = +151.5°$ ($c = 0.1$, 乙醇).【类型】9,10-蒽醌类.【来源】海洋导出的真菌拟小球霉属 *Microsphaeropsis* sp., 来自秽色海绵属 *Aplysina aerophoba* (地中海).【活性】激酶抑制剂 (PKC-ε, $IC_{50} = 18.5\mu mol/L$; CDK4/细胞周期素 D1, $IC_{50} = 43.5\mu mol/L$ 和 EGFR, $IC_{50} = 37.5\mu mol/L$).【文献】G. Brauers, et al. JNP, 2000, 63, 739.

916　1,3,6,8-Tetrahydroxy-2-(1-methoxyethyl) anthraquinone　1,3,6,8-四羟基-2-(1-甲氧乙基)蒽醌

【基本信息】$C_{17}H_{14}O_7$, 橙黄色粉末, $[\alpha]_D = -193.8°$ ($c = 0.1$, 乙醇).【类型】9,10-蒽醌类.【来源】海洋导出的真菌拟小球霉属 *Microsphaeropsis* sp., 来自秽色海绵属 *Aplysina aerophoba* (地中海).【活性】激酶抑制剂 (PKC-ε, $IC_{50} = 27.0\mu mol/L$; CDK4/细胞周期素 D1, $IC_{50} = 22.5\mu mol/L$; EGFR, $IC_{50} = 27.5\mu mol/L$).【文献】G. Brauers, et al. JNP, 2000, 63, 739.

917　Trichodermaquinone　木霉醌*

【基本信息】$C_{15}H_{14}O_6$.【类型】9,10-蒽醌类.【来源】海洋导出的真菌黄绿木霉* *Trichoderma aureoviride* PSU-F95, 来自柳珊瑚海扇 *Annella* sp. (斯米兰群岛, 攀牙府, 泰国).【活性】抗菌 (MRSA, $MIC = 8\mu g/mL$).【文献】N. Khamthong, et al. Arch. Pharm. Res., 2012, 35, 461.

918　1,3,8-Trihydroxyanthraquinone　1,3,8-三羟基蒽醌

【基本信息】$C_{14}H_8O_5$.【类型】9,10-蒽醌类.【来源】红树导出的内生真菌炭角菌科 *Halorosellinia* sp. 1403 和 *Guignardia* sp. 4382.【活性】细胞毒 (药物敏感亲本 KB, $IC_{50} > 500\mu mol/L$, 对照阿霉素, $IC_{50} = 0.034\mu mol/L$; KBV200, $IC_{50} = 72.60\mu mol/L$, 阿霉素, $IC_{50} = 1.894\mu mol/L$).【文献】J. Y. Zhang, et al. Mar. Drugs, 2010, 8, 1469.

919　1,4,7-Trihydroxy-2-methoxy-6-methyl-anthraquinone　1,4,7-三羟基-2-甲氧基-6-甲基蒽醌

【基本信息】$C_{16}H_{12}O_6$.【类型】9,10-蒽醌类.【来源】红树导出的内生真菌炭角菌科 *Halorosellinia* sp. 1403 和 *Guignardia* sp. 4382.【活性】细胞毒 (药物敏感亲本 KB, $IC_{50} > 500\mu mol/L$, 对照阿霉素, $IC_{50} = 0.034\mu mol/L$; KBV200, $IC_{50} > 500\mu mol/L$, 阿霉素, $IC_{50} = 1.894\mu mol/L$).【文献】J. Y. Zhang, et al. Mar. Drugs 2010, 8, 1469.

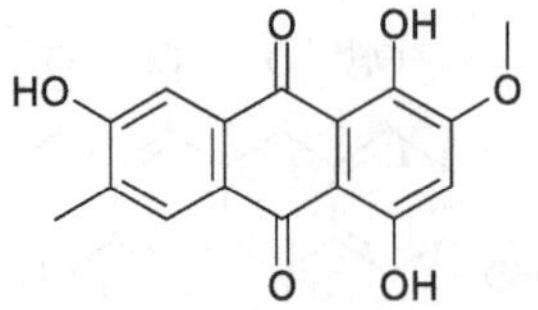

920　γ-Indomycinone　γ-内孢霉素酮*

【基本信息】$C_{22}H_{18}O_6$，黄色粉末.【类型】吡喃并[b]蒽醌类.【来源】海洋导出的链霉菌属 *Streptomyces* sp. (嗜冷生物，冷水域，沉积物核，液体培养基，采样深度 4680m).【活性】细胞毒（人结肠癌细胞株 HCT116）；抑制 DNA 合成；多色霉素类抗生素.【文献】R. W. Schumacher, et al. JNP, 1995, 58, 613; M. D. Lebar, et al. NPR, 2007, 24, 774 (Rev.).

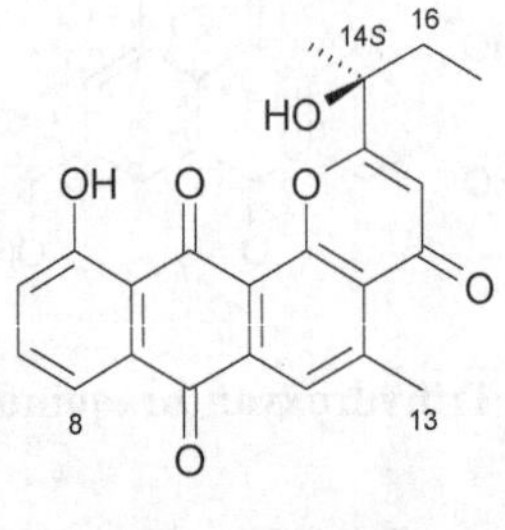

921　δ-Indomycinone　δ-内孢霉素酮*

【基本信息】$C_{24}H_{22}O_7$，黄色固体，mp 181℃.【类型】吡喃并[b]蒽醌类.【来源】海洋导出的链霉菌属 *Streptomyces* sp. B8300 (潟湖，墨西哥湾)，海洋导出的链霉菌属 *Streptomyces* sp. (嗜冷生物；冷水域，沉积物核，液体培养基，采样深度 4680m).【活性】抗氧化剂；多色霉素类抗生素.【文献】R. W. Schumacher, et al. JNP, 1995, 58, 613; M. A. F. Biabani, et al. J. Antibiot., 1997, 50, 874; L. F. Tietze, et al. Chem. Eur. J., 2007, 13, 9939; M. D. Lebar, et al. NPR, 2007, 24, 774 (Rev.).

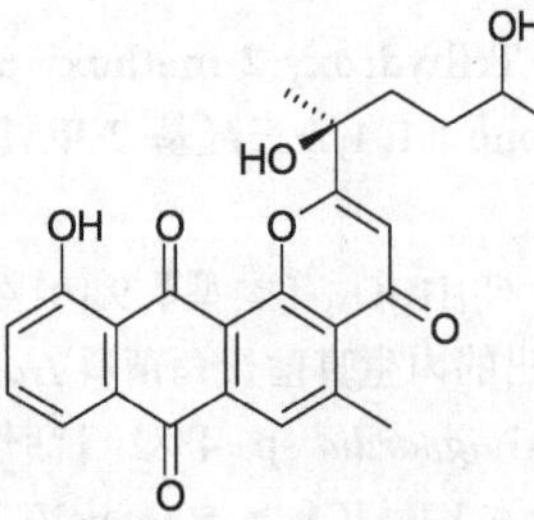

922　Saliniquinone A　盐水孢菌醌 A*

【基本信息】$C_{23}H_{16}O_7$，黄色固体，$[\alpha]_D = +440°$ ($c = 0.2$, 氯仿).【类型】吡喃并[b]蒽醌类.【来源】海洋导出的放线菌栖沙盐水孢菌（模式种）*Salinispora arenicola* CNS-325 (沉积物，帕劳，大洋洲).【活性】细胞毒（HCT116，有潜力的）；抗菌（MRSA，低活性）.【文献】B. T. Murphy, et al. Aust. J. Chem., 2010, 63, 929.

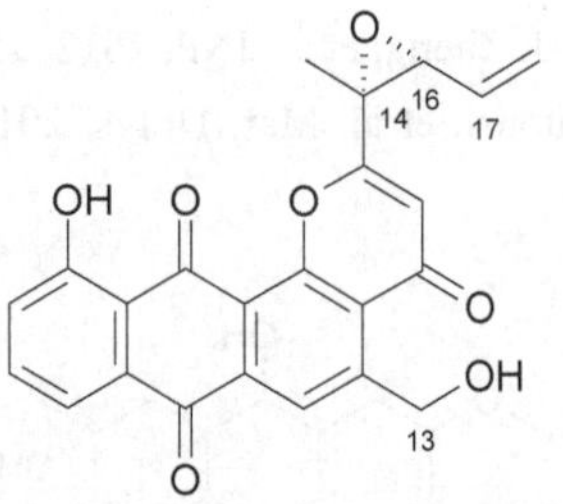

923　Aranciamycin　阿雷西霉素

【别名】Antibiotics SM 173A; 抗生素 SM 173A.【基本信息】$C_{27}H_{28}O_{12}$，橙黄色晶体（甲醇），mp 240℃（分解），$[\alpha]_D = +149.5°$ ($c = 0.5$, 甲醇).【类型】蒽环酮类.【来源】海洋导出的链霉菌属 *Streptomyces* sp.，来自蜂海绵属 *Haliclona* sp. (千叶县，大山市，日本)，陆地上的链霉菌 *Streptomyces echinatus* 和 *Streptomyces chromofuscus*.【活性】细胞毒（HeLa, $IC_{50} = 2.7\mu mol/L$; HL60, $IC_{50} = 4.1\mu mol/L$）；抗菌（革兰氏阳性菌）.【文献】K. Schmidt-Bäse, et al. Acta Cryst. C, 1993, 49, 250; K. Motohashi, et al. JNP, 2010, 73, 755.

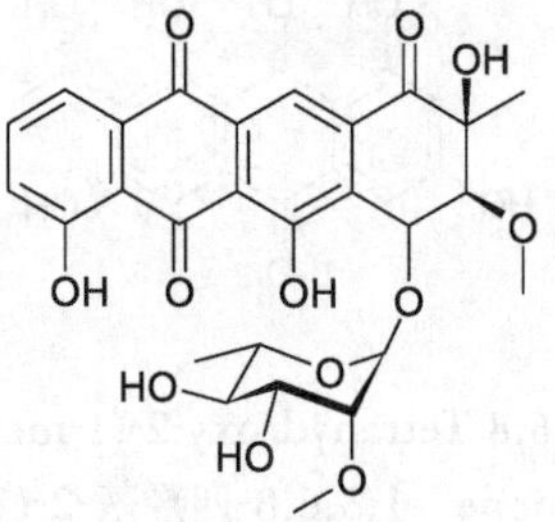

924　Tetracenoquinocin

【基本信息】$C_{26}H_{24}O_9$，红色油状物，$[\alpha]_D^{25} = -69°$ ($c = 0.1$, 氯仿).【类型】蒽环酮类.【来源】海洋导出的链霉菌属 *Streptomyces* sp.，来自蜂海绵属 *Haliclona* sp. (千叶县，大山市，日本).【活性】细胞毒（HeLa, $IC_{50} = 120\mu mol/L$; HL60, $IC_{50} = 210\mu mol/L$）.【文献】K. Motohashi, et al. JNP, 2010, 73, 755.

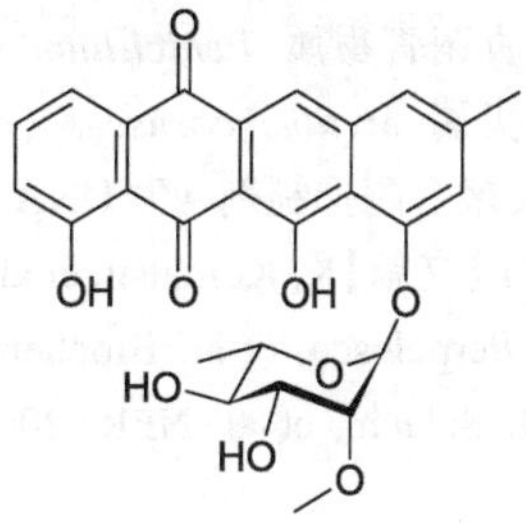

2.11 延伸醌类

925 Aspergiolide A 灰绿曲霉内酯 A*
【基本信息】$C_{25}H_{16}O_9$, 红色针状晶体 (氯仿/甲醇).【类型】延伸醌类.【来源】海洋导出的真菌灰绿曲霉* *Aspergillus glaucus* HB1-119 (培养的, 来自红树根周围的沉积物, 中国水域).【活性】细胞毒 (MTT 试验: HL60, $IC_{50} = 0.28\mu mol/L$; P_{388}, $IC_{50} = 35.0\mu mol/L$; SRB 方法: A549, $IC_{50} = 0.13\mu mol/L$; Bel7402, $IC_{50} = 7.5\mu mol/L$).【文献】L. Du, et al. Tetrahedron, 2007, 63, 1085; 2008, 64, 4657 (corrigendum).

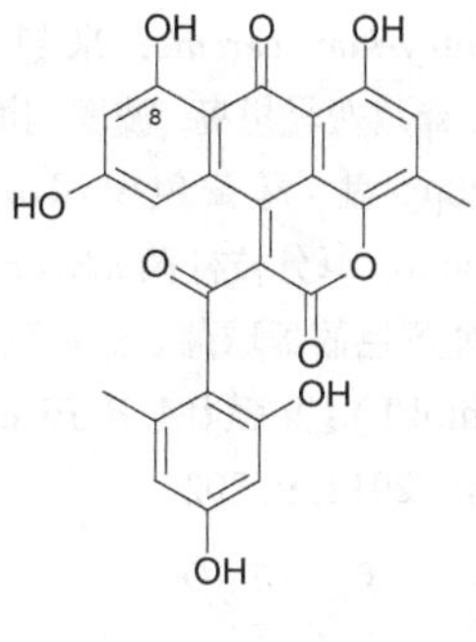

926 Aspergiolide B 灰绿曲霉内酯 B*
【基本信息】$C_{26}H_{18}O_9$, 红色固体 (甲醇).【类型】延伸醌类.【来源】海洋导出的真菌灰绿曲霉* *Aspergillus glaucus* HB1-119 (培养的, 来自红树根周围的沉积物, 中国水域).【活性】细胞毒 (MTT 试验: HL60, $IC_{50} = 0.51\mu mol/L$; SRB 方法: A549, $IC_{50} = 0.24\mu mol/L$).【文献】L. Du, et al. JNP, 2008, 71, 1837.

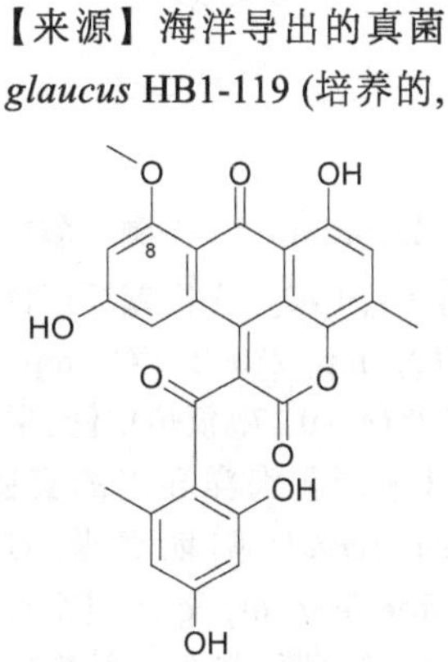

2.12 非那烯类

927 Conioscleroderolide 盾壳霉硬内酯*
【基本信息】$C_{18}H_{16}O_6$.【类型】非那烯类.【来源】海洋导出的真菌谷物盾壳霉* *Coniothyrium cereale*, 来自绿藻浒苔属 *Enteromorpha* sp. (费马恩岛, 波罗的海, 德国).【活性】抗菌 (金黄色葡萄球菌 *Staphylococcus aureus*); 人白细胞弹性蛋白酶 HLE 抑制剂.【文献】M. F. Elsebai, et al. Org. Biomol. Chem., 2011, 9, 802.

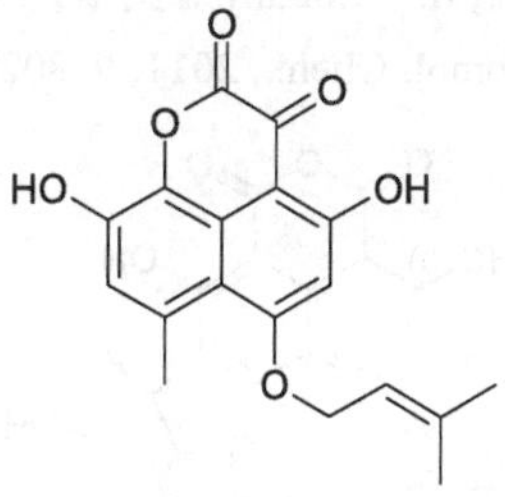

928 (E)-Conioscerodinol (E)-盾壳霉硬二醇*
【基本信息】$C_{18}H_{16}O_7$.【类型】非那烯类.【来源】海洋导出的真菌谷物盾壳霉* *Coniothyrium cereale*, 来自绿藻浒苔属 *Enteromorpha* sp. (费马恩岛, 波罗的海, 德国).【活性】抗菌 (草分枝杆菌 *Mycobacterium phlei*).【文献】M. F. Elsebai, et al. Org. Biomol. Chem., 2011, 9, 802.

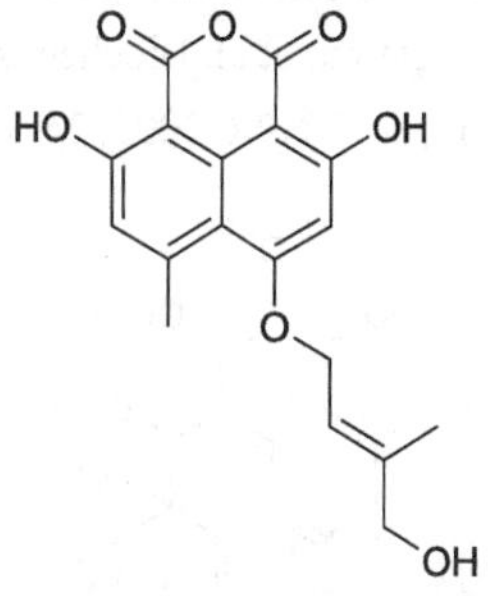

929 (Z)-Conioscerodinol (Z)-盾壳霉硬二醇*
【基本信息】$C_{18}H_{16}O_7$.【类型】非那烯类.【来源】海洋导出的真菌谷物盾壳霉* *Coniothyrium cereale*, 来自绿藻浒苔属 *Enteromorpha* sp. (费马恩岛, 波

罗的海，德国).【活性】抗菌（草分枝杆菌 *Mycobacterium phlei*, 20μg/盘, IZ = 16mm).【文献】M. F. Elsebai, et al. Org. Biomol. Chem., 2011, 9, 802.

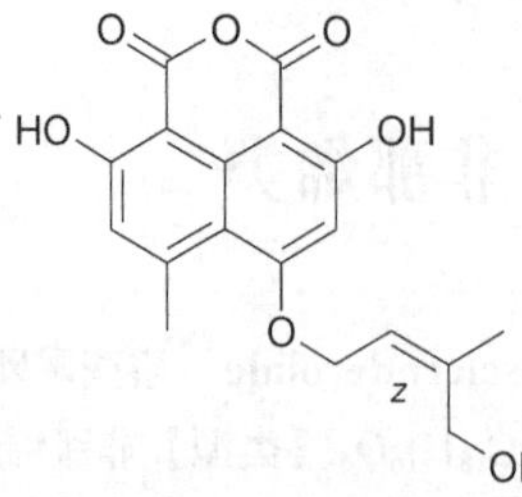

930 (15*S*,17*S*)-(−)-Sclerodinol (15*S*,17*S*)-(−)-硬二醇*

【基本信息】$C_{18}H_{16}O_7$.【类型】非那烯类.【来源】海洋导出的真菌谷物盾壳霉* *Coniothyrium cereale*.【活性】抗菌（草分枝杆菌 *Mycobacterium phlei*, 20μg/盘, IZ = 20mm).【文献】M. F. Elsebai, et al. Org. Biomol. Chem., 2011, 9, 802.

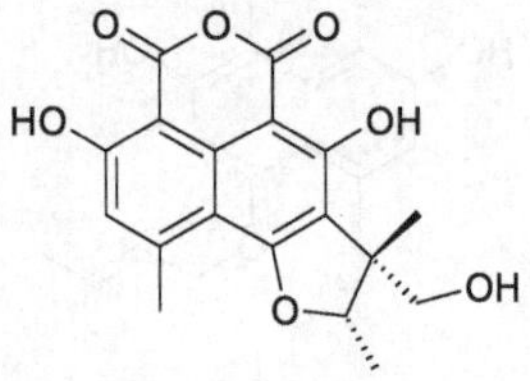

931 Sculezonone A 芴酮衍生物斯库列宗酮 A*

【基本信息】$C_{20}H_{20}O_8$, 无定形黄色固体, $[\alpha]_D^{23}$ = +45° (*c* = 0.2, 甲醇).【类型】非那烯类.【来源】海洋导出的真菌青霉属 *Penicillium* sp. (液体培养基), 来自贻贝属 *Mytilus coruscus* (冲绳, 日本).【活性】DNA 聚合酶抑制剂（牛 DNA 聚合酶 a 和 c; 中等活性).【文献】K. Komatsu, et al. JNP, 2000, 63, 408; M. Perpelescu, et al. Biochemistry, 2002, 41, 7610; M. Saleem, et al. NPR, 2007, 24, 1142 (Rev.).

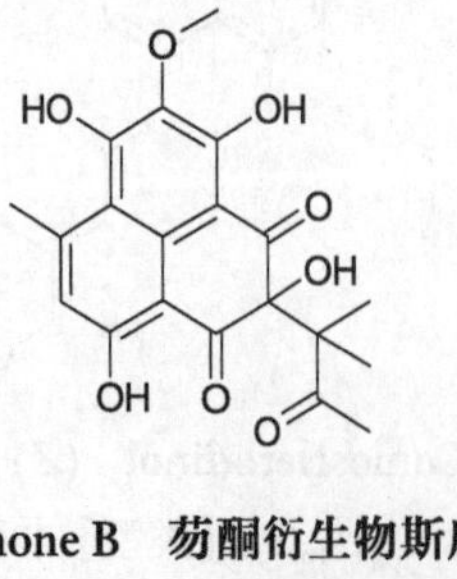

932 Sculezonone B 芴酮衍生物斯库列宗酮 B*

【基本信息】$C_{20}H_{20}O_9$, 无定形黄色固体, $[\alpha]_D^{23}$ = +130° (*c* = 0.2, 甲醇).【类型】非那烯类.【来源】海洋导出的真菌青霉属 *Penicillium* sp. (培养肉汤), 来自贻贝属 *Mytilus coruscus* (冲绳, 日本).【活性】DNA 聚合酶抑制剂（牛 DNA 聚合酶 a 和 c; 中等活性).【文献】K. Komatsu, et al. JNP, 2000, 63, 408; M. Perpelescu, et al. Biochemistry, 2002, 41, 7610; M. Saleem, et al. NPR, 2007, 24, 1142 (Rev.).

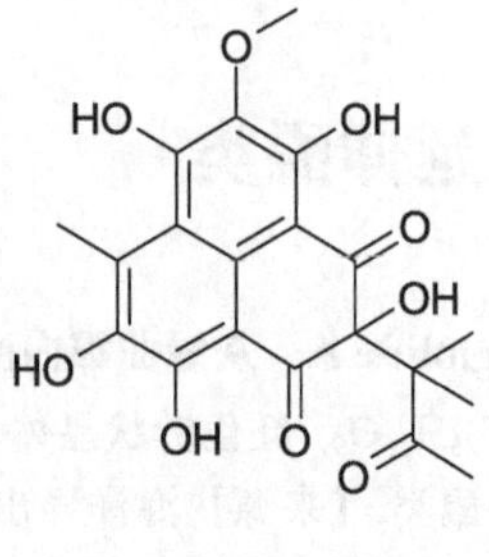

2.13 萘嵌戊烷类（苊类）

933 Conioscerodione 盾壳霉硬二酮*

【基本信息】$C_{18}H_{16}O_5$.【类型】萘嵌戊烷类(苊类 Acenaphthalenes).【来源】海洋导出的真菌谷物盾壳霉* *Coniothyrium cereale*, 来自绿藻浒苔属 *Enteromorpha* sp. (费马恩岛，波罗的海，德国).【活性】抗菌 (20μg/盘: 藤黄色微球菌 *Micrococcus luteus*, IZ = 10mm; 草分枝杆菌 *Mycobacterium phlei*, IZ = 12mm; 金黄色葡萄球菌 *Staphylococcus aureus*, MIC = 65.7μmol/L).【文献】M. F. Elsebai, et al. Org. Biomol. Chem., 2011, 9, 802.

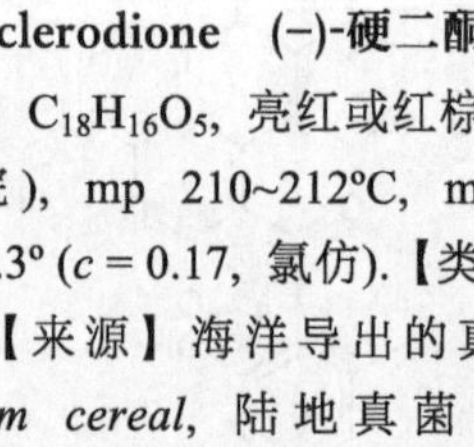

934 (−)-Sclerodione (−)-硬二酮*

【基本信息】$C_{18}H_{16}O_5$, 亮红或红棕色晶体（二氯甲烷/己烷）, mp 210~212ºC, mp 204~207ºC, $[\alpha]_D$ = −115.3° (*c* = 0.17, 氯仿).【类型】萘嵌戊烷类(苊类).【来源】海洋导出的真菌盾壳霉属 *Coniothyrium cereal*, 陆地真菌 *Gremmeniella abietina* 和 *Roesleria hypogeal*.【活性】抗菌（革兰氏阳性菌）; 抗真菌（酵母）; 植物毒素.【文献】

W. A. Ayer, et al. Can. J. Chem., 1986, 64, 1585; M. F. Elsebai, et al. Org. Biomol. Chem., 2011, 9, 802.

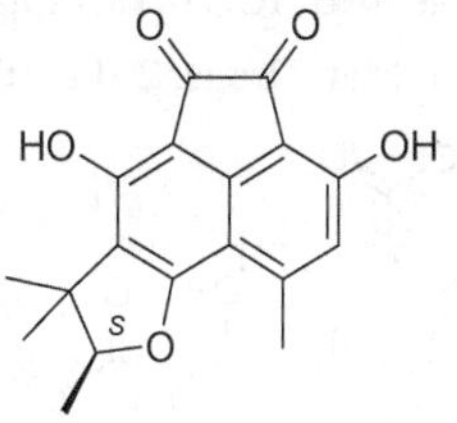

2.14 杂项多环芳烃类

935　Arenjimycin　栖沙盐水孢菌霉素*
【基本信息】$C_{33}H_{33}NO_{14}$.【类型】杂项多环芳烃类.【来源】海洋导出的放线菌栖沙盐水孢菌（模式种）*Salinispora arenicola*, 来自 Perophoridae 连茎海鞘科海鞘* *Ecteinascidia turbinata*（情人礁，大巴哈马岛，巴哈马）.【活性】细胞毒（HCT116, 有潜力的）；抗菌（DRS, 其它革兰氏阳性病原体，分枝杆菌属 *Mycobacterium bacille*）.【文献】R. N. Asolkar, et al. J. Antibiot., 2010, 63, 37.

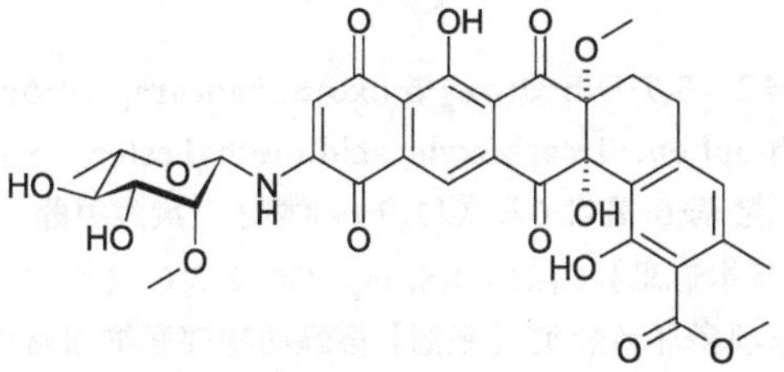

936　Bryoanthrathiophene　苔藓蒽噻吩*
【别名】5,7-Dihydroxy-1-methyl-6*H*-anthra[1,9-*bc*]thiophen-6-one; 5,7-二羟基-1-甲基-6*H*-蒽[1,9-*bc*]噻吩-6-酮*.【基本信息】$C_{16}H_{10}O_3S$, 黄色粉末.【类型】杂项多环芳烃类.【来源】苔藓动物裸唇纲 *Watersipora subtorquata*.【活性】抗血管生成.【文献】S.-J. Jeong, et al. JNP, 2002, 65, 1344.

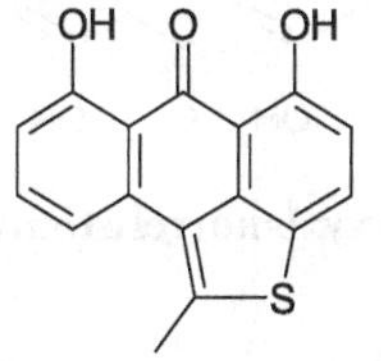

937　Citreaglycon A　柠檬糖 A*
【基本信息】$C_{27}H_{20}O_{11}$.【类型】杂项多环芳烃类.

【来源】海洋导出的链霉菌属 *Streptomyces caelestis*（海水，吉达市，沙特阿拉伯）.【活性】抗菌（溶血葡萄球菌 *Staphylococcus haemolyticus* UST950701-004, MIC = 8.0μg/mL, 对照青霉素 G, MIC = 0.13μg/mL, 链霉素，MIC = 8.0μg/mL；金黄色葡萄球菌 *Staphylococcus aureus* UST950701-005, MIC = 16.0μg/mL, 青霉素 G, MIC = 0.25μg/mL, 链霉素，MIC = 8.0μg/mL；枯草杆菌 *Bacillus subtilis* 769, MIC = 8.0μg/mL, 青霉素 G, MIC = 0.13μg/mL, 链霉素，MIC = 8.0μg/mL；MRSA ATCC43300, MIC = 8.0μg/mL, 青霉素 G, MIC > 50μg/mL, 链霉素，MIC > 50μg/mL）；细胞毒（HeLa, IC_{50} > 40μg/mL, 对照顺铂, IC_{50} = 18.14μg/mL）.【文献】L.-L. Liu, et al. Mar. Drugs, 2012, 10, 2571.

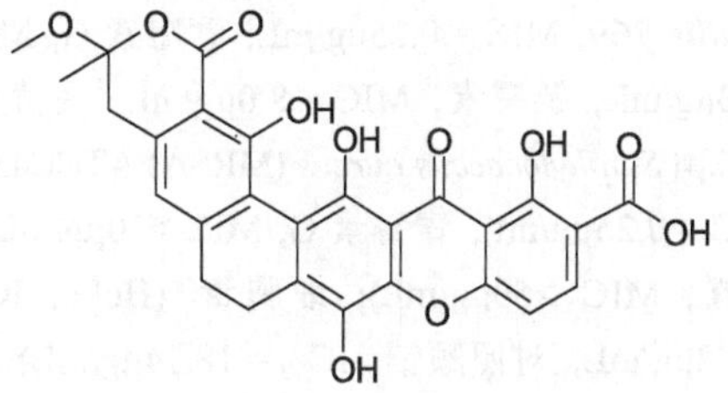

938　Citreamicin θA　柠檬霉素 θA*
【基本信息】$C_{30}H_{25}NO_{11}$.【类型】杂项多环芳烃类.【来源】海洋导出的链霉菌属 *Streptomyces caelestis*（海水，吉达市，沙特阿拉伯）.【活性】抗菌（溶血葡萄球菌 *Staphylococcus haemolyticus* UST950701-004, MIC = 0.5μg/mL, 对照青霉素 G, MIC = 0.13μg/mL, 链霉素，MIC = 8.0μg/mL；金黄色葡萄球菌 *Staphylococcus aureus* UST950701-005, MIC = 1.0μg/mL, 青霉素 G, MIC = 0.25μg/mL, 链霉素，MIC = 8.0μg/mL；枯草杆菌 *Bacillus subtilis* 769, MIC = 0.25μg/mL, 青霉素 G, MIC = 0.13μg/mL, 链霉素，MIC = 8.0μg/mL；金黄色葡萄球菌 *Staphylococcus aureus* (MRSA) ATCC43300,

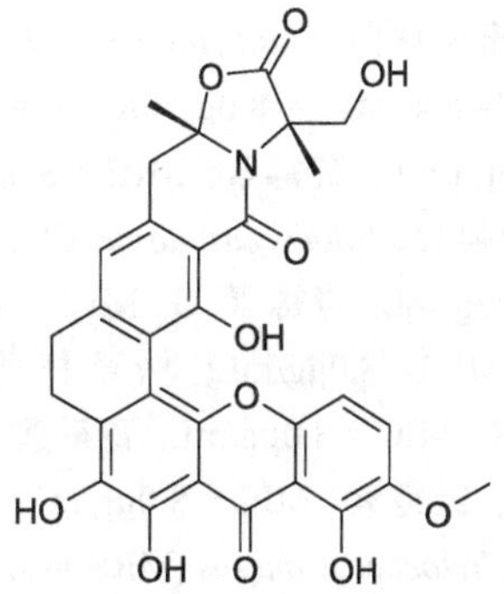

MIC = 0.25μg/mL, 青霉素 G, MIC >50μg/mL, 链霉素, MIC >50μg/mL); 细胞毒 (HeLa, IC$_{50}$ = 0.055μg/mL, 对照顺铂, IC$_{50}$ = 18.14μg/mL).【文献】L.-L. Liu, et al. Mar. Drugs, 2012, 10, 2571.

939 Citreamicin θB 柠檬霉素 θB*
【基本信息】C$_{30}$H$_{25}$NO$_{11}$.【类型】杂项多环芳烃类.【来源】海洋导出的链霉菌属 Streptomyces caelestis (海水, 吉达市, 沙特阿拉伯).【活性】抗菌 (溶血葡萄球菌 Staphylococcus haemolyticus UST950701-004, MIC = 0.5μg/mL, 对照青霉素 G, MIC = 0.13μg/mL, 链霉素, MIC = 8.0μg/mL; 金黄色葡萄球菌 Staphylococcus aureus UST950701-005, MIC = 1.0μg/mL, 青霉素 G, MIC = 0.25μg/mL, 链霉素, MIC = 8.0μg/mL; 枯草杆菌 Bacillus subtilis 769, MIC = 0.25μg/mL, 青霉素 G, MIC = 0.13μg/mL, 链霉素, MIC = 8.0μg/mL; 金黄色葡萄球菌 Staphylococcus aureus (MRSA) ATCC43300, MIC = 0.25μg/mL, 青霉素 G, MIC >50μg/mL, 链霉素, MIC >50μg/mL); 细胞毒 (HeLa, IC$_{50}$ = 0.072μg/mL, 对照顺铂, IC$_{50}$ = 18.14μg/mL).【文献】L.-L. Liu, et al. Mar. Drugs, 2012, 10, 2571.

940 Dehydrocitreaglycon A 脱氢柠檬糖甲*
【基本信息】C$_{27}$H$_{20}$O$_{10}$.【类型】杂项多环芳烃类.【来源】海洋导出的链霉菌属 Streptomyces caelestis (海水, 吉达市, 沙特阿拉伯).【活性】抗菌 (溶血葡萄球菌 Staphylococcus haemolyticus UST950701-004, MIC = 8.0μg/mL, 对照青霉素 G, MIC = 0.13μg/mL, 链霉素, MIC = 8.0μg/mL; 金黄色葡萄球菌 Staphylococcus aureus UST950701-005, MIC = 16.0μg/mL, 青霉素 G, MIC = 0.25μg/mL, 链霉素, MIC = 8.0μg/mL; 枯草杆菌 Bacillus subtilis 769, MIC = 8.0μg/mL, 青霉素 G, MIC = 0.13μg/mL, 链霉素, MIC = 8.0μg/mL; 金黄色葡萄球菌 Staphylococcus aureus (MRSA) ATCC43300, MIC >50μg/mL, 青霉素 G, MIC >50μg/mL, 链霉素, MIC >50μg/mL); 细胞毒 (HeLa, IC$_{50}$ > 40μg/mL, 对照顺铂, IC$_{50}$ = 18.14μg/mL).【文献】L.-L. Liu, et al. Mar. Drugs, 2012, 10, 2571.

941 5,7-Dihydroxy-1-(hydroxymethyl)-6H-anthra[1,9-bc]thiophen-6-one 5,7-二羟基-1-(羟甲基)-6H-蒽[1,9-bc]噻吩-6-酮
【基本信息】C$_{16}$H$_{10}$O$_4$S, mp > 260°C.【类型】杂项多环芳烃类.【来源】苔藓动物裸唇纲血苔虫属 Dakaria subovoidea (日本水域).【活性】抗氧化剂; 降血脂药.【文献】T. Shindo, et al. Experientia, 1993, 49, 177.

942 5,7-Dihydroxy-6-oxo-6H-anthra[1,9-bc]thiophene-1-carboxylic acid, methyl ester 5,7-二羟基-6-氧代-6H-蒽[1,9-bc]噻吩-1-羧酸甲酯
【基本信息】C$_{17}$H$_{10}$O$_5$S, mp 230~235°C.【类型】杂项多环芳烃类.【来源】苔藓动物裸唇纲血苔虫属 Dakaria subovoidea (日本水域).【活性】抗氧化剂; 降血脂药.【文献】T. Shindo, et al. Experientia, 1993, 49, 177; T. R. Kelly, et al. Org. Lett., 2000, 2, 2351-2352.

943 1-Hydroxy-1-norresistomycin 1-羟基-1-去甲拒霉素*
【别名】1,3,5,7,10-Pentahydroxy-1,9-dimethyl-2H-benzo[cd]pyrene-2,6(1H)-dione; 1,3,5,7,10-五羟基-1,9-二甲基-2H-苯并[cd]芘-2,6(1H)-二酮*.【基本

【信息】$C_{21}H_{14}O_7$, 橙色固体. 【类型】杂项多环芳烃类. 【来源】海洋导出的链霉菌属 *Streptomyces chibaensis* AUBN1/7. 【活性】细胞毒 (胃腺病毒恶性上皮肿瘤 HM02 和人肝癌 HepG2 细胞); 抗菌 (革兰氏阳性菌和革兰氏阴性菌). 【文献】A. Gorajana, et al. J. Antibiot., 2005, 58, 526; I. Kock, et al. J. Antibiot., 2005, 58, 530.

944　Kiamycin　斐济基阿岛霉素*
【基本信息】$C_{20}H_{18}O_4$. 【类型】杂项多环芳烃类. 【来源】海洋导出的链霉菌属 *Streptomyces* sp. M268 (沉积物, 青岛, 山东, 中国). 【活性】细胞毒 (100μmol/L: HL60, InRt = 68.8%, 对照阿霉素, InRt = 70.0%; Bel7402, InRt = 31.7%, 阿霉素, InRt = 79.3%; A549, InRt = 55.9%, 阿霉素, InRt = 80.8%). 【文献】Z. Xie, et al. Mar. Drugs, 2012, 10, 551.

945　(−)-Lomaiviticin A　(−)-小单孢菌属新 A*
【基本信息】$C_{68}H_{80}N_6O_{24}$, 无定形红色粉末, $[α]_D$ = −101.4º (c = 0.07, 甲醇). 【类型】杂项多环芳烃类. 【来源】海洋导出的细菌小单孢菌属 *Micromonospora lomaivitiensis* LL-37I366. 【活性】细胞毒 (生物化学感应试验, 有潜力的 DNA 损坏剂, 最低诱导浓度 ≤ 0.1ng/点); 细胞毒 (一组 24 种癌细胞株, 细胞毒分布和已知的损坏 DNA 抗癌药物 Adriamycin 和 Mitomicin C 相比较, 建议和 DNA 分子相互作用的不同机制); 细胞毒 (有潜力的: K562, IC_{50} = 11nmol/L; LNCaP, IC_{50} = 2nmol/L; HCT116, IC_{50} = 2nmol/L; HeLa, IC_{50} = 7nmol/L); 细胞毒 (若干肿瘤细胞, IC_{50} = 0.01~98ng/mL); 抗菌 (圆盘试验, 革兰氏阳性菌, MIC = 6~25ng/点). 【文献】H. He, et al. JACS, 2001, 123, 5362; C. M. Woo, et al. JACS, 2012, 134, 15285.

946　Lomaiviticin B　小单孢菌属新 B*
【基本信息】$C_{54}H_{56}N_6O_{18}$, 无定形红色粉末, $[α]_D$ = −71.4º (c = 0.07, 甲醇). 【类型】杂项多环芳烃类. 【来源】海洋导出的细菌小单孢菌属 *Micromonospora lomaivitiensis* LL-37I366. 【活性】细胞毒 (生物化学感应试验, 有潜力的 DNA 损坏剂, 最低诱导浓度 ≤ 0.1ng/点); 细胞毒 (一组 24 种癌细胞株, 细胞毒分布和已知的损坏 DNA 抗癌药物 Adriamycin 和 Mitomicin C 相比较, 建议和 DNA 分子相互作用的不同机制); 抗菌 (圆盘试验, 革兰氏阳性菌, MIC = 6~25ng/点). 【文献】H. He, et al. JACS, 2001, 123, 5362; C. M. Woo, et al. JACS, 2012, 134, 15285.

947　(−)-Lomaiviticin C　(−)-小单孢菌属新 C*
【基本信息】$C_{68}H_{82}N_4O_{24}$. 【类型】杂项多环芳烃类. 【来源】海洋导出的放线菌太平洋盐水孢菌 *Salinispora pacifica* (美国农业部农业研究服务处). 【活性】细胞毒 (K562, IC_{50} = 472nmol/L; LNCaP, IC_{50} = 332nmol/L; HCT116, IC_{50} = 223nmol/L; HeLa, IC_{50} = 589nmol/L). 【文献】C. M. Woo, et al.

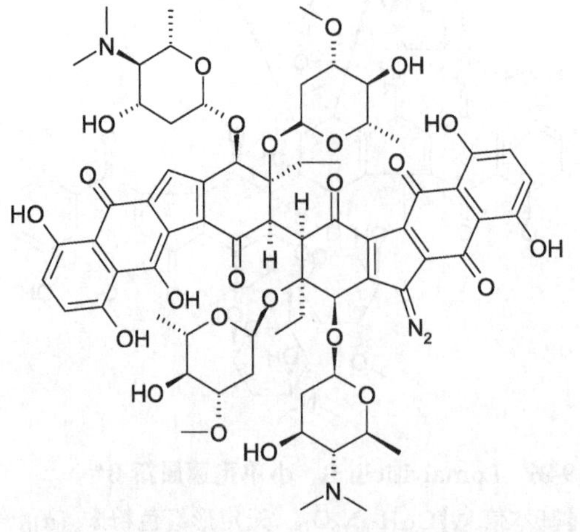

948 (−)-Lomaiviticin D (−)-小单孢菌属新 D*
【基本信息】$C_{69}H_{84}N_4O_{24}$.【类型】杂项多环芳烃类.【来源】海洋导出的放线菌太平洋盐水孢菌 *Salinispora pacifica*（美国农业部农业研究服务处）.【活性】细胞毒（K562, IC_{50} = 197nmol/L; LNCaP, IC_{50} = 196nmol/L, HCT116; IC_{50} = 167nmol/L; HeLa, IC_{50} = 161nmol/L）.【文献】C. M. Woo, et al. JACS, 2012, 134, 15285.

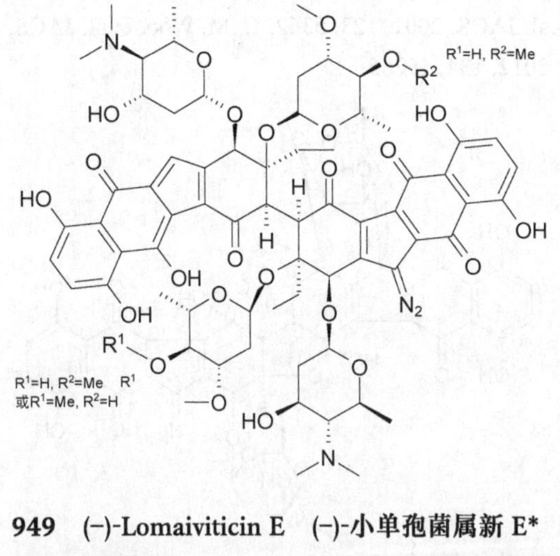

949 (−)-Lomaiviticin E (−)-小单孢菌属新 E*
【基本信息】$C_{70}H_{86}N_4O_{24}$.【类型】杂项多环芳烃类.【来源】海洋导出的放线菌太平洋盐水孢菌 *Salinispora pacifica*（美国农业部农业研究服务处）.【活性】细胞毒（K562, IC_{50} = 496nmol/L; LNCaP, IC_{50} = 964nmol/L; HCT116, IC_{50} = 255nmol/L; HeLa, IC_{50} = 292nmol/L）.【文献】C. M. Woo, et al. JACS, 2012, 134, 15285.

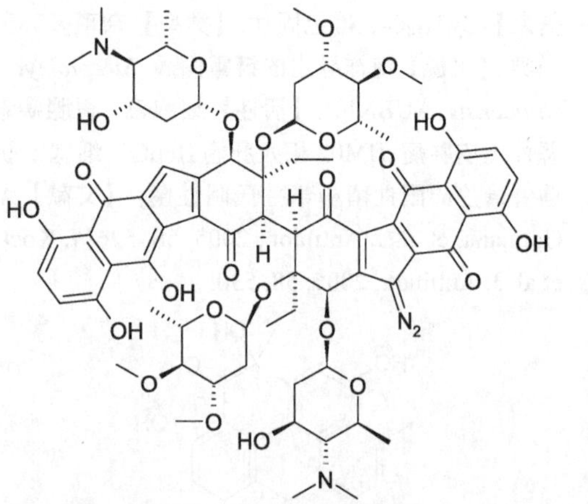

950 Talaromycesone A 踝节菌酮 A*
【基本信息】$C_{29}H_{24}O_{11}$.【类型】杂项多环芳烃类.【来源】海洋真菌发菌科踝节菌属* *Talaromyces* sp. LF458.【活性】抗菌（人病源的表皮葡萄球菌 *Staphylococcus epidermidis*, IC_{50} = 3.70μmol/L; MRSA, IC_{50} = 5.48μmol/L）; 乙酰胆碱酯酶抑制剂.【文献】B. Wu, et al. Mar. Biotechnol., 2015, 17, 110.

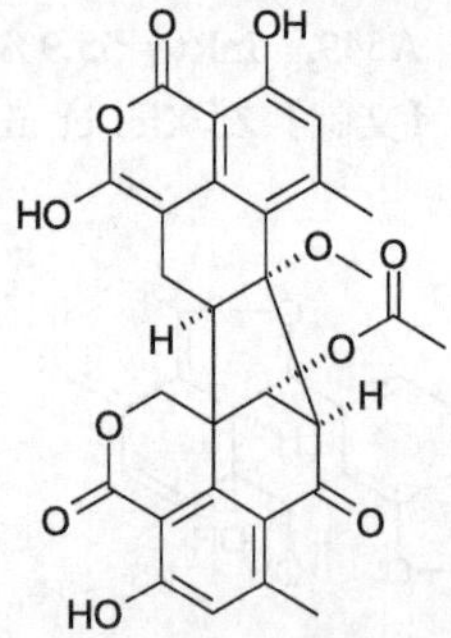

951 Talaromycesone B 踝节菌酮 B*
【基本信息】$C_{27}H_{18}O_{10}$.【类型】杂项多环芳烃类.【来源】海洋真菌发菌科踝节菌属* *Talaromyces* sp. LF458.【活性】抗菌（人病源的表皮葡萄球菌 *Staphylococcus epidermidis*, IC_{50} = 17.36μmol/L; MRSA, IC_{50} = 19.50μmol/L）; 乙酰胆碱酯酶抑制剂.【文献】B. Wu, et al. Mar. Biotechnol., 2015, 17, 110.

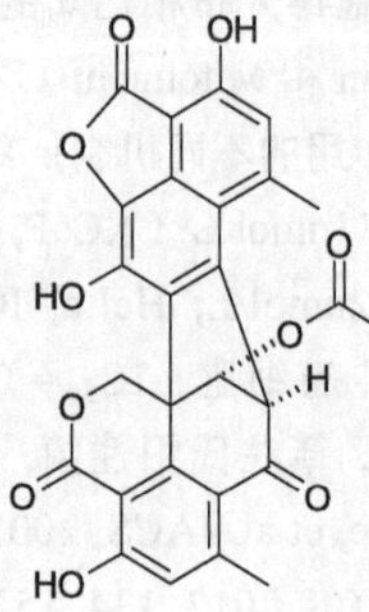

3

肽类

3.1 二酮哌嗪类 /184
3.2 二肽类 /206
3.3 铜锈微囊藻新类 /208
3.4 三肽类 /211
3.5 线型寡肽类 /215
3.6 线型多肽类 /229
3.7 简单环肽类 /234
3.8 含噁唑的环肽 /265
3.9 含噁唑和噻唑的环肽 /267
3.10 含噻唑的环肽 /273
3.11 恩镰孢菌素类 /278
3.12 鱼腥藻肽亭类 /278
3.13 腐败菌素类 /282
3.14 简单环状缩酚酸肽类 /282
3.15 环状脂缩酚酸肽类 /333
3.16 含噻唑的环状缩酚酸肽类 /346
3.17 含噁唑和噻唑的环状缩酚酸肽类 /353
3.18 含 AHP 的环状缩酚酸肽类 /353
3.19 含哒嗪的缩酚酸肽类 /362
3.20 单环 β-内酰胺 /363
3.21 脂肽类 /363
3.22 含噻唑的脂肽类 /368

3.1 二酮哌嗪类

952　Alternarosin A　链格孢新 A*
【基本信息】$C_{22}H_{24}N_2O_7S_2$，无定形粉末，$[\alpha]_D^{20} = -85°$ ($c = 1$，氯仿)．【类型】二酮哌嗪类 (Diketopiperazines)．【来源】海洋导出的真菌链格孢属 *Alternaria raphani* (耐盐，来自沉积物，中国海盐场，中国)．【活性】抗菌 (大肠杆菌 *Escherichia coli*，枯草杆菌 *Bacillus subtilis*，非常弱的活性)；抗真菌 (白色念珠菌 *Candida albicans*，非常弱的活性)．【文献】W. L. Wang, et al. JNP, 2009, 72, 1695.

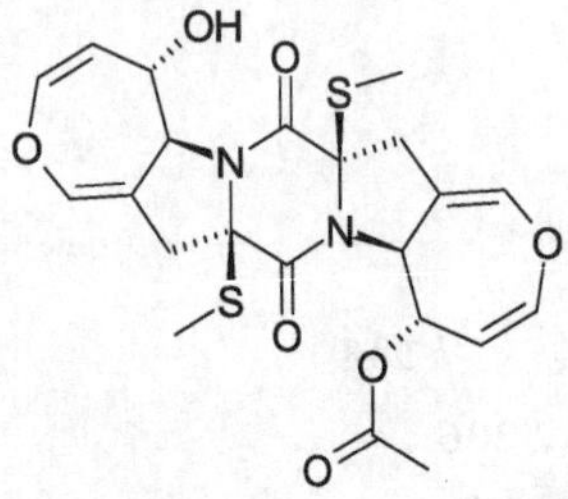

953　Antibiotics Sch 54796　抗生素 Sch 54796
【基本信息】$C_{18}H_{24}N_2O_3S_2$，无定形固体，mp 210°C，202~204°C，$[\alpha]_D^{25} = -50.9°$ ($c = 0.1$，甲醇)．【类型】二酮哌嗪类．【来源】海洋导出的真菌黑孢属 *Nigrospora* sp. PSU-F12，来自柳珊瑚海扇 *Annella* sp. (泰国)．【活性】血小板活化因子 PAcF 抑制剂．【文献】V. Rukachaisirikul, et al. Arch. Pharm. Res., 2010, 33, 375.

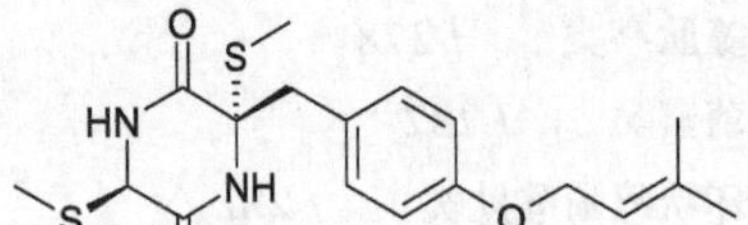

954　Aspergilazine A　曲霉嗪 A*
【基本信息】$C_{32}H_{32}N_6O_4$．【类型】二酮哌嗪类．【来源】海洋导出的真菌曲霉菌属 *Aspergillus taichungensis* ZHN-7-07，来自红树金黄色卤蕨* *Acrostichum aureum* (根部土壤)．【活性】抗病毒 [流感病毒 A (H1N1)，50μg/mL，InRt = 34.1%，低活性]．【文献】S. Cai, et al. Tetrahedron Lett., 2012, 53, 2615; 2014, 55, 5404 (勘误表).

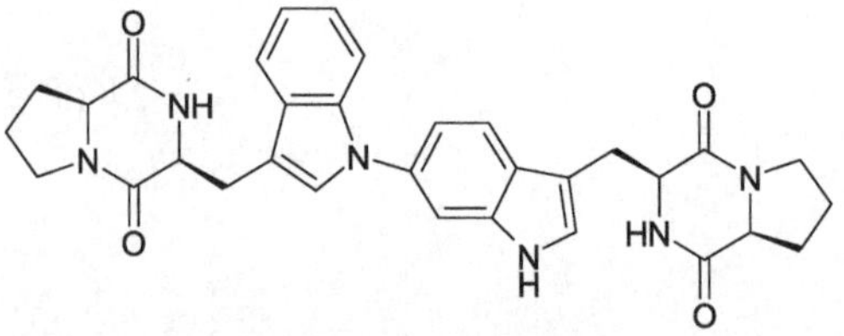

955　Aurantiamine　橙色青霉菌胺*
【基本信息】$C_{16}H_{22}N_4O_2$，晶体，mp 238~239°C，$[\alpha]_D^{23} = -116°$ ($c = 0.5$，甲醇)．【类型】二酮哌嗪类．【来源】海洋导出的真菌曲霉菌属 *Aspergillus insuetus*，来自无花果状石海绵* *Petrosia ficiformis* (地中海)，陆地真菌橙色青霉菌橙色变种* *Penicillium aurantiogriseum* var. *aurantiogriseum* 和橙色青霉菌变种* *Penicillium aurantiogriseum* var. *neoechinulatum*．【活性】真菌毒素 (二酮哌嗪类)．【文献】T. O. Larsen, et al. Phytochemistry, 1992, 31, 1613; M. P. Lopez-Gresa, et al. JNP, 2009, 72, 1348.

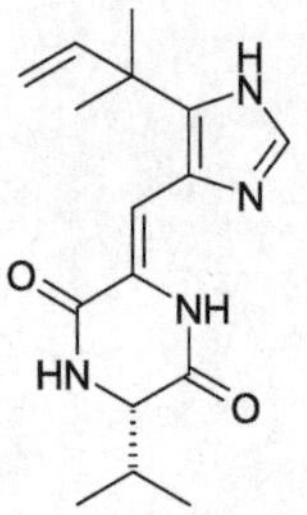

956　(+)-Azonazine　(+)-阿宗嗪*
【基本信息】$C_{23}H_{21}N_3O_4$．【类型】二酮哌嗪类．【来源】海洋导出的真菌曲霉菌属 *Aspergillus insulicola* (沉积物，夏威夷，美国)．【活性】抗炎 (通过抑制 NF-κB 荧光素酶和产生亚硝酸盐)．【文献】Q.-X. Wu, et al. Org. Lett., 2010, 12, 4458; J.-C. Zhao, et al. Org. Lett., 2013, 15, 4300 (结构修正).

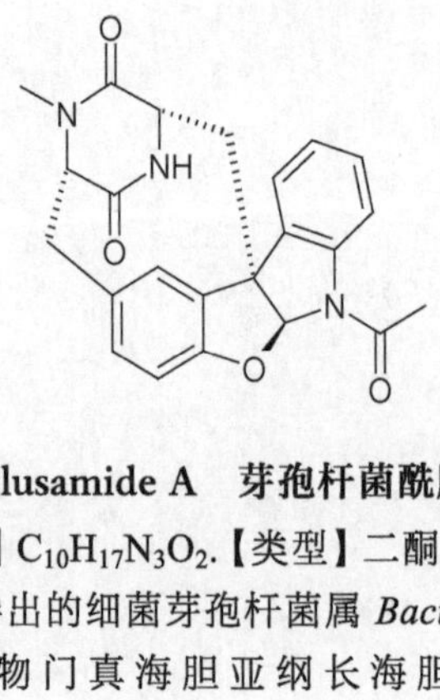

957　Bacillusamide A　芽孢杆菌酰胺 A*
【基本信息】$C_{10}H_{17}N_3O_2$．【类型】二酮哌嗪类．【来源】海洋导出的细菌芽孢杆菌属 *Bacillus* sp.，来自棘皮动物门真海胆亚纲长海胆科紫海胆

Anthocidaris crassispina (长崎志津海岸, 日本). 【活性】抗真菌 (黑曲霉菌 *Aspergillus niger*, 适度活性).【文献】K. Yonezawa, et al. CPB, 2011, 59, 106.

958　Barettin　小舟钵海绵亭*

【基本信息】$C_{17}H_{19}BrN_6O_2$, 黄色固体, mp 207~210ºC, $[\alpha]_D = -25º$ (c = 3, 甲醇).【类型】二酮哌嗪类.【来源】小舟钵海绵 *Geodia barretti* (嗜冷生物, 冷水域, 科斯特峡湾, 瑞典西海岸北部, 挪威; 苏拉海脊, 挪威).【活性】抑制幼虫定居 (EC_{50} = 0.9μmol/L); 降低增长 (涂料中 0.1%, 致密藤壶*Balanus improvisus* 增长降低 89%和贻贝 *Mytilus edulis* 增长降低 81%, 有潜力作为无毒的基于重金属的涂料抗污剂代替物); 选择性 5-羟色胺-受体配体 (靶标 5-HT_{2A}, 5-HT_{2C} 和 5-HT_4 受体, 和抑郁症有关).【文献】Sölter, S. et al. Tetrahedron Lett., 2002, 43, 3385; E. Hedner, et al. JNP, 2006, 69, 1421; M. D. Lebar, et al. NPR, 2007, 24, 774 (Rev.).

959　(*R,Z*)-3-Benzylidene-6-(hydroxymethyl)-1, 4-dimethyl-6-(methylthio)-2,5-piperazinedione (*R,Z*)-3-亚苄基-6-(羟甲基)-1,4-二甲基-6-(甲硫基)-2,5-哌嗪二酮

【基本信息】$C_{15}H_{18}N_2O_3S$, 粉末, $[\alpha]_D^{25}$ = +416º (c = 0.47, 氯仿).【类型】二酮哌嗪类.【来源】未鉴定的海洋导出的腔菌目真菌 CRIF2, 来自未鉴定的海绵 (泰国).【活性】细胞毒 (各种细胞株, 低活性).【文献】V. Prachyawarakorn, et al. PM, 2008, 74, 69.

960　Bis(dethio)bis-(methylthio)-5a,6-didehydrogliotoxin　双(去硫)双-(甲硫基)-5a,6-双去氢胶霉毒素*

【基本信息】$C_{15}H_{18}N_2O_4S_2$.【类型】二酮哌嗪类.【来源】深海真菌青霉属 *Penicillium* sp. JMF034 (沉积物, 骏河湾, 日本).【活性】细胞毒 (P_{388}, IC_{50} = 0.11μmol/L); 组蛋白甲基转移酶 (HMT) G9A 抑制剂 (IC_{50} = 58μmol/L).【文献】Y. Sun, et al. JNP, 2011, 75, 111.

961　Bis(dethio)bis(methylthio)gliotoxin　双(去硫)双(甲硫基)胶霉毒素*

【别名】Antibiotics FR 49175; 抗生素 FR 49175.
【基本信息】$C_{15}H_{20}N_2O_4S_2$, 粉末, $[\alpha]_D^{20}$ = –51º (c = 1, 甲醇); 无色油状物, $[\alpha]_D^{25}$ = –20º (c = 0.05, 甲醇).【类型】二酮哌嗪类.【来源】海洋导出的真菌烟曲霉菌 *Aspergillus fumigatus* 和海洋导出的真菌假霉样真菌属 *Pseudallescheria* sp. MFB165, 深海真菌青霉属 *Penicillium* sp. JMF034 (沉积物, 骏河湾, 日本), 陆地真菌 *Colletotrichum gloeosporioides* 和 *Gliocladium deliquescens*.【活性】细胞毒 (P_{388}, IC_{50} = 0.11μmol/L); 组蛋白甲基转移酶 (HMT) G9A 抑制剂 (IC_{50} > 100μmol/L); 血小板聚集因子 PAF 诱导的血小板聚集抑制剂; 抗菌; LD_{50} (小鼠, ipr) = 500~1500mg/kg.【文献】G. W. Kirby, et al. JCS Perkin Trans. Ⅰ, 1980, 119; S. S. Afiyatullov, et al. Chem. Nat. Compd. (Engl. Transl.), 2005, 41, 236; X. Li, et al. J. Antibiot., 2006, 59, 248; Y. Sun, et al. JNP, 2011, 75, 111.

962　Bis(dethio)-10a-methylthio-3a-deoxy-3, 3a-didehydrogliotoxin　双(去硫)-10a-甲硫基-3a-去氧-3,3a-双去氢胶霉毒素*

【基本信息】$C_{14}H_{16}N_2O_3S$, 白色固体, $[\alpha]_D^{25}$ =

−4.6º (c = 0.03，甲醇).【类型】二酮哌嗪类.【来源】深海真菌青霉属 Penicillium sp. JMF034 (沉积物，骏河湾，日本).【活性】细胞毒 (P_{388}, IC_{50} = 3.40μmol/L); 组蛋白甲基转移酶 (HMT) G9A 抑制剂 (IC_{50} > 100μmol/L).【文献】Y. Sun, et al. JNP, 2011, 75, 111.

963　Brevianamide F　布若韦安酰胺 F*
【基本信息】$C_{16}H_{17}N_3O_2$.【类型】二酮哌嗪类.【来源】深海真菌曲霉菌属 Aspergillus westerdijkiae DFFSCS013 (南海).【活性】抗污剂 (总和草苔虫 Bugula neritina 幼虫定居，EC_{50} = 6.35μg/mL, LC_{50} > 200μg/mL, LC_{50}/EC_{50} > 31.5).【文献】X. Zhang, et al. J. Ind. Microbiol. Biotechnol., 2014, 41, 741.

964　Brevianamide K　布若韦安酰胺 K*
【基本信息】$C_{21}H_{21}N_3O_2$, 黄色针状晶体, mp 157~158ºC.【类型】二酮哌嗪类.【来源】海洋导出的真菌变色曲霉菌 Aspergillus versicolor, 来自棕藻鼠尾藻 Sargassum thunbergii (平潭岛，福建，中国) 和海洋导出的真菌变色曲霉菌 Aspergillus versicolor, 深海真菌变色曲霉菌 Aspergillus versicolor CXCTD-06-6a.【活性】抗菌 (30μg/盘: 大肠杆菌 Escherichia coli, IZD = 7mm, 对照氯霉素, IZD = 32mm; 金黄色葡萄球菌 Staphylococcus aureus, IZD = 7mm, 氯霉素, IZD = 31mm); 有毒的 (盐水丰年虾 Artemia salina, 30μg/盘, 致死率 = 30.9%).【文献】G.-Y. Li, et al. Org. Lett., 2009, 11, 3714; F.-P. Miao, et al. Mar. Drugs, 2012, 10, 131; X. Kong, et al. J. Ocean Univ. China, 2014, 13, 691.

965　Brevianamide S　布若韦安酰胺 S*
【基本信息】$C_{42}H_{40}N_6O_4$.【类型】二酮哌嗪类.【来源】海洋导出的真菌变色曲霉菌 Aspergillus versicolor (沉积物，渤海，中国).【活性】抗菌 (牛型分枝杆菌 Mycobacterium bovis 的 Bacille Calmette-Guérin (BCG) 菌株, 选择性的, 用作抗结核的减毒活疫苗); 抗结核 (有潜力的).【文献】F. Song, et al. Org. Lett., 2012, 14, 4770; F.-P. Miao, et al. Mar. Drugs, 2012, 10, 131.

966　Brevianamide W　布若韦安酰胺 W*
【基本信息】$C_{21}H_{23}N_3O_2$.【类型】二酮哌嗪类.【来源】深海真菌变色曲霉菌 Aspergillus versicolor CXCTD-06-6a.【活性】抗氧化剂 (DPPH 自由基清除剂，中等活性).【文献】X. Kong, et al. J. Ocean Univ. China, 2014, 13, 691.

967　Bromobenzisoxazolone barettin　溴苯基异噁唑酮小舟钵海绵亭*
【基本信息】$C_{24}H_{23}Br_2N_7O_5$, 浅棕黄色固体, mp 150~151ºC, $[α]_D^{25}$ = +0.01º (c = 0.01,甲醇).【类型】二酮哌嗪类.【来源】小舟钵海绵 Geodia barretti.【活性】抑制藤壶幼虫定居 (致密藤壶*Balanus improvises).【文献】M. Sjögren, et al. JNP, 2004, 67, 368; E. Hedner, et al. JNP, 2008, 71, 330.

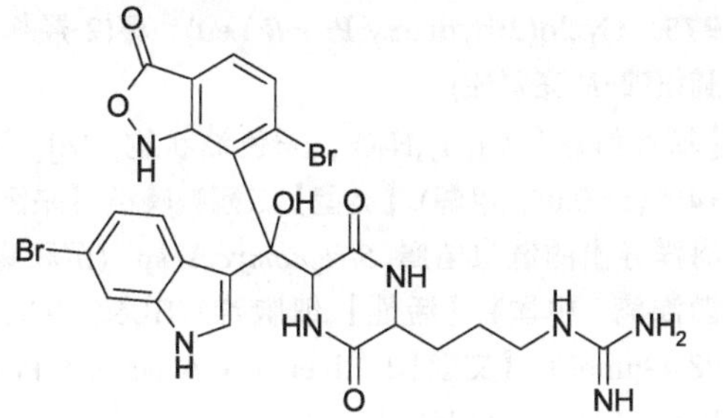

968　Chrysogenazine　产黄青霉嗪*

【基本信息】$C_{19}H_{21}N_3O_2$.【类型】二酮哌嗪类.【来源】红树导出的产黄青霉真菌 *Penicillium chrysogenum*，来自红树 *Porteresia coarctata* (叶子, Chorao 岛, 果阿, 印度).【活性】抗菌.【文献】P. Devi, et al. Indian J. Microbiol., 2012, 52, 617.

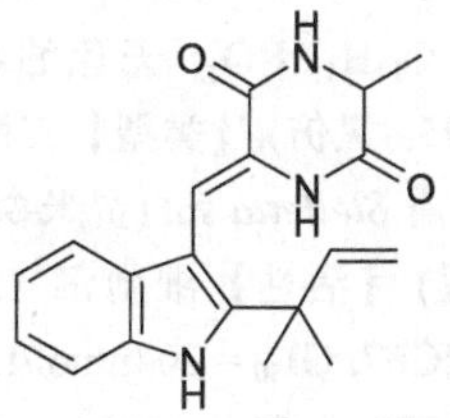

969　Cristatumin A　鸡冠状散囊菌素 A*

【基本信息】$C_{19}H_{21}N_3O_3$.【类型】二酮哌嗪类.【来源】海洋导出的真菌鸡冠状散囊菌 *Eurotium cristatum* EN-220, 来自棕藻鼠尾藻 *Sargassum thunbergii* (未指明产地).【活性】抗菌 (大肠杆菌 *Escherichia coli*, MIC = 64.8μg/mL).【文献】F.-Y. Du, et al. Bioorg. Med. Chem. Lett., 2012, 22, 4650.

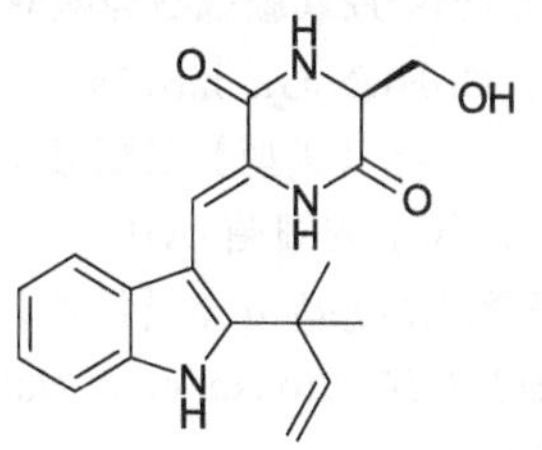

970　Cristatumin B　鸡冠状散囊菌素 B*

【基本信息】$C_{29}H_{37}N_3O_3$.【类型】二酮哌嗪类.【来源】海洋导出的真菌鸡冠状散囊菌 *Eurotium cristatum* EN-220, 来自棕藻鼠尾藻 *Sargassum thunbergii* (未指明产地).【活性】有毒的 (盐水丰年虾 *Artemia salina* 生物测定实验, LC_{50} = 74.4μg/mL).【文献】F.-Y. Du, et al. Bioorg. Med. Chem. Lett., 2012, 22, 4650.

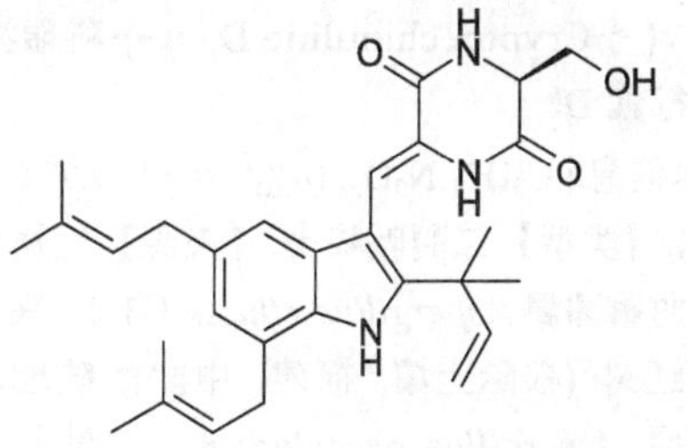

971　Cristatumin F　鸡冠状散囊菌素 F*

【基本信息】$C_{31}H_{43}N_3O_2$.【类型】二酮哌嗪类.【来源】海洋导出的真菌鸡冠状散囊菌 *Eurotium cristatum* EN-220 (内生的), 来自棕藻鼠尾藻 *Sargassum thunbergii*.【活性】抗氧化剂 (DPPH 自由基清除剂，适度活性); 细胞毒 (抑制细胞增殖，边缘活性).【文献】X. Zou, et al. Molecules, 2014, 19, 17839.

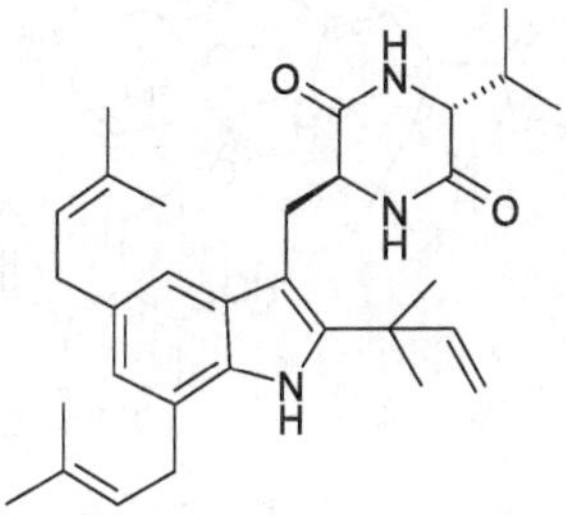

972　Cryptoechinuline D　科瑞波特灰绿曲霉素 D*

【基本信息】$C_{38}H_{41}N_3O_5$, 黄色固体 (丙酮), mp 158~160°C.【类型】二酮哌嗪类.【来源】红树导出的真菌曲霉菌属 *Aspergillus effuses* H1-1, 来自未鉴定的红树 (根际土壤，福建，中国).【活性】细胞毒 (P_{388}, IC_{50} = 3.43μmol/L, 对照阿霉素, IC_{50} = 0.33μmol/L; HL60, IC_{50} > 100μmol/L, 阿霉素, IC_{50} = 0.05μmol/L; Bel7402, IC_{50} >100μmol/L, 阿霉素, IC_{50} = 0.24μmol/L; A549, IC_{50} > 100μmol/L, 阿霉素, IC_{50} = 0.08μmol/L).【文献】H. Gao, et al. Arch. Pharm. Res., 2013, 36, 952.

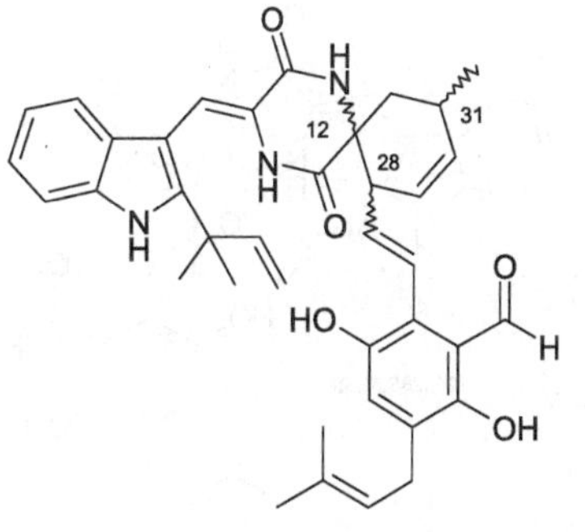

973　(−)-Cryptoechinuline D　(−)-科瑞波特灰绿曲霉素D*

【基本信息】$C_{38}H_{41}N_3O_5$, $[\alpha]_D^{20} = -199.7°$ ($c = 0.15$, 甲醇).【类型】二酮哌嗪类.【来源】红树导出的真菌曲霉菌属 Aspergillus effuses H1-1，来自未鉴定的红树（根际土壤，福建，中国），陆地真菌曲霉菌属 Aspergillus amstelodam.【活性】细胞毒（P388，$IC_{50} = 11.3\mu mol/L$，对照阿霉素，$IC_{50} = 0.33\mu mol/L$；HL60，$IC_{50} > 100\mu mol/L$，阿霉素，$IC_{50} = 0.05\mu mol/L$；Bel7402，$IC_{50} > 100\mu mol/L$，阿霉素，$IC_{50} = 0.24\mu mol/L$；A549，$IC_{50} > 100\mu mol/L$，阿霉素，$IC_{50} = 0.08\mu mol/L$).【文献】G. Gatti, et al. J. Chem. Soc., Chem. Commun., 1976, 435; H. Gao, et al. Arch. Pharm. Res., 2013, 36, 952.

974　(+)-Cryptoechinuline D　(+)-科瑞波特灰绿曲霉素D*

【基本信息】$C_{38}H_{41}N_3O_5$, $[\alpha]_D^{20} = +210.3°$ ($c = 0.15$, 甲醇).【类型】二酮哌嗪类.【来源】红树导出的真菌曲霉菌属 Aspergillus effuses H1-1，来自未鉴定的红树（根际土壤，福建，中国）.【活性】细胞毒（P388，$IC_{50} = 2.50\mu mol/L$，对照阿霉素，$IC_{50} = 0.33\mu mol/L$；HL60，$IC_{50} > 100\mu mol/L$，阿霉素，$IC_{50} = 0.05\mu mol/L$；Bel7402，$IC_{50} > 100\mu mol/L$，阿霉素，$IC_{50} = 0.24\mu mol/L$；A549，$IC_{50} > 100\mu mol/L$，阿霉素，$IC_{50} = 0.08\mu mol/L$).【文献】H. Gao, et al. Arch. Pharm. Res., 2013, 36, 952.

975　Cyclo(2-hydroxy-Pro-R-Leu)　环(2-羟基-脯氨酸-R-亮氨酸)

【基本信息】$C_{11}H_{18}N_2O_3$, 无色油状物，$[\alpha]_D^{20} = +40°$ ($c= 0.05$, 甲醇).【类型】二酮哌嗪类.【来源】海洋导出的链霉菌属 Streptomyces sp.（沉积物，渤海湾，中国）.【活性】细胞毒（HL60，$IC_{50} = 98.49\mu mol/L$).【文献】B. Li, et al. J. Asian Nat. Prod. Res., 2011, 13, 1146.

976　Cyclo-(4-S-hydroxy-R-proline-R-isoleucine)　环-(4-S-羟基-R-脯氨酸-R-异亮氨酸)

【基本信息】$C_{11}H_{18}N_2O_3$, 无色油状物，$[\alpha]_D^{21} = +12°$ ($c = 0.025$, 氯仿).【类型】二酮哌嗪类.【来源】星芒海绵属 Stelletta sp.（贾米森礁，波拿巴群岛，澳大利亚）.【活性】细胞毒（SF268，$GI_{50} > 295\mu mol/L$；MCF7，$GI_{50} = 204\mu mol/L$；H460，$GI_{50} = 234\mu mol/L$；HT29，$GI_{50} = 270\mu mol/L$；CHO-K1，$GI_{50} > 295\mu mol/L$).【文献】S. P. B. Ovenden, et al. Mar. Drugs, 2011, 9, 2469.

977　(3S,7R,8aS)-Cyclo(4-hydroxyprolylleucyl)　(3S,7R,8aS)-环(4-羟基脯氨酰亮氨酰)

【基本信息】$C_{11}H_{18}N_2O_3$, mp178~179℃, $[\alpha]_D^{28} = -148.2°$ ($c = 1$, 水).【类型】二酮哌嗪类.【来源】未鉴定的海洋导出的细菌 A108，来自六放珊瑚亚纲沙群海葵属 Palythoa sp.【活性】植物生长调节剂.【文献】J. M. Cronan, et al. Nat. Prod. Lett., 1998, 11, 271.

978　Cyclo(4-hydroxy-S-Pro-S-Trp)　环(4-羟基-S-脯氨酸-S-色氨酸)

【基本信息】$C_{16}H_{17}N_3O_3$, 无色针状晶体，$[\alpha]_D^{20} =$

−139º (c = 0.10, 甲醇).【类型】二酮哌嗪类.【来源】海洋导出的链霉菌属 Streptomyces sp. (沉积物，渤海湾，中国).【活性】细胞毒 (HL60, IC_{50} = 64.34μmol/L).【文献】B. Li, et al. J. Asian Nat. Prod. Res., 2011, 13, 1146.

979 Cyclo(D-cis-Hyp-L-Phe) 环-(D-cis-羟脯氨酸-L-苯丙氨酸)

【基本信息】$C_{14}H_{16}N_2O_3$, $[\alpha]_D^{24}$ = +34.7º (c = 1.02, 甲醇).【类型】二酮哌嗪类.【来源】海洋导出的真菌短梗霉属 Aureobasidium pullulans, 来自未鉴定的海绵（冲绳，日本）; 海洋导出的细菌假交替单胞菌属 Pseudoalteromonas luteoviolacea, 来自棕藻南方团扇藻 Padina australis（表面，夏威夷，美国）.【活性】刺激抗生素生成.【文献】H. Shigemori, et al. JNP, 1998, 61, 696; Z. Jiang, et al. Nat. Prod. Lett., 2000, 14, 435.

980 Cyclo(L-Ile-L-Pro) 环(L-异亮氨酸-L-脯氨酸)

【基本信息】$C_{11}H_{18}N_2O_2$.【类型】二酮哌嗪类.【来源】深海真菌变色曲霉菌 Aspergillus versicolor ZBY-3.【活性】细胞毒 (K562, 100μg/mL).【文献】Y. Dong, et al. Mar. Drugs, 2014, 12, 4326.

981 Cyclo(leucylprolyl) 环(亮氨酰脯氨酰)

【别名】Cyclo(L-Leu-L-Pro); 环(L-亮氨酸-L-脯氨酸).【基本信息】$C_{11}H_{18}N_2O_2$, 晶体, mp 168~172ºC, mp 158~159ºC, $[\alpha]_D^{21}$ = −144º (c = 0.5, 水).【类型】二酮哌嗪类.【来源】花萼海绵属 Calyx cf. podatypa 和居苔海绵 Tedania ignis, 深海真菌变色曲霉菌 Aspergillus versicolor ZBY-3, 陆地真菌赭曲霉菌 Aspergillus ochraceus, Streptomyces gancidicus, 白假丝酵母白色念珠菌 Candida albicans, Guignardia laricina 和 Ceratocystis spp.【活性】细胞毒 (K562, 100μg/mL); 抗真菌; 植物毒素 (和树木的真菌疾病有关).【文献】F. J. Schmidtz, et al. JOC, 1983, 48, 3941; S. D. Bull, et al. JCS Perkin Trans. I, 1998, 2313; DNP on DVD, 2012, version 20.2; Y. Dong, et al. Mar. Drugs, 2014, 12, 4326.

982 (3S,8aS)-Cyclo(prolylvalyl) (3S,8aS)-环(脯氨酰缬氨酰)

【基本信息】$C_{10}H_{16}N_2O_2$, 针状晶体（丁醇），mp 189.5ºC, mp 169~172ºC, $[\alpha]_D^{20}$ = −157º (c = 1, 氯仿), $[\alpha]_D^{20}$ = −180.5º (c = 1, 乙醇).【类型】二酮哌嗪类.【来源】绿藻栅藻属 Scenedesmus sp., 居苔海绵 Tedania ignis（加勒比海）和花萼海绵属* Calyx cf. podatypa（加勒比海），陆地真菌立枯丝核菌* Rhizoctonia solani 和 Rosellinia necatrix).【活性】抗生素；对植物有毒.【文献】F. J. Schmidtz, et al. JOC, 1983, 48, 3941; CRC Press, DNP on DVD, 2012, version 20.2.

983 Cyclo(D-Pro-D-Phe) 环(D-脯氨酸-D-苯丙氨酸)

【基本信息】$C_{14}H_{16}N_2O_2$.【类型】二酮哌嗪类.【来源】深海真菌变色曲霉菌 Aspergillus versicolor ZBY-3.【活性】细胞毒 (K562, 100μg/mL).【文献】Y. Dong, et al. Mar. Drugs, 2014, 12, 4326.

984 Cyclo(D-Tyr-D-Pro) 环(D-酪氨酸-D-脯氨酸)
【基本信息】$C_{14}H_{16}N_2O_3$.【类型】二酮哌嗪类.【来源】深海真菌变色曲霉菌 *Aspergillus versicolor* ZBY-3.【活性】细胞毒 (K562, 100µg/mL).【文献】Y. Dong, et al. Mar. Drugs, 2014, 12, 4326.

985 12-Demethyl-12-oxo-eurotechinulin B 12-去甲基-12-氧代-红色散囊菌灰绿曲霉素 B*
【别名】(6Z)-6-{[2-(1,1-Dimethylprop-2-en-1-yl)-5,7-bis(3-methylbut-2-en-1-yl)-1H-indol-3-yl]methylene}piperazine-2,3,5-trione; (6Z)-6-{[2-(1,1-二甲基丙-2-烯-1-基)-5,7-双(3-甲基丁-2-烯-1-基)-1H-吲哚-3-基]亚甲基}哌嗪-2,3,5-三酮.【基本信息】$C_{28}H_{33}N_3O_3$, 无色无定形粉末, $[α]_D^{25} = -12.5°$ ($c = 0.08$, 甲醇).【类型】二酮哌嗪类.【来源】红树导出的真菌红色散囊菌* *Eurotium rubrum*, 来自半红树黄槿 *Hibiscus tiliaceus* (海南, 中国).【活性】细胞毒 (SMMC-7721, IC$_{50}$ = 30µg/mL).【文献】H.-J. Yan, et al. Helv. Chim. Acta, 2012, 95, 163.

986 Deoxybisdethiobis(methylthio)gliotoxin 去氧双去硫双(甲硫基)胶霉毒素*
【基本信息】$C_{15}H_{20}N_2O_3S_2$, 油状物, $[α]_D = -48°$ ($c = 0.3$, 甲醇).【类型】二酮哌嗪类.【来源】海洋导出的真菌假霉样真菌属 *Pseudallescheria* sp. MFB165, 来自棕藻孔叶藻 *Agarum cribrosum* (朝鲜半岛水域).【活性】抗菌.【文献】X. F. Li, et al. J. Antibiot., 2006, 59, 248.

987 Deoxymycelianamide 去氧菌丝酰胺*
【基本信息】$C_{22}H_{28}N_3O_3$, 无定形粉末 (甲醇), $[α]_D^{20} = -150°$ ($c = 0.1$, 甲醇).【类型】二酮哌嗪类.【来源】海洋导出的真菌黏帚霉属 *Gliocladium* sp. (海泥, 乳山, 威海, 山东, 中国); 海洋导出的真菌黏帚霉属 *Gliocladium* sp. YUP08 (沉积物, 中国).【活性】细胞毒 (A375-S2); 细胞毒 (MTT试验 72 小时, HL60, IC$_{50}$ = 2.02µmol/L, 对照长春新碱, IC$_{50}$ = 2.46µmol/L; U937, IC$_{50}$ = 0.79µmol/L, 长春新碱, IC$_{50}$ = 1.61µmol/L; T47D, IC$_{50}$ = 30.51µmol/L, 长春新碱, IC$_{50}$ = 12.57µmol/L).【文献】Y. F. Huang, et al. J. Asian Nat. Prod. Res., 2007, 9, 197; Y. Yao, et al. Pharmazie, 2009, 64, 616.

988 Didehydroechinulin B 二去氢灰绿曲霉素 B*
【基本信息】$C_{29}H_{37}N_3O_2$.【类型】二酮哌嗪类.【来源】深海真菌黄灰青霉 *Penicillium griseofulvum*, 来自大洋深处沉积物, 红树导出的真菌曲霉菌属 *Aspergillus effuses* H1-1, 来自未鉴定的红树 (根际土壤, 福建, 中国).【活性】细胞毒 (P$_{388}$, IC$_{50}$ > 100µmol/L, 对照阿霉素, IC$_{50}$ = 0.33µmol/L; HL60, IC$_{50}$ = 15.6µmol/L, 阿霉素, IC$_{50}$ = 0.05µmol/L; Bel7402, IC$_{50}$ = 4.2µmol/L, 阿霉素, IC$_{50}$ = 0.24µmol/L; A549, IC$_{50}$ = 1.43µmol/L, 阿霉素, IC$_{50}$ = 0.08µmol/L).【文献】L. N. Zhou, et al. Helv. Chim. Acta, 2010, 93, 1888; H. Gao, et al. Arch. Pharm. Res., 2013, 36, 952.

989 8,9-Dihydrobarettin 8,9-二氢小舟钵海绵亭*
【基本信息】$C_{17}H_{21}BrN_6O_2$, 微棕色固体, $[α]_D^{21} = -24°$ ($c = 0.096$, 甲醇).【类型】二酮哌嗪类.【来源】小舟钵海绵 *Geodia barretti* (嗜冷生物, 冷水

域，科斯特峡湾，瑞典西海岸北部，挪威；苏拉海脊，挪威).【活性】抑制幼虫定居 (致密藤壶*Balanus improvises*, EC_{50} = 7.9μmol/L); 降低增长 (涂料中 0.1%, 致密藤壶*Balanus improvisus* 增长降低67%和贻贝 *Mytilus edulis* 增长降低72%, 有潜力作为无毒的基于重金属的涂料抗污剂代替物; 选择性 5-羟色胺受体 ($5-HT_{2C}$ 受体专有靶标).【文献】Sölter, S. et al. Tetrahedron Lett., 2002, 43, 3385; M. Sjögren, et al. JNP, 2004, 67, 368; E. Hedner, et al. JNP, 2006, 69, 1421; M. D. Lebar, et al. NPR, 2007, 24, 774 (Rev.); E. Hedner, et al. JNP, 2008, 71, 330.

990　Dihydrocarneamide A　二氢卡内酰胺 A*
【基本信息】$C_{26}H_{31}N_3O_3$.【类型】二酮哌嗪类.【来源】海洋导出的真菌多变拟青霉菌 *Paecilomyces variotii* EN-291（内生的）.【活性】细胞毒 (NCI-H460, IC_{50} = 69.3μmol/L).【文献】P. Zhang, et al. Chin. Chem. Lett., 2015, 26, 313.

991　Dihydrocryptoechinulin D　二氢科瑞波特灰绿曲霉素 D*
【基本信息】$C_{38}H_{43}N_3O_5$.【类型】二酮哌嗪类.【来源】红树导出的真菌曲霉菌属 *Aspergillus effuses* H1-1, 来自未鉴定的红树 (根际土壤, 福建, 中国).【活性】拓扑异构酶抑制剂 (选择性的, 中等活性).【文献】H. Gao, et al. Org. Biomol. Chem., 2012, 10, 9501.

992　Dihydroneochinulin B　二氢新灰绿曲霉素 B*
【基本信息】$C_{19}H_{21}N_3O_2$, 无色针状晶体 (丙酮), mp 213~214ºC, $[α]_D^{20}$ = −59.8º (c = 0.085, 甲醇).【类型】二酮哌嗪类.【来源】红树导出的真菌曲霉菌属 *Aspergillus effuses* H1-1, 来自未鉴定的红树 (根际土壤, 福建, 中国).【活性】细胞毒 (P_{388}, IC_{50} > 100μmol/L, 对照阿霉素, IC_{50} = 0.33μmol/L; HL60, IC_{50} > 100μmol/L, 阿霉素, IC_{50} = 0.05μmol/L; Bel7402, IC_{50} = 55.1μmol/L, 阿霉素, IC_{50} = 0.24μmol/L; A549, IC_{50} = 30.5μmol/L, 阿霉素, IC_{50} = 0.08μmol/L).【文献】H. Gao, et al. Arch. Pharm. Res., 2013, 36, 952.

993　12ξ,13ξ-Dihydroxyfumitremorgin C　12ξ,13ξ-二羟基伏马素 C*
【基本信息】$C_{22}H_{25}N_3O_5$, 黄色晶体, mp 197~198ºC, $[α]_D$ = +18.4º.【类型】二酮哌嗪类.【来源】海洋导出的真菌萨氏曲霉菌 *Aspergillus sydowi* PFW1-13 (来自腐木样本, 中国).【活性】致肿瘤真菌毒素.【文献】M. Zhang, et al. JNP, 2008, 71, 985.

994　12,13-Hydroxyfumitremorgin C　12,13-羟基伏马素 C
【基本信息】$C_{22}H_{25}N_3O_5$.【类型】二酮哌嗪类.【来源】海洋导出的真菌烟曲霉菌 *Aspergillus fumigatus* YK-7.【活性】细胞毒 (U937).【文献】Y. Wang, et al. Chem. Biodivers., 2012, 9, 385.

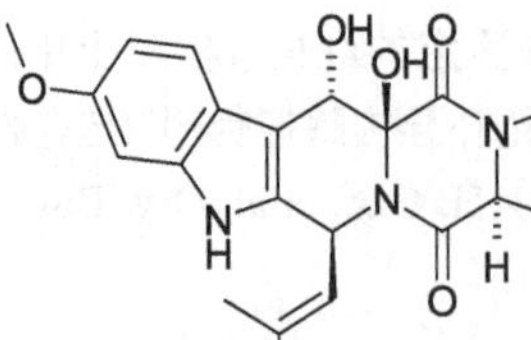

**995 8,9-Dihydroxyisospirotryprostatin A
8,9-二羟基异螺环色脯他汀 A***
【基本信息】$C_{22}H_{25}N_3O_6$, 浅黄色固体, $[\alpha]_D^{20}$ = +147.2° (c = 0.1, 氯仿).【类型】二酮哌嗪类.【来源】海洋导出的真菌烟曲霉菌 *Aspergillus fumigatus*, 来自日本刺参* *Stichopus japonicas* (中国水域).【活性】细胞毒 (MTT 试验, HL60, IC_{50} = 125.3μmol/L, 对照 VP-16, IC_{50} = 0.083μmol/L; SRB 试验, A549, 无活性).【文献】F. Wang, et al. Tetrahedron, 2008, 64, 7986.

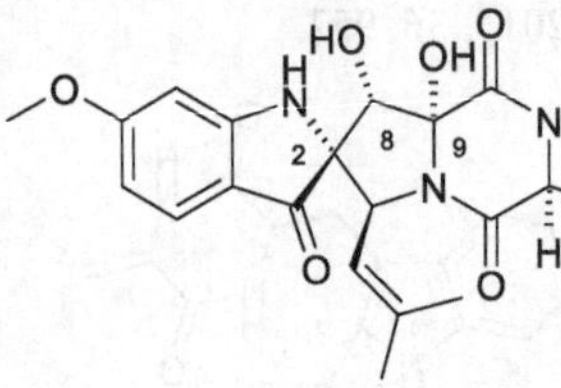

996 Diketopiperazine dimer 二酮哌嗪二聚体
【基本信息】$C_{34}H_{39}N_5O_4$.【类型】二酮哌嗪类.【来源】丘海绵属 *Spongosorites* sp.【活性】分选酶 A 抑制剂 (金黄色葡萄球菌 *Staphylococcus aureus*, 低活性).【文献】K.-B. Oh, et al. BoMCL, 2005, 15, 4927.

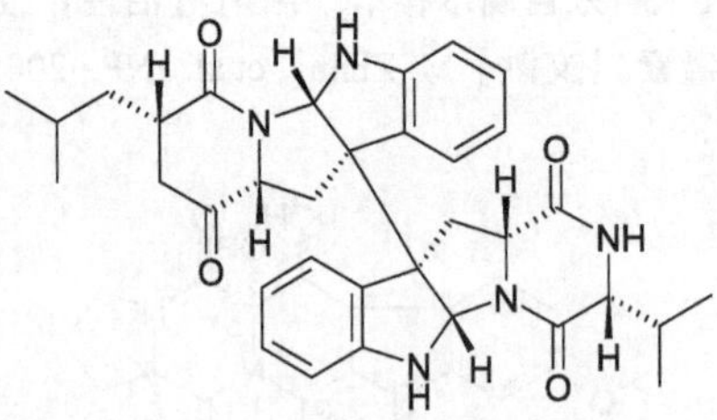

997 9ξ-O-2(2,3-Dimethylbut-3-enyl) brevianamide Q 9ξ-O-2(2,3-二甲基丁-3-烯基)布若韦安酰胺 Q*
【基本信息】$C_{27}H_{33}N_3O_3$, 无色晶体, mp 89~92°C, $[\alpha]_D^{24}$ = -16.0° (c = 0.11, 氯仿).【类型】二酮哌嗪类.【来源】海洋导出的真菌变色曲霉菌 *Aspergillus versicolor*, 来自棕藻鼠尾藻 *Sargassum thunbergii* (平潭岛, 福建, 中国).【活性】抗菌 (30μg/盘: 大肠杆菌 *Escherichia coli*, IZD = 7mm, 对照氯霉素, IZD = 32mm; 金黄色葡萄球菌 *Staphylococcus aureus*, IZD = 7mm, 氯霉素, IZD = 31mm); 有毒的 (盐水丰年虾 *Artemia salina*, 30μg/盘, 致死率 = 43.2%).【文献】F. Song, et al. Org. Lett., 2012, 14, 4770; F.-P. Miao, et al. Mar. Drugs, 2012, 10, 131.

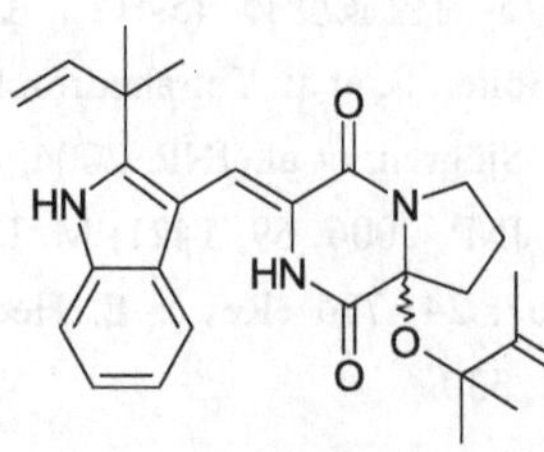

998 Dysamide A 掘海绵酰胺 A*
【基本信息】$C_{14}H_{20}Cl_6N_2O_2$, 棱镜状晶体 (丙酮/石油醚), mp 118~119°C, $[\alpha]_D$ = -36.6° (c = 0.265, 甲醇).【类型】二酮哌嗪类.【来源】易碎掘海绵* *Dysidea fragilis*, 六放珊瑚亚纲棕绿纽扣珊瑚 *Zoanthus* sp.【活性】骨质疏松剂.【文献】J. Y. Su, et al. JNP, 1993, 56, 637.

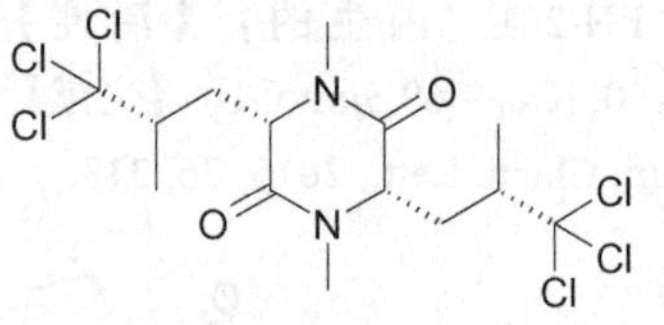

999 Etzionin 艾奇厄宁*
【基本信息】$C_{26}H_{42}N_4O_3$, 泡沫样油状物.【类型】二酮哌嗪类.【来源】星骨海鞘属 *Didemnum rodriguesi*.【活性】细胞毒; 抗真菌.【文献】S. Hirsch, et al. Tetrahedron Lett., 1989, 30, 4291; E. Vaz, et al. Tetrahedron: Asymmetry, 2003, 14, 1935; PubChem, 2009.

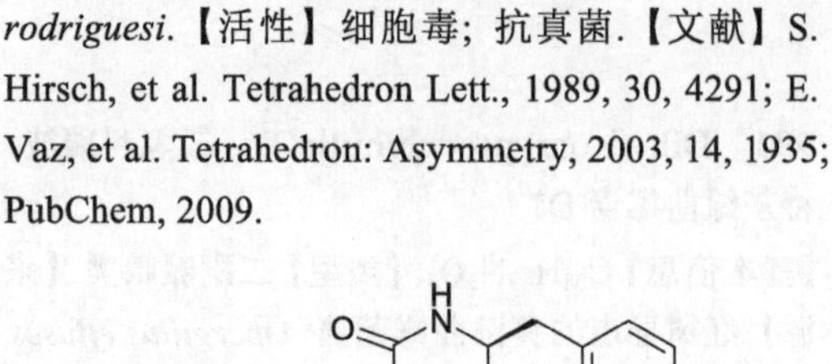

1000 Gliocladride 黏帚霉素*
【基本信息】$C_{22}H_{30}N_2O_3$.【类型】二酮哌嗪类.【来源】海洋导出的真菌黏帚霉属 *Gliocladium* sp. (沉积物, 中国).【活性】细胞毒 (A375-S2, IC_{50} = 3.86μg/mL, 对照长春新碱, IC_{50} = 1.22μg/mL).

【文献】Y. Yao, et al. Pharmazie, 2007, 62, 478.

1001 Gliocladride A 黏帚霉素A*
【基本信息】$C_{22}H_{28}N_2O_4$，白色固体，$[\alpha]_D^{20} = -150°$ ($c = 0.05$, 甲醇).【类型】二酮哌嗪类.【来源】海洋导出的真菌黏帚霉属 *Gliocladium* sp. (海泥, 乳山, 威海, 山东, 中国).【活性】细胞毒 (MTT试验 72 小时，HL60, $IC_{50} = 17.87\mu mol/L$, 对照长春新碱, $IC_{50} = 2.46\mu mol/L$; U937, $IC_{50} = 12.80\mu mol/L$, 长春新碱, $IC_{50} = 1.61\mu mol/L$; T47D, $IC_{50} = 42.80\mu mol/L$, 长春新碱, $IC_{50} = 12.57\mu mol/L$).【文献】Y. Yao, et al. Pharmazie, 2009, 64, 616.

1002 Gliocladride B 黏帚霉素B*
【基本信息】$C_{22}H_{28}N_2O_4$，白色固体，$[\alpha]_D^{20} = -66°$ ($c = 0.05$, 甲醇).【类型】二酮哌嗪类.【来源】海洋导出的真菌黏帚霉属 *Gliocladium* sp. (海泥, 乳山, 威海, 山东, 中国).【活性】细胞毒 (MTT试验 72 小时，HL60, $IC_{50} = 19.86\mu mol/L$, 对照长春新碱, $IC_{50} = 2.46\mu mol/L$; U937, $IC_{50} = 11.60\mu mol/L$, 长春新碱, $IC_{50} = 1.61\mu mol/L$; T47D, $IC_{50} = 52.83\mu mol/L$, 长春新碱, $IC_{50} = 12.57\mu mol/L$).【文献】Y. Yao, et al. Pharmazie, 2009, 64, 616.

1003 Golmaenone 哥耳曼烯酮*
【基本信息】$C_{19}H_{21}N_3O_4$，黄色晶体，(氯仿), mp 160~161°C, $[\alpha]_D = +7.1°$ ($c = 0.4$, 氯仿).【类型】二酮哌嗪类.【来源】海洋导出的真菌曲霉菌属 *Aspergillus* sp. (培养汤).【活性】抗氧化剂 (DPPH 清除剂, $IC_{50} = 20\mu mol/L$, 对照抗坏血酸, $IC_{50} = 20\mu mol/L$); 紫外 UV-A (320~390nm) 防护活性 ($ED_{50} = 90\mu mol/L$, 对照氧苯酮, $ED_{50} = 350\mu mol/L$).【文献】Li, Y. et al. CPB, 2004, 52, 375; M. Saleem, et al. NPR, 2007, 24, 1142 (Rev.).

1004 2'ξ-Hydroxy-fumitremorgin B $\Delta^{3'}$-Isomer(1) 2'ξ-羟基-伏马毒素B $\Delta^{3'}$-同分异构体(1)*
【基本信息】$C_{27}H_{33}N_3O_6$，晶体，$[\alpha]_D^{20} = +15°$ ($c = 0.1$, 氯仿).【类型】二酮哌嗪类.【来源】海洋导出的真菌烟曲霉菌 *Aspergillus fumigatus*, 来自日本刺参* *Stichopus japonicas* (中国水域).【活性】细胞毒 (MTT试验: Molt4, $IC_{50} = 11.0\mu mol/L$; HL60, $IC_{50} = 5.4\mu mol/L$; SRB试验: A549, $IC_{50} = 11.6\mu mol/L$; Bel7402, $IC_{50} = 10.8\mu mol/L$); 细胞毒, 对照 VP-16 (MTT试验: Molt4, $IC_{50} = 0.003\mu mol/L$; HL60, $IC_{50} = 0.083\mu mol/L$; SRB 试验: A549, $IC_{50} = 1.400\mu mol/L$; Bel7402, $IC_{50} = 1.025\mu mol/L$).【文献】Wang, F. et al. Tetrahedron, 2008, 64, 7986.

1005 2'ξ-Hydroxy-fumitremorgin B $\Delta^{3'}$-Isomer(2) 2'ξ-羟基-伏马毒素B $\Delta^{3'}$-同分异构体(2)*
【基本信息】$C_{27}H_{33}N_3O_6$，浅黄色粉末，$[\alpha]_D^{20} = -5.7°$ ($c = 0.1$, 氯仿).【类型】二酮哌嗪类.【来源】海洋导出的真菌烟曲霉菌 *Aspergillus fumigatus*, 来自日本刺参* *Stichopus japonicas* (中国水域).【活性】细胞毒 (MTT试验: Molt4, $IC_{50} = 11.0\mu mol/L$, HL60, $IC_{50} = 3.4\mu mol/L$; SRB试验: A549, $IC_{50} = 11.0\mu mol/L$, Bel7402, $IC_{50} = 7.0\mu mol/L$); 细胞毒, 对照 VP-16 (MTT试验: Molt4, $IC_{50} = 0.003\mu mol/L$, HL60, $IC_{50} = 0.083\mu mol/L$; SRB试验: A549, $IC_{50} = 1.400\mu mol/L$, Bel7402, $IC_{50} = 1.025\mu mol/L$).【文献】Wang, F. et al. Tetrahedron, 2008, 64, 7986.

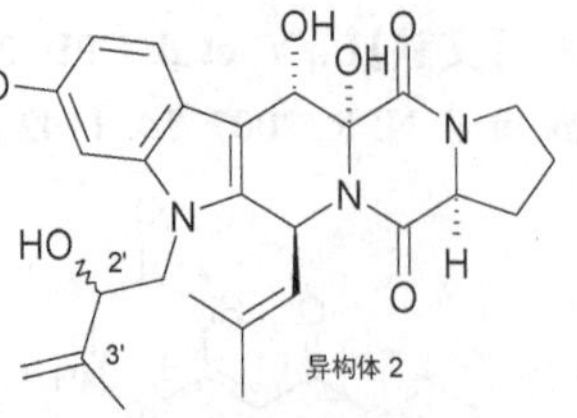

异构体 2

1006 9-Hydroxyfumitremorgin C 9-羟基伏马毒素 C
【基本信息】$C_{22}H_{25}N_3O_4$.【类型】二酮哌嗪类.【来源】海洋导出的真菌烟曲霉菌 *Aspergillus fumigatus* (潮间带泥浆, 营口, 辽宁, 中国).【活性】细胞毒 (U937 细胞抑制剂, 中等活性).【文献】Y. Wang, et al. Chem. Biodivers., 2012, 9, 385.

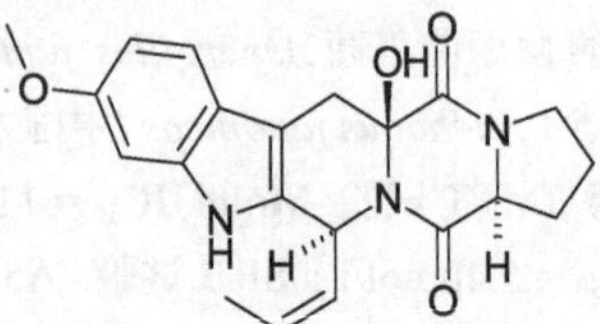

1007 14-Hydroxyterezine D 14-羟基泰雷兹丁*
【基本信息】$C_{19}H_{23}N_3O_3$, 浅黄色粉末, $[\alpha]_D^{22}$ = +17.8º (c = 0.13, 甲醇).【类型】二酮哌嗪类.【来源】海洋导出的真菌萨氏曲霉菌 *Aspergillus sydowi* PFW1-13 (腐木样本, 中国).【活性】细胞毒 (MTT 生物测定实验: A549, IC_{50} = 7.31μmol/L; HL60, IC50 = 9.71μmol/L).【文献】M. Zhang, et al. JNP, 2008, 71, 985.

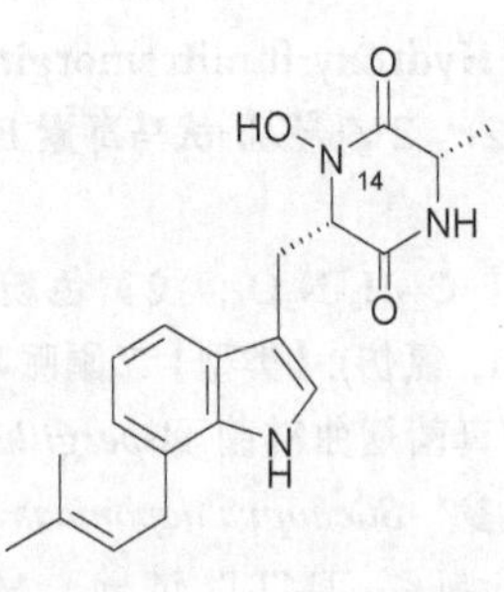

1008 (Indole-*N*-prenyl)-tryptophan-valine (吲哚-*N*-异戊二烯基)-色氨酸-缬氨酸
【基本信息】$C_{21}H_{27}N_3O_2$.【类型】二酮哌嗪类.【来源】海洋真菌 M-3 (子囊菌门 Ascomycota).【活性】抗真菌 (稻瘟霉 *Pyricularia oryzae*, 高活性和高选择性).【文献】H.-G. Byun, et al. J. Antibiot., 2003, 56, 102.

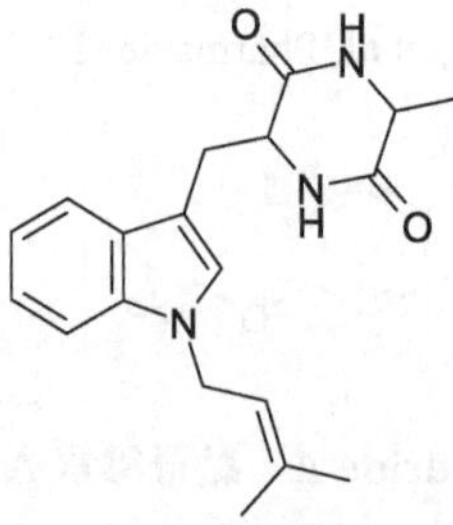

1009 Indotertine B 吲哚汀 B*
【基本信息】$C_{33}H_{45}N_3O_3$.【类型】二酮哌嗪类.【来源】海洋导出的链霉菌属 *Streptomyces* sp. CHQ-64.【活性】细胞毒 (HCT8, IC_{50} = 6.96μmol/L; A549, IC_{50} = 4.88μmol/L).【文献】Q. Che, et al. Org. Lett., 2012, 14, 3438; Q. Che, et al. JNP, 2013, 76, 759.

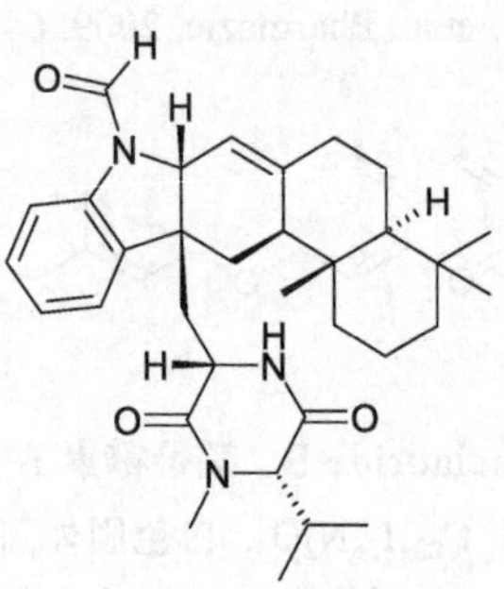

1010 Mactanamide 麦克坦岛酰胺*
【基本信息】$C_{19}H_{20}N_2O_4$, 晶体 (甲醇), mp 241~243ºC, $[\alpha]_D$ = –42,8º (c = 0.93, 甲醇).【类型】二酮哌嗪类.【来源】海洋导出的真菌曲霉菌属 *Aspergillus* sp., 来自棕藻马尾藻属 *Sargassum* sp. (菲律宾).【活性】抗真菌.【文献】P. Lorenz, et al. Nat. Prod. Lett., 1998, 12, 55.

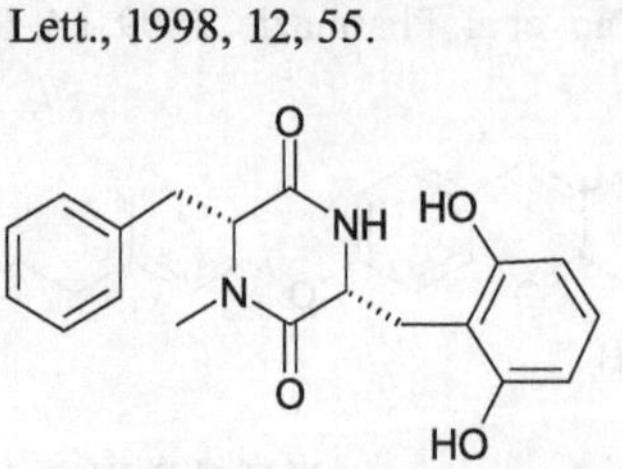

1011 6-Methoxyspirotryprostatin B 6-甲氧基螺环色脯他汀 B*
【别名】8,9-Dehydrotryprostatin A; 8,9-去氢色脯他汀 A*.【基本信息】$C_{22}H_{23}N_3O_4$, 浅黄色粉末, $[\alpha]_D^{21}$ = –47.7º (c = 0.26, 氯仿).【类型】二酮哌嗪类.【来源】海洋导出的真菌萨氏曲霉菌 *Aspergillus sydowi* PFW1-13 (腐木样本, 中国).【活性】细胞

循环抑制剂（哺乳动物）；细胞毒 (MTT 试验：A549, IC_{50} = 8.29μmol/L; HL60, IC_{50} = 9.71μmol/L).【文献】M. Zhang, et al. JNP, 2008, 71, 985.

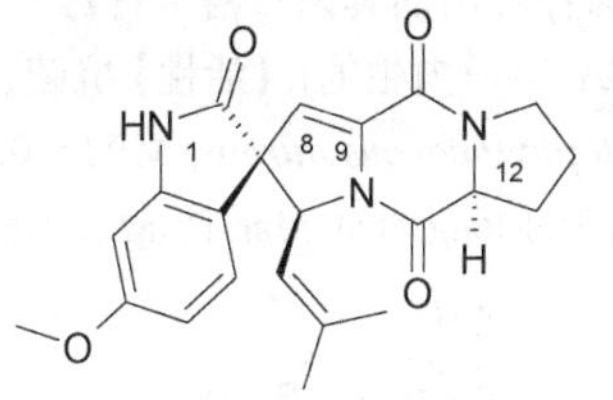

1012 Notoamide C 诺托酰胺 C*
【基本信息】$C_{26}H_{31}N_3O_4$, $[α]_D^{27}$ = +23º (c = 0.25, 甲醇).【类型】二酮哌嗪类.【来源】海洋导出的真菌曲霉菌属 Aspergillus sp., 来自蓝贻贝 Mytilus edulis (消化腺).【活性】细胞毒 (HeLa 和 L_{1210}, IC_{50} = 22~52μg/mL); 诱导细胞循环的 G_2/M 期阻断 (6.3μg/mL, 未指明实验用细胞); 抗污剂 (抑制总和草苔虫 Bugula neritina 幼虫发育, 高活性).【文献】H. Kato, et al. Angew. Chem., Int. Ed., 2007, 46, 2254; 2013, 52, 7909 (corrigendum); M. Chen, et al. JNP, 2013, 76, 547; 1229 (corrigendum); S. Li, et al. JACS, 2012, 134, 788135; X.-Y. Zhang, et al. J. Ind. Microbiol. Biotechnol., 2014, 41, 741.

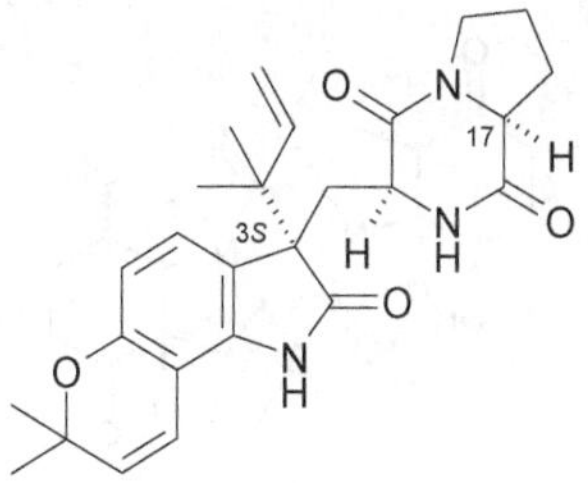

1013 Notoamide D 诺托酰胺 D*
【基本信息】$C_{26}H_{31}N_3O_4$, $[α]_D^{27}$ = –163º (c = 0.32, 甲醇).【类型】二酮哌嗪类.【来源】海洋导出的真菌曲霉菌属 Aspergillus sp., 来自蓝贻贝 Mytilus edulis (消化腺).【活性】细胞毒 (HeLa 和 L_{1210}, IC_{50} = 22~52μg/mL).【文献】H. Kato, et al. Angew. Chem. Int. Ed. Engl., 2007, 46, 2254; 2013, 52, 7909 (corrigendum).

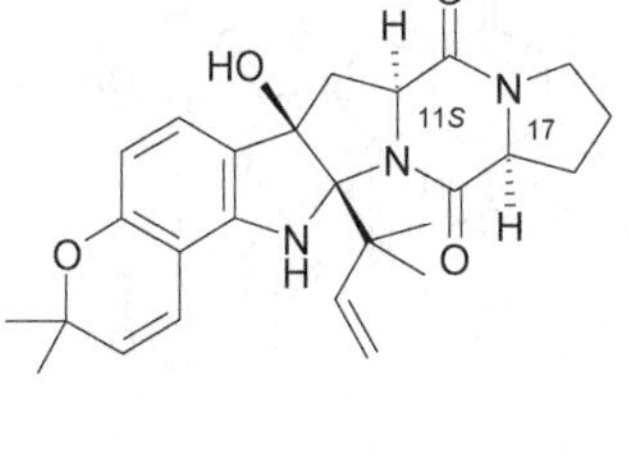

1014 Okaramine S 欧卡胺 S*
【基本信息】$C_{32}H_{36}N_4O_3$.【类型】二酮哌嗪类.【来源】海洋导出的真菌曲霉菌属 Aspergillus taichungensis ZHN-7-07, 来自红树金黄色卤蕨* Acrostichum aureum.【活性】细胞毒 (HL60, IC_{50} = 0.78μmol/L, K562, IC_{50} = 22.4μmol/L).【文献】S. Cai, et al. Tetrahedron, 2015, 71, 3715.

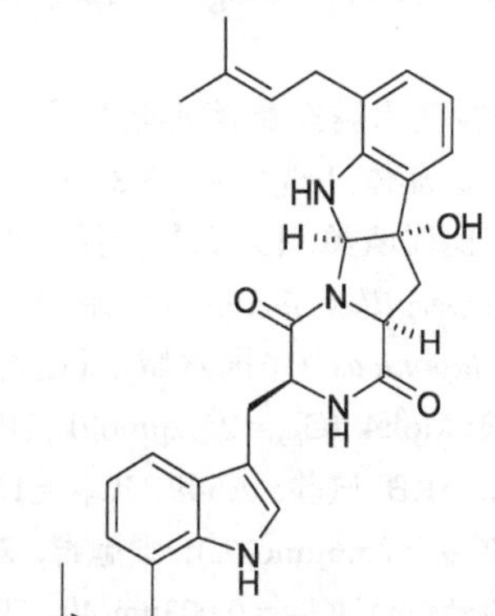

1015 Otoamide C 欧托酰胺 C*
【基本信息】$C_{26}H_{31}N_3O_4$.【类型】二酮哌嗪类.【来源】深海真菌曲霉菌属 Aspergillus westerdijkiae DFFSCS013 (南海).【活性】抗污剂 (抑制总和草苔虫 Bugula neritina 幼虫发育, EC_{50} = 9.85μg/mL, LC_{50} > 200μg/mL, LC_{50}/EC_{50} > 20.3).【文献】X. Zhang, et al. J. Ind. Microbiol. Biotechnol., 2014, 41, 741.

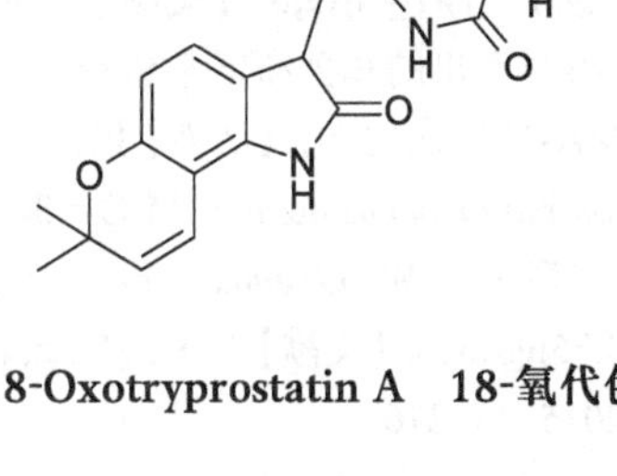

1016 18-Oxotryprostatin A 18-氧代色脯他汀 A*
【基本信息】$C_{22}H_{25}N_3O_4$, 无定形黄色粉末, $[α]_D^{21}$ = –31.5º (c = 0.14, 氯仿).【类型】二酮哌嗪类.【来源】海洋导出的真菌萨氏曲霉菌 Aspergillus sydowi PFW1-13 (腐木样本, 中国).【活性】细胞毒 (MTT 生物测定实验: A549, IC_{50} = 1.28μmol/L).【文献】M. Zhang, et al. JNP, 2008, 71, 985.

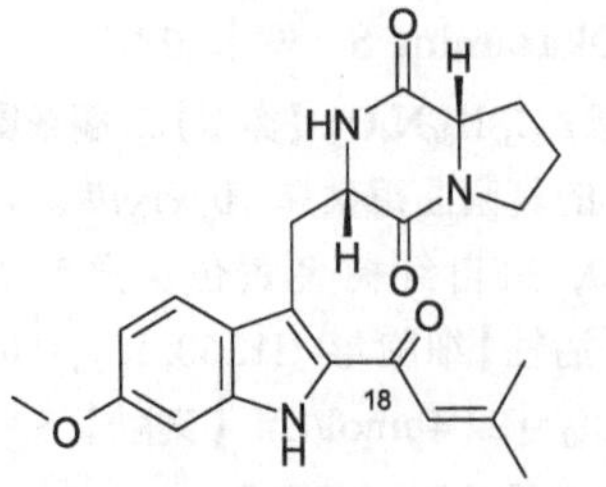

1017 13-Oxoverruculogen 13-氧代疣孢青霉原*

【别名】13-氧代震颤真菌毒素*.【基本信息】$C_{27}H_{31}N_3O_7$, 晶体, $[\alpha]_D^{20} = +83.8°$ (c = 0.1, 氯仿). 【类型】二酮哌嗪类.【来源】海洋导出的真菌烟曲霉菌 *Aspergillus fumigatus*, 来自日本刺参* *Stichopus japonicas* (中国水域).【活性】细胞毒 (MTT 试验: Molt4, IC_{50} = 25.7μmol/L; HL60, IC_{50} = 1.9μmol/L; SRB 试验: A549, IC_{50} = 16.9μmol/L; Bel7402, IC_{50} = 25.6μmol/L); 细胞毒, 对照 VP-16 (MTT 试验: Molt4, IC_{50} = 0.003μmol/L, HL60, IC_{50} = 0.083μmol/L; SRB 试验: A549, IC_{50} = 1.400μmol/L, Bel7402, IC_{50} = 1.025μmol/L).【文献】F. Wang, et al. Tetrahedron, 2008, 64, 7986.

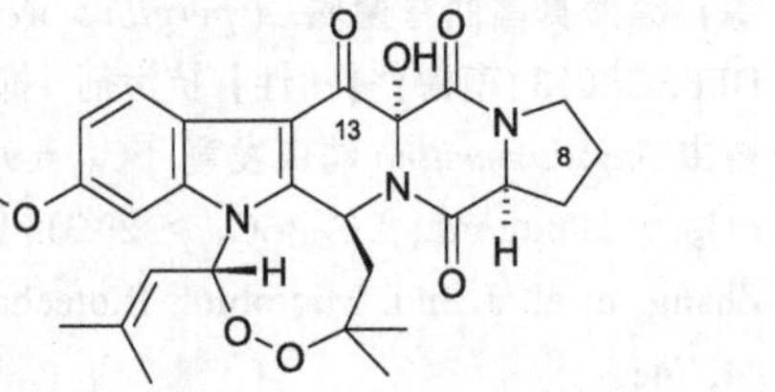

1018 Penicibrocazine B 布洛卡青霉嗪 B (2015)*

【基本信息】$C_{19}H_{22}N_2O_5S$.【类型】二酮哌嗪类.【来源】海洋导出的真菌布洛卡青霉* *Penicillium brocae* MA-231 (内生的).【活性】抗菌 (金黄色葡萄球菌 *Staphylococcus aureus*, MIC = 32.0μg/mL); 抗真菌 (顶囊壳属**Gaeumannomyces graminis*, MIC = 0.25μg/mL).【文献】L. H. Meng, et al. Mar. Drugs, 2015, 13, 276.

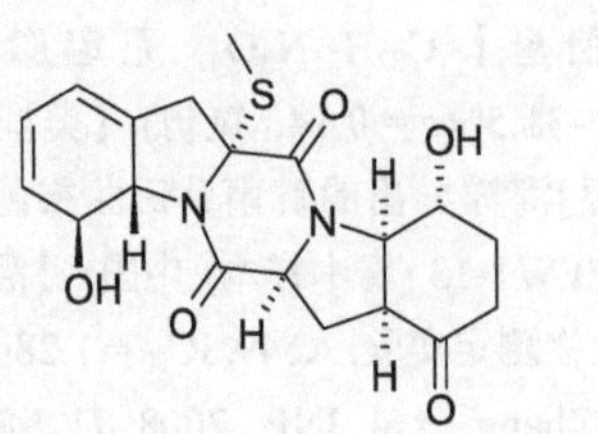

1019 Penicibrocazine C 布洛卡青霉嗪 C (2015)*

【基本信息】$C_{20}H_{26}N_2O_6S_2$.【类型】二酮哌嗪类.【来源】海洋导出的真菌布洛卡青霉* *Penicillium brocae* MA-231 (内生的).【活性】抗菌 (金黄色葡萄球菌 *Staphylococcus aureus*, MIC = 0.25μg/mL).【文献】L. H. Meng, et al. Mar. Drugs, 2015, 13, 276.

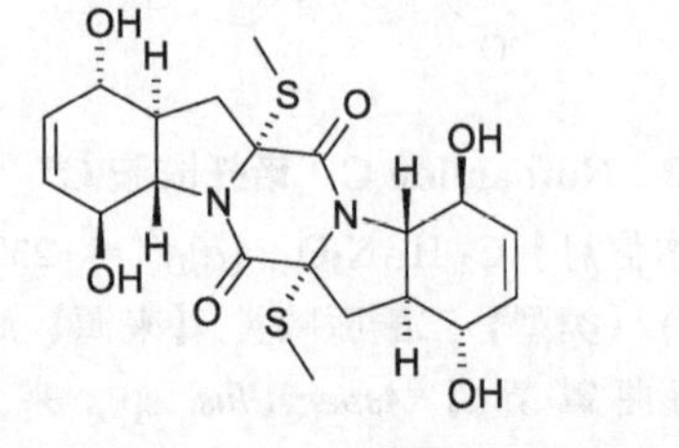

1020 Penicibrocazine D 布洛卡青霉嗪 D (2015)*

【基本信息】$C_{20}H_{26}N_2O_6S_2$.【类型】二酮哌嗪类.【来源】海洋导出的真菌布洛卡青霉* *Penicillium brocae* MA-231 (内生的).【活性】抗菌 (金黄色葡萄球菌 *Staphylococcus aureus*, MIC = 8.0μg/mL); 抗真菌 (顶囊壳属**Gaeumannomyces graminis*, MIC = 8.0μg/mL).【文献】L. H. Meng, et al. Mar. Drugs, 2015, 13, 276.

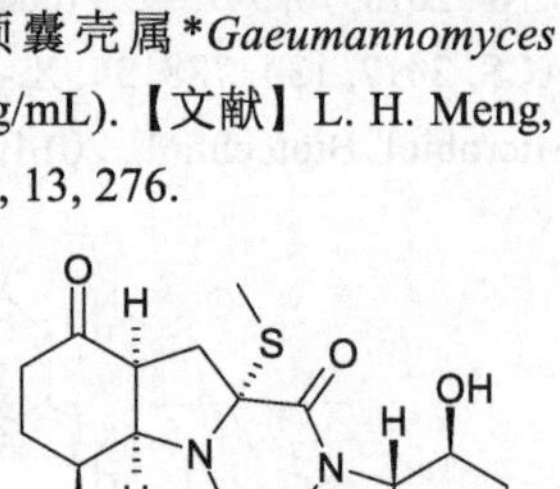

1021 Penicibrocazine E 布洛卡青霉嗪 E (2015)*

【基本信息】$C_{20}H_{24}N_2O_6S_2$.【类型】二酮哌嗪类.【来源】海洋导出的真菌布洛卡青霉* *Penicillium brocae* MA-231 (内生的).【活性】抗真菌 (顶囊壳属**Gaeumannomyces graminis*, MIC = 0.25μg/mL).
【文献】L. H. Meng, et al. Mar. Drugs, 2015, 13, 276.

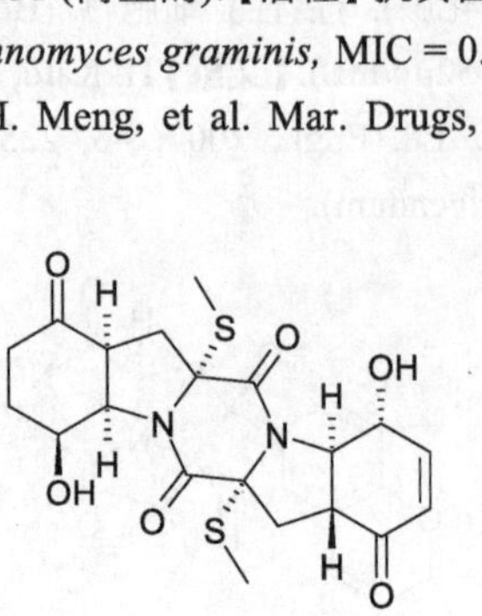

1022　Phomazine B　茎点霉嗪 B*

【基本信息】$C_{20}H_{22}N_2O_3S_2$.【类型】二酮哌嗪类.【来源】红树导出的真菌茎点霉属 *Phoma* sp. OUCMDZ-1847（内生的）.【活性】细胞毒（HL60、HCT116、K562、MGC-803 和 A549，IC_{50} 在 8.5μmol/L 和 10μmol/L 之间）.【文献】F. Kong, et al. JNP, 2014, 77, 132.

1023　Prenylcyclotryprostatin B　异戊二烯基环色脯他汀 B*

【基本信息】$C_{28}H_{35}N_3O_5$.【类型】二酮哌嗪类.【来源】海洋导出的真菌烟曲霉菌 *Aspergillus fumigatus*（潮间带泥浆，营口，辽宁，中国）.【活性】细胞毒（U937 细胞抑制剂，中等活性）.【文献】Y. Wang, et al. Chem. Biodivers., 2012, 9, 385.

1024　13-*O*-Prenyl-26-hydroxyverruculogen　13-*O*-异戊二烯基-26-羟基疣孢青霉原*

【别名】13-*O*-异戊二烯基-26-羟基震颤真菌毒素*.【基本信息】$C_{32}H_{41}N_3O_8$.【类型】二酮哌嗪类.【来源】海洋导出的真菌青霉属 *Penicillium brefeldianum* SD-273.【活性】有毒的（盐水丰年虾 *Artemia salina* 生物测定实验，LC_{50} = 9.44μmol/L）.【文献】C.-Y. An, et al. Mar. Drugs, 2014, 12, 746.

1025　Rodriguesine A　罗德里格斯碱 A*

【基本信息】$C_{26}H_{42}N_4O_3$，玻璃体固体.【类型】二酮哌嗪类.【来源】星骨海鞘属 *Didemnum* sp.（巴伊亚州，巴西）.【活性】抗菌（Rodriguesine A 和 Rodriguesine B 的混合物：金黄色葡萄球菌 *Staphylococcus aureus* ATCC6538，MIC = 62.5μg/mL；金黄色葡萄球菌 *Staphylococcus aureus* ATCC259223，MIC = 22.6μg/mL；ORSA 8，MIC = 45.3μg/mL；ORSA 108，MIC = 91.0μg/mL；大肠杆菌 *Escherichia coli* ATCCNTCC861，MIC = 125.0μg/mL；大肠杆菌 *Escherichia coli* ATCC259222，MIC = 45.6μg/mL；铜绿假单胞菌 *Pseudomonas aeruginosa* ATCC27853，MIC = 22.6μg/mL；铜绿假单胞菌 *Pseudomonas aeruginosa* 13，MIC = 45.3μg/mL；铜绿假单胞菌 *Pseudomonas aeruginosa* P1，MIC = 4.3μg/mL；粪肠球菌 *Enterococcus faecalis* ATCC14506，MIC = 125.0μg/mL；血红链球菌*Streptococcus sanguinis* ATCC15300，MIC = 125.0μg/mL；远缘链球菌 *Streptococcus sobrinus* ATCC27607，MIC = 125.0μg/mL；变形链球菌*Streptococcus mutans* UA159，MIC = 62.5μg/mL；变形链球菌*Streptococcus mutans*（临床分离的 2.M7/4），MIC = 31.2μg/mL）；抗真菌 [Rodriguesine A 和 Rodriguesine B 的混合物，白色念珠菌 *Candida albicans* ATCC36801（血清类型 A），MIC = 125.0μg/mL].【文献】M. H. Kossuga, et al. J. Braz. Chem. Soc., 2009, 20, 704.

1026　Rodriguesine B　罗德里格斯碱 B*

【基本信息】$C_{27}H_{44}N_4O_3$.【类型】二酮哌嗪类.【来源】星骨海鞘属 *Didemnum* sp.（巴伊亚州，巴西）.【活性】抗菌（Rodriguesine A 和 Rodriguesine B 的混合物：金黄色葡萄球菌 *Staphylococcus aureus* ATCC6538，MIC = 62.5μg/mL；金黄色葡萄球菌 *Staphylococcus aureus* ATCC259223，MIC = 22.6μg/mL；ORSA 8，MIC = 45.3μg/mL；ORSA 108，MIC = 91.0μg/mL；大肠杆菌 *Escherichia coli* ATCCNTCC861，MIC = 125.0μg/mL；大肠杆菌 *Escherichia coli* ATCC259222，MIC = 45.6μg/mL；

铜绿假单胞菌 *Pseudomonas aeruginosa* ATCC27853, MIC = 22.6μg/mL; 铜绿假单胞菌 *Pseudomonas aeruginosa* 13, MIC = 45.3μg/mL; 铜绿假单胞菌 *Pseudomonas aeruginosa* P1, MIC = 4.3μg/mL; 粪肠球菌 *Enterococcus faecalis* ATCC14506, MIC = 125.0μg/mL; 血红链球菌*Streptococcus sanguinis* ATCC15300, MIC = 125.0μg/mL; 远缘链球菌*Streptococcus sobrinus* ATCC27607, MIC = 125.0μg/mL; 变形链球菌*Streptococcus mutans* UA159, MIC = 62.5μg/mL; 变形链球菌*Streptococcus mutans* (临床分离的 2.M7/4), MIC = 31.2μg/mL; 抗真菌 [Rodriguesine A 和 Rodriguesine B 的混合物, 白色念珠菌 *Candida albicans* ATCC36801 (血清类型 A), MIC = 125.0μg/mL].
【文献】M. H. Kossuga, et al. J. Braz. Chem. Soc., 2009, 20, 704.

1027　Rubrumazine A　红色散囊菌嗪 A*
【基本信息】$C_{25}H_{33}N_3O_4$.【类型】二酮哌嗪类.【来源】红树导出的真菌红色散囊菌* *Eurotium rubrum* MA-150.【活性】有毒的 (盐水丰年虾 *Artemia salina* 生物测定实验, LC_{50} = 29.8μmol/L).
【文献】L.-H. Meng, et al. JNP, 2015, 78, 909.

1028　Rubrumazine B　红色散囊菌嗪 B*
【基本信息】$C_{24}H_{31}N_3O_4$.【类型】二酮哌嗪类.【来源】红树导出的真菌红色散囊菌* *Eurotium rubrum* MA-150.【活性】有毒的 (盐水丰年虾 *Artemia salina* 生物测定实验, LC_{50} = 2.43μmol/L).
【文献】L.-H. Meng, et al. JNP, 2015, 78, 909.

1029　Rubrumazine C　红色散囊菌嗪 C*
【基本信息】$C_{24}H_{33}N_3O_4$.【类型】二酮哌嗪类.【来源】红树导出的真菌红色散囊菌* *Eurotium rubrum* MA-150.【活性】有毒的 (盐水丰年虾 *Artemia salina* 生物测定实验, LC_{50} = 16.5μmol/L).
【文献】L.-H. Meng, et al. JNP, 2015, 78, 909.

1030　Rubrumline A　红色散囊菌素 A*
【基本信息】$C_{24}H_{31}N_3O_4$, 白色粉末, $[\alpha]_D^{25}$ = −30.6º (c = 0.05, 甲醇).【类型】二酮哌嗪类.【来源】红树导出的真菌红色散囊菌* *Eurotium rubrum* (内生的).【活性】抗病毒 (流感 A/WSN/33 病毒, 100μmol/L, InRt = 25.79%, CC_{50} > 200μmol/L).
【文献】X. Chen, et al. Eur. J. Med. Chem., 2015, 93, 182.

1031　Rubrumline B　红色散囊菌素 B*
【基本信息】$C_{25}H_{33}N_3O_4$, 白色粉末, $[\alpha]_D^{25}$ = −58.4º (c = 0.05, 甲醇).【类型】二酮哌嗪类.【来源】红树导出的真菌红色散囊菌* *Eurotium rubrum* (内生的).【活性】抗病毒 (流感 A/WSN/33 病毒, 100μmol/L, InRt = 15.17%, CC_{50} > 200μmol/L).
【文献】X. Chen, et al. Eur. J. Med. Chem., 2015, 93, 182.

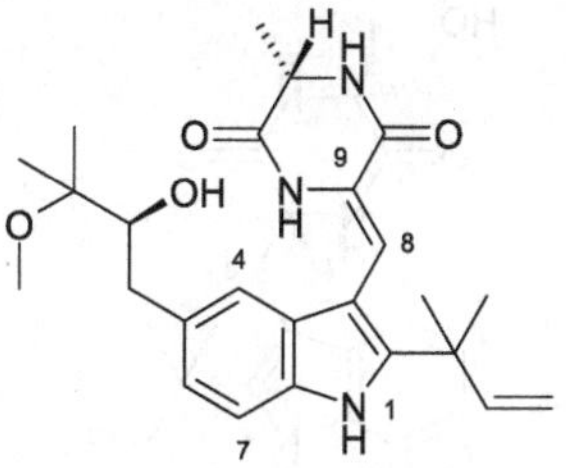

1032　Rubrumline C　红色散囊菌素 C*
【基本信息】$C_{26}H_{33}N_3O_5$，白色粉末，$[\alpha]_D^{25} = -70.5°$ (c = 0.05, 甲醇).【类型】二酮哌嗪类.【来源】红树导出的真菌红色散囊菌* *Eurotium rubrum* (内生的).【活性】抗病毒 (流感 A/WSN/33 病毒, 100μmol/L, InRt = 2.5%, CC_{50} > 200μmol/L).【文献】X. Chen, et al. Eur. J. Med. Chem., 2015, 93, 182.

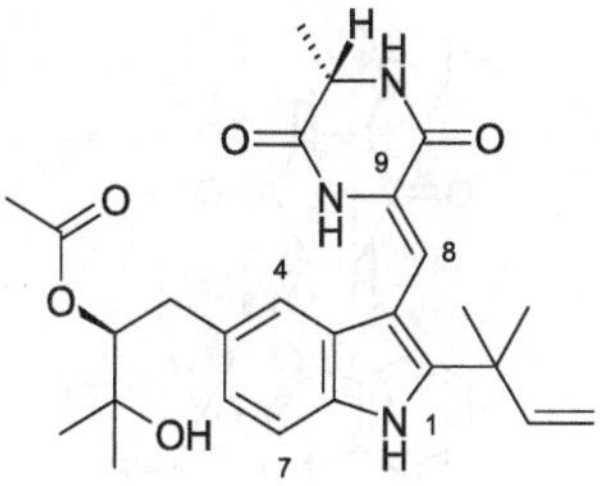

1033　Rubrumline D　红色散囊菌素 D*
【基本信息】$C_{24}H_{29}N_3O_4$，白色粉末，$[\alpha]_D^{25} = -2.0°$ (c = 0.05, 甲醇).【类型】二酮哌嗪类.【来源】红树导出的真菌红色散囊菌* *Eurotium rubrum* (内生的).【活性】抗病毒 (流感 A/WSN/33 病毒, 100μmol/L, InRt = 52.64%, IC_{50} = 126μmol/L, CC_{50} > 200μmol/L).【文献】X. Chen, et al. Eur. J. Med. Chem., 2015, 93, 182.

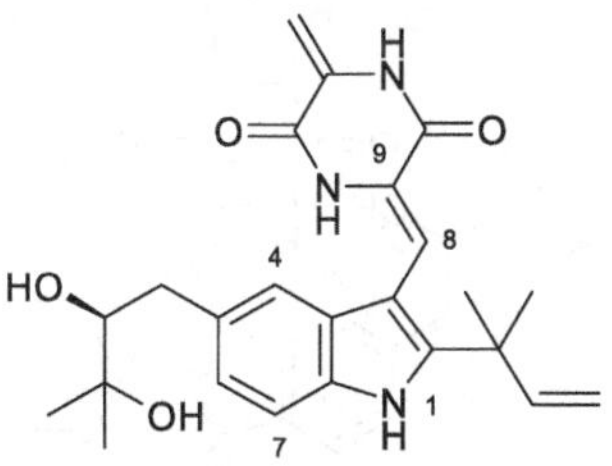

1034　Rubrumline E　红色散囊菌素 E*
【基本信息】$C_{25}H_{31}N_3O_4$，白色粉末，$[\alpha]_D^{25} = -38.5°$ (c = 0.05, 甲醇).【类型】二酮哌嗪类.【来源】红树导出的真菌红色散囊菌* *Eurotium rubrum* (内生的).【活性】抗病毒 (流感 A/WSN/33 病毒, 100μmol/L, InRt = 5.0%, CC_{50} > 200μmol/L).【文献】X. Chen, et al. Eur. J. Med. Chem., 2015, 93, 182.

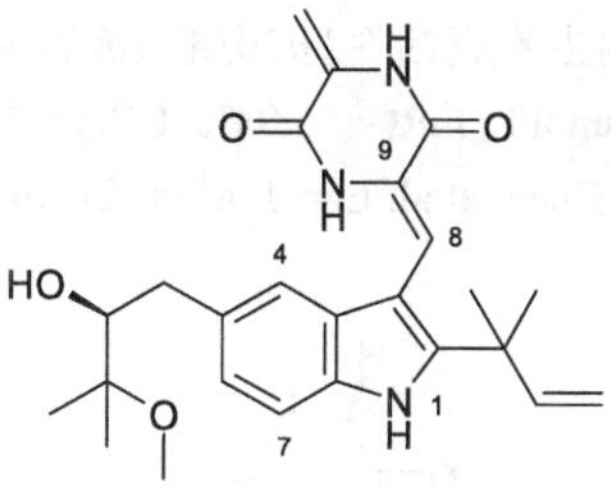

1035　Rubrumline F　红色散囊菌素 F*
【基本信息】$C_{25}H_{35}N_3O_4$，白色粉末，$[\alpha]_D^{25} = -22.7°$ (c = 0.05, 甲醇).【类型】二酮哌嗪类.【来源】红树导出的真菌红色散囊菌* *Eurotium rubrum* (内生的).【活性】抗病毒 (流感 A/WSN/33 病毒, 100μmol/L, InRt = 5.69%, CC_{50} > 200μmol/L).【文献】X. Chen, et al. Eur. J. Med. Chem., 2015, 93, 182.

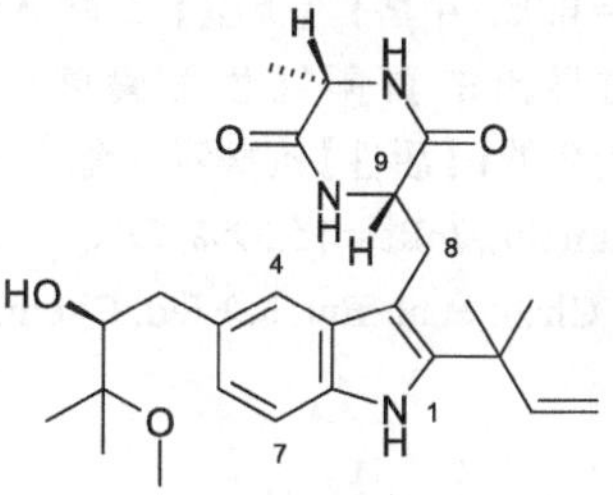

1036　Rubrumline G　红色散囊菌素 G*
【基本信息】$C_{26}H_{35}N_3O_5$，白色粉末，$[\alpha]_D^{25} = -13.1°$ (c = 0.05, 甲醇).【类型】二酮哌嗪类.【来源】红树导出的真菌红色散囊菌* *Eurotium rubrum* (内生的).【活性】抗病毒 (流感 A/WSN/33 病毒, 100μmol/L, InRt = 3.48%, CC_{50} > 200μmol/L).【文献】X. Chen, et al. Eur. J. Med. Chem., 2015, 93, 182.

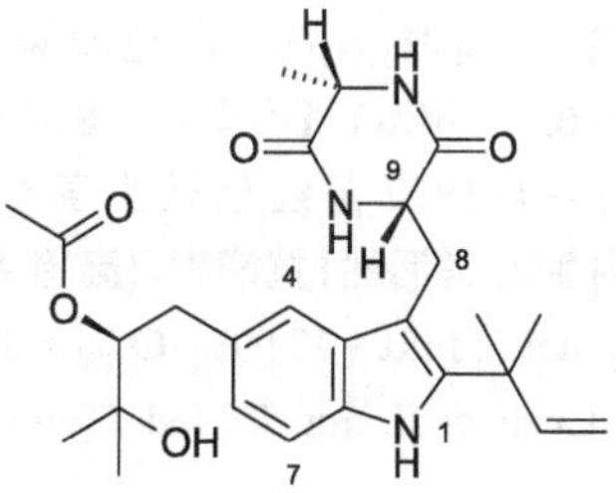

1037 Rubrumline H 红色散囊菌素 H*

【基本信息】$C_{24}H_{31}N_3O_4$，白色粉末，$[\alpha]_D^{25}$ = −47.1º (c = 0.05, 甲醇).【类型】二酮哌嗪类.【来源】红树导出的真菌红色散囊菌* *Eurotium rubrum* (内生的).【活性】抗病毒 (流感 A/WSN/33 病毒, 100μmol/L, InRt = 15.08%, CC_{50} > 200μmol/L).【文献】X. Chen, et al. Eur. J. Med. Chem., 2015, 93, 182.

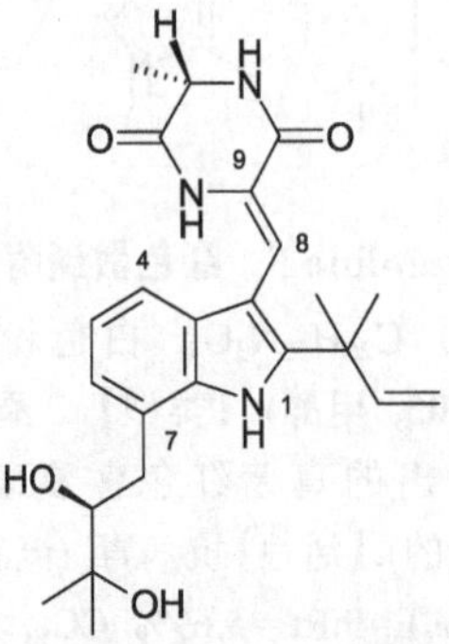

1038 Rubrumline I 红色散囊菌素 I*

【基本信息】$C_{25}H_{33}N_3O_4$，白色粉末，$[\alpha]_D^{25}$ = −15.7º (c = 0.05, 甲醇).【类型】二酮哌嗪类.【来源】红树导出的真菌红色散囊菌* *Eurotium rubrum* (内生的).【活性】抗病毒 (流感 A/WSN/33 病毒, 100μmol/L, InRt = 15.59%, CC_{50} > 200μmol/L).【文献】X. Chen, et al. Eur. J. Med. Chem., 2015, 93, 182.

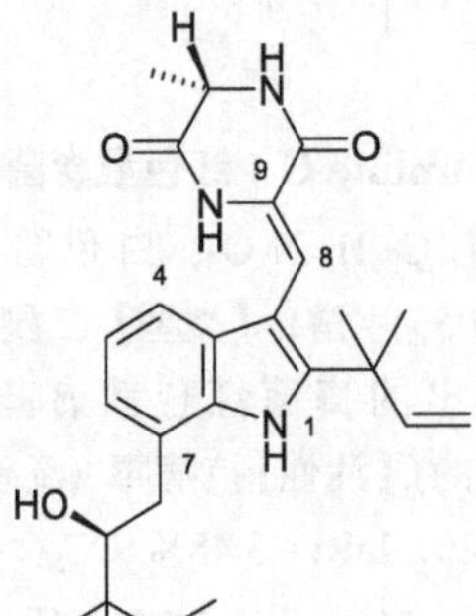

1039 Rubrumline J 红色散囊菌素 J*

【基本信息】$C_{19}H_{23}N_3O_3$，白色粉末，$[\alpha]_D^{25}$ = −19.2º (c = 0.05, 甲醇).【类型】二酮哌嗪类.【来源】红树导出的真菌红色散囊菌* *Eurotium rubrum* (内生的).【活性】抗病毒 (流感 A/WSN/33 病毒, 100μmol/L, InRt = 12.99%, CC_{50} > 200μmol/L).【文献】X. Chen, et al. Eur. J. Med. Chem., 2015, 93, 182.

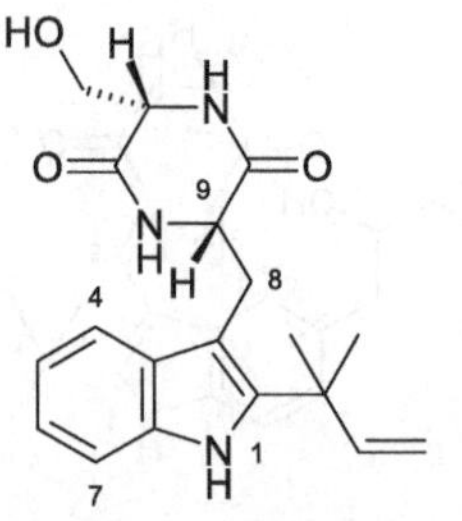

1040 Rubrumline K 红色散囊菌素 K*

【基本信息】$C_{20}H_{23}N_3O_4$，白色粉末，$[\alpha]_D^{25}$ = 3.5º (c = 0.05, 甲醇).【类型】二酮哌嗪类.【来源】红树导出的真菌红色散囊菌* *Eurotium rubrum* (内生的).【活性】抗病毒 (流感 A/WSN/33 病毒, 100μmol/L, InRt = 14.29%, CC_{50} > 200μmol/L).【文献】X. Chen, et al. Eur. J. Med. Chem., 2015, 93, 182.

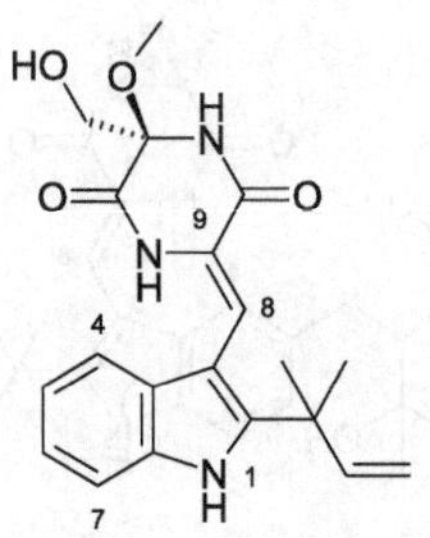

1041 Rubrumline L 红色散囊菌素 L*

【基本信息】$C_{23}H_{27}N_3O_5$，黄色粉末，$[\alpha]_D^{25}$ = −5.2º (c = 0.05, 甲醇).【类型】二酮哌嗪类.【来源】红树导出的真菌红色散囊菌* *Eurotium rubrum* (内生的).【活性】抗病毒 (流感 A/WSN/33 病毒, 100μmol/L, InRt = 6.45%, CC_{50} > 200μmol/L).【文献】X. Chen, et al. Eur. J. Med. Chem., 2015, 93, 182.

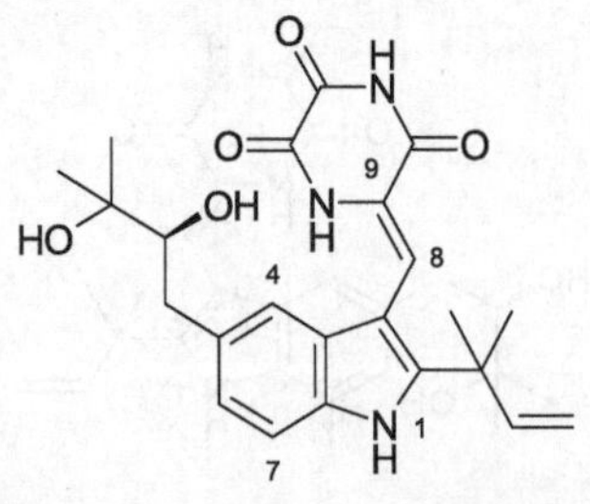

1042 Rubrumline M 红色散囊菌素 M*

【基本信息】$C_{19}H_{23}N_3O_3$，白色粉末，$[\alpha]_D^{25}$ = 11.9º (c = 0.05, 甲醇).【类型】二酮哌嗪类.【来源】红树导出的真菌红色散囊菌* *Eurotium rubrum* (内生的).【活性】抗病毒 (流感 A/WSN/33 病毒,

100μmol/L, InRt = 3.38%, CC$_{50}$ > 200μmol/L).【文献】X. Chen, et al. Eur. J. Med. Chem., 2015, 93, 182.

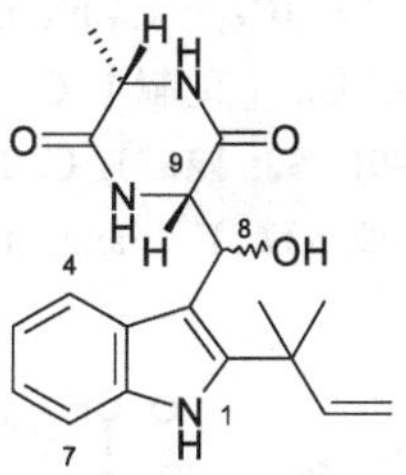

1043 Rubrumline N 红色散囊菌素 N*
【基本信息】C$_{21}$H$_{27}$N$_3$O$_3$，白色粉末，$[\alpha]_D^{25}$ = 17.3° (c = 0.05, 甲醇).【类型】二酮哌嗪类.【来源】红树导出的真菌红色散囊菌* Eurotium rubrum (内生的).【活性】抗病毒 (流感 A/WSN/33 病毒, 100μmol/L, InRt = 18.29%, CC$_{50}$ > 200μmol/L).【文献】X. Chen, et al. Eur. J. Med. Chem., 2015, 93, 182.

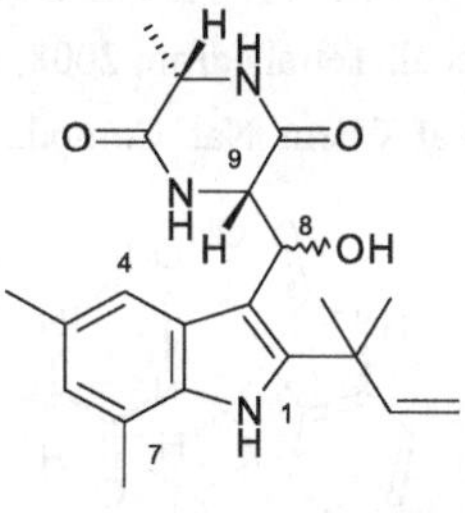

1044 Rubrumline O 红色散囊菌素 O*
【基本信息】C$_{19}$H$_{23}$N$_3$O$_2$, 白色粉末，$[\alpha]_D^{25}$ = 4.8° (c = 0.05, 甲醇).【类型】二酮哌嗪类.【来源】红树导出的真菌红色散囊菌* Eurotium rubrum (内生的).【活性】抗病毒 (流感 A/WSN/33 病毒, 100μmol/L, InRt = 17.95%, CC$_{50}$ > 200μmol/L).【文献】X. Chen, et al. Eur. J. Med. Chem., 2015, 93, 182.

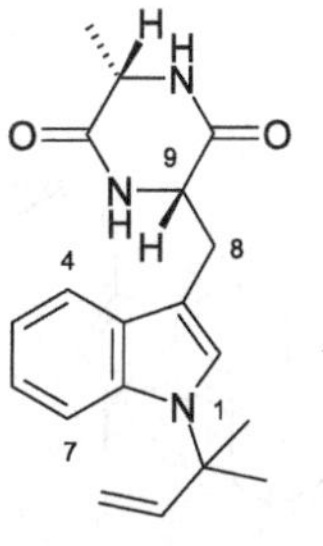

1045 Shornephine A 海滨平 A*
【别名】肖恩平 A.【基本信息】C$_{25}$H$_{26}$N$_2$O$_5$.【类型】二酮哌嗪类.【来源】海洋导出的真菌曲霉菌属 Aspergillus sp. CMB-M081F (澳大利亚).【活性】P-糖蛋白抑制剂 (MDR 癌细胞).【文献】Z. G. Khalil, et al. JOC, 2014, 79, 8700.

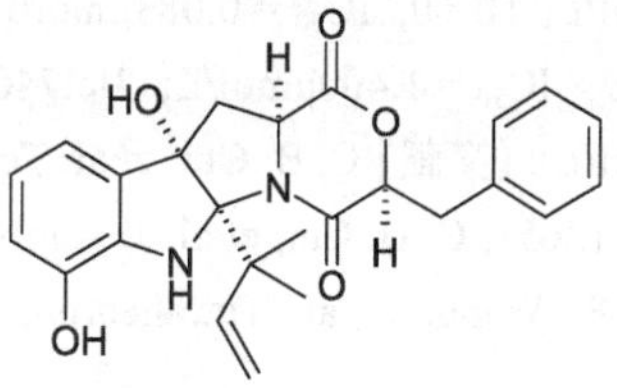

1046 Spirotryprostatin A 螺环色脯他汀 A*
【基本信息】C$_{22}$H$_{25}$N$_3$O$_4$, 浅黄色无定形粉末, $[\alpha]_D^{26}$ = −34° (c = 0.10, 氯仿).【类型】二酮哌嗪类.【来源】海洋导出的真菌萨氏曲霉菌 Aspergillus sydowi PFW1-13 和海洋导出的真菌烟曲霉菌 Aspergillus fumigatus BM939.【活性】哺乳动物细胞循环抑制剂.【文献】C. Cui, et al. Tetrahedron, 1996, 52, 12651; H.Wang, et al. JOC, 2000, 65, 4685; M. Zhang, et al. JNP, 2008, 71, 985.

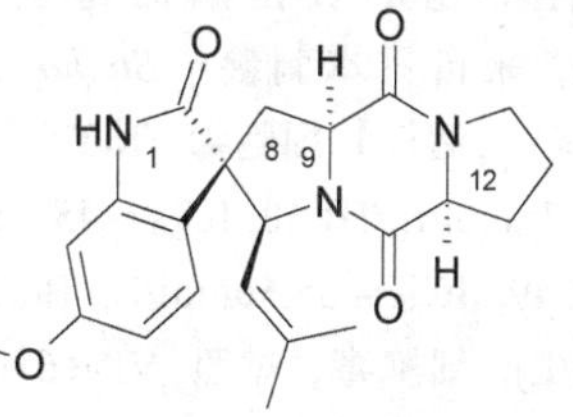

1047 Spirotryprostatin B 螺环色脯他汀 B*
【基本信息】C$_{21}$H$_{21}$N$_3$O$_3$, 浅黄色晶体，mp 137~138°C, $[\alpha]_D^{22}$ = −162.1° (c = 0.92, 氯仿).【类型】二酮哌嗪类.【来源】海洋导出的真菌烟曲霉菌 Aspergillus fumigatus. BM939.【活性】哺乳动物细胞循环抑制剂.【文献】C. Cui, et al. Tetrahedron, 1996, 52, 12651.

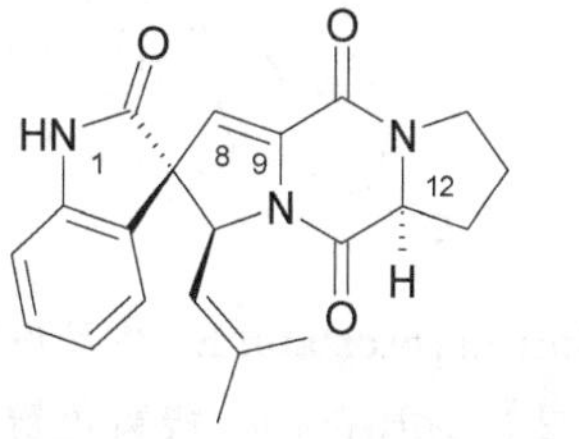

1048 Spirotryprostatin C 螺环色脯他汀 C*
【基本信息】C$_{27}$H$_{33}$N$_3$O$_6$, 浅黄色粉末, $[\alpha]_D^{20}$ = −76.5° (c = 0.1, 氯仿).【类型】二酮哌嗪类.【来源】海洋导出的真菌烟曲霉菌 Aspergillus fumigatus, 来自日本刺参* Stichopus japonicas (中国水域).【活

性】细胞毒（MTT 试验：Molt4, IC$_{50}$ = 25.7μmol/L; HL60, IC$_{50}$ = 43.5μmol/L; SRB 试验：A549; IC$_{50}$ = 35.9μmol/L, Bel7402, IC$_{50}$ = 68.8μmol/L); 细胞毒，对照 VP-16 (MTT 试验：Molt4, IC$_{50}$ = 0.003μmol/L; HL60, IC$_{50}$ = 0.083μmol/L; SRB 试验：A549, IC$_{50}$ = 1.400μmol/L; Bel7402, IC$_{50}$ = 1.025μmol/L).【文献】C. B. Cui, et al. Tetrahedron, 1996, 52, 12651; C. B. Cui, et al. J. Antibiot., 1996, 49, 832; F. Wang, et al. Tetrahedron, 2008, 64, 7986.

1049 Spirotryprostatin D 螺环色脯他汀 D*
【基本信息】C$_{27}$H$_{33}$N$_3$O$_7$, 浅黄色粉末, [α]$_D^{20}$ = –73.6º (c = 0.1, 氯仿).【类型】二酮哌嗪类.【来源】海洋导出的真菌烟曲霉菌 Aspergillus fumigatus, 来自日本刺参* Stichopus japonicas (中国水域).【活性】细胞毒 (MTT 试验：Molt4, IC$_{50}$ = 25.7μmol/L; HL60, IC$_{50}$ = 45.0μmol/L; SRB 试验：A549, IC$_{50}$ = 35.5μmol/L; Bel7402, IC$_{50}$ = 17.5μmol/L); 细胞毒，对照 VP-16 (MTT 试验：Molt4, IC$_{50}$ = 0.003μmol/L, HL60, IC$_{50}$ = 0.083μmol/L; SRB 试验：A549, IC$_{50}$ = 1.400μmol/L, Bel7402, IC$_{50}$ = 1.025μmol/L).【文献】C. B. Cui, et al. Tetrahedron, 1996, 52, 12651; C. B. Cui, et al. J. Antibiot., 1996, 49, 832; F. Wang, et al. Tetrahedron, 2008, 64, 7986.

1050 Spirotryprostatin E 螺环色脯他汀 E*
【基本信息】C$_{27}$H$_{33}$N$_3$O$_8$, 浅黄色粉末, [α]$_D^{20}$ = –60.9º (c = 0.1, 氯仿).【类型】二酮哌嗪类.【来源】海洋导出的真菌烟曲霉菌 Aspergillus fumigatus, 来自日本刺参* Stichopus japonicas (中国水域).【活性】细胞毒 (MTT 试验：Molt4, IC$_{50}$ = 3.1μmol/L; HL60, IC$_{50}$ = 2.3μmol/L; SRB 试验：A549, IC$_{50}$ = 3.1μmol/L; Bel7402, IC$_{50}$ = 98.4μmol/L); 细胞毒，对照 VP-16 (MTT 试验：Molt4, IC$_{50}$ = 0.003μmol/L; HL60, IC$_{50}$ = 0.083μmol/L; SRB 试验：A549, IC$_{50}$ = 1.400μmol/L; Bel7402, IC$_{50}$ = 1.025μmol/L).【文献】C. B. Cui, et al. Tetrahedron, 1996, 52, 12651; C. B. Cui, et al. J. Antibiot., 1996, 49, 832; F. Wang, et al. Tetrahedron, 2008, 64, 7986.

1051 Spirotryprostatin F 螺环色脯他汀 F*
【基本信息】C$_{22}$H$_{25}$N$_3$O$_6$.【类型】二酮哌嗪类.【来源】海洋导出的真菌烟曲霉菌 Aspergillus fumigatus, 来自短指软珊瑚属 Sinularia sp. (国后岛, 千岛群岛).【活性】刺激植物调整活性.【文献】F. Wang, et al. Tetrahedron, 2008, 64, 7986; S. S. Afiyatullov, et al. Chem. Nat. Compd., 2012, 48, 95.

1052 Terezine D 泰雷兹丁*
【基本信息】C$_{19}$H$_{23}$N$_3$O$_2$, 粉末, mp 192~104ºC, [α]$_D$ = +7º (c = 0.58, 甲醇).【类型】二酮哌嗪类.【来源】海洋导出的真菌萨氏曲霉菌 Aspergillus sydowi PFW1-13 (腐木样本, 中国).【活性】抗真菌.【文献】Y. Wang, et al. JNP, 1995, 58, 93; M. Zhang, et al. JNP, 2008, 71, 985.

1053 Tryprostatin A 色脯他汀 A*
【基本信息】C$_{22}$H$_{27}$N$_3$O$_3$, 浅黄色晶体, mp 120~

123°C, $[\alpha]_D^{27}$ = –69.7º (c = 0.07, 氯仿).【类型】二酮哌嗪类.【来源】海洋导出的真菌烟曲霉菌 *Aspergillus fumigatus* BM939 (来自沉积物).【活性】哺乳动物细胞循环抑制剂 (tsFT210, 50μg/mL, 引起细胞循环 G_2/M 相的完全阻断); 微管组装抑制剂 (破坏微管主轴); 真菌毒素.【文献】C. B. Cui, et al. J. Antibiot., 1995, 48, 1382; 1996, 49, 527; 534; 832; M. Kondoh, et al. J. Antibiot., 1998, 51, 801; T. Usui, et al. Biochem. J., 1998, 333, 543; S. Zhao, et al. Tetrahedron Lett., 1998, 39, 7009.

1054　Tryprostatin B　色脯他汀 B*

【基本信息】$C_{21}H_{25}N_3O_2$, 浅黄色晶体, mp 102~105°C, $[\alpha]_D^{27}$ = –71.1º (c = 0.6, 氯仿).【类型】二酮哌嗪类.【来源】海洋导出的真菌烟曲霉菌 *Aspergillus fumigatus* BM939 (来自沉积物).【活性】哺乳动物细胞循环抑制剂 (tsFT210, 12.5μg/mL, 引起细胞循环 G_2/M 相的完全阻断); 微管组装抑制剂 (破坏微管主轴).【文献】C. B. Cui, et al. J. Antibiot., 1995, 48, 1382; 1996, 49, 527; 1996, 49, 534; K. M. Depew, et al. JACS, 1996, 118, 12463; M. Kondoh, et al. J. Antibiot., 1998, 51, 801; T. Usui, et al. Biochem. J., 1998, 333, 543; S. Zhao, et al. Tetrahedron Let., 1998, 39, 7009; J. M. Schkeryantz, et al. JACS, 1999, 121, 11964; T. S. Bugni, et al. NPR, 2004, 21, 143 (Rev.).

1055　Variecolorin A　变色曲霉菌碱 A*

【基本信息】$C_{24}H_{30}ClN_3O_3$.【类型】二酮哌嗪类.【来源】海洋导出的真菌变色曲霉菌 *Aspergillus variecolor* (耐受卤素的).【活性】抗氧化剂 (DPPH 自由基清除剂, 低活性).【文献】W.-L. Wang, et al. JNP, 2007, 70, 1558.

1056　Variecolorin B　变色曲霉菌碱 B*

【基本信息】$C_{24}H_{29}Cl_2N_3O_2$.【类型】二酮哌嗪类.【来源】海洋导出的真菌变色曲霉菌 *Aspergillus variecolor* (耐受卤素的).【活性】抗氧化剂 (DPPH 自由基清除剂, 低活性).【文献】W.-L. Wang, et al. JNP, 2007, 70, 1558.

1057　Variecolorin C　变色曲霉菌碱 C*

【基本信息】$C_{24}H_{29}N_3O_3$.【类型】二酮哌嗪类.【来源】海洋导出的真菌变色曲霉菌 *Aspergillus variecolor* (耐受卤素的).【活性】抗氧化剂 (DPPH 自由基清除剂, 低活性).【文献】W.-L. Wang, et al. JNP, 2007, 70, 1558.

1058　Variecolorin D　变色曲霉菌碱 D*

【基本信息】$C_{27}H_{35}N_3O_4$.【类型】二酮哌嗪类.【来源】海洋导出的真菌变色曲霉菌 *Aspergillus variecolor* (耐受卤素的).【活性】抗氧化剂 (DPPH 自由基清除剂, 低活性).【文献】W.-L. Wang, et al. JNP, 2007, 70, 1558.

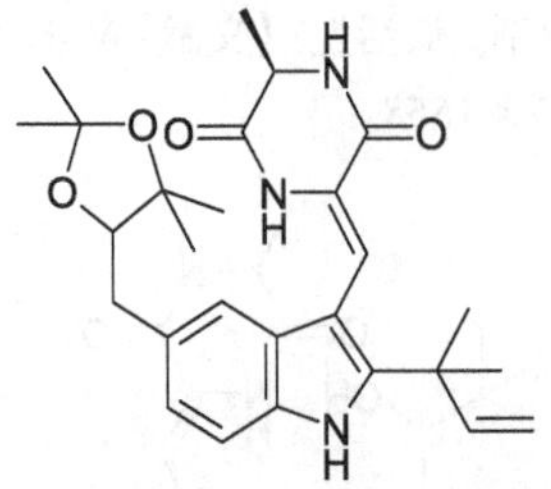

1059 Variecolorin E 变色曲霉菌碱 E*
【基本信息】$C_{24}H_{29}N_3O_3$.【类型】二酮哌嗪类.【来源】海洋导出的真菌变色曲霉菌 *Aspergillus variecolor* (耐受卤素的).【活性】抗氧化剂 (DPPH 自由基清除剂, 低活性).【文献】W.-L. Wang, et al. JNP, 2007, 70, 1558.

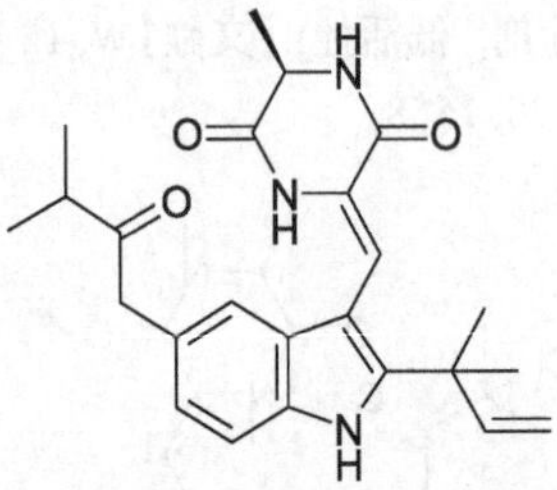

1060 Variecolorin F 变色曲霉菌碱 F*
【基本信息】$C_{24}H_{30}ClN_3O_3$.【类型】二酮哌嗪类.【来源】海洋导出的真菌变色曲霉菌 *Aspergillus variecolor* (耐受卤素的).【活性】抗氧化剂 (DPPH 自由基清除剂, 低活性).【文献】W.-L. Wang, et al. JNP, 2007, 70, 1558.

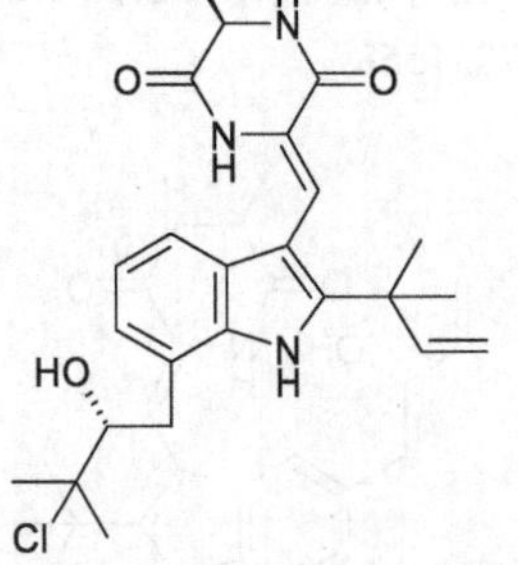

1061 Variecolorin G 变色曲霉菌碱 G*
【基本信息】$C_{24}H_{29}N_3O_2$, 无定形粉末, $[\alpha]_D^{25}$ = −16° (c = 0.1, 甲醇).【类型】二酮哌嗪类.【来源】红树导出的真菌红色散囊菌* *Eurotium rubrum*, 来自半红树黄槿 *Hibiscus tiliaceus* (海南, 中国).【活性】抗氧化剂 (DPPH 自由基清除剂, 低活性); 致死性 (盐水丰年虾, LC_{50} = 42.6μg/mL).【文献】W.-L. Wang, et al. JNP, 2007, 70, 1558; H.-J. Yan, et al. Helv. Chim. Acta, 2012, 95, 163; F.-Y. Du, et al. BoMCL, 2012, 22, 4650.

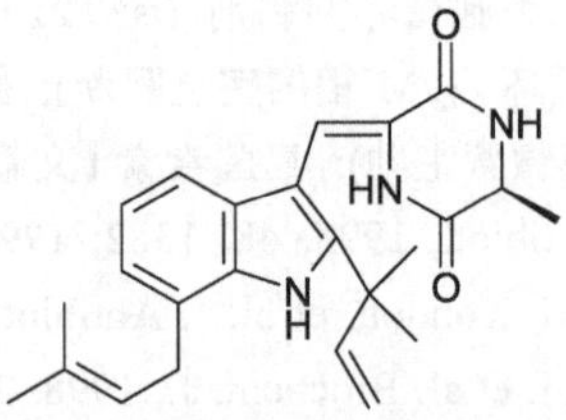

1062 Variecolorin H 变色曲霉菌碱 H*
【基本信息】$C_{20}H_{23}N_3O_3$.【类型】二酮哌嗪类.【来源】海洋导出的真菌变色曲霉菌 *Aspergillus variecolor* (耐受卤素的).【活性】抗氧化剂 (DPPH 自由基清除剂, 低活性).【文献】W.-L. Wang, et al. JNP, 2007, 70, 1558.

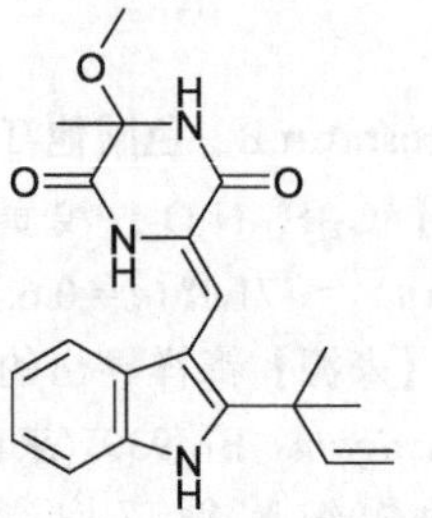

1063 Variecolorin I 变色曲霉菌碱 I*
【基本信息】$C_{25}H_{31}N_3O_3$.【类型】二酮哌嗪类.【来源】海洋导出的真菌变色曲霉菌 *Aspergillus variecolor* (耐受卤素的).【活性】抗氧化剂 (DPPH 自由基清除剂, 低活性).【文献】W.-L. Wang, et al. JNP, 2007, 70, 1558.

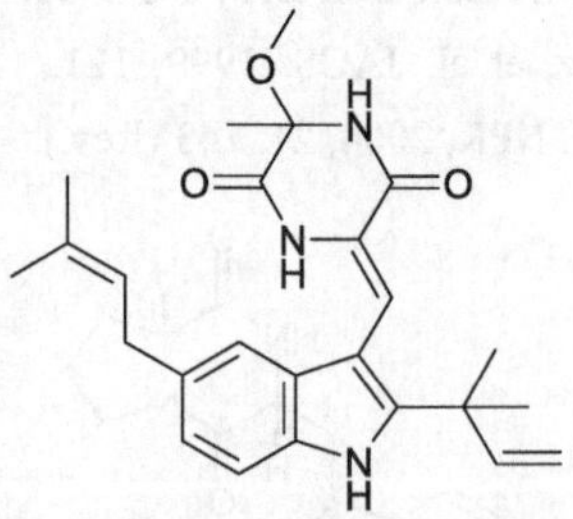

1064 Variecolorin J 变色曲霉菌碱 J*
【基本信息】$C_{23}H_{25}N_3O_3$.【类型】二酮哌嗪类.【来源】海洋导出的真菌变色曲霉菌 *Aspergillus variecolor* (耐受卤素的).【活性】抗氧化剂 (DPPH 自由基清除剂, 低活性).【文献】W.-L. Wang, et al. JNP, 2007, 70, 1558.

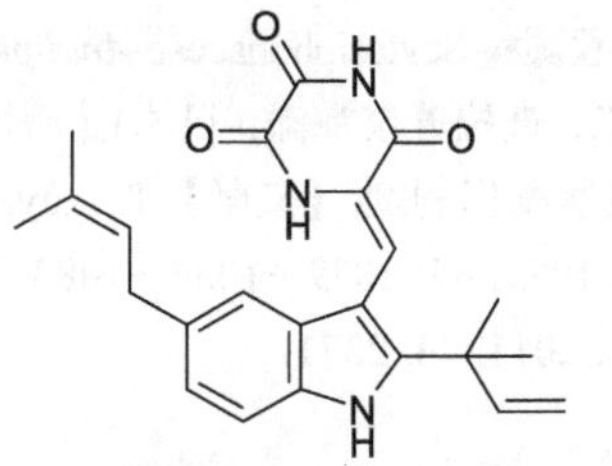

1065　Variecolorin K　变色曲霉菌碱 K*
【基本信息】$C_{27}H_{35}N_3O_4$.【类型】二酮哌嗪类.【来源】海洋导出的真菌变色曲霉菌 *Aspergillus variecolor* (耐受卤素的).【活性】抗氧化剂 (DPPH 自由基清除剂, 低活性).【文献】W.-L. Wang, et al. JNP, 2007, 70, 1558.

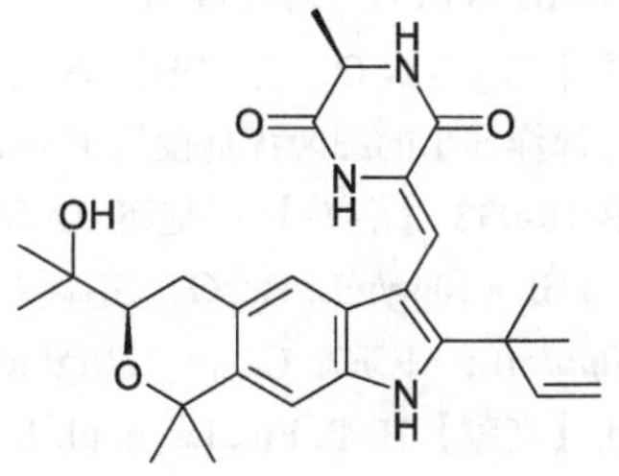

1066　Variecolorin M　变色曲霉菌碱 M*
【别名】(3Z,6S)-3-{{2-(1,1-Dimethylprop-2-en-1-yl)-7-[(2E)-4-hydroxy-3-methylbut-2-en-1-yl]-1H-indol-3-yl}methylidene}-6-methylpiperazine-2,5-dione; (3Z,6S)-3-{{2-(1,1-二甲基丙-2-烯-1-基)-7-[(2E)-4-羟基-3-甲基丁-2-烯-1-基]-1H-吲哚-3-基}次甲基}-6-甲基哌嗪-2,5-二酮.【基本信息】$C_{24}H_{29}N_3O_3$, 黄色无定形粉末, $[\alpha]_D^{25} = -36°$ ($c=0.1$, 甲醇).【类型】二酮哌嗪类.【来源】深海真菌黄灰青霉 *Penicillium griseofulvum* (沉积物).【活性】抗氧化剂 (DPPH 自由基清除剂, $IC_{50} = 135\mu mol/L$, 对照抗坏血酸, $IC_{50} = 26\mu mol/L$); 细胞毒无活性 (P_{388}, HL60, Bel7402 和 A549, $IC_{50} > 50\mu mol/L$).【文献】L.-N. Zhou, et al. Helv. Chim. Acta, 2010, 93, 1758.

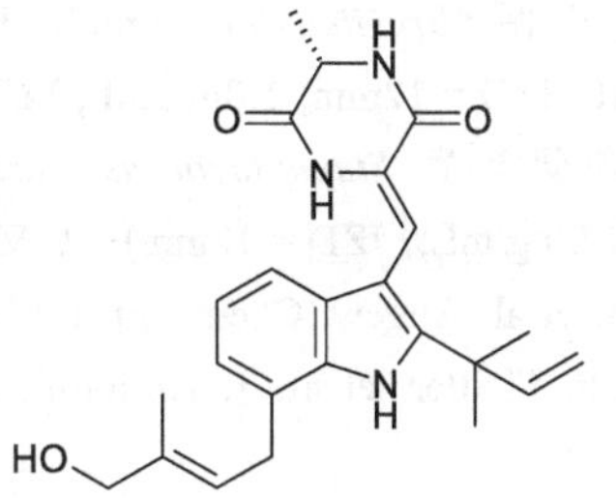

1067　Variecolorin N　变色曲霉菌碱 N*
【别名】(3Z,6S)-3-{{2-(1,1-Dimethylprop-2-en-1-yl)-7-{[3-(hydroxymethyl)-3-methyloxiran-2-yl]methyl}-1H-indol-3-yl}methylidene}-6-methylpiperazine-2,5-dione; (3Z,6S)-3-{{2-(1,1-二甲基丙-2-烯-1-基)-7-{[3-(羟基甲基)-3-甲基氧化乙烯-2-基]甲基}-1H-吲哚-3-基}次甲基}-6-甲基哌嗪-2,5-二酮.【基本信息】$C_{24}H_{29}N_3O_4$, 黄色无定形粉末, $[\alpha]_D^{25} = -58°$ ($c=0.1$, 甲醇).【类型】二酮哌嗪类.【来源】深海真菌黄灰青霉 *Penicillium griseofulvum* (沉积物).【活性】抗氧化剂 (DPPH 自由基清除剂, $IC_{50} = 120\mu mol/L$, 对照抗坏血酸, $IC_{50} = 26\mu mol/L$); 细胞毒无活性 (P_{388}, HL60, Bel7402 和 A549, $IC_{50} > 50\mu mol/L$).【文献】L.-N. Zhou, et al. Helv. Chim. Acta, 2010, 93, 1758.

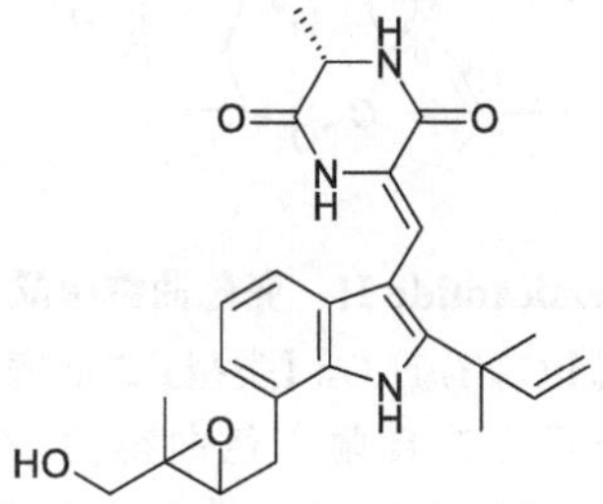

1068　Variecolorin O　变色曲霉菌碱 O*
【基本信息】$C_{19}H_{21}N_3O_3$, 黄色无定形粉末, $[\alpha]_D^{25} = -8.9°$ ($c=0.1$, 甲醇).【类型】二酮哌嗪类.【来源】深海真菌黄灰青霉 *Penicillium griseofulvum* (沉积物).【活性】抗氧化剂 (DPPH 自由基清除剂, $IC_{50} = 91\mu mol/L$, 对照抗坏血酸, $IC_{50} = 26\mu mol/L$); 细胞毒无活性 (P_{388}, HL60, Bel7402 和 A549, $IC_{50} > 50\mu mol/L$).【文献】L.-N. Zhou, et al. Helv. Chim. Acta, 2010, 93, 1758.

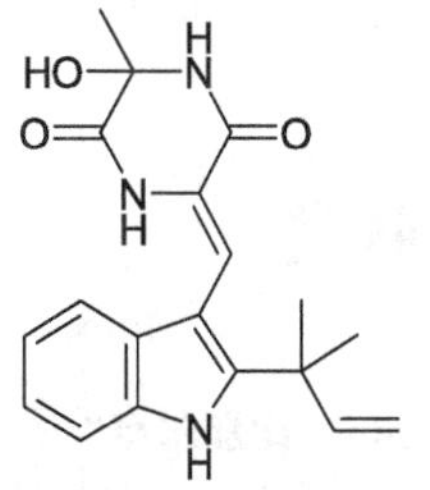

1069　Verruculogen　疣孢青霉原
【别名】震颤真菌毒素.【基本信息】$C_{27}H_{33}N_3O_7$, 片状晶体 (苯/乙醇), mp 233~235°C (分解),

$[\alpha]_D = -27.7°$ (氯仿).【类型】二酮哌嗪类.【来源】海洋导出的真菌萨氏曲霉菌 *Aspergillus sydowi* PFW1-13（腐木样本，中国），陆地真菌青霉菌属 *Penicillium* spp.，曲霉属 *Aspergillus caespitosus* 和烟曲霉菌 *Aspergillus fumigatus*).【活性】细胞循环累进抑制剂；肌肉收缩剂；致肿瘤毒素；LD_{50}（小鼠，ipr）= 2.4mg/kg.【文献】G. W. Kirby et al. J. Chem. Soc., Perkin Trans. I, 1980, 1, 119; G. W. Kirby, et al. J. Chem. Soc., Perkin Trans. I, 1988, 2, 301; Y.-C. Fang, et al. Acta Cryst. E, 2007, 63, o4788; M. Zhang, et al. JNP, 2008, 71, 985; CRC Press, DNP on DVD, 2012, version 20.2.

1070　Versicamide H　变色曲霉菌酰胺 H*
【基本信息】$C_{28}H_{29}N_3O_4$.【类型】二酮哌嗪类.【来源】海洋导出的真菌变色曲霉菌 *Aspergillus versicolor* HDN08-60.【活性】细胞毒（HeLa, $IC_{50} = 19.4μmol/L$; HCT116, $IC_{50} = 17.7μmol/L$; HL60, $IC_{50} = 8.7μmol/L$; K562, $IC_{50} = 22.4μmol/L$).蛋白酪氨酸激酶 PTK 抑制剂.【文献】J. Peng, et al. JOC, 2014, 79, 7895.

3.2　二肽类

1071　Benarthin　比那尔亭*
【基本信息】$C_{17}H_{25}N_5O_7$，粉末(+1/2H_2O)（盐酸），mp 178~180°C（盐酸），$[\alpha]_D^{24} = -2.5°$ ($c = 1$, 水).【类型】二肽.【来源】海洋导出的链霉菌属 *Streptomyces xanthophaeus* 和 *Streptomyces* sp.，来自棕藻萱藻科 Scytosiphonaceae *Analipus japonicus*（室兰港口，查拉苏奈海滩，日本).【活性】铁载体；焦谷氨酰肽酶抑制剂.【文献】T. Aoyagi, et al. J. Antibiot., 1992, 45, 1079 +1084 +1088; Y. Matsuo, et al. JNP, 2011, 74, 2371.

1072　Proximicin A　丙迷嗪 A*
【基本信息】$C_{12}H_{11}N_3O_6$，无定形固体.【类型】二肽.【来源】海洋导出的细菌疣孢菌属 *Verrucosispora maris* AB-18-032.【活性】细胞毒（AGS, $GI_{50} = 0.6μg/mL$, TGI > 10μg/mL; HepG2, $GI_{50} = 0.82μg/mL$, TGI > 10μg/mL; MCF7, $GI_{50} = 7.2μg/mL$, TGI > 10μg/mL).【文献】H.-P. Fiedler, et al. J. Antibiot., 2008, 61, 158; K. Schneider, et al. Angew. Chem. Int. Ed., 2008, 47, 3258.

1073　Proximicin B　丙迷嗪 B*
【基本信息】$C_{20}H_{19}N_3O_7$，无定形固体.【类型】二肽.【来源】海洋导出的细菌疣孢菌属 *Verrucosispora maris* AB-18-032.【活性】细胞毒（AGS, $GI_{50} = 1.5μg/mL$, TGI > 10μg/mL; HepG2, $GI_{50} = 9.5μg/mL$, TGI > 10μg/mL; MCF7, $GI_{50} = 5.0μg/mL$, TGI > 10μg/mL); 抗菌（琼脂扩散试验：枯草杆菌 *Bacillus subtilis* DSM 10, 1.0mg/mL, IZD = 12mm; 短芽孢杆菌 **Brevibacillus brevis* DSM 30, 0~3mg/mL, IZD = 12mm, 1.0mg/mL, IZD = 22mm; 金黄色葡萄球菌 *Staphylococcus aureus* DSM 20231, 1.0mg/mL, IZD = 12mm).【文献】K. Schneider, et al. Angew. Chem. Int. Ed., 2008, 47, 3258; H.-P. Fiedler, et al. J. Antibiot., 2008, 61, 158.

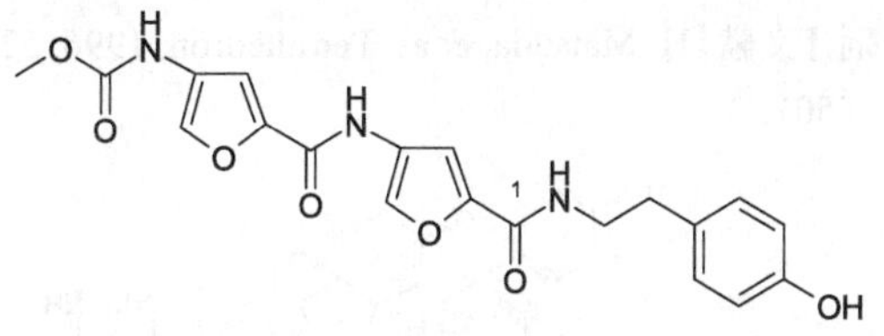

1074 Proximicin C 丙迷嗪 C*
【基本信息】$C_{22}H_{20}N_4O_6$, 无定形固体.【类型】二肽.【来源】海洋导出的细菌疣孢菌属 *Verrucosispora maris* AB-18-032.【活性】细胞毒 (AGS, GI_{50} = 0.25μg/mL, TGI > 10μg/mL; HepG2, GI_{50} = 0.78μg/mL, TGI > 10μg/mL; MCF7, GI_{50} = 9.0μg/mL, TGI > 10μg/mL).【文献】K. Schneider, et al. Angew. Chem. Int. Ed., 2008, 47, 3258; H.-P. Fiedler, et al. J. Antibiot., 2008, 61, 158.

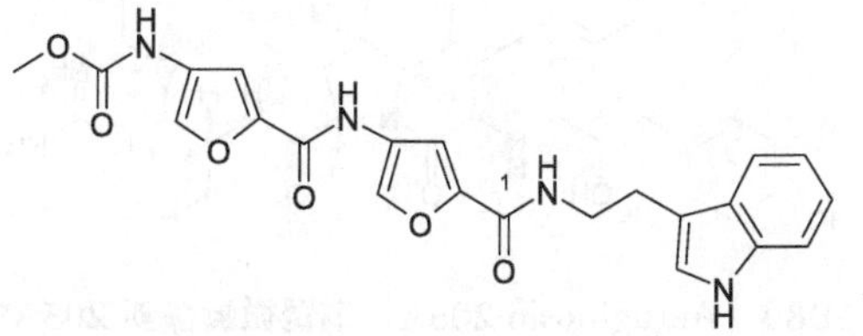

1075 Terpeptin 特肽亭*
【别名】Antibiotics RK-F 1010; 抗生素 RK-F 1010; 萜品肽.【基本信息】$C_{28}H_{40}N_4O_3$, 黄色固体, mp 92~95ºC, $[\alpha]_D$ = –135.2º (c = 0.1, 氯仿).【类型】二肽.【来源】海洋导出的真菌曲霉菌属 *Aspergillus* sp. W-6, 来自红树老鼠簕 *Acanthus ilicifolius*（中国水域）; 海洋导出的真菌曲霉菌属 *Aspergillus* sp., 来自棕藻马尾藻属 *Sargassum* sp.（石垣岛, 冲绳, 日本）; 真菌土色曲霉菌* *Aspergillus terreus* 95F-1.【活性】细胞毒 (A549, IC_{50} = 15.0μmol/L); 哺乳动物细胞循环抑制剂; 抗氧化剂 (游离的自由基清除剂, 保护 N18-RE-105 细胞免受 L-谷氨酸盐毒性, 和对照物 α-生育酚相比相当有潜力).【文献】T. Kagamizono, et al. Tetrahedron Lett., 1997, 38, 1223; Z. Lin, et al. Magn. Reson. Chem., 2008, 46, 1212; M. Izumikawa, et al. J. Antibiot., 2010, 63, 389.

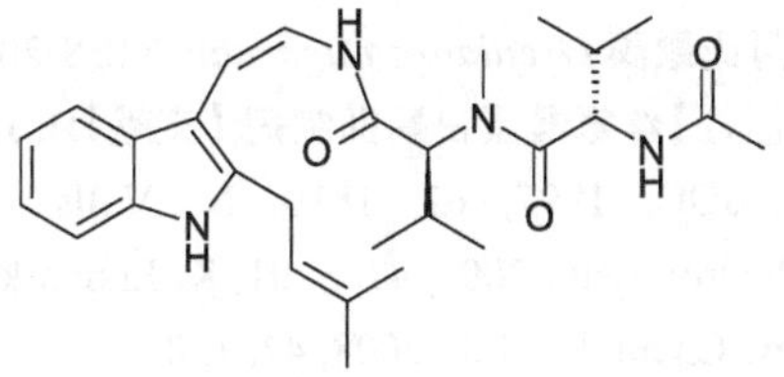

1076 Tunichrome An 1 背囊血色素 An1*
【基本信息】$C_{26}H_{25}N_3O_{11}$.【类型】二肽.【来源】黑海鞘* *Ascidia nigra*.【活性】选择性积累钒的血色素.【文献】E. M. Oltz, et al. JACS, 1988, 110, 6162.

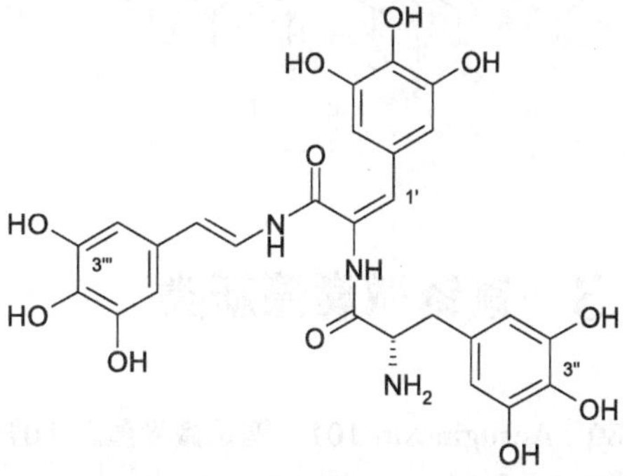

1077 Tunichrome Mm 1 背囊血色素 Mm1*
【基本信息】$C_{19}H_{19}N_3O_6$.【类型】二肽.【来源】曼哈顿皮海鞘 *Molgula manhattensis*.【活性】容易螯合钒.【文献】E. M. Oltz, et al. JACS, 1988, 110, 6162.

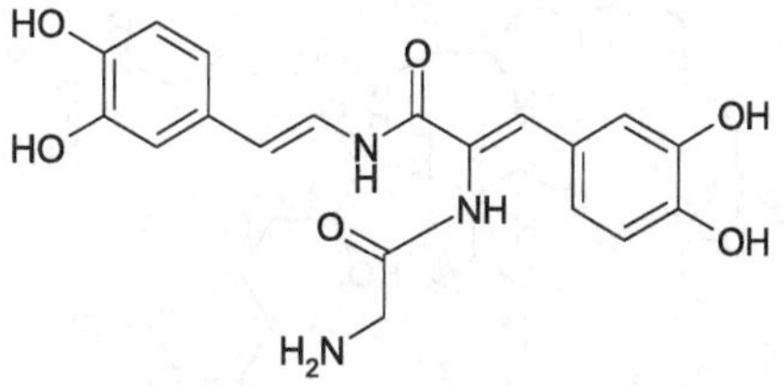

1078 Tunichrome Mm 2 背囊血色素 Mm2*
【基本信息】$C_{23}H_{27}N_3O_6$.【类型】二肽.【来源】曼哈顿皮海鞘 *Molgula manhattensis*.【活性】容易螯合钒.【文献】E. M. Oltz, et al. JACS, 1988, 110, 6162.

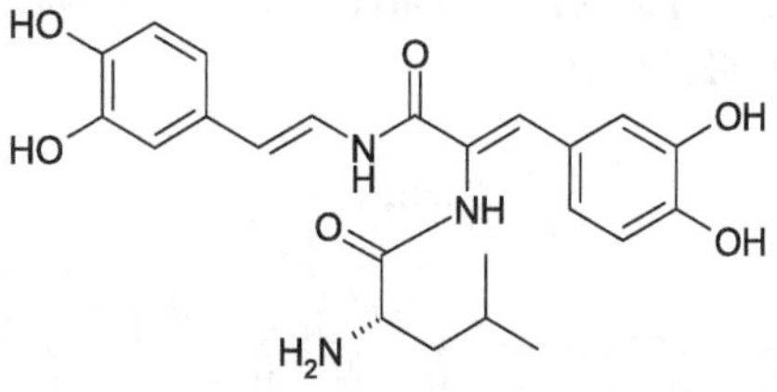

1079 Virenamide B 绿群体海鞘酰胺 B*
【基本信息】$C_{30}H_{38}N_4O_2S$, 油状物, $[\alpha]_D$ = –775º (c = 0.1, 氯仿).【类型】二肽.【来源】星骨海鞘科绿如群体海鞘* *Diplosoma virens*.【活性】细胞毒 (P_{388}, A549, HT29 和 CV-1, 所有的 IC_{50} =

5μg/mL).【文献】A. R. Carroll, et al. JOC, 1996, 61, 4059; C. J. Moody, et al. JOC, 1999, 64, 8715.

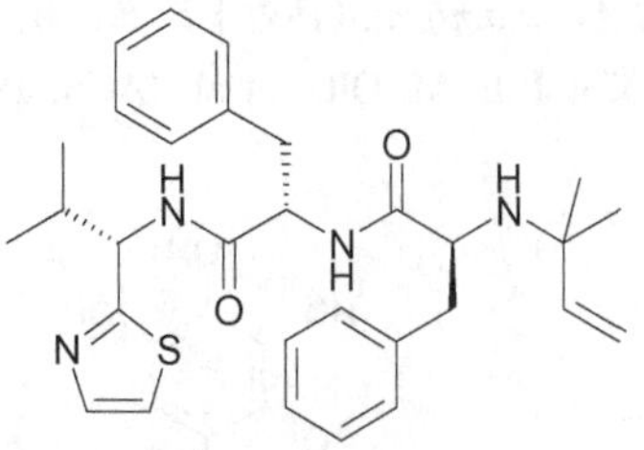

3.3 铜锈微囊藻新类

1080 Aeruginosin 101 铜锈微囊藻新 101*
【基本信息】$C_{29}H_{44}Cl_2N_6O_9S$, $[\alpha]_D = -11º$ ($c = 0.5$, 甲醇水溶液).【类型】铜锈微囊藻新类.【来源】蓝细菌铜绿微囊藻* Microcystis aeruginosa.【活性】丝氨酸蛋白酶抑制剂.【文献】K. Ersmark, et al. Angew. Chem. Int. Ed., 2008, 47, 1202.

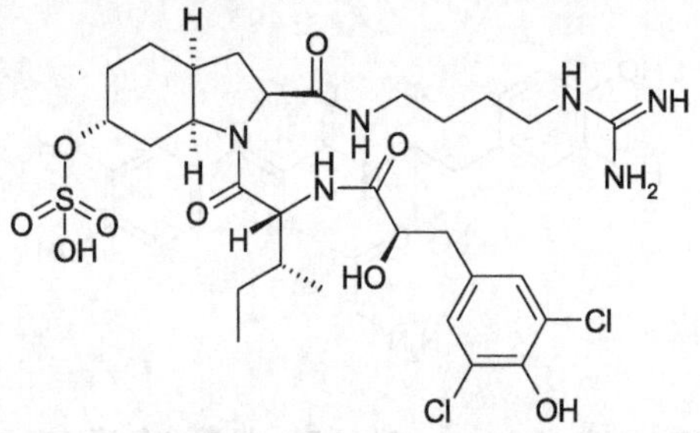

1081 Aeruginosin 102A 铜锈微囊藻新 102A*
【基本信息】$C_{33}H_{44}N_6O_{11}S$, 无定形粉末.【类型】铜锈微囊藻新类.【来源】蓝细菌铜绿微囊藻* Microcystis aeruginosa NEIS 102.【活性】凝血酶抑制剂.【文献】H. Matsuda, et al. Tetrahedron, 1996, 52, 14501.

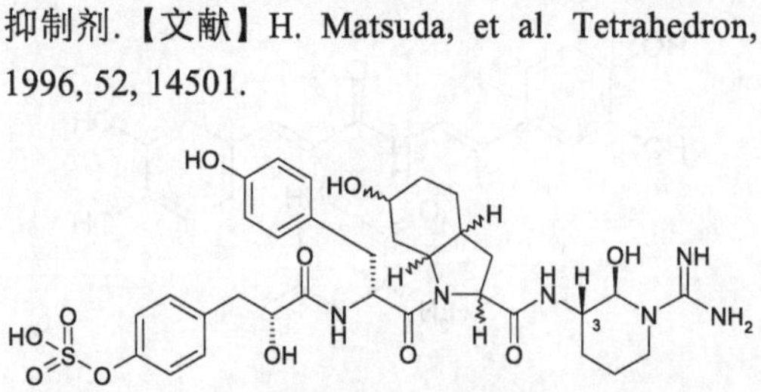

1082 Aeruginosin 102B 铜锈微囊藻新 102B*
【基本信息】$C_{33}H_{44}N_6O_{11}S$, 无定形粉末.【类型】铜锈微囊藻新类.【来源】蓝细菌绿色微囊藻* Microcystis viridis NEIS 102.【活性】凝血酶抑制剂.【文献】H. Matsuda, et al. Tetrahedron, 1996, 52, 14501.

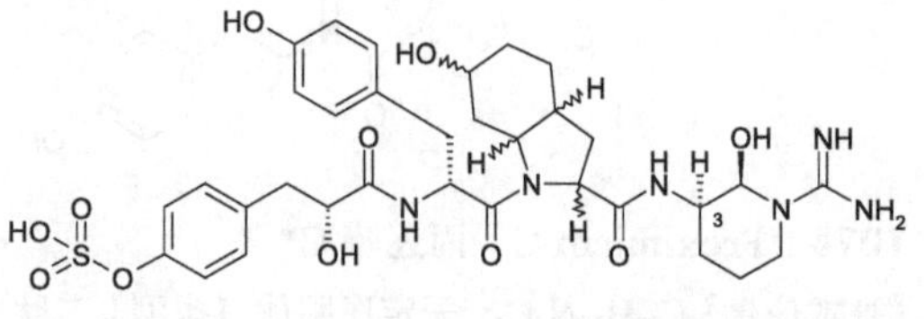

1083 Aeruginosin 103A 铜锈微囊藻新 103A*
【基本信息】$C_{35}H_{48}N_6O_8$, 无定形粉末, $[\alpha]_D = -7.6º$ ($c = 0.1$, 甲醇).【类型】铜锈微囊藻新类.【来源】蓝细菌绿色微囊藻* Microcystis viridis NEIS 102.【活性】凝血酶抑制剂.【文献】S. Kodani, et al. JNP, 1998, 61, 1046.

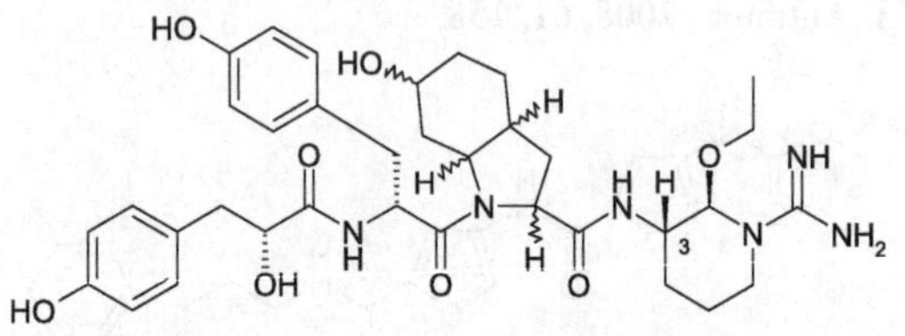

1084 Aeruginosin 205A 铜锈微囊藻新 205A*
【基本信息】$C_{34}H_{53}ClN_6O_{12}S$, 微晶体, $[\alpha]_D^{20} = 17.7º$ ($c = 0.1$, 甲醇).【类型】铜锈微囊藻新类.【来源】蓝细菌阿氏颤藻 Oscillatoria agardhii NIES 205 (淡水).【活性】丝氨酸蛋白酶抑制剂.【文献】H. J. Shin, et al. JOC, 1997, 62, 1810; N. Valls, et al. Tetrahedron Lett., 2006, 47, 3701; K. Ersmark, et al. Angew. Chem. Int. Ed., 2008, 47, 1202.

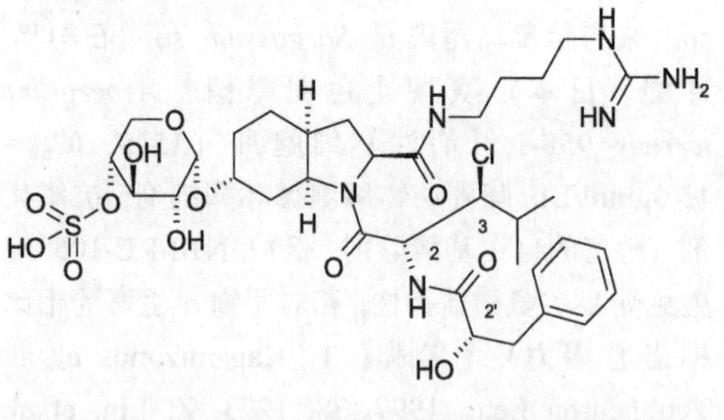

1085 Aeruginosin 205B 铜锈微囊藻新 205B*
【基本信息】$C_{34}H_{53}ClN_6O_{12}S$, $[\alpha]_D^{20} = 40.3º$ ($c = 0.1$, 甲醇).【类型】铜锈微囊藻新类.【来源】蓝细菌阿氏颤藻 Oscillatoria agardhii NIES 205 (淡水).【活性】丝氨酸蛋白酶抑制剂.【文献】H. J. Shin, et al. JOC, 1997, 62, 1810; N. Valls, et al. Tetrahedron Lett., 2006, 47, 3701; K. Ersmark, et al. Angew. Chem. Int. Ed., 2008, 47, 1202.

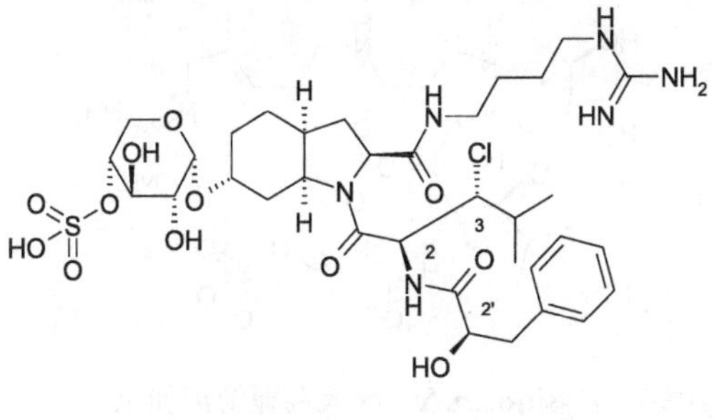

1086 Aeruginosin 298A 铜锈微囊藻新 298A*
【基本信息】$C_{30}H_{48}N_6O_7$, 无定形粉末, $[\alpha]_D = 22.3º$ ($c = 0.36$, 水).【类型】铜锈微囊藻新类.【来源】蓝细菌铜绿微囊藻* *Microcystis aeruginosa* NIES-298 (淡水)【活性】凝血酶抑制剂; 胰蛋白酶抑制剂.【文献】M. Murakami, et al. Tetrahedron Lett., 1994, 35, 3129; K. Ishida, et al. Tetrahedron, 1999, 55, 10971; K. Ersmark, et al. Angew. Chem. Int. Ed., 2008, 47, 1202 (Rev.).

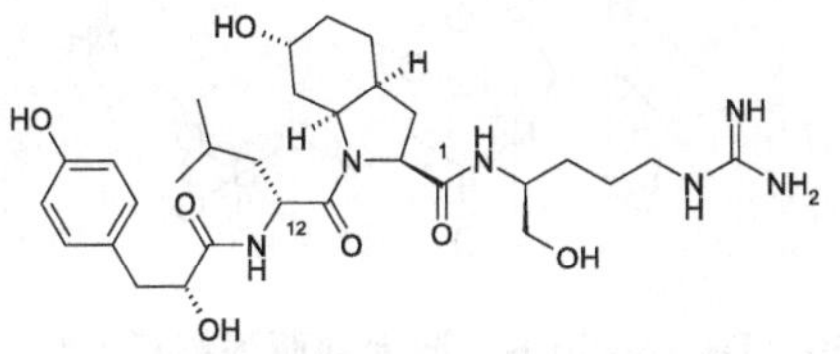

1087 Aeruginosin 89B 铜锈微囊藻新 89B*
【基本信息】$C_{30}H_{45}ClN_6O_{10}S$, $[\alpha]_D^{23} = 9.4º$ ($c = 0.1$, 甲醇).【类型】铜锈微囊藻新类.【来源】蓝细菌铜绿微囊藻* *Microcystis aeruginosa*.【活性】丝氨酸蛋白酶抑制剂.【文献】K. Ishida, et al. Tetrahedron, 1999, 55, 10971; K. Ersmark, et al. Angew. Chem. Int. Ed., 2008, 47, 1202.

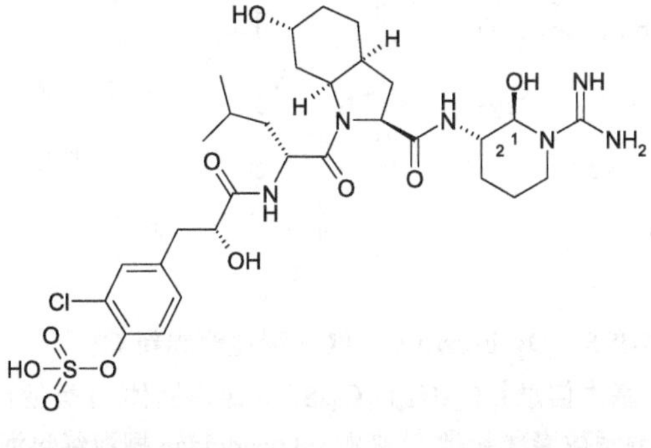

1088 Aeruginosin 98A 铜锈微囊藻新 98A*
【基本信息】$C_{29}H_{45}ClN_6O_9S$, 无定形粉末, $[\alpha]_D = -7.6º$ ($c = 0.2$, 水).【类型】铜锈微囊藻新类.【来源】蓝细菌铜绿微囊藻* *Microcystis aeruginosa* NIES98.【活性】凝血酶抑制剂; 胰蛋白酶抑制剂; 丝氨酸蛋白酶抑制剂.【文献】M. Murakami, et al. Tetrahedron Lett., 1995, 36, 278; K. Ishida, et al. Tetrahedron, 1999, 55, 10971; K. Ersmark, et al. Angew. Chem. Int. Ed., 2008, 47, 1202.

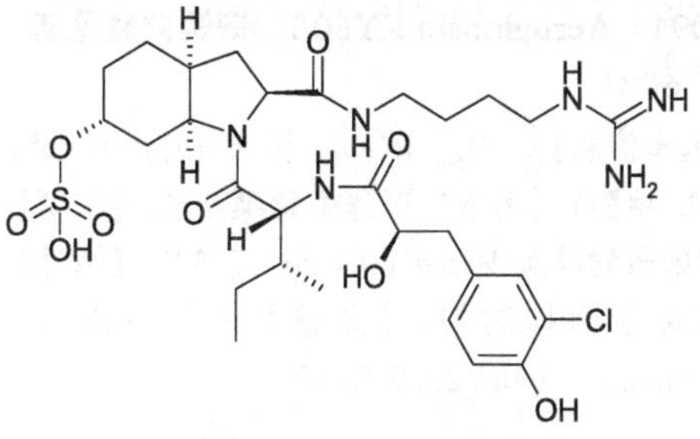

1089 Aeruginosin 98B 铜锈微囊藻新 98B*
【基本信息】$C_{29}H_{46}N_6O_9S$, 无定形粉末, $[\alpha] = -5.2º$ ($c = 0.2$, 水).【类型】铜锈微囊藻新类.【来源】蓝细菌铜绿微囊藻* *Microcystis aeruginosa* NIES98.【活性】凝血酶抑制剂; 胰蛋白酶抑制剂; 丝氨酸蛋白酶抑制剂; 纤溶酶抑制剂.【文献】M. Murakami, et al. Tetrahedron Lett., 1995, 36, 278; K. Ishida, et al. Tetrahedron, 1999, 55, 10971; K. Ersmark, et al. Angew. Chem. Int. Ed., 2008, 47, 1202.

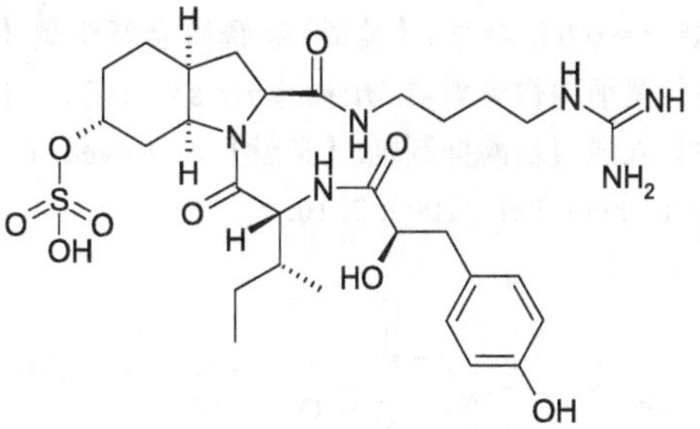

1090 Aeruginosin 98C 铜锈微囊藻新 98C*
【基本信息】$C_{29}H_{45}BrN_6O_9S$, 粉末, $[\alpha] = -13º$ ($c = 0.25$, 水).【类型】铜锈微囊藻新类.【来源】蓝细

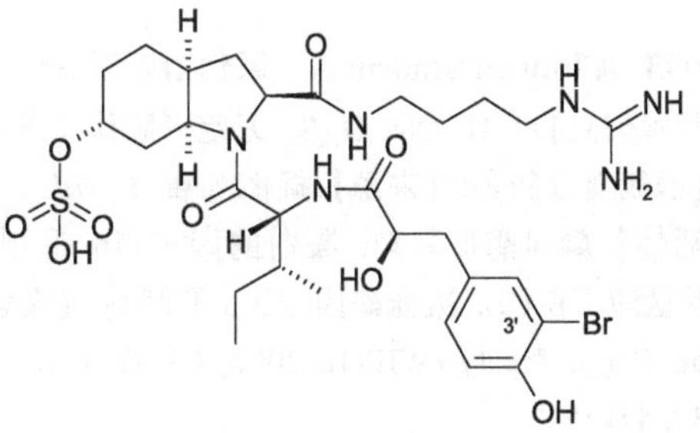

菌铜绿微囊藻* Microcystis aeruginosa NIES98. 【活性】丝氨酸蛋白酶抑制剂.【文献】M. Murakami, et al. Tetrahedron Lett., 1995, 36, 278; K. Ishida, et al. Tetrahedron, 1999, 55, 10971; K. Ersmark, et al. Angew. Chem. Int. Ed., 2008, 47, 1202.

1091 Aeruginosin KY608 铜锈微囊藻新 KY608*
【基本信息】$C_{29}H_{45}ClN_6O_6$, 粉末, $[\alpha]_D^{25} = -5°$ ($c = 0.3$, 甲醇).【类型】铜锈微囊藻新类.【来源】蓝细菌微囊藻属 Microcystis sp. IL-323.【活性】人胰蛋白酶抑制剂.【文献】A. Raveh, et al. Phytochem. Lett., 2009, 2, 10.

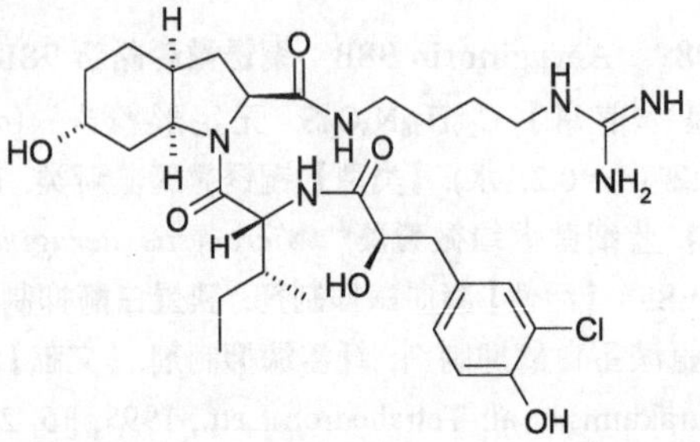

1092 Aeruginosin KY642 铜锈微囊藻新 KY642*
【基本信息】$C_{29}H_{44}Cl_2N_6O_6$, 黄色粉末, $[\alpha]_D^{25} = -1°$ ($c = 0.06$, 甲醇).【类型】铜锈微囊藻新类.【来源】蓝细菌微囊藻属 Microcystis sp. IL-323.【活性】人胰蛋白酶抑制剂.【文献】A. Raveh, et al. Phytochem. Lett., 2009, 2, 10.

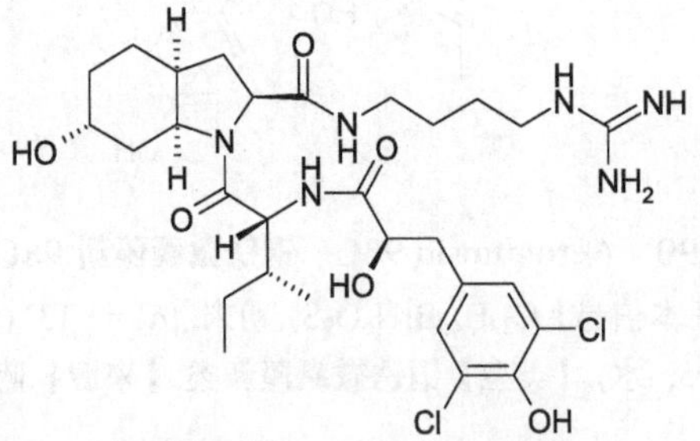

1093 Chlorodysinosin A 氯代斯诺新 A*
【基本信息】$C_{26}H_{43}ClN_6O_{10}S$, 无定形固体.【类型】铜锈微囊藻新类.【来源】掘海绵属 Dysidea sp. 【活性】凝血酶抑制剂; 凝血酶因子Ⅶa抑制剂(丝氨酸蛋白酶); 凝血酶因子Xa抑制剂.【文献】Pat. Coop. Treaty (WIPO), 2003, 03 51 831; CA, 139, 47155.

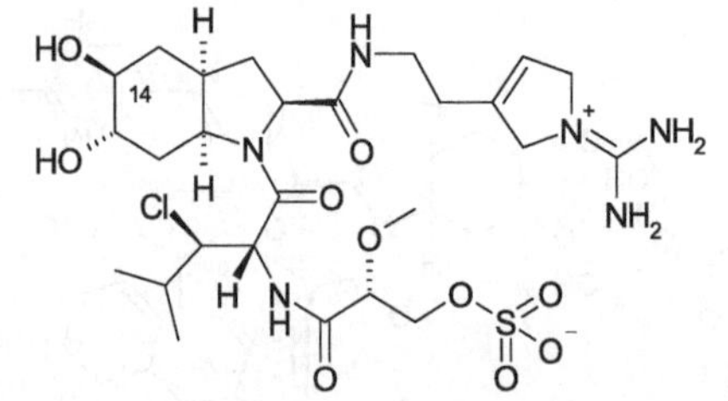

1094 Dysinosin A 澳大利亚海绵新 A*
【基本信息】$C_{26}H_{44}N_6O_{10}S$, 无定形固体.【类型】铜锈微囊藻新类.【来源】未鉴定的 Dysideidae 掘海绵科海绵(澳大利亚).【活性】凝血酶因子Ⅶa抑制剂 ($K_i = 0.108\mu mol/L$); 凝血酶抑制剂 ($K_i = 0.452\mu mol/L$).【文献】A. R. Carroll, et al. JACS, 2002, 124, 13340.

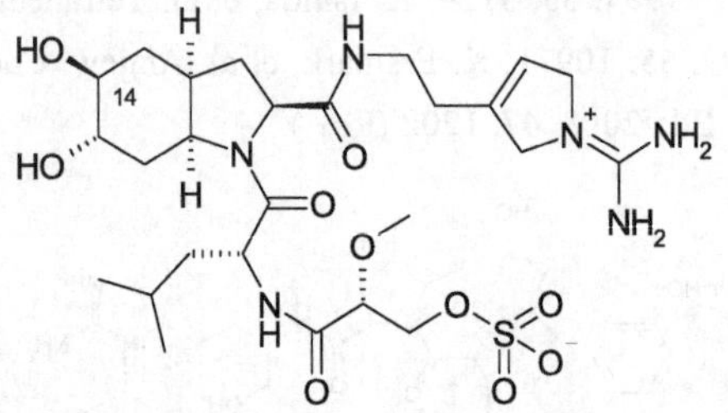

1095 Dysinosin B 澳大利亚海绵新 B*
【基本信息】$C_{31}H_{52}N_6O_{15}S$, 无定形固体, $[\alpha]_D^{25} = +72°$ ($c = 0.02$, 甲醇).【类型】铜锈微囊藻新类.【来源】Dysideidae 掘海绵科海绵 Lamellodysidea chlorea (澳大利亚).【活性】凝血酶因子Ⅶa抑制剂 ($K_i = 0.090\mu mol/L$); 凝血酶抑制剂 ($K_i = 0.170\mu mol/L$).【文献】A. R. Carroll, et al. JNP, 2004, 67, 1291.

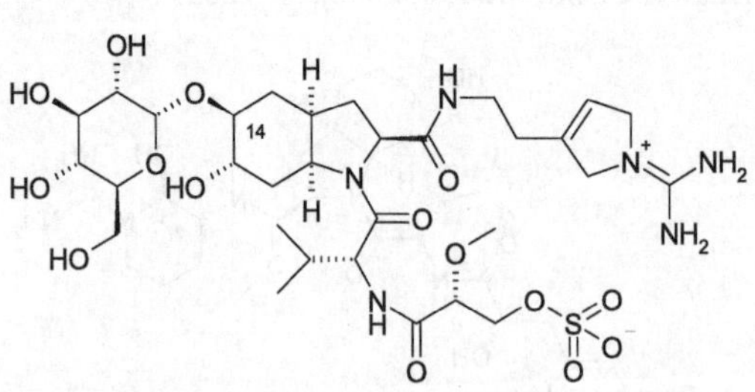

1096 Dysinosin C 澳大利亚海绵新 C*
【基本信息】$C_{25}H_{42}N_6O_{10}S$, 无定形固体.【类型】铜锈微囊藻新类.【来源】Dysideidae 掘海绵科海绵 Lamellodysidea chlorea (澳大利亚).【活性】凝血酶因子Ⅶa抑制剂 ($K_i = 0.124\mu mol/L$); 凝血酶抑制剂 ($K_i = 0.550\mu mol/L$).【文献】A. R. Carroll, et al. JNP, 2004, 67, 1291.

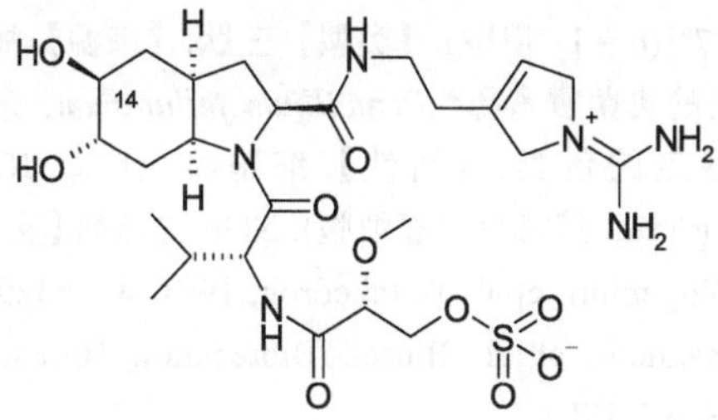

1097　Dysinosin D　澳大利亚海绵新 D*
【基本信息】$C_{25}H_{42}N_6O_7$, 无定形固体.【类型】铜锈微囊藻新类.【来源】Dysideidae 掘海绵科海绵 *Lamellodysidea chlorea* (澳大利亚).【活性】凝血酶因子Ⅶa 抑制剂 ($K_i = 1.32\mu mol/L$); 凝血酶抑制剂 ($K_i > 5.1\mu mol/L$).【文献】A. R. Carroll, et al. JNP, 2004, 67, 1291.

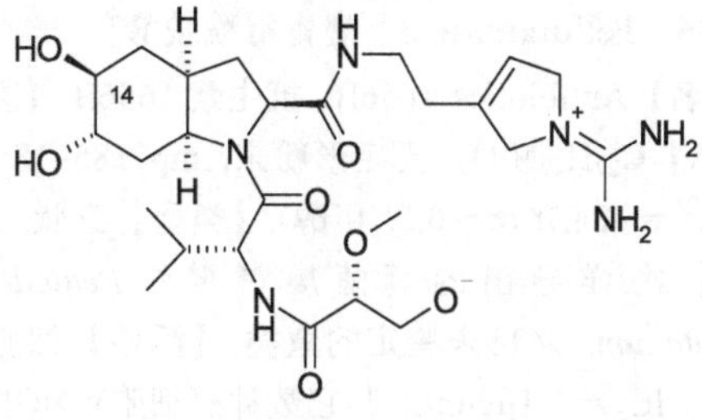

1098　Microcin SF608　微囊藻新 SF608*
【基本信息】$C_{32}H_{44}N_6O_6$, $[\alpha]_D^{25} = -19.1°$ ($c = 1$, 甲醇).【类型】铜锈微囊藻新类.【来源】蓝细菌微囊藻属 *Microcystis* sp.【活性】人胰蛋白酶抑制剂.【文献】R. Banker, et al. Tetrahedron, 1999, 55, 10835.

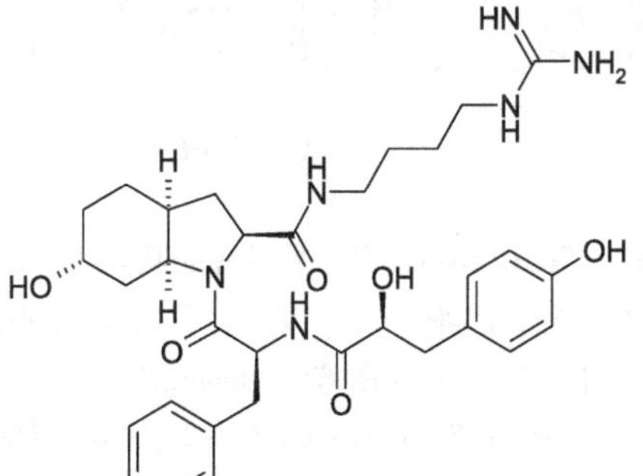

1099　Oscillarin　颤藻林*
【基本信息】$C_{34}H_{44}N_6O_5$.【类型】铜锈微囊藻新类.【来源】蓝细菌阿氏颤藻 *Oscillatoria agardhii* B2 83.【活性】凝血酶抑制剂; 胰蛋白酶抑制剂; 抗炎; 防护大脑的.【文献】S. Hanessian, et al. JACS, 2004, 126, 6064.

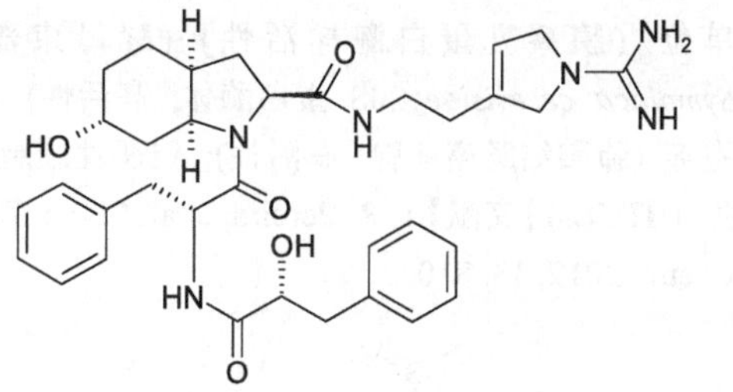

3.4　三肽类

1100　Antibiotics K 26　抗生素 K 26
【基本信息】$C_{25}H_{34}N_3O_8P$, mp 300℃ (焦煳), $[\alpha]_D^{20} = -4.8°$ ($c = 0.1$, 水).【类型】三肽.【来源】未鉴定的放线菌 Actinomycete K-26.【活性】降低血压的.【文献】M. Yamato, et al. J. Antibiot., 1986, 39, 44.

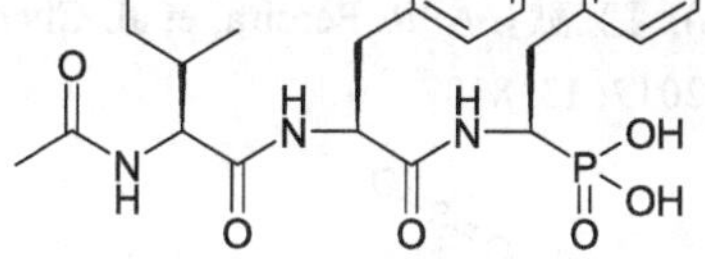

1101　Belamide A　贝尔酰胺 A*
【基本信息】$C_{35}H_{48}N_4O_5$, 黄色油状物, $[\alpha]_D^{25} = +16°$ ($c = 0.002$, 氯仿).【类型】三肽.【来源】蓝细菌束藻属 *Symploca* sp. (巴拿马).【活性】抗癌细胞效应 (模型: 大白鼠主动脉A-10细胞; 机制: 20μmol/L 破坏微管; 抗有丝分裂); 细胞毒 (HCT116, $IC_{50} = 0.74\mu mol/L$).【文献】T. L. Simmons, et al. Tetrahedron Lett., 2006, 47, 3387; M. Costa, et al. Mar. Drugs, 2012, 10, 2181 (Rev.).

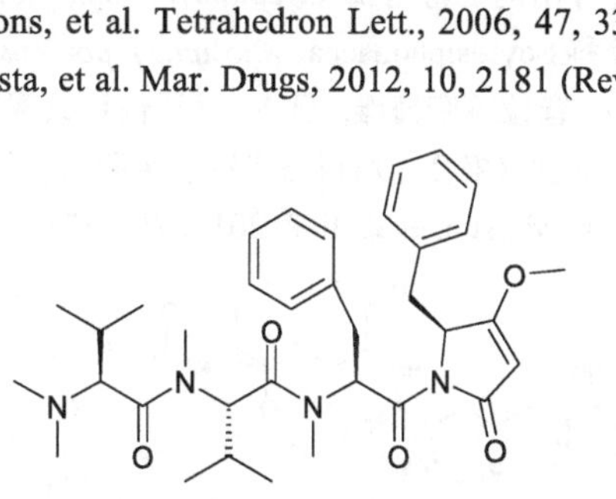

1102　Carmaphycin A　卡尔马菲新 A*
【基本信息】$C_{25}H_{45}N_3O_6S$.【类型】三肽.【来源】蓝细菌束藻属 *Symploca* sp. (库拉索岛, 加勒比海).【活性】缩氨酸蛋白酶体抑制剂; 抑制 β5 亚

单位（胰凝乳蛋白酶样活性）（酵母束藻*Symploca cerevisiae 20S 蛋白酶体，高活性）；细胞毒（肺和结肠癌细胞，高活性）；抗恶性细胞增生（HTCLs）.【文献】A. R. Pereira, et al. Chem. Biol. Chem., 2012, 13, 810.

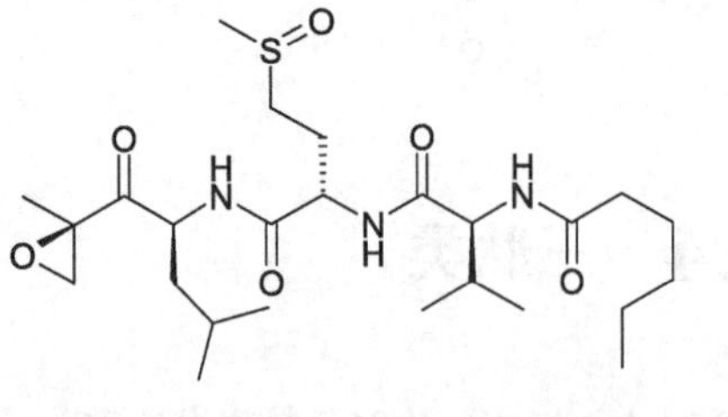

1103　Carmaphycin B　卡尔马菲新 B*
【基本信息】$C_{25}H_{45}N_3O_7S$.【类型】三肽.【来源】蓝细菌束藻属 Symploca sp. (库拉索岛，加勒比海).【活性】缩氨酸蛋白酶体抑制剂；抑制 β5 亚单位（胰凝乳蛋白酶样活性）（酵母束藻*Symploca cerevisiae 20S 蛋白酶体，高活性）；细胞毒（肺和结肠癌细胞，高活性）；抗恶性细胞增生（HTCLs）.【文献】A. R. Pereira, et al. Chem. Biol. Chem., 2012, 13, 810.

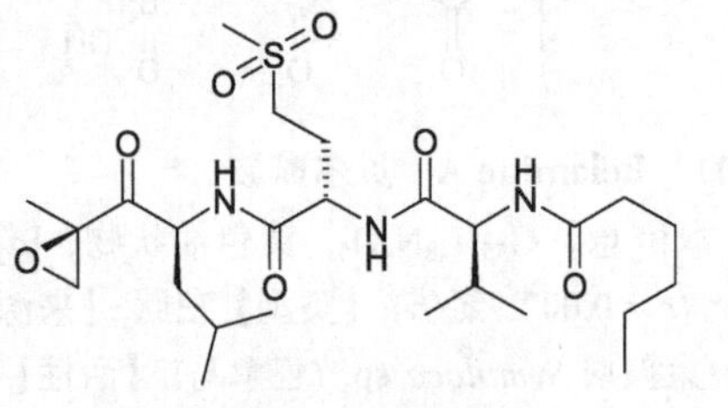

1104　Dibenarthin　双苯那霉素*
【基本信息】$C_{34}H_{48}N_{10}O_{13}$.【类型】三肽.【来源】海洋导出的链霉菌属 Streptomyces sp., 来自棕藻萱藻科 Scytosiphonaceae Analipus japonicus (室兰港口，查拉苏奈海滩，日本).【活性】铁载体；铁螯合活性（螯合作用可与去铁胺甲磺酸相比）.【文献】Y. Matsuo, et al. JNP, 2011, 74, 2371.

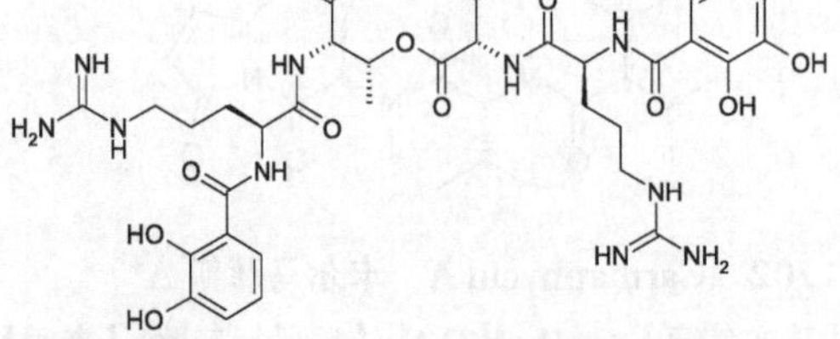

1105　Fellutamide A　瘦青霉酰胺 A*
【基本信息】$C_{27}H_{49}N_5O_8$，无定形粉末，$[\alpha]_D^{22}$ = –12.7º (c = 1, 甲醇).【类型】三肽.【来源】海洋导出的真菌瘦青霉* Penicillium fellutanum, 来自未鉴定的鱼类.【活性】细胞毒（P_{388}, IC_{50}= 0.2μg/mL；其它数种癌细胞）；NGF 诱导剂.【文献】H. Shigemori, et al. Tetrahedron, 1991, 47, 8529; K. Yamaguchi, et al. Biosci. Biotechnol. Biochem., 1993, 57, 195.

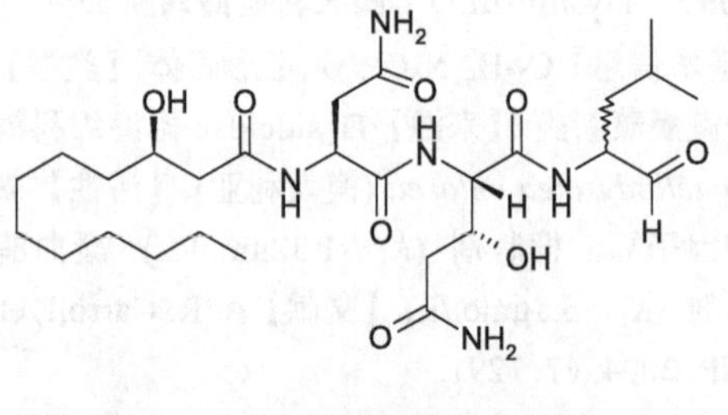

1106　Fellutamide B　瘦青霉酰胺 B*
【别名】Antibiotics 1656B；抗生素 1656B.【基本信息】$C_{27}H_{49}N_5O_7$, 无定形粉末, mp 185~186ºC, $[\alpha]_D^{21}$ = –24.7º (c = 0.5, 甲醇).【类型】三肽.【来源】海洋导出的真菌瘦青霉* Penicillium fellutanum, 来自未鉴定的鱼类.【活性】细胞毒（P_{388}, IC_{50}= 0.1μg/mL；其它数种癌细胞）；NGF 诱导剂.【文献】H. Shigemori, et al. Tetrahedron, 1991, 47, 8529; K. Yamaguchi, et al. Biosci. Biotechnol. Biochem., 1993, 57, 195.

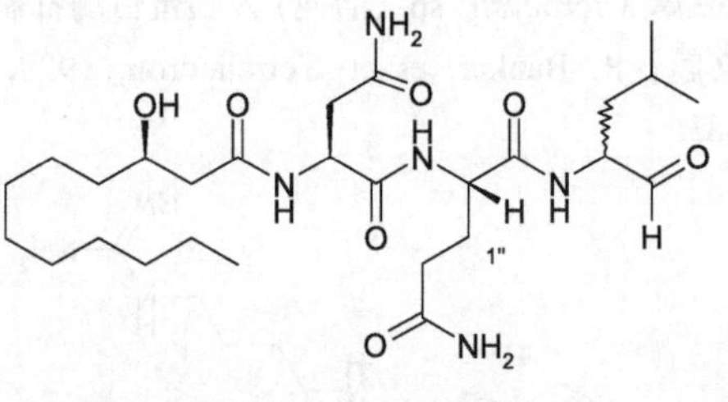

1107　Fellutamide C　瘦青霉酰胺 C*
【基本信息】$C_{27}H_{51}N_5O_7$.【类型】三肽.【来源】海洋导出的真菌变色曲霉菌 Aspergillus versicolor, 来自石海绵属 Petrosia sp. (济州岛，韩国).【活性】细胞毒（A549, ED_{50} = 18.42μg/mL，对照阿霉素，ED_{50} = 0.01μg/mL；SK-OV-3, ED_{50} = 13.28μg/mL，阿霉素，ED_{50} = 0.06μg/mL；SK-MEL-2, ED_{50} = 2.83μg/mL，阿霉素，ED_{50} = 0.04μg/mL；XF498, ED_{50} = 2.16μg/mL，阿霉素，ED_{50} = 0.12μg/mL；HCT15, ED_{50} = 1.74μg/mL，阿霉素，ED_{50} = 0.18μg/mL）.【文献】Y. M. Lee, et al. Bull. Korean

Chem. Soc., 2010, 31, 205; Y. M. Lee, et al. Bull. Korean Chem. Soc., 2011, 32, 3817.

1108 Fellutamide F 瘘青霉酰胺 F*

【基本信息】$C_{28}H_{53}N_5O_8$，亮紫色无定形粉末，$[\alpha]_D = +163°$ ($c = 0.13$，甲醇).【类型】三肽.【来源】海洋导出的真菌变色曲霉菌 *Aspergillus versicolor*，来自石海绵属 *Petrosia* sp. (济州岛，韩国).【活性】细胞毒 (A549, $ED_{50} = 1.81\mu g/mL$，对照阿霉素，$ED_{50} = 0.01\mu g/mL$; SK-OV-3, $ED_{50} = 1.20\mu g/mL$，阿霉素，$ED_{50} = 0.06\mu g/mL$; SK-MEL-2, $ED_{50} = 0.67\mu g/mL$，阿霉素，$ED_{50} = 0.04\mu g/mL$; XF498, $ED_{50} = 0.14\mu g/mL$，阿霉素，$ED_{50} = 0.12\mu g/mL$; HCT15, $ED_{50} = 0.13\mu g/mL$，阿霉素，$ED_{50} = 0.18\mu g/mL$).【文献】Y. M. Lee, et al. Bull. Korean Chem. Soc., 2011, 32, 3817.

1109 Hemiasterlin 合米特林*

【别名】Milnamide B; 米尔酰胺 B*.【基本信息】$C_{30}H_{46}N_4O_4$，晶体 (甲醇/己烷), mp 120~130°C, $[\alpha]_D = -95°$ ($c = 0.06$，甲醇).【类型】三肽.【来源】Hemiasterellidae 科海绵 *Hemiasterella minor*.【活性】细胞毒 (A498, $IC_{50} = 0.0224\mu g/mL$; OVCAR-3, $IC_{50} = 1\times 10^{-6} \mu g/mL$; SF539, $IC_{50} = 0.0013\mu g/mL$; Colon205, $IC_{50} = 0.0001\mu g/mL$; NCI-H460, $IC_{50} = 1\times 10^{-6} \mu g/mL$; LOX, $IC_{50} = 1.5984\mu g/mL$; MDA-MB-435, $IC_{50} = 0.0154\mu g/mL$) (Gamble, 1999); 细胞毒 (微管形成抑制剂).【文献】P. Talpir, et al. Tetrahedron Lett., 1994, 35, 4453; R. J. Andersen, et al. Tetrahedron Lett., 1997, 38, 317; W. R. Gamble, et al. Bioorg. Med. Chem., 1999, 7, 1611.

1110 Hemiasterlin A 合米特林 A*

【基本信息】$C_{29}H_{44}N_4O_4$，无定形固体, $[\alpha]_D = -45°$ ($c = 0.25$，甲醇).【类型】三肽.【来源】小轴海绵科海绵 *Cymbastela* sp. (巴布亚新几内亚).【活性】细胞毒 (*in vitro* 和 *in vivo*, U373, $ED_{50} = 0.015\mu g/mL$; HEY, $ED_{50} = 0.0076\mu g/mL$) (Coleman, 1995); 细胞毒 (A498, $IC_{50} = 0.3158\mu g/mL$; OVCAR-3, $IC_{50} = 0.0024\mu g/mL$; SF539, $IC_{50} = 0.0061\mu g/mL$; Colon205, $IC_{50} = 0.0009\mu g/mL$; NCI-H460, $IC_{50} = 0.0001\mu g/mL$) (Gamble, 1999).【文献】J. E. Coleman, et al. Tetrahedron, 1995, 51, 10653; W. R. Gamble, et al. Bioorg. Med. Chem., 1999, 7, 1611.

1111 Hemiasterlin B 合米特林 B*

【基本信息】$C_{28}H_{42}N_4O_4$，无定形固体.【类型】三肽.【来源】小轴海绵科海绵 *Cymbastela* sp. (巴布亚新几内亚).【活性】细胞毒 (*in vitro* 和 *in vivo*, P_{388}, $ED_{50} = 0.007\mu g/mL$; MCF7, $ED_{50} = 0.066\mu g/mL$; HEY, $ED_{50} = 0.016\mu g/mL$).【文献】J. E. Coleman, et al. Tetrahedron, 1995, 51, 10653.

1112 Hemiasterlin C 合米特林 C*

【基本信息】$C_{29}H_{44}N_4O_4$, $[\alpha]_D = -18.8°$ ($c = 0.11$, 甲醇).【类型】三肽.【来源】笛海绵属 *Auletta* sp. 和管指海绵属 *Siphonochalina* sp. (两个样本).【活性】细胞毒 (A498, $IC_{50} = 0.5321\mu g/mL$; OVCAR-3, $IC_{50} = 0.0066\mu g/mL$; SF539, $IC_{50} = 0.0775\mu g/mL$; Colon205, $IC_{50} = 0.0087\mu g/mL$; NCI-H460, $IC_{50} = $

0.0015μg/mL; LOX, IC_{50} = 1.1135μg/mL; MDA-MB-435, IC_{50} = 0.4002μg/mL).【文献】W. R. Gamble, et al. Bioorg. Med. Chem., 1999, 7, 1611.

1113 Janolusimide 裸鳃二酰亚胺*
【基本信息】$C_{19}H_{33}N_3O_5$, $[\alpha]_D^{25}$ = –10.3º (c = 2.5, 氯仿).【类型】三肽.【来源】软体动物裸鳃目 *Janolus cristatus*.【活性】神经毒素; 阿托品拮抗剂; LD_{50} (小鼠, ipr) = 5mg/kg.【文献】G. Sodano, et al. Tetrahedron Lett., 1986, 27, 2505; A. Giordano, et al. Tetrahedron Lett., 2000, 41, 3979.

1114 (+)-Jasplakinolide Z_1 (+)-碧玉海绵类似内酯 Z_1*
【基本信息】$C_{36}H_{47}BrN_4O_7$, 白色固体, $[\alpha]_D^{23}$ = +48º (c = 0.05, 甲醇).【类型】三肽.【来源】光亮碧玉海绵* *Jaspis splendens*.【活性】细胞毒 (HCT116, GI_{50} = 13.7μmol/L; MDA-MB-231, GI_{50} = 2.50μmol/L); 细胞毒 (NCI 60 种癌细胞筛选结果: IGROV1, GI_{50} = 1.76μmol/L; U251, GI_{50} = 0.60μmol/L; NCI-H522, GI_{50} = 0.12μmol/L; DU145, GI_{50} = 18.8μmol/L; LOX-IMVI, GI_{50} = 0.28μmol/L).【文献】K. R. Watts, et al. JNP, 2011, 74, 341.

1115 (+)-Jasplakinolide Z_2 (+)-碧玉海绵类似内酯 Z_2*
【基本信息】$C_{37}H_{49}BrN_4O_7$, 白色固体, $[\alpha]_D^{23}$ = +46º (c = 0.05, 甲醇).【类型】三肽.【来源】光亮碧玉海绵* *Jaspis splendens*.【活性】细胞毒 (HCT116, GI_{50} = 0.27μmol/L).【文献】K. R. Watts, et al. JNP, 2011, 74, 341.

1116 (+)-Jasplakinolide Z_3 (+)-碧玉海绵类似内酯 Z_3*
【别名】Jaspamide Z_3; 碧玉海绵酰胺 Z_3*.【基本信息】$C_{38}H_{51}BrN_4O_7$, 白色固体, $[\alpha]_D^{23}$ = +64º (c = 0.05, 甲醇).【类型】三肽.【来源】光亮碧玉海绵* *Jaspis splendens* (科罗沃湾, 斐济).【活性】细胞毒 (HCT116, GI_{50} = 0.28μmol/L; MDA-MB-231, GI_{50} = 0.74μmol/L); 细胞毒 (NCI60 种癌细胞筛选结果: IGROV1, GI_{50} = 0.17μmol/L; U251, GI_{50} = 0.05μmol/L; NCI-H522, GI_{50} = 0.04μmol/L; DU145, GI_{50} = 3.72μmol/L; A498, GI_{50} = 0.44μmol/L; LOX-IMVI, GI_{50} = 0.16μmol/L).【文献】A. M. J. Senderowicz, et al. J. Natl. Cancer Inst., 1995, 87, 46; K. R. Watts, et al. JNP, 2011, 74, 341.

1117 (−)-Jasplakinolide Z_4 (−)-碧玉海绵类似内酯 Z_4*
【别名】Jaspamide Z_4; 碧玉海绵酰胺 Z_4*.【基本信息】$C_{27}H_{39}BrN_4O_4$, 白色固体, $[\alpha]_D^{22}$ = –32º (c = 0.05, 甲醇).【类型】三肽.【来源】光亮碧玉海绵* *Jaspis splendens* (科罗沃湾, 斐济).【活性】细胞毒 (HCT116, GI_{50} = 11.1μmol/L; MDA-MB-231,

GI$_{50}$ = 22.3μmol/L).【文献】A. M. J. Senderowicz, et al. J. Natl. Cancer Inst., 1995, 87, 46; K. R. Watts, et al. JNP, 2011, 74, 341.

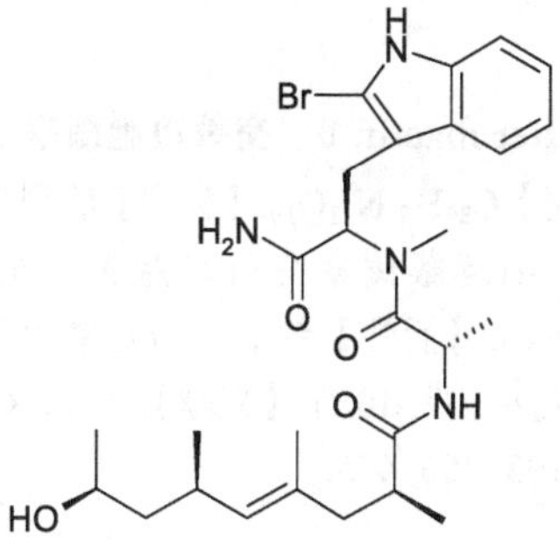

1118 Spiroidesin 螺旋鱼腥藻新*

【基本信息】C$_{35}$H$_{43}$N$_3$O$_7$, 无定形固体, $[\alpha]_D^{25}$ = -62° (c = 0.56, 甲醇).【类型】三肽.【来源】蓝细菌螺旋鱼腥藻 *Anabaena spiroides*.【活性】细胞生长抑制剂（蓝细菌铜绿微囊藻 *Microcystis aeruginosa*).【文献】K. Kaya, et al. JNP, 2002, 65, 920.

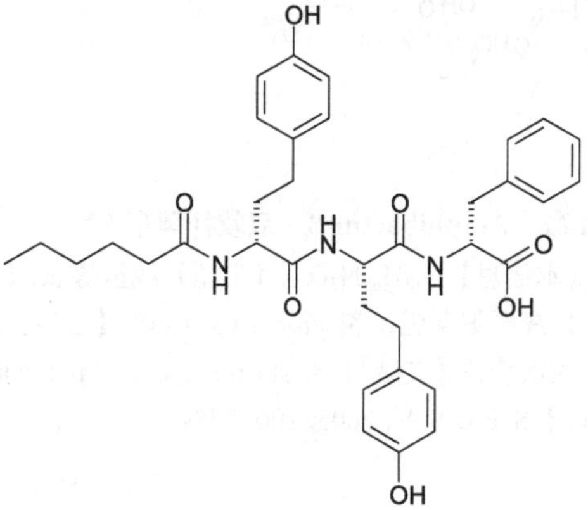

1119 Terpeptin A 特肽亭 A*

【基本信息】C$_{28}$H$_{40}$N$_4$O$_4$, 浅黄色粉末, $[\alpha]_D^{25}$ = +43.9° (c = 0.1, 甲醇).【类型】三肽.【来源】海洋导出的真菌曲霉菌属 *Aspergillus* sp. W-6, 来自红树老鼠簕 *Acanthus ilicifolius* (中国水域).【活性】细胞毒 (A549, IC$_{50}$ = 23.3μmol/L).【文献】Z. Lin, et al. Magn. Reson. Chem., 2008, 46, 1212.

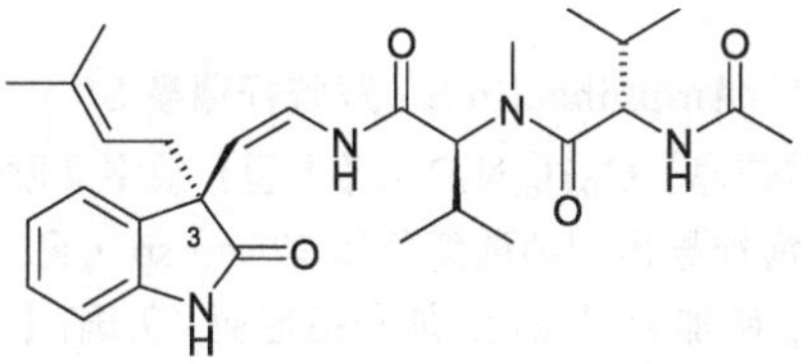

1120 Terpeptin B 特肽亭 B*

【基本信息】C$_{28}$H$_{40}$N$_4$O$_4$, 浅黄色粉末, $[\alpha]_D^{25}$ = -104.6° (c = 0.1, 甲醇).【类型】三肽.【来源】海洋导出的真菌曲霉菌属 *Aspergillus* sp. W-6, 来自红树老鼠簕 *Acanthus ilicifolius* (中国水域).【活性】细胞毒 (A549, IC$_{50}$ = 28.0μmol/L).【文献】Z. Lin, et al. Magn. Reson. Chem., 2008, 46, 1212.

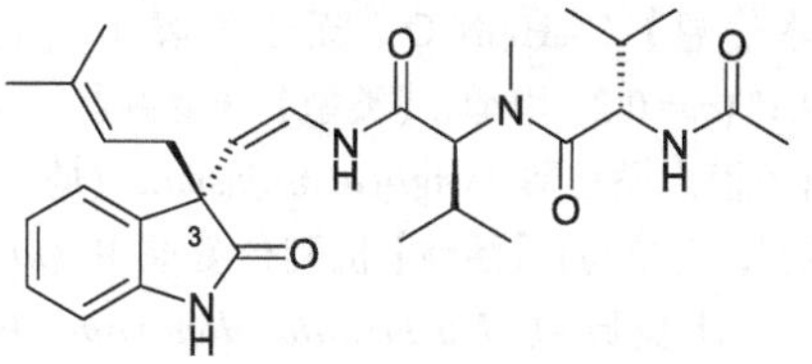

1121 Tokaramide A 头卡酰胺 A*

【基本信息】C$_{23}$H$_{36}$N$_6$O$_5$, 浅黄色固体, $[\alpha]_D^{29}$ = -19° (c = 0.06, 甲醇).【类型】三肽.【来源】岩屑海绵奇异蒂壳海绵* *Theonella* aff. *mirabilis* (日本水域).【活性】抗肿瘤 (组织蛋白酶 B 抑制剂).【文献】N. Fusetani, et al. Bioorg. Med. Chem. Lett., 1999, 9, 3397.

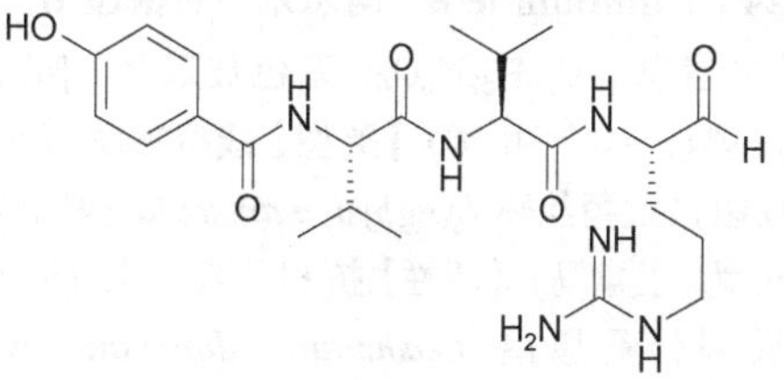

3.5 线型寡肽类 (4~10 残基)

1122 Acyclodidemnin A 直链迪迪姆宁 A*

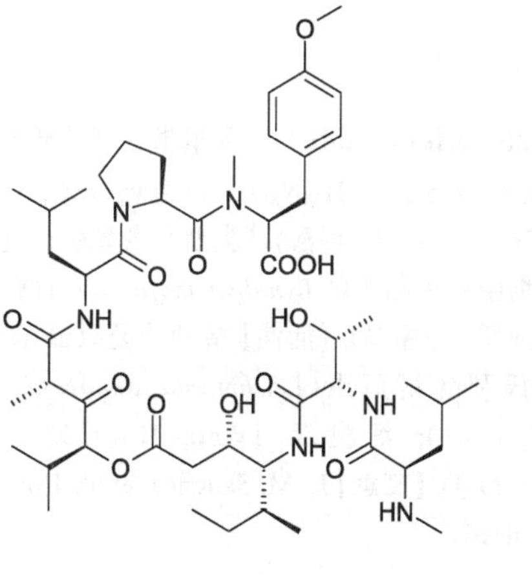

【别名】直链膜海鞘素 A*.【基本信息】$C_{49}H_{80}N_6O_{13}$, mp 126~130°C, $[\alpha]_D^{26} = -71°$ ($c = 0.06$, 氯仿).【类型】线型寡肽.【来源】实心膜海鞘* Trididemnum solidum（加勒比海）.【活性】细胞毒（P_{388}, $IC_{50} = 0.2\mu g/mL$).【文献】R. Sakai, et al. JACS, 1995, 117, 8885.

1123　Almiramide A　阿尔米兰特酰胺 A*

【基本信息】$C_{39}H_{64}N_6O_7$, 无色玻璃体, $[\alpha]_D^{22} = -169.1°$ ($c = 0.2$, 甲醇).【类型】线型寡肽.【来源】蓝细菌稍大鞘丝藻 Lyngbya majuscula（博卡斯德尔托罗, 巴拿马）.【活性】抗利什曼原虫 (in vitro, 杜氏利什曼原虫 Leishmania donovani, $IC_{50} > 13.5\mu mol/L$).【文献】L. M. Sanchez, et al. JMC, 2010, 53, 4187.

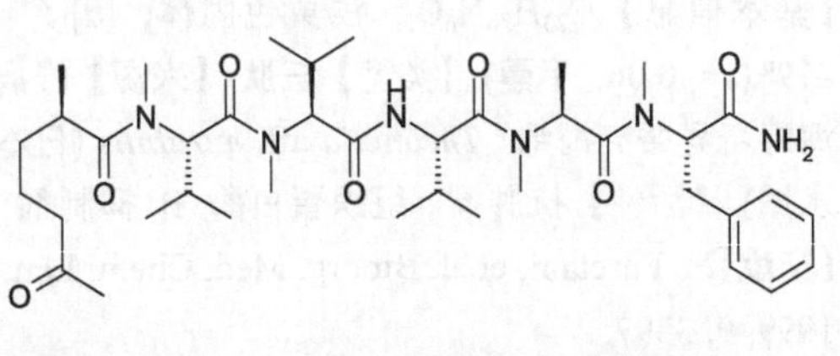

1124　Almiramide B　阿尔米兰特酰胺 B*

【基本信息】$C_{39}H_{62}N_6O_6$, 无色玻璃体, $[\alpha]_D^{22} = -148.9°$ ($c = 0.1$, 甲醇).【类型】线型寡肽.【来源】蓝细菌稍大鞘丝藻 Lyngbya majuscula（博卡斯德尔托罗, 巴拿马）.【活性】抗利什曼原虫 (in vitro, 杜氏利什曼原虫 Leishmania donovani, $IC_{50} = 2.4\mu mol/L$); 细胞毒 (Vero 细胞, $IC_{50} = 52.3\mu mol/L$, SI = 21.8).【文献】L. M. Sanchez, et al. JMC, 2010, 53, 4187.

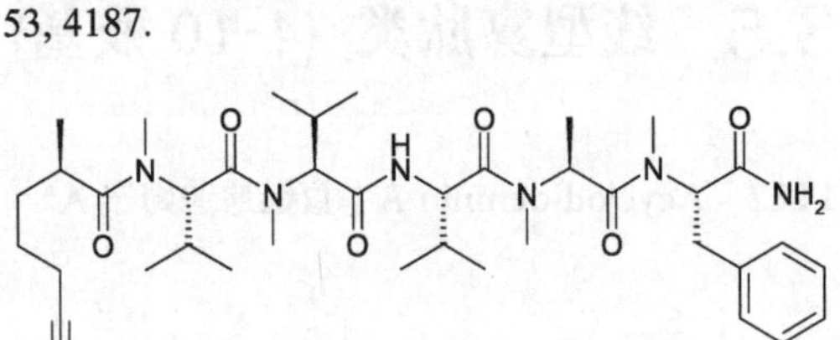

1125　Almiramide C　阿尔米兰特酰胺 C*

【基本信息】$C_{40}H_{66}N_6O_6$, 无色玻璃体, $[\alpha]_D^{22} = -136.8°$ ($c = 0.1$, 甲醇).【类型】线型寡肽.【来源】蓝细菌稍大鞘丝藻 Lyngbya majuscula（博卡斯德尔托罗, 巴拿马）.【活性】抗利什曼原虫 (in vitro, 杜氏利什曼原虫 Leishmania donovani, $IC_{50} = 1.9\mu mol/L$); 细胞毒 (Vero, $IC_{50} = 33.1\mu mol/L$, SI = 17.4).【文献】L. M. Sanchez, et al. JMC, 2010, 53, 4187.

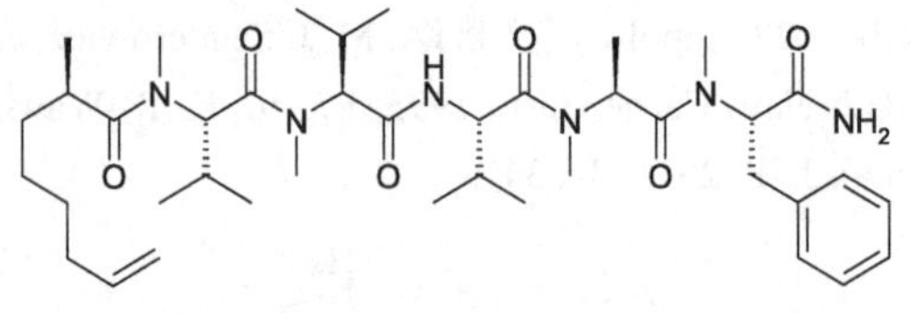

1126　Alterobactin B　交替单胞菌亭 B*

【基本信息】$C_{36}H_{55}N_{11}O_{19}$.【类型】线型寡肽.【来源】海洋细菌藤黄紫交替单胞菌 Alteromonas luteoviolacea.【活性】铁载体（对铁离子有异常亲和力, $K_a = 10^{49}\sim 10^{53}$).【文献】R. T. Reid, et al. Nature, 1993, 366, 455.

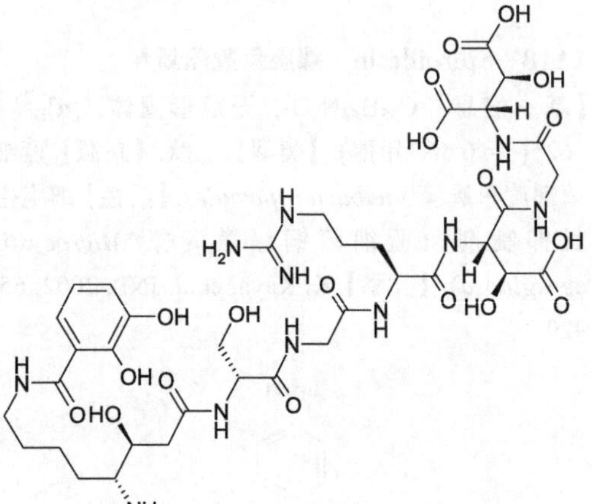

1127　Amphibactin B　双歧杆菌亭 B*

【基本信息】$C_{38}H_{69}N_7O_{14}$.【类型】线型寡肽.【来源】海洋细菌弧菌属 Vibrio sp. R-10.【活性】两亲性铁载体.【文献】J. S. Martinez, et al. Proc. Natl. Acad. Sci. U.S.A., 2003, 100, 3754.

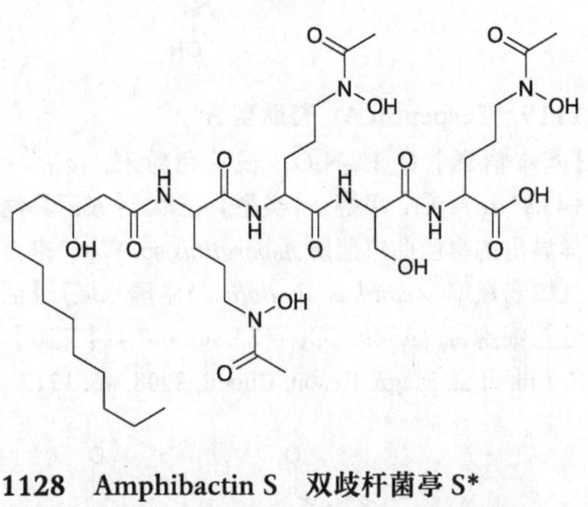

1128　Amphibactin S　双歧杆菌亭 S*

【基本信息】$C_{38}H_{67}N_7O_{13}$.【类型】线型寡肽.【来源】海洋导出的细菌弧菌属 Vibrio sp.（圣巴巴拉海盆, 南加利福尼亚, 加利福尼亚, 美国).【活性】

铁载体.【文献】J. M. Vraspir, et al. Bio. Metals, 2011, 24, 85.

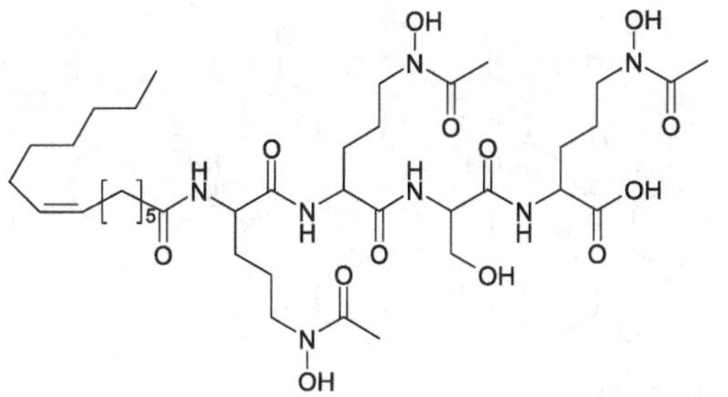

1129　Amphibactin T　双歧杆菌亭 T*
【基本信息】$C_{36}H_{65}N_7O_{13}$.【类型】线型寡肽.【来源】海洋导出的细菌弧菌属 *Vibrio* sp. (圣巴巴拉海盆, 南加利福尼亚, 加利福尼亚, 美国).【活性】铁载体.【文献】J. M. Vraspir, et al. Bio. Metals, 2011, 24, 85.

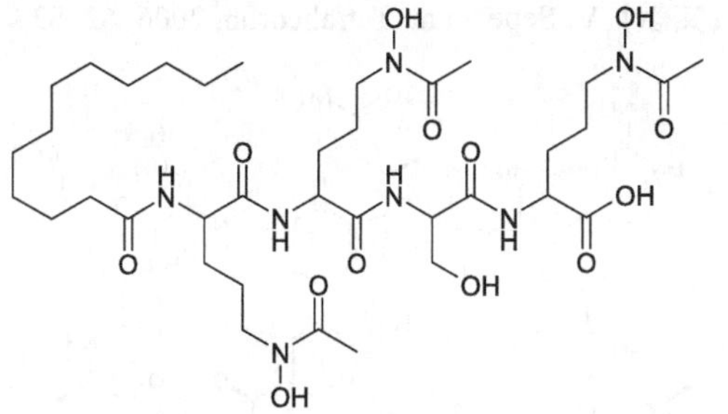

1130　Aquachelin I　阿夸其林 I*
【基本信息】$C_{44}H_{76}N_{10}O_{21}$.【类型】线型寡肽.【来源】海洋导出的细菌南方盐单胞菌 *Halomonas meridiana* (圣巴巴拉海盆, 南加利福尼亚, 加利福尼亚, 美国).【活性】铁载体.【文献】J. M. Vraspir, et al. Bio. Metals, 2011, 24, 85.

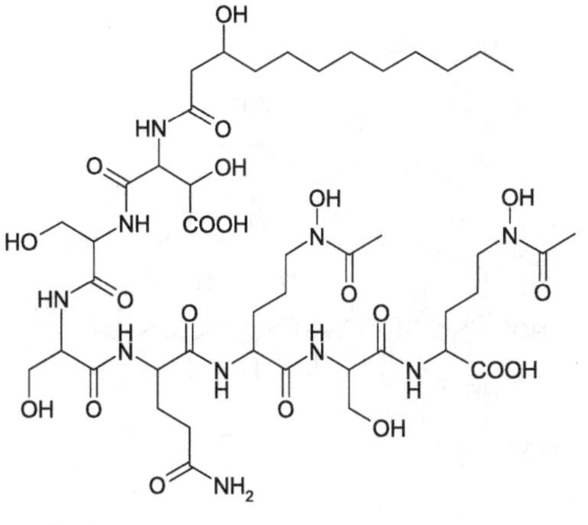

1131　Aquachelin J　阿夸其林 J*
【基本信息】$C_{42}H_{72}N_{10}O_{20}$.【类型】线型寡肽.【来源】海洋导出的细菌南方盐单胞菌 *Halomonas meridiana* (圣巴巴拉海盆, 南加利福尼亚, 加利福尼亚, 美国).【活性】铁载体.【文献】J. M. Vraspir, et al. Biol. Metals, 2011, 24, 85.

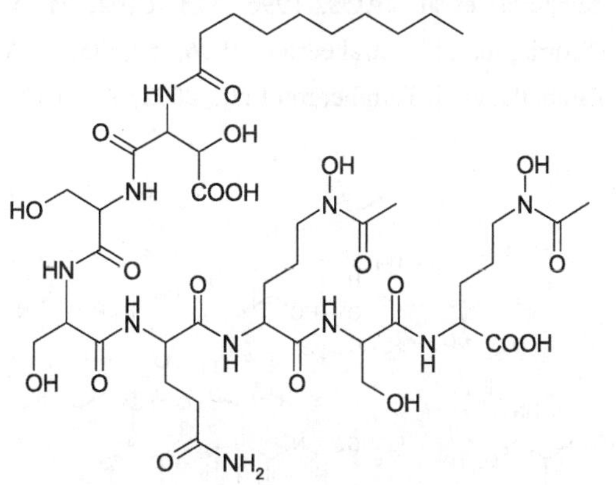

1132　Bisebromoamide　比斯溴酰胺*
【基本信息】$C_{51}H_{72}BrN_7O_8S$, 油状物, $[\alpha]_D^{22} = +17.8°$ ($c = 1$, 氯仿).【类型】线型寡肽.【来源】蓝细菌鞘丝藻属 *Lyngbya* sp. (冲绳, 日本).【活性】蛋白激酶抑制剂 (用血小板导出的生长因子 PDGF 刺激, 选择性抑制在 NRK 细胞中胞外信号调节蛋白激酶 ERK 的磷酸化作用, $0.1\sim10\mu mol/L$; 对 AKT, PKD, PLCγ1, 或 S6 核糖体蛋白没有作用, $0.1\sim10\mu mol/L$); 细胞毒 (HeLa-S3 细胞, $IC_{50} = 40ng/mL$); 细胞毒 [一组 39 种人癌细胞株 (称为 JFCR39), 平均 $GI_{50} = 40nmol/L$]; 抗癌细胞效应 (模型: 正常大白鼠肾癌细胞, 胞外信号管理蛋白激酶; 机制: 抑制蛋白激酶) (Teruya, 2009); 抗癌细胞效应 (模型: 人 HeLa 上皮细胞癌细胞, 机制: 稳定肌动蛋白丝) (Sumiya, 2011).【文献】T. Teruya, et al. Org. Lett., 2009, 11, 5062; X. Gao, et al. Org. Lett., 2010, 12, 3018 (结构修正); H. Sasaki, et al. Tetrahedron, 2011, 67, 990 (结构修正); E. Sumiya, et al. ACS Chem. Biol, 2011, 6, 425.

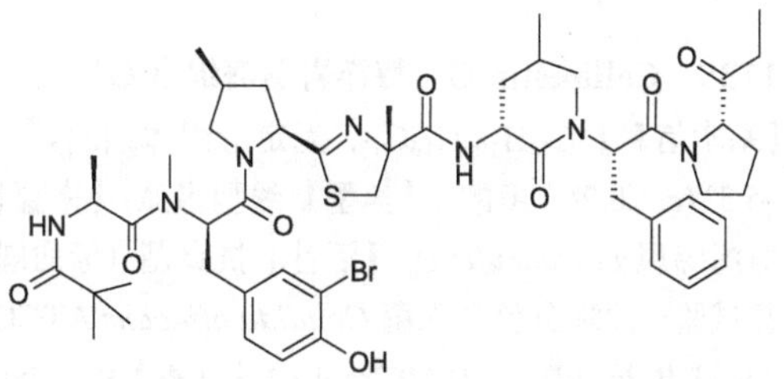

1133　Callipeltin C　海洋岩屑海绵亭 C*
【基本信息】$C_{68}H_{118}N_{18}O_{21}$，$[\alpha]_D = -15.3°$ ($c =$ 0.0053，甲醇).【类型】线型寡肽.【来源】岩屑海绵 Neopeltidae 科 *Callipelta* sp. [新喀里多尼亚(法属)].【活性】抗真菌 (白色念珠菌 *Candida albicans*，100μg/盘，IZD = 9mm).【文献】A. Zampella, et al. JACS, 1996, 118, 6202; M. V. D'Auria, et al. Tetrahedron, 1996, 52, 9589; A. Zampella, et al. Tetrahedron Lett., 2002, 43, 6163.

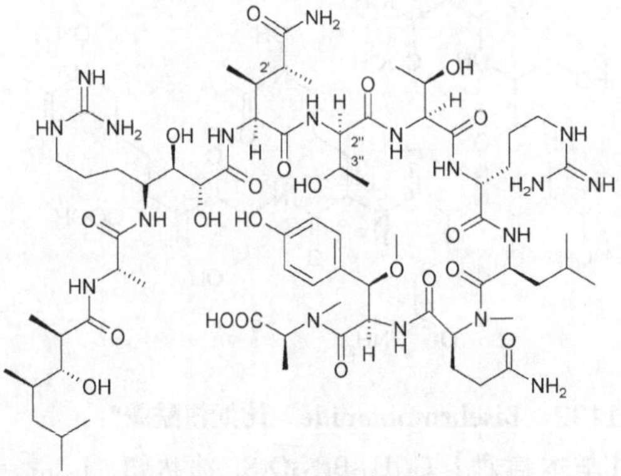

1134　Callipeltin F　海洋岩屑海绵亭 F*
【基本信息】$C_{42}H_{79}N_{13}O_{14}$，无定形固体，$[\alpha]_D^{25} = -4.3°$ ($c = 0.35$，甲醇).【类型】线型寡肽.【来源】寇海绵属 *Latrunculia* sp.【活性】抗真菌 (标准圆盘试验：抑制白色念珠菌 *Candida albicans* ATCC 24433 生长，MIC = $1×10^{-4}$ mol/L).【文献】V. Sepe, et al. Tetrahedron, 2006, 62, 833.

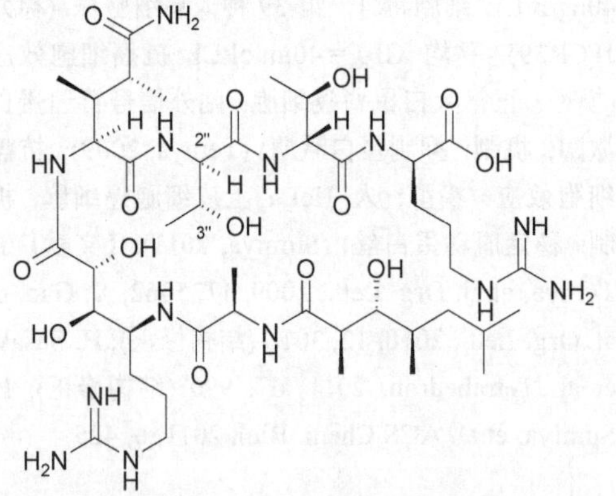

1135　Callipeltin G　海洋岩屑海绵亭 G*
【基本信息】$C_{54}H_{100}N_{16}O_{17}$，无定形固体，$[\alpha]_D^{25} = -5.3°$ ($c = 0.26$，甲醇).【类型】线型寡肽.【来源】寇海绵属 *Latrunculia* sp.【活性】抗真菌 (标准圆盘试验：抑制白色念珠菌 *Candida albicans* ATCC 24433 生长，MIC = $1×10^{-4}$ mol/L).【文献】V. Sepe, et al. Tetrahedron, 2006, 62, 833.

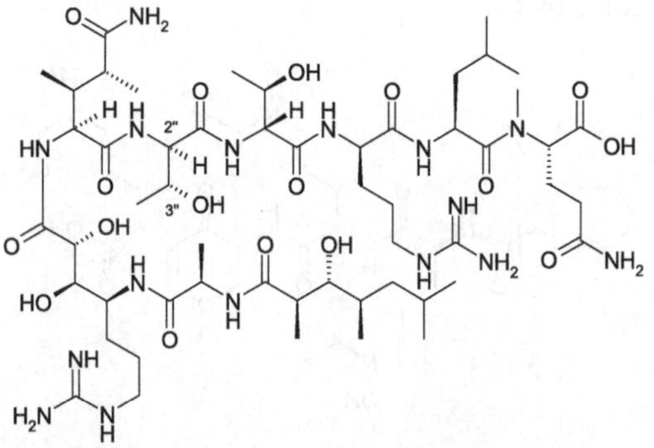

1136　Callipeltin H　海洋岩屑海绵亭 H*
【基本信息】$C_{68}H_{116}N_{18}O_{20}$，无定形固体，$[\alpha]_D^{25} = -4.5°$ ($c = 0.71$，甲醇).【类型】线型寡肽.【来源】寇海绵属 *Latrunculia* sp.【活性】抗真菌 (标准圆盘试验：抑制白色念珠菌 *Candida albicans* ATCC 24433 生长，MIC = $1×10^{-4}$ mol/L).【文献】V. Sepe, et al. Tetrahedron, 2006, 62, 833.

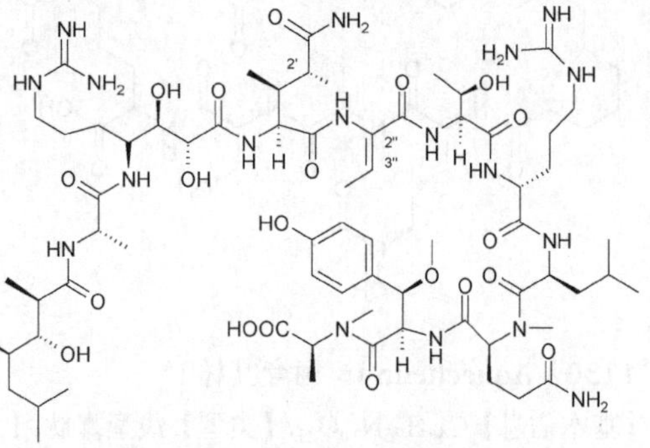

1137　Callipeltin I　海洋岩屑海绵亭 I*
【基本信息】$C_{42}H_{77}N_{13}O_{13}$，无定形固体，$[\alpha]_D^{25} = +1.3°$ ($c = 0.37$，甲醇).【类型】线型寡肽.【来源】寇海绵属 *Latrunculia* sp.【活性】抗真菌 (标准圆

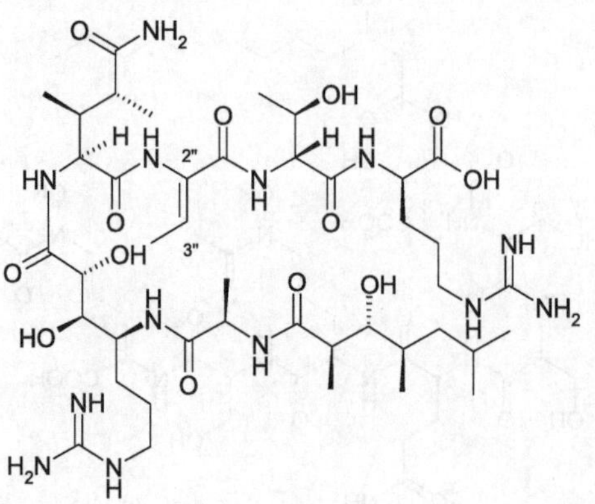

盘试验: 抑制白色念珠菌 Candida albicans ATCC 24433 生长, MIC = 1×10^{-4} mol/L). 【文献】V. Sepe, et al. Tetrahedron, 2006, 62, 833.

1138　Callipeltin J　海洋岩屑海绵亭 J*
【基本信息】$C_{31}H_{58}N_8O_{11}$, 无定形固体, $[\alpha]_D^{25}=-1.2°$ ($c=0.09$, 甲醇). 【类型】线型寡肽. 【来源】寇海绵属 Latrunculia sp. 【活性】抗真菌 (白色念珠菌 Candida albicans, MIC = 1μmol/L). 【文献】D'Auria, M.V. et al. Tetrahedron, 2007, 63, 131.

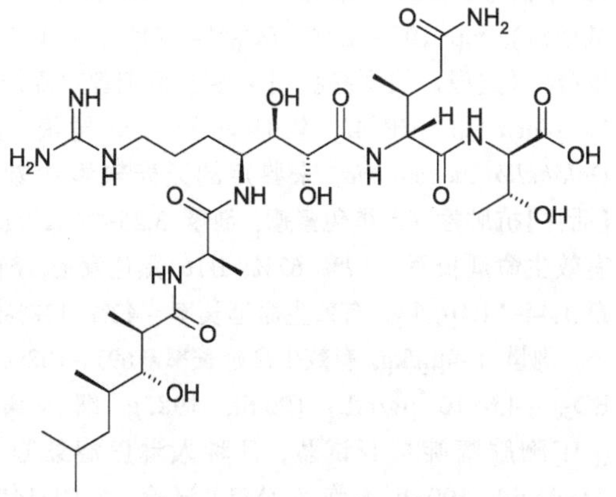

1139　Callipeltin K　海洋岩屑海绵亭 K*
【基本信息】$C_{67}H_{116}N_{18}O_{21}$, 无定形固体, $[\alpha]_D^{25}=-7°$ ($c=1.12$, 甲醇). 【类型】线型寡肽. 【来源】寇海绵属 Latrunculia sp. 【活性】抗真菌 (白色念珠菌 Candida albicans, MIC = 1μmol/L). 【文献】M. V. D'Auria, et al. Tetrahedron, 2007, 63, 131.

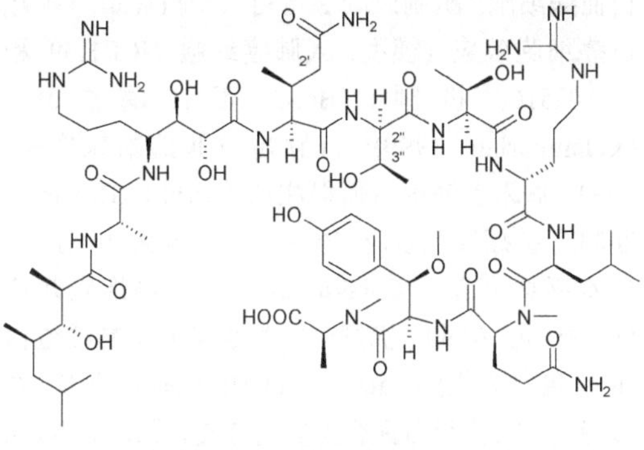

1140　Carmabin A　卡玛宾 A*
【基本信息】$C_{40}H_{57}N_5O_6$, 无定形固体, $[\alpha]_D^{27}=-109°$ ($c=0.4$, 甲醇); 白色无定形固体, $[\alpha]_D^{25}=-137°$ ($c=0.440$, 氯仿). 【类型】线型寡肽. 【来源】蓝细菌稍大鞘丝藻 Lyngbya majuscula (巴拿马) 和蓝细菌单歧藻属* Tolypothrix sp. (库拉索岛, 加勒比海). 【活性】抗恶性细胞增殖的; 杀疟原虫的 (恶性疟原虫 Plasmodium falciparum W2, $IC_{50}=4.3$μmol/L). 【文献】G. J. Hooper, et al. JNP, 1998, 61, 529.

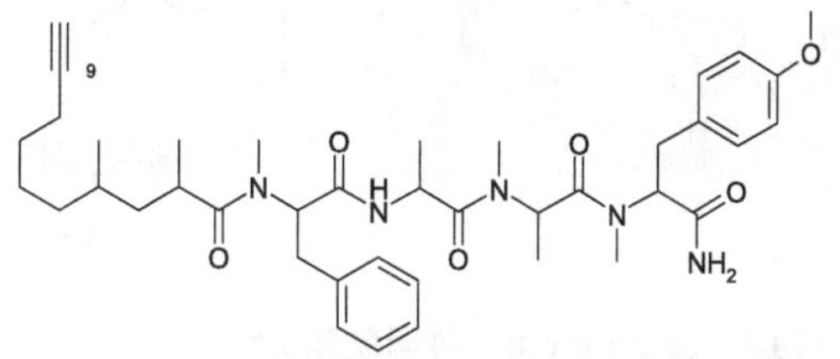

1141　Citronamide A　西特罗尼亚海绵酰胺 A*
【基本信息】$C_{39}H_{59}N_7O_{15}$, 树胶状物质, $[\alpha]_D=-15°$ ($c=0.04$, 甲醇). 【类型】线型寡肽. 【来源】Dysideidae 掘海绵科海绵 Citronia astra (日光礁, 昆士兰, 澳大利亚). 【活性】抗真菌 (酿酒酵母 Saccharomyces cerevisiae, 贝克酵母, MIC = 8μg/mL). 【文献】A. R. Carroll, et al. JNP, 2009, 72, 764.

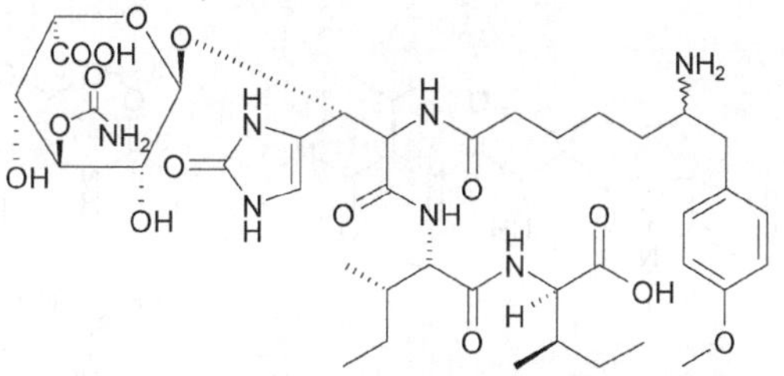

1142　Citronamide B　西特罗尼亚海绵酰胺 B*
【基本信息】$C_{39}H_{59}N_7O_{15}$, 树胶状物质, $[\alpha]_D=-17°$ ($c=0.03$, 甲醇). 【类型】线型寡肽. 【来源】Dysideidae 掘海绵科海绵 Citronia astra (日光礁, 昆士兰, 澳大利亚). 【活性】抗真菌 (酿酒酵母 Saccharomyces cerevisiae, 贝克酵母, 中等活性). 【文献】A. R. Carroll, et al. JNP, 2009, 72, 764.

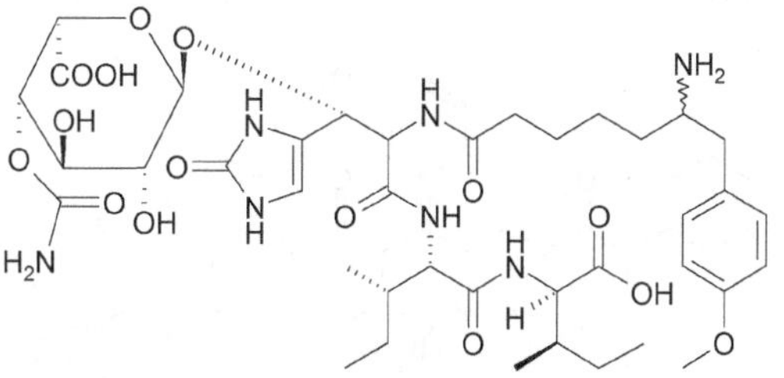

1143　Criamide A　科瑞酰胺 A*
【基本信息】$C_{35}H_{56}N_8O_5$, 无定形固体, $[\alpha]_D=+97°$ ($c=0.02$, 甲醇). 【类型】线型寡肽. 【来源】小轴海绵科海绵 Cymbastela sp. (巴布亚新几内亚). 【活性】细胞毒 (in vitro 和 in vivo). 【文献】J. E.

Coleman, et al. Tetrahedron, 1995, 51, 10653.

1144 Criamide B 科瑞酰胺 B*
【基本信息】$C_{36}H_{58}N_8O_5$, 无定形固体.【类型】线型寡肽.【来源】小轴海绵科海绵 Cymbastela sp. (巴布亚新几内亚).【活性】细胞毒 (in vitro 和 in vivo: P_{388}, $ED_{50} = 0.0073μg/mL$, MCF7, $ED_{50} = 6.8μg/mL$, U373, $ED_{50} = 0.27μg/mL$, HEY, $ED_{50} = 0.19μg/mL$, LoVo, $ED_{50} = 0.15μg/mL$, A549, $ED_{50} = 0.29μg/mL$).【文献】J. E. Coleman, et al. Tetrahedron, 1995, 51, 10653.

1145 Deoxymajusculamide D 去氧稍大鞘丝藻酰胺 D*
【基本信息】$C_{43}H_{65}N_5O_9$.【类型】线型寡肽.【来源】蓝细菌稍大鞘丝藻 Lyngbya majuscula.【活性】细胞毒 (CCRF-CEM 细胞培养系统, 0.2μg/mL).【文献】R. E. Moore, et al. Phytochemistry, 1988, 27, 3101.

1146 Desacetylmicrocolin B 去乙酰微柯林 B*
【基本信息】$C_{37}H_{63}N_5O_7$.【类型】线型寡肽.【来源】蓝细菌多色鞘丝藻 Lyngbya cf. polychroa (好莱坞, 佛罗里达, 美国).【活性】细胞毒 (HT29 和 IMR-32, 细胞生长抑制剂).【文献】T. Meickle, et al. PM, 2009, 75, 1427.

1147 Dolastatin 10 尾海兔素 10
【基本信息】$C_{42}H_{68}N_6O_6S$, 无定形粉末 (甲醇/二氯甲烷), mp 107~112ºC, $[α]_D^{29} = -68º$ ($c = 0.01$, 甲醇).【类型】线型寡肽.【来源】蓝细菌束藻属 Symploca sp. VP642, 软体动物耳形尾海兔 Dolabella auricularia, 未鉴定的无壳软体动物.【活性】抗肿瘤 (人黑色素瘤, 剂量 3.25~26μg/kg, 有效生命延长率 = 17%~67%; B16 黑色素瘤, 剂量 1.44~11.1μg/kg, 有效生命延长率 = 42%~138%; PS, 剂量 1~4μg/kg, 有效生命延长率 = 69%~102%, $ED_{50} = 4.6×10^{-5}μg/mL$) (Pettit, 1987); 细胞毒 ([^{3}H]胸腺嘧啶核苷试验, 几种人淋巴瘤细胞) (Beckwith, 1993); 细胞毒 (MTT 试验, 人 DU145 细胞) (Turner, 1998); 细胞毒和抗肿瘤 (MTT 试验, 人肺癌细胞: NCI-H69, NCI-H82, NCI-H446 和 NCI-H510) (Kalemkerian, 1999); 抗肿瘤 (Ⅱ期临床试验, 2000, 没有值得注意的活性); 细胞毒 (台盼蓝染料试验, reh 淋巴细胞性白血病) (Wall, 1999); 抗癌细胞效应 (模型: 人 reh 淋巴细胞性白血病细胞; 机制: Bcl-2 蛋白减少) (Wall, 1999); 抗癌细胞效应 (模型: 人肺癌细胞 NCI-H69 和 NCI-H510; 机制: Bcl-2 蛋白磷酸化) (Kalemkerian, 1999); 抗肿瘤 (Ⅱ期临床实验, 2000, 临床中缺少有值得注意的活性) (Hoffman, 2003); 抗癌细胞效应 (模型: 人 A549; 机制: 蛋白水平提高差) (Catassi, 2006); 抗癌细胞效应 (模型: 人 A549; 机制: 半胱氨酸天冬氨酸蛋白酶-3 蛋白活化) (Catassi, 2006); 抗有丝分裂; 杀真菌的; 微管蛋白聚合抑制剂.【文献】G. R. Pettit, et al. JACS, 1987, 109, 6883; 1989, 111, 5463; M. Beckwith, et al. J. Natl. Cancer Inst. 1993, 85, 483; G. R. Pettit, et al. Tetrahedron, 1993, 49, 9151; F. Roux, et al. Tetrahedron, 1994, 50, 5345; R. K. Pettit, et al. Antimicrob. Agents Chemother., 1998, 42, 2961; G. P. Kalemkerian, et al. Cancer Chemother. Pharm., 1999, 43, 507; N. R. Wall, et al.

Leuk. Res., 1999, 23, 881; G. P. Kalemkerian, et al. Cancer Chemother. Pharm., 1999, 43, 507; H. Luesch, et al. JNP, 2001, 64, 907; M. A. Hoffman, et al. Gynecol. Oncol., 2003, 89, 95; B. J. Fennell,et al. J. Antimicrob. Chemother., 2003, 51, 833; A. Catassi, et al. Cell. Mol. Life Sci., 2006, 63, 2377; M. Costa, et al. Mar. Drugs, 2012, 10, 2181 (Rev.).

1148 Dolastatin 15 尾海兔素 15
【基本信息】$C_{45}H_{68}N_6O_9$, 粉末, mp 143~148°C, $[\alpha]_D^{26} = -26°$ ($c = 0.01$, 甲醇).【类型】线型寡肽.【来源】未鉴定的蓝细菌, 软体动物耳形尾海兔 *Dolabella auricularia* (印度洋).【活性】细胞毒 (抑制 P_{388} 细胞生长, $ED_{50} = 0.0024\mu g/mL$); 抗疟疾 ($IC_{50} = 200nmol/L$); 微管抑制剂.【文献】G. R. Pettit, et al. JOC, 1989, 54, 6005; G. R. Pettit, et al. Tetrahedron, 1993, 49, 9151; G. R. Pettit, et al. Tetrahedron, 1994, 50, 12 097; K. Akaji, et al. JOC, 1999, 64, 405; B. J. Fennell, et al. J. Antimicrob. Chemother., 2003, 51, 833.

1149 Dragomabin 德拉戈马宾*
【基本信息】$C_{37}H_{51}N_5O_6$, 无定形固体, $[\alpha]_D^{25} = -106°$ ($c = 0.5$, 氯仿).【类型】线型寡肽.【来源】蓝细菌稍大鞘丝藻 *Lyngbya majuscula* (巴拿马).【活性】杀疟原虫的 (恶性疟原虫 *Plasmodium falciparum*, $IC_{50} = 6.0\mu mol/L$).【文献】K. L. McPhail, et al. JNP, 2007, 70, 984.

1150 Dragonamide A 龙酰胺 A*
【别名】Dragonamide; 龙酰胺*.【基本信息】$C_{37}H_{59}N_5O_5$, 无定形固体, $[\alpha]_D^{20} = -260.8°$ ($c = 2.6$, 二氯甲烷); 浅黄色油状物, $[\alpha]_D^{25} = -244°$ ($c = 0.250$, 氯仿).【类型】线型寡肽.【来源】蓝细菌稍大鞘丝藻 *Lyngbya majuscula* (巴拿马).【活性】细胞毒 (A549, HT29 和 MEL28); 杀疟原虫的 (恶性疟原虫 *Plasmodium falciparum* W2, $IC_{50} = 7.7\mu mol/L$).【文献】J. I. Jimenez, et al. JNP 2001, 64, 200; H. Chen, et al. Tetrahedron, 2005, 61, 11132; K. L. McPhail, et al. JNP, 2007, 70, 984.

1151 Dragonamide E 龙酰胺 E*
【基本信息】$C_{37}H_{57}N_5O_5$, 无定形固体, $[\alpha]_D^{25} = -220°$ ($c = 1.66$, 甲醇).【类型】线型寡肽.【来源】蓝细菌稍大鞘丝藻 *Lyngbya majuscula*.【活性】抗利什曼原虫 (杜氏利什曼原虫 *Leishmania donovani*, $IC_{50} = 5.1\mu mol/L$).【文献】M. J. Balunas, et al. JNP, 2010, 73, 60.

1152 Gymnangiamide 裸果羽螅酰胺*
【基本信息】$C_{36}H_{59}N_7O_{10}$, 无定形固体, $[\alpha]_D = -32.5°$ ($c = 0.24$, 甲醇).【类型】线型寡肽.【来源】水螅纲软水母亚纲裸果羽螅* *Gymnangium vegae*.【活性】细胞毒 (Colon205, $IC_{50} = 4.7\mu g/mL$; H460, $IC_{50} = 0.46\mu g/mL$; K562, $IC_{50} = 11.5\mu g/mL$; Molt4, $5.8\mu g/mL$; A549; $IC_{50} = 5.8\mu g/mL$; MALME-3M,

IC$_{50}$ = 9.6μg/mL；LOX，OVCAR-3 和 SNB19，有抑制作用但无 IC$_{50}$ 数据；MCF7，15μg/mL，无活性；IC-2^{WT}，IC$_{50}$ = 1.7μg/mL).【文献】Milanowski, D. J. et al. JOC, 2004, 69, 3036; H. Tone, et al. Org. Lett., 2009, 11, 1995 (结构修正).

1153 Halovir A 卤韦 A*

【基本信息】C$_{45}$H$_{83}$N$_7$O$_9$，无定形固体，[α]$_D$ = −13° (c = 0.73, 甲醇).【类型】线型寡肽.【来源】海洋导出的真菌柱顶孢霉属 Scytalidium sp.【活性】抗病毒 (体外 HSV-1 和 HSV-2 抑制剂，直接灭活，有潜力的).【文献】D. C. Rowley, et al. Bioorg. Med. Chem., 2003, 11, 4263; M. Saleem, et al. NPR, 2007, 24, 1142 (Rev.); S. Z. Moghadamtousi, et al. Mar. Drugs, 2015, 13, 4520 (Rev.).

1154 Halovir B 卤韦 B*

【基本信息】C$_{43}$H$_{79}$N$_7$O$_9$，无定形固体，[α]$_D$ = −8° (c = 0.25, 甲醇).【类型】线型寡肽.【来源】海洋导出的真菌柱顶孢霉属 Scytalidium sp.【活性】抗病毒 (体外 HSV-1 和 HSV-2 抑制剂，直接灭活，有潜力的).【文献】D. C. Rowley, et al. Bioorg. Med. Chem., 2003, 11, 4263; S. Z. Moghadamtousi, et al. Mar. Drugs, 2015, 13, 4520 (Rev.).

1155 Halovir C 卤韦 C*

【基本信息】C$_{45}$H$_{83}$N$_7$O$_8$，无定形固体，[α]$_D$ = −20° (c = 0.38, 甲醇).【类型】线型寡肽.【来源】海洋导出的真菌柱顶孢霉属 Scytalidium sp.【活性】抗病毒 (体外 HSV-1 和 HSV-2 抑制剂，直接灭活，有潜力的).【文献】D. C. Rowley, et al. Bioorg. Med. Chem., 2003, 11, 4263; S. Z. Moghadamtousi, et al. Mar. Drugs, 2015, 13, 4520 (Rev.).

1156 Halovir D 卤韦 D*

【基本信息】C$_{43}$H$_{79}$N$_7$O$_9$，无定形固体，[α]$_D$ = −27° (c = 0.28, 甲醇).【类型】线型寡肽.【来源】海洋导出的真菌柱顶孢霉属 Scytalidium sp.【活性】抗病毒 (体外 HSV-1 和 HSV-2 抑制剂，直接灭活，有潜力的).【文献】D. C. Rowley, et al. Bioorg. Med. Chem., 2003, 11, 4263; S. Z. Moghadamtousi, et al. Mar. Drugs, 2015, 13, 4520 (Rev.).

1157 Halovir E 卤韦 E*

【基本信息】C$_{43}$H$_{79}$N$_7$O$_8$，无定形固体，[α]$_D$ = −14° (c = 0.42, 甲醇).【类型】线型寡肽.【来源】海洋导出的真菌柱顶孢霉属 Scytalidium sp.【活性】抗病毒 (体外 HSV-1 和 HSV-2 抑制剂，直接灭活，有潜力的).【文献】D. C. Rowley, et al. Bioorg. Med. Chem., 2003, 11, 4263; S. Z. Moghadamtousi, et al. Mar. Drugs, 2015, 13, 4520 (Rev.).

1158 Koshikamide A$_1$ 寇西卡酰胺 A$_1$*

【基本信息】C$_{66}$H$_{100}$N$_{12}$O$_{15}$，无定形固体，[α]$_D^{25}$ =

−156º (c = 0.19, 甲醇).【类型】线型寡肽.【来源】岩屑海绵蒂壳海绵属 *Theonella* sp. (日本水域).【活性】细胞毒 (P_{388}, IC_{50} = 2.2μg/mL); 细胞毒 (P_{388}, IC_{50} =1.7μmol/L).【文献】N. Fusetani, et al. Tetrahedron Lett., 1999, 40, 4687; P. L. Winder, et al. Mar. Drugs, 2011, 9, 2644 (Rev.).

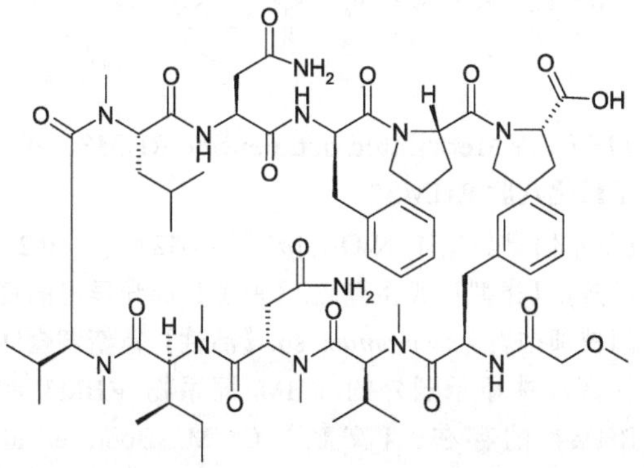

1159 Loihichelin A 卢伊希车林 A*
【基本信息】$C_{44}H_{73}N_{11}O_{19}$.【类型】线型寡肽.【来源】海洋细菌盐单胞菌属 *Halomonas* sp. LOB-5 (罗希海底火山, 夏威夷, 美国).【活性】两亲性铁载体.【文献】V. V. Homann, et al. JNP, 2009, 72, 884.

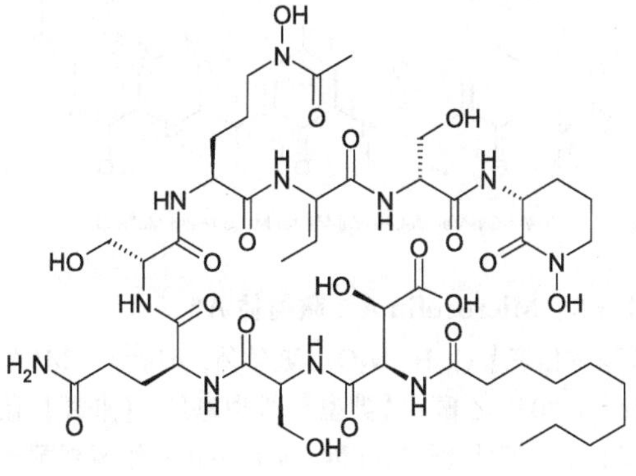

1160 Loihichelin B 卢伊希车林 B*

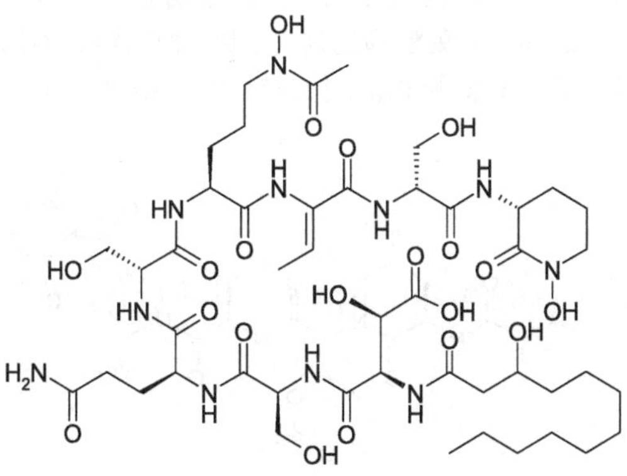

【基本信息】$C_{46}H_{77}N_{11}O_{20}$.【类型】线型寡肽.【来源】海洋细菌盐单胞菌属 *Halomonas* sp. LOB-5 (罗希海底火山, 夏威夷, 美国).【活性】两亲性铁载体.【文献】V. V. Homann, et al. JNP, 2009, 72, 884.

1161 Loihichelin C 卢伊希车林 C*
【基本信息】$C_{46}H_{75}N_{11}O_{19}$.【类型】线型寡肽.【来源】海洋细菌盐单胞菌属 *Halomonas* sp. LOB-5 (罗希海底火山, 夏威夷, 美国).【活性】两亲性铁载体.【文献】V. V. Homann, et al. JNP, 2009, 72, 884.

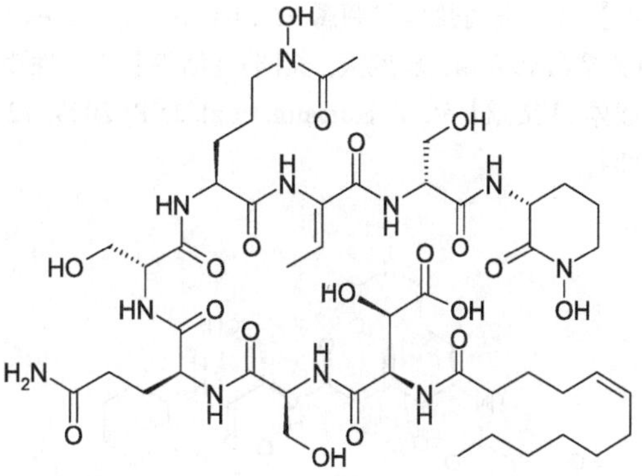

1162 Loihichelin D 卢伊希车林 D*
【基本信息】$C_{46}H_{77}N_{11}O_{19}$.【类型】线型寡肽.【来源】海洋细菌盐单胞菌属 *Halomonas* sp. LOB-5 (罗希海底火山, 夏威夷, 美国).【活性】两亲性铁载体.【文献】V. V. Homann, et al. JNP, 2009, 72, 884.

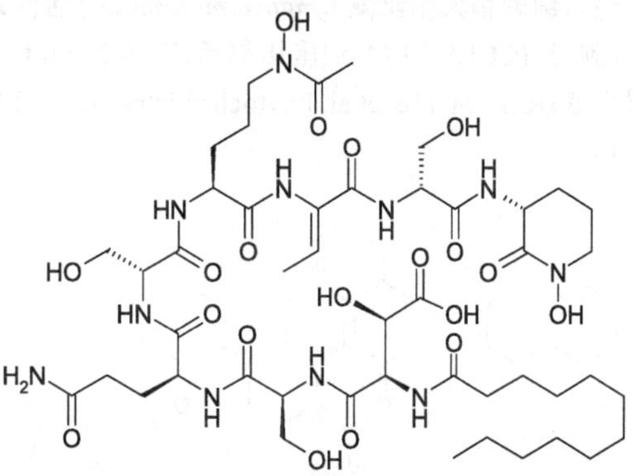

1163 Loihichelin E 卢伊希车林 E*
【基本信息】$C_{48}H_{79}N_{11}O_{19}$.【类型】线型寡肽.【来源】海洋细菌盐单胞菌属 *Halomonas* sp. LOB-5 (罗希海底火山, 夏威夷, 美国).【活性】两亲性铁载体.【文献】V. V. Homann, et al. JNP, 2009, 72, 884.

(P_{388}, A549, HT29 和 MEL28, 浓度在次纳摩尔范围有活性).【文献】F. D. Horgen, et al. JNP, 2002, 65, 487.

1164 Loihichelin F 卢伊希车林 F*
【基本信息】$C_{48}H_{81}N_{11}O_{19}$.【类型】线型寡肽.【来源】海洋细菌盐单胞菌属 *Halomonas* sp. LOB-5 (罗希海底火山, 夏威夷, 美国).【活性】两亲性铁载体.【文献】V. V. Homann, et al. JNP, 2009, 72, 884.

1165 Majusculamide D 稍大鞘丝藻酰胺 D*
【基本信息】$C_{43}H_{65}N_5O_{10}$.【类型】线型寡肽.【来源】蓝细菌稍大鞘丝藻 *Lyngbya majuscula*.【活性】细胞毒 (CCRF-CEM 细胞培养系统, 0.2μg/mL).【文献】R. E. Moore, et al. Phytochemistry, 1988, 27, 3101.

1166 Malevamide D 马勒弗酰胺 D*
【基本信息】$C_{40}H_{68}N_4O_8$, 油状物, $[\alpha]_D^{26} = -55°$ ($c = 0.1$, 甲醇).【类型】线型寡肽.【来源】蓝细菌藓状束藻 *Symploca hydnoides*.【活性】细胞毒

1167 N-Methylated octapeptide RHM3 N-甲酰化八肽 RHM3*
【基本信息】$C_{51}H_{93}N_9O_{11}$, $[\alpha]_D^{27} = -52.6°$ ($c = 0.23$, 甲醇).【类型】线型寡肽.【来源】海洋导出的真菌枝顶孢属 *Acremonium* sp.【活性】重新调查同样真菌株显示额外的 RHM 同系物 RHM3 和 RHM4 的存在.【文献】C. M. Boot, et al. Tetrahedron, 2007, 63, 9903.

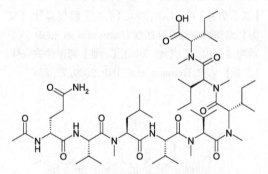

Ac-Gln-Val-MeLeu-Val-MeVal-MeIle-MeIle-MeIle-OH

1168 Microcolin A 微柯林 A*
【基本信息】$C_{39}H_{65}N_5O_9$, 玻璃体, $[\alpha]_D^{25} = -145.3°$ ($c = 0.003$, 乙醇).【类型】线型寡肽.【来源】蓝细菌稍大鞘丝藻 *Lyngbya majuscula* 和蓝细菌多色鞘丝藻 *Lyngbya* cf. *polychroa*.【活性】MLR 抑制剂 (人双向混合淋巴细胞响应), $EC_{50} = 0.02$ nmol/L; 免疫抑制剂 (小鼠, 抑制混合淋巴细胞响应和抑制 P_{388}).【文献】F. E. Koehn, et al.

JNP, 1992, 55, 613; F. E. Koehn, et al. JMC, 1994, 37, 3181; C. P. Decicco, et al. JOC, 1996, 61, 3534; K. Sharp, et al. Appl. Environ. Microbiol., 2009, 75, 2879; T. Meickle, et al. PM, 2009, 75, 1427.

1169 Microcolin B 微柯林 B*
【基本信息】$C_{39}H_{65}N_5O_8$, 玻璃体, $[\alpha]_D^{25} = -174°$ ($c = 0.005$, 乙醇).【类型】线型寡肽.【来源】蓝细菌稍大鞘丝藻 *Lyngbya majuscula* (委内瑞拉).【活性】免疫抑制剂 (小鼠, 抑制混合淋巴细胞响应和抑制 P_{388}).【文献】F. E. Koehn, et al. JNP, 1992, 55, 613; F. E. Koehn, et al. JMC, 1994, 37, 3181; K. Sharp, et al. Appl. Environ. Microbiol., 2009, 75, 2879; T. Meickle, et al. PM, 2009, 75, 1427.

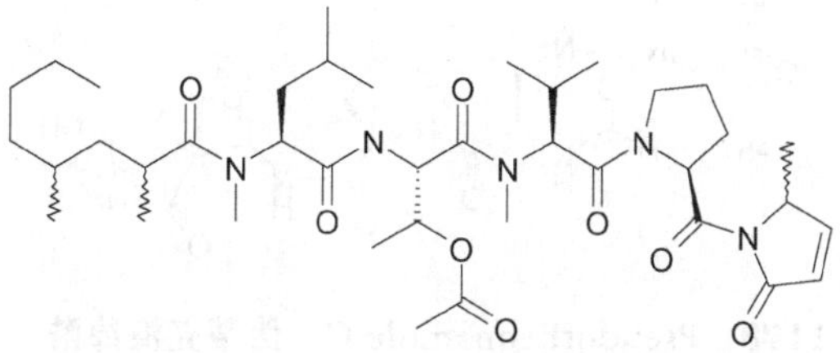

1170 Miraziridine A 奇异蒂壳海绵定 A*
【基本信息】$C_{30}H_{52}N_8O_9$, $[\alpha]_D^{20} = -74°$ ($c = 0.085$, 甲醇).【类型】线型寡肽.【来源】岩屑海绵奇异蒂壳海绵* *Theonella* aff. *mirabilis* (奄美大岛, 吐卡拉列岛外海, 日本).【活性】抗骨质疏松症 (组织蛋白酶 B 模型, $IC_{50} = 2.1\mu mol/L$); 半胱氨酸蛋白酶抑制剂; 氨基蛋白酶抑制剂; 丝氨酸蛋白酶抑制剂.【文献】P. L. Winder, et al. Mar. Drugs, 2011, 9, 2644 (Rev.).

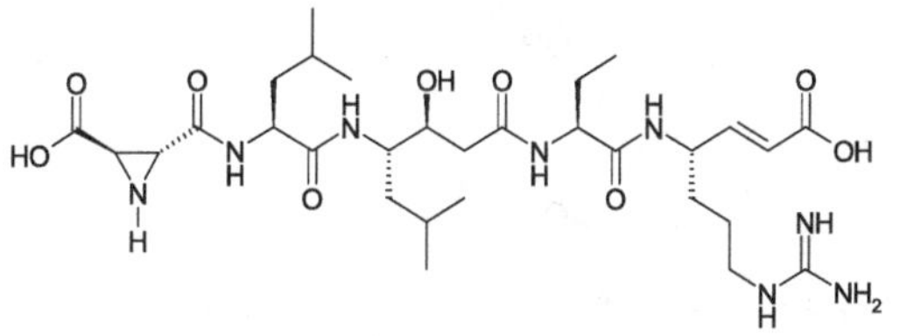

1171 Nazumamide A 那卒木酰胺 A*
【基本信息】$C_{28}H_{43}N_7O_8$, 无定形粉末, $[\alpha]_D^{23} = +87.1°$ ($c = 0.075$, 甲醇).【类型】线型寡肽.【来源】岩屑海绵蒂壳海绵属 *Theonella* sp.【活性】凝血酶抑制剂.【文献】N. Fusetani, et al. Tetrahedron Lett., 1991, 32, 7073; V. L. Nienaber, JACS, 1996, 118, 6807.

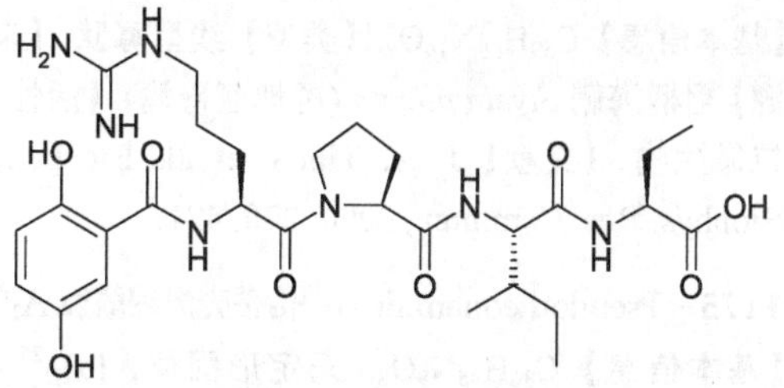

1172 Nobilamide B 刺螺酰胺 B*
【基本信息】$C_{43}H_{64}N_6O_{19}$.【类型】线型寡肽.【来源】海洋导出的链霉菌属 *Streptomyces* sp. (刺螺属* *Chicoreus nobilis*, 宿务, 菲律宾), 来自未鉴定的软体动物.【活性】小鼠和人 V1 亚科瞬时型受体电位辣椒素-1 通道 (TRPV1) 长效拮抗剂 (有效, 疼痛和炎症介质).【文献】M. Gorlero, et al. FEBS Lett., 2009, 583, 153; Z. Lin, et al. JMC, 2011, 54, 3746.

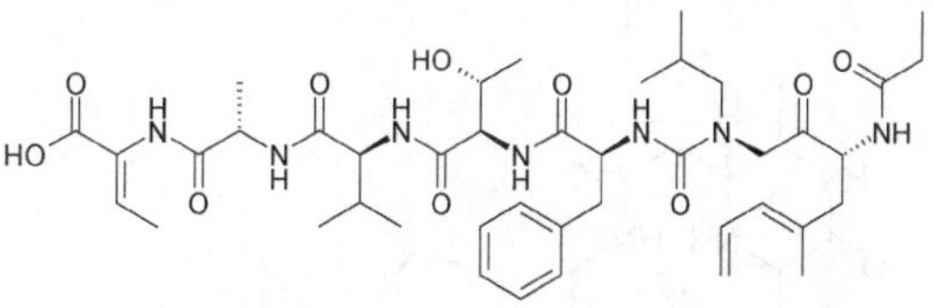

1173 Norbisebromoamide 去甲双溴酰胺*
【基本信息】$C_{50}H_{70}BrN_7O_8S$, 油状物, $[\alpha]_D^{22} = +11.5°$ ($c = 0.82$, 氯仿).【类型】线型寡肽.【来源】蓝细菌鞘丝藻属 *Lyngbya* sp.【活性】细胞毒 (HeLa-S3, $IC_{50} = 45ng/mL$).【文献】H. Sasaki, et al. Tetrahedron, 2011, 67, 990.

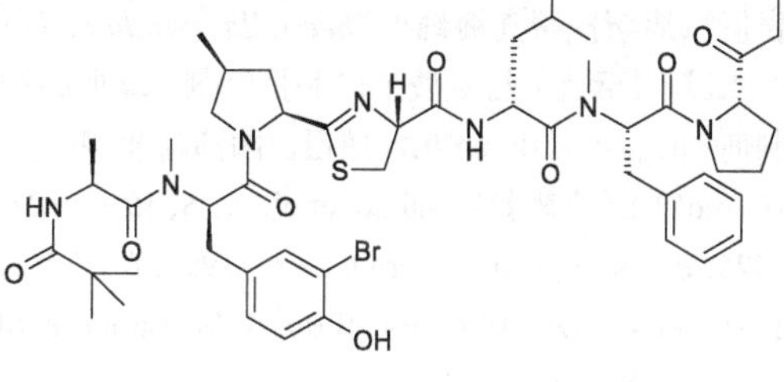

1174 Plicatamide 褶柄海鞘酰胺*

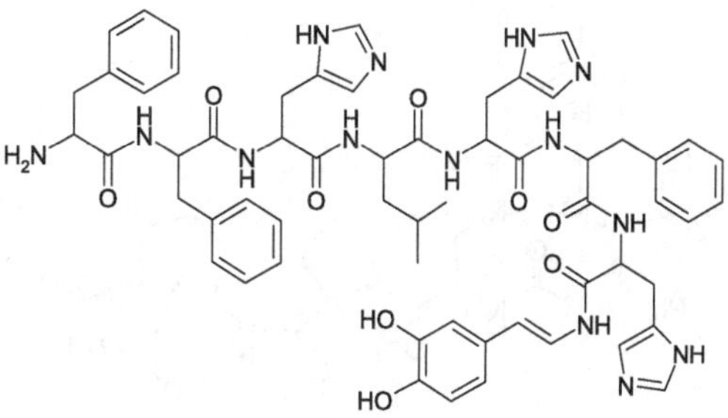

【基本信息】$C_{59}H_{68}N_{14}O_9$.【类型】线型寡肽.【来源】褶柄海鞘 Styela plicata (圣地亚哥湾).【活性】抗微生物.【文献】J. A. Tincu, et al. Biochem. Biophys. Res. Commun., 2000, 270, 421.

1175 Pseudotheonamide A₁ 伪蒂壳海绵酰胺 A₁*

【基本信息】$C_{36}H_{45}N_9O_8$, 无定形固体, $[\alpha]_D^{29} = -28°$ ($c = 0.085$, 甲醇).【类型】线型寡肽.【来源】岩屑海绵斯氏蒂壳海绵* Theonella swinhoei (日本水域).【活性】丝氨酸蛋白酶抑制剂；凝血酶抑制剂 ($IC_{50} = 1.0\mu mol/L$)；胰蛋白酶抑制剂 ($IC_{50} = 4.5\mu mol/L$).【文献】Y. Nakao, et al. ACS, 1999, 121, 2425; R. Samy, et al. J. Org Chem., 1999, 64, 2711; T. Hu, et al. JOC, 1999, 64, 3000; S. M. Bauer, et al. JACS, 1999, 121, 6355.

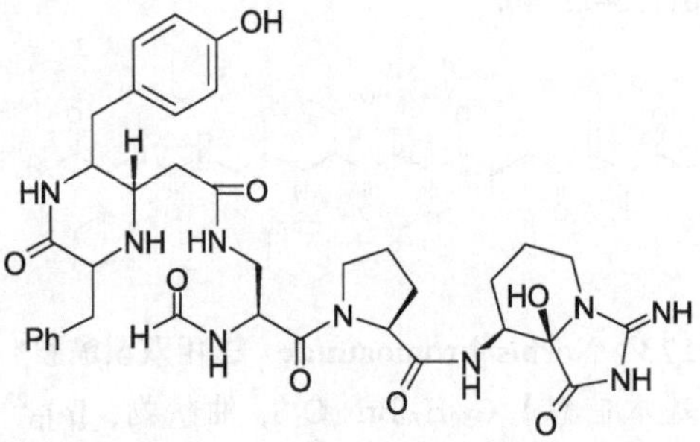

1176 Pseudotheonamide A₂ 伪蒂壳海绵酰胺 A₂*

【基本信息】$C_{36}H_{45}N_9O_8$, 无定形固体, $[\alpha]_D^{29} = -34°$ ($c = 0.065$, 甲醇).【类型】线型寡肽.【来源】岩屑海绵斯氏蒂壳海绵* Theonella swinhoei (日本水域).【活性】丝氨酸蛋白酶抑制剂；凝血酶抑制剂 ($IC_{50} = 31.0\mu mol/L$)；胰蛋白酶抑制剂 ($IC_{50} > 10\mu mol/L$).【文献】Y. Nakao, et al. ACS, 1999, 121, 2425; R. Samy, et al. J. Org Chem., 1999, 64, 2711; T. Hu, et al. JOC, 1999, 64, 3000; S. M. Bauer, et al. JACS, 1999, 121, 6355.

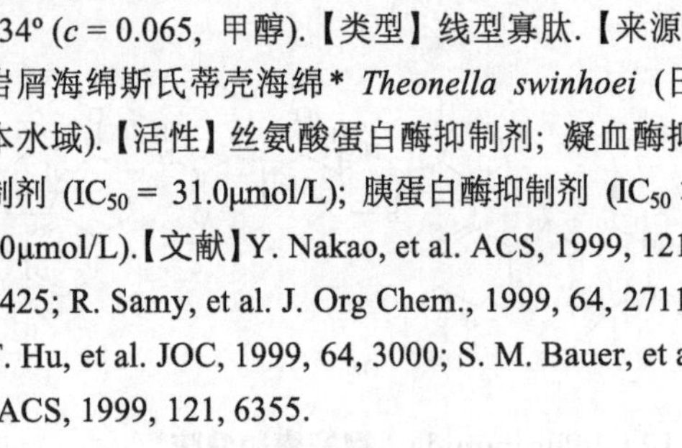

1177 Pseudotheonamide B₂ 伪蒂壳海绵酰胺 B₂*

【基本信息】$C_{37}H_{45}N_9O_8$, 无定形固体, $[\alpha]_D^{29} = -17°$ ($c = 0.050$, 甲醇).【类型】线型寡肽.【来源】岩屑海绵斯氏蒂壳海绵* Theonella swinhoei (日本水域).【活性】丝氨酸蛋白酶抑制剂；凝血酶抑制剂 ($IC_{50} = 1.3\mu mol/L$)；胰蛋白酶抑制剂 ($IC_{50} = 6.2\mu mol/L$).【文献】Y. Nakao, et al. ACS, 1999, 121, 2425; R. Samy, et al. J. Org Chem., 1999, 64, 2711; T. Hu, et al. JOC, 1999, 64, 3000; S. M. Bauer, et al. JACS, 1999, 121, 6355.

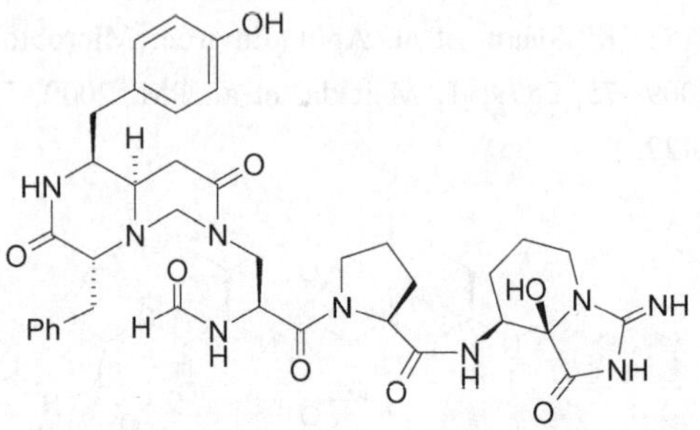

1178 Pseudotheonamide C 伪蒂壳海绵酰胺 C*

【基本信息】$C_{36}H_{45}N_9O_8$, 无定形固体, $[\alpha]_D^{29} = -16°$ ($c = 0.047$, 甲醇).【类型】线型寡肽.【来源】岩屑海绵斯氏蒂壳海绵* Theonella swinhoei (日本水域).【活性】丝氨酸蛋白酶抑制剂；凝血酶抑制剂 ($IC_{50} = 0.19\mu mol/L$)；胰蛋白酶抑制剂 ($IC_{50} = 3.8\mu mol/L$).【文献】Y. Nakao, et al. ACS, 1999, 121, 2425; R. Samy, et al. J. Org Chem., 1999, 64, 2711; T. Hu, et al. JOC, 1999, 64, 3000; S. M. Bauer, et al. JACS, 1999, 121, 6355.

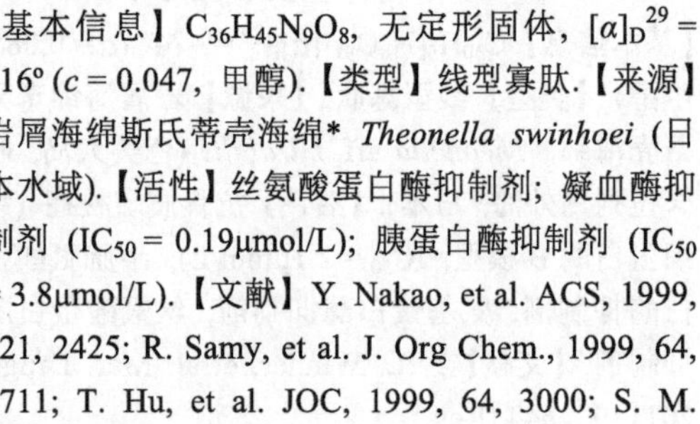

1179 Pseudotheonamide D 伪蒂壳海绵酰胺 D*

【基本信息】$C_{29}H_{36}N_6O_6$, 无定形固体, $[\alpha]_D^{29} = -11°$ ($c = 0.085$, 甲醇).【类型】线型寡肽.【来源】

岩屑海绵斯氏蒂壳海绵* Theonella swinhoei (日本水域).【活性】丝氨酸蛋白酶抑制剂; 凝血酶抑制剂 (IC_{50} = 1.4μmol/L); 胰蛋白酶抑制剂 (IC_{50} >10μmol/L).【文献】Y. Nakao, et al. ACS, 1999, 121, 2425; R. Samy, et al. J. Org Chem., 1999, 64, 2711; T. Hu, et al. JOC, 1999, 64, 3000; S. M. Bauer, et al. JACS, 1999, 121, 6355.

1180 Symplocin A 束藻新 A*
【基本信息】$C_{56}H_{86}N_8O_{13}$.【类型】线型寡肽.【来源】蓝细菌束藻属 Symploca sp. (圣萨尔瓦多群岛, 巴哈马).【活性】蛋白酶 Cathepsin E 抑制剂 (有潜力的).【文献】T. F. Molinski, et al. JNP, 2012, 75, 425.

1181 Symplostatin 1 束藻他汀 1*
【基本信息】$C_{43}H_{70}N_6O_6S$, $[\alpha]_D$ = −45° (c = 1.6, 甲醇).【类型】线型寡肽.【来源】蓝细菌席藻属 Phormidium spp. (集聚物), 蓝细菌藓状束藻 Symploca hydnoides.【活性】抗癌细胞效应 (模型: 大白鼠主动脉 A-10 细胞和人 HeLa 细胞; 机制: 抑制细胞循环); 抗癌细胞效应 (模型: 大白鼠主动脉 A-10 细胞; 机制: 微管解聚); 抗癌细胞效应 (模型: MDA-MB-435; 机制: Bcl-2 蛋白磷酸化); 抗癌细胞效应 (模型: MDA-MB-435; 机制: 刺激半胱氨酸天冬氨酸蛋白酶-3 蛋白活性); 抗肿瘤 (PS, ED_{50} = 0.046ng/mL, NCI 人黑色素瘤异种移植, 小鼠, in vivo); 细胞毒 (SRB 试验, MDA-MB-435 和 NCI-ADR); 细胞毒 (KB, IC_{50} = 0.3ng/mL, LoVo 细胞株); 微管蛋白聚合抑制剂; 有毒的 (iv, 低剂量, 一天内引起致命毒性).【文献】G. R. Pettit, et al. JACS, 1987, 109, 6883; G. G. Harrigan, et al. JNP, 1998, 61, 1075; H. Luesch, et al. JNP 2001, 64, 907; S. L. Mooberry, et al. Int. J. Cancer, 2003, 104, 512; L. A. Salavador, et al. JNP, 2010, 73, 1606; M. Costa, et al. Mar. Drugs, 2012, 10, 2181 (Rev.).

1182 Symplostatin 3 束藻他汀 3*
【基本信息】$C_{40}H_{66}N_4O_9$, 无定形固体, $[\alpha]_D^{24}$ = −46° (c = 0.35, 甲醇).【类型】线型寡肽.【来源】蓝细菌束藻属 Symploca sp. VP452.【活性】抗癌细胞效应 (模型: 大白鼠主动脉 A-10 细胞; 机制: 微管解聚); 细胞毒 (人癌细胞, IC_{50} = 3.9~10.3μmol/L).【文献】H. Luesch, et al. JNP, 2002, 65, 16; M. Costa, et al. Mar. Drugs, 2012, 10, 2181 (Rev.).

1183 Tasiamide A 塔西酰胺 A*
【基本信息】$C_{42}H_{67}N_7O_{10}$, 无定形粉末, $[\alpha]_D^{21}$ = +15° (c = 0.4, 氯仿).【类型】线型寡肽.【来源】蓝细菌束藻属 Symploca sp.【活性】细胞毒 (KB, IC_{50} = 0.48μg/mL; LoVo, IC_{50} = 3.47μg/mL).【文献】P. G. Williams, et al. JNP, 2002, 65, 1336.

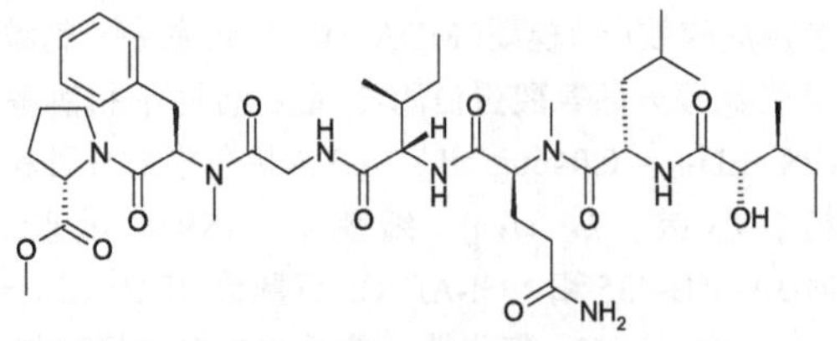

1184 Tasiamide B 塔西酰胺 B*
【基本信息】$C_{50}H_{74}N_8O_{12}$, 无定形粉末, $[\alpha]_D^{21}$ = –28º (c = 0.4, 甲醇).【类型】线型寡肽.【来源】蓝细菌束藻属 *Symploca* sp.【活性】细胞毒 (KB, IC_{50} = 0.8μmol/L).【文献】P. G. Williams, et al. JNP 2003, 66, 1006.

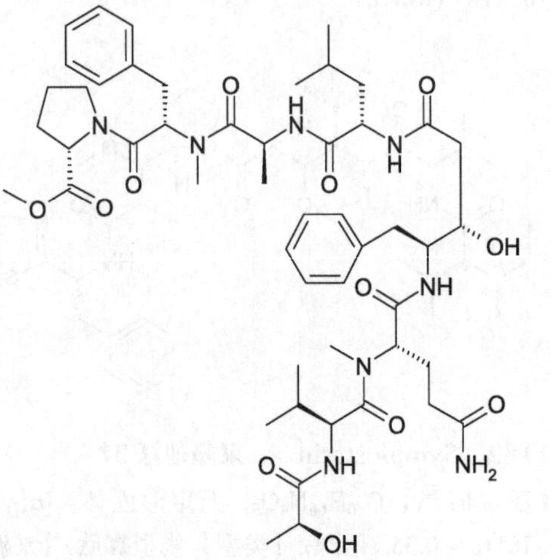

1185 Tauramamide 淘拉母酰胺*
【基本信息】$C_{44}H_{65}N_9O_9$, 浅黄色玻璃体 (甲酯), $[\alpha]_D^{25}$ = –14.6º (c = 0.6, 甲醇) (甲酯).【类型】线型寡肽.【来源】海洋导出的细菌短芽孢杆菌属* *Brevibacillus laterosporus*.【活性】抗菌 (肠球菌属*Enterococcus sp., MIC = 0.1μg/mL).【文献】K. Desjardine, et al. JNP, 2007, 70, 1850.

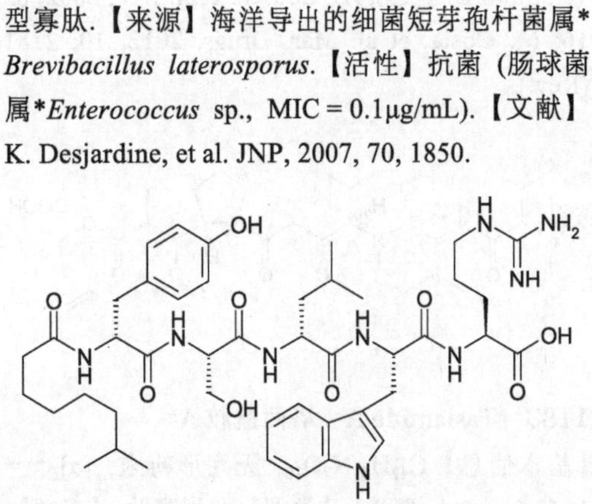

1186 Thiochondrilline C 硫代谷粒海绵碱 C*
【基本信息】$C_{25}H_{31}N_5O_7S_3$, 白色固体, $[\alpha]_D^{25}$ = –77º (c = 0.0011, 氯仿).【类型】线型寡肽.【来源】海洋导出的细菌疣孢菌属 *Verrucosispora* sp., 来自岩屑海绵谷粒海绵属 *Chondrilla caribensis* f. *caribensis* (佛罗里达礁, 美国).【活性】细胞毒 (A549, EC_{50} = 2.86μmol/L).【文献】T. P. Wyche, et al. JOC, 2011, 76, 6542.

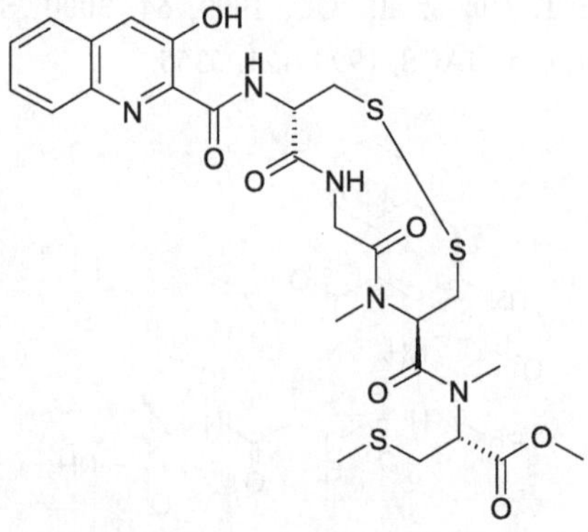

1187 Trichoderin A 木霉碱 A*
【基本信息】$C_{60}H_{110}N_{10}O_{12}$, 无定形固体, $[\alpha]_D^{20}$ = –17º (c = 0.7, 甲醇).【类型】线型寡肽.【来源】海洋导出的真菌木霉属 *Trichoderma* sp. 05F148, 来自未鉴定的海绵.【活性】抗结核分枝杆菌 (包皮垢分枝杆菌 *Mycobacterium smegmatis*, 牛型分枝杆菌 *Mycobacterium bovis* 和结核分枝杆菌 *Mycobacterium tuberculosis*, MIC = 0.02~2.0μg/mL, 对积极生长状态和休眠状态都有作用).【文献】P. Pruksakorn, et al. Bioorg. Med. Chem. Lett., 2010, 20, 3658.

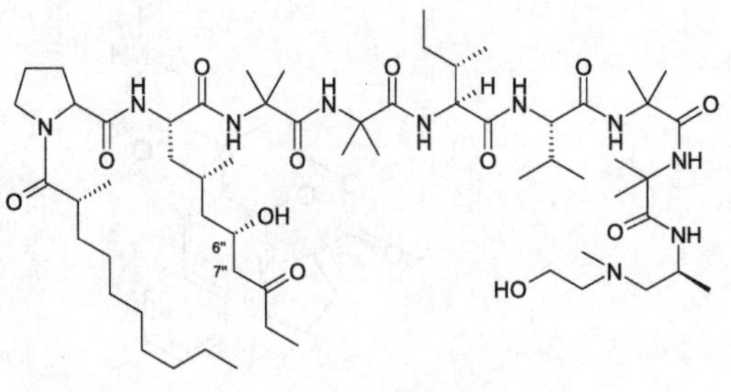

1188 Trichoderin A₁ 木霉碱 A₁*
【基本信息】$C_{60}H_{108}N_{10}O_{11}$, 无定形固体, $[\alpha]_D^{20}$ = –23º (c = 0.3, 甲醇).【类型】线型寡肽.【来源】海洋导出的真菌木霉属 *Trichoderma* sp. 05F148, 来自未鉴定的海绵.【活性】抗结核分枝杆菌 (包皮垢分枝杆菌 *Mycobacterium smegmatis*, 牛型分枝杆菌 *Mycobacterium bovis* 和结核分枝杆菌 *Mycobacterium tuberculosis*, MIC = 0.02~2.0μg/mL, 对积极生长状态和休眠状态都有作用).【文献】

P. Pruksakorn, et al. Bioorg. Med. Chem. Lett., 2010, 20, 3658.

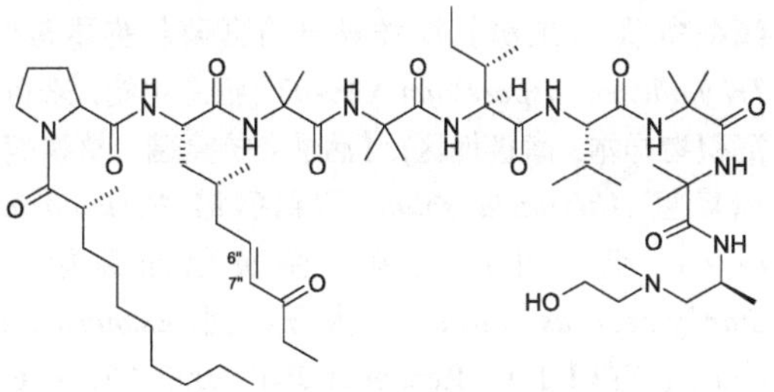

1189 Trichoderin B 木霉碱 B*

【基本信息】$C_{59}H_{108}N_{10}O_{12}$, 无定形固体, $[\alpha]_D^{20} = -59°$ ($c = 0.1$, 甲醇).【类型】线型寡肽.【来源】海洋导出的真菌木霉属 *Trichoderma* sp. 05F148, 来自未鉴定的海绵.【活性】抗结核分枝杆菌 (包皮垢分枝杆菌 *Mycobacterium smegmatis*, 牛型分枝杆菌 *Mycobacterium bovis* 和结核分枝杆菌 *Mycobacterium tuberculosis*, MIC = 0.02~2.0μg/mL, 对积极生长状态和休眠状态都有作用).【文献】P. Pruksakorn, et al. Bioorg. Med. Chem. Lett., 2010, 20, 3658.

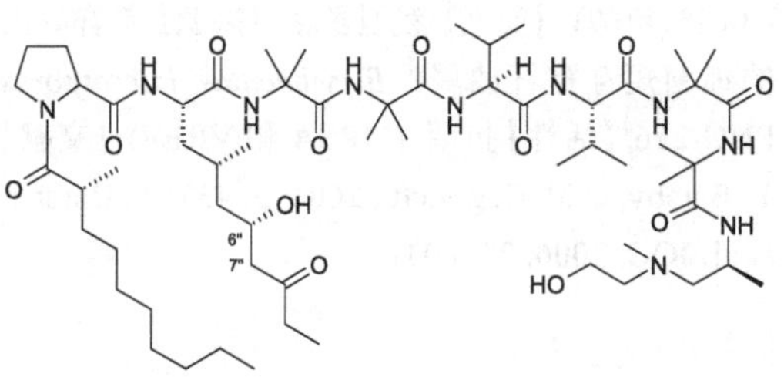

3.6 线型多肽类

1190 Aspereline A 棘孢木霉素 A*

【基本信息】$C_{45}H_{80}N_{10}O_{11}$, 针状晶体 (甲醇), mp 296~298°C, $[\alpha]_D^{20} = -42°$ ($c = 0.1$, 甲醇).【类型】线型多肽.【来源】海洋导出的真菌棘孢木霉* *Trichoderma asperellum* Y19-07 (嗜冷生物, 来自沉积物样本, 南极地区).【活性】抗真菌 (植物病源真菌 *Alternaria solani* 和稻瘟霉 *Pyricularia oryzae*, 低活性); 抗菌 (金黄色葡萄球菌 *Staphylococcus aureus* 和大肠杆菌 *Escherichia coli*).【文献】J. W. Ren, et al. JNP, 2009, 72, 1036.

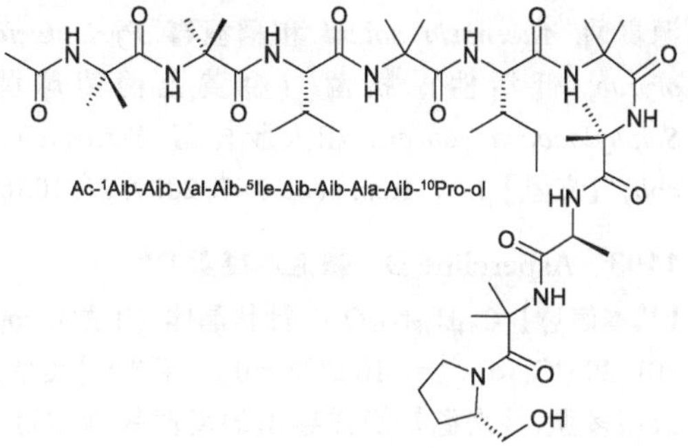

Ac-¹Aib-Aib-Val-Aib-⁵Ile-Aib-Aib-Ala-Aib-¹⁰Pro-ol

1191 Aspereline B 棘孢木霉素 B*

【基本信息】$C_{44}H_{78}N_{10}O_{11}$, 针状晶体 (甲醇), mp 273~275°C, $[\alpha]_D^{20} = -5°$ ($c = 0.1$, 甲醇).【类型】线型多肽.【来源】海洋导出的真菌棘孢木霉* *Trichoderma asperellum* Y19-07 (嗜冷生物, 来自沉积物样本, 南极地区).【活性】抗真菌 (植物病源真菌 *Alternaria solani* 和稻瘟霉 *Pyricularia oryzae*, 低活性); 抗菌 (金黄色葡萄球菌 *Staphylococcus aureus* 和大肠杆菌 *Escherichia coli*).【文献】J. W. Ren, et al. JNP, 2009, 72, 1036.

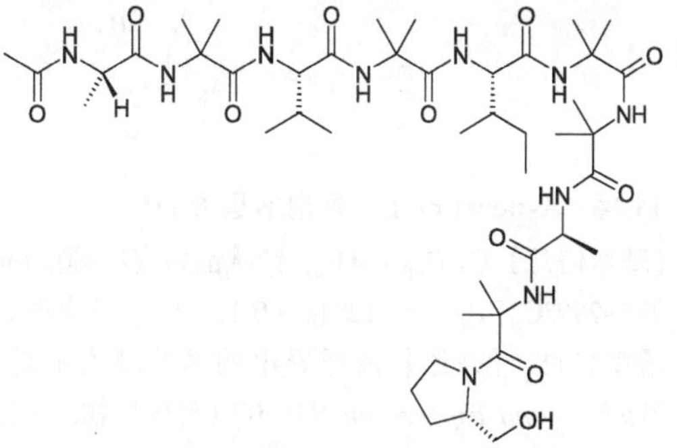

1192 Aspereline C 棘孢木霉素 C*

【基本信息】$C_{44}H_{78}N_{10}O_{11}$, 针状晶体 (甲醇), mp 284~285°C, $[\alpha]_D^{20} = -22°$ ($c = 0.1$, 甲醇).【类型】线型多肽.【来源】海洋导出的真菌棘孢木霉* *Trichoderma asperellum* Y19-07 (嗜冷生物, 来自沉积物样本, 南极地区).【活性】抗真菌 (植物病

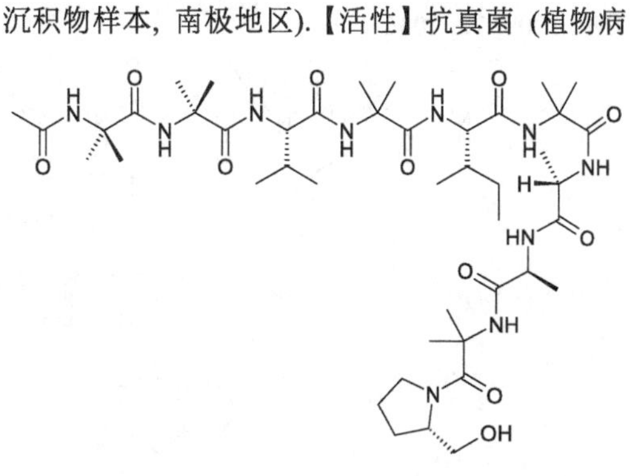

源真菌 Alternaria solani 和稻瘟霉 Pyricularia oryzae, 低活性); 抗菌 (金黄色葡萄球菌 Staphylococcus aureus 和大肠杆菌 Escherichia coli).【文献】J. W. Ren, et al. JNP, 2009, 72, 1036.

1193 Aspereline D 棘孢木霉素 D*

【基本信息】$C_{44}H_{78}N_{10}O_{11}$, 针状晶体 (甲醇), mp 301~303ºC, $[\alpha]_D^{20} = -10.5º$ ($c = 0.1$, 甲醇).【类型】线型多肽.【来源】海洋导出的真菌棘孢木霉* Trichoderma asperellum Y19-07 (嗜冷生物, 来自沉积物样本, 南极地区).【活性】抗真菌 (植物病源真菌 Alternaria solani 和稻瘟霉 Pyricularia oryzae, 低活性); 抗菌 (金黄色葡萄球菌 Staphylococcus aureus 和大肠杆菌 Escherichia coli).【文献】J. W. Ren, et al. JNP, 2009, 72, 1036.

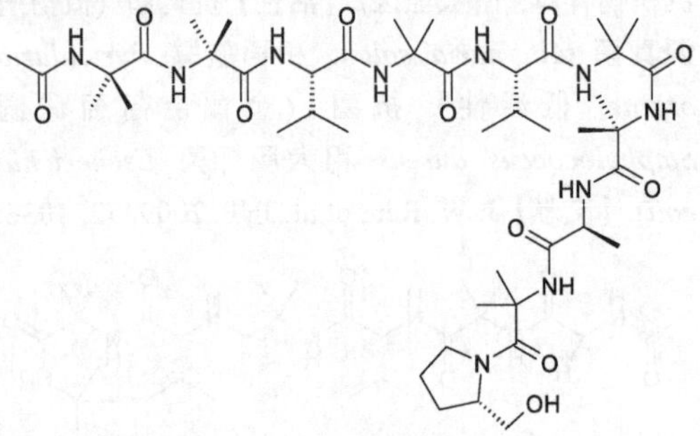

1194 Aspereline E 棘孢木霉素 D*

【基本信息】$C_{45}H_{80}N_{10}O_{12}$, 针状晶体 (甲醇), mp 295~297ºC, $[\alpha]_D^{20} = -12º$ ($c = 0.1$, 甲醇).【类型】线型多肽.【来源】海洋导出的真菌棘孢木霉* Trichoderma asperellum Y19-07 (嗜冷生物, 来自沉积物样本, 南极地区).【活性】抗真菌 (植物病源真菌 Alternaria solani 和稻瘟霉 Pyricularia oryzae, 低活性); 抗菌 (金黄色葡萄球菌 Staphylococcus aureus, 大肠杆菌 Escherichia coli and 铜绿假单胞菌 Pseudomonas aeruginosa); 细胞毒 (HL60, 低活性).【文献】J. W. Ren, et al. JNP, 2009, 72, 1036.

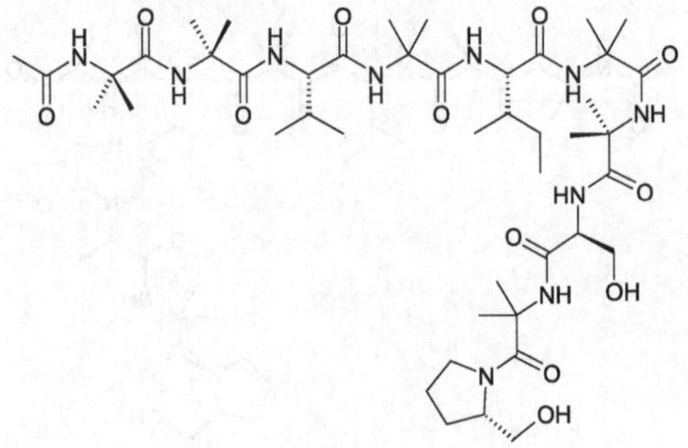

1195 Aspereline F 棘孢木霉素 F*

【基本信息】$C_{46}H_{82}N_{10}O_{11}$, 针状晶体 (甲醇), mp 281~283ºC, $[\alpha]_D^{20} = -12º$ ($c = 0.1$, 甲醇).【类型】线型多肽.【来源】海洋导出的真菌棘孢木霉* Trichoderma asperellum Y19-07 (嗜冷生物, 来自沉积物样本, 南极地区).【活性】抗真菌 (植物病源真菌 Alternaria solani 和稻瘟霉 Pyricularia oryzae, 低活性); 抗菌 (金黄色葡萄球菌 Staphylococcus aureus 和大肠杆菌 Escherichia coli).【文献】J. W. Ren, et al. JNP, 2009, 72, 1036.

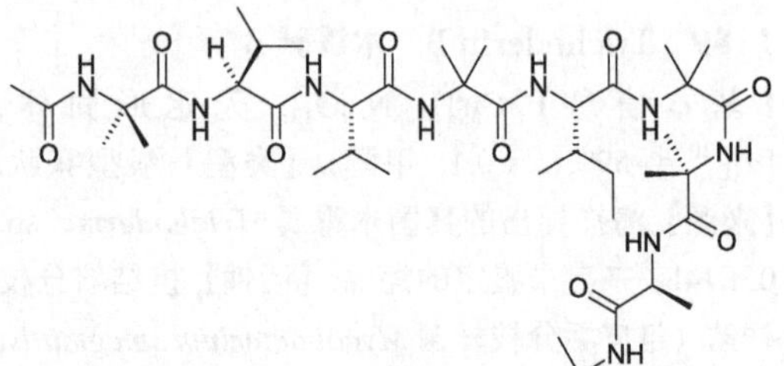

1196 Bogorol A 博格罗醇 A*

【基本信息】$C_{80}H_{142}N_{16}O_{16}$, 无定形固体, $[\alpha]_D^{25} = -38.2º$ (甲醇).【类型】线型多肽.【来源】海洋导出的细菌短芽孢杆菌属* Brevibacillus laterosporus PNG-276.【活性】抗菌 (MRSA 和 VREF).【文献】T. Barsby, et al. Org. Lett., 2001, 3, 437; T. Barsby, et al. JOC, 2006, 71, 6031.

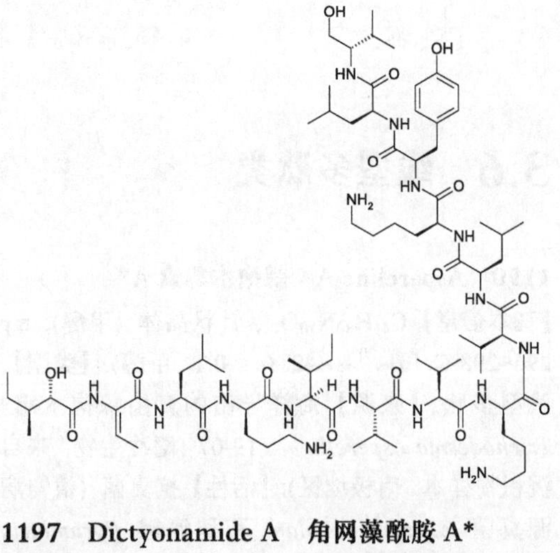

1197 Dictyonamide A 角网藻酰胺 A*

【基本信息】$C_{63}H_{108}N_{12}O_{15}$, 无定形固体, $[\alpha]_D^{22} = -169º$ ($c = 1$, 甲醇).【类型】线型多肽.【来源】未鉴定的海洋导出的真菌 K063, 来自红藻角网

藻 Ceratodictyon spongiosum (冲绳, 日本).【活性】激酶抑制剂 (CDK4, IC_{50} = 16.5μg/mL, 依赖于细胞周期素).【文献】K. Komatsu, et al. JOC, 2001, 66, 6189; M. Saleem, et al. NPR, 2007, 24, 1142 (Rev.).

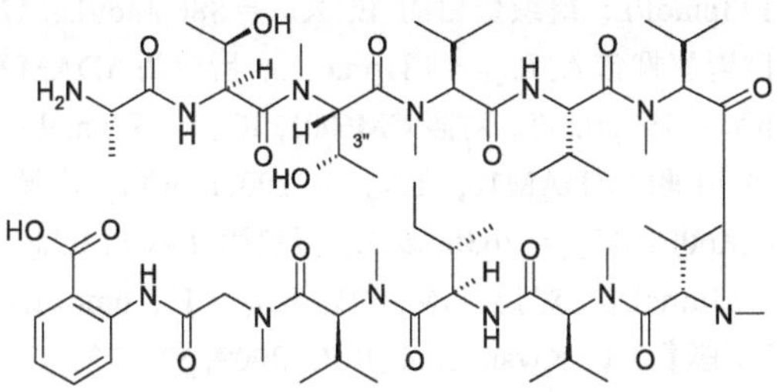

1198   Efrapeptin Eα   依夫拉肽亭 Eα*
【基本信息】$C_{82}H_{142}N_{18}O_{16}$, 无定形固体, $[α]_D^{27}$ = +5° (c = 0.23, 甲醇), $[α]_D^{28}$ = −2° (c = 0.2, 氯仿).【类型】线型多肽.【来源】海洋导出的真菌枝顶孢属 Acremonium sp.【活性】细胞毒 (H125, IC_{50} = 1.3nmol/L).【文献】C. M. Boot, et al. Tetrahedron, 2007, 63, 9903.

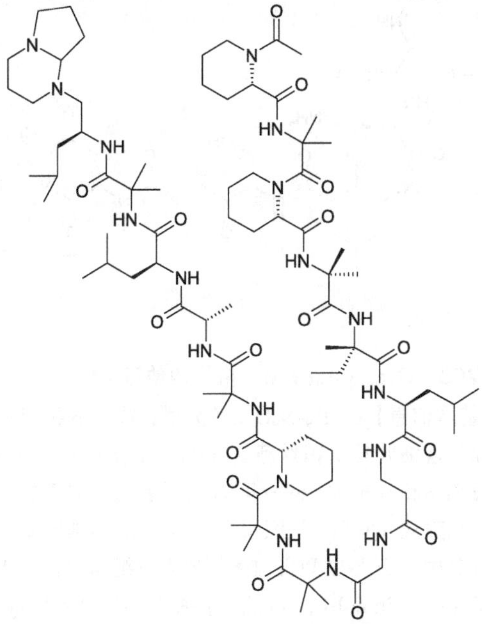

1199   Efrapeptin F   依夫拉肽亭 F*
【基本信息】$C_{82}H_{141}N_{18}O_{16}^+$, $[α]_D^{22}$ = −5° (c = 0.4, 氯仿).【类型】线型多肽.【来源】海洋导出的真菌枝顶孢属 Acremonium sp.【活性】荧光素酶抑制剂 (抑制 2-脱氧葡萄糖诱导的荧光素酶的表达, 报道基因试验, 剂量相关, 10mmol/L 的 2-脱氧葡萄糖处理 HT1080 细胞 18h 提高荧光素酶活性大约是对照物的 5 倍, 抑制剂 IC_{50} = 8.5nmol/L); 细胞毒 (H125, IC_{50} = 1.3nmol/L).【文献】C. M. Boot, et al. Tetrahedron, 2007, 63, 9903; Y. Hayakawa, et al. J. Antibiot., 2008, 61, 365.

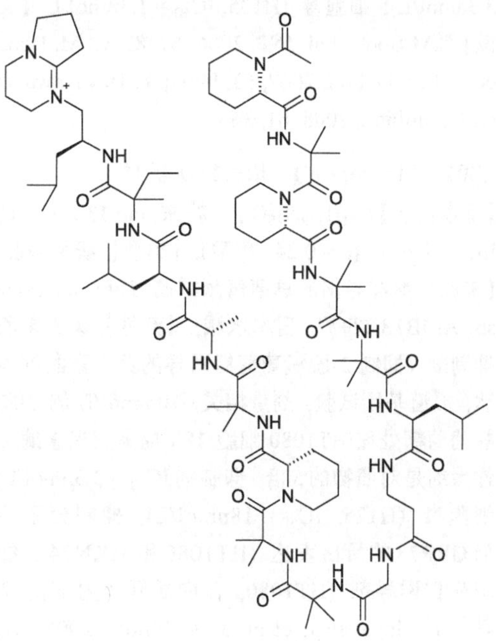

1200   Efrapeptin G   依夫拉肽亭 G*
【基本信息】$C_{83}H_{143}N_{18}O_{16}^+$, $[α]_D^{22}$ = −5.3° (c = 0.42, 氯仿).【类型】线型多肽.【来源】海洋导出

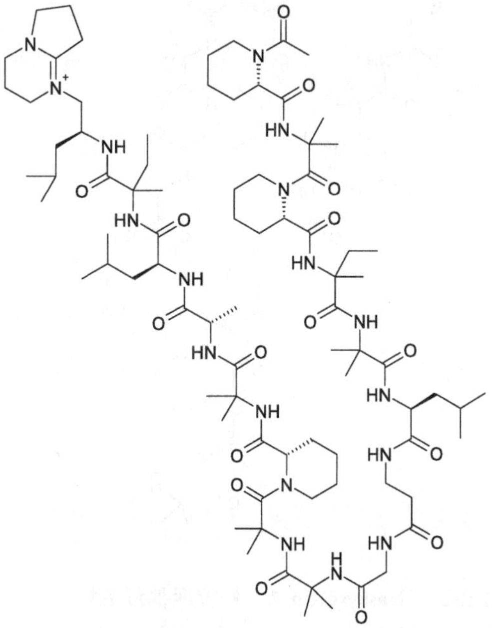

的真菌枝顶孢属 Acremonium sp.【活性】荧光素酶抑制剂 (抑制 2-脱氧葡萄糖诱导的荧光素酶的表达,报道基因试验,剂量相关,10mmol/L 的 2-脱氧葡萄糖处理 HT1080 细胞 18h 提高荧光素酶活性大约是对照物的 5 倍,抑制剂 IC_{50} = 3.3nmol/L);细胞毒 (H125, IC_{50} = 1.3nmol/L).【文献】C.M.Boot, et al. JNP, 2006, 69, 83; C. M. Boot, et al. Tetrahedron, 2007, 63, 9903; Y. Hayakawa, et al. J. Antibiot., 2008, 61, 365.

1201 Efrapeptin J 依夫拉肽亭 J*

【基本信息】$C_{81}H_{139}N_{18}O_{16}^+$,粉末,mp 132~137ºC, $[\alpha]_D^{23}$ = +14º (c = 0.24,甲醇).【类型】线型多肽.【来源】海洋导出的真菌弯颈霉属 Tolypocladium sp. AMB18 (海泥,日本水域).【活性】荧光素酶抑制剂 (抑制 2-脱氧葡萄糖诱导的荧光素酶的表达,报道基因试验,剂量相关,10mmol/L 的 2-脱氧葡萄糖处理 HT1080 细胞 18h 提高荧光素酶活性大约是对照物的 5 倍,抑制剂 IC_{50} = 3.3nmol/L);细胞毒 (H125, IC_{50} = 18nmol/L);抑制分子伴侣 GRP78 的蛋白表达 (HT1080 和 MKN74);细胞死亡诱导剂 (HT1080,在内质网压力下).【文献】Y. Hayakawa, et al. J. Antibiot., 2008, 61, 365.

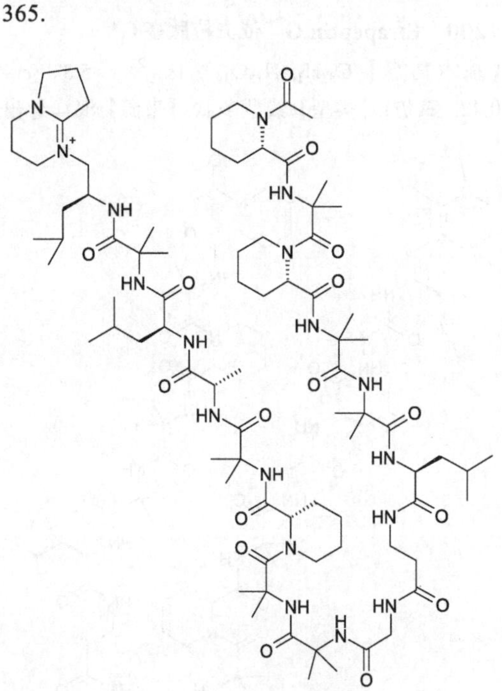

1202 Grassystatin A 格拉西他汀 A*

【基本信息】$C_{58}H_{95}N_9O_{16}$.【类型】线型多肽.【来源】蓝细菌丝状鞘丝藻 Lyngbya confervoides (绿茵礁岛和基拉戈,佛罗里达,美国).【活性】抗癌细胞效应 (模型:组织蛋白酶 D 和 E;机制:抑制蛋白酶);天冬氨酸蛋白酶抑制剂 (组织蛋白酶 D, IC_{50} = 26.5nmol/L,对照胃酶抑素 A, IC_{50} = 173pmol/L;组织蛋白酶 E, IC_{50} = 886pmol/L,对照胃酶抑素 A, IC_{50} = 181pmol/L;蛋白酶 ADAM9, IC_{50} = 46.1μmol/L,对照 GM6001, IC_{50} = 56.3nmol/L;蛋白酶 ADAM10, IC_{50} > 100μmol/L,对照 GM6001, IC_{50} = 263nmol/L;蛋白酶 TACE, IC_{50} = 1.23μmol/L,对照 GM6001, IC_{50} = 13.1nmol/L).【文献】J. C. Kwan, et al. JMC, 2009, 52, 5732.

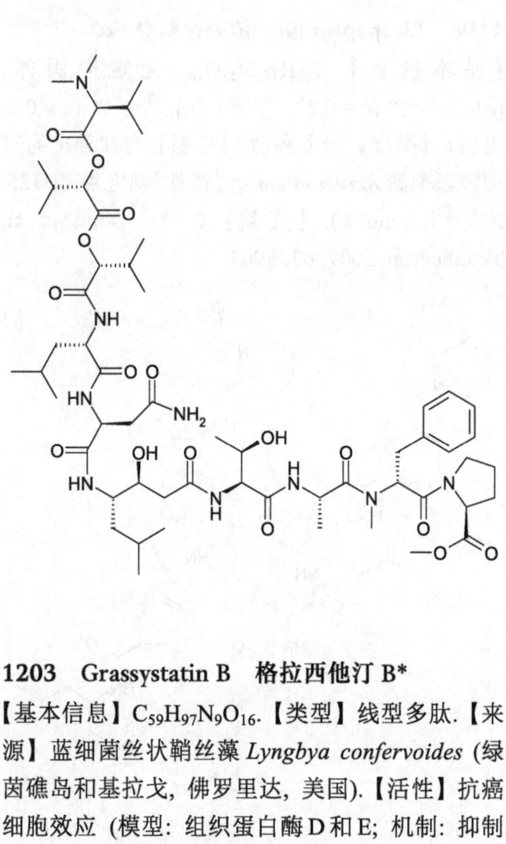

1203 Grassystatin B 格拉西他汀 B*

【基本信息】$C_{59}H_{97}N_9O_{16}$.【类型】线型多肽.【来源】蓝细菌丝状鞘丝藻 Lyngbya confervoides (绿茵礁岛和基拉戈,佛罗里达,美国).【活性】抗癌细胞效应 (模型:组织蛋白酶 D 和 E;机制:抑制蛋白酶);天冬氨酸蛋白酶抑制剂 (组织蛋白酶 D, IC_{50} = 7.27nmol/L,对照胃酶抑素 A, IC_{50} = 173pmol/L;组织蛋白酶 E, IC_{50} = 354pmol/L,对照胃酶抑素 A, IC_{50} = 181pmol/L;蛋白酶 ADAM9, IC_{50} = 85.5μmol/L,对照 GM6001, IC_{50} = 56.3nmol/L;蛋白酶 ADAM10, IC_{50} = 87.2μmol/L,对照 GM6001, IC_{50} = 263nmol/L;蛋白酶 TACE, IC_{50} = 2.23μmol/L,对照 GM6001, IC_{50} = 13.1nmol/L).【文献】J. C. Kwan, et al. JMC, 2009, 52, 5732.

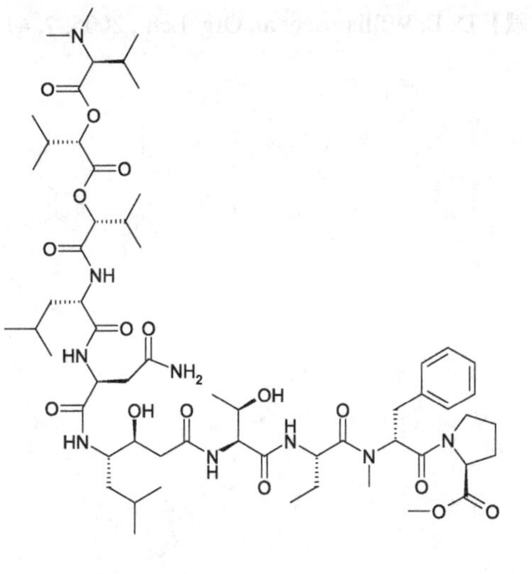

1204 Grassystatin C 格拉西他汀 C*

【基本信息】$C_{50}H_{82}N_8O_{12}$.【类型】线型多肽.【来源】蓝细菌丝状鞘丝藻 *Lyngbya confervoides* (绿茵礁岛和基拉戈, 佛罗里达, 美国).【活性】天冬氨酸蛋白酶抑制剂 (组织蛋白酶 D, IC_{50} = 1.62μmol/L, 对照胃酶抑素 A, IC_{50} = 173pmol/L; 组织蛋白酶 E, IC_{50} = 42.9nmol/L, 胃酶抑素 A, IC_{50} = 181pmol/L; 蛋白酶 ADAM9, IC_{50} > 100μmol/L, 对照 GM6001, IC_{50} = 56.3nmol/L; 蛋白酶 ADAM10, IC_{50} > 100μmol/L, GM6001, IC_{50} = 263nmol/L; 蛋白酶 TACE, IC_{50} = 28.6μmol/L*, GM6001, IC_{50} = 13.1nmol/L).【文献】J.C. Kwan, et al. JMC, 2009, 52, 5732.

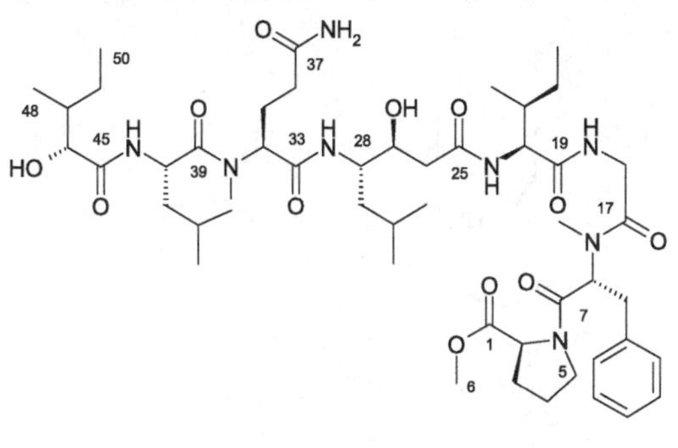

1205 Halicylindramide E 圆筒软海绵酰胺 E*

【基本信息】$C_{68}H_{96}BrN_{17}O_{17}S$, 粉末 (钠盐), $[\alpha]_D$ = +9° (c = 0.3, 甲醇) (钠盐).【类型】线型多肽.【来源】圆筒软海绵* *Halichondria cylindrata* (日本水域).【活性】抗真菌 (拉曼被孢霉* *Mortierella ramanniana*, 160μg/盘).【文献】H. Li, et al. JNP, 1996, 59, 163.

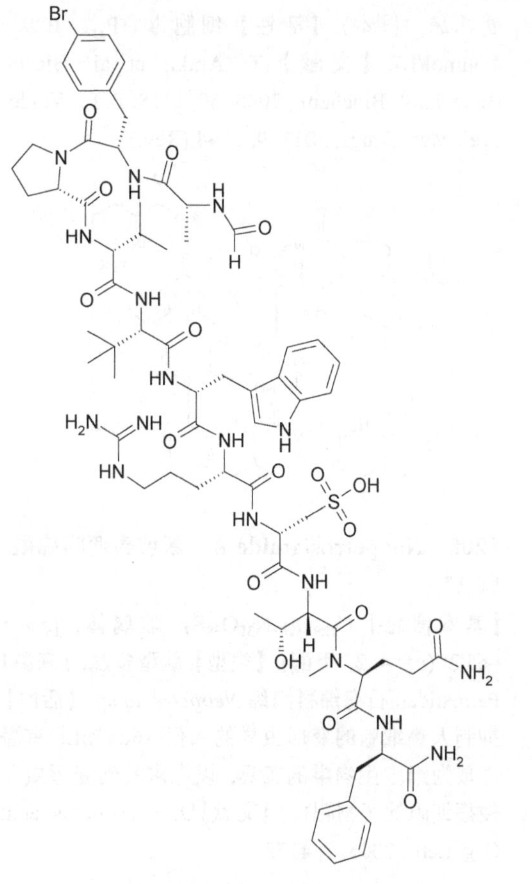

1206 Kendarimide A 肯得二酰亚胺 A*

【基本信息】$C_{83}H_{134}N_{14}O_{15}S_2$, 粉末, $[\alpha]_D^{25}$ = −273° (c = 0.3, 甲醇).【类型】线型多肽.【来源】蜂海绵属 *Haliclona* sp.【活性】癌细胞中多重抗药调制器.【文献】S. Aoki, et al. Tetrahedron, 2004, 60, 7053; N. Kotoku, et al. Heterocycles, 2005, 65, 563.

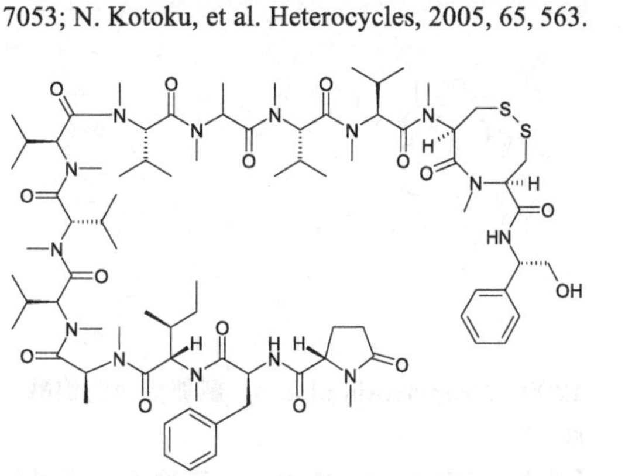

1207 Koshikamide A_2 寇西卡酰胺 A_2*

【基本信息】$C_{72}H_{112}N_{16}O_{16}$, 无定形固体, $[\alpha]_D^{24}$ = −130° (c = 0.1, 甲醇).【类型】线型多肽.【来源】岩屑海绵蒂壳海绵属 *Theonella* sp. (下甑岛外海,

鹿儿岛，日本).【活性】细胞毒（P_{388}，IC_{50} = 4.6μmol/L).【文献】T. Araki, et al. Biosci. Biotechnol. Biochem., 2005, 69, 1318; P. L. Winder, et al. Mar. Drugs, 2011, 9, 2644 (Rev.).

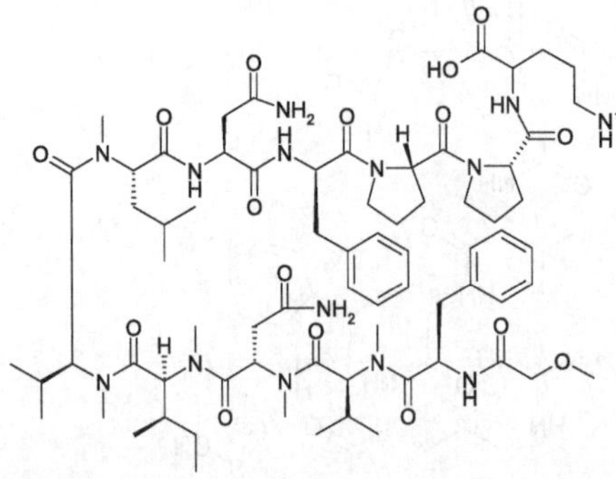

1208 Neopetrosiamide A 新坡头西海绵酰胺 A*

【基本信息】$C_{129}H_{183}N_{35}O_{39}S_7$，玻璃体，$[\alpha]_D$ = –65.2º (c = 4.2, 甲醇).【类型】线型多肽.【来源】Petrosiidae 石海绵科海绵 Neopetrosia sp.【活性】抑制人癌细胞的变形虫样的入侵（6μg/mL，有潜力成为细胞生物学的工具，以谋求找到变形虫入侵癌细胞的药物靶标).【文献】D. E. Williams, et al. Org. Lett., 2005, 7, 4173.

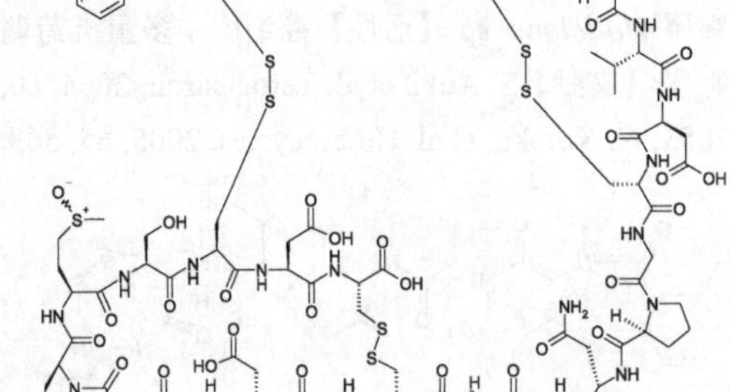

1209 Neopetrosiamide B 新坡头西海绵酰胺 B*

【基本信息】$C_{129}H_{183}N_{35}O_{39}S_7$，玻璃体.【类型】线型多肽.【来源】Petrosiidae 石海绵科海绵 Neopetrosia sp.【活性】抑制人癌细胞的变形虫样的入侵（6μg/mL，有潜力成为细胞生物学的工具，以谋求找到变形虫入侵癌细胞的药物靶标).【文献】D. E. Williams, et al. Org. Lett., 2005, 7, 4173.

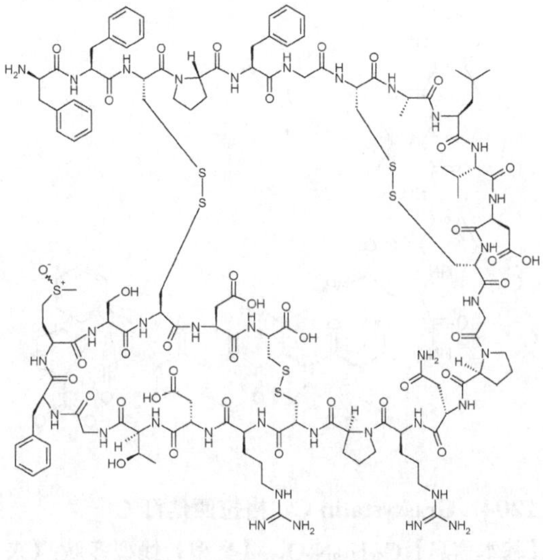

S-新坡头西海绵酰胺 A*的差向异构体

3.7 简单环肽类

1210 Aciculitin A 皮刺海绵亭 A*

【基本信息】$C_{61}H_{86}N_{14}O_{21}$，浅黄色粉末，$[\alpha]_D$ = –35º (c = 0.27, 乙腈/水 = 1:1).【类型】简单环肽.【来源】岩屑海绵东方皮刺海绵* Aciculites orientalis (菲律宾).【活性】抗真菌（标准圆盘试验，白色念珠菌 Candida albicans，2.5μg/盘）；细

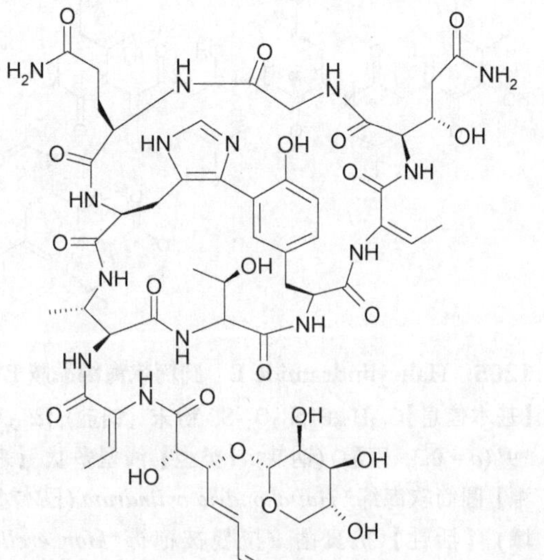

胞毒 (HCT116, IC$_{50}$ = 0.5μg/mL).【文献】C. A. Bewley, et al. JACS, 1996, 118, 4314.

1211 Aciculitin B 皮刺海绵亭 B*
【基本信息】C$_{62}$H$_{88}$N$_{14}$O$_{21}$, [α]$_D$ = −37º (c = 0.35, 乙腈/水 = 1:1).【类型】简单环肽.【来源】岩屑海绵东方皮刺海绵* Aciculites orientalis (菲律宾).
【活性】抗真菌（标准圆盘试验，白色念珠菌 Candida albicans, 2.5μg/盘); 细胞毒 (HCT116, IC$_{50}$ = 0.5μg/mL).【文献】C. A. Bewley, et al. JACS, 1996, 118, 4314.

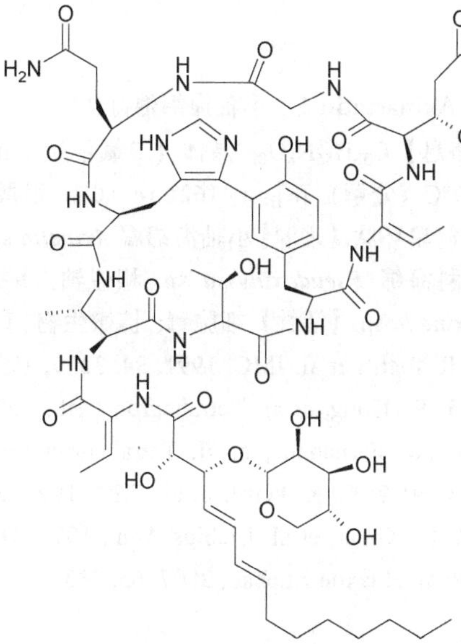

1212 Aciculitin C 皮刺海绵亭 C*
【基本信息】C$_{63}$H$_{90}$N$_{14}$O$_{21}$, [α]$_D$ = −34º (c = 0.27, 乙腈/水 = 1:1).【类型】简单环肽.【来源】岩屑海绵东方皮刺海绵* Aciculites orientalis (菲律宾).
【活性】抗真菌（标准圆盘试验，白色念珠菌 Candida albicans, 2.5μg/盘); 细胞毒 (HCT116, IC$_{50}$ = 0.5μg/mL).【文献】C. A. Bewley, et al. JACS, 1996, 118, 4314.

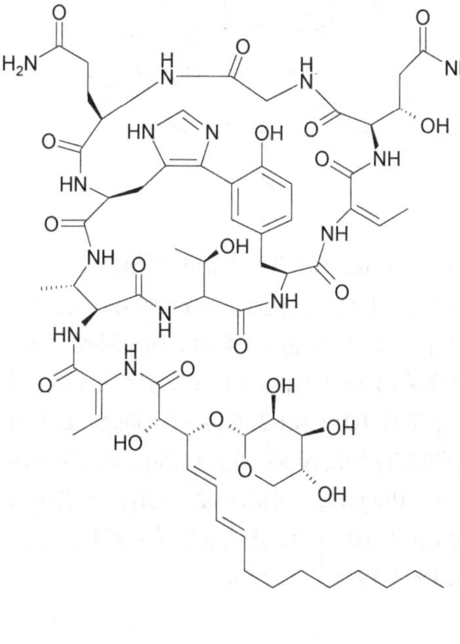

1213 (ADMAdda^5)Microcystin LHar (ADMAdda^5)微囊藻素 LHar
【基本信息】C$_{51}$H$_{76}$N$_{10}$O$_{13}$.【类型】简单环肽.【来源】蓝细菌念珠藻属 Nostoc sp. 152.【活性】肝毒素.【文献】K. Sivonen, et al. Appl. Environ. Microbiol., 1990, 56, 2650; M. Namikoshi, et al. JOC, 1990, 55, 6135; 1992, 57, 866.

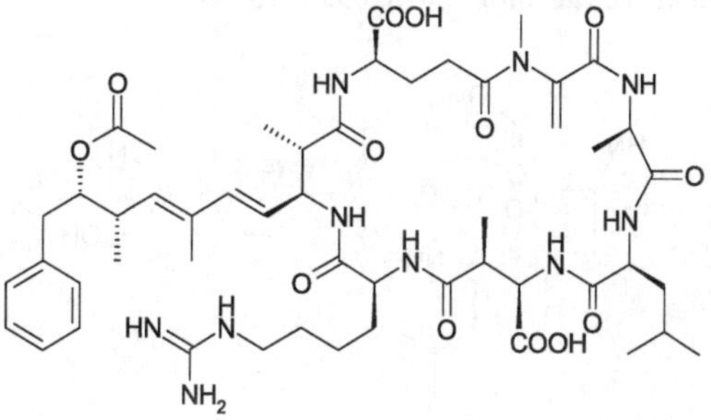

1214 (ADMAdda^5)Microcystin LR (ADMAdda^5)微囊藻素 LR
【基本信息】C$_{50}$H$_{74}$N$_{10}$O$_{13}$.【类型】简单环肽.【来源】蓝细菌念珠藻属 Nostoc sp. 152.【活性】肝毒素.【文献】K. Sivonen, et al. Appl. Environ. Microbiol., 1990, 56, 2650; M. Namikoshi, et al. JOC, 1990, 55, 6135; 1992, 57, 866.

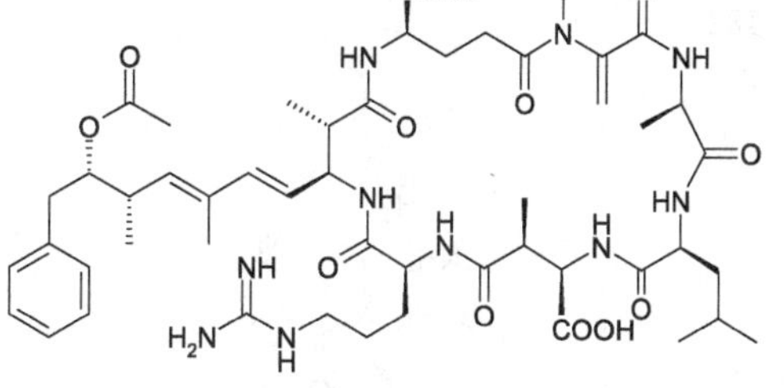

1215 (D-Asp,ADMAdda^5)Microcystin LR (D-Asp,ADMAdda^5)微囊藻素 LR
【基本信息】C$_{49}$H$_{72}$N$_{10}$O$_{13}$.【类型】简单环肽.【来源】蓝细菌念珠藻属 Nostoc sp. 152.【活性】肝毒素.【文献】K. Sivonen, et al. Appl. Environ. Microbiol., 1990, 56, 2650; M. Namikoshi, et al. JOC, 1990, 55, 6135; 1992, 57, 866.

1216　Aspergillipeptide C　曲霉肽 C*
【基本信息】$C_{26}H_{36}N_4O_8$.【类型】简单环肽.【来源】海洋导出的真菌曲霉菌属 *Aspergillus* sp., 来自柳珊瑚鳞海底柏 *Melitodes squamata*（三亚, 海南, 中国）.【活性】抗污剂（抑制总和草苔虫 *Bugula neritina* 幼虫发育, 高活性）.【文献】J. Bao, et al. Tetrahedron, 2013, 69, 2113.

1217　Asperterrestide A　土色曲霉菌肽 A*
【基本信息】$C_{26}H_{32}N_4O_5$, 浅黄色无定形粉末, $[\alpha]_D^{30} = -13°$ ($c = 0.03$, 甲醇).【类型】简单环肽.【来源】海洋导出的真菌土色曲霉菌* *Aspergillus terreus* SCSGAF016.【活性】抗病毒（流感 A 病毒 H1N1, $IC_{50} = 15\mu mol/L$; H3N2, $IC_{50} = 8.1\mu mol/L$); 细胞毒（U937, $IC_{50} = 6.4\mu mol/L$, Molt4, $IC_{50} = 6.2\mu mol/L$).【文献】F. He, et al. JNP, 2013, 76, 1182.

1218　Aspochracin　棕曲菌素
【基本信息】$C_{23}H_{36}N_4O_4$, 浅黄色晶体, $[\alpha]_D^{23} = -76°$ ($c = 1$, 甲醇).【类型】简单环肽.【来源】海洋导出的真菌核盘曲霉* *Aspergillus sclerotiorum* sp. 080903f04, 来自山海绵属 *Mycale* sp.（日本水域).【活性】杀昆虫剂; 有毒的.【文献】R. Myokei, et al. Tetrahedron Lett., 1969, 10, 695; H. J. Somerville, et al. Acad. Sci., 1973, 217, 93; K. Motohashi, et al. Biosci. Biotechnol. Biochem., 2009, 73, 1898.

1219　Axinastatin 1　小轴海绵他汀 1*
【基本信息】$C_{38}H_{56}N_8O_8$, 晶体（二氯甲烷）, mp 283~287°C（分解）, $[\alpha]_D = -162°$ ($c = 0.1$, 甲醇).【类型】简单环肽.【来源】小轴海绵属 *Axinella* sp., 假海绵科海绵 *Pseudaxinyssa* sp. 和似轴海绵属 *Pseudaxinella* sp.【活性】细胞毒; 抗微生物.【文献】G. R. Pettit, et al. JMC, 1991, 34, 3339; 1994, 37, 1165; F., Kong, et al. Tetrahedron Lett., 1992, 33, 3269; R. Fernandez, et al. Tetrahedron Lett., 1992, 33, 6017; G. R. Pettit, et al. JMC, 1994, 37, 1165; R. K. Konat, et al. Liebigs Ann., 1995, 765; W. Qi, et al. Huaxue Xuebao, 2007, 65, 233.

1220　Axinastatin 2　小轴海绵他汀 2*
【基本信息】$C_{39}H_{58}N_8O_8$, mp 280~282°C, $[\alpha]_D = -153°$ ($c = 0.17$, 甲醇).【类型】简单环肽.【来源】小轴海绵属 *Axinella* sp.（科摩罗群岛和帕劳).【活性】细胞毒（OVCAR-3, $GI_{50} = 0.058\mu g/mL$; SF295, $GI_{50} = 0.35\mu g/mL$; A498, $GI_{50} = 0.38\mu g/mL$; NCI-H460, $GI_{50} = 0.19\mu g/mL$; KM20L2, $GI_{50} = 0.23\mu g/mL$; SK-MEL-5, $GI_{50} = 0.068\mu g/mL$).【文献】G. R. Pettit, et al. JMC, 1994, 37, 1165.

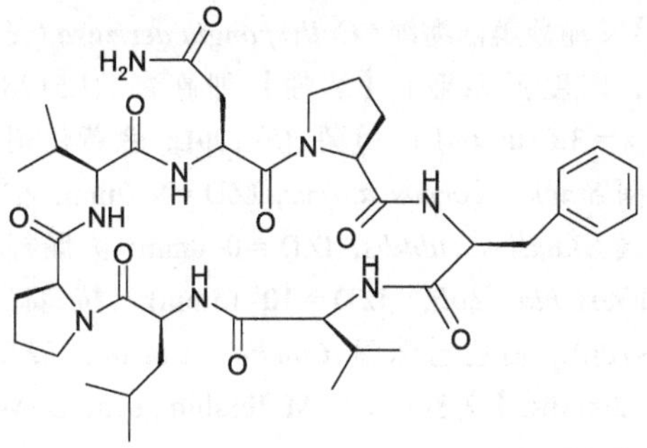

1221　Axinastatin 3　小轴海绵他汀 3*

【基本信息】$C_{40}H_{60}N_8O_8$, mp 291~294℃, $[α]_D$ = −185° (c = 0.21, 甲醇).【类型】简单环肽.【来源】小轴海绵属 *Axinella* sp.（科摩罗群岛和帕劳）.【活性】细胞毒 (OVCAR-3, GI_{50} = 0.0072μg/mL; SF295, GI_{50} = 0.18μg/mL; A498, GI_{50} = 0.11μg/mL; NCI-H460, GI_{50} = 0.033μg/mL; KM20L2, GI_{50} = 0.055μg/mL; SK-MEL-5, GI_{50} = 0.012μg/mL).【文献】G. R. Pettit, et al. JMC, 1994, 37, 1165.

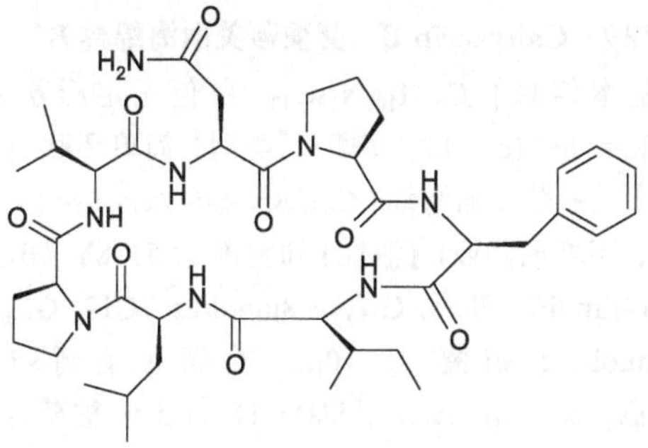

1222　Axinastatin 4　小轴海绵他汀 4*

【基本信息】$C_{42}H_{62}N_8O_8$, 无定形固体，mp 201~206℃, $[α]_D^{25}$ = −92.8° (c = 0.5, 甲醇).【类型】简单环肽.【来源】卡特里小轴海绵* *Axinella* cf. *carteri*（科摩罗群岛）.【活性】细胞毒.【文献】G. R. Pettit, et al. Heterocycles, 1993, 35, 711; O. Mechnich, et al. Helv. Chim. Acta, 1997, 80, 1338; R. B. Bates, et al. JNP, 1998, 61, 405.

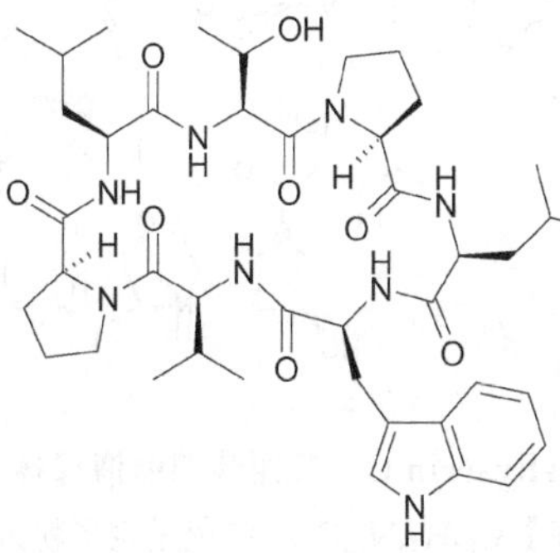

1223　Axinastatin 5　小轴海绵他汀 5*

【别名】Hymenamide G; 膜海绵酰胺 G*.【基本信息】$C_{47}H_{72}N_8O_9$, 无定形固体, $[α]_D^{17}$ = −127° (c = 0.97, 甲醇).【类型】简单环肽.【来源】Scopalinidae 科海绵 *Stylissa flabelliformis*（马尔代夫, 1995) 和卡特里小轴海绵* *Axinella* cf. *carteri*.【活性】细胞毒 (有趣和有价值的癌细胞生长抑制剂：P_{388}, GI_{50} = 1.9μg/mL; NCI-H460, GI_{50} = 0.82μg/mL; KM20L2, GI_{50} = 0.28μg/mL; DU145, GI_{50} = 0.87μg/mL; BXPC3, GI_{50} = 0.68μg/mL; MCF7, GI_{50} = 1.4μg/mL; SF268, GI_{50} = 1.8μg/mL).【文献】G. R. Pettit, et al. JNP 2008, 71, 438.

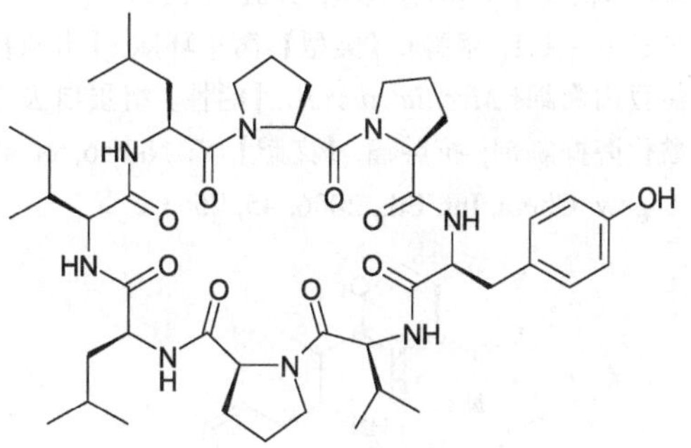

1224　Axinellin A　小轴海绵素 A*

【基本信息】$C_{42}H_{56}N_8O_9$, 无定形固体, $[α]_D$ = −98.2° (c = 0.003, 甲醇).【类型】简单环肽.【来源】卡特里小轴海绵* *Axinella carteri*（瓦努阿图）.【活性】细胞毒 (NSCLC-N6, IC_{50} = 3.0μg/mL).【文献】A. Randazzo, et al. EurJOC, 1998, 2659.

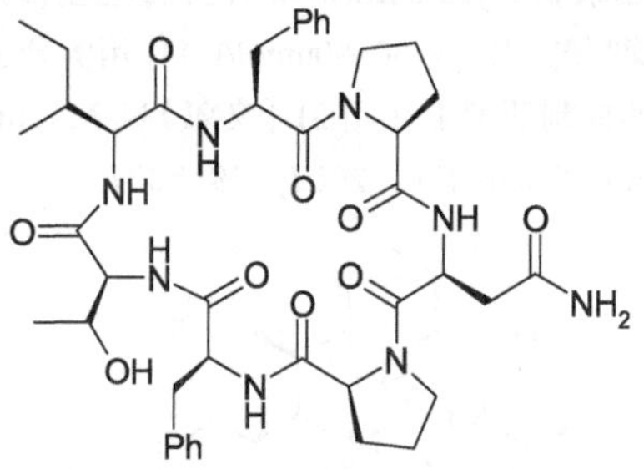

1225　Axinellin B　小轴海绵素 B*

【基本信息】$C_{50}H_{67}N_9O_9$, 无定形固体, $[α]_D$ = +50° (c = 0.001, 甲醇).【类型】简单环肽.【来源】卡特里小轴海绵* *Axinella carteri*（瓦努阿图）.【活性】细胞毒 (NSCLC-N6, IC_{50} = 7.3μg/mL).【文献】A. Randazzo, et al. EurJOC, 1998, 2659.

1226 Azumamide A 伊豆山海绵酰胺 A*

【基本信息】$C_{27}H_{39}N_5O_5$，无定形固体，$[\alpha]_D^{23}$ = +33º (c = 0.1, 甲醇).【类型】简单环肽.【来源】伊豆山海绵* Mycale izuensis.【活性】组蛋白去乙酰化酶抑制剂；抗肿瘤.【文献】Y. Nakao, et al. Angew. Chem. Int. Ed., 2006, 45, 7553.

1227 Azumamide E 伊豆山海绵酰胺 E*

【基本信息】$C_{27}H_{38}N_4O_6$，无定形黄色固体，$[\alpha]_D^{21}$ = +53º (c = 0.06, 甲醇).【类型】简单环肽.【来源】伊豆山海绵* Mycale izuensis.【活性】组蛋白去乙酰化酶抑制剂 (IC_{50} = 50~80nmol/L, 作用的分子机制: 选择性抑制亚型 1, 2 和 3).【文献】N. Maulucci, et al. J. Am. Chem. Soc., 2007, 129, 3007.

1228 Callyaerin A 艾丽莎美丽海绵林 A*

【基本信息】$C_{69}H_{108}N_{14}O_{14}$，白色无定形粉末，$[\alpha]_D$ = -80º (c = 0.12, 甲醇).【类型】简单环肽.【来源】艾丽莎美丽海绵* Callyspongia aerizusa (安汶岛, 印度尼西亚).【活性】细胞毒 (L5178Y, GI_{50} = 3.61μmol/L); 抗菌 (5~10μL: 金黄色葡萄球菌 Staphylococcus aureus, IZD = 9~9mm; 枯草杆菌 Bacillus subtilis, IZD = 0~0mm; 大肠杆菌 Escherichia coli, IZD = 10~15mm); 抗真菌 (5~10μL, 白色念珠菌 Candida albicans, IZD = 25~20mm).【文献】S. R. M. Ibrahim, et al. BoMC, 2010, 18, 4947.

1229 Callyaerin B 艾丽莎美丽海绵林 B*

【基本信息】$C_{65}H_{109}N_{13}O_{13}$，白色无定形粉末，$[\alpha]_D$ = -89º (c = 0.2, 甲醇).【类型】简单环肽.【来源】艾丽莎美丽海绵* Callyspongia aerizusa (安汶岛, 印度尼西亚).【活性】细胞毒 (L5178Y, GI_{50} = 4.14μmol/L; Hela, GI_{50} > 8μmol/L; PC12, GI_{50} > 8μmol/L); 抗菌 (5~10μL: 金黄色葡萄球菌 Staphylococcus aureus, IZD = 11~11mm; 枯草杆菌 Bacillus subtilis, IZD = 0~0mm; 大肠杆菌 Escherichia coli, IZD = 7~10mm); 抗真菌 (5~10μL, 白色念珠菌 Candida albicans, IZD = 15~15mm); 有毒的 (盐水丰年虾试验, 20μg/mL, 死亡率 = 15%, 50μg/mL, 死亡率 = 35%).【文献】S. R. M. Ibrahim, et al. BoMC, 2010, 18, 4947.

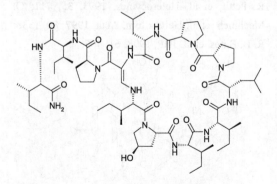

1230 Callyaerin C 艾丽莎美丽海绵林 C*

【基本信息】$C_{63}H_{93}N_{15}O_{13}$，白色无定形粉末，$[\alpha]_D$=

−52º (c = 0.15, 甲醇).【类型】简单环肽.【来源】艾丽莎美丽海绵* Callyspongia aerizusa (安汶岛, 印度尼西亚).【活性】细胞毒 (L5178Y, GI_{50} = 2.92μmol/L); 抗菌 (5~10μL: 金黄色葡萄球菌 Staphylococcus aureus, IZD = 0~0mm; 枯草杆菌 Bacillus subtilis, IZD = 7~10mm; 大肠杆菌 Escherichia coli, IZD = 0~0mm); 抗真菌 (5~10μL, 白色念珠菌 Candida albicans, IZD = 0~0mm).【文献】S. R. M. Ibrahim, et al. BoMC, 2010, 18, 4947.

岛, 印度尼西亚).【活性】细胞毒 (L5178Y, GI_{50} = 0.39μmol/L; Hela, GI_{50} = 3.4μmol/L; PC12, GI_{50} = 3.8μmol/L); 抗菌 (5~10μL: 金黄色葡萄球菌 Staphylococcus aureus, IZD = 9~10mm; 枯草杆菌 Bacillus subtilis, IZD = 15~17mm; 大肠杆菌 Escherichia coli, IZD = 9~11mm); 抗真菌 (5~10μL, 白色念珠菌 Candida albicans, IZD = 20~20mm); 有毒的 (盐水丰年虾试验, 20μg/mL, 死亡率 = 45%, 50μg/mL, 死亡率 = 70%).【文献】S. R. M. Ibrahim, et al. BoMC, 2010, 18, 4947.

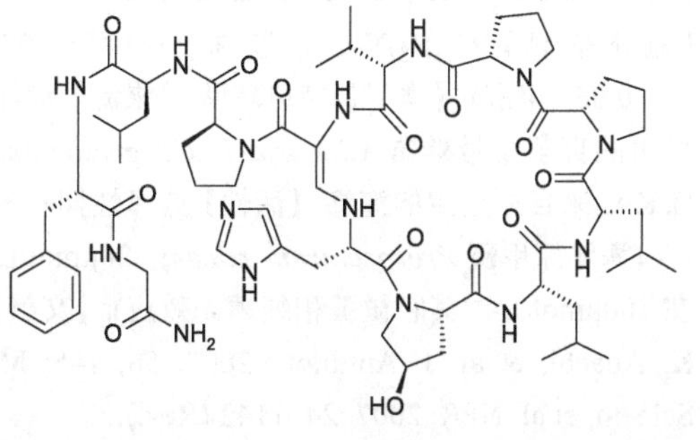

1231 Callyaerin D 艾丽莎美丽海绵林 D*

【基本信息】$C_{68}H_{105}N_{15}O_{15}$, 白色无定形粉末, $[α]_D$ = −49º (c = 0.2, 甲醇).【类型】简单环肽.【来源】艾丽莎美丽海绵* Callyspongia aerizusa (安汶岛, 印度尼西亚).【活性】细胞毒 (L5178Y, GI_{50} = 3.03μmol/L); 抗菌 (5~10μL: 金黄色葡萄球菌 Staphylococcus aureus, IZD = 0~0mm; 枯草杆菌 Bacillus subtilis, IZD = 12~12mm; 大肠杆菌 Escherichia coli, IZD = 0~0mm); 抗真菌 (5~10μL, 白色念珠菌 Candida albicans, IZD = 0~7mm).【文献】S. R. M. Ibrahim, et al. BoMC, 2010, 18, 4947.

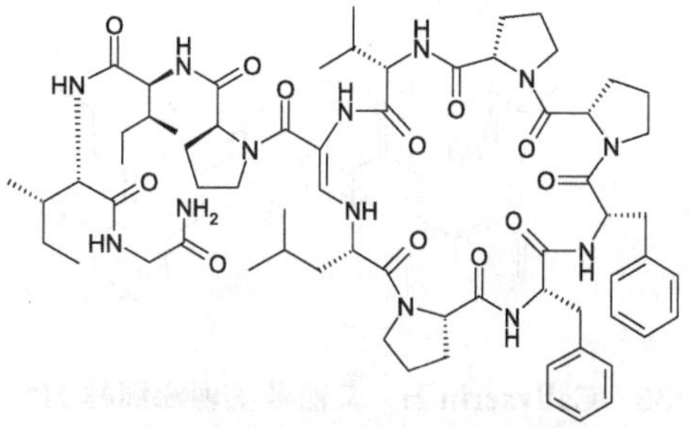

1233 Callyaerin F 艾丽莎美丽海绵林 F*

【基本信息】$C_{58}H_{83}N_{11}O_{10}$, 白色无定形粉末, $[α]_D$ = −32º (c = 0.15, 甲醇).【类型】简单环肽.【来源】艾丽莎美丽海绵* Callyspongia aerizusa (安汶岛, 印度尼西亚).【活性】细胞毒 (L5178Y, GI_{50} > 9μmol/L; HeLa, GI_{50} > 9μmol/L; PC12, GI_{50} > 9μmol/L); 抗菌 (5~10μL: 金黄色葡萄球菌 Staphylococcus aureus, IZD = 0~7mm; 枯草杆菌 Bacillus subtilis, IZD = 0~9mm; 大肠杆菌 Escherichia coli, IZD = 0~0mm); 抗真菌 (5~10μL, 白色念珠菌 Candida albicans, IZD = 0~0mm).【文献】S. R. M. Ibrahim, et al. BoMC, 2010, 18, 4947.

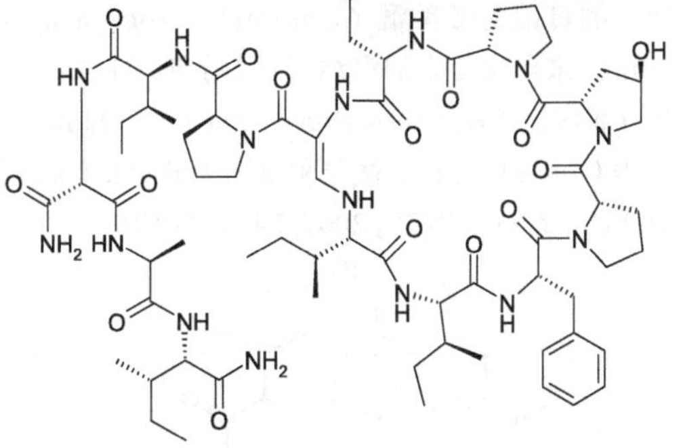

1232 Callyaerin E 艾丽莎美丽海绵林 E*

【基本信息】$C_{66}H_{95}N_{13}O_{12}$, 白色无定形粉末, $[α]_D$ = −68º (c = 0.25, 甲醇).【类型】简单环肽.【来源】艾丽莎美丽海绵* Callyspongia aerizusa (安汶

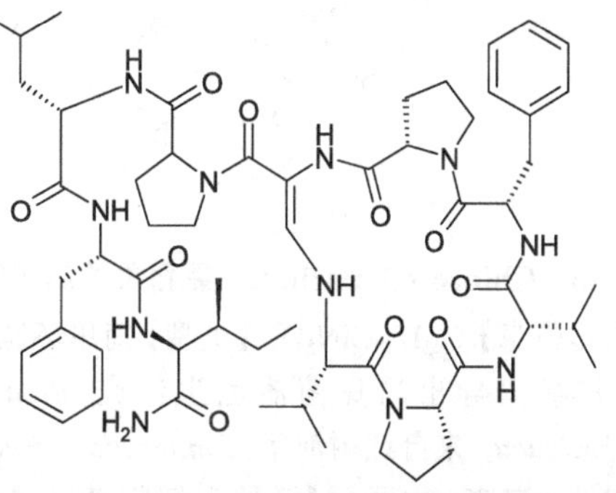

1234 Callyaerin G 艾丽莎美丽海绵林 G*

【基本信息】$C_{69}H_{91}N_{13}O_{12}$, 无定形粉末, mp 237ºC, $[α]_D$ = −55º (c = 0.3, 甲醇).【类型】简单环肽.【来

源】艾丽莎美丽海绵* Callyspongia aerizusa.【活性】细胞毒.【文献】S. R. M. Ibrahim, et al. ARKIVOC, 2008, xii, 164.

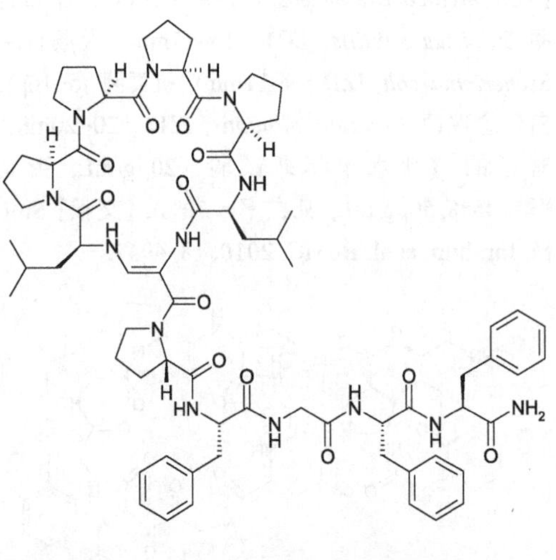

1235 Callyaerin H 艾丽莎美丽海绵林 H*
【基本信息】$C_{54}H_{81}N_{11}O_{10}$，白色无定形粉末，$[\alpha]_D = -93°$ ($c = 0.3$, 甲醇).【类型】简单环肽.【来源】艾丽莎美丽海绵* Callyspongia aerizusa (安汶岛，印度尼西亚).【活性】细胞毒 (L5178Y, $GI_{50} = 0.48\mu mol/L$); 有毒的 (盐水丰年虾试验，20μg/mL, 死亡率 = 30%, 50μg/mL, 死亡率 = 55%).【文献】S. R. M. Ibrahim, et al. BoMC, 2010, 18, 4947.

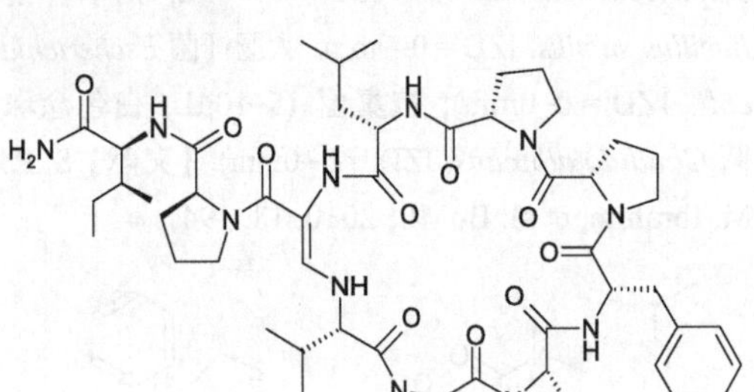

1236 Chloropullularin E 氯普鲁兰新 E*
【基本信息】$C_{43}H_{58}ClN_5O_7$.【类型】简单环肽.【来源】红树导出的真菌淡色生赤壳 Bionectria ochroleuca, 来自红树海桑 Sonneratia caseolaris (树叶，海南，中国).【活性】细胞毒 (L5178Y, 10μg/mL, 存活率 = 15.6%, $EC_{50} = 5.60\mu g/mL$, 对照卡哈拉内酯 F, $EC_{50} = 6.40\mu g/mL$).【文献】W. Ebrahim, et al. Mar. Drugs, 2012, 10, 1081.

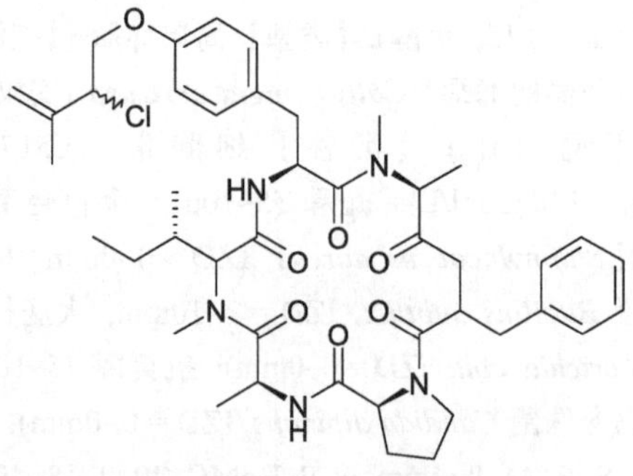

1237 Clonostachysin A 黏帚霉新 A*
【基本信息】$C_{53}H_{87}N_9O_{10}$, 粉末, $[\alpha]_D^{25} = -97°$ ($c = 0.06$, 甲醇).【类型】简单环肽.【来源】海洋导出的真菌黏帚霉属 Clonostachys rogersoniana HJK9, 来自未鉴定的海绵.【活性】选择性抑制效应 (海洋原甲藻 Prorocentrum micans, 30μmol/L; 在100μmol/L 对其它微藻和细菌无效应).【文献】K. Adachi, et al. J. Antibiot., 2005, 58, 145; M. Saleem, et al. NPR, 2007, 24, 1142 (Rev.).

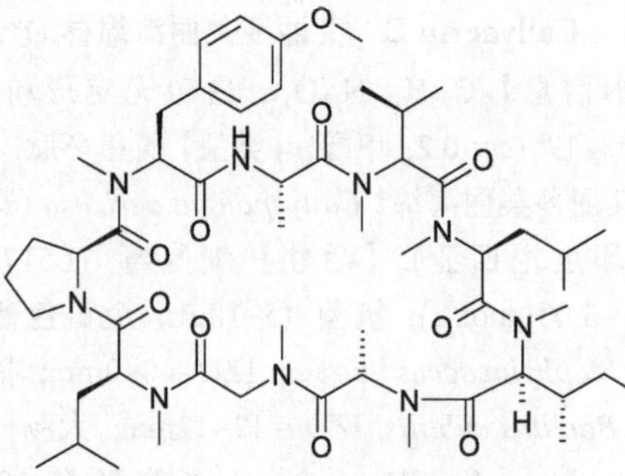

1238 Clonostachysin B 黏帚霉新 B*
【基本信息】$C_{54}H_{89}N_9O_{10}$, 粉末, $[\alpha]_D^{25} = -87°$ ($c = 0.03$, 甲醇).【类型】简单环肽.【来源】海洋导出的真菌黏帚霉属 Clonostachys rogersoniana HJK9, 来自未鉴定的海绵.【活性】选择性抑制效应 (海洋原甲藻 Prorocentrum micans, 30μmol/L; 在100μmol/L 对其它微藻和细菌无效应).【文献】M. Saleem, et al. NPR, 2007, 24, 1142 (Rev.).

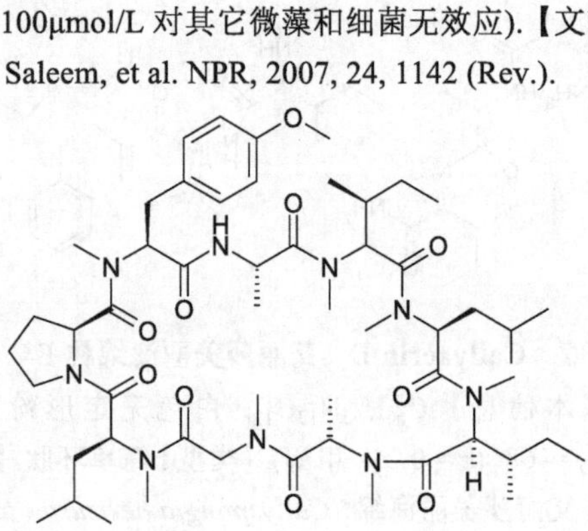

1239 Cocosamide A 可可岛酰胺 A*
【基本信息】$C_{42}H_{57}N_5O_7$,白色固体,$[\alpha]_D^{25} = -77.7°$ ($c = 0.12$, 甲醇).【类型】简单环肽.【来源】蓝细菌稍大鞘丝藻 Lyngbya majuscula (科科斯泻湖, 关岛, 美国).【活性】细胞毒 (MCF7, $IC_{50} = 30\mu mol/L$; HT29, $IC_{50} = 24\mu mol/L$).【文献】S. P. Gunasekera, et al. JNP, 2011, 74, 871.

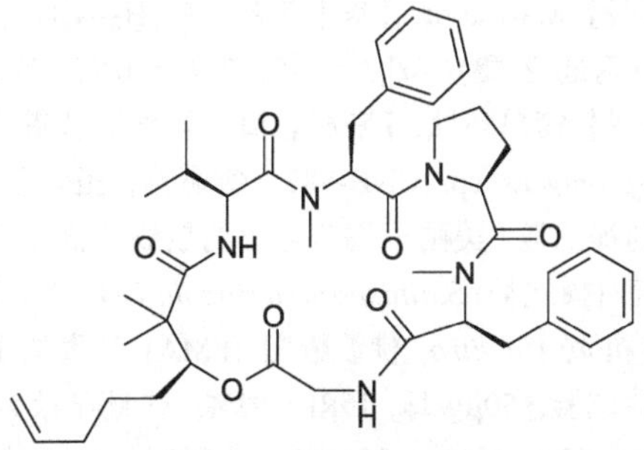

1240 Cocosamide B 可可岛酰胺 B*
【基本信息】$C_{42}H_{57}N_5O_7$, 白色固体, $[\alpha]_D^{25} = -103°$ ($c = 0.18$, 甲醇).【类型】简单环肽.【来源】蓝细菌稍大鞘丝藻 Lyngbya majuscula (科科斯泻湖, 关岛, 美国).【活性】细胞毒 (MCF7, $IC_{50} = 39\mu mol/L$; HT29, $IC_{50} = 11\mu mol/L$).【文献】S. P. Gunasekera, et al. JNP, 2011, 74, 871.

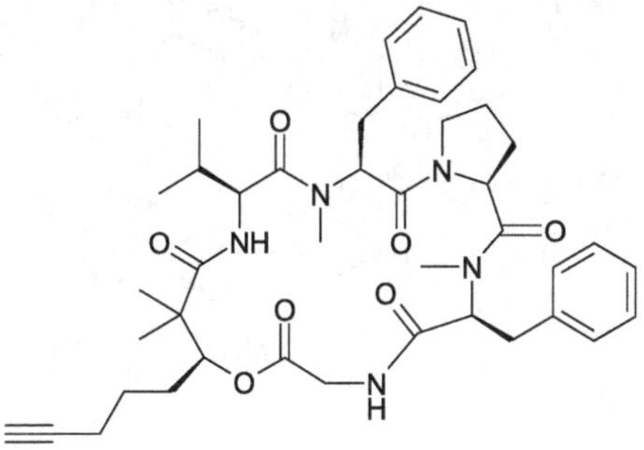

1241 Cordyheptapeptide C 虫草七肽 C* 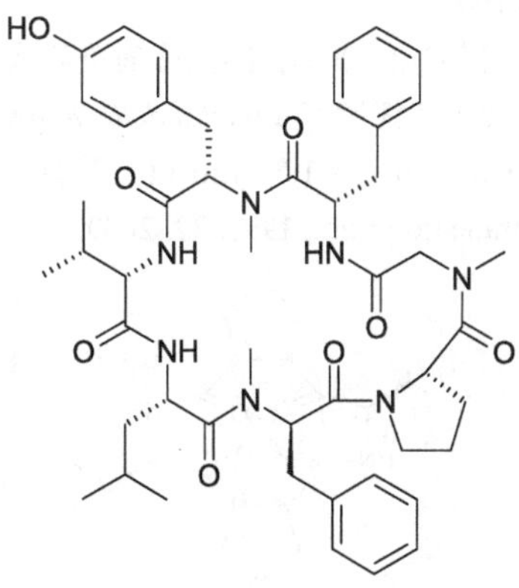
【基本信息】$C_{48}H_{63}N_7O_8$.【类型】简单环肽.【来源】海洋导出的真菌枝顶孢属 Acremonium persicinum (沉积物, 南海).【活性】细胞毒 (HTCLs 细胞).【文献】Z. Chen, et al. JNP, 2012, 75, 1215.

1242 Cordyheptapeptide E 虫草七肽 E*
【基本信息】$C_{49}H_{65}N_7O_9$.【类型】简单环肽.【来源】海洋导出的真菌枝顶孢属 Acremonium persicinum (沉积物, 南海).【活性】细胞毒 (HTCLs 细胞).【文献】Z. Chen, et al. JNP, 2012, 75, 1215.

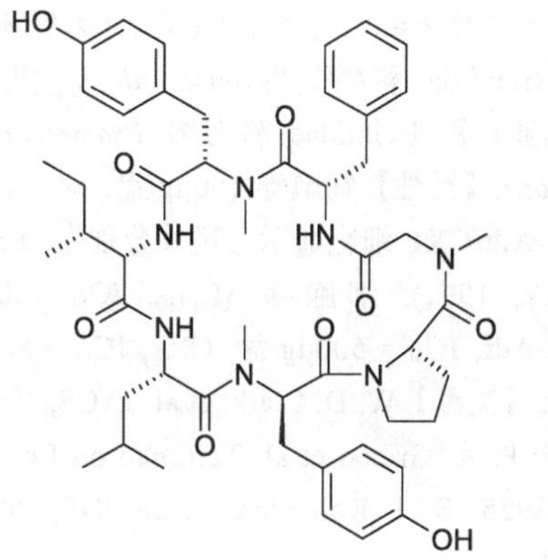

1243 Cotteslosin B 科特斯罗新 B*
【基本信息】$C_{35}H_{47}N_5O_7$.【类型】简单环肽.【来源】海洋导出的真菌变色曲霉菌 Aspergillus versicolor MST-MF495 (来自海滩沙, 澳大利亚).【活性】细胞毒 (几种癌细胞株, 低活性).【文献】L. J. Fremlin, et al. JNP, 2009, 72, 666.

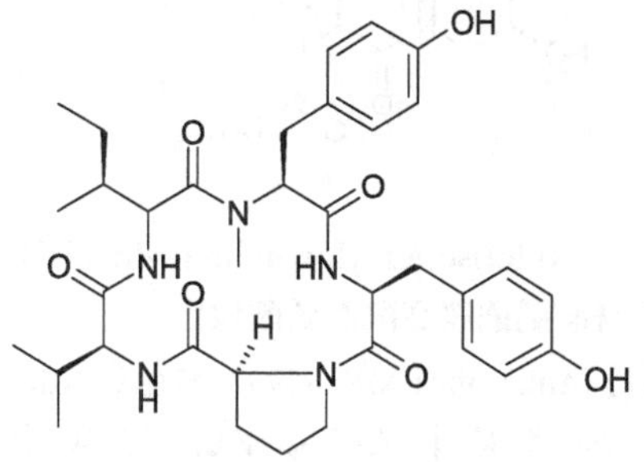

1244 Cupolamide A 圆顶蒂壳海绵酰胺 A*
【基本信息】$C_{42}H_{67}N_{11}O_{14}S$, 无定形固体 (钠盐), $[\alpha]_D = -34.28°$ ($c = 1.94$, 甲醇) (钠盐).【类型】简单环肽.【来源】岩屑海绵圆顶蒂壳海绵*Theonella cupola (印度尼西亚; 冲绳, 日本).【活性】细胞毒 (P_{388}, $IC_{50} = 7.5\mu g/mL$).【文献】L. S. Bonnington, et al. JOC, 1997, 62, 7765.

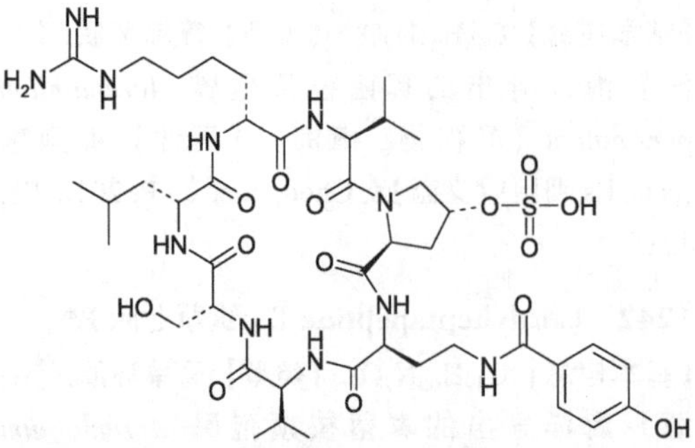

1245　Cyclocinamide A　环新酰胺 A*

【基本信息】$C_{29}H_{38}BrClN_9O_8$，无定形固体，$[\alpha]_D = +29°$ ($c = 0.10$, 甲醇).【类型】简单环肽.【来源】Irciniidae 科海绵 *Psammocinia* sp (巴布亚新几内亚) 和 Irciniidae 科海绵 *Psammocinia* aff. *bulbosa*.【活性】细胞毒 (50μg/盘，对 L_{1210}/C38/M17-Adr/CX1 细胞显示区尺寸分别为 0/500/0/0) (Clark, 1997); 细胞毒 (L_{1210}, $IC_{50} = 50$μg/盘, M17-Adr, $IC_{50} = 500$μg/盘, CX1, $IC_{50} = 500$μg/盘, C38).【文献】W. D. Clark, et al. JACS, 1997, 119, 9285; P. A. Grieco et al. Tetrahedron Lett., 1998, 39, 8925; S. J. Robinson, et al. JNP, 2007, 70, 1002.

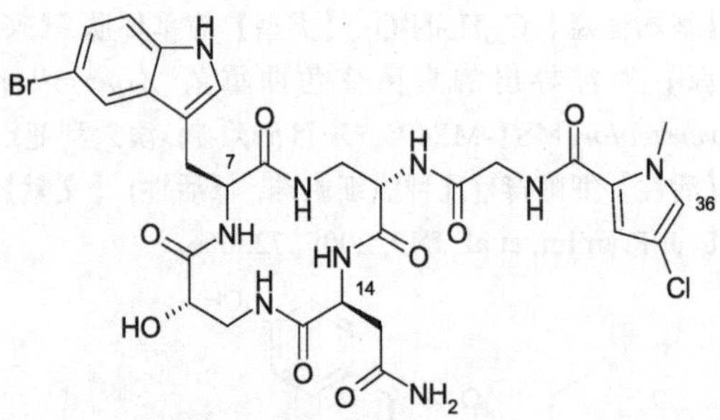

1246　Cyclo(isoleucylprolylleucylprolyl)　环(异亮酰胺脯酰胺亮酰胺脯酰胺)

【别名】Antibiotics MK 349A; 抗生素 MK 349A.【基本信息】$C_{22}H_{36}N_4O_4$, 树胶状物, $[\alpha]_D^{25} = -41.3°$ ($c = 0.12$, 甲醇).【类型】简单环肽.【来源】海洋导出的放线菌拟诺卡氏放线菌属 *Nocardiopsis* sp. (嗜冷生物，冷水域，太平洋沉积物，采样深度 3000 米).【活性】细胞毒 (K562, 粗提取物 $LC_{50} < 0.05$μg/mL; 纯化合物, 无活性).【文献】J. Shin, et al. JNP, 2003, 66, 883; M. D. Lebar, et al. NPR, 2007, 24, 774 (Rev.).

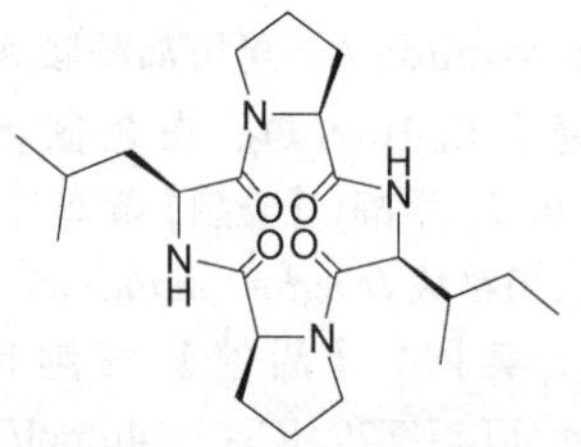

1247　Cyclomarin A　海洋环肽 A*

【别名】Marinovir.【基本信息】$C_{56}H_{82}N_8O_{11}$, 晶体 (丙酮/乙醚), $[\alpha]_D^{20} = -51.7°$ ($c = 0.48$, 氯仿).【类型】简单环肽.【来源】海洋导出的链霉菌属 *Streptomyces* sp. CNB-982 (使命湾, 圣地亚哥, 加利福尼亚, 美国), 海洋导出的放线菌栖沙盐水孢菌 (模式种) *Salinispora arenicola* CNS-205.【活性】抗炎 (*in vitro*, 佛波醇酯 (PMA) 诱发的小鼠耳肿试验, 50μg/耳, InRt = 92%, 对照吲哚美新, InRt = 72%; *in vivo*, 30mg/kg ip, InRt = 45%, 指示海洋环肽 A 可能是一个药物候选物); 抗病毒; 细胞毒 (一组人癌细胞株, *in vitro*, $IC_{50} = 2.6$μmol/L).【文献】M. K. Renner, et al. JACS, 1999, 121, 11273; A. W. Schultz, et al. JACS, 2008, 130, 4507.

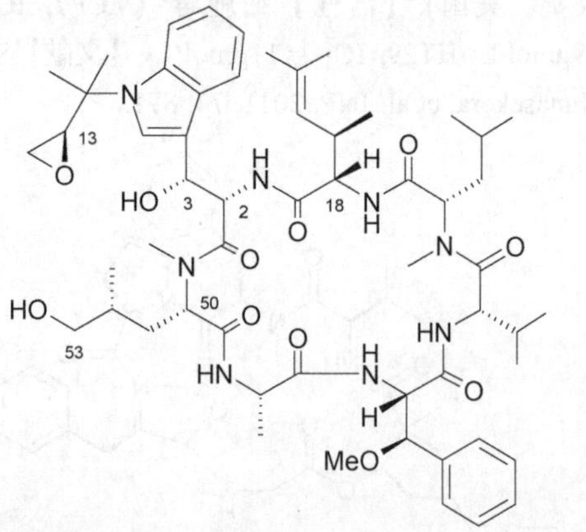

1248　(*all*-L)-Cyclo(Pro-Val)$_2$　(*all*-L)-环(脯氨酸-缬氨酸)$_2$

【基本信息】$C_{20}H_{32}N_4O_4$.【类型】简单环肽.【来源】Polycitoridae 科海鞘 *Cystodytes dellechiajei*.【活性】细胞毒 (L_{1210}, $ID_{50} = 1.5$μg/mL).【文献】J.-M. Aracil, et al. Tetrahedron Lett., 1991, 32, 2609.

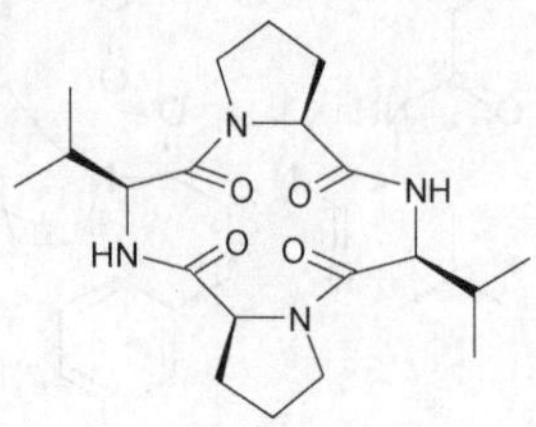

1249　Cyclotheonamide A　环蒂壳海绵酰胺 A*
【基本信息】$C_{36}H_{45}N_9O_8$, $[\alpha]_D^{23} = -13°$ ($c = 0.2$, 甲醇).【类型】简单环肽.【来源】岩屑海绵蒂壳海绵属 *Theonella* sp.【活性】凝血酶抑制剂 (有潜力的).【文献】N. Fusetani, et al. JACS, 1990, 112, 7053; M. Hagihara, et al. JACS, 1992, 114, 6570; P. Wiplf, et al. JOC, 1993, 58, 5592; B. E. Maryanoff, et al. JACS, 1995, 117, 1225; H. M. M. Bastiaans, et al. Tetrahedron Lett., 1995, 36, 5963.

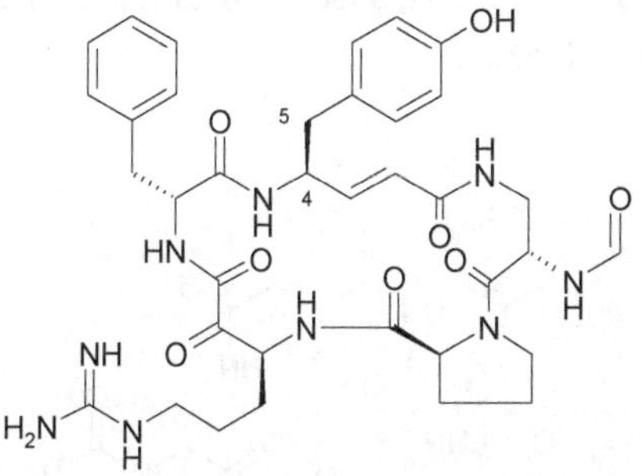

1250　Cyclotheonamide B　环蒂壳海绵酰胺 B*
【基本信息】$C_{37}H_{47}N_9O_8$, $[\alpha]_D^{23} = -13.5°$ ($c = 0.2$, 甲醇).【类型】简单环肽.【来源】岩屑海绵斯氏蒂壳海绵* *Theonella swinhoei*.【活性】凝血酶抑制剂 (有潜力的).【文献】N. Fusetani, et al. JACS, 1990, 112, 7053; M. Hagihara, et al. JACS, 1992, 114, 6570; J. Deng, et al. Angew. Chem., Int. Ed. Engl., 1994, 33, 1729; B. E. Maryanoff, et al. JACS, 1995, 117, 1225; H. M. M. Bastiaans, et al. Tetrahedron Lett., 1995, 36, 5963; J. Deng, et al. Tetrahedron, Lett, 1996, 37, 2261.

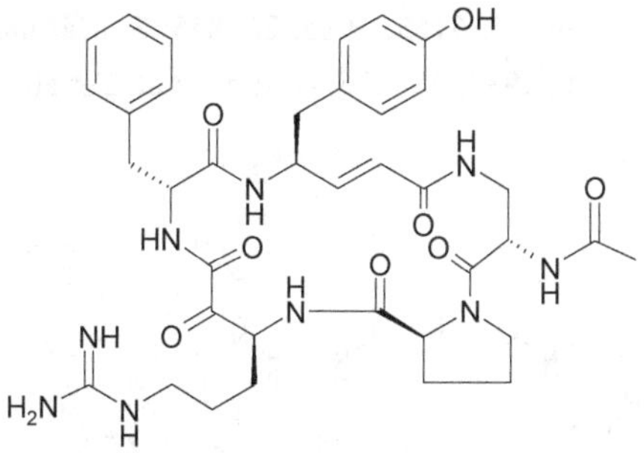

1251　Cyclotheonamide C　环蒂壳海绵酰胺 C*
【基本信息】$C_{36}H_{43}N_9O_8$, 无定形黄色固体, $[\alpha]_D^{23} = +42.4°$ ($c = 1$, 甲醇).【类型】简单环肽.【来源】岩屑海绵斯氏蒂壳海绵* *Theonella swinhoei* (日本水域).【活性】凝血酶抑制剂.【文献】Y. Nakao, et al. Bioorg. Med. Chem., 1995, 3, 1115.

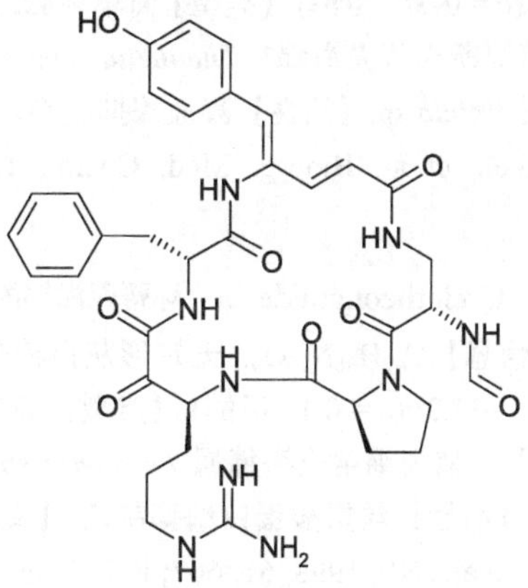

1252　Cyclotheonamide D　环蒂壳海绵酰胺 D*
【基本信息】$C_{33}H_{47}N_9O_8$, 无定形固体, $[\alpha]_D^{23} = -16.7°$ ($c = 0.27$, 甲醇).【类型】简单环肽.【来源】岩屑海绵斯氏蒂壳海绵* *Theonella swinhoei* (日本水域).【活性】凝血酶抑制剂.【文献】Y. Nakao, et al. Bioorg. Med. Chem., 1995, 3, 1115.

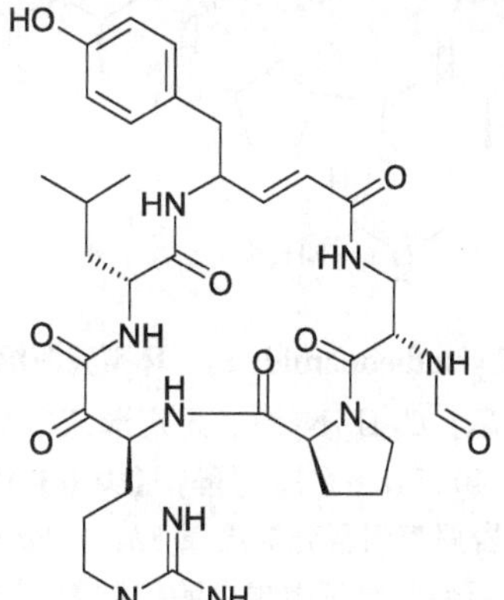

1253　Cyclotheonamide E　环蒂壳海绵酰胺 E*

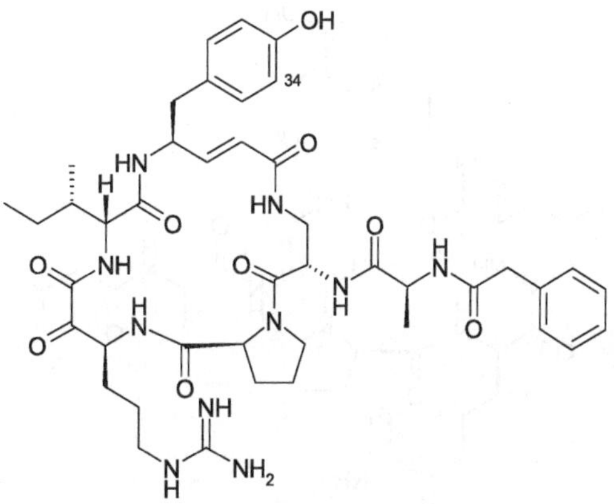

【基本信息】$C_{43}H_{58}N_{10}O_9$，无定形固体，$[\alpha]_D^{23} = -17.6°$ ($c = 0.07$，甲醇).【类型】简单环肽.【来源】岩屑海绵斯氏蒂壳海绵* *Theonella swinhoei*，羊海绵 *Ircinia* sp.【活性】凝血酶抑制剂.【文献】Y. Nakoa, et al. Bioorg. Med. Chem., 1995, 3, 1115.

1254 Cyclotheonamide E₂ 环蒂壳海绵酰胺 E₂*
【基本信息】$C_{42}H_{56}N_{10}O_9$，无定形灰白棕色固体，$[\alpha]_D^{26} = -37.3°$ ($c = 0.1$，甲醇).【类型】简单环肽.【来源】岩屑海绵蒂壳海绵属 *Theonella* sp. (日本水域).【活性】丝氨酸蛋白酶抑制剂.【文献】Y. Nakoa, et al. JNP, 1998, 61, 667; P. L. Winder, et al. Mar. Drugs, 2011, 9, 2644 (Rev.).

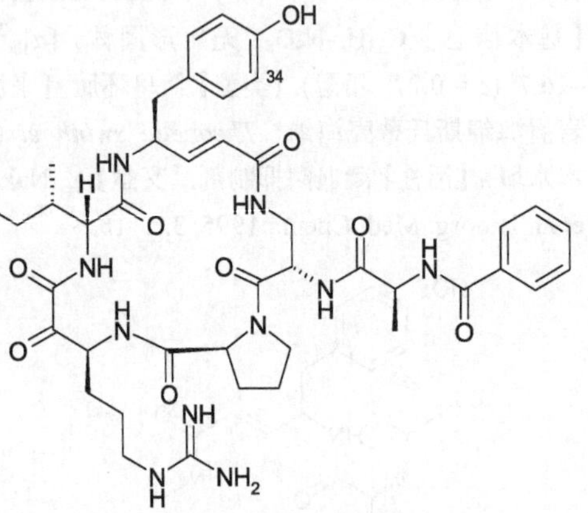

1255 Cyclotheonamide E₃ 环蒂壳海绵酰胺 E₃*
【基本信息】$C_{40}H_{60}N_{10}O_9$，无定形灰白棕色固体，$[\alpha]_D^{26} = -40.2°$ ($c = 0.1$，甲醇).【类型】简单环肽.【来源】岩屑海绵蒂壳海绵属 *Theonella* sp. (日本水域).【活性】丝氨酸蛋白酶抑制剂.【文献】Y. Nakoa, et al. JNP, 1998, 61, 667; P. L. Winder, et al. Mar. Drugs, 2011, 9, 2644 (Rev.).

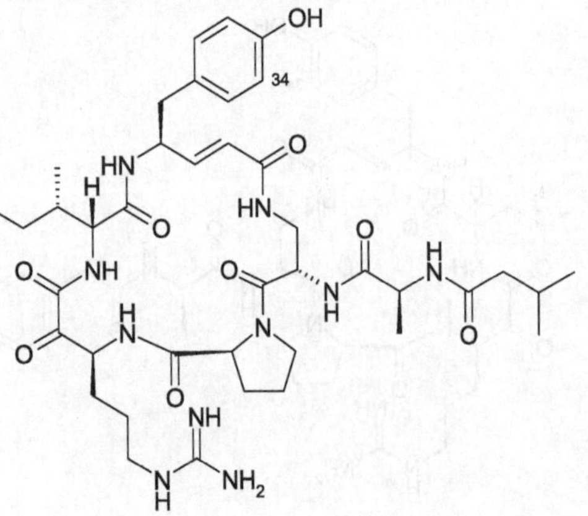

1256 Dihydrocyclotheonamide A 二氢环蒂壳海绵酰胺 A*
【基本信息】$C_{36}H_{47}N_9O_8$，无定形固体，$[\alpha]_D^{29} = +37°$ ($c = 0.25$，甲醇).【类型】简单环肽.【来源】岩屑海绵斯氏蒂壳海绵* *Theonella swinhoei* (日本水域).【活性】丝氨酸蛋白酶抑制剂；凝血酶抑制剂 ($IC_{50} = 0.33\mu mol/L$)；胰蛋白酶抑制剂 ($IC_{50} = 6.7\mu mol/L$).【文献】Y. Nakao, et al. ACS, 1999, 121, 2425; R. Samy, et al. JOC, 1999, 64, 2711; T. Hu, et al. JOC, 1999, 64, 3000; S. M. Bauer, et al. JACS, 1999, 121, 6355.

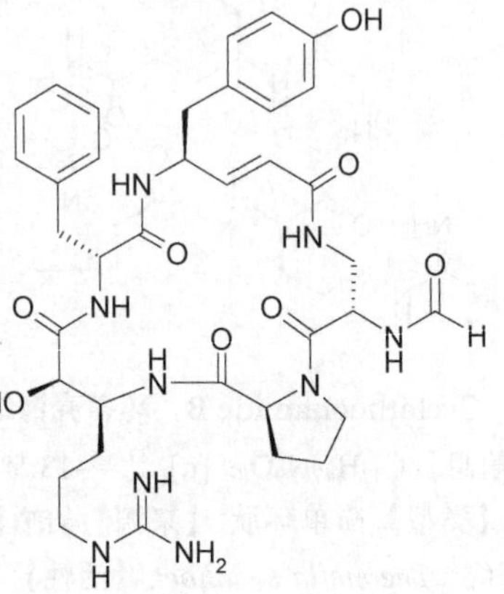

1257 Discodermin A 圆皮海绵素 A*
【基本信息】$C_{77}H_{116}N_{20}O_{22}S$，mp 226~227°C，$[\alpha]_D^{22} = -6.3°$ ($c = 0.7$，甲醇).【类型】简单环肽.【来源】岩屑海绵圆皮海绵属 *Discodermia kiiensis*.【活性】抗微生物；肿瘤促进活性抑制剂；磷脂酶 A_2 抑制剂；抑制海星胚胎发育 (海燕 *Asterina pectinifera*, 5μg/mL).【文献】S. Matsunaga, et al. Tetrahedron Lett. 1984, 25, 5165; 1985, 26, 855; S. Matsunaga, et al. JNP, 1985, 48, 236; G. Ryu. et al. Tetrahedron

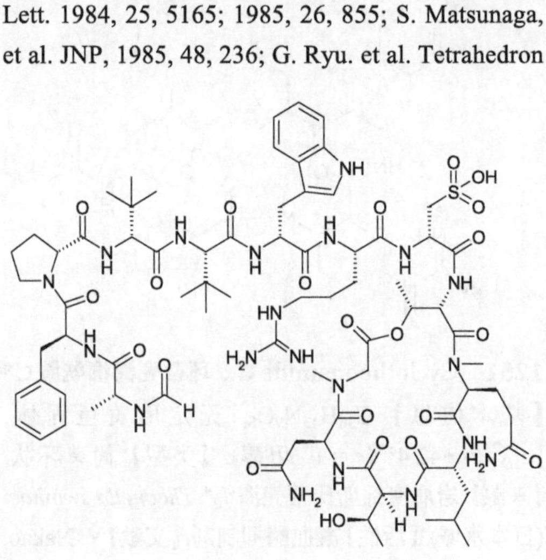

Lett., 1994, 35, 8251; G. Ryu. et al. Tetrahedron, 1994, 50, 13409.

1258　Discodermin B　圆皮海绵素 B*
【基本信息】$C_{76}H_{114}N_{20}O_{22}S$, mp 217~219ºC, $[\alpha]_D^{23} = -3.2º$ ($c = 1.0$, 甲醇).【类型】简单环肽.【来源】岩屑海绵圆皮海绵属 *Discodermia kiiensis*.【活性】抗真菌（拉曼被孢霉*Mortierella ramannianus*); 抗菌 (铜绿假单胞菌 *Pseudomonas aeruginosa*, 大肠杆菌 *Escherichia coli*, 枯草杆菌 *Bacillus subtilis* 和包皮垢分枝杆菌 *Mycobacterium smegmatis*); 磷脂酶 A_2 抑制剂; 抑制海星胚胎发育（海燕 *Asterina pectinifera*, 50μg/mL).【文献】S. Matsunaga, et al. Tetrahedron Lett., 1985, 26, 855; G. Ryu. et al. Tetrahedron Lett., 1994, 35, 8251; G. Ryu. et al. Tetrahedron, 1994, 50, 13409.

1259　Discodermin C　圆皮海绵素 C*
【基本信息】$C_{76}H_{114}N_{20}O_{22}S$, mp 222~224ºC, $[\alpha]_D^{23} = -6.6º$ ($c = 1.0$, 甲醇).【类型】简单环肽.【来源】岩屑海绵圆皮海绵属 *Discodermia kiiensis*.【活性】抗真菌（拉曼被孢霉*Mortierella ramannianus*); 抗菌 (铜绿假单胞菌 *Pseudomonas aeruginosa*, 大肠杆菌 *Escherichia coli*, 枯草杆菌 *Bacillus subtilis* 和包皮垢分枝杆菌 *Mycobacterium smegmatis*); 磷脂酶 A_2 抑制剂; 抑制海星胚胎发育 (海燕 *Asterina pectinifera*, 50μg/mL).【文献】S. Matsunaga, et al. Tetrahedron Lett., 1985, 26, 855; G. Ryu. et al. Tetrahedron Lett., 1994, 35, 8251; G. Ryu. et al. Tetrahedron, 1994, 50, 13409

1260　Discodermin D　圆皮海绵素 D*
【基本信息】$C_{75}H_{112}N_{20}O_{22}S$, mp 215~219ºC, $[\alpha]_D^{23} = -4.7º$ ($c = 1$, 甲醇).【类型】简单环肽.【来源】岩屑海绵圆皮海绵属 *Discodermia kiiensis*.【活性】抗真菌（拉曼被孢霉*Mortierella ramannianus*); 抗菌 (铜绿假单胞菌 *Pseudomonas aeruginosa*, 大肠杆菌 *Escherichia coli*, 枯草杆菌 *Bacillus subtilis* 和包皮垢分枝杆菌 *Mycobacterium smegmatis*); 磷脂酶 A_2 抑制剂; 抑制海星胚胎发育 (海燕 *Asterina pectinifera*, 50μg/mL).【文献】S. Matsunaga, et al. Tetrahedron Lett., 1985, 26, 855; G. Ryu. et al. Tetrahedron Lett., 1994, 35, 8251; G. Ryu. et al. Tetrahedron, 1994, 50, 13409.

1261　Discodermin E　圆皮海绵素 E*
【基本信息】$C_{76}H_{116}N_{20}O_{23}S$, 无色固体, $[\alpha]_D^{23} = -7.1º$ ($c = 0.01$, 甲醇).【类型】简单环肽.【来源】岩屑海绵圆皮海绵属 *Discodermia kiiensis* (日本水域).【活性】细胞毒 (P_{388}, $IC_{50} = 0.02$μg/mL); 抑制海星发育.【文献】S. Matsunaga, et al. Tetrahedron Lett., 1985, 26, 855; G. Ryu, et al. Tetrahedron, 1994, 50, 13409; G. Ryu, et al. Tetrahedron Lett., 1994, 35, 8251.

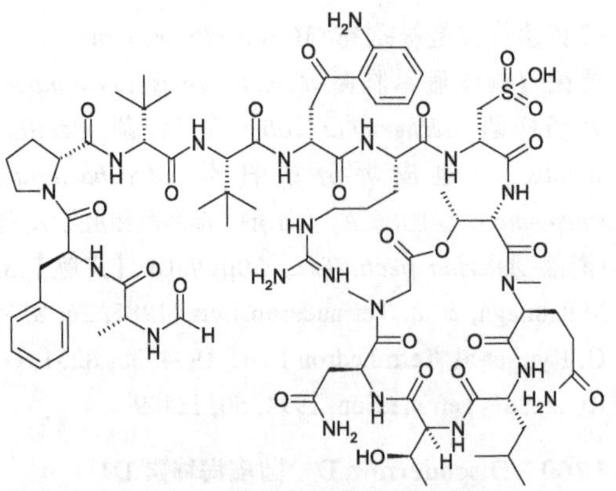

1262 Discodermin F 圆皮海绵素 F*

【基本信息】$C_{78}H_{118}N_{20}O_{22}S$，无定形固体，$[\alpha]_D^{23} = -6.7º$ (c = 0.8, 甲醇).【类型】简单环肽.【来源】岩屑海绵圆皮海绵属 *Discodermia kiiensis*（日本水域）.【活性】细胞毒；抗微生物；有毒的（海燕 *Asterina pectinifera*）.【文献】S. Matsunaga, et al. Tetrahedron Lett., 1985, 26, 855; G. Ryu, et al. Tetrahedron, 1994, 50, 13409.

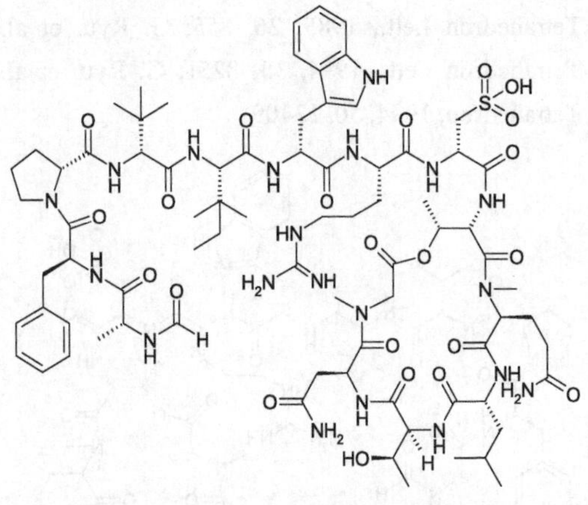

1263 Discodermin G 圆皮海绵素 G*

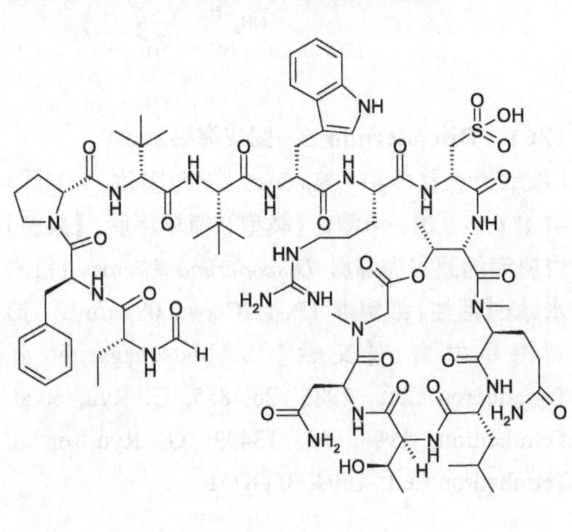

【基本信息】$C_{78}H_{118}N_{20}O_{22}S$，无定形固体，$[\alpha]_D^{23} = -6.8º$ (c = 0.6, 甲醇).【类型】简单环肽.【来源】岩屑海绵圆皮海绵属 *Discodermia kiiensis*（日本水域）.【活性】细胞毒；抗微生物；有毒的（海燕 *Asterina pectinifera*）.【文献】S. Matsunaga, et al. Tetrahedron Lett., 1985, 26, 855; G. Ryu, et al. Tetrahedron, 1994, 50, 13409.

1264 Discodermin H 圆皮海绵素 H*

【基本信息】$C_{77}H_{116}N_{20}O_{23}S$，无定形固体，$[\alpha]_D^{23} = -5.8º$ (c = 0.6, 甲醇).【类型】简单环肽.【来源】岩屑海绵圆皮海绵属 *Discodermia kiiensis*（日本水域）.【活性】细胞毒；抗微生物.【文献】S. Matsunaga, et al. Tetrahedron Lett., 1985, 26, 855; G. Ryu, et al. Tetrahedron, 1994, 50, 13409.

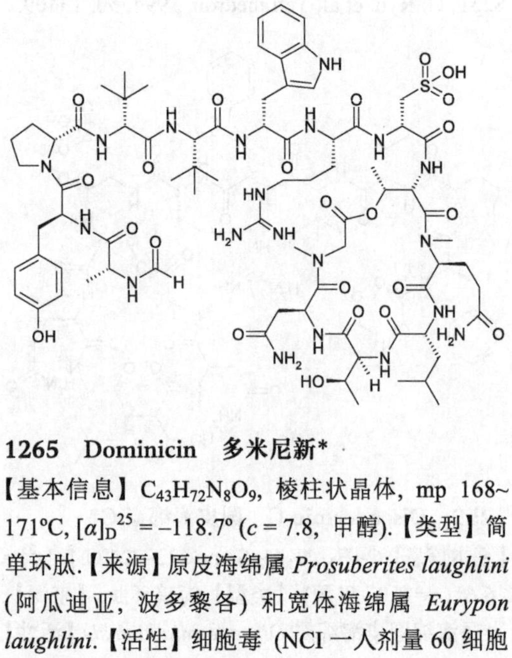

1265 Dominicin 多米尼新*

【基本信息】$C_{43}H_{72}N_8O_9$，棱柱状晶体，mp 168~171ºC，$[\alpha]_D^{25} = -118.7º$ (c = 7.8, 甲醇).【类型】简单环肽.【来源】原皮海绵属 *Prosuberites laughlini*（阿瓜迪亚，波多黎各）和宽体海绵属 *Eurypon laughlini*.【活性】细胞毒（NCI 一人剂量 60 细胞株试验，10μmol/L，SR，InRt = 20%，UO-31，InRt = 68%）.【文献】D. E. Williams, et al. JNP,

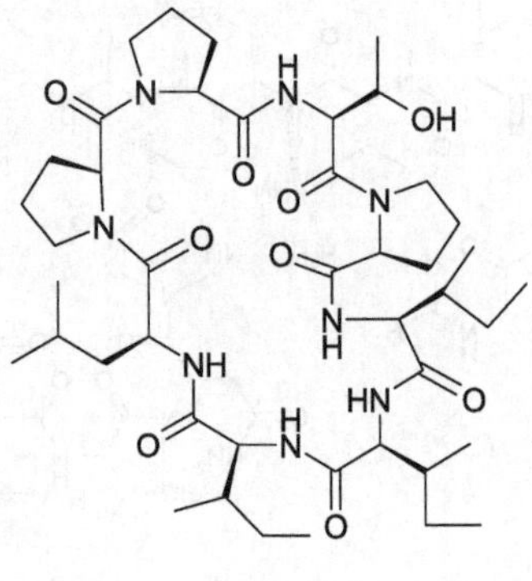

2005, 68, 327; J. Vicente, et al. Tetrahedron Lett., 2009, 50, 4571.

1266　Euryjanicin A　优瑞加尼新 A*

【基本信息】$C_{44}H_{58}N_8O_8$, 晶体, mp 174~176°C, $[\alpha]_D^{20} = -18°$ ($c = 1$, 氯仿).【类型】简单环肽.【来源】原皮海绵属 *Prosuberites laughlini* (阿瓜迪亚, 波多黎各).【活性】细胞毒 (NCI 一人剂量 60 细胞株试验, 10μmol/L, NCI-H522, InRt = 28%, UO-31, InRt = 27%).【文献】J. Vicente, et al. Tetrahedron Lett., 2009, 50, 4571.

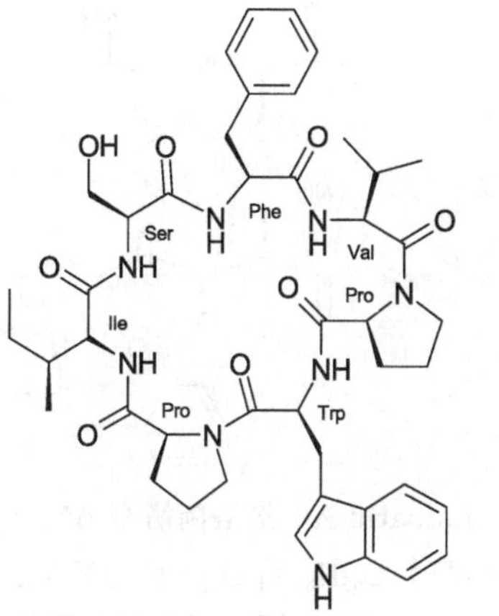

1267　Homodolastatin 16　高多拉他汀 16*

【基本信息】$C_{48}H_{72}N_6O_{10}$, 浅黄色油状物, $[\alpha]_D^{22} = -25°$ ($c = 0.19$, 甲醇).【类型】简单环肽.【来源】蓝细菌稍大鞘丝藻 *Lyngbya majuscula* (肯尼亚和马达加斯加).【活性】细胞毒 (H460, 中等活性); 细胞毒 (MTT 试验: WHCO1, $IC_{50} = 4.3μg/mL$; WHCO6, $IC_{50} = 10.1μg/mL$; ME180, $IC_{50} = 8.3μg/mL$).【文献】M. T. Davies-Coleman, et al. JNP 2003, 66, 712.

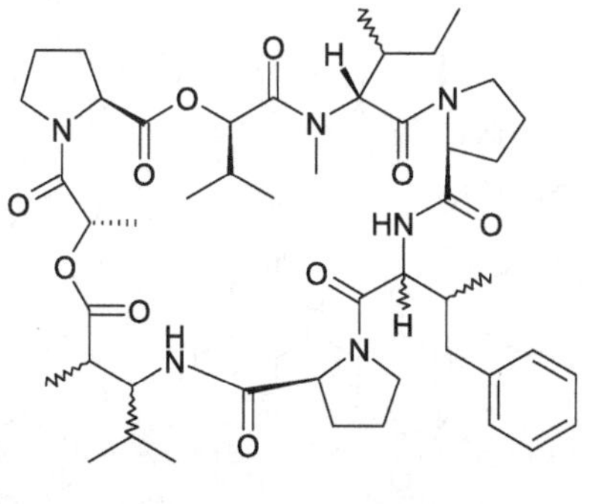

1268　Hormothamnin A　蓝细菌宁 A*

【基本信息】$C_{60}H_{97}N_{11}O_{14}$, 粉末.【类型】简单环肽.【来源】念珠藻目 Nostocales 念珠藻科 Nostocacea 蓝细菌水条藻属 *Hormothamnion enteromorphoides* (波多黎各).【活性】细胞毒.【文献】W. H. Gerwick, et al. Tetrahedron, 1992, 48, 2313; W. H. Gerwick, et al. Tetrahedron, 1992, 48, 5755 (corrigendum).

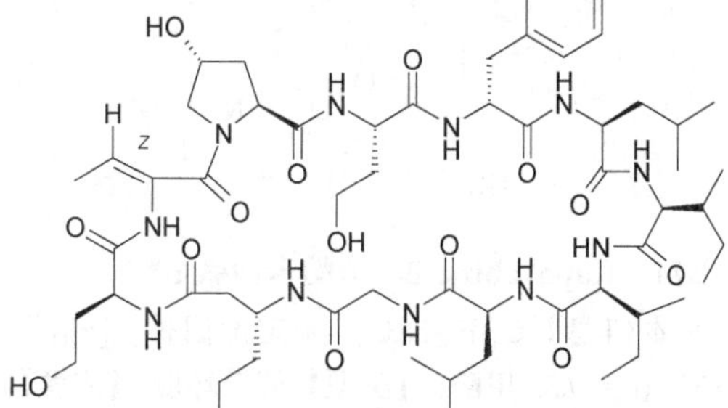

1269　Hymenistatin 1　膜海绵他汀 1*

【基本信息】$C_{47}H_{72}N_8O_9$, 无定形固体, mp 180~182°C, $[\alpha]_D = -8.6°$ ($c = 1$, 氯仿).【类型】简单环肽.【来源】膜海绵属 *Hymeniacidon* sp. (冲绳, 日本) 和卡特里小轴海绵* *Axinella carteri*.【活性】细胞毒.【文献】G. R. Pettit, et al. Can. J. Chem., 1990, 68, 708; R. K. Konat, et al. Helv. Chim. Acta, 1993, 76, 1649.

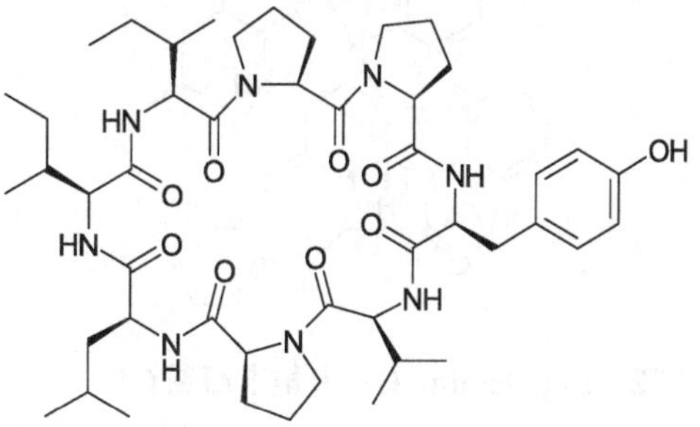

1270　Kapakahine A　卡帕卡西碱 A*

【基本信息】$C_{58}H_{72}N_{10}O_9$, 无定形固体, $[\alpha]_D^{20} = -131°$ ($c = 1$, 甲醇).【类型】简单环肽.【来源】Niphatidae 科海绵 *Cribrochalina olemda* (波纳佩岛, 密克罗尼西亚联邦).【活性】细胞毒 (P_{388}, $IC_{50} = 5.4μg/mL$); 蛋白磷酸酶 2A 抑制剂 (30μmol/L (32μg/mL), InRt = 15%); 凝血酶抑制剂; 胰蛋白酶抑制剂; 纤溶酶抑制剂; 弹性蛋白酶抑制剂; 木瓜蛋白酶抑制剂; 血管紧张素转换酶 ACE 抑制剂.【文献】B. K. S. Yeung, et al. JOC, 1996, 61, 7168.

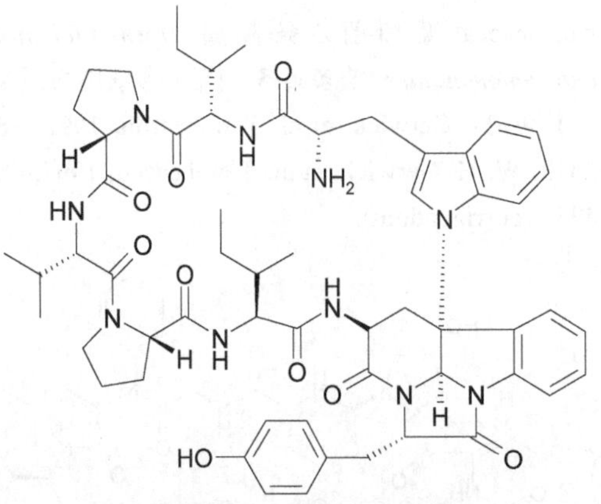

1271 Kapakahine B 卡帕卡西碱 B*

【基本信息】$C_{49}H_{52}N_8O_6$，无定形固体，$[\alpha]_D^{20}$ = −70º (c = 0.3, 甲醇).【类型】简单环肽.【来源】Niphatidae 科海绵 *Cribrochalina olemda* (波纳佩岛，密克罗尼西亚联邦).【活性】细胞毒 (P_{388}, IC_{50} = 5.0μg/mL).【文献】Y. Nakao, et al. JACS, 1995, 117, 8271; B. K. S. Yeung, et al. JOC, 1996, 61, 7168.

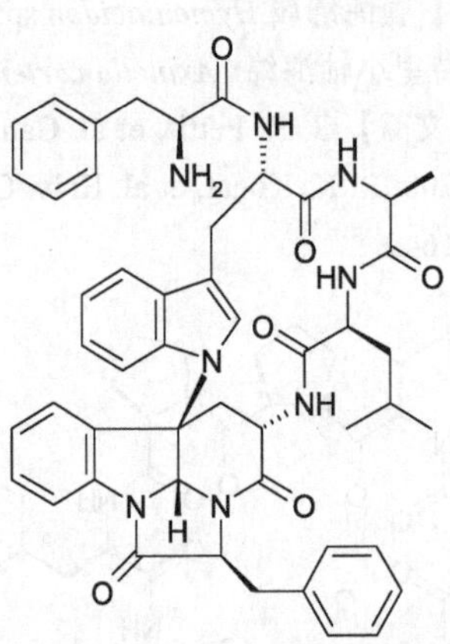

1272 Kapakahine C 卡帕卡西碱 C*

【基本信息】$C_{58}H_{72}N_{10}O_{10}$，无定形固体，$[\alpha]_D^{20}$ = −120º (c = 0.5, 甲醇).【类型】简单环肽.【来源】Niphatidae 科海绵 *Cribrochalina olemda* (波那佩岛，密克罗尼西亚联邦).【活性】细胞毒 (P_{388}, IC_{50} = 5.0μg/mL).【文献】B. K. S. Yeung, et al. JOC, 1996, 61, 7168.

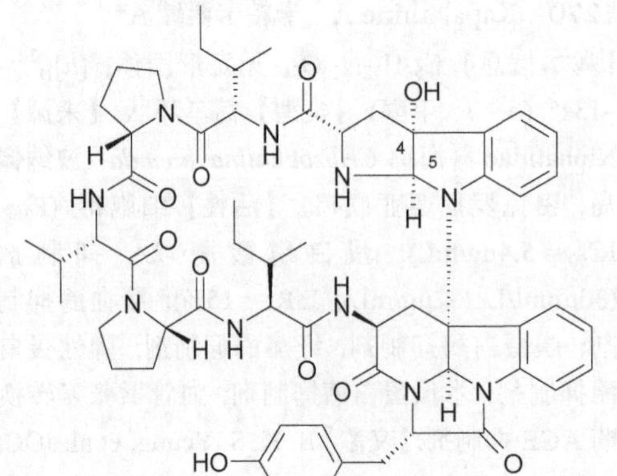

1273 Kapakahine E 卡帕卡西碱 E*

【基本信息】$C_{57}H_{57}N_9O_8$.【类型】简单环肽.【来源】Niphatidae 科海绵 *Cribrochalina olemda*.【活性】细胞毒 (P_{388}).【文献】Y. Nakao, et al. Org. Lett., 2003, 5, 1387.

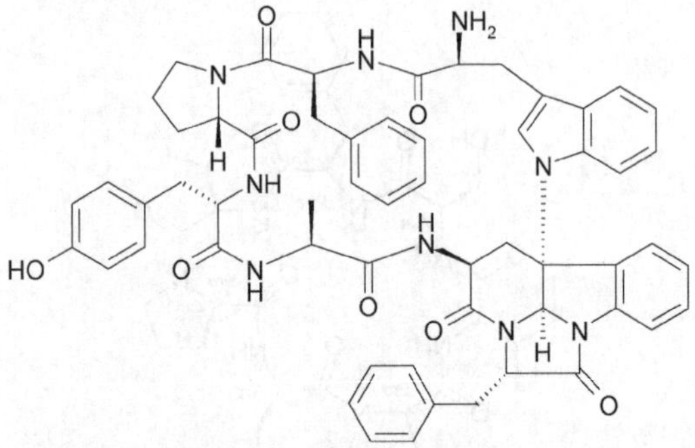

1274 Loloatin A 洛洛阿塔亭 A*

【基本信息】$C_{65}H_{84}N_{12}O_{15}$，白色粉末，mp 229~232ºC，$[\alpha]_D$ = −88º (乙醇).【类型】简单环肽.【来源】未鉴定的海洋导出的细菌 MK-PNG-276A (培养物，洛洛阿塔岛岸外群礁，巴布亚新几内亚).【活性】抗菌 (MRSA, MIC = 4μg/mL; 耐万古霉素的粪肠球菌 *Enterococcus faecium* VREF, MIC = 4μg/mL; 抗盘尼西林肺炎葡萄球菌 *Staphylococcus pneumoniae* PRSP, MIC = 2μg/mL).【文献】J. M. Gerard, et al. JNP, 1999, 62, 80.

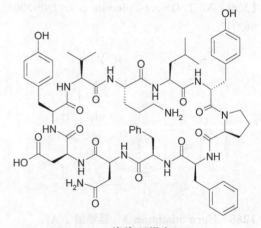

1275 Loloatin B 洛洛阿塔亭 B*

【基本信息】$C_{67}H_{85}N_{13}O_{14}$，白色粉末，mp 229~

233ºC, $[α]_D$= –80º (乙醇).【类型】简单环肽.【来源】未鉴定的海洋导出的细菌 MK-PNG-276A (培养物, 洛洛阿塔岛岸外群礁, 巴布亚新几内亚).【活性】抗菌 (MRSA, MIC = 2μg/mL; VREF, MIC = 2μg/mL; 抗盘尼西林肺炎葡萄球菌 *Staphylococcus pneumoniae* PRSP, MIC = 1μg/mL).【文献】J. M. Gerard, et al. Tetrahedron Lett., 1996, 37, 7201; J. M. Gerard, et al. JNP, 1999, 62, 80.

MK-PNG-276A (培养物, 洛洛阿塔岛岸外群礁, 巴布亚新几内亚).【活性】抗菌 (MRSA, MIC = 8μg/mL; VREF, MIC = 8μg/mL; 抗盘尼西林肺炎葡萄球菌 *Staphylococcus pneumoniae* PRSP, MIC = 4μg/mL).【文献】J. M. Gerard, et al. JNP, 1999, 62, 80.

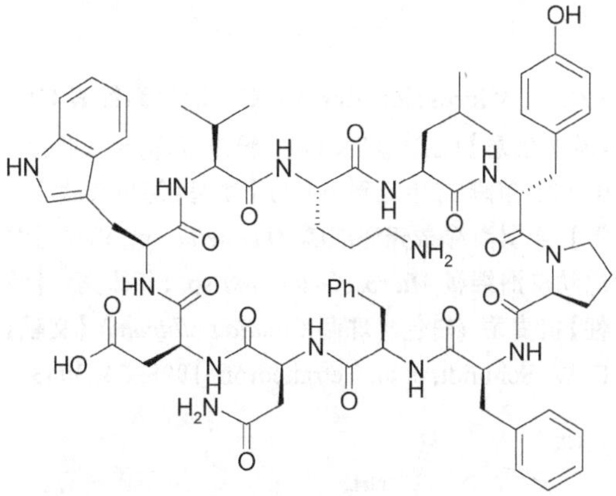

1276　Loloatin C　洛洛阿塔亭 C*

【基本信息】$C_{69}H_{86}N_{14}O_{14}$, 白色粉末, mp 239~243ºC, $[α]_D$= –76º (乙醇).【类型】简单环肽.【来源】未鉴定的海洋导出的细菌 MK-PNG-276A (培养物, 洛洛阿塔岛岸外群礁, 巴布亚新几内亚).【活性】抗菌 (MRSA, MIC = 0.5μg/mL; VREF, MIC = 2μg/mL; 抗盘尼西林肺炎葡萄球菌 *Staphylococcus pneumoniae* PRSP, MIC < 0.25μg/mL); 抗菌 (革兰氏阴性菌大肠杆菌 *Escherichia coli*).【文献】J. M. Gerard, et al. JNP, 1999, 62, 80.

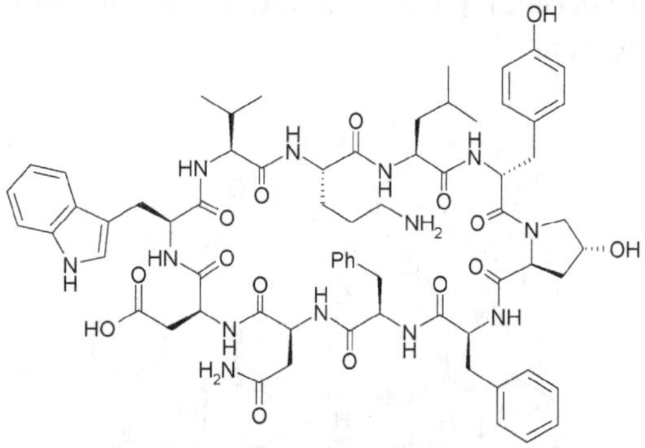

1278　Microcionamide A　海绵酰胺 A*

【基本信息】$C_{43}H_{70}N_8O_7S_2$, 玻璃体 (三氟乙酸盐), $[α]_D$ = –36.5º (c = 0.27, 甲醇) (三氟乙酸盐).【类型】简单环肽.【来源】格海绵属 *Thalysias abietina* [Syn. *Clathria abietina*].【活性】细胞毒 (MCF7, IC$_{50}$ = 125nmol/L; SKBR3, IC$_{50}$ = 98nmol/L; 对照阿霉素: MCF7, IC$_{50}$ = 257nmol/L; SKBR3, IC$_{50}$ = 33nmol/L; 对 MCF7 细胞, 在 5.7μmol/L, 24h 内诱导细胞凋亡); 抗结核 (MABA 试验, 无毒菌株结核分枝杆菌 *Mycobacterium tuberculosis* H37Ra, MIC = 5.7μmol/L; 对照利福平, MIC = 1.52nmol/L).【文献】R. A. Davis, et al. JOC, 2004, 69, 4170.

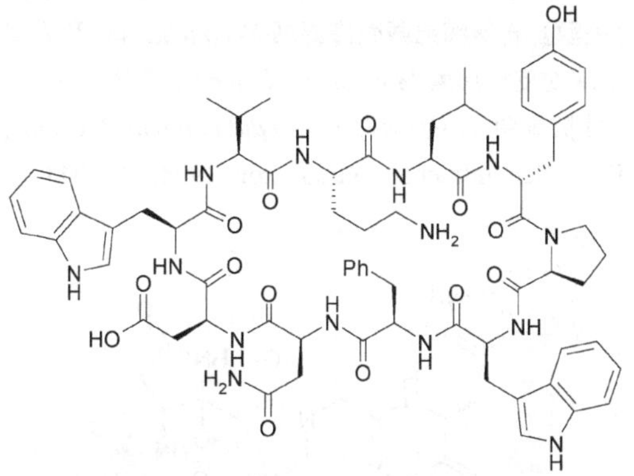

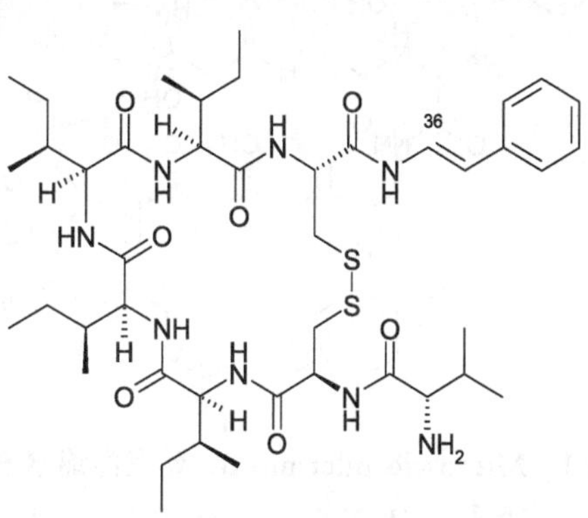

1277　Loloatin D　洛洛阿塔亭 D*

【基本信息】$C_{67}H_{85}N_{13}O_{15}$, 白色粉末.【类型】简单环肽.【来源】未鉴定的海洋导出的细菌

1279　Microcionamide B　海绵酰胺 B*

【基本信息】$C_{43}H_{70}N_8O_7S_2$, 玻璃体 (三氟乙酸盐), $[α]_D$ = –40.3º (c = 0.32, 甲醇) (三氟乙酸盐).【类型】简单环肽.【来源】格海绵属 *Thalysias abietina* [Syn. *Clathria abietina*].【活性】细胞毒 (MCF7,

IC$_{50}$ = 177nmol/L; SKBR3, IC$_{50}$ = 172nmol/L; 对照阿霉素: MCF7, IC$_{50}$ = 257nmol/L; SKBR3, IC$_{50}$ = 33nmol/L; 对 MCF7 细胞, 在 5.7μmol/L, 24h 内诱导细胞凋亡); 抗结核 (MABA 试验, 无毒菌株结核分枝杆菌 *Mycobacteriumtuberculosis* H37Ra, MIC = 5.7μmol/L; 对照利福平, MIC = 1.52nmol/L). 【文献】R. A. Davis, et al. JOC, 2004, 69, 4170.

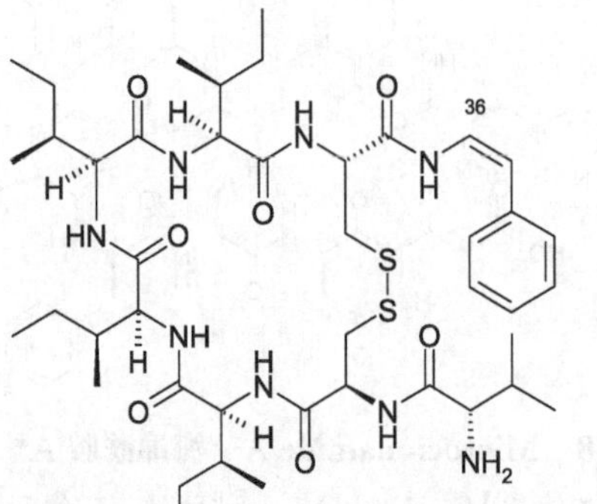

1280 Microsclerodermin A 幼皮海绵素 A*
【基本信息】C$_{47}$H$_{62}$N$_8$O$_{16}$, 粉末, [α]$_D$ = −133º (c = 0.5, 0.1mol/L 碳酸氢铵, pH 7.0). 【类型】简单环肽. 【来源】岩屑海绵幼皮海绵属 *Microscleroderma* sp. [深水域, 新喀里多尼亚 (法属)]. 【活性】抗生素. 【文献】C. A. Bewley, et al. JACS, 1994, 116, 7631.

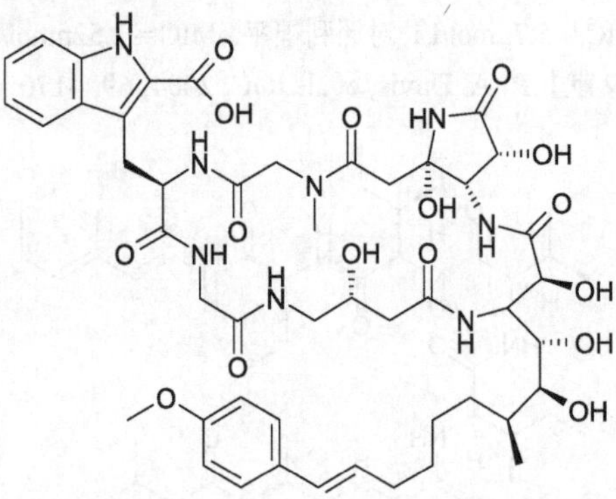

1281 Microsclerodermin B 幼皮海绵素 B*
【基本信息】C$_{47}$H$_{62}$N$_8$O$_{15}$, 粉末, [α]$_D$ = −64º (c = 0.2, 0.1mol/L 碳酸氢铵, pH 7.0). 【类型】简单环肽. 【来源】岩屑海绵幼皮海绵属 *Microscleroderma* sp. [深水域, 新喀里多尼亚 (法属)]. 【活性】抗真菌. 【文献】C. A. Bewley, et al. JACS, 1994, 116, 7631.

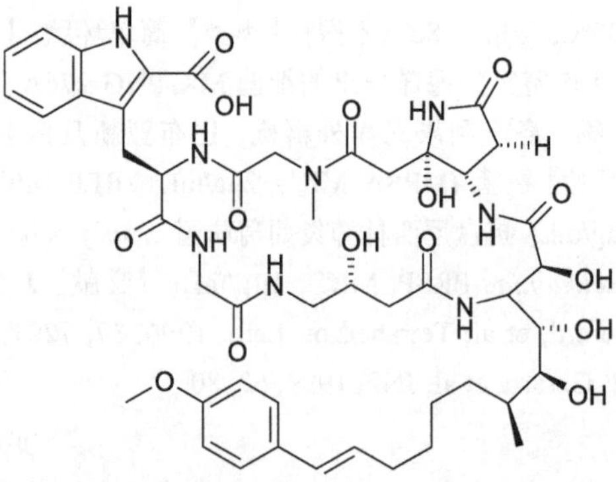

1282 Microsclerodermin C 幼皮海绵素 C*
【基本信息】C$_{41}$H$_{50}$ClN$_9$O$_{13}$, 粉末, [α]$_D$ = −24º (c = 0.063, 甲醇/二甲亚砜 = 1:1). 【类型】简单环肽. 【来源】岩屑海绵蒂壳海绵属 *Theonella* sp. 和岩屑海绵幼皮海绵属 *Microscleroderma* sp. (菲律宾). 【活性】抗真菌 (白色念珠菌 *Candida albicans*). 【文献】E. W. Schmidt, et al. Tetrahedron, 1998, 54, 3043.

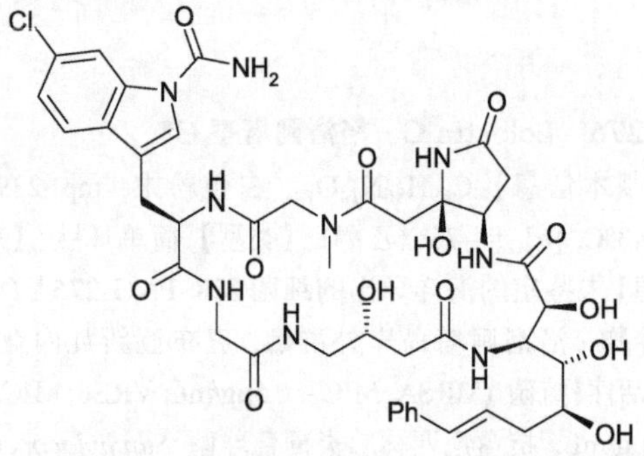

1283 Microsclerodermin D 幼皮海绵素 D*
【基本信息】C$_{40}$H$_{49}$ClN$_8$O$_{12}$, 粉末, [α]$_D$ = −56º (c = 0.07, 甲醇/二甲亚砜 = 1:1). 【类型】简单环肽. 【来源】岩屑海绵蒂壳海绵属 *Theonella* sp. 和岩屑海绵幼皮海绵属 *Microscleroderma* sp. (菲律宾). 【活性】抗真菌 (白色念珠菌 *Candida albicans*). 【文献】E. W. Schmidt, et al. Tetrahedron, 1998, 54, 3043.

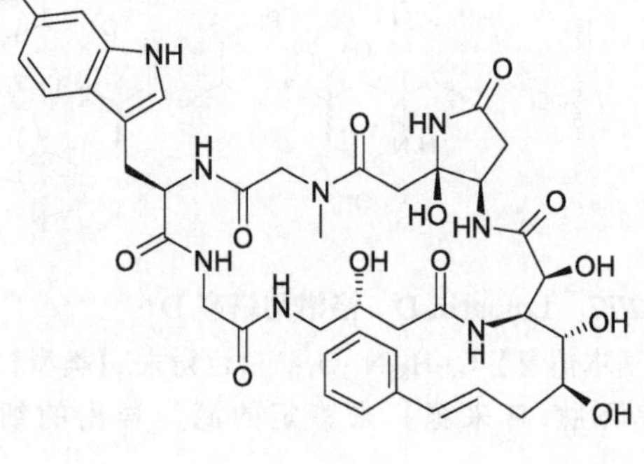

1284 Microsclerodermin E 幼皮海绵素 E*

【基本信息】$C_{45}H_{54}N_8O_{14}$, 粉末, $[\alpha]_D = -24°$ (c = 0.2, 甲醇/0.1mol/L 碳酸氢铵).【类型】简单环肽.【来源】岩屑海绵蒂壳海绵属 *Theonella* sp. 和岩屑海绵幼皮海绵属 *Microscleroderma* sp. (菲律宾).【活性】抗真菌（白色念珠菌 *Candida albicans*）.【文献】E. W. Schmidt, et al. Tetrahedron, 1998, 54, 3043; P. L. Winder, et al. Mar. Drugs, 2011, 9, 2644 (Rev.).

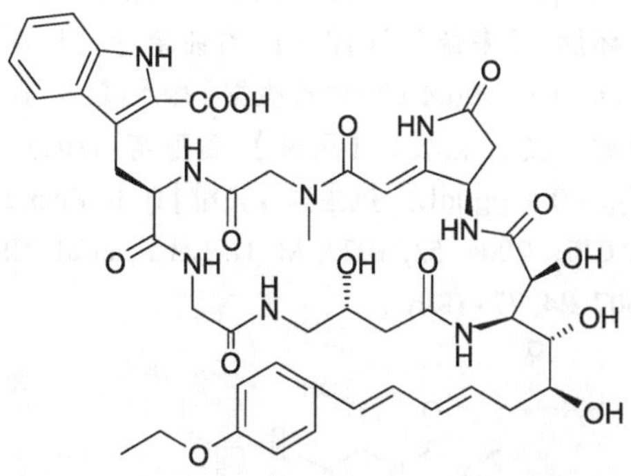

1285 Microsclerodermin F 幼皮海绵素 F*

【基本信息】$C_{45}H_{56}N_8O_{12}$, 粉末, $[\alpha]_D = -19°$ (c = 0.62, 甲醇水溶液).【类型】简单环肽.【来源】岩屑海绵幼皮海绵属 *Microscleroderma* sp. (深水域, 小断层岸外, 科罗尔, 帕劳).【活性】细胞毒 (HCT116, IC_{50} = 1.1μmol/L); 抗真菌（纸盘扩散试验，白色念珠菌 *Candida albicans*, MIC = 1.5mg/盘).【文献】A. Qureshi, et al. Tetrahedron, 2000, 56, 3679; P. L. Winder, et al. Mar. Drugs, 2011, 9, 2644 (Rev.).

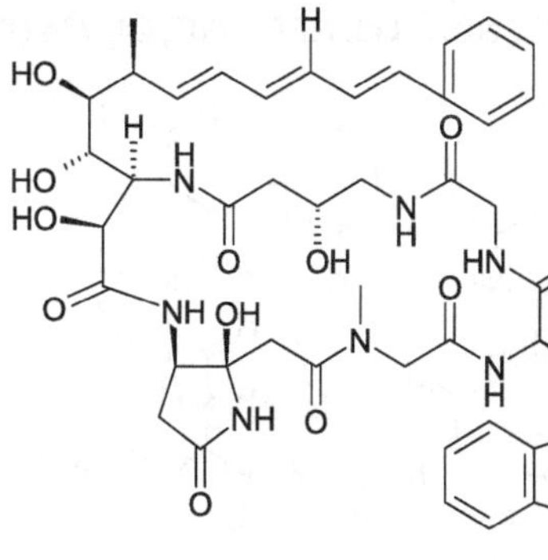

1286 Microsclerodermin G 幼皮海绵素 G*

【基本信息】$C_{45}H_{54}N_8O_{12}$, 粉末, $[\alpha]_D = -20°$ (c = 0.31, 甲醇水溶液).【类型】简单环肽.【来源】岩屑海绵幼皮海绵属 *Microscleroderma* sp. (深水域, 小断层岸外, 科罗尔, 帕劳).【活性】细胞毒 (HCT116, IC_{50} = 1.2μmol/L); 抗真菌（纸盘扩散试验：白色念珠菌 *Candida albicans*, MIC = 3mg/盘).【文献】A. Qureshi, et al. Tetrahedron, 2000, 56, 3679; P. L. Winder, et al. Mar. Drugs, 2011, 9, 2644 (Rev.).

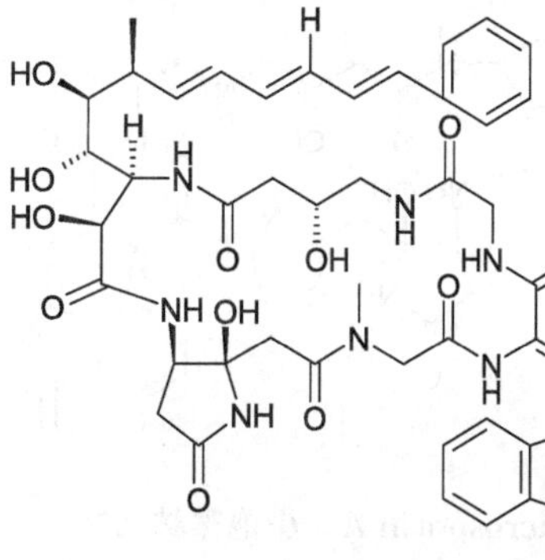

1287 Microsclerodermin H 幼皮海绵素 H*

【基本信息】$C_{46}H_{58}N_8O_{12}$, 粉末, $[\alpha]_D = -13°$ (c = 0.95, 甲醇水溶液).【类型】简单环肽.【来源】岩屑海绵幼皮海绵属 *Microscleroderma* sp. (深水域, 小断层岸外, 科罗尔, 帕劳).【活性】细胞毒 (HCT116, IC_{50} = 2.0μmol/L); 抗真菌（纸盘扩散试验, 白色念珠菌 *Candida albicans*, MIC = 12mg/盘).【文献】A. Qureshi, et al. Tetrahedron, 2000, 56, 3679; P. L. Winder, et al. Mar. Drugs, 2011, 9, 2644 (Rev.).

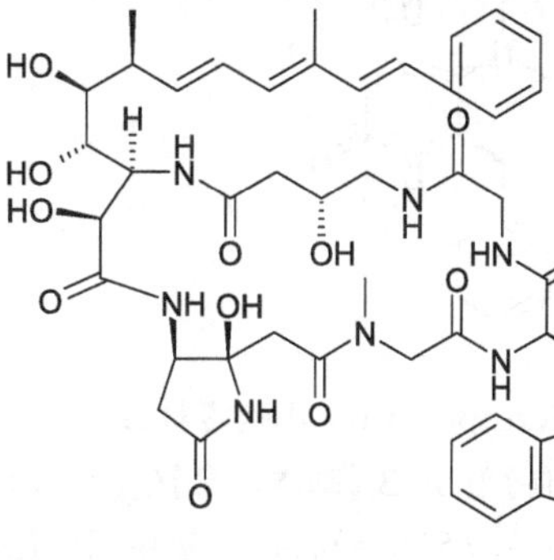

1288 Microsclerodermin I 幼皮海绵素 I*

【基本信息】$C_{46}H_{56}N_8O_{12}$, 粉末, $[\alpha]_D = -35°$ (c = 0.08, 甲醇水溶液).【类型】简单环肽.【来源】岩屑海绵幼皮海绵属 *Microscleroderma* sp. (深水域, 小断层岸外, 科罗尔, 帕劳).【活性】细胞毒

(HCT116, IC$_{50}$ = 2.6μmol/L); 抗真菌（白色念珠菌 Candida albicans, 纸盘扩散试验, MIC = 25mg/盘).【文献】A. Qureshi, et al. Tetrahedron, 2000, 56, 3679; P. L. Winder, et al. Mar. Drugs, 2011, 9, 2644 (Rev.).

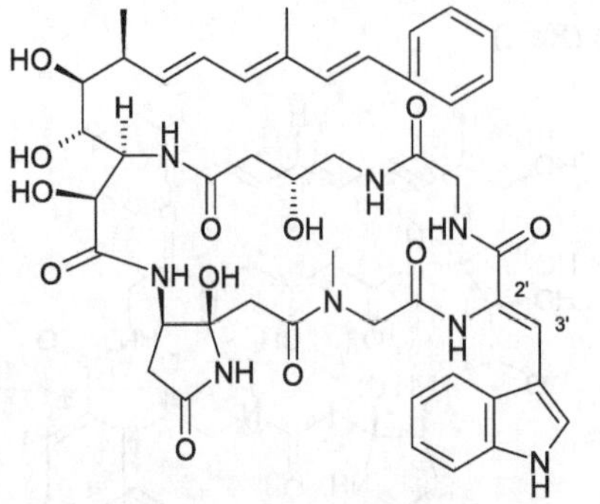

1289 Microsporin A 小孢霉林 A*

【别名】小孢子菌素 A.【基本信息】C$_{28}$H$_{40}$N$_4$O$_5$, 油状物, [α]$_D$ = +11.6º (c = 0.17, 二氯甲烷).【类型】简单环肽.【来源】海洋导出的真菌小孢霉属 Microsporum cf. gypseum, 来自苔藓动物多室草苔虫属 Bugula sp. (维尔京群岛, 美国).【活性】组蛋白去乙酰化酶抑制剂（活性显著）；细胞毒 (HCT116, 一组 NCI 60 种癌细胞).【文献】W. Gu, et al. Tetrahedron, 2007, 63, 6535.

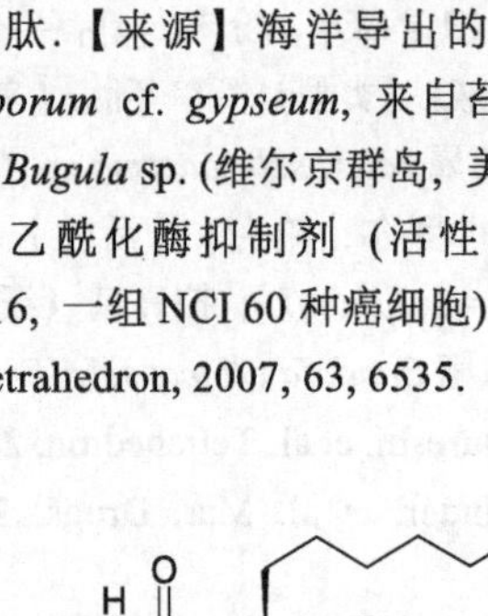

1290 Microsporin B 小孢霉林 B*

【别名】小孢子菌素 B.【基本信息】C$_{28}$H$_{42}$N$_4$O$_5$, 油状物, [α]$_D$ = –39.8º (c = 0.44, 二氯甲烷).【类型】简单环肽.【来源】海洋导出的真菌小孢霉属 Microsporum cf. gypseum, 来自苔藓动物多室草苔虫属 Bugula sp. (维尔京群岛, 美国).【活性】组蛋白去乙酰化酶抑制剂（活性显著）；细胞毒 (HCT116, 一组 NCI 60 种癌细胞).【文献】W. Gu, et al. Tetrahedron, 2007, 63, 6535.

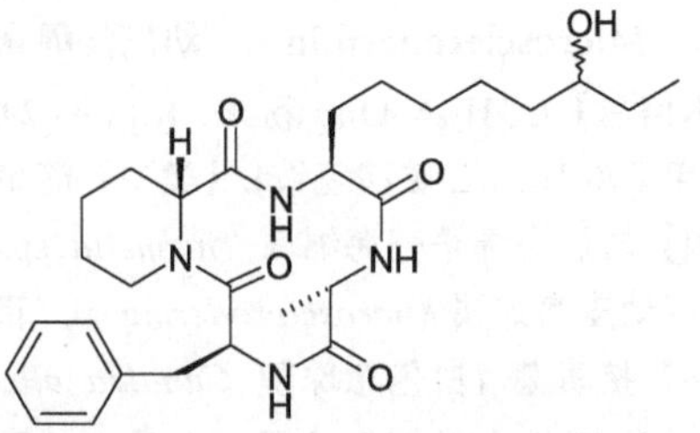

1291 Mixirin A 芽孢杆菌林 A*

【基本信息】C$_{48}$H$_{74}$N$_{12}$O$_{14}$, 无定形粉末, mp 285~286ºC, [α]$_D^{22}$ = –18.2º (c = 0.16, 甲醇).【类型】简单环肽.【来源】海洋导出的细菌芽孢杆菌属 Bacillus sp. MIX-62 (嗜冷生物, 冷水域, 培养物, 海泥, 接近北极).【活性】细胞毒 (HCT116, IC$_{50}$ = 0.68μg/mL); 抗生素.【文献】H. L. Zhang, et al. CPB, 2004, 52, 1029; M. D. Lebar, et al. NPR, 2007, 24, 774 (Rev.).

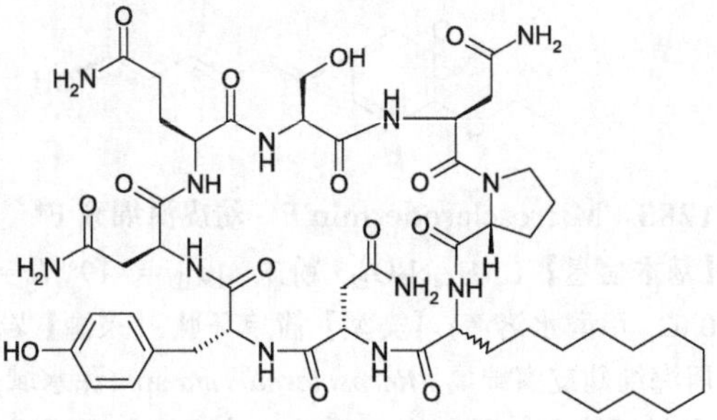

1292 Mixirin B 芽孢杆菌林 B*

【基本信息】C$_{45}$H$_{68}$N$_{12}$O$_{14}$.【类型】简单环肽.【来源】海洋导出的细菌芽孢杆菌属 Bacillus sp. MIX-62 (嗜冷生物, 冷水域, 培养物, 海泥, 接近北极).【活性】细胞毒 (HCT116, IC$_{50}$ = 1.6μg/mL); 抗生素.【文献】H. L. Zhang, et al. CPB, 2004, 52, 1029; M. D. Lebar, et al. NPR, 2007, 24, 774 (Rev.).

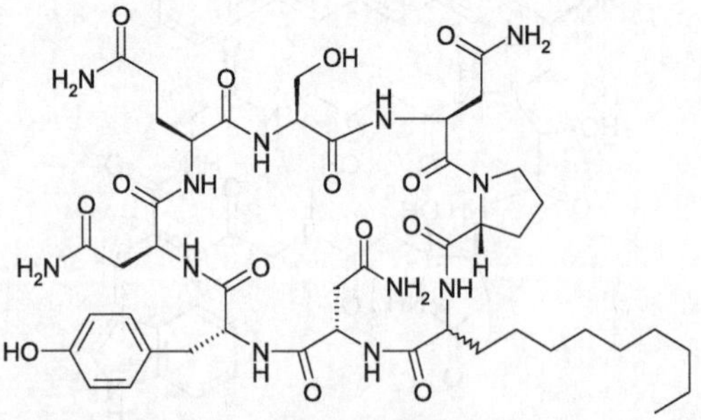

1293 Mixirin C 芽孢杆菌林 C*

【基本信息】C$_{47}$H$_{72}$N$_{12}$O$_{14}$.【类型】简单环肽.【来源】海洋导出的细菌芽孢杆菌属 Bacillus sp. MIX-62 (嗜冷生物, 冷水域, 培养物, 海泥, 接近北极).【活性】细胞毒 (HCT116, IC$_{50}$ = 1.3μg/mL); 抗生素.【文献】H. L. Zhang, et al. CPB, 2004, 52, 1029; M.D. Lebar, et al. NPR, 2007, 24, 774 (Rev.).

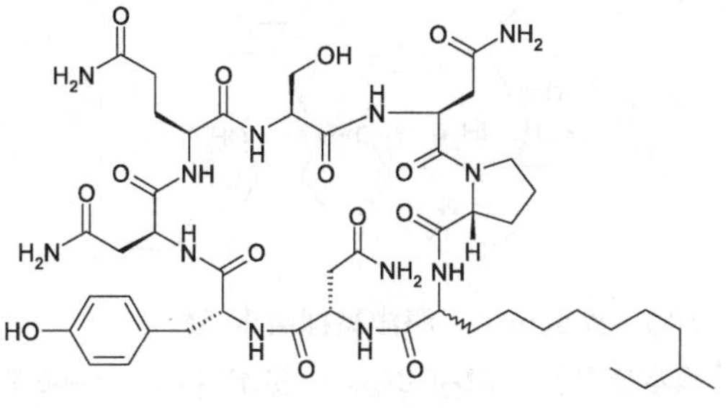

1294 Motuporin 默突坡林*
【别名】Nodularin 5; 节球藻林 5*.【基本信息】C$_{40}$H$_{57}$N$_5$O$_{10}$, 玻璃体, [α]$_D$ = −83.8°.【类型】简单环肽.【来源】岩屑海绵斯氏蒂壳海绵* Theonella swinhoei (巴布亚新几内亚).【活性】细胞毒 (in vitro: P$_{388}$, IC$_{50}$ = 6μg/mL; A549, IC$_{50}$ = 2.4μg/mL; HEY, IC$_{50}$ = 2.8μg/mL; LoVo, IC$_{50}$ = 2.3μg/mL; MCF7, IC$_{50}$ = 12.4μg/mL; U373MG, IC$_{50}$ = 2.4μg/mL); 蛋白磷酸酶 1 抑制剂.【文献】E. D. de Silva, et al. Tetrahedron Lett., 1992, 33, 1561; R. J. Valentekovich, et al. JACS, 1995, 117, 9069; R. Samy, et al. JOC, 1999, 64, 2711; T. Hu, et al. JOC, 1999, 64, 3000; S. M. Bauer, et al. JACS, 1999, 121, 6355.

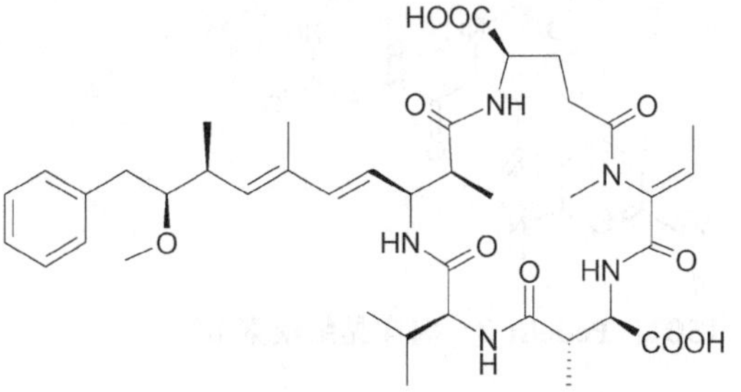

1295 Mutremdamide A 目垂丢酰胺 A*
【基本信息】C$_{44}$H$_{65}$N$_{11}$O$_{18}$S, 无定形粉末, [α]$_D^{23}$ = −33° (c = 0.1, 甲醇).【类型】简单环肽.【来源】岩屑海绵斯氏蒂壳海绵亚种 Theonella swinhoei ssp. swinhoei, 岩屑海绵斯氏蒂壳海绵有疣变种 Theonella swinhoei ssp. verrucosa 和岩屑海绵圆顶蒂壳海绵 Theonella cupola (深水域 90~120m, 木垂母丢暗礁, 帕劳).【活性】抗炎 [in vivo, 小鼠爪肿胀模型, 以剂量相关方式减轻卡拉胶诱导的鼠爪肿胀, 肿胀早期 (0~6h) 和肿胀后期 (24~96h) 都有效, 0.3mg/kg, 肿胀减轻60%, 和当前的非甾体抗炎药 (NSAIDs) 萘普生 (ED$_{50}$ = 40mg/kg) 比较, 目垂丢酰胺 A 活性高出100 倍]; 抗炎 (人抗银屑病药, PHK, 剂量相关响应, 抑制 TNFα 和 IL-8 的释放).【文献】A. Plaza, et al. JOC, 2010, 75, 4344; P. L. Winder, et al. Mar. Drugs, 2011, 9, 2644 (Rev.).

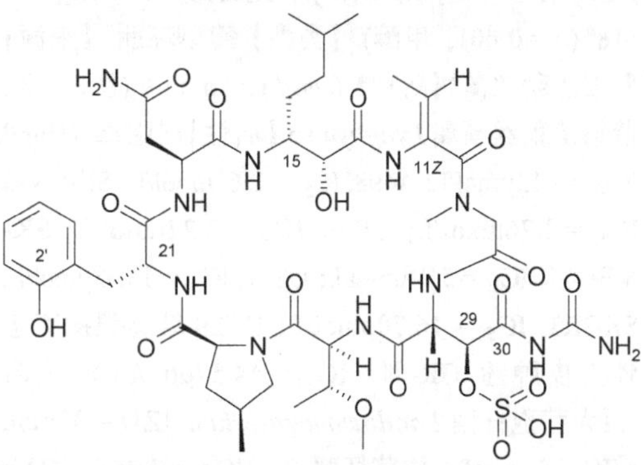

1296 Nodularin 节球藻毒素
【别名】Nodularin 1; 节球藻毒素 1*.【基本信息】C$_{41}$H$_{60}$N$_8$O$_{10}$.【类型】简单环肽.【来源】蓝细菌泡沫节球藻 Nodularia spumigena (来自海洋含盐废水).【活性】藻毒素; 肝脏毒素; 肿瘤促进剂; 蛋白磷酸酶 PP 抑制剂.【文献】K. L. Rinehart, et al. JACS, 1988, 110, 8557.

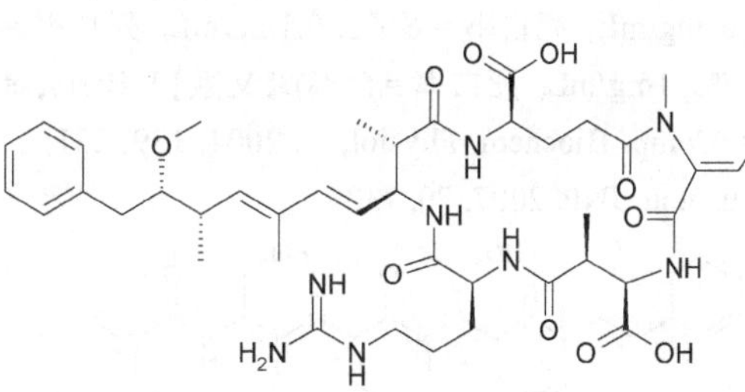

1297 Orbiculamide A 欧必库酰胺 A*
【基本信息】C$_{46}$H$_{62}$BrN$_9$O$_{10}$, 粉末, [α]$_D^{23}$ = −60° (c = 0.005, 甲醇).【类型】简单环肽.【来源】岩

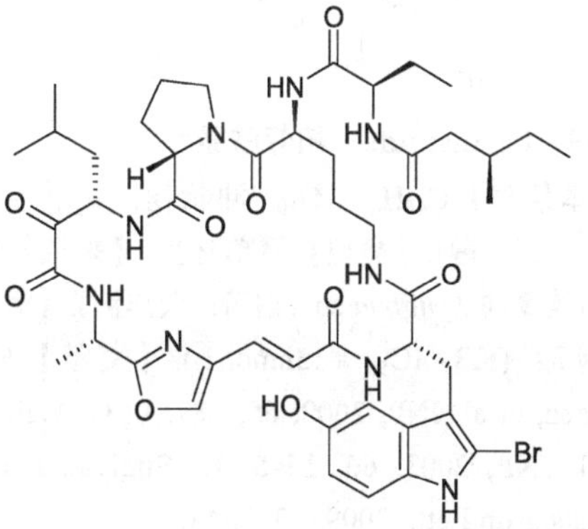

屑海绵蒂壳海绵属 Theonella sp.【活性】细胞毒 (P_{388}, $IC_{50} = 4.7\mu g/mL$).【文献】N. Fusetani, et al. JACS, 1991, 113, 7811.

1298 Pahayokolide A 帕哈约克内酯 A*
【基本信息】$C_{72}H_{105}N_{13}O_{20}$, 无定形粉末, $[\alpha]_D^{25} = -18°$ ($c = 0.001$, 甲醇).【类型】简单环肽.【来源】蓝细菌鞘丝藻属新种* Lyngbya sp. nov (淡水) 和蓝细菌鞘丝藻属 Lyngbya sp.【活性】细胞毒 (H460, $IC_{50} = 2.13\mu mol/L$; A498, $IC_{50} = 2.61\mu mol/L$; SK-OV-3, $IC_{50} = 2.76\mu mol/L$; CEM, $IC_{50} = 3.27\mu mol/L$; SK-MEL-28, $IC_{50} = 5.74\mu mol/L$; U251, $IC_{50} = 13.33\mu mol/L$; SKBR3, $IC_{50} = 16.70\mu mol/L$; HT29 结肠腺病毒恶性上皮肿瘤 GR-Ⅲ, $IC_{50} = 44.57\mu mol/L$); 抗菌 (巨大芽孢杆菌 Bacillus megaterium, IZD = 32mm, MIC = $5\mu g/mL$; 枯草杆菌 Bacillus subtilis, IZD = 32mm, MIC = $5\mu g/mL$); 抗蓝细菌 (念珠兰细菌* Nostoc Ev-1, IZD = 30mm); 抗真菌 (酿酒酵母 Saccharomyces cerevisiae, IZD = 20mm); 杀藻剂 (绿藻: 衣藻属*Chlamydomonas sp. Ev-29, IZD = 20mm, MIC = $10\mu g/mL$; 丝藻属*Ulothrix sp. Ev-17, IZD = 22mm; 小球藻属 Chlorella sp. 2-4, IZD = 20mm); 有毒的 (盐水丰年虾 Artemia salina: 0.01mg/mL, 死亡率 = 6.9%; 0.1mg/mL, 死亡率 = 7.5%; 1mg/mL, 死亡率 = 55%).【文献】J. Berry, et al. Comp. Biochem. Physiol, C, 2004, 139, 231; T. An, et al. JNP, 2007, 70, 730.

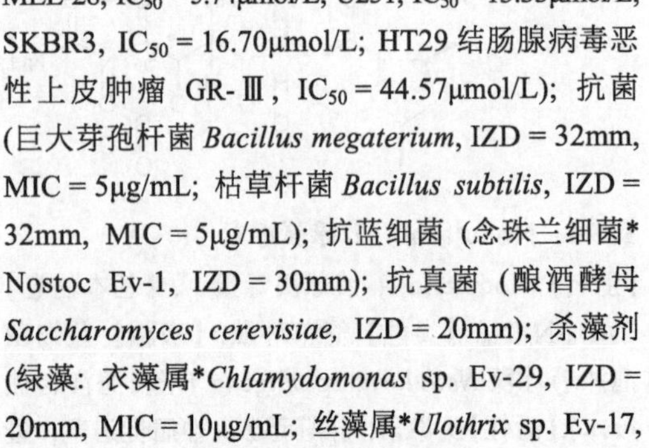

1299 Palauamide 帕劳酰胺*
【基本信息】$C_{46}H_{69}N_5O_{10}$, 油状物, $[\alpha]_D^{23} = -22°$ ($c = 0.4$, 甲醇).【类型】简单环肽.【来源】蓝细菌鞘丝藻属 Lyngbya sp. (帕劳, 大洋洲).【活性】细胞毒 (KB, $IC_{50} = 13nmol/L$).【文献】F. D. Horgen, et al. JNP, 2002, 65, 487; P. G. Williams, et al. JNP, 2003, 66, 1545; H. Sugiyama, et al. Tetrahedron Lett., 2009, 50, 7343.

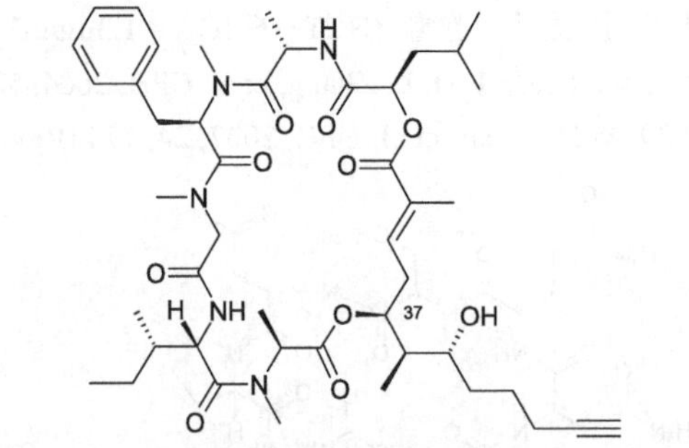

1300 Pedein A 海洋黏细菌素 A*
【基本信息】$C_{43}H_{53}ClN_8O_{13}$, 粉末, $[\alpha]_D^{20} = -46.5°$ ($c = 0.37$, 二甲亚砜/甲醇).【类型】简单环肽.【来源】海洋黏细菌 Chondromyces pediculatus.【活性】抗真菌 (胶红酵母*Rhodotorula glutinis, 酿酒酵母 Saccharomyces cerevisiae 和白色念珠菌 Candida albicans, MIC = $0.6\sim1.6\mu g/mL$).【文献】B. Kunze, et al. J. Antibiot. (Tokyo), 2008, 61, 18.

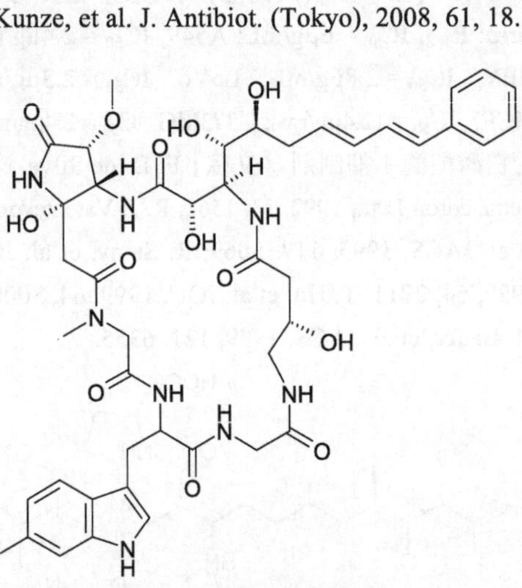

1301 Pedein B 海洋黏细菌素 B*

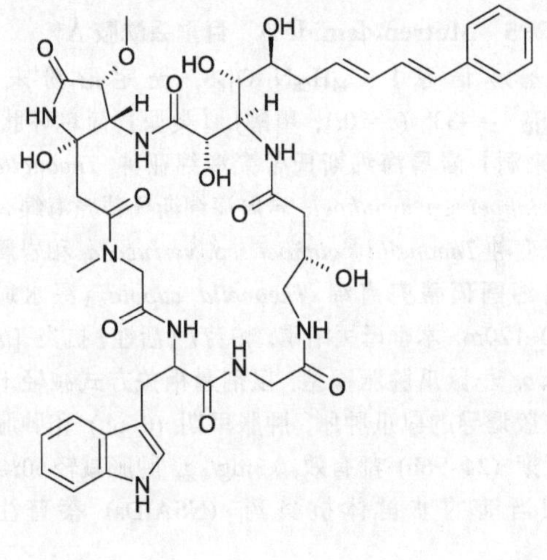

【基本信息】$C_{43}H_{54}N_8O_{13}$, 无定形固体.【类型】简单环肽.【来源】海洋黏细菌 *Chondromyces pediculatus*.【活性】抗真菌（胶红酵母 *Rhodotorula glutinis*, 酿酒酵母 *Saccharomyces cerevisiae* 和白色念珠菌 *Candida albicans*, MIC = 0.6~1.6μg/mL).【文献】B. Kunze, et al. J. Antibiot. (Tokyo), 2008, 61, 18.

1302　Perthamide B　珀斯酰胺 B*

【基本信息】$C_{43}H_{63}BrN_{10}O_{14}$, 无定形固体, mp 228~231°C, $[\alpha]_D^{23} = +19.8°$ (c = 0.2, 吡啶).【类型】简单环肽.【来源】岩屑海绵蒂壳海绵属 *Theonella* sp. (澳大利亚).【活性】IL-1β 结合抑制剂 (完整的 EL4.6.1 细胞, IC_{50} = 27.6μg/mL).【文献】N. K. Gulavita, et al. Tetrahedron Lett., 1994, 35, 6815.

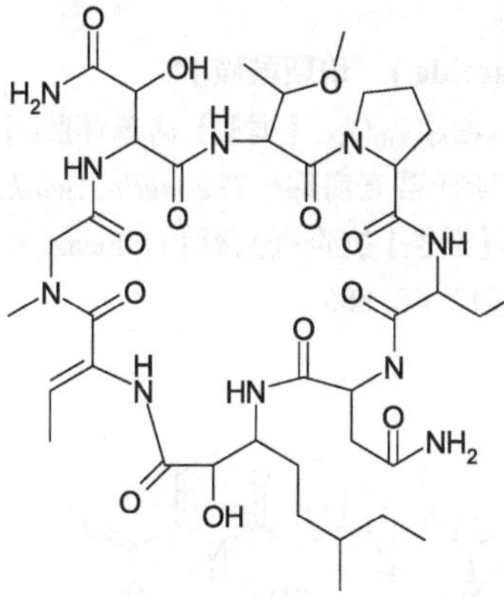

1303　Perthamide C　珀斯酰胺 C*

【基本信息】$C_{44}H_{65}N_{11}O_{18}S$, 无定形固体, $[\alpha]_D^{25} = -6.3°$ (c = 2.8, 氯仿).【类型】简单环肽.【来源】岩屑海绵斯氏蒂壳海绵* *Theonella swinhoei* (旺乌努岛, 所罗门群岛).【活性】抗炎 (小鼠水肿模型, 没有细胞毒).【文献】C. Festa, et al. Tetrahedron, 2009, 65, 10424; V. Sepe, et al. Tetrahedron, 2010, 66, 7520 (结构修正).

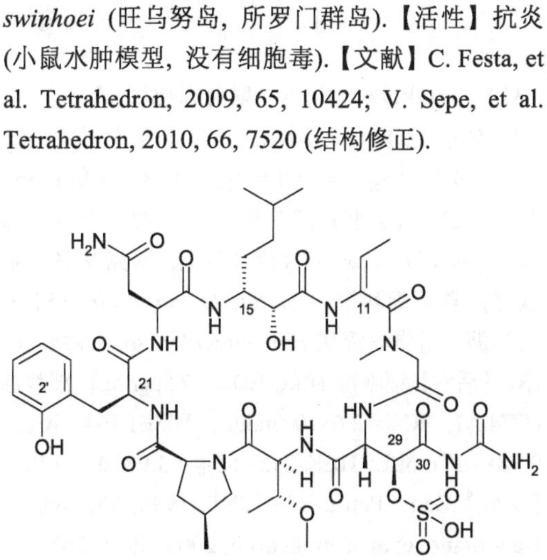

1304　Perthamide D　珀斯酰胺 D*

【基本信息】$C_{44}H_{65}N_{11}O_{17}S$, 无定形粉末, $[\alpha]_D^{25} = -4.1°$ (c = 0.1, 氯仿).【类型】简单环肽.【来源】岩屑海绵斯氏蒂壳海绵* *Theonella swinhoei* (旺乌努岛堡礁, 所罗门群岛).【活性】抗炎 (*in vivo*, 小鼠爪水肿模型, 0.3mg/kg, 水肿减少 46%); 抗炎 (人抗银屑病药效应, PHK, 在 10μmol/L 也有细胞毒).【文献】C. Festa, et al. Tetrahedron, 2009, 65, 10424; V. Sepe, et al. Tetrahedron, 2010, 66, 7520 (结构修正); P. L. Winder, et al. Mar. Drugs, 2011, 9, 2644 (Rev.).

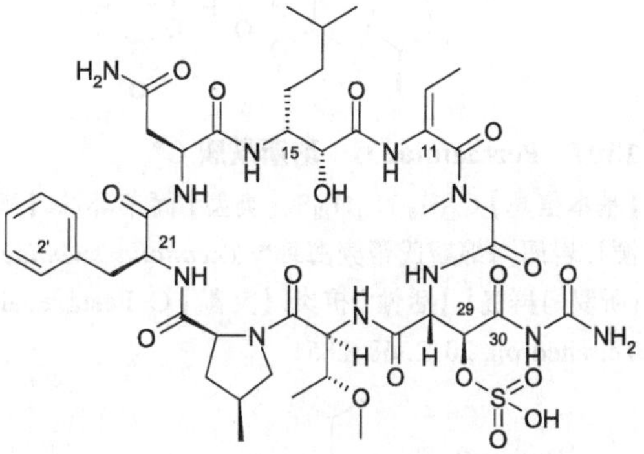

1305　Perthamide E　珀斯酰胺 E*

【基本信息】$C_{45}H_{67}N_{11}O_{18}S$.【类型】简单环肽.【来源】岩屑海绵斯氏蒂壳海绵* *Theonella swinhoei* (马兰他岛西海岸, 所罗门群岛, 采样深度 22m 暗礁).【活性】抗炎 (人抗银屑病药效应, PHK, 剂量相关响应, 显著抑制 IL-8 的释放).【文献】C. Festa, et al. Tetrahedron, 2011, 67, 7780; P. L. Winder, et al. Mar. Drugs, 2011, 9, 2644 (Rev.).

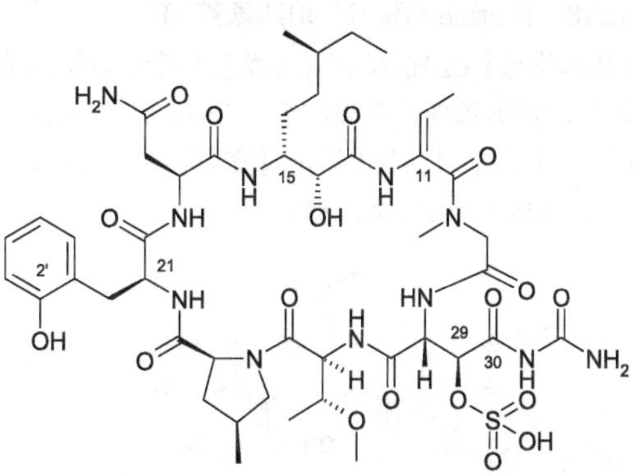

1306　Perthamide F　珀斯酰胺 F*

【基本信息】$C_{45}H_{67}N_{11}O_{17}S$.【类型】简单环肽.【来源】岩屑海绵斯氏蒂壳海绵* *Theonella swinhoei* (马兰他岛西海岸, 所罗门群岛, 采样深度 22m 暗礁).【活性】抗炎(人抗银屑病药效应, PHK, 在 10μmol/L 也有细胞毒).【文献】C. Festa, et al. Tetrahedron, 2011, 67, 7780; P. L. Winder, et al. Mar. Drugs, 2011, 9, 2644 (Rev.).

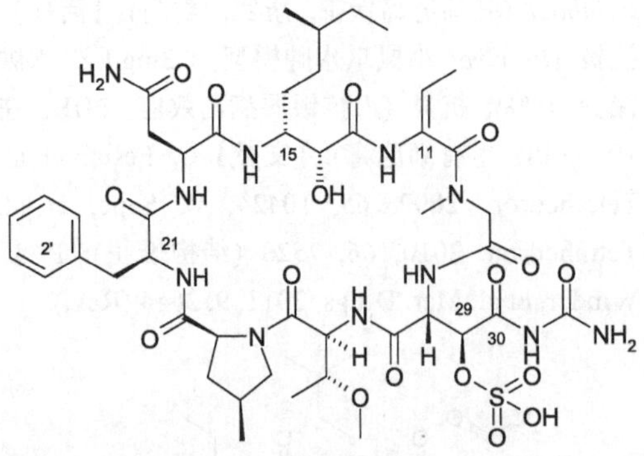

1307 Perthamide G 珀斯酰胺 G*

【基本信息】$C_{43}H_{63}N_{11}O_{18}S$.【类型】简单环肽.【来源】岩屑海绵斯氏蒂壳海绵* *Theonella swinhoei* (所罗门群岛).【活性】抗炎.【文献】C. Festa, et al. Tetrahedron, 2012, 68, 2851.

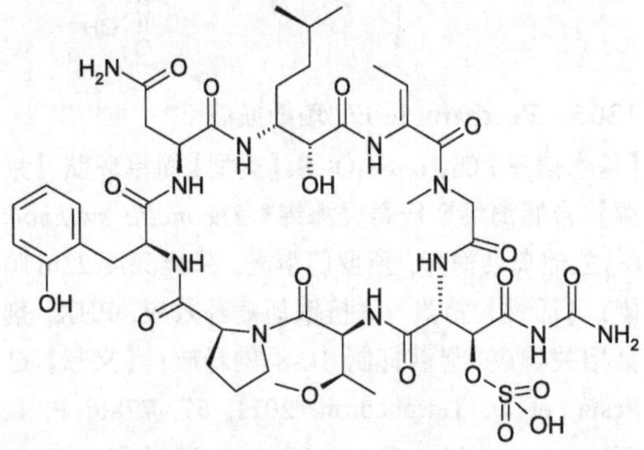

1308 Perthamide H 珀斯酰胺 H*

【基本信息】$C_{44}H_{65}N_{11}O_{15}$.【类型】简单环肽.【来源】岩屑海绵斯氏蒂壳海绵* *Theonella swinhoei* (所罗门群岛).【活性】抗炎.【文献】C. Festa, et al. Tetrahedron, 2012, 68, 2851.

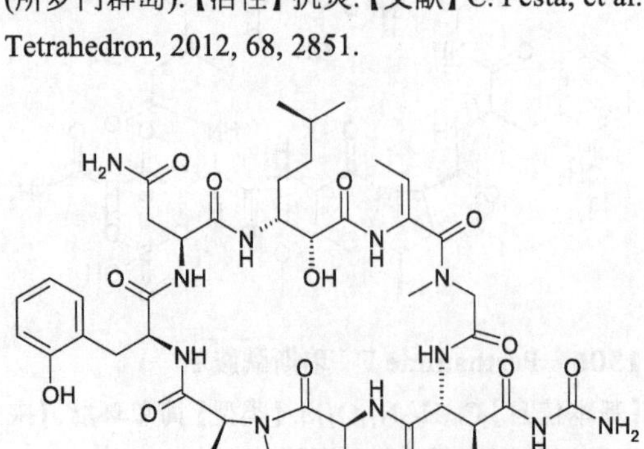

1309 Perthamide I 珀斯酰胺 I*

【基本信息】$C_{45}H_{67}N_{11}O_{15}$.【类型】简单环肽.【来源】岩屑海绵斯氏蒂壳海绵* *Theonella swinhoei* (所罗门群岛).【活性】抗炎.【文献】C. Festa, et al. Tetrahedron, 2012, 68, 2851.

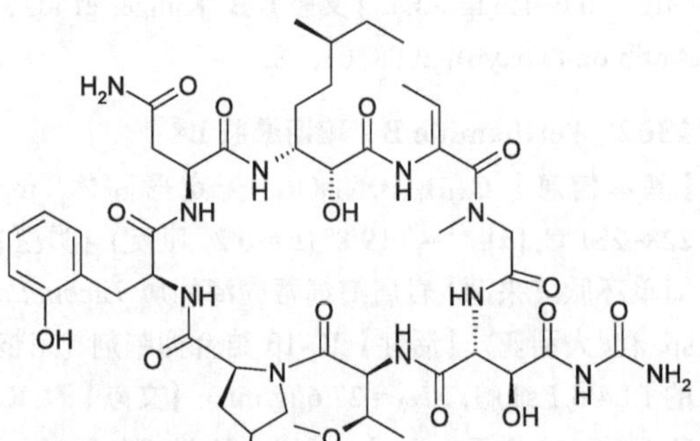

1310 Perthamide J 珀斯酰胺 J*

【基本信息】$C_{44}H_{62}N_{10}O_{15}$.【类型】简单环肽.【来源】岩屑海绵斯氏蒂壳海绵* *Theonella swinhoei* (所罗门群岛).【活性】抗炎.【文献】C. Festa, et al. Tetrahedron, 2012, 68, 2851.

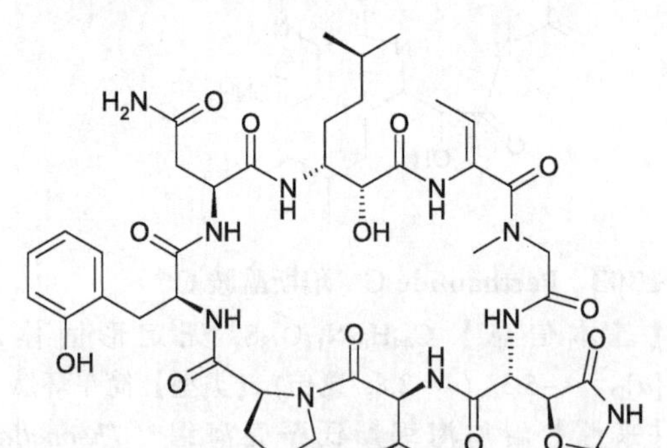

1311 Phakellistatin 1 扁海绵他汀 1*

【基本信息】$C_{45}H_{61}N_7O_8$, 无定形固体, mp 247~249ºC, $[\alpha]_D^{25} = -50.5º$ ($c = 0.33$, 氯仿); mp 240~242ºC.【类型】简单环肽.【来源】中脉扁海绵* *Phakellia costata* (特鲁克岛, 密克罗尼西亚联邦), 软海绵科海绵 *Stylotella aurantium* (帕劳, 大洋洲) 和膜海绵属 *Hymeniacidon* sp. (冲绳, 日本).【活性】细胞毒 (P_{388}, $ED_{50} = 7.5μg/mL$); 细胞毒 (J774.A1, $IC_{50} = 2.6×10^{-3} mol/L$; WEHI-164, $IC_{50} = 9.98×10^{-4} mol/L$; HEK-293, $IC_{50} = 3.9×10^{-3} mol/L$).【文献】G. R. Pettit, et al. JNP, 1993, 56, 260; A. Napolitano, et al. Tetrahedron, 2003, 59, 10203.

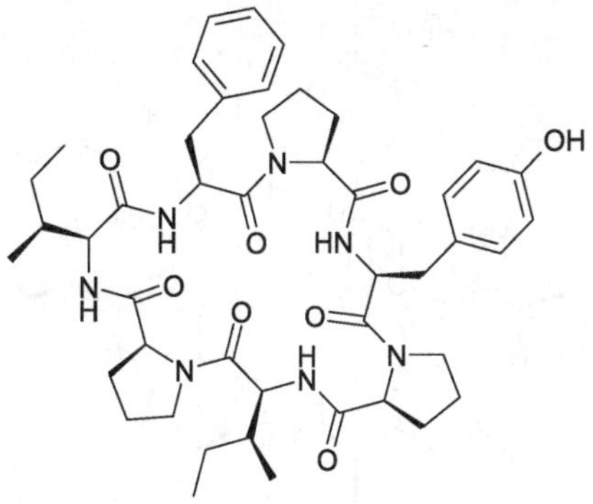

1312 Phakellistatin 2 扁海绵他汀 2*
【基本信息】$C_{45}H_{61}N_7O_8$，无定形固体，mp 199~201°C，$[\alpha]_D^{23} = -148°$ ($c = 0.34$, 甲醇).【类型】简单环肽.【来源】卡特里扁海绵* *Phakellia carteri* (科摩罗群岛).【活性】细胞毒 (P_{388}: 天然样本，$ED_{50} = 0.34\mu g/mL$；合成样本，$ED_{50} = 24\mu g/mL$).
【文献】G. R. Pettit, et al. Bioorg. Med. Chem. Lett., 1993, 3, 2869; G. R. Pettit, et al. JNP, 1999, 62, 409.

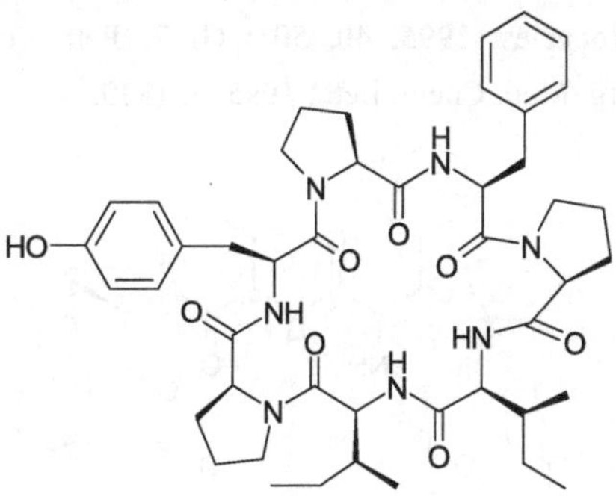

1313 Phakellistatin 3 扁海绵他汀 3*
【基本信息】$C_{42}H_{54}N_8O_9$，无定形粉末，mp 178~180°C，$[\alpha]_D^{24} = -147°$ ($c = 0.22$, 甲醇).【类型】简单环肽.【来源】卡特里扁海绵* *Phakellia carteri* (科摩罗群岛).【活性】细胞毒 (P_{388}, $ED_{50} = 0.33\mu g/mL$).【文献】G. R. Pettit, et al. JOC, 1994, 59, 1593.

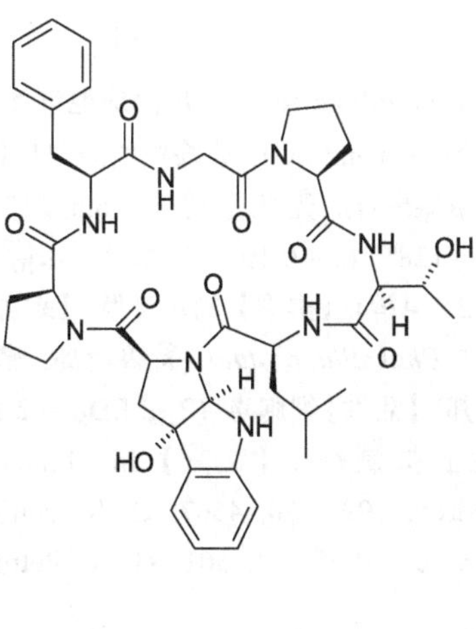

1314 Phakellistatin 4 扁海绵他汀 4*
【基本信息】$C_{41}H_{55}N_7O_9$，无定形粉末 $[\alpha]_D = -97°$ ($c = 2$, 甲醇).【类型】简单环肽.【来源】中脉扁海绵* *Phakellia costata* (特鲁克岛，密克罗尼西亚联邦).【活性】细胞毒.【文献】G. R. Pettit, et al. Heterocycles, 1995, 40, 501; G. R. Pettit, et al. Bioorg. Med. Chem. Lett., 1995, 5, 1339.

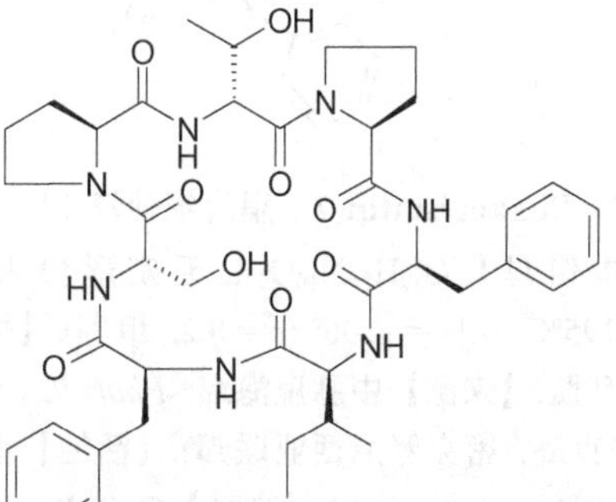

1315 Phakellistatin 5 扁海绵他汀 5*
【基本信息】$C_{35}H_{52}N_8O_8S$，粉末，$[\alpha]_D = -102°$ ($c = 2$, 甲醇).【类型】简单环肽.【来源】中脉扁海绵* *Phakellia costata* (特鲁克岛，密克罗尼西亚联邦).【活性】细胞毒.【文献】G. R. Pettit, et al. Bioorg. Med. Chem. Lett., 1994, 4, 2091.

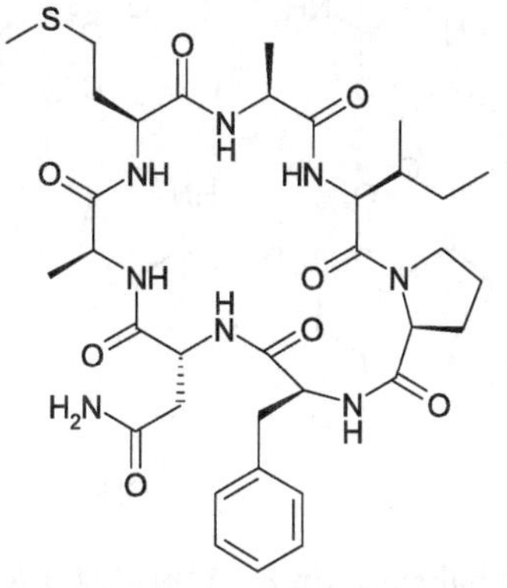

1316 Phakellistatin 6 扁海绵他汀 6*
【基本信息】$C_{47}H_{62}N_8O_7$，粉末，$[\alpha]_D = -129°$ ($c = 0.4$, 甲醇).【类型】简单环肽.【来源】中脉扁海绵* *Phakellia costata* (特鲁克岛，密克罗尼西亚联邦).【活性】细胞毒 (P_{388}, $ED_{50} = 0.185\mu g/mL$; OVCAR-3, $GI_{50} = 0.025\mu g/mL$; SF295, $GI_{50} = 0.041\mu g/mL$; A498, $GI_{50} = 0.078\mu g/mL$; NCI-H460, $GI_{50} = 0.019\mu g/mL$; KM20L2, $GI_{50} = 0.021\mu g/mL$;

SK-MEL-S, GI_{50} = 0.032μg/mL).【文献】G. R. Pettit, et al. Bioorg. Med. Chem. Lett., 1994, 4, 2677.

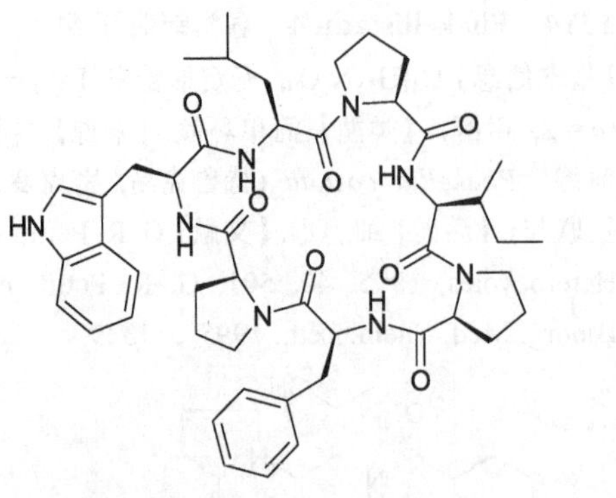

1317　Phakellistatin 7　扁海绵他汀 7*

【基本信息】$C_{59}H_{84}N_{10}O_{11}$，无定形粉末，mp 192~195ºC，$[\alpha]_D$ = −106º (c = 0.2, 甲醇).【类型】简单环肽.【来源】中脉扁海绵* *Phakellia costata* (特鲁克岛，密克罗尼西亚联邦).【活性】细胞毒 (P_{388}, ED_{50} = 3.0μg/mL).【文献】G. R. Pettit, et al. Heterocycles, 1995, 40, 501; G. R. Pettit, et al. Bioorg. Med. Chem. Lett., 1995, 5, 1339.

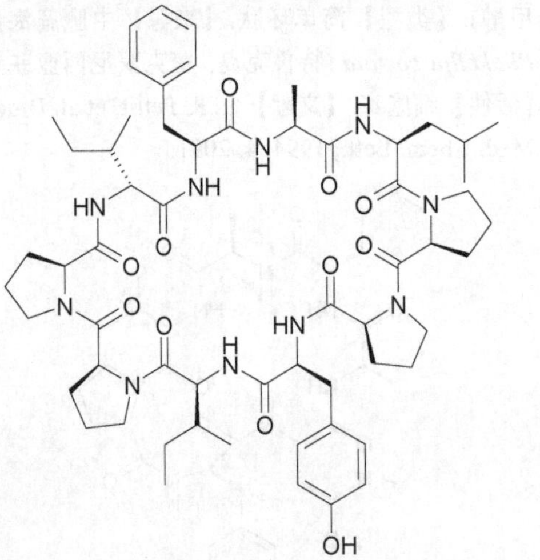

1318　Phakellistatin 8　扁海绵他汀 8*

【基本信息】$C_{61}H_{88}N_{10}O_{11}$，晶体（甲醇水溶液），mp 188~191ºC，$[\alpha]_D$ = −112º (c = 0.2, 甲醇).【类型】简单环肽.【来源】中脉扁海绵* *Phakellia costata* (特鲁克岛，密克罗尼西亚联邦).【活性】细胞毒 (P_{388}, ED_{50} = 2.9μg/mL).【文献】G. R. Pettit, et al. Heterocycles, 1995, 40, 501; G. R. Pettit, et al. Bioorg. Med. Chem. Lett., 1995, 5, 1339.

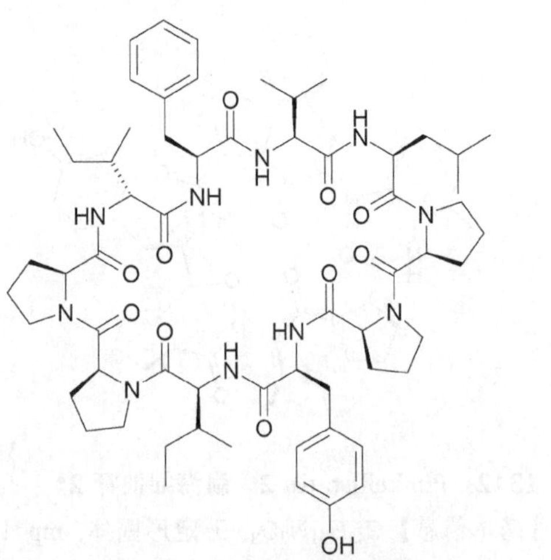

1319　Phakellistatin 9　扁海绵他汀 9*

【基本信息】$C_{60}H_{86}N_{10}O_{11}$，无定形粉末，mp 184~188ºC，$[\alpha]_D$ = −113º (c = 0.7, 甲醇).【类型】简单环肽.【来源】中脉扁海绵* *Phakellia costata* (特鲁克岛，密克罗尼西亚联邦).【活性】细胞毒 (P_{388}, ED_{50} = 4.1μg/mL).【文献】G. R. Pettit, et al. Heterocycles, 1995, 40, 501; G. R. Pettit, et al. Bioorg. Med. Chem. Lett., 1995, 5, 1339.

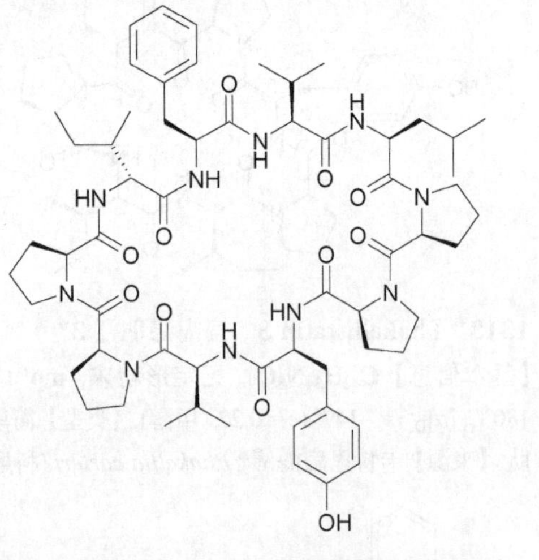

1320　Phakellistatin 10　扁海绵他汀 10*

【别名】Hymenamide H; 膜海绵酰胺 H*.【基本信息】$C_{47}H_{69}N_9O_9$，无定形粉末，mp 217~219ºC，$[\alpha]_D^{25}$ = −128º (c = 0.19, 甲醇)，$[\alpha]_D^{20}$ = −88º (c = 1.02, 甲醇).【类型】简单环肽.【来源】中脉扁海绵* *Phakellia costata* (特鲁克岛，密克罗尼西亚联邦).【活性】细胞毒 (P_{388}, ED_{50} = 2.1μg/mL，细胞生长抑制剂).【文献】M. Tsuda, et al. Tetrahedron, 1994, 50, 4667; G. R. Pettit, et al. Heterocycles, 1995, 40, 501; G. R. Pettit, et al.

Bioorg. Med. Chem. Lett., 1995, 5, 1339; G. R. Pettit, et al. JNP, 1995, 58, 961.

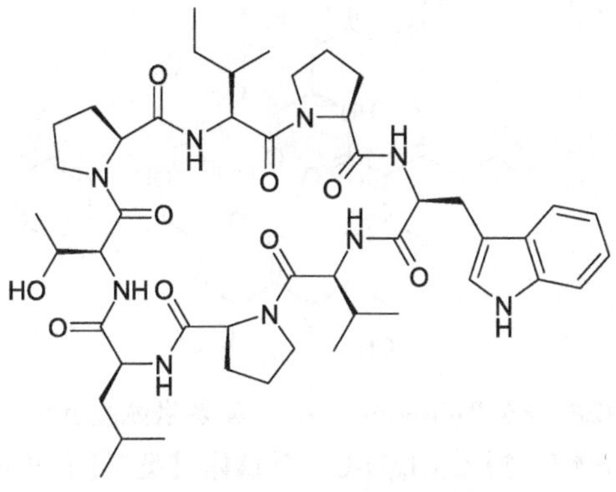

1321　Phakellistatin 11　扁海绵他汀 11*

【基本信息】$C_{53}H_{67}N_9O_9$，无定形粉末　mp 194~196°C，$[\alpha]_D^{25} = -163°$ ($c = 0.08$, 甲醇).【类型】简单环肽.【来源】中脉扁海绵* Phakellia costata (特鲁克岛，密克罗尼西亚联邦).【活性】细胞毒 (P_{388}, $ED_{50} = 0.20\mu g/mL$, 细胞生长抑制剂).【文献】G. R. Pettit, et al. Heterocycles, 1995, 40, 501; G. R. Pettit, et al. Bioorg. Med. Chem. Lett., 1995, 5, 1339; G. R. Pettit, et al. JNP, 1995, 58, 961; 2001, 64, 883.

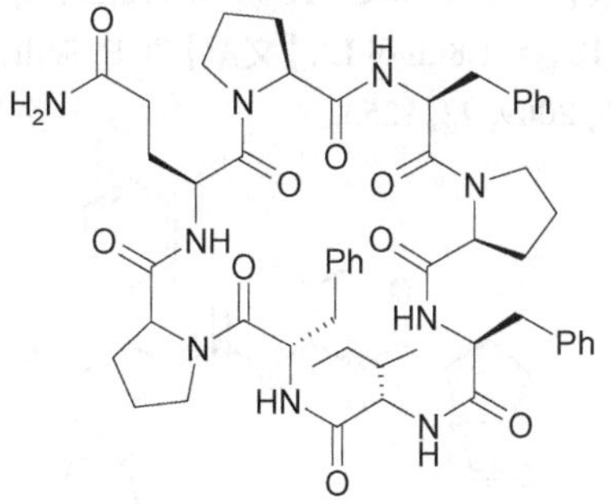

1322　Phakellistatin 19　扁海绵他汀 19*

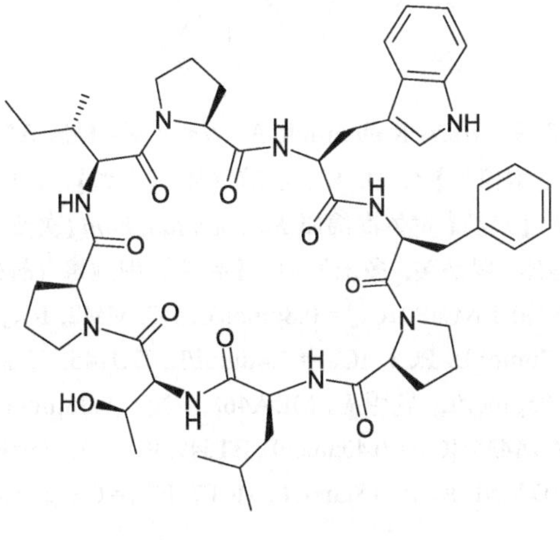

【基本信息】$C_{51}H_{69}N_9O_9$.【类型】简单环肽.【来源】扁海绵属 Phakellia sp.【活性】细胞毒 (NSCLC A549, $GI_{50} = 4.41 \times 10^{-7}$mol/L, $TGI = 1.16 \times 10^{-6}$mol/L, $LC_{50} > 1.05 \times 10^{-5}$mol/L; HT29, $GI_{50} = 4.62 \times 10^{-7}$mol/L, $TGI = 6.72 \times 10^{-7}$mol/L, $LC_{50} > 1.05 \times 10^{-5}$mol/L; MDA-MB-231, $GI_{50} = 5.15 \times 10^{-7}$mol/L, $TGI = 1.47 \times 10^{-6}$mol/L, $LC_{50} > 1.05 \times 10^{-5}$mol/L).【文献】P. -G. Marta, et al. J. Med. Chem., 2013, 56, 9780.

1323　Pseudoalterobactin A　假交替单胞菌亭 A*

【基本信息】$C_{41}H_{63}N_{11}O_{21}S$.【类型】简单环肽.【来源】海洋导出的细菌假交替单胞菌属 Pseudoalteromonas sp. KP20-4.【活性】铁载体.【文献】K. Kanoh, et al. J. Antibiot., 2003, 56, 871.

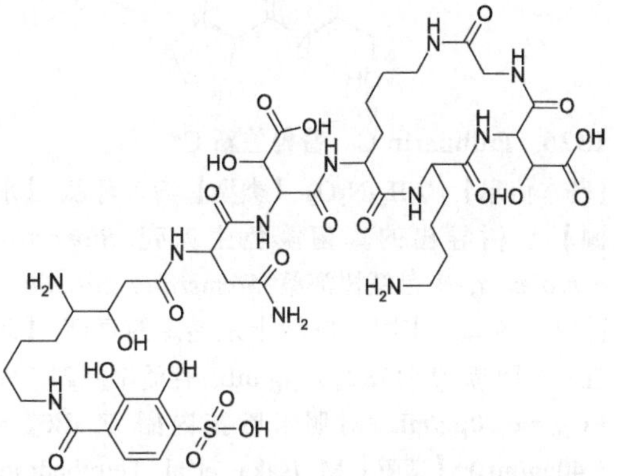

1324　Pseudoalterobactin B　假交替单胞菌亭 B*

【基本信息】$C_{41}H_{63}N_{13}O_{21}S$.【类型】简单环肽.【来源】海洋导出的细菌假交替单胞菌属 Pseudoalteromonas sp. KP20-4.【活性】铁载体.【文献】K. Kanoh, et al. J. Antibiot., 2003, 56, 871.

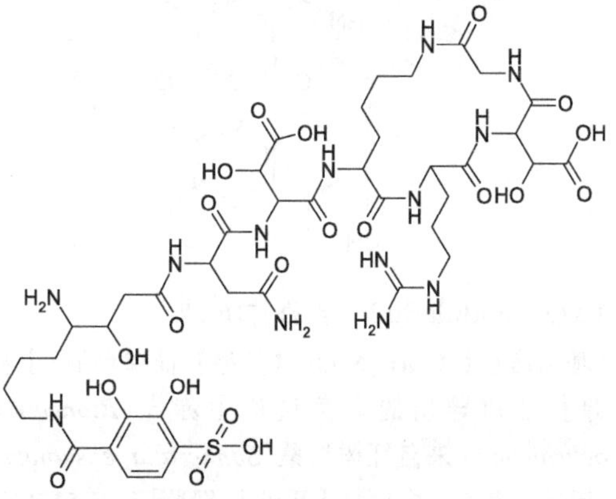

1325　Pullularin A　普鲁兰新 A*

【基本信息】$C_{42}H_{57}N_5O_9$.【类型】简单环肽.【来

源】红树导出的真菌淡色生赤壳 *Bionectria ochroleuca*，来自红树海桑 *Sonneratia caseolaris* (树叶，海南，中国)，陆地上未鉴定的真菌.【活性】细胞毒 (L5178Y, 10μg/mL, 存活率 = 1.7%, EC_{50} = 2.60μg/mL, 对照卡哈拉内酯 F, EC_{50} = 6.40μg/mL).【文献】M. Isaka, et al. Tetrahedron, 2007, 63, 6855; W. Ebrahim, et al. Mar. Drugs, 2012, 10, 1081.

1326 Pullularin C 普鲁兰新 C*
【基本信息】$C_{41}H_{55}N_5O_9$.【类型】简单环肽.【来源】红树导出的真菌淡色生赤壳 *Bionectria ochroleuca*，来自红树海桑 *Sonneratia caseolaris* (树叶，海南，中国)，陆地上未鉴定的真菌.【活性】细胞毒 (L5178Y, 10μg/mL, 存活率 = 21.7%, EC_{50} = 6.70μg/mL, 对照卡哈拉内酯 F, EC_{50} = 6.40μg/mL).【文献】M. Isaka, et al. Tetrahedron, 2007, 63, 6855; W. Ebrahim, et al. Mar. Drugs, 2012, 10, 1081.

1327 Pullularin F 普鲁兰新 F*
【基本信息】$C_{38}H_{52}N_4O_9$.【类型】简单环肽.【来源】红树导出的真菌淡色生赤壳 *Bionectria ochroleuca*，来自红树海桑 *Sonneratia caseolaris* (树叶，海南，中国).【活性】细胞毒 (L5178Y, 10μg/mL, 存活率 = 114.3%, EC_{50} > 10μg/mL, 对照卡哈拉内酯 F, EC_{50} = 6.40μg/mL).【文献】W. Ebrahim, et al. Mar. Drugs, 2012, 10, 1081.

1328 *cis*-Rolloamide A *cis*-罗洛酰胺 A*
【基本信息】$C_{41}H_{61}N_7O_7$, 玻璃体.【类型】简单环肽.【来源】宽体海绵属 *Eurypon laughlini* (主要异构体，罗洛头，多米尼加).【活性】细胞毒 (前列腺癌: LNCaP, IC_{50} = 0.8μmol/L, PC3MM2, IC_{50} = 4.7μmol/L, PC3, IC_{50} = 1.4μmol/L, DU145, IC_{50} = 0.85μmol/L; 乳腺癌: MDA468, IC_{50} = 0.38μmol/L, MDA435, IC_{50} = 0.40μmol/L, BT549, IC_{50} = 1.3μmol/L, MDA361, IC_{50} = 5.8μmol/L, MCF7, IC_{50} = 0.88μmol/L, MDA231, IC_{50} = 2.2μmol/L; 卵巢癌: OVCAR-3, IC_{50} = 0.17μmol/L, SK-OV-3, IC_{50} = 1.6μmol/L; 神经胶质瘤: U-87-MG, IC_{50} = 0.72μmol/L; 肾癌: A498, IC_{50} = 1.8μmol/L).【文献】D. E. Williams, et al. JNP, 2009, 72, 1253.

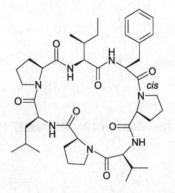

1329 *trans*-Rolloamide A *trans*-罗洛酰胺 A*
【基本信息】$C_{41}H_{61}N_7O_7$, 玻璃体.【类型】简单环肽.【来源】宽体海绵属 *Eurypon laughlini* (次要异构体，罗洛头，多米尼加).【活性】细胞毒 (前列腺癌: LNCaP, IC_{50} = 0.8μmol/L, PC3MM2, IC_{50} = 4.7μmol/L, PC3, IC_{50} = 1.4μmol/L, DU145, IC_{50} = 0.85μmol/L; 乳腺癌: MDA468, IC_{50} = 0.38μmol/L, MDA435, IC_{50} = 0.40μmol/L, BT549, IC_{50} = 1.3μmol/L, MDA361, IC_{50} = 5.8μmol/L, MCF7, IC_{50} = 0.88μmol/L,

MDA231, IC_{50} = 2.2μmol/L; 卵巢癌: OVCAR-3, IC_{50} = 0.17μmol/L, SK-OV-3, IC_{50} = 1.6μmol/L; 神经胶质瘤: U-87-MG, IC_{50} = 0.72μmol/L; 肾癌: A498, IC_{50} = 1.8μmol/L).【文献】D. E. Williams, et al. JNP, 2009, 72, 1253.

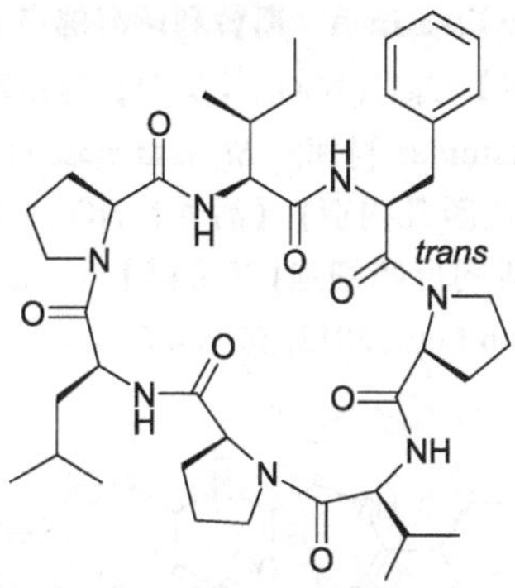

1330　Sclerotide A　核盘曲霉酮 A*

【基本信息】$C_{37}H_{39}N_7O_8$, 无定形黄色粉末, $[\alpha]_D^{25}$ = −73° (c = 0.3, 甲醇), 按照自由基机制可光致互转换为核盘曲霉酮 B.【类型】简单环肽.【来源】海洋导出的真菌核盘曲霉* Aspergillus sclerotiorum PT06-1 (莆田海盐场, 福建, 中国).【活性】抗真菌 (白色念珠菌 Candida albicans, 中等活性).【文献】J. Zheng, et al. Org. Lett., 2009, 11, 5262.

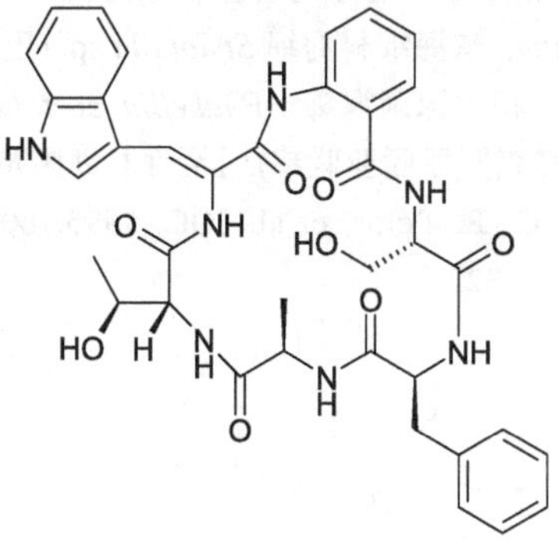

1331　Sclerotide B　核盘曲霉酮 B*

【基本信息】$C_{37}H_{39}N_7O_8$, 无定形黄色粉末, $[\alpha]_D^{25}$ = −73° (c = 0.3, 甲醇), 按照自由基机制可光致互转换为核盘曲霉酮 A.【类型】简单环肽.【来源】海洋导出的真菌核盘曲霉* Aspergillus sclerotiorum PT06-1 (莆田海盐场, 福建, 中国).【活性】抗真菌 (白色念珠菌 Candida albicans, 中等活性); 细胞毒 (HL60, 低活性); 抗菌 (铜绿假单胞菌 Pseudomonas aeruginosa).【文献】J. Zheng, et al. Org. Lett., 2009, 11, 5262.

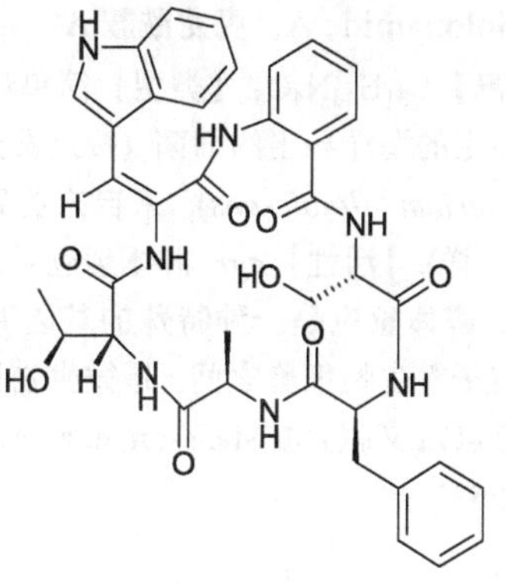

1332　Scytalidamide A　柱顶孢霉酰胺 A*

【基本信息】$C_{50}H_{67}N_7O_7$, 细晶体, mp 147~150°C, $[\alpha]_D^{25}$ = −151.2° (c = 0.6, 甲醇).【类型】简单环肽.【来源】海洋导出的真菌柱顶孢霉属 Scytalidium sp.【活性】细胞毒 (HCT116, IC_{50} = 2.7μmol/L).【文献】L. T. Tan, et al. JOC, 2003, 68, 8767.

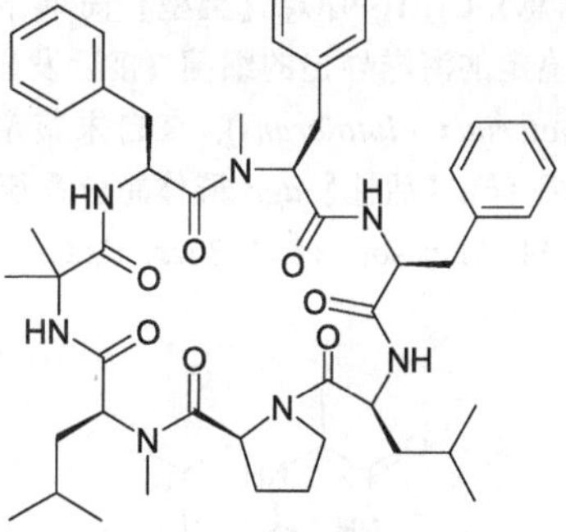

1333　Scytalidamide B　柱顶孢霉酰胺 B*

【基本信息】$C_{51}H_{69}N_7O_7$, 细晶体, mp 141~143°C, $[\alpha]_D^{25}$ = −156.9° (c = 0.6, 甲醇).【类型】简单环肽.【来源】海洋导出的真菌柱顶孢霉属 Scytalidium sp.【活性】细胞毒 (HCT116, IC_{50} = 11.0μmol/L).【文献】L. T. Tan, et al. JOC, 2003, 68, 8767.

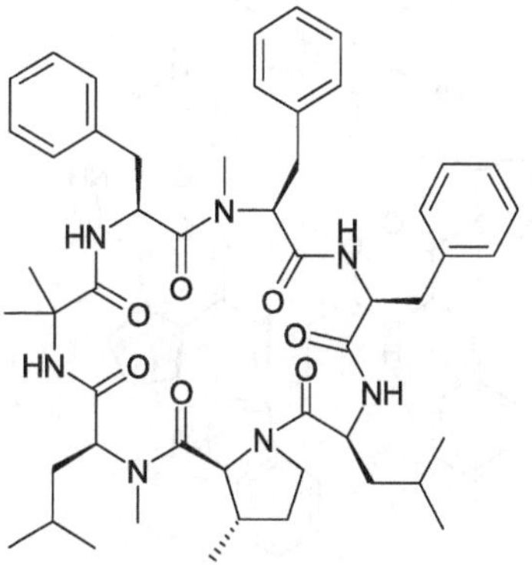

1334 Solonamide A 叟龙酰胺 A*
【基本信息】$C_{31}H_{48}N_4O_5$.【类型】简单环肽.【来源】未鉴定的海洋导出的细菌 (接近发光杆菌属 *Photobacterium alotolerans*)，来自未鉴定的贻贝 (热带太平洋).【活性】agr 群体感应系统抑制剂 (编者注：群体感应是一种特殊的基因调控系统，广泛存在于微生物细胞之间，是微生物调控领域研究的热点).【文献】M. Mansson, et al. Mar. Drugs, 2011, 9, 2537.

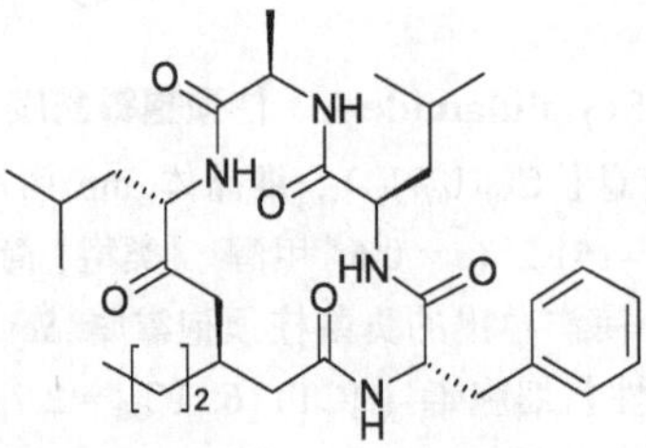

1335 Solonamide B 叟龙酰胺 B*
【基本信息】$C_{33}H_{52}N_4O_5$.【类型】简单环肽.【来源】未鉴定的海洋导出的细菌 (接近发光杆菌属 *Photobacterium alotolerans*)，来自未鉴定的贻贝 (热带太平洋).【活性】agr 群体感应系统抑制剂.【文献】M. Mansson, et al. Mar. Drugs, 2011, 9, 2537.

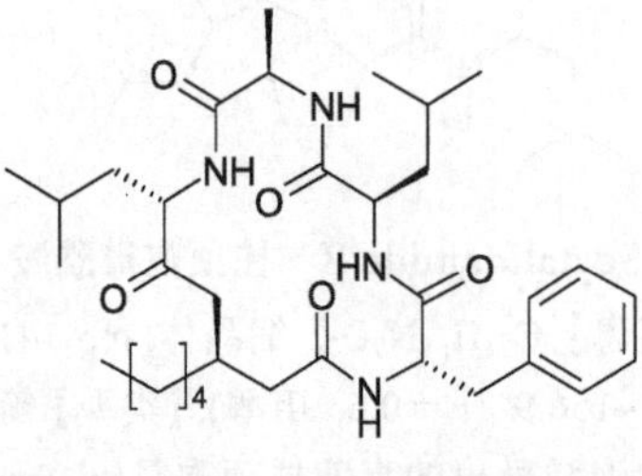

1336 Stylissamide X 斯替利萨海绵酰胺 X* 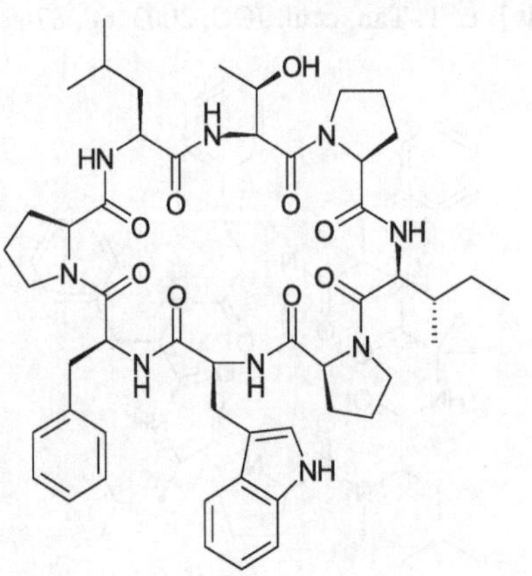
【基本信息】$C_{51}H_{69}N_9O_9$.【类型】简单环肽.【来源】Scopalinidae 科海绵 *Stylissa* sp. (比亚克，印度尼西亚).【活性】细胞毒 (在亚抑制浓度抑制 HeLa 细胞迁移).【文献】M. Arai, et al. Bioorg. Med. Chem. Lett., 2012, 22, 1818.

1337 Stylissatin A 斯替利萨海绵亭 A*
【基本信息】$C_{49}H_{63}N_7O_8$.【类型】简单环肽.【来源】Scopalinidae 科海绵 *Stylissa massa* (洛洛阿塔岛，巴布亚新几内亚).【活性】NO 生成抑制剂 (LPS 刺激的巨噬细胞).【文献】M. Kita, et al. Tetrahedron Lett., 2013, 54, 6826.

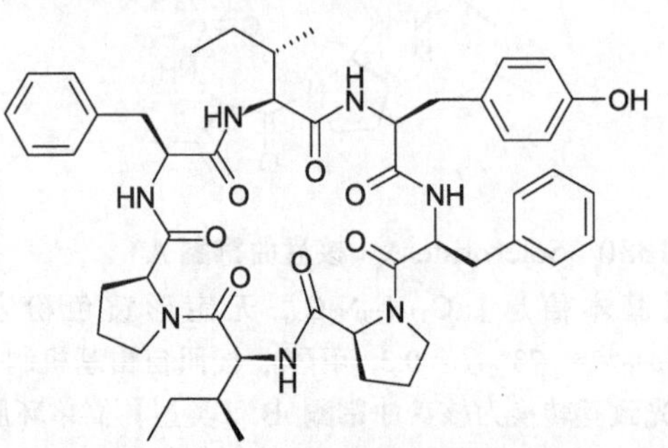

1338 Stylopeptide 1 软海绵肽 1*
【基本信息】$C_{40}H_{61}N_7O_8$，晶体 (甲醇水溶液)，mp 228~229ºC，$[\alpha]_D^{25} = -128º$ ($c = 0.2$, 甲醇).【类型】简单环肽.【来源】软海绵科海绵 *Stylotella aurantium*，软海绵科海绵 *Stylotella* sp. (巴布亚新几内亚) 和中脉扁海绵* *Phakellia costata* (特鲁克岛，密克罗尼西亚联邦).【活性】细胞毒 (P_{388})【文献】G. R. Pettit, et al. JOC, 1995, 60, 8257; 1996, 61, 2322.

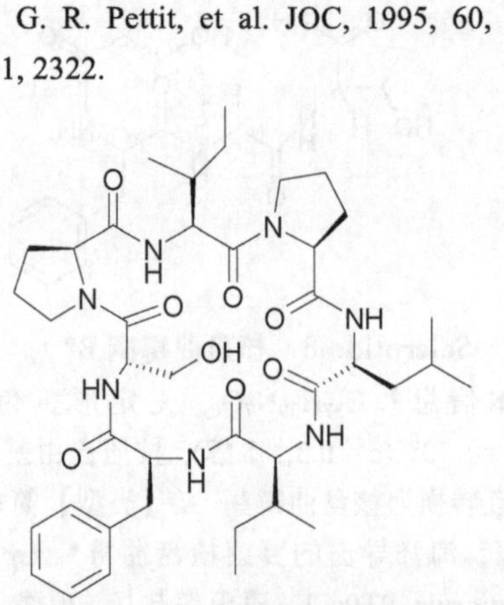

1339 Stylostatin 1 软海绵他汀 1*
【基本信息】$C_{36}H_{54}N_8O_9$，无色结晶状固体，mp 210ºC，$[\alpha]_D^{25} = -116º$ ($c = 0.29$, 甲醇).【类型】简单环肽.【来源】软海绵科海绵 *Stylotella* sp. (巴布

亚新几内亚).【活性】细胞毒 (P_{388}, ED_{50} = 0.8μg/mL).【文献】G. R. Pettit, et al. JOC, 1992, 57, 7217; 1993, 58, 3222.

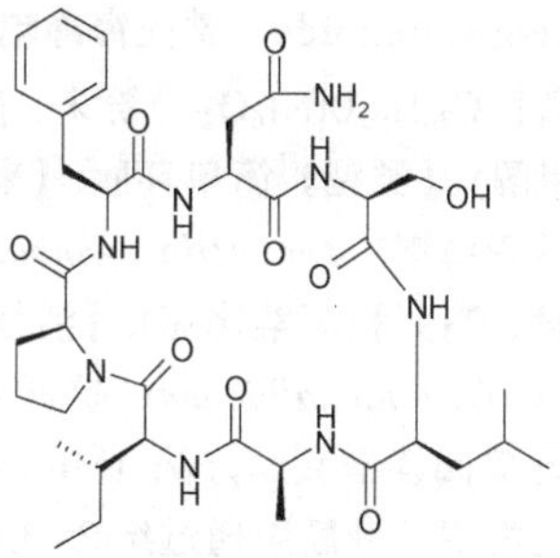

1340 Theonegramide 斯氏蒂壳海绵酰胺*
【基本信息】$C_{70}H_{99}BrN_{16}O_{26}^+$, 白色粉末, $[\alpha]_D$ = +19º (c = 0.4, 乙腈).【类型】简单环肽.【来源】岩屑海绵斯氏蒂壳海绵* *Theonella swinhoei* (菲律宾).【活性】抗真菌.【文献】C. A. Bewley, et al. JOC, 1994, 59, 4849 (erratum: 1995, 60, 2644).

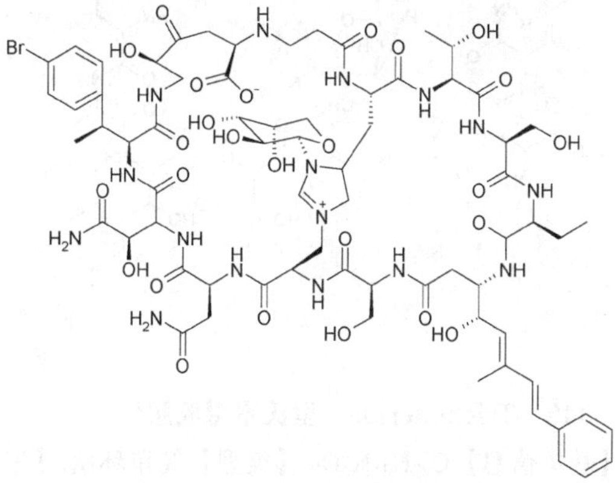

1341 Theonellamide A 蒂壳海绵酰胺 A*
【基本信息】$C_{76}H_{99}BrN_{16}O_{28}^+$, 粉末, $[\alpha]_D^{23}$ = +23º (c = 0.1, 正丙醇/水 = 2:1).【类型】简单环肽.【来源】岩屑海绵蒂壳海绵属 *Theonella* sp. (日本水域).【活性】细胞毒 (P_{388}, IC_{50} = 5.0μg/mL).【文献】S. Matsunaga, et al. JOC, 1995, 60, 1177.

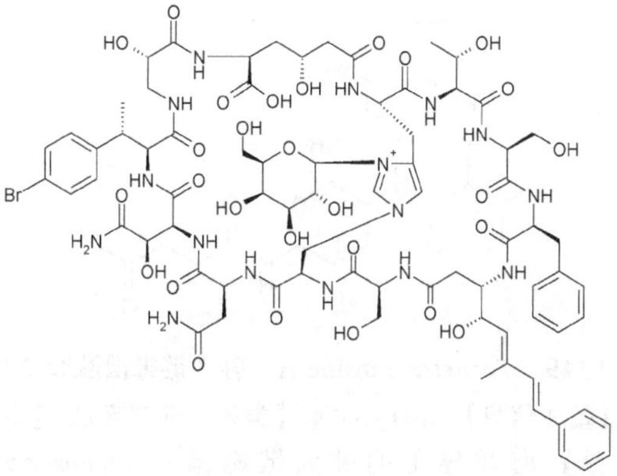

1342 Theonellamide B 蒂壳海绵酰胺 B*
【基本信息】$C_{70}H_{89}BrN_{16}O_{23}$, 粉末, $[\alpha]_D^{23}$ = +6.6º (c = 0.1, 正丙醇/水 = 2:1).【类型】简单环肽.【来源】岩屑海绵蒂壳海绵属 *Theonella* sp. (日本水域).【活性】细胞毒 (P_{388}, IC_{50} = 1.7μg/mL).【文献】S. Matsunaga, et al. JOC, 1995, 60, 1177.

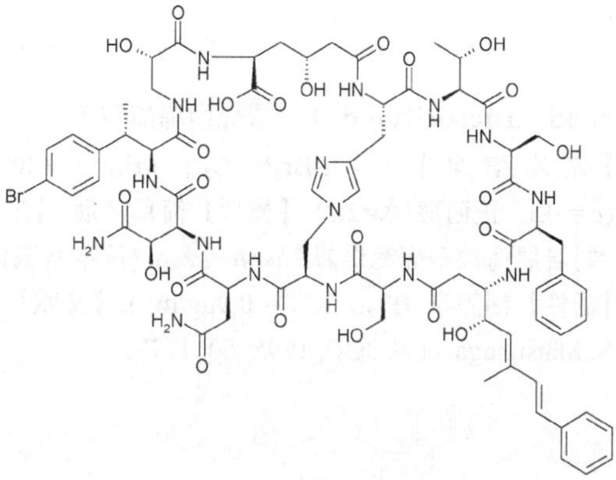

1343 Theonellamide C 蒂壳海绵酰胺 C*
【基本信息】$C_{69}H_{87}BrN_{16}O_{22}$, $[\alpha]_D^{23}$ = +0.01º (c = 0.1, 正丙醇/水 = 2:1).【类型】简单环肽.【来源】岩屑海绵蒂壳海绵属 *Theonella* sp. (日本水域).【活性】细胞毒 (P_{388}, IC_{50} = 2.5μg/mL).【文献】S. Matsunaga, et al. JOC, 1995, 60, 1177.

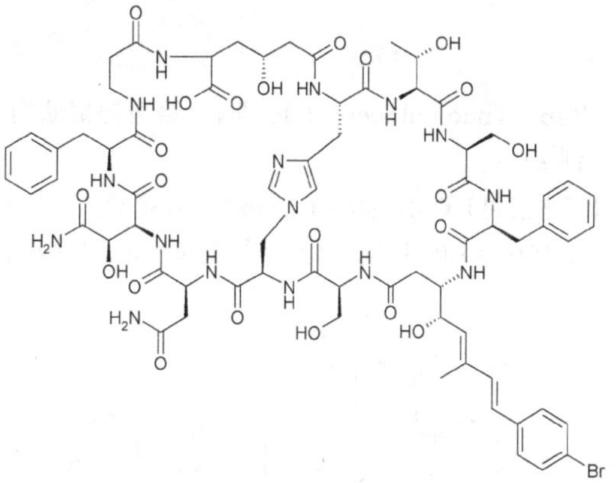

1344 Theonellamide D 蒂壳海绵酰胺 D*
【基本信息】$C_{74}H_{95}Br_2N_{16}O_{27}^+$, 粉末, $[\alpha]_D^{23}$ = +16º (c = 0.1, 正丙醇/水=2:1).【类型】简单环肽.【来源】岩屑海绵蒂壳海绵属 *Theonella* sp. (日本水域).【活性】细胞毒 (P_{388}, IC_{50} = 1.7μg/mL).【文献】

S. Matsunaga, et al. JOC, 1995, 60, 1177.

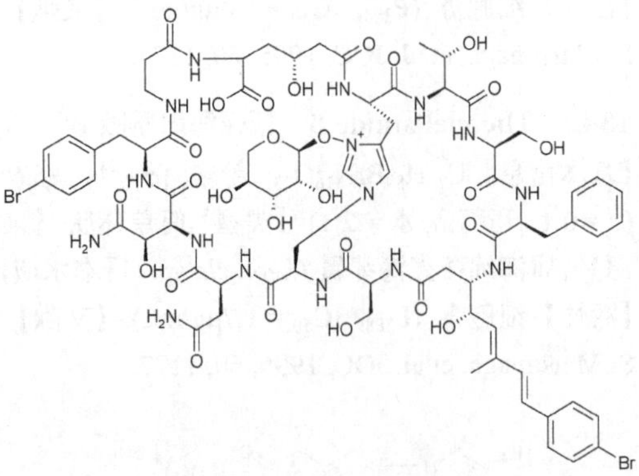

1345 Theonellamide E 蒂壳海绵酰胺 E*
【基本信息】$C_{75}H_{97}Br_2N_{16}O_{28}$, $[\alpha]_D^{23} = +20°$ (c = 0.1, 正丙醇/水=2:1).【类型】简单环肽.【来源】岩屑海绵蒂壳海绵属 *Theonella* sp. (日本水域).【活性】细胞毒 (P_{388}, IC_{50} = 0.9μg/mL).【文献】S. Matsunaga, et al. JOC, 1995, 60, 1177.

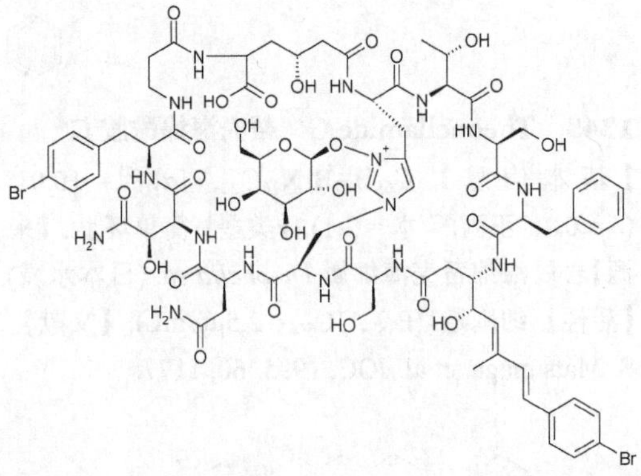

1346 Theonellapeptolide Ⅲe 蒂壳海绵肽内酯Ⅲe*
【基本信息】$C_{71}H_{127}N_{13}O_{16}$, mp 184~186°C, $[\alpha]_D^{22}$ = –48.6° (c = 1.0, 甲醇).【类型】简单环肽.【来源】

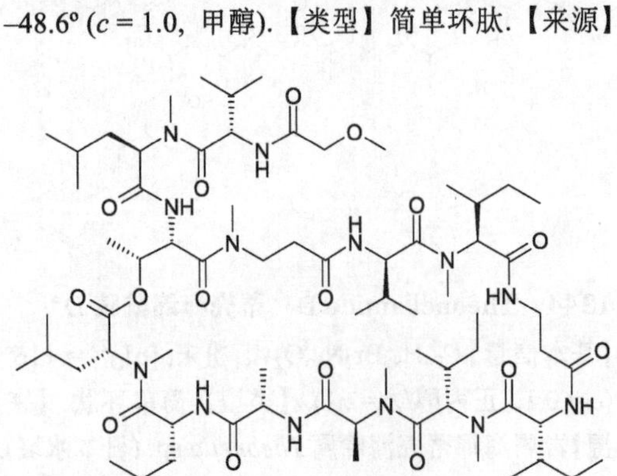

Vulcanellidae 科海绵 *Lamellomorpha strongylata* (深水域, 新西兰).【活性】细胞毒 (P_{388}, 7.4μg/mL).【文献】S. Li, et al. JNP, 1998, 61, 724.

1347 Theopalauamide 蒂壳海绵帕劳酰胺*
【基本信息】$C_{76}H_{99}BrN_{16}O_{27}$, 粉末, $[\alpha]_D$ = +19° (c = 0.4, 甲醇).【类型】简单环肽.【来源】岩屑海绵斯氏蒂壳海绵* *Theonella swinhoei* (纤维状细菌共生体, 帕劳和莫桑比克).【活性】抗真菌 (白色念珠菌 *Candida albicans*); 抗真菌 [分子条形码酵母开放阅读框文库方法 (MoBY-ORF) 用于鉴定蒂壳海绵帕劳酰胺通过结合 3β-羟基甾醇的作用模式, 3β-羟基甾醇是一类新的甾醇结合剂]
【文献】E. W. Schmidt, et al. JOC, 1998, 63, 1254; A. E. Wright, Current Opinion in Biotechnol., 2010, 21, 801.

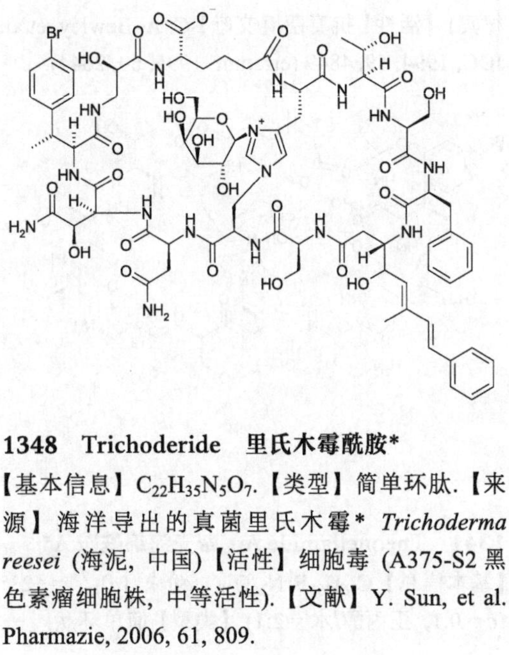

1348 Trichoderide 里氏木霉酰胺*
【基本信息】$C_{22}H_{35}N_5O_7$.【类型】简单环肽.【来源】海洋导出的真菌里氏木霉* *Trichoderma reesei* (海泥, 中国)【活性】细胞毒 (A375-S2 黑色素瘤细胞株, 中等活性).【文献】Y. Sun, et al. Pharmazie, 2006, 61, 809.

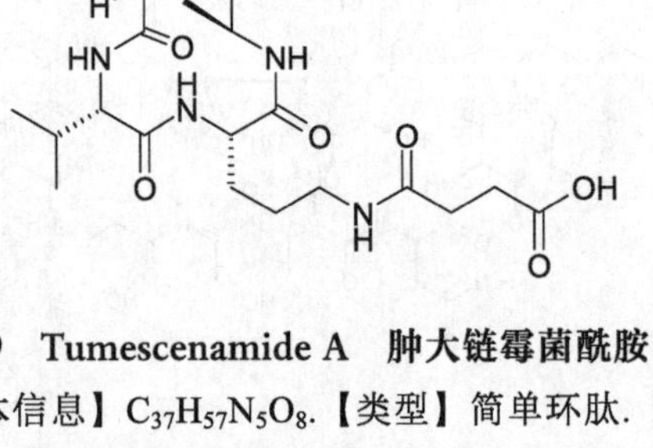

1349 Tumescenamide A 肿大链霉菌酰胺 A*
【基本信息】$C_{37}H_{57}N_5O_8$.【类型】简单环肽.【来源】海洋导出的肿大链霉菌* *treptomyces*

tumescens (沉积物, 大断层, 帕劳, 大洋洲). 【活性】诱导报道基因表达 [在胰岛素降解酶 (IDE) 启动子的控制下, 有望成为治疗阿尔茨海默病的潜在方法]. 【文献】K. Motohashi, et al. J. Antibiot., 2010, 63, 549.

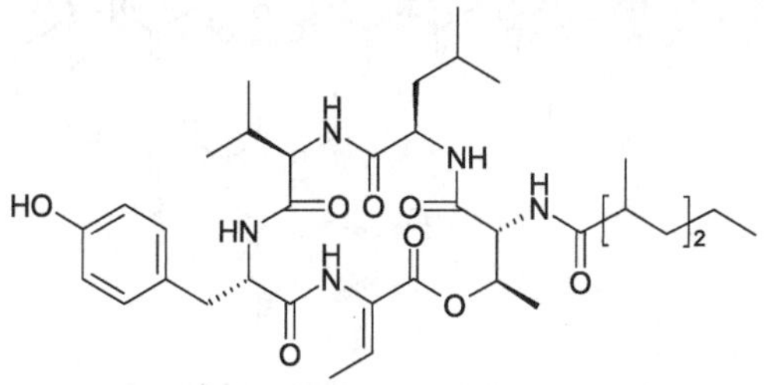

1350　Turnagainolide B　坦那根内酯 B*
【基本信息】$C_{30}H_{44}N_4O_6$, 白色粉末, $[\alpha]_D^{20} = -90°$ ($c = 0.05$, 二氯甲烷/甲醇=1:1). 【类型】简单环肽. 【来源】海洋导出的细菌芽孢杆菌属 *Bacillus* sp. (沉积物, 不列颠哥伦比亚坦那根海湾, 加拿大). 【活性】肌醇 5-磷酸酶 SHIP1 激活剂. 【文献】D. Li, et al. JNP, 2011, 74, 1093.

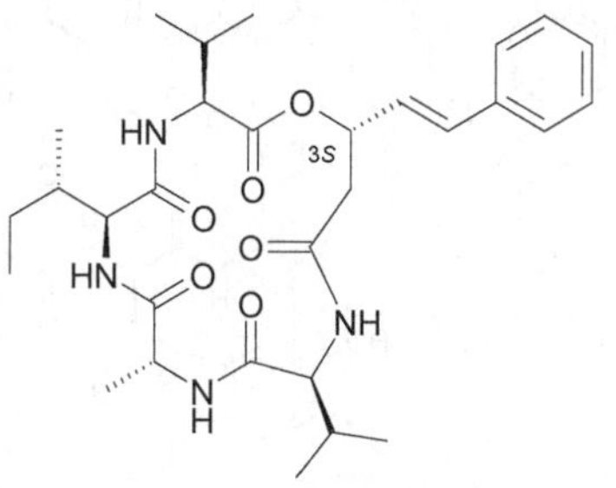

1351　Unguisin A　爪状裸壳孢新 A*
【基本信息】$C_{40}H_{54}N_8O_7$, 无定形固体. 【类型】简单环肽. 【来源】海洋导出的真菌爪状裸壳孢* *Emericella unguis*, 来自未鉴定的软体动物和水母. 【活性】抗菌 (金黄色葡萄球菌 *Staphylococcus aureus*, 中等活性). 【文献】J. Malmstrom, JNP, 1999, 62, 787.

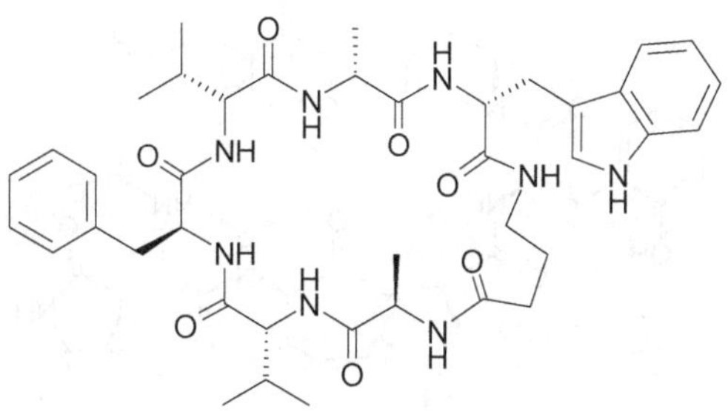

1352　Unguisin B　爪状裸壳孢新 B*
【基本信息】$C_{37}H_{56}N_8O_7$, 无定形固体. 【类型】简单环肽. 【来源】海洋导出的真菌裸壳孢属 *Emericella unguis*, 来自未鉴定的软体动物和水母. 【活性】抗菌 (金黄色葡萄球菌 *Staphylococcus aureus*, 中等活性). 【文献】J. Malmstrom, JNP, 1999, 62, 787.

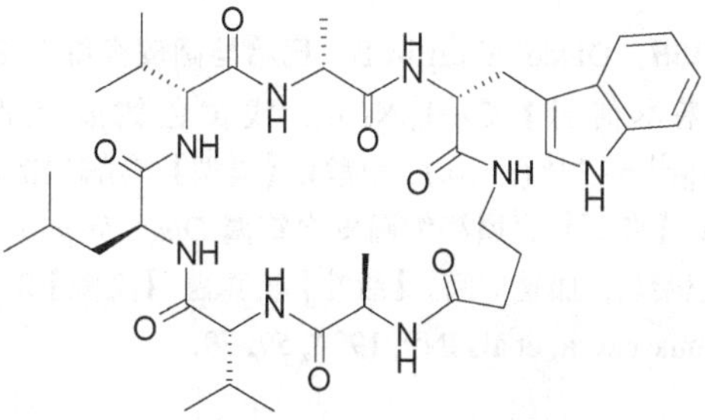

1353　Wainunuamide　外努努酰胺*
【基本信息】$C_{38}H_{51}N_9O_7$, 油状物, $[\alpha]_D^{25} = -64.1°$ ($c = 0.01$, 甲醇). 【类型】简单环肽. 【来源】软海绵科海绵 *Stylotella aurantium* (斐济). 【活性】细胞毒 (低活性). 【文献】J. Tabudravu, et al. Tetrahedron Lett., 2001, 42, 9273.

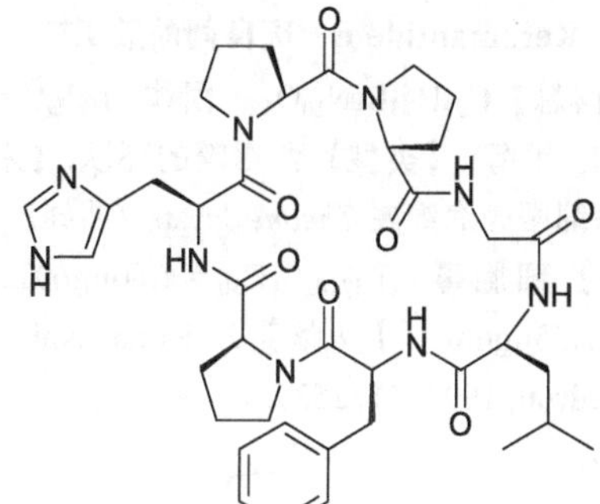

3.8　含噁唑的环肽

1354　Discobahamin A　巴哈马圆皮海绵素 A*
【基本信息】$C_{47}H_{65}N_9O_{11}$, 浅黄色树胶状物, $[\alpha]_D^{24} = -29°$ ($c = 0.5$, 甲醇). 【类型】含噁唑的环肽. 【来源】岩屑海绵圆皮海绵属 *Discodermia* sp. (巴哈马, 加勒比海). 【活性】抗真菌. 【文献】S. P. Gunasekera, et al. JNP, 1994, 57, 79.

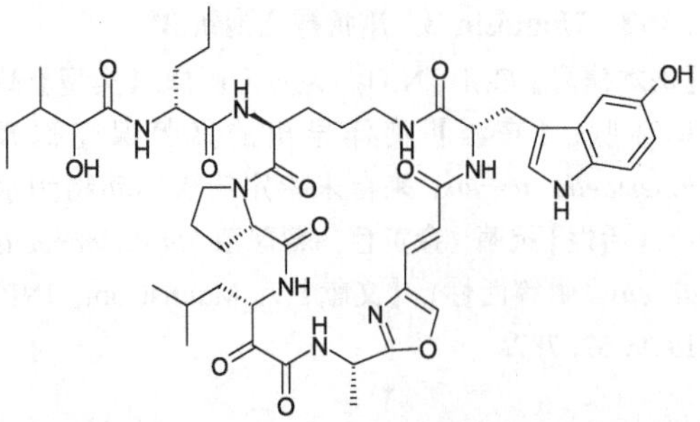

1355 Discobahamin B 巴哈马圆皮海绵素 B*
【基本信息】$C_{48}H_{67}N_9O_{11}$，浅黄色树胶状物，$[\alpha]_D^{24} = -31°$ ($c = 0.1$, 甲醇). 【类型】含噁唑的环肽. 【来源】岩屑海绵圆皮海绵属 *Discodermia* sp. (巴哈马, 加勒比海). 【活性】抗真菌. 【文献】S. P. Gunasekera, et al. JNP, 1994, 57, 79.

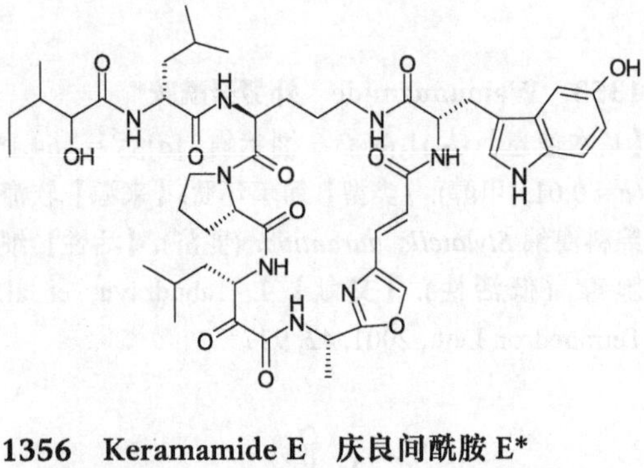

1356 Keramamide E 庆良间酰胺 E*
【基本信息】$C_{53}H_{75}BrN_{10}O_{12}$, 固体, $[\alpha]_D^{22} = -39°$ ($c = 0.1$, 甲醇). 【类型】含噁唑的环肽. 【来源】岩屑海绵蒂壳海绵属 *Theonella* sp. (冲绳, 日本). 【活性】细胞毒 (L_{1210}, $IC_{50} = 1.60 \mu g/mL$; KB, $IC_{50} = 1.55 \mu g/mL$). 【文献】J. Kobayashi, et al. Tetrahedron, 1995, 51, 2525.

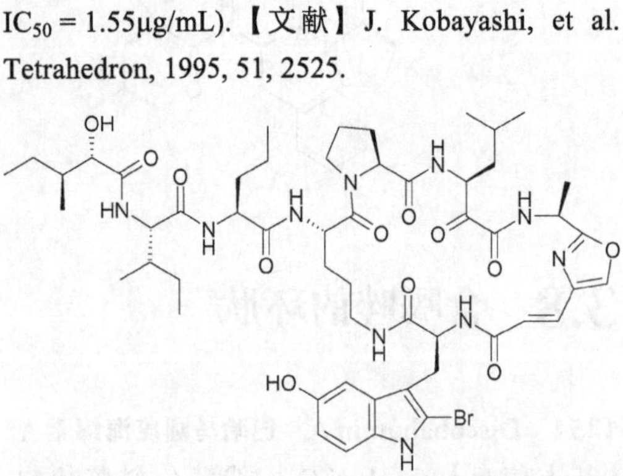

1357 Keramamide M 庆良间酰胺 M*
【基本信息】$C_{52}H_{73}BrN_{10}O_{15}S$, 无定形固体. 【类型】含噁唑的环肽. 【来源】岩屑海绵蒂壳海绵属 *Theonella* sp. (冲绳, 日本). 【活性】细胞毒 (L_{1210}, $IC_{50} = 2.4 \mu g/mL$; KB, $IC_{50} = 6.0 \mu g/mL$). 【文献】M. Tsuda, et al. Tetrahedron, 1999, 55, 12543.

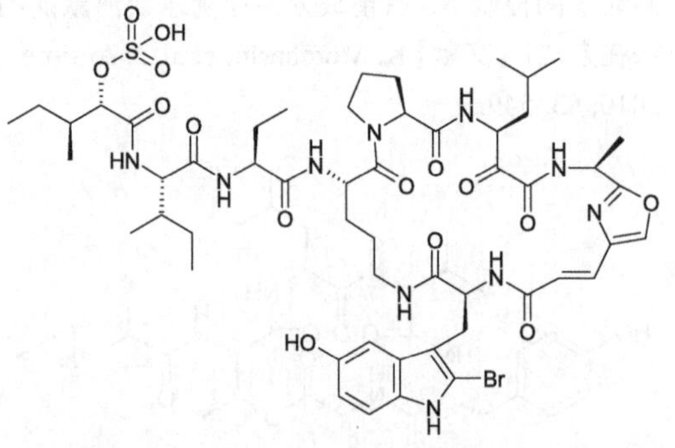

1358 Keramamide N 庆良间酰胺 N*
【基本信息】$C_{53}H_{75}BrN_{10}O_{15}S$, 无定形固体. 【类型】含噁唑的环肽. 【来源】岩屑海绵蒂壳海绵属 *Theonella* sp. (冲绳, 日本). 【活性】细胞毒 (L_{1210}, $IC_{50} = 2.8 \mu g/mL$; KB, $IC_{50} = 7.5 \mu g/mL$). 【文献】M. Tsuda, et al. Tetrahedron, 1999, 55, 12543.

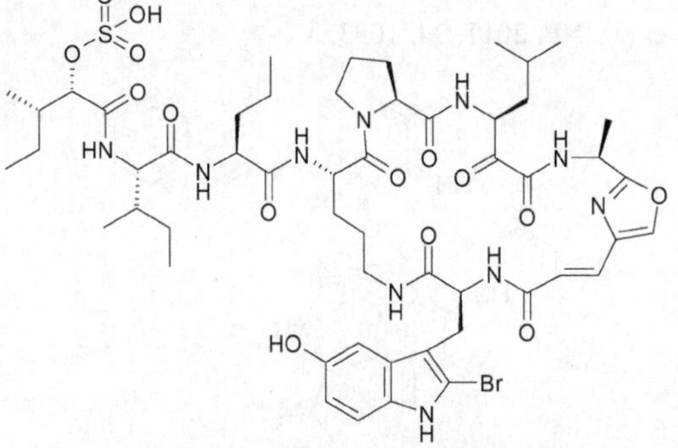

1359 Perthamide K 珀斯酰胺 K*
【基本信息】$C_{45}H_{64}N_{10}O_{15}$. 【类型】含噁唑的环肽. 【来源】岩屑海绵斯氏蒂壳海绵* *Theonella swinhoei* (所罗门群岛). 【活性】抗炎. 【文献】C. Festa, et al. Tetrahedron, 2012, 68, 2851.

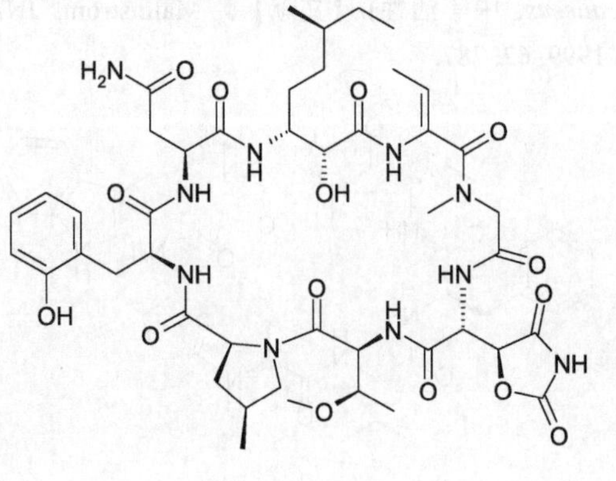

3.9 含噁唑和噻唑的环肽

1360　Ascidiacyclamide　海鞘环酰胺*
【基本信息】$C_{36}H_{52}N_8O_6S_2$, 棱柱状晶体 (苯), mp 245~246ºC, mp 139~139.5ºC, $[\alpha]_D^{25} = +164º$ ($c = 0.466$, 氯仿). 【类型】含噁唑和噻唑的环肽. 【来源】未鉴定的海鞘. 【活性】细胞毒 (用多瘤病毒属 *Polyoma* sp. 病毒转化的 PV_4 培养细胞). 【文献】Y. Hamamoto, et al. J. Chem. Soc., Chem. Commun., 1983, 323; Y. Hamada, et al. Tetrahedron Lett., 1985, 26, 3223; Y. In, et al. Acta Cryst. C, 1994, 50, 2015.

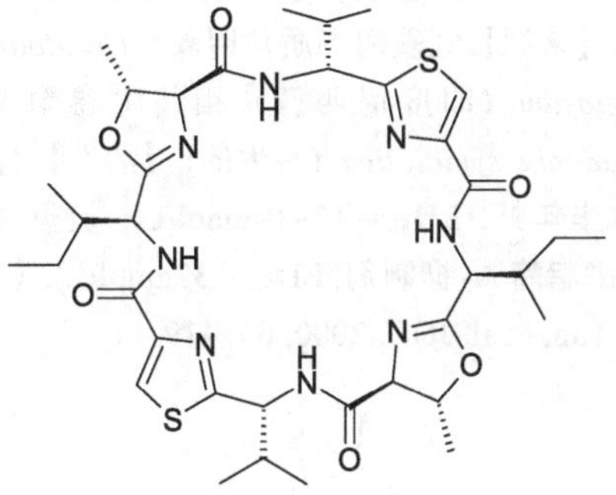

1361　Bistratamide A　二条纹髌骨海鞘酰胺 A*
【基本信息】$C_{27}H_{34}N_6O_4S_2$. 【类型】含噁唑和噻唑的环肽. 【来源】二条纹髌骨海鞘* *Lissoclinum bistratum*, 蓝细菌色球藻目 Chroococcales 原绿菌属 *Prochloron* sp. 【活性】细胞毒 (T24 细胞, 对照 SV40 转换的人成纤维细胞 MRC5CV-1). 【文献】B. M. Degnan, et al. JMC, 1989, 32, 1354.

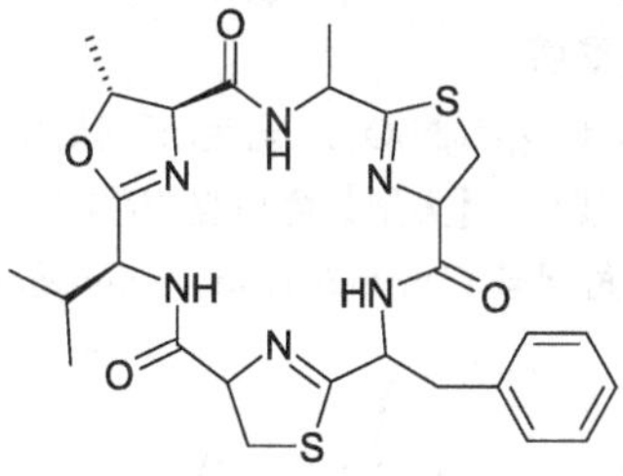

1362　Bistratamide B　二条纹髌骨海鞘酰胺 B*
【基本信息】$C_{27}H_{32}N_6O_4S_2$. 【类型】含噁唑和噻唑的环肽. 【来源】二条纹髌骨海鞘* *Lissoclinum bistratum*, 蓝细菌色球藻目 Chroococcales 原绿菌属 *Prochloron* sp. 【活性】细胞毒 (T24 细胞, 对照 SV40 转换的人成纤维细胞 MRC5CV-1, 活性低于二条纹髌骨海鞘酰胺 A). 【文献】B. M. Degnan, et al. JMC, 1989, 32, 1354.

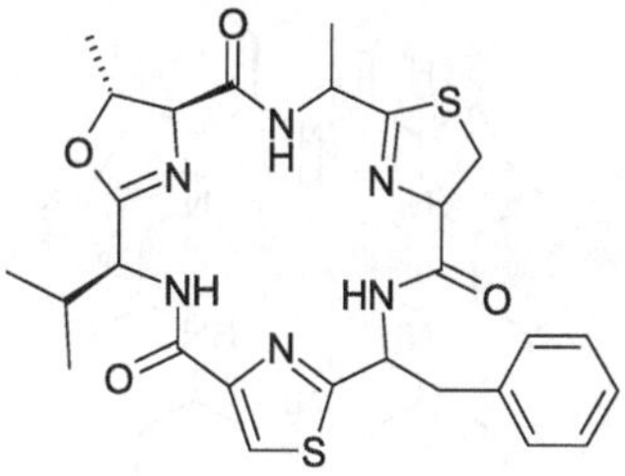

1363　Bistratamide D　二条纹髌骨海鞘酰胺 D*
【基本信息】$C_{25}H_{34}N_6O_5S$, $[\alpha]_D^{25} = -31º$ ($c = 0.33$, 氯仿). 【类型】含噁唑和噻唑的环肽. 【来源】二条纹髌骨海鞘* *Lissoclinum bistratum*. 【活性】镇静剂; 中枢神经系统镇静剂. 【文献】M. P. Foster, et al. JOC, 1992, 57, 6671; L. J. Perez, et al. JNP, 2003, 66, 247.

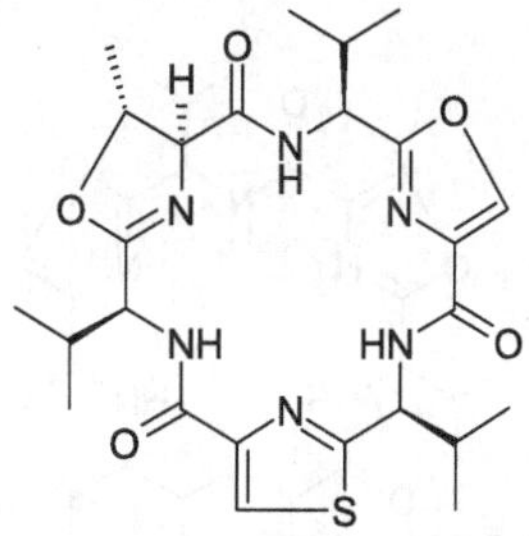

1364　Bistratamide E　二条纹髌骨海鞘酰胺 E*
【基本信息】$C_{25}H_{34}N_6O_4S_2$, 玻璃体, $[\alpha]_D = -31º$ ($c = 1$, 甲醇). 【类型】含噁唑和噻唑的环肽. 【来源】二条纹髌骨海鞘* *Lissoclinum bistratum*. 【活性】细胞毒 (HCT116, $IC_{50} = 7.9\mu g/mL$, 低活性). 【文献】L. J. Perez, et al. JNP, 2003, 66, 247.

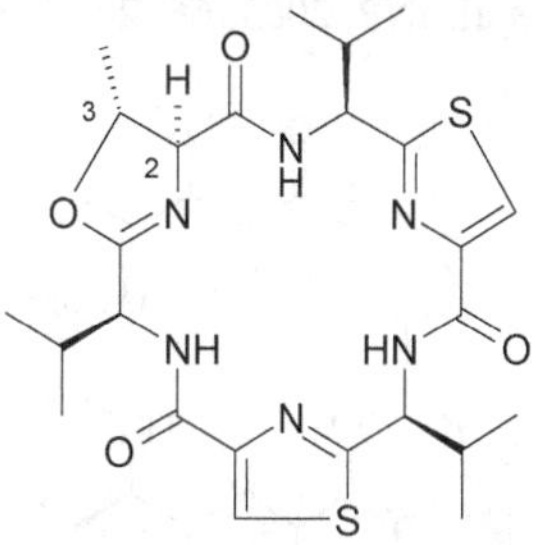

1365　Bistratamide F　二条纹髌骨海鞘酰胺 F*
【基本信息】$C_{25}H_{36}N_6O_5S$, 奶油色固体, $[\alpha]_D = +23.2º$ ($c = 1$, 甲醇). 【类型】含噁唑和噻唑的环肽. 【来源】二条纹髌骨海鞘* *Lissoclinum bistratum*. 【活性】细胞毒 (HCT116, $IC_{50} = 28\mu g/mL$, 低活

性).【文献】M. P. Foster, et al. JOC, 1992, 57, 6671; L. J. Perez, et al. JNP, 2003, 66, 247.

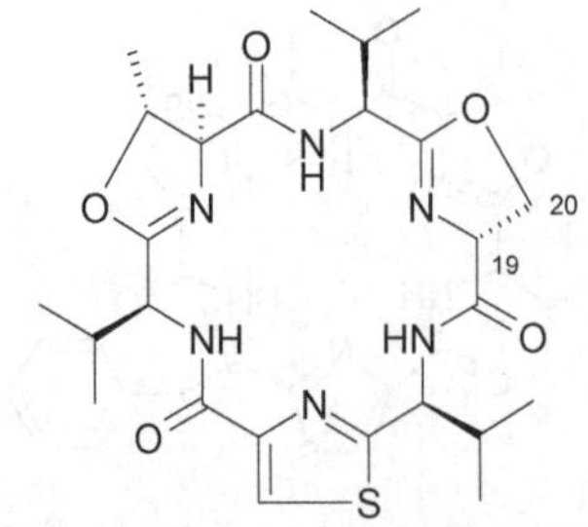

1366 Bistratamide G 二条纹槭骨海鞘酰胺 G*
【基本信息】$C_{25}H_{32}N_6O_5S$，固体，$[\alpha]_D = -73.8°$ ($c = 1$, 甲醇).【类型】含噁唑和噻唑的环肽.【来源】二条纹槭骨海鞘* Lissoclinum bistratum.【活性】细胞毒（HCT116, $IC_{50} = 5\mu g/mL$，低活性).【文献】M. P. Foster, et al. JOC, 1992, 57, 6671; L. J. Perez, et al. JNP, 2003, 66, 247.

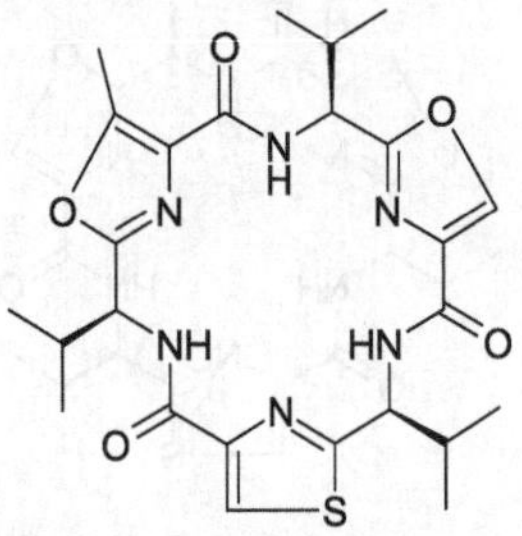

1367 Bistratamide H 二条纹槭骨海鞘酰胺 H*
【基本信息】$C_{25}H_{32}N_6O_4S_2$，固体，$[\alpha]_D = -92.9°$ ($c = 1$, 甲醇).【类型】含噁唑和噻唑的环肽.【来源】二条纹槭骨海鞘* Lissoclinum bistratum.【活性】细胞毒（HCT116, $IC_{50} = 1.7\mu g/mL$).【文献】L. J. Perez, et al. JNP, 2003, 66, 247.

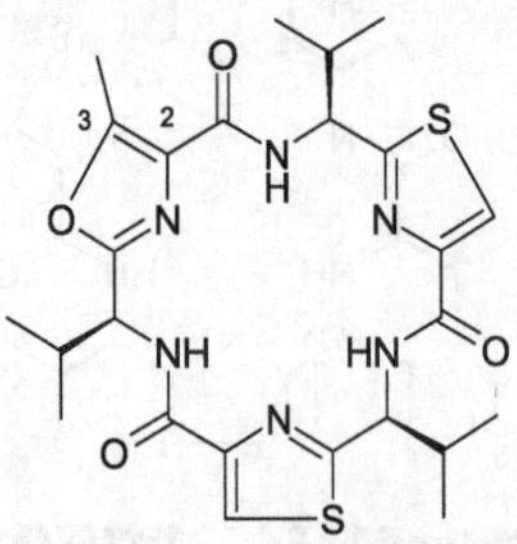

1368 Bistratamide I 二条纹槭骨海鞘酰胺 I*
【基本信息】$C_{25}H_{36}N_6O_6S$，固体，$[\alpha]_D = -122°$ ($c = 0.5$, 甲醇).【类型】含噁唑和噻唑的环肽.【来源】二条纹槭骨海鞘* Lissoclinum bistratum.【活

性】细胞毒（HCT116, $IC_{50} = 9\mu g/mL$，低活性).【文献】L. J. Perez, et al. JNP, 2003, 66, 247.

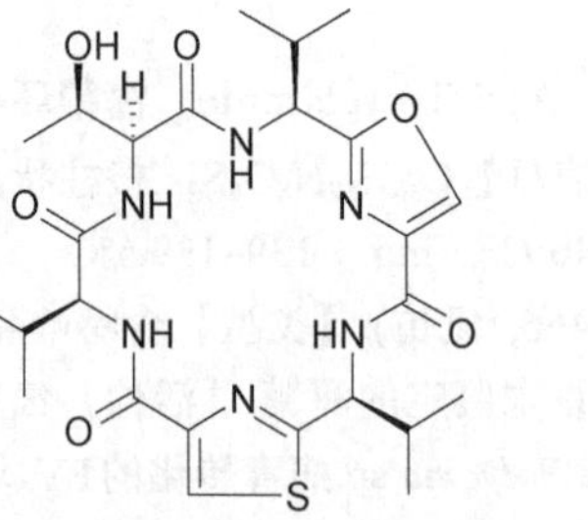

1369 trans,trans-Ceratospongamide trans,trans-海绵质角网藻酰胺*
【基本信息】$C_{41}H_{49}N_7O_6S$，无定形固体，$[\alpha]_D = -39.2°$ ($c = 0.52$, 氯仿).【类型】含噁唑和噻唑的环肽.【来源】红藻海绵质角网藻* Ceratodictyon spongiosum （印度尼西亚）和共生卷隐海绵* Sigmadocia symbiotica （共生的）.【活性】有毒的 （盐水丰年虾，$LD_{50} = 13\sim 19\mu mol/L$); 抗炎（人非胰腺磷脂酶 A_2 抑制剂，$ED_{50} = 32nmol/L$).【文献】L. T. Tan, et al. JOC, 2000, 65, 419.

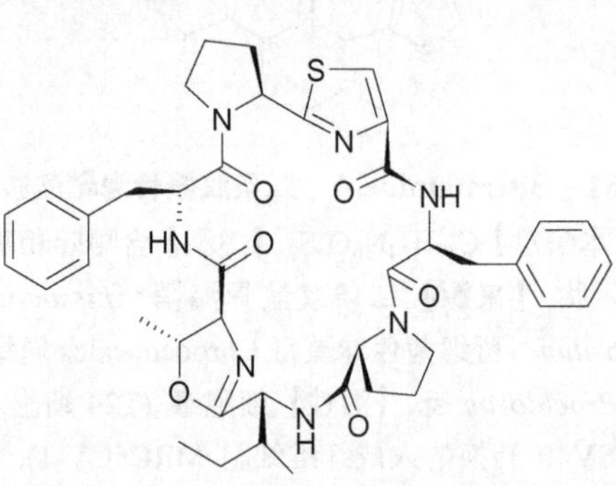

1370 cis,cis-Ceratospongamide cis,cis-海绵质角网藻酰胺*
【基本信息】$C_{41}H_{49}N_7O_6S$，无定形固体，$[\alpha]_D = -190°$ ($c = 0.13$, 氯仿).【类型】含噁唑和噻唑的环肽.【来源】红藻角网藻 Ceratodictyon spongiosum (印度尼

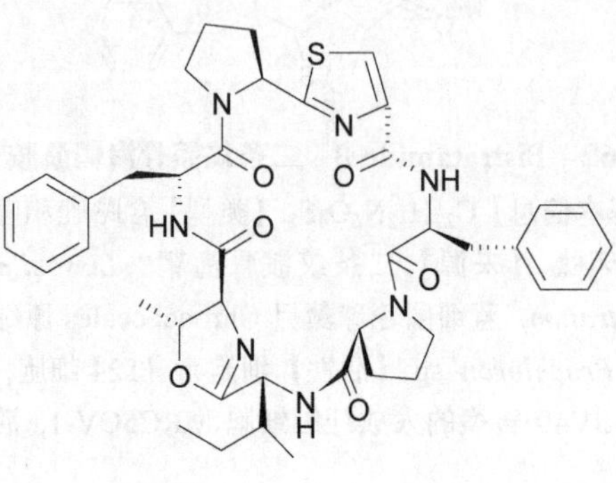

西亚) 和共生卷隐海绵* Sigmadocia symbiotica (共生的). 【活性】有毒的（盐水丰年虾，$LD_{50} = 13 \sim 19 \mu mol/L$). 【文献】L. T. Tan, et al. JOC, 2000, 65, 419; F. Yokokawa, et al. Synlett, 2001, 986.

1371 Comoramide A 科摩罗酰胺 A*
【基本信息】$C_{34}H_{48}N_6O_6S$, 无定形粉末，$[\alpha]_D = +0.5º$ ($c = 0.17$, 甲醇). 【类型】含噁唑和噻唑的环肽. 【来源】软毛星骨海鞘 Didemnum molle (马约特潟湖，科摩罗群岛). 【活性】细胞毒 (A549, HT29 和 MEL28, $IC_{50} = 5 \sim 10 \mu g/mL$, 温和活性). 【文献】A. Rudi, et al. Tetrahedron, 1998, 54, 13203.

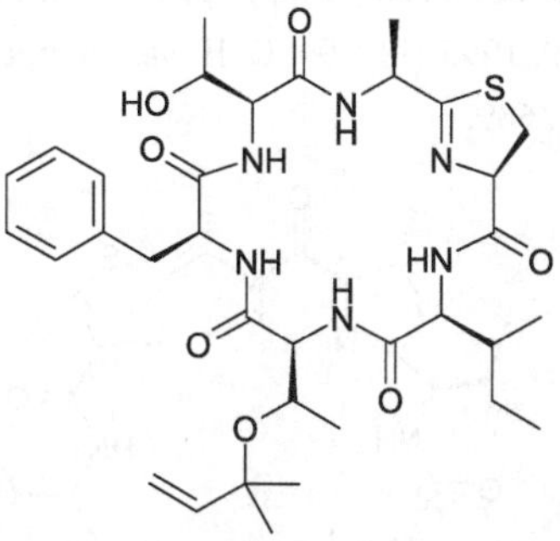

1372 Cyclodidemnamide 环星骨海鞘酰胺*
【基本信息】$C_{34}H_{43}N_7O_5S_2$, 固体, mp 114~118ºC, $[\alpha]_D = +128.8º$ ($c = 2.60$, 甲醇). 【类型】含噁唑和噻唑的环肽. 【来源】软毛星骨海鞘* Didemnum molle (菲律宾). 【活性】细胞毒 (HCT116, in vitro, $ED_{50} = 16 \mu g/mL$). 【文献】S. G. Toske, et al. Tetrahedron Lett., 1995, 36, 8355; C. D. J. Boden, et al. Tetrahedron Lett., 1996, 37, 9111; M. C. Norley, et al. Tetrahedron Lett., 1998, 39, 3087; C. D. J. Boden, et al. JCS Perkin Trans. I, 2000, 883.

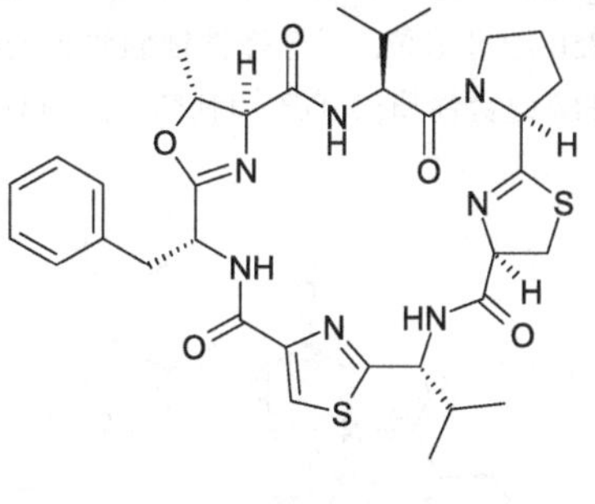

1373 Dolastatin I 尾海兔素 I
【基本信息】$C_{24}H_{32}N_6O_5S$, 无定形粉末，$[\alpha]_D^{30} = -50º$ ($c = 0.06$, 氯仿). 【类型】含噁唑和噻唑的环肽. 【来源】软体动物耳形尾海兔 Dolabella auricularia (日本水域). 【活性】细胞毒 (HeLa-S3, $IC_{50} = 12 \mu g/mL$). 【文献】H. Sone, et al. Tetrahedron, 1997, 53, 8149; H. Kigoshi, et al. Tetrahedron, 1999, 55, 12301.

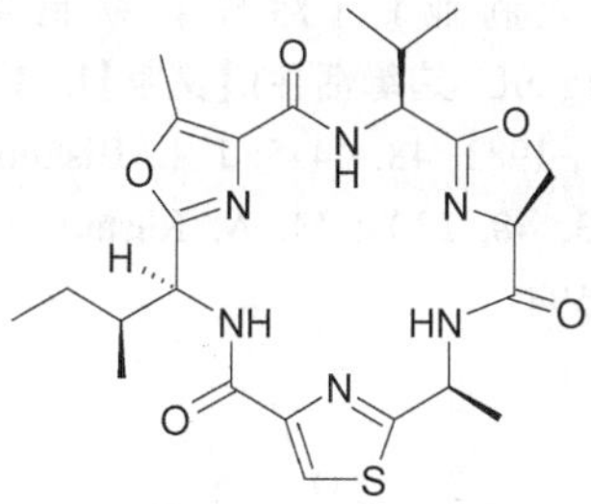

1374 Leucamide A 白雪海绵酰胺 A*
【基本信息】$C_{29}H_{37}N_7O_6S$, 无定形固体. 【类型】含噁唑和噻唑的环肽. 【来源】钙质海绵白雪海绵属 Leucetta microraphis (澳大利亚). 【活性】细胞毒 (HM02, $GI_{50} = 5.2 \mu g/mL$; HepG2, $GI_{50} = 5.9 \mu g/mL$; Huh7, $GI_{50} = 5.1 \mu g/mL$). 【文献】S. Kehraus, et al. JOC, 2002, 67, 4989.

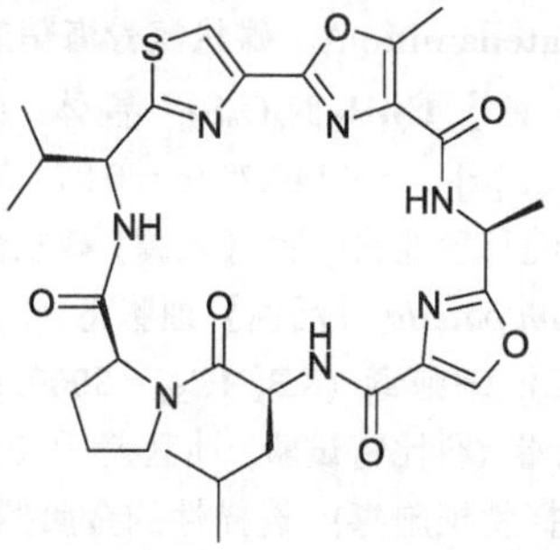

1375 Lissoclinamide 2 碟状簇骨海鞘酰胺 2*
【基本信息】$C_{33}H_{41}N_7O_5S_2$. 【类型】含噁唑和噻唑的环肽. 【来源】碟状簇骨海鞘* Lissoclinum patella. 【活性】细胞毒 (L_{1210}, $IC_{50} = 10 \mu g/mL$, 边缘活性). 【文献】J. M. Wasylyk, et al. JOC, 1983, 48, 4445; J. E. Biskupiak, et al. JOC, 1983, 48, 2304.

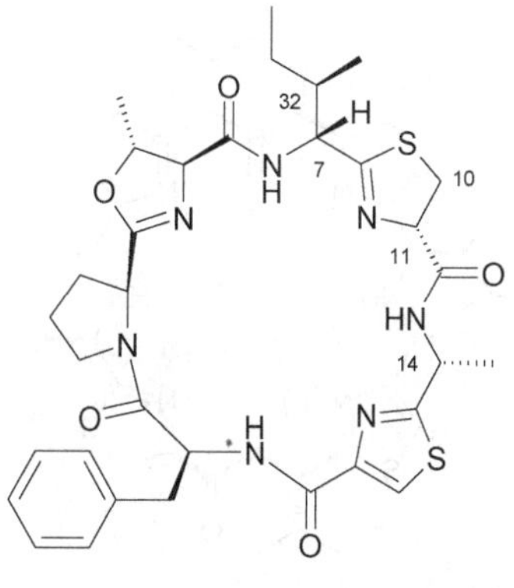

1376 Lissoclinamide 3 碟状槭骨海鞘酰胺 3*
【基本信息】$C_{33}H_{41}N_7O_5S_2$.【类型】含噁唑和噻唑的环肽.【来源】碟状槭骨海鞘* *Lissoclinum patella* (西北澳大利亚).【活性】细胞毒（L_{1210}, $IC_{50} = 10\mu g/mL$, 边缘活性）.【文献】J. M. Wasylyk, et al. JOC, 1983, 48, 4445; J. E. Biskupiak, et al. JOC, 1983, 48, 2304; M. A. Rashid, et al. JNP, 1995, 58, 594.

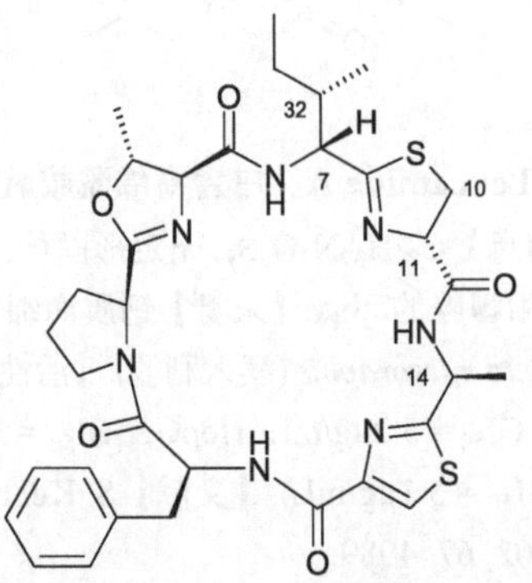

1377 Patellamide A 碟状槭骨海鞘酰胺 A*
【基本信息】$C_{35}H_{50}N_8O_6S_2$, 晶体（苯）, mp 228~229°C, $[\alpha]_D^{24} = +140.7°$ ($c = 0.27$, 氯仿).【类型】含噁唑和噻唑的环肽.【来源】碟状槭骨海鞘* *Lissoclinum patella*.【活性】细胞毒（L_{1210}, $IC_{50} = 2\sim4\mu g/mL$）; 细胞毒（KB, $IC_{50} = 3000ng/mL$）; 选择性细胞毒（科比特试验, 地区差 < 250 地区单位, 无选择性细胞毒）; 选择性的金属捆绑键合性质; MDR 抑制剂（抑制对多种药物的抗性）.【文献】C. M. Ireland, et al. JOC, 1982, 47, 1807; J. E. Biskupiak, et al. JOC, 1983, 48, 2302; D. E. Williams, et al. JNP, 1989, 52, 732; Y. In, et al. CPB, 1993, 41, 1686; Y. In, et al. Acta Cryst. C, 1994, 50, 432; L. A. Morris, et al. Tetrahedron, 2001, 57, 3185; C. E. Salomon, et al. JNP, 2002, 65, 689.

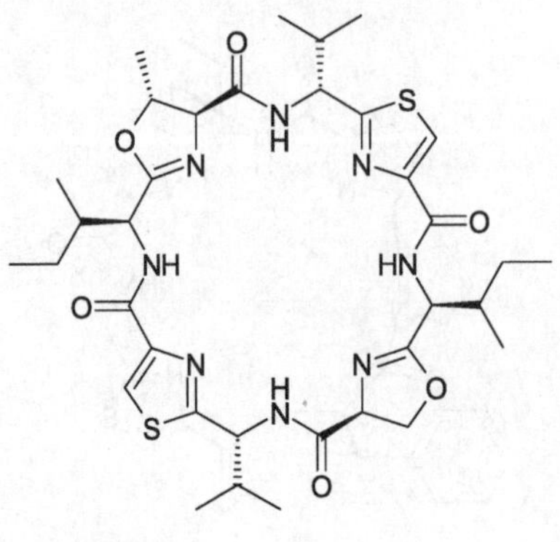

1378 Patellamide B 碟状槭骨海鞘酰胺 B*
【基本信息】$C_{38}H_{48}N_8O_6S_2$, $[\alpha]_D = +29.4°$ ($c = 0.34$, 二氯甲烷).【类型】含噁唑和噻唑的环肽.【来源】碟状槭骨海鞘* *Lissoclinum patella*.【活性】细胞毒（NCI 60 种人癌细胞筛选程序, 平均 $IC_{50} = 48\mu mol/L$）; 细胞毒（L_{1210}, $IC_{50} = 2\sim4\mu g/mL$）; 细胞毒（KB, $IC_{50} > 4000ng/mL$）; 选择性细胞毒（科比特试验, 地区差 < 250 地区单位, 无选择性细胞毒）; MDR 抑制剂（抑制对多种药物的抗性）.【文献】C. M. Ireland, et al. JOC, 1982, 47, 1807; J. E. Biskupiak, et al. JOC, 1983, 48, 2302; D. E. Williams, et al. JNP, 1989, 52, 732; M. A. Rashid, et al. JNP, 1995, 58, 594; C. E. Salomon, et al. JNP, 2002, 65, 689.

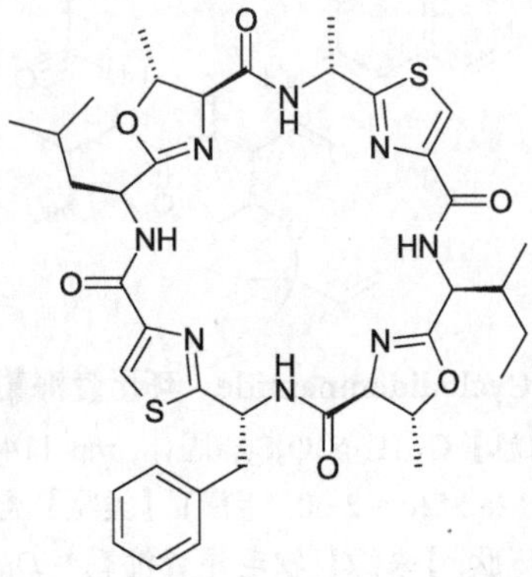

1379 Patellamide C 碟状槭骨海鞘酰胺 C*
【基本信息】$C_{37}H_{46}N_8O_6S_2$, $[\alpha]_D = +19°$ ($c = 0.21$, 二氯甲烷).【类型】含噁唑和噻唑的环肽.【来源】碟状槭骨海鞘* *Lissoclinum patella*.【活性】细胞毒（L_{1210}, $IC_{50} = 2\sim4\mu g/mL$）; 细胞毒（KB, $IC_{50} = 6000ng/mL$）; 选择性细胞毒（科比特试验, 地区差 < 250 地区单位, 无选择性细胞毒）; 选择性的金属捆绑键合性质; MDR 抑制剂（抑制对多种药

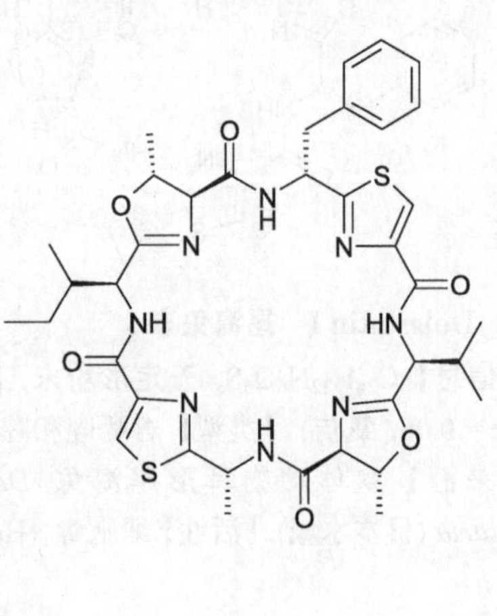

物的抗性).【文献】C. M. Ireland, et al. JOC, 1982, 47, 1807; D. E. Williams, et al. JNP, 1989, 52, 732; C. E. Salomon, et al. JNP, 2002, 65, 689.

1380 Patellamide D 碟状簇骨海鞘酰胺 D*
【基本信息】$C_{38}H_{48}N_8O_6S_2$, mp 144~145°C, $[\alpha]_D$ = +32° (c = 0.37, 氯仿).【类型】含噁唑和噻唑的环肽.【来源】碟状簇骨海鞘* *Lissoclinum patella*.【活性】细胞毒 (T24 癌细胞, 50μg/mL, 联合使用 [甲基-^{3}H]胸腺嘧啶核苷, 未经处理细胞联合使用 80%).【文献】B. M. Degnan, et al. JMC, 1989, 32, 1349; F. J. Schmitz, et al. JOC, 1989, 54, 3463.

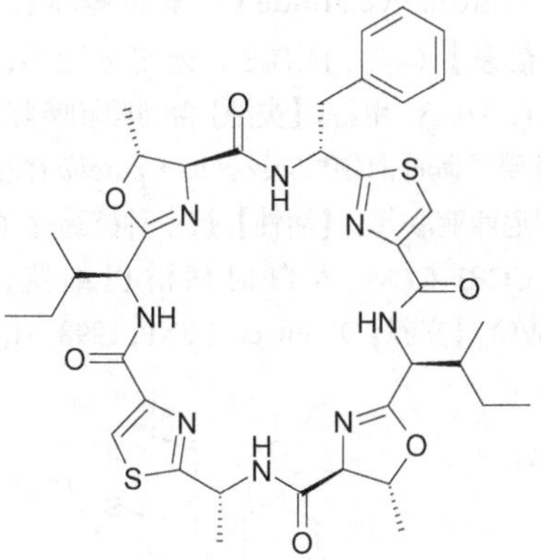

1381 Patellamide E 碟状簇骨海鞘酰胺 E*
【基本信息】$C_{39}H_{50}N_8O_6S_2$, 无定形固体, $[\alpha]_D^{25}$ = +48.6° (c = 0.58, 氯仿).【类型】含噁唑和噻唑的环肽.【来源】碟状簇骨海鞘* *Lissoclinum patella* (新加坡).【活性】细胞毒 (*in vitro*, 人结肠癌细胞, IC_{50} =125μg/mL).【文献】L. A. McDonald, et al. JNP, 1992, 55, 376.

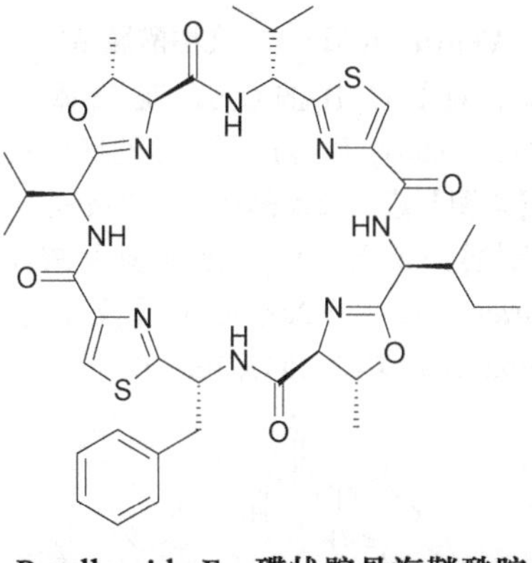

1382 Patellamide F 碟状簇骨海鞘酰胺 F*
【基本信息】$C_{37}H_{46}N_8O_6S_2$, 无定形固体, $[\alpha]_D$ = +40° (c = 0.1, 甲醇).【类型】含噁唑和噻唑的环肽.【来源】碟状簇骨海鞘* *Lissoclinum patella* (西北澳大利亚).【活性】细胞毒 (NCI 60 种人癌细胞筛选程序, 平均 IC_{50} = 13μmol/L).【文献】M. A. Rashid, et al. JNP, 1995, 58, 594.

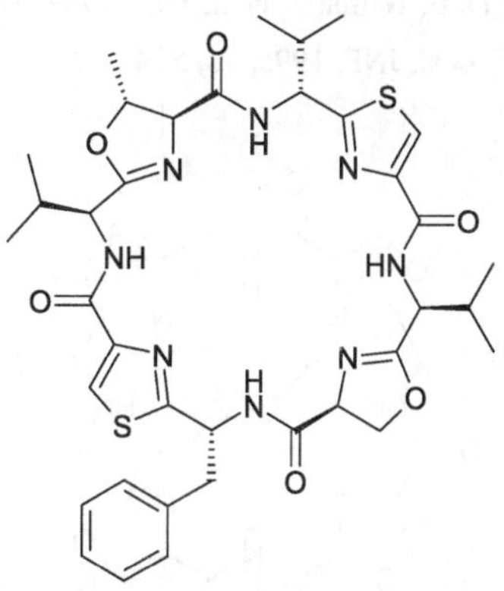

1383 Patellamide G 碟状簇骨海鞘酰胺 G*
【基本信息】$C_{38}H_{50}N_8O_7S_2$, 无定形固体, $[\alpha]_D$ = +40.6° (c = 0.35, 甲醇).【类型】含噁唑和噻唑的环肽.【来源】碟状簇骨海鞘* *Lissoclinum patella* (波纳佩岛, 密克罗尼西亚联邦).【活性】抗多种抗药性 (抗长春花碱 CCRF-CEM 人白血病淋巴细胞, IC_{50} = 60μmol/L).【文献】X. Fu, et al. JNP, 1998, 61, 1547.

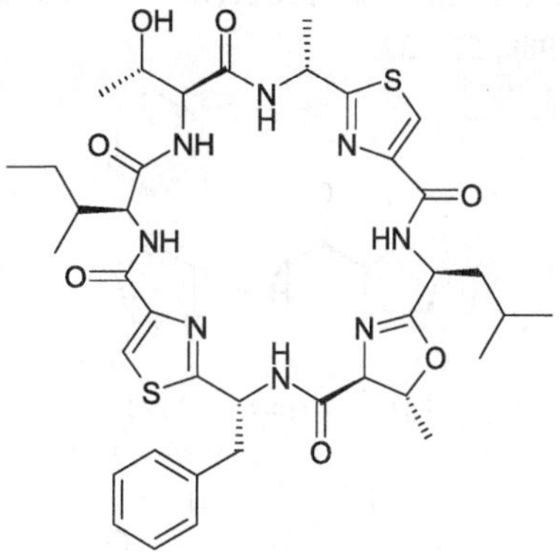

1384 Ulithiacyclamide 帕劳噻环酰胺*
【基本信息】$C_{32}H_{42}N_8O_6S_4$, 油状物, $[\alpha]_D^{25}$ = +62.4° (c = 2.9, 二氯甲烷).【类型】含噁唑和噻唑的环肽.【来源】碟状簇骨海鞘* *Lissoclinum patella* (西北澳大利亚), 未鉴定的海鞘 (罗达礁, 昆士兰, 澳大利亚).【活性】细胞毒 (L_{1210}, IC_{50} = 0.35μg/mL, CEM, IC_{50} = 0.01μg/mL); 选择性的金属键合性质; 细胞毒 (KB, IC_{50} = 35ng/mL); 细胞毒 (NCI 60 种人癌细胞筛选程序, 平均 IC_{50} = 3μmol/L); 选择性细胞毒 (科比特试验).

【文献】C. Ireland, et al. JACS, 1980, 102, 5688; C. M. Ireland, et al. JOC, 1982, 47, 1807; J. E. Biskupiak, et al. JOC, 1983, 48, 2302; T. Ishida, et al. JOC, 1989, 54, 5337; D. E. Williams, et al. JNP, 1989, 52, 732; M. A. Rashid, et al. JNP, 1995, 58, 594.

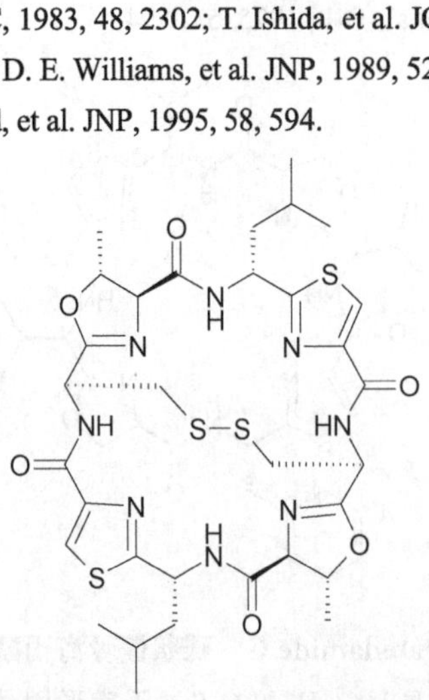

1385 Ulithiacyclamide B 帕劳噻环酰胺 B*
【基本信息】$C_{35}H_{40}N_8O_6S_4$, 无定形固体, $[\alpha]_D^{24.5} = +117°$ ($c = 0.17$, 甲醇). 【类型】含噁唑和噻唑的环肽. 【来源】碟状骰骨海鞘* *Lissoclinum patella*. 【活性】细胞毒 (KB, $IC_{50} = 17$ng/mL), 选择性细胞毒 (科比特试验, 地区差 < 250 地区单位, 无选择性细胞毒). 【文献】D. E. Williams, et al. JNP, 1989, 52, 732.

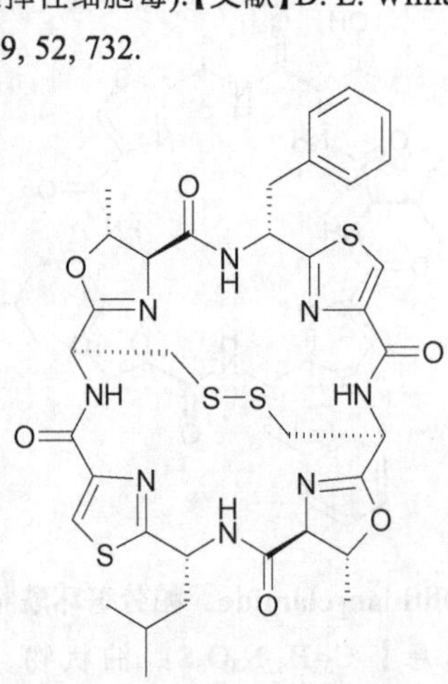

1386 Ulithiacyclamide F 帕劳噻环酰胺 F*
【基本信息】$C_{35}H_{42}N_8O_7S_4$, 无定形固体, $[\alpha]_D = +29.6°$ ($c = 0.27$, 甲醇). 【类型】含噁唑和噻唑的环肽. 【来源】碟状骰骨海鞘* *Lissoclinum patella* (波纳佩岛, 密克罗尼西亚联邦). 【活性】抗多种抗药性 (抗长春花碱 CCRF-CEM 人白血病淋巴细胞, $IC_{50} = 44$μmol/L). 【文献】X. Fu, et al. JNP, 1998, 61, 1547.

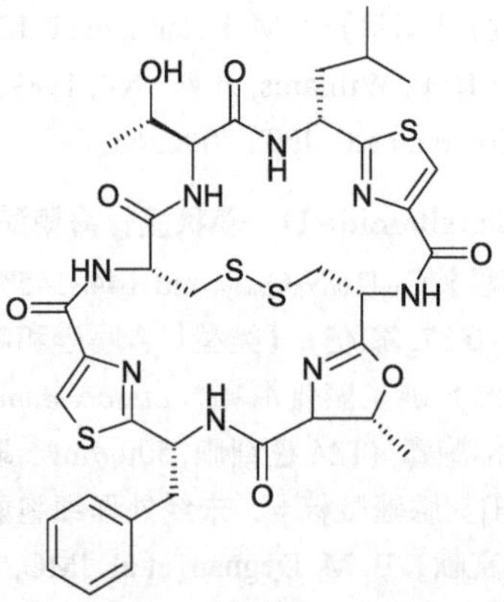

1387 Ulithiacyclamide G 帕劳噻环酰胺 G*
【基本信息】$C_{35}H_{42}N_8O_7S_4$, 无定形固体, $[\alpha]_D = +25.6°$ ($c = 0.18$, 甲醇). 【类型】含噁唑和噻唑的环肽. 【来源】碟状骰骨海鞘* *Lissoclinum patella* (波纳佩岛, 密克罗尼西亚联邦). 【活性】抗多种抗药性 (抗长春花碱 CCRF-CEM 人白血病淋巴细胞, $IC_{50} = 90$μmol/L). 【文献】X. Fu, et al. JNP, 1998, 61, 1547.

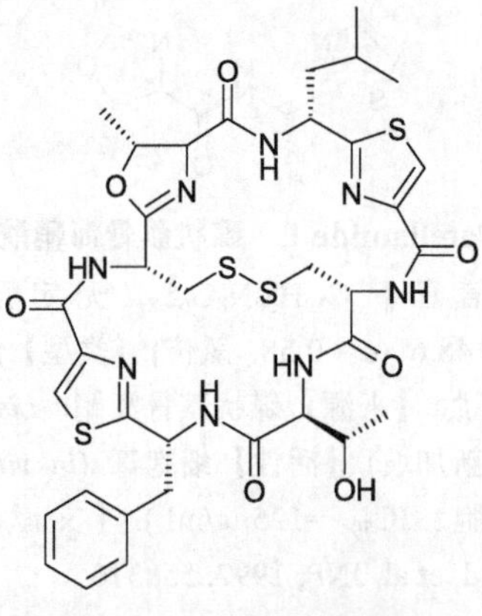

1388 Venturamide A 文图酰胺 A*
【基本信息】$C_{21}H_{24}N_6O_4S_2$, 玻璃体, $[\alpha]_D^{25} = +53.4°$ ($c = 0.001$, 甲醇). 【类型】含噁唑和噻唑的环肽. 【来源】蓝细菌颤藻属 *Oscillatoria* sp. (巴拿马). 【活性】杀疟原虫的 (恶性疟原虫 *Plasmodium falciparum*, $IC_{50} = 8.2$μmol/L). 【文献】R. G. Linington, et al. JNP, 2007, 70, 397.

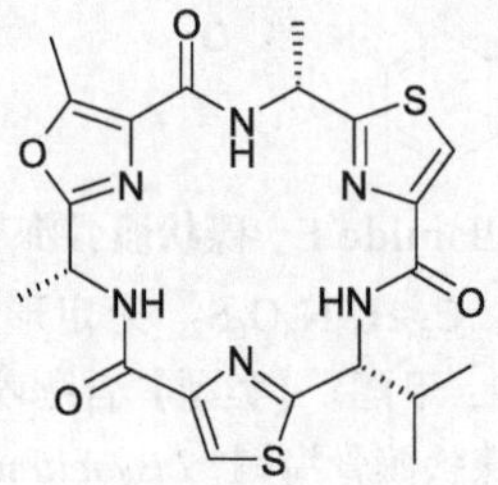

1389　Venturamide B　文图酰胺 B*

【基本信息】$C_{22}H_{26}N_6O_5S_2$，玻璃体，$[\alpha]_D^{25}=$ +53.6º ($c=0.004$, 甲醇).【类型】含噁唑和噻唑的环肽.【来源】蓝细菌颤藻属 *Oscillatoria* sp. (巴拿马).【活性】杀疟原虫的 (恶性疟原虫 *Plasmodium falciparum*, $IC_{50}=5.6\mu mol/L$).【文献】R. G. Linington, et al. JNP, 2007, 70, 397.

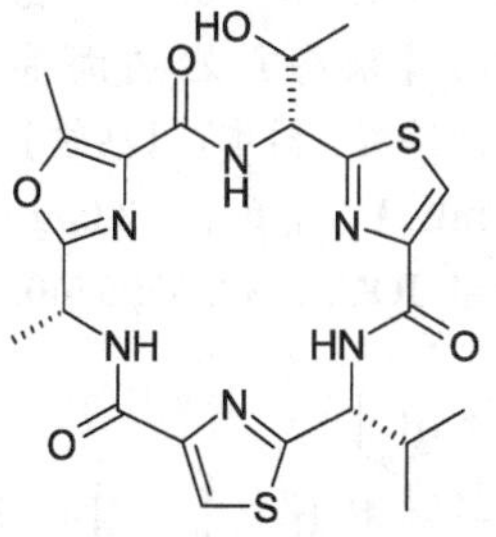

3.10　含噻唑的环肽

1390　Calyxamide A　花萼圆皮海绵酰胺 A*

【基本信息】$C_{45}H_{61}N_{11}O_{12}S$.【类型】含噻唑的环肽.【来源】岩屑海绵花萼圆皮海绵* *Discodermia calyx* (氏根岛, 日本).【活性】抗恶性细胞增殖的 (中等活性).【文献】J. W. Blunt, et al. NPR, 2014, 31, 160.

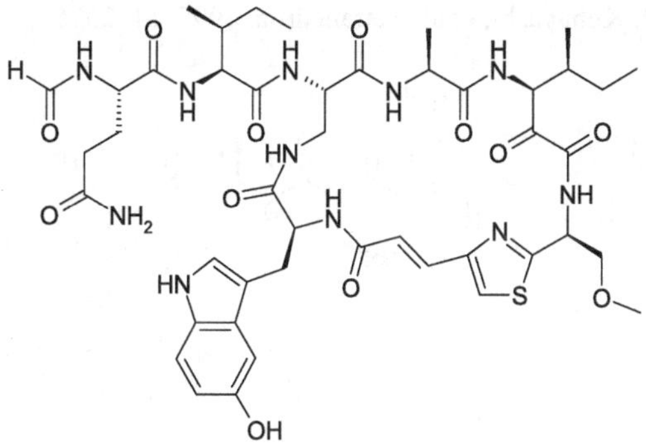

1391　Calyxamide B　花萼圆皮海绵酰胺 B*

【基本信息】$C_{45}H_{61}N_{11}O_{12}S$.【类型】含噻唑的环肽.【来源】岩屑海绵花萼圆皮海绵* *Discodermia calyx* (氏根岛, 日本).【活性】抗恶性细胞增殖的 (中等活性).【文献】J. W. Blunt, et al. NPR, 2014, 31, 160.

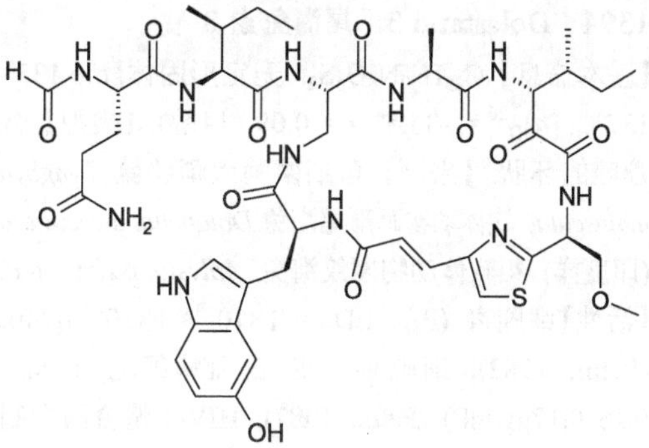

1392　Comoramide B　科摩罗酰胺 B*

【基本信息】$C_{34}H_{50}N_6O_7S$，无定形粉末，$[\alpha]_D=-100º$ ($c=0.05$, 甲醇).【类型】含噻唑的环肽.【来源】软毛星骨海鞘* *Didemnum molle* (马约特潟湖, 科摩罗群岛).【活性】细胞毒 (A549, HT29 和 MEL28, $IC_{50}=5\sim 10\mu g/mL$, 温和活性).【文献】A. Rudi, et al. Tetrahedron, 1998, 54, 13203.

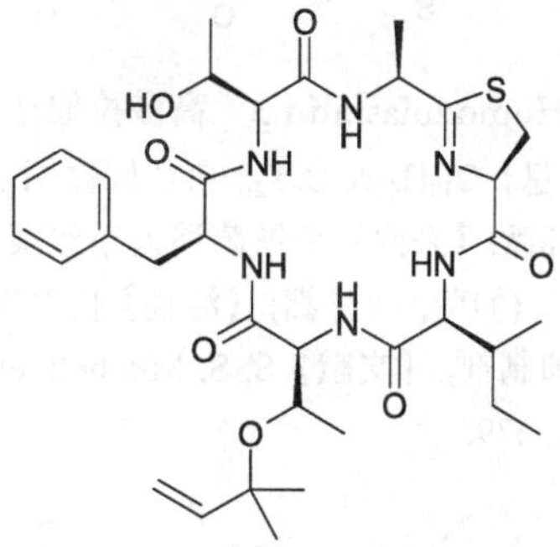

1393　Cycloforskamide　环侧鳃酰胺*

【基本信息】$C_{51}H_{80}N_{12}O_{11}S_3$.【类型】含噻唑的环肽.【来源】软体动物侧鳃科侧鳃属 *Pleurobranchus forskalii* (石垣岛, 冲绳, 日本).【活性】细胞毒 (温和活性).【文献】M. Serova, et al. Mar. Drugs, 2013, 11, 944.

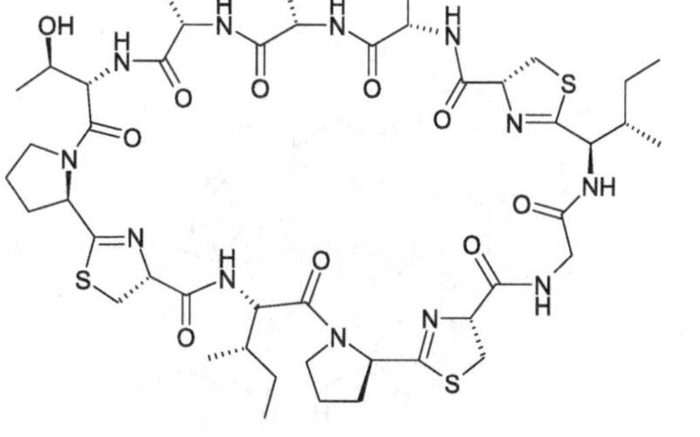

1394　Dolastatin 3　尾海兔素 3

【基本信息】$C_{29}H_{40}N_8O_6S_2$, 无定形固体, mp 133~137ºC, $[α]_D^{26} = -35.5º$ ($c = 0.09$, 甲醇).【类型】含噻唑的环肽.【来源】蓝细菌稍大鞘丝藻 *Lyngbya majuscula*, 软体动物耳形尾海兔 *Dolabella auricularia* (印度洋) 和软体动物网纹海兔 *Aplysia pulmonica*.【活性】细胞毒 (P_{388}, $ED_{50} = 1×10^{-4} \sim 1×10^{-7}$ μg/mL) (Pettit, 1982); 细胞毒 (PS 白血病细胞, $ED_{50} = 0.16 \sim 0.17$ μg/mL) (Pettit, 1987); HIV-1 整合酶抑制剂.【文献】G. R. Pettit, et al. JACS, 1982, 104, 905; 1987, 109, 7581.

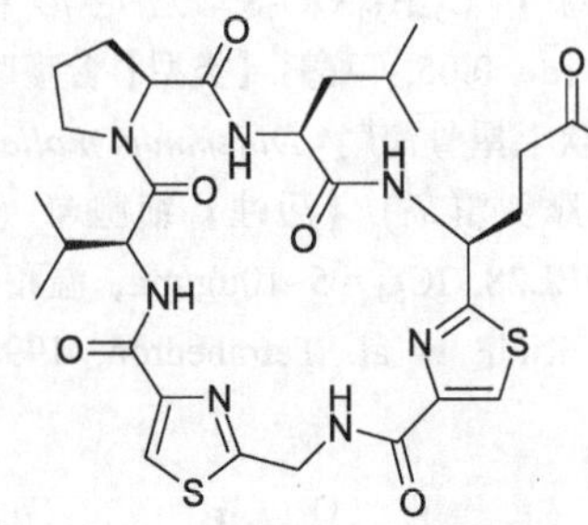

1395　Homodolastatin 3　高多拉他汀 3*

【基本信息】$C_{30}H_{42}N_8O_6S_2$, 白色固体.【类型】含噻唑的环肽.【来源】蓝细菌稍大鞘丝藻 *Lyngbya majuscula* (帕劳, 大洋洲).【活性】抗 HIV (HIV-1 整合酶抑制剂).【文献】S. S. Mitchell, et al. JNP, 2000, 63, 279.

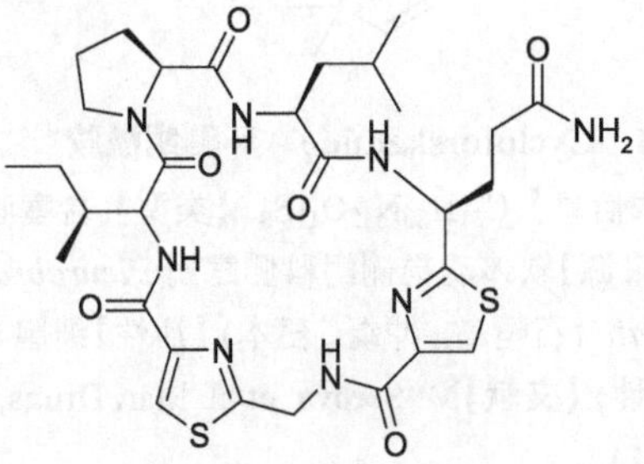

1396　Keenamide A　科恩酰胺 A

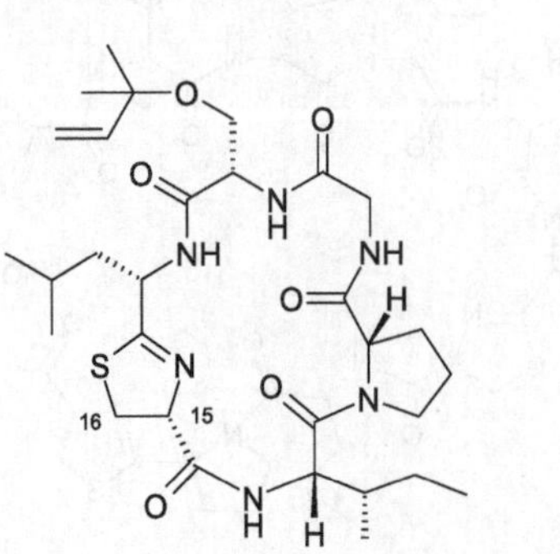

【基本信息】$C_{30}H_{48}N_6O_6S$, 类白色粉末, $[α]_D = +24º$ ($c = 0.3$, 甲醇).【类型】含噻唑的环肽.【来源】软体动物侧鳃科侧鳃属 *Pleurobranchus forskalii*.【活性】细胞毒.【文献】K. J. Wesson, et al. JNP, 1996, 59, 629.

1397　Keramamide F　庆良间酰胺 F*

【基本信息】$C_{43}H_{56}N_{10}O_{11}S$, 无色固体, mp 187ºC (分解), $[α]_D^{21} = -25º$ ($c = 0.86$, 甲醇).【类型】含噻唑的环肽.【来源】岩屑海绵蒂壳海绵属 *Theonella* sp. (冲绳, 日本).【活性】细胞毒 (KB, $IC_{50} = 1.4$ μg/mL; L_{1210}, $IC_{50} = 2.0$ μg/mL).【文献】F. Itagaki, et al. JOC, 1992, 57, 5540.

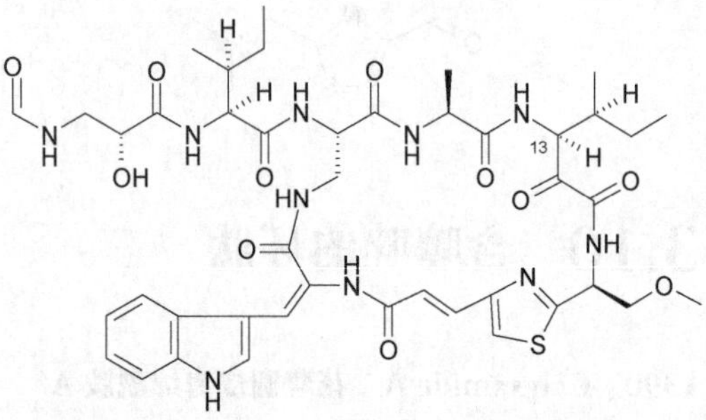

1398　Keramamide G　庆良间酰胺 G*

【基本信息】$C_{43}H_{56}N_{10}O_{11}S$, 固体, $[α]_D^{21} = +10º$ ($c = 0.12$, 甲醇).【类型】含噻唑的环肽.【来源】岩屑海绵蒂壳海绵属 *Theonella* sp. (冲绳, 日本).【活性】细胞毒 (低活性, $IC_{50} ≈ 10$ μg/mL).【文献】J. Kobayashi, et al. Tetrahedron, 1995, 51, 2525.

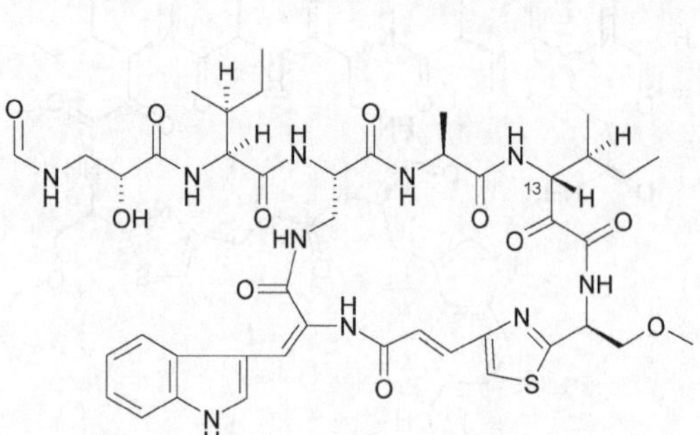

1399　Keramamide H　庆良间酰胺 H*

【基本信息】$C_{43}H_{57}BrN_{10}O_{12}S$, 固体, $[α]_D^{20} = -42º$ ($c = 0.055$, 甲醇).【类型】含噻唑的环肽.【来源】岩屑海绵蒂壳海绵属 *Theonella* sp. (冲绳, 日本).【活性】细胞毒 (低活性, $IC_{50} ≈ 10$ μg/mL).【文献】J. Kobayashi, et al. Tetrahedron, 1995, 51, 2525.

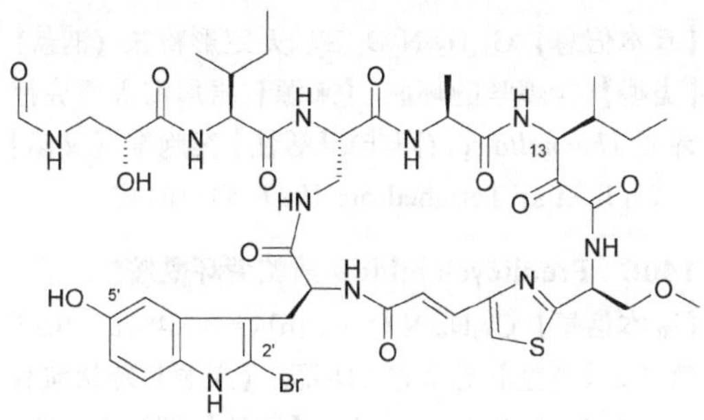

1400　Keramamide J　庆良间酰胺 J*

【基本信息】$C_{43}H_{58}N_{10}O_{11}S$，固体，$[\alpha]_D^{18} = +8.4º$ (c = 0.1, 甲醇).【类型】含噻唑的环肽.【来源】岩屑海绵蒂壳海绵属 *Theonella* sp. (冲绳, 日本). 【活性】细胞毒 (低活性, $IC_{50} \approx 10\mu g/mL$).【文献】J. Kobayashi, et al. Tetrahedron, 1995, 51, 2525; J. A. Sowinski, et al. Chem. Commun., 1999, 981.

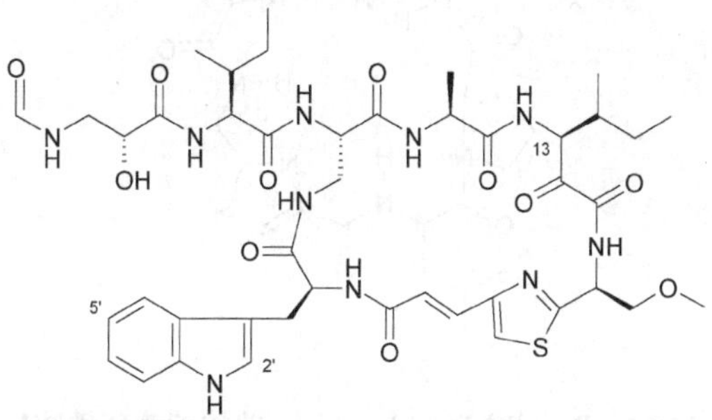

1401　Keramamide K　庆良间酰胺 K*

【基本信息】$C_{44}H_{60}N_{10}O_{11}S$，无定形固体，$[\alpha]_D^{28} = -25º$ (c = 0.1, 甲醇).【类型】含噻唑的环肽.【来源】岩屑海绵蒂壳海绵属 *Theonella* sp. (冲绳, 日本).【活性】细胞毒 (L_{1210}, $IC_{50} = 0.72\mu g/mL$, KB, $IC_{50} = 0.42\mu g/mL$).【文献】H. Uemoto, et al. Tetrahedron, 1998, 54, 6719.

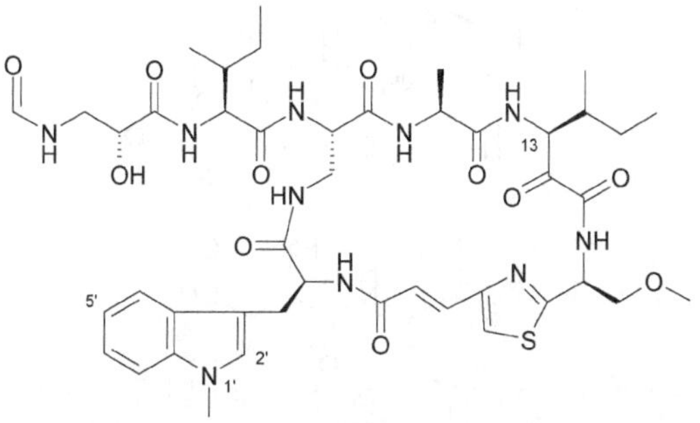

1402　Kororamide　帕劳扣罗尔酰胺*

【基本信息】$C_{45}H_{64}N_{10}O_{10}S_2$，白色固体.【类型】含噻唑的环肽.【来源】蓝细菌稍大鞘丝藻 *Lyngbya majuscula* (帕劳, 大洋洲).【活性】抗 HIV (HIV-1 整合酶抑制剂).【文献】S. S. Mitchell, et al. JNP, 2000, 63, 279.

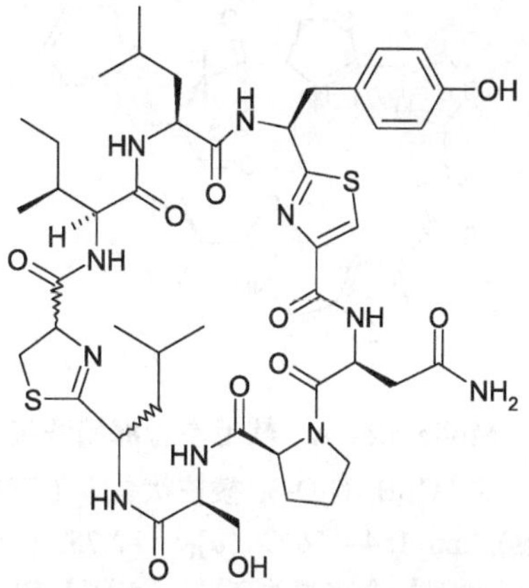

1403　Marthiapeptide A　马西亚肽 A*

【基本信息】$C_{30}H_{31}N_7O_3S_4$，无色针状晶体，mp 115~116℃，$[\alpha]_D^{25} = +94º$ (c = 0.8, 甲醇).【类型】含噻唑的环肽.【来源】海洋导出的细菌耐高温海放射孢菌* *Marinactinospora thermotolerans* SCSIO 00652 (深海, 沉积物, 南海).【活性】抗菌 (藤黄色微球菌 *Micrococcus luteus*, MIC = 2.0μg/mL, 对照红霉素, MIC < 1.0μg/mL, 对照卡那霉素, MIC = 32.0μg/mL; 金黄色葡萄球菌 *Staphylococcus aureus* ATCC29213, MIC = 8.0μg/mL, 红霉素, MIC = 16.0μg/mL, 卡那霉素, MIC = 8.0μg/mL; 枯草杆菌 *Bacillus subtilis* ATCC 6633, MIC = 4.0μg/mL, 红霉素, MIC < 1.0μg/mL, 卡那霉素, MIC < 1.0μg/mL; 苏云金芽孢杆菌 *Bacillus thuringiensis*, MIC = 2.0μg/mL, 红霉素, MIC < 1.0μg/mL, 卡那霉素, MIC = 4.0μg/mL; 嗜水气单胞菌* *Aeromonas hydrophila* subsp. *hydrophila* ATCC7966, MIC > 128.0μg/mL, 红霉素, MIC = 4.0μg/mL, 卡那霉素, MIC < 1.0μg/mL; 大肠杆菌 *Escherichia coli* ATCC25922, MIC > 128.0μg/mL, 红霉素, MIC = 32.0μg/mL, 卡那霉素, MIC = 16.0μg/mL; 大肠杆菌 *Escherichia coli* DH5α, MIC > 128.0μg/mL, 红霉素, MIC = 64.0μg/mL, 卡那霉素, MIC = 32.0μg/mL); 细胞毒[SRB 方法: SF268, IC_{50} = (0.38±0.02)μmol/L, 对照顺铂, IC_{50} = (4.76±0.27)μmol/L; MCF7, IC_{50} = (0.43±0.005)μmol/L, 顺铂, IC_{50} = (3.99±0.13)μmol/L; NCI-H460, IC_{50} = (0.47±0.003)μmol/L, 顺铂, IC_{50} = (2.91±0.18)μmol/L;

HepG2，IC$_{50}$ = (0.52±0.01)μmol/L，顺铂，IC$_{50}$ = (2.45±0.07)μmol/L].【文献】X. Zhou, et al. JNP, 2012, 75, 2251.

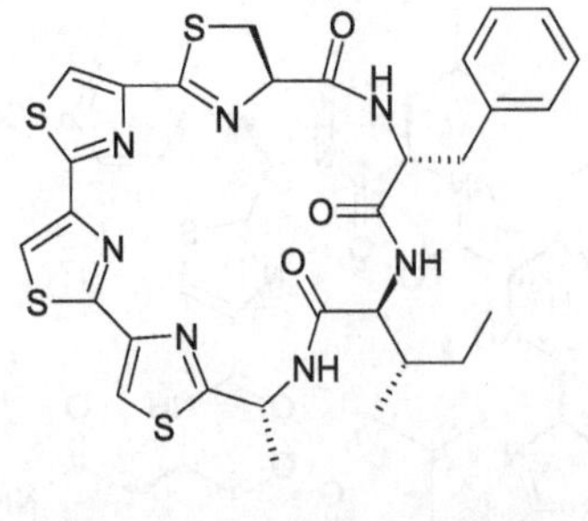

1404 Mollamide A 软毛星骨海鞘酰胺 A*
【基本信息】C$_{42}$H$_{61}$N$_7$O$_7$S，棱柱状晶体（二氯甲烷/石油醚），mp 154~156°C，[α]$_D$= –2.75° (c = 0.08, 氯仿).【类型】含噻唑的环肽.【来源】软毛星骨海鞘* Didemnum molle（大堡礁，澳大利亚）.【活性】细胞毒（P$_{388}$，IC$_{50}$ = 1μg/mL; A549，IC$_{50}$ = 2.5μg/mL; HT29，IC$_{50}$ = 2.5μg/mL; CV-1，IC$_{50}$ = 2.5μg/mL); RNA 合成抑制剂（IC$_{50}$ = 1μg/mL).【文献】A. R. Carroll, et al. Aust. J. Chem., 1994, 47, 61; B. McKeever, et al. Tetrahedron Lett., 1999, 40, 9317.

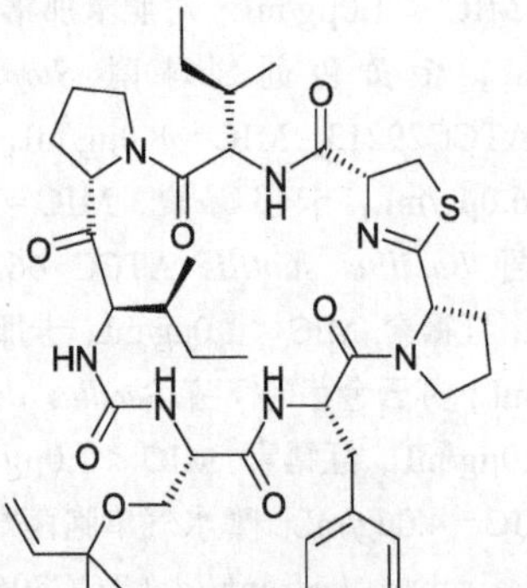

1405 Oriamide 欧瑞酰胺* 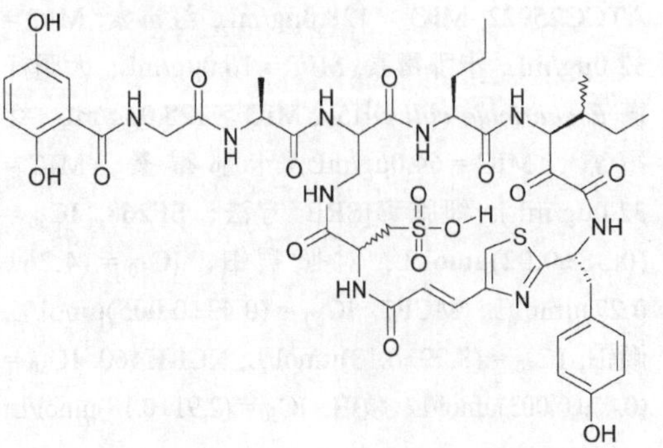
【基本信息】C$_{44}$H$_{55}$N$_9$O$_{15}$S$_2$，无定形粉末（钠盐).【类型】含噻唑的环肽.【来源】岩屑海绵蒂壳海绵属 Theonella sp.（南非).【活性】细胞毒.【文献】L. Chill, et al. Tetrahedron, 1997, 53, 16147.

1406 Preulicyclamide 前帕劳环酰胺*
【基本信息】C$_{33}$H$_{41}$N$_7$O$_6$S$_2$，[α]$_D$ = +5.4° (c = 0.24, 氯仿).【类型】含噻唑的环肽.【来源】碟状簇骨海鞘* Lissoclinum patella.【活性】细胞毒（KB, IC$_{50}$ = 10000ng/mL); 选择性细胞毒（科比特试验，地区差 < 250 地区单位，无选择性细胞毒).【文献】D. F. Sesin, et al. Bull. Soc. Chim. Belg., 1986, 95, 853; D. E. Williams, et al. JNP, 1989, 52, 732.

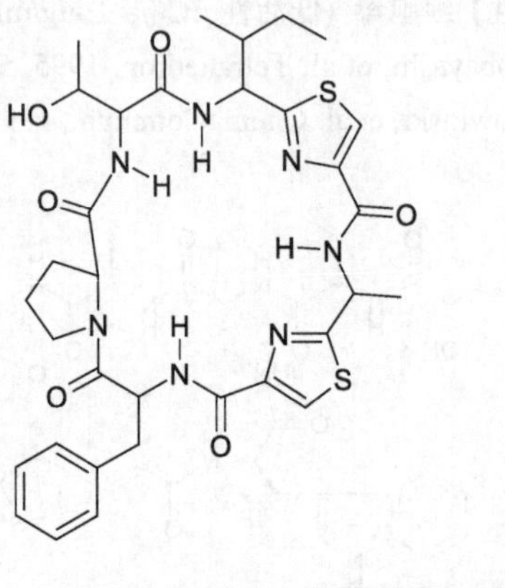

1407 Preulithiacyclamide 前帕劳噻环酰胺*
【基本信息】C$_{32}$H$_{46}$N$_8$O$_8$S$_4$，无定形粉末，mp 178~181°C.【类型】含噻唑的环肽.【来源】碟状簇骨海鞘* Lissoclinum patella（帕劳，大洋洲).【活性】巨噬细胞清除剂受体 MSR 抑制剂.【文献】A. D. Patil, et al. Nat. Prod. Lett., 1997, 9, 181.

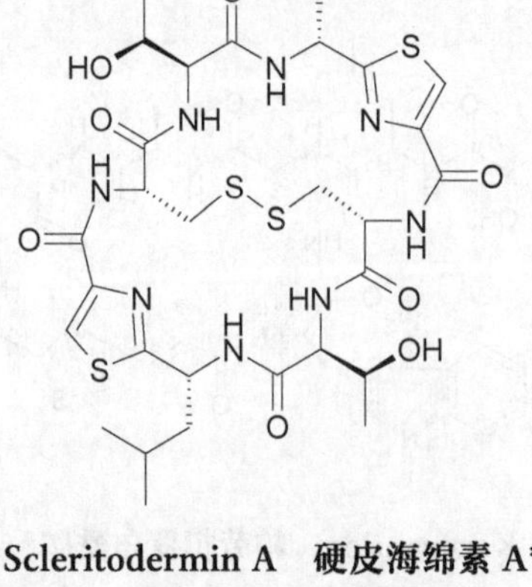

1408 Scleritodermin A 硬皮海绵素 A*
【基本信息】C$_{42}$H$_{55}$N$_7$O$_{13}$S$_2$，苍白黄色粉末（钠盐)，[α]$_D$ = –41° (c = 0.1, 甲醇)（钠盐).【类型】含噻唑

的环肽.【来源】岩屑海绵有节硬皮海绵* *Scleritoderma nodosum* (哦兰哥岛西北部, 宿务, 菲律宾; 米尔恩湾, 巴布亚新几内亚).【活性】细胞毒 (HCT116, IC_{50} = 1.9μmol/L; HCT116/VM46 抗多重药物结肠癌, IC_{50} = 5.6μmol/L; A2780, IC_{50} = 0.940μmol/L; SKBR3, IC_{50} = 0.670μmol/L); 细胞毒 (A2780 细胞的细胞循环分析, 用 1.3μmol/L 硬皮海绵碱 A 处理 24h, 产生细胞循环 G_2/M 相的阻断, 进一步研究发现在 10μmol/L 抑制 GTP 诱导的微管蛋白聚合 50%); 细胞凋亡诱导剂 (药物暴露在浓度接近细胞毒 IC_{50} 浓度 24h 后, 硬皮海绵碱 A 引起细胞凋亡诱导超过对照物 5.5 倍).【文献】E. W. Schmidt, et al. JNP, 2004, 67, 475; S. Liu, et al. Org. Lett., 2008, 10, 3765 (立体化学修正); P. L. Winder, et al. Mar. Drugs, 2011, 9, 2644 (Rev.).

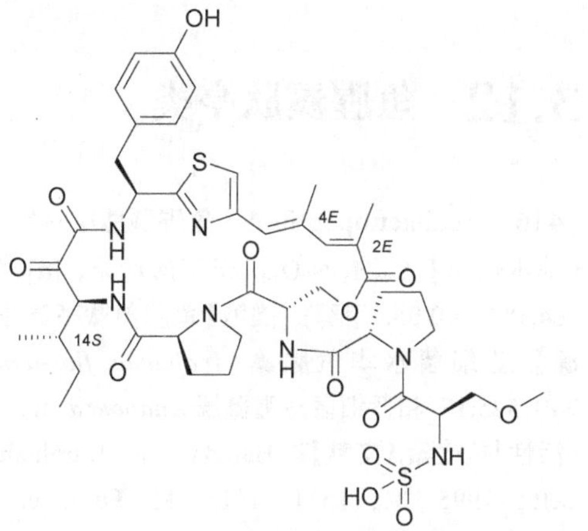

1409 Tawicyclamide A 菲律宾塔威环酰胺A*
【基本信息】$C_{39}H_{50}N_8O_5S_3$, 无色固体, $[\alpha]_D^{25}$ = –15.0° (c = 0.427, 氯仿).【类型】含噻唑的环肽.【来源】碟状膜骨海鞘* *Lissoclinum patella* (菲律宾).【活性】细胞毒 (人结肠癌细胞 *in vitro*, 低活性).【文献】L. A. McDonald, et al. JOC, 1992, 57, 4616.

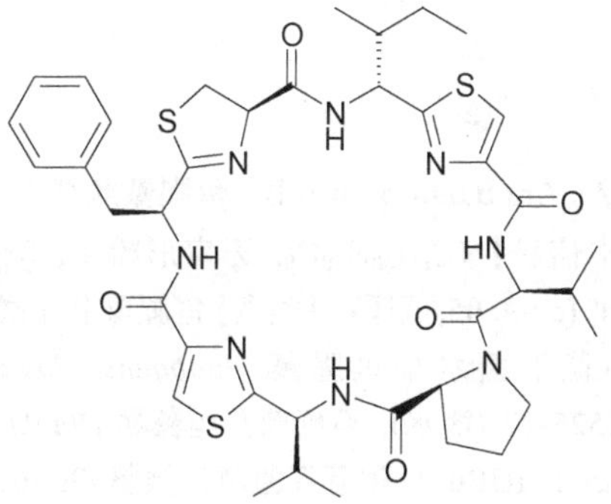

1410 Tawicyclamide B 菲律宾塔威环酰胺B*
【基本信息】$C_{36}H_{52}N_8O_5S_3$, 无色固体, $[\alpha]_D^{25}$ = +2.1° (c = 0.347, 氯仿).【类型】含噻唑的环肽.【来源】碟状膜骨海鞘* *Lissoclinum patella* (菲律宾).【活性】细胞毒 (人结肠癌细胞 *in vitro*, 低活性).【文献】L. A. McDonald, et al. JOC, 1992, 57, 4616.

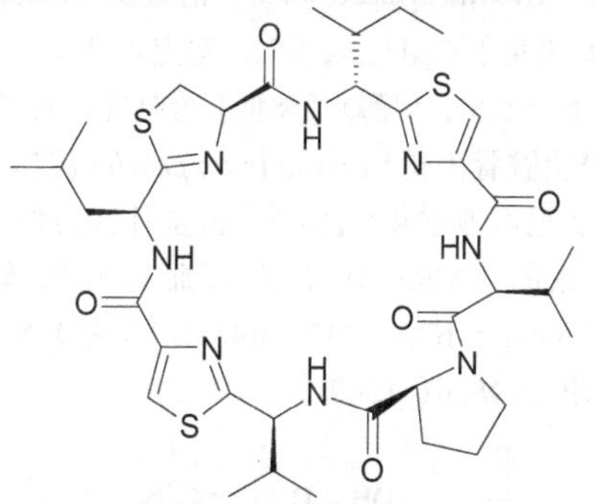

1411 Trunkamide A 川克酰胺A*
【基本信息】$C_{43}H_{63}N_7O_8S$, $[\alpha]_D^{25}$ = –231° (c = 0.06, 氯仿).【类型】含噻唑的环肽.【来源】膜骨海鞘属 *Lissoclinum* sp.【活性】抗肿瘤.【文献】A. R. Carroll, et al. Aust. J. Chem., 1996, 49, 659; P. Wipf, et al. Tetrahedron Lett., 1999, 40, 5165; P. Wipf, et al. JOC, 2000, 65, 1037.

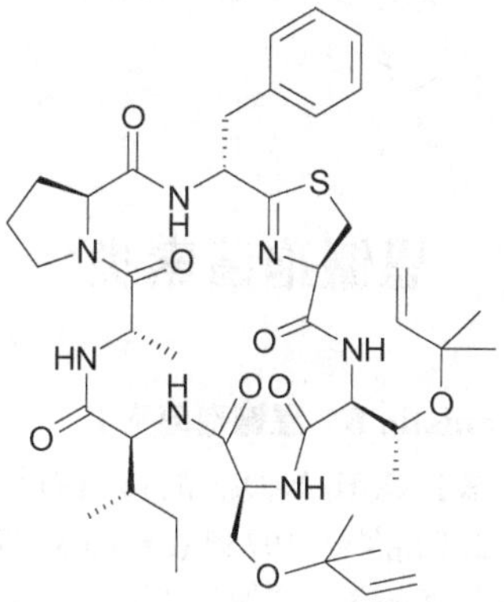

1412 Ulicyclamide 帕劳环酰胺*

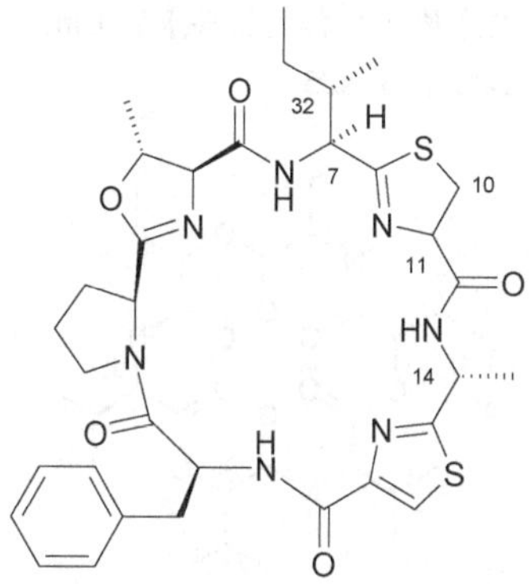

【基本信息】$C_{33}H_{41}N_7O_5S_2$，油状物，$[\alpha]_D^{25}=$ +35.7º ($c=2.3$，二氯甲烷).【类型】含噻唑的环肽.【来源】碟状膜骨海鞘* Lissoclinum patella.【活性】细胞毒.【文献】C. Ireland, et al. JACS, 1980, 102, 5688.

1413　Ulithiacyclamide E　帕劳噻环酰胺 E*
【基本信息】$C_{35}H_{44}N_8O_8S_4$，无定形固体，$[\alpha]_D$ = +4.9º ($c=0.82$，甲醇).【类型】含噻唑的环肽.【来源】碟状膜骨海鞘* Lissoclinum patella (波纳佩岛，密克罗尼西亚联邦).【活性】抗多种抗药性 (抗长春花碱的 CCRF-CEM 人白血病淋巴母细胞 lymphoblasts, $IC_{50}=112\mu mol/L$).【文献】X. Fu, et al. JNP, 1998, 61, 1547.

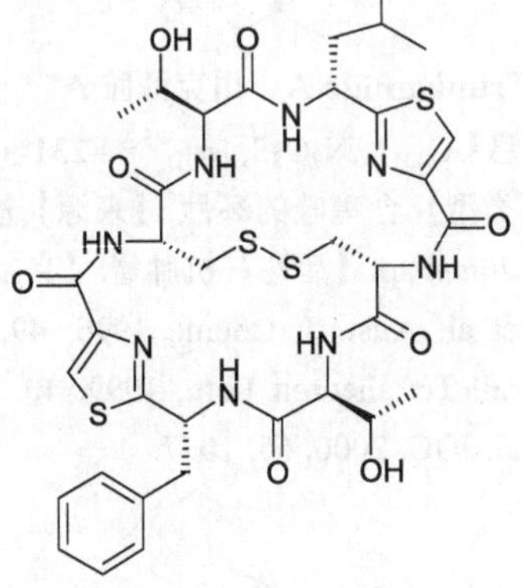

3.11　恩镰孢菌素类

1414　Enniatin B　恩镰孢菌素 B
【基本信息】$C_{33}H_{57}N_3O_9$，晶体（石油醚），mp 174~176ºC，$[\alpha]_D^{20}=-107.9º$ ($c=0.63$，氯仿).【类型】恩镰孢菌素类.【来源】红树导出的海壳科真菌海球菌属 Halosarpheia sp. 732, 来自未鉴定的红树.【活性】离子载体.【文献】Y. Lin, et al. Aust. J. Chem., 2002, 55, 225.

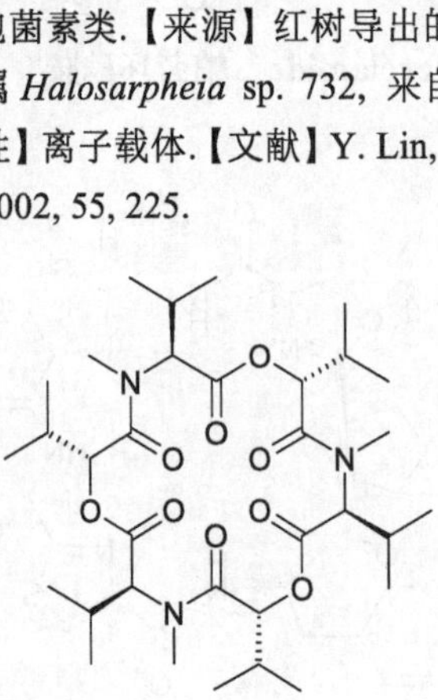

1415　Enniatin D　恩镰孢菌素 D
【别名】Enniatin B_4; 恩镰孢菌素 B_4.【基本信息】$C_{34}H_{59}N_3O_9$，粉末，mp 140~143ºC, $[\alpha]_D^{25}=-88.9º$ ($c=0.32$，氯仿).【类型】恩镰孢菌素类.【来源】红树导出的海壳科真菌海球菌属 Halosarpheia sp. 732, 来自未鉴定的红树.【活性】离子载体；胆固醇酰基转移酶 ACAT 抑制剂.【文献】Y. Lin, et al. Aust. J. Chem., 2002, 55, 225.

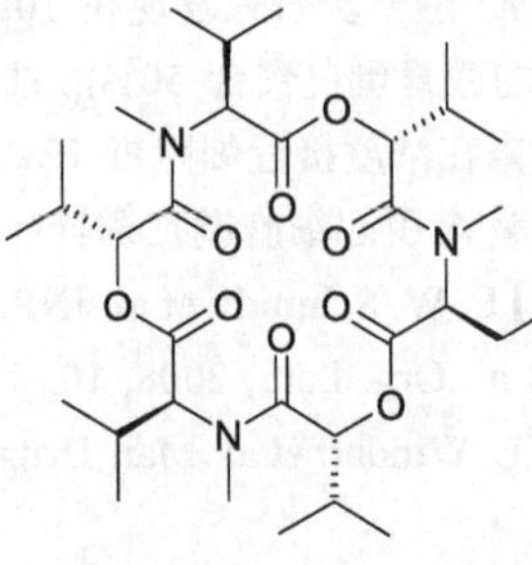

3.12　鱼腥藻肽亭类

1416　Anabaenopeptin A　鱼腥藻肽亭 A*
【基本信息】$C_{44}H_{57}N_7O_{10}$，无定形粉末，$[\alpha]_D^{30}=-64.1º$ ($c=0.05$，甲醇).【类型】鱼腥藻肽亭类.【来源】蓝细菌水华鱼腥藻 Anabaena flos-aquae NRC525.17 和蓝细菌鱼腥藻属 Anabaena sp. 90.【活性】抗生素.【文献】K. Harada, et al. Tetrahedron Lett., 1995, 36, 1511; 1515; K. Fujii, et al. Tetrahedron, 2002, 58, 6863; L. F. Morrison, et al. Peptides (N.Y.), 2006, 27, 10.

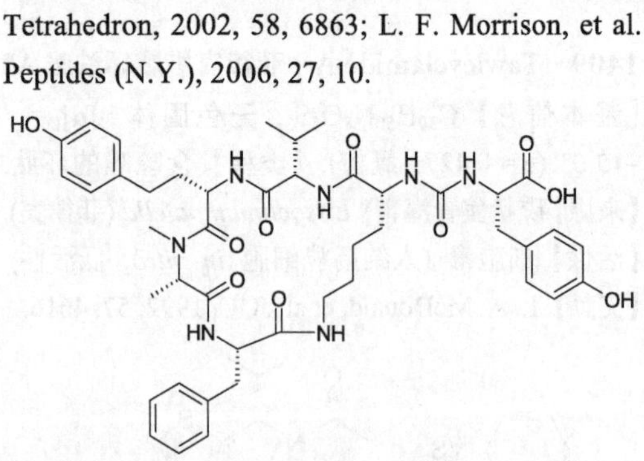

1417　Anabaenopeptin B　鱼腥藻肽亭 B*
【基本信息】$C_{41}H_{60}N_{10}O_9$，无定形粉末，$[\alpha]_D^{30}=-71.4º$ ($c=0.05$，甲醇).【类型】鱼腥藻肽亭类.【来源】蓝细菌水华鱼腥藻 Anabaena flos-aquae NRC525-17 (淡水), 蓝细菌浮丝藻属 Planktothrix agardhii HUB011 和蓝细菌阿氏颤藻 Oscillatoria

agardhii NIES 204.【活性】抗生素.【文献】K. Harada, et al. Tetrahedron Lett., 1995, 36, 1511; 1515; M. Murakami, et al. Phytochemistry, 1997, 44, 449; K. Fujii, et al. Tetrahedron, 2002, 58, 6863; L. F. Morrison, et al. Peptides (N.Y.), 2006, 27, 10.

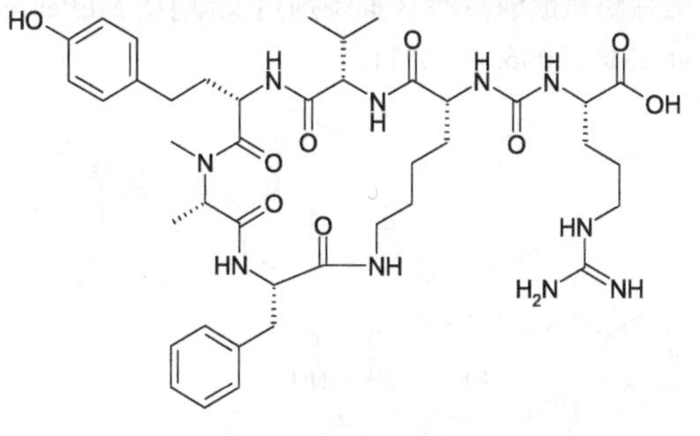

1418 Anabaenopeptin C 鱼腥藻肽亭 C*
【基本信息】$C_{41}H_{60}N_8O_9$, $[\alpha]_D^{30} = -65.2°$ (c = 0.05, 甲醇).【类型】鱼腥藻肽亭类.【来源】蓝细菌鱼腥藻属 *Anabaena* sp. 90.【活性】抗生素.【文献】K. Fujii, et al. Tetrahedron, 2002, 58, 6863.

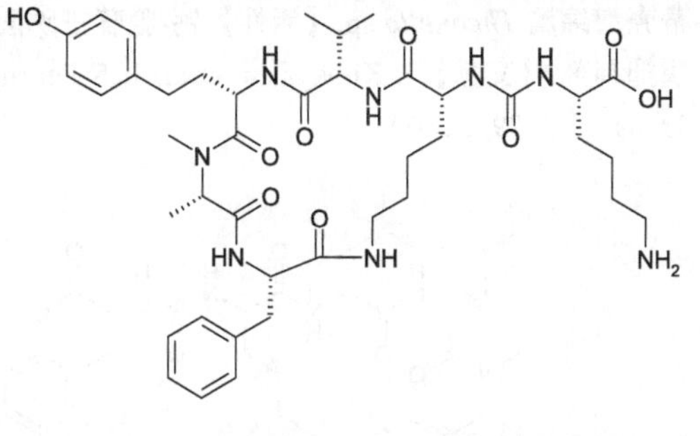

1419 Anabaenopeptin D 鱼腥藻肽亭 D*
【基本信息】$C_{44}H_{57}N_7O_9$, $[\alpha]_D^{30} = -50°$ (c = 0.05, 甲醇).【类型】鱼腥藻肽亭类.【来源】蓝细菌鱼腥藻属 *Anabaena* sp. 202A2.【活性】抗生素.【文献】K. Fujii, et al. Tetrahedron, 2002, 58, 6863.

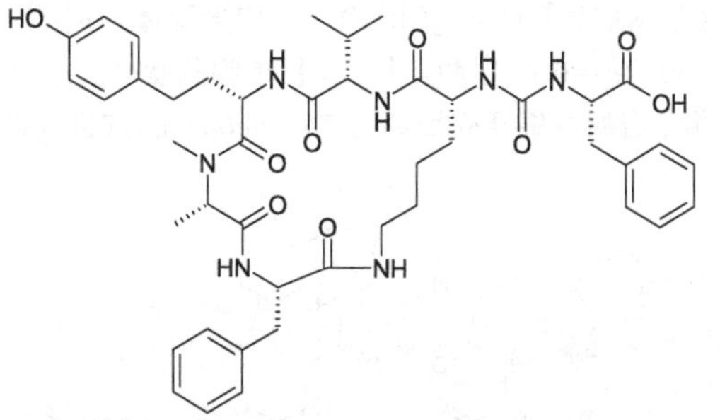

1420 Anabaenopeptin G 鱼腥藻肽亭 G*
【基本信息】$C_{49}H_{67}N_7O_{11}$, 无定形固体, $[\alpha]_D = -27°$ (c = 0.2, 甲醇).【类型】鱼腥藻肽亭类.【来源】蓝细菌阿氏颤藻 *Oscillatoria agardhii* [Syn. 蓝细菌浮丝藻属 *Planktothrix agardhii*] NIES 595.【活性】羧肽酶 A 抑制剂.【文献】Y. Itou, et al. Bioorg. Med. Chem. Lett., 1999, 9, 1243.

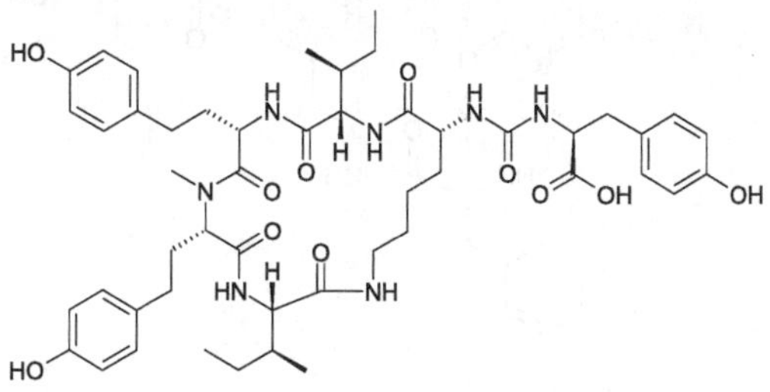

1421 Anabaenopeptin H 鱼腥藻肽亭 H*
【基本信息】$C_{46}H_{70}N_{10}O_{10}$, 无定形固体, $[\alpha]_D = -24.4°$ (c = 0.08, 甲醇).【类型】鱼腥藻肽亭类.【来源】蓝细菌阿氏颤藻 *Oscillatoria agardhii* NIES 595.【活性】羧肽酶 A 抑制剂.【文献】Y. Itou, et al. Bioorg. Med. Chem. Lett., 1999, 9, 1243.

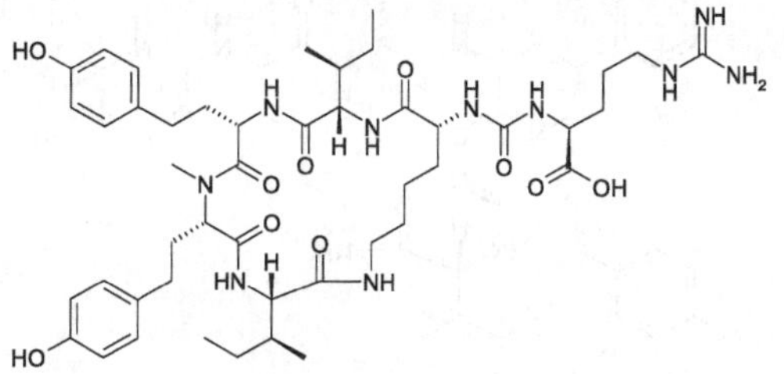

1422 Anabaenopeptin I 鱼腥藻肽亭 I*
【基本信息】$C_{38}H_{61}N_7O_9$, 粉末, $[\alpha]_D = -30°$ (c = 0.1, 甲醇).【类型】鱼腥藻肽亭类.【来源】蓝细菌水华束丝藻 *Aphanizomenon flos-aquae*.【活性】羧肽酶 A 抑制剂.【文献】M. Murakami, et al. JNP, 2000, 63, 1280.

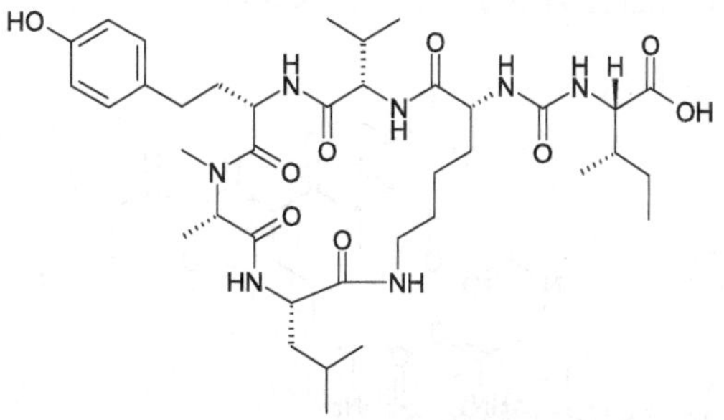

1423 Anabaenopeptin J 鱼腥藻肽亭 J*
【基本信息】$C_{41}H_{59}N_7O_9$, 粉末, $[\alpha]_D = -51.5°$ (c = 0.1, 甲醇).【类型】鱼腥藻肽亭类.【来源】蓝细

菌水华束丝藻 *Aphanizomenon flos-aquae* NIES 81.【活性】羧肽酶 A 抑制剂.【文献】M. Murakami, et al. JNP, 2000, 63, 1280.

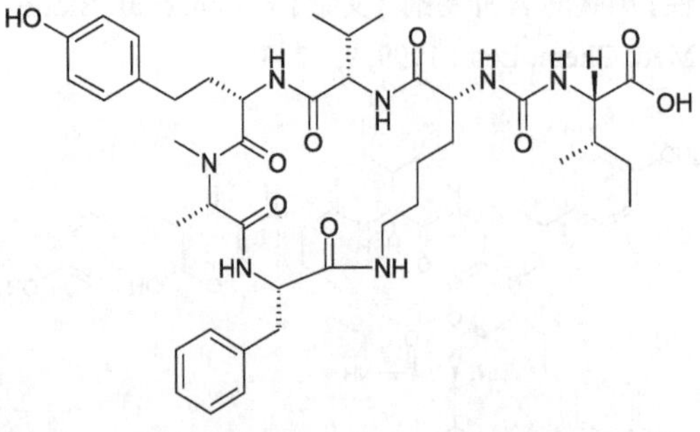

1424 Anabaenopeptin T 鱼腥藻肽亭 T*
【基本信息】$C_{45}H_{67}N_7O_{10}$, 无定形粉末, $[\alpha]_D = -14.1°$ ($c = 0.1$, 甲醇).【类型】鱼腥藻肽亭类.【来源】未鉴定的蓝细菌.【活性】羧肽酶 A 抑制剂.【文献】S. Kodani, et al. FEMS Microbiol. Lett., 1999, 178, 343.

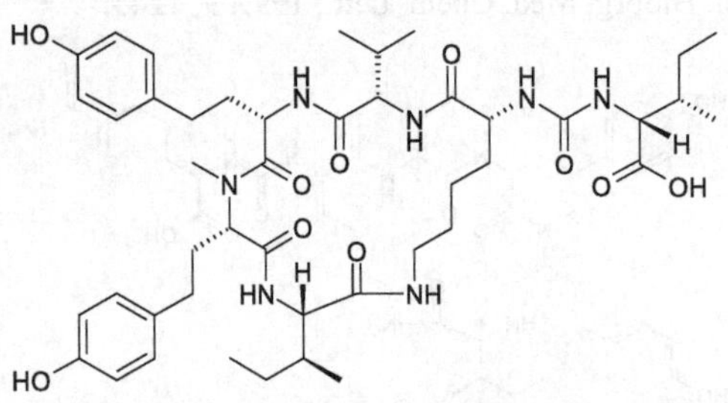

1425 Brunsvicamide B 布林斯威克酰胺 B*
【基本信息】$C_{46}H_{66}N_8O_8$, 无定形固体, $[\alpha]_D^{24} = -52.4°$ ($c = 0.37$, 甲醇).【类型】鱼腥藻肽亭类.【来源】蓝细菌席藻亚科 *Tychonema* sp.【活性】抗结核 [结核分枝杆菌 *Mycobacterium tuberculosis*, 蛋白酪氨酸磷酸酶 B (PTPB) 抑制剂].【文献】D. Müller, et al. JMC, 2006, 49, 4871.

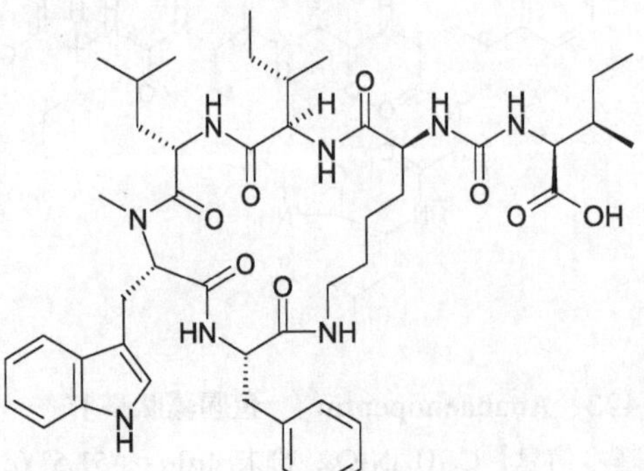

1426 Brunsvicamide C 布林斯威克酰胺 C*
【基本信息】$C_{45}H_{64}N_8O_{10}$, 无定形固体, $[\alpha]_D^{24} = -76.3°$ ($c = 0.42$, 甲醇).【类型】鱼腥藻肽亭类.【来源】蓝细菌席藻亚科 *Tychonema* sp.【活性】抗结核（结核分枝杆菌 *Mycobacterium tuberculosis*, 蛋白酪氨酸磷酸酶 B 抑制剂).【文献】D. Müller, et al. JMC, 2006, 49, 4871.

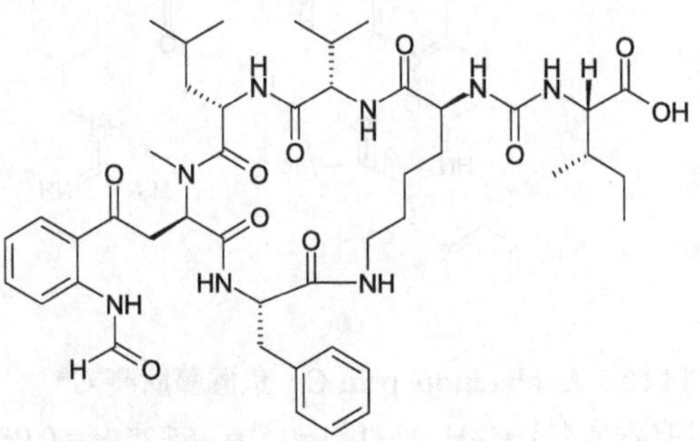

1427 Keramamide A 庆良间酰胺 A*
【基本信息】$C_{49}H_{63}ClN_8O_9$, $[\alpha]_D^{20} = -190°$ ($c = 0.03$, 甲醇).【类型】鱼腥藻肽亭类.【来源】岩屑海绵蒂壳海绵属 *Theonella* sp.【活性】钙-腺苷三磷酸酶抑制剂.【文献】J. Kobayashi, et al. JCS Perkin Trans. I, 1991, 2609.

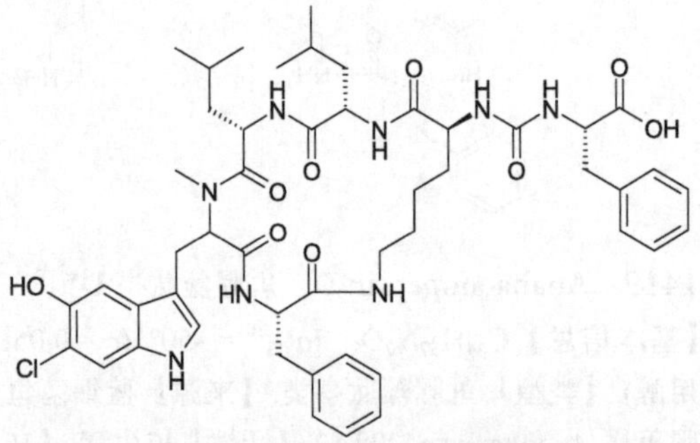

1428 Keramamide L 庆良间酰胺 L*
【基本信息】$C_{49}H_{63}ClN_8O_8$, 无定形固体, $[\alpha]_D^{22} = -60°$ ($c = 0.1$, 甲醇).【类型】鱼腥藻肽亭类.【来源】岩屑海绵蒂壳海绵属 *Theonella* sp. (庆良间群

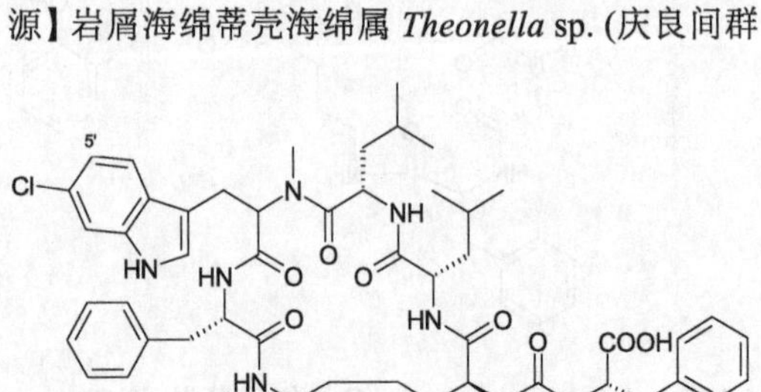

岛岸外, 冲绳, 日本).【活性】细胞毒 (L_{1210}, in vitro, IC_{50} = 0.46μg/mL; KB, in vitro, IC_{50} = 0.9μg/mL).【文献】H. Uemoto, et al. Tetrahedron, 1998, 54, 6719.

1429 Konbamide 扣恩泊酰胺*
【别名】Konbanamide; 扣恩班酰胺*.【基本信息】$C_{40}H_{61}BrN_8O_9$, $[\alpha]_D^{21}$ = –43° (c = 0.042, 甲醇).【类型】鱼腥藻肽亭类.【来源】岩屑海绵带壳海绵属 Theonella sp. (冲绳, 日本).【活性】钙调蛋白拮抗剂.【文献】J. Kobayashi, et al. J. Chem. Soc., Chem. Commun., 1991, 1050; 175 U. Schmidt, et al. Angew. Chem., Int. Ed. Engl., 1996, 35, 1336.

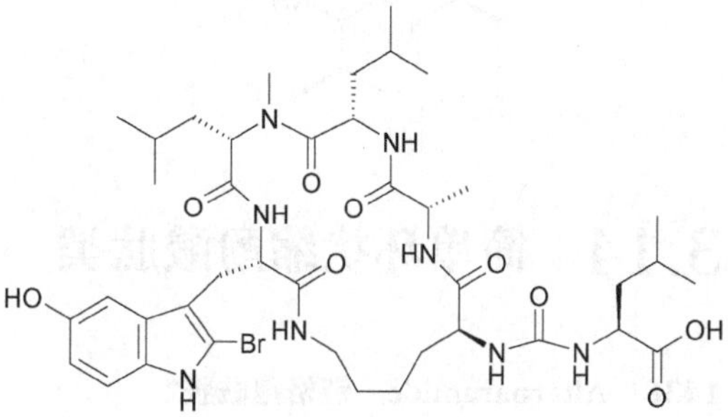

1430 Nodulapeptin A 节球藻肽亭 A*
【基本信息】$C_{44}H_{63}N_7O_{13}S$, 无定形物质, $[\alpha]_D^{26}$ = –43.5° (c = 0.03, 甲醇).【类型】鱼腥藻肽亭类.【来源】蓝细菌泡沫节球藻 Nodularia spumigena AV1.【活性】藻毒素; 肝脏毒素.【文献】K. Fujii, et al. Tetrahedron Lett., 1997, 38, 5525.

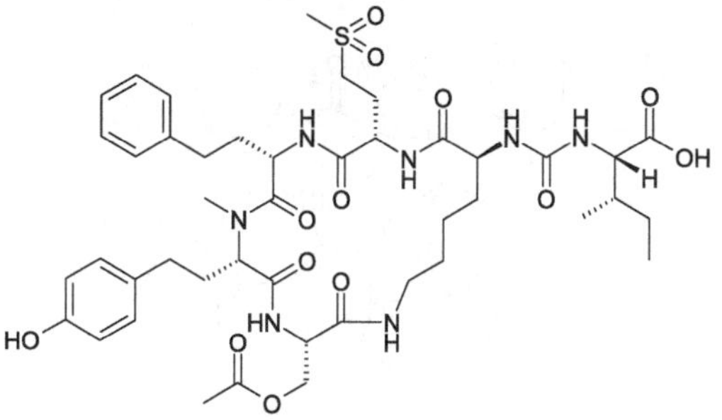

1431 Nodulapeptin B 节球藻肽亭 B*
【基本信息】$C_{44}H_{63}N_7O_{12}S$, 无定形物质, $[\alpha]_D^{26}$ = –44.7° (c = 0.03, 甲醇).【类型】鱼腥藻肽亭类.【来源】蓝细菌泡沫节球藻 Nodularia spumigena AV1.【活性】藻毒素; 肝脏毒素.【文献】K. Fujii, et al. Tetrahedron Lett., 1997, 38, 5525.

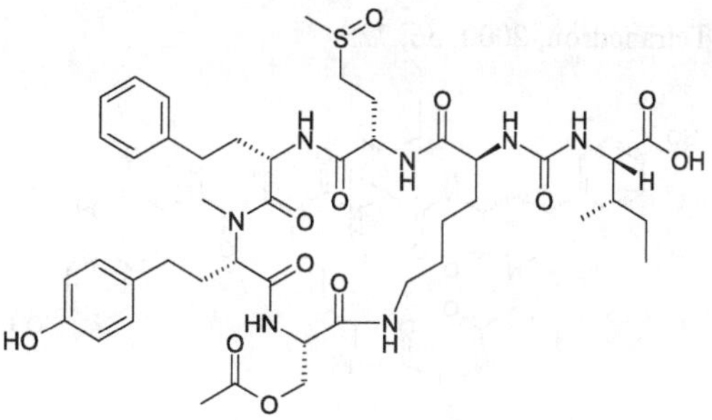

1432 Oscillamide B 颤藻酰胺 B*
【基本信息】$C_{41}H_{60}N_{10}O_9S$, 无定形固体, $[\alpha]_D^{25}$ = –83° (c = 0.2, 甲醇).【类型】鱼腥藻肽亭类.【来源】蓝细菌浮丝藻属 Planktothrix agardhii 和蓝细菌浮丝藻属 Planktothrix rubescens.【活性】蛋白磷酸酶PP抑制剂.【文献】T. Sano, et al. JNP, 2001, 64, 1052.

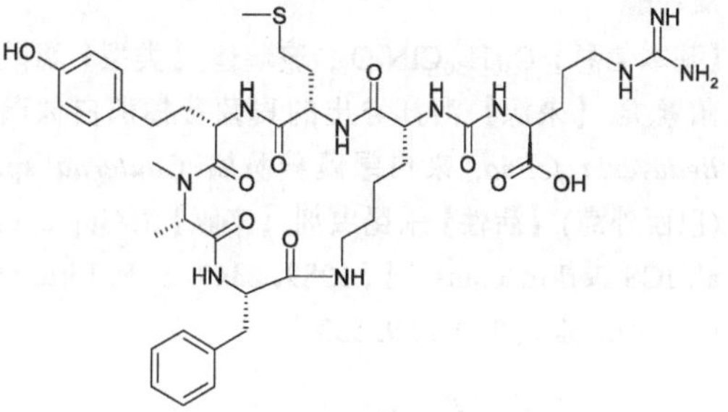

1433 Oscillamide C 颤藻酰胺 C*
【基本信息】$C_{49}H_{68}N_{10}O_{10}$, 无定形固体, $[\alpha]_D^{25}$ = –111° (c = 0.15, 甲醇).【类型】鱼腥藻肽亭类.【来源】蓝细菌浮丝藻属 Planktothrix rubescens.【活性】蛋白磷酸酶PP抑制剂.【文献】T. Sano, et al. JNP, 2001, 64, 1052.

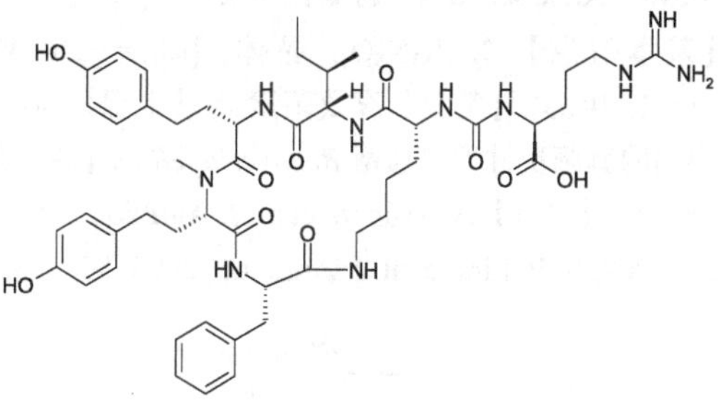

1434 Oscillamide Y 颤藻酰胺 Y*
【基本信息】$C_{45}H_{59}N_7O_{10}$, 无定形固体, $[\alpha]_D$ = –58.7° (c = 0.1, 甲醇).【类型】鱼腥藻肽亭类.【来源】蓝细菌阿氏颤藻 Oscillatoria agardhii.【活性】胰凝乳蛋白酶抑制剂.【文献】T. Sano, et al. Tetrahedron Lett., 1995, 36, 5933; K. Fujii, et al.

Tetrahedron, 2000, 56, 725.

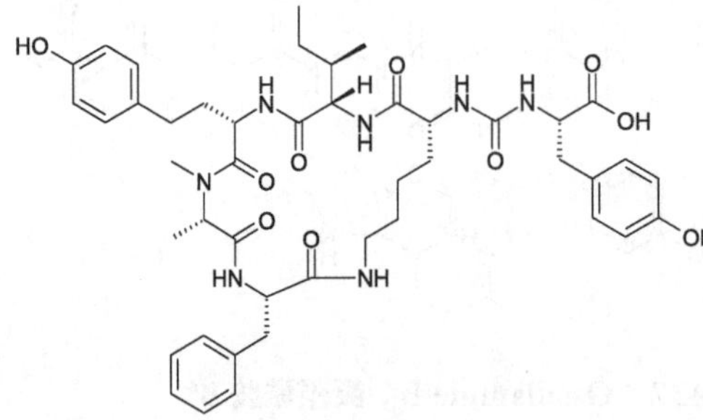

3.13 腐败菌素类

1435　Destruxin E chlorohydrin　腐败菌素 E 氯乙醇

【基本信息】$C_{30}H_{50}ClN_5O_8$, 玻璃体.【类型】腐败菌素类.【来源】海洋导出的真菌费林那白僵菌 *Beauveria felina*, 来自绿藻蕨藻属 *Caulerpa* sp. (巴西外海).【活性】杀昆虫剂.【文献】S. Gupta, et al. JCS Perkin Trans. Ⅰ, 1989, 2347; S. P. Lira, et al. J. Antibiot., 2006, 59, 553.

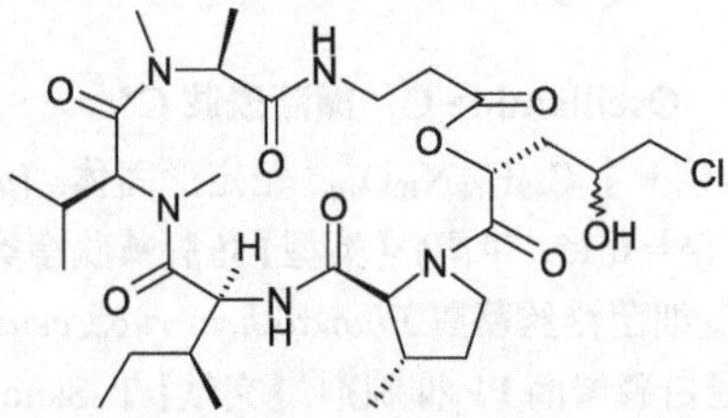

1436　Roseocardin　粉断孢卡啶*

【基本信息】$C_{31}H_{53}N_5O_7$, 晶体, $[\alpha]_D = -206.4°$ ($c = 1$, 甲醇).【类型】腐败菌素类.【来源】海洋导出的真菌费林那白僵菌 *Beauveria felina*.【活性】强心剂.【文献】A. Tsunoo, et al. J. Antibiot., 1997, 50, 1007; S. P. Lira, et al. J. Antibiot., 2006, 59, 553.

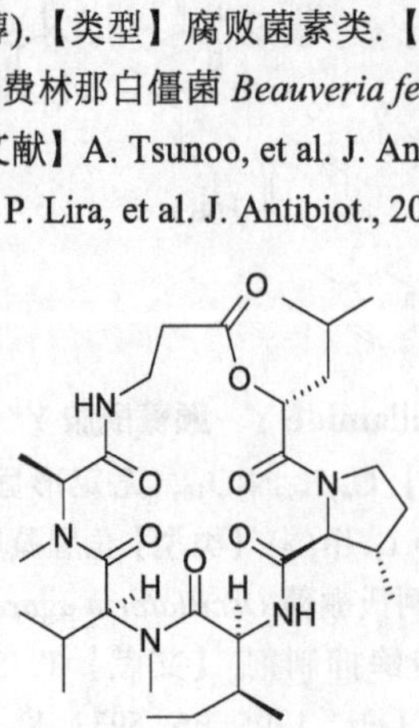

1437　Roseotoxin B　粉断孢毒素 B

【基本信息】$C_{30}H_{49}N_5O_7$, 晶体 (苯/己烷), mp 200~202°C, $[\alpha]_D^{25} = -235°$ (乙醇).【类型】腐败菌素类.【来源】海洋导出的真菌费林那白僵菌 *Beauveria felina*.【活性】增强心脏功能的; 影响肌肉收缩的; 真菌毒素.【文献】S. P. Lira, et al. J. Antibiot., 2006, 59, 553.

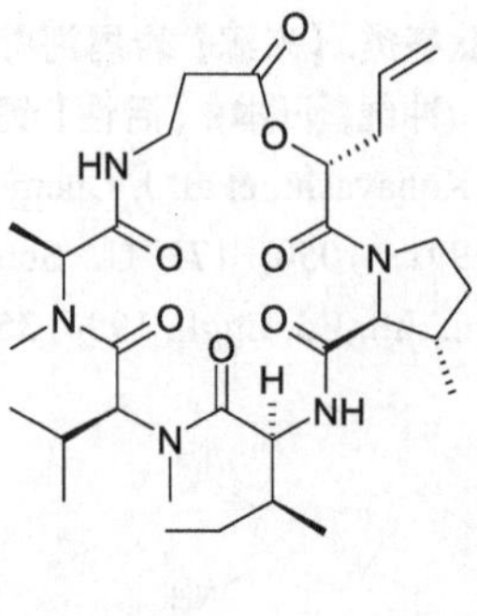

3.14 简单环状缩酚酸肽类

1438　Alternaramide　链格孢酰胺*

【基本信息】$C_{33}H_{40}N_4O_6$, 粉末, $[\alpha]_D^{25} = -6°$ ($c = 0.53$, 甲醇).【类型】简单环状缩酚酸肽.【来源】海洋导出的真菌链格孢属 *Alternaria* sp. SF-5016 (沉积物样本, 朝鲜半岛水域).【活性】抗菌 (金黄色葡萄球菌 *Staphylococcus aureus* 和枯草杆菌 *Bacillus subtilis*, 低活性); 蛋白酪氨酸磷酸酶 1B (PTP1B) 抑制剂.【文献】M.-Y. Kim, et al. JNP, 2009, 72, 2065.

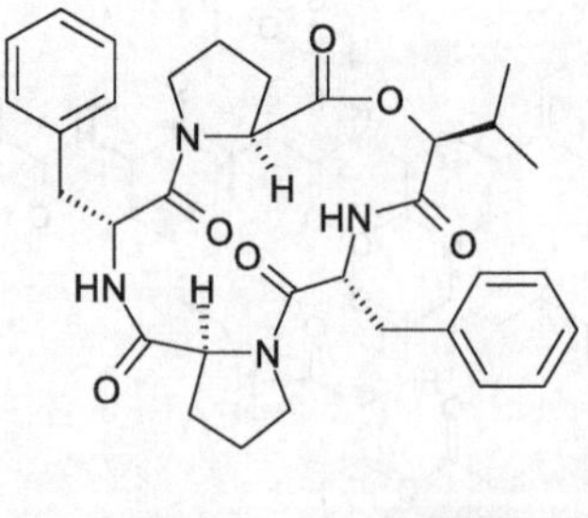

1439　Alterobactin A　交替单胞菌亭 A*

【基本信息】$C_{36}H_{53}N_{11}O_{18}$, 灰白色固体.【类型】简单环状缩酚酸肽.【来源】海洋细菌藤黄紫交替单胞菌 *Alteromonas luteoviolacea*.【活性】铁载体 (对铁离子有特殊活性, $K_a = 10^{49} \sim 10^{53}$).【文献】R. T. Reid, et al. Nature, 1993, 366, 455; J. Deng, et al. JACS, 1995, 117, 7824; J. Deng, et al. Synthesis, 1998, 627.

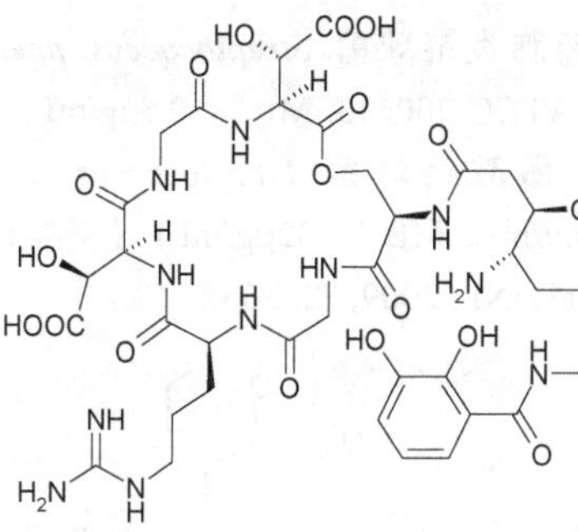

1440　Antibiotics IB 01212　抗生素 IB 01212
【基本信息】$C_{56}H_{88}N_8O_{10}$，粉末，$[\alpha]_D = -106°$ (c = 1，氯仿).【类型】简单环状缩酚酸肽.【来源】海洋导出的真菌黏帚霉属 *Clonostachys* sp. ESNA-A009，来自未鉴定的海绵（日本水域）.【活性】细胞毒 (14 种不同的人癌细胞中，LNCaP，SKBR3，HT29 和 HeLa 细胞的 GI_{50} 在 $1.0×10^{-8}$mol/L 数量级).【文献】L. J. Cruz, et al. JOC, 2006, 71, 3335; 3339.

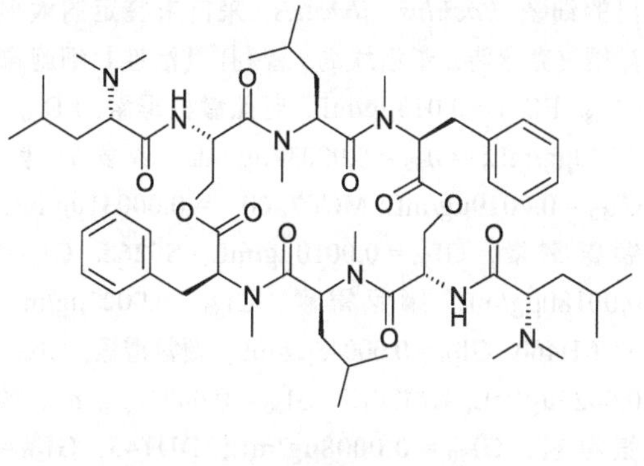

1441　Aplidine　阿普利啶*
【别名】Dehydrodidemnin B; Plitidepsin; 去氢迪迪姆宁 B*.【基本信息】$C_{57}H_{87}N_7O_{15}$，固体，mp 152~160°C，$[\alpha]_D = -95.9°$ (c = 1.8，氯仿).【类型】简单环状缩酚酸肽.【来源】实心膜海鞘* *Trididemnum solidum*（小圣萨尔瓦多，巴哈马）和褶胃海鞘属 *Aplidium albicans*（地中海）.【活性】免疫抑制剂 (MLR 试验，IC_{50} = 0.38nmol/L); 细胞毒 (P_{388}，IC_{50} = 0.18nmol/L); 抗肿瘤（II 期临床试验: 2002 年，FDA 批准为孤儿药; 2004 年; 用于治疗急性淋巴细胞白血病和多发性骨髓瘤); 抑制血管内皮生长因子 VEGF 分泌.【文献】F. J. Schmitz, et al. J. Nat. Prod., 1991, 54, 1469; R. Sakai, et al. JMC, 1996, 39, 2819; B. Liang, et al. JACS, 2001, 123, 4469; L. Yao, et al. IDrugs, 2003, 6, 246 (Rev.); J. Jimeno, et al. Mar. Drugs, 2004, 1, 14 (Rev.); E. F. Brandon, et al. Invest. New Drugs, 2007, 25, 9; T. F. Molinski, et al. JNP, 2011, 74, 882.

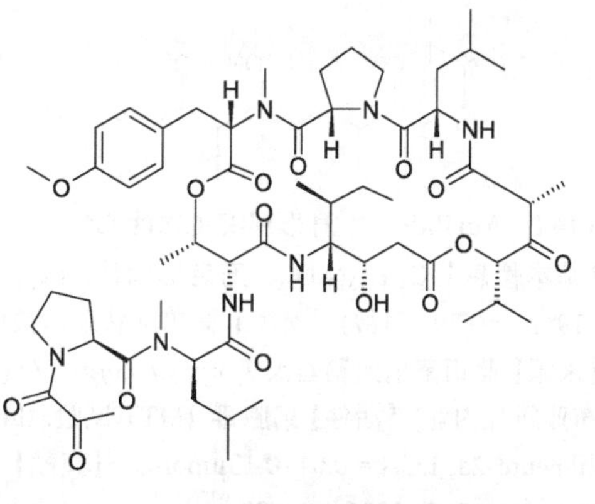

1442　Aurilide　耳形尾海兔内酯*
【基本信息】$C_{44}H_{75}N_5O_{10}$，粉末，$[\alpha]_D^{25} = -17°$ (c = 0.06，甲醇).【类型】简单环状缩酚酸肽.【来源】软体动物耳形尾海兔 *Dolabella auricularia*.【活性】细胞毒 (HeLa-S3，IC_{50} = 0.011μg/mL).【文献】K. Suenaga, et al. Tetrahedron, 2004, 60, 8509.

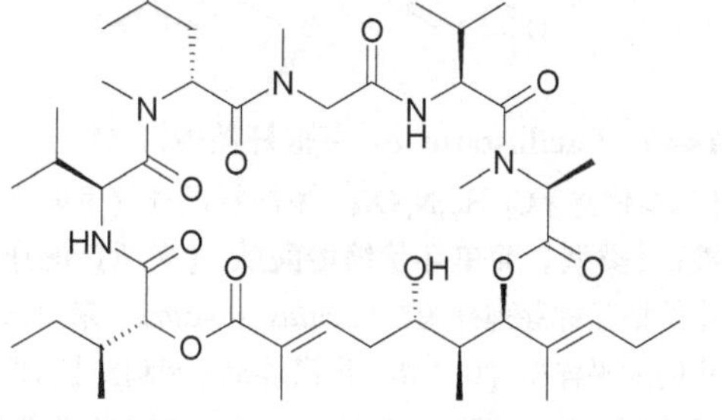

1443　Aurilide B　耳形尾海兔内酯 B*
【基本信息】$C_{44}H_{75}N_5O_{10}$，无定形固体，$[\alpha]_D^{24} = -17°$ (c = 0.34，甲醇).【类型】简单环状缩酚酸肽.【来源】蓝细菌稍大鞘丝藻 *Lyngbya majuscula*（巴布亚新几内亚）.【活性】抗癌细胞效应（模型: 大白鼠主动脉 A-10 细胞; 机制: 细胞微丝断裂）; 细胞毒 (MTT 试验: H460 和 neuro-2a，LC_{50} = 0.01~0.13μmol/L); 细胞毒 (NCI 60 种癌细胞筛选程序: 高水平细胞毒，平均 GI_{50} < 10nmol/L; 对白血病，肾癌和前列腺癌有特别的活性).【文献】B. Han, et al. JNP, 2006, 69, 572; M. Costa, et al. Mar. Drugs, 2012, 10, 2181 (Rev.).

1444 Aurilide C 耳形尾海兔内酯 C*
【基本信息】$C_{43}H_{73}N_5O_{10}$，无定形固体，$[\alpha]_D^{24} = -19°$ ($c = 0.39$, 甲醇).【类型】简单环状缩酚酸肽.【来源】蓝细菌稍大鞘丝藻 *Lyngbya majuscula* (巴布亚新几内亚).【活性】细胞毒 (MTT 试验: H460 和 neuro-2a, $LC_{50} = 0.01\sim0.13\mu mol/L$).【文献】B. Han, et al. JNP, 2006, 69, 572.

1445 Bacillistatin 1 芽孢杆菌他汀 1*
【基本信息】$C_{57}H_{96}N_6O_{18}$，棱柱状晶体 (甲醇水溶液).【类型】简单环状缩酚酸肽.【来源】海洋导出的细菌林芽孢杆菌* *Bacillus silvestris*，来自未鉴定的太平洋蟹 (克永港, 奇洛埃岛, 智利).【活性】细胞毒 (P_{388}, $ED_{50} = 0.023\mu g/mL$, 对照缬氨霉素，$ED_{50} = 0.120\mu g/mL$; BXPC3, $GI_{50} = 0.00095\mu g/mL$, 缬氨霉素，$GI_{50} = 0.0019\mu g/mL$; MCF7, $GI_{50} = 0.00061\mu g/mL$, 缬氨霉素，$GI_{50} = 0.0010\mu g/mL$; SF268, $GI_{50} = 0.00045\mu g/mL$, 缬氨霉素，$GI_{50} = 0.0027\mu g/mL$; NCI-H460, $GI_{50} = 0.00230\mu g/mL$, 缬氨霉素，$GI_{50} = 0.0025\mu g/mL$; KM20L2, $GI_{50} = 0.00087\mu g/mL$, 缬氨霉素，$GI_{50} = 0.0008\mu g/mL$; DU145, $GI_{50} = 0.00150\mu g/mL$, 缬氨霉素，$GI_{50} = 0.0035\mu g/mL$); 抗菌 (肺炎链球菌 *Streptococcus pneumoniae* ATCC 6303, MIC = $2\mu g/mL$, MBC = $4\mu g/mL$; 抗盘尼西林肺炎葡萄球菌 *Staphylococcus pneumoniae* PRSP, MIC = $1\mu g/mL$, MBC = $2\mu g/mL$;

多重耐药肺炎链球菌 *Streptococcus pneumonia* MDRSP ATCC 700673, MIC < $0.5\mu g/mL$, MBC = $1\mu g/mL$; 酿脓链球菌 *Streptococcus pyogenes*, MIC = $4\mu g/mL$, MBC > $32\mu g/mL$).【文献】G. R. Pettit, et al. JNP, 2009, 72, 366.

1446 Bacillistatin 2 芽孢杆菌他汀 2*
【基本信息】$C_{57}H_{96}N_6O_{18}$，棱柱状晶体 (甲醇水溶液).【类型】简单环状缩酚酸肽.【来源】海洋导出的细菌 *Bacillus silvestris*，来自未鉴定的太平洋蟹 (克永港, 奇洛埃岛, 智利).【活性】细胞毒 (P_{388}, $ED_{50} = 0.013\mu g/mL$, 对照缬氨霉素，$ED_{50} = 0.120\mu g/mL$; $GI_{50} = 0.00034\mu g/mL$, 缬氨霉素，$GI_{50} = 0.0019\mu g/mL$; MCF7, $GI_{50} = 0.00031\mu g/mL$, 缬氨霉素，$GI_{50} = 0.0010\mu g/mL$; SF268, $GI_{50} = 0.00180\mu g/mL$, 缬氨霉素，$GI_{50} = 0.0027\mu g/mL$; NCI-H460, $GI_{50} = 0.00045\mu g/mL$, 缬氨霉素，$GI_{50} = 0.0025\mu g/mL$; KM20L2, $GI_{50} = 0.00026\mu g/mL$, 缬氨霉素，$GI_{50} = 0.0008\mu g/mL$; DU145, $GI_{50} = 0.00086\mu g/mL$, 缬氨霉素，$GI_{50} = 0.0035\mu g/mL$); 抗菌 (肺炎链球菌 *Streptococcus pneumoniae* ATCC 6303, MIC = $1\mu g/mL$, MBC = $2\mu g/mL$; 抗盘尼西林肺炎葡萄球菌 *Staphylococcus pneumoniae*

PRSP, MIC = 1μg/mL, MBC = 1μg/mL; MDRSP ATCC 700673, MIC < 0.5μg/mL, MBC < 0.5μg/mL; 酿脓链球菌 *Streptococcus pyogenes,* MIC = 2μg/mL, MBC > 16μg/mL).【文献】G. R. Pettit, et al. JNP, 2009, 72, 366; 372.

1447　Bouillonamide　蓝细菌鞘丝藻酰胺*
【基本信息】$C_{46}H_{67}N_5O_8$.【类型】简单环状缩酚酸肽.【来源】蓝细菌鞘丝藻属 *Moorea bouillonii* (新不列颠岛, 巴布亚新几内亚).【活性】细胞毒 (neuro-2a).【文献】L. T. Tan, et al. Mar. Drugs, 2013, 11, 3015.

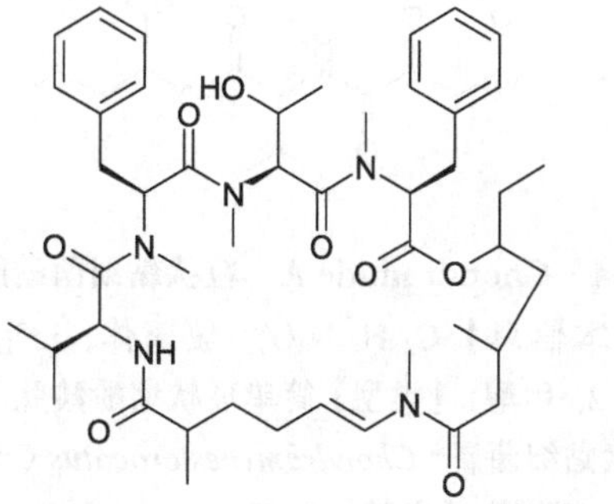

1448　Bromoalterochromide A　溴假交替单胞菌克娄麦得 A*
【基本信息】$C_{38}H_{50}BrN_7O_{10}$, 黄色固体.【类型】简单环状缩酚酸肽.【来源】海洋导出的细菌假交替单胞菌属 *Pseudoalteromonas maricaloris* KMM 636.【活性】细胞毒 (发育中的海胆 *Strongylocentrotus intermedius* 卵).【文献】M. Speitling, et al. J. Antibiot., 2007, 60, 36.

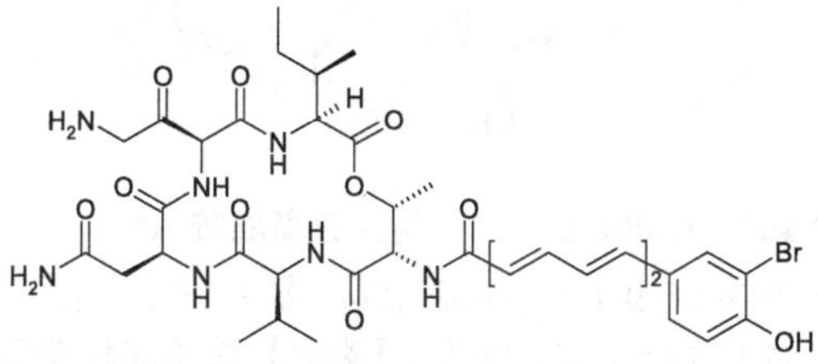

1449　Callipeltin A　岩屑海绵亭 A*
【基本信息】$C_{68}H_{116}N_{18}O_{20}$, $[α]_D$ = +3.56° (c = 0.012, 甲醇).【类型】简单环状缩酚酸肽.【来源】岩屑海绵 Neopeltidae 科 *Callipelta* sp. [新喀里多尼亚 (法属)] 和寇海绵属 *Latrunculia* sp.【活性】细胞毒 (多种肿瘤细胞, 包括几种有药物抗性的细胞); 抗 HIV (保护细胞不被 HIV 病毒感染); 抗真菌 (白色念珠菌 *Candida albicans*, 100μg/盘,

IZD = 30mm); 正性肌力作用.【文献】M. V. D'Auria, et al. Tetrahedron, 1996, 52, 9589; A. Zampella, et al. JACS, 1996, 118, 6202; L. Trevisi, et al. Biochem. Biophys. Res. Commun., 2000, 279, 219; A. Zampella, et al. Tetrahedron Lett., 2002, 43, 6163; A. Zampella, et al. Org. Lett., 2005, 7, 3585; A. E. Wright, Current Opinion in Biotechnology, 2010, 21, 801; P. L. Winder, et al. Mar. Drugs, 2011, 9, 2643 (Rev.).

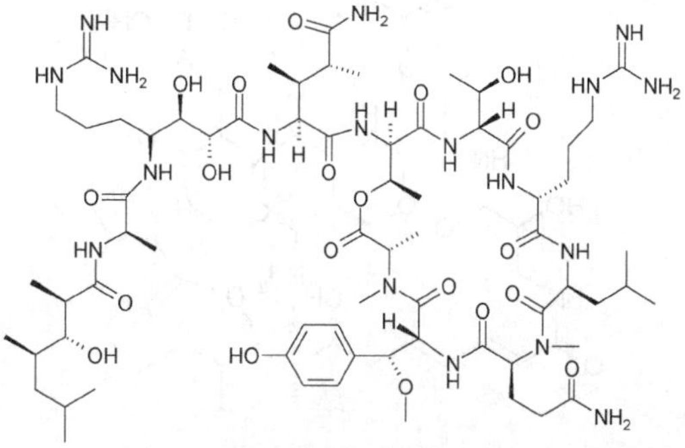

1450　Callipeltin B　岩屑海绵亭 B*
【基本信息】$C_{47}H_{74}N_{12}O_{14}$, $[α]_D$ = +11.3° (甲醇).【类型】简单环状缩酚酸肽.【来源】岩屑海绵 Neopeltidae 科 *Callipelta* sp. (新喀里多尼亚岸外) 和寇海绵属 *Latrunculia* sp.【活性】细胞毒 (KB, P_{388}, NSCLC-N6, 细胞增殖抑制剂).【文献】M. V. D'Auria, et al. Tetrahedron, 1996, 52, 9589; A. Zampella, et al. Tetrahedron Lett., 2002, 43, 6163; S. Calimsiz, et al. JOC, 2006, 71, 6351; P. L. Winder, et al. Mar. Drugs, 2011, 9, 2643 (Rev.).

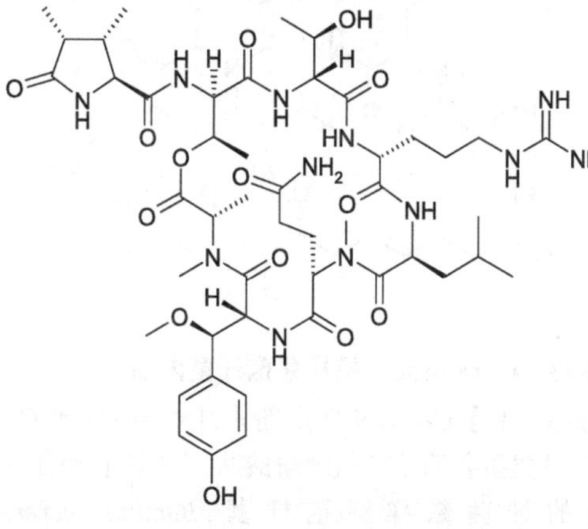

1451　Celebeside A　色列比赛得 A*
【基本信息】$C_{37}H_{62}N_7O_{16}P$, 无定形粉末, $[α]_D^{23}$ = −49.9° (c = 0.32, 甲醇).【类型】简单环状缩酚酸

肽.【来源】岩屑海绵蒂壳海绵科 *Siliquariaspongia mirabilis* (苏拉威西岛岸外, 印度尼西亚).【活性】细胞毒 [HCT116, IC$_{50}$ = 9.9μmol/L]; 细胞毒 [HCT116, IC$_{50}$ = (8.8±3.0)μg/mL]; 抗HIV-1病毒 (HIV-1 SF162 被膜, 中性化 HIV-1 单轮感染性试验, IC$_{50}$ = (1.9±0.4)μg/mL).【文献】A. Plaza, et al. JOC, 2009, 74, 504; P. L. Winder, et al. Mar. Drugs, 2011, 9, 2643 (Rev.).

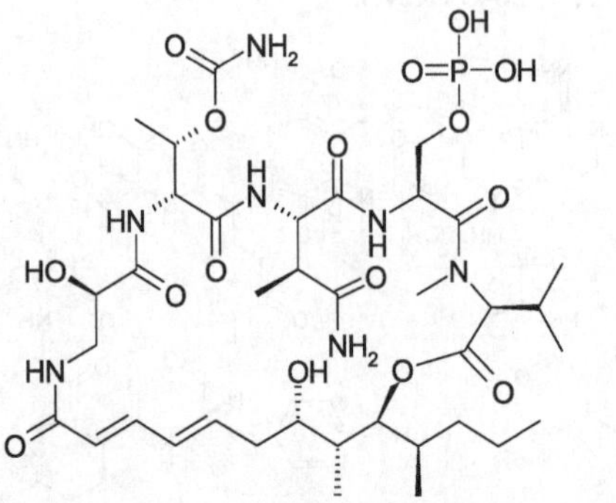

1452 Celebeside C 色列比赛得 C*
【基本信息】C$_{37}$H$_{61}$N$_7$O$_{13}$, 无定形粉末, [α]$_D^{23}$ = −3.4º (c = 0.06, 甲醇).【类型】简单环状缩酚酸肽.【来源】岩屑海绵蒂壳海绵科 *Siliquariaspongia mirabilis* (苏拉威西岛岸外, 印度尼西亚).【活性】细胞毒 (HCT116, IC$_{50}$ > 31μmol/L).【文献】A. Plaza, et al. JOC, 2009, 74, 504; P. L. Winder, et al. Mar. Drugs, 2011, 9, 2643 (Rev.).

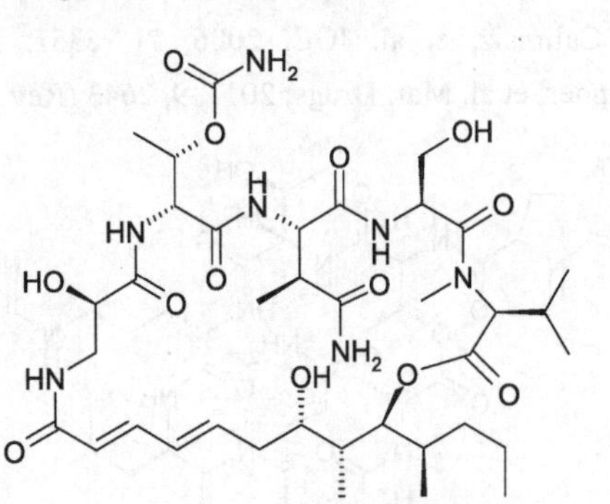

1453 Cereulide 蜡样芽孢杆菌内酯*
【基本信息】C$_{57}$H$_{96}$N$_6$O$_{18}$, 粉末, [α]$_D$ = +10.4º (甲醇).【类型】简单环状缩酚酸肽.【来源】海洋导出的细菌蜡样芽孢杆菌 *Bacillus cereus* SCRC-4h1-2, 来自软体动物前鳃 *Littorina* sp. (表面).【活性】细胞毒 (P$_{388}$, IC$_{50}$ = 0.0082ng/mL; Colon26, IC$_{50}$ = 0.035ng/mL); 铷和钾选择性离子载体; 催吐药.【文献】G.-Y.-S. Wang, et al. Chem. Lett., 1995, 791.

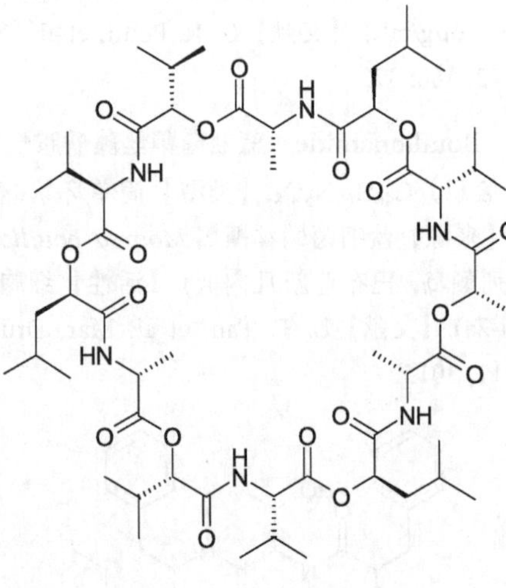

1454 Chondramide A 粒状黏细菌酰胺 A*
【基本信息】C$_{36}$H$_{46}$N$_4$O$_7$, 玻璃体, [α]$_D$ = +2.1º (c = 2, 甲醇).【类型】简单环状缩酚酸肽.【来源】粒状黏细菌属* *Chondromyces crocatus* Cmc5.【活性】细胞毒.【文献】B. Kunze, et al. J. Antibiot., 1995, 48, 1262; R. Jansen, et al. Annalen, 1996, 285.

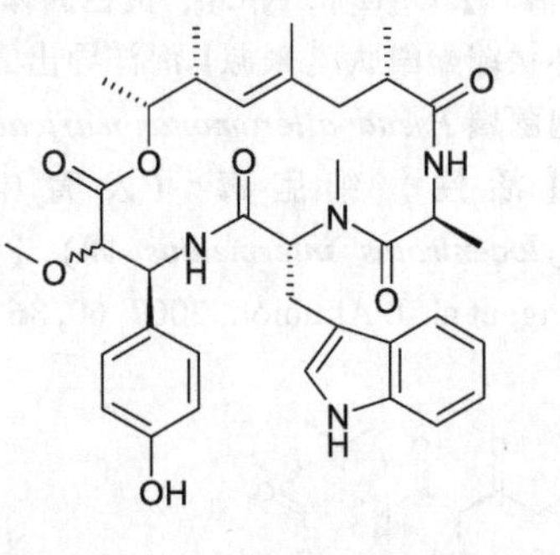

1455 Coibamide A 柯义巴岛酰胺 A*
【基本信息】C$_{65}$H$_{110}$N$_{10}$O$_{16}$, 油状物, [α]$_D^{23}$ = −54.1º (c = 0.02, 氯仿).【类型】简单环状缩酚酸肽.【来源】蓝细菌 Leptolyngbyoideae 亚科 *Leptolyngbya* sp. (柯义巴岛国家公园, 巴拿马).【活性】抗癌细胞效应 (模型: NCI-H460; 机制: 抑制细胞循环); 细胞毒 (MTT 试验: NCI-H460, MDA-MB-231, LOX-IMVI, HL60 和 SNB75); 细胞毒 (NCI 60 种癌细胞筛选程序, 以前没有的选择性分布, 抗恶性细胞增生).【文献】R. A. Medina, et al. JACS, 2008, 130, 6324.

1456 Cryptophycin 1 念珠藻环肽 1
【别名】Cryptophycin A; 念珠藻环肽 A; 念珠藻素.【基本信息】$C_{35}H_{43}ClN_2O_8$, $[\alpha]_D^{25}$ = +33.8º (c = 1.8, 甲醇).【类型】简单环状缩酚酸肽.【来源】蓝细菌念珠藻属 *Nostoc* sp. GSV 224 和蓝细菌念珠藻属 *Nostoc* spp.【活性】细胞毒 (KB, IC_{50} = 5pg/mL; LoVo, IC_{50} = 3pg/mL; 高潜力的微管动力学抑制剂, 在 G_2/M 阶段阻断细胞循环, 比当前提供的抗癌药物如紫杉醇或长春碱活性高出 100~1000 倍) (Patterson, 1991); 细胞毒 (M17; DMS273) (Patterson, 1991); 细胞毒 (KB, IC_{50} = 0.0092nmol/L; LoVo, IC_{50} = 0.010nmol/L; SK-OV-3, IC_{50} = 0.020nmol/L) (Golatoki, 1995); 抗癌细胞效应 (模型: MDA-MB-435; 机制: 半胱氨酸天冬氨酸蛋白酶-3 蛋白活化); 抗癌细胞效应 (模型: MDA-MB-435 和 SK-OV-3; 机制: 抑制细胞循环).【文献】G. M. L. Patterson, et al. J. Phycol. 1991, 27, 530; T. Golatoki, et al. JACS, 1995, 117, 12030; CRC Press, DNP on DVD, 2012, version 20.2; M. Costa, et al. Mar. Drugs, 2012, 10, 2181 (Rev.).

1457 Cryptophycin 16 念珠藻环肽 16
【基本信息】$C_{34}H_{41}ClN_2O_8$, $[\alpha]_D$ = +41.3º (c = 5.2, 甲醇).【类型】简单环状缩酚酸肽.【来源】蓝细菌念珠藻属 *Nostoc* sp. GSV 224.【活性】细胞毒 (KB, IC_{50} = 0.359nmol/L; LoVo, IC_{50} = 0.273nmol/L; SK-OV-3, IC_{50} = 0.606nmol/L).【文献】T. Golatoki, et al. JACS, 1995, 117, 12030; CRC Press, DNP on DVD, 2012, version 20.2.

1458 Cryptophycin 17 念珠藻环肽 17
【基本信息】$C_{34}H_{41}ClN_2O_7$, $[\alpha]_D$ = +27.8º (c = 0.37, 氯仿).【类型】简单环状缩酚酸肽.【来源】蓝细菌念珠藻属 *Nostoc* sp. GSV 224.【活性】细胞毒 (KB, IC_{50} = 7.53nmol/L; LoVo, IC_{50} = 9.46nmol/L; SK-OV-3, IC_{50} = 17.7nmol/L).【文献】G. Trimurtulu, et al. JACS, 1994, 116, 4729; T. Golatoki, et al. JACS, 1995, 117, 12030.

1459 Cryptophycin 175 念珠藻环肽 175
【基本信息】$C_{35}H_{42}Cl_2N_2O_7$, $[\alpha]_D$ = +32.8º (c = 0.81, 氯仿).【类型】简单环状缩酚酸肽.【来源】蓝细菌念珠藻属 *Nostoc* sp. GSV 224.【活性】细胞毒 (KB, LoVo, SK-OV-3, IC_{50} ≈ 100nmol/L).【文献】G. V. Subbaraju, et al. JNP, 1997, 60, 302.

1460 Cryptophycin 176 念珠藻环肽 176
【基本信息】$C_{33}H_{39}ClN_2O_8$, $[\alpha]_D$ = +40.5º (c = 0.38, 甲醇).【类型】简单环状缩酚酸肽.【来源】蓝细菌念珠藻属 *Nostoc* sp. ATCC 53789.【活性】细胞毒 (KB, LoVo, SK-OV-3, IC_{50} = 1.3~1.6nmol/L).【文献】G. V. Subbaraju, et al. JNP, 1997, 60, 302.

1461 Cryptophycin 18 念珠藻环肽 18

【基本信息】$C_{35}H_{43}ClN_2O_7$, $[\alpha]_D = +54.9°$ ($c = 0.93$, 甲醇).【类型】简单环状缩酚酸肽.【来源】蓝细菌念珠藻属 *Nostoc* sp. GSV 224.【活性】细胞毒 (KB, $IC_{50} = 48.6$ nmol/L; LoVo, $IC_{50} = 20.4$ nmol/L; SK-OV-3, $IC_{50} = 36.6$ nmol/L).【文献】T. Golatoki, et al. JACS, 1995, 117, 12030.

1462 Cryptophycin 19 念珠藻环肽 19

【基本信息】$C_{34}H_{41}ClN_2O_7$, $[\alpha]_D = +62.6°$ ($c = 0.67$, 甲醇).【类型】简单环状缩酚酸肽.【来源】蓝细菌念珠藻属 *Nostoc* sp. GSV 224.【活性】细胞毒 (KB, $IC_{50} = 11.7$ nmol/L; LoVo, $IC_{50} = 11.2$ nmol/L; SK-OV-3, $IC_{50} = 65.1$ nmol/L).【文献】T. Golatoki, et al. JACS, 1995, 117, 12030.

1463 Cryptophycin 2 念珠藻环肽 2

【别名】Cryptophycin B; 念珠藻环肽 B.【基本信息】$C_{35}H_{44}N_2O_8$, $[\alpha]_D^{25} = +20.4°$ ($c = 0.5$, 甲醇).【类型】简单环状缩酚酸肽.【来源】蓝细菌念珠藻属 *Nostoc* sp. GSV 224.【活性】细胞毒 (KB, $IC_{50} = 0.073$ nmol/L; LoVo, $IC_{50} = 0.110$ nmol/L; SK-OV-3, $IC_{50} = 0.057$ nmol/L).【文献】G. Trimurtulu, et al. JACS, 1994, 116, 4729; T. Golatoki, et al. JACS, 1995, 117, 12030.

1464 Cryptophycin 21 念珠藻环肽 21

【基本信息】$C_{34}H_{41}ClN_2O_8$, $[\alpha]_D = +40.2°$ ($c = 0.72$, 氯仿).【类型】简单环状缩酚酸肽.【来源】蓝细菌念珠藻属 *Nostoc* sp. GSV 224.【活性】细胞毒 (KB, $IC_{50} = 0.017$ nmol/L; LoVo, $IC_{50} = 0.019$ nmol/L; SK-OV-3, $IC_{50} = 0.050$ nmol/L).【文献】T. Golatoki, et al. JACS, 1995, 117, 12030.

1465 Cryptophycin 23 念珠藻环肽 23

【基本信息】$C_{34}H_{40}Cl_2N_2O_8$, $[\alpha]_D = +47°$ ($c = 1.55$, 甲醇).【类型】简单环状缩酚酸肽.【来源】蓝细菌念珠藻属 *Nostoc* sp. GSV 224.【活性】细胞毒 (KB, $IC_{50} = 3.12$ nmol/L; LoVo, $IC_{50} = 0.59$ nmol/L; SK-OV-3, $IC_{50} = 2.52$ nmol/L).【文献】T. Golatoki, et al. JACS, 1995, 117, 12030.

1466 Cryptophycin 24 念珠藻环肽 24

【别名】Arenastatin A; 多沙掘海绵亭 A*.【基本信息】$C_{34}H_{42}N_2O_8$, 无定形固体, $[\alpha]_D = +19°$ ($c = 0.1$, 甲醇), $[\alpha]_D = +48.8°$ ($c = 0.63$, 氯仿).【类型】简单环状缩酚酸肽.【来源】蓝细菌念珠藻属 *Nostoc* sp. ATCC 53789, 多沙掘海绵* *Dysidea arenaria*.【活性】细胞毒 (KB, $IC_{50} = 0.198$ nmol/L; LoVo, $IC_{50} = 0.157$ nmol/L; SK-OV-3, $IC_{50} = 0.499$ nmol/L); 细胞毒 (KB, $IC_{50} = 5$ pg/mL); 抗有丝分裂; 微管组装抑制剂; 抗真菌 (选择性的).【文献】M. Kobayashi, et al. CPB, 1993, 41, 989; 1994, 42, 2196; 1994, 42, 2394; 1995, 43, 1598; M. Kobayashi, et al. Tetrahedron Lett., 1994, 35, 7969; T. Golatoki, et al. JACS, 1995, 117, 12030; Y. Koiso, et al. Chem. Biol. Interact., 1996, 102, 183; J. D. White, et al. Tetrahedron Lett., 1998, 39, 8779; J. D. White, et al. JOC, 1999, 64, 6206.

1467 Cryptophycin 26 念珠藻环肽 26
【基本信息】$C_{35}H_{45}ClN_2O_8$, $[\alpha]_D = +28.2°$ ($c = 1.31$, 氯仿). 【类型】简单环状缩酚酸肽. 【来源】蓝细菌念珠藻属 *Nostoc* sp. GSV 224. 【活性】细胞毒 (KB, $IC_{50} = 35.1$ nmol/L; LoVo, $IC_{50} = 18.3$ nmol/L; SK-OV-3, $IC_{50} = 142$ nmol/L). 【文献】T. Golatoki, et al. JACS, 1995, 117, 12030;

1470 Cryptophycin 3 念珠藻环肽 3
【别名】Cryptophycin C; 念珠藻环肽 C. 【基本信息】$C_{35}H_{43}ClN_2O_7$, $[\alpha]_D^{25} = +20.3°$ ($c = 1.1$, 甲醇). 【类型】简单环状缩酚酸肽. 【来源】蓝细菌念珠藻属 *Nostoc* sp. GSV 224. 【活性】细胞毒 (KB, $IC_{50} = 3.13$ nmol/L; LoVo, $IC_{50} = 1.88$ nmol/L; SK-OV-3, $IC_{50} = 4.36$ nmol/L). 【文献】G. Trimurtulu, et al. JACS, 1994, 116, 4729; T. Golatoki, et al. JACS, 1995, 117, 12030.

1468 Cryptophycin 28 念珠藻环肽 28
【基本信息】$C_{34}H_{41}ClN_2O_7$, $[\alpha]_D = +65.6°$ ($c = 0.93$, 甲醇). 【类型】简单环状缩酚酸肽. 【来源】蓝细菌念珠藻属 *Nostoc* sp. GSV 224. 【活性】细胞毒 (KB, $IC_{50} = 2.88$ nmol/L; LoVo, $IC_{50} = 1.11$ nmol/L; SK-OV-3, $IC_{50} = 9.76$ nmol/L). 【文献】T. Golatoki, et al. JACS, 1995, 117, 12030.

1471 Cryptophycin 30 念珠藻环肽 30
【基本信息】$C_{35}H_{45}ClN_2O_8$, $[\alpha]_D = -12.3°$ ($c = 1.53$, 氯仿). 【类型】简单环状缩酚酸肽. 【来源】蓝细菌念珠藻属 *Nostoc* sp. GSV 224. 【活性】细胞毒 (KB, $IC_{50} = 18.3$ nmol/L; LoVo, $IC_{50} = 10.8$ nmol/L; SK-OV-3, $IC_{50} = 31.6$ nmol/L). 【文献】T. Golatoki, et al. JACS, 1995, 117, 12030.

1469 Cryptophycin 29 念珠藻环肽 29
【基本信息】$C_{34}H_{41}ClN_2O_7$, $[\alpha]_D = +22.2°$ ($c = 1.13$, 氯仿). 【类型】简单环状缩酚酸肽. 【来源】蓝细菌念珠藻属 *Nostoc* sp. ATCC 53789. 【活性】细胞毒 (KB, $IC_{50} = 3.69$ nmol/L; LoVo, $IC_{50} = 1.04$ nmol/L; SK-OV-3, $IC_{50} = 5.9$ nmol/L). 【文献】T. Golatoki, et al. JACS, 1995, 117, 12030.

1472 Cryptophycin 31 念珠藻环肽 31
【基本信息】$C_{35}H_{42}Cl_2N_2O_8$, $[\alpha]_D = +50.6°$ ($c = 1.13$, 甲醇). 【类型】简单环状缩酚酸肽. 【来源】蓝细菌念珠藻属 *Nostoc* sp. GSV 224. 【活性】细胞毒 (KB, $IC_{50} = 2.62$ nmol/L; LoVo, $IC_{50} = 0.218$ nmol/L; SK-OV-3, $IC_{50} = 1.23$ nmol/L). 【文献】T. Golatoki, et al. JACS, 1995, 117, 12030.

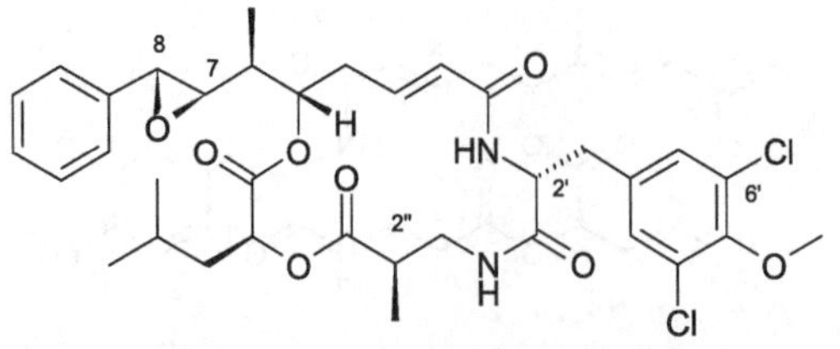

1473　Cryptophycin 4　念珠藻环肽 4
【别名】Cryptophycin D；念珠藻环肽 D.【基本信息】$C_{35}H_{44}N_2O_7$，$[\alpha]_D^{25}=+36.7°$（$c=1.9$，甲醇）.【类型】简单环状缩酚酸肽.【来源】蓝细菌念珠藻属 *Nostoc* sp. GSV 224.【活性】细胞毒（KB，$IC_{50}=16.5$nmol/L；LoVo，$IC_{50}=21.5$nmol/L；SK-OV-3，$IC_{50}=34.5$nmol/L）.【文献】G. Trimurtulu, et al. JACS, 1994, 116, 4729; T. Golatoki, et al. JACS, 1995, 117, 12030.

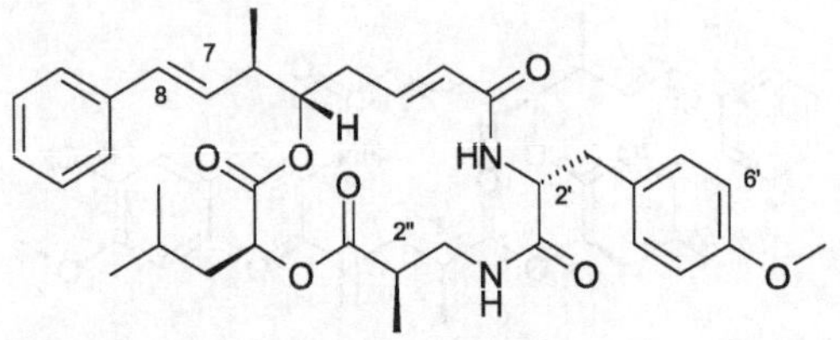

1474　Cryptophycin 40　念珠藻环肽 40
【基本信息】$C_{34}H_{41}ClN_2O_8$，$[\alpha]_D=+41.6°$（$c=0.31$，氯仿）.【类型】简单环状缩酚酸肽.【来源】蓝细菌念珠藻属 *Nostoc* sp. GSV 224.【活性】细胞毒（KB，$IC_{50}=0.61$nmol/L；LoVo，$IC_{50}=0.625$nmol/L；SK-OV-3，$IC_{50}=2.63$nmol/L）.【文献】T. Golatoki, et al. JACS, 1995, 117, 12030.

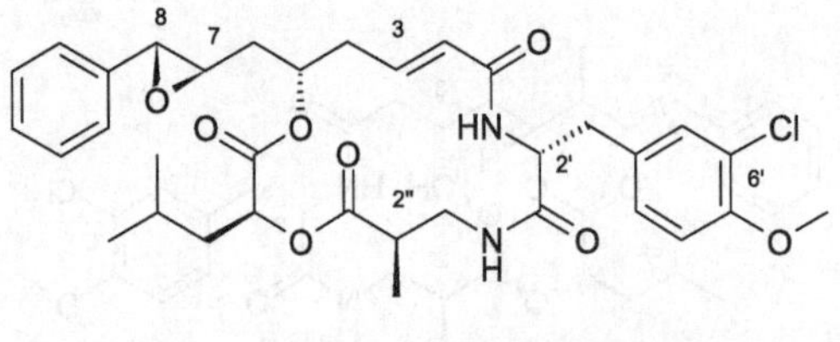

1475　Cryptophycin 43　念珠藻环肽 43
【基本信息】$C_{34}H_{42}N_2O_7$，$[\alpha]_D=+20°$（$c=0.2$，氯仿）.【类型】简单环状缩酚酸肽.【来源】蓝细菌念珠藻属 *Nostoc* sp. GSV 224.【活性】细胞毒（KB，$IC_{50}=1.22$nmol/L；LoVo，$IC_{50}=1.36$nmol/L；SK-OV-3，$IC_{50}=1.88$nmol/L）.【文献】G. Trimurtulu, et al. JACS, 1994, 116, 4729; T. Golatoki, et al. JACS, 1995, 117, 12030.

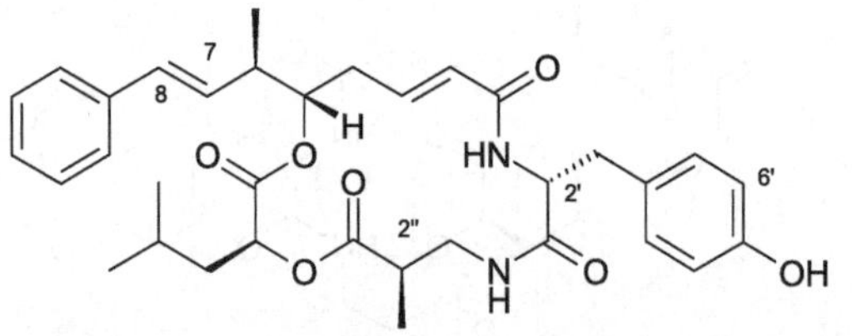

1476　Cryptophycin 45　念珠藻环肽 45
【基本信息】$C_{34}H_{40}Cl_2N_2O_7$，$[\alpha]_D=+72°$（$c=0.2$，甲醇）.【类型】简单环状缩酚酸肽.【来源】蓝细菌念珠藻属 *Nostoc* sp. GSV 224.【活性】细胞毒（KB，$IC_{50}=3.5$nmol/L；LoVo，$IC_{50}=3.6$nmol/L；SK-OV-3，$IC_{50}=2.48$nmol/L）.【文献】T. Golatoki, et al. JACS, 1995, 117, 12030.

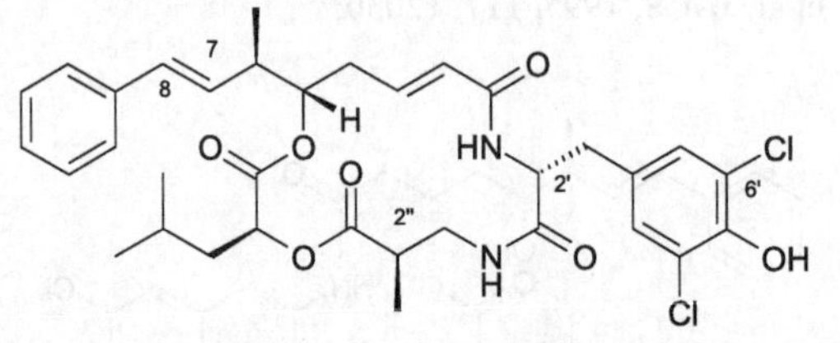

1477　Cryptophycin 46　念珠藻环肽 46
【基本信息】$C_{35}H_{43}ClN_2O_7$，$[\alpha]_D=-62.1°$（$c=0.66$，氯仿）.【类型】简单环状缩酚酸肽.【来源】蓝细菌念珠藻属 *Nostoc* sp. GSV 224.【活性】细胞毒（KB，LoVo，SK-OV-3，$IC_{50}=750\sim1100$nmol/L）.【文献】G. V. Subbaraju, et al. JNP, 1997, 60, 302.

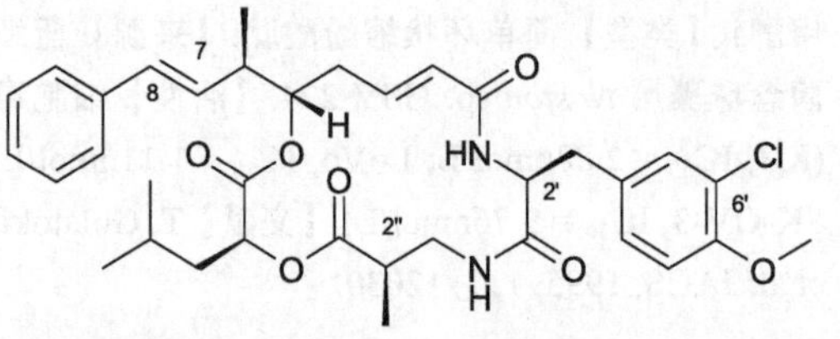

1478　Cryptophycin 49　念珠藻环肽 49
【基本信息】$C_{34}H_{41}ClN_2O_7$，$[\alpha]_D=+68.1°$（$c=0.07$，甲醇）.【类型】简单环状缩酚酸肽.【来源】蓝细菌念珠藻属 *Nostoc* sp. GSV 224.【活性】细胞毒（KB，$IC_{50}=2.24$nmol/L；LoVo，$IC_{50}=3.04$nmol/L；SK-OV-3，$IC_{50}=1.82$nmol/L）.【文献】T. Golatoki, et al. JACS, 1995, 117, 12030.

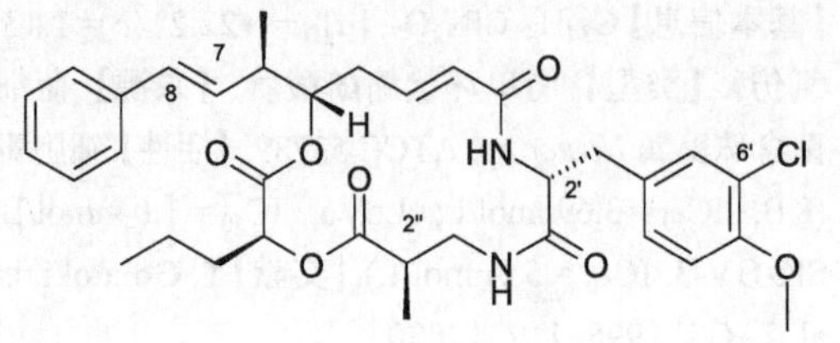

1479 Cryptophycin 50 念珠藻环肽 50
【基本信息】$C_{34}H_{41}ClN_2O_8$, $[\alpha]_D = +32°$ ($c = 0.44$, 氯仿).【类型】简单环状缩酚酸肽.【来源】蓝细菌念珠藻属 Nostoc sp. GSV 224.【活性】细胞毒 (KB, $IC_{50} = 0.047$ nmol/L; LoVo, $IC_{50} = 0.094$ nmol/L; SK-OV-3, $IC_{50} = 0.607$ nmol/L).【文献】T. Golatoki, et al. JACS, 1995, 117, 12030.

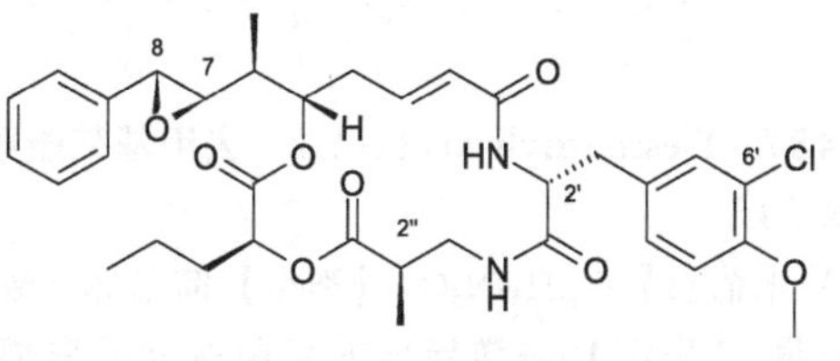

1480 Cryptophycin 52 念珠藻环肽 52
【基本信息】$C_{36}H_{45}ClN_2O_8$, 固体, $[\alpha]_D = +19.9°$ ($c = 0.5$, 氯仿).【类型】简单环状缩酚酸肽.【来源】合成化合物.【活性】抗有丝分裂, 抗肿瘤 (进入临床试验但仅有边缘活性, 两个其它的念珠藻环肽类似物稳定性和水溶性有改进, 考虑作为第二代临床候选化合物).【文献】C. Shin, et al. Curr. Pharmaceutical Design, 2001, 13, 1259; J. Liang, et al. InVest. New Drugs, 2005, 23, 213.

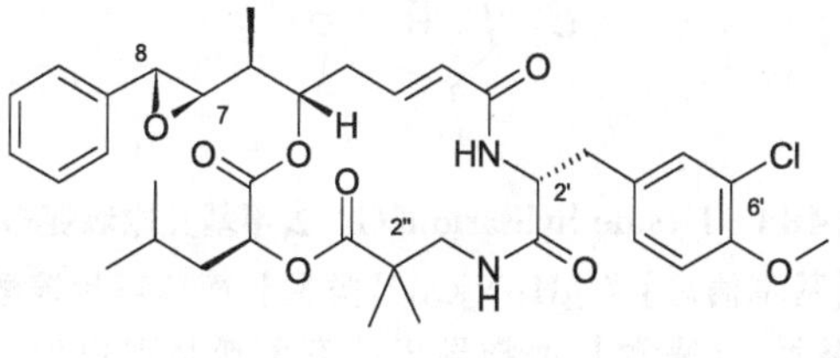

1481 Cryptophycin 54 念珠藻环肽 54
【基本信息】$C_{35}H_{43}ClN_2O_8$, $[\alpha]_D = +20.7°$ ($c = 0.73$, 甲醇).【类型】简单环状缩酚酸肽.【来源】蓝细菌念珠藻属 Nostoc sp. GSV 224.【活性】细胞毒 (KB, $IC_{50} = 1.22$ nmol/L; LoVo, $IC_{50} = 3.36$ nmol/L; SK-OV-3, $IC_{50} = 3.33$ nmol/L).【文献】T. Golatoki, et al. JACS, 1995, 117, 12030.

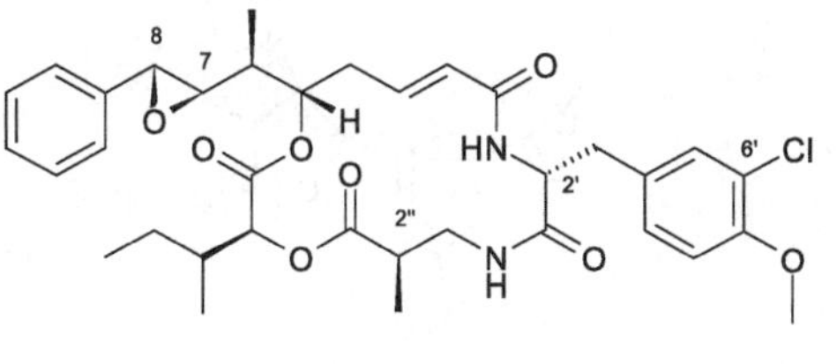

1482 33-Demethoxy-33-(methylsulfinyl)theonellapeptolide I d 33-去甲氧基-33-(甲基亚硫酰基)蒂壳海绵肽内酯 I d*
【基本信息】$C_{70}H_{125}N_{13}O_{16}S$, 无定形固体, $[\alpha]_D^{25} = -45°$ ($c = 1.0$, 甲醇).【类型】简单环状缩酚酸肽.【来源】岩屑海绵蒂壳海绵属 Theonella sp. (冲绳, 日本).【活性】抗菌 (革兰氏阳性菌金黄色葡萄球菌 Staphylococcus aureus, 藤黄色微球菌 Micrococcus luteus, 枯草杆菌 Bacillus subtilis, 包皮垢分枝杆菌 Mycobacterium smegmatis, MIC 分别为 8.0 μg/mL, 8.0 μg/mL, 8.0 μg/mL 和 16 μg/mL); 抗真菌 (须发癣菌 Trichophyton mentagrophytes, MIC = 4.0 μg/mL; 黑曲霉菌 Aspergillus niger, MIC > 66 μg/mL); 细胞毒 (L_{1210}, $IC_{50} = 9.0$ μg/mL).【文献】M. Tsuda, et al. Tetrahedron, 1999, 55, 10305.

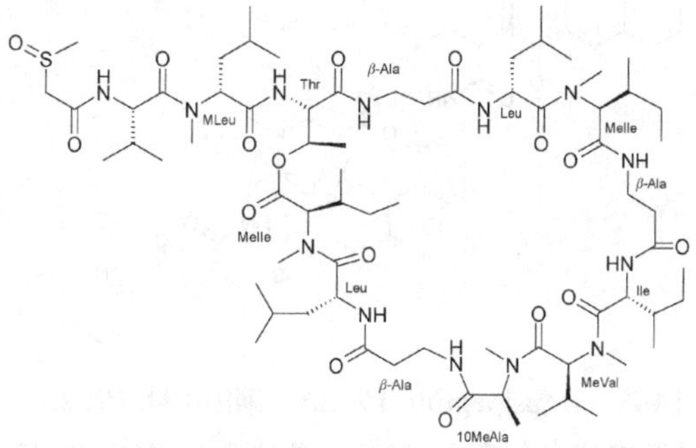

1483 33-Demethoxytheonellapeptolide I e 33-去甲氧基蒂壳海绵肽内酯 I e*
【基本信息】$C_{70}H_{125}N_{13}O_{15}$, 无定形固体, $[\alpha]_D^{24} = -56°$ ($c = 1.0$, 甲醇).【类型】简单环状缩酚酸肽.【来源】岩屑海绵蒂壳海绵属 Theonella sp. (冲绳, 日本).【活性】抗菌 (革兰氏阳性菌金黄色葡萄球菌 Staphylococcus aureus, 藤黄色微球菌 Micrococcus luteus, 枯草杆菌 Bacillus subtilis, 包皮垢分枝杆菌 Mycobacterium smegmatis, MIC 分

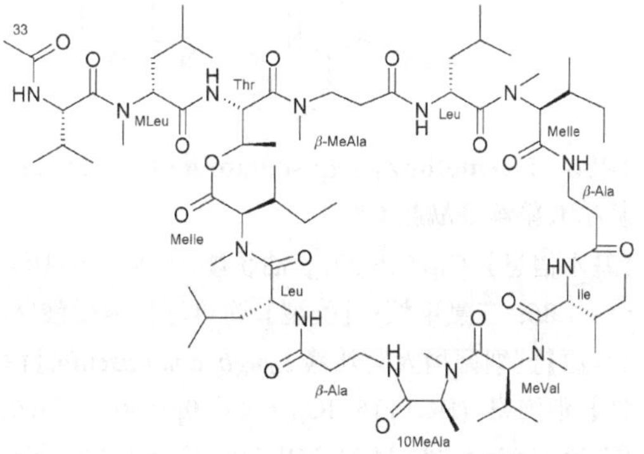

别为 ≥ 16μg/mL, 8.0μg/mL, 16μg/mL 和 66μg/mL); 抗真菌 (须发癣菌 Trichophyton mentagrophytes, 黑曲霉菌 Aspergillus niger, MIC = 8.0μg/mL); 细胞毒 (L_{1210}, IC_{50} = 7.5μg/mL).【文献】M. Tsuda, et al. Tetrahedron, 1999, 55, 10305.

1484 22'-Deoxythiocoraline 22'-去氧噻可拉林*

【基本信息】$C_{48}H_{56}N_{10}O_{11}S_6$, 白色固体, $[\alpha]_D^{25}$ = –98° (c = 0.0005, 氯仿).【类型】简单环状缩酚酸肽.【来源】海洋导出的细菌疣孢菌属 Verrucosispora sp., 来自岩屑海绵谷粒海绵属 Chondrilla caribensis f. caribensis (佛罗里达礁, 美国).【活性】细胞毒 (A549, EC_{50} = 0.13μmol/L).【文献】T. P. Wyche, et al. JOC, 2011, 76, 6542.

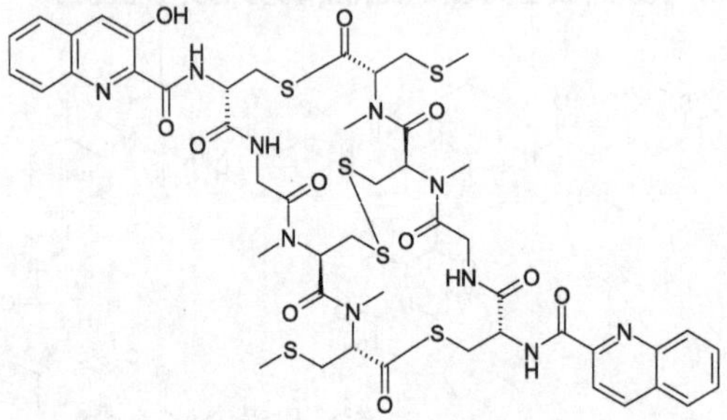

1485 Depsipeptide 1962A 缩酚酸肽 1962A*

【基本信息】$C_{30}H_{45}N_5O_8$, 晶体, mp 180~182°C, $[\alpha]_D^{20}$ = –63.4° (c = 0.005, 甲醇).【类型】简单环状缩酚酸肽.【来源】未鉴定的红树导出的真菌 1962, 来自红树秋茄树 Kandelia candel (中国香港).【活性】细胞毒 (MCF7, 温和活性).【文献】H. Huang, et al. JNP, 2007, 70, 1696.

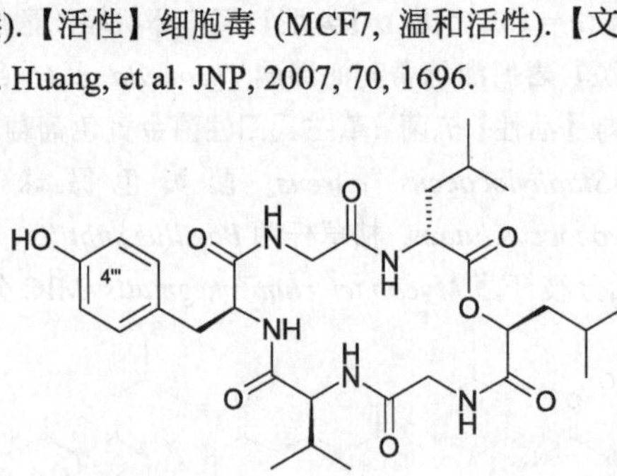

1486 Desmethoxymajusculamide C 去甲氧基稍大鞘丝藻酰胺 C*

【基本信息】$C_{49}H_{78}N_8O_{11}$, 油状物, $[\alpha]_D^{22}$ = –104° (c = 1.86, 二氯甲烷).【类型】简单环状缩酚酸肽.【来源】蓝细菌稍大鞘丝藻 Lyngbya majuscula.【活性】细胞毒 (HCT116, IC_{50} = 0.020μmol/L; H460, IC_{50} = 0.063μmol/L; MDA-MB-435, IC_{50} = 0.22μmol/L; neuro-2a, IC_{50} > 1.0μmol/L); 抗肿瘤 [in vivo, 治疗学研究, 用最高剂量 (T/C = 60%, 每日 0.62mg/kg) 5 天, 观察忍受人结直肠癌 HCT116 的 SCID 小鼠的疗效].【文献】T. L. Simmons, et al. JNP, 2009, 72, 1011.

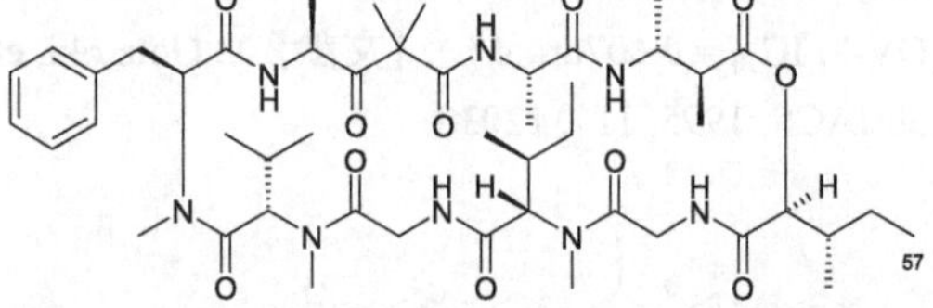

1487 Desmethylisaridin C1 去甲基艾撒瑞啶 C1*

【基本信息】$C_{35}H_{53}N_5O_7$.【类型】简单环状缩酚酸肽.【来源】海洋导出的真菌费林那白僵菌 Beauveria felina EN-135.【活性】抗菌 (大肠杆菌 Escherichia coli, MIC = 8μg/mL).【文献】F. Y. Du, et al. JNP, 2014, 77, 1164.

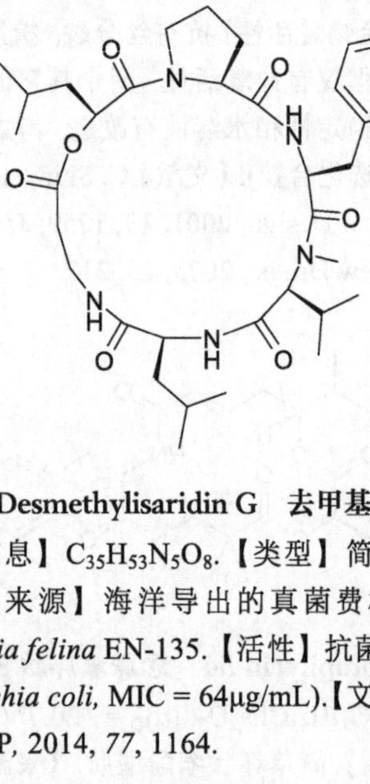

1488 Desmethylisaridin G 去甲基艾撒瑞啶 G*

【基本信息】$C_{35}H_{53}N_5O_8$.【类型】简单环状缩酚酸肽.【来源】海洋导出的真菌费林那白僵菌 Beauveria felina EN-135.【活性】抗菌 (大肠杆菌 Escherichia coli, MIC = 64μg/mL).【文献】F. Y. Du, et al. JNP, 2014, 77, 1164.

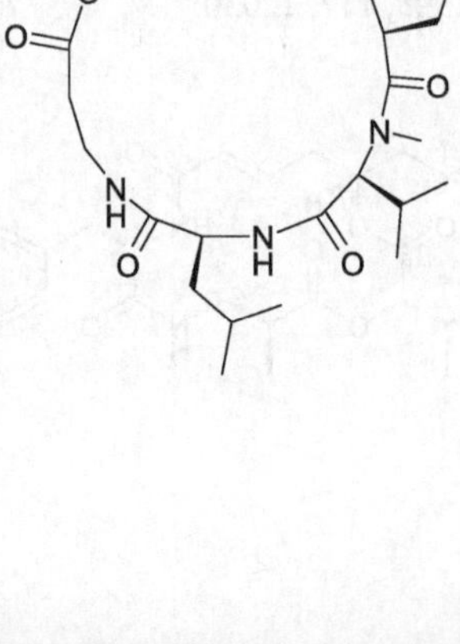

1489　Didemnin A　迪迪姆宁 A*
【基本信息】$C_{49}H_{78}N_6O_{12}$, $[\alpha]_D = -149.1°$ (氯仿).
【类型】简单环状缩酚酸肽.【来源】实心膜海鞘*
Trididemnum solidum* (小圣萨尔瓦多, 巴哈马) 和
膜海鞘属 *Trididemnum* sp.【活性】抗病毒 (抑制
RNA 和 DNA 病毒生长: 科萨奇病毒和马的鼻病
毒 *Equine rhinovirus* (二者均为 RNA 病毒) 和单
纯性疱疹病毒 2 (HSV-2, DNA 病毒), $ID_{50} =$
1.5μg/mL; HSV-1, $ID_{50} = 3$μg/mL); 免疫抑制 (MLR
试验, $IC_{50} = 0.98$nmol/L); 细胞毒 (P_{388}, $IC_{50} =$
11nmol/L); 细胞毒 (HCT116, $IC_{50} = 32$nmol/L).【文
献】K. L. Rinehart, Jr., et al. Science, 1981, 212,
933; K. L. Rinehart, et al. JACS, 1981, 103, 1857;
1987, 109, 6846; B. Liang, et al. JACS, 2001, 123,
4469; T. F. Molinski, et al. JNP, 2011, 74, 882.

1490　*epi*-Didemnin A₁　*epi*-迪迪姆宁 A₁*
【基本信息】$C_{49}H_{78}N_6O_{12}$, 粉末, mp 130~132°C,
$[\alpha]_D^{23} = -100°$ ($c = 0.1$, 氯仿).【类型】简单环状缩
酚酸肽.【来源】实心膜海鞘* Trididemnum solidum*
(加勒比海).【活性】细胞毒 (P_{388}, $IC_{50} = 2.0$μg/mL).
【文献】W. R. Li, et al. Stud. Nat. Prod. Chem., 1992,
10, 241; R. Sakai, et al. JACS, 1995, 117, 8885; M.
D. Vera, et al. Med. Res. Rev., 2002, 22, 102.

1491　Didemnin B　迪迪姆宁 B*
【基本信息】$C_{57}H_{89}N_7O_{15}$, $[\alpha]_D = -91.9°$ (氯仿).【类
型】简单环状缩酚酸肽.【来源】实心膜海鞘*
Trididemnum solidum* 和膜海鞘属 *Trididemnum
cyanophorum* (星骨海鞘科).【活性】免疫抑制剂
(MLR 试验, $IC_{50} = 0.42$nmol/L); 抗病毒 (抑制
RNA 和 DNA 病毒生长); 细胞毒 (P_{388}, $IC_{50} =$
1.8nmol/L); 细胞毒 (HCT116, $IC_{50} = 9.0$nmol/L);
抗肿瘤 (L_{1210}, $ID_{50} = 0.0011$μg/mL, P_{388}, $T/C =$
199%; B16, $T/C = 160$%).【文献】K. L. Rinehart, et
al. JACS, 1981, 103, 1857; K. L. Rinehart, et al.
Science (Washington, D.C.), 1981, 212, 933; B.
Liang, et al. JACS, 2001, 123, 4469; T. F. Molinski,
et al. JNP, 2011, 74, 882.

1492　Didemnin C　迪迪姆宁 C*
【基本信息】$C_{52}H_{82}N_6O_{14}$, $[\alpha]_D = -118.9°$ (氯仿).
【类型】简单环状缩酚酸肽.【来源】膜海鞘属
Trididemnum sp. (加勒比海) 和膜海鞘属
Trididemnum spp.【活性】抗病毒 (抑制 RNA 和 DNA
病毒生长); 细胞毒 (L_{1210}, P_{388} 和 B16 细胞株, 高活
性).【文献】K. L. Rinehart, Jr., et al. Science, 1981, 212,
933; K. L. Rinehart, Jr., et al. JACS, 1981, 103, 1857.

1493　Didemnin M　迪迪姆宁 M*

【别名】Didemnin H; 迪迪姆宁 H*.【基本信息】$C_{67}H_{102}N_{10}O_{19}$, 粉末, mp 158~160ºC, $[\alpha]_D^{25} = -68.4º$ ($c = 1.1$, 氯仿).【类型】简单环状缩酚酸肽.【来源】膜海鞘属 *Trididemnum cyanophorum*.【活性】免疫抑制剂 (MLR 试验, $IC_{50} = 0.00076$ nmol/L); 细胞毒 (P_{388}, $IC_{50} = 1.5$ nmol/L).【文献】A. Boulanger, et al. Tetrahedron Lett., 1994, 35, 4345; R. Sakai, et al. JACS, 1995, 117, 3734; 8885; B. Liang, et al. JACS, 2001, 123, 4469.

1494　Didemnin N　迪迪姆宁 N*

【基本信息】$C_{55}H_{85}N_7O_{15}$, 无定形固体, mp 150~152ºC, $[\alpha]_D^{24} = -49º$ ($c = 1.6$, 氯仿).【类型】简单环状缩酚酸肽.【来源】实心膜海鞘* *Trididemnum solidum* (加勒比海) 和膜海鞘属 *Trididemnum cyanophorum* [瓜德罗普岛 (法属)].【活性】细胞毒 (P_{388}, $IC_{50} = 5.0$ μg/mL).【文献】R. Sakai, et al. JACS, 1995, 117, 8885; E. Abou-Mansour, et al. Tetrahedron, 1995, 51, 12 591.

1495　Dolastatin 11　尾海兔素 11

【基本信息】$C_{50}H_{80}N_8O_{12}$, 粉末, mp 134~137ºC, $[\alpha]_D^{26} = -143.9º$ ($c = 0.33$, 二氯甲烷).【类型】简单环状缩酚酸肽.【来源】蓝细菌稍大鞘丝藻 *Lyngbya majuscula* 和蓝细菌钙生裂须藻* *Schizothrix calcicola* (集聚物), 软体动物耳形尾海兔 *Dolabella auricularia* (印度洋).【活性】细胞毒 (P_{388}, $ED_{50} = 2.7 \times 10^{-3}$ μg/mL).【文献】D. C. Carter, et al. JOC, 1984, 49, 236; G. R. Peddit, et al. Heterocycles, 1989, 28, 553; R. B. Bates, et al. JACS, 1997, 119, 2111.

1496　Dolastatin 12　尾海兔素 12

【基本信息】$C_{50}H_{80}N_8O_{11}$, 粉末, mp 130~135ºC, $[\alpha]_D^{24} = -98º$ ($c = 0.01$, 甲醇).【类型】简单环状缩酚酸肽.【来源】蓝细菌稍大鞘丝藻 *Lyngbya majuscula* 和蓝细菌钙生裂须藻* *Schizothrix calcicola* (集聚物), 蓝细菌 Leptolyngbyoideae 亚科 *Leptolyngbya* sp., 软体动物耳形尾海兔 *Dolabella auricularia* (印度洋).【活性】抗癌细胞效应 (模型: 大白鼠主动脉 A-10 细胞; 机制: 细胞微纤丝的破坏) (Harrigan, 1998); 细胞毒 (MTT 试验, 人 A549); 抗肿瘤 (PS, $ED_{50} = 7.5 \times 10^{-2}$ μg/mL).【文献】G. R. Peddit, et al. Heterocycles, 1989, 28, 553; G. G.

Harrigan, JNP 1998, 61, 1221; A. Catassi, et al. Cell. Mol. Life Sci. 2006, 63, 2377; CRC Press, DNP on DVD, 2012, version 20.2.

1497　Dolastatin 16　尾海兔素 16
【基本信息】$C_{47}H_{70}N_6O_4$，无色无定形固体，$[\alpha]_D^{20} = +22°$ ($c = 0.18$, 甲醇)；无定形粉末，$[\alpha]_D^{20} = +15.5°$ ($c = 0.2$, 甲醇).【类型】简单环状缩酚酸肽.【来源】蓝细菌藓状束藻 *Symploca* cf. *hydnoides* (西蒂湾, 关岛, 美国), 软体动物耳形尾海兔 *Dolabella auricularia* (巴布亚新几内亚).【活性】细胞毒 (MTT 试验, MCF7, lg GI_{50} (mol/L) = −7.32; MDA-MB-435, lg GI_{50} (mol/L) = −7.46; MDA-N, lg GI_{50} (mol/L) = −7.54); 细胞毒 (NCI-H460, GI_{50} = 0.00096μg/mL; KM20L2, GI_{50} = 0.0012μg/mL); SF295, GI_{50} = 0.0052μg/mL; SK-MEL-5, GI_{50} = 0.0033μg/mL); 细胞毒 (NCI 60 种人癌细胞筛选程序, 对 60 种癌细胞的平均 GI_{50} = 2.5×10^{-7} mol/L, 对尾海兔素 10 和尾海兔素 15, 相对的 GI_{50}-COMPARE 软件相关系数分别为 0.76 和 0.71); 细胞毒 (HT29, IC_{50} = 78μmol/L, 对照紫杉醇, IC_{50} = 0.003μmol/L; HeLa, IC_{50} = 58μmol/L, 紫杉醇, IC_{50} = 0.0026μmol/L).【文献】G. R. Pettit, et al. JNP, 1997, 60, 752; G. R. Pettit, et al Bioorg. Med. Chem, Lett., 1997, 7, 827; L. A. Salvador, et al. JNP, 2011, 74, 917.

1498　Dolastatin 17　尾海兔素 17

【基本信息】$C_{41}H_{67}N_5O_9$，无定形粉末，$[\alpha]_D = -145°$ ($c = 0.1$, 甲醇).【类型】简单环状缩酚酸肽.【来源】软体动物耳形尾海兔 *Dolabella auricularia* (巴布亚新几内亚).【活性】细胞毒.【文献】G. R. Pettit, et al. Heterocycles, 1998, 47, 491.

1499　Dolastatin D　尾海兔素 D
【基本信息】$C_{31}H_{47}N_3O_7$，针状晶体 (己烷/二氯甲烷), mp 200~201°C, $[\alpha]_D^{25} = -73°$ ($c = 0.13$, 甲醇).【类型】简单环状缩酚酸肽.【来源】软体动物耳形尾海兔 *Dolabella auricularia*.【活性】细胞毒 (HeLa-S3, IC_{50} = 2.2μg/mL).【文献】H. Sone, et al. Tetrahedron Lett., 1993, 34, 8449; H. Sone, et al. Tetrahedron Lett., 1993, 34, 8445.

1500　Dolastatin G　尾海兔素 G
【基本信息】$C_{57}H_{96}N_6O_{13}$，棱柱状晶体 (己烷/苯), mp 138~139°C, $[\alpha]_D^{25} = -211°$ ($c = 0.4$, 甲醇).【类型】简单环状缩酚酸肽.【来源】蓝细菌稍大鞘丝藻 *Lyngbya majuscula* (关岛, 美国).【活性】细胞毒 (HeLa-S3, IC_{50} = 1.0μg/mL).【文献】T. Mutou, et al. JOC, 1996, 61, 6340.

1501　Doliculide　耳形尾海兔内酯*
【基本信息】$C_{27}H_{41}IN_2O_6$，无色细针状晶体, mp 173~174°C, $[\alpha]_D^{23} = -25.5°$ ($c = 0.670$, 甲醇).【类型】简单环状缩酚酸肽.【来源】软体动物耳形尾海兔 *Dolabella auricularia* (日本水域).【活性】细

胞毒 (HeLa-S3, $IC_{50} = 0.001\mu g/mL$).【文献】H. Ishiwata, et al. JOC, 1994, 59, 4710; H. Ishiwata, et al. JOC, 1994, 59, 4712; H. Ishiwata, et al. Tetrahedron, 1994, 50, 12853.

1502 Emericellamide A 裸壳孢酰胺 A*
【基本信息】$C_{31}H_{55}N_5O_7$, 粉末, $[\alpha]_D^{24} = -50.2°$ ($c = 0.1$, 甲醇).【类型】简单环状缩酚酸肽.【来源】海洋导出的真菌裸壳孢属 *Emericella* sp. CNL-878 (和海洋放线菌栖沙盐水孢菌 (模式种) *Salinispora arenicola* 共培养的).【活性】抗菌 (MRSA, 适度活性).【文献】D. C. Oh, et al. JNP, 2007, 70, 515.

1503 Emericellamide B 裸壳孢酰胺 B*
【基本信息】$C_{32}H_{57}N_5O_7$, 粉末, $[\alpha]_D^{24} = -34°$ ($c = 0.1$, 甲醇).【类型】简单环状缩酚酸肽.【来源】海洋导出的真菌裸壳孢属 *Emericella* sp. CNL-878 (和海洋放线菌栖沙盐水孢菌 (模式种)*Salinispora arenicola* 共培养的).【活性】抗菌 (MRSA, 适度活性).【文献】D. C. Oh, et al. JNP, 2007, 70, 515.

1504 Exumolide A 埃克苏马内酯 A*
【基本信息】$C_{41}H_{55}N_5O_7$, 固体, $[\alpha]_D = -278°$ ($c = 1.3$, 氯仿).【类型】简单环状缩酚酸肽.【来源】海洋导出的真菌柱顶孢霉属 *Scytalidium* sp. (来自腐烂植物, 埃克苏马群岛, 巴哈马; 采样深度 3m).【活性】抗生素, 杜氏藻属*Dunaliella* sp. 绿藻); 抗微藻.【文献】K. M. Jenkins, et al. Tetrahedron Lett., 1998, 39, 2463.

1505 Exumolide B 埃克苏马内酯 B*
【基本信息】$C_{40}H_{53}N_5O_7$, 固体, $[\alpha]_D = -288°$ ($c = 2.1$, 氯仿).【类型】简单环状缩酚酸肽.【来源】海洋导出的真菌柱顶孢霉属 *Scytalidium* sp. (来自腐烂植物, 埃克苏马群岛, 巴哈马; 采样深度 3m).【活性】抗生素 (绿藻杜氏藻属*Dunaliella* sp.); 抗微藻.【文献】K. M. Jenkins, et al. Tetrahedron Lett., 1998, 39, 2463.

1506 Geodiamolide A 钵海绵内酯 A*
【基本信息】$C_{28}H_{40}IN_3O_6$, 棱柱状晶体 (乙腈/二氯甲烷), mp 217~218°C, $[\alpha]_D^{25} = +53°$ ($c = 0.04$, 氯仿).【类型】简单环状缩酚酸肽.【来源】钵海绵属 *Geodia* sp. (鲁斯特湾, 特立尼达和多巴哥, 西印度群岛; 采样深度 25m) 和小轴海绵科海绵 *Cymbastela* sp.【活性】细胞毒 (L_{1210}, $ED_{50} = 0.0032\mu g/mL$).【文献】W. R. Chan, et al. JOC, 1987, 52, 3091; E. Dilip de Silva, et al. Tetrahedron Lett., 1990, 31, 489; T. Imaeda, et al. Tetrahedron Lett., 1994, 35, 591; Y. Hirai, et al. Heterocycles, 1994, 39, 603; T. Shioiri, et al. Heterocycles, 1997, 46, 421.

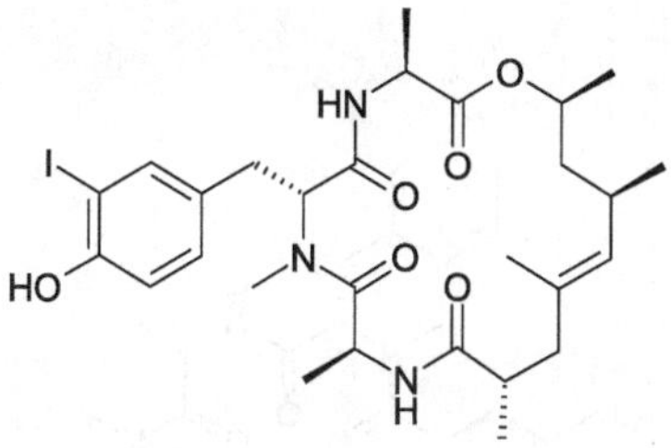

1507　Geodiamolide B　钵海绵内酯 B*

【基本信息】$C_{28}H_{40}BrN_3O_6$, 晶体（乙腈/二氯甲烷），mp 203~204°C, $[\alpha]_D^{22} = +101°$ ($c = 0.04$, 氯仿).【类型】简单环状缩酚酸肽.【来源】钵海绵属 *Geodia* sp.（鲁斯特湾，特立尼达和多巴哥，西印度群岛；采样深度 25m）和小轴海绵科海绵 *Cymbastela* sp.【活性】细胞毒（L_{1210}, $ED_{50} = 0.0026μg/mL$）.【文献】W. R. Chan, et al. JOC, 1987, 52, 3091; E. Dilip de Silva, et al. Tetrahedron Lett., 1990, 31, 489.

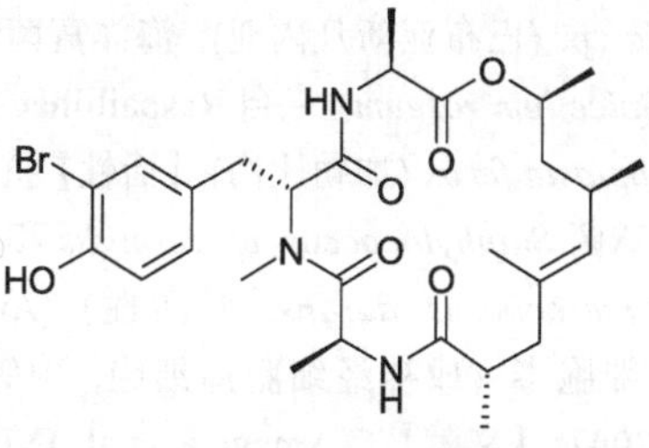

1508　Geodiamolide C　钵海绵内酯 C*

【基本信息】$C_{28}H_{40}ClN_3O_6$.【类型】简单环状缩酚酸肽.【来源】假海绵科海绵 *Pseudaxinyssa* sp. 和小轴海绵科海绵 *Cymbastela* sp.【活性】细胞毒（L_{1210}, $ED_{50} = 0.0025μg/mL$）.【文献】E. Dilip de Silva, et al. Tetrahedron Lett., 1990, 31, 489; C. Tanaka, et al. Tetrahedron, 2006, 62, 3536.

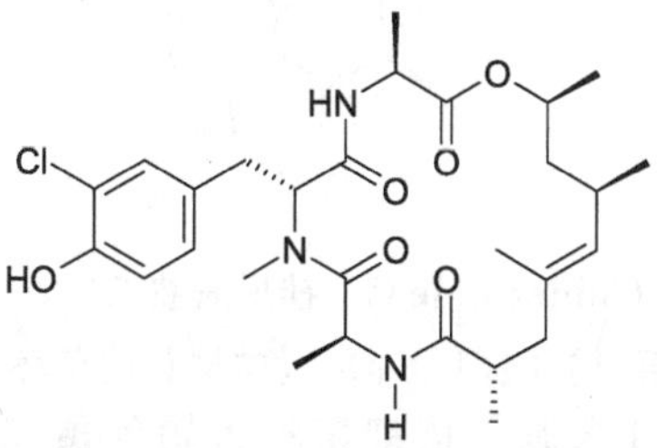

1509　Geodiamolide D　钵海绵内酯 D*

【基本信息】$C_{27}H_{38}IN_3O_6$.【类型】简单环状缩酚酸肽.【来源】假海绵科海绵 *Pseudaxinyssa* sp. 和小轴海绵科海绵 *Cymbastela* sp.【活性】细胞毒（L_{1210}, $ED_{50} = 0.0039μg/mL$）.【文献】E. Dilip de Silva, et al. Tetrahedron Lett., 1990, 31, 489.

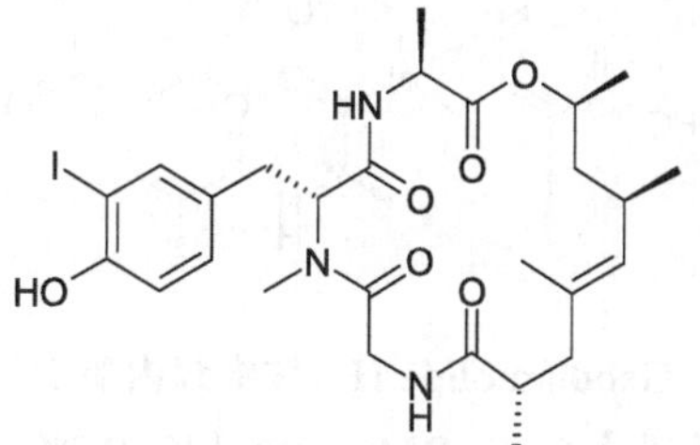

1510　Geodiamolide E　钵海绵内酯 E*

【基本信息】$C_{27}H_{38}BrN_3O_6$.【类型】简单环状缩酚酸肽.【来源】假海绵科海绵 *Pseudaxinyssa* sp. 和小轴海绵科海绵 *Cymbastela* sp.【活性】细胞毒（L_{1210}, $ED_{50} = 0.0014μg/mL$）.【文献】E. Dilip de Silva, et al. Tetrahedron Lett., 1990, 31, 489.

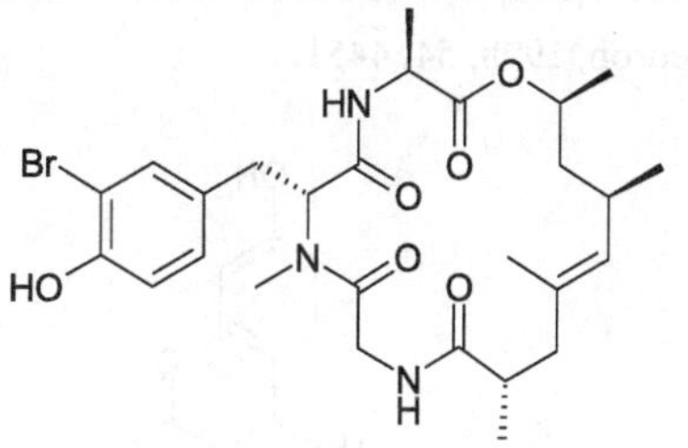

1511　Geodiamolide F　钵海绵内酯 F*

【基本信息】$C_{27}H_{38}ClN_3O_6$.【类型】简单环状缩酚酸肽.【来源】假海绵科海绵 *Pseudaxinyssa* sp. 和小轴海绵科海绵 *Cymbastela* sp.【活性】细胞毒（L_{1210}, $ED_{50} = 0.0006μg/mL$）.【文献】E. Dilip de Silva, et al. Tetrahedron Lett., 1990, 31, 489.

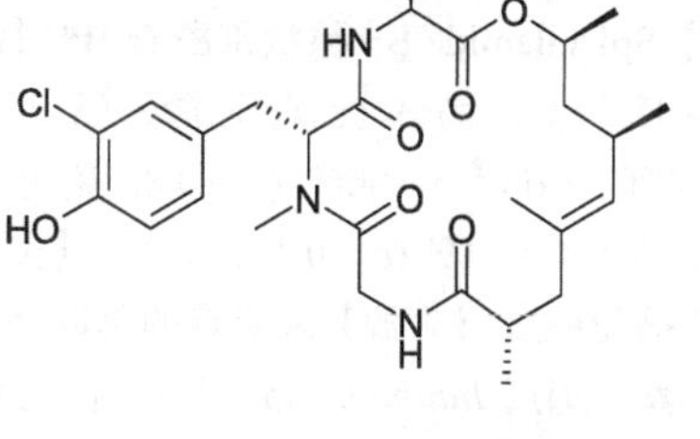

1512　Geodiamolide G　钵海绵内酯 G*

【基本信息】$C_{28}H_{38}IN_3O_7$, 玻璃体.【类型】简单环状缩酚酸肽.【来源】小轴海绵科海绵 *Cymbastela* sp.（巴布亚新几内亚）.【活性】细胞毒（U373, $ED_{50} = 7.7μg/mL$, HEY, $ED_{50} = 8.6μg/mL$）.【文献】J. E. Coleman, et al. Tetrahedron, 1995, 51, 10653.

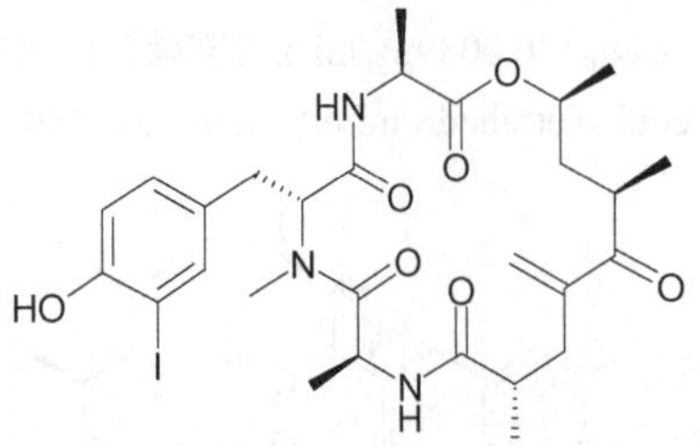

1513　Geodiamolide H　钵海绵内酯 H*

【基本信息】$C_{34}H_{44}IN_3O_7$, mp 186~189°C, $[\alpha]_D = +19.1°$ ($c = 0.17$, 氯仿).【类型】简单环状缩酚酸肽.【来源】钵海绵属 *Geodia* sp. (特立尼达).【活性】细胞毒 (HOP-92, $IC_{50} = 0.118\mu mol/L$; SF268, $IC_{50} = 0.153\mu mol/L$; OVCAR-4, $IC_{50} = 0.0186\mu mol/L$; A498, $IC_{50} = 0.0948\mu mol/L$; UO-31, $IC_{50} = 0.185\mu mol/L$; MDA-MB-231/ATCC, $IC_{50} = 0.433\mu mol/L$; Hs578T, $IC_{50} = 0.245\mu mol/L$).【文献】W. F. Tinto, et al. Tetrahedron, 1998, 54, 4451.

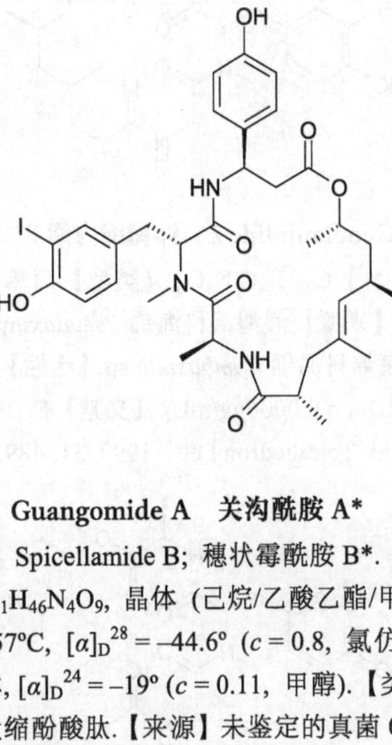

1514　Guangomide A　关沟酰胺 A*

【别名】Spicellamide B; 穗状霉酰胺 B*.【基本信息】$C_{31}H_{46}N_4O_9$, 晶体 (己烷/乙酸乙酯/甲醇), mp 255~257°C, $[\alpha]_D^{28} = -44.6°$ ($c = 0.8$, 氯仿); 无定形固体, $[\alpha]_D^{24} = -19°$ ($c = 0.11$, 甲醇).【类型】简单环状缩酚酸肽.【来源】未鉴定的真菌 001314c, 来自小紫海绵属 *Ianthella* sp. (巴布亚新几内亚), 海洋真菌粉红穗状霉* *Spicellum roseum*, 来自 Raspailiinae 亚科海绵 *Ectyoplasia ferox* (加勒比海).【活性】抗菌 (表皮葡萄球菌 *Staphylococcus epidermidis* 和耐久肠球菌* *Enterococcus durans*, 低活性) (Amagata, 2006); 细胞毒 (成神经细胞瘤细胞, 中等活性) (Kralj, 2007).【文献】T. Amagata, et al. JNP, 2006, 69, 1560; A. Kralj, et al. PM, 2007, 73, 366.

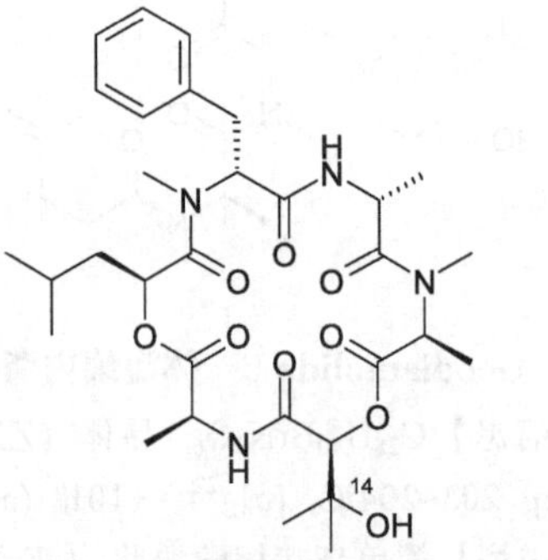

1515　Guangomide B　关沟酰胺 B*

【别名】Spicellamide A; 穗状霉酰胺 A*.【基本信息】$C_{31}H_{46}N_4O_8$, 无定形粉末, $[\alpha]_D^{28} = -18.1°$ ($c = 0.9$, 氯仿); 无定形固体, $[\alpha]_D^{24} = -59.5°$ ($c = 0.12$, 甲醇).【类型】简单环状缩酚酸肽.【来源】未鉴定的真菌 001314c, 来自小紫海绵属 *Ianthella* sp. (巴布亚新几内亚); 海洋真菌粉红穗状霉* *Spicellum roseum*, 来自 Raspailiinae 亚科海绵 *Ectyoplasia ferox* (加勒比海).【活性】抗菌 (表皮葡萄球菌 *Staphylococcus epidermidis* 和耐久肠球菌* *Enterococcus durans*, 低活性) (Amagata, 2006); 细胞毒 (成神经细胞瘤细胞, 中等活性) (Kralj, 2007).【文献】T. Amagata, et al. JNP, 2006, 69, 1560; A. Kralj, et al. PM, 2007, 73, 366.

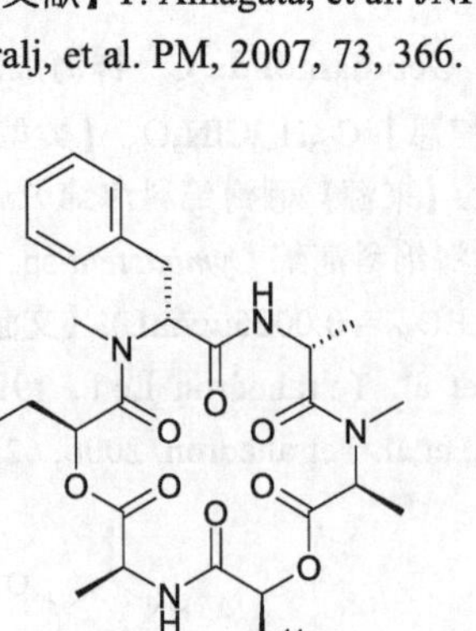

1516　Guineamide G　桂尼酰胺 G*

【基本信息】$C_{42}H_{55}N_5O_7$.【类型】简单环状缩酚酸肽.【来源】蓝细菌稍大鞘丝藻 *Lyngbya majuscula* (阿罗塔乌湾, 巴布亚新几内亚).【活性】有毒的 (盐水丰年虾, 有潜力的); 细胞毒 (小鼠成神经细胞瘤细胞).【文献】B. Han, et al. J. Microbiol. Biotechnol., 2011, 21, 930.

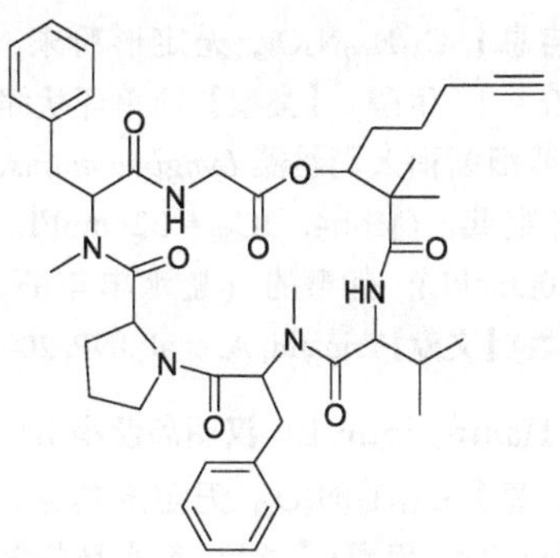

1517 Haliclamide 蜂海绵酰胺*
【基本信息】$C_{26}H_{40}N_2O_5$, 白色无定形固体, $[\alpha]_D = -4.8°$ ($c = 0.006$g/mL, 氯仿). 【类型】简单环状缩酚酸肽. 【来源】蜂海绵属 *Haliclona* sp. (Haptoslerida 目, Chalinidae 科, 瓦努阿图, 澳大利亚). 【活性】细胞毒 (NSCLC-N6, $IC_{50} = 4.0\mu g/mL$). 【文献】A. Randazzo, et al. Tetrahedron, 2001, 57, 4443.

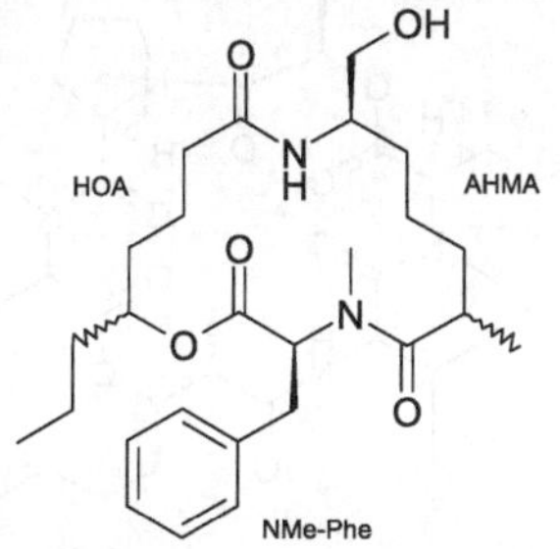

1518 Halicylindramide A 圆筒软海绵酰胺 A*
【基本信息】$C_{78}H_{109}BrN_{20}O_{22}S$, 固体, $[\alpha]_D^{23} = -1.4°$ ($c = 0.6$, 甲醇). 【类型】简单环状缩酚酸肽. 【来源】圆筒软海绵* *Halichondria cylindrata* (日本水域). 【活性】抗真菌 (拉曼被孢霉**Mortierella ramanniana*); 细胞毒 (P_{388}). 【文献】H.-Y. Li, et al. JMC, 1995, 38, 338; H. Seo, et al. JOC, 2009, 74, 906.

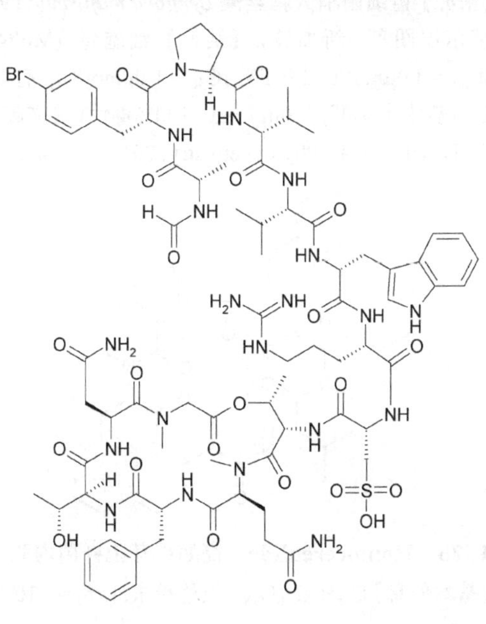

1519 Halicylindramide B 圆筒软海绵酰胺 B*
【基本信息】$C_{78}H_{109}BrN_{20}O_{22}S$, 固体, $[\alpha]_D^{23} = -4.5°$ ($c = 4.07$, 甲醇). 【类型】简单环状缩酚酸肽. 【来源】圆筒软海绵* *Halichondria cylindrata* (日本水域). 【活性】抗真菌 (拉曼被孢霉**Mortierella ramanniana*); 细胞毒 (P_{388}). 【文献】H. Li, et al. JMC, 1995, 38, 338.

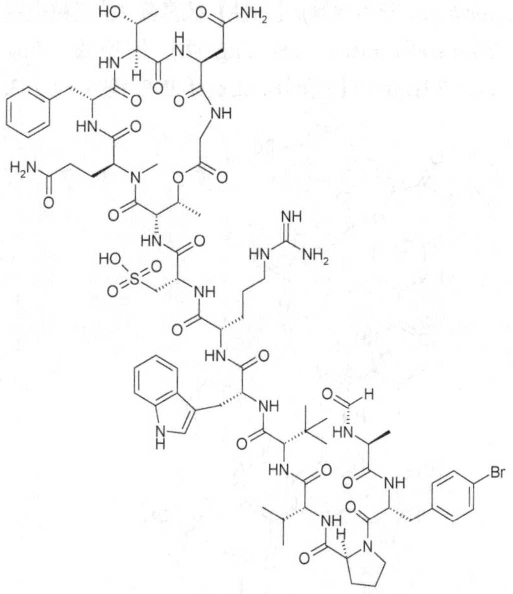

1520 Halicylindramide C 圆筒软海绵酰胺 C*

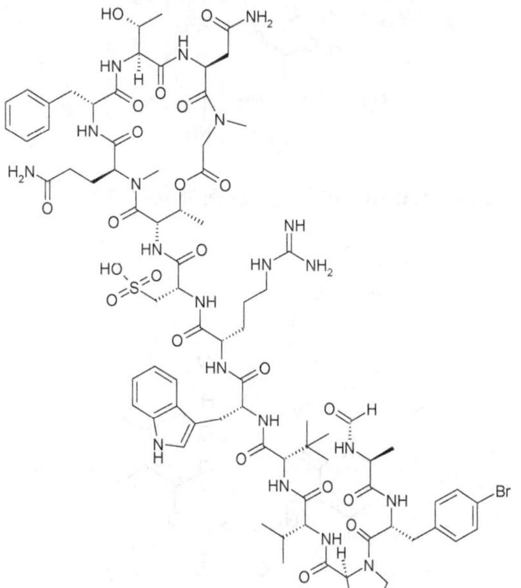

【基本信息】$C_{79}H_{111}BrN_{20}O_{22}S$,固体,$[\alpha]_D^{23}$ = –6.1º (c = 0.52, 甲醇).【类型】简单环状缩酚酸肽.【来源】圆筒软海绵* Halichondria cylindrata (日本水域).【活性】抗真菌 (拉曼被孢霉*Mortierella ramanniana); 细胞毒 (P_{388}).【文献】H. Li, et al. JMC, 1995, 38, 338.

1521 Halicylindramide D 圆筒软海绵酰胺 D*

【基本信息】$C_{73}H_{100}BrN_{19}O_{20}S$, 粉末 (钠盐), $[\alpha]_D$ = +5.1º (c = 0.2, 丙酮水溶液) (钠盐).【类型】简单环状缩酚酸肽.【来源】圆筒软海绵* Halichondria cylindrata (日本水域).【活性】抗真菌 (拉曼被孢霉*Mortierella ramanniana, 5μg/盘); 细胞毒 (P_{388}, IC_{50} = 2.1μg/mL).【文献】H. Li, et al. JNP, 1996, 59, 163.

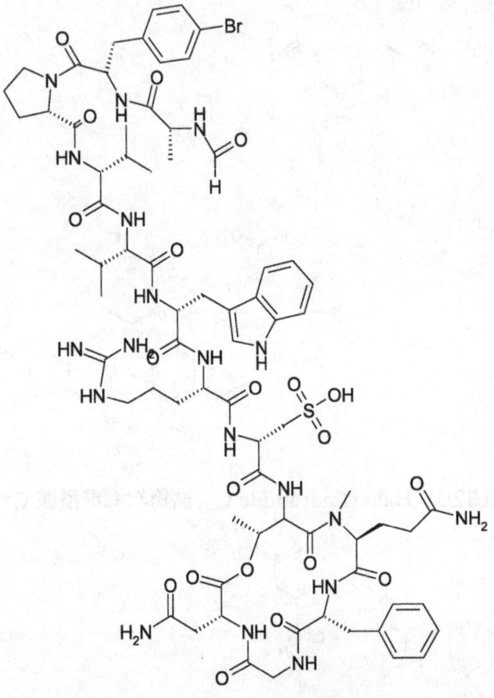

1522 Hantupeptin A 汉图岛肽亭 A*

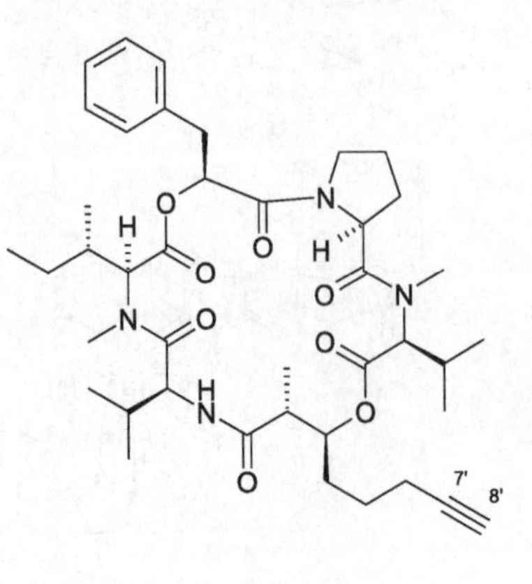

【基本信息】$C_{41}H_{60}N_4O_8$, 无定形粉末, $[\alpha]_D^{25}$ = –41.5º (c = 1, 甲醇).【类型】简单环状缩酚酸肽.【来源】蓝细菌稍大鞘丝藻 Lyngbya majuscula.【活性】细胞毒 (Molt4, IC_{50} = 32nmol/L; MCF7, IC_{50} = 4.0μmol/L); 有毒的 (盐水丰年虾, 10ppm, 100%毒性).【文献】Tripathi, A. et al. JNP, 2009, 72, 29.

1523 Hantupeptin B 汉图岛肽亭 B*

【基本信息】$C_{41}H_{62}N_4O_8$, 无定形粉末, $[\alpha]_D^{25}$ = –41.5º (c = 0.4, 甲醇).【类型】简单环状缩酚酸肽.【来源】蓝细菌稍大鞘丝藻 Lyngbya majuscula (贝萨尔汉图岛, 新加坡).【活性】细胞毒 (Molt4, IC_{50} = 0.2μmol/L; MCF7, IC_{50} = 0.5μmol/L); 有毒的 (盐水丰年虾, 10μg/mL, 100%毒性).【文献】A. Tripathi, et al. Phytochemistry, 2010, 71, 307.

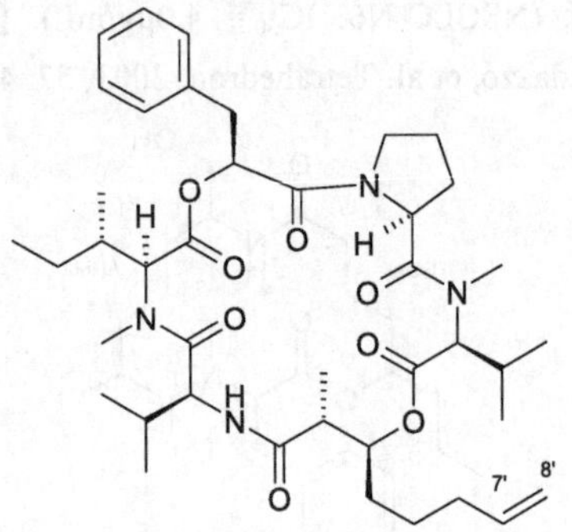

1524 Hantupeptin C 汉图岛肽亭 C*

【基本信息】$C_{41}H_{64}N_4O_8$, 无定形粉末, $[\alpha]_D^{25}$ = –40.6º (c = 0.4, 甲醇).【类型】简单环状缩酚酸肽.【来源】蓝细菌稍大鞘丝藻 Lyngbya majuscula (贝萨尔汉图岛, 新加坡).【活性】细胞毒 (Molt4, IC_{50} = 3.0μmol/L; MCF7, IC_{50} = 1.0μmol/L); 有毒的 (盐水丰年虾, 100μg/moL, 100%毒性).【文献】A. Tripathi, et al. Phytochemistry, 2010, 71, 307.

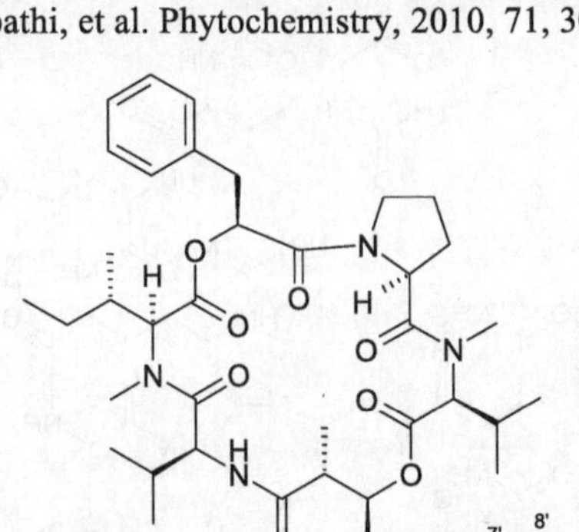

1525 Homocereulide 高蜡样芽孢杆菌内酯*

【基本信息】$C_{58}H_{98}N_6O_{18}$, 无色粉末, $[\alpha]_D$ = +10.5º

(c = 0.12, 甲醇).【类型】简单环状缩酚酸肽.【来源】海洋导出的细菌蜡样芽孢杆菌 *Bacillus cereus* SCRC-4h1-2, 来自软体动物前鳃 *Littorina* sp. (表面).【活性】细胞毒 (P_{388}, IC_{50} = 0.033ng/mL, Colon26, IC_{50} = 0.0014ng/mL).【文献】G.-Y.-S. Wang, et al. Chem. Lett., 1995, 791.

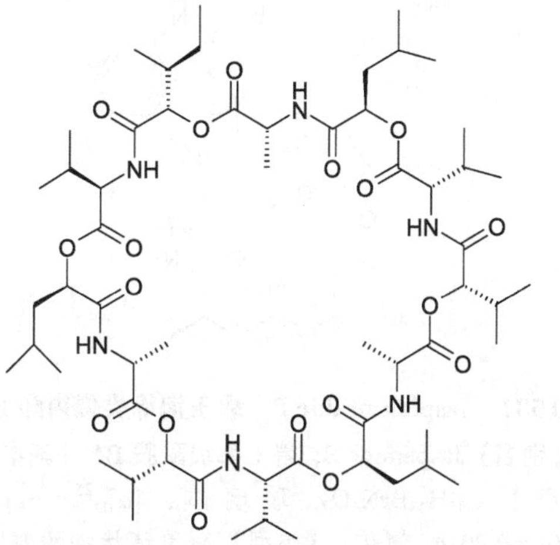

1526 Ibu-*epi*-demethoxylyngbyastatin 3 艾布-*epi*去甲氧基蓝细菌他汀 3*

【基本信息】$C_{51}H_{82}N_8O_{11}$, 无色无定形固体, $[\alpha]_D^{21}$ = –48.6º (c = 0.5, 二氯甲烷).【类型】简单环状缩酚酸肽.【来源】蓝细菌 Leptolyngbyoideae 亚科 *Leptolyngbya* sp. (二战沉船蓝蓟花号失事海难, 红海).【活性】细胞毒 (neuro-2a, IC_{50} > 10μmol/L).【文献】C. C. Thornburg, et al. JNP, 2011, 74, 1677.

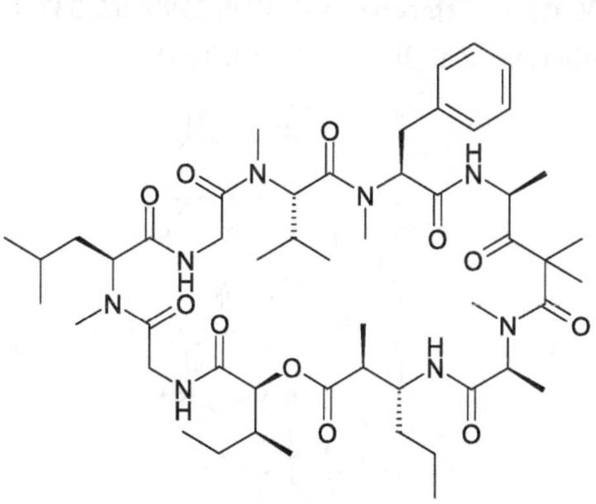

1527 Isaridin G 艾撒瑞啶 G*

【基本信息】$C_{36}H_{55}N_5O_8$.【类型】简单环状缩酚酸肽.【来源】海洋导出的真菌费林那白僵菌 *Beauveria felina* EN-135.【活性】抗菌 (大肠杆菌 *Escherichia coli*, MIC = 64μg/mL, 是艾撒瑞啶类化合物有抗菌活性的第一个报道).【文献】F. Y. Du, et al. JNP, 2014, 77, 1164.

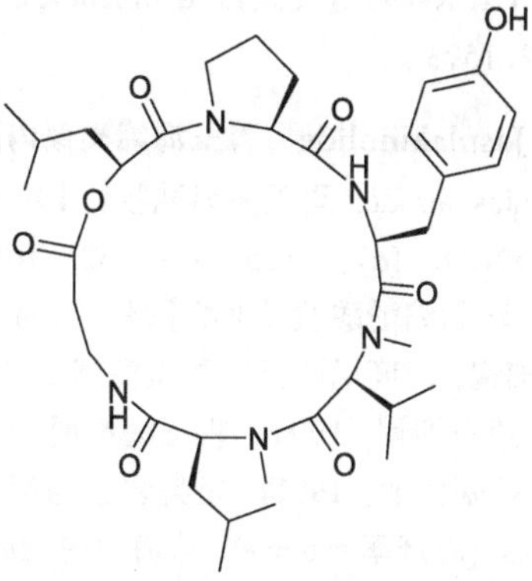

1528 Isokahalalide F 异卡哈拉内酯 F*

【别名】Elisidepsin.【基本信息】$C_{75}H_{124}N_{14}O_{16}$.【类型】简单环状缩酚酸肽.【来源】绿藻羽状羽藻 *Bryopsis pennata*.【活性】抗肿瘤.【文献】Y. H. Ling, et al. Eur. J. Cancer, 2009, 45, 1855; Coronado, C. et al. Drugs of the Future, 2010, 35, 287.

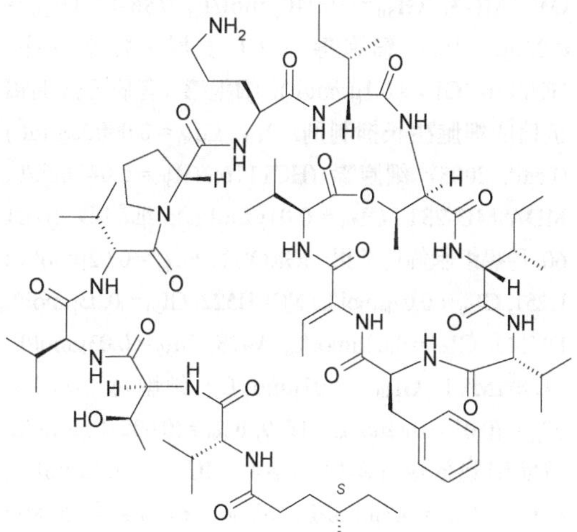

1529 Itralamide B 艾塔尔酰胺 B*

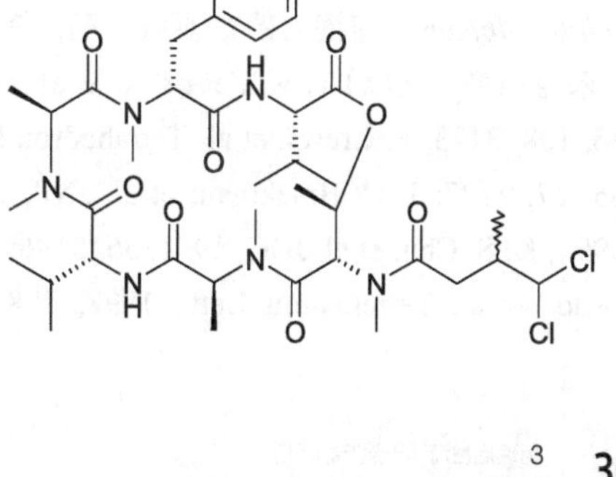

【基本信息】$C_{38}H_{58}Cl_2N_6O_8$，油状物．【类型】简单环状缩酚酸肽．【来源】蓝细菌稍大鞘丝藻 *Lyngbya majuscula*．(格林纳达，中美洲)．【活性】细胞毒 (HEK-293)．【文献】J. I. Jiménez, et al. JNP, 2009, 72, 1573.

1530 Jasplakinolide 碧玉海绵类似内酯*

【别名】Jaspamide；碧玉海绵酰胺*．【基本信息】$C_{36}H_{45}BrN_4O_6$, $[\alpha]_D = +35°$ ($c = 3.62$, 甲醇)．【类型】简单环状缩酚酸肽．【来源】碧玉海绵属 *Jaspis* sp. (孟加锡，印度尼西亚)，碧玉海绵属 *Jaspis* sp. (马来西亚东海岸，1994)，碧玉海绵属 *Jaspis* sp. (古达，马来西亚，1991)，光亮碧玉海绵* *Jaspis splendens* (总产率 = 6.6%)，笛海绵属 *Auletta* sp. 02137，碧玉海绵属 *Jaspis johnstoni* (茉莉酸)，笛海绵属 *Auletta* cf. *constricta*，Hemiasterellidae 科海绵 *Hemiasterella minor* 和小轴海绵科海绵 *Cymbastela* sp．【活性】细胞毒 (NCI 60 种癌细胞筛选结果: RPMI8226, $GI_{50} = 0.031\mu mol/L$; HOP-62, $GI_{50} = 0.15\mu mol/L$; HCT15, $GI_{50} = 0.69\mu mol/L$; SF539, $GI_{50} = 0.30\mu mol/L$; M14, $GI_{50} = 0.056\mu mol/L$; OVCAR-3, $GI_{50} = 0.040\mu mol/L$; 786-0, $GI_{50} = 0.020\mu mol/L$); 细胞毒 (NCI 发展治疗学程序: HCT116, $GI_{50} = 0.1\mu mol/L$); 细胞毒 (有研究兴趣和价值的细胞生长抑制剂: P_{388}, $GI_{50} = 0.0080\mu g/mL$) (Pettit, 2008); 细胞毒 (HCT116, $GI_{50} = 0.04\mu mol/L$; MDA-MB-231, $GI_{50} = 0.01\mu mol/L$); 细胞毒 (NCI 60 种癌细胞筛选结果: IGROV1, $GI_{50} = 0.02\mu mol/L$; U251, $GI_{50} = 0.07\mu mol/L$; NCI-H522, $GI_{50} = 0.03\mu mol/L$; DU145, $GI_{50} = 0.03\mu mol/L$; A498, $GI_{50} = 0.03\mu mol/L$; LOX-IMVI, $GI_{50} = 0.01\mu mol/L$); 细胞毒 [MCF7, $IC_{50} = (0.019\pm0)\mu mol/L$; HT29, $IC_{50} = (0.035\pm0)\mu mol/L$]; 抗癌细胞效应 (模型: CA46, $IC_{50} = 0.03\mu mol/L$; PtK2, $IC_{50} = 0.3\mu mol/L$; 机制: 抑制细胞循环) (Marquez, 2002); 肌动蛋白聚合作用促进剂 [$EC_{50} = (19\pm0.5)\mu mol/L$] (Marquez, 2002); 细胞微丝断裂 (HeLa 细胞微丝断裂试验, 80nmol/L 有效, F-肌动蛋白抑制剂); 抗真菌 (白色念珠菌 *Cundidu albicuns*, 有潜力的), 驱蠕虫药; 杀线虫剂; 杀昆虫剂．【文献】T. M. Zabriskie, et al. JACS, 1986, 108, 3123; P. Crews, et al. Tetrahedron Lett., 1986, 27, 2797; J. C. Braekman, et al. JNP, 1987, 50, 994; K. S. Chu, et al. JOC, 1991, 56, 5196; A. V. R. Rao, et al. Tetrahedron Lett., 1993, 7085; L. Du, et al. Curr. Opin. Drug Discovery Dev., 2001, 4, 215; B. L. Marquez, et al. JNP, 2002, 65, 866; C. Tanaka, et al. Tetrahedron, 2006, 62, 3536; G. R. Pettit, et al. JNP, 2008, 71, 438; F. Gala, et al. Tetrahedron, 2009, 65, 51; S. J. Robinson, et al. JMC, 2010, 53, 1651; K. R. Watts, et al. JNP, 2011, 74, 341.

1531 Jasplakinolide B 碧玉海绵类似内酯 B*

【别名】Jaspamide B; 碧玉海绵酰胺 B*．【基本信息】$C_{36}H_{43}BrN_4O_7$, 玻璃体, $[\alpha]_D^{25} = +11.4°$ ($c = 0.0014$, 氯仿)．【类型】简单环状缩酚酸肽．【来源】笛海绵属 *Auletta* sp. 02137 和光亮碧玉海绵* *Jaspis splendens* (瓦努阿图)．【活性】细胞毒 (NCI 60 种癌细胞筛选结果: RPMI8226, $GI_{50} = 0.0019\mu mol/L$; HOP-62, $GI_{50} = 0.14\mu mol/L$; HCT15, $GI_{50} = 6.6\mu mol/L$; SF539, $GI_{50} = 0.064\mu mol/L$; M14, $GI_{50} = 0.053\mu mol/L$; OVCAR-3, $GI_{50} = 0.11\mu mol/L$; 786-0, $GI_{50} = 0.51\mu mol/L$); 细胞毒 (NCI 发展治疗学程序, HCT116, $GI_{50} < 0.001\mu mol/L$; MCF7, $GI_{50} = 0.13\mu mol/L$); 细胞毒 (NSCLC-N6, $IC_{50} = 3.3\mu g/mL$)．【文献】A. Zampella, et al. JNP, 1999, 62, 332; S. J. Robinson, et al. JMC, 2010, 53, 1651.

1532 Jasplakinolide C 碧玉海绵类似内酯 C*

【别名】Jaspamide C; 碧玉海绵酰胺 C*．【基本信息】$C_{36}H_{45}BrN_4O_7$, 玻璃体, $[\alpha]_D^{25} = +25.4°$

(c = 0.0013, 氯仿).【类型】简单环状缩酚酸肽.【来源】光亮碧玉海绵* Jaspis splendens (瓦努阿图).【活性】细胞毒 (NSCLC-N6, IC_{50} = 1.1μg/mL); 细胞毒 [MCF7, IC_{50} = 2.0μmol/L; HT29, IC_{50} = (2.6±0.3)μmol/L].【文献】A. Zampella, et al. JNP, 1999, 62, 332; F. Gala, et al. Tetrahedron, 2009, 65, 51.

1533 Jasplakinolide D 碧玉海绵类似内酯 D*

【别名】Jaspamide D; 碧玉海绵酰胺 D*.【基本信息】$C_{37}H_{47}BrN_4O_6$, 无定形固体, $[\alpha]_D^{25}$ = +20.1° (c = 0.05, 氯仿).【类型】简单环状缩酚酸肽.【来源】光亮碧玉海绵* Jaspis splendens.【活性】细胞毒 (HCT116, GI_{50} = 0.02μmol/L; MDA-MB-231, GI_{50} = 0.02μmol/L); 细胞毒 [MCF7, IC_{50} = (0.05±0)μmol/L; HT29, IC_{50} = (0.08±0)μmol/L]; 细胞毒 (NCI 60 种癌细胞筛选结果: IGROV1, GI_{50} = 0.008μmol/L; U251, GI_{50} = 0.01μmol/L; NCI-H522, GI_{50} = 0.03μmol/L; DU145, GI_{50} = 0.02μmol/L; A498, GI_{50} = 0.002μmol/L; LOX-IMVI, GI_{50} = 0.003μmol/L).【文献】F. Gala, et al. Tetrahedron, 2008, 64, 7127; F. Gala, et al. Tetrahedron, 2009, 65, 51; K. R. Watts, et al. JNP, 2011, 74, 341.

1534 Jasplakinolide E 碧玉海绵类似内酯 E*

【别名】Jaspamide E; 碧玉海绵酰胺 E*.【基本信息】$C_{36}H_{45}BrN_4O_7$, 无定形固体, $[\alpha]_D^{25}$ = +42.2° (c = 0.05, 氯仿).【类型】简单环状缩酚酸肽.【来源】笛海绵属 Auletta sp. 02137 和光亮碧玉海绵* Jaspis splendens.【活性】细胞毒 (NCI 60 种癌细胞筛选程序: RPMI8226, GI_{50} = 0.022μmol/L; HOP-62, GI_{50} = 0.14μmol/L; HCT15, GI_{50} = 0.97μmol/L; SF539, GI_{50} = 0.17μmol/L; M14, GI_{50} = 0.078μmol/L; OVCAR-3, GI_{50} = 0.53μmol/L; 786-0, GI_{50} = 0.18μmol/L); 细胞毒 (NCI 发展的治疗学程序: HCT116, GI_{50} = 0.14μmol/L; MCF7, GI_{50} = 0.18μmol/L); 细胞毒 [MCF7, IC_{50} = (0.02±0)μmol/L; HT29, IC_{50} = (0.02±0)μmol/L].【文献】F. Gala, et al. Tetrahedron, 2007, 63, 5212; 2008, 64, 7127; F. Gala, et al. Tetrahedron, 2009, 65, 51; S. J. Robinson, et al. JMC, 2010, 53, 1651.

1535 Jasplakinolide F 碧玉海绵类似内酯 F*

【别名】Jaspamide F; 碧玉海绵酰胺 F*.【基本信息】$C_{35}H_{43}BrN_4O_6$, 无定形固体, $[\alpha]_D^{25}$ = −15.7° (c = 0.07, 氯仿).【类型】简单环状缩酚酸肽.【来源】笛海绵属 Auletta sp. 02137, 光亮碧玉海绵* Jaspis splendens 00101 和光亮碧玉海绵* Jaspis splendens.【活性】细胞微丝断裂 (HeLa 细胞微

丝断裂试验，80nmol/L 有效，F-肌动蛋白抑制剂）；细胞毒（MCF7，$IC_{50} = 30.0 \mu mol/L$）.【文献】F. Gala, et al. Tetrahedron, 2007, 63, 5212; 2008, 64, 7127; F. Gala, et al. Tetrahedron, 2009, 65, 51; S. J. Robinson, et al. JMC, 2010, 53, 1651.

1536 Jasplakinolide G 碧玉海绵类似内酯 G*
【别名】Jaspamide G；碧玉海绵酰胺 G*.【基本信息】$C_{36}H_{43}BrN_4O_7$，无定形固体，$[\alpha]_D^{25} = -6.7°$ ($c = 0.06$, 氯仿).【类型】简单环状缩酚酸肽.【来源】光亮碧玉海绵* Jaspis splendens.【活性】细胞毒 [MCF7，$IC_{50} = (0.60\pm0.07)\mu mol/L$；HT29，$IC_{50} = (1.66\pm0.07)\mu mol/L$].【文献】F. Gala, et al. Tetrahedron, 2007, 63, 5212; 2008, 64, 7127; F. Gala, et al. Tetrahedron, 2009, 65, 51.

1537 Jasplakinolide H 碧玉海绵类似内酯 H*
【别名】Jaspamide H；碧玉海绵酰胺 H*.【基本信息】$C_{35}H_{43}BrN_4O_6$，无定形固体，$[\alpha]_D^{25} = +1.8°$ ($c = 0.1$, 氯仿).【类型】简单环状缩酚酸肽.【来源】光亮碧玉海绵* Jaspis splendens.【活性】细胞毒（MCF7，$IC_{50} = 30\mu mol/L$）.【文献】F. Gala, et al. Tetrahedron, 2007, 63, 5212; 2008, 64, 7127; F. Gala, et al. Tetrahedron, 2009, 65, 51.

1538 Jasplakinolide J 碧玉海绵类似内酯 J*
【别名】Jaspamide J；碧玉海绵酰胺 J*.【基本信息】$C_{35}H_{43}BrN_4O_6$，无定形固体，$[\alpha]_D^{25} = -4.1°$ ($c = 0.02$, 氯仿).【类型】简单环状缩酚酸肽.【来源】光亮碧玉海绵* Jaspis splendens.【活性】细胞毒（HCT116，$GI_{50} = 0.11\mu mol/L$；MDA-MB-231，$GI_{50} = 0.26\mu mol/L$）；细胞毒（MCF7，$IC_{50} = 5.0\mu mol/L$）；细胞毒（NCI 60 种癌细胞筛选结果：IGROV1，$GI_{50} = 0.02\mu mol/L$；U251，$GI_{50} = 0.05\mu mol/L$；NCI-H522，$GI_{50} = 0.61\mu mol/L$；DU145，$GI_{50} = 0.29\mu mol/L$；A498，$GI_{50} = 0.21\mu mol/L$；LOX-IMVI，$GI_{50} = 0.03\mu mol/L$）.【文献】F. Gala, et al. Tetrahedron, 2008, 64, 7127; F. Gala, et al. Tetrahedron, 2009, 65, 51; K. R. Watts, et al. JNP, 2011, 74, 341.

1539 Jasplakinolide K 碧玉海绵类似内酯 K*
【别名】Jaspamide K；碧玉海绵酰胺 K*.【基本信息】$C_{36}H_{45}BrN_4O_7$，无定形固体，$[\alpha]_D^{25} = -35°$ ($c = 0.02$, 氯仿).【类型】简单环状缩酚酸肽.【来源】光亮碧玉海绵* Jaspis splendens.【活性】细胞毒 [MCF7，$IC_{50} = (0.48\pm0.09)\mu mol/L$；HT29，$IC_{50} = (0.90\pm0.07)\mu mol/L$].【文献】F. Gala, et al. Tetrahedron, 2007, 63, 5212; 2008, 64, 7127; F. Gala, et al. Tetrahedron, 2009, 65, 51.

1540 Jasplakinolide L 碧玉海绵类似内酯 L*
【别名】Jaspamide L；碧玉海绵酰胺 L*.【基本信息】$C_{36}H_{45}BrN_4O_7$，无定形固体，$[\alpha]_D^{25} = -4°$ ($c = 0.02$, 氯仿).【类型】简单环状缩酚酸肽.【来

【源】光亮碧玉海绵* *Jaspis splendens*.【活性】细胞毒 (MCF7, IC_{50} = 0.61μmol/L).【文献】F. Gala, et al. Tetrahedron, 2007, 63, 5212; 2008, 64, 7127; F. Gala, et al. Tetrahedron, 2009, 65, 51.

1541 Jasplakinolide M 碧玉海绵类似内酯 M*
【别名】Jaspamide M; 碧玉海绵酰胺 M*.【基本信息】$C_{35}H_{43}BrN_4O_6$, 无定形固体, $[\alpha]_D^{25}$ = +20.6° (c = 0.03, 氯仿).【类型】简单环状缩酚酸肽.【来源】光亮碧玉海绵* *Jaspis splendens* (瓦努阿图).【活性】细胞毒 (MCF7, IC_{50} = 0.10μmol/L; HT29, IC_{50} = 0.18μmol/L); 细胞毒 (HCT116, GI_{50} = 0.13μmol/L; MDA-MB-231, GI_{50} = 0.21μmol/L); 细胞毒 (NCI 60 种癌细胞筛选结果: IGROV1, GI_{50} = 0.03μmol/L; U251, GI_{50} = 0.06μmol/L; NCI-H522, GI_{50} = 0.20μmol/L; DU145, GI_{50} = 0.25μmol/L; A498, GI_{50} = 0.17μmol/L; LOX-IMVI, GI_{50} = 0.02μmol/L).【文献】F. Gala, et al. Tetrahedron, 2009, 65, 51; K. R. Watts, et al. JNP, 2011, 74, 341.

1542 Jasplakinolide N 碧玉海绵类似内酯 N*
【别名】Jaspamide N; 碧玉海绵酰胺 N*.【基本信息】$C_{36}H_{45}BrN_4O_7$, 无定形固体, $[\alpha]_D^{25}$ = –41.4° (c = 0.07, 氯仿).【类型】简单环状缩酚酸肽.【来源】光亮碧玉海绵* *Jaspis splendens* (瓦努阿图).【活性】细胞毒 (MCF7, IC_{50} = 33μmol/L).【文献】F. Gala, et al. Tetrahedron, 2009, 65, 51.

1543 Jasplakinolide O 碧玉海绵类似内酯 O*
【别名】Jaspamide O; 碧玉海绵酰胺 O*.【基本信息】$C_{35}H_{46}N_4O_7$, 无定形固体, $[\alpha]_D^{25}$ = –70° (c = 0.02, 氯仿).【类型】简单环状缩酚酸肽.【来源】光亮碧玉海绵* *Jaspis splendens* (瓦努阿图).【活性】细胞毒 [MCF7, IC_{50} = (0.38±0.09)μmol/L; HT29, IC_{50} = 0.30μmol/L].【文献】F. Gala, et al. Tetrahedron, 2009, 65, 51.

1544 Jasplakinolide P 碧玉海绵类似内酯 P*
【别名】Jaspamide P; 碧玉海绵酰胺 P*.【基本信息】$C_{37}H_{48}N_4O_9$, 无定形固体, $[\alpha]_D^{25}$ = –85° (c = 0.02, 氯仿) (光亮碧玉海绵); $[\alpha]_D^{27}$ = +61.6° (c = 0.06, 甲醇) (笛海绵属).【类型】简单环状缩酚酸肽.【来源】笛海绵属 *Auletta* sp. 02137 和光亮碧玉海绵* *Jaspis splendens*.【活性】细胞毒 (NCI 发展治疗学程序: HCT116, GI_{50} = 0.35μmol/L; MCF7, GI_{50} = 4.9μmol/L).【文献】F. Gala, et al.

Tetrahedron, 2009, 65, 51; S. J. Robinson, et al. JMC, 2010, 53, 1651.

1545 21-*epi*-Jasplakinolide P 21-*epi*-碧玉海绵类似内酯 P*

【别名】21-*epi*-Jaspamide P; 21-*epi*-碧玉海绵酰胺 P*.【基本信息】$C_{37}H_{48}N_4O_9$, 玻璃体, $[\alpha]_D^{27}$ = +39.2º (c = 0.07, 甲醇).【类型】简单环状缩酚酸肽.【来源】笛海绵属 *Auletta* sp. 02137.【活性】细胞毒 (NCI 发展治疗学程序: HCT116, GI_{50} = 0.38μmol/L; MCF7, GI_{50} = 2.4μmol/L).【文献】S. J. Robinson, et al. JMC, 2010, 53, 1651.

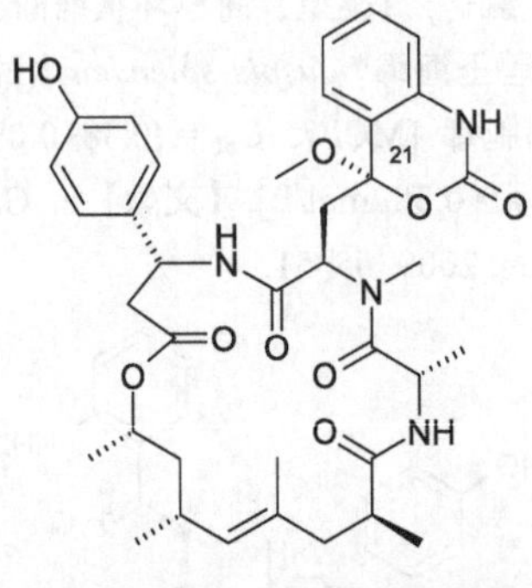

1546 Jasplakinolide Q 碧玉海绵类似内酯 Q*

【别名】Jaspamide Q; 碧玉海绵酰胺 Q*.【基本信息】$C_{36}H_{46}N_4O_6$, 白色无定形固体, $[\alpha]_D^{20}$ = −62º (c = 0.01, 氯仿).【类型】简单环状缩酚酸肽.【来源】光亮碧玉海绵* *Jaspis splendens*.【活性】细胞毒 (HCT116, GI_{50} = 0.05μmol/L; MDA-MB-231, GI_{50} = 0.07μmol/L); 细胞毒 (NCI 60 种癌细胞筛选结果: IGROV1, GI_{50} = 0.01μmol/L; U251, GI_{50} = 0.03μmol/L; NCI-H522, GI_{50} = 0.16μmol/L; DU145, GI_{50} = 0.10μmol/L; A498, GI_{50} = 0.08μmol/L; LOX-IMVI, GI_{50} = 0.02μmol/L); 细胞毒 (L5178Y, IC_{50} < 0.1μg/mL).【文献】K. R. Watts, et al. JNP, 2011, 74, 341; S. S. Ebada, et al. Mar. Drugs, 2009, 7, 435.

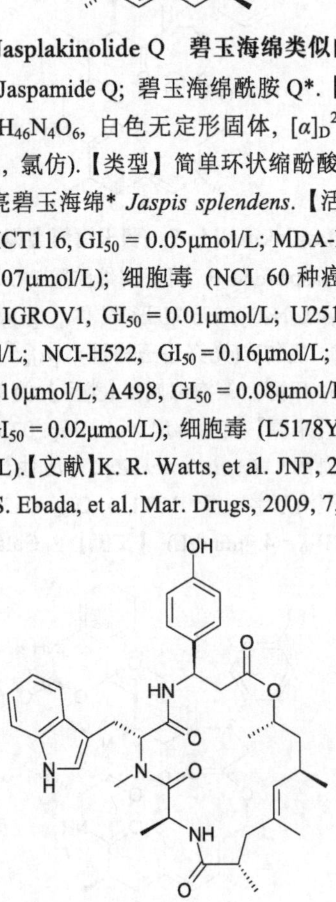

1547 (−)-Jasplakinolide R (−)-碧玉海绵类似内酯 R*

【别名】Jaspamide R; 碧玉海绵酰胺 R*.【基本信息】$C_{36}H_{44}Br_2N_4O_6$, 白色无定形固体, $[\alpha]_D^{20}$ = −100.0º (c = 0.01, 氯仿).【类型】简单环状缩酚酸肽.【来源】光亮碧玉海绵* *Jaspis splendens*.【活性】细胞毒 (L5178Y, IC_{50} < 0.1μg/mL).【文献】S. S. Ebada, et al. Mar. Drugs, 2009, 7, 435.

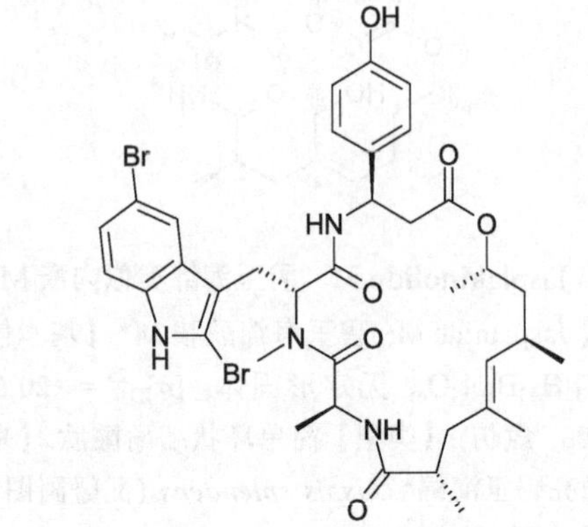

1548 (+)-Jasplakinolide R_1 (+)-碧玉海绵类似内酯 R_1*

【基本信息】$C_{36}H_{44}Br_2N_4O_6$, 白色固体, $[\alpha]_D^{24}$ = +48º (c = 0.05, 甲醇).【类型】简单环状缩酚酸肽.【来源】光亮碧玉海绵* *Jaspis splendens*.【活性】细胞毒 (HCT116, GI_{50} = 0.06μmol/L; MDA-MB-231, GI_{50} = 0.09μmol/L); 细胞毒 (NCI 60 种癌细胞筛选结果: IGROV1, GI_{50} = 0.03μmol/L; U251, GI_{50} = 0.03μmol/L; NCI-H522, GI_{50} = 0.003μmol/L; DU145, GI_{50} = 0.31μmol/L; A498, GI_{50} = 0.04μmol/L; LOX-IMVI, GI_{50} = 0.04μmol/L).【文献】A. M. J. Senderowicz, et al. J. Natl. Cancer Inst., 1995, 87, 46; K. R. Watts, et al. JNP, 2011, 74, 341.

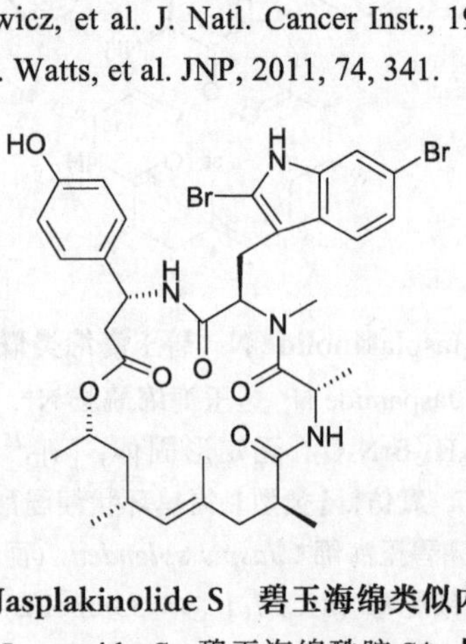

1549 Jasplakinolide S 碧玉海绵类似内酯 S*

【别名】Jaspamide S; 碧玉海绵酰胺 S*.【基本信

息】$C_{36}H_{46}N_4O_6$，玻璃体，$[\alpha]_D^{27}$ = +36.8º (c = 0.06, 甲醇).【类型】简单环状缩酚酸肽.【来源】笛海绵属 *Auletta* sp. 02137.【活性】细胞毒 (NCI 发展治疗学程序：HCT116, GI_{50} = 0.81µmol/L; MCF7, GI_{50} = 2.3µmol/L).【文献】S. J. Robinson, et al. JMC, 2010, 53, 1651.

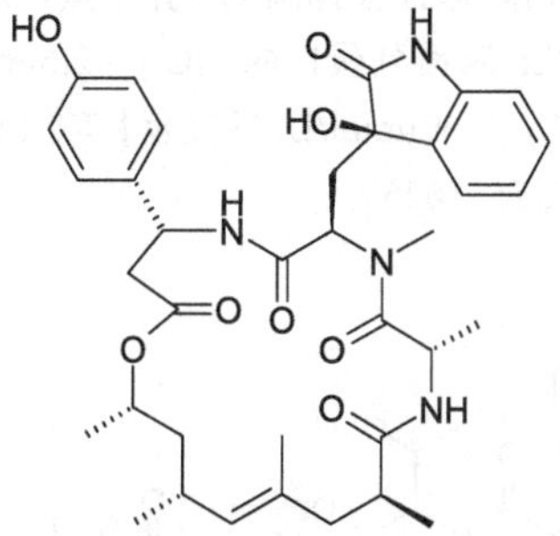

1550 (+)-Jasplakinolide V (+)-碧玉海绵类似内酯 V*

【别名】Jaspamide V; 碧玉海绵酰胺 V*.【基本信息】$C_{36}H_{45}BrN_4O_7$，白色固体，$[\alpha]_D^{23}$ = +120º (c = 0.05, 甲醇).【类型】简单环状缩酚酸肽.【来源】光亮碧玉海绵* *Jaspis splendens* (科罗沃湾, 斐济).【活性】细胞毒 (HCT116, GI_{50} = 0.07µmol/L; MDA-MB-231, GI_{50} = 0.09µmol/L); 细胞毒 (NCI 60 种癌细胞筛选结果：IGROV1, GI_{50} = 0.03µmol/L; U251, GI_{50} = 0.04µmol/L; NCI-H522, GI_{50} = 0.06µmol/L; DU145, GI_{50} = 0.08µmol/L; A498, GI_{50} = 0.01µmol/L; LOX-IMVI, GI_{50} = 0.007µmol/L).【文献】A. M. J. Senderowicz, et al. J. Natl. Cancer Inst., 1995, 87, 46; K. R. Watts, et al. JNP, 2011, 74, 341.

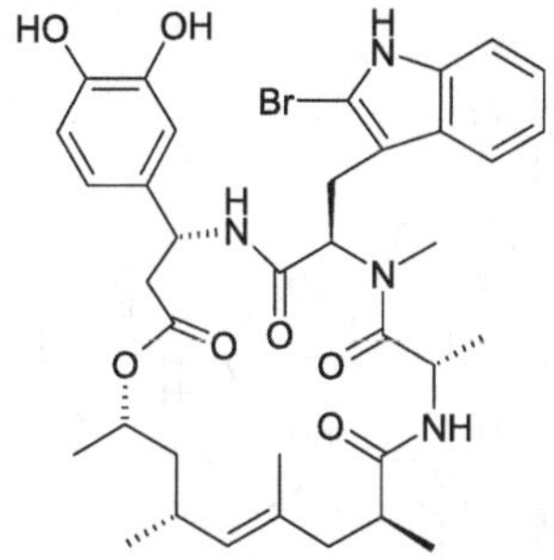

1551 (+)-Jasplakinolide W (+)-碧玉海绵类似内酯 W*

【基本信息】$C_{36}H_{43}BrN_4O_7$，白色固体，$[\alpha]_D^{23}$ = +60º (c = 0.05, 甲醇).【类型】简单环状缩酚酸肽.【来源】光亮碧玉海绵* *Jaspis splendens*.【活性】细胞毒 (HCT116, GI_{50} = 3.84µmol/L; MDA-MB-231, GI_{50} = 2.32µmol/L).【文献】A. M. J. Senderowicz, et al. J. Natl. Cancer Inst., 1995, 87, 46; K. R. Watts, et al. JNP, 2011, 74, 341.

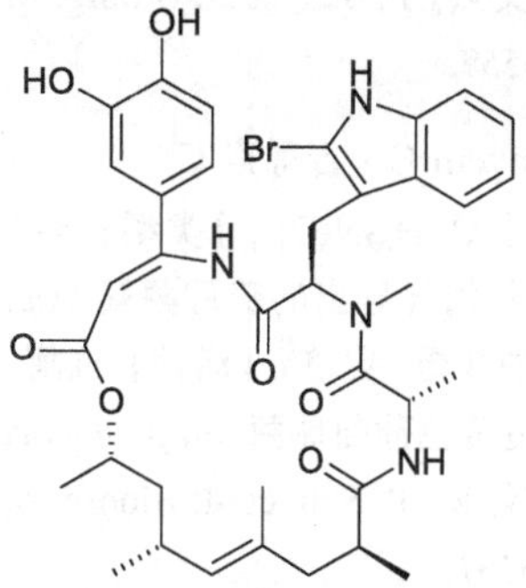

1552 Jimycin A 吉霉素 A*

【基本信息】$C_{44}H_{62}N_8O_{11}$.【类型】简单环状缩酚酸肽.【来源】海洋导出的链霉菌属 *treptomyces* sp. (沉积物, 纳塞瑟, 斐济).【活性】抗菌 (三种耐甲氧西林的金黄色葡萄球菌 *Staphylococcus aureus* MRSA).【文献】P. Sun, et al. Bioorg. Med. Chem., 2011, 19, 6557.

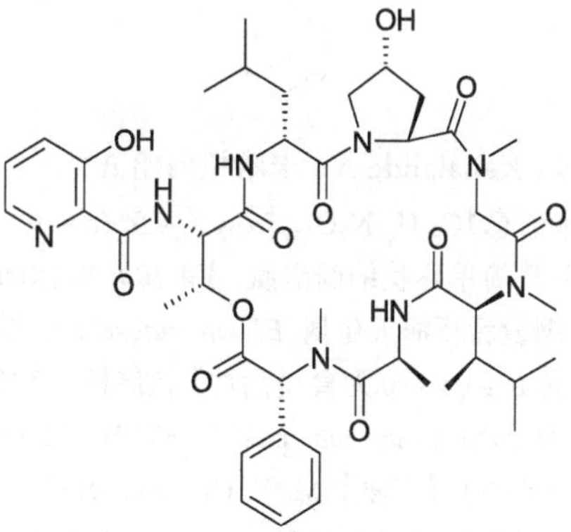

1553 Jimycin B 吉霉素 B*

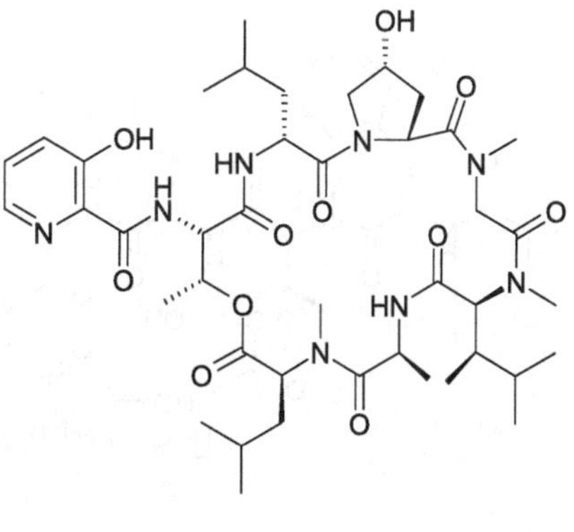

【基本信息】$C_{42}H_{66}N_8O_{11}$.【类型】简单环状缩酚酸肽.【来源】海洋导出的链霉菌属 *treptomyces* sp. (沉积物, 纳塞瑟, 斐济).【活性】抗菌 (三种耐甲氧西林的金黄色葡萄球菌 *Staphylococcus aureus* MRSA).【文献】P. Sun, et al. Bioorg. Med. Chem., 2011, 19, 6557.

1554　Jimycin C　吉霉素 C*

【基本信息】$C_{44}H_{62}N_8O_{11}$.【类型】简单环状缩酚酸肽.【来源】海洋导出的链霉菌属 *treptomyces* sp. (沉积物, 纳塞瑟, 斐济).【活性】抗菌 (三种耐甲氧西林的金黄色葡萄球菌 *Staphylococcus aureus* MRSA).【文献】P. Sun, et al. Bioorg. Med. Chem., 2011, 19, 6557.

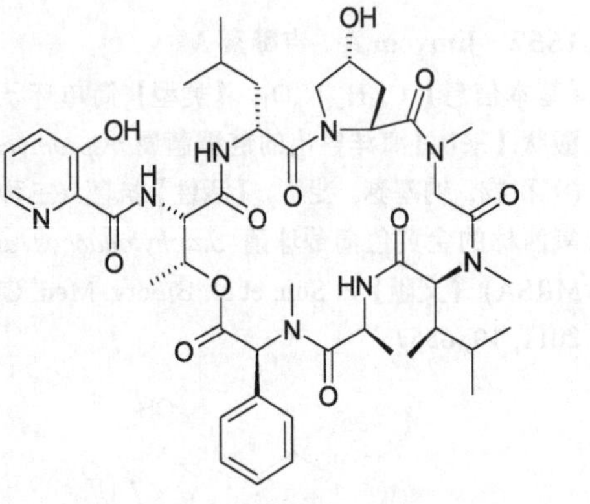

1555　Kahalalide A　卡哈拉内酯 A*

【基本信息】$C_{46}H_{67}N_7O_{11}$, $[\alpha]_D = -19º$ (c = 1, 甲醇).【类型】简单环状缩酚酸肽.【来源】软体动物门腹足纲囊舌目海天牛属 *Elysia rufescens*, 以绿藻羽藻属 *Bryopsis* sp.为食.【活性】抗结核 (结核分枝杆菌 *Mycobacterium tuberculosis* H37Rv, 12.5µg/mL, InRt = 83%).【文献】M. T. Hamann, et al. J ACS, 1993, 115, 5825; M. T. Hamann, et al. JOC, 1996, 61, 6594; A.E.-S. Khalid, et al. Tetrahedron, 2000, 56, 949.

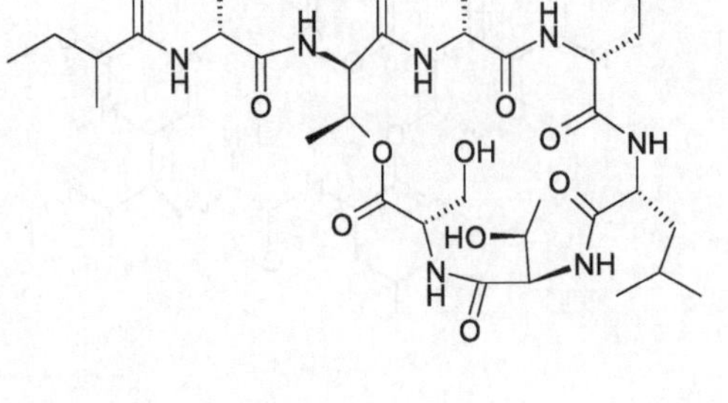

1556　Kempopeptin A　克姆坡肽亭 A*

【基本信息】$C_{50}H_{70}N_8O_{13}$, 无定形固体, $[\alpha]_D^{20}$ = –45º (c = 0.05, 甲醇).【类型】简单环状缩酚酸肽.【来源】蓝细菌鞘丝藻属 *Lyngbya* sp.【活性】抗癌细胞效应 (模型: 牛胰腺的 α-胰凝乳蛋白酶, 猪胰腺的弹性蛋白酶; 机制: 抑制丝氨酸蛋白酶); 丝氨酸蛋白酶选择性抑制剂 (弹性蛋白酶, IC$_{50}$ = 0.32µmol/L; 胰凝乳蛋白酶, IC$_{50}$ = 2.6µmol/L; 胰蛋白酶, IC$_{50}$ > 67µmol/L).【文献】K. Taori, et al. JNP, 2008, 71, 1625.

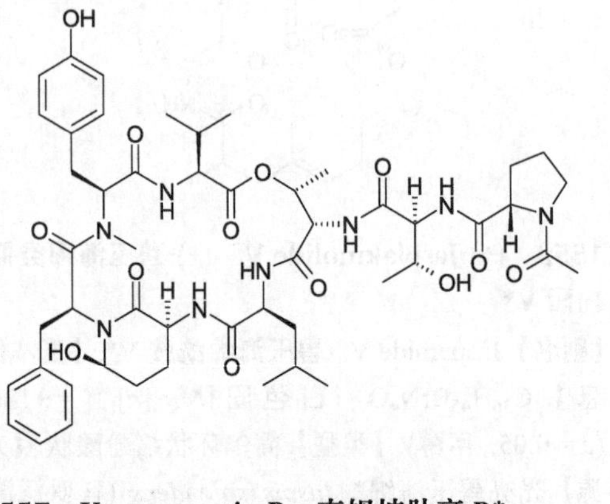

1557　Kempopeptin B　克姆坡肽亭 B*

【基本信息】$C_{46}H_{73}BrN_8O_{11}$, 无定形粉末, $[\alpha]_D^{20}$ = –18º (c = 0.16, 甲醇).【类型】简单环状缩酚酸肽.【来源】蓝细菌鞘丝藻属 *Lyngbya* sp.【活性】抗癌细胞效应 (模型: 胰蛋白酶; 机制: 抑制丝氨酸蛋白酶); 丝氨酸蛋白酶选择性抑制剂 (弹性蛋白酶, IC$_{50}$ > 67µmol/L; 胰凝乳蛋白酶, IC$_{50}$ > 67µmol/L; 胰蛋白酶, IC$_{50}$ = 8.4µmol/L).【文献】K. Taori, et al. JNP, 2008, 71, 1625.

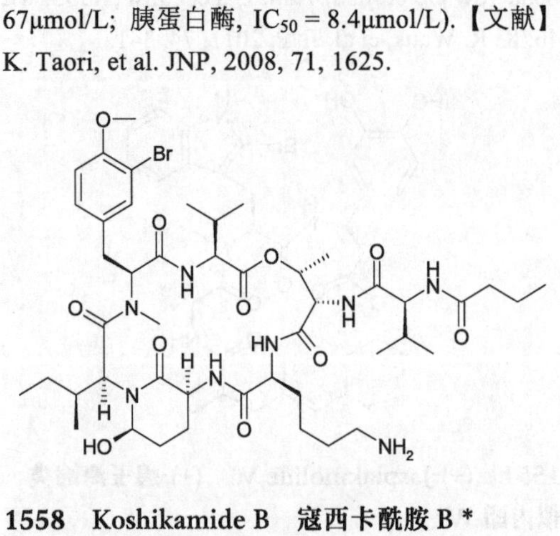

1558　Koshikamide B　寇西卡酰胺 B*

【基本信息】$C_{93}H_{150}N_{24}O_{28}$, $[\alpha]_D = -120º$ (c = 0.1, 正丙醇水溶液).【类型】简单环状缩酚酸肽.【来源】岩屑海绵蒂壳海绵属 *Theonella* sp. (下甑岛外

海, 鹿儿岛, 日本; 帕劳). 【活性】细胞毒 (P_{388}, IC_{50} = 0.22μmol/L; HCT116, IC_{50} = 3.7μmol/L). 【文献】T. Araki, et al. JOC, 2008, 73, 7889; P. L. Winder, et al. Mar. Drugs, 2011, 9, 2643 (Rev.).

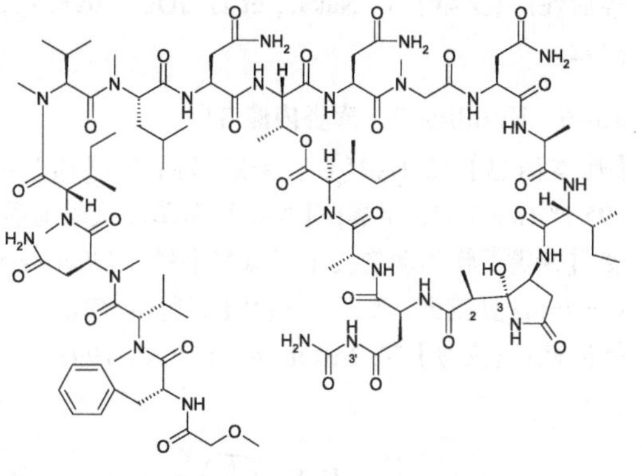

1559　Koshikamide F　寇西卡酰胺 F*

【基本信息】$C_{93}H_{148}N_{24}O_{27}$, 无定形粉末, $[α]_D^{23}$ = −79.1° (c = 0.23, 甲醇). 【类型】简单环状缩酚酸肽. 【来源】岩屑海绵斯氏蒂壳海绵* *Theonella swinhoei* 和岩屑海绵圆顶蒂壳海绵* *Theonella cupola* (深水域, 木垂母丢暗礁, 帕劳). 【活性】抗 HIV (单轮 HIV-1 中性化试验: SF162 亲巨核细胞的病毒株, IC_{50} = 2.3μmol/L). 【文献】A. Plaza, et al. JOC, 2010, 75, 4344; P. L. Winder, et al. Mar. Drugs, 2011, 9, 2643 (Rev.).

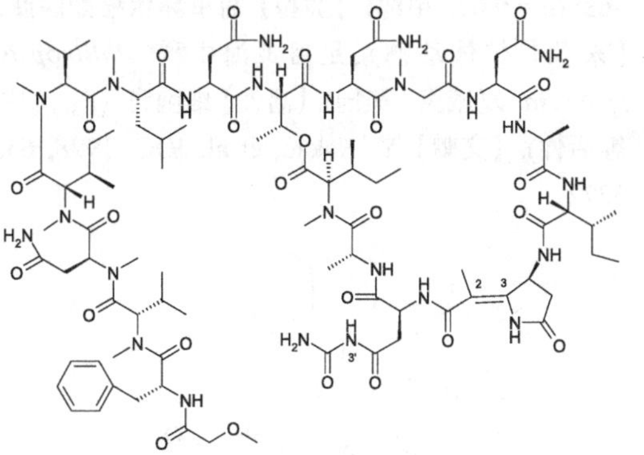

1560　Koshikamide H　寇西卡酰胺 H*

【基本信息】$C_{94}H_{152}N_{24}O_{28}$, 无定形粉末, $[α]_D^{23}$ = −84.6° (c = 0.4, 甲醇). 【类型】简单环状缩酚酸肽. 【来源】岩屑海绵斯氏蒂壳海绵* *Theonella swinhoei*. 【活性】抗 HIV (单轮 HIV-1 中性化试验, SF162 亲巨核细胞的病毒株, IC_{50} = 5.5μmol/L); 细胞毒 (HCT116, IC_{50} = 10μmol/L). 【文献】A. Plaza, et al. JOC, 2010, 75, 4344; P. L. Winder, et al. Mar. Drugs, 2011, 9, 2643 (Rev.).

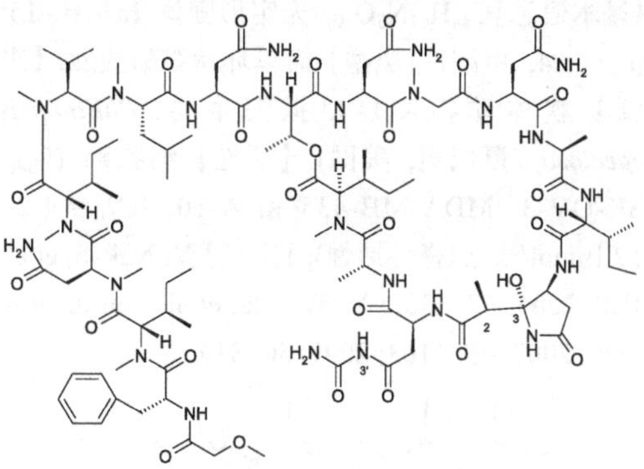

1561　Kulokainalide 1　库娄凯那内酯 1*

【基本信息】$C_{48}H_{70}N_6O_{10}$, 无定形固体, $[α]_D^{20}$ = −56° (c = 1.0, 甲醇). 【类型】简单环状缩酚酸肽. 【来源】软体动物头足目拟海牛科 *Philinopsis speciosa* (夏威夷, 美国). 【活性】细胞毒 (P_{388}, 中等活性). 【文献】Y. Nakao, et al. JOC, 1998, 63, 3272.

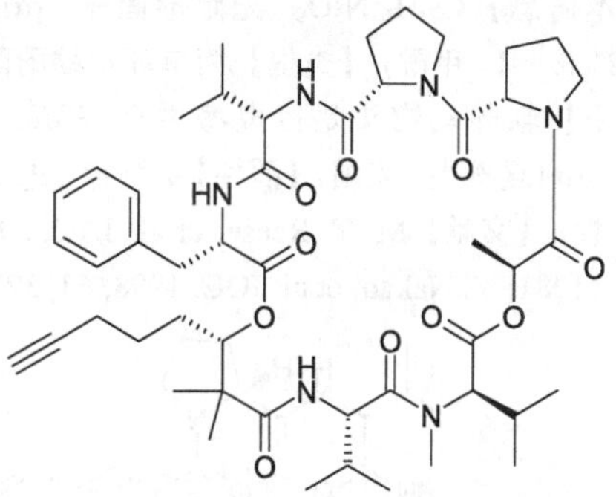

1562　Kulokekahilide 1　库娄克卡西内酯 1*

【基本信息】$C_{53}H_{74}N_6O_{10}$, 无定形固体, $[α]_D$ = +22° (c = 0.07, 甲醇). 【类型】简单环状缩酚酸肽. 【来源】软体动物头足目拟海牛科 *Philinopsis speciosa* (夏威夷, 美国). 【活性】细胞毒 (P_{388}, IC_{50} = 2.1μg/mL). 【文献】J. Kimura, et al. JOC, 2002, 67, 1760.

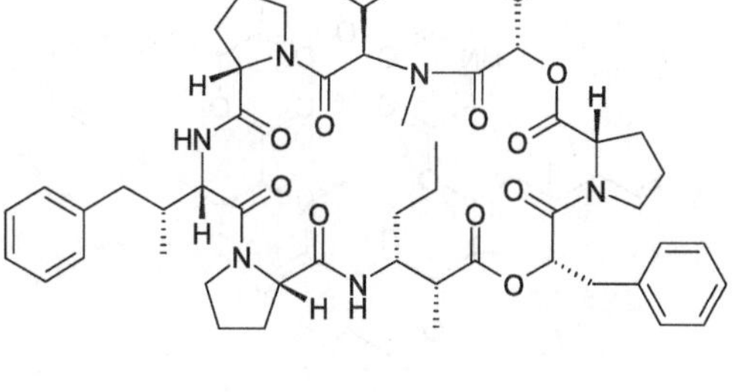

1563　Kulokekahilide 2　库娄克卡西内酯 2*
【基本信息】$C_{44}H_{67}N_5O_{10}$, 无定形固体, $[\alpha]_D = -15°$ ($c = 0.04$, 甲醇).【类型】简单环状缩酚酸肽.【来源】软体动物头足目拟海牛科 *Philinopsis speciosa* (夏威夷, 美国).【活性】细胞毒 (P_{388}, SK-OV-3, MDA-MB-435 和 A-10, $IC_{50} = 4.2 \sim 59.1$ nmol/L, 选择性活性).【文献】Y. Nakao, et al. JNP, 2004, 67, 1332; Y. Takada, et al. Tetrahedron Lett., 2008, 49, 1163; 2009, 50, 840.

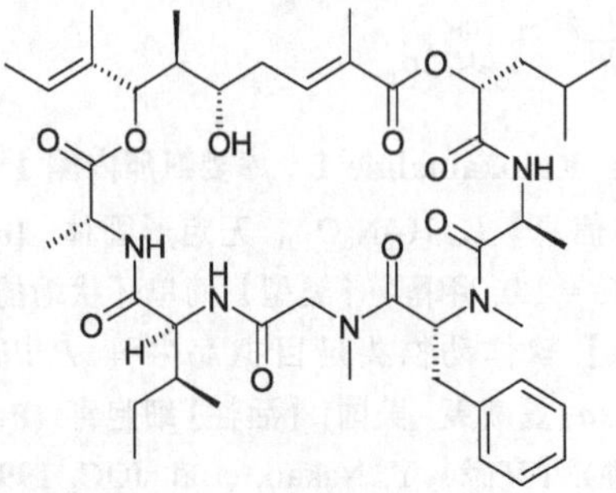

1564　Kulolide 1　库娄内酯 1*
【基本信息】$C_{43}H_{63}N_5O_9$, 无定形固体, $[\alpha]_D^{20} = -102°$ ($c = 1$, 甲醇).【类型】简单环状缩酚酸肽.【来源】软体动物头足目拟海牛科 *Philinopsis speciosa* (夏威夷, 美国).【活性】细胞毒 (P_{388}, 中等活性).【文献】M. T. Reese, et al. JACS, 1996, 118, 11081; Y. Nakao, et al. JOC, 1998, 63, 3272.

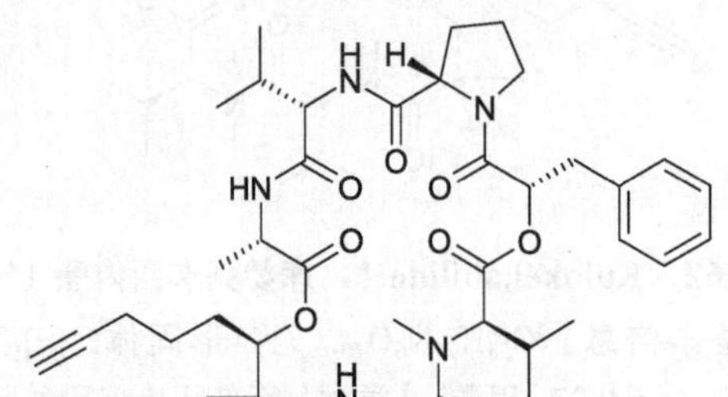

1565　Kulolide 2　库娄内酯 2* 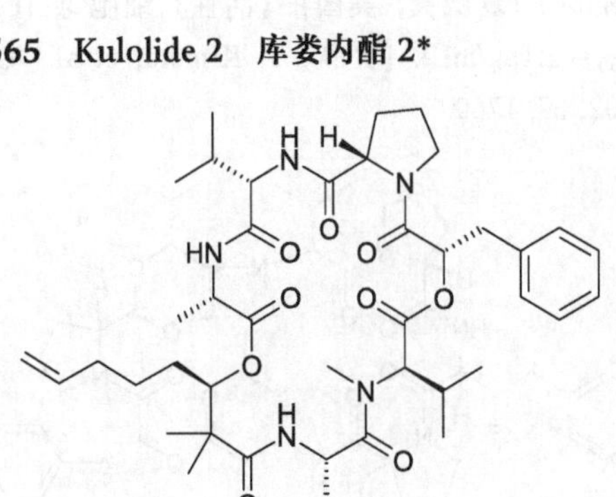
【基本信息】$C_{43}H_{65}N_5O_9$, 无定形固体, $[\alpha]_D^{31} = -59°$ ($c = 1.0$, 甲醇).【类型】简单环状缩酚酸肽.【来源】软体动物头足目拟海牛科 *Philinopsis speciosa* (夏威夷, 美国).【活性】细胞毒 (P_{388}, 中等活性).【文献】Y. Nakao, et al. JOC, 1998, 63, 3272.

1566　Kulolide 3　库娄内酯 3*
【基本信息】$C_{43}H_{67}N_5O_9$, 无定形固体, $[\alpha]_D^{31} = -95.2°$ ($c = 1.11$, 甲醇).【类型】简单环状缩酚酸肽.【来源】软体动物头足目拟海牛科 *Philinopsis speciosa* (夏威夷, 美国).【活性】细胞毒 (P_{388}, 中等活性).【文献】Y. Nakao, et al. JOC, 1998, 63, 3272.

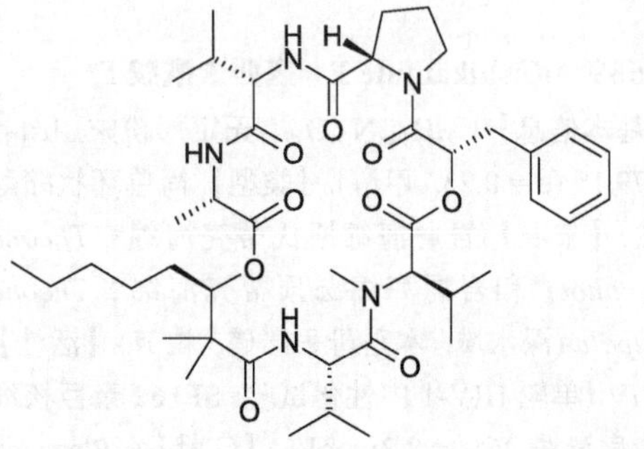

1567　Kulomoopunalide 1　库娄姆普那内酯 1*
【基本信息】$C_{39}H_{64}N_4O_8$, 无定形固体, $[\alpha]_D^{31} = -63°$ ($c = 0.67$, 甲醇).【类型】简单环状缩酚酸肽.【来源】软体动物头足目拟海牛科 *Philinopsis speciosa* (夏威夷, 美国).【活性】细胞毒 (P_{388}, 中等活性).【文献】Y. Nakao, et al. JOC, 1998, 63, 3272.

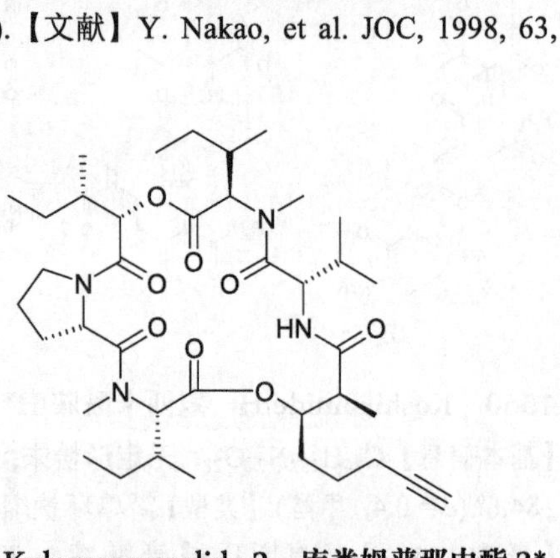

1568　Kulomoopunalide 2　库娄姆普那内酯 2*
【基本信息】$C_{38}H_{62}N_4O_8$, 无定形固体, $[\alpha]_D^{31} = -45°$ ($c = 1.36$, 甲醇).【类型】简单环状缩酚酸肽.【来源】软体动物头足目拟海牛科 *Philinopsis speciosa* (夏威夷, 美国).【活性】细胞毒 (P_{388}, 中

等活性). 【文献】Y. Nakao, et al. JOC, 1998, 63, 3272.

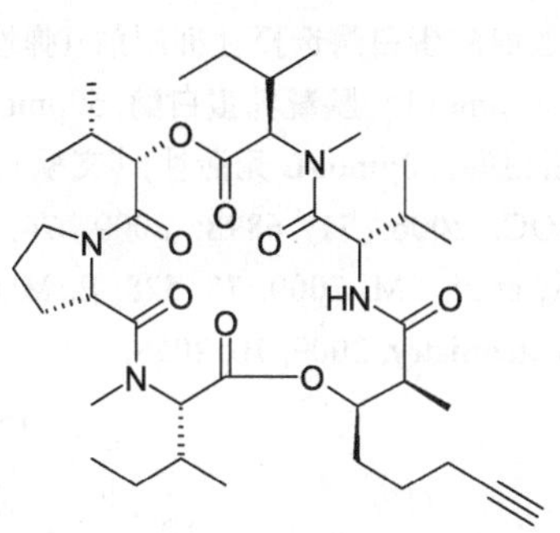

1569　Lagunamide A　拉古那酰胺 A*

【基本信息】$C_{45}H_{71}N_5O_{10}$, 无定形固体, $[\alpha]_D^{26}=-36°$ ($c=0.5$, 甲醇). 【类型】简单环状缩酚酸肽. 【来源】蓝细菌稍大鞘丝藻 Lyngbya majuscula (贝萨尔汉图岛, 新加坡). 【活性】细胞毒 (P_{388}, $IC_{50}=6.4$nmol/L); 杀疟原虫的 (恶性疟原虫 Plasmodium falciparum, $IC_{50}=0.19$μmol/L); 抗群游活性 (革兰氏阴性菌绿脓杆菌 Pseudomonas aeruginosa PA01, 100ppm, 和对照物相比发挥抗群游活性 62%). 【文献】A. Tripathi, et al. JNP, 2010, 73, 1810.

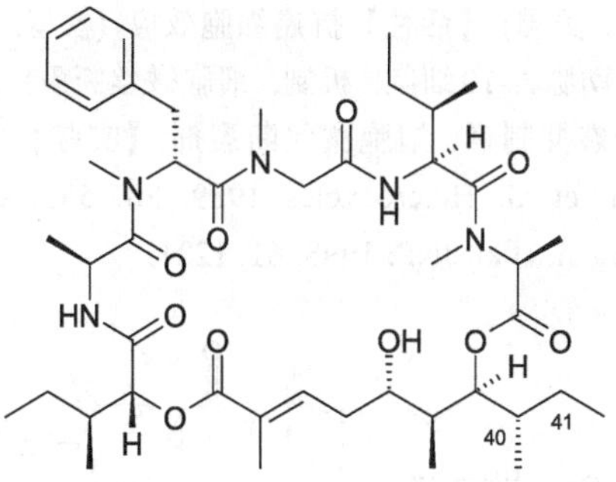

1570　Lagunamide B　拉古那酰胺 B*

【基本信息】$C_{45}H_{69}N_5O_{10}$, 无定形固体, $[\alpha]_D^{25}=-39°$ ($c=0.5$, 甲醇). 【类型】简单环状缩酚酸肽. 【来源】蓝细菌稍大鞘丝藻 Lyngbya majuscula (贝萨尔汉图岛, 新加坡). 【活性】细胞毒 (P_{388}, $IC_{50}=20.5$nmol/L); 杀疟原虫的 (恶性疟原虫 Plasmodium falciparum, $IC_{50}=0.91$μmol/L); 抗群游活性 (革兰氏阴性菌铜绿假单胞菌 Pseudomonas aeruginosa PA01, 100mg/mL, 和对照物相比发挥抗群游活性 56%). 【文献】A. Tripathi, et al. JNP, 2010, 73, 1810.

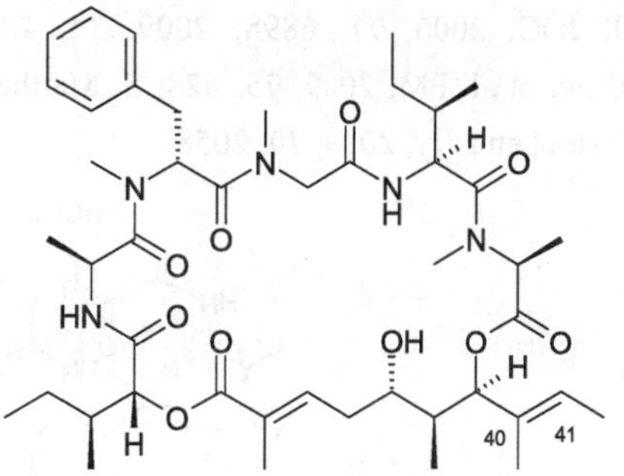

1571　Lagunamide C　拉古那酰胺 C*

【基本信息】$C_{46}H_{73}N_5O_{10}$, 白色无定形固体, $[\alpha]_D^{25}=-36°$ ($c=0.5$, 甲醇). 【类型】简单环状缩酚酸肽. 【来源】蓝细菌稍大鞘丝藻 Lyngbya majuscula. (低潮期浅水域, 贝萨尔汉图岛, 新加坡, 2007 年 6 月 25 日采样). 【活性】细胞毒 (MTT 试验: 一组癌细胞, 例如 P_{388}, A549, PC3, HCT8 和 SK-OV-3, $IC_{50}=2.1\sim24.4$nmol/L); 杀疟原虫的 (恶性疟原虫 Plasmodium falciparum, $IC_{50}=0.29$μmol/L); 抗群游活性 (革兰氏阴性菌铜绿假单胞菌 Pseudomonas aeruginosa PA01, 100μg/mL, 低活性). 【文献】A. Tripathi, et al. Phytochemistry, 2011, 72, 2369.

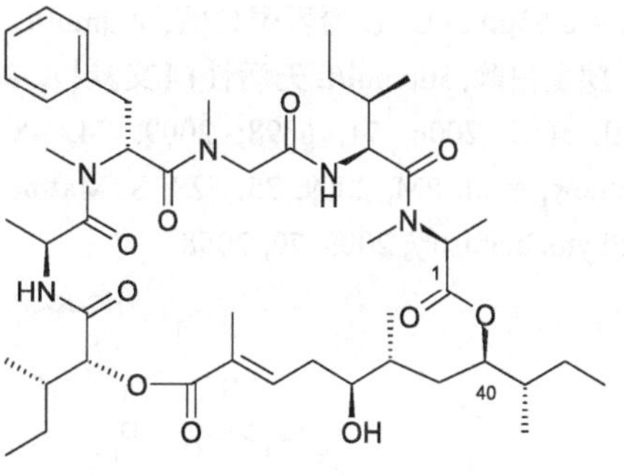

1572　Largamide A　拉格酰胺 A*

【基本信息】$C_{41}H_{59}N_7O_{12}$, 无定形粉末, $[\alpha]_D^{20}=-63°$ ($c=0.13$, 甲醇). 【类型】简单环状缩酚酸肽. 【来源】蓝细菌丝状鞘丝藻 Lyngbya confervoides (劳德代尔堡, 布劳沃德县, 佛罗里达, 美国), 蓝细菌颤藻属 Oscillatoria sp. 和蓝细菌丝状鞘丝藻 Lyngbya confervoides (埃弗格雷斯港入口, 劳德代尔堡, 佛罗里达, 美国). 【活性】抗癌细胞效应 (模型: 猪胰腺弹性蛋白酶; 机制: 抑制丝氨酸蛋白酶); 丝氨酸蛋白酶选择性抑制剂 (弹性蛋白酶, $IC_{50}=1.41$μmol/L; 胰凝乳蛋白酶, 50μmol/L 无活性; 胰蛋白酶, 50μmol/L 无活性). 【文献】A. Plaza, et al. JOC, 2006, 71, 6898; 2009, 74, 486; S. Matthew, et al. PM, 2009, 75, 528; S. Matthew, et al. Phytochemistry, 2009, 70, 2058.

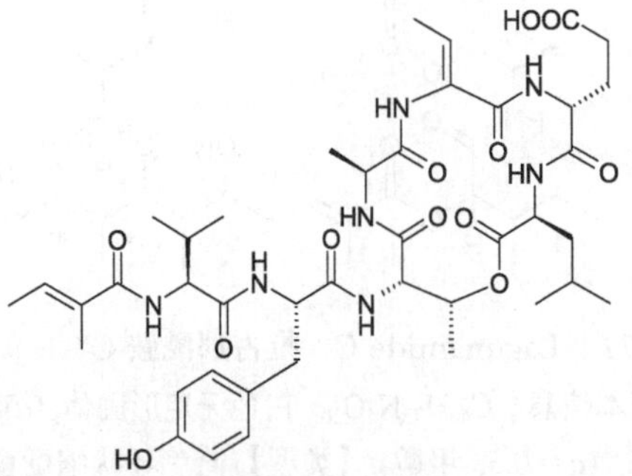

1573 Largamide B 拉格酰胺 B*
【基本信息】$C_{46}H_{61}N_7O_{13}$, 无定形粉末, $[\alpha]_D^{20} = -71.5°$ ($c = 0.3$, 甲醇). 【类型】简单环状缩酚酸肽. 【来源】蓝细菌丝状鞘丝藻 *Lyngbya confervoides* (劳德代尔堡, 布劳沃德县, 佛罗里达, 美国), 蓝细菌颤藻属 *Oscillatoria* sp. 和蓝细菌丝状鞘丝藻 *Lyngbya confervoides* (埃弗格雷斯港入口, 劳德代尔堡, 佛罗里达, 美国). 【活性】抗癌细胞效应 (模型: 猪胰腺弹性蛋白酶; 机制: 抑制丝氨酸蛋白酶); 丝氨酸蛋白酶选择性抑制剂 (弹性蛋白酶, $IC_{50} = 0.53\mu mol/L$; 胰凝乳蛋白酶, $50\mu mol/L$ 无活性; 胰蛋白酶, $50\mu mol/L$ 无活性). 【文献】A. Plaza, et al. JOC, 2006, 71, 6898; 2009, 74, 486; S. Matthew, et al. PM, 2009, 75, 528; S. Matthew, et al. Phytochemistry, 2009, 70, 2058.

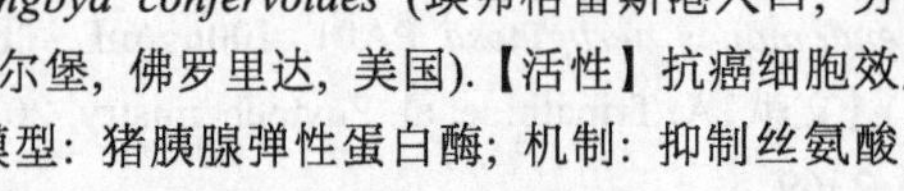

1574 Largamide C 拉格酰胺 C*
【基本信息】$C_{47}H_{63}N_7O_{13}$, 无定形粉末, $[\alpha]_D^{20} = -60.4°$ ($c = 0.27$, 甲醇). 【类型】简单环状缩酚酸肽. 【来源】蓝细菌丝状鞘丝藻 *Lyngbya confervoides* (劳德代尔堡, 布劳沃德县, 佛罗里达, 美国), 蓝细菌颤藻属 *Oscillatoria* sp. 和蓝细菌丝状鞘丝藻 *Lyngbya confervoides* (埃弗格雷斯港入口, 劳德代尔堡, 佛罗里达, 美国). 【活性】抗癌细胞效应 (模型: 猪胰腺弹性蛋白酶; 机制: 抑制丝氨酸蛋白酶); 丝氨酸蛋白酶选择性抑制剂 (弹性蛋白酶, $IC_{50} = 1.15\mu mol/L$; 胰凝乳蛋白酶, $50\mu mol/L$ 无活性; 胰蛋白酶, $50\mu mol/L$ 无活性). 【文献】A. Plaza, et al. JOC, 2006, 71, 6898; 2009, 74, 486; S. Matthew, et al. PM, 2009, 75, 528; S. Matthew, et al. Phytochemistry, 2009, 70, 2058.

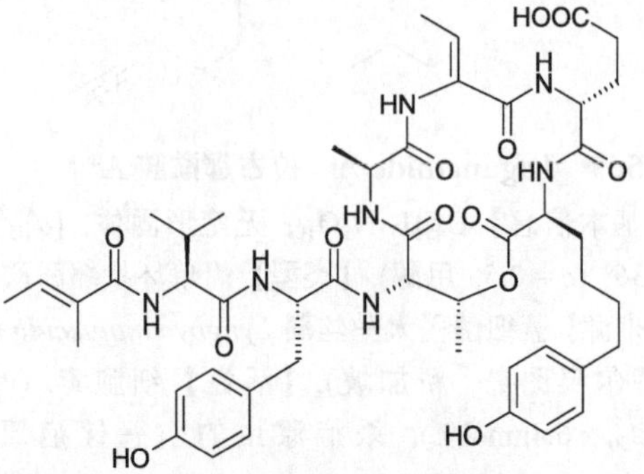

1575 Lyngbyastatin 1 鞘丝藻他汀 1*
【基本信息】$C_{51}H_{82}N_8O_{12}$, 玻璃状油, $[\alpha]_D^{27} = -17°$ ($c = 0.3$, 甲醇). 【类型】简单环状缩酚酸肽. 【来源】蓝细菌稍大鞘丝藻 *Lyngbya majuscula* 和蓝细菌钙生裂须藻* *Schizothrix calcicola* (集聚物, 关岛, 美国). 【活性】抗癌细胞效应 (模型: 大白鼠主动脉A-10细胞; 机制: 细胞微丝断裂); 细胞质分裂抑制剂; 细胞微丝断裂剂. 【文献】G. R. Pettit, et al. Heterocycles 1989, 28, 553; G. G. Harrigan, et al. JNP, 1998, 61, 1221.

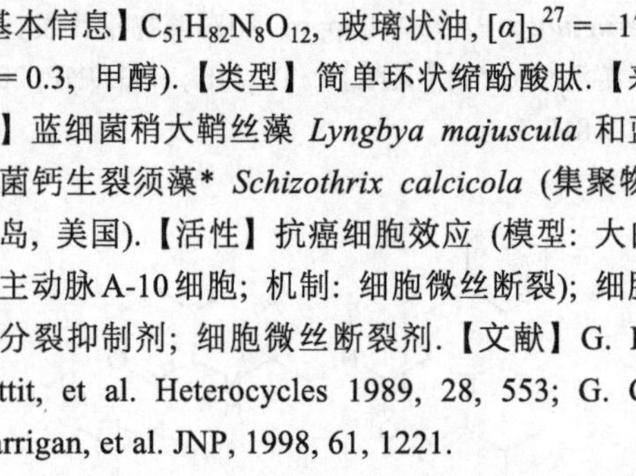

1576 Lyngbyastatin 2 鞘丝藻他汀 2*
【基本信息】$C_{56}H_{94}N_6O_{13}$, 油状物, $[\alpha]_D^{27} = -218°$ ($c = 0.04$, 甲醇). 【类型】简单环状缩酚酸肽. 【来源】蓝细菌稍大鞘丝藻 *Lyngbya majuscula* (关岛, 美国). 【活性】细胞毒 (KB, $IC_{50} = 930ng/mL$; LoVo, $IC_{50} = 475ng/mL$). 【文献】T. Mutou, et al.

JOC, 1996, 61, 6340; H. Luesch, et al. JNP, 1999, 62, 1702.

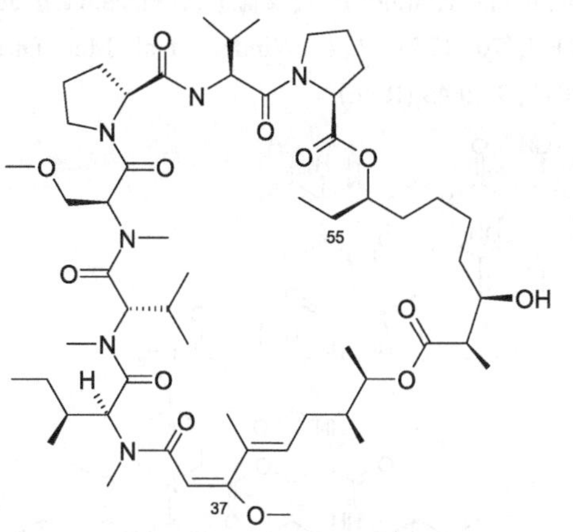

1577 Lyngbyastatin 7 鞘丝藻他汀 7*
【基本信息】$C_{48}H_{66}N_8O_{12}$，无定形粉末，$[\alpha]_D^{20} = -7.4°$ ($c = 0.27$, 甲醇).【类型】简单环状缩酚酸肽.【来源】蓝细菌鞘丝藻属 Lyngbya spp. (佛罗里达, 美国).【活性】抗癌细胞效应 (模型: 猪胰腺弹性蛋白酶; 机制: 抑制丝氨酸蛋白酶); 丝氨酸蛋白酶选择性抑制剂 (弹性蛋白酶, $IC_{50} = 3.3\mu mol/L$; 胰凝乳蛋白酶, $IC_{50} = 2.5\mu mol/L$ 胰蛋白酶, $30\mu mol/L$ 无活性); 弹性蛋白酶抑制剂.【文献】K. Taori, et al. JNP, 2007, 70, 1593.

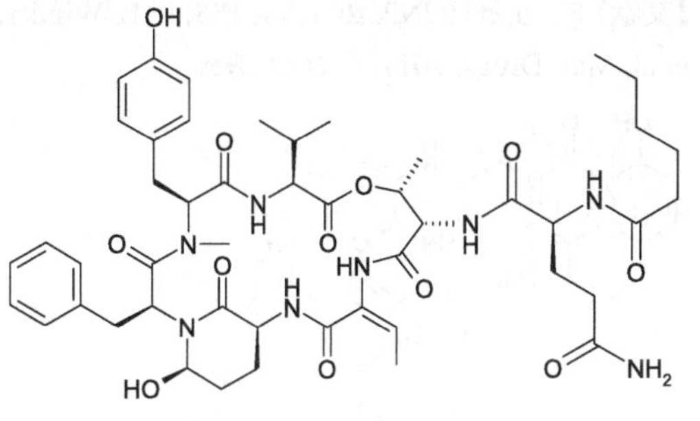

1578 Majusculamide C 稍大鞘丝藻酰胺 C*
【基本信息】$C_{50}H_{80}N_8O_{12}$，固体，$[\alpha]_D = -96°$ ($c = 2.5$, 二氯甲烷).【类型】简单环状缩酚酸肽.【来源】蓝细菌稍大鞘丝藻 Lyngbya majuscula 和蓝细菌稍大鞘丝藻 Lyngbya majuscula (深水域, 多种样本), 小轴海绵科海绵 Ptilocaulis trachys (拉利克群岛的埃内韦塔克礁, 马绍尔群岛, 太平洋), 软体动物耳形尾海兔 Dolabella auricularia.【活性】细胞毒 (有趣和有价值的癌细胞生长抑制剂: OVCAR-3, $GI_{50} = 0.51\mu g/mL$; A498, $GI_{50} =$ $0.058\mu g/mL$; NCI-H460, $GI_{50} = 0.0032\mu g/mL$; KM20L2, $GI_{50} = 0.0013\mu g/mL$; SK-MEL-5, $GI_{50} = 0.0068\mu g/mL$; SF295, $GI_{50} = 0.13\mu g/mL$) (Pettit, 2008); 抗真菌 (植物病源真菌).【文献】D. C. Carter, et al. JOC, 1984, 49, 236; D. E. Williams, et al. JNP, 1993, 56, 545; R. B. Bates, et al. JACS, 1997, 119, 2111; Williams, P.G. et al. J. Nat. Prod., 2003, 66, 1356; G. R. Pettit, et al. JNP, 2008, 71, 438; H. Choi, et al. JNP, 2010, 73, 1411.

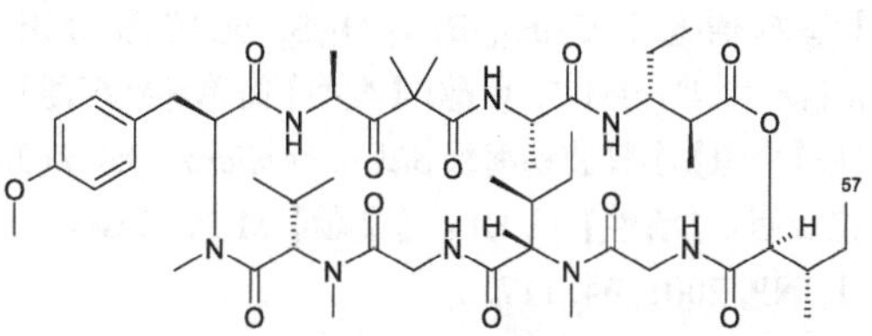

1579 N,N'-Methyleno-didemnin A N,N'-亚甲基双迪姆宁 A*
【基本信息】$C_{50}H_{78}N_6O_{12}$，无色玻璃体，$[\alpha]_D = -153°$ ($c = 0.38$, 甲醇).【类型】简单环状缩酚酸肽.【来源】实心膜海鞘* Trididemnum solidum (小圣萨尔瓦多, 巴哈马).【活性】细胞毒 (HCT116, $IC_{50} = 24nmol/L$).【文献】T. F. Molinski, et al. JNP, 2011, 74, 882.

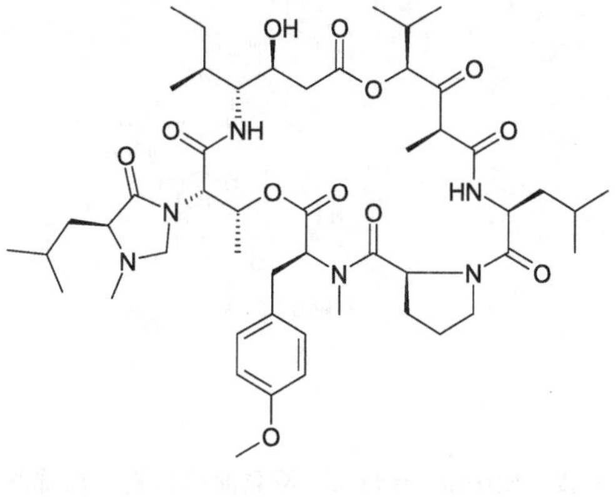

1580 N-Methylsansalvamide N-甲基圣萨尔瓦多酰胺*
【基本信息】$C_{33}H_{52}N_4O_6$, 油状物, $[\alpha]_D = -132°$ ($c = 0.41$, 二氯甲烷).【类型】简单环状缩酚酸肽.【来源】海洋导出的真菌镰孢霉属 Fusarium sp. CNL-619, 来自绿藻绒扇藻属 Avrainvillea sp. (加勒比海).【活性】细胞毒 (一组 NCI 癌细胞, $GI_{50} = 8.3\mu mol/L$, 低活性).【文献】M. Cueto, et al. Phytochemistry, 2000, 55, 223.

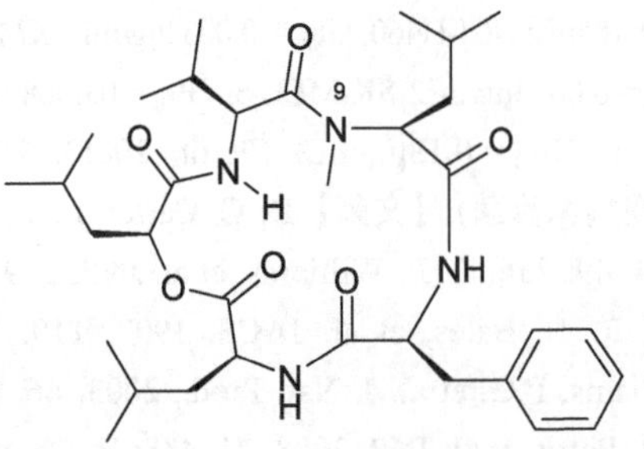

1581 Microspinosamide 小棘波动海绵酰胺*
【基本信息】$C_{75}H_{109}BrN_{18}O_{22}S$，无定形粉末，$[\alpha]_D = +2.4°$ ($c = 0.5$，甲醇).【类型】简单环状缩酚酸肽.【来源】小棘波动海绵 Sidonops microspinosa (苏拉威西).【活性】抗 HIV.【文献】M. A. Rashid, et al. JNP, 2001, 64, 117.

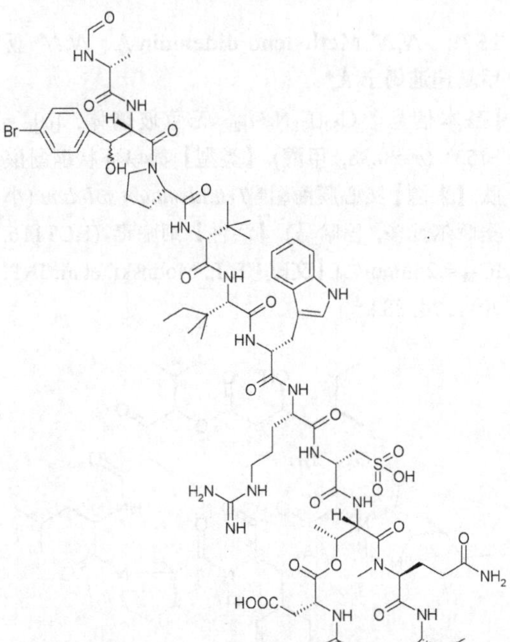

1582 Mirabamide A 蒂壳海绵科岩屑海绵酰胺 A*
【基本信息】$C_{72}H_{114}ClN_{13}O_{25}$，无定形粉末，$[\alpha]_D^{23} = -3.4°$ ($c = 0.06$，甲醇).【类型】简单环状缩酚酸肽.【来源】岩屑海绵蒂壳海绵科 Siliquariaspongia mirabilis (那马岛，东南部楚克泻湖，密克罗尼西亚联邦).【活性】抗 HIV (HIV-1 中和反应试验: 宿主 TZM-bl 细胞株，HXB2 亲 T 细胞的病毒菌株，$IC_{50} = 140$ nmol/L; SF162 亲巨噬细胞的病毒菌株，$IC_{50} = 0.40$ μmol/L); 抗 HIV (HIV-1 融合试验: LAV 亲 T 细胞的病毒菌株，$IC_{50} = 0.041$ μmol/L); 抗 HIV (HIV-1 中和反应试验: 宿主 TZM-bl 细胞株，$IC_{50} = 1.8$ μmol/L).【文献】A. Plaza, et al. JNP, 2007, 70, 1753; P. L. Winder, et al. Mar. Drugs, 2011, 9, 2643 (Rev.).

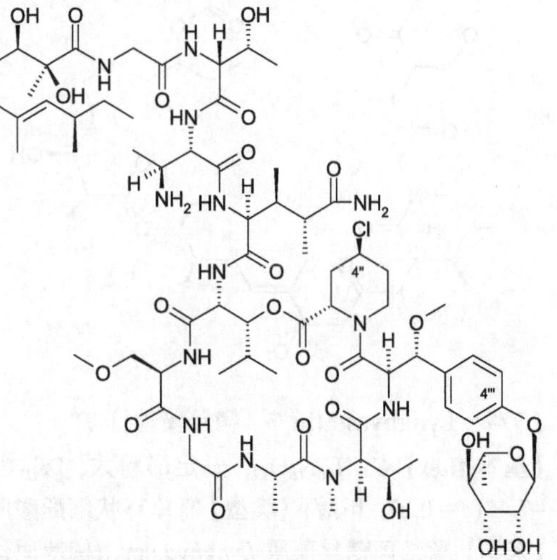

1583 Mirabamide E 蒂壳海绵科岩屑海绵酰胺 E*
【基本信息】$C_{72}H_{112}ClN_{13}O_{24}$.【类型】简单环状缩酚酸肽.【来源】星芒海绵属 Stelletta calvosa (托雷斯海峡群岛，昆士兰，澳大利亚).【活性】抗 HIV (HIV-1 中和反应试验: YU2-V3 病毒菌株, $IC_{50} = 121$ nmol/L).【文献】Z. Lu, et al. JNP, 2011, 74, 185; P. L. Winder, et al. Mar. Drugs, 2011, 9, 2643 (Rev.).

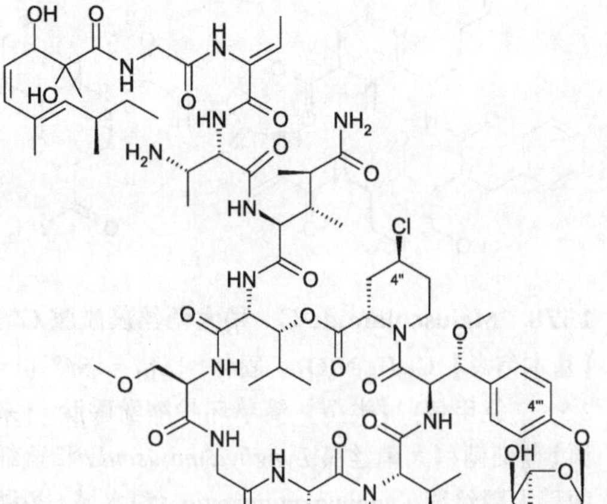

1584 Mirabamide F 蒂壳海绵科岩屑海绵酰胺 F*
【基本信息】$C_{72}H_{112}ClN_{13}O_{23}$.【类型】简单环状

缩酚酸肽.【来源】星芒海绵属 *Stelletta calvosa* (托雷斯海峡群岛, 昆士兰, 澳大利亚).【活性】抗HIV (HIV-1 中和反应试验试验: YU2-V3 病毒菌株, IC_{50} = 62nmol/L).【文献】Z. Lu, et al. JNP, 2011, 74, 185; P. L. Winder, et al. Mar. Drugs, 2011, 9, 2643 (Rev.).

缩酚酸肽.【来源】星芒海绵属 *Stelletta calvosa* (托雷斯海峡群岛, 昆士兰, 澳大利亚).【活性】抗HIV (HIV-1 中和反应试验试验: YU2-V3 病毒菌株, IC_{50} = 42nmol/L).【文献】Z. Lu, et al. JNP, 2011, 74, 185; P. L. Winder, et al. Mar. Drugs, 2011, 9, 2643 (Rev.).

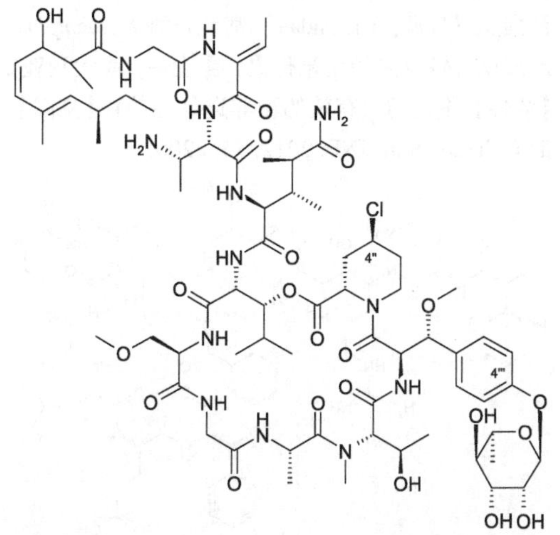

1585　Mirabamide G　蒂壳海绵科岩屑海绵酰胺 G*

【基本信息】$C_{66}H_{102}ClN_{13}O_{20}$.【类型】简单环状缩酚酸肽.【来源】星芒海绵属 *Stelletta calvosa* (托雷斯海峡群岛, 昆士兰, 澳大利亚).【活性】抗HIV (HIV-1 中和反应试验试验: YU2-V3 病毒菌株, IC_{50} = 68nmol/L).【文献】Z. Lu, et al. JNP, 2011, 74, 185; P. L. Winder, et al. Mar. Drugs, 2011, 9, 2643 (Rev.).

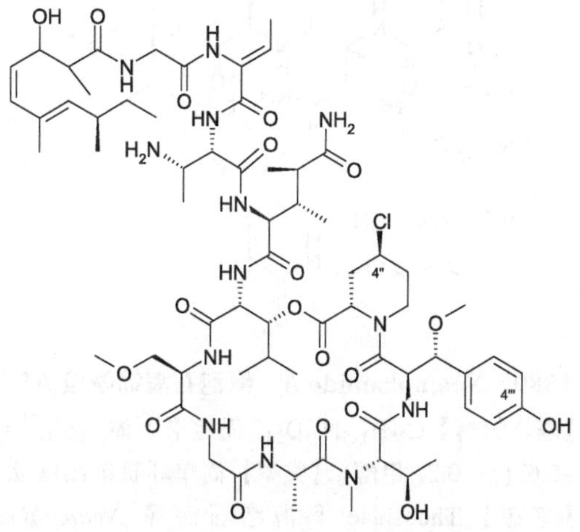

1587　Miuraenamide A　黏细菌酰胺 A*

【基本信息】$C_{34}H_{42}BrN_3O_7$, 粉末, $[\alpha]_D^{25}$ = +59° (c = 0.15, 甲醇).【类型】简单环状缩酚酸肽.【来源】蓝细菌鞘丝藻属 *Lyngbya* sp., 黏细菌 *Paraliomyxa miuraensis* SMH-27-4 (轻微嗜盐菌).【活性】抗癌细胞效应 (模型: HeLa 细胞株; 机制: 肌动蛋白丝稳定); 抗真菌 (抑制疫霉属真菌 *Phytophthora* sp., 有潜力和选择性的).【文献】T. Iizuka, et al. J. Antibiot., 2006, 59, 385; E. Sumiya, et al. ACS Chem. Biol., 2011, 6, 425.

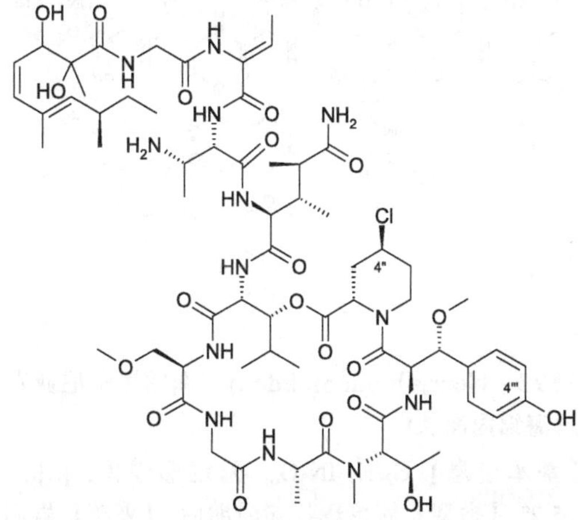

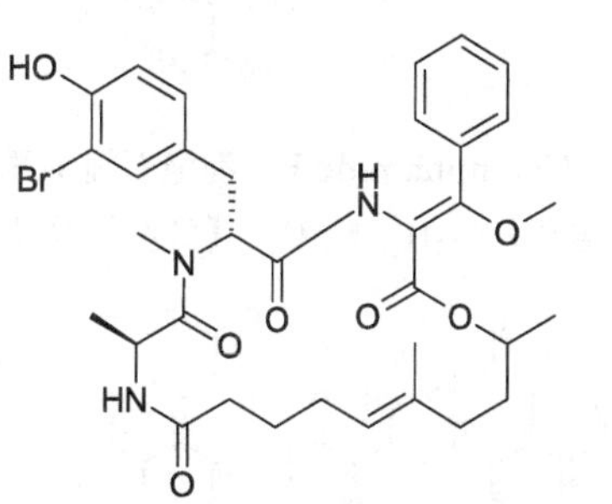

1586　Mirabamide H　蒂壳海绵科岩屑海绵酰胺 H*

【基本信息】$C_{66}H_{102}ClN_{13}O_{19}$.【类型】简单环状

1588　Nagahamide A　日本长滨酰胺 A*

【基本信息】$C_{39}H_{64}N_8O_{14}$, 粉末, $[\alpha]_D$ = +26.6° (c = 0.1, 正丙醇水溶液).【类型】简单环状缩酚酸肽.【来源】岩屑海绵斯氏蒂壳海绵* *Theonella swinhoei* (靠近长滨市, 上甑岛, 日本).【活性】抗菌 (大肠杆菌 *Escherichia coli* 和金黄色葡萄球菌

Staphylococcus aureus, 50μg/盘, IZD = 7mm, 低活性).【文献】Y. Okada, et al. Org. Lett., 2002, 4, 3039; P. L. Winder, et al. Mar. Drugs, 2011, 9, 2643 (Rev.).

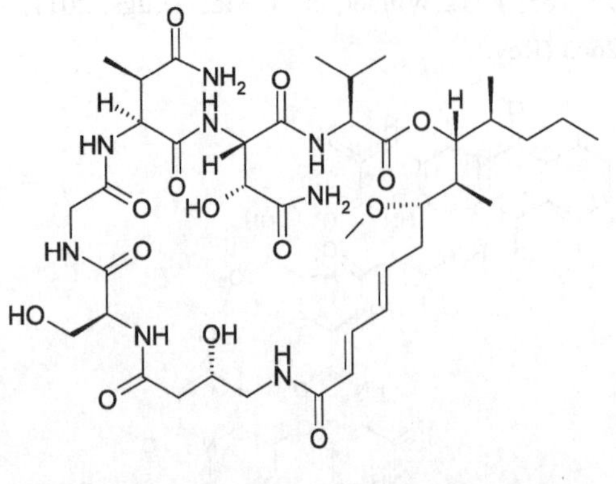

1589 Neamphamide A 海泡石海绵酰胺 A*
【基本信息】$C_{75}H_{125}N_{21}O_{23}$, 无定形固体, $[\alpha]_D^{21}$ = −0.6º (c = 0.2, 甲醇).【类型】简单环状缩酚酸肽.【来源】Thoosidae 科海泡石海绵 *Neamphius huxleyi*.【活性】抗 HIV-1 病毒.【文献】N. Oku, et al. JNP, 2004, 67, 1407; N. Oku, et al. JOC, 2005, 70, 6842.

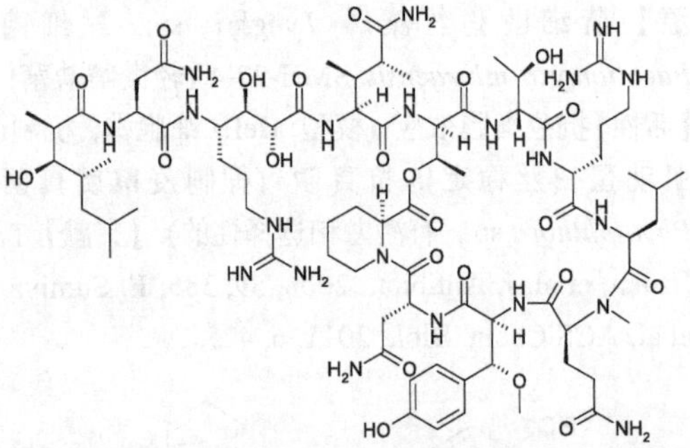

1590 Neamphamide B 海泡石海绵酰胺 B*
【基本信息】$C_{71}H_{119}N_{19}O_{21}$.【类型】简单环状缩酚酸肽.【来源】Thoosidae 科海泡石海绵 *Neamphius huxleyi* (格拉夫顿角米伦礁, 昆士兰, 澳大利亚).【活性】细胞毒 (有效的和非选择性的).【文献】T. D. Tran, et al. JNP, 2012, 75, 2200.

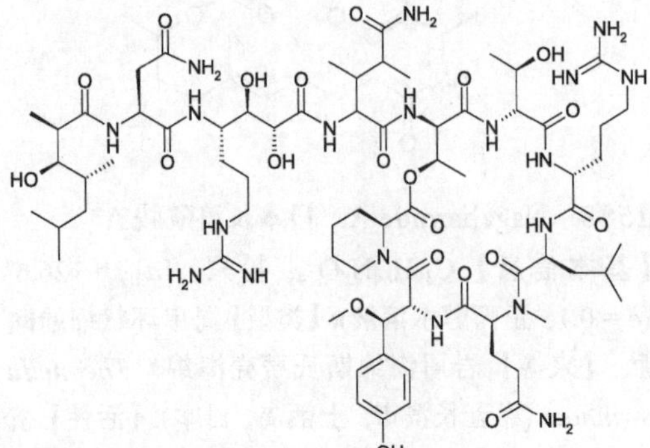

1591 Neamphamide C 海泡石海绵酰胺 C*
【基本信息】$C_{71}H_{118}N_{18}O_{22}$.【类型】简单环状缩酚酸肽.【来源】Thoosidae 科海泡石海绵 *Neamphius huxleyi* (格拉夫顿角米伦礁, 昆士兰, 澳大利亚).【活性】细胞毒 (有效的和非选择性的).【文献】T. D. Tran, et al. JNP, 2012, 75, 2200.

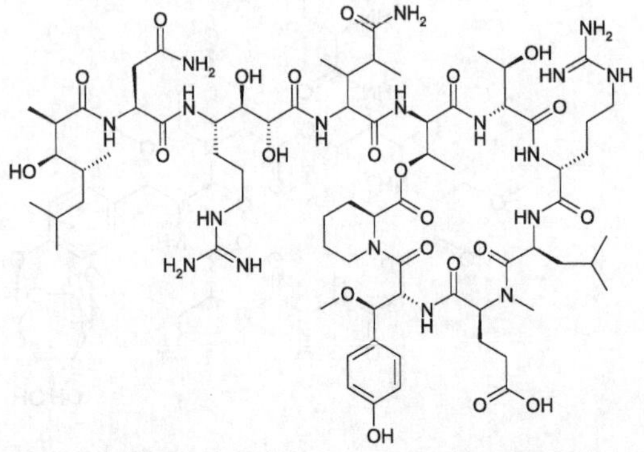

1592 Neamphamide D 海泡石海绵酰胺 D*
【基本信息】$C_{72}H_{121}N_{19}O_{21}$.【类型】简单环状缩酚酸肽.【来源】Thoosidae 科海泡石海绵 *Neamphius huxleyi* (格拉夫顿角米伦礁, 昆士兰, 澳大利亚).【活性】细胞毒 (有效的和非选择性的).【文献】T. D. Tran, et al. JNP, 2012, 75, 2200.

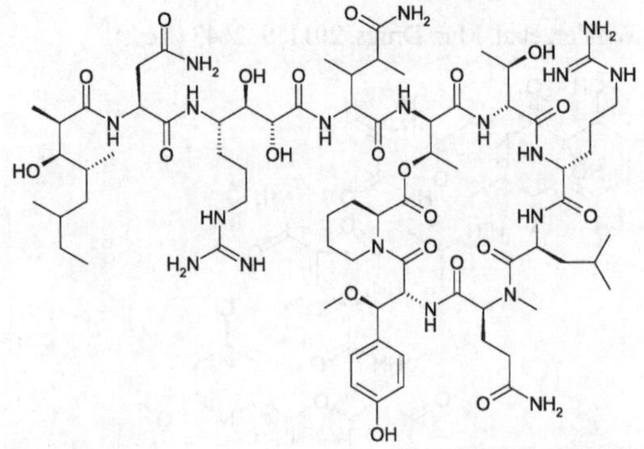

1593 Neosiphoniamolide A 新喀里多尼亚岩屑海绵内酯 A*
【基本信息】$C_{29}H_{42}IN_3O_6$, 无定形固体, $[\alpha]_D$ = +5.2º.【类型】简单环状缩酚酸肽.【来源】岩屑海绵 Phymatellidae 科 *Neosiphonia superstes* (新喀里多尼亚(法属)).【活性】抗真菌 (真菌生长抑制剂, 稻梨孢**Piricularia oryzae* 和细叶长蠕孢霉

Helmintbosporium gramineum, $IC_{90} = 5\mu mol/L$).【文献】M. V. D'Auria, et al. JNP, 1995, 58, 121.

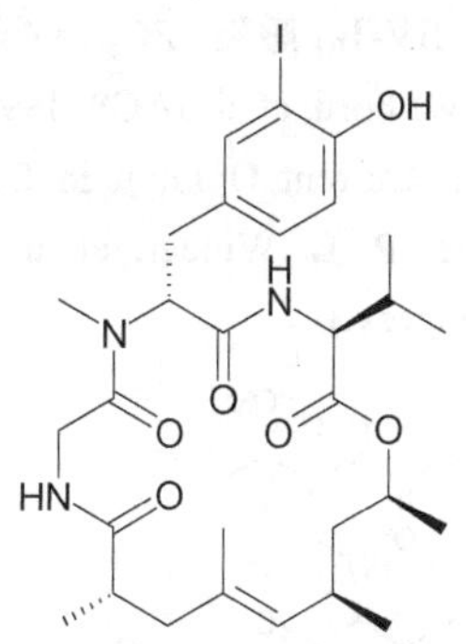

1594　Nordolastatin G　去甲尾海兔素 G*

【基本信息】$C_{56}H_{94}N_6O_{13}$, 无定形粉末, $[\alpha]_D^{25} = -183°$ ($c = 0.11$, 甲醇).【类型】简单环状缩酚酸肽.【来源】蓝细菌稍大鞘丝藻 *Lyngbya majuscula* (关岛, 美国).【活性】细胞毒 (HeLa-S3, $IC_{50} = 5.3\mu g/mL$).【文献】T. Mutou, et al. JOC, 1996, 61, 6340.

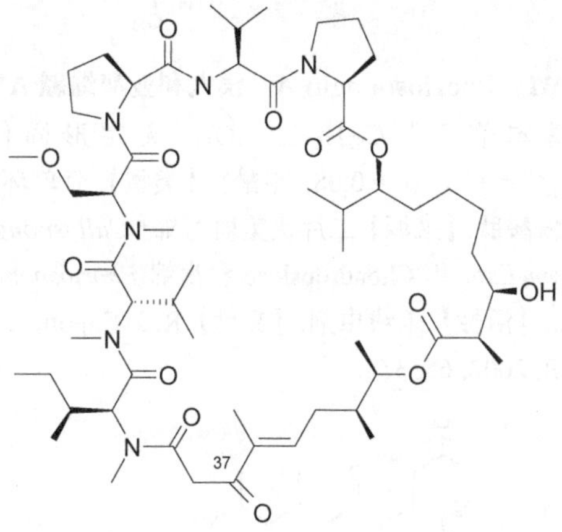

1595　Norlyngbyastatin 2　去甲稍大鞘丝藻他汀 2*

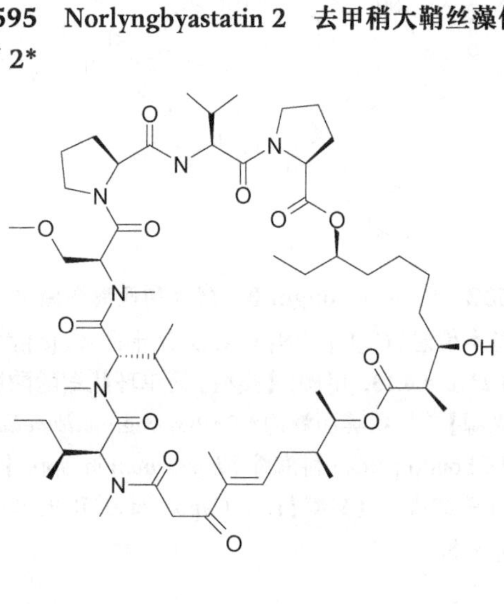

【基本信息】$C_{55}H_{92}N_6O_{13}$, 油状物, $[\alpha]_D^{27} = -179°$ ($c = 0.05$, 甲醇).【类型】简单环状缩酚酸肽.【来源】蓝细菌稍大鞘丝藻 *Lyngbya majuscula* (关岛, 美国).【活性】细胞毒 (KB, $IC_{50} = 20ng/mL$; LoVo, $IC_{50} = 14ng/mL$).【文献】T. Mutou, et al. JOC, 1996, 61, 6340; H. Luesch, et al. JNP, 1999, 62, 1702.

1596　57-Normajusculamide C　57-去甲稍大鞘丝藻酰胺 C*

【基本信息】$C_{49}H_{78}N_8O_{12}$.【类型】简单环状缩酚酸肽.【来源】蓝细菌稍大鞘丝藻 *Lyngbya majuscula* (深水域, 多种).【活性】抗真菌 (巴斯德酵母 *Saccharomyces pastorianus*, 指示器组织).【文献】J. S. Mynderse, et al. JNP, 1988, 51, 1299.

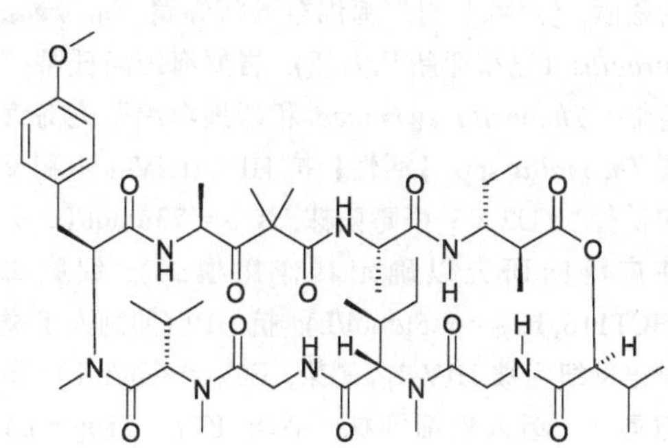

1597　Onchidin　石磺啶*

【基本信息】$C_{60}H_{98}N_6O_{14}$, $[\alpha]_D^{25} = -140.9°$.【类型】简单环状缩酚酸肽.【来源】软体动物腹足纲缩眼目石磺属 *Onchidium* sp. [新喀里多尼亚 (法属)].【活性】细胞毒 (P_{388}, $IC_{50} = 8\mu g/mL$).【文献】J. Rodriguez, et al. Tetrahedron Lett., 1994, 35, 9239.

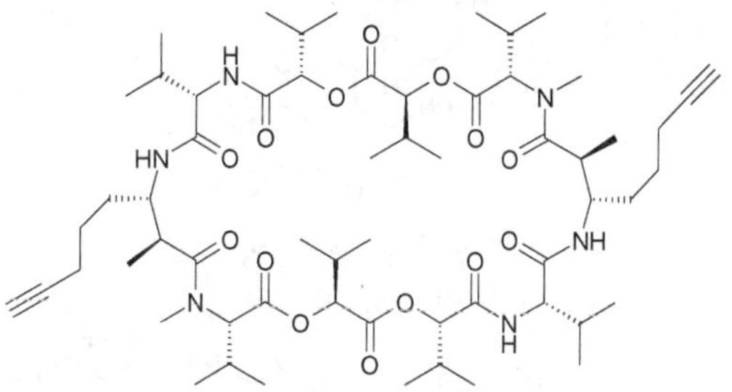

1598　Palmyramide A　巴尔米拉酰胺 A*

【基本信息】$C_{36}H_{53}N_3O_9$, 玻璃体, $[\alpha]_D = +19.6°$ ($c = 0.25$, 氯仿).【类型】简单环状缩酚酸肽.【来源】蓝细菌稍大鞘丝藻 *Lyngbya majuscula* (巴尔米拉环礁, 中太平洋).【活性】抗癌细胞效应 (模型: neuro-2a 细胞株; 机制: 钠通道抑制, 抑制藜芦碱和哇巴因引起的钠超载, $IC_{50} = 17.2\mu mol/L$);

细胞毒 (MTT 试验, H460).【文献】M. Taniguchi, et al. JNP, 2010, 73, 393.

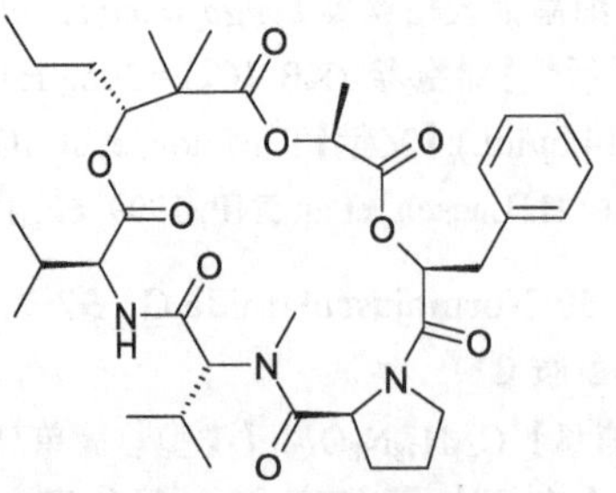

1599　Papuamide A　海洋大环环酯肽 A*

【基本信息】$C_{66}H_{105}N_{13}O_{21}$，无定形玻璃体，$[\alpha]_D^{25} = +12°$ ($c = 3.5$, 甲醇).【类型】简单环状缩酚酸肽.【来源】岩屑海绵蒂壳海绵属 *Theonella mirabilis* (巴布亚新几内亚)，岩屑海绵斯氏蒂壳海绵* *Theonella swinhoei* 和岩屑海绵蒂壳海绵属 *Theonella* spp.【活性】抗 HIV (HIV-1 中和反应试验, YU2-V3 病毒菌株, $IC_{50} = 73nmol/L$; 关注广泛的研究以确定其作用模式); 细胞毒 (HCT116, $IC_{50} = 3.5\mu mol/L$); 抗 HIV (抑制人 T 类淋巴母细胞被 HIV-1$_{RF}$ 感染, $EC_{50} = 4ng/mL$); 细胞毒 (一组人癌细胞株, 平均 $IC_{50} = 75ng/mL$).【文献】P. W. Ford, et al. JACS, 1999, 121, 5899; A. E. Wright, Current Opinion in Biotechnology, 2010, 21, 801; P. L. Winder, et al. Mar. Drugs, 2011, 9, 2643 (Rev.).

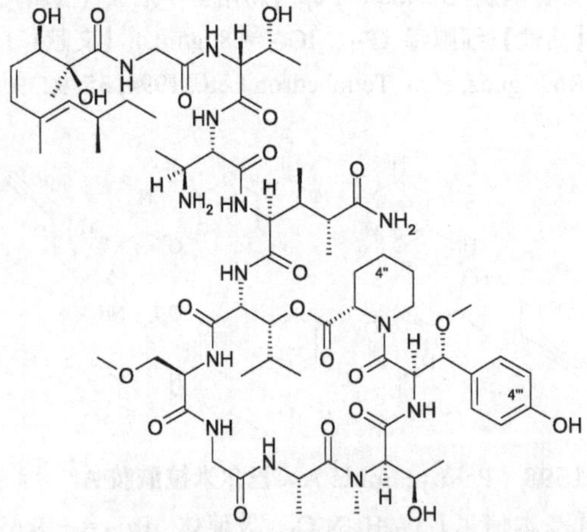

1600　Papuamide B　海洋大环环酯肽 B*

【基本信息】$C_{65}H_{103}N_{13}O_{21}$，无定形玻璃体，$[\alpha]_D^{25} = +12.9°$ ($c = 0.13$, 甲醇).【类型】简单环状缩酚酸肽.【来源】岩屑海绵蒂壳海绵属 *Theonella mirabilis* (巴布亚新几内亚)，岩屑海绵斯氏蒂壳海绵* *Theonella swinhoei* 和岩屑海绵蒂壳海绵属 *Theonella* spp.【活性】抗 HIV (抑制人 T 类淋巴母细胞被 HIV-1$_{RF}$ 感染, $EC_{50} = 4ng/mL$); 细胞毒.【文献】P. W. Ford, et al. JACS, 1999, 121, 5899; A. E. Wright, Current Opinion in Biotechnology, 2010, 21, 801; P. L. Winder, et al. Mar. Drugs, 2011, 9, 2643 (Rev.).

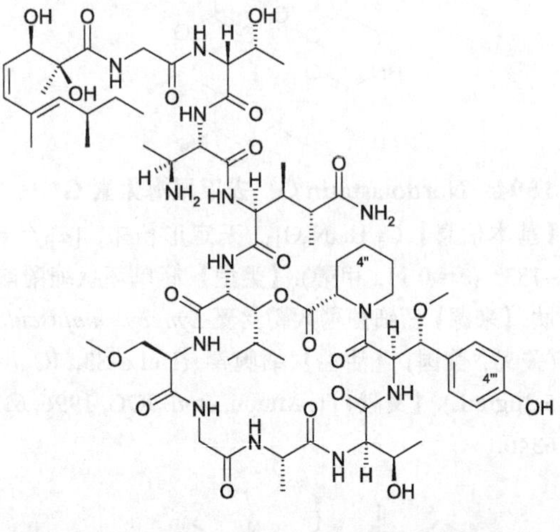

1601　Phoriospongin A　澳大利亚海绵碱 A*

【基本信息】$C_{52}H_{82}ClN_{11}O_{15}$，无定形固体，$[\alpha]_D^{20} = +18°$ ($c = 0.08$, 甲醇).【类型】简单环状缩酚酸肽.【来源】二片状美丽海绵* *Callyspongia bilamellata* 和 Chondropsidae 科海绵 *Phoriospongia* spp.【活性】杀线虫剂.【文献】R. J. Capon, et al. JNP, 2002, 65, 358.

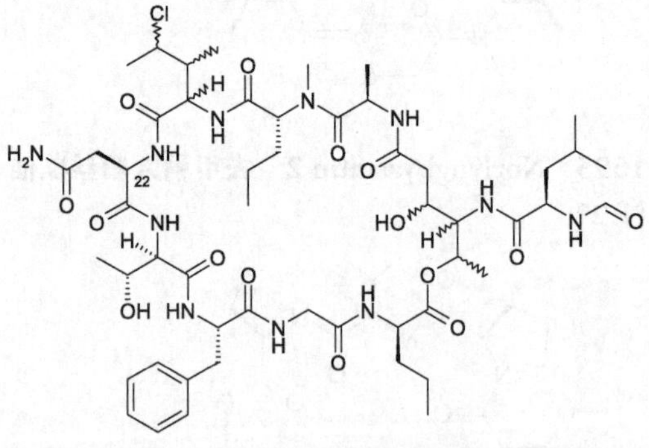

1602　Phoriospongin B　澳大利亚海绵碱 B*

【基本信息】$C_{53}H_{84}ClN_{11}O_{15}$，无定形固体，$[\alpha]_D^{20} = -6.2°$ ($c = 0.13$, 甲醇).【类型】简单环状缩酚酸肽.【来源】二片状美丽海绵* *Callyspongia bilamellata* 和 Chondropsidae 科海绵 *Phoriospongia* spp.【活性】杀线虫剂.【文献】R. J. Capon, et al. JNP, 2002, 65, 358.

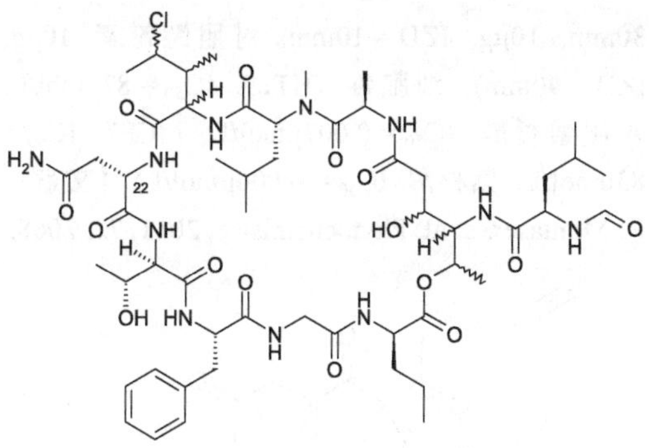

1603 Pitipeptolide A 关岛皮提酯肽 A*
【基本信息】$C_{44}H_{65}N_5O_9$，无定形固体，$[\alpha]_D^{25}$ = −109° (c = 1，甲醇).【类型】简单环状缩酚酸肽.【来源】蓝细菌稍大鞘丝藻 *Lyngbya majuscula*（皮提湾弹洞，关岛，美国）.【活性】细胞毒 (LoVo)；弹性蛋白酶诱导剂 (50μg/mL，活性提高 2.76 倍)；抗结核（圆盘扩散试验，接种体结核分枝杆菌 *Mycobacterium tuberculosis*，100μg，IZD = 28mm，50μg，IZD = 23mm，10μg，IZD = 9mm，对照链霉素 10μg，IZD = 40mm）；细胞毒 (HT29，IC_{50} = 13μmol/L，对照紫杉醇，IC_{50} = 0.007μmol/L；MCF7，IC_{50} = 13μmol/L，对照紫杉醇，IC_{50} = 0.006μmol/L)；弹性蛋白酶刺激剂；拒食剂（蓝细菌稍大鞘丝藻 *Lyngbya majuscula* 的成分，是食草动物的拒食剂）.【文献】H. Luesch, et al. JNP, 2001, 64, 304; E. Cruz-Rivera, et al. J. Chem. Ecol., 2007, 33, 213; R. Montaser, et al. Phytochemistry, 2011, 72, 2068.

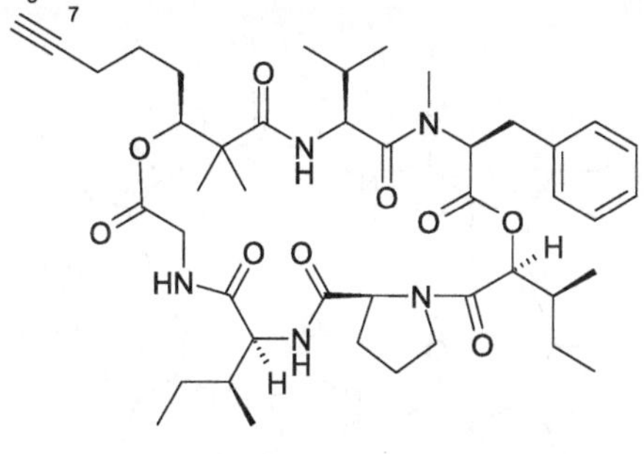

1604 Pitipeptolide B 关岛皮提酯肽 B*
【基本信息】$C_{44}H_{67}N_5O_9$，无定形固体，$[\alpha]_D^{25}$ = −109° (c = 1，甲醇).【类型】简单环状缩酚酸肽.【来源】蓝细菌稍大鞘丝藻 *Lyngbya majuscula*（皮提湾弹洞，关岛，美国）.【活性】细胞毒 (LoVo)；弹性蛋白酶诱导剂 (50μg/mL，活性提高 2.55 倍)；抗结核（圆盘扩散试验，接种体结核分枝杆菌 *Mycobacterium tuberculosis*，100μg，IZD = 30mm，50μg，IZD = 24mm，10μg，IZD = 14mm，对照链霉素 10μg，IZD = 40mm）；细胞毒 (HT29，IC_{50} = 13μmol/L，对照紫杉醇，IC_{50} = 0.007μmol/L；MCF7，IC_{50} = 11μmol/L，对照紫杉醇，IC_{50} = 0.006μmol/L).【文献】H. Luesch, et al. JNP, 2001, 64, 304; R. Montaser, et al. Phytochemistry, 2011, 72, 2068.

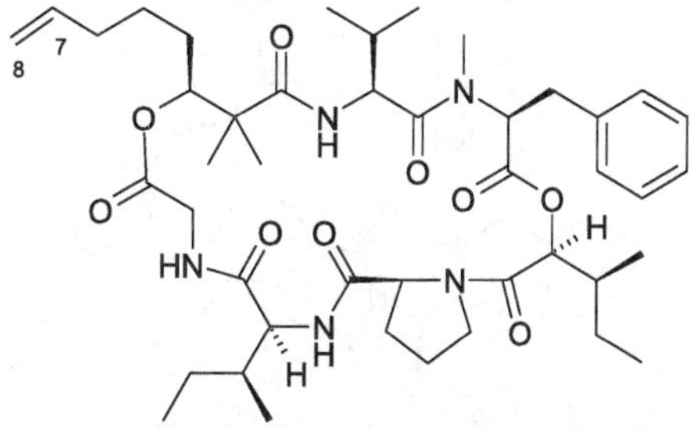

1605 Pitipeptolide C 关岛皮提酯肽 C*
【基本信息】$C_{44}H_{69}N_5O_9$，无色无定形固体，$[\alpha]_D^{20}$ = −121° (c = 0.11，甲醇).【类型】简单环状缩酚酸肽.【来源】蓝细菌稍大鞘丝藻 *Lyngbya majuscula*（关岛，美国）.【活性】抗结核（圆盘扩散试验，接种体结核分枝杆菌 *Mycobacterium tuberculosis*，100μg，IZD = 26mm，50μg，IZD = 21mm，10μg，IZD = 18mm，对照链霉素 10μg，IZD = 40mm）；细胞毒 (HT29，IC_{50} = 67μmol/L，对照紫杉醇 IC_{50} = 0.007μmol/L；MCF7，IC_{50} = 73μmol/L，紫杉醇 IC_{50} = 0.006μmol/L).【文献】R. Montaser, et al. Phytochemistry, 2011, 72, 2068.

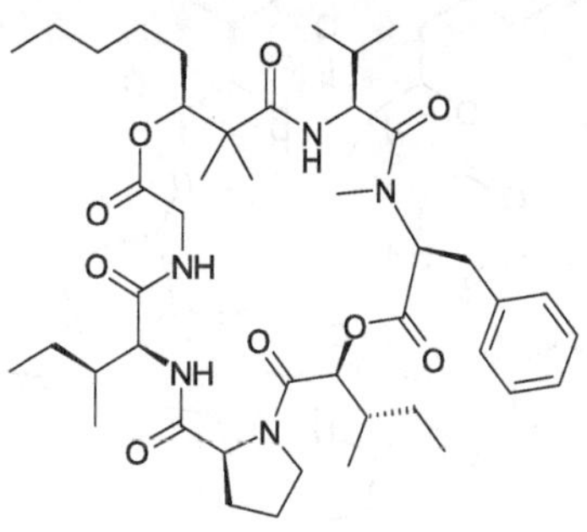

1606 Pitipeptolide D 关岛皮提酯肽 D*
【基本信息】$C_{43}H_{63}N_5O_9$，无色无定形固体，$[\alpha]_D^{20}$ = −112° (c = 0.12，甲醇).【类型】简单环状缩酚酸肽.【来源】蓝细菌稍大鞘丝藻 *Lyngbya majuscula*（关岛，美国）.【活性】抗结核（圆盘扩散试验，接种体结核分枝杆菌 *Mycobacterium tuberculosis*，100μg，IZD = 10mm，50μg，IZD = 0mm，

10μg，IZD = 0mm，对照链霉素 10μg，IZD = 40mm）；细胞毒（HT29，IC$_{50}$ > 100μmol/L，对照紫杉醇 IC$_{50}$ = 0.007μmol/L；MCF7，IC$_{50}$ >100μmol/L，紫杉醇 IC$_{50}$ = 0.006μmol/L）.【文献】R. Montaser, et al. Phytochemistry, 2011, 72, 2068.

30mm，10μg，IZD = 10mm，对照链霉素 10μg，IZD = 40mm）；细胞毒（HT29，IC$_{50}$ = 87μmol/L，对照紫杉醇 IC$_{50}$ = 0.007μmol/L；MCF7，IC$_{50}$ = 83μmol/L，紫杉醇 IC$_{50}$ = 0.006μmol/L）.【文献】R. Montaser, et al. Phytochemistry, 2011, 72, 2068.

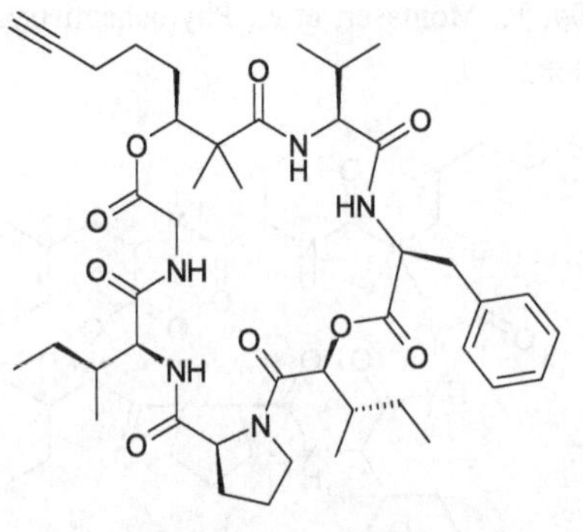

1607 Pitipeptolide E 关岛皮提酯肽 E*
【基本信息】$C_{43}H_{63}N_5O_9$，无色无定形固体，$[\alpha]_D^{20}$ = –105º (c = 0.13，甲醇).【类型】简单环状缩酚酸肽.【来源】蓝细菌稍大鞘丝藻 *Lyngbya majuscula*（关岛，美国）.【活性】抗结核（接种体结核分枝杆菌 *Mycobacterium tuberculosis*，圆盘扩散试验，100μg，IZD = 21mm，50μg，IZD = 15mm，10μg，IZD = 0mm，对照链霉素 10μg，IZD = 40mm）；细胞毒（HT29，IC$_{50}$ = 75μmol/L，对照紫杉醇 IC$_{50}$ = 0.007μmol/L；MCF7，IC$_{50}$ > 100μmol/L，紫杉醇 IC$_{50}$ = 0.006μmol/L）.【文献】R. Montaser, et al. Phytochemistry, 2011, 72, 2068.

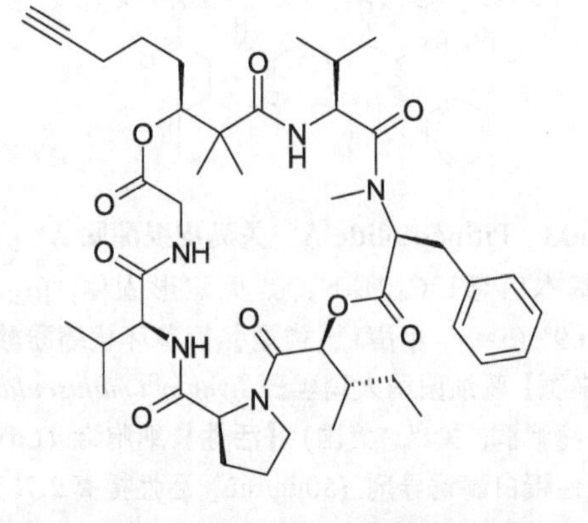

1609 Pitiprolamide 关岛皮提脯氨酰胺*
【基本信息】$C_{50}H_{73}N_5O_{10}$，无色无定形固体，$[\alpha]_D^{20}$ = –65º (c = 0.3，甲醇).【类型】简单环状缩酚酸肽.【来源】蓝细菌稍大鞘丝藻 *Lyngbya majuscula*（皮提湾弹洞，关岛，美国）.【活性】细胞毒（HCT116 和 MCF7，二者 IC$_{50}$ = 33μmol/L）；抗菌（蜡样芽孢杆菌 *Bacillus cereus*，IC$_{50}$ = 70μmol/L；金黄色葡萄球菌 *Staphylococcus aureus*，铜绿假单胞菌 *Pseudomonas aeruginosa*，无活性）；抗结核（结核分枝杆菌 *Mycobacterium tuberculosis*，50μg/盘）.【文献】R. Montaser, et al. JNP, 2011, 74, 109.

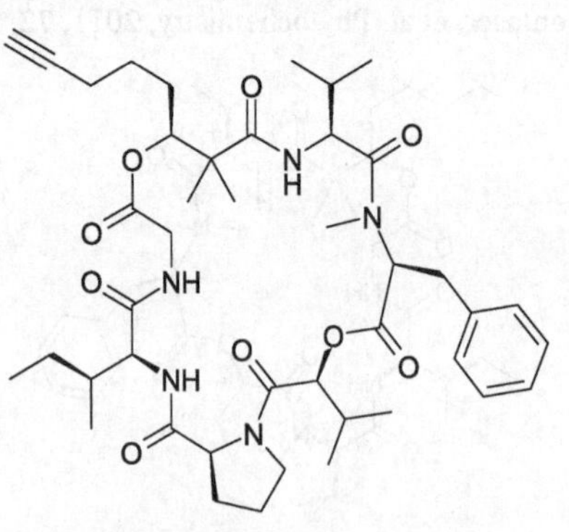

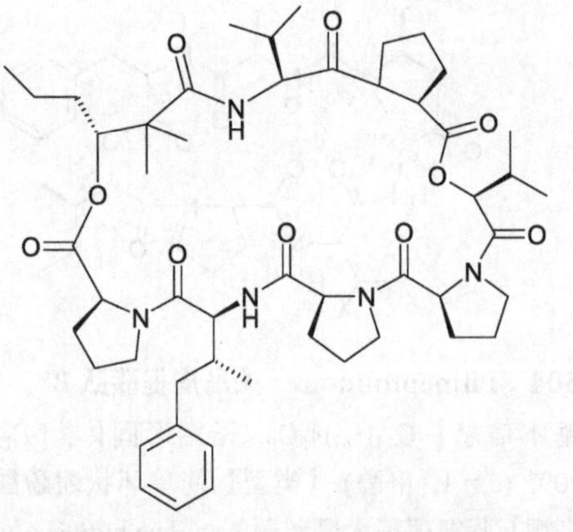

1608 Pitipeptolide F 关岛皮提酯肽 F*
【基本信息】$C_{43}H_{63}N_5O_9$，无色无定形固体，$[\alpha]_D^{20}$ = –101º (c = 0.10，甲醇).【类型】简单环状缩酚酸肽.【来源】蓝细菌稍大鞘丝藻 *Lyngbya majuscula*（关岛，美国）.【活性】抗结核（圆盘扩散试验，接种体结核分枝杆菌 *Mycobacterium tuberculosis*，100μg，IZD = 40mm，50μg，IZD =

1610 Polydiscamide A 聚圆皮海绵酰胺 A*
【基本信息】$C_{74}H_{108}BrN_{19}O_{20}S$，白色粉末（钠盐），mp 212~216ºC（钠盐），$[\alpha]_D^{25}$ = –1.1º (c = 1.89，甲醇).【类型】简单环状缩酚酸肽.【来源】岩屑海

绵圆皮海绵属 *Discodermia* sp.【活性】细胞毒 (A549, IC_{50} = 0.7μg/mL); 抗菌 (抑制枯草杆菌 *Bacillus subtilis* 生长, MIC = 3.1μg/mL).【文献】N. K. Gulavita, et al. JOC, 1992, 57, 1767.

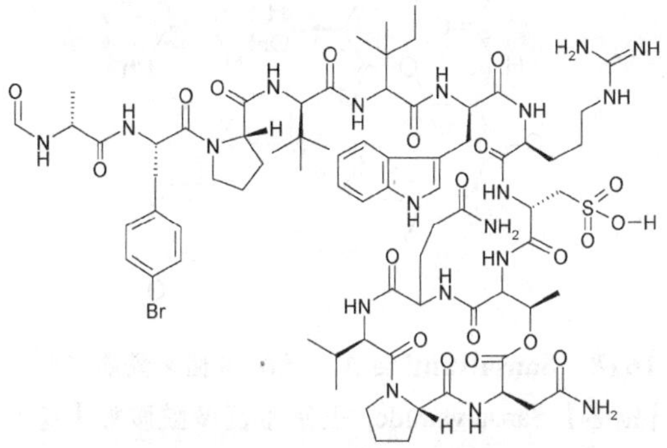

1611 Pompanopeptin A 波母帕弄肽亭 A*

【基本信息】$C_{46}H_{73}BrN_{10}O_{12}S$, 无定形固体, $[\alpha]_D^{20}$ = −42.5° (c = 0.2, 甲醇).【类型】简单环状缩酚酸肽.【来源】蓝细菌丝状鞘丝藻 *Lyngbya confervoides*.【活性】抗癌细胞效应 (模型: 猪胰腺胰蛋白酶; 机制: 抑制丝氨酸蛋白酶); 丝氨酸蛋白酶选择性抑制剂 (胰蛋白酶, IC_{50} = 2.4μmol/L).【文献】S. Matthew, et al. Tetrahedron, 2008, 64, 4081; M. Costa, et al. Mar. Drugs, 2012, 10, 2181 (Rev.).

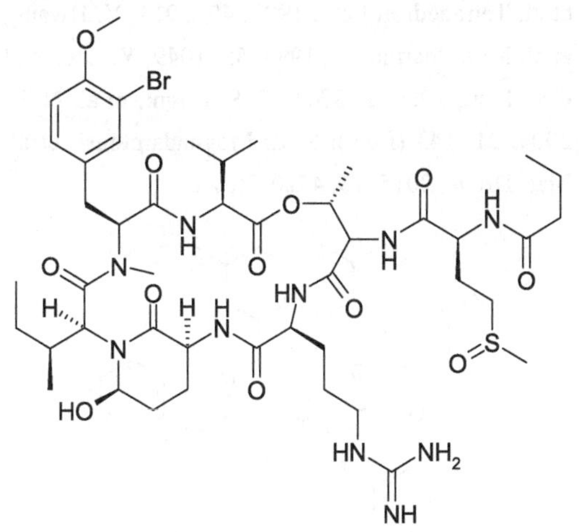

1612 Porpoisamide A 波普柔斯酰胺 A*

【基本信息】$C_{33}H_{50}N_4O_6$.【类型】简单环状缩酚酸肽.【来源】蓝细菌鞘丝藻属 *Lyngbya* sp. (佛罗里达礁, 美国).【活性】细胞毒 (HCT116 和 U2OS, 低活性).【文献】T. Meickle, et al. Bioorg. Med. Chem., 2011, 19, 6576.

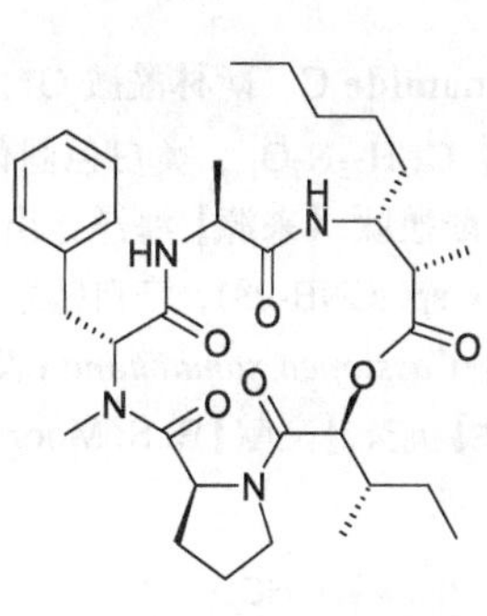

1613 Porpoisamide B 波普柔斯酰胺 B*

【基本信息】$C_{33}H_{50}N_4O_6$.【类型】简单环状缩酚酸肽.【来源】蓝细菌鞘丝藻属 *Lyngbya* sp. (佛罗里达礁, 美国).【活性】细胞毒 (HCT116 和 U2OS, 低活性).【文献】T. Meickle, et al. Bioorg. Med. Chem., 2011, 19, 6576.

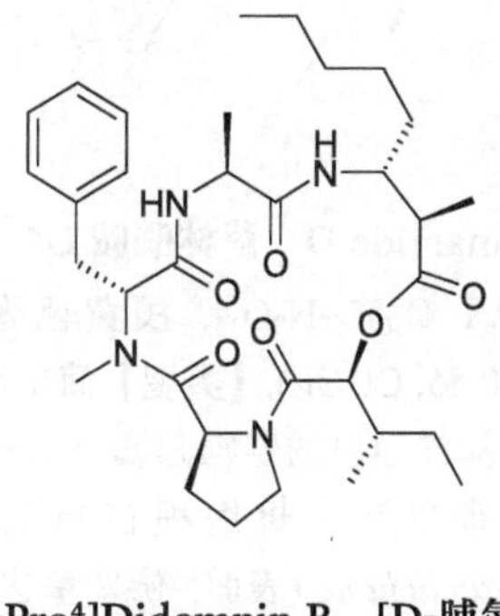

1614 [D-Pro⁴]Didemnin B [D-脯氨酸⁴]迪迪姆宁 B*

【基本信息】$C_{57}H_{89}N_7O_{15}$, 无定形固体.【类型】简单环状缩酚酸肽.【来源】膜海鞘属 *Trididemnum cyanophorum* [瓜德罗普岛 (法属)].【活性】细胞毒 (人成淋巴细胞的白血病细胞株).【文献】E. Abou-Mansour, et al. Tetrahedron, 1995, 51, 12 591.

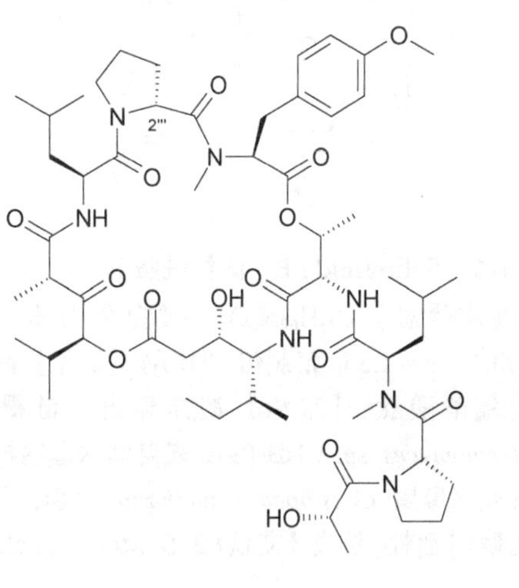

1615　Salinamide C　萨林酰胺 C*

【基本信息】$C_{52}H_{73}N_7O_{14}$，类白色固体.【类型】简单环状缩酚酸肽.【来源】海洋导出的链霉菌属 *Streptomyces* sp. CNB-091，来自钵水母纲根口目仙女水母属 *Cassiopea xamachana*（表面，佛罗里达礁）.【活性】抗炎.【文献】B. S. Moore, et al. JOC, 1999, 64, 1145.

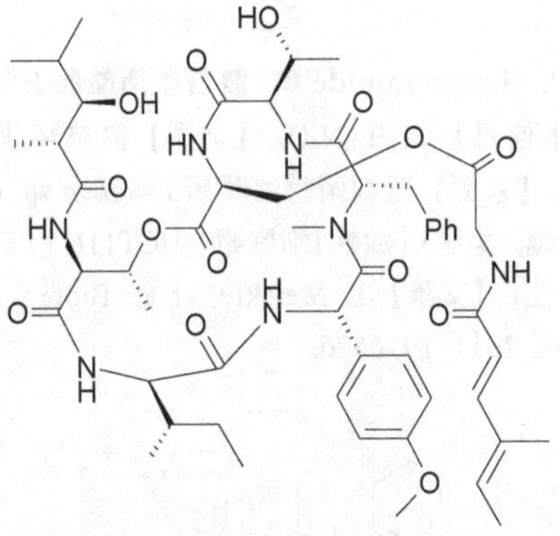

1616　Salinamide D　萨林酰胺 D*

【基本信息】$C_{50}H_{67}N_7O_{15}$，浅黄色固体，$[\alpha]_D = -54.4º$（$c = 0.85$, $CDCl_3$）.【类型】简单环状缩酚酸肽.【来源】海洋导出的链霉菌属 *Streptomyces* sp. CNB-091，来自钵水母纲根口目仙女水母属 *Cassiopea xamachana*（表面，佛罗里达礁）.【活性】抗炎.【文献】B. S. Moore, et al. JOC, 1999, 64, 1145.

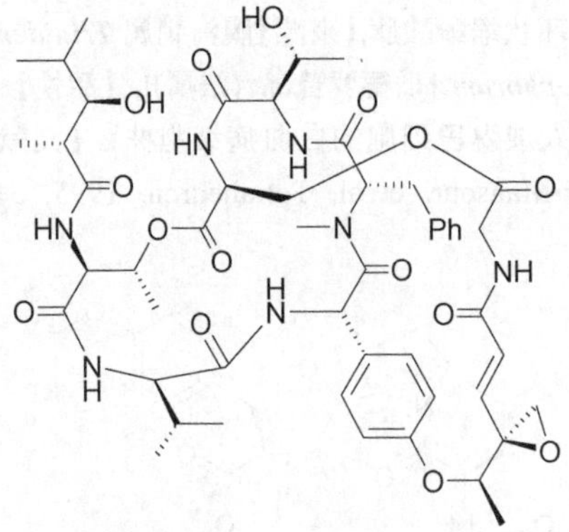

1617　Salinamide E　萨林酰胺 E*

【基本信息】$C_{43}H_{62}N_6O_{12}$，类白色固体，$[\alpha]_D = -93.4º$（$c = 1.35$, 氘氯仿 $CDCl_3$）.【类型】简单环状缩酚酸肽.【来源】海洋导出的链霉菌属 *Streptomyces* sp. CNB-091，来自钵水母纲根口目仙女水母属 *Cassiopea xamachana*（表面，佛罗里达礁）.【活性】抗炎.【文献】B. S. Moore, et al. JOC, 1999, 64, 1145.

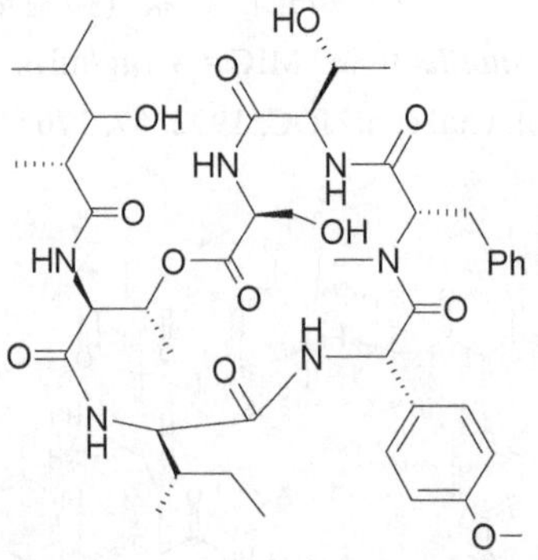

1618　Sansalvamide A　圣萨尔瓦多酰胺 A*

【别名】Sansalvamide；圣萨尔瓦多酰胺*.【基本信息】$C_{32}H_{50}N_4O_6$，粉末，mp 143~152ºC，$[\alpha]_D = -115º$（$c = 0.001$, 甲醇）.【类型】简单环状缩酚酸肽.【来源】海洋导出的真菌镰孢霉属 *Fusarium* sp.，来自百合超目泽泻目海神草科二药藻属海草 *Halodule wrightii*（表面，小圣萨尔瓦多岛，巴哈马）.【活性】细胞毒 (NCI 60 种癌细胞筛选程序：平均 $IC_{50} = 27.4\mu g/mL$; HCT116, $IC_{50} = 9.8\mu g/mL$; Colon205, $IC_{50} = 3.5\mu g/mL$; SK-MEL-2, $IC_{50} = 5.9\mu g/mL$; MAXF-401, $IC_{50} = 0.02\mu g/mL$); 抗病毒 (痘病毒 MCV 传染性软疣*Molluscum contagiosum*，拓扑异构酶选择性抑制剂).【文献】G. N. Belofsky, et al. Tetrahedron Lett., 1999, 40, 2913; Y. Hwang, et al. Mol. Pharmacol., 1999, 55, 1049; Y. Lee, et al. Org. Lett., 2000, 2, 3743; T. S. Bugni, et al. NPR, 2004, 21, 143 (Rev.); S. Z. Moghadamtousi, et al. Mar. Drugs, 2015, 13, 4520 (Rev.).

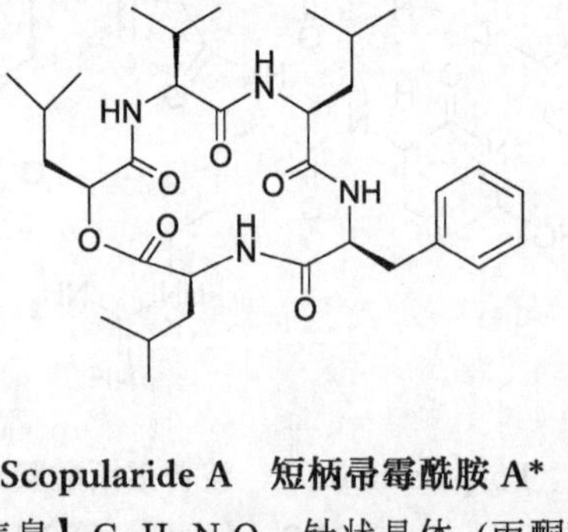

1619　Scopularide A　短柄帚霉酰胺 A*

【基本信息】$C_{36}H_{57}N_5O_7$，针状晶体（丙酮），mp 229~230ºC, $[\alpha]_D^{25} = -38º$（$c = 0.5$, 甲醇）.【类型】简单环状缩酚酸肽.【来源】海洋导出的真菌短柄帚霉属 *Scopulariopsis brevicaulis*，来自甘橘荔枝海绵 *Tethya aurantium*（地中海）.【活性】细胞毒

(显著抑制数种癌细胞生长,包括 PANC89, HT29 和 Colo357, 10μg/mL, InRt = 25%~50%);抗菌 (革兰氏阳性菌,枯草杆菌 *Bacillus subtilis* 和缓慢葡萄球菌 *Staphylococcus lentus*,无活性或低活性).【文献】Z. G. Yu, et al. JNP, 2008, 71, 1052.

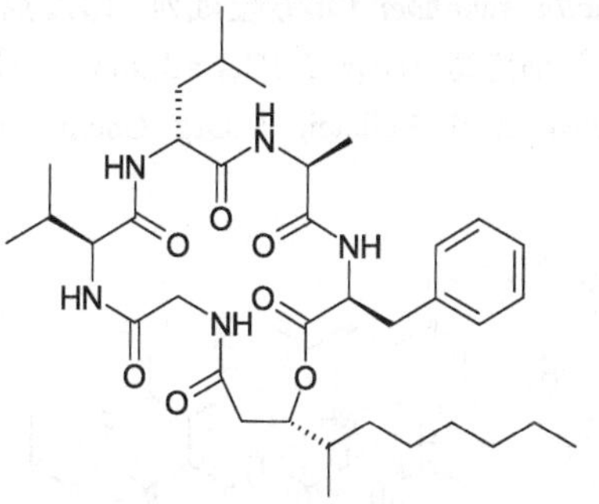

1620 Scopularide B 短柄帚霉酰胺 B*

【基本信息】$C_{34}H_{53}N_5O_7$,无定形粉末,$[\alpha]_D^{25}$ = $-43°$ (c = 0.5, 甲醇).【类型】简单环状缩酚酸肽.【来源】海洋导出的真菌短柄帚霉属 *Scopulariopsis brevicaulis*,来自 1049*Tethya aurantium* (地中海).【活性】细胞毒 (显著抑制数种癌细胞生长,包括 PANC89, HT29 和 Colo357, 10μg/mL, InRt = 25%~50%);抗菌 (革兰氏阳性菌,枯草杆菌 *Bacillus subtilis* 和缓慢葡萄球菌 *Staphylococcus lentus*. 无活性或低活性).【文献】Z. G. Yu, et al. JNP, 2008, 71, 1052.

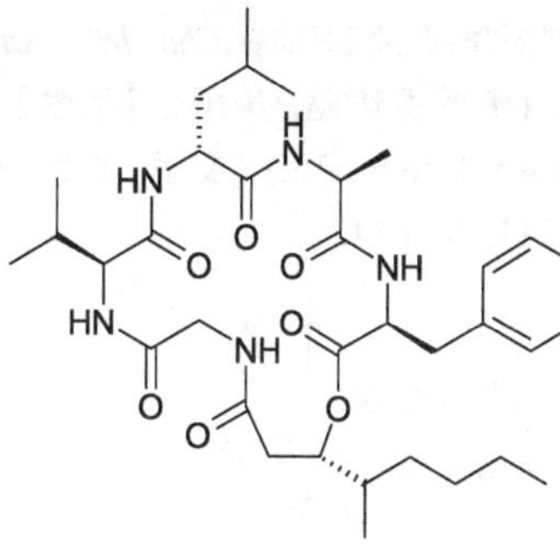

1621 Seragamide A 濑良垣酰胺 A*

【基本信息】$C_{29}H_{42}IN_3O_7$,无定形固体,$[\alpha]_D^{27}$ = $+45.6°$ (c = 0.21, 氯仿).【类型】简单环状缩酚酸肽.【来源】日本皮海绵* *Suberites japonicas* [濑良垣岛,冲绳,产率 = 0.00029% (湿重)].【活性】细胞毒 [MTT 试验: NBT-T2 (BRC-1370), IC$_{50}$ = 0.064μmol/L; 0.01μmol/L 引起细胞多核化的形成];球肌动蛋白聚合促进剂 (Prodan-肌动蛋白试验,20~200nmol/L 的濑良垣酰胺 A 促进 1μmol/L 的球肌动蛋白聚合); F-肌动蛋白长丝稳定剂 (Prodan-肌动蛋白试验,抑制 F-肌动蛋白解聚,100nmol/L).【文献】C. Tanaka, et al. Tetrahedron, 2006, 62, 3536.

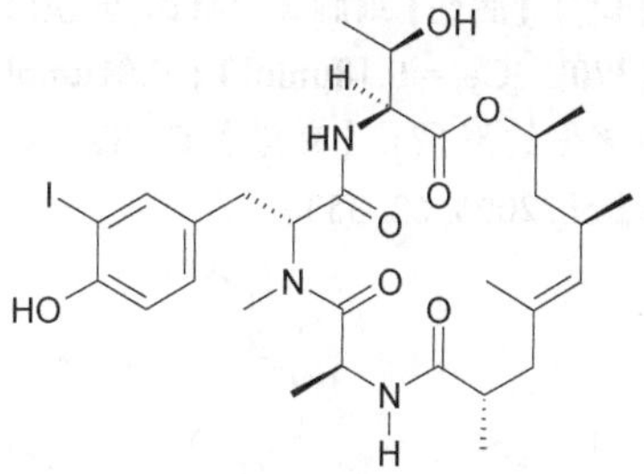

1622 Seragamide B 濑良垣酰胺 B*

【基本信息】$C_{29}H_{42}BrN_3O_7$,无定形固体,$[\alpha]_D^{27}$ = $+39°$ (c = 0.09, 氯仿).【类型】简单环状缩酚酸肽.【来源】日本皮海绵* *Suberites japonicas* (濑良垣岛,冲绳,日本).【活性】细胞毒 (MTT 试验: NBT-T2 (BRC-1370), IC$_{50}$ = 0.12μmol/L; 0.02μmol/L 引起细胞多核化的形成).【文献】C. Tanaka, et al. Tetrahedron, 2006, 62, 3536.

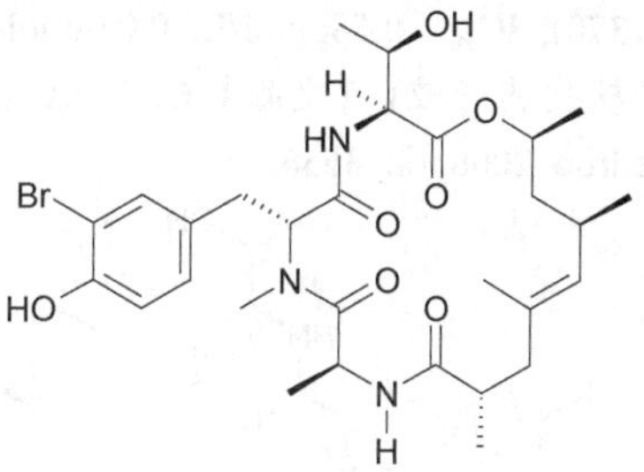

1623 Seragamide C 濑良垣酰胺 C*

【基本信息】$C_{29}H_{42}ClN_3O_7$,玻璃体,$[\alpha]_D^{23}$ = $+53°$ (c = 0.1, 氯仿).【类型】简单环状缩酚酸肽.【来源】日本皮海绵* *Suberites japonicas* (濑良垣岛,冲绳,日本).【活性】细胞毒 [MTT 试验: NBT-T2 (BRC-1370), IC$_{50}$ = 0.10μmol/L; 0.01μmol/L 引起细胞多核化的形成].【文献】C. Tanaka, et al. Tetrahedron, 2006, 62, 3536.

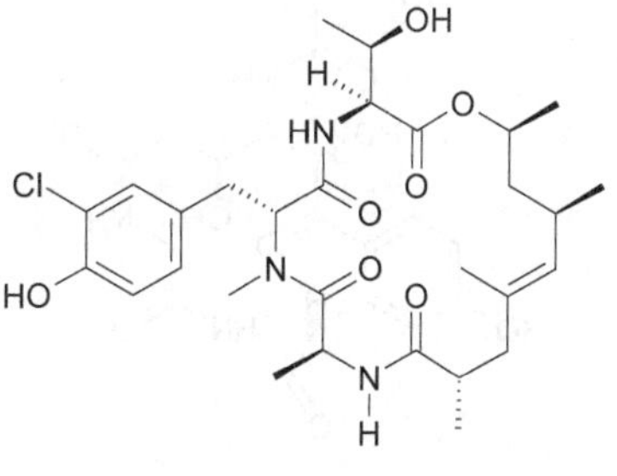

1624 Seragamide D 濑良垣酰胺 D*

【基本信息】$C_{28}H_{40}IN_3O_7$, 玻璃体, $[\alpha]_D^{23} = +46°$ ($c = 0.07$, 氯仿).【类型】简单环状缩酚酸肽.【来源】日本皮海绵* Suberites japonicas (濑良垣岛, 冲绳, 日本).【活性】细胞毒 [MTT 试验: NBT-T2 (BRC-1370), $IC_{50} = 0.18\mu mol/L$; $0.01\mu mol/L$ 引起细胞多核化的形成].【文献】C. Tanaka, et al. Tetrahedron, 2006, 62, 3536.

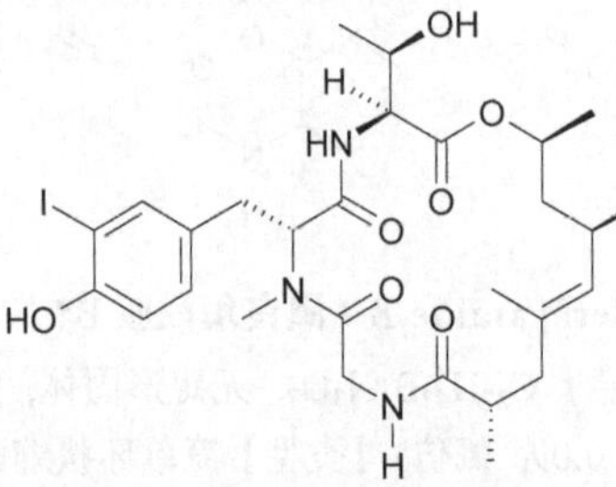

1625 Seragamide E 濑良垣酰胺 E*

【基本信息】$C_{29}H_{42}IN_3O_8$, 玻璃体, $[\alpha]_D^{24} = +33°$ ($c = 0.09$, 氯仿).【类型】简单环状缩酚酸肽.【来源】日本皮海绵* Suberites japonicas (濑良垣岛, 冲绳, 日本).【活性】细胞毒 (MTT 试验: NBT-T2 (BRC-1370), $IC_{50} = 0.58\mu mol/L$; $0.04\mu mol/L$ 引起细胞多核化的形成).【文献】C. Tanaka, et al. Tetrahedron, 2006, 62, 3536.

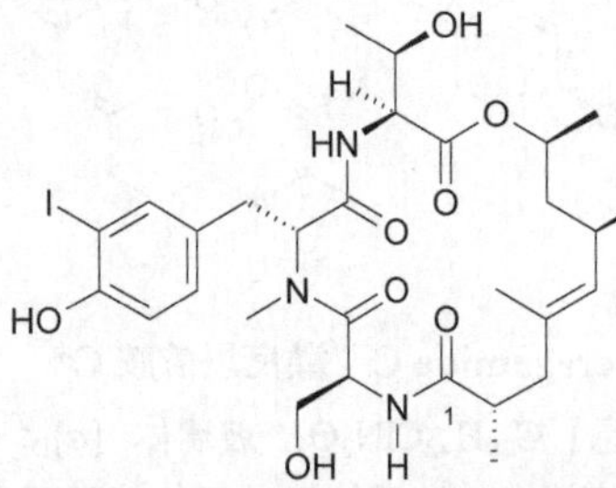

1626 Solomonamide A 所罗门酰胺 A*

【基本信息】$C_{21}H_{29}N_5O_9$.【类型】简单环状缩酚酸肽.【来源】岩屑海绵斯氏蒂壳海绵* Theonella swinhoei (旺乌努岛, 所罗门群岛).【活性】抗炎.【文献】C. Festa, et al. Org. Lett., 2011, 13, 1532.

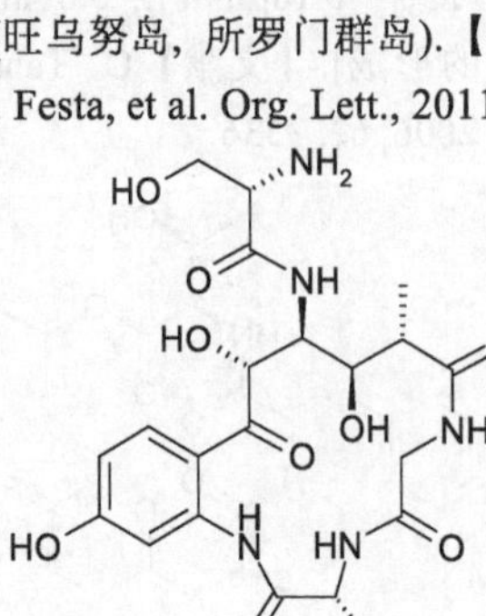

1627 Sulfinyltheonellapeptolide 亚硫酰基蒂壳海绵肽内酯*

【基本信息】$C_{69}H_{123}N_{13}O_{16}S$, 无色无定形固体, $[\alpha]_D = -38.1°$ ($c = 0.1$, 甲醇).【类型】简单环状缩酚酸肽.【来源】岩屑海绵斯氏蒂壳海绵* Theonella swinhoei (北苏拉威西, 印度尼西亚).【活性】细胞毒 (HepG2, $IC_{50} = 3\mu mol/L$).【文献】A. Sinisi, et al. Beilstein J. Org. Chem., 2013, 9, 1643.

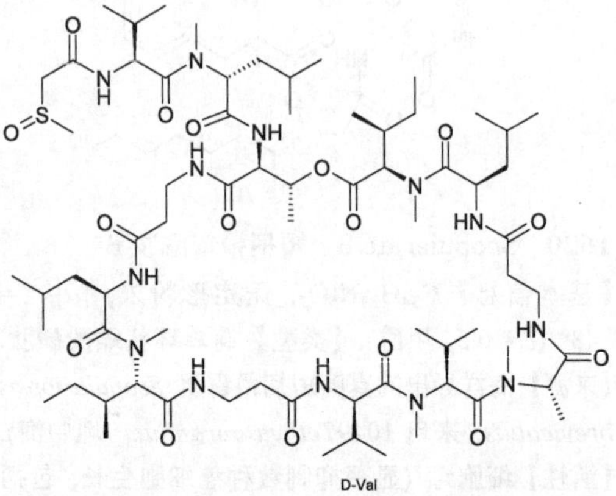

1628 12′-Sulfoxythiocoraline 12′-次硫酸基赛可拉林*

【基本信息】$C_{48}H_{56}N_{10}O_{13}S_6$, 白色固体, $[\alpha]_D^{25} = -96°$ ($c = 0.0013$, 氯仿).【类型】简单环状缩酚酸肽.【来源】海洋导出的细菌疣孢菌属 Verrucosispora sp., 来自岩屑海绵谷粒海绵属 Chondrilla caribensis f. caribensis (佛罗里达礁, 美国).【活性】细胞毒 (A549, $EC_{50} = 1.26\mu mol/L$).【文献】T. P. Wyche, et al. JOC, 2011, 76, 6542.

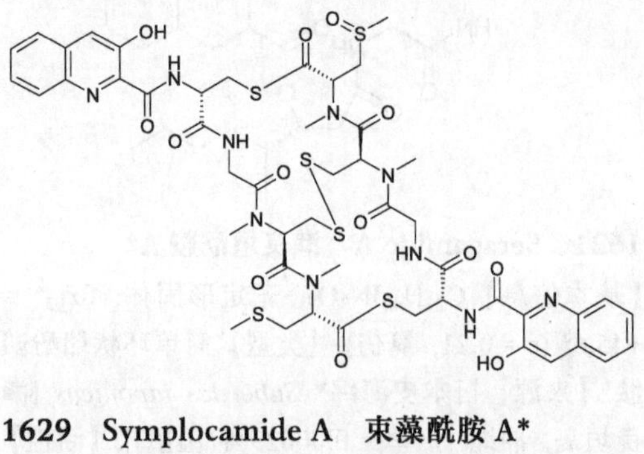

1629 Symplocamide A 束藻酰胺 A*

【基本信息】$C_{46}H_{71}BrN_{10}O_{13}$, 浅黄色固体, $[\alpha]_D^{23} = -43.2°$ ($c = 0.06$, 甲醇).【类型】简单环状缩酚酸肽.【来源】蓝细菌束藻属 Symploca sp.【活性】抗癌细胞效应 (模型: 胰凝乳蛋白酶; 机制: 抑

制丝氨酸蛋白酶); 细胞毒 (H460); 丝氨酸蛋白酶选择性抑制剂 (胰凝乳蛋白酶, IC$_{50}$ = 0.38μmol/L; 胰蛋白酶, IC$_{50}$ = 80.2μmol/L, 活性相差 200 倍); 细胞毒素. 【文献】R. G. Linington, et al. JNP, 2008, 71, 22; M. Costa, et al. Mar. Drugs, 2012, 10, 2181 (Rev.).

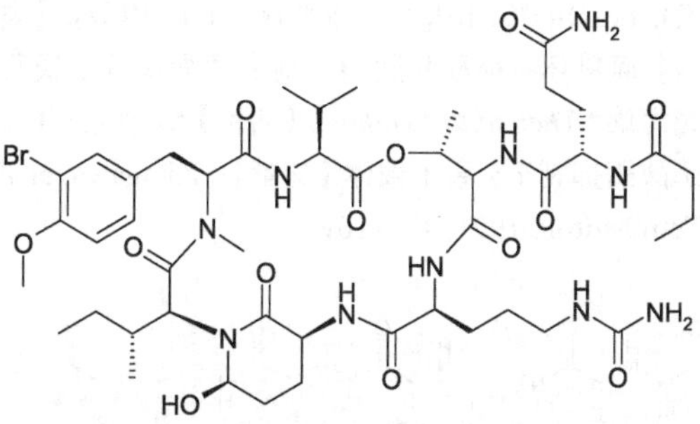

1630 Tamandarin A 塔曼达林 A*

【基本信息】C$_{54}$H$_{85}$N$_{7}$O$_{14}$, 无定形固体, [α]$_D$ = −35° (c = 0.11, 甲醇). 【类型】简单环状缩酚酸肽. 【来源】星骨海鞘属 Didemnum sp. (巴西). 【活性】细胞毒 (胰腺癌, in vitro, ED$_{50}$ = 1.5~2.0ng/mL). 【文献】B. Liang, et al. Org. Lett., 1999, 1, 1319; H. Vervoort, et al. JOC, 2000, 65, 782; B. Liang, et al. JACS, 2001, 123, 4469.

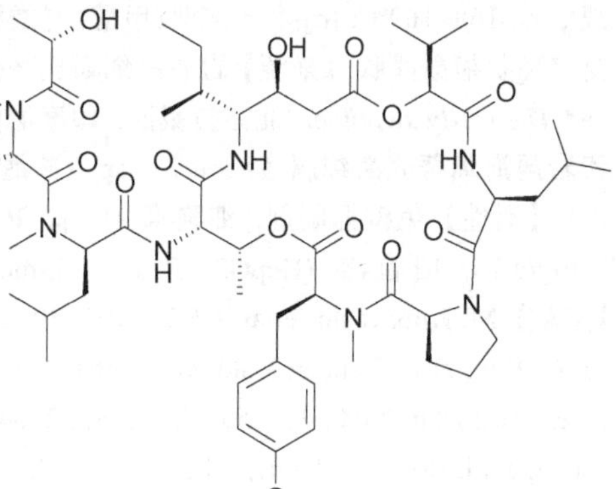

1631 Tamandarin B 塔曼达林 B*

【基本信息】C$_{53}$H$_{83}$N$_{7}$O$_{14}$, 无定形固体, [α]$_D$ = −29° (c = 0.11, 甲醇). 【类型】简单环状缩酚酸肽. 【来源】星骨海鞘属 Didemnum sp. (巴西). 【活性】细胞毒 (一组 NCI 60 种癌细胞, 平均 GI$_{50}$ = 2.3nmol/L, 平均 LC$_{50}$ = 1.4μmol/L). 【文献】H. Vervoort, et al. JOC, 2000, 65, 782; M. M. Joullié, et al. Tetrahedron Lett., 2000, 41, 9373; B. Liang, et al. JACS, 2001, 123, 4469.

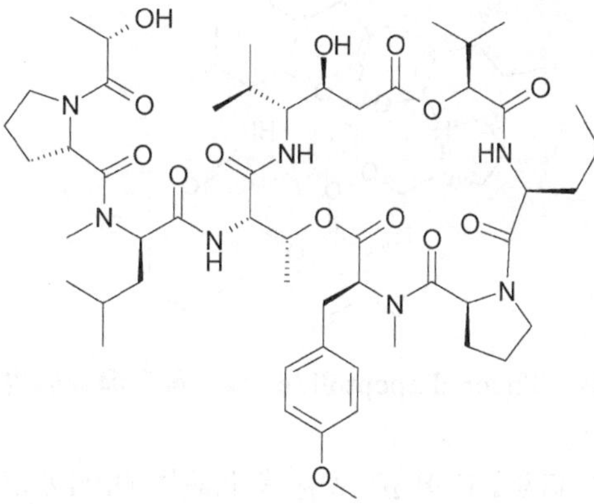

1632 Tausalarin C 洮萨拉林 C*

【基本信息】C$_{66}$H$_{95}$N$_{5}$O$_{19}$, 浅黄色油状物, [α]$_D^{24}$ = −6° (c = 0.64, 氯仿). 【类型】简单环状缩酚酸肽. 【来源】膏甲海绵亚科 Thorectinae 海绵 Fascaplysinopsis sp. (塔莱尔薪金湾, 马达加斯加). 【活性】细胞毒 (K562, 1μmol/L, 在 24h, 48h, 和 72h 之后, 分别抑制细胞生长 35%, 65% 和 74%; UT7, 无活性). 【文献】A. Bishara, et al. Org. Lett., 2009, 11, 3538.

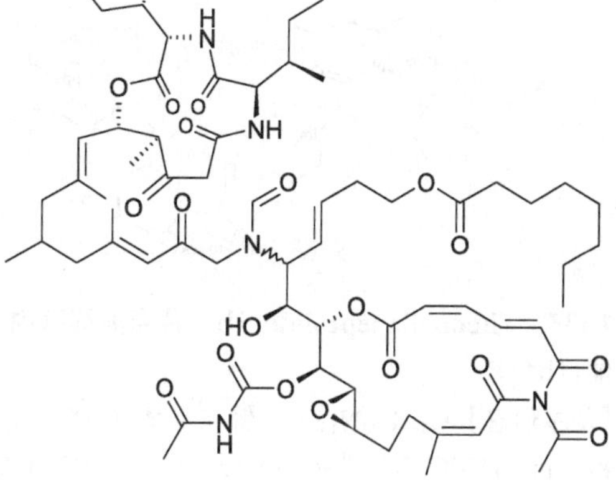

1633 Tetrahydroveraguamide A 四氢沃拉古酰胺 A*

【基本信息】C$_{37}$H$_{63}$BrN$_{4}$O$_{8}$, 无色无定形固体, [α]$_D^{20}$ = −43° (c = 0.05, 甲醇). 【类型】简单环状缩酚酸肽. 【来源】蓝细菌藓状束藻 Symploca cf. hydnoides (西蒂湾, 关岛, 美国). 【活性】细胞毒 (HT29, IC$_{50}$ = 33μmol/L, 对照紫杉醇, IC$_{50}$ = 0.003μmol/L; HeLa, IC$_{50}$ = 48μmol/L, 紫杉醇, IC$_{50}$ = 0.0026μmol/L). 【文献】L. A. Salvador, et al. JNP, 2011, 74, 917.

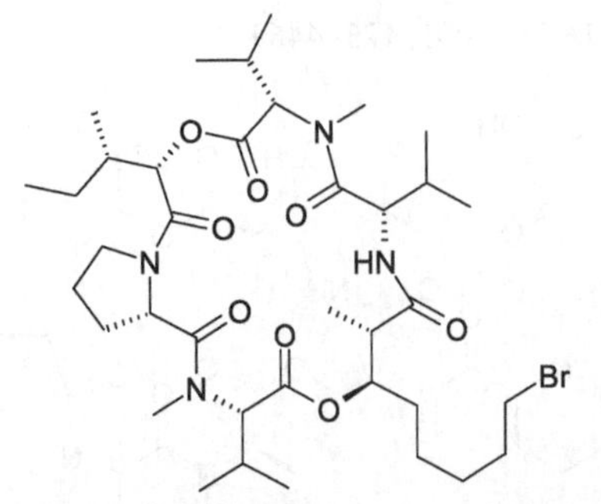

1634 Theonellapeptolide Ia 蒂壳海绵肽内酯 Ia*

【基本信息】$C_{69}H_{123}N_{13}O_{16}$，针状晶体（甲醇水溶液），mp 156~157°C，$[\alpha]_D^{20} = -58°$ ($c = 1.4$, 甲醇). 【类型】简单环状缩酚酸肽.【来源】岩屑海绵斯氏蒂壳海绵* Theonella swinhoei.【活性】免疫抑制剂；钠/钾-腺苷三磷酸酶抑制剂；离子载体.【文献】M. C. Roy, et al. Tennen Yuki Kagobutsu Toronkai Koen Yoshishu, 2000, 42, 355.

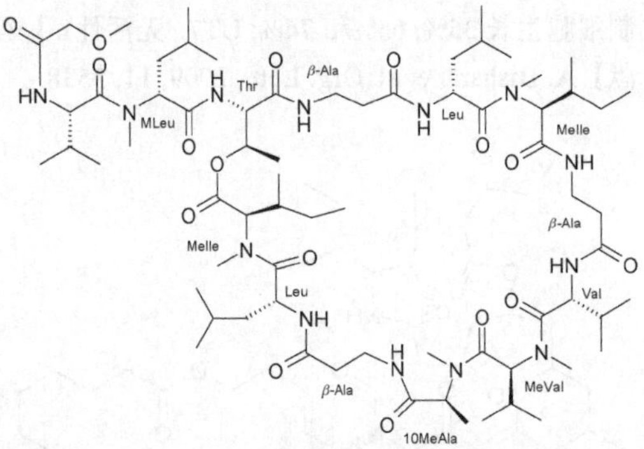

1635 Theonellapeptolide Ib 蒂壳海绵肽内酯 Ib*

【基本信息】$C_{69}H_{123}N_{13}O_{16}$，针状晶体（甲醇水溶液），mp 159°C，$[\alpha]_D^{20} = -54°$ ($c = 1.8$, 甲醇).【类型】简单环状缩酚酸肽.【来源】岩屑海绵斯氏蒂壳海绵* Theonella swinhoei.【活性】钠/钾-腺苷三磷酸酶抑制剂；离子载体.【文献】I. Kitagawa, et al. Tetrahedron, 1991, 47, 2169.

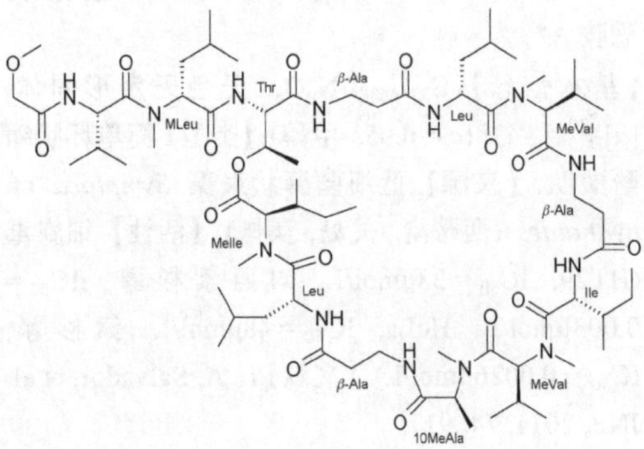

1636 Theonellapeptolide Ic 蒂壳海绵肽内酯 Ic*

【基本信息】$C_{69}H_{123}N_{13}O_{16}$，针状晶体（甲醇水溶液），mp 147°C，$[\alpha]_D^{20} = -50°$ ($c = 1.1$, 甲醇).【类型】简单环状缩酚酸肽.【来源】岩屑海绵斯氏蒂壳海绵* Theonella swinhoei.【活性】钠/钾-腺苷三磷酸酶抑制剂；离子载体.【文献】I. Kitagawa, et al. Tetrahedron, 1991, 47, 2169.

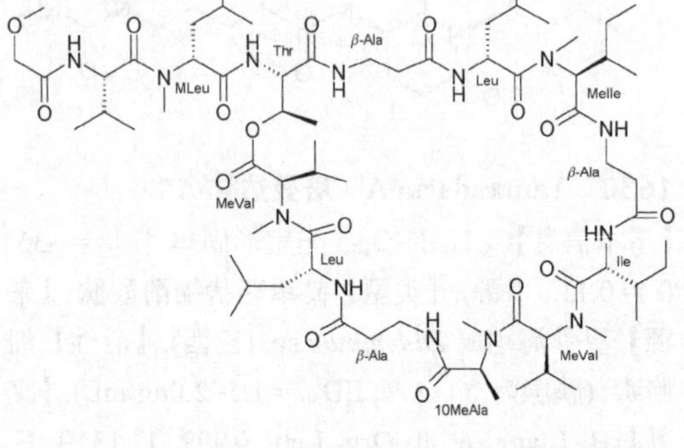

1637 Theonellapeptolide Id 蒂壳海绵肽内酯 Id*

【基本信息】$C_{70}H_{125}N_{13}O_{16}$，针状晶体（甲醇水溶液），mp 168~169°C，$[\alpha]_D^{20} = -68°$（甲醇）.【类型】简单环状缩酚酸肽.【来源】岩屑海绵斯氏蒂壳海绵* Theonella swinhoei (北苏拉威西, 印度尼西亚) 和岩屑海绵蒂壳海绵属 Theonella sp. (冲绳, 日本).【活性】免疫抑制剂；细胞毒 (L_{1210}, $IC_{50} = 2.4\mu g/mL$)；细胞毒 (HepG2, $IC_{50} = 1.5\mu mol/L$).【文献】M. Kobayashi, et al. CPB, 1991, 39, 1177; M. C. Roy, et al. Tennen Yuki Kagobutsu Toronkai Koen Yoshishu, 2000, 42, 355; CA, 134, 323642; A. Sinisi, et al. Beilstein J. Org. Chem., 2013, 9, 1643.

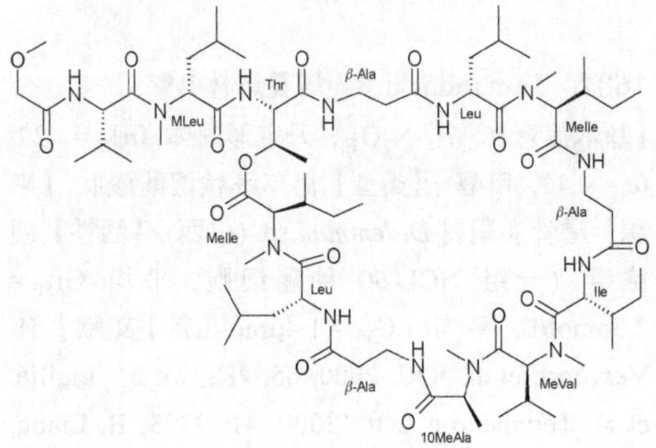

1638 Theonellapeptolide Ie 蒂壳海绵肽内酯 Ie*
【基本信息】$C_{71}H_{127}N_{13}O_{16}$，晶体（甲醇），mp 153~155ºC，$[α]_D^{20} = -62º$ ($c = 0.2$，甲醇).【类型】简单环状缩酚酸肽.【来源】岩屑海绵斯氏蒂壳海绵* *Theonella swinhoei*.【活性】钠/钾-腺苷三磷酸酶抑制剂；离子载体.【文献】I. Kitagawa, et al. Tetrahedron, 1991, 47, 2169.

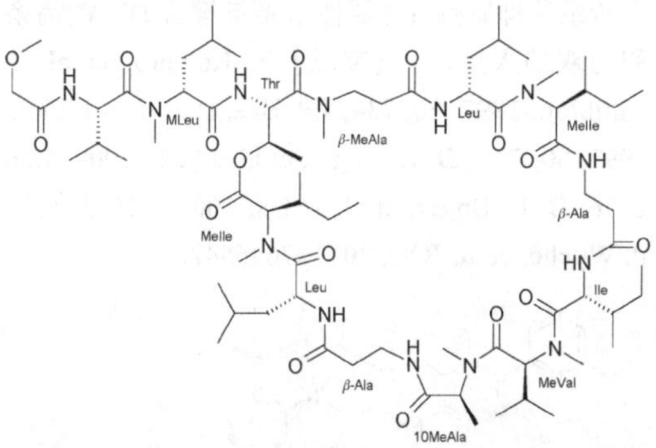

1639 Theonellapeptolide If 蒂壳海绵肽内酯 If*
【基本信息】$C_{68}H_{121}N_{13}O_{16}$，无色无定形固体，$[α]_D = -26.7º$ ($c = 1.0$，甲醇).【类型】简单环状缩酚酸肽.【来源】岩屑海绵斯氏蒂壳海绵* *Theonella swinhoei* (北苏拉威西，印度尼西亚).【活性】细胞毒 (HepG2, $IC_{50} = 3μmol/L$).【文献】A. Sinisi, et al. Beilstein J. Org. Chem., 2013, 9, 1643.

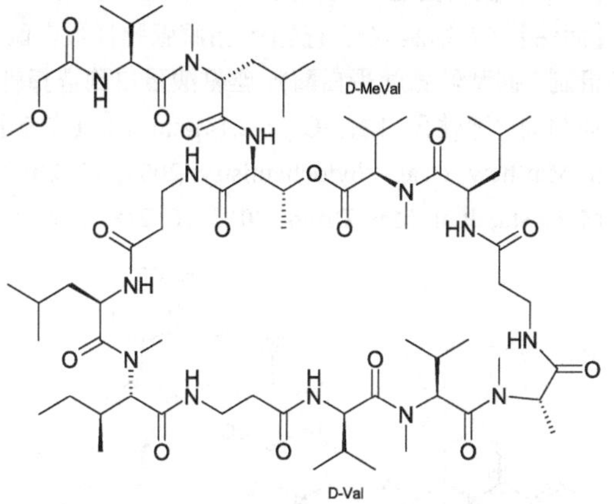

1640 Theonellapeptolide IId 蒂壳海绵肽内酯 IId*
【基本信息】$C_{69}H_{123}N_{13}O_{16}$，无定形固体，$[α]_D = -27º$ ($c = 1$，甲醇).【类型】简单环状缩酚酸肽.【来源】岩屑海绵斯氏蒂壳海绵* *Theonella swinhoei* (冲绳，日本).【活性】免疫抑制剂；防止海胆卵受精.【文献】M. Kobayashi, et al. CPB, 1994, 42, 1410; M. C. Roy, et al. Tennen Yuki Kagobutsu Toronkai Koen Yoshishu, 2000, 42, 355.

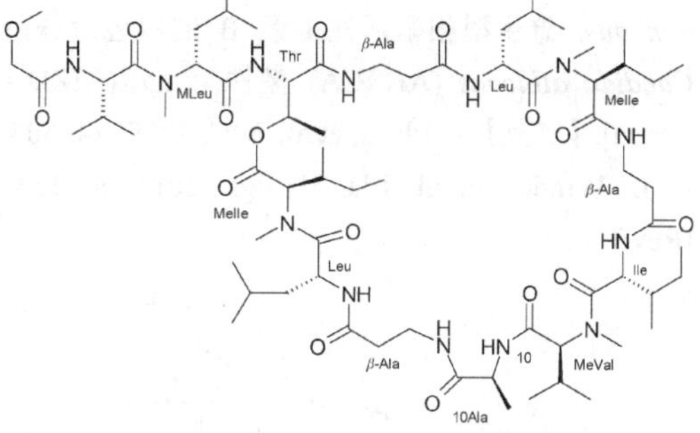

1641 Theopapuamide A 乔帕普酰胺 A*
【基本信息】$C_{69}H_{123}N_{17}O_{23}$，类白色无定形固体，$[α]_D^{23} = +6.4º$ ($c = 0.2$，甲醇)，$[α]_D^{25} = -3º$ ($c = 0.86$，甲醇).【类型】简单环状缩酚酸肽.【来源】岩屑海绵斯氏蒂壳海绵* *Theonella swinhoei* (米尔恩湾岸外，巴布亚新几内亚) 和岩屑海绵蒂壳海绵科 *Siliquariaspongia mirabilis*.【活性】细胞毒 [CEM-TART (表达 HIV-1 tat 和 rev 二者的 T 细胞)，$IC_{50} = 0.5μmol/L$; HCT116, $IC_{50} = 0.9μmol/L$; 抗真菌 [白色念珠菌 *Candida albicans*, 野生型和耐两性霉素 B 的白色念珠菌 *Candida albicans* (ABRCA)菌株, 1μg/盘, IZD = 8mm].【文献】A. S. Ratnayake, et al. JNP, 2006, 69, 1582; P. L. Winder, et al. Mar. Drugs, 2011, 9, 2643 (Rev.); CRC Press, DNP on DVD, 2012, version 20.2.

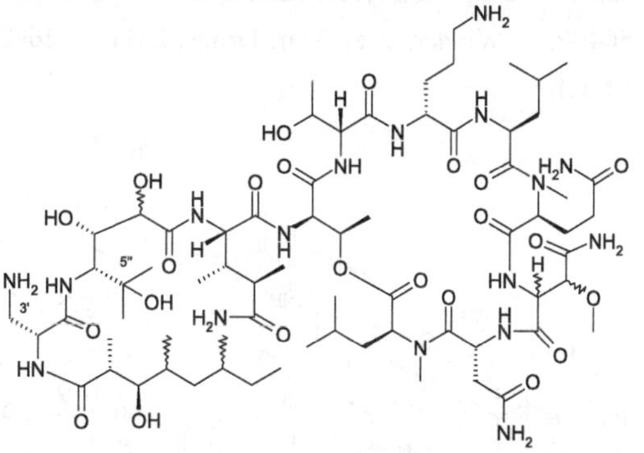

1642 Theopapuamide B 乔帕普酰胺 B*
【基本信息】$C_{71}H_{125}N_{17}O_{24}$，无定形粉末，$[α]_D^{23} = +7.1º$ ($c = 0.1$，甲醇).【类型】简单环状缩酚酸肽.【来源】岩屑海绵蒂壳海绵科 *Siliquariaspongia mirabilis* (苏拉威西岛岸外，印度尼西亚).【活性】细胞毒 (HCT116, $IC_{50} = 2.5μmol/L$); 细胞毒

[HCT116, IC$_{50}$ = (2.1±0.7)μg/mL]；抗 HIV (HIV-1, IC$_{50}$ = 0.5μmol/L)；抗 HIV-1 病毒 [HIV-1 SF162 被膜，中性化 HIV-1 单轮感染性试验，IC$_{50}$ = (0.8±0.3)μg/mL]；抗真菌 [白色念珠菌 *Candida albicans*，野生型和耐两性霉素 B 的白色念珠菌 *Candida albicans* (ABRCA) 菌株，5μg/盘，IZD = 10mm].【文献】A. Plaza, et al. JOC, 2009, 74, 504; P. L. Winder, et al. Mar. Drugs, 2011, 9, 2643 (Rev.).

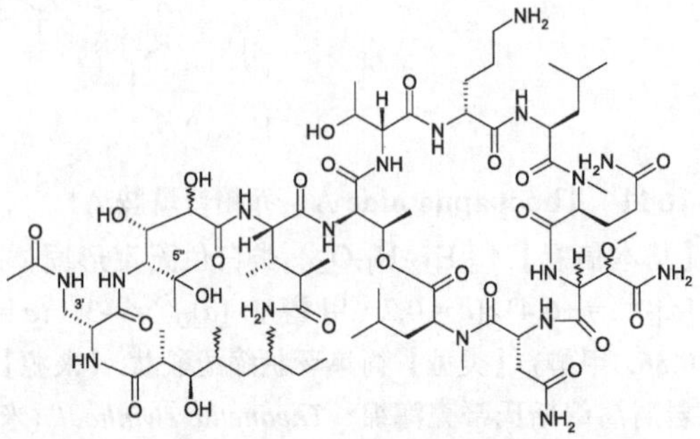

1643　Theopapuamide C　乔帕普酰胺 C*

【基本信息】C$_{71}$H$_{125}$N$_{17}$O$_{23}$，无定形粉末，$[\alpha]_D^{23}$ = +5.1º (*c* = 0.08，甲醇).【类型】简单环状缩酚酸肽.【来源】岩屑海绵蒂壳海绵科 *Siliquariaspongia mirabilis* (苏拉威西岛岸外，印度尼西亚).【活性】细胞毒 (HCT116, IC$_{50}$ = 1.3μmol/L)；抗 HIV (HIV-1, IC$_{50}$ = 0.5μmol/L)；抗真菌 [白色念珠菌 *Candida albicans*，野生型和耐两性霉素 B 的白色念珠菌 *Candida albicans* (ABRCA) 菌株，5μg/盘，IZD = 10mm].【文献】A. Plaza, et al. JOC, 2009, 74, 504; P. L. Winder, et al. Mar. Drugs, 2011, 9, 2643 (Rev.).

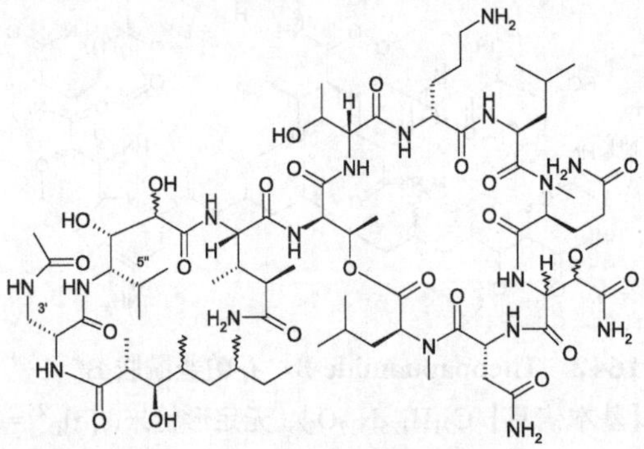

1644　Thiocoraline　赛可拉林*

【别名】Antibiotics PM 93135；抗生素 PM 93135.
【基本信息】C$_{48}$H$_{56}$N$_{10}$O$_{12}$S$_6$，浅黄色晶体，mp 266~266.5ºC，$[\alpha]_D^{25}$ = –190.9º (*c* = 1，氯仿).【类型】简单环状缩酚酸肽.【来源】海洋细菌小单孢菌属 *Micromonospora* sp. L-13-ACM2-092，海洋导出的细菌疣孢菌属 *Verrucosispora* sp.，来自岩屑海绵谷粒海绵属 *Chondrilla caribensis* f. *caribensis* (佛罗里达礁，美国).【活性】细胞毒 (L$_{1210}$, IC$_{50}$ = 200pmol/L，例外地)；细胞毒 (A549, EC$_{50}$ = 0.0095μmol/L)；RNA 合成抑制剂；HIV-1 逆转录酶抑制剂 (低活性)；捆绑键合 DNA (高亲和力双插入反应).【文献】F. Romero, et al. J. Antibiot., 1997, 50, 734; J.P. Baz, et al. J. Antibiot., 1997, 50, 738; D. L. Boger, et al. JACS, 2000, 122, 2956; D. L. Boger, et al. JACS, 2001, 123, 561; T. P. Wyche, et al. JOC, 2011, 76, 6542.

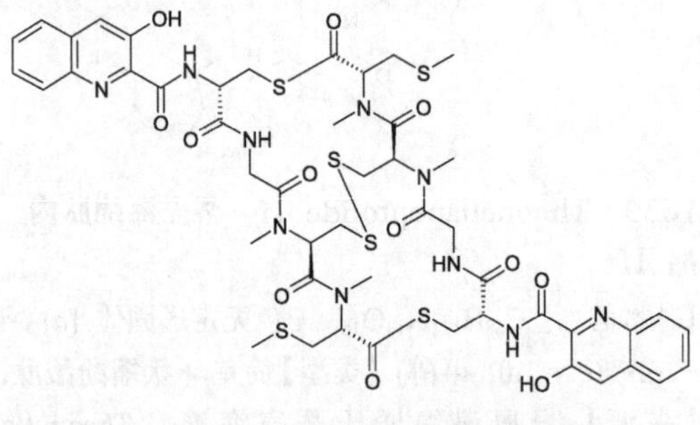

1645　Tiglicamide A　惕各酰胺衍生物 A*

【基本信息】C$_{45}$H$_{59}$N$_7$O$_{13}$，无定形固体，$[\alpha]_D^{20}$ = –50º (*c* = 0.07，甲醇).【类型】简单环状缩酚酸肽.【来源】蓝细菌丝状鞘丝藻 *Lyngbya confervoides*.【活性】抗癌细胞效应 (模型：猪胰腺弹性蛋白酶；机制：抑制丝氨酸蛋白酶)；丝氨酸蛋白酶选择性抑制剂 (弹性蛋白酶，IC$_{50}$ = 2.14μmol/L).【文献】S. Matthew, et al. Phytochemistry, 2009, 70, 2058; M. Costa, et al. Mar. Drugs, 2012, 10, 2181 (Rev.).

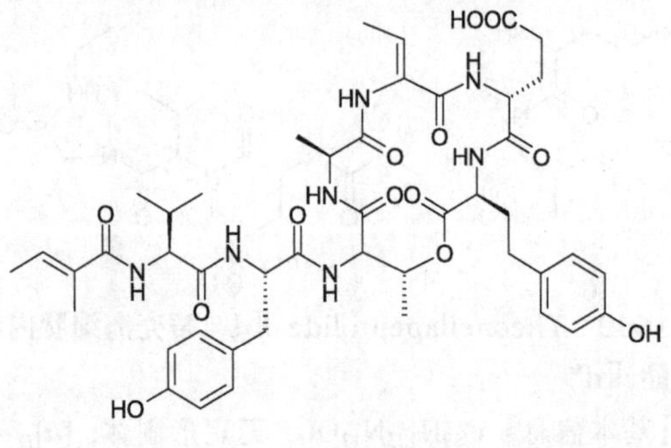

1646　Tiglicamide B　惕各酰胺衍生物 B*

【基本信息】C$_{44}$H$_{57}$N$_7$O$_{12}$，无定形固体，$[\alpha]_D^{20}$ = –45º (*c* = 0.04，甲醇).【类型】简单环状缩酚酸肽.

【来源】蓝细菌丝状鞘丝藻 *Lyngbya confervoides*.
【活性】抗癌细胞效应 (模型: 猪胰腺弹性蛋白酶; 机制: 抑制丝氨酸蛋白酶); 丝氨酸蛋白酶选择性抑制剂 (弹性蛋白酶, IC$_{50}$ = 6.99μmol/L). 【文献】S. Matthew, et al. Phytochemistry, 2009, 70, 2058; M. Costa, et al. Mar. Drugs, 2012, 10, 2181 (Rev.).

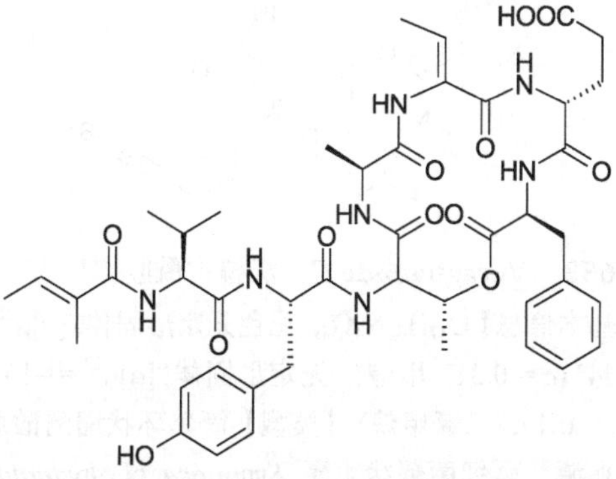

1647 Tiglicamide C 惕各酰胺衍生物 C*
【基本信息】C$_{40}$H$_{57}$N$_7$O$_{13}$S, 无定形固体, [α]$_D^{20}$ = −56º (*c* = 0.04, 甲醇). 【类型】简单环状缩酚酸肽.
【来源】蓝细菌丝状鞘丝藻 *Lyngbya confervoides*.
【活性】抗癌细胞效应 (模型: 猪胰腺弹性蛋白酶; 机制: 抑制丝氨酸蛋白酶); 丝氨酸蛋白酶选择性抑制剂 (弹性蛋白酶, IC$_{50}$ = 7.28μmol/L). 【文献】S. Matthew, et al. Phytochemistry, 2009, 70, 2058; M. Costa, et al. Mar. Drugs, 2012, 10, 2181 (Rev.).

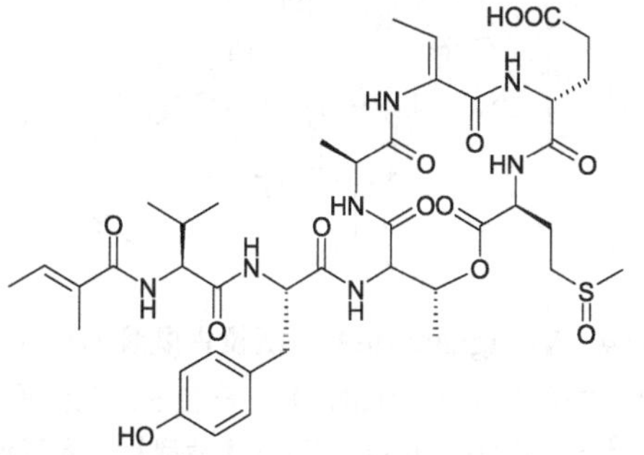

1648 Ulongapeptin 乌龙伽肽亭*
【基本信息】C$_{44}$H$_{68}$N$_6$O$_8$, 无定形粉末, [α]$_D^{21}$ = −16º (*c* = 0.4, 甲醇). 【类型】简单环状缩酚酸肽. 【来源】蓝细菌鞘丝藻属 *Lyngbya* sp. (帕劳, 大洋洲). 【活性】细胞毒 (KB, IC$_{50}$= 0.63μmol/L). 【文献】P. G. Williams, et al. JNP, 2003, 66, 651.

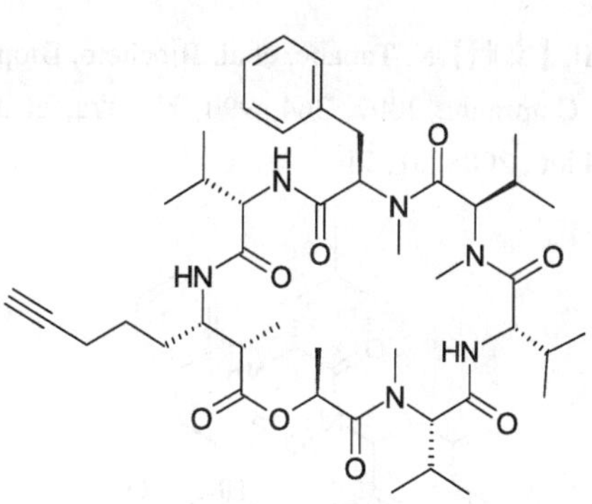

1649 Unnarmicin A 尤那霉素 A*
【基本信息】C$_{36}$H$_{50}$N$_4$O$_6$, 无定形固体, [α]$_D^{30}$ = +70º (*c* = 0.19, 甲醇). 【类型】简单环状缩酚酸肽. 【来源】海洋导出的细菌发光杆菌属 *Photobacterium* sp. MBIC06485.【活性】抗菌 [选择性地抑制两种假弧菌属 *Pseudovibrio* sp.细菌株的生长 (假弧菌属 *Pseudovibrio* sp.细菌是甲变形菌纲 Alphaproteobacteria 在海洋环境中最普遍的属之一), 圆盘扩散试验, 反硝化假弧菌 *Pseudovibrio denitrificans* JCM12308, 13μg, IZD = 7mm, 2.6μg, IZD = 7mm; 假弧菌属 *Pseudovibrio* sp. MBIC3368, 13μg, IZD = 8mm, 2.6μg, IZD = 7mm]. 【文献】K. Tanabe, et al. Biochem. Biophys. Res. Commun., 2007, 364, 990; N. Oku, et al. J. Antibiot., 2008, 61, 11.

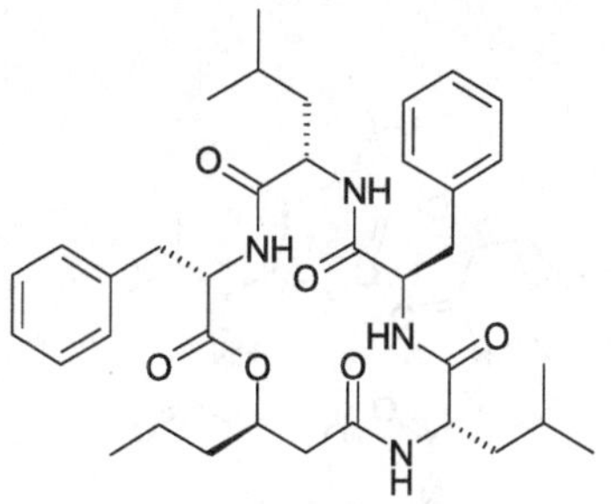

1650 Unnarmicin C 尤那霉素 C*
【基本信息】C$_{38}$H$_{54}$N$_4$O$_6$, 无定形固体. 【类型】简单环状缩酚酸肽. 【来源】海洋导出的细菌发光杆菌属 *Photobacterium* sp. MBIC06485. 【活性】抗菌 [选择性地抑制两种假弧菌属 *Pseudovibrio* sp.细菌株的生长 (假弧菌属 *Pseudovibrio* sp.细菌是甲变形菌纲 Alphaproteobacteria 在海洋环境中最普遍的属之一), 圆盘扩散试验, 反硝化假弧菌 *Pseudovibrio denitrificans* JCM12308, 13μg, IZD = 18mm, 2.6μg, IZD = 10mm; 假弧菌属 *Pseudovibrio* sp. MBIC3368, 13μg, IZD = 12mm, 2.6μg, IZD =

9mm]. 【文献】K. Tanabe, et al. Biochem. Biophys. Res. Commun., 2007, 364, 990; N. Oku, et al. J. Antibiot., 2008, 61, 11.

1651　Veraguamide A　沃拉古酰胺 A*
【基本信息】$C_{37}H_{59}BrN_4O_8$，无色无定形固体，$[\alpha]_D^{20} = -44º$ ($c = 0.44$, 甲醇); 无定形固体, $[\alpha]_D^{22} = -14.7º$ ($c = 0.33$, 二氯甲烷). 【类型】简单环状缩酚酸肽. 【来源】蓝细菌藓状束藻 *Symploca* cf. *hydnoides*（西蒂湾，关岛，美国）和蓝细菌珠点颤藻 *Oscillatoria margaritifera*（阿福拉岛，巴拿马）. 【活性】细胞毒 (HT29, $IC_{50} = 26\mu mol/L$, 对照紫杉醇, $IC_{50} = 0.003\mu mol/L$; HeLa, $IC_{50} = 21\mu mol/L$, 紫杉醇, $IC_{50} = 0.0026\mu mol/L$); 细胞毒 (H460, $LD_{50} = 141nmol/L$). 【文献】L. A. Salvador, et al. JNP, 2011, 74, 917; E. Mevers, et al. JNP, 2011, 74, 928.

1652　Veraguamide B　沃拉古酰胺 B*
【基本信息】$C_{36}H_{57}BrN_4O_8$，无色无定形固体，$[\alpha]_D^{20} = -40º$ ($c = 0.16$, 甲醇); 无定形固体, $[\alpha]_D^{23} = -13.1º$ ($c = 0.25$, 二氯甲烷). 【类型】简单环状缩酚酸肽. 【来源】蓝细菌藓状束藻 *Symploca* cf. *hydnoides*（西蒂湾，关岛，美国）和蓝细菌珠点颤藻 *Oscillatoria margaritifera*（阿福拉岛，巴拿马）. 【活性】细胞毒 (HT29, $IC_{50} = 30\mu mol/L$, 对照紫杉醇, $IC_{50} = 0.003\mu mol/L$; HeLa, $IC_{50} = 17\mu mol/L$,

紫杉醇, $IC_{50} = 0.0026\mu mol/L$). 【文献】L. A. Salvador, et al. JNP, 2011, 74, 917; E. Mevers, et al. JNP, 2011, 74, 928.

1653　Veraguamide C　沃拉古酰胺 C*
【基本信息】$C_{37}H_{60}N_4O_8$，无色无定形固体，$[\alpha]_D^{20} = -44º$ ($c = 0.31$, 甲醇); 无定形固体, $[\alpha]_D^{23} = -13.0º$ ($c = 0.17$, 二氯甲烷). 【类型】简单环状缩酚酸肽. 【来源】蓝细菌藓状束藻 *Symploca* cf. *hydnoides*（西蒂湾，关岛，美国）和蓝细菌珠点颤藻 *Oscillatoria margaritifera*（阿福拉岛，巴拿马）. 【活性】细胞毒 (HT29, $IC_{50} = 5.8\mu mol/L$, 对照紫杉醇, $IC_{50} = 0.003\mu mol/L$; HeLa, $IC_{50} = 5.1\mu mol/L$, 紫杉醇, $IC_{50} = 0.0026\mu mol/L$). 【文献】L. A. Salvador, et al. JNP, 2011, 74, 917; E. Mevers, et al. JNP, 2011, 74, 928.

1654　Veraguamide D　沃拉古酰胺 D*
【基本信息】$C_{38}H_{62}N_4O_8$，无色无定形固体，$[\alpha]_D^{20} = -57º$ ($c = 0.11$, 甲醇). 【类型】简单环状缩酚酸肽. 【来源】蓝细菌藓状束藻 *Symploca* cf. *hydnoides*（西蒂湾，关岛，美国）. 【活性】细胞毒 (HT29, $IC_{50} = 0.84\mu mol/L$, 对照紫杉醇, $IC_{50} = 0.003\mu mol/L$; HeLa, $IC_{50} = 0.54\mu mol/L$, 紫杉醇, $IC_{50} = 0.0026\mu mol/L$). 【文献】L. A. Salvador, et al. JNP, 2011, 74, 917.

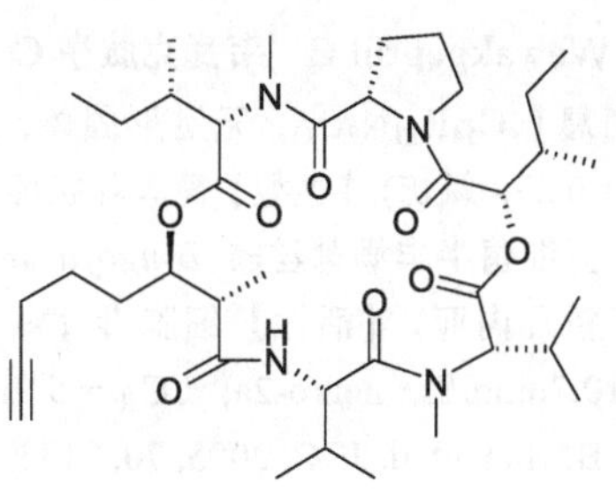

1655 Veraguamide E 沃拉古酰胺E*
【基本信息】$C_{39}H_{64}N_4O_8$, 无色无定形固体, $[\alpha]_D^{20} = -56°$ ($c = 0.22$, 甲醇).【类型】简单环状缩酚酸肽.【来源】蓝细菌藓状束藻 *Symploca* cf. *hydnoides* (西蒂湾, 关岛, 美国).【活性】细胞毒 (HT29, $IC_{50} = 1.5\mu mol/L$, 对照紫杉醇, $IC_{50} = 0.003\mu mol/L$; HeLa, $IC_{50} = 0.83\mu mol/L$, 紫杉醇, $IC_{50} = 0.0026\mu mol/L$).【文献】L. A. Salvador, et al. JNP, 2011, 74, 917.

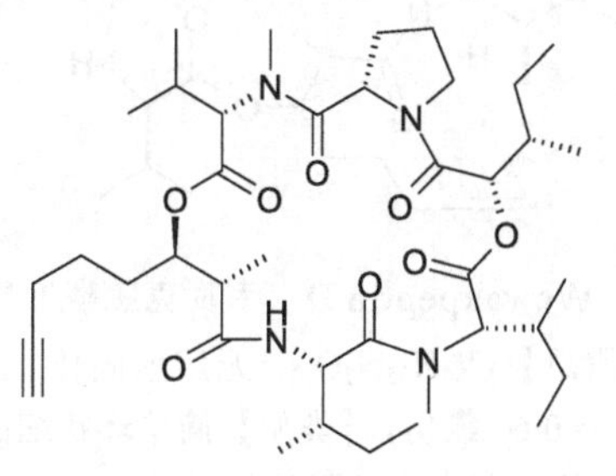

1656 Veraguamide F 沃拉古酰胺F*
【基本信息】$C_{41}H_{60}N_4O_8$, 无色无定形固体, $[\alpha]_D^{20} = -41°$ ($c = 0.13$, 甲醇).【类型】简单环状缩酚酸肽.【来源】蓝细菌藓状束藻 *Symploca* cf. *hydnoides* (西蒂湾, 关岛, 美国).【活性】细胞毒 (HT29, $IC_{50} = 49\mu mol/L$, 对照紫杉醇, $IC_{50} = 0.003\mu mol/L$; HeLa, $IC_{50} = 49\mu mol/L$, 紫杉醇, $IC_{50} = 0.0026\mu mol/L$).【文献】L. A. Salvador, et al. JNP, 2011, 74, 917.

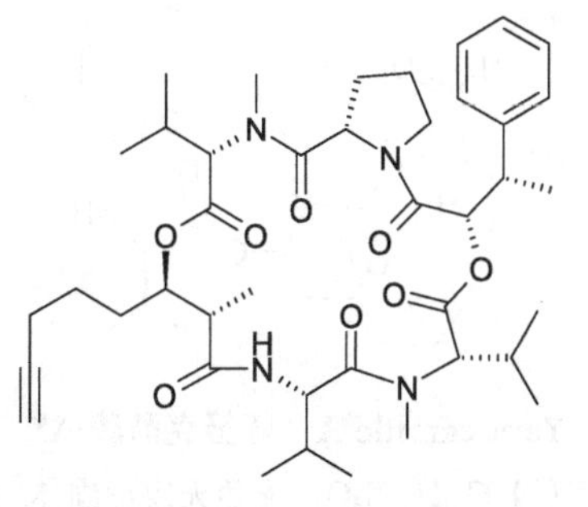

1657 Veraguamide G 沃拉古酰胺G*
【基本信息】$C_{37}H_{62}N_4O_8$, 无色无定形固体, $[\alpha]_D^{20} = -48°$ ($c = 0.17$, 甲醇).【类型】简单环状缩酚酸肽.【来源】蓝细菌藓状束藻 *Symploca* cf. *hydnoides* (西蒂湾, 关岛, 美国).【活性】细胞毒 (HT29, $IC_{50} = 2.7\mu mol/L$, 对照紫杉醇, $IC_{50} = 0.003\mu mol/L$; HeLa, $IC_{50} = 2.3\mu mol/L$, 紫杉醇, $IC_{50} = 0.0026\mu mol/L$).【文献】L. A. Salvador, et al. JNP, 2011, 74, 917.

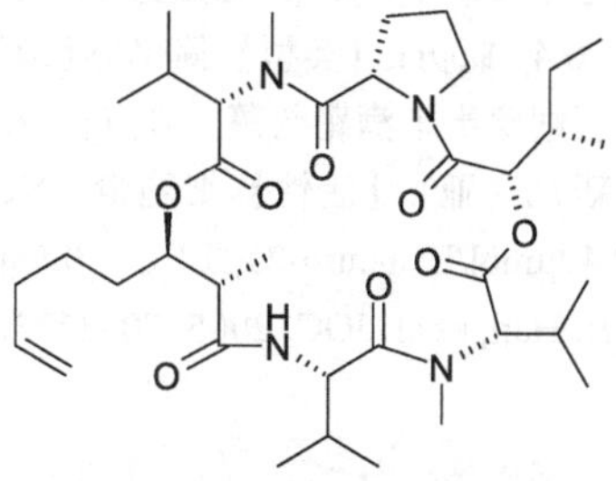

1658 Viequeamide A 韦圭酰胺A*
【基本信息】$C_{42}H_{69}N_5O_{10}$.【类型】简单环状缩酚酸肽.【来源】蓝细菌胶须藻属 *Rivularia* sp. (奇瓦海滩, 别克斯岛, 波多黎各).【活性】细胞毒 (H460, 高度有毒的).【文献】P. D. Boudreau, et al. JNP, 2012, 75, 1560.

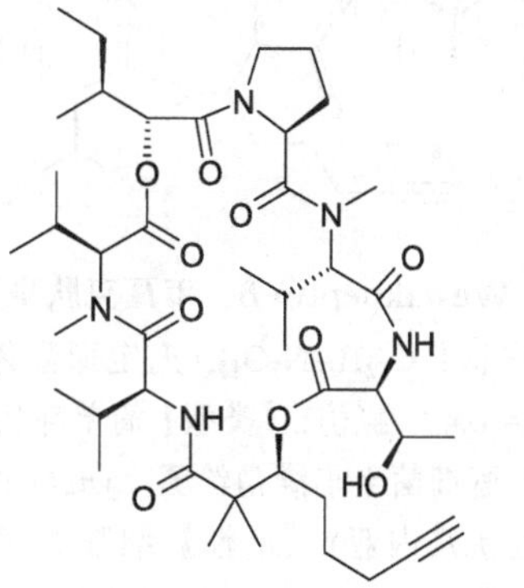

1659 Wewakamide A 韦瓦克酰胺A*

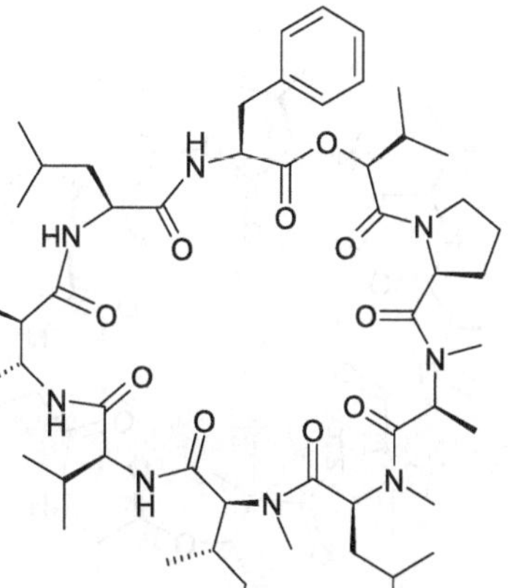

【基本信息】$C_{53}H_{86}N_8O_{10}$.【类型】简单环状缩酚酸肽.【来源】蓝细菌半丰满鞘丝藻 *Lyngbya semiplena* (韦瓦克湾, 巴布亚新几内亚).【活性】有毒的 (盐水丰年虾, 有潜力的).【文献】B. Han, et al. J. Microbiol. Biotechnol., 2011, 21, 930.

1660 Wewakpeptin A 韦瓦克肽亭 A*
【基本信息】$C_{52}H_{85}N_7O_{11}$, 无定形固体, $[\alpha]_D^{26} = -45°$ ($c = 0.4$, 氯仿).【类型】简单环状缩酚酸肽.【来源】蓝细菌半丰满鞘丝藻 *Lyngbya semiplena* (巴布亚新几内亚).【活性】细胞毒 (NCI-H460, $LC_{50} = 0.49\mu mol/L$; neuro-2a, $LC_{50} = 0.65\mu mol/L$).【文献】B. Han, et al. JOC, 2005, 70, 3133.

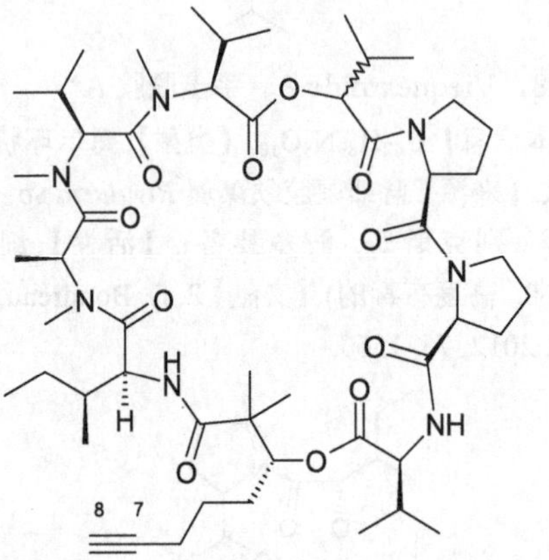

1661 Wewakpeptin B 韦瓦克肽亭 B*
【基本信息】$C_{52}H_{89}N_7O_{11}$, 无定形固体, $[\alpha]_D^{26} = -53°$ ($c = 0.47$, 氯仿).【类型】简单环状缩酚酸肽.【来源】蓝细菌半丰满鞘丝藻 *Lyngbya semiplena* (巴布亚新几内亚).【活性】细胞毒 (NCI-H460, $LC_{50} = 0.20\mu mol/L$; neuro-2a, $LC_{50} = 0.43\mu mol/L$).【文献】B. Han, et al. JOC, 2005, 70, 3133.

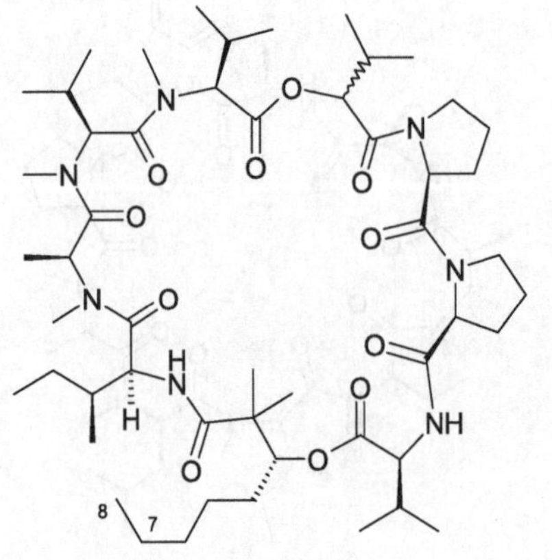

1662 Wewakpeptin C 韦瓦克肽亭 C*
【基本信息】$C_{54}H_{81}N_7O_{11}$, 无定形固体, $[\alpha]_D^{26} = -56°$ ($c = 0.27$, 氯仿).【类型】简单环状缩酚酸肽.【来源】蓝细菌半丰满鞘丝藻 *Lyngbya semiplena* (巴布亚新几内亚).【活性】细胞毒 (NCI-H460, $LC_{50} = 10.7\mu mol/L$; neuro-2a, $LC_{50} = 5.9\mu mol/L$).【文献】B. Han, et al. JOC, 2005, 70, 3133.

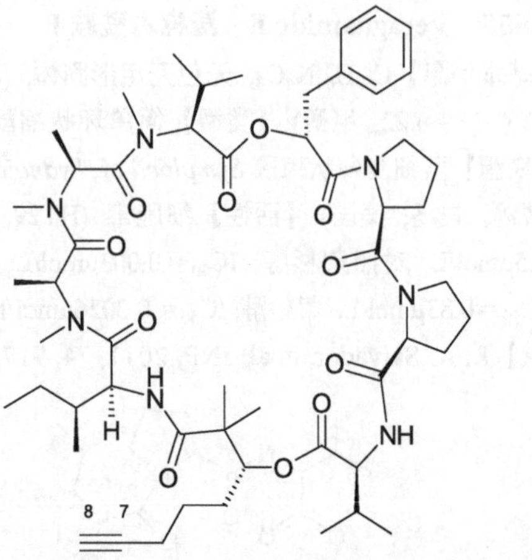

1663 Wewakpeptin D 韦瓦克肽亭 D*
【基本信息】$C_{54}H_{85}N_7O_{11}$, 无定形固体, $[\alpha]_D^{26} = -65°$ ($c = 0.6$, 氯仿).【类型】简单环状缩酚酸肽.【来源】蓝细菌半丰满鞘丝藻 *Lyngbya semiplena* (巴布亚新几内亚).【活性】细胞毒 (NCI-H460, $LC_{50} = 1.9\mu mol/L$; neuro-2a, $LC_{50} = 3.5\mu mol/L$).【文献】B. Han, et al. JOC, 2005, 70, 3133.

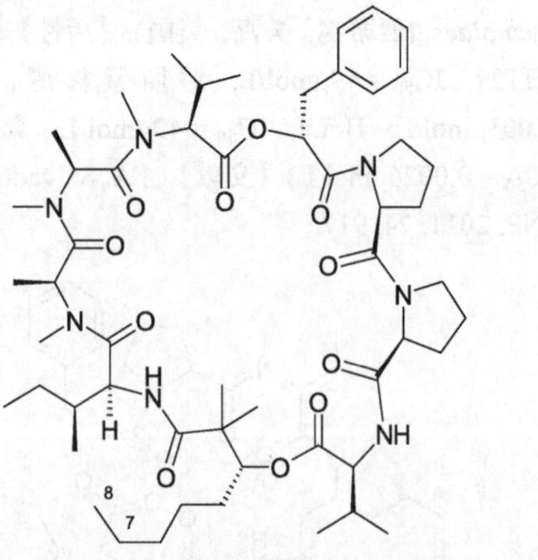

1664 Yanucamide A 亚努克酰胺 A*
【基本信息】$C_{33}H_{47}N_3O_7$, 无色无定形固体, $[\alpha]_D^{25} = -33°$ ($c = 0.1$, 甲醇).【类型】简单环状缩酚酸肽.【来源】蓝细菌稍大鞘丝藻 *Lyngbya majuscula* 和

蓝细菌裂须藻属 *Schizothrix* sp. (斐济).【活性】有毒的 (盐水丰年虾, 高活性).【文献】N. Sitachitta, et al. JNP, 2000, 63, 197.

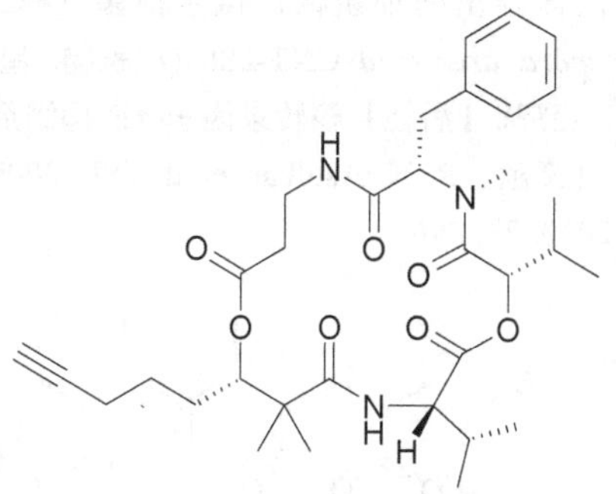

1665 Yanucamide B 亚努克酰胺 B*
【基本信息】$C_{34}H_{49}N_3O_7$, 无色无定形固体, $[\alpha]_D^{25} = -31°$ ($c = 0.1$, 甲醇).【类型】简单环状缩酚酸肽.【来源】蓝细菌稍大鞘丝藻 *Lyngbya majuscula* 和蓝细菌裂须藻属 *Schizothrix* sp. (斐济).【活性】有毒的 (盐水丰年虾, 高活性).【文献】N. Sitachitta, et al. JNP, 2000, 63, 197.

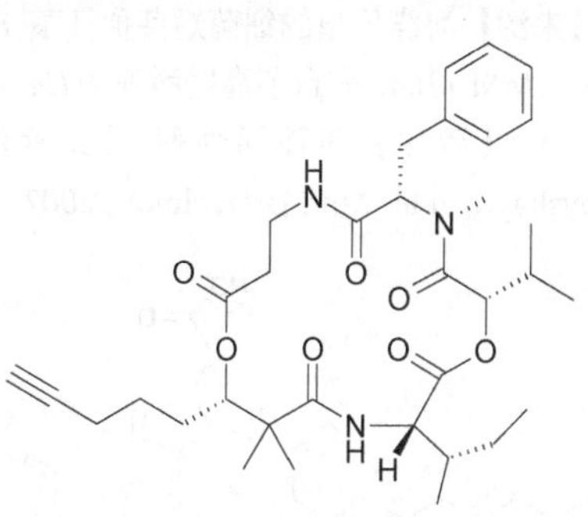

1666 Zygosporamide 接柄孢酰胺* 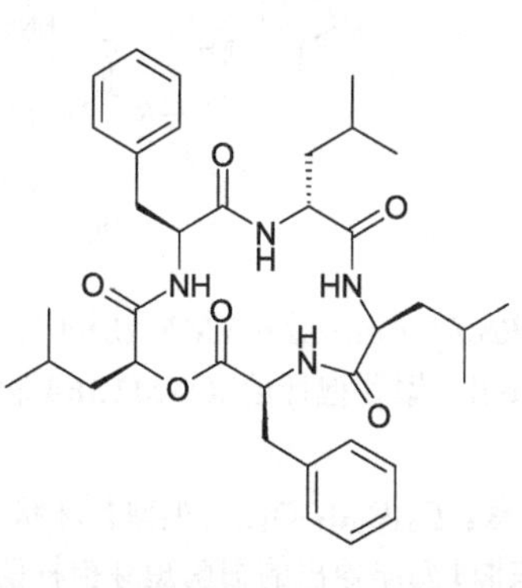
【基本信息】$C_{36}H_{50}N_4O_6$, 粉末, $[\alpha]_D^{20} = -112°$ ($c = 0.26$, 乙腈).【类型】简单环状缩酚酸肽.【来源】海洋导出的真菌接柄孢属 *Zygosporium masonii*, 来自未鉴定的蓝细菌 (毛伊岛外海, 夏威夷, 美国).【活性】细胞毒 (一组 NCI 60 种癌细胞, 中值 $GI_{50} = 9.1\mu mol/L$; SF268, $GI_{50} = 6.5nmol/L$, 高选择性的; RXF-393, $GI_{50} = 5.0nmol/L$, 高选择性的).【文献】D.-C. Oh, et al. Tetrahedron Lett., 2006, 47, 8625.

3.15 环状脂缩酚酸肽类

1667 Antillatoxin 安提拉毒素*
【基本信息】$C_{28}H_{45}N_3O_5$, 无色油状物, $[\alpha]_D = -140°$ (天然产物, $c = 0.13$, 甲醇), $[\alpha]_D = -147°$ (合成化合物, $c = 0.23$, 甲醇).【类型】环状脂缩酚酸肽类.【来源】蓝细菌稍大鞘丝藻 *Lyngbya majuscula* (库拉索岛, 加勒比海).【活性】抗癌细胞效应 [模型: 原发大白鼠小脑粒细胞; 机制: 电压门控钠离子通道 (VGSC)] (Li, 2001); 抗癌细胞效应 (模型: CHL-1610 细胞株; 机制: 钠通道活化) (Cao, 2010); 鱼毒; 神经毒素; 毒素 (至今从海洋植物分离的对鱼最毒的代谢物; LD_{50} (金鱼) = 0.005μg/mL 或 0.05μg/mL).【文献】J. Orjala, et al. JACS, 1995, 117, 8281; J. D. White, et al. JACS, 1999, 121, 1106; E. Yokokawa, et al. Tetrahedron Lett., 1999, 40, 1915; F. Yokokawa, et al. Tetrahedron, 2000, 56, 1759; W. I. Li, Proc. Natl. Acad. Sci. USA, 2001, 98, 7599; W. I. Li, et al. JNP, 2004, 67, 559; K. Okura, et al. Angew. Chem. Int. Ed., 2010, 49, 329; H. Choi, et al. JNP, 2010, 73, 1411.

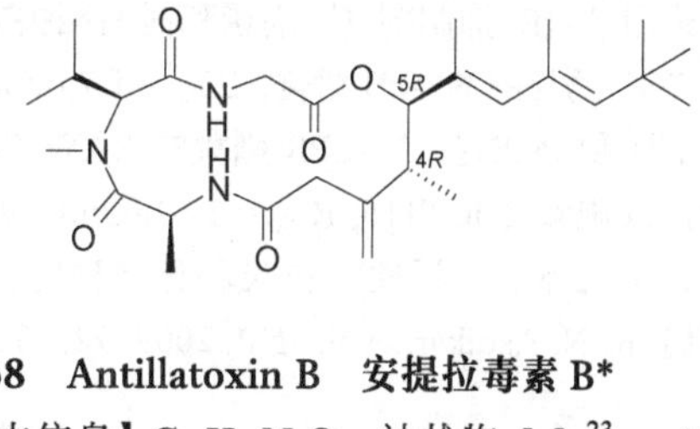

1668 Antillatoxin B 安提拉毒素 B*
【基本信息】$C_{33}H_{47}N_3O_5$, 油状物, $[\alpha]_D^{23} = -113.8°$ ($c = 0.21$, 甲醇).【类型】环状脂缩酚酸肽类.【来源】蓝细菌稍大鞘丝藻 *Lyngbya majuscula* (波多黎各; 德赖托图格斯群岛国家公园, 佛罗里达, 美国).【活性】抗癌细胞效应 (模型: neuro-2a 细胞株; 机制: 钠通道活化); 鱼毒; 神经毒素.【文献】L. M. Nogle, et al. JNP, 2001, 64, 983.

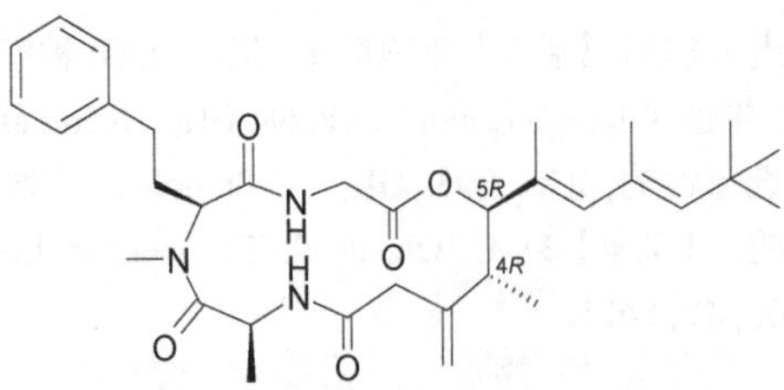

1669 Arenamide A 栖沙盐水孢菌酰胺 A*
【基本信息】$C_{36}H_{57}N_5O_7$，晶体，mp 225°C，$[\alpha]_D^{25} = -76.3°$ ($c = 0.08$, 甲醇).【类型】环状脂缩酚酸肽类.【来源】海洋导出的细菌栖沙盐水孢菌（模式种）*Salinispora arenicola* CNT-088.【活性】核转录因子-κB 抑制剂（以剂量和时间相关方式阻断 TNF 诱导的 NF-κB 活化，$IC_{50} = 3.7\mu mol/L$）；抑制 NO 和 PGE_2 生成（LPS 刺激的 RAW 264.7 细胞）；细胞毒（HCT116，$IC_{50} = 13.2\mu g/mL$；培养的 RAW 细胞，无活性）；抗炎和化学预防作用.【文献】R. N. Asolkar, et al. JNP, 2009, 72, 396.

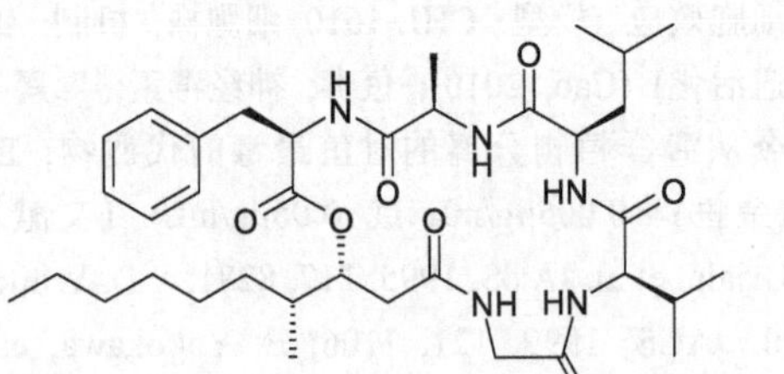

1670 Arenamide B 栖沙盐水孢菌酰胺 B*
【基本信息】$C_{34}H_{53}N_5O_7$，晶体，mp 232°C，$[\alpha]_D^{25} = -96.3°$ ($c = 0.27$, 甲醇).【类型】环状脂缩酚酸肽类.【来源】海洋导出的细菌栖沙盐水孢菌（模式种）*Salinispora arenicola* CNT-088.【活性】核转录因子-κB 抑制剂（以剂量和时间相关方式阻断 TNF 诱导的 NF-κB 活化，$IC_{50} = 1.7\mu mol/L$）；抑制 NO 和 PGE_2 生成（LPS 刺激的 RAW 264.7 细胞）；细胞毒（HCT116，$IC_{50} = 19.2\mu g/mL$；培养的 RAW 细胞，无活性）；抗炎和化学预防作用.【文献】R. N. Asolkar, et al. JNP, 2009, 72, 396.

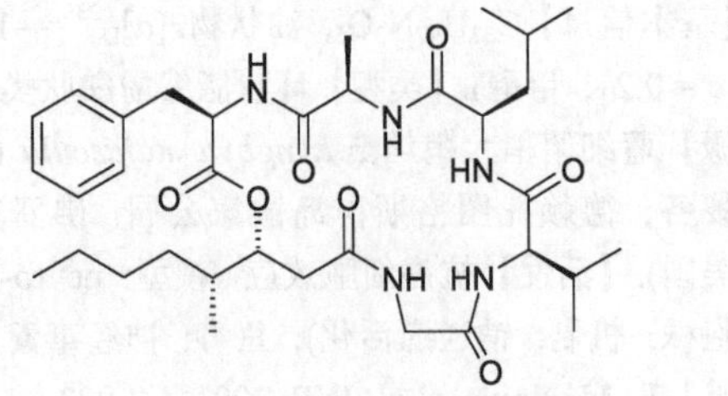

1671 Arenamide C 栖沙盐水孢菌酰胺 C*
【基本信息】$C_{32}H_{57}N_5O_7S$，粉末，$[\alpha]_D^{25} = -45°$ ($c = 0.09$, 甲醇).【类型】环状脂缩酚酸肽类.【来源】海洋导出的细菌栖沙盐水孢菌（模式种）*Salinispora arenicola* CNT-088 (沉积物，星盘堡暗礁，斐济).【活性】核转录因子-κB 抑制剂；细胞毒.【文献】R. N. Asolkar, et al. JNP, 2009, 72, 396; 2010, 73, 796.

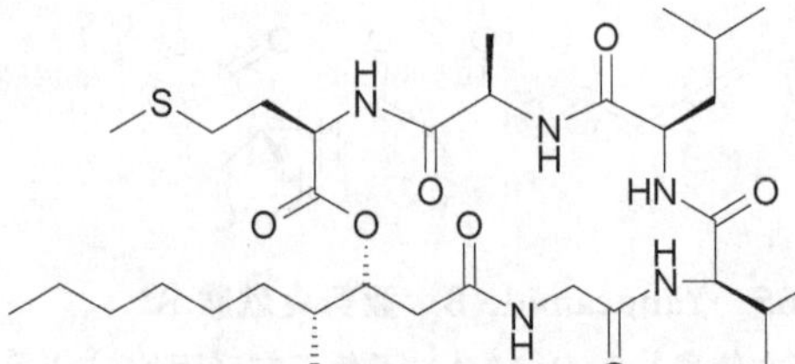

1672 *Bacillus pumilus* KMM1364 Lipodepsipeptide A 短芽孢杆菌 KMM1364 脂缩酚酸肽 A*
【基本信息】$C_{53}H_{93}N_7O_{13}$.【类型】环状脂缩酚酸肽类.【来源】海洋导出的细菌短芽孢杆菌 *Bacillus pumilus* KMM 1364，来自芋海鞘科海鞘 *Halocynthia aurantium*.【活性】表面活性剂.【文献】N. I. Kalinovskaya, et al. Mar. Biotechnol., 2002, 4, 179.

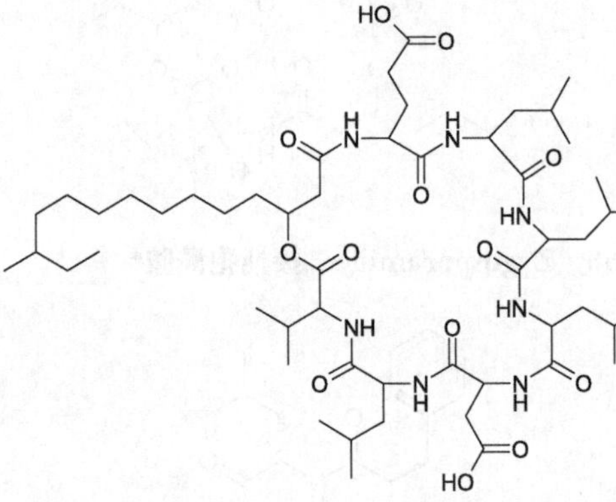

1673 *Bacillus pumilus* KMM1364 Lipodepsipeptide B 短芽孢杆菌 KMM1364 脂缩酚酸肽 B*
【基本信息】$C_{53}H_{93}N_7O_{13}$.【类型】环状脂缩酚酸肽类.【来源】海洋导出的细菌短芽孢杆菌 *Bacillus pumilus* KMM 1364，来自芋海鞘科海鞘 *Halocynthia aurantium*.【活性】表面活性剂.【文献】N. I. Kalinovskaya, et al. Mar. Biotechnol., 2002, 4, 179.

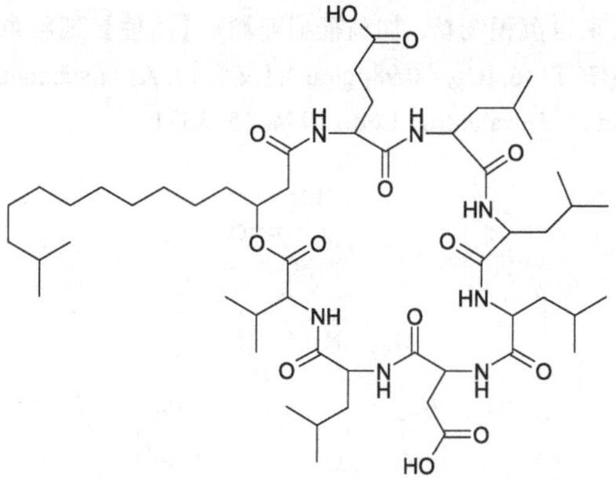

1674 *Bacillus pumilus* KMM1364 Lipodepsipeptide C 短芽孢杆菌 KMM1364 脂缩酚酸肽 C*

【基本信息】$C_{54}H_{95}N_7O_{13}$.【类型】环状脂缩酚酸肽类.【来源】海洋导出的细菌短芽孢杆菌 *Bacillus pumilus* KMM 1364, 来自芋海鞘科海鞘 *Halocynthia aurantium*.【活性】表面活性剂.【文献】N. I. Kalinovskaya, et al. Mar. Biotechnol., 2002, 4, 179.

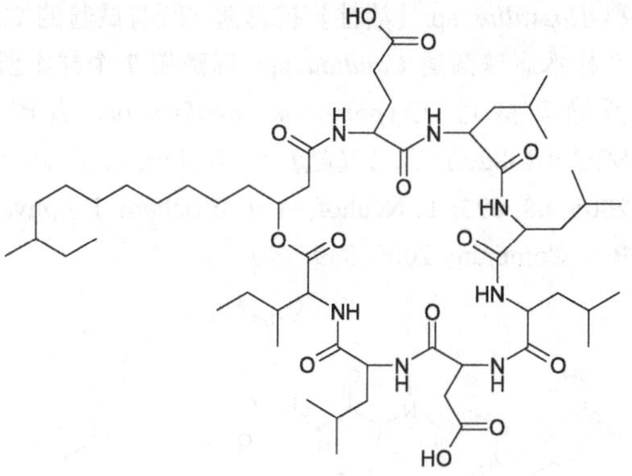

1675 *Bacillus pumilus* KMM1364 Lipodepsipeptide D 短芽孢杆菌 KMM1364 脂缩酚酸肽 D*

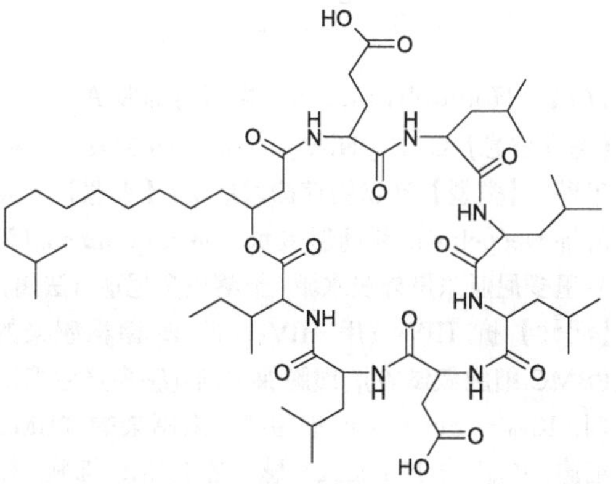

【基本信息】$C_{54}H_{95}N_7O_{13}$.【类型】环状脂缩酚酸肽类.【来源】海洋导出的细菌短芽孢杆菌 *Bacillus pumilus* KMM 1364, 来自芋海鞘科海鞘 *Halocynthia aurantium*.【活性】表面活性剂.【文献】N. I. Kalinovskaya, et al. Mar. Biotechnol., 2002, 4, 179.

1676 *Bacillus pumilus* KMM1364 Lipodepsipeptide E 短芽孢杆菌 KMM1364 脂缩酚酸肽 E*

【基本信息】$C_{55}H_{97}N_7O_{13}$.【类型】环状脂缩酚酸肽类.【来源】海洋导出的细菌短芽孢杆菌 *Bacillus pumilus* KMM 1364, 来自芋海鞘科海鞘 *Halocynthia aurantium*.【活性】表面活性剂.【文献】N. I. Kalinovskaya, et al. Mar. Biotechnol., 2002, 4, 179.

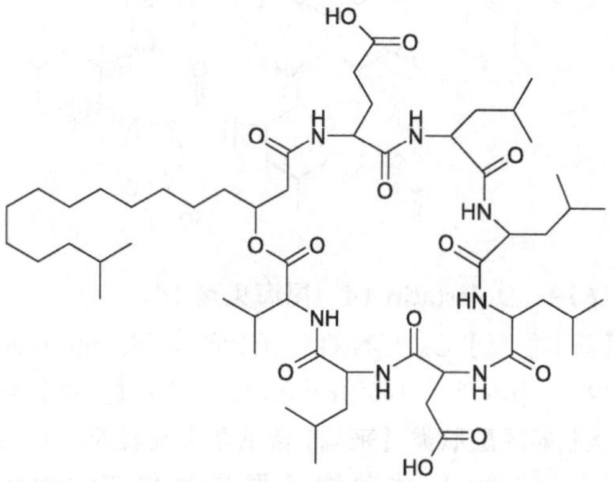

1677 *Bacillus pumilus* KMM1364 Lipodepsipeptide F 短芽孢杆菌 KMM1364 脂缩酚酸肽 F*

【基本信息】$C_{56}H_{99}N_7O_{13}$.【类型】环状脂缩酚酸肽类.【来源】海洋导出的细菌短芽孢杆菌 *Bacillus pumilus* KMM1364, 来自芋海鞘科海鞘 *Halocynthia aurantium*.【活性】表面活性剂.【文献】N. I. Kalinovskaya, et al. Mar. Biotechnol., 2002, 4, 179.

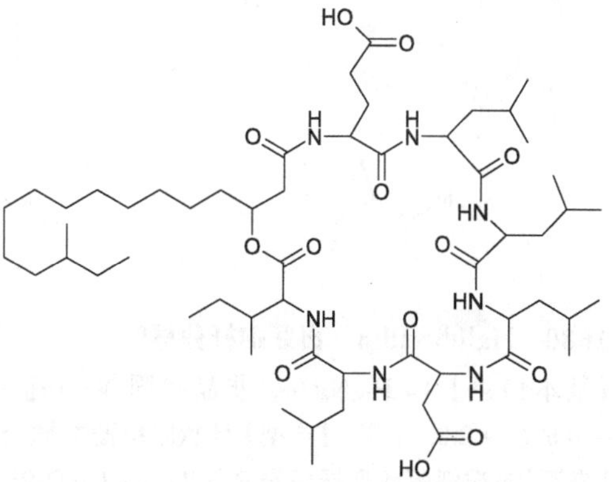

1678 *Bacillus pumilus* KMM1364 Lipodepsipeptide G 短芽孢杆菌 KMM1364 脂缩酚酸肽 G*

【基本信息】$C_{56}H_{99}N_7O_{13}$.【类型】环状脂缩酚酸肽类.【来源】海洋导出的细菌短芽孢杆菌 *Bacillus pumilus* KMM 1364, 来自芋海鞘科海鞘 *Halocynthia aurantium*.【活性】表面活性剂.【文献】N. I. Kalinovskaya, et al. Mar. Biotechnol., 2002, 4, 179.

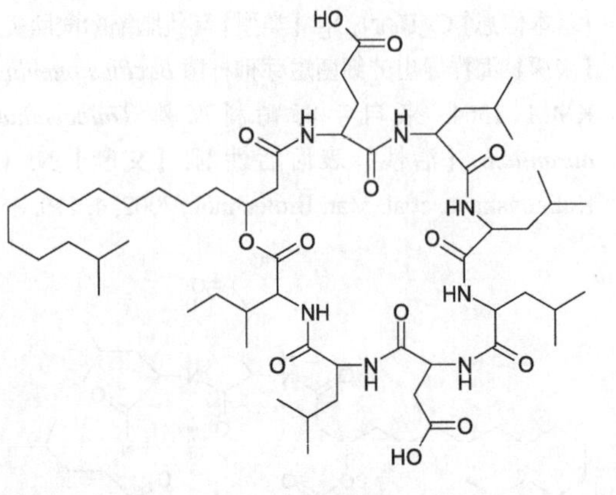

1679 Dolastatin 14 尾海兔素 14

【基本信息】$C_{59}H_{92}N_8O_{11}$, 无定形物质, mp 123~125°C, $[\alpha]_D^{24} = -146°$ ($c = 0.14$, 甲醇).【类型】环状脂缩酚酸肽类.【来源】蓝细菌束藻属 *Symploca laeteviridis*, 软体动物耳形尾海兔 *Dolabella auricularia*.【活性】细胞毒 (NCI PS 系统 P_{388} 细胞, $ED_{50} = 0.022\mu g/mL$).【文献】G. R. Pettit, et al. JOC, 1990, 55, 2989; G. R. Pettit, et al. Tetrahedron, 1993, 49, 9151.

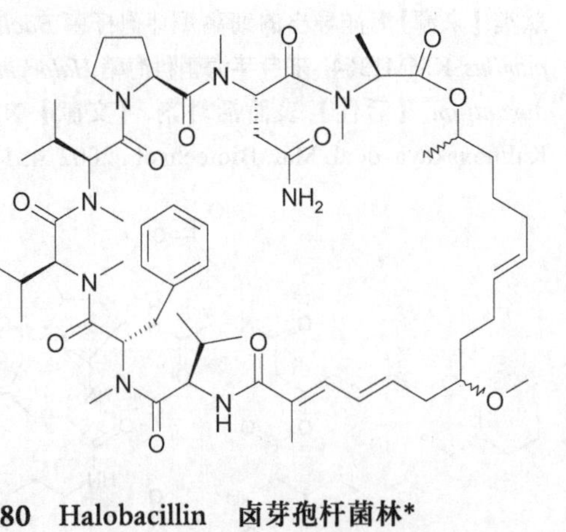

1680 Halobacillin 卤芽孢杆菌林*

【基本信息】$C_{53}H_{94}N_8O_{12}$, 非晶状固体, $[\alpha]_D = -10.6°$ ($c = 2.8$, 甲醇).【类型】环状脂缩酚酸肽类.【来源】海洋细菌芽孢杆菌属 *Bacillus* sp. CND-914 (来自沉积物核, 加利福尼亚湾).【活性】细胞毒 (HCT116, $IC_{50} = 0.98\mu g/mL$).【文献】J. A. Trischman, et al. Tetrahedron Lett., 1994, 35, 5571.

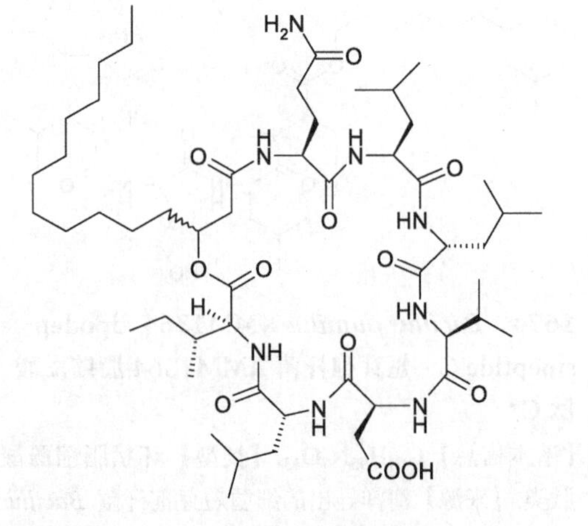

1681 Hassallidin A 蓝细菌哈萨林啶 A*

【基本信息】$C_{62}H_{99}N_{11}O_{24}$, 无定形固体.【类型】环状脂缩酚酸肽类.【来源】蓝细菌 Tolypothrichaceae 科 *Hassallia* sp.【活性】抗真菌 (所有试验的 22 个样本念珠菌属 *Candida* spp.真菌和 7 个样本新型隐球酵母 *Cryptococcus neoformans* 真菌, $MIC = 4~8\mu g/mL$).【文献】T. Neuhof, et al. JNP, 2005, 68, 695; T. Neuhof, et al. Biochem. Biophys. Res. Commun., 2006, 349, 740.

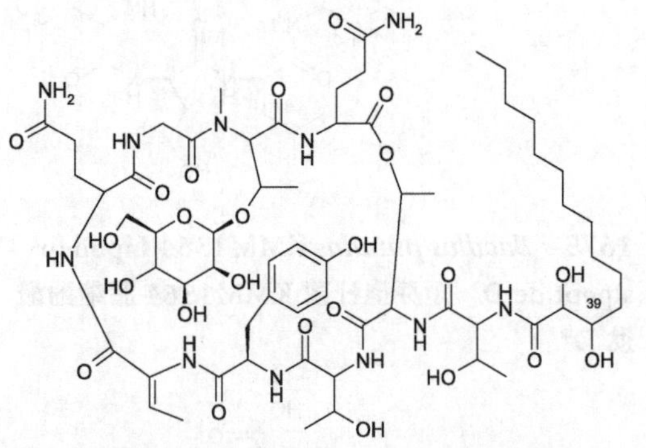

1682 Homophymine A 岩屑海绵胺 A*

【基本信息】$C_{73}H_{127}N_{15}O_{24}$, $[\alpha]_D = +9.3°$ ($c = 0.48$, 甲醇).【类型】环状脂缩酚酸肽类.【来源】岩屑海绵 Neopeltidae 科同形虫属 *Homophymia* sp. [新喀里多尼亚东岸外浅水域, 新喀里多尼亚 (法属)].【活性】抗 HIVs (用 HIV-1 Ⅲ B 菌株感染的 PBMC 细胞做试验); 细胞保护剂 (感染产生抑制剂, $IC_{50} = 75nmol/L$); 细胞毒 (未感染的 PBMC 细胞, $IC_{50} = 1.19\mu mol/L$; 感染的 PBMC 细胞, 效

力约 16 倍); 细胞毒 (KB, IC$_{50}$ = 7.3nmol/L; MCF7, IC$_{50}$ = 23.6nmol/L; 抗性 MCF7, IC$_{50}$ = 22.9nmol/L; HCT116, IC$_{50}$ = 6.0nmol/L; HCT15, IC$_{50}$ = 22.5nmol/L; HT29, IC$_{50}$ = 70.0nmol/L; OVCAR-8, IC$_{50}$ = 5.4nmol/L; SK-OV-3, IC$_{50}$ = 7.5nmol/L; PC3, IC$_{50}$ = 4.2nmol/L; Vero, IC$_{50}$ = 5.0nmol/L; MRC-5, IC$_{50}$ = 11.0nmol/L; HL60, IC$_{50}$ = 24.1nmol/L, 抗恶性细胞增生; 抗性 HL60, IC$_{50}$ = 22.4nmol/L; K562, IC$_{50}$ = 24.0nmol/L; MiaPaCa, IC$_{50}$ = 31.4nmol/L; SF268, IC$_{50}$ = 9.9nmol/L; A549, IC$_{50}$ = 8.3nmol/L; MDA231, IC$_{50}$ = 10.9nmol/L; MDA435, IC$_{50}$ = 39.0nmol/L; HepG2, IC$_{50}$ = 68.6nmol/L; EPC, IC$_{50}$ = 5.0nmol/L) (Zampella, 2008); 细胞毒 (一组癌细胞, 包括人癌细胞和绿猴肾肿瘤 Vero 细胞, IC$_{50}$ = 2nmol/L~100nmol/L, 对 PC3 和 SK-OV-3 有特别有潜力; 进一步研究发现, 经由和半胱氨酸天冬氨酸蛋白酶无关的途径经历细胞凋亡).【文献】A. Zampella, et al. JOC, 2008, 73, 5319; A. E. Wright, Current Opinion in Biotechnology, 2010, 21, 801; P. L. Winder, et al. Mar. Drugs, 2011, 9, 2643 (Rev.).

1683 Homophymine A$_1$ 岩屑海绵胺 A$_1$*

【基本信息】C$_{73}$H$_{128}$N$_{16}$O$_{23}$, 无定形固体, [α]$_D$ = +5.2º (c = 0.96, 甲醇).【类型】环状脂缩酚酸肽类.
【来源】岩屑海绵 Neopeltidae 科同形虫属 Homophymia sp. [新喀里多尼亚 (法属)].【活性】细胞毒 (KB, IC$_{50}$ = 7.1nmol/L; MCF7, IC$_{50}$ = 12.4nmol/L; 抗性 MCF7, IC$_{50}$ = 13.5nmol/L; HCT116, IC$_{50}$ = 6.1nmol/L; HCT15, IC$_{50}$ = 13.5nmol/L; HT29, IC$_{50}$ = 30.9nmol/L; OVCAR-8, IC$_{50}$ = 5.1nmol/L; SK-OV-3, IC$_{50}$ = 5.5nmol/L; PC3, IC$_{50}$ = 3.7nmol/L; Vero, IC$_{50}$ = 6.1nmol/L; 正常的 MRC-5 细胞, IC$_{50}$ = 7.8nmol/L; HL60, IC$_{50}$ = 17.3nmol/L, 抗恶性细胞增生; 抗性 HL60, IC$_{50}$ = 11.1nmol/L; K562, IC$_{50}$ = 12.8nmol/L; MiaPaCa, IC$_{50}$ = 19.2nmol/L; SF268, IC$_{50}$ = 6.3nmol/L; A549, IC$_{50}$ = 6.0nmol/L; MDA231, IC$_{50}$ = 8.4nmol/L; MDA435, IC$_{50}$ = 27.0nmol/L; HepG2, IC$_{50}$ = 91.4nmol/L; EPC, IC$_{50}$ = 7.8nmol/L).
【文献】A. Zampella, et al. Org. Biomol. Chem., 2009, 7, 4037.

1684 Homophymine B 岩屑海绵胺 B*

【基本信息】C$_{72}$H$_{125}$N$_{15}$O$_{24}$, 无定形固体, [α]$_D$ = -1.3º (c = 0.57, 甲醇).【类型】环状脂缩酚酸肽类.
【来源】岩屑海绵 Neopeltidae 科同形虫属 Homophymia sp. [新喀里多尼亚 (法属)].【活性】细胞毒 (KB, IC$_{50}$ = 18.0nmol/L; MCF7, IC$_{50}$ = 16.8nmol/L; 抗性 MCF7, IC$_{50}$ = 26.3nmol/L; HCT116, IC$_{50}$ = 13.8nmol/L; HCT15, IC$_{50}$ = 22.9nmol/L; HT29, IC$_{50}$ = 101.9nmol/L; OVCAR-8, IC$_{50}$ = 8.0nmol/L; SK-OV-3, IC$_{50}$ = 9.9nmol/L; PC3, IC$_{50}$ = 6.2nmol/L; Vero, IC$_{50}$ = 8.6nmol/L; 正常的 MRC-5 细胞, IC$_{50}$ = 17.1nmol/L; HL60, IC$_{50}$ = 43.1nmol/L, 抗恶性细胞增生; 抗性 HL60, IC$_{50}$ = 36.7nmol/L; K562, IC$_{50}$ = 26.7nmol/L; MiaPaCa, IC$_{50}$ = 62.0nmol/L; SF268, IC$_{50}$ = 17.2nmol/L; A549, IC$_{50}$ = 19.8nmol/L; MDA231, IC$_{50}$ = 17.0nmol/L; MDA435, IC$_{50}$ =

40.1nmol/L; HepG2, IC_{50} = 99.0nmol/L; EPC, IC_{50} = 8.0nmol/L.【文献】A. Zampella, et al. Org. Biomol. Chem., 2009, 7, 4037.

1685 Homophymine B₁ 岩屑海绵胺 B₁*
【基本信息】$C_{72}H_{126}N_{16}O_{23}$，无定形固体，$[\alpha]_D$ = −1.5º (c = 0.5, 甲醇).【类型】环状脂缩酚酸肽类.
【来源】岩屑海绵 Neopeltidae 科同形虫属 *Homophymia* sp. [新喀里多尼亚（法属）].【活性】细胞毒 (KB, IC_{50} = 16.4nmol/L; MCF7, IC_{50} = 14.2nmol/L; 抗性 MCF7, IC_{50} = 12.3nmol/L; HCT116, IC_{50} = 11.4nmol/L; HCT15, IC_{50} = 14.1nmol/L; HT29, IC_{50} = 93.8nmol/L; OVCAR-8, IC_{50} = 6.5nmol/L; SK-OV-3, IC_{50} = 8.0nmol/L; PC3, IC_{50} = 4.7nmol/L; Vero, IC_{50} = 6.1nmol/L; 正常的 MRC-5 细胞, IC_{50} = 10.2nmol/L; HL60, IC_{50} = 18.7nmol/L, 抗恶性细胞增生；抗性 HL60, IC_{50} = 25.8nmol/L; K562, IC_{50} = 16.6nmol/L; MiaPaCa, IC_{50} = 22.2nmol/L; SF268, IC_{50} = 11.7nmol/L; A549, IC_{50} = 8.6nmol/L; MDA231, IC_{50} = 18.2nmol/L; MDA435, IC_{50} = 29.5nmol/L; HepG2, IC_{50} = 100.3nmol/L; EPC, IC_{50} = 6.6nmol/L).【文献】A. Zampella, et al. Org. Biomol. Chem., 2009, 7, 4037.

1686 Homophymine C 岩屑海绵胺 C*
【基本信息】$C_{74}H_{129}N_{15}O_{24}$，无定形固体，$[\alpha]_D$ = +5.7º (c = 0.45, 甲醇).【类型】环状脂缩酚酸肽类.
【来源】岩屑海绵 Neopeltidae 科同形虫属 *Homophymia* sp. [新喀里多尼亚（法属）].【活性】细胞毒 (KB, IC_{50} = 8.5nmol/L; MCF7, IC_{50} = 8.8nmol/L; 抗性 MCF7, IC_{50} = 10.8nmol/L; HCT116, IC_{50} = 4.9nmol/L; HCT15, IC_{50} = 19.2nmol/L; HT29, IC_{50} = 62.8nmol/L; OVCAR-8, IC_{50} = 4.3nmol/L; SK-OV-3, IC_{50} = 3.7nmol/L; PC3, IC_{50} = 3.0nmol/L; Vero, IC_{50} = 4.2nmol/L; 正常的 MRC-5 细胞, IC_{50} = 16.8nmol/L; HL60, IC_{50} = 23.0nmol/L, 抗恶性细胞增生；抗性 HL60, IC_{50} = 23.5nmol/L; K562, IC_{50} = 22.5nmol/L; MiaPaCa, IC_{50} = 25.9nmol/L; SF268, IC_{50} = 13.6nmol/L; A549, IC_{50} = 8.3nmol/L; MDA231, IC_{50} = 16.2nmol/L; MDA435, IC_{50} = 35.0nmol/L; HepG2, IC_{50} = 72.1nmol/L; EPC, IC_{50} = 9.3nmol/L).【文献】A. Zampella, et al. Org. Biomol. Chem., 2009, 7, 4037.

1687 Homophymine C₁ 岩屑海绵胺 C₁*
【基本信息】$C_{74}H_{130}N_{16}O_{23}$，无定形固体，$[\alpha]_D$ = +4.7º (c = 0.31, 甲醇).【类型】环状脂缩酚酸肽类.
【来源】岩屑海绵 Neopeltidae 科同形虫属 *Homophymia* sp. [新喀里多尼亚（法属）].【活性】细胞毒 (KB, IC_{50} = 6.8nmol/L; MCF7, IC_{50} = 6.3nmol/L; 抗性 MCF7, IC_{50} = 5.4nmol/L; HCT116, IC_{50} = 2.7nmol/L; HCT15, IC_{50} = 17.2nmol/L; HT29, IC_{50} = 38.2nmol/L; OVCAR-8, IC_{50} = 2.6nmol/L; SK-OV-3, IC_{50} = 2.4nmol/L; PC3, IC_{50} = 2.6nmol/L; Vero, IC_{50} = 3.1nmol/L; 正常的 MRC-5 细胞, IC_{50} = 8.0nmol/L; HL60, IC_{50} = 14.6nmol/L, 抗恶性细胞增生；抗性 HL60, IC_{50} = 17.1nmol/L; K562, IC_{50} = 11.9nmol/L; MiaPaCa, IC_{50} = 14.4nmol/L;

SF268, IC_{50} = 7.1nmol/L; A549, IC_{50} = 6.2nmol/L; MDA231, IC_{50} = 15.8nmol/L; MDA435, IC_{50} = 20.3nmol/L; HepG2, IC_{50} = 58.6nmol/L; EPC, IC_{50} = 12.2nmol/L).【文献】A. Zampella, et al. Org. Biomol. Chem., 2009, 7, 4037.

1688 Homophymine D 岩屑海绵胺 D*
【基本信息】$C_{75}H_{131}N_{15}O_{24}$, 无定形固体, $[\alpha]_D$ = +4.2º (c = 0.36, 甲醇).【类型】环状脂缩酚酸肽类.【来源】岩屑海绵 Neopeltidae 科同形虫属 *Homophymia* sp. [新喀里多尼亚（法属）].【活性】细胞毒 (KB, IC_{50} = 12.7nmol/L; MCF7, IC_{50} = 19.6nmol/L; 抗性 MCF7, IC_{50} = 37.7nmol/L; HCT116, IC_{50} = 19.8nmol/L; HCT15, IC_{50} = 43.2nmol/L; HT29, IC_{50} = 81.3nmol/L; OVCAR-8, IC_{50} = 8.1nmol/L; SK-OV-3, IC_{50} = 10.6nmol/L; PC3, IC_{50} = 6.3nmol/L; Vero, IC_{50} = 10.9nmol/L; 正常的 MRC-5 细胞, IC_{50} = 16.9nmol/L; HL60, IC_{50} = 29.6nmol/L; 抗性 HL60, IC_{50} = 24.9nmol/L, 抗恶性细胞增生; K562, IC_{50} = 35.3nmol/L; MiaPaCa, IC_{50} = 37.4nmol/L; SF268, IC_{50} = 17.9nmol/L; A549, IC_{50} = 13.8nmol/L; MDA231, IC_{50} = 18.9nmol/L; MDA435, IC_{50} = 49.9nmol/L; HepG2, IC_{50} = 78.7nmol/L; EPC, IC_{50} = 11.1nmol/L).【文献】A. Zampella, et al. Org. Biomol. Chem., 2009, 7, 4037.

1689 Homophymine D_1 岩屑海绵胺 D_1*
【基本信息】$C_{75}H_{132}N_{16}O_{23}$, 无定形固体, $[\alpha]_D$ = +1.9º (c = 0.65, 甲醇).【类型】环状脂缩酚酸肽类.【来源】岩屑海绵 Neopeltidae 科同形虫属 *Homophymia* sp. [新喀里多尼亚（法属）].【活性】细胞毒 (KB, IC_{50} = 10.6nmol/L; MCF7, IC_{50} = 3.5nmol/L; 抗性 MCF7, IC_{50} = 3.5nmol/L; HCT116, IC_{50} = 1.8nmol/L; HCT15, IC_{50} = 11.4nmol/L; HT29, IC_{50} = 32.2nmol/L; OVCAR-8, IC_{50} = 1.6nmol/L; SK-OV-3, IC_{50} = 1.4nmol/L; PC3, IC_{50} = 1.4nmol/L; Vero, IC_{50} = 1.8nmol/L; 正常的 MRC-5 细胞, IC_{50} = 10.5nmol/L; HL60, IC_{50} = 13.1nmol/L; 抗性 HL60, IC_{50} = 21.9nmol/L, 抗恶性细胞增生; K562, IC_{50} = 12.9nmol/L; MiaPaCa, IC_{50} = 17.6nmol/L; SF268, IC_{50} = 7.9nmol/L; A549, IC_{50} = 5.0nmol/L; MDA231, IC_{50} = 11.1nmol/L; MDA435, IC_{50} = 23.4nmol/L; HepG2, IC_{50} = 80.4nmol/L; EPC, IC_{50} = 7.7nmol/L).【文献】A. Zampella, et al. Org. Biomol. Chem., 2009, 7, 4037.

1690 Homophymine E 岩屑海绵胺 E*
【基本信息】$C_{76}H_{133}N_{15}O_{24}$, 无定形固体, $[\alpha]_D$ = +5.5º (c = 0.43, 甲醇).【类型】环状脂缩酚酸肽类.【来源】岩屑海绵 Neopeltidae 科同形虫属 *Homophymia* sp. [新喀里多尼亚（法属）].【活性】细胞毒 (KB, IC_{50} = 6.0nmol/L; MCF7, IC_{50} = 14.2nmol/L; 抗性 MCF7, IC_{50} = 15.6nmol/L; HCT116, IC_{50} = 5.5nmol/L; HCT15, IC_{50} = 27.2nmol/L; HT29, IC_{50} = 35.1nmol/L; OVCAR-8, IC_{50} = 4.6nmol/L; SK-OV-3, IC_{50} = 4.2nmol/L; PC3, IC_{50} = 3.9nmol/L; Vero, IC_{50} = 7.0nmol/L; 正常的 MRC-5 细胞,

$IC_{50} = 9.5$nmol/L; HL60, $IC_{50} = 23.3$nmol/L; 抗恶性细胞增生; 抗性 HL60, $IC_{50} = 21.4$nmol/L; K562, $IC_{50} = 22.2$nmol/L; MiaPaCa, $IC_{50} = 18.1$nmol/L; SF268, $IC_{50} = 8.1$nmol/L; A549, $IC_{50} = 9.6$nmol/L; MDA231, $IC_{50} = 13.3$nmol/L; MDA435, $IC_{50} = 38.3$nmol/L; HepG2, $IC_{50} = 60.5$nmol/L; EPC, $IC_{50} = 9.5$nmol/L. 【文献】A. Zampella, et al. Org. Biomol. Chem., 2009, 7, 4037.

1691 Homophymine E₁ 岩屑海绵胺 E₁*

【基本信息】$C_{76}H_{134}N_{16}O_{23}$, 无定形固体, $[\alpha]_D = +3.2°$ ($c = 0.62$, 甲醇).【类型】环状脂缩酚酸肽类.【来源】岩屑海绵 Neopeltidae 科同形虫属 *Homophymia* sp. [新喀里多尼亚（法属）].【活性】细胞毒 (KB, $IC_{50} = 12.5$nmol/L; MCF7, $IC_{50} = 3.9$nmol/L; 抗性 MCF7, $IC_{50} = 7.1$nmol/L; HCT116, $IC_{50} = 2.3$nmol/L; HCT15, $IC_{50} = 10.1$nmol/L; HT29, $IC_{50} = 31.8$nmol/L; OVCAR-8, $IC_{50} = 4.0$nmol/L; SK-OV-3, $IC_{50} = 2.7$nmol/L; PC3, $IC_{50} = 3.5$nmol/L; Vero, $IC_{50} = 4.4$nmol/L; 正常的 MRC-5 细胞, $IC_{50} = 12.3$nmol/L; HL60, $IC_{50} = 20.5$nmol/L, 抗恶性细胞增生; 抗性 HL60, $IC_{50} = 23.2$nmol/L; K562, $IC_{50} = 17.8$nmol/L; MiaPaCa, $IC_{50} = 10.6$nmol/L; SF268, $IC_{50} = 10.1$nmol/L; A549, $IC_{50} = 11.4$nmol/L; MDA231, $IC_{50} = 20.0$nmol/L; MDA435, $IC_{50} = 37.0$nmol/L; HepG2, $IC_{50} = 62.8$nmol/L; EPC, $IC_{50} = 29.0$nmol/L).【文献】A. Zampella, et al. Org. Biomol. Chem., 2009, 7, 4037.

1692 Kahalalide F 卡哈拉内酯 F*

【基本信息】$C_{75}H_{124}N_{14}O_{16}$, 白色粉末, $[\alpha]_D = -8°$ ($c = 4.32$, 甲醇)【类型】环状脂缩酚酸肽类.【来源】软体动物门腹足纲囊舌目海天牛属 *Elysia rufescens* (夏威夷，美国), 以绿藻羽藻属 *Bryopsis* sp.为食.【活性】抗 AIDS (体外抗 AIDS OI 病原体); 抗 HIV-2 (水貂肺细胞 HIV-2, 0.5μg/mL); 免疫抑制 (混合淋巴细胞反应 MLR 试验, $IC_{50} = 3$μg/mL, 淋巴细胞生存能力 LCV, $IC_{50} = 23$μg/mL); 抗结核 (结核分枝杆菌 *Mycobacterium tuberculosis* H37Rv, 12.5μg/mL, InRt = 67%); 细胞毒 (A549, $IC_{50} = 2.5$μg/mL; HT29, $IC_{50} = 0.25$μg/mL; CV-1, $IC_{50} = 0.25$μg/mL; LoVo, $IC_{50} < 1.0$μg/mL; P_{388}, $IC_{50} = 10$μg/mL; KB, $IC_{50} > 10$μg/mL); 抗肿瘤 (Ⅱ期临床试验, 2004); 抗病毒 (水貂肺细胞 HSV-2, 0.5μg/mL, 减少 95%); 抗真菌 (50μg/6mm 盘: 稻米曲霉 *Aspergillus oryzae*, IZD = 19mm; 特异青霉菌 *Penicillium notatum*, IZD = 26mm; 须发癣菌 *Trichophyton mentagrophytes*, IZD = 34mm; 酿酒酵母 *Saccharomyces cerevisiae*, 无活性; 白色念珠菌 *Candida albicans*, IZD = 16mm).【文献】M. T. Hamann, et al. JACS, 1993, 115, 5825; M. T. Hamann, et al. JOC, 1996, 61, 6594; G. Goetz, et al. Tetrahedron, 1999, 55, 7739; A.E.-S. Khalid, et al. Tetrahedron, 2000, 56, 949; A. López-Macià, et al. JACS, 2001, 123, 11398.

1693 Kahalalide R 卡哈拉内酯 R*

【基本信息】$C_{77}H_{126}N_{14}O_{17}$, 无定形固体, $[\alpha]_D^{25} = -18°$ ($c = 0.35$, 甲醇).【类型】环状脂缩酚酸肽类.【来源】软体动物门腹足纲囊舌目海天牛属 *Elysia grandifolia*.【活性】细胞毒 (MCF7, 活性比卡哈拉内酯 F 高).【文献】M. Ashour, et al. JNP, 2006, 69, 1547; S. Tilvi, et al. J. Mass Spectrom., 2007, 42, 70.

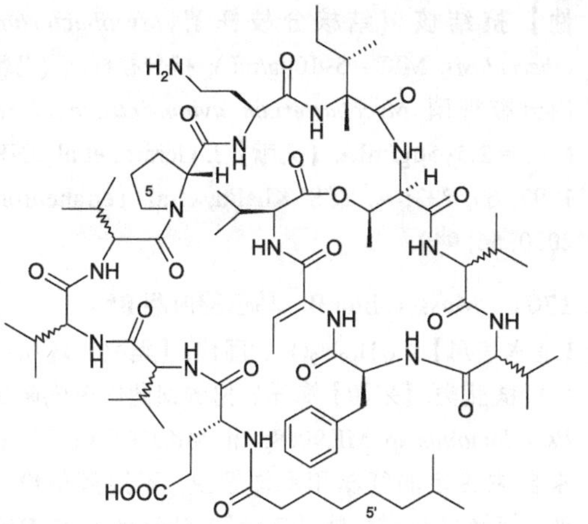

1694 Kailuin A 卡鲁瓦素 A*

【基本信息】$C_{35}H_{63}N_5O_9$，清亮油状液体，$[\alpha]_D$ = +8.6° (c = 1.0, 甲醇).【类型】环状脂缩酚酸肽类.【来源】未鉴定的海洋导出的细菌 BH-107，来自腐木 (卡鲁瓦海滩，欧胡岛).【活性】细胞毒 (A549, GI_{50} = 3μg/mL; MCF7, GI_{50} = 3μg/mL; HT29, GI_{50} = 3μg/mL).【文献】G. G. Harrigan, et al. Tetrahedron, 1997, 53, 1577.

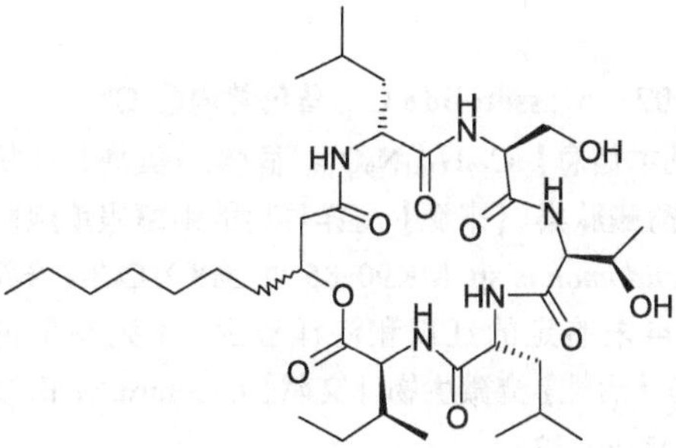

1695 Kailuin B 卡鲁瓦素 B*

【基本信息】$C_{37}H_{67}N_5O_9$，油状物，$[\alpha]_D$ = +9.3° (c = 1, 甲醇).【类型】环状脂缩酚酸肽类.【来源】海洋导出的细菌弧菌属 Vibrio sp. (冲绳，日本)，未鉴定的海洋导出的细菌 BH-107 (来自腐木，卡鲁瓦海滩，欧胡岛).【活性】杀藻剂 (海洋原甲藻 Prorocentrum micans, 高活性); 细胞毒 (A549, GI_{50} = 2μg/mL; MCF7, GI_{50} = 2μg/mL; HT29, GI_{50} = 3μg/mL).【文献】G. G. Harrigan, et al. Tetrahedron, 1997, 53, 1577; R. Raju, et al. Tetrahedron Lett., 2012, 53, 6905.

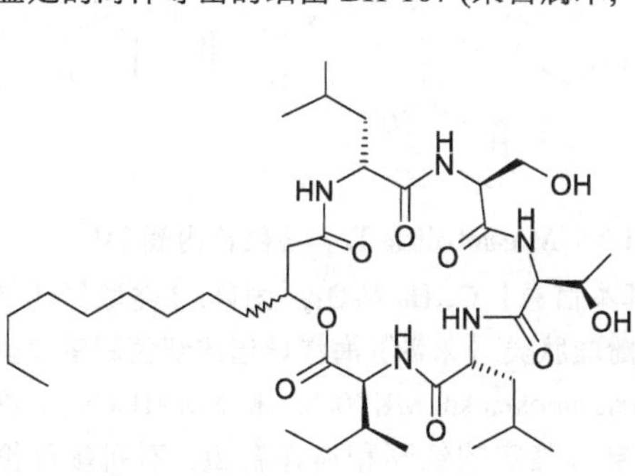

1696 Kailuin C 卡鲁瓦素 C*

【基本信息】$C_{37}H_{67}N_5O_9$，清亮油状液体，$[\alpha]_D$ = +10.0° (c = 1.0, 甲醇).【类型】环状脂缩酚酸肽类.【来源】未鉴定的海洋导出的细菌 BH-107，来自腐木 (卡鲁瓦海滩，欧胡岛).【活性】细胞毒 (A549, GI_{50} = 3μg/mL; MCF7, GI_{50} = 4μg/mL; HT29, GI_{50} = 3μg/mL).【文献】G. G. Harrigan, et al. Tetrahedron, 1997, 53, 1577.

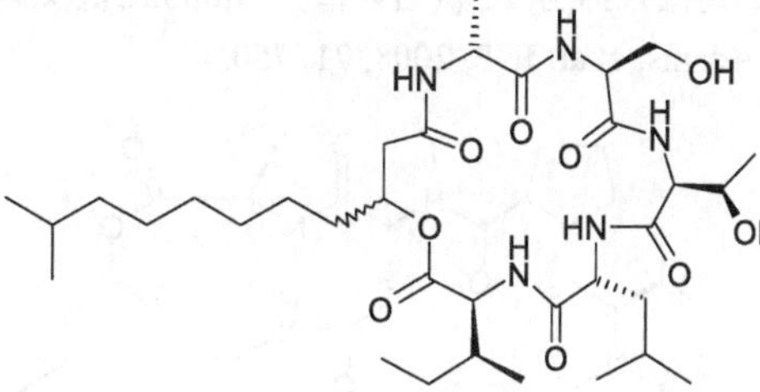

1697 Kailuin D 卡鲁瓦素 D*

【基本信息】$C_{39}H_{69}N_5O_9$，清亮油状液体，$[\alpha]_D$ = +9.5° (c = 1.0, 甲醇).【类型】环状脂缩酚酸肽类.【来源】未鉴定的海洋导出的细菌 BH-107，来自腐木 (卡鲁瓦海滩，欧胡岛).【活性】细胞毒 (A549, GI_{50} = 2μg/mL; MCF7, GI_{50} = 3μg/mL; HT29, GI_{50} = 2μg/mL).【文献】G. G. Harrigan, et al. Tetrahedron, 1997, 53, 1577.

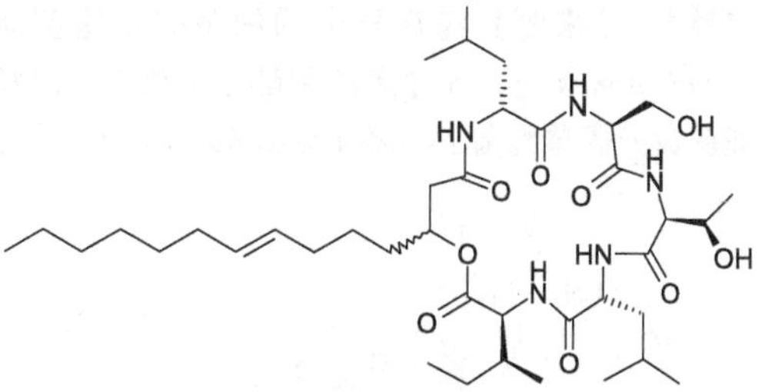

1698 Kailuin E 卡鲁瓦素 E*

【基本信息】$C_{39}H_{71}N_5O_9$.【类型】环状脂缩酚酸肽类.【来源】海洋导出的细菌弧菌属 Vibrio sp. (冲绳，日本) 和海洋导出的细菌弧菌属 Vibrio sp. G1363.【活性】杀藻剂; 表面活性剂.【文献】Y.

Kawabata, et al. Japan. Pat., 2000, 245497; CA, 133, 221694w.

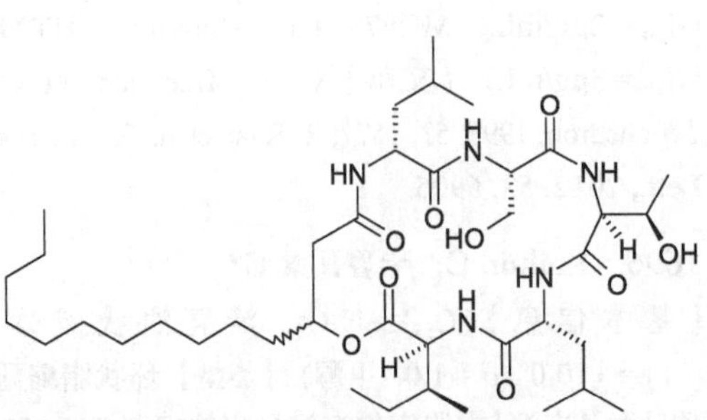

1699 Malevamide E 马勒弗酰胺 E*
【基本信息】$C_{60}H_{94}N_8O_{11}$，无定形固体，$[\alpha]_D^{25}$ = −100° (c = 0.057, 二氯甲烷).【类型】环状脂缩酚酸肽类.【来源】蓝细菌束藻属 *Symploca laeteviridis*.【活性】抗癌细胞效应 [模型: HEK; 机制: 钙流入抑制; IC_{50}(估计值) = 9μmol/L].【文献】B. Adams, et al. JNP, 2008, 71, 750.

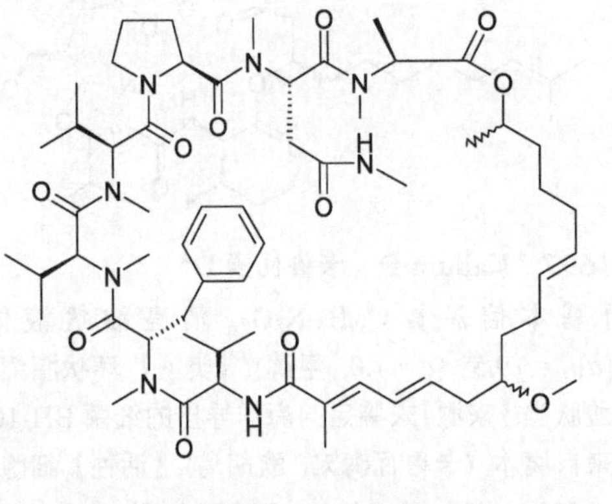

1700 Massetolide A 马色特内酯 A*
【基本信息】$C_{55}H_{97}N_9O_{16}$，固体, mp 237~238°C (分解), $[\alpha]_D$ = +45.9° (乙醇).【类型】环状脂缩酚酸肽类.【来源】海洋导出的细菌假单胞菌属 *Pseudomonas* sp. 各种海洋和陆地的细菌，海洋细菌荧光假单胞菌 *Pseudomonas fluorescens*.【活性】抗结核 (结核分枝杆菌 *Mycobacterium tuberculosis*, MIC = 5~10μg/mL); 抗分枝杆菌 (鸟胞内分枝杆菌 *Mycobacterium avium-intracellulare*, MIC = 2.5~5μg/mL).【文献】J. Gerard, et al. JNP, 1997, 60, 223; A. E. S. Khalid, et al. Tetrahedron, 2000, 56, 949.

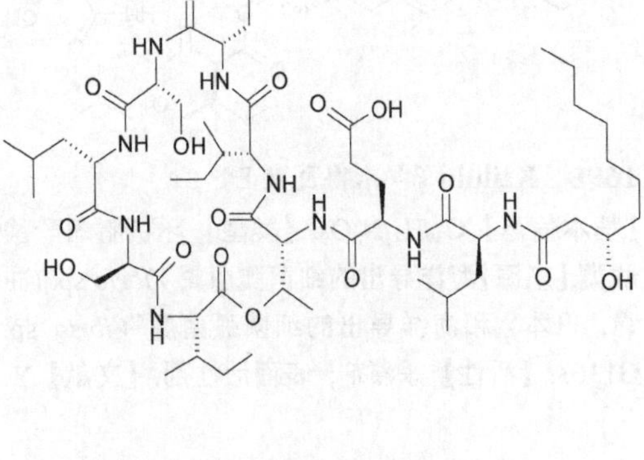

1701 Massetolide B 马色特内酯 B*
【基本信息】$C_{56}H_{99}N_9O_{16}$，固体.【类型】环状脂缩酚酸肽类.【来源】海洋导出的细菌假单胞菌属 *Pseudomonas* sp. MK90e85 和 MK91CC8 (培养物，来自未鉴定的红藻和海洋管虫，不列颠哥伦比亚).【活性】抗微生物.【文献】J. Gerard, et al. JNP, 1997, 60, 223.

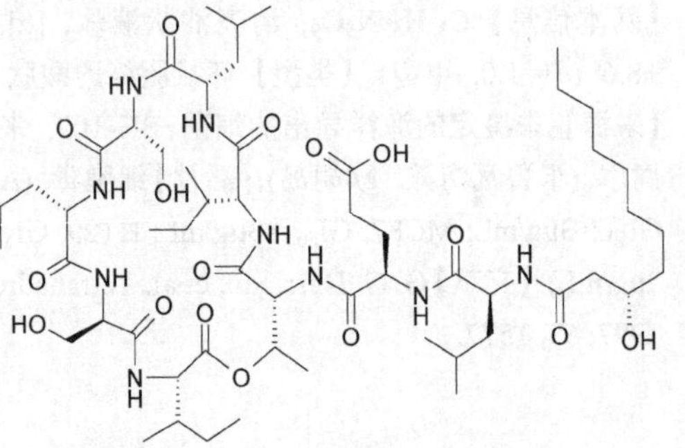

1702 Massetolide C 马色特内酯 C*
【基本信息】$C_{57}H_{101}N_9O_{16}$，固体.【类型】环状脂缩酚酸肽类.【来源】海洋导出的细菌假单胞菌属 *Pseudomonas* sp. MK90e85 和 MK91CC8 (培养物，来自未鉴定的红藻和海洋管虫，不列颠哥伦比亚).【活性】抗微生物.【文献】J. Gerard, et al. JNP, 1997, 60, 223.

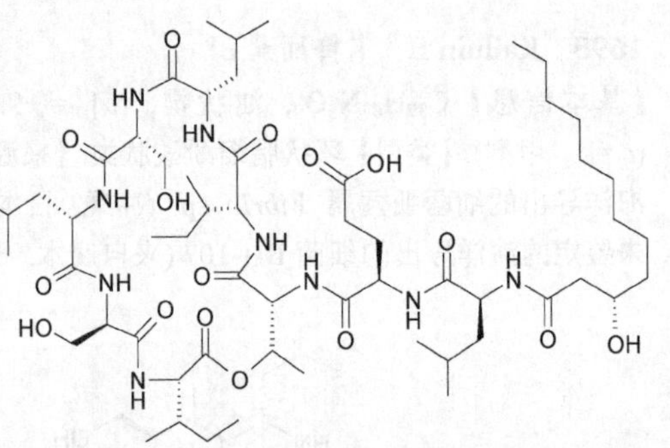

1703 Massetolide D 马色特内酯 D*
【基本信息】$C_{55}H_{97}N_9O_{16}$，固体.【类型】环状脂缩酚酸肽类.【来源】海洋导出的细菌假单胞菌属 *Pseudomonas* sp. MK90e85 和 MK91CC8 (培养物，来自未鉴定的红藻和海洋管虫，不列颠哥伦比

亚).【活性】抗微生物.【文献】J. Gerard, et al. JNP, 1997, 60, 223.

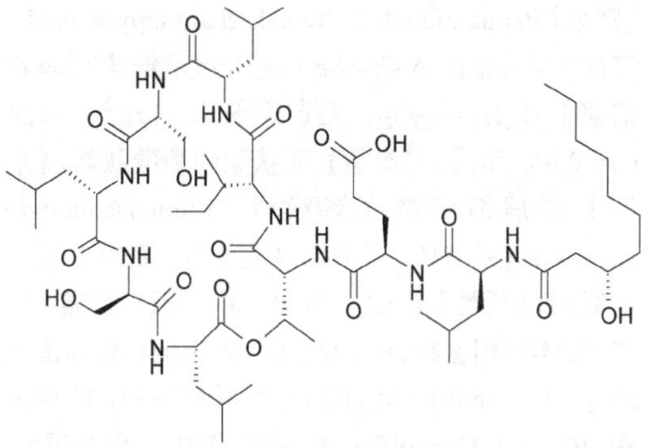

1704　Massetolide E　马色特内酯 E*
【基本信息】$C_{53}H_{93}N_9O_{16}$, 固体.【类型】环状脂缩酚酸肽类.【来源】海洋导出的细菌假单胞菌属 *Pseudomonas* sp. MK90e85 和 MK91CC8 (培养物, 来自未鉴定的红藻和海洋管虫, 不列颠哥伦比亚). 抗微生物.【文献】J. Gerard, et al. JNP, 1997, 60, 223.

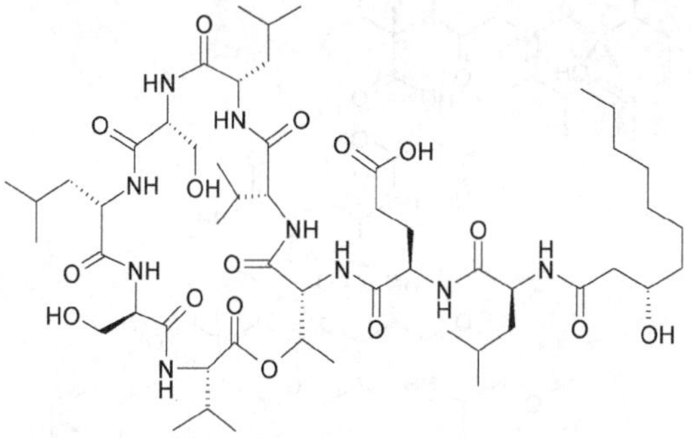

1705　Massetolide F　马色特内酯 F*
【基本信息】$C_{54}H_{95}N_9O_{16}$, 固体.【类型】环状脂缩酚酸肽类.【来源】海洋导出的细菌假单胞菌属 *Pseudomonas* sp. MK90e85 和 MK91CC8 (培养物, 来自未鉴定的红藻和海洋管虫, 不列颠哥伦比亚).【活性】抗微生物.【文献】J. Gerard, et al. JNP, 1997, 60, 223.

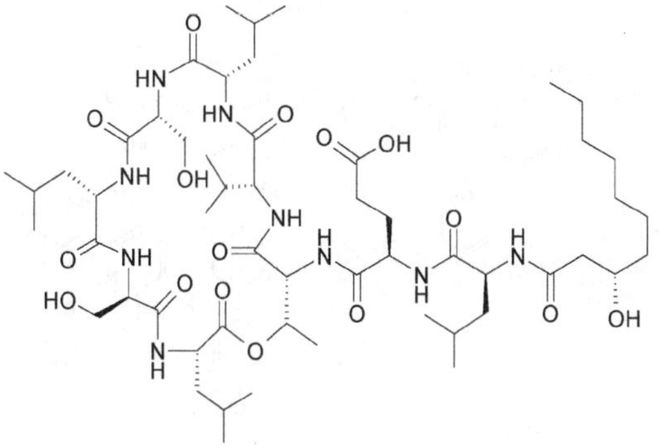

1706　Massetolide G　马色特内酯 G*
【基本信息】$C_{55}H_{97}N_9O_{16}$, 固体.【类型】环状脂缩酚酸肽类.【来源】海洋导出的细菌假单胞菌属 *Pseudomonas* sp. MK90e85 和 MK91CC8 (培养物, 来自未鉴定的红藻和海洋管虫, 不列颠哥伦比亚).【活性】抗微生物.【文献】J. Gerard, et al. JNP, 1997, 60, 223.

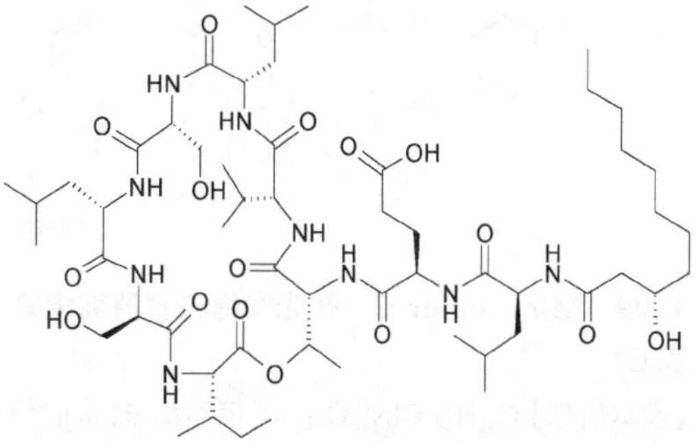

1707　Massetolide H　马色特内酯 H*
【基本信息】$C_{56}H_{99}N_9O_{16}$, 固体.【类型】环状脂缩酚酸肽类.【来源】海洋导出的细菌假单胞菌属 *Pseudomonas* sp. MK90e85 和 MK91CC8 (培养物, 来自未鉴定的红藻和海洋管虫, 不列颠哥伦比亚).【活性】抗微生物.【文献】J. Gerard, et al. JNP, 1997, 60, 223.

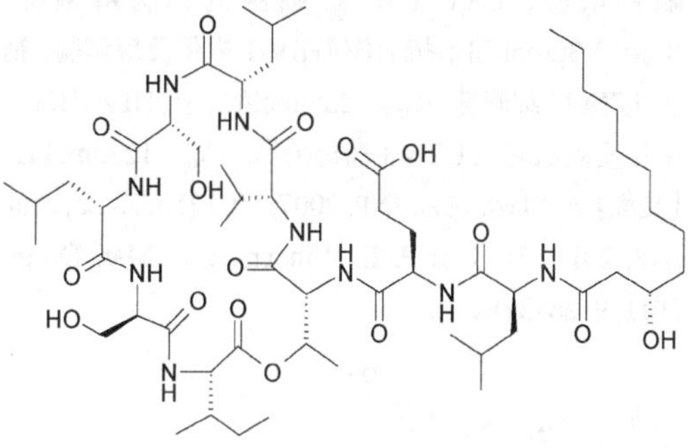

1708　Mirabamide B　蒂壳海绵科岩屑海绵酰胺 B*
【基本信息】$C_{72}H_{111}ClN_{12}O_{25}$, 无定形粉末, $[\alpha]_D^{20}=-2°$ ($c=0.1$, 甲醇).【类型】环状脂缩酚酸肽类.【来源】岩屑海绵蒂壳海绵科 *Siliquariaspongia mirabilis* (那马岛, 东南部楚克潟湖, 密克罗尼西亚联邦).【活性】细胞毒 (HCT116, $IC_{50}=2.22\mu mol/L$).【文献】A. Plaza, et al. JNP, 2007, 70, 1753; P. L. Winder, et al. Mar. Drugs, 2011, 9, 2643 (Rev.).

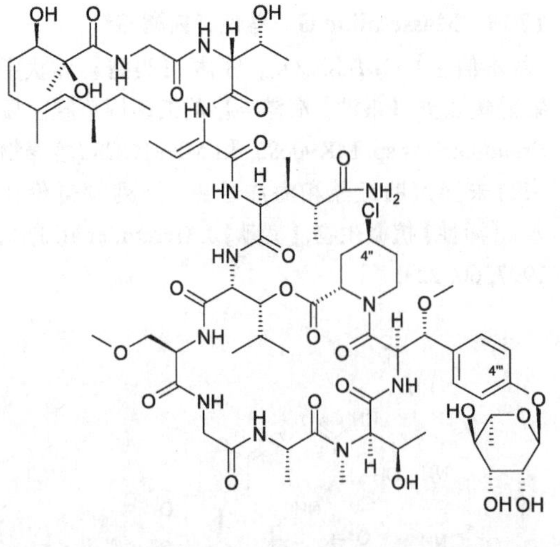

1709　Mirabamide C　蒂壳海绵科岩屑海绵酰胺 C*

【基本信息】$C_{66}H_{104}ClN_{13}O_{21}$, 无定形粉末, $[α]_D^{20} = -1.5°$ ($c = 0.06$, 甲醇).【类型】环状脂缩酚酸肽类.【来源】岩屑海绵蒂壳海绵科 Siliquariaspongia mirabilis (那马岛, 东南部楚克泻湖, 密克罗尼西亚联邦), 星芒海绵属 Stelletta calvosa (托雷斯海峡群岛, 昆士兰, 澳大利亚).【活性】抗 HIV [HIV-1 中和反应试验, 宿主 TZM-bl 细胞株, HXB2 (亲 T 细胞的) 病毒菌株, $IC_{50} = 140$nmol/L; SF162 (亲巨噬细胞的) 病毒菌株, $IC_{50} = 1.01$μmol/L]; 抗 HIV [HIV-1 融合试验, LAV (亲 T 细胞的) 病毒菌株, $IC_{50} = 1.3$μmol/L]; 抗 HIV (HIV-1 中和反应试验, 宿主 TZM-bl 细胞株, $IC_{50} = 2.2$μmol/L); 抗 HIV (HIV-1 中和反应试验, YU2-V3 病毒菌株, $IC_{50} = 123$nmol/L).【文献】A. Plaza, et al. JNP, 2007, 70, 1753; Z. Lu, et al. JNP, 2011, 74, 185; P. L. Winder, et al. Mar. Drugs, 2011, 9, 2643 (Rev.).

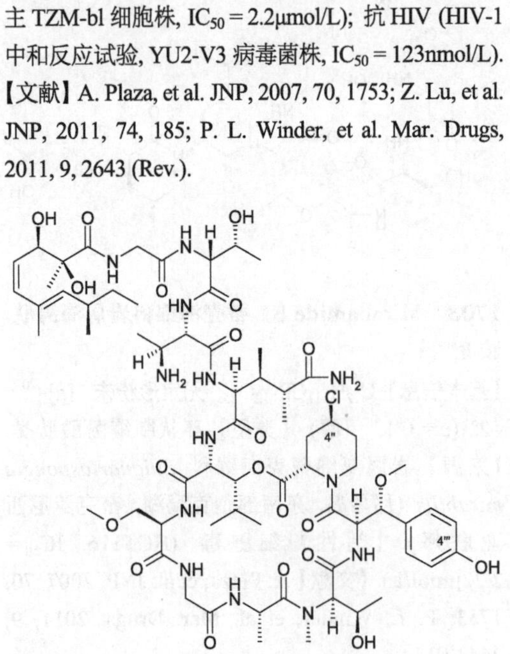

1710　Mirabamide D　蒂壳海绵科岩屑海绵酰胺 D*

【别名】Papuamide A 4'''-O-α-L-rhamnopyranoside; 海洋大环环酯肽 A 4'''-O-α-L-鼠李吡喃糖苷*.【基本信息】$C_{72}H_{115}N_{13}O_{25}$, 无定形粉末, $[α]_D^{20} = -1.5°$ ($c = 0.06$, 甲醇).【类型】环状脂缩酚酸肽类.【来源】岩屑海绵蒂壳海绵科 Siliquariaspongia mirabilis (那马岛, 东南部楚克泻湖, 密克罗尼西亚联邦).【活性】抗 HIV [HIV-1 中和反应试验, 宿主 TZM-bl 细胞株, HXB2 (亲 T 细胞的) 病毒菌株, $IC_{50} = 189$nmol/L; SF162 (亲巨噬细胞的) 病毒菌株, $IC_{50} = 1.31$μmol/L]; 抗 HIV [HIV-1 融合试验, LAV (亲 T 细胞的) 病毒菌株, $IC_{50} = 3.9$μmol/L]; 抗 HIV (HIV-1 中和反应试验, 宿主 TZM-bl 细胞株, $IC_{50} = 3.9$mol/L).【文献】A. Plaza, et al. JNP, 2007, 70, 1753; P. L. Winder, et al. Mar. Drugs, 2011, 9, 2643 (Rev.).

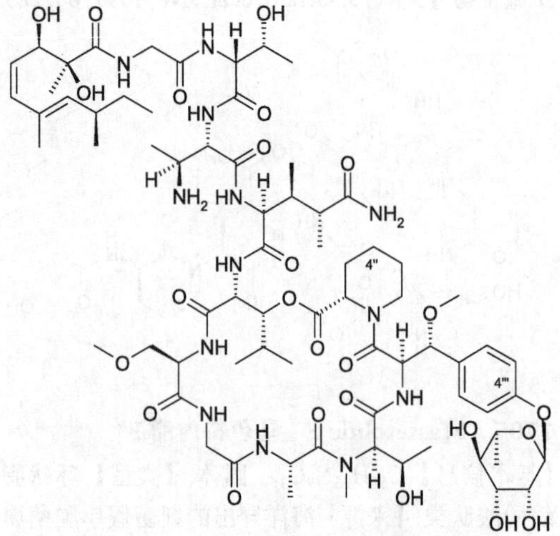

1711　Stellatolide A　斯特拉特内酯 A*

【基本信息】$C_{66}H_{107}N_{15}O_{22}$.【类型】环状脂缩酚酸肽类.【来源】拟裸海绵属 Ecionemia acervus (马

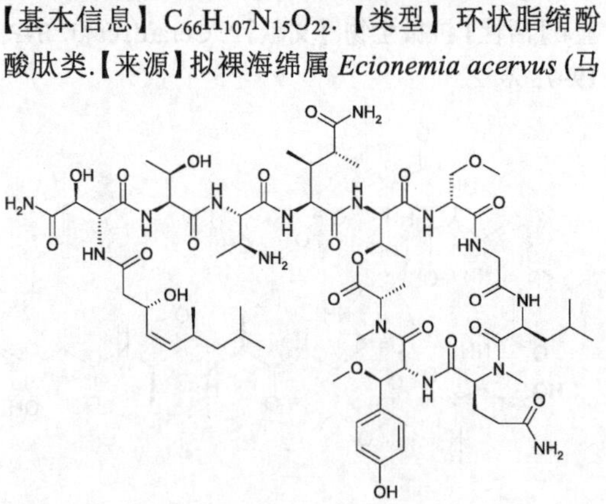

达加斯加).【活性】细胞毒 (A549, 天然的, GI_{50} = 0.08μmol/L, 合成的, GI_{50} = 0.08μmol/L; HT29, 天然的, GI_{50} = 0.43μmol/L, 合成的, GI_{50} = 0.38μmol/L; MDA-MB-231, 天然的, GI_{50} = 0.21μmol/L, 合成的, GI_{50} = 0.26μmol/L).【文献】M. J. Martín, et al. JACS, 2014, 136, 6754.

1712　Stellatolide B　斯特拉特内酯 B*
【基本信息】$C_{65}H_{105}N_{15}O_{22}$.【类型】环状脂缩酚酸肽类.【来源】拟裸海绵属 Ecionemia acervus (马达加斯加).【活性】细胞毒 (A549, GI_{50} = 0.64μmol/L; HT29, GI_{50} = 1.15μmol/L; MDA-MB-231, GI_{50} = 070μmol/L).【文献】M. J. Martín, et al. JACS, 2014, 136, 6754.

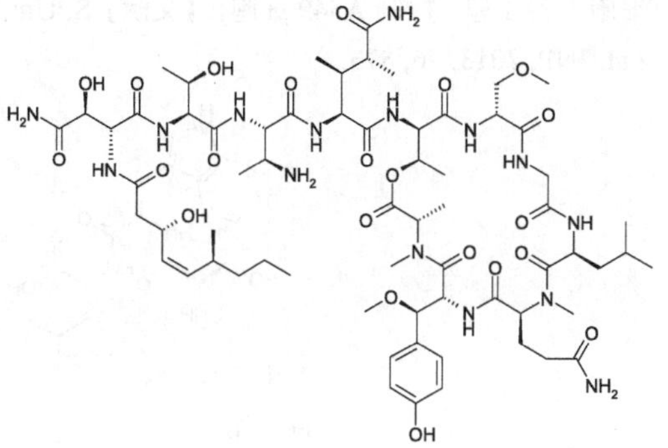

1713　Stellatolide C　斯特拉特内酯 C*
【基本信息】$C_{66}H_{109}N_{15}O_{23}$.【类型】环状脂缩酚酸肽类.【来源】拟裸海绵属 Ecionemia acervus (马达加斯加).【活性】细胞毒 (A549, GI_{50} = 4.73μmol/L; HT29, GI_{50} > 6.75μmol/L; MDA-MB-231, GI_{50} > 6.75μmol/L).【文献】M. J. Martín, et al. JACS, 2014, 136, 6754.

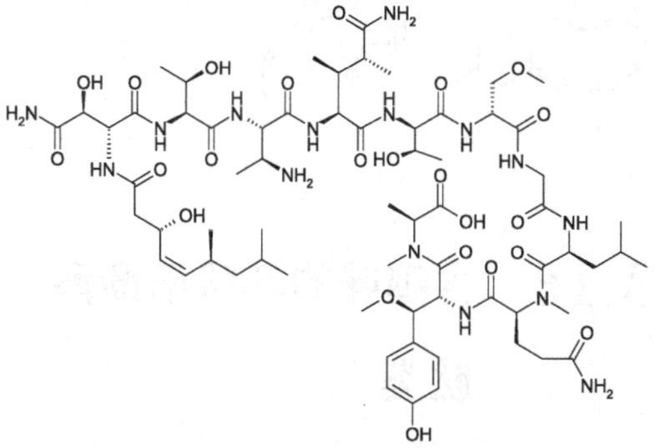

1714　Stellatolide D　斯特拉特内酯 D*
【基本信息】$C_{66}H_{107}N_{15}O_{21}$.【类型】环状脂缩酚酸肽类.【来源】拟裸海绵属 Ecionemia acervus (马达加斯加).【活性】细胞毒 (A549, GI_{50} = 0.21μmol/L;

HT29, GI_{50} = 0.71μmol/L; MDA-MB-231, GI_{50} = 0.31μmol/L).【文献】M. J. Martín, et al. JACS, 2014, 136, 6754.

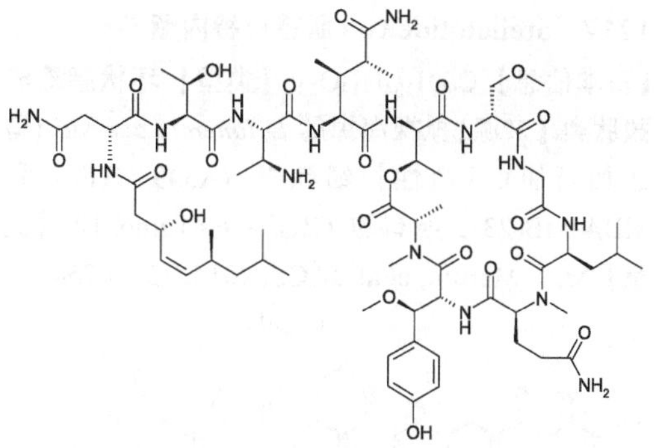

1715　Stellatolide E　斯特拉特内酯 E*
【基本信息】$C_{65}H_{105}N_{15}O_{22}$.【类型】环状脂缩酚酸肽类.【来源】拟裸海绵属 Ecionemia acervus (马达加斯加).【活性】细胞毒 (A549, GI_{50} = 0.90μmol/L; HT29, GI_{50} = 2.69μmol/L; MDA-MB-231, GI_{50} = 1.60μmol/L).【文献】M. J. Martín, et al. JACS, 2014, 136, 6754.

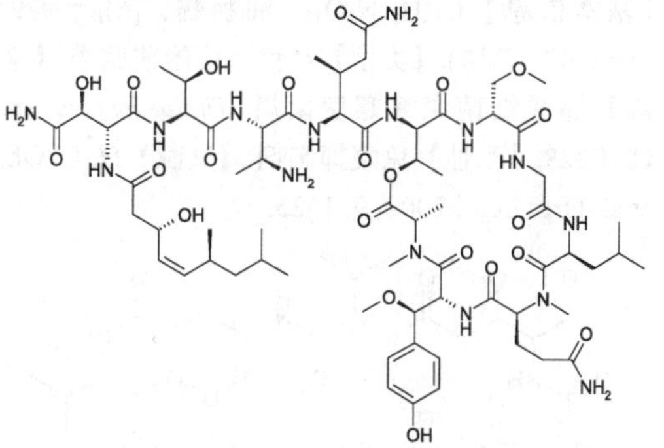

1716　Stellatolide F　斯特拉特内酯 F*
【基本信息】$C_{66}H_{104}N_{14}O_{21}$.【类型】环状脂缩酚酸肽类.【来源】拟裸海绵属 Ecionemia acervus (马达加斯加).【活性】细胞毒 (A549, GI_{50} =

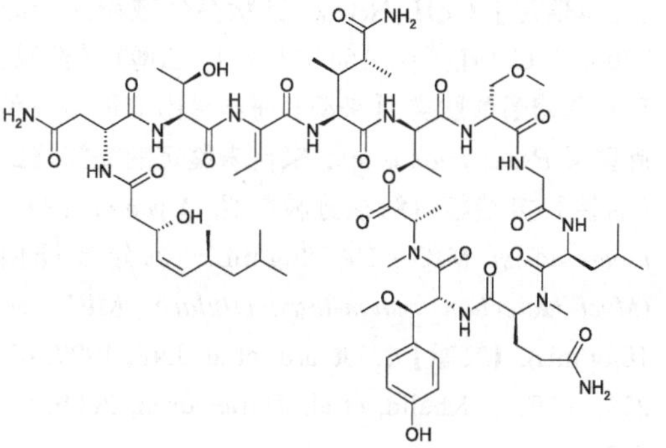

1.23µmol/L; HT29, GI_{50} > 6.48µmol/L; MDA-MB-231, GI_{50} = 2.14µmol/L).【文献】M. J. Martíin, et al. JACS, 2014, 136, 6754.

1717 Stellatolide G 斯特拉特内酯 G*
【基本信息】$C_{66}H_{104}N_{14}O_{22}$.【类型】环状脂缩酚酸肽类.【来源】拟裸海绵属 *Ecionemia acervus* (马达加斯加).【活性】细胞毒 (A549, HT29 和 MDA-MB-231, 所有的 GI_{50} > 6.41µmol/L).【文献】M. J. Martíin, et al. JACS, 2014, 136, 6754.

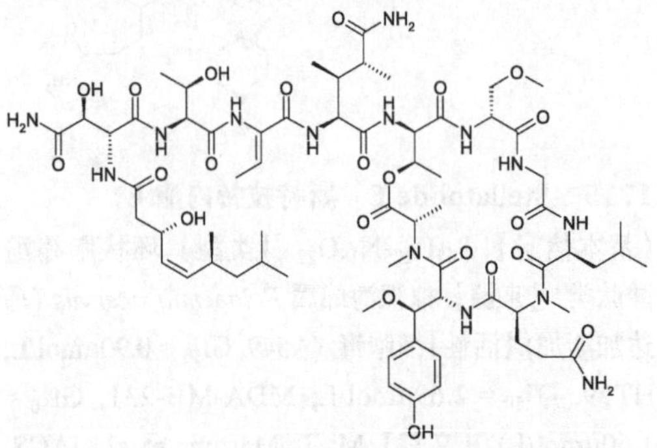

1718 Thalassospiramide A 深海螺旋菌酰胺 A*
【基本信息】$C_{48}H_{75}N_7O_{13}$, 油状物, $[α]_D$ = -29º (c = 0.07, 乙腈).【类型】环状脂缩酚酸肽类.【来源】海洋细菌深海螺旋菌属 *Thalassospira* sp. CNJ-328.【活性】免疫抑制剂.【文献】D.-C. Oh, et al. Org. Lett., 2007, 9, 1525.

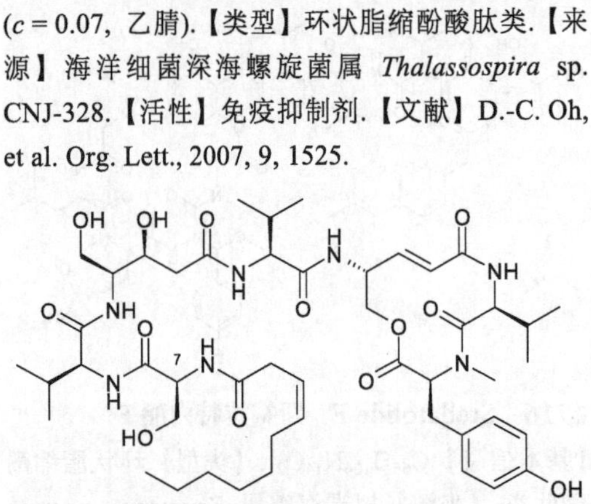

1719 Viscosin 黏液菌素
【基本信息】$C_{54}H_{95}N_9O_{16}$, 针状晶体或粉末, mp 270~273ºC, $[α]_D^{29}$ = -168.3º (c = 1, 乙醇).【类型】环状脂缩酚酸肽类.【来源】海洋导出的细菌假单胞菌属 *Pseudomonas* sp., 来自未鉴定的海洋蠕虫.【活性】抗结核 (结核分枝杆菌 *Mycobacterium tuberculosis*, MIC = 10~20µg/mL); 抗分枝杆菌 (*Mycobacterium avium-intracellulare*, MIC = 5~10µg/mL).【文献】J. Gerard, et al. JNP, 1997, 60, 223; A. E. S. Khalid, et al. Tetrahedron, 2000, 56, 949.

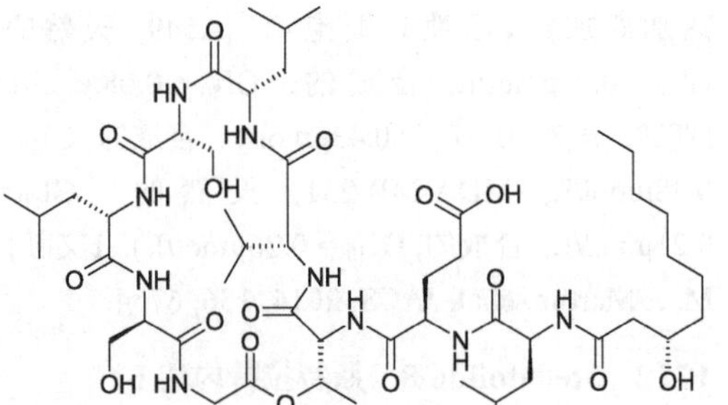

1720 Sungsanpin 桑格散品*
【基本信息】$C_{77}H_{109}N_{17}O_{20}$.【类型】环状脂缩酚酸肽类.【来源】海洋导出的链霉菌属 *Streptomyces* sp. (深海沉积物, 济州岛, 韩国).【活性】细胞毒 (细胞入侵试验, 抑制 A549 细胞).【文献】S. Um, et al. JNP, 2013, 76, 873.

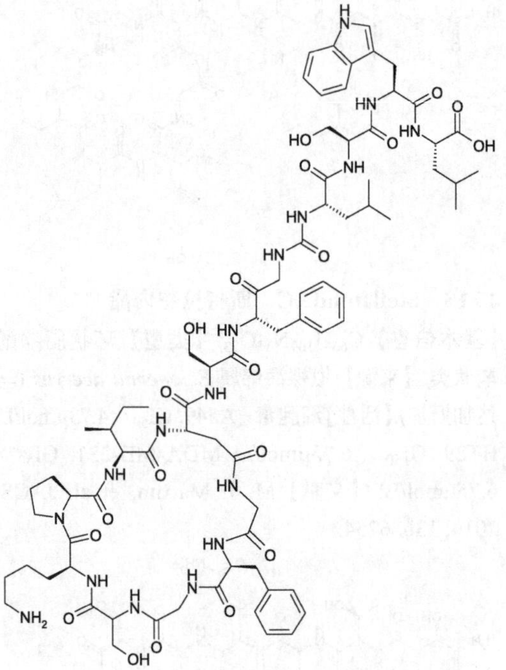

3.16 含噻唑的环状缩酚酸肽类

1721 Apratoxin A 阿普拉毒素 A
【基本信息】$C_{45}H_{69}N_5O_8S$, 无定形固体, $[α]_D^{25}$ = -161º (c = 1.3, 甲醇).【类型】含噻唑的环状缩酚酸肽类.【来源】蓝细菌稍大鞘丝藻 *Lyngbya*

majuscula (关岛, 美国).【活性】抗癌细胞效应 (模型: HeLa 细胞株; 机制: 抑制细胞循环) (Ma, 2006); 抗癌细胞效应 [模型: U2OS 细胞株; 机制: 通过防止染色体共转译易位 (指染色体畸可逆地抑制分泌途径] (Liu, 2009); 细胞毒 (人肿瘤细胞株, IC_{50} = 0.36~0.52nmol/L) (Luesch, 2001); 抗肿瘤 (*in vivo*, 结肠癌, 边缘活性; 乳腺癌, 无效) (Luesch, 2001); 细胞毒 (KB, IC_{50} = 0.52nmol/L; LoVo, IC_{50} = 0.36nmol/L) (Luesch, 2002); 细胞毒 (MTT 试验: U2OS, IC_{50} = 10nmol/L; HT29, IC_{50} = 1.4nmol/L; HeLa, IC_{50} = 10nmol/L) (Matthew, 2008); 细胞毒 [HCT116, IC_{50} = 1ng/mL (1.21nmol/L)] (Tidgewell, 2010); 阻断细胞循环 G_1 期, 细胞凋亡诱导剂.【文献】H. Luesch, et al. JACS, 2001, 123, 5418; H. Luesch, et al. Bioorg. Med. Chem., 2002, 10, 1973; D. Ma, et al. Chemistry, 2006, 12, 7615; S. Matthew, et al. JNP, 2008, 71, 1113; Y. Liu, et al. Apratoxin a. Mol. Pharmacol, 2009, 76, 91; K. Tidgewell, et al. CHEMBIOCHEM, 2010, 11, 1458; H. Choi, et al. JNP, 2010, 73, 1411.

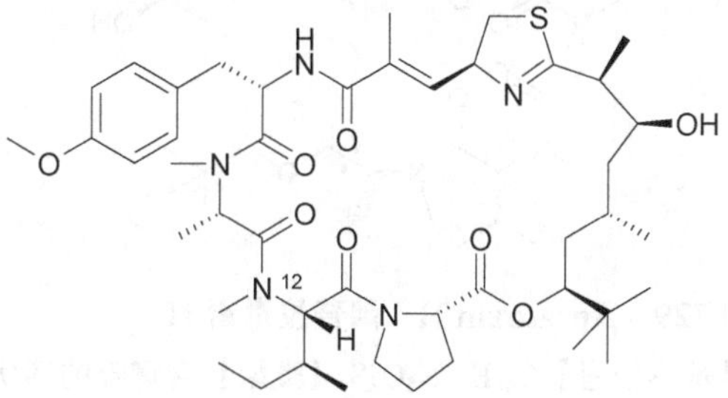

1722 Apratoxin A sulfoxide 阿普拉毒素 A 亚砜

【基本信息】$C_{45}H_{69}N_5O_9S$.【类型】含噻唑的环状缩酚酸肽类.【来源】蓝细菌鞘丝藻属 *Moorea producens* (那部科红树林区, 亚喀巴湾, 红海).【活性】细胞毒 (NCI-H460).【文献】C. C. Thornburg, et al. JNP, 2013, 76, 1781.

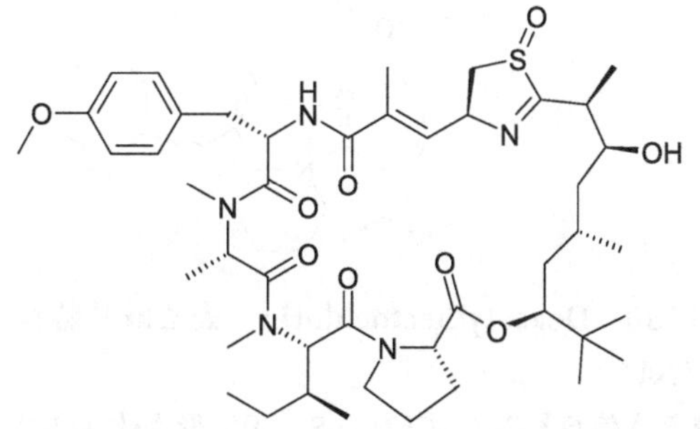

1723 Apratoxin B 阿普拉毒素 B

【基本信息】$C_{44}H_{67}N_5O_8S$, 无定形固体, $[\alpha]_D^{25}$ = –73° (c = 0.2, 甲醇).【类型】含噻唑的环状缩酚酸肽类.【来源】蓝细菌鞘丝藻属 *Lyngbya* sp. (关岛和帕劳).【活性】细胞毒 (KB, IC_{50} = 21.3nmol/L; LoVo, IC_{50} = 10.8nmol/L)【文献】H. Luesch, et al. Bioorg. Med. Chem., 2002, 10, 1973.

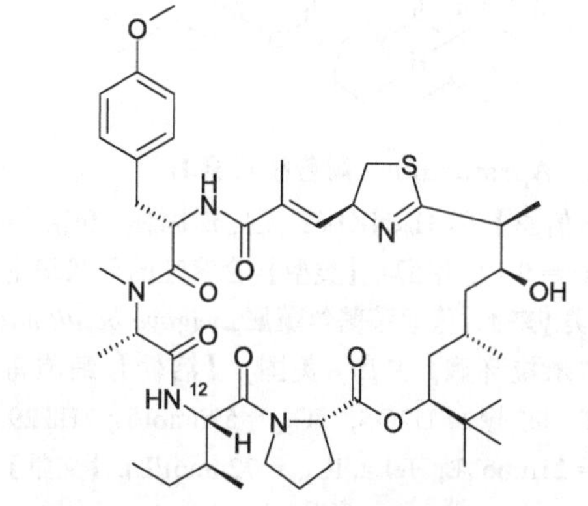

1724 Apratoxin C 阿普拉毒素 C

【基本信息】$C_{44}H_{67}N_5O_8S$, 无定形固体, $[\alpha]_D^{25}$ = –171° (c = 0.22, 甲醇).【类型】含噻唑的环状缩酚酸肽类.【来源】蓝细菌鞘丝藻属 *Lyngbya* sp. (关岛和帕劳).【活性】细胞毒 (KB, IC_{50} = 1.0nmol/L; LoVo, IC_{50} = 0.73nmol/L).【文献】H. Luesch, et al. Bioorg. Med. Chem. 2002, 10, 1973.

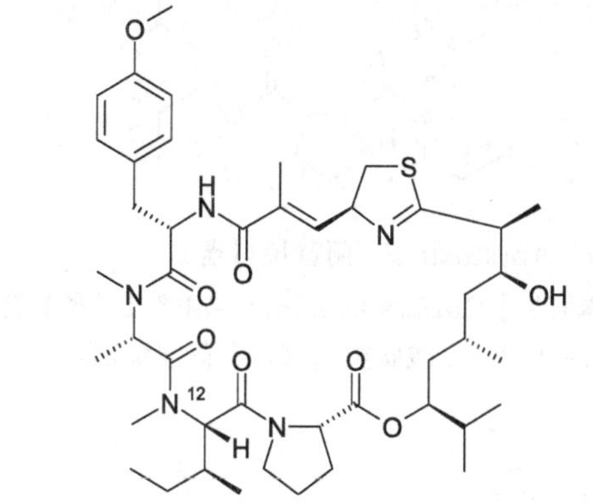

1725 Apratoxin D 阿普拉毒素 D

【基本信息】$C_{48}H_{75}N_5O_8S$, 浅黄色粉末, $[\alpha]_D^{25}$ = –95.1° (c = 0.13, 甲醇).【类型】含噻唑的环状缩酚酸肽类.【来源】蓝细菌稍大鞘丝藻 *Lyngbya majuscula* 和蓝细菌暗鞘丝藻* *Lyngbya sordida*.【活性】细胞毒 (MTT 试验, H460, IC_{50} = 2.6nmol/L).【文献】M. Gutierrez, et al. JNP, 2008, 71, 1099.

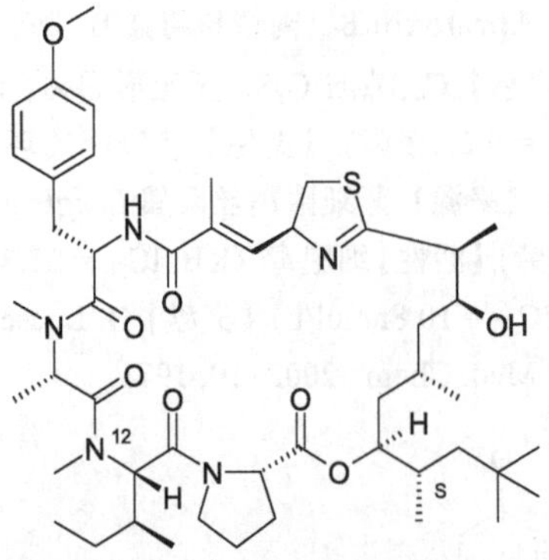

1726 Apratoxin E 阿普拉毒素 E
【基本信息】$C_{43}H_{65}N_5O_7S$，无定形固体，$[\alpha]_D^{20}=-69°$ ($c=0.12$, 甲醇).【类型】含噻唑的环状缩酚酸肽类.【来源】蓝细菌鞘丝藻属 *Lyngbya bouillonii* (巴尔米拉环礁，关岛，美国).【活性】细胞毒 (MTT 试验：U2OS, $IC_{50}=59nmol/L$; HT29, $IC_{50}=21nmol/L$; HeLa, $IC_{50}=72nmol/L$).【文献】S. Matthew, et al. JNP, 2008, 71, 1113.

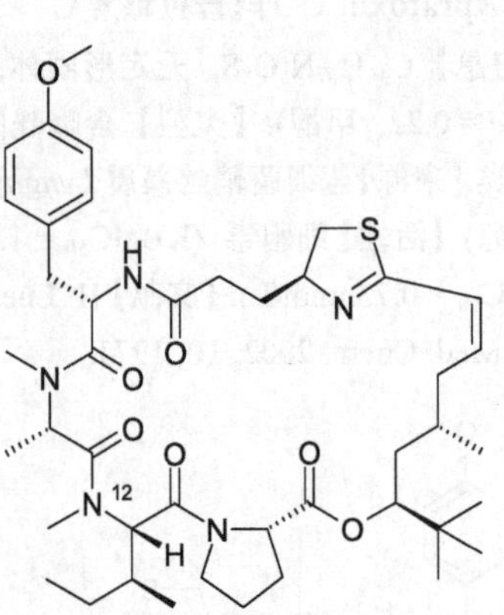

1727 Apratoxin F 阿普拉毒素 F
【基本信息】$C_{44}H_{69}N_5O_8S$, $[\alpha]=-249°$.【类型】含噻唑的环状缩酚酸肽类.【来源】蓝细菌鞘丝藻属 *Lyngbya bouillonii* (巴尔米拉环礁，中太平洋).【活性】细胞毒 [血球计数板计数试验, HCT116, $IC_{50}=31ng/mL$ (36.7nmol/L)]; 细胞毒 (H460, $IC_{50}=2nmol/L$).【文献】K. Tidgewell, et al. CHEMBIOCHEM, 2010, 11, 1458.

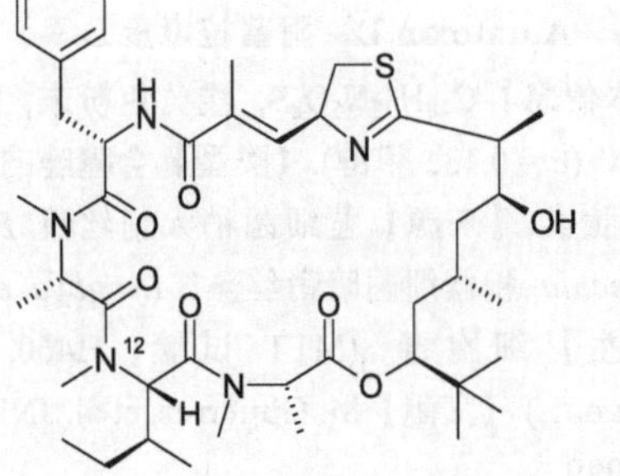

1728 Apratoxin G 阿普拉毒素 G
【基本信息】$C_{43}H_{67}N_5O_8S$, $[\alpha]=-206°$.【类型】含噻唑的环状缩酚酸肽类.【来源】蓝细菌鞘丝藻属 *Lyngbya bouillonii* (巴尔米拉环礁，中太平洋).【活性】细胞毒 [血球计数板计数试验, HCT116, $IC_{50}=31ng/mL$ (阿普拉毒素 F 和阿普拉毒素 G 的混合物)]; 细胞毒 (H460, $IC_{50}=14nmol/L$).【文献】K. Tidgewell, et al. CHEMBIOCHEM., 2010, 11, 1458.

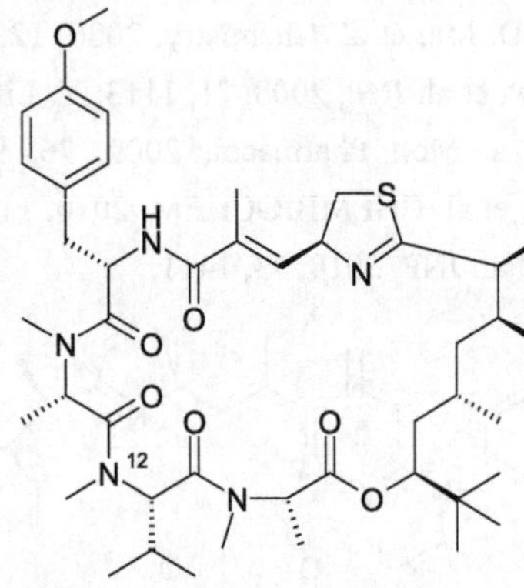

1729 Apratoxin H 阿普拉毒素 H
【基本信息】$C_{46}H_{71}N_5O_8S$.【类型】含噻唑的环状缩酚酸肽类.【来源】蓝细菌鞘丝藻属 *Moorea producens* (那部科红树林区，亚喀巴湾，红海).【活性】细胞毒 (NCI-H460, 活性比阿普拉毒素 A 亚砜高很多).【文献】C. C. Thornburg, et al. JNP, 2013, 76, 1781.

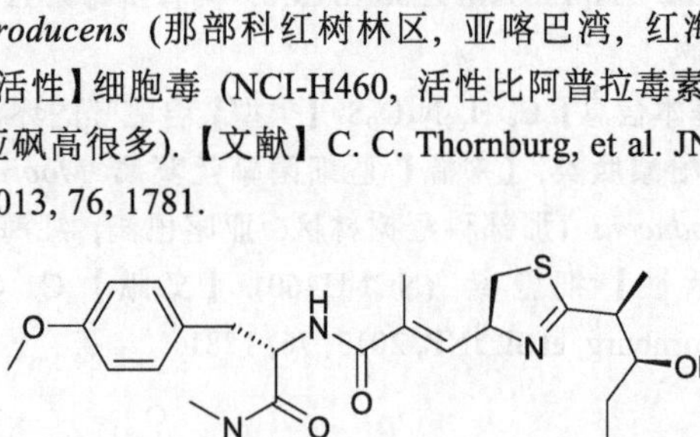

1730 Deacetylhectochlorin 去乙酰基赫科投氯*
【基本信息】$C_{25}H_{32}Cl_2N_2O_8S_2$, 无定形固体, $[\alpha]_D^{20}=$

$-26°$ ($c = 0.1$, 甲醇). 【类型】含噻唑的环状缩酚酸肽类. 【来源】软体动物海兔科海兔 Bursatella leachii. 【活性】肌动蛋白组装促进剂（有潜力的）; 细胞毒 (KB, $ED_{50} = 0.31\mu mol/L$; NCI-H187, $ED_{50} = 0.32\mu mol/L$; BC, $ED_{50} = 1.03\mu mol/L$). 【文献】S. Suntornchashwej, et al. JNP, 2005, 68, 951.

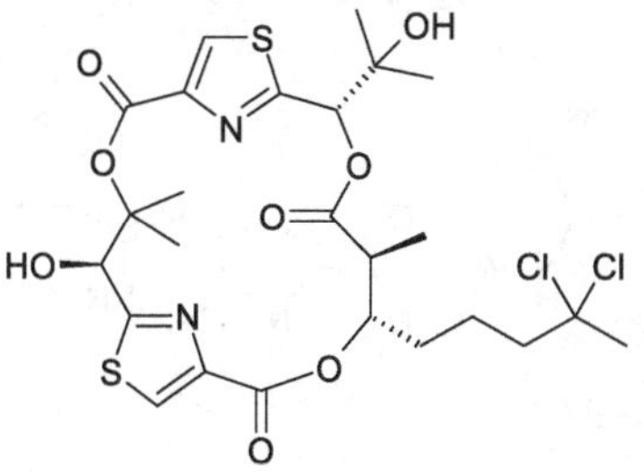

1731 (E)-Dehydroapratoxin A (E)-去氢阿普拉毒素 A*

【基本信息】$C_{45}H_{67}N_5O_7S$, 半合成化合物, 无色无定形固体, $[\alpha]_D^{25} = -133°$ ($c = 0.30$, 甲醇). 【类型】含噻唑的环状缩酚酸肽类. 【来源】蓝细菌鞘丝藻属 Lyngbya sp. 【活性】细胞毒 (KB, $IC_{50} = 37.6nmol/L$; LoVo, $IC_{50} = 85.1nmol/L$). 【文献】H. Luesch, et al. Bioorg. Med. Chem., 2002, 10, 1973.

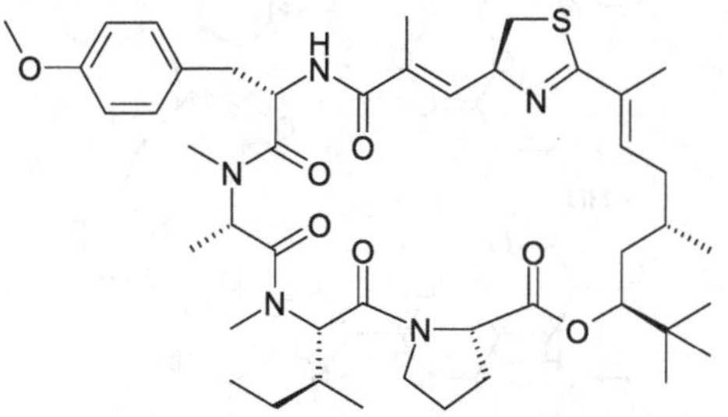

1732 Grassypeptolide A 格拉西肽内酯 A*

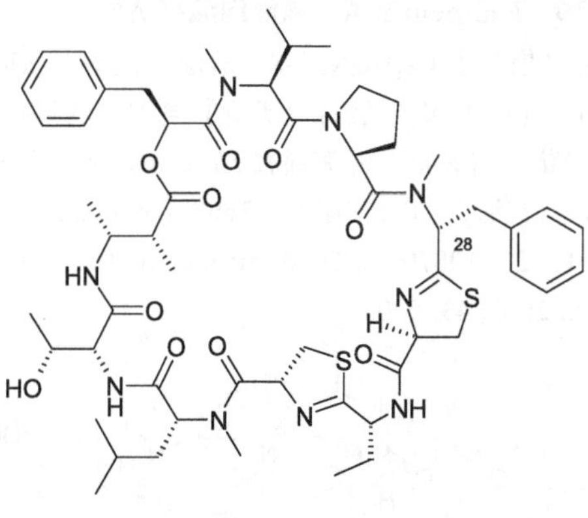

【基本信息】$C_{56}H_{79}N_9O_{10}S_2$, 无定形固体, $[\alpha]_D^{20} = +76°$ ($c = 0.1$, 二氯甲烷). 【类型】含噻唑的环状缩酚酸肽类. 【来源】蓝细菌丝状鞘丝藻 Lyngbya confervoides (佛罗里达礁). 【活性】细胞毒 (HT29, $IC_{50} = 1.22\mu mol/L$, 对照紫杉醇, $IC_{50} = 0.0022\mu mol/L$; HeLa, $IC_{50} = 1.01\mu mol/L$, 紫杉醇, $IC_{50} = 0.0017\mu mol/L$). 【文献】J. C. Kwan, et al. JOC, 2010, 75, 8012.

1733 Grassypeptolide B 格拉西肽内酯 B*

【基本信息】$C_{55}H_{77}N_9O_{10}S_2$, 无色无定形固体, $[\alpha]_D^{20} = +109°$. 【类型】含噻唑的环状缩酚酸肽类. 【来源】蓝细菌丝状鞘丝藻 Lyngbya confervoides. (佛罗里达礁). 【活性】细胞毒 (HT29, $IC_{50} = 4.97\mu mol/L$, 对照紫杉醇, $IC_{50} = 0.0022\mu mol/L$; HeLa, $IC_{50} = 2.93\mu mol/L$, 紫杉醇, $IC_{50} = 0.0017\mu mol/L$). 【文献】J. C. Kwan, et al. JOC, 2010, 75, 8012.

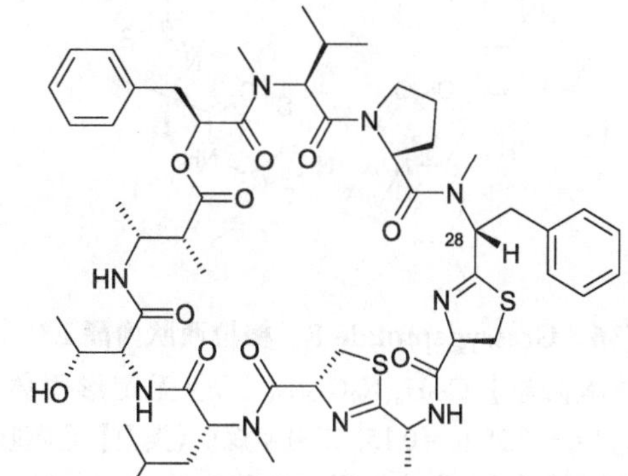

1734 Grassypeptolide C 格拉西肽内酯 C*

【基本信息】$C_{56}H_{79}N_9O_{10}S_2$, 无色无定形固体, $[\alpha]_D^{20} = +18°$. 【类型】含噻唑的环状缩酚酸肽类. 【来源】蓝细菌丝状鞘丝藻 Lyngbya confervoides. (佛罗里达礁). 【活性】细胞毒 (HT29, $IC_{50} = 0.0767\mu mol/L$, 对照紫杉醇, $IC_{50} = 0.0022\mu mol/L$, HeLa, $IC_{50} = 0.0446\mu mol/L$, 紫杉醇, $IC_{50} = 0.0017\mu mol/L$). 【文献】J. C. Kwan, et al. JOC, 2010, 75, 8012.

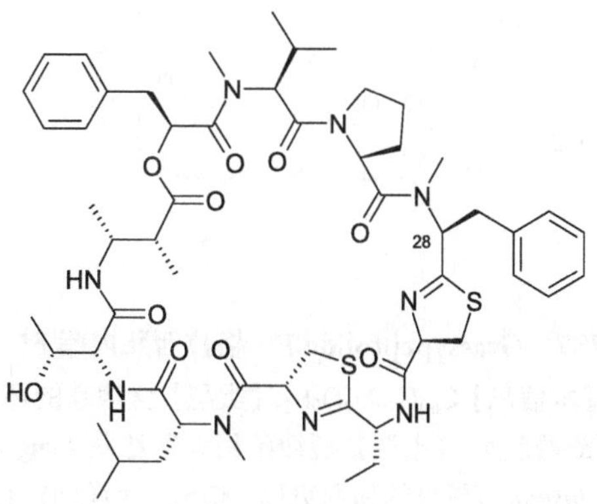

1735　Grassypeptolide D　格拉西肽内酯 D*
【基本信息】$C_{57}H_{81}N_9O_{10}S_2$，无色无定形固体，$[α]_D^{21} = +25.9°$ ($c = 0.15$，二氯甲烷).【类型】含噻唑的环状缩酚酸肽类.【来源】蓝细菌 Leptolyngbyoideae 亚科 *Leptolyngbya* sp. (第二次世界大战时期"蓝蓟花号"沉船失事海难，红海).【活性】细胞毒 (HeLa, $IC_{50} = 335nmol/L$; neuro-2a, $IC_{50} = 599nmol/L$).【文献】C. C. Thornburg, et al. JNP, 2011, 74, 1677.

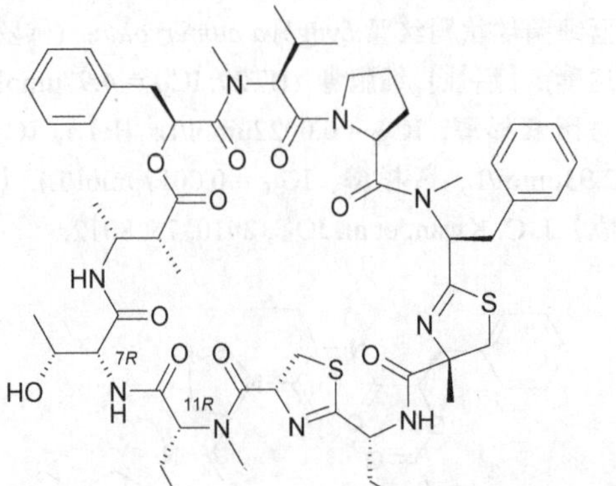

1736　Grassypeptolide E　格拉西肽内酯 E*
【基本信息】$C_{57}H_{81}N_9O_{10}S_2$，无色无定形固体，$[α]_D^{21} = +13.2°$ ($c = 0.15$，二氯甲烷).【类型】含噻唑的环状缩酚酸肽类.【来源】蓝细菌 Leptolyngbyoideae 亚科 *Leptolyngbya* sp. (第二次世界大战时期"蓝蓟花号"沉船失事海难，红海).【活性】细胞毒 (HeLa, $IC_{50} = 192nmol/L$; neuro-2a, $IC_{50} = 407nmol/L$).【文献】C. C. Thornburg, et al. JNP, 2011, 74, 1677.

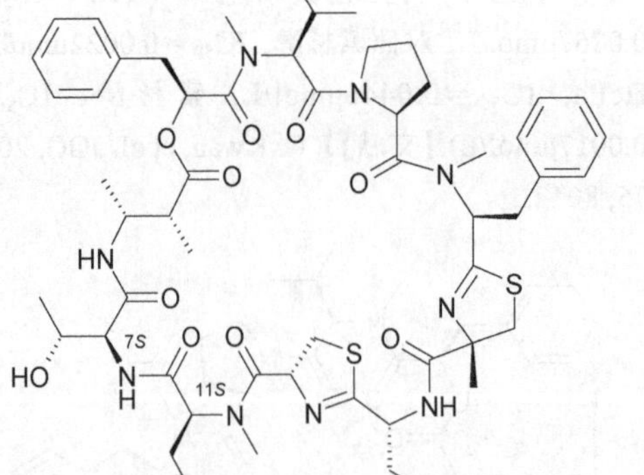

1737　Grassypeptolide F　格拉西肽内酯 F*
【基本信息】$C_{60}H_{79}N_9O_9S_2$.【类型】含噻唑的环状缩酚酸肽类.【来源】蓝细菌稍大鞘丝藻 *Lyngbya majuscula* (恩哥的如阿克礁，帕劳，大洋洲).【活性】转录因子 AP-1 抑制剂.【文献】W. L. Popplewell, et al. JNP, 2011, 74, 1686.

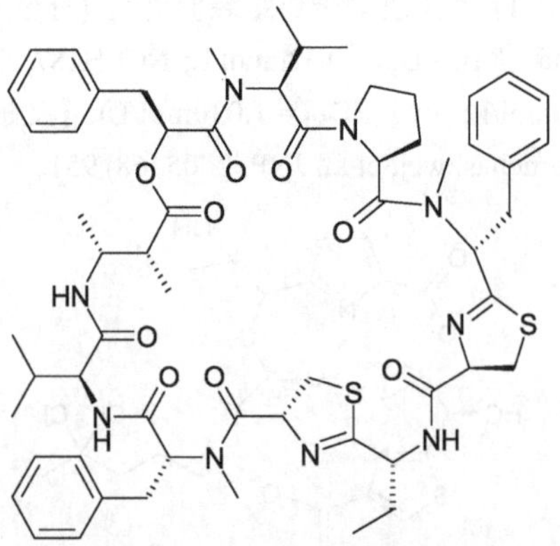

1738　Grassypeptolide G　格拉西肽内酯 G*
【基本信息】$C_{59}H_{77}N_9O_9S_2$.【类型】含噻唑的环状缩酚酸肽类.【来源】蓝细菌稍大鞘丝藻 *Lyngbya majuscula* (恩哥的如阿克礁，帕劳，大洋洲).【活性】转录因子 AP-1 抑制剂.【文献】W. L. Popplewell, et al. JNP, 2011, 74, 1686.

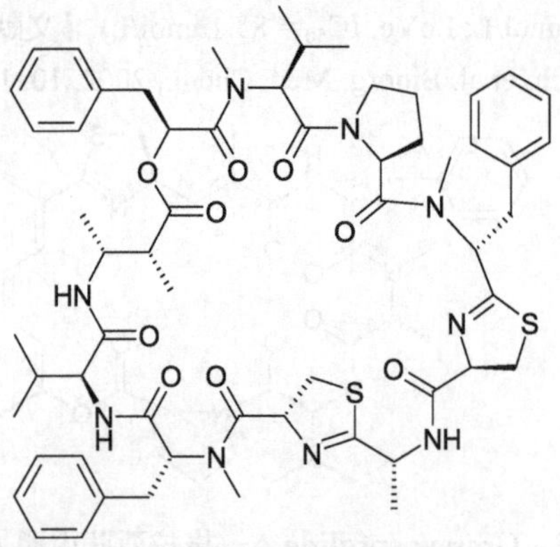

1739　Halipeptin A　蜂海绵肽亭 A*
【基本信息】$C_{31}H_{54}N_4O_7S$，无定形固体，$[α]_D = -16.6°$ ($c = 0.03$，氯仿).【类型】含噻唑的环状缩酚酸肽类.【来源】蜂海绵属 *Haliclona* sp.【活性】抗炎 (有潜力的).【文献】A. Randazzo, et al. JACS, 2001, 123, 10870; C. D. Monica, et al. Tetrahedron Lett., 2002, 43, 5707.

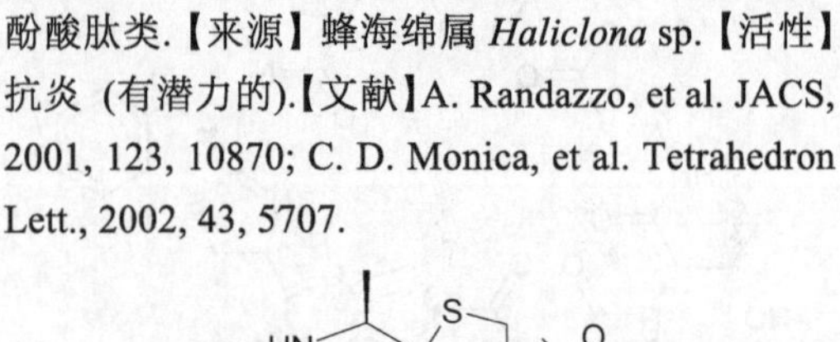

1740 Hectochlorin 赫科投氯*

【基本信息】$C_{27}H_{34}Cl_2N_2O_9S_2$, 浅黄色固体 $[\alpha]_D^{25} = -8.7°$ ($c = 1.04$, 甲醇).【类型】含噻唑的环状缩酚酸肽类.【来源】蓝细菌稍大鞘丝藻 *Lyngbya majuscula*, 软体动物海兔科海兔 *Bursatella leachii*.【活性】抗癌细胞效应（模型：CA46 细胞株，$IC_{50} = 0.02\mu mol/L$, normal PtK2, $IC_{50} = 0.3\mu mol/L$; 机制：抑制细胞循环）(Marquez, 2002); 抗真菌; 细胞毒 (CA46, 诱导阻断细胞循环于 G_2/M 相); 肌动蛋白聚合作用促进剂 ($EC_{50} = (20± 0.6)\mu mol/L$) (Marquez, 2002); 肌动蛋白组装促进剂（有潜力的）; 细胞毒 (KB, $ED_{50} = 0.86\mu mol/L$; NCI-H187, $ED_{50} = 1.20\mu mol/L$).【文献】B. L. Marquez, et al. JNP, 2002, 65, 866; S. Suntornchashwej, et al. JNP, 2005, 68, 951; M. Costa, et al. Mar. Drugs, 2012, 10, 2181 (Rev.).

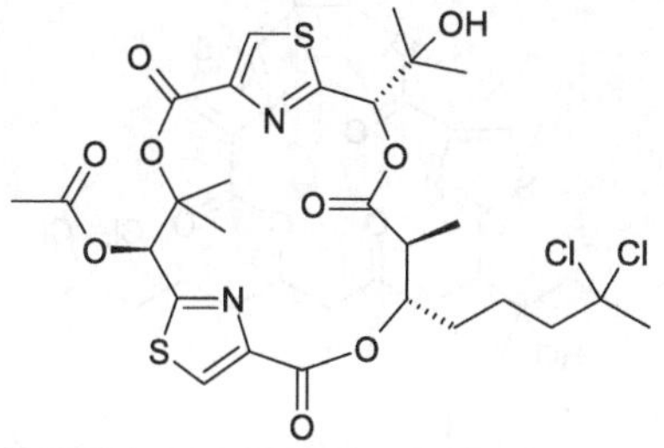

1741 Hoiamide A 蓝细菌酰胺 A*

【基本信息】$C_{44}H_{71}N_5O_{10}S_3$.【类型】含噻唑的环状缩酚酸肽类.【来源】蓝细菌稍大鞘丝藻 *Lyngbya majuscula* 和蓝细菌席藻属 *Phormidium gracile* (集聚物，巴布亚新几内亚).【活性】抗癌细胞效应（模型：来自胚胎小鼠的原代培养新皮层神经元; 机制: 小鼠成神经细胞瘤细胞的钠通道 VGSC 活化剂; $EC_{50} = 1.7\mu mol/L$); 钙震荡抑制剂 ($EC_{50} = 45.6nmol/L$); 细胞毒 (H460, $IC_{50} = 11.2\mu mol/L$; neuro-2a, $IC_{50} = 2.1\mu mol/L$).【文献】H. Choi, et al. JNP, 2010, 73, 1411.

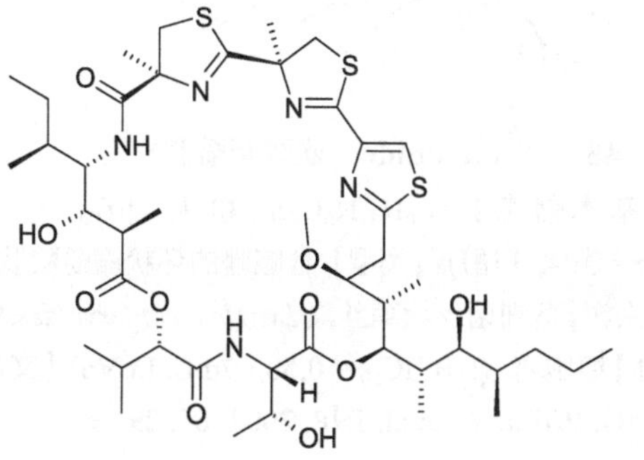

1742 Hoiamide B 蓝细菌酰胺 B*

【基本信息】$C_{45}H_{73}N_5O_{10}S_3$.【类型】含噻唑的环状缩酚酸肽类.【来源】未鉴定的蓝细菌 PNG-4-28-06-1 (集聚物，伽洛斯暗礁，巴布亚新几内亚, 2006).【活性】抗癌细胞效应 (模型: 来自胚胎小鼠的原代培养新皮层神经元; 机制: 小鼠成神经细胞瘤细胞的钠通道 VGSC 活化剂, $EC_{50} = 3.9\mu mol/L$); Ca 震荡抑制剂 ($EC_{50} = 79.8nmol/L$); 细胞毒 (H460, $IC_{50} = 8.3\mu mol/L$; neuro-2a, 无活性).【文献】H. Choi, et al. JNP, 2010, 73, 1411.

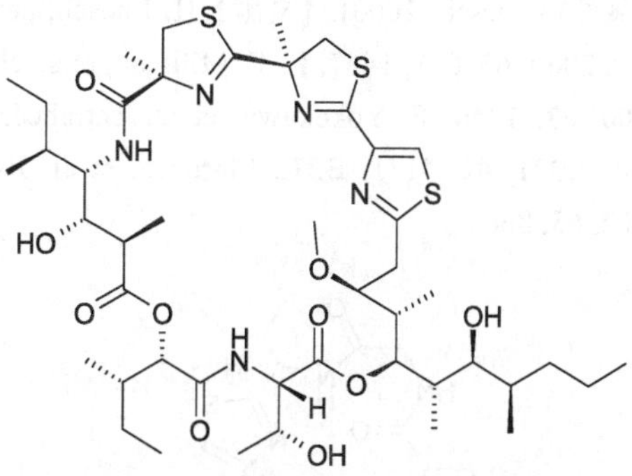

1743 Largazole 拉格噻唑*

【基本信息】$C_{29}H_{42}N_4O_5S_3$, 无定形固体，$[\alpha]_D^{20} = +22°$ ($c = 0.1$, 甲醇).【类型】含噻唑的环状缩酚酸肽类.【来源】蓝细菌束藻属 *Symploca* sp. (佛罗里达，美国).【活性】细胞毒 (MTT 试验, 不同的抑制生长作用: MDA-MB-231, $GI_{50} = 7.7nmol/L$; NMuMG, $GI_{50} = 122nmol/L$; U2OS, $GI_{50} = 55nmol/L$; NIH3T3, $GI_{50} = 480nmol/L$); 细胞毒 (MTT 试验, A549 和 HCT116); 组蛋白去乙酰化酶抑制剂; 抗恶性细胞增生.【文献】K. Taori, et al. JACS, 2008, 130, 1806; X. Zeng, et al. Org. Lett., 2010, 12, 1368.

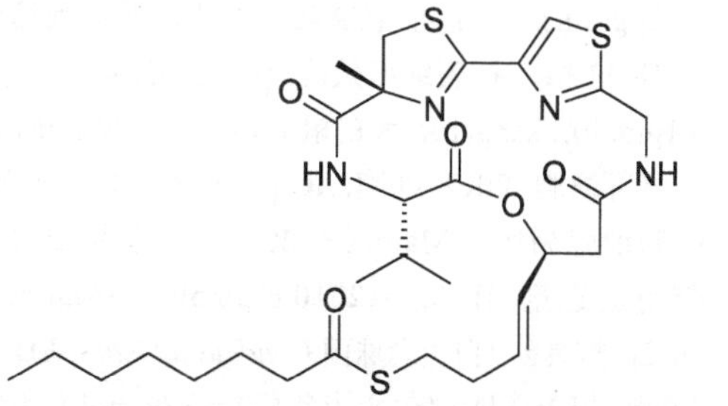

1744 Lyngbyabellin A 稍大鞘丝藻拜林 A*

【基本信息】$C_{29}H_{40}Cl_2N_4O_7S_2$, 晶体（二氯甲烷/2-甲基庚烷), mp 150~152°C, $[\alpha]_D^{27} = -74°$ ($c = 0.5$, 氯仿).【类型】含噻唑的环状缩酚酸肽类.【来源】

蓝细菌稍大鞘丝藻 Lyngbya majuscula (关岛, 美国; 德赖托图格斯群岛国家公园, 佛罗里达, 美国).【活性】细胞毒 (KB, IC$_{50}$ = 0.03µg/mL; LoVo, IC$_{50}$ = 0.50µg/mL); 抗肿瘤 (in vivo, 对小鼠有毒的, 致死剂量 = 2.4~8.0mg/kg; 在 1.2~1.5mg/kg 亚致死剂量, 对 C38 或 M16 无抗癌作用); 细胞微丝网络的破坏者 (正常成纤维细胞, 0.01~5.0µg/mL); 抗癌细胞效应 (模型: CA46 细胞株; 机制: 抑制细胞循环) (Marquez, 2002); 抗癌细胞效应 (模型: 大白鼠主动脉 A-10 细胞; 机制: 破坏微丝) (Luesch, 2000).【文献】H. Luesch, et al. JNP, 2000, 63, 611; 1437; K. E. Milligan, et al. JNP, 2000, 63, 1440; F. Yokokawa, et al. Tetrahedron Lett., 2001, 42, 4171; B. L. Marquez, et al. JNP, 2002, 65, 866.

1746 Lyngbyabellin C 稍大鞘丝藻拜林 C*
【基本信息】C$_{24}$H$_{30}$Cl$_2$N$_2$O$_8$S$_2$, 无定形固体, $[\alpha]_D^{25}$ = −10º (c = 0.1, 氯仿).【类型】含噻唑的环状缩酚酸肽类.【来源】蓝细菌鞘丝藻属 Lyngbya sp.【活性】细胞毒 (KB, IC$_{50}$ = 2.1µmol/L; LoVo, IC$_{50}$ = 5.3µmol/L).【文献】H. Luesch, et al. Tetrahedron, 2002, 58, 7959.

1745 Lyngbyabellin B 稍大鞘丝藻拜林 B*
【别名】Tortugamide; 投土酰胺*.【基本信息】C$_{28}$H$_{40}$Cl$_2$N$_4$O$_7$S$_2$, 无定形固体, $[\alpha]_D^{25}$ = −152º (c = 0.06, 氯仿), $[\alpha]_D$ = +33º (c = 0.2, 二氯甲烷).【类型】含噻唑的环状缩酚酸肽类.【来源】蓝细菌稍大鞘丝藻 Lyngbya majuscula (关岛, 美国; 德赖托图格斯群岛国家公园, 佛罗里达, 美国).【活性】细胞毒 (KB, IC$_{50}$ = 0.10µg/mL; LoVo, IC$_{50}$ = 0.83µg/mL); 细胞毒 (CA46, 诱导阻断细胞循环的 G$_2$/M 相); 抗癌细胞效应 (模型: CA46, IC$_{50}$ = 0.1µmol/L, kangaroo 大白鼠 Potorous tridictylis 的正常肾细胞 PtK2 细胞, IC$_{50}$ = 1.0µmol/L; 机制: 抑制细胞循环) (Marquez, 2002); 肌动蛋白聚合作用促进剂 [EC$_{50}$ = (20±0.6)µmol/L] (Marquez, 2002); 抗真菌 (白色念珠菌 Candida albicans, LD$_{50}$ = 3.0µmol/L); LD$_{50}$ (盐水丰年虾) = 3.0µmol/L.【文献】H. Luesch, et al. JNP, 2000, 63, 611; H. Luesch, et al. JNP, 2000, 63, 1437; K. E. Milligan, et al. JNP, 2000, 63, 1440; B. L. Marquez, et al. JNP, 2002, 65, 866.

1747 Lyngbyabellin D 稍大鞘丝藻拜林 D*
【基本信息】C$_{38}$H$_{55}$Cl$_2$N$_3$O$_{13}$S$_2$, 粉末, $[\alpha]_D^{25}$ = +20º (c = 0.4, 氯仿).【类型】含噻唑的环状缩酚酸肽类.【来源】蓝细菌鞘丝藻属 Lyngbya sp.【活性】细胞毒 (KB, IC$_{50}$ = 0.1µmol/L).【文献】P. G. Williams, et al. JNP, 2003, 66, 595.

1748 Obyanamide 欧碧燕酰胺*
【基本信息】C$_{30}$H$_{41}$N$_5$O$_6$S, 粉末, $[\alpha]_D^{27}$ = +20º (c = 0.04, 甲醇).【类型】含噻唑的环状缩酚酸肽类.【来源】蓝细菌丝状鞘丝藻 Lyngbya confervoides.【活性】细胞毒 (KB, IC$_{50}$ = 0.58µg/mL; LoVo).【文献】P. G. Williams, et al. JNP, 2002, 65, 29.

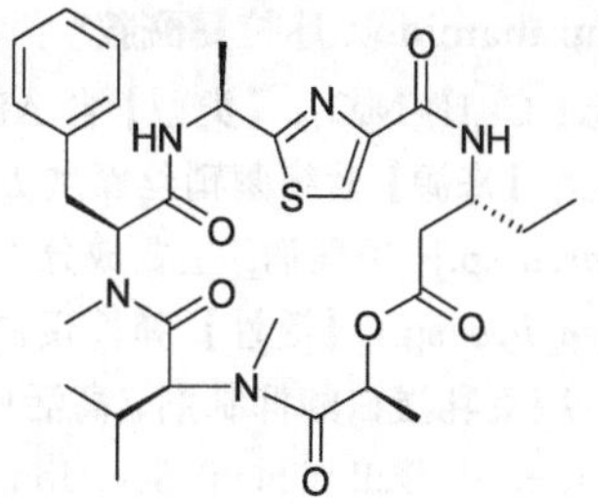

3.17 含噁唑和噻唑的环状缩酚酸肽类

1749 TP-1161
【基本信息】$C_{50}H_{47}N_{15}O_{13}S_3$.【类型】含噁唑和噻唑的环状缩酚酸肽类.【来源】海洋导出的细菌拟诺卡氏菌属 *Nocardiopsis* sp. (沉积物, 特隆赫姆峡湾, 挪威).【活性】抗菌 (一组革兰氏阳性菌, 包括 VREF, MIC = 1μg/mL, 有潜力的).【文献】K. Engelhardt, et al. Appl. Environ. Microbiol., 2010, 76, 4969; 7093.

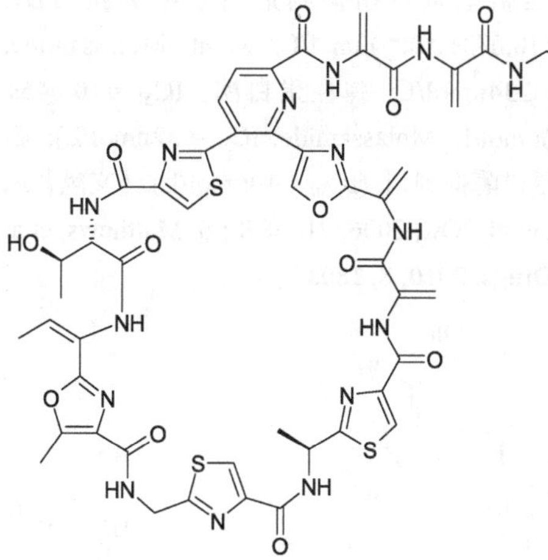

3.18 含 AHP 的环状缩酚酸肽类

1750 Bouillomide A 关岛鞘丝藻酰胺 A*
【基本信息】$C_{49}H_{68}N_8O_{12}$, 无定形固体, $[\alpha]_D^{20}$ = −16° (c = 0.02, 甲醇).【类型】含 AHP 的环状缩酚酸肽类.【来源】蓝细菌半丰满鞘丝藻 *Lyngbya semiplena* (图梦海湾, 关岛, 美国) 和蓝细菌鞘丝藻属 *Lyngbya bouillonii* (关岛, 美国).【活性】抗癌细胞效应 (模型: 弹性蛋白酶和胰凝乳蛋白酶; 机制: 抑制丝氨酸蛋白酶); 丝氨酸蛋白酶选择性抑制剂 (弹性蛋白酶, IC$_{50}$ = 1.9μmol/L; 胰凝乳蛋白酶, IC$_{50}$ = 0.17μmol/L; 胰蛋白酶, 100μmol/L 无活性) (Rubio, 2010); 丝氨酸蛋白酶选择性抑制剂 (弹性蛋白酶, IC$_{50}$ = 0.21μmol/L) (Kwan, 2009).【文献】J. C. Kwan, et al. Mar. Drugs, 2009, 7, 528; B. K. Rubio, et al. Tetrahedron Lett., 2010, 51, 6718.

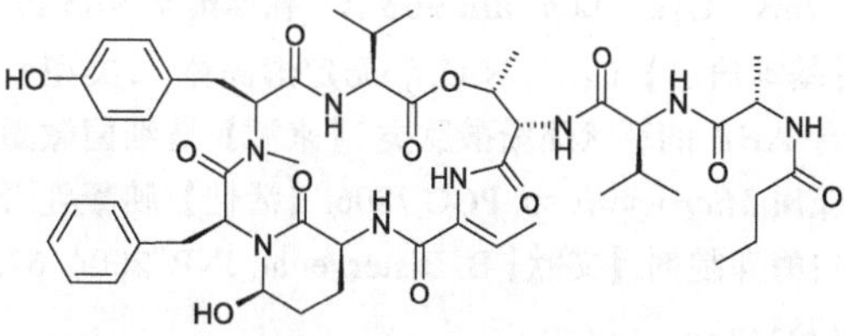

1751 Bouillomide B 关岛鞘丝藻酰胺 B*
【别名】Lyngbyastatin 10; 鞘丝藻他汀 10*.【基本信息】$C_{49}H_{67}BrN_8O_{12}$, 无定形固体, $[\alpha]_D^{20}$ = −36° (c = 0.009, 甲醇).【类型】含 AHP 的环状缩酚酸肽类.【来源】蓝细菌半丰满鞘丝藻 *Lyngbya semiplena* (图梦海湾, 关岛, 美国) 和蓝细菌鞘丝藻属 *Lyngbya bouillonii* (关岛, 美国).【活性】抗癌细胞效应 (模型: 弹性蛋白酶和胰凝乳蛋白酶; 机制: 抑制丝氨酸蛋白酶); 丝氨酸蛋白酶选择性抑制剂 (弹性蛋白酶, IC$_{50}$ = 1.0μmol/L; 胰凝乳蛋白酶, IC$_{50}$ = 9.3μmol/L; 胰蛋白酶, 100μmol/L 无活性) (Rubio, 2010); 丝氨酸蛋白酶选择性抑制剂 (弹性蛋白酶, IC$_{50}$ = 0.12μmol/L) (Kwan, 2009).【文献】J. C. et al. Mar. Drugs, 2009, 7, 528; B. K. Rubio, et al. Tetrahedron Lett., 2010, 51, 6718.

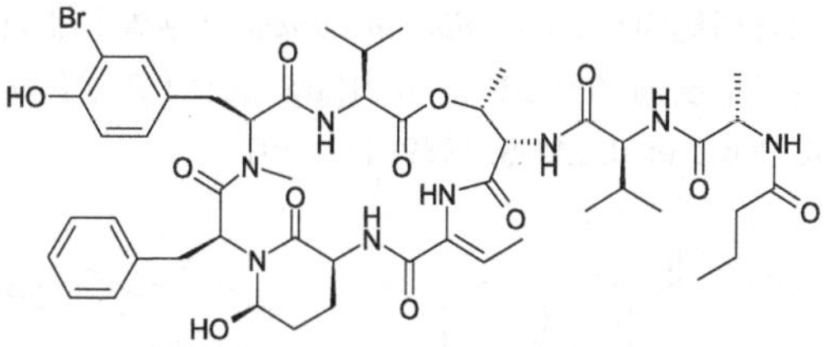

1752 Cyanopeptolin 954 氰肽醇素 954*
【基本信息】$C_{46}H_{63}ClN_8O_{12}$, 无定形粉末.【类型】含 AHP 的环状缩酚酸肽类.【来源】蓝细菌铜绿微囊藻* *Microcystis aeruginosa* NIVA Cya 43.【活性】胰凝乳蛋白酶抑制剂.【文献】E. Von Elert, et

al. JNP, 2005, 68, 1324.

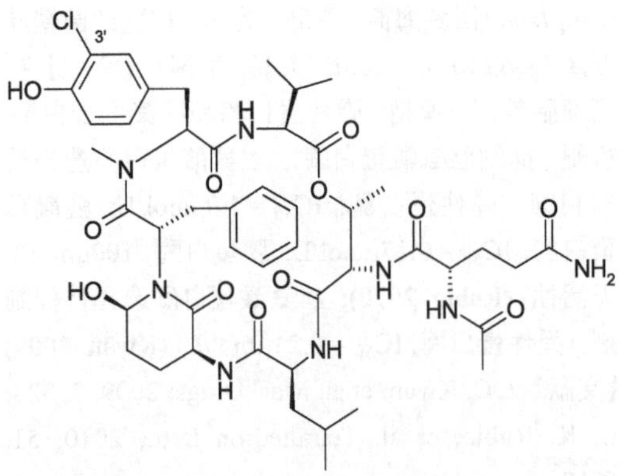

1753 Cyanopeptolin 963 A 氰肽醇素 963 A*
【基本信息】$C_{49}H_{69}N_7O_{13}$, 无定形固体.【类型】含 AHP 的环状缩酚酸肽类.【来源】蓝细菌微囊藻属 *Microcystis* sp. PCC 7806.【活性】胰凝乳蛋白酶抑制剂.【文献】B. Bister, et al. JNP, 2004, 67, 1755.

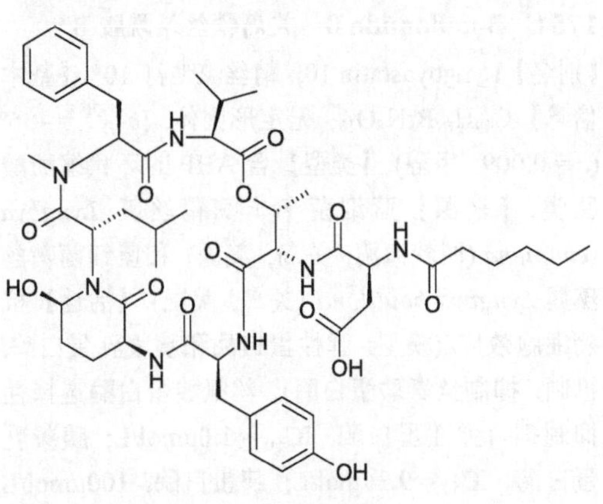

1754 Dolastatin 13 尾海兔素 13
【基本信息】$C_{46}H_{63}N_7O_{12}$, 晶体 (二氯甲烷/己烷), mp 286~289ºC, $[\alpha]_D$= +94º (c = 0.01, 甲醇).【类型】含 AHP 的环状缩酚酸肽类.【来源】软体动物耳形尾海兔 *Dolabella auricularia*.【活性】细胞生长抑制剂 (PS, ED_{50} = 0.013µg/mL).【文献】G. R. Pettit, et al. JACS, 1989, 111, 5015.

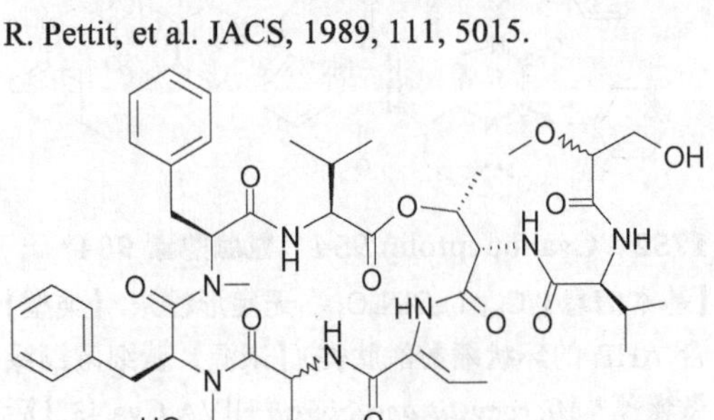

1755 Kurahamide 库拉赫酰胺*
【基本信息】$C_{55}H_{77}N_9O_{15}$.【类型】含 AHP 的环状缩酚酸肽类.【来源】蓝细菌鞘丝藻属 *Lyngbya* sp. [Syn. *Moorea* sp.] (集聚物, 主要成分为蓝细菌鞘丝藻属 *Lyngbya* sp.).【活性】弹性蛋白酶抑制剂 (高活性); 胰凝乳蛋白酶抑制剂 (高活性).【文献】A. Iwasaki, et al. Bull. Chem. Soc. Jpn, 2014, 87, 609.

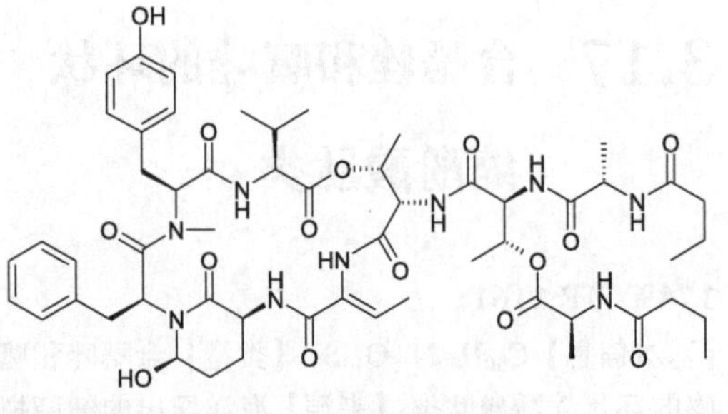

1756 Largamide D 拉格酰胺 D*
【基本信息】$C_{56}H_{82}BrN_9O_{17}$, 无定形粉末, $[\alpha]_D^{20}$ = –43.5º (c = 0.26, 甲醇).【类型】含 AHP 的环状缩酚酸肽类.【来源】蓝细菌丝状鞘丝藻 *Lyngbya* cf. *confervoides* 和蓝细菌颤藻属 *Oscillatoria* sp.【活性】丝氨酸蛋白酶抑制剂 [胰凝乳蛋白酶, IC_{50} = (0.083±0.008)µmol/L, 对照 Molassamide, IC_{50} = 234nmol/L; 弹性蛋白酶, IC_{50} = (0.045±0.003)µmol/L, Molassamide, IC_{50} = 32nmol/L; 胰凝乳蛋白酶抑制剂 (IC_{50} = 10µmol/L).【文献】A. Plaza, et al. JOC, 2006, 71, 6898; S. Matthews, et al. Mar. Drugs, 2010, 8, 1803.

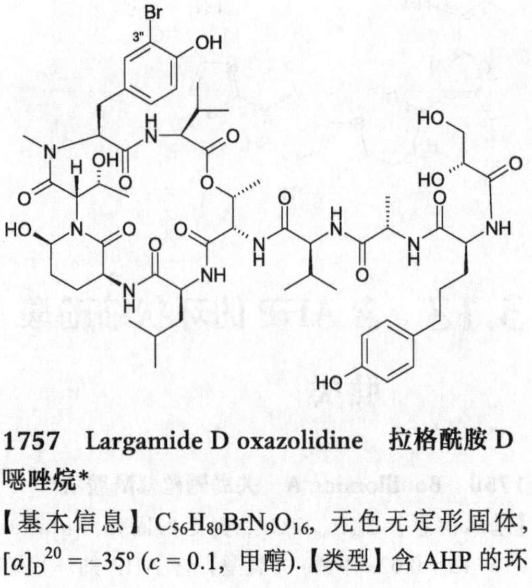

1757 Largamide D oxazolidine 拉格酰胺 D 噁唑烷*
【基本信息】$C_{56}H_{80}BrN_9O_{16}$, 无色无定形固体, $[\alpha]_D^{20}$ = –35º (c = 0.1, 甲醇).【类型】含 AHP 的环

状缩酚酸肽类.【来源】蓝细菌丝状鞘丝藻 Lyngbya cf. confervoides (埃弗格雷斯港入口, 劳德代尔堡, 佛罗里达, 美国).【活性】丝氨酸蛋白酶抑制剂 [胰凝乳蛋白酶, IC_{50} = (0.928±0.093)μmol/L, 对照 Molassamide, IC_{50} = 234nmol/L; 弹性蛋白酶, IC_{50} = (1.52±0.08)μmol/L, Molassamide, IC_{50} = 32nmol/L].【文献】A. Plaza, et al. JOC, 2006, 71, 6898; S. Matthews, et al. Mar. Drugs, 2010, 8, 1803.

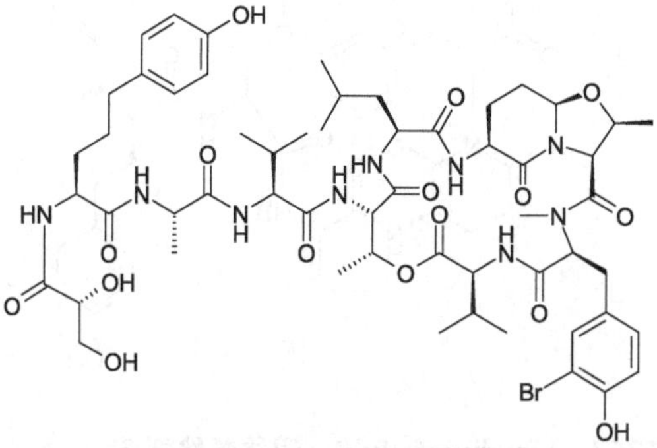

1758　Largamide E　拉格酰胺 E*

【基本信息】$C_{56}H_{82}ClN_9O_{17}$, 无定形粉末, $[\alpha]_D^{20}$ = –42.7º (c = 0.15, 甲醇).【类型】含 AHP 的环状缩酚酸肽类.【来源】蓝细菌颤藻属 Oscillatoria sp.【活性】抗癌细胞效应 (模型: α-胰凝乳蛋白酶; 机制: 抑制丝氨酸蛋白酶); 丝氨酸蛋白酶选择性抑制剂 (胰凝乳蛋白酶, IC_{50} = 10.0μmol/L; 胰蛋白酶, 无活性).【文献】A. Plaza, et al. JOC, 2006, 71, 6898; 2009, 74, 486.

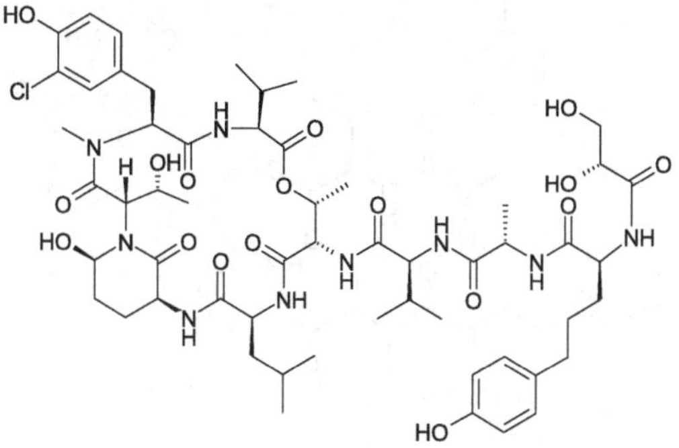

1759　Largamide F　拉格酰胺 F*

【基本信息】$C_{59}H_{80}BrN_9O_{18}$, 无定形粉末, $[\alpha]_D^{20}$ = –55º (c = 0.04, 甲醇).【类型】含 AHP 的环状缩酚酸肽类.【来源】蓝细菌颤藻属 Oscillatoria sp.【活性】抗癌细胞效应 (模型: α-胰凝乳蛋白酶; 机制: 抑制丝氨酸蛋白酶); 丝氨酸蛋白酶选择性抑制剂 (胰凝乳蛋白酶, IC_{50} = 4.0μmol/L; 胰蛋白酶, 无活性).【文献】A. Plaza, et al. JOC, 2006, 71, 6898; 2009, 74, 486.

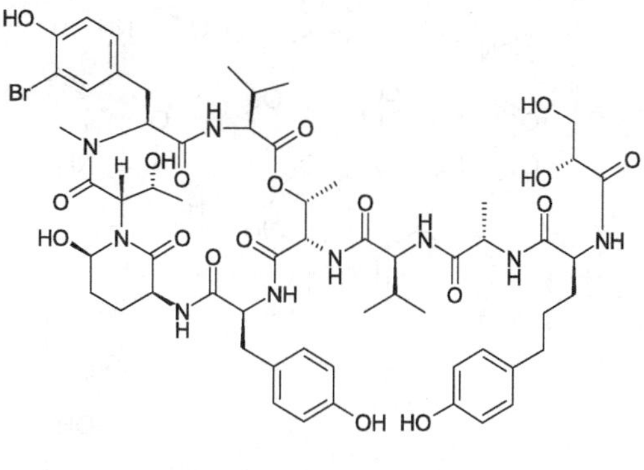

1760　Largamide G　拉格酰胺 G*

【基本信息】$C_{60}H_{82}BrN_9O_{18}$, 无定形粉末, $[\alpha]_D^{20}$ = –70º (c = 0.04, 甲醇).【类型】含 AHP 的环状缩酚酸肽类.【来源】蓝细菌颤藻属 Oscillatoria sp.【活性】抗癌细胞效应 (模型: α-胰凝乳蛋白酶; 机制: 抑制丝氨酸蛋白酶); 丝氨酸蛋白酶选择性抑制剂 (胰凝乳蛋白酶, IC_{50} = 25.0μmol/L; 胰蛋白酶, 无活性).【文献】A. Plaza, et al. JOC, 2006, 71, 6898; 2009, 74, 486.

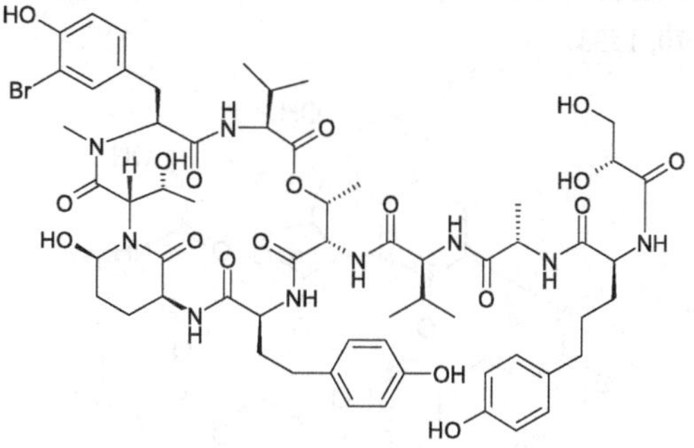

1761　Lyngbyastatin 4　鞘丝藻他汀 4*

【基本信息】$C_{53}H_{68}N_8O_{18}S$, 无定形粉末, $[\alpha]_D^{20}$ = +8.4º (c = 0.25, 甲醇).【类型】含 AHP 的环状缩酚酸肽类.【来源】蓝细菌丝状鞘丝藻 Lyngbya confervoides.【活性】抗癌细胞效应 (模型: 牛胰腺的 α-胰凝乳蛋白酶和猪胰腺弹性蛋白酶; 机制: 抑制丝氨酸蛋白酶); 丝氨酸蛋白酶选择性抑制剂 (弹性蛋白酶, IC_{50} = 0.03μmol/L; 胰凝乳蛋白酶, IC_{50} = 0.30μmol/L; 胰蛋白酶, 30μmol/L 无活性); 弹性蛋白酶抑制剂; 胰凝乳蛋白酶抑制剂.【文献】S. Matthew, et al. JNP, 2007, 70, 124.

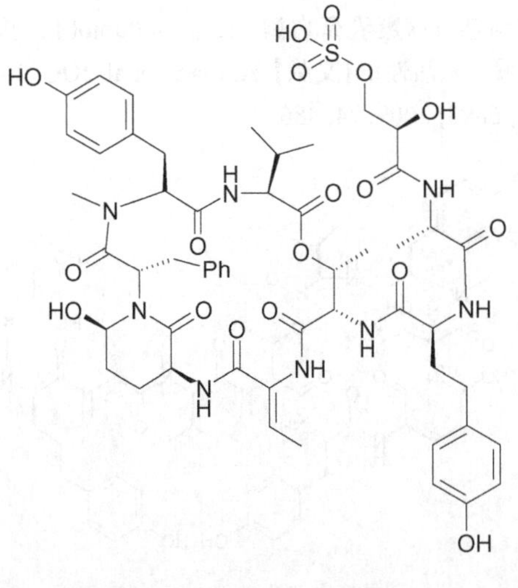

1762　Lyngbyastatin 5　鞘丝藻他汀 5*

【基本信息】$C_{53}H_{68}N_8O_{15}$，无定形固体.【类型】含 AHP 的环状缩酚酸肽类.【来源】蓝细菌丝状鞘丝藻 Lyngbya confervoides 和蓝细菌鞘丝藻属 yngbya spp. (佛罗里达，美国).【活性】抗癌细胞效应 (模型：猪胰腺弹性蛋白酶；机制：抑制丝氨酸蛋白酶)；丝氨酸蛋白酶选择性抑制剂 (弹性蛋白酶，IC_{50} = 3.2μmol/L；胰凝乳蛋白酶，IC_{50} = 2.8μmol/L；胰蛋白酶，30μmol/L 无活性)；弹性蛋白酶抑制剂.【文献】K. Taori, et al. JNP, 2007, 70, 1593.

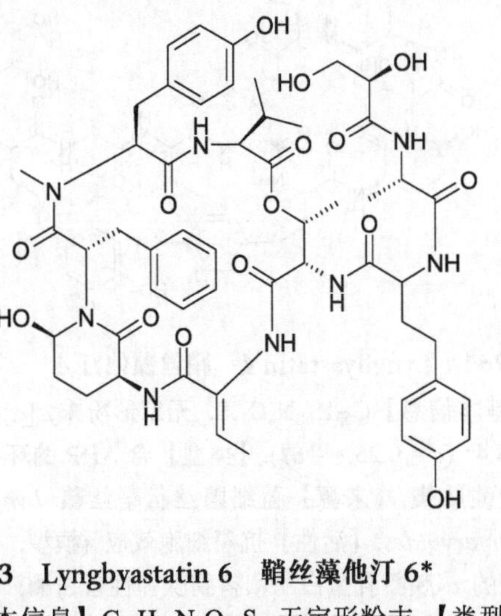

1763　Lyngbyastatin 6　鞘丝藻他汀 6*

【基本信息】$C_{54}H_{70}N_8O_{18}S$，无定形粉末.【类型】含 AHP 的环状缩酚酸肽类.【来源】蓝细菌鞘丝藻属 Lyngbya spp.【活性】抗癌细胞效应 (模型：猪胰腺弹性蛋白酶；机制：抑制丝氨酸蛋白酶)；丝氨酸蛋白酶选择性抑制剂 (弹性蛋白酶，IC_{50} = 2.0μmol/L；胰凝乳蛋白酶，IC_{50} = 2.5μmol/L；胰蛋白酶，30μmol/L 无活性)；弹性蛋白酶抑制剂.【文献】K. Taori, et al. JNP, 2007, 70, 1593.

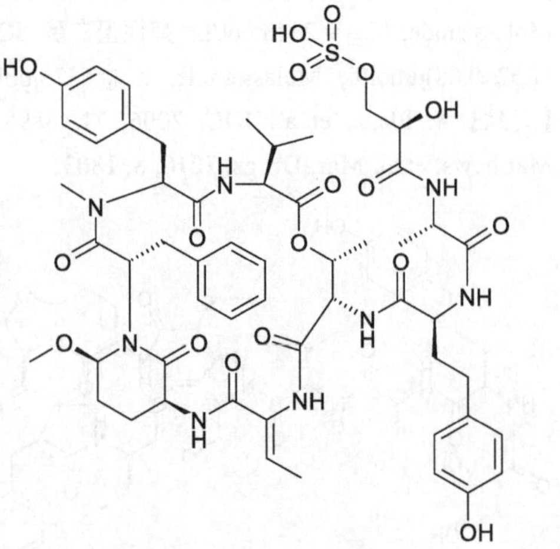

1764　Lyngbyastatin 8　鞘丝藻他汀 8*

【基本信息】$C_{47}H_{64}N_8O_{12}$，无定形固体，$[\alpha]_D^{20}$ = −4° (c = 0.02，甲醇).【类型】含 AHP 的环状缩酚酸肽类.【来源】蓝细菌半丰满鞘丝藻 Lyngbya semiplena.【活性】抗癌细胞效应 (模型：猪胰腺弹性蛋白酶；机制：抑制丝氨酸蛋白酶)；丝氨酸蛋白酶选择性抑制剂 (弹性蛋白酶，IC_{50} = 0.12μmol/L).【文献】J. C. Kwan, et al. Mar. Drugs, 2009, 7, 528.

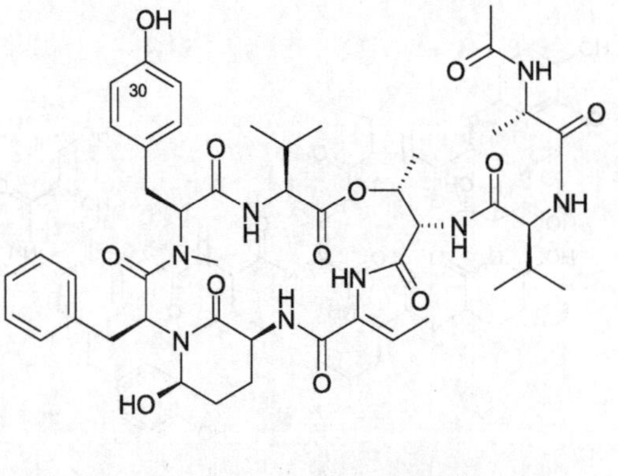

1765　Microviridin A　绿色微囊藻啶 A*

【基本信息】$C_{85}H_{100}N_{16}O_{24}$，无定形固体，$[\alpha]_D$ = +21.7° (c = 0.95，甲醇).【类型】含 AHP 的环状缩酚酸肽类.【来源】蓝细菌绿色微囊藻* Microcystis viridis.【活性】酪氨酸酶抑制剂.【文献】M. O. Ishitsuka, et al. JACS, 1990, 112, 8180.

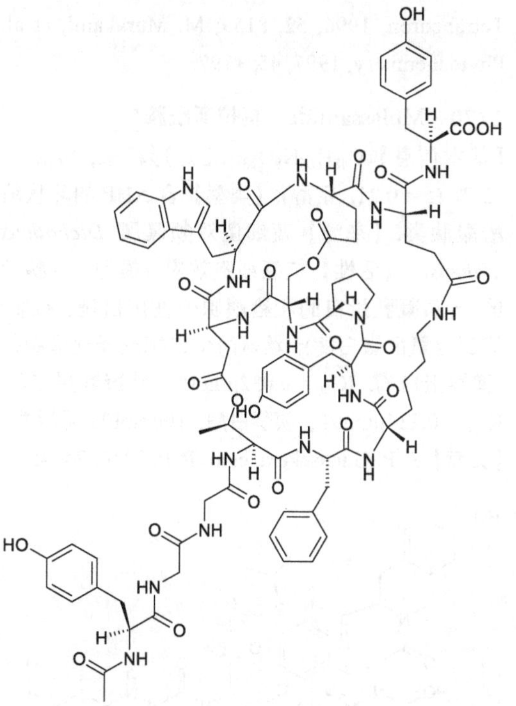

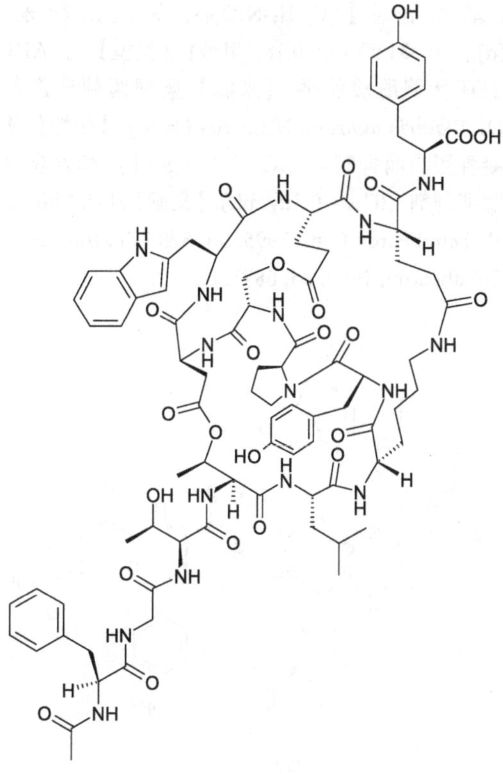

【基本信息】$C_{84}H_{106}N_{16}O_{24}$，无定形粉末，$[α]_D^{23} = +153°$ ($c = 0.1$，甲醇).【类型】含 AHP 的环状缩酚酸肽类.【来源】蓝细菌铜绿微囊藻* *Microcystis aeruginosa* NIES-298.【活性】弹性蛋白酶抑制剂.
【文献】T. Okino, et al. Tetrahedron, 1995, 51, 10679.

1767　Microviridin C　绿色微囊藻啶 C*

【基本信息】$C_{85}H_{110}N_{16}O_{25}$，无定形粉末，$[α]_D^{23} = -2°$ ($c = 0.06$，甲醇).【类型】含 AHP 的环状缩酚酸肽类.【来源】蓝细菌铜绿微囊藻* *Microcystis aeruginosa* NIES-298.【活性】弹性蛋白酶抑制剂.
【文献】T. Okino, et al. Tetrahedron, 1995, 51, 10679.

1766　Microviridin B　绿色微囊藻啶 B*

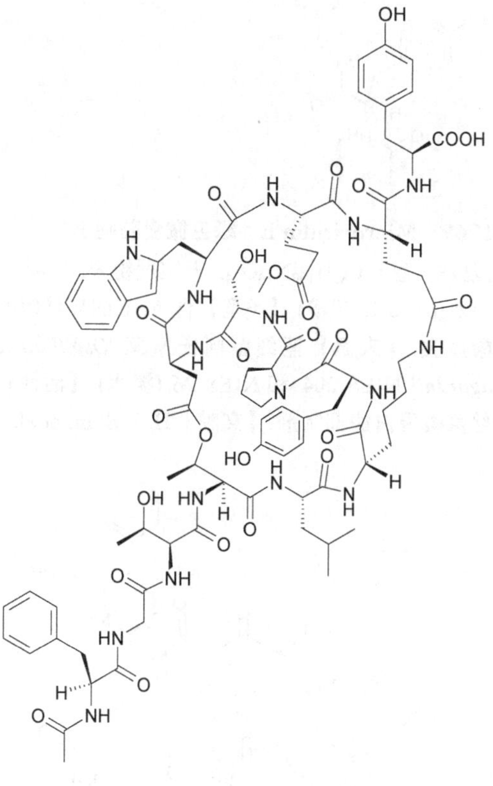

1768　Microviridin D　绿色微囊藻啶 D*

【基本信息】$C_{84}H_{107}N_{17}O_{26}S$，无定形粉末，$[α]_D = +66°$ ($c = 0.1$，甲醇).【类型】含 AHP 的环状缩酚酸肽类.【来源】蓝细菌阿氏颤藻 *Oscillatoria agardhii* NIES 204 和 NIES 26 (淡水).【活性】丝氨酸蛋白酶抑制剂.【文献】H. J. Shin, et al. Tetrahedron, 1996, 52, 8159; M. Murakami, et al. Phytochemistry, 1997, 45, 1197.

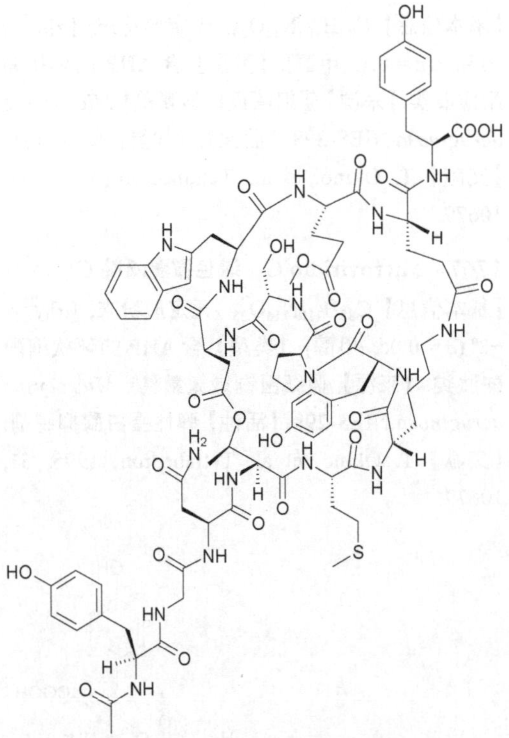

1769　Microviridin E　绿色微囊藻啶 E*

【基本信息】$C_{82}H_{100}N_{14}O_{24}$，无定形粉末，$[α]_D^{20}$ = +12° (c = 0.1, 甲醇).【类型】含 AHP 的环状缩酚酸肽类.【来源】蓝细菌阿氏颤藻 *Oscillatoria agardhii* NIES 204 和 NIES 26 (淡水).【活性】丝氨酸蛋白酶抑制剂.【文献】H. J. Shin, et al. Tetrahedron, 1996, 52, 8159; M. Murakami, et al. Phytochemistry, 1997, 45, 1197.

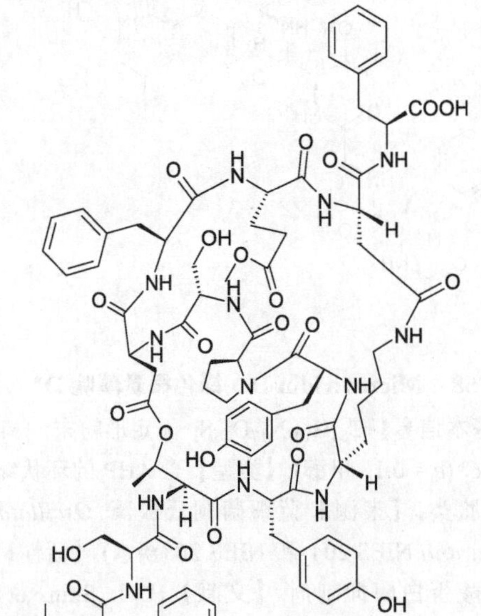

1770　Molassamide　莫拉斯酰胺*

【基本信息】$C_{48}H_{66}N_8O_{13}$，无定形粉末，$[α]_D^{25}$ = −2.7° (c = 0.21, 甲醇).【类型】含 AHP 的环状缩酚酸肽类.【来源】蓝细菌双须藻属 *Dichothrix utahensis*.【活性】抗癌细胞效应 (模型: 牛胰腺的 α-胰凝乳蛋白酶和猪胰腺弹性蛋白酶; 机制: 抑制丝氨酸蛋白酶); 丝氨酸蛋白酶选择性抑制剂 (弹性蛋白酶, IC_{50} = 0.032μmol/L; 胰凝乳蛋白酶, IC_{50} = 0.234μmol/L; 胰蛋白酶, 10μmol/L 无活性).【文献】S. P. Gunasekera, et al. JNP, 2010, 73, 459.

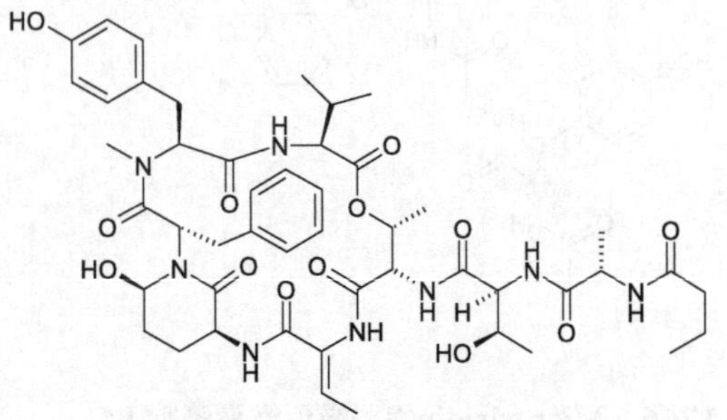

1771　Oscillapeptin A　颤藻肽亭 A*

【基本信息】$C_{56}H_{77}N_7O_{18}S$，无定形粉末，$[α]_D^{20}$ = −31.5° (c = 0.18, 甲醇).【类型】含 AHP 的环状缩酚酸肽类.【来源】蓝细菌阿氏颤藻 *Oscillatoria agardhii* NIES 204 (淡水).【活性】胰凝乳蛋白酶抑制剂 (IC_{50} = 2.2μg/mL); 弹性蛋白酶抑制剂 (IC_{50} = 0.3μg/mL).【文献】H. J. Shin, et al. Tetrahedron Lett., 1995, 36, 5235; Y. Itou, et al. Tetrahedron, 1999, 55, 6871.

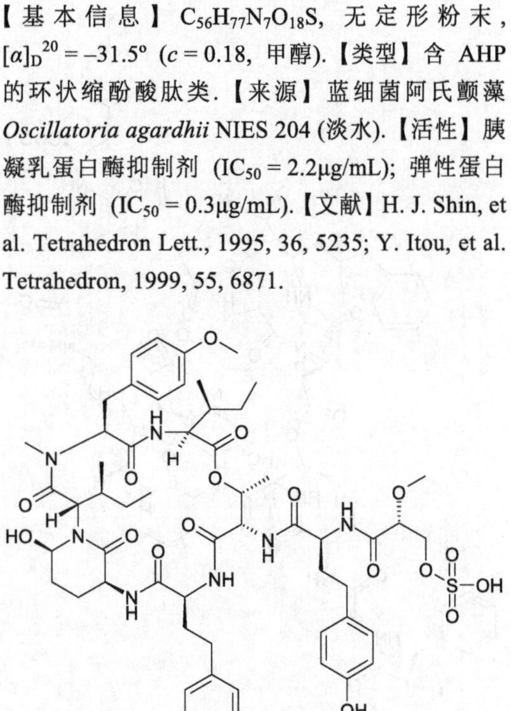

1772　Oscillapeptin B　颤藻肽亭 B*

【基本信息】$C_{57}H_{79}N_7O_{18}S$，粉末，$[\alpha]_D = -30.2°$ ($c = 0.2$, 甲醇).【类型】含 AHP 的环状缩酚酸肽类.【来源】蓝细菌阿氏颤藻 *Oscillatoria agardhii* NIES 204（淡水）.【活性】胰凝乳蛋白酶抑制剂 ($IC_{50} = 2.1\mu g/mL$)；弹性蛋白酶抑制剂 ($IC_{50} = 0.05\mu g/mL$).【文献】H. J. Shin, et al. Tetrahedron Lett., 1995, 36, 5235; Y. Itou, et al. Tetrahedron, 1999, 55, 6871.

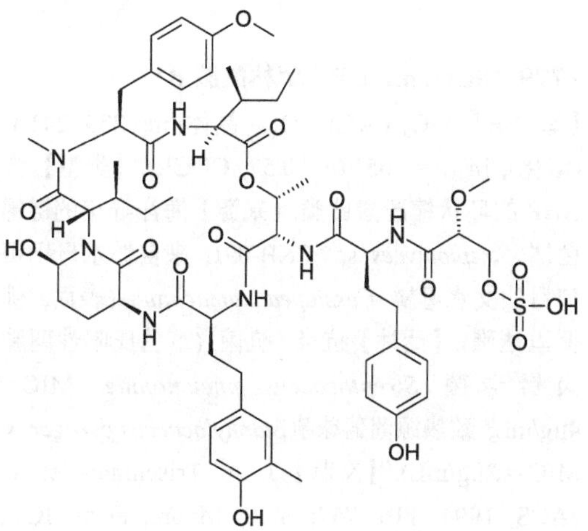

1773　Oscillapeptin C　颤藻肽亭 C*

【基本信息】$C_{55}H_{79}N_7O_{14}$，粉末，$[\alpha]_D = -26.6°$ ($c = 0.05$, 甲醇).【类型】含 AHP 的环状缩酚酸肽类.【来源】蓝细菌阿氏颤藻 *Oscillatoria agardhii* NIES 205（淡水）.【活性】胰凝乳蛋白酶抑制剂 ($IC_{50} = 3.0\mu g/mL$).【文献】Y. Itou, et al. Tetrahedron, 1999, 55, 6871.

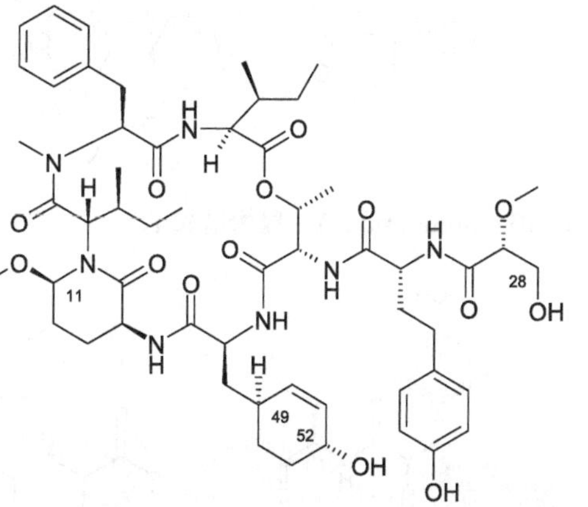

1774　Oscillapeptin D　颤藻肽亭 D*

【基本信息】$C_{54}H_{77}N_7O_{17}S$，粉末，$[\alpha]_D = -23.4°$ ($c = 0.05$, 甲醇).【类型】含 AHP 的环状缩酚酸肽类.【来源】蓝细菌阿氏颤藻 *Oscillatoria agardhii* NIES 205（淡水）.【活性】胰凝乳蛋白酶抑制剂 ($IC_{50} = 2.2\mu g/mL$)；弹性蛋白酶抑制剂 ($IC_{50} = 30\mu g/mL$).【文献】Y. Itou, et al. Tetrahedron, 1999, 55, 6871.

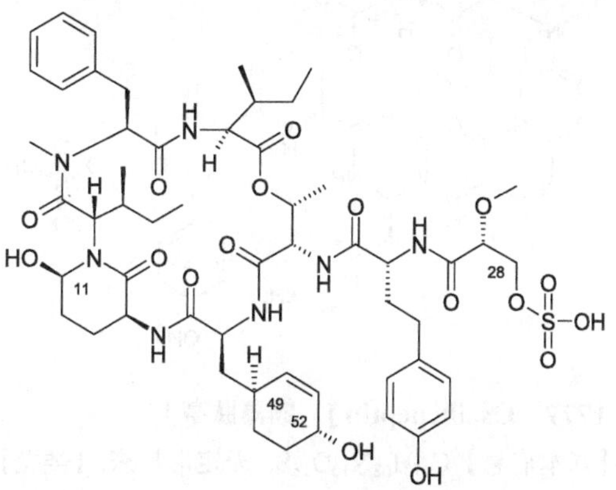

1775　Oscillapeptin E　颤藻肽亭 E*

【基本信息】$C_{55}H_{75}N_7O_{17}S$，粉末，$[\alpha]_D = -25.1°$ ($c = 0.05$, 甲醇).【类型】含 AHP 的环状缩酚酸肽类.【来源】蓝细菌阿氏颤藻 *Oscillatoria agardhii* NIES 205（淡水）.【活性】胰凝乳蛋白酶抑制剂 ($IC_{50} = 3.0\mu g/mL$)；弹性蛋白酶抑制剂 ($IC_{50} = 3.0\mu g/mL$).【文献】H. J. Shin, et al. Tetrahedron Lett., 1995, 36, 5235; Y. Itou, et al. Tetrahedron, 1999, 55, 6871.

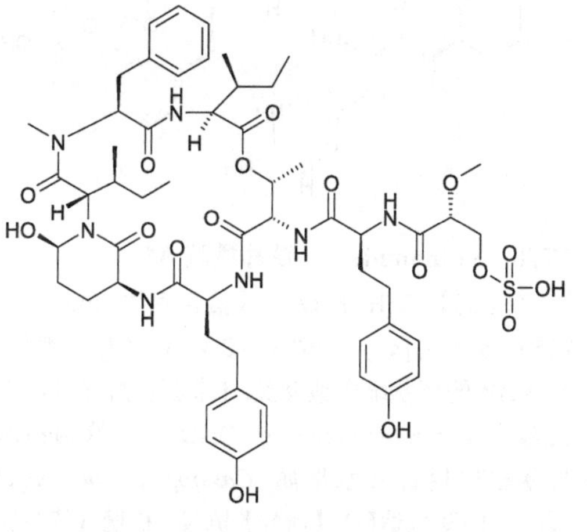

1776　Oscillapeptin F　颤藻肽亭 F*

【基本信息】$C_{51}H_{76}N_8O_{16}S$，粉末，$[\alpha]_D = -56.1°$ ($c = 1$, 甲醇).【类型】含 AHP 的环状缩酚酸肽类.【来源】蓝细菌阿氏颤藻 *Oscillatoria agardhii* NIES 596（淡水）.【活性】人胰蛋白酶抑制剂 ($IC_{50} =$

0.2μg/mL); 纤溶酶抑制剂 (IC$_{50}$ = 0.03μg/mL).
【文献】Y. Itou, et al. Tetrahedron, 1999, 55, 6871.

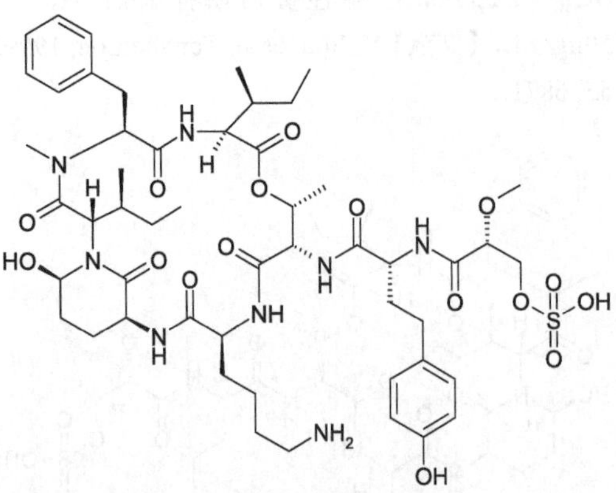

1777　Oscillapeptin J　颤藻肽亭 J*

【基本信息】C$_{47}$H$_{68}$N$_{10}$O$_{18}$S, 无定形粉末.【类型】含 AHP 的环状缩酚酸肽类.【来源】蓝细菌浮丝藻属 Planktothrix rubescens (淡水).【活性】毒素 (对甲壳纲动物).【文献】J. F. Blom, et al. JNP, 2003, 66, 431.

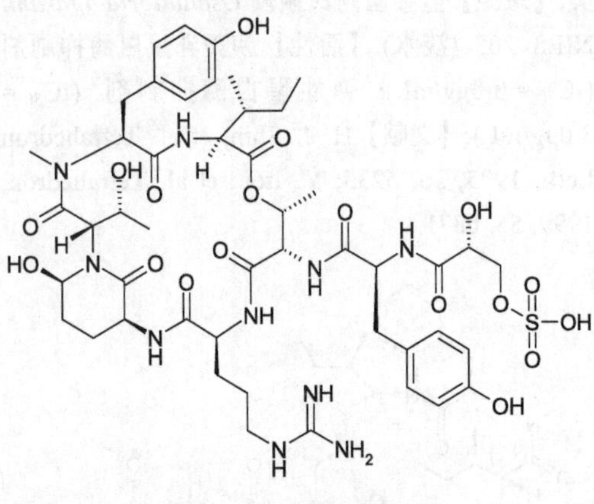

1778　Salinamide A　萨林酰胺 A*

【基本信息】C$_{51}$H$_{69}$N$_7$O$_{15}$, 浅黄色固体, mp 221~225°C (分解), [α]$_D$= −26° (c = 0.97, CDCl$_3$).【类型】含 AHP 的环状缩酚酸肽类.【来源】海洋导出的链霉菌属 Streptomyces sp. CNB-091, 来自钵水母纲根口目仙女水母属 Cassiopea xamachana (表面, 佛罗里达礁).【活性】抗炎; 抗菌 (革兰氏阳性菌肺炎链球菌 Streptococcus pneumonia 和致热源葡萄球菌 Staphylococcus pyrogenes, MIC = 4μg/mL).【文献】J. A. Trischman, et al. JACS, 1994, 116, 757; B. S. Moore, et al. JOC, 1999, 64, 1145.

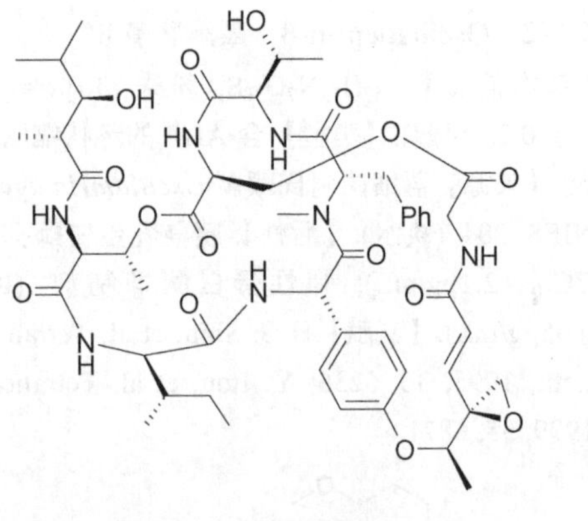

1779　Salinamide B　萨林酰胺 B*

【基本信息】C$_{51}$H$_{70}$ClN$_7$O$_{15}$, 晶体, mp 239~241°C (熔化), [α]$_D$ = −65° (c = 0.57, CDCl$_3$).【类型】含 AHP 的环状缩酚酸肽类.【来源】海洋导出的链霉菌属 Streptomyces sp. CNB-091, 来自钵水母纲根口目仙女水母属 Cassiopea xamachana (表面, 佛罗里达礁).【活性】抗炎; 抗菌 (革兰氏阳性菌肺炎链球菌 Streptococcus pneumoniae, MIC = 4μg/mL; 致热源葡萄球菌 Staphylococcus pyrogenes, MIC = 2μg/mL).【文献】J. A. Trischman, et al. JACS, 1994, 116, 757; B. S. Moore, et al. JOC, 1999, 64, 1145.

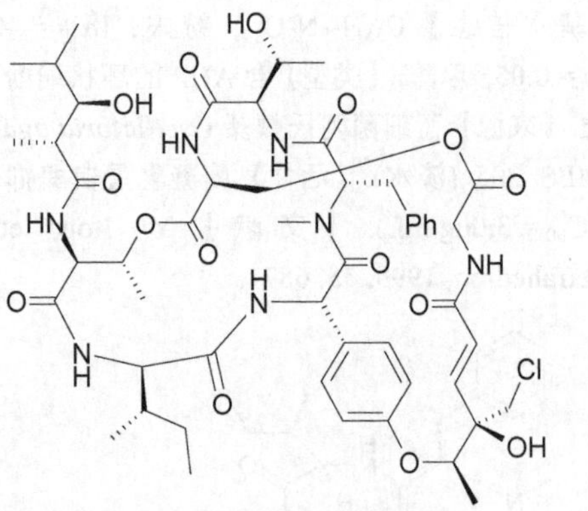

1780　Somamide A　叟姆酰胺 A*

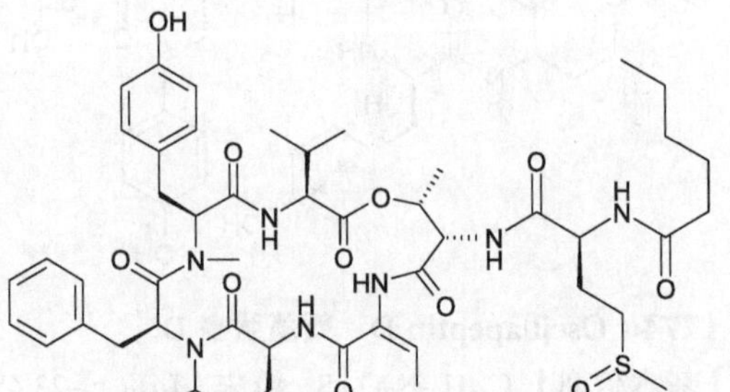

【基本信息】$C_{48}H_{67}N_7O_{12}S$，油状物，$[\alpha]_D^{22} = -2.5°$ ($c = 0.08$，甲醇).【类型】含 AHP 的环状缩酚酸肽类.【来源】蓝细菌稍大鞘丝藻 Lyngbya majuscula 和蓝细菌裂须藻属 Schizothrix sp. (聚集体，斐济).【活性】抗生素.【文献】L. M. Nogle, et al. JNP, 2001, 64, 716.

1781　Somamide B　叟姆酰胺 B*

【基本信息】$C_{46}H_{62}N_8O_{12}$，油状物，$[\alpha]_D^{22} = -19.2°$ ($c = 0.05$，甲醇).【类型】含 AHP 的环状缩酚酸肽类.【来源】蓝细菌稍大鞘丝藻 Lyngbya majuscula 和蓝细菌裂须藻属 Schizothrix sp. (聚集体).【活性】丝氨酸蛋白酶选择性抑制剂 (弹性蛋白酶，$IC_{50} = 9.5\mu mol/L$；糜蛋白酶（胰凝乳蛋白酶），$IC_{50} = 4.2\mu mol/L$；胰蛋白酶，30μmol/L 无活性).【文献】L. M. Nogle, et al. JNP, 2001, 64, 716; K. Taori, et al. JNP, 2007, 70, 1593.

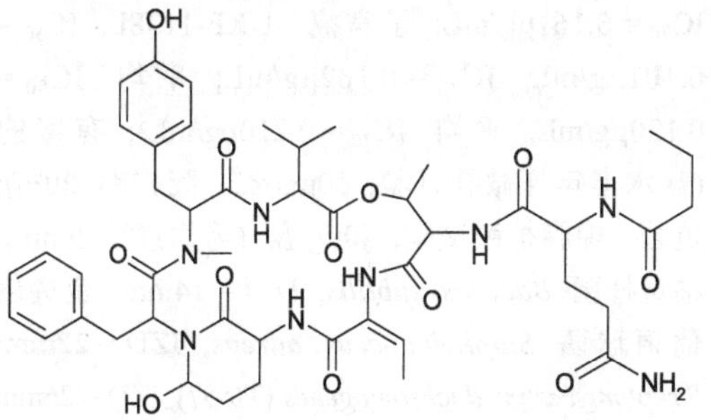

1782　Tasipeptin A　它西肽亭 A*

【基本信息】$C_{45}H_{71}N_7O_{10}$，无定形粉末，$[\alpha]_D^{24} = -23°$ ($c = 1.5$，甲醇).【类型】含 AHP 的环状缩酚酸肽类.【来源】蓝细菌束藻属 Symploca sp. NIH304 (帕劳，大洋洲).【活性】细胞毒 (KB, $IC_{50} = 0.93\mu mol/L$).【文献】P. G. Williams, et al. JNP, 2003, 66, 620.

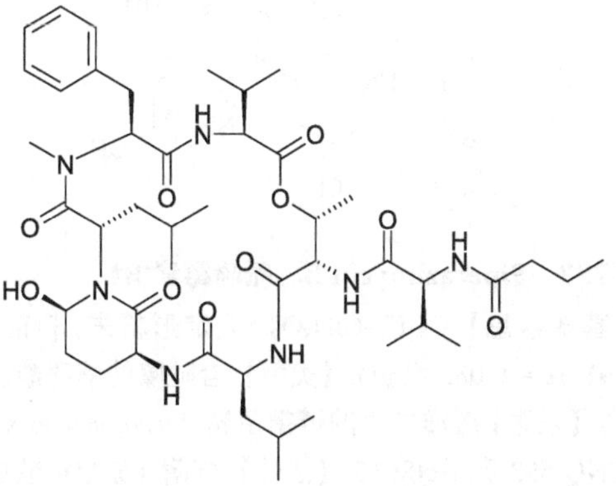

1783　Tasipeptin B　它西肽亭 B*

【基本信息】$C_{40}H_{62}N_6O_9$，无定形粉末，$[\alpha]_D^{21} = -13°$ ($c = 0.7$，甲醇).【类型】含 AHP 的环状缩酚酸肽类.【来源】蓝细菌束藻属 Symploca sp. NIH304 (帕劳，大洋洲).【活性】细胞毒 (KB, $IC_{50} = 0.82\mu mol/L$).【文献】P. G. Williams, et al. JNP, 2003, 66, 620.

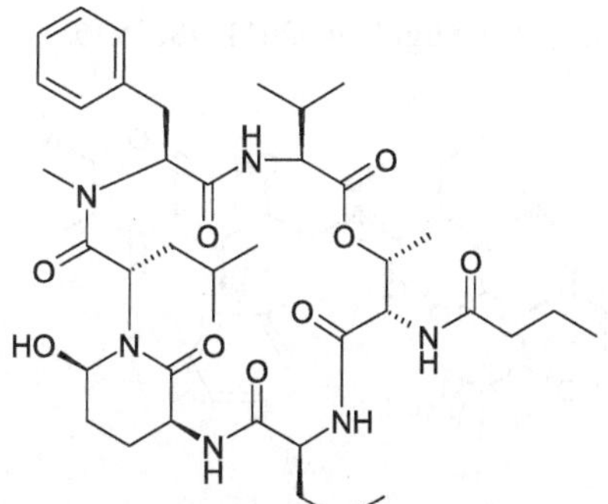

1784　Vitilevuamide　维替勒夫酰胺*

【基本信息】$C_{77}H_{114}N_{14}O_{21}S$，无定形固体.【类型】含 AHP 的环状缩酚酸肽类.【来源】星骨海鞘属 Didemnum cucculiferum 和星骨海鞘科海鞘 Polysyncraton lithostrotum.【活性】抗癌细胞效应 (分子作用机制：抑制微管蛋白二聚体聚合成细胞微管).【文献】Pat. Coop. Treaty (WIPO), 1998, 98 13 063; A. M. Fernandez, et al., Pure Appl. Chem., 1998, 70, 2130; M. C. Edler, et al. Biochem. Pharmacol., 2002, 63, 707.

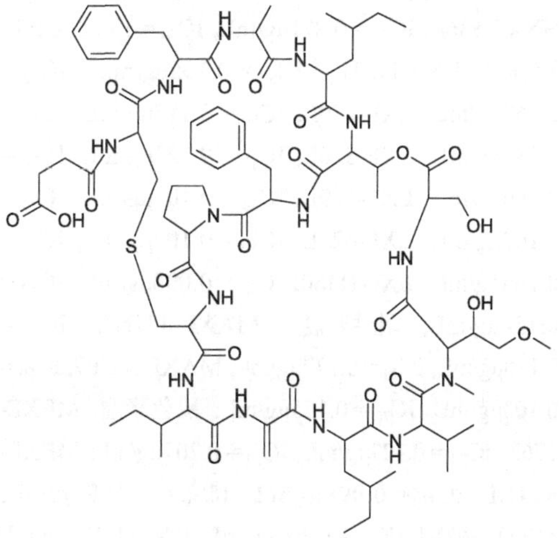

3.19 含哒嗪的缩酚酸肽类

1785 Pandanamide B 潘旦酰胺 B*
【基本信息】$C_{31}H_{46}N_6O_9$。【类型】含哒嗪的缩酚酸肽类。【来源】海洋导出的链霉菌属 *treptomyces* sp. (沉积物, 帕达那那华, 巴布亚新几内亚)。【活性】细胞毒 (JurKat-T 淋巴细胞)。【文献】D. E. Williams, et al. Org. Lett., 2011, 13, 3936.

1786 Piperazimycin A 哌嗪霉素 A*
【基本信息】$C_{31}H_{47}ClN_8O_{10}$, 无定形粉末, $[\alpha]_D = -45°$ ($c = 0.3$, 氯仿)。【类型】含哒嗪的缩酚酸肽类。【来源】海洋导出的链霉菌属 *Streptomyces* sp. CNQ-593 和 Act8015。【活性】细胞毒 (一组 36 种癌细胞, 单分子层增殖试验, 膀胱癌: BXF-1218L, $IC_{50} = 0.113\mu g/mL$, $IC_{70} = 0.176\mu g/mL$; BXF-T24, $IC_{50} = 0.098\mu g/mL$, $IC_{70} = 0.159\mu g/mL$; 恶性胶质瘤: CNXF-498NL, $IC_{50} = 0.088\mu g/mL$, $IC_{70} = 0.149\mu g/mL$; CNXF-SF268, $IC_{50} = 0.097\mu g/mL$, $IC_{70} = 0.156\mu g/mL$; 结肠癌: CXF-HCT116, $IC_{50} = 0.105\mu g/mL$, $IC_{70} = 0.163\mu g/mL$; CXF-HT29, $IC_{50} = 0.098\mu g/mL$, $IC_{70} = 0.154\mu g/mL$; 胃癌: GXF-251L, $IC_{50} = 0.123\mu g/mL$, $IC_{70} = 0.201\mu g/mL$; 头颈癌: HNXF-536L, $IC_{50} = 0.871\mu g/mL$, $IC_{70} = 1.405\mu g/mL$; 肺癌: LXF-1121L, $IC_{50} = 0.105\mu g/mL$, $IC_{70} = 0.167\mu g/mL$; LXF-289L, $IC_{50} = 0.117\mu g/mL$, $IC_{70} = 0.187\mu g/mL$; LXF-526L, $IC_{50} = 0.123\mu g/mL$, $IC_{70} = 0.190\mu g/mL$; LXF-529L, $IC_{50} = 0.103\mu g/mL$, $IC_{70} = 0.167\mu g/mL$; LXF-629L, $IC_{50} = 0.102\mu g/mL$, $IC_{70} = 0.166\mu g/mL$; LXF-H460, $IC_{50} = 0.098\mu g/mL$, $IC_{70} = 0.154\mu g/mL$; 乳腺癌: MAXF-401NL, $IC_{50} = 0.110\mu g/mL$, $IC_{70} = 0.177\mu g/mL$; MAXF-MCF7, $IC_{50} = 0.103\mu g/mL$, $IC_{70} = 0.165\mu g/mL$; 黑色素瘤: MEXF-276L, $IC_{50} = 0.127\mu g/mL$, $IC_{70} = 0.207\mu g/mL$; MEXF-394NL, $IC_{50} = 0.098\mu g/mL$, $IC_{70} = 0.158\mu g/mL$; MEXF-462NL, $IC_{50} = 0.107\mu g/mL$, $IC_{70} = 0.175\mu g/mL$; MEXF-514L, $IC_{50} = 0.125\mu g/mL$, $IC_{70} = 0.186\mu g/mL$; MEXF-520L, $IC_{50} = 0.111\mu g/mL$, $IC_{70} = 0.182\mu g/mL$; 卵巢癌: OVXF-1619L, $IC_{50} = 0.127\mu g/mL$, $IC_{70} = 0.202\mu g/mL$; OVXF-899L, $IC_{50} = 1.102\mu g/mL$, $IC_{70} = 1.818\mu g/mL$; OVXF-OVCAR3, $IC_{50} = 0.113\mu g/mL$, $IC_{70} = 0.184\mu g/mL$; 胰腺癌: PAXF-1657L, $IC_{50} = 0.125\mu g/mL$, $IC_{70} = 0.212\mu g/mL$; PAXF-PANC1, $IC_{50} = 0.100\mu g/mL$, $IC_{70} = 0.163\mu g/mL$; 前列腺癌: PRXF-22RV1, $IC_{50} = 0.092\mu g/mL$, $IC_{70} = 0.157\mu g/mL$; PRXF-DU145, $IC_{50} = 0.105\mu g/mL$, $IC_{70} = 0.163\mu g/mL$; PRXF-LNCAP, $IC_{50} = 0.118\mu g/mL$, $IC_{70} = 0.176\mu g/mL$; PRXF-PC3M, $IC_{50} = 0.099\mu g/mL$, $IC_{70} = 0.157\mu g/mL$; 间皮细胞瘤: PXF-1752L, $IC_{50} = 0.110\mu g/mL$, $IC_{70} = 0.173\mu g/mL$; 肾癌: RXF-1781L, $IC_{50} = 0.143\mu g/mL$, $IC_{70} = 0.252\mu g/mL$; RXF-393NL, $IC_{50} = 0.103\mu g/mL$, $IC_{70} = 0.163\mu g/mL$; RXF-486L, $IC_{50} = 1.129\mu g/mL$, $IC_{70} = 1.798\mu g/mL$; RXF-944L, $IC_{50} = 0.096\mu g/mL$, $IC_{70} = 0.161\mu g/mL$; 子宫癌: UXF-1138L, $IC_{50} = 0.101\mu g/mL$, $IC_{70} = 0.162\mu g/mL$; 平均 $IC_{50} = 0.130\mu g/mL$, 平均 $IC_{70} = 0.210\mu g/mL$); 有毒的 (盐水丰年虾微孔试验, 10μg/mL, 死亡率 20%); 抗菌 [琼脂扩散试验, 40μg/盘 (药物直径 9mm), 枯草杆菌 *Bacillus subtilis*, IZD = 14mm; 金黄色葡萄球菌 *Staphylococcus aureus*, IZD = 22mm; *Streptomyces viridochromogenes* (Tü 57), IZD = 26mm; 大肠杆菌 *Escherichia coli*, IZD = 17mm; 米黑毛霉 *Mucor miehei*, IZD = 15mm]。【文献】E. D. Miller, et al. JOC, 2007, 72, 323; K. A. Shaaban, et al. J. Antibiot., 2008, 61, 736.

1787 Piperazimycin B 哌嗪霉素 B*
【基本信息】$C_{31}H_{47}ClN_8O_9$, 无定形粉末, $[\alpha]_D = -91°$ ($c = 0.08$, 氯仿)。【类型】含哒嗪的缩酚酸肽类。【来源】海洋导出的链霉菌属 *Streptomyces* sp. CNQ-593 和 Act8015。【活性】抗菌 [琼脂扩散试

验，40μg/盘（药物直径 9mm），枯草杆菌 *Bacillus subtilis*，IZD = 14mm；金黄色葡萄球菌 *Staphylococcus aureus*，IZD = 21mm；*Streptomyces viridochromogenes* (Tü 57)，IZD = 25mm；大肠杆菌 *Escherichia coli*，IZD = 16mm］；抗真菌（米黑毛霉 *Mucor miehei*，IZD = 15mm；立枯丝核菌*Rhizoctonia solani*，有活性；终极腐霉*Pythium ultimum*，高活性）；抗真菌［琼脂扩散试验，40μg/盘（药物直径 9mm），白色念珠菌 *Candida albicans*，IZD = 14mm］；抗微藻［琼脂扩散试验，40μg/盘（药物直径 9mm），小球藻 *Chlorella vulgaris*，IZD = 16mm；根腐小球藻 *Chlorella sorokiniana*，IZD = 14mm；栅藻属 *Scenedesmus subspicatus*，IZD = 0mm］.【文献】E. D. Miller, et al. JOC, 2007, 72, 323; K. A. Shaaban, et al. J. Antibiot., 2008, 61, 736.

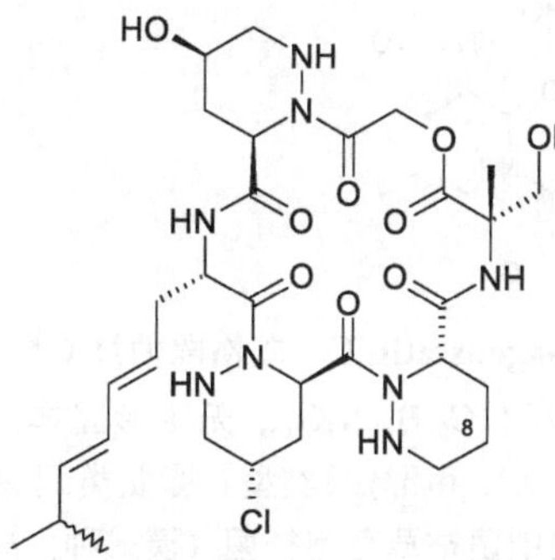

3.20 单环 β-内酰胺

1788 Monamphilectine A 单核细胞凝集素 A*
【基本信息】$C_{26}H_{39}N_3O_2$，浅黄色油状物，$[\alpha]_D^{20}$ = −105.9° (c = 0.34，氯仿).【类型】单环 β-内酰胺.【来源】膜海绵属 *Hymeniacidon* sp. (莫纳岛，波多黎各，67°53′22″ W 18°52′12″ N).【活性】抗疟疾 (有潜力的).【文献】S. J. Wratten, et al. Tetrahedron Lett., 1978, 4345; E. Aviles, et al. Org. Lett., 2010, 12, 5290.

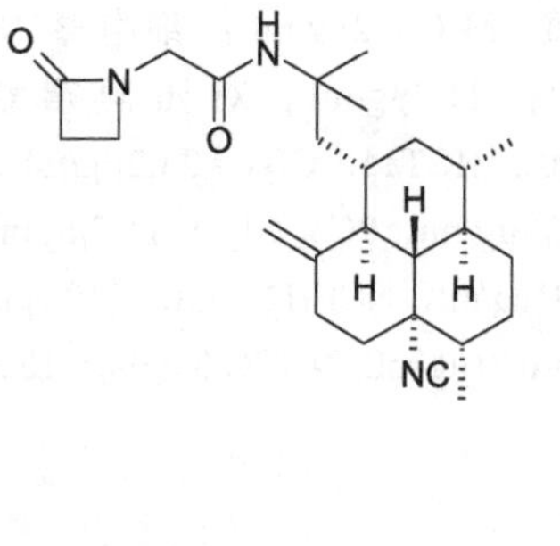

3.21 脂肽类

1789 Gageostatin A 伽格欧他汀 A*
【基本信息】$C_{52}H_{93}N_7O_{14}$，无定形固体，$[\alpha]_D^{27}$ = +52° (c = 0.1，甲醇).【类型】脂肽类.【来源】海洋导出的细菌枯草芽孢杆菌（模式种）枯草杆菌 *Bacillus subtilis* (沉积物，朝鲜半岛水域).【活性】抗真菌（立枯丝核菌*Rhizoctonia solani*，MIC = 4μg/mL，对照两性霉素 B，MIC = 1μg/mL；尖孢炭疽菌*Colletotrichum acutatum*，MIC = 8μg/mL，两性霉素 B，MIC = 1μg/mL；灰色葡萄孢菌*Botrytis cinera*，MIC = 4μg/mL；两性霉素 B，MIC = 1μg/mL）；抗真菌（伽格欧他汀 A 和伽格欧他汀 B 的混合物：立枯丝核菌*Rhizoctonia solani*，MIC = 4μg/mL；尖孢炭疽菌*Colletotrichum acutatum*，MIC = 4μg/mL；抗灰色葡萄孢菌*Botrytis cinera*，MIC = 4μg/mL）；抗菌（伽格欧他汀 A 和伽格欧他汀 B 的混合物）。(革兰氏阳性菌：金黄色葡萄球菌 *Staphylococcus aureus*，MIC = 8μg/mL；枯草杆菌 *Bacillus subtilis*，MIC = 16μg/mL；革兰氏阴性菌：伤寒沙门氏菌 *Salmonella typhi*，MIC = 32μg/mL，铜绿假单胞菌 *Pseudomonas aeruginosa*，MIC = 8μg/mL）；抗菌（革兰氏阳性菌：金黄色葡萄球菌 *Staphylococcus aureus*，MIC = 16μg/mL，

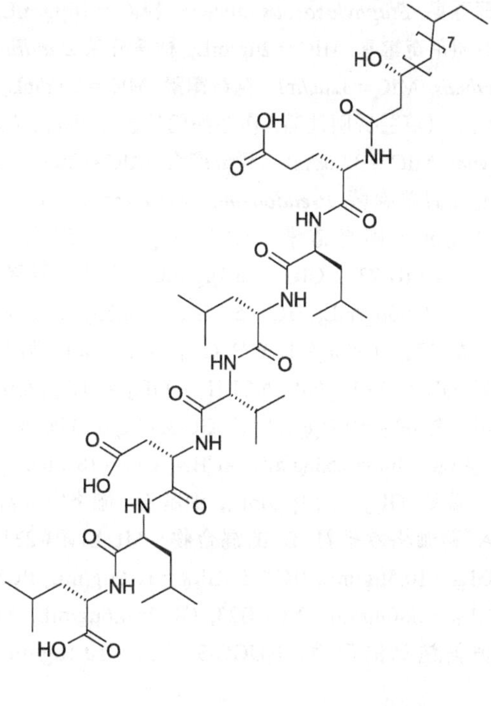

对照阿奇霉素, MIC = 2µg/mL; 枯草杆菌 Bacillus subtilis, MIC = 16µg/mL, 阿奇霉素, MIC = 2µg/mL); 抗菌（革兰氏阴性菌：伤寒沙门氏菌 Salmonella typhi, MIC = 16µg/mL, 阿奇霉素, MIC = 2µg/mL; 铜绿假单胞菌 Pseudomonas aeruginosa, MIC = 16µg/mL, 阿奇霉素, MIC = 2µg/mL); 细胞毒 (MDA-MB-231, GI_{50} = 14.9µg/mL, 对照阿霉素, GI_{50} = 0.56µg/mL; HCT15, GI_{50} = 11.4µg/mL, 阿霉素, GI_{50} = 0.33µg/mL; PC3, GI_{50} = 10.8µg/mL, 阿霉素, GI_{50} = 0.91µg/mL; NCI-H23, GI_{50} = 11.2µg/mL, 阿霉素, GI_{50} = 0.71µg/mL; NUGC-3, GI_{50} = 11.8µg/mL, 阿霉素, GI_{50} = 0.53µg/mL; ACHN, GI_{50} = 11.5µg/mL, 阿霉素, GI_{50} = 0.51µg/mL). 【文献】F. S. Tareq, et al. Mar. Drugs, 2014, 12, 871.

1790 Gageostatin B 伽格欧他汀 B*
【基本信息】$C_{53}H_{95}N_7O_{14}$, 无定形固体, $[α]_D^{27}$ = +53º (c = 0.1, 甲醇). 【类型】脂肽类. 【来源】海洋导出的细菌枯草芽孢杆菌（模式种）枯草杆菌 Bacillus subtilis (沉积物, 朝鲜半岛水域). 【活性】抗真菌（立枯丝核菌*Rhizoctonia solani, MIC = 8µg/mL, 对照两性霉素 B, MIC = 1µg/mL; 尖孢炭疽菌*Colletotrichum acutatum, MIC = 8µg/mL, 两性霉素 B, MIC = 1µg/mL; 抗灰色葡萄孢菌* Botrytis cinera, MIC = 8µg/mL; 两性霉素 B, MIC = 1µg/mL); 抗菌（革兰氏阳性菌：金黄色葡萄球菌 Staphylococcus aureus, MIC = 16µg/mL, 对照阿奇霉素, MIC = 2µg/mL; 枯草杆菌 Bacillus subtilis, MIC = 32µg/mL, 阿奇霉素, MIC = 2µg/mL); 抗菌（革兰氏阴性菌：伤寒沙门氏菌 Salmonella typhi, MIC = 32µg/mL, 阿奇霉素, MIC = 2µg/mL; 铜绿假单胞菌 Pseudomonas aeruginosa, MIC = 16µg/mL, 阿奇霉素, MIC = 2µg/mL); 细胞毒 (MDA-MB-231, GI_{50} = 16.1µg/mL, 对照阿霉素, GI_{50} = 0.56µg/mL; HCT15, GI_{50} = 18.3µg/mL, 阿霉素, GI_{50} = 0.33µg/mL; PC3, GI_{50} = 19.4µg/mL, 阿霉素, GI_{50} = 0.91µg/mL; NCI-H23, GI_{50} = 11.7µg/mL, 阿霉素, GI_{50} = 0.71µg/mL; NUGC-3, GI_{50} = 13.9µg/mL, 阿霉素, GI_{50} = 0.53µg/mL; ACHN, GI_{50} = 18.4µg/mL, 阿霉素, GI_{50} = 0.51µg/mL); 细胞毒（伽格欧他汀 A 和伽格欧他汀 B 的混合物：MDA-MB-231, GI_{50} = 10.5µg/mL; HCT15, GI_{50} = 10.9µg/mL; PC3, GI_{50} = 12.0µg/mL; NCI-H23, GI_{50} = 4.6µg/mL, 有值得注意的活性; NUGC-3, GI_{50} = 10.1µg/mL;

ACHN, GI_{50} = 10.7µg/mL). 【文献】F. S. Tareq, et al. Mar. Drugs, 2014, 12, 871.

1791 Gageostatin C 伽格欧他汀 C*
【基本信息】$C_{51}H_{89}N_7O_{13}$, 无定形固体, $[α]_D^{27}$ = +16º (c = 0.1, 甲醇). 【类型】脂肽类. 【来源】海洋导出的细菌枯草芽孢杆菌（模式种）枯草杆菌 Bacillus subtilis (沉积物, 朝鲜半岛水域). 【活性】抗真菌（立枯丝核菌*Rhizoctonia solani, MIC = 32µg/mL, 对照两性霉素 B, MIC = 1µg/mL; 尖孢炭疽菌*Colletotrichum acutatum, MIC = 16µg/mL, 两性霉素 B, MIC = 1µg/mL; 抗灰色葡萄孢菌* Botrytis cinera, MIC = 32µg/mL; 两性霉素 B, MIC = 1µg/mL); 抗菌（革兰氏阳性菌：金黄色葡萄球菌 Staphylococcus aureus, MIC = 64µg/mL, 对照阿奇霉素, MIC = 2µg/mL; 枯草杆菌 Bacillus subtilis, MIC = 32µg/mL, 阿奇霉素, MIC = 2µg/mL; 革兰氏阴性菌：伤寒沙门氏菌 Salmonella typhi, MIC = 32µg/mL, 阿奇霉素, MIC = 2µg/mL; 铜绿假单胞菌 Pseudomonas aeruginosa, MIC = 64µg/mL, 阿奇霉素, MIC = 2µg/mL); 细胞毒 (MDA-MB-231, GI_{50} = 11.2µg/mL, 对照阿霉素, GI_{50} = 0.56µg/mL; HCT15, GI_{50} = 23.2µg/mL, 阿霉素, GI_{50} = 0.33µg/mL; PC3, GI_{50} = 11.7µg/mL, 阿霉素, GI_{50} = 0.91µg/mL; NCI-H23, GI_{50} = 10.9µg/mL, 阿霉素, GI_{50} = 0.71µg/mL; NUGC-3, GI_{50} = 10.5µg/mL, 阿

霉素, $GI_{50} = 0.53\mu g/mL$; ACHN, $GI_{50} = 12.3\mu g/mL$, 阿霉素, $GI_{50} = 0.51\mu g/mL$).【文献】F. S. Tareq, et al. Mar. Drugs, 2014, 12, 871.

1792　Gageotetrin A　伽格欧特亭 A*

【基本信息】$C_{25}H_{46}N_2O_7$, 无定形固体.【类型】脂肽类.【来源】海洋导出的细菌枯草芽孢杆菌 (模式种) 枯草杆菌 Bacillus subtilis (沉积物, 朝鲜半岛水域).【活性】抗菌 (金黄色葡萄球菌 Staphylococcus aureus, MIC = 0.03μmol/L; 枯草杆菌 Bacillus subtilis, MIC = 0.03μmol/L; 伤寒沙门氏菌 Salmonella typhi, MIC = 0.06μmol/L; 铜绿假单胞菌 Pseudomonas aeruginosa, MIC = 0.06μmol/L; 对照阿奇霉素, 所有的 MIC = 0.01μmol/L); 抗真菌 (立枯丝核菌*Rhizoctonia solani, MIC = 0.06μmol/L; 尖孢炭疽菌*Colletotrichum acutatum, MIC = 0.03μmol/L; 抗灰色葡萄孢菌 *Botrytis cinera, MIC = 0.03μmol/L; 对照两性霉素 B, 所有的 MIC = 0.01μmol/L).【文献】F. S. Tareq,et al. Org. Lett., 2014, 16, 928.

1793　Gageotetrin B　伽格欧特亭 B*

【基本信息】$C_{39}H_{72}N_4O_8$, 无定形固体.【类型】脂肽类.【来源】海洋导出的细菌枯草芽孢杆菌 (模式种) 枯草杆菌 Bacillus subtilis (沉积物, 朝鲜半岛水域).【活性】抗菌 (金黄色葡萄球菌 Staphylococcus aureus, MIC = 0.04μmol/L; 枯草杆菌 Bacillus subtilis, MIC = 0.02μmol/L; 伤寒沙门氏菌 Salmonella typhi, MIC = 0.02μmol/L; 铜绿假单胞菌 Pseudomonas aeruginosa, MIC = 0.04μmol/L; 对照阿奇霉素, 所有的 MIC = 0.01μmol/L); 抗真菌 (立枯丝核菌* Rhizoctonia solani, MIC = 0.02μmol/L; 尖孢炭疽菌 *Colletotrichum acutatum, MIC = 0.01μmol/L; 抗灰色葡萄孢菌*Botrytis cinera, MIC = 0.01μmol/L; 对照两性霉素 B, 所有的 MIC = 0.01μmol/L); 运动性抑制和溶菌活性 (枯萎病病原体辣椒疫霉菌*Phytophthora capsici 的游动孢子, 0.02μmol/L, 运动性抑制: 15min, InRt = 55%, 30min, InRt = 65%, 45min, InRt = 75%, 60min, InRt = 100%; 溶菌活性).【文献】F. S. Tareq, et al. Org. Lett., 2014, 16, 928.

1794　Gageotetrin C　伽格欧特亭 C*

【基本信息】$C_{38}H_{70}N_4O_8$, 无定形固体.【类型】脂肽类.【来源】海洋导出的细菌枯草芽孢杆菌 (模式种) 枯草杆菌 Bacillus subtilis (沉积物, 朝鲜半岛水域).【活性】抗菌 (金黄色葡萄球菌 Staphylococcus aureus, MIC = 0.04μmol/L; 枯草杆菌 Bacillus subtilis, MIC = 0.04μmol/L; 伤寒沙门氏菌 Salmonella typhi, MIC = 0.02μmol/L; 铜绿假单胞菌 Pseudomonas aeruginosa, MIC = 0.02μmol/L; 对照阿奇霉素, 所有的 MIC = 0.01μmol/L); 抗真菌 (立枯丝核菌*Rhizoctonia solani, MIC = 0.02μmol/L; 尖孢炭疽菌 *Colletotrichum acutatum, MIC = 0.02μmol/L; 抗灰色葡萄孢菌 *Botrytis cinera, MIC = 0.01μmol/L; 对照两性霉素 B, 所有的 MIC = 0.01μmol/L); 运动性抑制和溶菌活性 (枯萎病病原体辣椒疫霉菌*Phytophthora capsici 的游动孢子, 0.02μmol/L, 运动性抑制: 30min,

InRt = 40%, 45min, InRt = 60%, 60min, InRt = 70%; 裂解游动孢子失败).【文献】F. S. Tareq, et al. Org. Lett., 2014, 16, 928.

1795 Gageopeptide A 伽格欧肽 A*
【基本信息】$C_{37}H_{68}N_4O_9$, 无定形固体, $[\alpha]_D^{27}$ = $-21°$ (c = 0.1, 甲醇).【类型】脂肽类.【来源】海洋导出的细菌枯草芽孢杆菌 (模式种)枯草杆菌 *Bacillus subtilis* (沉积物, 朝鲜半岛水域).【活性】抗真菌 (病源真菌立枯丝核菌*Rhizoctonia solani*, 葡萄孢菌 *Botrytis cinerea* 和尖孢炭疽菌* *Colletotrichum acutatum*, MIC = 0.02~0.06µmol/L, 有值得注意的活性, 是发展非细胞毒抗真菌剂的有前途的候选物); 运动性抑制和溶菌活性 (枯萎病病原体辣椒疫霉菌*Phytophthora capsici* 的游动孢子, 有值得注意的活性); 抗菌 (革兰氏阳性菌和革兰氏阴性菌, MIC =0.04~0.08µmol/L, 有潜力的).【文献】F. S. Tareq, et al. J. Agric. Food Chem., 2014, 62, 5565.

1796 Gageopeptide B 伽格欧肽 B*
【基本信息】$C_{39}H_{72}N_4O_9$, 无定形固体, $[\alpha]_D^{27}$ = $-40°$ (c = 0.1, 甲醇).【类型】脂肽类.【来源】海洋导出的细菌枯草芽孢杆菌 (模式种) 枯草杆菌 *Bacillus subtilis* (沉积物, 朝鲜半岛水域).【活性】抗真菌 (病源真菌立枯丝核菌*Rhizoctonia solani*, 葡萄孢菌 *Botrytis cinerea* 和尖孢炭疽菌* *Colletotrichum acutatum*, MIC = 0.02~0.06µmol/L, 有值得注意的活性, 是发展非细胞毒抗真菌剂的有前途的候选物); 运动性抑制和溶菌活性 (枯萎病病原体辣椒疫霉菌*Phytophthora capsici* 的游动孢子, 有值得注意的活性); 抗菌 (革兰氏阳性菌和革兰氏阴性菌, MIC =0.04~0.08µmol/L, 有潜力的).【文献】F. S. Tareq, et al. J. Agric. Food Chem., 2014, 62, 5565.

1797 Gageopeptide C 伽格欧肽 C*
【基本信息】$C_{37}H_{68}N_4O_9$, 无定形固体, $[\alpha]_D^{27}$ = $-20°$ (c = 0.1, 甲醇).【类型】脂肽类.【来源】海洋导出的细菌枯草芽孢杆菌 (模式种) 枯草杆菌 *Bacillus subtilis* (沉积物, 朝鲜半岛水域).【活性】抗真菌 (病源真菌立枯丝核菌*Rhizoctonia solani*, 葡萄孢菌 *Botrytis cinerea* 和尖孢炭疽菌* *Colletotrichum acutatum*, MIC = 0.02~0.06µmol/L, 有值得注意的活性, 是发展非细胞毒抗真菌剂的有前途的候选物); 运动性抑制和溶菌活性 (枯萎病病原体辣椒疫霉菌*Phytophthora capsici* 的游动孢子, 有值得注意的活性); 抗菌 (革兰氏阳性菌和革兰氏阴性菌, MIC =0.04~0.08µmol/L, 有潜力的).【文献】F. S. Tareq, et al. J. Agric. Food Chem., 2014, 62, 5565.

1798 Gageopeptide D 伽格欧肽 D*
【基本信息】$C_{38}H_{70}N_4O_9$, 无定形固体, $[\alpha]_D^{27}$ = $-70°$ (c = 0.05, 甲醇).【类型】脂肽类.【来源】海洋导出的细菌枯草芽孢杆菌 (模式种)枯草杆菌 *Bacillus subtilis* (沉积物, 朝鲜半岛水域).【活性】抗真菌 (病源真菌立枯丝核菌*Rhizoctonia solani*, 葡萄孢菌 *Botrytis cinerea* 和尖孢炭疽菌* *Colletotrichum acutatum*, MIC = 0.02~0.06µmol/L, 有值得注意的活性, 是发展非细胞毒抗真菌剂的有前途的候选物); 运动性抑制和溶菌活性 (枯萎病病原体辣椒疫霉菌*Phytophthora capsici* 的游动孢子, 有值得注意的活性); 抗菌 (革兰氏阳性菌和革兰氏阴性菌, MIC =0.04~0.08µmol/L, 有潜力的).【文献】F. S. Tareq, et al. J. Agric. Food Chem., 2014, 62, 5565.

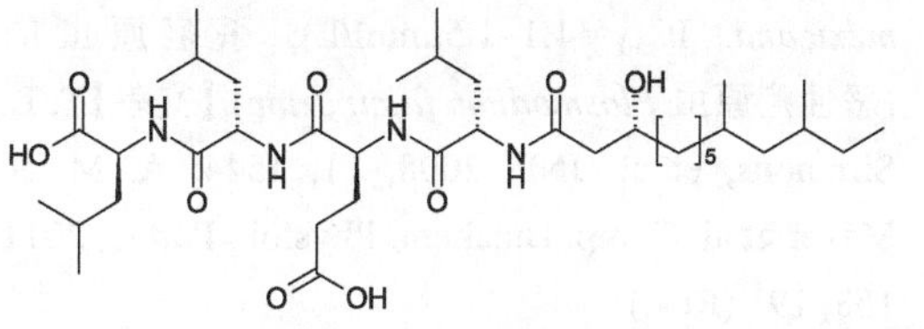

1799　Kurahyne　库拉赫炔*
【基本信息】$C_{47}H_{78}N_6O_7$.【类型】脂肽类.【来源】蓝细菌鞘丝藻属 *Lyngbya* sp. [Syn. *Moorea* sp.] (聚集体, 主要成分为蓝细菌鞘丝藻属 *Lyngbya* sp.).【活性】细胞毒 (HeLa, 细胞抑制剂和细胞凋亡诱导剂).【文献】A. Iwasaki, et al. RSC Adv., 2014, 4, 12840.

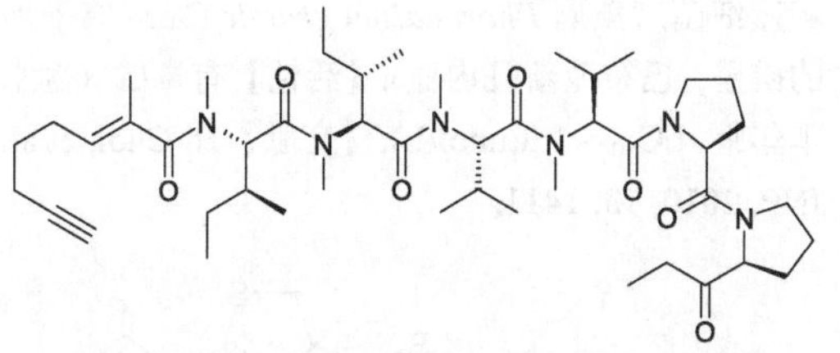

1800　Mojavensin A　摩加夫芽孢杆菌新 A*
【基本信息】$C_{50}H_{77}N_{13}O_{14}$.【类型】脂肽类.【来源】海洋导出的细菌摩加夫芽孢杆菌* *Bacillus mojavensis*, 来自大珠母贝 (一种牡蛎) *Pinctada martensii* (涠洲岛, 广西, 中国).【活性】抗真菌.【文献】Z. Ma, et al. J. Antibiot., 2012, 65, 317.

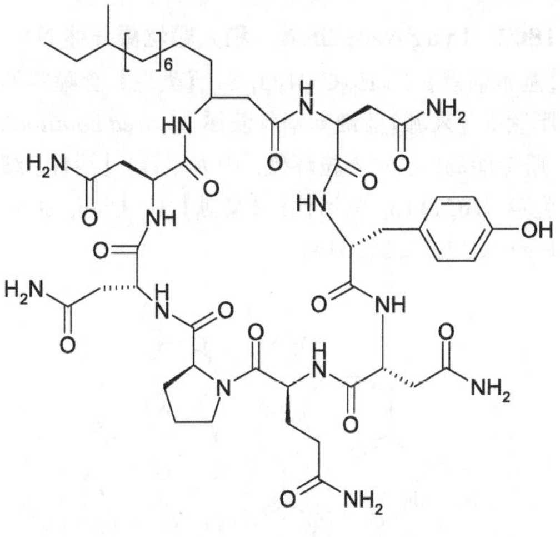

1801　Mollemycin A　莫尔岛霉素 A*
【基本信息】$C_{59}H_{96}N_8O_{24}$.【类型】脂肽类.【来源】海洋导出的链霉菌属 *Streptomyces* sp. (沉积物, 南莫尔岛, 昆士兰, 澳大利亚).【活性】抗菌 (某些革兰氏阳性菌和革兰氏阴性菌), 杀疟原虫的 (DSPF 和 MDRPF 克隆, 极有潜力的).【文献】R. Raju, et al. Org. Lett., 2014, 16, 1716.

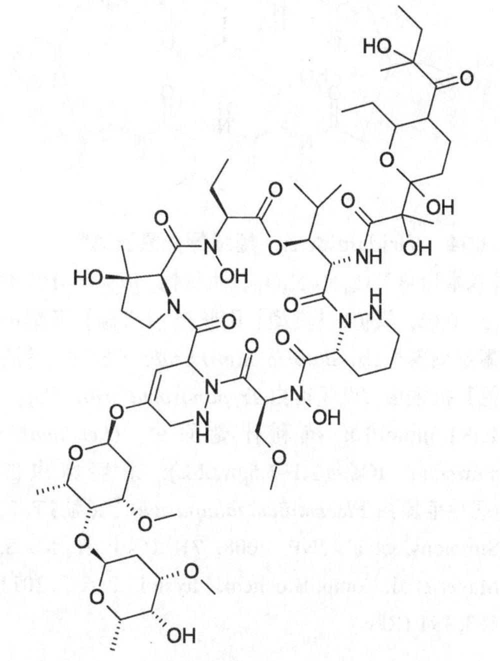

1802　Peptidolipin B　肽脂平 B*
【基本信息】$C_{59}H_{107}N_7O_{11}$.【类型】脂肽类.【来源】海洋导出的放线菌诺卡氏放线菌属 *Nocardia* sp., 来自膜海鞘属 *Trididemnum orbiculatum* (佛罗里达礁).【活性】抗菌 (MRSA 和 MSSA, 适度活性).【文献】T. P. Wyche, et al. JNP, 2012, 75, 735.

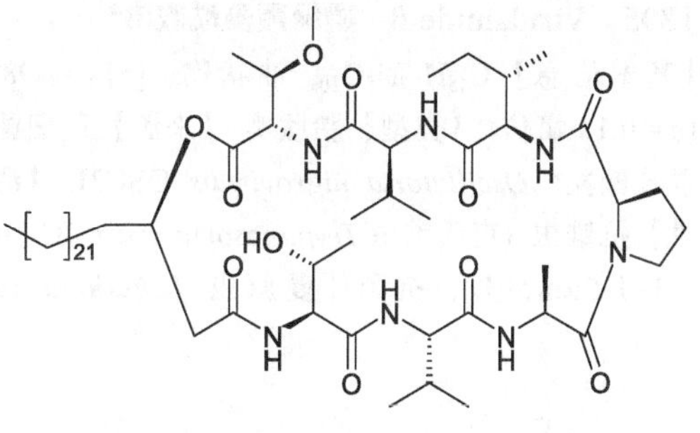

1803　Peptidolipin D　肽脂平 D*
【基本信息】$C_{63}H_{115}N_7O_{11}$.【类型】脂肽类.【来源】海洋导出的放线菌诺卡氏放线菌属 *Nocardia* sp., 来自膜海鞘属 *Trididemnum orbiculatum* (佛罗里达礁).【活性】抗菌 (MRSA 和 MSSA, 中等活性).【文献】T. P. Wyche, et al. JNP, 2012, 75, 735.

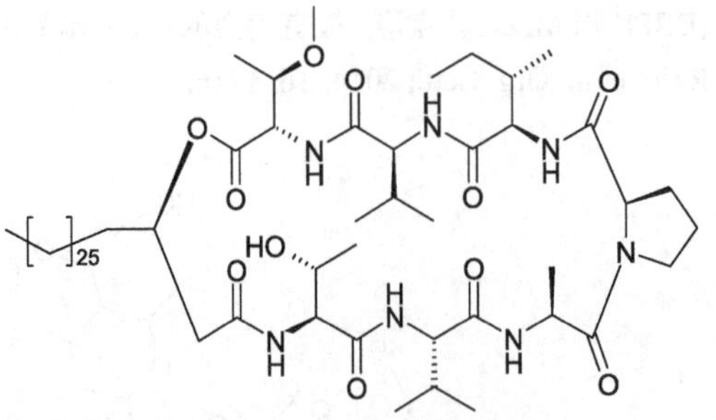

1804　Viridamide A　墨绿颤藻酰胺 A*
【基本信息】$C_{46}H_{79}N_5O_{10}$，油状物，$[\alpha]_D = -107.4°$ ($c = 0.05$，氯仿).【类型】脂肽类.【来源】蓝细菌墨绿颤藻* *Oscillatoria nigroviridis* OSC3L.【活性】抗锥虫 (克氏锥虫 *Trypanosoma cruzi*，$IC_{50} = 1.1 \sim 1.5 \mu mol/L$)；抗利什曼原虫 (*Leishmania mexicana*，$IC_{50} = 1.1 \sim 1.5 \mu mol/L$)；杀疟原虫的 (恶性疟原虫 *Plasmodium falciparum*).【文献】T. L. Simmons, et al. JNP, 2008, 71, 1544; A. M. S. Mayer et al. Comp. Biochem. Physiol., Part C, 2011, 153, 191 (Rev.).

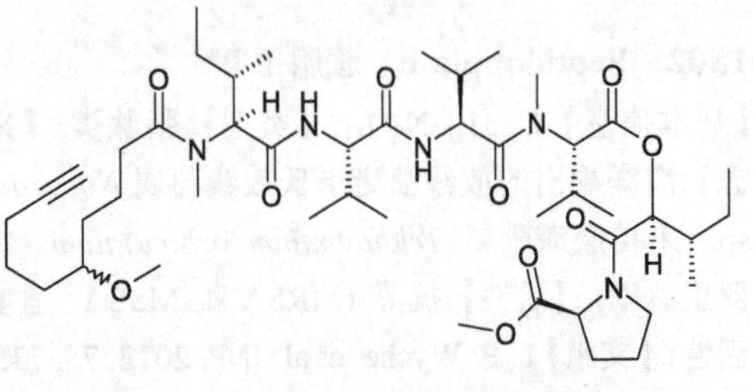

1805　Viridamide B　墨绿颤藻酰胺 B*
【基本信息】$C_{45}H_{77}N_5O_{10}$，油状物，$[\alpha]_D = -98°$ ($c = 0.1$，氯仿).【类型】脂肽类.【来源】蓝细菌墨绿颤藻* *Oscillatoria nigroviridis* OSC3L.【活性】抗锥虫 (克氏锥虫 *Trypanosoma cruzi*，$IC_{50} = 1.1 \sim 1.5 \mu mol/L$)；抗利什曼原虫 (*Leishmania mexicana*，$IC_{50} = 1.1 \sim 1.5 \mu mol/L$)；杀疟原虫的 (恶性疟原虫 *Plasmodium falciparum*).【文献】T. L. Simmons, et al. JNP, 2008, 71, 1544; A. M. S. Mayer et al. Comp. Biochem. Physiol., Part C, 2011, 153, 191 (Rev.).

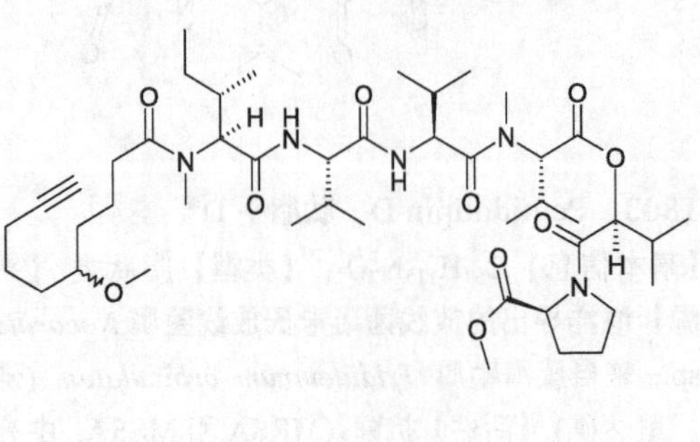

3.22　含噻唑的脂肽类

1806　Hoiamide C　蓝细菌酰胺 C*
【基本信息】$C_{37}H_{62}N_4O_7S_3$【类型】含噻唑的脂肽类.【来源】蓝细菌稍大鞘丝藻 *Lyngbya majuscula* 和蓝细菌席藻属 *Phormidium gracile* (靠近鸽子岛的礁壁，巴布亚新几内亚).【活性】有毒的 (盐水丰年虾，$LC_{50} = 1.3 \mu mol/L$).【文献】H. Choi, et al. JNP, 2010, 73, 1411.

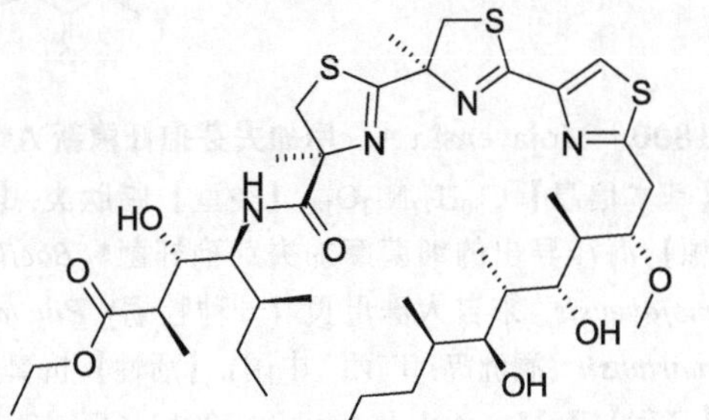

1807　Lyngbyabellin N　稍大鞘丝藻拜林 N*
【基本信息】$C_{40}H_{58}Cl_2N_4O_{11}S_2$.【类型】含噻唑的脂肽类.【来源】蓝细菌鞘丝藻属 *Moorea bouillonii* (斯特朗岛，巴尔米拉环礁，中太平洋).【活性】细胞毒 (HCT116，高活性).【文献】H. Choi, et al. EurJOC, 2012, 27, 5141.

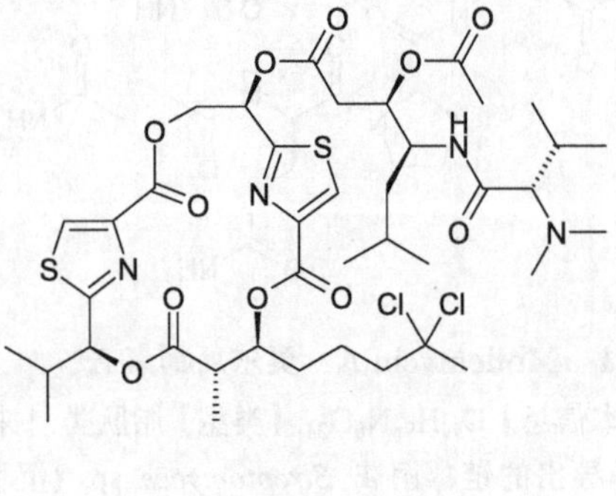

4

其它

4.1 氨基酸类 /370
4.2 糖类化合物 /375
4.3 核苷类 /377
4.4 含硫化合物 /380
4.5 含砷化合物 /401
4.6 杂项 /401

4.1 氨基酸类

1808 (S)-2,5-Diaminopentanoic acid (S)-2,5-二氨基戊酸
【基本信息】$C_5H_{12}N_2O_2$, 晶体（乙醇/乙醚），mp 140°C，$[\alpha]_D^{25}$ = +11.5°。【类型】蛋白 α-氨基酸。【来源】绿藻石莼 Ulva lactuca, 绿藻松藻属 Codium decorticatum 和绿藻肠浒苔 Enteromorpha intestinalis, 陆地植物（游离态），陆地真菌（蛋白的组分）。【活性】处理高血氨症和肝脏疾病。【文献】CRC Press, DNP on DVD, 2012, version 20.2.

1809 α-Allokainic acid α-别红藻氨酸
【别名】α-Allokaininic acid。【基本信息】$C_{10}H_{15}NO_4$, mp 238~242°C，$[\alpha]_D^{20}$ = +7.7° (c = 1.3, 水)。【类型】非蛋白 α-氨基酸。【来源】红藻海人草 Digenea simplex.【活性】神经生理学活性（哺乳动物，有潜力的）；驱肠虫剂；抗菌。【文献】I. Nitta, et al. Nature (London), 1958, 181, 761; A. Barco, et al. JOC, 1992, 57, 6279; C. Agami, et al. JOC, 1994, 59, 7937.

1810 Betonicine 左旋水苏碱
【别名】Achillein; 锯叶草素。【基本信息】$C_7H_{13}NO_3$, 棱柱状晶体（乙醇），mp 252°C（分解），$[\alpha]_D^{15}$ = −36.6°（水）。【类型】非蛋白 α-氨基酸。【来源】宏伟寇海绵* Latrunculia magnifica.【活性】抗炎。【文献】Y. Kashman, et al. Tetrahedron, 1985, 41, 1905.

1811 Carnosadine 肉质蜈蚣藻萨定*
【基本信息】$C_6H_{12}N_4O_2$, 吸湿性粉末。【类型】非蛋白 α-氨基酸。【来源】红藻肉质蜈蚣藻 Grateloupia carnosa.【活性】抗炎。【文献】T. Wakamiya, et al. Tetrahedron, 1984. 40, 235; T. Wakamiya, et al. Tetrahedron Lett., 1984, 25, 4411; D. J. Aitken, et al. Tetrahedron, 1993, 49, 6375.

1812 5,6-Dibromoabrine 5,6-二溴相思子碱
【基本信息】$C_{12}H_{12}Br_2N_2O_2$, 亮棕色粉末。【类型】非蛋白 α-氨基酸。【来源】冲绳海绵 Hyrtios sp. 和青甲海绵亚科 Thorectinae 海绵 Smenospongia sp.【活性】磷脂酶 A_2 抑制剂 [蜂毒 PLA_2, IC_{50} = (0.30±0.01)mmol/L]；抗氧化剂 [氧自由基吸收能力 (ORAC) = (0.07±0.01), 有值得注意的活性]。【文献】D. Tasdemir, et al. Zh. Neorg. Khim., 2002, 57, 914; A. Longeon, et al. Mar. Drugs, 2011, 9, 879.

1813 N-[[3,4-Dihydro-3S-hydroxy-2S-methyl-2-(4′R-methyl-3′S-pentenyl)-2H-1-benzopyran-6-yl]carbonyl]-threonine N-[[3,4-二氢-3S-羟基-2S-甲基-2-(4′R-甲基-3′S-戊烯基)-2H-1-苯并吡喃-6-基]羰基]-苏氨酸
【基本信息】$C_{21}H_{29}NO_6$。【类型】非蛋白 α-氨基酸。【来源】海洋导出的链霉菌厦门链霉菌 Streptomyces xiamenensis（红树沉积物，福建，中国）。【活性】抗纤维变性（抑制人肺成纤维细胞 WI26 增殖，阻断 THP-1 粘连到 WI26 单层，减少 WI26 细胞在三维自由浮动的胶原蛋白凝胶中可收缩的能力，它可能确实有治疗纤维变性的潜力）。【文献】M.-J. Xu, et al. Mar. Drugs, 2012, 10, 639.

1814 (−)-Kainic acid (−)-海人草酸
【基本信息】$C_{10}H_{15}NO_4$, 晶体 + 1 分子结晶水（乙醇水溶液）, mp 253~254°C (分解), $[\alpha]_D^{24}$ = −14.8° (c = 1, 水). 【类型】非蛋白 α-氨基酸. 【来源】红藻海人草 *Digenea simplex*, 红藻松节藻科 *Alsidium helminthochorton* 和红藻纵胞藻 *Centroceras clavulatum*. 【活性】谷氨酸盐受体激动剂; 神经毒素; 驱蠕虫药. 【文献】S. Murakami, et al. J. Pharm. Soc., Jpn, 1953, 73, 1026; G. A. Kraus, et al. Tetrahedron Lett., 1983, 24, 3427; S. Takano, et al. J. Chem. Soc., Chem. Commun., 1992, 169; J. Cooper, et al. JCS Perkin Trans. I, 1992, 553; S. Yoo, et al. Tetrahedron Lett., 1993, 34. 3435; A. F. Parsons, Tetrahedron 1996, 52, 4149.

1815 4′-Methoxyasperphenamate 4′-甲氧基曲霉非那明酸酯*
【基本信息】$C_{33}H_{32}N_2O_5$. 【类型】非蛋白 α-氨基酸. 【来源】海洋导出的真菌曲霉菌属 *Aspergillus elegans*, 来自肉芝软珊瑚属 *Sarcophyton* sp. (涠洲珊瑚礁, 广西, 中国). 【活性】抗菌 (表皮葡萄球菌 *Staphylococcus epidermidis*, 适度活性). 【文献】C.-J. Zheng, et al. Mar. Drugs, 2013, 11, 2054.

1816 Ovothiol A 卵硫醇A*
【基本信息】$C_7H_{11}N_3O_2S$. 【类型】非蛋白 α-氨基酸. 【来源】海星特氏真海盘车 *Evasterias troschelii* (卵), 头足目动物鱿鱼 *Loligo vulgaris*, 棘皮动物门真海胆亚纲海胆亚目拟下海胆属 *Paracentrotus lividus*, 多毛纲沙蚕科阔沙蚕属 *Platynereis dumerilii*. 【活性】磷脂酶 A_2 抑制剂; 氧化还原酶刺激剂; 氧化还原活性化合物; 信息素 (用于产卵). 【文献】A. Palumbo, et al. Tetrahedron Lett., 1982, 23, 3207; I. Röhl, et al. Z. Naturforsch., Sect. C, 1999, 54, 1145.

1817 Ovothiol B 卵硫醇B*
【基本信息】$C_8H_{13}N_3O_2S$. 【类型】非蛋白 α-氨基酸. 【来源】软体动物双壳纲扇贝科锦海扇蛤属扇贝 *Chlamys hastata*. 【活性】磷脂酶 A_2 抑制剂; 氧化还原酶刺激剂. 【文献】E. Turner, et al. Biochemistry, 1987, 26, 4028.

1818 Ovothiol C 卵硫醇C*
【基本信息】$C_9H_{15}N_3O_2S$. 【类型】非蛋白 α-氨基酸. 【来源】棘皮动物门真海胆亚纲海胆亚目球海胆科着紫色球海胆* *Strongylocentrotus purpuratus* 和棘皮动物门真海胆亚纲海胆亚目拟下海胆属 *Paracentrotus lividus*. 【活性】氧化还原酶刺激剂. 【文献】E. Turner, et al. Biochemistry, 1987, 26, 4028.

1819 Pygmeine 地衣碱*
【别名】Ramalin; 真菌树花林*. 【基本信息】$C_{11}H_{15}N_3O_4$, 浅黄色粉末, mp 144~146°C (分解), $[\alpha]_D^{20}$ = −2° (c = 1, 甲醇). 【类型】非蛋白 α-氨基酸. 【来源】海洋导出的地衣 *Lichina pygmaea* (地衣是真菌和蓝绿藻和绿藻形成的联合体, 主要是子囊菌门 Ascomycota 成员, 也偶有担子菌门 Basidiomycota 成员), 和海洋导出的真菌树花属* *Ramalina terebrata*. 【活性】抗氧化剂; 抗菌. 【文献】C. Roullier, et al. Bioorg. Med. Chem. Lett.,

2010, 20, 4582; B. Paudel, et al. Z. Naturforsch., C, 2010, 65, 34.

1820　Echinobetaine A　棘网海绵甜菜碱 A*
【基本信息】$C_8H_{17}NO_3$, $[α]_D^{22}$ = –49° (c = 0.6, 甲醇).【类型】$β$-氨基酸.【来源】棘网海绵属 *Echinodictyum* sp.【活性】杀线虫剂.【文献】R. J. Capon, et al. JNP, 2005, 68, 179.

1821　Erinacean　芒刺等网海绵碱*
【基本信息】$C_8H_9N_5O_3$, 无定形粉末.【类型】$β$-氨基酸.【来源】芒刺等网海绵* *Isodictya erinacea* (南极地区).【活性】细胞毒 (L5178Y, LD_{50} = 50μg/mL); 抗菌 (表皮葡萄球菌 *Staphylococcus epidermidis*, 金黄色葡萄球菌 *Staphylococcus aureus*, 大肠杆菌 *Escherichia coli*).【文献】B. Moon, et al. JNP, 1998, 61, 116.

1822　3-N-(1Z-Propenyl)-palythine　3-N-(1Z-丙烯基)-聚色因*
【别名】Usujirene; 乌苏里烯 MAA*.【基本信息】$C_{13}H_{20}N_2O_5$.【类型】杀枝曲菌素 (Mycosporins).【来源】红藻掌叶第三腕板 *Palmaria palmata*, 亚历山大甲藻属 *Alexandrium excavatum*, 掘海绵属 *Dysidea* sp. 和蓝细菌色球藻目 Chroococcales 原绿菌属 *Prochloron* sp. (共生体).【活性】生长因子; 防紫外线保护剂.【文献】Sekikawa, et al. Jpn. J. Phycol., 1986, 34, 185; J. I. Carreto, et al. J. Plankton Res., 1990, 12, 909.

1823　Aspergillamide A (1998)　曲霉酰胺 A (1998)*
【基本信息】$C_{28}H_{34}N_4O_3$, 无定形粉末, $[α]_D$ = –26.2° (c = 3.05, 甲醇).【类型】杂项修饰氨基酸.【来源】海洋导出的真菌曲霉菌属 *Aspergillus* sp. (沉积物, 盐湖, 巴哈马).【活性】细胞毒 (HCT116, IC_{50} = 16μg/mL).【文献】S. G. Toske, et al. Tetrahedron, 1998, 54, 13459.

1824　Aspergillusol A　曲霉醇 A*
【别名】JBIR 25; 抗生素 JBIR 25.【基本信息】$C_{22}H_{24}N_2O_{10}$, 无定形黄色固体.【类型】杂项修饰氨基酸.【来源】海洋导出的真菌曲霉菌属 *Aspergillus aculeatus* CRI323-04 (通塞湾, 皮皮岛, 甲米府, 泰国) 和海洋导出的真菌丝孢菌属 *Hyphomycetes* sp. CR28109.【活性】$α$-葡萄糖苷酶抑制剂; 抗氧化剂.【文献】Ingavat, N. et al. JNP, 2009, 72, 2049; K. Motohashi, et al. J. Antibiot., 2009, 62, 703.

1825　Dolastatin C　尾海兔素 C
【基本信息】$C_{35}H_{57}N_5O_6$, 无定形粉末, $[α]_D^{25}$ = –136° (c = 0.066, 甲醇).【类型】杂项修饰氨基酸.【来源】软体动物耳形尾海兔 *Dolabella auricularia*.【活性】细胞毒 (低活性).【文献】H. Sone, et al. Tetrahedron Lett., 1993, 34, 8445; 8449.

1826　Ethyl tumonoate A　肿瘤酸乙酯 A
【基本信息】$C_{21}H_{37}NO_4$.【类型】杂项修饰氨基酸.【来源】蓝细菌珠点颤藻 *Oscillatoria margaritifera*.

【活性】细胞毒 (MTT 试验, 10μg/mL, H460); 抗炎 [NO 试验, RAW264.7 细胞, IC$_{50}$ = 9.8μmol/L (3.6μg/mL) 低或无细胞毒]; 钙振荡抑制剂 (新大脑皮层神经元, 10μmol/L, 几乎完全抑制).【文献】N. Engene, et al. JNP, 2011, 74, 1737.

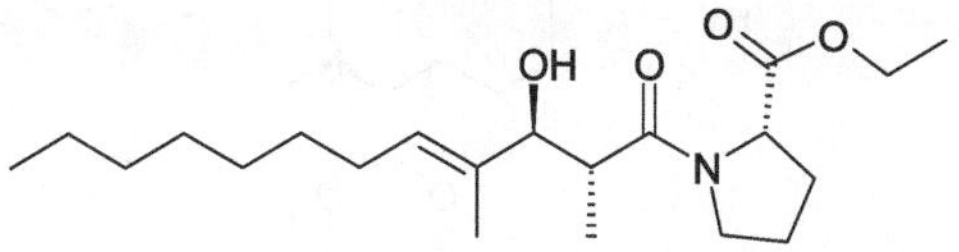

1827 *N*-[14-Methyl-3-(13-methyl-4-tetradecenoyloxy)pentadecanoyl]glycine *N*-[14-甲基-3-(13-甲基-4-十四(碳)烯酰基氧)十五烷酰基]甘氨酸*

【基本信息】C$_{33}$H$_{61}$NO$_5$, 无定形固体, [α]$_D^{25}$ = –3.4° (*c* = 0.87, 甲醇).【类型】杂项修饰氨基酸.【来源】海洋细菌噬胞菌属 *Cytophaga* sp. (丛海水分离).【活性】N 类型钙通道阻断剂.【文献】T. Morishita, et al. J. Antibiot., 1997, 50, 457.

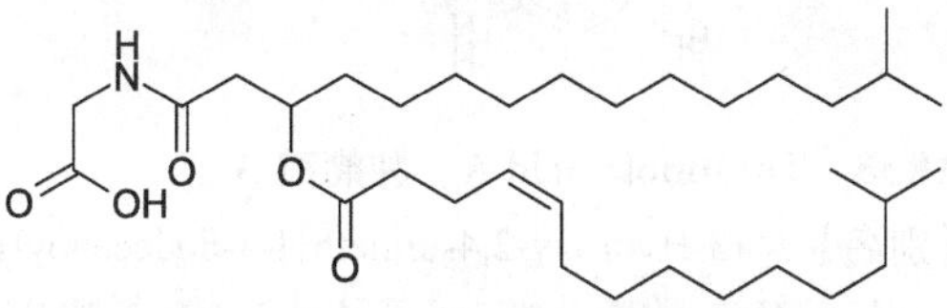

1828 Purpuroine A 紫色绣球海绵素 A*

【基本信息】C$_{13}$H$_{16}$Br$_3$NO$_3$.【类型】杂项修饰氨基酸.【来源】紫色绣球海绵* *Iotrochota purpurea* (三亚, 海南, 中国).【活性】抗微生物; 激酶抑制剂.【文献】S. Shen, et al. Bioorg. Med. Chem., 2012, 20, 6924.

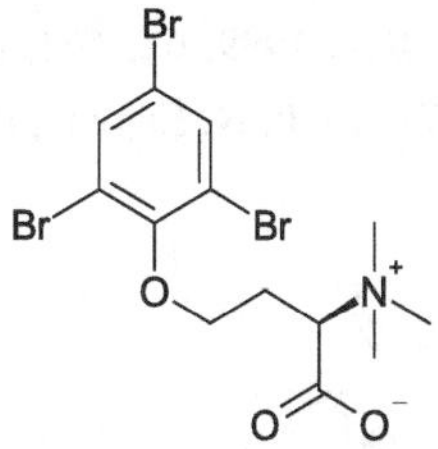

1829 Purpuroine B 紫色绣球海绵素 B*

【基本信息】C$_{13}$H$_{17}$Br$_2$NO$_3$.【类型】杂项修饰氨基酸.【来源】紫色绣球海绵* *Iotrochota purpurea* (三亚, 海南, 中国).【活性】抗微生物; 激酶抑制剂.【文献】S. Shen, et al. Bioorg. Med. Chem., 2012, 20, 6924.

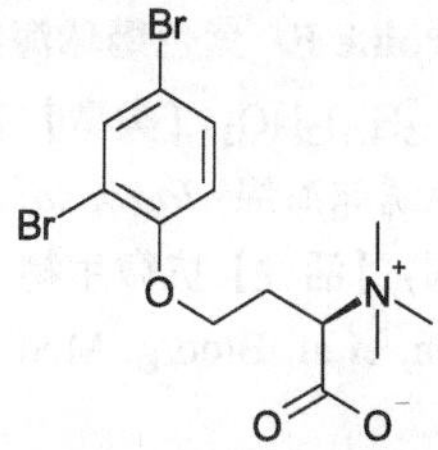

1830 Purpuroine C 紫色绣球海绵素 C*

【基本信息】C$_{13}$H$_{16}$BrCl$_2$NO$_3$.【类型】杂项修饰氨基酸.【来源】紫色绣球海绵* *Iotrochota purpurea* (三亚, 海南, 中国).【活性】抗微生物; 激酶抑制剂.【文献】S. Shen, et al. Bioorg. Med. Chem., 2012, 20, 6924.

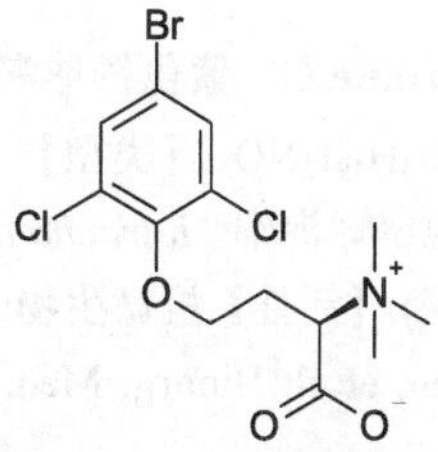

1831 Purpuroine D 紫色绣球海绵素 D*

【基本信息】C$_{13}$H$_{16}$Br$_2$INO$_3$.【类型】杂项修饰氨基酸.【来源】紫色绣球海绵* *Iotrochota purpurea* (三亚, 海南, 中国).【活性】抗微生物; 激酶抑制剂.【文献】S. Shen, et al. Bioorg. Med. Chem., 2012, 20, 6924.

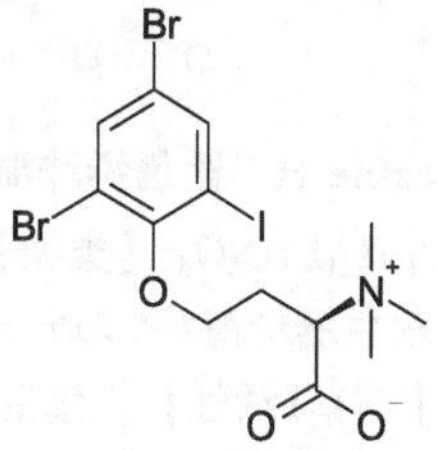

1832 Purpuroine E 紫色绣球海绵素 E*

【基本信息】C$_{13}$H$_{16}$Br$_2$ClNO$_3$.【类型】杂项修饰氨基酸.【来源】紫色绣球海绵* *Iotrochota purpurea* (三亚, 海南, 中国).【活性】抗微生物; 激酶抑制剂.【文献】S. Shen, et al. Bioorg. Med. Chem., 2012, 20, 6924.

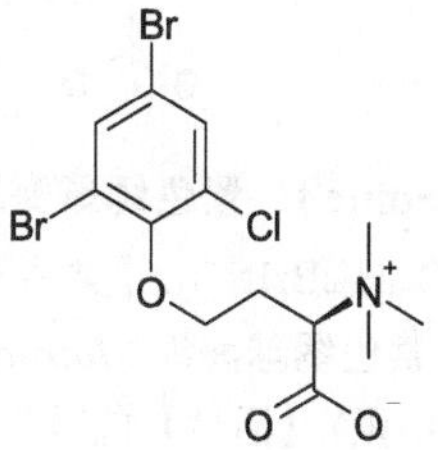

1833 Purpuroine F 紫色绣球海绵素 F*
【基本信息】$C_{15}H_{21}I_2NO_3$.【类型】杂项修饰氨基酸.【来源】紫色绣球海绵 *Iotrochota purpurea* (三亚, 海南, 中国).【活性】抗微生物; 激酶抑制剂.【文献】S. Shen, et al. Bioorg. Med. Chem., 2012, 20, 6924.

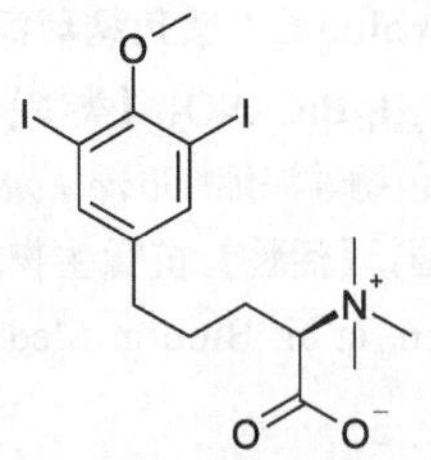

1834 Purpuroine G 紫色绣球海绵素 G*
【基本信息】$C_{14}H_{19}I_2NO_3$.【类型】杂项修饰氨基酸.【来源】紫色绣球海绵* *Iotrochota purpurea* (三亚, 海南, 中国).【活性】抗微生物; 激酶抑制剂.【文献】S. Shen, et al. Bioorg. Med. Chem., 2012, 20, 6924.

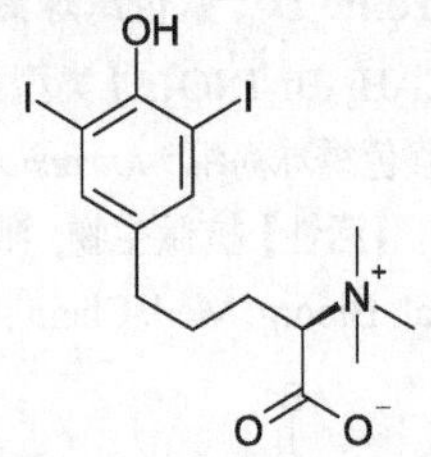

1835 Purpuroine H 紫色绣球海绵素 H*
【基本信息】$C_{15}H_{21}BrINO_3$.【类型】杂项修饰氨基酸.【来源】紫色绣球海绵* *Iotrochota purpurea* (三亚, 海南, 中国).【活性】抗微生物; 激酶抑制剂.【文献】S. Shen, et al. Bioorg. Med. Chem., 2012, 20, 6924.

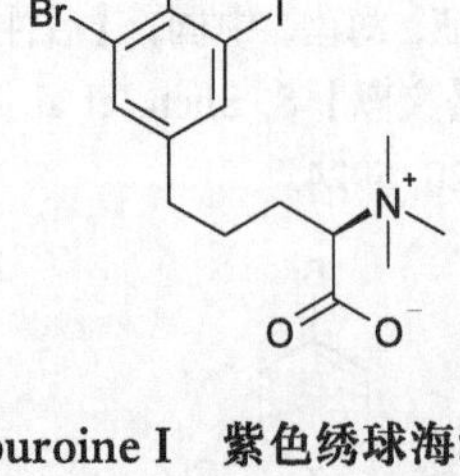

1836 Purpuroine I 紫色绣球海绵素 I*
【基本信息】$C_{14}H_{19}BrINO_3$.【类型】杂项修饰氨基酸.【来源】紫色绣球海绵* *Iotrochota purpurea* (三亚, 海南, 中国).【活性】抗微生物; 激酶抑制剂.【文献】S. Shen, et al. Bioorg. Med. Chem., 2012, 20, 6924.

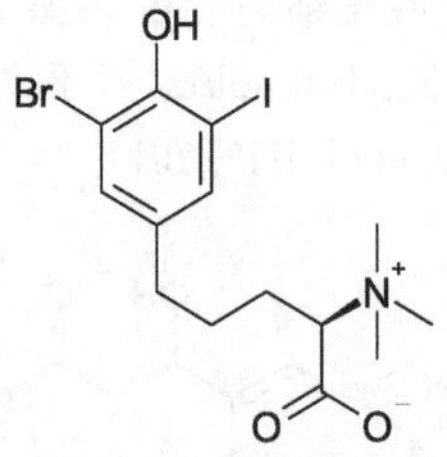

1837 Purpuroine J 紫色绣球海绵素 J*
【基本信息】$C_{15}H_{20}BrN_2O_2^+$.【类型】杂项修饰氨基酸.【来源】紫色绣球海绵* *Iotrochota purpurea* (三亚, 海南, 中国).【活性】抗微生物; 激酶抑制剂.【文献】S. Shen, et al. Bioorg. Med. Chem., 2012, 20, 6924.

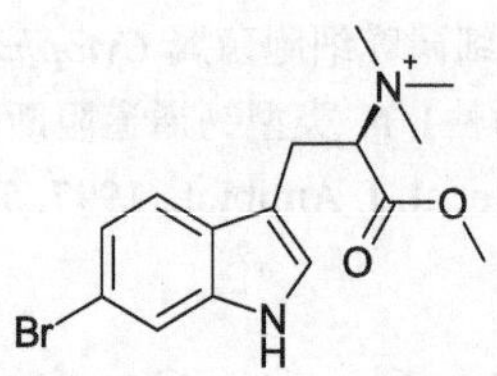

1838 Tumonoic acid A 肿瘤酸 A
【别名】*N*-(3-Hydroxy-2,4-dimethyl-4-dodecenoyl) proline; *N*-(3-羟基-2,4-二甲基-4-十二(碳)烯酰基)脯氨酸.【基本信息】$C_{19}H_{33}NO_4$, 浅黄色油状物, $[\alpha] = -79°$ ($c = 1.1$, 氯仿).【类型】杂项修饰氨基酸.【来源】蓝细菌稍大鞘丝藻 *Lyngbya majuscula* 和蓝细菌钙生裂须藻* *Schizothrix calcicola* (聚集体), 颤藻科 Oscillatoriaceae 蓝细菌 *Blennothrix cantharidosmum*.【活性】钙振荡抑制剂 (新大脑皮层神经元, 10μmol/L, 部分抑制).【文献】G. G. Harrigan, et al. JNP, 1999, 62, 464; B. R. Clark, et al. JNP, 2008, 71, 1530; N. Engene, et al. JNP 2011, 74, 1737.

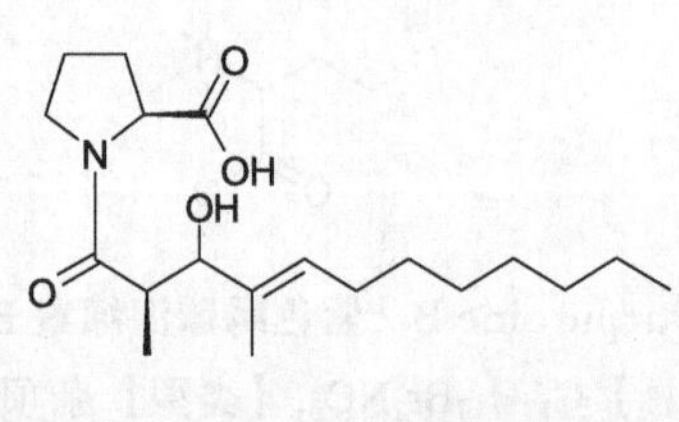

1839 Tumonoic acid F 肿瘤酸 F
【别名】*N*-(3-Acetoxy-2,4-dimethyldodecanoyl) proline; *N*-(3-乙酰氧基-2,4-二甲基十二酰基)脯氨酸.【基本信息】$C_{21}H_{37}NO_5$, 油状物, $[\alpha] = -173.3°$

(c = 1.62, 甲醇).【类型】杂项修饰氨基酸.【来源】颤藻科 Oscillatoriaceae 蓝细菌 *Blennothrix cantharidosmum*.【活性】钙振荡抑制剂 (新大脑皮层神经元, 10μmol/L, 部分抑制).【文献】B. R. Clark, et al. JNP, 2008, 71, 1530; N. Engene, et al. JNP, 2011, 74, 1737.

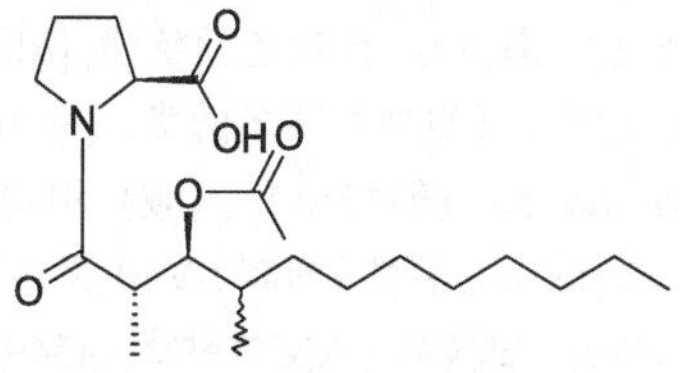

1840 Tumonoic acid I 肿瘤酸I

【基本信息】$C_{27}H_{47}NO_7$, 油状物, $[\alpha]_D$ = −40.6° (c = 3, 甲醇).【类型】杂项修饰氨基酸.【来源】颤藻科 Oscillatoriaceae 蓝细菌 *Blennothrix cantharidosmum*.【活性】抗疟疾 (恶性疟原虫 *Plasmodium falciparum* D6 和 W2, IC_{50} = 2μmol/L).【文献】B. R. Clark, et al. JNP, 2008, 71, 1530.

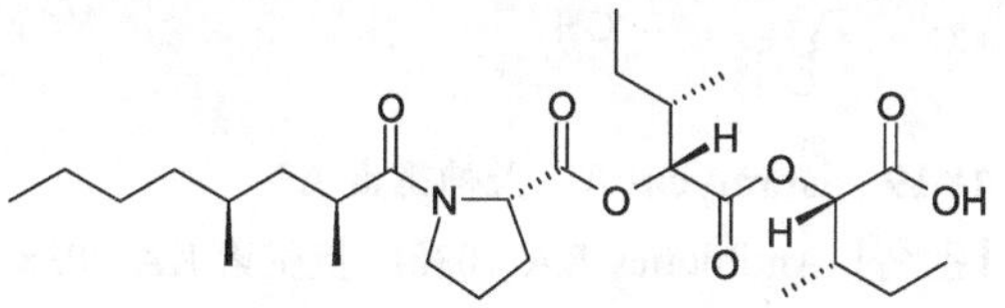

4.2 糖类化合物

1841 Eodoglucomide A 离於糖酰胺A*

【基本信息】$C_{30}H_{53}NO_{12}$.【类型】葡萄糖-己糖类.【来源】海洋导出的细菌地衣芽孢杆菌 *Bacillus licheniformis* (沉积物, 苏岩礁, 黄海, 中国).【活性】抗微生物 (广谱, 中等活性).【文献】F. S. Tareq, et al. Org. Lett., 2012, 14, 1464.

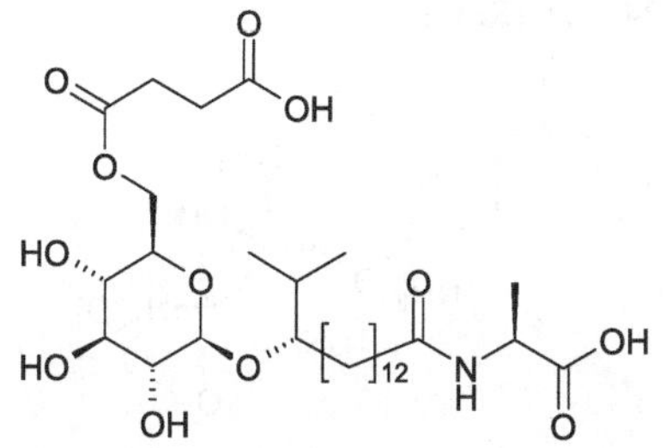

1842 Eodoglucomide B 离於糖酰胺B*

【基本信息】$C_{29}H_{51}NO_{12}$.【类型】葡萄糖-己糖类.【来源】海洋导出的细菌地衣芽孢杆菌 *Bacillus licheniformis* (沉积物, 苏岩礁, 黄海, 中国).【活性】抗微生物 (广谱, 中等活性); 细胞毒 (肺癌和胃癌细胞).【文献】F. S. Tareq, et al. Org. Lett., 2012, 14, 1464.

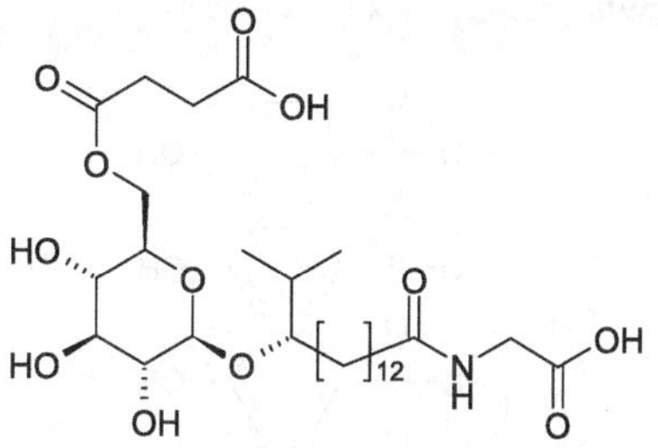

1843 3-Amino-3-deoxy-D-glucose 3-氨基-3-去氧-D-葡萄糖*

【基本信息】$C_6H_{13}NO_5$.【类型】3-氨基-3-脱氧糖类.【来源】海洋细菌芽孢杆菌属 *Bacillus* sp. (深水水域).【活性】抗微生物.【文献】N. Fusetani, et al. Experientia, 1987, 43, 464.

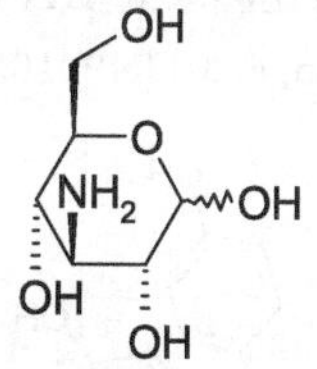

1844 *N*-Acetylneuraminic acid *N*-乙酰基神经氨酸

【别名】Aceneuramic acid; *o*-Sialic acid; 醋纽拉酸; *o*-唾液酸; 甘露糖胺丙酮酸.【基本信息】$C_{11}H_{19}NO_9$, mp 185~187°C (分解).【类型】5-氨基-5-脱氧糖类.【来源】海星红海盘车 *Asterias rubens*, 黏液金丝燕* *Collocalia mucoid* (是该代谢物最丰富的来源, 中国金丝燕的巢状胶结糖蛋白物质), 蛋类, 奶类, 初乳, 颌下腺黏蛋白和胎便中.【活性】抗炎; 抗病毒; 镇咳药.【文献】CRC Press, DNP on DVD, 2012, version 20.2.

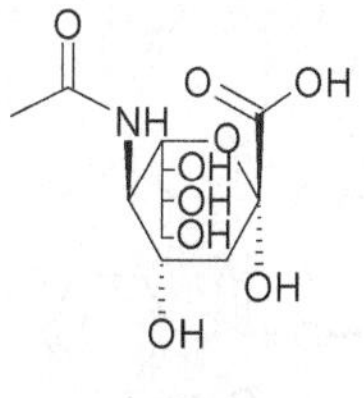

1845 Kelletinin I 蛾螺宁I*

【基本信息】$C_{32}H_{26}O_{12}$, 溶于甲醇, 碱, 乙醚; 难

溶于水.【类型】丁糖醇类.【来源】软体动物门腹足纲前鳃亚纲蛾螺科蛾螺* Kelletia kelletii.【活性】抗菌 (枯草杆菌 Bacillus subtilis); 细胞毒 (L_{1210}, 0.4μg/mL); DNA 聚合酶抑制剂; 逆转录酶 RT 抑制剂.【文献】A. A. Tymiak, et al. JACS, 1983, 105, 7396.

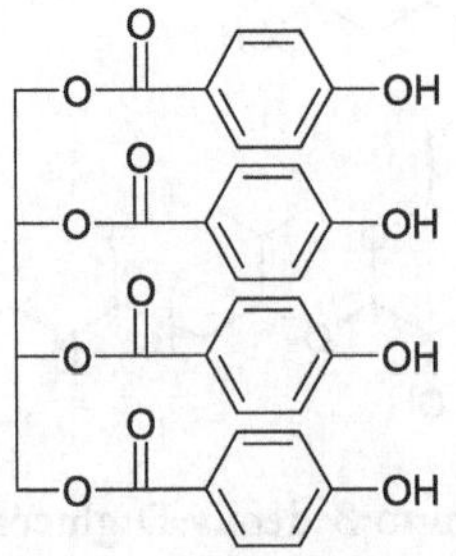

1846　Kelletinin A　蛾螺宁 A*

【别名】Buccinulin; 布斯努林*.【基本信息】$C_{40}H_{32}O_{15}$.【类型】戊糖醇类.【来源】软体动物门腹足纲前鳃亚纲蛾螺科* Buccinulum corneum.【活性】艾滋病毒逆转录酶 HIV-rt 抑制剂; 抗菌.【文献】G. Cimino, et al. JNP, 1987, 50, 1171.

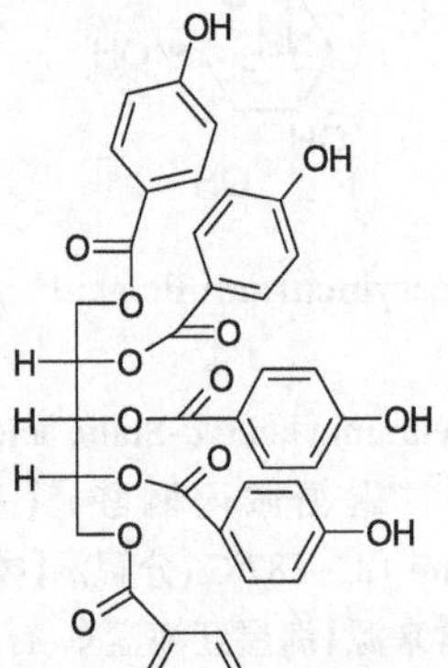

1847　Kelletinin II　蛾螺宁 II*

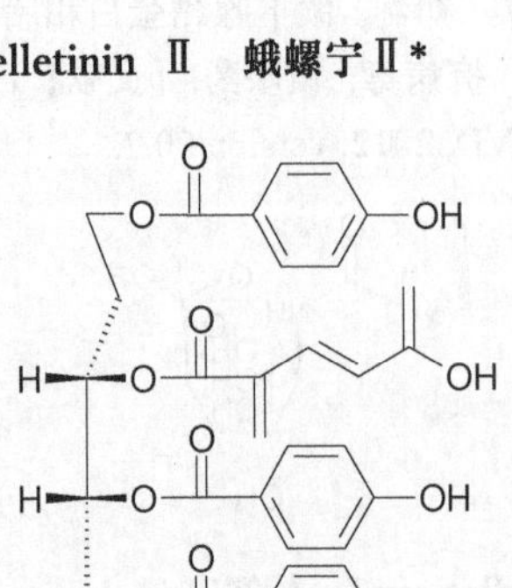

【基本信息】$C_{33}H_{30}O_{12}$.【类型】戊糖醇类.【来源】软体动物门腹足纲前鳃亚纲蛾螺科蛾螺* Kelletia kelletii.【活性】抗菌 (枯草杆菌 Bacillus subtilis); 细胞毒 (L_{1210}, 0.4μg/mL).【文献】A. A. Tymiak, et al. JACS, 1983, 105, 7396.

1848　Sarcotride A　角质海绵素 A*

【基本信息】$C_{25}H_{50}O_7$, 亮黄色油状物, $[\alpha]_D^{21} = -6°$ ($c = 0.15$, 甲醇).【类型】环多醇类.【来源】石海绵属 Petrosia sp. (朝鲜半岛水域) 和角质海绵属 Sarcotragus sp.【活性】抑制 SV40 病毒的 DNA 复制 (in vitro); 细胞毒 (人实体肿瘤, A549, $ED_{50} > 10$μg/mL; SK-OV-3, $ED_{50} = 9.5$μg/mL; SK-MEL-2, $ED_{50} > 10$μg/mL; XF498, $ED_{50} = 9.8$μg/mL; HCT15, $ED_{50} = 9.4$μg/mL).【文献】D.-K. Kim, et al. JNP, 1999, 62, 773; Y. Liu, et al. Bull. Korean Chem. Soc., 2002, 23, 1467.

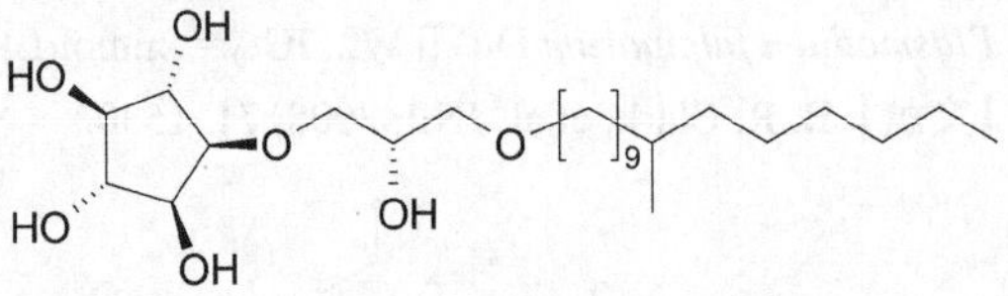

1849　Istamycin A　天神霉素 A*

【别名】Antibiotics KA 7038I; 抗生素 KA 7038I.【基本信息】$C_{17}H_{35}N_5O_5$, 半水合物, mp 78~82°C, $[\alpha]_D^{25} = +120.5°$ ($c = 1$, 水).【类型】氨基环醇类.【来源】海洋导出的链霉菌属 Streptomyces tenjimariensis (嗜冷生物, 培养滤液).【活性】抗菌 (革兰氏阳性菌和革兰氏阴性菌, 尤其是耐氨基糖苷类抗生素的菌株, 产生 AAC3 的组织是例外; 大肠杆菌 Escherichia coli K-12 C600 R135, MIC > 50μg/mL; 假单胞菌属 Pseudomonas sp., MIC = 50μg/mL).【文献】D. Ikeda, et al. J. Antibiot., 1979, 32, 964; 1365; T. Deushi, et al. J. Antibiot., 1979, 32, 1061; 1066; M. D. Lebar, et al. NPR, 2007, 24, 774 (Rev.).

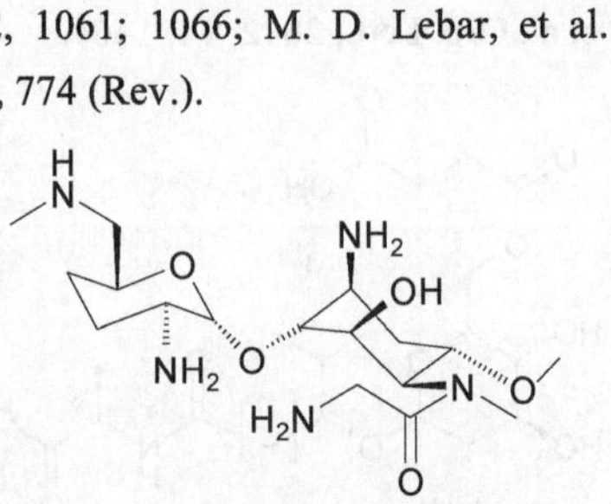

1850　Istamycin B　天神霉素 B*

【基本信息】$C_{17}H_{35}N_5O_5$, 粉末含 1/2H_2O (碳酸盐),

mp 112~114°C (碳酸盐), $[\alpha]_D^{25}$ = +165° (c = 0.4, 水) (碳酸盐).【类型】氨基环醇类.【来源】海洋导出的链霉菌属 *Streptomyces tenjimariensis* (嗜冷生物, 培养滤液).【活性】抗菌 (革兰氏阳性菌和革兰氏阴性菌, 尤其是耐氨基糖苷类抗生素的菌株, 产生 AAC3 的组织是例外; 大肠杆菌 *Escherichia coli* K-12 C600 R135, MIC = 25μg/mL; 假单胞菌属 *Pseudomonas* sp., MIC > 25μg/mL); LD$_{50}$ (小鼠, ivn) = 80~160mg/kg.【文献】D. Ikeda, et al. J. Antibiot., 1979, 32, 964; 1365; M. D. Lebar, et al. NPR, 2007, 24, 774 (Rev.).

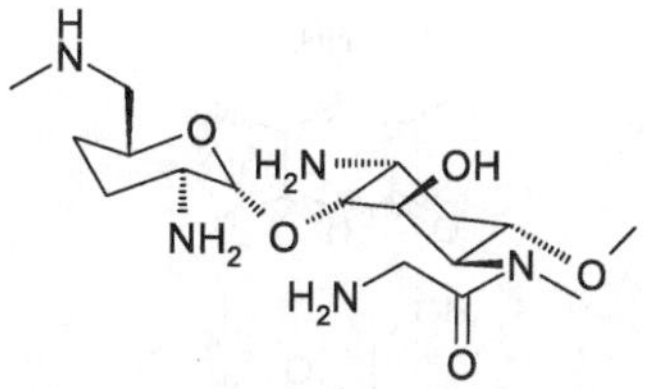

1851 Floridoside 甘油半乳糖苷

【别名】2-*O*-α-D-Galactopyranosylglycerol; 2-*O*-α-D-吡喃半乳糖基甘油.【基本信息】$C_9H_{18}O_8$, mp 128.5°C, $[\alpha]_D$ = +165° (c = 3.35, 水).【类型】二糖类.【来源】红藻育叶藻科 Phyllophoraceae *Mastocarpus stellatus*, 红藻软骨状海头红 *Plocamium cartilagineum*, 红藻凹顶藻属 *Laurencia pinnatifida* 和红藻银杏藻属 *Iridaea laminaroides*.【活性】免疫系统活性 [经典补体通路激活剂, 表观 IC$_{50}$ = 5.9~9.3μg/mL; 作用的分子机制: 免疫球蛋白 M (IgM) 调节效应].【文献】P. M. Abreu, et al. Phytochemistry, 1997, 45, 1601; A. Courtois, et al. Mar. Drugs 2008, 6, 407.

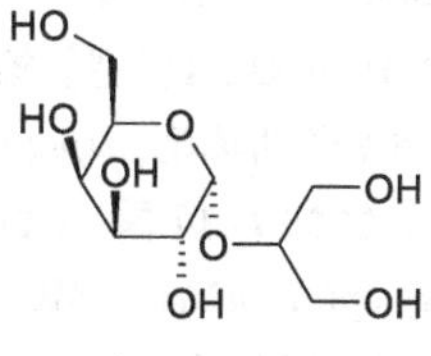

1852 Astebatherioside B 海星海燕糖苷 B*

【基本信息】$C_{34}H_{53}NO_{22}$.【类型】多糖类.【来源】海燕属海星 *Asterina bather* (猫吧岛, 海防, 越南).【活性】IL-12 p40 蛋白生成抑制剂 (LPS-刺激的骨髓源树突状细胞).【文献】N. P. Thao, et al. Bioorg. Med. Chem. Lett., 2013, 23, 1823.

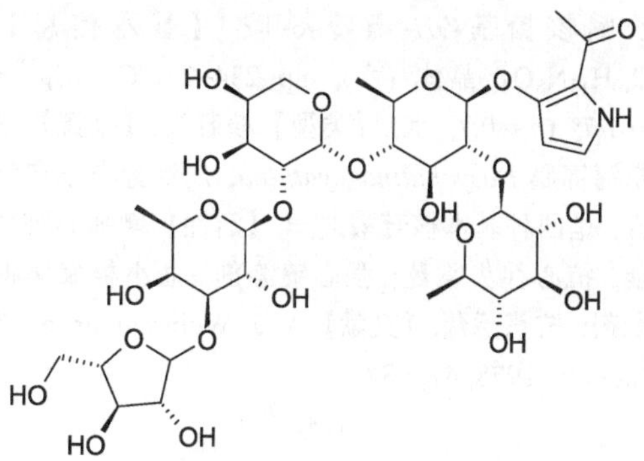

1853 Astebatherioside C 海燕属海星糖苷 C*

【基本信息】$C_{18}H_{27}NO_{10}$.【类型】多糖类.【来源】海燕属海星 *Asterina bather* (猫吧岛, 海防, 越南).【活性】IL-12 p40 蛋白生成抑制剂 (LPS-刺激的骨髓源树突状细胞).【文献】N. P. Thao, et al. Bioorg. Med. Chem. Lett., 2013, 23, 1823.

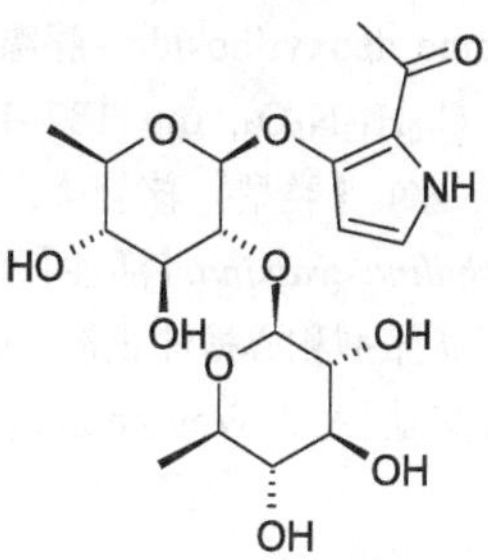

1854 Astebatherioside D 海燕属海星糖苷 D*

【基本信息】$C_{30}H_{46}O_{19}$.【类型】多糖类.【来源】海燕属海星 *Asterina bather* (猫吧岛, 海防, 越南).【活性】IL-12 p40 蛋白生成抑制剂 (LPS-刺激的骨髓源树突状细胞).【文献】N. P. Thao, et al. Bioorg. Med. Chem. Lett., 2013, 23, 1823.

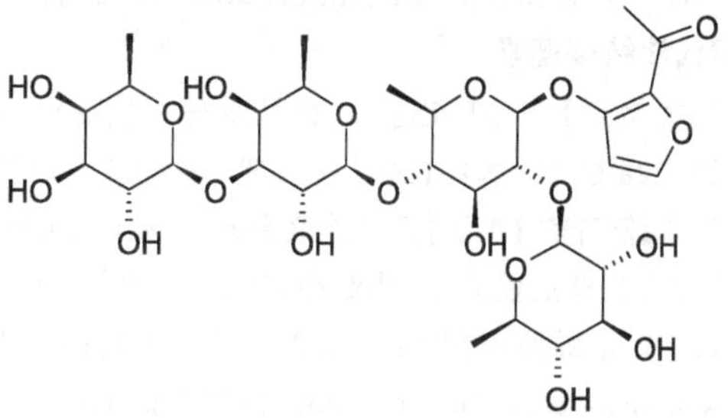

4.3 核苷类

1855 Adenosine 腺嘌呤核苷

【别名】9-β-D-Ribofuranosyl-9*H*-purin-6-amin; 9-β-D-

呋喃核糖基-9H-嘌呤-6-胺.【基本信息】$C_{10}H_{13}N_5O_4$, 晶体（水），mp 234~236ºC，$[\alpha]_D^{11}$ = -61.7º (c = 0.7, 水).【类型】核苷类.【来源】松指海绵属 Dasychalina cyathina, 广泛分布于自然界，是四种基本核苷酸之一.【活性】增强心脏功能；抗心律失常药；强心镇静剂；血小板聚集抑制剂；抗焦虑药.【文献】A. J. Weinheimer, et al. Lloydia, 1978, 41, 488.

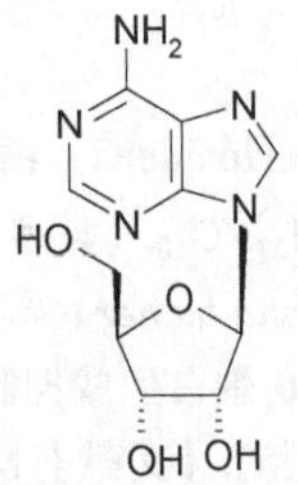

1856 2'-Deoxyadenosine 2'-脱氧腺苷

【别名】Adenine deoxyriboside; 腺嘌呤脱氧核苷.【基本信息】$C_{10}H_{13}N_5O_3$, mp 187~192º, $[\alpha]_D^{20}$ = -27º (c = 0.4, 水).【类型】核苷类.【来源】松指海绵属 Dasychalina cyathina.【活性】增强心脏功能；冠状动脉血管扩张剂和心搏停止剂 (asystolic agent, 原文如此).【文献】A. J. Weinheimer, et al. Lloydia, 1978, 41, 488.

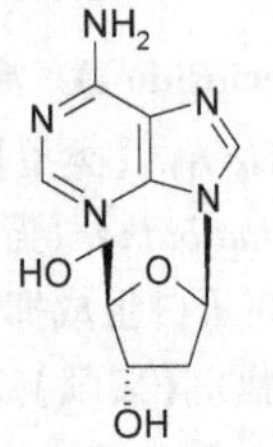

1857 5'-Deoxy-5-iodotubercidin 5'-去氧-5-碘代沙结核菌素*

【基本信息】$C_{11}H_{13}IN_4O_3$, 针状晶体（吡啶），mp 227~228ºC（分解），$[\alpha]_D^{25}$ = -55º (c = 0.2, 甲醇).【类型】核苷类.【来源】红藻沙菜属 Hypnea valendiae.【活性】药理活性核苷：引起小鼠肌肉松弛和体温降低，并阻断多突触和单突触反射.【文献】R. Kazlauskas, et al. Aust. J. Chem., 1983, 36, 165.

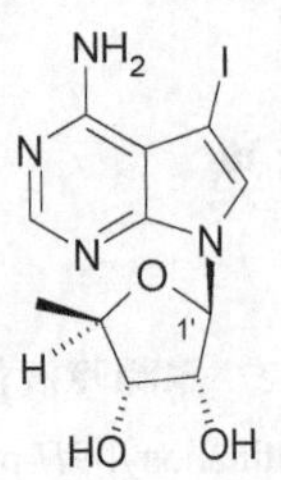

1858 Doridosine 海牛多辛*

【别名】1-Methylisoguanosine; 1-甲基异鸟嘌呤核苷.【基本信息】$C_{11}H_{15}N_5O_5$, 晶体（水），mp 266~267ºC, mp 262~263ºC, $[\alpha]_D^{24}$ = -65.4º (c = 1.0, 二甲亚砜), $[\alpha]_D^{22}$ = -54.6º (c = 1.0, 水).【类型】核苷类.【来源】小指苔海绵 Tedania digitata (澳大利亚), 软体动物裸鳃目海牛亚目海柠檬 Anisodoris nobilis (加利福尼亚, 美国).【活性】抗炎；肌肉松弛剂；长时间使血压升高；LD_{50}（小鼠，orl）= 1000mg/kg.【文献】R. J. Quinn, et al. Tetrahedron Lett., 1980, 21, 567; L. P. Davies, Trends Pharmacol. Sci., 1985, 6, 143.

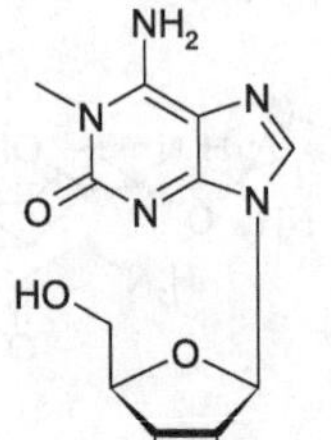

1859 Kipukasin H 吉普卡辛 H*

【基本信息】$C_{18}H_{20}N_2O_9$.【类型】核苷类.【来源】海洋导出的真菌变色曲霉菌 Aspergillus versicolor ATCC 9577.【活性】抗菌（表皮葡萄球菌 Staphylococcus epidermidis, MIC = 12.5μmol/L).【文献】M. Chen, et al. Nat. Prod. Res., 2014, 28, 895.

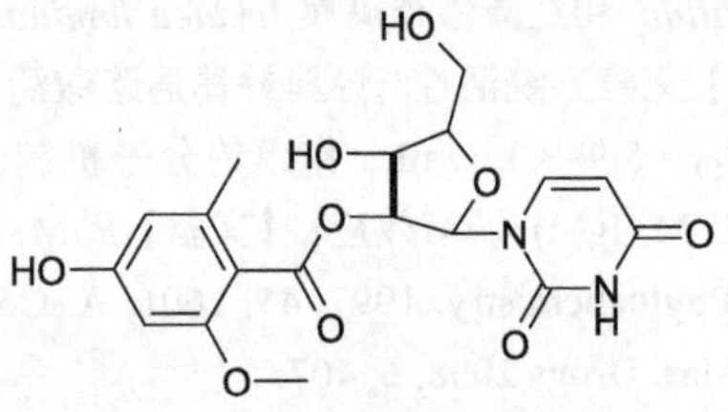

1860 Kipukasin I 吉普卡辛 I*

【基本信息】$C_{18}H_{20}N_2O_9$.【类型】核苷类.【来源】海洋导出的真菌变色曲霉菌 Aspergillus versicolor ATCC 9577.【活性】抗菌（表皮葡萄球菌 Staphylococcus epidermidis, MIC = 12.5μmol/L).【文献】M. Chen, et al. Nat. Prod. Res., 2014, 28, 895.

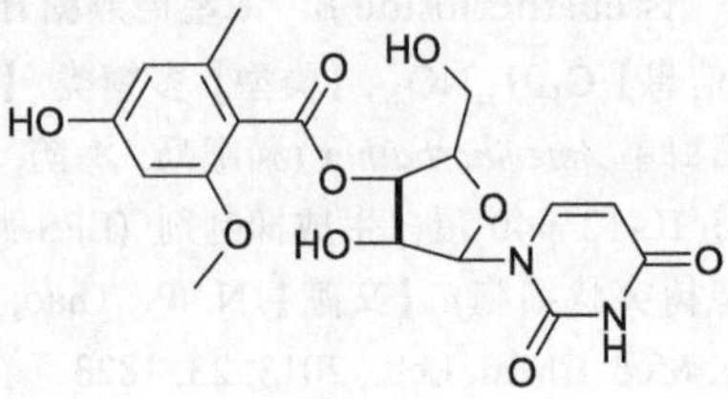

1861　3-Methylcytidine　3-甲基胞嘧啶核苷*
【基本信息】$C_{10}H_{15}N_3O_5$, mp 193~194ºC（甲基磺酸盐）.【类型】核苷类.【来源】小舟钵海绵 *Geodia barretti*（嗜冷生物, 冷水域）.【活性】可收缩活性（豚鼠回肠试验, 高活性）.【文献】G. Lidgren, et al. JNP, 1988, 51, 1277; M. D. Lebar, et al. NPR, 2007, 24, 774 (Rev.).

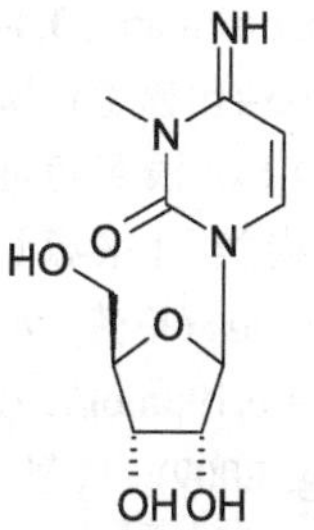

1862　3-Methyl-2′-deoxycytidine　3-甲基-2′-脱氧胞嘧啶核苷*
【基本信息】$C_{10}H_{15}N_3O_4$, 晶体（甲醇）（盐酸）, mp 160ºC（盐酸）.【类型】核苷类.【来源】小舟钵海绵 *Geodia barretti*（嗜冷生物, 冷水域）.【活性】可收缩活性（豚鼠回肠试验, 高活性）.【文献】G. Lidgren, et al. JNP, 1988, 51, 1277; M.D. Lebar, et al. NPR, 2007, 24, 774 (Rev.).

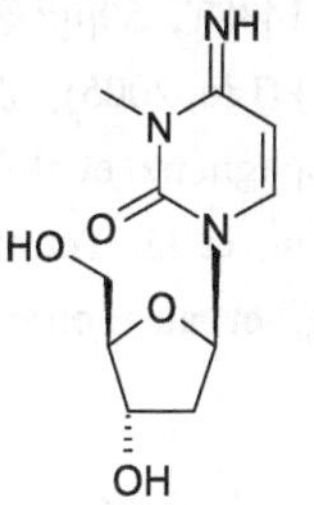

1863　Mycalisine A　山海绵新 A*
【基本信息】$C_{13}H_{13}N_5O_3$, 油状物, $[\alpha]_D^{21} = -88º$（c = 0.05, 乙醇）.【类型】核苷类.【来源】山海绵属 *Mycale* sp.【活性】细胞毒（海星卵, 细胞分裂抑制剂）.【文献】Y. Kato, et al. Tetrahedron Lett., 1985, 26, 3483.

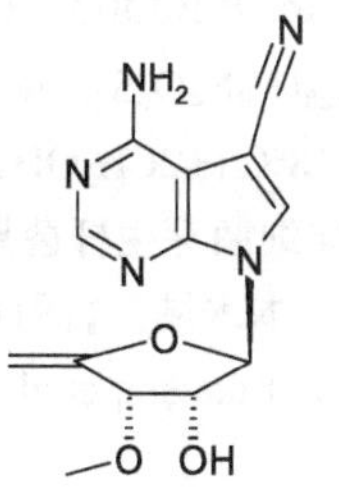

1864　Shimofuridin A　石莫呋瑞啶*
【基本信息】$C_{34}H_{44}N_4O_{12}$, 固体（甲醇）, mp 210ºC, $[\alpha]_D^{19} = -186º$（c = 1.4, 吡啶）.【类型】核苷类.【来源】褶胃海鞘属 *Aplidium multiplicatum*（冲绳, 日本）.【活性】细胞毒; 抗真菌; 抗菌（革兰氏阳性菌）; 蛋白激酶抑制剂.【文献】Y. Doi, et al. Tetrahedron, 1994, 50, 8651.

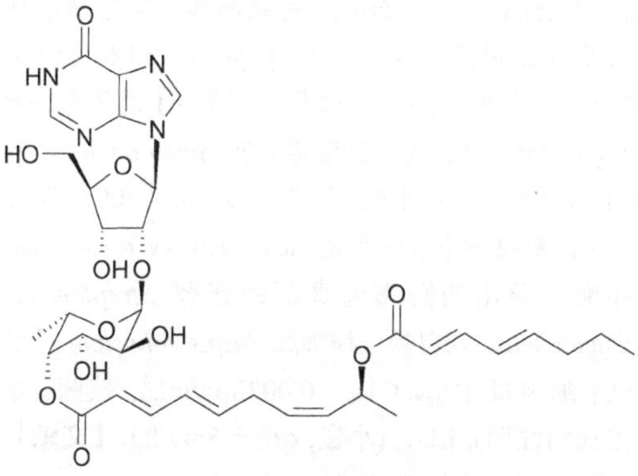

1865　Spongosine　海绵核苷
【基本信息】$C_{11}H_{15}N_5O_5$, mp 191~192ºC, $[\alpha]_D = -43.5º$（氢氧化钠水溶液）.【类型】核苷类.【来源】未鉴定的海绵（Hadromerida 韧海绵目, Tethyidae 科）.【活性】肌肉松弛剂; 中枢神经系统镇静剂; 增强心脏功能; 抗炎; 使体温过低.【文献】W. Bergman, et al. JOC, 1956, 21, 226; P. A. Searle, et al. JNP, 1994, 57, 1452.

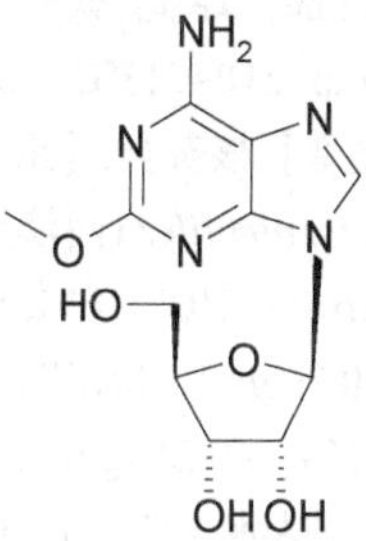

1866　Thymidine-5′-carboxylic acid　胸腺嘧啶核苷-5′-羧酸*
【基本信息】$C_{10}H_{12}N_2O_6$, 晶体（水）, mp 263~265ºC（分解）, mp 250~251ºC.【类型】核苷类.【来源】褶胃海鞘属 *Aplidium fuscum*.【活性】胸腺嘧啶核苷抑制剂; 胸苷酸激酶抑制剂.【文献】N. Dematte, et al. Comp. Biochem. Physiol., B: Comp. Biochem., 1986, 84, 11.

1867 Toyocamycin 丰加霉素
【基本信息】$C_{12}H_{13}N_5O_4$，针状晶体或棱柱状晶体+1分子结晶水，mp 243ºC，$[\alpha]_D^{26} = -55.6º$ ($c=1$, 0.1mol/L 盐酸).【类型】核苷类.【来源】碧玉海绵属 *Jaspis* spp., 海洋导出的链霉菌属 *Streptomyces* sp. (土壤样本, 奇尔卡特河, 阿拉斯加, 2000), 海洋导出的链霉菌丰加链霉菌 *Streptomyces toyocaensis* 和海洋导出的链霉菌真菌链霉菌 *Streptomyces fungicidicus*, 来自碧玉海绵属 *Jaspis johnstoni*.【活性】细胞毒 (P_{388}, $GI_{50} = 0.0023\mu g/mL$), 抗菌 (革兰氏阳性菌), LD_{50} (小鼠, orl) = 8mg/kg.【文献】G. R. Pettit, et al. JNP, 2008, 71, 438.

1868 Trachycladine A 粗枝海绵啶 A*
【别名】Kumusine; 库姆辛*.【基本信息】$C_{11}H_{14}ClN_5O_3$, mp 210~213ºC, $[\alpha]_D = -19.6º$ ($c = 0.41$, 甲醇).【类型】核苷类.【来源】粗枝海绵属 *Trachycladus laevispirulifer* (西澳大利亚).【活性】细胞毒 (人 *in vitro*: CCRF-CEM, $IC_{50} = 0.4\mu g/mL$; HCT116, $IC_{50} = 0.9\mu g/mL$; MCF7, $IC_{50} = 0.2\mu g/mL$; MDA-MB-435, $IC_{50} = 0.25\mu g/mL$; MDA-N, $IC_{50} = 0.1\mu g/mL$); LD_{50} (盐水丰年虾) = 0.26mg/mL.【文献】P. A. Searle, et al. JOC, 1995, 60, 4296; T. Ichiba, et al. Tetrahedron Lett., 1995, 36, 3977.

4.4 含硫化合物

1869 6-(2-Aminoethyl)-3,4-dimethoxy-benzotrithiane 6-(2-氨乙基)-3,4-二甲氧基苯并三噻烷*
【别名】3,4-Dimethoxy-6-(2'-N,N-dimethylaminoethyl)-5-(methylthio)benzotrithiane; 3,4-二甲氧基-6-(2'-N,N-二甲氨基乙基)-5-(甲硫基)苯并三噻烷.【基本信息】$C_{13}H_{19}NO_2S_4$, 浅黄色油 (三氟乙酸盐).【类型】多硫化物类.【来源】日本簇骨海鞘* *Lissoclinum japonicum* (帕劳, 大洋洲).【活性】细胞毒 [V79, $IC_{50} = 0.19\mu mol/L$ (0.07μg/mL), 抑制菌落形成] (Wang, 2009); 抗菌 (海洋细菌大西洋鲁杰氏菌* *Ruegeria atlantica* TUF-D, 50μg/盘, IZD = 32.4mm, 20μg/盘, IZD = 23.3mm, 5μg/盘, IZD = 14.2mm; 革兰氏阳性菌金黄色葡萄球菌 *Staphylococcus aureus* IAM 12544T, 50μg/盘, IZD = 10.3mm; 革兰氏阴性菌大肠杆菌 *Escherichia coli* IAM 12119T, 50μg/盘, IZD = 17.8mm, 20μg/盘, IZD = 14.4mm); 抗真菌 (冻土毛霉菌* *Mucor hiemalis* IAM 6088, 50μg/盘, IZD = 23.0mm, 20μg/盘, IZD = 17.4mm; 酿酒酵母 *Saccharomyces cerevisiae* IAM 1438T, 50μg/盘, IZD = 11.8mm, 20μg/盘, 无活性) (Liu, 2005); 蛋白激酶C抑制剂.【文献】R. S. Campagnone, et al. Tetrahedron, 1994, 50, 12785; H. Liu, et al. Tetrahedron, 2005, 61, 8611; W. Wang, et al. Tetrahedron, 2009, 65, 9598.

1870 Antibiotics B 90063 抗生素 B 90063
【基本信息】$C_{28}H_{30}N_4O_6S_2$, 黄色晶体, mp 73~74ºC, mp 116~118ºC (+2CH$_3$OH).【类型】多硫化物类.【来源】海洋细菌芽生杆菌属 *Blastobacter* sp. SANK 71894 (日本水域).【活性】内皮素转换酶抑制剂.【文献】S. Takaishi, et al. J. Antibiot., 1998, 51, 805.

**1871 Bis(6-bromo-2-tryptaminyl) disulfide
双(6-溴-2-色胺基)二硫化物***
【基本信息】$C_{20}H_{20}Br_2N_4S_2$.【类型】多硫化物类.
【来源】软体动物门腹足纲前鳃亚纲 (海蜗牛) 具沟丽口螺 *Calliostoma canaliculatum* (防御性黏液).
【活性】钾通道激动剂；神经毒素.【文献】W. P. Kelley, et al. J. Biol. Chem., 2003, 278, 34934.

1872 Brocazine A 布洛卡青霉嗪 A (2014)*
【基本信息】$C_{19}H_{20}N_2O_7S_2$，无色晶体 (甲醇)，mp 230~232ºC，$[\alpha]_D^{25} = -180º$ ($c = 0.05$, 甲醇).【类型】多硫化物类.【来源】红树导出的真菌布洛卡青霉* *Penicillium brocae* MA-231.【活性】细胞毒 (DU145, $IC_{50} = 4.2\mu mol/L$, 对照紫杉醇, $IC_{50} = 1.5\mu mol/L$; HeLa, $IC_{50} = 6.8\mu mol/L$, 对照紫杉醇, $IC_{50} = 5.0\mu mol/L$; HepG2, $IC_{50} = 6.4\mu mol/L$, 对照顺铂, $IC_{50} = 5.1\mu mol/L$; MCF7, $IC_{50} = 5.5\mu mol/L$, 对照紫杉醇, $IC_{50} = 1.8\mu mol/L$; NCI-H460, $IC_{50} = 4.9\mu mol/L$, 对照色瑞替尼, $IC_{50} = 7.6\mu mol/L$; SGC7901, $IC_{50} = 2.6\mu mol/L$, 对照阿霉素, $IC_{50} = 2.9\mu mol/L$; SW1990, $IC_{50} = 6.0\mu mol/L$, 对照吉西它滨, $IC_{50} = 2.2\mu mol/L$; SW480, $IC_{50} = 2.0\mu mol/L$, 对照顺铂, $IC_{50} = 11.3\mu mol/L$; U251, $IC_{50} = 5.2\mu mol/L$, 对照色瑞替尼, $IC_{50} = 10.8\mu mol/L$).
【文献】L.-H. Meng, et al. JNP, 2014, 77, 1921.

1873 Brocazine B 布洛卡青霉嗪 B (2014)*
【基本信息】$C_{18}H_{18}N_2O_6S_2$，白色粉末，$[\alpha]_D^{25} = -206º$ ($c = 0.31$, 甲醇).【类型】多硫化物类.【来源】红树导出的真菌布洛卡青霉* *Penicillium brocae* MA-231.【活性】细胞毒 (DU145, $IC_{50} = 3.6\mu mol/L$, 对照紫杉醇, $IC_{50} = 1.5\mu mol/L$; HeLa, $IC_{50} = 5.3\mu mol/L$, 对照紫杉醇, $IC_{50} = 5.0\mu mol/L$; HepG2, $IC_{50} = 5.5\mu mol/L$, 对照顺铂, $IC_{50} = 5.1\mu mol/L$; MCF7, $IC_{50} = 6.1\mu mol/L$, 对照紫杉醇, $IC_{50} = 1.8\mu mol/L$; NCI-H460, $IC_{50} = 4.0\mu mol/L$, 对照色瑞替尼, $IC_{50} = 7.6\mu mol/L$; SGC7901, $IC_{50} = 2.4\mu mol/L$, 对照阿霉素, $IC_{50} = 2.9\mu mol/L$; SW1990, $IC_{50} = 6.4\mu mol/L$, 对照吉西它滨, $IC_{50} = 2.2\mu mol/L$; SW480, $IC_{50} = 1.2\mu mol/L$, 对照顺铂, $IC_{50} = 11.3\mu mol/L$; U251, $IC_{50} = 3.5\mu mol/L$, 对照色瑞替尼, $IC_{50} = 10.8\mu mol/L$).【文献】L.-H. Meng, et al. JNP, 2014, 77, 1921.

1874 Brocazine E 布洛卡青霉嗪 E (2014)*
【基本信息】$C_{18}H_{20}N_2O_6S_2$，无色晶体 (甲醇)，mp 240~242ºC，$[\alpha]_D^{25} = -208º$ ($c = 0.24$, 甲醇).【类型】多硫化物类.【来源】红树导出的真菌布洛卡青霉* *Penicillium brocae* MA-231.【活性】细胞毒 (DU145, $IC_{50} = 11.2\mu mol/L$, 对照紫杉醇, $IC_{50} = 1.5\mu mol/L$; HeLa, $IC_{50} = 4.3\mu mol/L$, 对照紫杉醇, $IC_{50} = 5.0\mu mol/L$; HepG2, $IC_{50} = 5.6\mu mol/L$, 对照顺铂, $IC_{50} = 5.1\mu mol/L$; MCF7, $IC_{50} = 9.0\mu mol/L$, 对照紫杉醇, $IC_{50} = 1.8\mu mol/L$; NCI-H460, $IC_{50} = 12.4\mu mol/L$, 对照色瑞替尼, $IC_{50} = 7.6\mu mol/L$; SGC7901, $IC_{50} = 3.3\mu mol/L$, 对照阿霉素, $IC_{50} = 2.9\mu mol/L$; SW1990, $IC_{50} = 2.1\mu mol/L$, 对照吉西它滨, $IC_{50} = 2.2\mu mol/L$; U251, $IC_{50} = 6.1\mu mol/L$, 对照色瑞替尼, $IC_{50} = 10.8\mu mol/L$).【文献】L.-H. Meng, et al. JNP, 2014, 77, 1921.

1875 Brocazine F 布洛卡青霉嗪 F (2014)*
【基本信息】$C_{18}H_{18}N_2O_6S_2$，白色粉末，$[\alpha]_D^{25}$ = −210º (c = 1.35，甲醇).【类型】多硫化物类.【来源】红树导出的真菌布洛卡青霉* *Penicillium brocae* MA-231.【活性】细胞毒 (DU145, IC_{50} = 1.7μmol/L，对照紫杉醇，IC_{50} = 1.5μmol/L；HeLa, IC_{50} = 6.9μmol/L，对照紫杉醇，IC_{50} = 5.0μmol/L；HepG2, IC_{50} = 2.9μmol/L，对照顺铂，IC_{50} = 5.1μmol/L；MCF7, IC_{50} = 3.0μmol/L，对照紫杉醇，IC_{50} = 1.8μmol/L；NCI-H460, IC_{50} = 8.9μmol/L，对照色瑞替尼, IC_{50} = 7.6μmol/L；SGC7901, IC_{50} = 8.0μmol/L，对照阿霉素，IC_{50} = 2.9μmol/L；SW1990, IC_{50} = 5.9μmol/L，对照吉西它滨，IC_{50} = 2.2μmol/L；U251, IC_{50} = 5.3μmol/L，对照色瑞替尼，IC_{50} = 10.8μmol/L).【文献】L.-H. Meng, et al. JNP, 2014, 77, 1921.

1876 (R,R)-16,17-Dehydrodiscorhabdin W (R,R)-16,17-去氢双斯扣哈泊定 W*
【基本信息】$C_{36}H_{20}Br_2N_6O_4S_2$，$[\alpha]_D$ = +80º (c = 0.02，甲醇).【类型】多硫化物类.【来源】惠灵顿寇海绵* *Latrunculia wellingtonensis* [Syn. *Biannulata wellingtonesis*] (惠灵顿，新西兰).【活性】细胞毒.【文献】T. Grkovic, et al. Tetrahedron, 2009, 65, 6335.

1877 (S,S)-16,17-Dehydrodiscorhabdin W (S,S)-16,17-去氢双斯扣哈泊定 W*
【基本信息】$C_{36}H_{20}Br_2N_6O_4S_2$，$[\alpha]_D$ = −120º (c = 0.02，甲醇).【类型】多硫化物类.【来源】惠灵顿寇海绵 * *Latrunculia wellingtonensis* [Syn. *Biannulata wellingtonesis*] (惠灵顿，新西兰).【活性】细胞毒.【文献】T. Grkovic, et al. Tetrahedron, 2009, 65, 6335.

1878 6-Deoxy-5a,6-didehydrogliotoxin 6-去氧-5a,6-双去氢胶霉毒素*
【基本信息】$C_{13}H_{12}N_2O_3S_2$，白色固体，$[\alpha]_D^{25}$ = −4.6º (c = 0.03，甲醇).【类型】多硫化物类.【来源】深海真菌青霉属 *Penicillium* sp. JMF034 (沉积物，骏河湾，日本).【活性】细胞毒 (P_{388}, IC_{50} = 0.058μmol/L)；组蛋白甲基转移酶抑制剂 (HMT) G9A (IC_{50} = 55μmol/L).【文献】Y. Sun, et al. JNP, 2012, 75, 111.

1879 11-Deoxyverticillin A 11-去氧轮枝孢菌素 A*
【基本信息】$C_{30}H_{28}N_6O_5S_4$，黄色晶体 (二氯甲烷/甲醇).【类型】多硫化物类.【来源】海洋导出的真菌青霉属 *Penicillium* sp. CNC-350，来自绿藻长茎绒扇藻* *Avrainvillea longicaulis* (加勒比海).【活性】细胞毒 (HCT116, IC_{50} = 30ng/mL).【文献】B. W. Son, et al. Nat. Prod. Lett., 1999, 13, 213.

1880 5a,6-Didehydrogliotoxin 5a,6-双去氢胶霉毒素*
【基本信息】$C_{13}H_{12}N_2O_4S_2$.【类型】多硫化物类.

【来源】深海真菌青霉属 Penicillium sp. JMF034 (沉积物, 骏河湾, 日本). 【活性】细胞毒 (P_{388}, $IC_{50} = 0.056 \mu mol/L$); 组蛋白甲基转移酶抑制剂 (HMT) G9A ($IC_{50} = 2.6 \mu mol/L$). 【文献】Y. Sun, et al. JNP, 2012, 75, 111.

1881 11,11′-Dideoxyverticillin A 11,11′-双去氧轮枝孢菌素 A*

【基本信息】$C_{30}H_{28}N_6O_4S_4$, 固体, $[\alpha]_D = +624.1°$. 【类型】多硫化物类. 【来源】海洋导出的真菌青霉属 Penicillium sp. CNC-350, 来自绿藻长茎绒扇藻* Avrainvillea longicaulis (加勒比海). 【活性】细胞毒 (HCT116, $IC_{50} = 30 ng/mL$). 【文献】B. W. Son, et al. Nat. Prod. Lett., 1999, 13, 213.

1882 N,N-Dimethyl-5-(methylthio)varacin N,N-二甲基-5-(甲硫基)瓦拉新*

【别名】6-Amino-8,9-dimethoxy-N,N-dimethyl-7-(methylthio)benzopentathiepin; 6-氨基-8,9-二甲氧基-N,N-二甲基-7-(甲硫基)苯并五噻吩平*. 【基本信息】$C_{13}H_{19}NO_2S_6$, 浅黄色油 (三氟乙酸盐). 【类型】多硫化物类. 【来源】日本簇骨海鞘* Lissoclinum japonicum. 【活性】细胞毒 (V79, $IC_{50} = 0.15 \mu mol/L$ ($006 \mu g/mL$), 抑制菌落形成) (Wang, 2009); 抗菌 (海洋细菌大西洋鲁杰氏菌* Ruegeria atlantica TUF-D, $50 \mu g/盘$, IZD = 30.0mm, $20 \mu g/盘$, IZD = 24.5mm, $5 \mu g/盘$, IZD = 15.8mm; 革兰氏阳性菌金黄色葡萄球菌 Staphylococcus aureus, IAM 12544T, $50 \mu g/盘$, IZD = 14.2mm; 革兰氏阴性菌大肠杆菌 Escherichia coli IAM 12119T, $50 \mu g/盘$, IZD = 17.1mm, $20 \mu g/盘$, IZD = 13.1mm,); 抗真菌 (冻土毛霉菌*Mucor hiemalis IAM 6088, $50 \mu g/盘$, IZD = 26.2mm, $20 \mu g/盘$, IZD = 19.6mm, 酿酒酵母 Saccharomyces cerevisiae IAM 1438T, $50 \mu g/盘$, IZD = 15.2mm, $20 \mu g/盘$, IZD = 10.5mm) (Liu, 2005). 【文献】R. S. Campagnone, et al. Tetrahedron, 1994, 50, 12785; H. Liu, et al. Tetrahedron, 2005, 61, 8611; W. Wang, et al. Tetrahedron, 2009, 65, 9598.

1883 Gliotoxin 胶霉毒素

【基本信息】$C_{13}H_{14}N_2O_4S_2$, 单斜晶体 (甲醇), mp 221°C (分解), $[\alpha]_D^{25} = -290°$ ($c = 0.078$, 乙醇). 【类型】多硫化物类. 【来源】海洋导出的真菌假霉样真菌属 Pseudallescheria sp., 来自棕藻孔叶藻 Agarum cribrosum (朝鲜半岛水域), 陆地和海洋真菌. 【活性】抗菌 (耐甲氧西林的金黄色葡萄球菌 Staphylococcus aureus MRSA 和多重耐药金黄色葡萄球菌 Staphylococcus aureus MDRSA); 抗病毒; 免疫调节活性; LD_{50} (小鼠, orl) = 67mg/kg, 肝毒. 【文献】K. Yoshida, et al. Prog. Biochem. Pharmacol., 1988, 22, 66; X. F. Li, et al. J. Antibiot., 2006, 59, 248.

1884 Gliotoxin G 胶霉毒素 G*

【基本信息】$C_{13}H_{14}N_2O_4S_4$. 【类型】多硫化物类. 【来源】深海真菌青霉属 Penicillium sp. JMF034 (沉积物, 骏河湾, 日本). 【活性】细胞毒 (P_{388}, $IC_{50} = 0.020 \mu mol/L$); 组蛋白甲基转移酶抑制剂 (HMT) G9A ($IC_{50} = 2.1 \mu mol/L$). 【文献】Y. Sun, et al. JNP, 2012, 75, 111.

Lentinus edodes.【活性】抗菌（革兰氏阳性和革兰氏阴性菌）；抗真菌（白色念珠菌 *Candida albicans*）；香味.【文献】K. Morita, et al. CPB, 1967, 15, 998; S. J. Wratten, et al. JOC, 1976, 41, 2465.

1885 (+)-5-Hydroxy-4-(4-hydroxy-3-methoxyphenyl)-4-(2-imidazolyl)-1,2,3-trithiane (+)-5-羟基-4-(4-羟基-3-甲氧苯基)-4-(2-咪唑基)-1,2,3-三噻烷*

【基本信息】$C_{13}H_{14}N_2O_3S_3$，黄色树胶状物，$[\alpha]_D^{20}$ = +26° (c = 0.1，甲醇).【类型】多硫化物类.【来源】褶胃海鞘属 *Aplidium* sp.（新西兰）.【活性】细胞毒（P_{388}, IC_{50} = 13μg/mL）.【文献】B. R. Copp, et al. Tetrahedron Lett., 1989, 30, 3703.

1886 (−)-5-Hydroxy-4-(4-hydroxy-3-methoxyphenyl)-4-(2-imidazolyl)-1,2,3-trithiane (−)-5-羟基-4-(4-羟基-3-甲氧苯基)-4-(2-咪唑基)-1,2,3-三噻烷*

【基本信息】$C_{13}H_{14}N_2O_3S_3$，$[\alpha]_D^{20}$ = −26° (c = 0.1，甲醇).【类型】多硫化物类.【来源】Holozoidae 科海鞘 *Hypsistozoa fasmeriana*（新西兰）.【活性】细胞毒（P_{388}, IC_{50} = 21.6μmol/L）；抗菌（枯草杆菌 *Bacillus subtilis*, 120μg/盘, IZD = 4mm)；抗真菌（白色念珠菌 *Candida albicans*, 120μg/盘, IZD = 4mm).【文献】A. N. Pearce, et al. JOC, 2001, 66, 8257.

1887 Lenthionine 蘑菇香精

【别名】1,2,3,5,6-Pentathiacycloheptane；1,2,3,5,6-五硫杂环庚烷.【基本信息】$C_2H_4S_5$，晶体（二氯甲烷），mp 60~61°C.【类型】多硫化物类.【来源】红藻加州软骨藻* *Chondria californica*，蘑菇

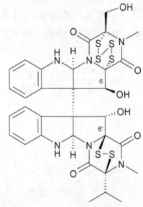

1888 Leptosin A 小球腔菌素 A*

【基本信息】$C_{32}H_{32}N_6O_7S_6$，浅黄色粉末，mp 216~218°C，$[\alpha]_D$ = +237° (c = 0.49，氯仿).【类型】多硫化物类.【来源】海洋导出的真菌小球腔菌属 *Leptosphaeria* sp. OUPS-4，来自棕藻易扭转马尾藻 *Sargassum tortile*.【活性】细胞毒（*in vitro*, P_{388}, ED_{50} = 1.85×10^{-3}μg/mL；对照丝裂霉素，ED_{50} = 4.40×10^{-2}μg/mL)；抗肿瘤（*in vivo*, ICR 小鼠 S_{180}, 剂量 0.5mg/kg, T/C = 260%).【文献】C. Takahashi, et al. JCS Perkin Trans. I, 1994, 1859.

1889 Leptosin B 小球腔菌素 B*

【基本信息】$C_{32}H_{32}N_6O_7S_5$，浅黄色粉末，mp 210~213°C，$[\alpha]_D$ = +392° (c = 0.50，氯仿).【类型】多硫化物类.【来源】海洋导出的真菌小球腔菌属 *Leptosphaeria* sp. OUPS-4，来自棕藻易扭转马尾

藻 *Sargassum tortile*.【活性】细胞毒 (*in vitro*, P$_{388}$, ED$_{50}$ = 2.40×10^{-3}μg/mL; 对照丝裂霉素, ED$_{50}$ = 4.40×10^{-2}μg/mL).【文献】C. Takahashi, et al. JCS Perkin Trans. I, 1994, 1859.

1890　Leptosin C　小球腔菌素 C*
【基本信息】C$_{32}$H$_{32}$N$_6$O$_7$S$_4$, 浅黄色粉末, mp 208~210ºC, [α]$_D$ = +237º (*c* = 0.36, 氯仿).【类型】多硫化物类.【来源】海洋导出的真菌小球腔菌属 *Leptosphaeria* sp. OUPS-4, 来自棕藻易扭转马尾藻 *Sargassum tortile*.【活性】细胞毒 (*in vitro*, P$_{388}$, ED$_{50}$ = 1.75×10^{-3}μg/mL; 对照丝裂霉素, ED$_{50}$ = 4.40×10^{-2}μg/mL); 抗肿瘤 (*in vivo*, ICR 小鼠 S$_{180}$, 剂量 0.25mg/kg, *T/C* = 293%).【文献】C. Takahashi, et al. JCS Perkin Trans. I, 1994, 1859.

1891　Leptosin D　小球腔菌素 D*
【基本信息】C$_{25}$H$_{24}$N$_4$O$_3$S$_2$, 浅黄色粉末, mp 190~192ºC, [α]$_D$ = +436º (*c* = 0.51, 氯仿).【类型】多硫化物类.【来源】海洋导出的真菌小球腔菌属 *Leptosphaeria* sp., 来自棕藻易扭转马尾藻 *Sargassum tortile*.【活性】细胞毒 (*in vitro*, P$_{388}$, ED$_{50}$ = 8.60×10^{-2}μg/mL; 对照丝裂霉素, ED$_{50}$ = 4.40×10^{-2}μg/mL).【文献】C. Takahashi, et al. JCS Perkin Trans. I, 1994, 1859.

1892　Leptosin E　小球腔菌素 E*
【基本信息】C$_{25}$H$_{24}$N$_4$O$_3$S$_3$, 浅黄色粉末, mp 229~231ºC, [α]$_D$ = +563º (*c* = 0.32, 氯仿).【类型】多硫化物类.【来源】海洋导出的真菌小球腔菌属 *Leptosphaeria* sp., 来自棕藻易扭转马尾藻 *Sargassum tortile*.【活性】细胞毒 (*in vitro*, P$_{388}$, ED$_{50}$ = 4.60×10^{-2}μg/mL; 对照丝裂霉素, ED$_{50}$ = 4.40×10^{-2}μg/mL).【文献】C. Takahashi, et al. JCS Perkin Trans. I, 1994, 1859.

1893　Leptosin F　小球腔菌素 F*
【基本信息】C$_{25}$H$_{24}$N$_4$O$_3$S$_4$, 浅黄色粉末, mp 219~221ºC, [α]$_D$ = +452º (*c* = 0.39, 氯仿).【类型】多硫化物类.【来源】海洋导出的真菌小球腔菌属 *Leptosphaeria* sp., 来自棕藻易扭转马尾藻 *Sargassum tortile*【活性】细胞毒 (*in vitro*, P$_{388}$, ED$_{50}$ = 5.60×10^{-2}μg/mL; 对照丝裂霉素, ED$_{50}$ = 4.40×10^{-2}μg/mL).【文献】C. Takahashi, et al. JCS Perkin 1, 1994, 1859.

1894　Leptosin G　小球腔菌素 G*
【基本信息】C$_{32}$H$_{32}$N$_6$O$_7$S$_7$, 浅黄色粉末, mp 205~210º, [α]$_D^{24}$ = +481º (氯仿).【类型】多硫化物类.【来源】海洋导出的真菌小球腔菌属 *Leptosphaeria* sp. OUPS-4, 来自棕藻易扭转马尾藻 *Sargassum tortile*.【活性】细胞毒 (P$_{388}$, ED$_{50}$ = 4.6×10^{-3}μg/mL).【文献】C. Takahashi, et al. Phytochemistry, 1995, 38, 155; C. Takahashi, et al. Tetrahedron, 1995, 51, 3483.

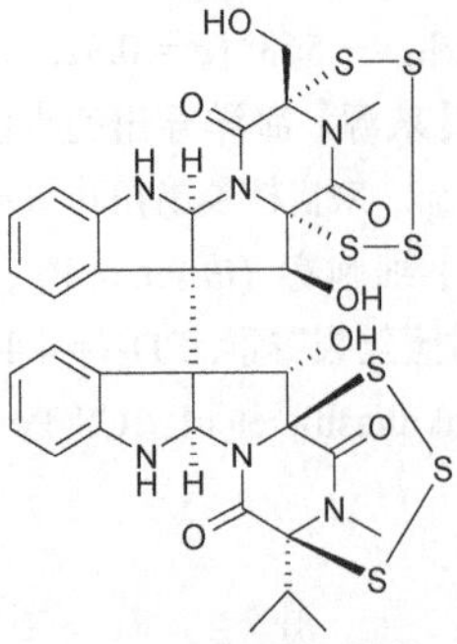

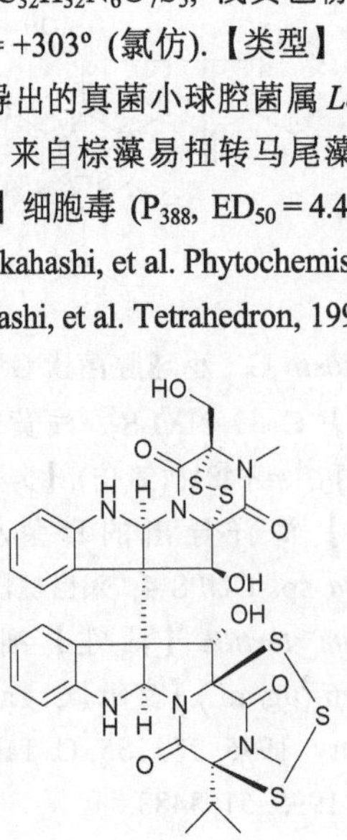

1897 Leptosin H 小球腔菌素 H*

【基本信息】$C_{32}H_{32}N_6O_7S_6$，浅黄色粉末，mp 214~215º，$[\alpha]_D^{24} = +298º$ (氯仿).【类型】多硫化物类.【来源】海洋导出的真菌小球腔菌属 *Leptosphaeria* sp. OUPS-4，来自棕藻易扭转马尾藻 *Sargassum tortile*.【活性】细胞毒 (P_{388}, $ED_{50} = 3.0 \times 10^{-3}$ μg/mL).【文献】C. Takahashi, et al. Phytochemistry, 1995, 38, 155; C. Takahashi, et al. Tetrahedron, 1995, 51, 3483.

1895 Leptosin G₁ 小球腔菌素 G₁*

【基本信息】$C_{32}H_{32}N_6O_7S_6$，粉末，mp 210~212º，$[\alpha]_D^{24} = +558º$ (氯仿).【类型】多硫化物类.【来源】海洋导出的真菌小球腔菌属 *Leptosphaeria* sp. OUPS-4，来自棕藻易扭转马尾藻 *Sargassum tortile*.【活性】细胞毒 (P_{388}, $ED_{50} = 4.3 \times 10^{-3}$ μg/mL).【文献】C. Takahashi, et al. Phytochemistry, 1995, 38, 155; C. Takahashi, et al. Tetrahedron, 1995, 51, 3483.

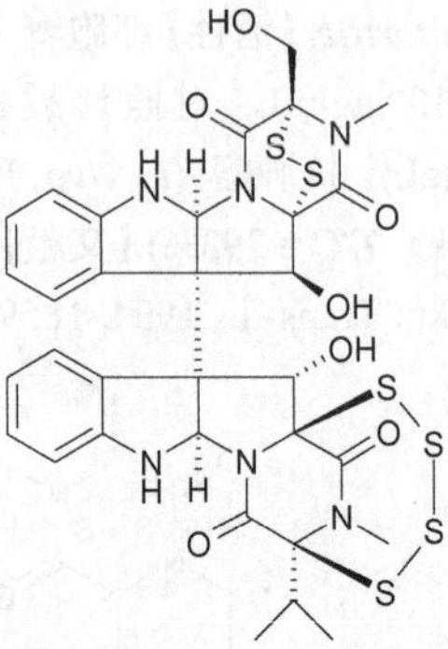

1898 Leptosin I 小球腔菌素 I*

【基本信息】$C_{32}H_{32}N_6O_7S_4$，浅黄色粉末，mp 218~220ºC，$[\alpha]_D^{24} = +212º$ ($c = 0.13$，氯仿).【类型】多硫化物类.【来源】海洋导出的真菌小球腔菌属 *Leptosphaeria* sp. OUPS-4，来自棕藻易扭转马尾藻 *Sargassum tortile*.【活性】细胞毒 (P_{388}, $ED_{50} = 1.13$ μg/mL).【文献】C. Takahashi, et al. J. Antibiot., 1994, 47, 1242.

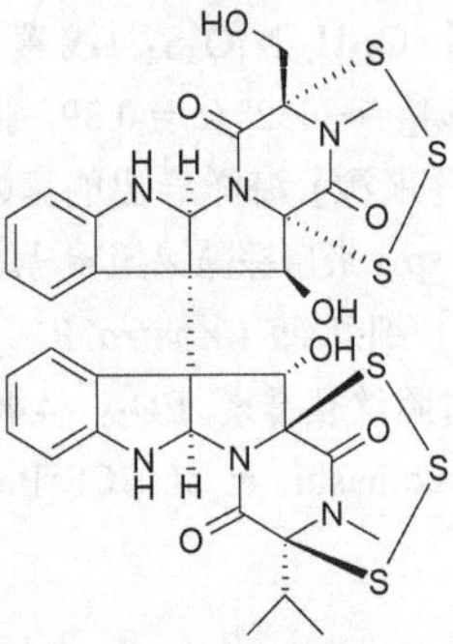

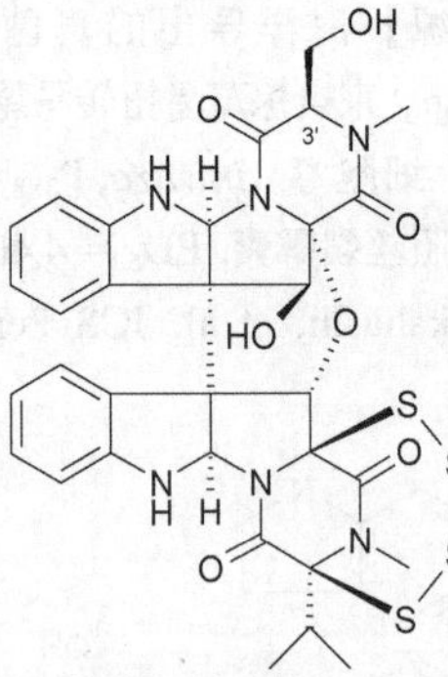

1896 Leptosin G₂ 小球腔菌素 G₂*

【基本信息】$C_{32}H_{32}N_6O_7S_5$，浅黄色粉末，mp 210~215º，$[\alpha]_D^{24} = +303º$ (氯仿).【类型】多硫化物类.【来源】海洋导出的真菌小球腔菌属 *Leptosphaeria* sp. OUPS-4，来自棕藻易扭转马尾藻 *Sargassum tortile*.【活性】细胞毒 (P_{388}, $ED_{50} = 4.4 \times 10^{-3}$ μg/mL).【文献】C. Takahashi, et al. Phytochemistry, 1995, 38, 155; C. Takahashi, et al. Tetrahedron, 1995, 51, 3483.

1899 Leptosin J 小球腔菌素 J*

【基本信息】$C_{32}H_{32}N_6O_7S_4$，浅黄色粉末，mp 215~216ºC，$[\alpha]_D^{24} = +188º$ ($c = 0.21$，氯仿).【类型】多硫化物类.【来源】海洋导出的真菌小球腔菌属 *Leptosphaeria* sp. OUPS-4，来自棕藻易扭转马尾藻 *Sargassum tortile*.【活性】细胞毒 (P_{388},

$ED_{50} = 1.25\mu g/mL$).【文献】C. Takahashi, et al. J. Antibiot., 1994, 47, 1242.

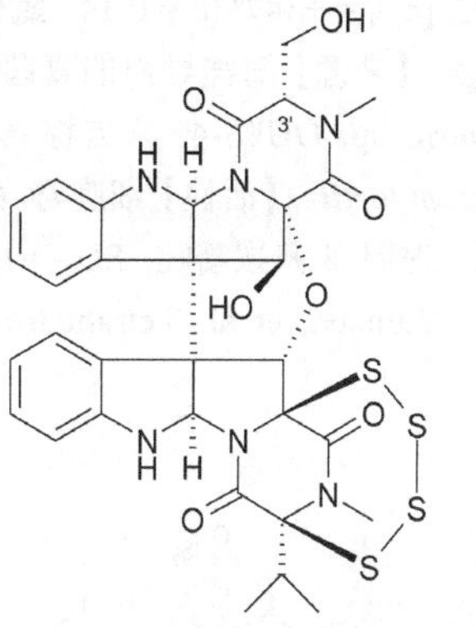

1900 Leptosin K 小球腔菌素 K*

【基本信息】$C_{34}H_{36}N_6O_6S_4$, 棱柱状晶体（乙酸乙酯), mp 222~224º, $[\alpha]_D^{25} = +76.7º$（氯仿).【类型】多硫化物类.【来源】海洋导出的真菌小球腔菌属 *Leptosphaeria* sp. OUPS-4, 来自棕藻易扭转马尾藻 *Sargassum tortile*.【活性】细胞毒 (P_{388}, $ED_{50} = 3.8\times10^{-3}\mu g/mL$).【文献】C. Takahashi, et al. Phytochemistry, 1995, 38, 155; C. Takahashi, et al. Tetrahedron, 1995, 51, 3483.

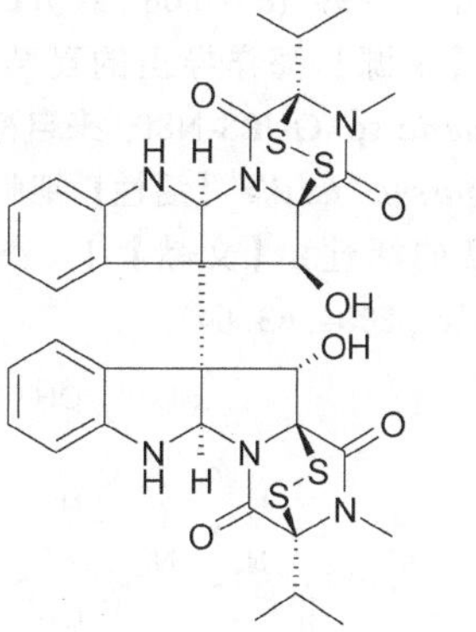

1901 Leptosin K_1 小球腔菌素 K_1*

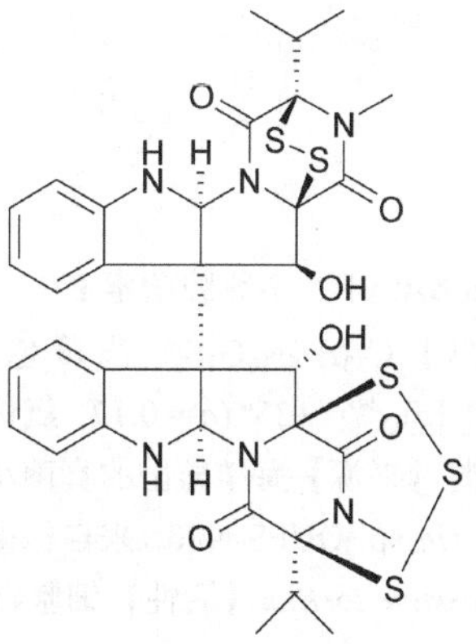

【基本信息】$C_{34}H_{36}N_6O_6S_5$, 浅黄色粉末, mp 209~212º, $[\alpha]_D^{25} = +88.9º$（氯仿).【类型】多硫化物类.【来源】海洋导出的真菌小球腔菌属 *Leptosphaeria* sp. OUPS-4, 来自棕藻易扭转马尾藻 *Sargassum tortile*.【活性】细胞毒 (P_{388}, $ED_{50} = 2.2\times10^{-3}\mu g/mL$).【文献】C. Takahashi, et al. Phytochemistry, 1995, 38, 155; C. Takahashi, et al. Tetrahedron, 1995, 51, 3483.

1902 Leptosin K_2 小球腔菌素 K_2*

【基本信息】$C_{34}H_{36}N_6O_6S_6$, 浅黄色粉末, mp 214~216º, $[\alpha]_D^{25} = +482.8º$（氯仿).【类型】多硫化物类.【来源】海洋导出的真菌小球腔菌属 *Leptosphaeria* sp. OUPS-4, 来自棕藻易扭转马尾藻 *Sargassum tortile*.【活性】细胞毒 (P_{388}, $ED_{50} = 2.1\times10^{-3}\mu g/mL$).【文献】C. Takahashi, et al. Phytochemistry, 1995, 38, 155; C. Takahashi, et al. Tetrahedron, 1995, 51, 3483.

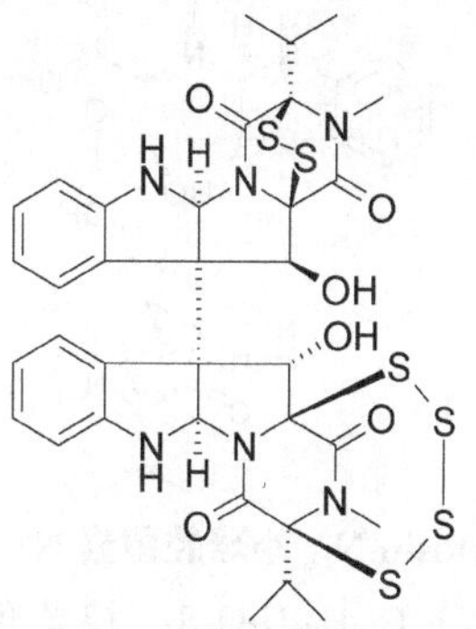

1903 Leptosin M 小球腔菌素 M*

【基本信息】$C_{33}H_{36}N_6O_8S_4$, 浅黄色粉末, mp 223~226ºC, $[\alpha]_D = +478º$ ($c = 0.1$, 氯仿).【类型】多硫化物类.【来源】海洋导出的真菌小球腔菌属 *Leptosphaeria* sp. OUPS-4, 来自棕藻易扭转马尾藻 *Sargassum tortile*.【活性】细胞毒 (P_{388}, $ED_{50} = $

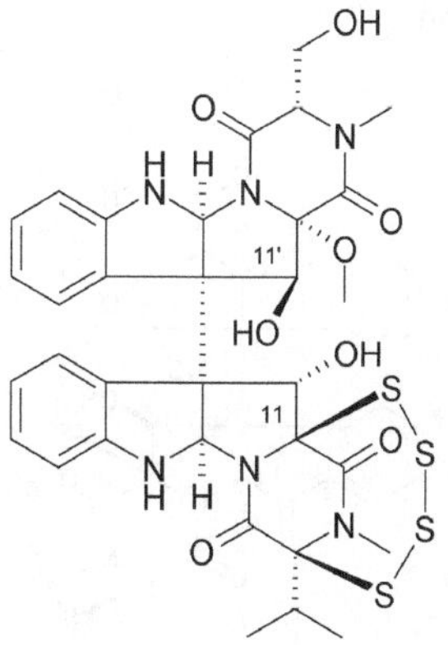

$1.05\mu g/mL$, 对照 5-氟尿嘧啶, $ED_{50} = 0.058\mu g/mL$); 细胞毒 (一组 39 种人癌细胞株, MG-MID lg GI_{50} (mol/L) = −5.25, Δ = 0.54, 范围 = 1.18); 拓扑异构酶Ⅱ抑制剂 (IC_{50}= 59.1μmol/L); 激酶抑制剂 (PTK 和 CaMKⅢ, 10μg/mL, InRt = 30%~70%); 拓扑异构酶Ⅱ抑制剂 (IC_{50}= 59.1μmol/L).【文献】T. Yamada, et al. Tetrahedron, 2002, 58, 479.

1904 Leptosin M_1 小球腔菌素 M_1*

【基本信息】$C_{33}H_{36}N_6O_8S_2$, 浅黄色粉末, mp 219~222ºC, $[\alpha]_D$ = +140º (c = 0.18, 氯仿).【类型】多硫化物类.【来源】海洋导出的真菌小球腔菌属 *Leptosphaeria* sp. OUPS-4, 来自棕藻易扭转马尾藻 *Sargassum tortile*.【活性】细胞毒 (P_{388}, ED_{50} = 1.4μg/mL, 对照 5-氟尿嘧啶, ED_{50} = 0.058μg/mL).【文献】T. Yamada, et al. Tetrahedron, 2002, 58, 479.

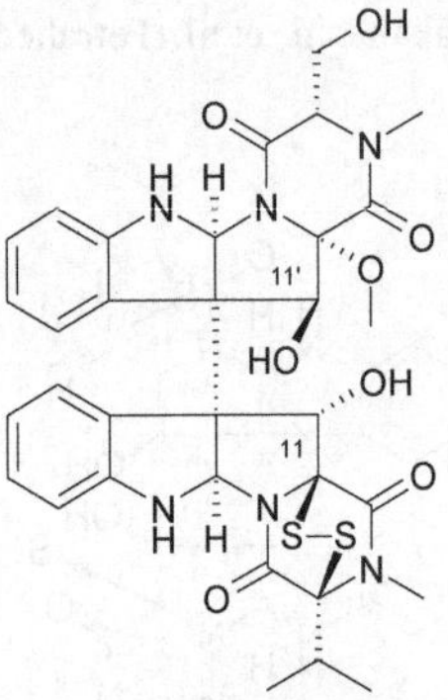

1905 Leptosin N 小球腔菌素 N*

【基本信息】$C_{33}H_{36}N_6O_8S_4$, 浅黄色粉末, mp 226~228ºC, $[\alpha]_D$ = +276º (c = 0.16, 氯仿).【类型】多硫化物类.【来源】海洋导出的真菌小球腔菌属 *Leptosphaeria* sp. OUPS-4, 来自棕藻易扭转马尾藻 *Sargassum tortile*.【活性】细胞毒 (P_{388}, ED_{50} = 0.18μg/mL, 对照 5-氟尿嘧啶, ED_{50} = 0.058μg/mL).【文献】T. Yamada, et al. Tetrahedron, 2002, 58, 479.

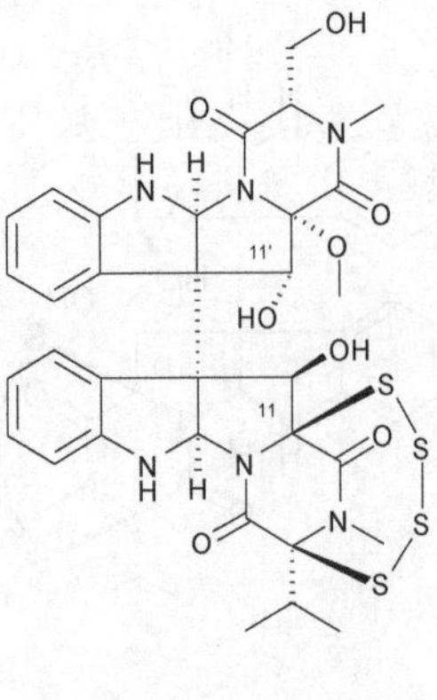

1906 Leptosin N_1 小球腔菌素 N_1*

【基本信息】$C_{33}H_{36}N_6O_8S_3$, 浅黄色粉末, mp 227~229ºC, $[\alpha]_D$ = +347º (c = 0.14, 氯仿).【类型】多硫化物类.【来源】海洋导出的真菌小球腔菌属 *Leptosphaeria* sp. OUPS-4, 来自棕藻易扭转马尾藻 *Sargassum tortile*.【活性】细胞毒 (P_{388}, ED_{50} = 0.19μg/mL, 对照 5-氟尿嘧啶, ED_{50} = 0.058μg/mL).【文献】T. Yamada, et al. Tetrahedron, 2002, 58, 479.

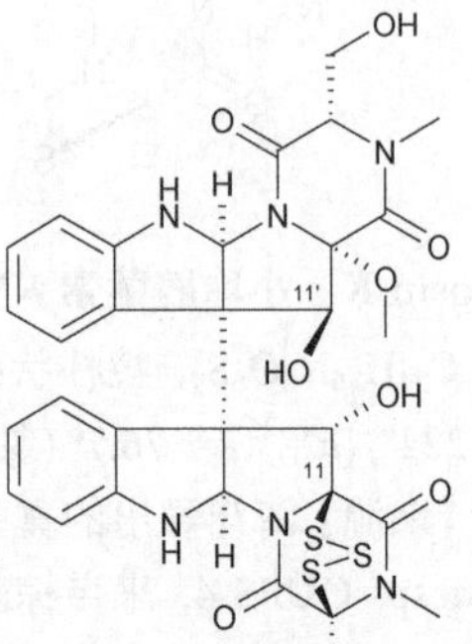

1907 Leptosin O 小球腔菌素 O*

【基本信息】$C_{33}H_{36}N_6O_7S_3$, 浅黄色粉末, mp 220~222ºC, $[\alpha]_D^{24}$ = −99º (c = 0.08, 氯仿).【类型】多硫化物类.【来源】海洋导出的真菌小球腔菌属 *Leptosphaeria* sp. OUPS-N80, 来自棕藻易扭转马尾藻 *Sargassum tortile*.【活性】细胞毒 (P_{388}, 有值得注意的活性).【文献】T. Yamada, et al. Heterocycles, 2004, 63, 641.

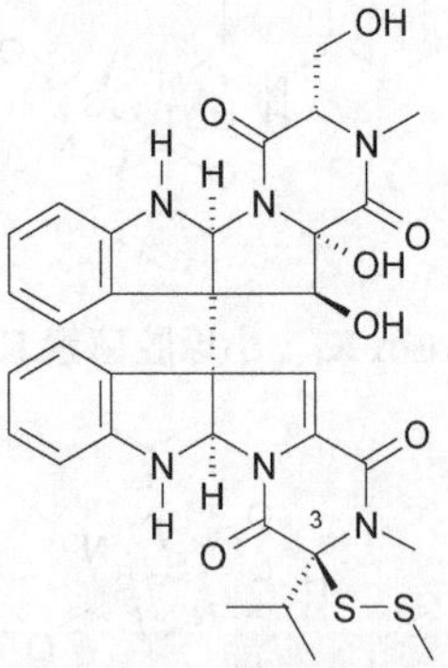

1908 Leptosin P 小球腔菌素 P*

【基本信息】$C_{33}H_{36}N_6O_7S_2$, 浅黄色粉末, mp 233~235ºC, $[\alpha]_D^{24}$ = +35º (c = 0.17, 氯仿).【类型】多硫化物类.【来源】海洋导出的真菌小球腔菌属 *Leptosphaeria* sp. OUPS-N80, 来自棕藻易扭转马尾藻 *Sargassum tortile*.【活性】细胞毒 (P_{388}, 有

值得注意的活性).【文献】T. Yamada, et al. Heterocycles, 2004, 63, 641.

1909 Lissoclibadin 1 暗褐簇骨海鞘素 1*
【基本信息】$C_{39}H_{57}N_3O_6S_7$, $[\alpha]_D = -3.6°$ ($c = 0.1$, 氯仿) [三(三氟乙酸盐)].【类型】多硫化物类.【来源】暗褐簇骨海鞘* Lissoclinum cf. badium.【活性】细胞毒 [V79, $IC_{50} = 0.21\mu mol/L$ ($0.19\mu g/mL$), 以前的数据 $0.20\mu mol/L$ ($0.18\mu g/mL$), $0.40\mu mol/L$ ($0.35\mu g/mL$), 抑制菌落形成; L_{1210}, $IC_{50} = 1.50\mu mol/L$ ($1.33\mu g/mL$), 细胞增殖抑制剂] (Wang, 2009); 抗菌 (海洋细菌大西洋鲁杰氏菌*Ruegeria atlantica TUF-D, 50μg/盘, IZD = 23.4mm, 20μg/盘, IZD = 15.2mm, 5μg/盘, 无活性; 革兰氏阳性菌金黄色葡萄球菌 Staphylococcus aureus, IAM 12544T, 50μg/盘, 无活性; 革兰氏阴性菌大肠杆菌 Escherichia coli IAM 12119T, 50μg/盘, 无活性) (Liu, 2005).【文献】H. Liu, et al. Tetrahedron, 2005, 61, 8611; W. Wang, et al. Tetrahedron, 2009, 65, 9598.

1910 Lissoclibadin 2 暗褐簇骨海鞘素 2*
【基本信息】$C_{26}H_{38}N_2O_4S_5$.【类型】多硫化物类.【来源】暗褐簇骨海鞘* Lissoclinum cf. badium.【活性】细胞毒 [V79, $IC_{50} = 0.08\mu mol/L$ ($0.05\mu g/mL$), 抑制菌落形成; L_{1210}, $IC_{50} = 2.04\mu mol/L$ ($1.23\mu g/mL$), 细胞增殖抑制剂] (Wang, 2009); 抗菌 (海洋细菌大西洋鲁杰氏菌*Ruegeria atlantica TUF-D, 50μg/盘, IZD = 28.2mm, 20μg/盘, IZD = 21.2mm, 5μg/盘, IZD = 12.2mm; 革兰氏阳性菌金黄色葡萄球菌 Staphylococcus aureus, IAM 12544T, 50μg/盘, 无活性; 革兰氏阴性菌大肠杆菌 Escherichia coli IAM 12119T, 50μg/盘, 无活性); 抗真菌 (冻土毛霉菌*Mucor hiemalis IAM 6088, 50μg/盘, IZD = 13.8mm, 20μg/盘, 无活性; 酿酒酵母 Saccharomyces cerevisiae IAM 1438T, 50μg/盘, 无活性) (Liu, 2005).【文献】H. Liu, et al. Tetrahedron, 2005, 61, 8611; W. Wang, et al. Tetrahedron, 2009, 65, 9598.

1911 Lissoclibadin 4 暗褐簇骨海鞘素 4*
【基本信息】$C_{22}H_{30}N_2O_4S_3$.【类型】多硫化物类.【来源】暗褐簇骨海鞘* Lissoclinum cf. badium.【活性】细胞毒 [V79, $IC_{50} = 0.71\mu mol/L$ ($0.34\mu g/mL$), 抑制菌落形成; L_{1210}, $IC_{50} = 1.94\mu mol/L$ ($0.94\mu g/mL$), 细胞增殖抑制剂].【文献】T. Nakazawa, et al. JNP, 2007, 70, 439; W. Wang, et al. Tetrahedron, 2009, 65, 9598.

1912 Lissoclibadin 5 暗褐簇骨海鞘素 5*
【基本信息】$C_{24}H_{34}N_2O_4S_4$.【类型】多硫化物类.【来源】暗褐簇骨海鞘* Lissoclinum cf. badium.【活性】细胞毒 (V79, $IC_{50} = 0.058\mu mol/L$ ($0.031\mu g/mL$), 抑制菌落形成; L_{1210}, $IC_{50} = 0.97\mu mol/L$ ($0.53\mu g/mL$);

细胞增殖抑制剂). 【文献】T. Nakazawa, et al. JNP, 2007, 70, 439.

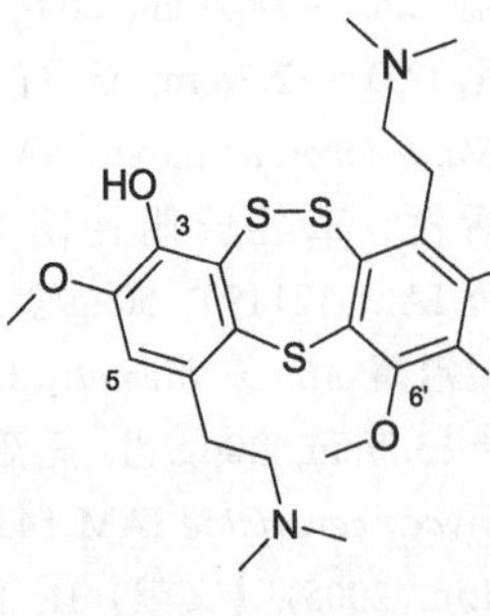

1913　Lissoclibadin 6　暗褐簇骨海鞘素 6*
【基本信息】$C_{24}H_{34}N_2O_4S_3$. 【类型】多硫化物类. 【来源】暗褐簇骨海鞘* *Lissoclinum* cf. *badium*. 【活性】细胞毒 [V79, IC_{50} = 0.058μmol/L (0.029μg/mL), 抑制菌落形成; L_{1210}, IC_{50} = 0.63μmol/L (0.32μg/mL); 细胞增殖抑制剂]. 【文献】T. Nakazawa, et al. JNP, 2007, 70, 439.

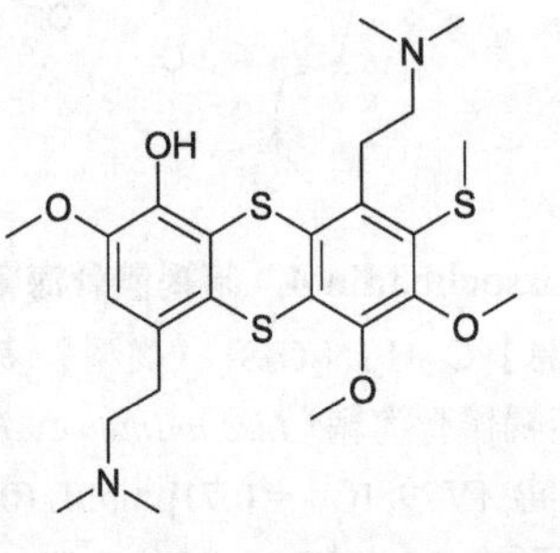

1914　Lissoclibadin 7　暗褐簇骨海鞘素 7*
【基本信息】$C_{22}H_{30}N_2O_4S_4$. 【类型】多硫化物类. 【来源】暗褐簇骨海鞘* *Lissoclinum* cf. *badium*. 【活性】细胞毒 [V79, IC_{50} = 0.17μmol/L (0.09μg/mL), 抑制菌落形成; L_{1210}, IC_{50} = 2.17μmol/L (1.12μg/mL), 细胞增殖抑制剂]. 【文献】T. Nakazawa, et al. JNP, 2007, 70, 439; W. Wang, et al. Tetrahedron, 2009, 65, 9598.

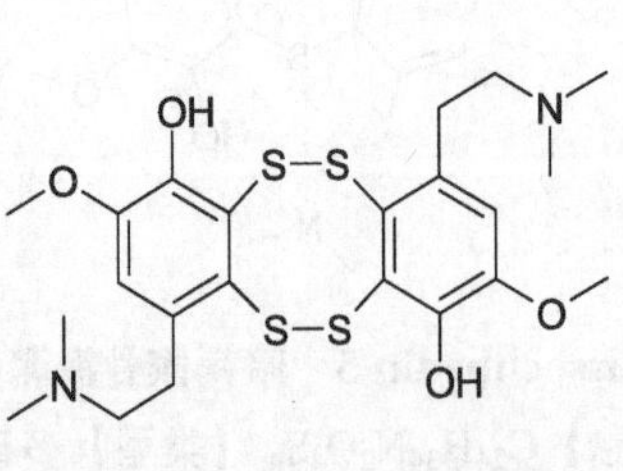

1915　Lissoclibadin 8　暗褐簇骨海鞘素 8*
【基本信息】$C_{52}H_{76}N_4O_8S_{12}$, 黄色薄膜 [四(三氟乙酸盐)]. 【类型】多硫化物类. 【来源】暗褐簇骨海鞘* *Lissoclinum* cf. *badium* (万鸦老, 印度尼西亚). 【活性】细胞毒 [V79, IC_{50} = 0.14μmol/L (0.18μg/mL), 抑制菌落形成; L_{1210}, IC_{50} = 2.00μmol/L (2.54μg/mL), 细胞增殖抑制剂]. 【文献】W. Wang, et al. Tetrahedron, 2009, 65, 9598.

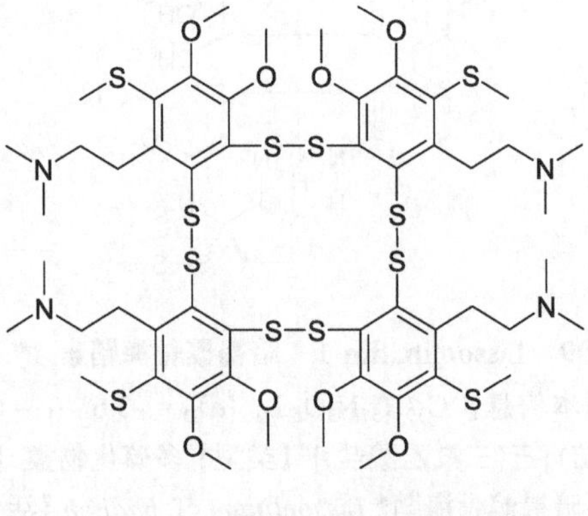

1916　Lissoclibadin 9　暗褐簇骨海鞘素 9*
【基本信息】$C_{35}H_{49}N_3O_6S_6$, 黄色薄膜 [四(三氟乙酸盐)]. 【类型】多硫化物类. 【来源】暗褐簇骨海鞘* *Lissoclinum* cf. *badium* (万鸦老, 印度尼西亚). 【活性】细胞毒 [V79, IC_{50} = 0.63μmol/L (0.50μg/mL), 抑制菌落形成; L_{1210}, IC_{50} = 0.38μmol/L (0.30μg/mL), 细胞增殖抑制剂]. 【文献】W. Wang, et al. Tetrahedron, 2009, 65, 9598.

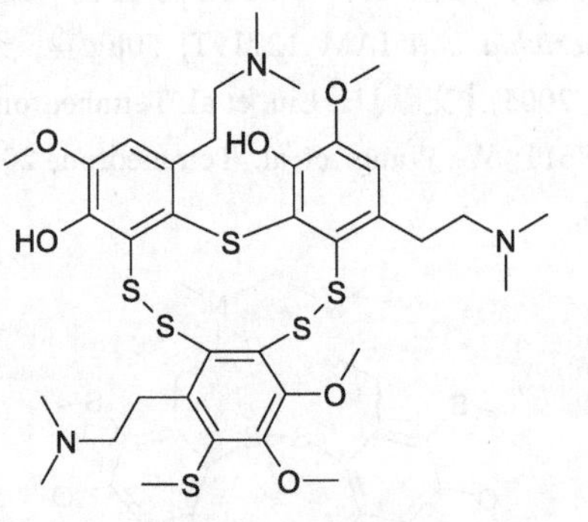

1917　Lissoclibadin 13　暗褐簇骨海鞘素 13*
【基本信息】$C_{13}H_{19}NO_2S_3$, 黄色薄膜 (双三氟乙酸盐), $[\alpha]_D$ = −6.1° (c = 0.2, 甲醇). 【类型】多硫化物类. 【来源】暗褐簇骨海鞘* *Lissoclinum* cf. *badium* (万鸦老, 印度尼西亚). 【活性】细胞毒 [V79, IC_{50} = 0.44μmol/L (0.14μg/mL), 抑制菌落形成; L_{1210}, IC_{50} = 2.20μmol/L (0.70μg/mL), 细胞增殖抑制剂]. 【文献】W. Wang, et al. Tetrahedron, 2009, 65, 9598.

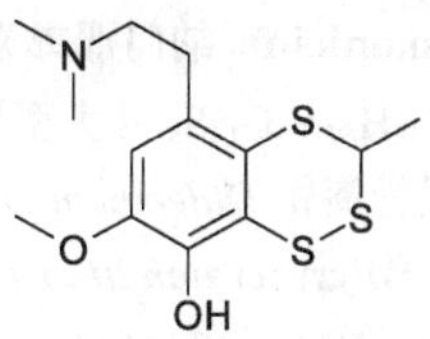

1918 Lissoclibadin14 暗褐髌骨海鞘素 14*
【别名】Isolissoclinotoxin B; 异髌骨海鞘毒素 B*.
【基本信息】$C_{11}H_{15}NO_2S_3$, 黄色薄膜（双三氟乙酸盐）.【类型】多硫化物类.【来源】暗褐髌骨海鞘* *Lissoclinum* cf. *badium* (万鸦老，印度尼西亚) 和暗褐髌骨海鞘* *Lissoclinum* cf. *badium* (巴布亚新几内亚).【活性】细胞毒 [V79, $IC_{50} = 0.70\mu mol/L$ $(0.25\mu g/mL)$, 抑制菌落形成；L_{1210}, $IC_{50} = 1.80\mu mol/L$ $(0.64\mu g/mL)$, 细胞增殖抑制剂].【文献】J. A. Clement, et al. Bioorg. Med. Chem., 2008, 16, 10022; W. Wang, et al. Tetrahedron, 2009, 65, 9598.

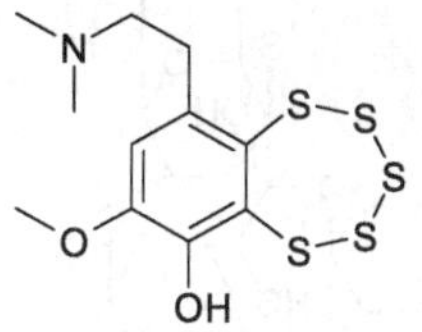

1919 Lissoclinotoxin A 髌骨海鞘毒素 A*
【基本信息】$C_9H_{11}NO_2S_5$, 无定形黄色固体, mp 245~250°C.【类型】多硫化物类.【来源】穿孔髌骨海鞘* *Lissoclinum perforatum*.【活性】抗微生物；抗真菌.【文献】M. Litaudon, et al. Tetrahedron Lett., 1991, 32, 911; M. Litaudon, et al. Tetrahedron, 1994, 50, 5323.

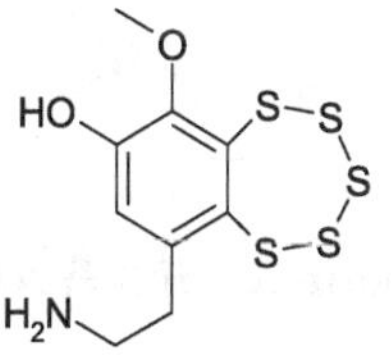

1920 Lissoclinotoxin B 髌骨海鞘毒素 B*
【基本信息】$C_{10}H_{11}NO_2S_5$, 浅黄色粉末, mp 310~313°C.【类型】多硫化物类.【来源】穿孔髌骨海鞘* *Lissoclinum perforatum*.【活性】抗微生物；杀疟原虫.【文献】M. Litaudon, et al. Tetrahedron Lett., 1991, 32, 911; M. Litaudon, et al. Tetrahedron, 1994, 50, 5323.

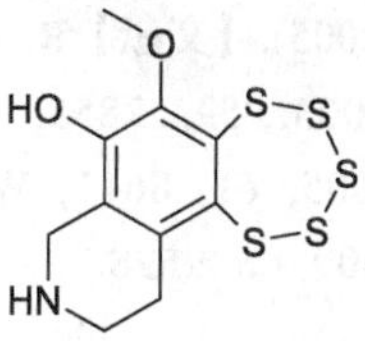

1921 Lissoclinotoxin D 髌骨海鞘毒素 D*
【基本信息】$C_{18}H_{22}N_2O_4S_4$, 无色无定形固体.【类型】多硫化物类.【来源】髌骨海鞘属 *Lissoclinum* sp. (大堡礁，澳大利亚).【活性】抗真菌（白色念珠菌 *Candida albicans*）.【文献】P. A. Searle, et al. JOC, 1994, 59, 6600.

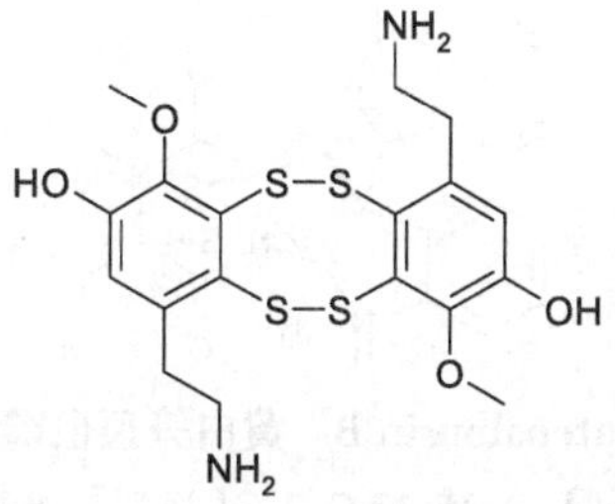

1922 Lissoclinotoxin F 髌骨海鞘毒素 F*
【基本信息】$C_{26}H_{38}N_2O_4S_5$, 亮棕色薄膜（双三氟乙酸盐）.【类型】多硫化物类.【来源】未鉴定的海鞘（菲律宾）.【活性】细胞毒（缺乏 PTEN 的 MDA-MB-468, $IC_{50} = 1.5\mu g/mL$, 注：PTEN 是一种位于人染色体 10q23.3 的已经鉴定的肿瘤抑制基因）; 细胞毒 [V79, $IC_{50} = 0.28\mu mol/L$ $(0.17\mu g/mL)$, 菌落形成抑制剂] (Wang, 2009); 抗菌（海洋细菌大西洋鲁杰氏菌* *Ruegeria atlantica* TUF-D, 50μg/盘, IZD = 20.0mm, 20μg/盘, IZD = 12.1mm, 5μg/盘, 无活性；革兰氏阳性菌金黄色葡萄球菌 *Staphylococcus aureus*, IAM 12544T, 50μg/盘, 无活性；革兰氏阴性菌大肠杆菌 *Escherichia coli* IAM 12119T, 50μg/盘, 无活性）; 抗真菌（冻土毛霉菌 **Mucor hiemalis* IAM 6088, 50μg/盘, IZD = 18.0mm, 20μg/盘, IZD = 10.5mm; 酿酒酵母 *Saccharomyces cerevisiae* IAM 1438T, 50μg/盘,

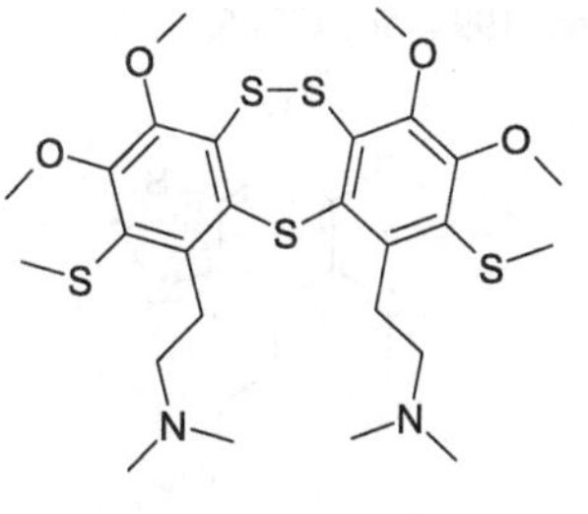

无活性) (Liu, 2005).【文献】R. A. Davis, et al. Tetrahedron, 2003, 59, 2855; H. Liu, et al. Tetrahedron, 2005, 61, 8611; W. Wang, et al. Tetrahedron, 2009, 65, 9598.

1923　Luteoalbusin A　黄白笋顶孢霉素 A*
【基本信息】$C_{23}H_{20}N_4O_3S_2$.【类型】多硫化物类.【来源】深海真菌黄白笋顶孢霉* Acrostalagmus luteoalbus SCSIO F457 (沉积物, 南海).【活性】细胞毒 (SF268, MCF7, NCI-H460 和 HepG2, $IC_{50} = 0.23\sim1.31\mu mol/L$).【文献】F.-Z. Wang, et al. Bioorg. Med. Chem. Lett., 2012, 22, 7265.

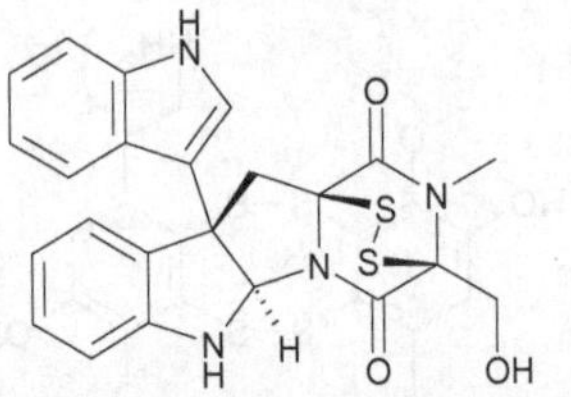

1924　Luteoalbusin B　黄白笋顶孢霉素 B*
【基本信息】$C_{23}H_{20}N_4O_3S_3$.【类型】多硫化物类.【来源】深海真菌黄白笋顶孢霉* Acrostalagmus luteoalbus SCSIO F457 (沉积物, 南海).【活性】细胞毒 (SF268, MCF7, NCI-H460 和 HepG2, $IC_{50} = 0.23\sim1.31\mu mol/L$).【文献】F.-Z. Wang, et al. Bioorg. Med. Chem. Lett., 2012, 22, 7265.

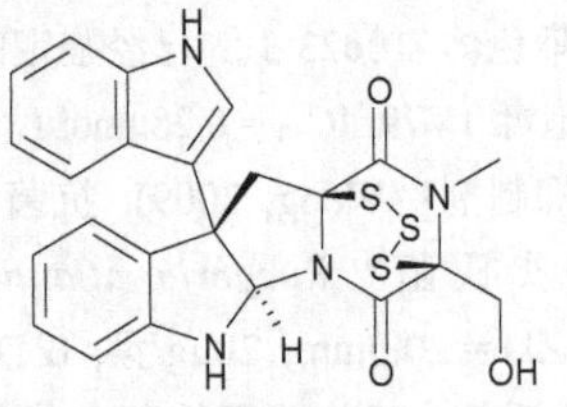

1925　5-(Methylthio)varacin A　5-甲硫基-瓦拉新 A*
【基本信息】$C_{11}H_{15}NO_2S_4$, 5-(甲硫基)瓦拉新和 5-甲硫基-瓦拉新 A 是不可分离的混合物.【类型】多硫化物类.【来源】髋骨海鞘属 Lissoclinum sp. (波纳佩岛, 密克罗尼西亚联邦).【活性】蛋白激酶 C 抑制剂.【文献】R. S. Compagnone, et al. Tetrahedron, 1994, 50, 12785.

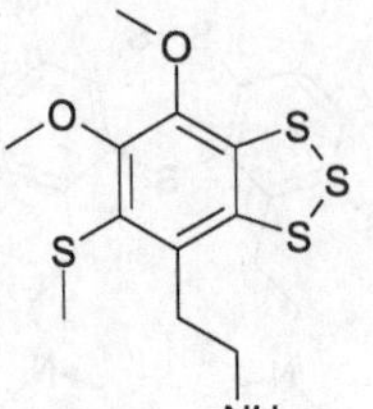

1926　Namenamicin　纳门那霉素*
【基本信息】$C_{43}H_{62}N_2O_{14}S_5$.【类型】多硫化物类.【来源】多育星骨海鞘 Didemnum proliferum 和星骨海鞘科海鞘 Polysyncraton lithostrotum.【活性】细胞毒 (3Y1, $IC_{50} = 13pg/mL$, 对照阿霉素, $IC_{50} = 13000pg/mL$; HeLa, $IC_{50} = 34pg/mL$, 阿霉素, $IC_{50} = 17000pg/mL$; P_{388}, $IC_{50} = 3.3pg/mL$, 阿霉素, $IC_{50} = 52000pg/mL$); 抗菌.【文献】L. A. McDonald, et al. JACS, 1996, 118, 10898; N. Oku, et al. JACS, 2003, 125, 2044; U. Galm, et al. Chem. Rev., 2005, 105, 739.

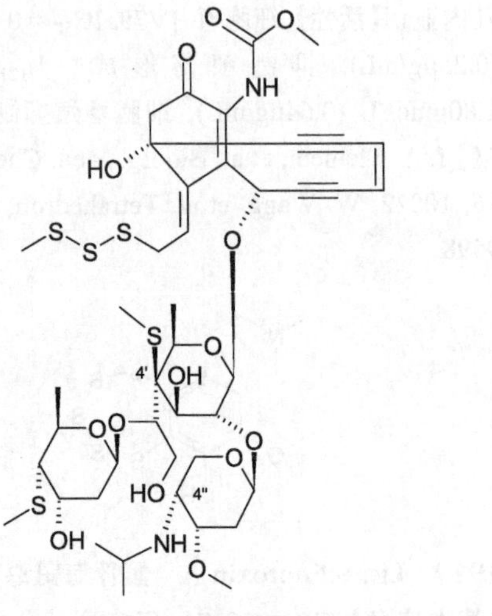

1927　Nereistoxin　沙蚕毒素
【基本信息】$C_5H_{11}NS_2$.【类型】多硫化物类.【来源】环节动物多毛纲蠕虫 Lumbriconereis heteropoda.【活性】杀昆虫剂.【文献】T. Okaichi, et al. Arg. Biol. Chem., 1962, 26, 224.

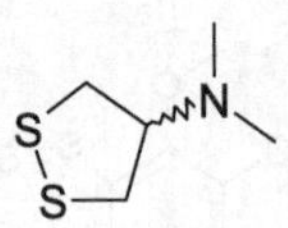

1928　Pentaporin A　五孔苔虫林 A*

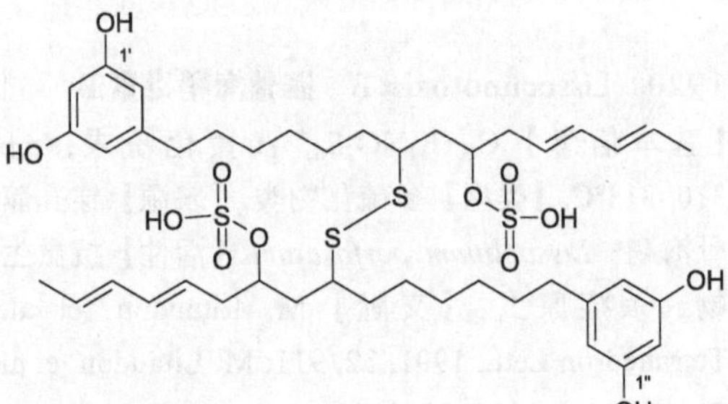

【基本信息】$C_{42}H_{62}O_{12}S_4$, $[\alpha]_D^{25} = -13.1°$ ($c = 0.006$, 甲醇) (二钠盐).【类型】多硫化物类.【来源】苔藓动物筋膜五孔苔虫* Pentapora fascialis.【活性】驱虫剂.【文献】S. Eisenbarth, et al. Tetrahedron, 2002, 58, 8461.

1929　Polycarpamine A　多果海鞘胺 A*
【别名】3,4-Dihydro-1,6,7-trimethoxy-N,N-dimethyl-8-(methyldithio)-1H-2-benzothiopyran-5-amine; 3,4-二氢-1,6,7-三甲氧基-N,N-二甲基-8-(甲基二硫)-1H-2-苯并噻喃-5-胺*.【基本信息】$C_{15}H_{23}NO_3S_3$, 黄色油状物.【类型】多硫化物类.【来源】多果海鞘属 Polycarpa auzata.【活性】抗真菌.【文献】N. Lindquist, et al. Tetrahedron Lett., 1990, 31, 2389.

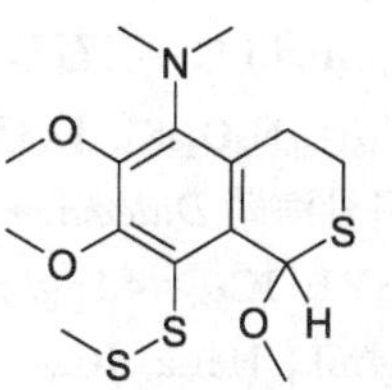

1930　Polycarpamine B　多果海鞘胺 B*
【基本信息】$C_{14}H_{19}NO_3S_3$, 黄色油状物.【类型】多硫化物类.【来源】多果海鞘属 Polycarpa auzata.【活性】抗真菌.【文献】N. Lindquist, et al. Tetrahedron Lett., 1990, 31, 2389.

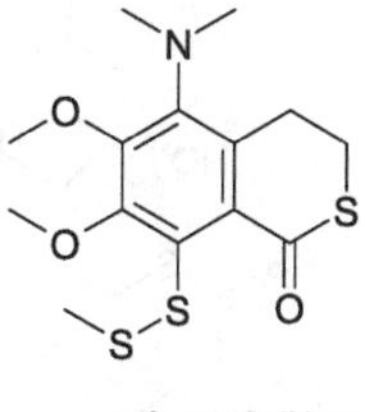

1931　Polycarpine　多果海鞘品
【基本信息】$C_{22}H_{24}N_6O_2S_2$, 红色棒状晶体 (甲醇/二氯甲烷) 或橙色无定形固体, mp 201~204°C.【类型】多硫化物类.【来源】棍棒状多果海鞘* Polycarpa clavata (西澳大利亚) 和金点多果海鞘* Polycarpa aurata (丘克州, 密克罗尼西亚联邦).

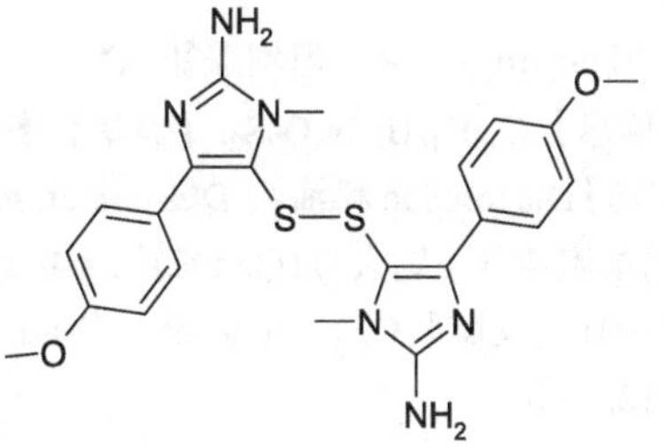

【活性】细胞毒 (多果海鞘平+2 分子盐酸, HCT116, 0.9μg/mL).【文献】H. Kang, et al. Tetrahedron Lett., 1996, 37, 2369; S. A. Abas, et al. JOC, 1996, 61, 2709.

1932　Rostratin A　嘴突脐孢亭 A*
【基本信息】$C_{18}H_{24}N_2O_6S_2$, 树胶状物, $[\alpha]_D^{20} = -185°$ ($c = 0.004$, 甲醇/二氯甲烷).【类型】多硫化物类.【来源】海洋导出的真菌嘴突脐孢 Exserohilum rostratum (液体培养基).【活性】细胞毒 (HCT116, $IC_{50} = 8.5μg/mL$).【文献】R.-X. Tan, et al. JNP, 2004, 67, 1374; M. Saleem, et al. NPR, 2007, 24, 1142 (Rev.).

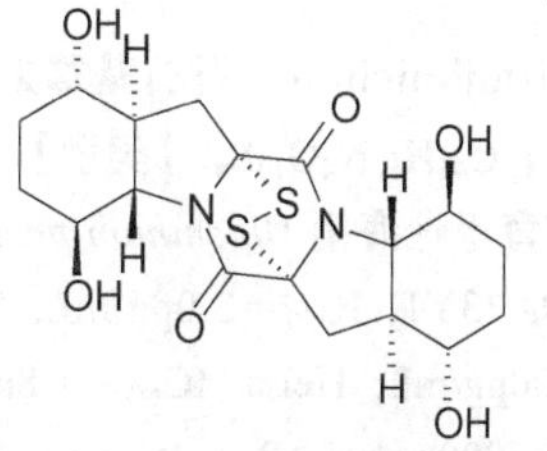

1933　Rostratin B　嘴突脐孢亭 B*
【基本信息】$C_{18}H_{20}N_2O_6S_2$, 树胶状物, $[\alpha]_D^{20} = -210°$ ($c = 0.0004$, 甲醇/二氯甲烷).【类型】多硫化物类.【来源】海洋导出的真菌嘴突脐孢 Exserohilum rostratum.【活性】细胞毒 (HCT116, $IC_{50} = 1.9μg/mL$).【文献】R.-X. Tan, et al. JNP, 2004, 67, 1374.

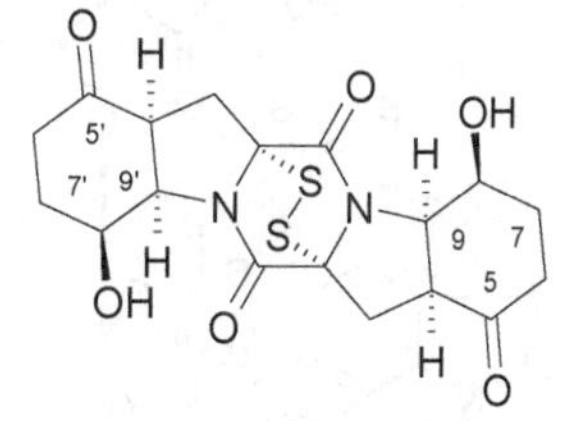

1934　Rostratin C　嘴突脐孢亭 C*
【基本信息】$C_{20}H_{24}N_2O_8S_2$, 树胶状物, $[\alpha]_D^{20} = -167°$ ($c = 0.002$, 甲醇/二氯甲烷).【类型】多硫化物类.【来源】海洋导出的真菌嘴突脐孢 Exserohilum rostratum.【活性】细胞毒 (HCT116, $IC_{50} = 0.76μg/mL$).【文献】R.-X. Tan, et al. JNP, 2004, 67, 1374.

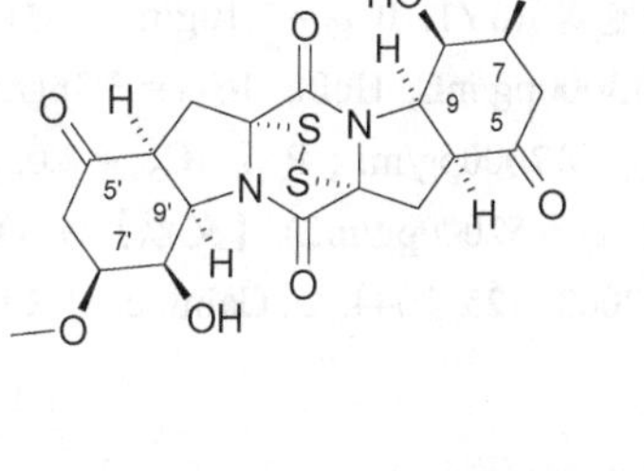

1935 Rostratin D 嘴突脐孢亭 D*

【基本信息】$C_{18}H_{20}N_2O_6S_4$，树胶状物，$[\alpha]_D^{20}$ = +108° (c = 0.007, 甲醇/二氯甲烷).【类型】多硫化物类.【来源】海洋导出的真菌嘴突脐孢 *Exserohilum rostratum*.【活性】细胞毒 (HCT116, IC_{50} = 16.5μg/mL).【文献】R.-X. Tan, et al. JNP, 2004, 67, 1374.

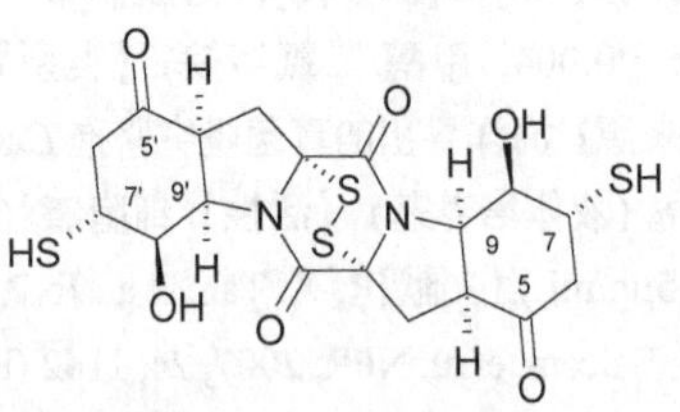

1936 Shishijimicin A 石石基霉素 A*

【基本信息】$C_{46}H_{52}N_4O_{12}S_4$.【类型】多硫化物类.【来源】多育星骨海鞘 *Didemnum proliferum*.【活性】细胞毒 (3Y1, IC_{50} = 2.0pg/mL, 对照阿霉素, IC_{50} = 13000pg/mL; HeLa, IC_{50} = 1.8pg/mL, 阿霉素, IC_{50} = 17000pg/mL; P_{388}, IC_{50} = 0.47pg/mL, 阿霉素, IC_{50} = 52000pg/mL).【文献】N. Oku, et al. JACS, 2003, 125, 2044; U. Galm, et al. Chem. Rev., 2005, 105, 739.

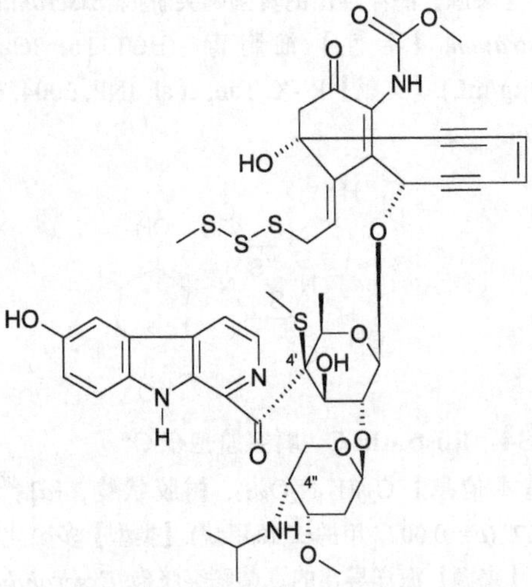

1937 Shishijimicin B 石石基霉素 B*

【基本信息】$C_{45}H_{50}N_4O_{12}S_3$.【类型】多硫化物类.【来源】多育星骨海鞘 *Didemnum proliferum*.【活性】细胞毒 (3Y1, IC_{50} = 3.1pg/mL, 对照阿霉素, IC_{50} = 13000pg/mL; HeLa, IC_{50} = 3.3pg/mL, 阿霉素, IC_{50} = 17000pg/mL; P_{388}, IC_{50} = 2.0pg/mL, 阿霉素, IC_{50} = 52000pg/mL).【文献】N. Oku, et al. JACS, 2003, 125, 2044; U. Galm, et al. Chem. Rev., 2005, 105, 739.

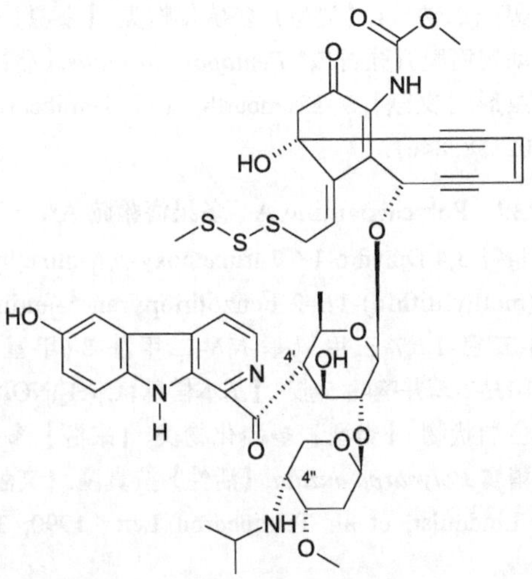

1938 Shishijimicin C 石石基霉素 C*

【基本信息】$C_{45}H_{50}N_4O_{12}S_4$.【类型】多硫化物类.【来源】多育星骨海鞘 *Didemnum proliferum*.【活性】细胞毒 (3Y1, IC_{50} = 4.8pg/mL, 对照阿霉素, IC_{50} = 13000pg/mL; HeLa, IC_{50} = 6.3pg/mL, 阿霉素, IC_{50} = 17000pg/mL; P_{388}, IC_{50} = 1.7pg/mL, 阿霉素, IC_{50} = 52000pg/mL).【文献】N. Oku, et al. JACS, 2003, 125, 2044; U. Galm, et al. Chem. Rev., 2005, 105, 739.

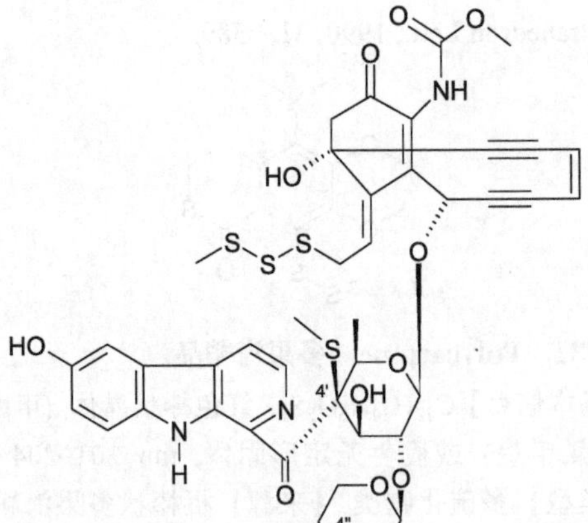

1939 Tanjungide A 坦均盖德 A*

【基本信息】$C_{16}H_{16}Br_2N_4O_2S_2$.【类型】多硫化物类.【来源】Diazonidae 科海鞘 *Diazona* cf. *formosa*.【活性】细胞毒 (一组人 HTCLs 细胞, < 1~2μmol/L, 有潜力的).【文献】C. Murcia, et al. Mar. Drugs, 2014, 12, 1116.

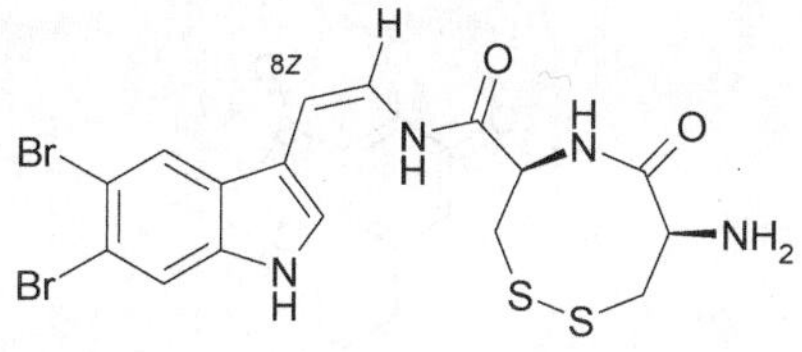

1940　Tanjungide B　坦均盖德 B*

【基本信息】$C_{16}H_{16}Br_2N_4O_2S_2$.【类型】多硫化物类.【来源】Diazonidae 科海鞘 *Diazona* cf. *formosa*.【活性】细胞毒（一组人 HTCLs 细胞，< 1~2μmol/L，有潜力的）.【文献】C. Murcia, et al. Mar. Drugs, 2014, 12, 1116.

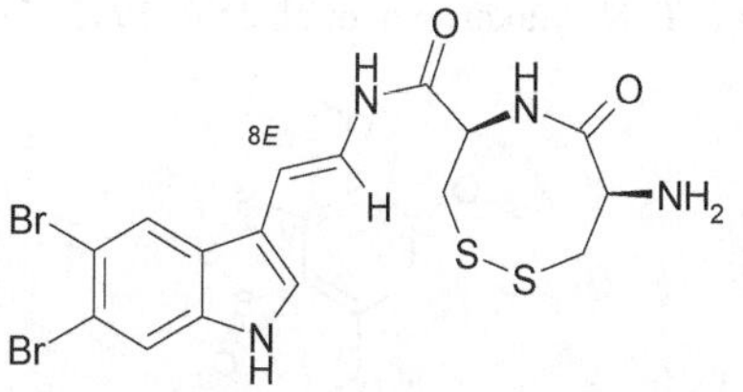

1941　1,2,4,6-Tetrathiepane　1,2,4,6-四硫杂环庚烷

【基本信息】$C_3H_6S_4$, mp 78~79ºC.【类型】多硫化物类.【来源】红藻加州软骨藻* *Chondria californica*, 蘑菇 *Lentinus edodes*.【活性】抗生素.【文献】K. Morita, et al. CPB, 1967, 15, 998; S. J. Wratten, et al. JOC, 1976, 41, 2465.

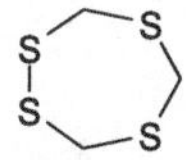

1942　Thiomarinol A　硫代海洋醇 A*

【别名】硫代马林醇 A*.【基本信息】$C_{30}H_{44}N_2O_9S_2$, 橙色晶体（甲醇），mp 106~110ºC（分解），$[\alpha]_D^{25} = +4.3º$ ($c = 1$, 甲醇).【类型】多硫化物类.【来源】海洋细菌交替单胞菌属 *Alteromonas rava*.【活性】抗微生物.【文献】H. Shiozawa, et al. J. Antibiolics, 1993, 46, 1834; 1995, 48, 907.

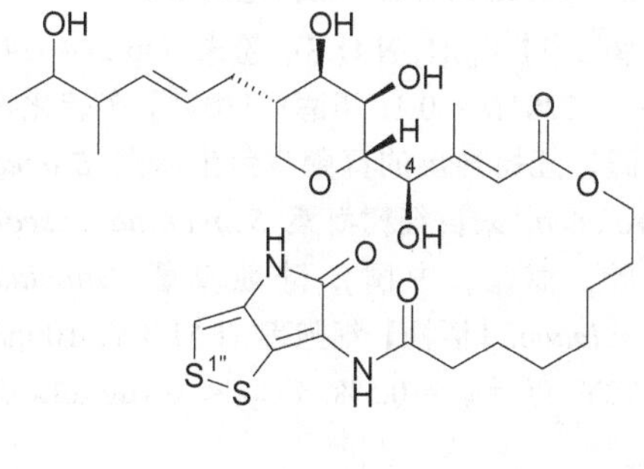

1943　Thiomarinol C　硫代海洋醇 C*

【基本信息】$C_{30}H_{44}N_2O_8S_2$, 黄色晶体，$[\alpha]_D^{25} = -1.4º$（甲醇）.【类型】多硫化物类.【来源】海洋细菌交替单胞菌属 *Alteromonas rava*.【活性】抗菌（革兰氏阳性菌和革兰氏阴性菌）；异亮氨酸转移酶抑制剂；RNA 合成酶抑制剂.【文献】H. Shiozawa, et al. J. Antibiotics, 1995, 48, 907.

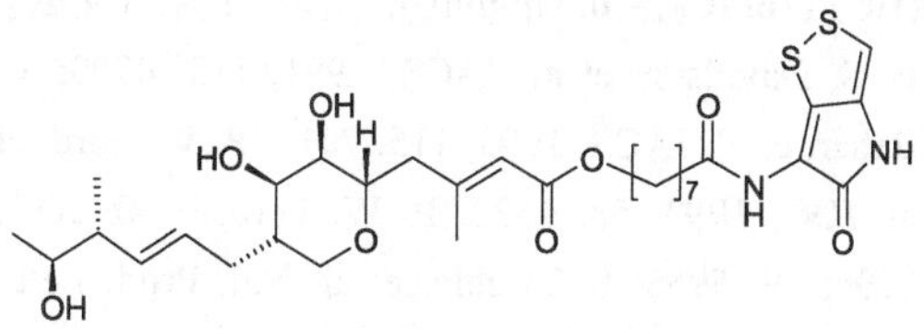

1944　Thiomarinol D　硫代海洋醇 D*

【基本信息】$C_{31}H_{46}N_2O_9S_2$, $[\alpha]_D^{25} = +1.5º$ ($c = 0.8$, 甲醇).【类型】多硫化物类.【来源】海洋细菌交替单胞菌属 *Alteromonas rava*.【活性】异亮氨酸转移酶抑制剂；RNA 合成酶抑制剂.【文献】H. Shiozawa, et al. J. Antibiot., 1997, 50, 449.

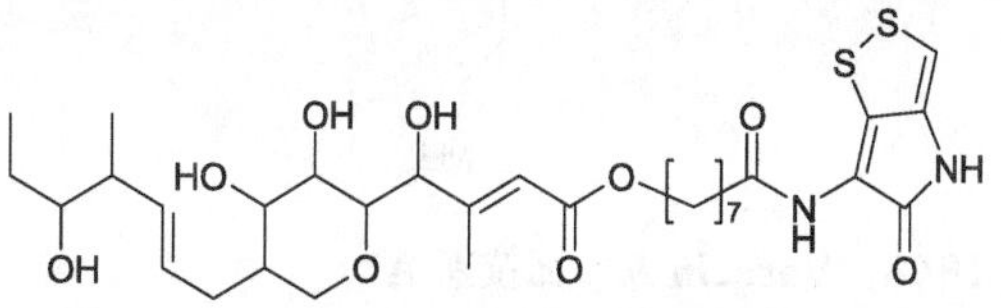

1945　Thiomarinol F　硫代海洋醇 F*

【基本信息】$C_{31}H_{44}N_2O_9S_2$, $[\alpha]_D^{25} = -1.66º$ ($c = 0.8$, 甲醇).【类型】多硫化物类.【来源】海洋细菌交替单胞菌属 *Alteromonas rava*.【活性】异亮氨酸转移酶抑制剂；RNA 合成酶抑制剂.【文献】H. Shiozawa, et al. J. Antibiot., 1997, 50, 449.

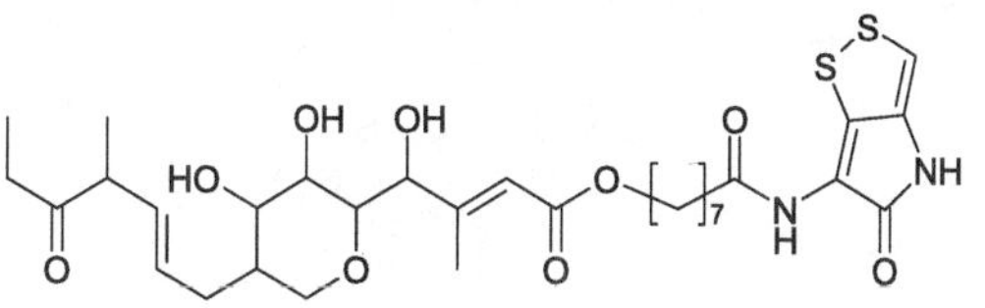

1946　1,2,4-Trithiolane　1,2,4-三硫杂环戊烷

【基本信息】$C_2H_4S_3$.【类型】多硫化物类.【来源】红藻加州软骨藻* *Chondria californica*.【活性】抗生素.【文献】S. J. Wratten, et al. JOC, 1976, 41, 2465.

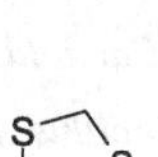

1947　Varacin　瓦拉新*

【别名】8,9-Dimethoxy-6-benzopentathiepinethanamine; 8,9-二甲氧基-6-苯并五噻吩平乙胺*.【基本信息】$C_{10}H_{13}NO_2S_5$, 亮黄色粉末, mp 258~260℃.【类型】多硫化物类.【来源】簇骨海鞘属 *Lissoclinum vareau* 和多节海鞘属 *Polycitor* sp.【活性】抗真菌 (白色念珠菌 *Candida albicans*); 细胞毒 (HCT116, IC_{90} = 0.05μg/mL); 损害 DNA.【文献】B. S. Davidson, et al. JACS, 1991, 113, 4709; V. Behar, et al. JACS, 1993, 115, 7017; P. W. Ford, et al. JOC, 1993, 58, 4522; P. W. Ford, et al. JOC, 1994, 59, 5955; F. Trigalo, et al. Nat. Prod. Lett., 1994, 4, 101; F. D. Toste, et al. JACS, 1995, 117, 7261; T. N. Makarieva, et al. JNP, 1995, 58, 254; A. Greer, JACS, 2001, 123, 10379.

1948　Varacin A　瓦拉新 A*

【别名】6,7-Dimethoxy-4-benzotrithioleethanamine; 6,7-二甲氧基-4-苯并三硫唑乙胺*.【基本信息】$C_{10}H_{13}NO_2S_3$.【类型】多硫化物类.【来源】多节海鞘属 *Polycitor* sp. (日本海).【活性】抗真菌 (白色念珠菌 *Candida albicans*, 20mm/0.1μg); 抗细菌 (枯草杆菌 *Bacillus subtilis*, 20mm/0.1μg).【文献】T. N. Makarieva, et al. JNP, 1995, 58, 254.

1949　Varacin B　瓦拉新 B*

【基本信息】$C_{10}H_{13}NO_3S_3$.【类型】多硫化物类.【来源】多节海鞘属 *Polycitor* sp. (日本海).【活性】抗真菌 (白色念珠菌 *Candida albicans*, 20mm/0.1μg); 抗细菌 (枯草杆菌 *Bacillus subtilis*, 20mm/0.1μg).【文献】T. N. Makarieva, et al. JNP, 1995, 58, 254.

1950　Varacin C　瓦拉新 C*

【基本信息】$C_{10}H_{13}NO_3S_3$.【类型】多硫化物类.【来源】多节海鞘属 *Polycitor* sp. (日本海).【活性】抗真菌 (白色念珠菌 *Candida albicans*, 20mm/0.1μg); 抗细菌 (枯草杆菌 *Bacillus subtilis*, 20mm/0.1μg).【文献】T. N. Makarieva, et al. JNP, 1995, 58, 254.

1951　Verticillin A　轮枝孢菌素 A*

【基本信息】$C_{30}H_{28}N_6O_6S_4$, 黄色针状晶体 (吡啶), mp 202~217℃, $[α]_D$ = +703.7°, $[α]_D$ = +727° (二噁英).【类型】多硫化物类.【来源】海洋真菌青霉属 *Penicillium* sp. CNC-350.【活性】真菌毒素; 细胞毒素.【文献】K. Katagiri, et al. J. Antibiot., Ser. B, 1970, 23, 420.

1952　Verticillin D　轮枝孢菌素 D*

【基本信息】$C_{32}H_{32}N_6O_8S_4$, 粉末, mp 244~247℃, $[α]_D$ = +220° (c = 0.1, 甲醇).【类型】多硫化物类.【来源】红树导出的真菌淡色生赤壳 *Bionectria ochroleuca*, 来自红树海桑 *Sonneratia caseolaris* (树叶, 海南, 中国), 陆地真菌 *Gliocladium catenulatum*.【活性】细胞毒 (L5178Y, 10μg/mL, L5178Y 存活率 = 0.5%, EC_{50} < 0.1μg/mL, 对照

卡哈拉内酯 F, $EC_{50} = 6.40\mu g/mL$). 【文献】B. K. Joshi, et al. JNP, 1999, 62, 730; W. Ebrahim, et al. Mar. Drugs, 2012, 10, 1081.

1953 (+)-Adociaquinone A (+)-隐海绵醌 A*
【基本信息】$C_{22}H_{17}NO_6S$, 黄色固体, mp > 300ºC, $[\alpha]_D = +25º$ ($c = 0.075$, 二甲亚砜). 【类型】砜和亚砜. 【来源】隐海绵属 *Adocia* sp. (特鲁克, 密克罗尼西亚联邦). 【活性】细胞毒. 【文献】F. J. Schmitz, et al. JOC, 1988, 53, 3922; N. Harada, et al. Tetrahedron: Asymmetry, 1995, 6, 375.

1954 (+)-Adociaquinone B (+)-隐海绵醌 B*
【基本信息】$C_{22}H_{17}NO_6S$, 黄色固体, mp > 300ºC, $[\alpha]_D = +22º$ ($c = 0.085$, 二甲亚砜). 【类型】砜和亚砜. 【来源】隐海绵属 *Adocia* sp. (特鲁克, 密克罗尼西亚联邦). 【活性】细胞毒. 【文献】F. J. Schmitz, et al. JOC, 1988, 53, 3922; N. Harada, et al. Tetrahedron: Asymmetry, 1995, 6, 375.

1955 (*R*)-Agelasidine A (*R*)-群海绵定 A*
【别名】2-[[(1-Ethenyl-1,5,9-trimethyl-4,8-decadienyl)sulfonyl]ethyl]guanidine; 2-[[(1-乙烯基-1,5,9-三甲基-4,8-癸二烯基)磺酰基]乙基]胍*. 【基本信息】$C_{18}H_{33}N_3O_2S$, 不稳定黄色油状物, $[\alpha]_D^{20} = -14.5º$ ($c = 1.5$, 氯仿). 【类型】砜和亚砜. 【来源】中村群海绵 *Agelas nakamurai* 和群海绵属 *Agelas* sp. (帕劳, 西卡罗林岛, 大洋洲) 和克拉色群海绵* *Agelas clathrodes*. 【活性】镇痉剂; 抗菌. 【文献】H. Nakamura, et al. Tetrahedron Lett., 1983, 24, 4105; R. J. Capon, et al. JACS, 1984, 106, 1819; H. Nakamura, et al. JOC, 1985, 50, 2494; Y. Ichikawa, et al. JCS Perkin 1, 1992, 1497; M. A. Medeiros, et al. Z. Naturforsch., C, 2006, 61, 472.

1956 Ascidiathiazone A 海鞘噻酮 A*
【基本信息】$C_{12}H_8N_2O_6S$, 黄色粉末, mp 155ºC (分解). 【类型】砜和亚砜. 【来源】褶胃海鞘属 *Aplidium* sp. (新西兰). 【活性】抗炎 (人中性粒细胞自由基抑制作用, *in vitro* 和 *in vivo*, $IC_{50} = 0.44\sim1.55\mu mol/L$, 分子作用机制: 超氧化物阴离子抑制作用). 【文献】A. N. Pearce, et al. JNP, 2007, 70, 936.

1957 Ascidiathiazone B 海鞘噻酮 B*
【基本信息】$C_{12}H_6N_2O_6S$, 粉红色粉末, mp 280ºC (分解). 【类型】砜和亚砜. 【来源】褶胃海鞘属 *Aplidium* sp. (新西兰). 【活性】抗炎 (人中性粒细胞自由基抑制作用, *in vitro* 和 *in vivo*, $IC_{50} = 0.44\sim1.55\mu mol/L$, 分子作用机制: 超氧化物阴离子抑制作用). 【文献】A. N. Pearce, et al. JNP, 2007, 70, 936.

1958　Conicaquinone A　圆锥形褶胃海鞘醌 A*
【基本信息】$C_{18}H_{19}NO_4S$.【类型】砜和亚砜.【来源】圆锥形褶胃海鞘* Aplidium conicum.【活性】细胞毒 (C6, IC_{50} ≈ 3µg/mL; RBL-2H3, IC_{50} ≈ 76µg/mL).【文献】A. Aiello, et al. EurJOC, 2003, 898.

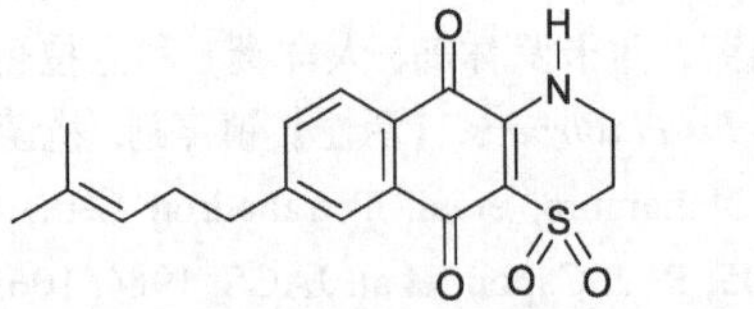

1959　Conicaquinone B　圆锥形褶胃海鞘醌 B*
【基本信息】$C_{18}H_{19}NO_4S$.【类型】砜和亚砜.【来源】圆锥形褶胃海鞘* Aplidium conicum.【活性】细胞毒 (C6, IC_{50} ≈ 8µg/mL; RBL-2H3, IC_{50} ≈ 78µg/mL).【文献】A. Aiello, et al. EurJOC, 2003, 898.

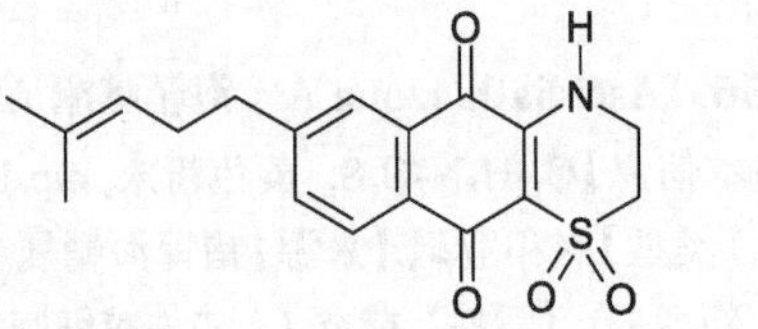

1960　Echinosulfone A　棘网海绵砜 A*
【基本信息】$C_{17}H_{10}Br_2N_2O_4S$, 橙色油状物.【类型】砜和亚砜.【来源】棘网海绵属 Echinodictyum sp. (南澳大利亚).【活性】抗菌.【文献】S. P. B. Ovenden, et al. JNP, 1999, 62, 1246.

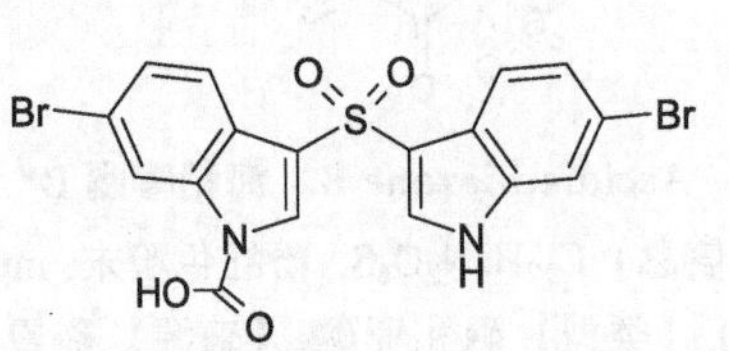

1961　4-(Ethenylsulfonyl)-2-butanone　4-(乙烯基磺酰基)-2-丁酮*
【别名】Cladiosulfone; Austrasulfone; 黏帚霉砜*; 奥地利砜*.【基本信息】$C_6H_{10}O_3S$, 亮黄色油状物, $[α]_D^{25}$ = −8º (c = 1.7, 氯仿).【类型】砜和亚砜.【来源】澳大利亚短足软珊瑚* Cladiella australis (中国台湾南部).【活性】神经保护 (人帕金森病的多巴胺能神经元实验模型).【文献】Z.-H. Wen, et al. Eur. JMC, 2010, 45, 5998.

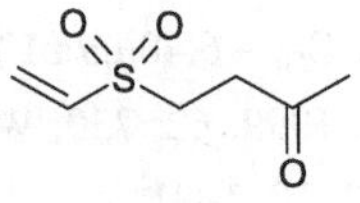

1962　1-Ethyl-4-methylsulfone-β-carboline　1-乙基-4-甲基砜-β-咔啉*
【别名】1-Ethyl-4-(methylsulfonyl)-9H-pyrido[3,4-b]indole; 1-乙基-4-(甲基磺酰基)-9H-吡啶并[3,4-b]吲哚*.【基本信息】$C_{14}H_{14}N_2O_2S$, 浅绿色油状物.【类型】砜和亚砜.【来源】苔藓动物极精筛胞苔虫* Cribricellina cribraria (新西兰).【活性】细胞毒 (P_{388}, IC_{50} > 12500ng/mL); 抗菌 (大肠杆菌 Escherichia coli, MIC > 60µg/盘; 枯草杆菌 Bacillus subtilis, MIC = 30~60µg/盘; 铜绿假单胞菌 Pseudomonas aeruginosa, MIC > 60µg/盘); 抗真菌 (白色念珠菌 Candida albicans, MIC > 60µg/盘; 须发癣菌 Trichophyton mentagrophytes, MIC = 30~60µg/盘; 真菌 Cladzspwum resina, MIC > 60µg/盘).【文献】M. R. Prinsep, et al. JNP 1991, 54, 1068.

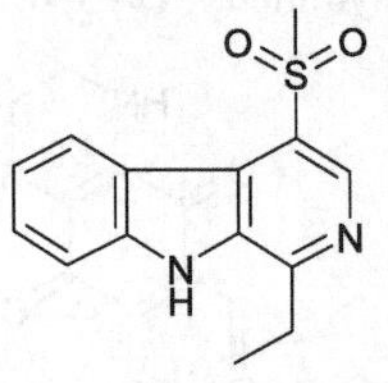

1963　Eudistomin K sulphoxide　橄榄绿双盘海鞘明 K 亚砜*
【别名】蕈状海鞘素 K 亚砜*.【基本信息】$C_{14}H_{16}BrN_3O_2S$, 亮黄色油状物, $[α]_D^{25}$ = −3.3º (c = 0.09, 甲醇).【类型】砜和亚砜.【来源】雷海鞘属 Ritterella sigillinoides.【活性】抗病毒.【文献】R. J. Lake, et al. Tetrahedron Lett., 1988, 29, 2255; 4971.

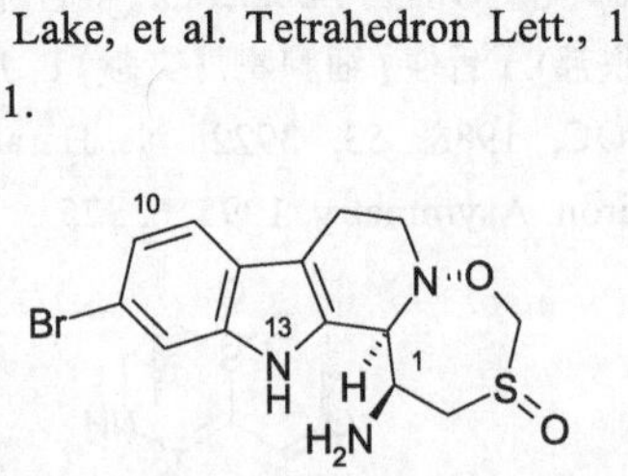

1964　Euthyroideone A　王冠盔甲苔虫酮 A*
【基本信息】$C_{12}H_{13}BrN_2O_3S$, mp 245ºC.【类型】砜和亚砜.【来源】苔藓动物王冠盔甲苔虫 Euthyroides episcopalis (新西兰).【活性】细胞毒

(P_{388}, IC_{50} > 12500ng/mL).【文献】B. D. Morris, et al. JOC, 1998, 63, 9545.

1965 Euthyroideone B 王冠盔甲苔虫酮 B*
【基本信息】$C_{12}H_{11}BrN_2O_3S$, mp 244℃.【类型】砜和亚砜.【来源】苔藓动物王冠盔甲苔虫 *Euthyroides episcopalis* (新西兰).【活性】细胞毒 (P_{388}, IC_{50} > 12500ng/mL); 细胞毒 (抗病毒/细胞毒性实验, 从非洲绿猴肾细胞导出的BSC-1细胞, 低活性).【文献】B. D. Morris, et al. JOC, 1998, 63, 9545.

1966 Euthyroideone C 王冠盔甲苔虫酮 C*
【基本信息】$C_{12}H_{11}BrN_2O_3S$.【类型】砜和亚砜.【来源】苔藓动物王冠盔甲苔虫 *Euthyroides episcopalis* (新西兰).【活性】细胞毒 (P_{388}, IC_{50} > 12500ng/mL).【文献】B. D. Morris, et al. JOC, 1998, 63, 9545.

1967 Lissoclin disulfoxide 髌骨海鞘二亚砜*
【基本信息】$C_{26}H_{38}N_2O_6S_4$, 黄色固体.【类型】砜和亚砜.【来源】髌骨海鞘属 *Lissoclinum* sp.【活性】IL-8 受体抑制剂.【文献】A. D. Patil, et al. Nat. Prod. Lett., 1997, 10, 225.

1968 5-(Methoxymethyl)-4-[(methylsulfonyl)methyl]-1,2,3-benzenetriol 5-(甲氧甲基)-4-[(甲基磺酰基)甲基]-1,2,3-苯三酚*
【基本信息】$C_{10}H_{14}O_6S$, 粉末, mp 164.5~166.5℃.【类型】砜和亚砜.【来源】红藻蜈蚣藻 *Grateloupia filicina*.【活性】抗菌 (适度活性).【文献】H. Nozaki, et al. Agric. Biol. Chem., 1988, 52, 3229.

1969 1-Oxo-1,2,4-trithiolane 1-氧代-1,2,4-三硫杂环戊烷
【基本信息】$C_2H_4OS_3$.【类型】砜和亚砜.【来源】红藻加州软骨藻* *Chondria californica*.【活性】抗生素.【文献】S. J. Wratten, et al. JOC, 1976, 41, 2465.

1970 4-Oxo-1,2,4-trithiolane 4-氧代-1,2,4-三硫杂环戊烷
【基本信息】$C_2H_4OS_3$, mp 76~77℃.【类型】砜和亚砜.【来源】红藻加州软骨藻* *Chondria californica*.【活性】抗生素.【文献】S. J. Wratten, et al. JOC, 1976, 41, 2465.

1971 Phakellistatin 14 扁海绵他汀 14*
【基本信息】$C_{36}H_{53}N_7O_{10}S$, 无定形粉末, mp 189~191℃, $[\alpha]_D^{25}$ = −64.9° (c = 0.28, 甲醇).【类型】砜和亚砜.【来源】扁海绵属 *Phakellia* sp.【活性】细胞毒 (P_{388}, ED_{50} = 5μg/mL; 一组人癌细胞, GI_{50} = 0.75~3.4μg/mL, 中等活性).【文献】G. R. Pettit, et al. JNP, 2005, 68, 60.

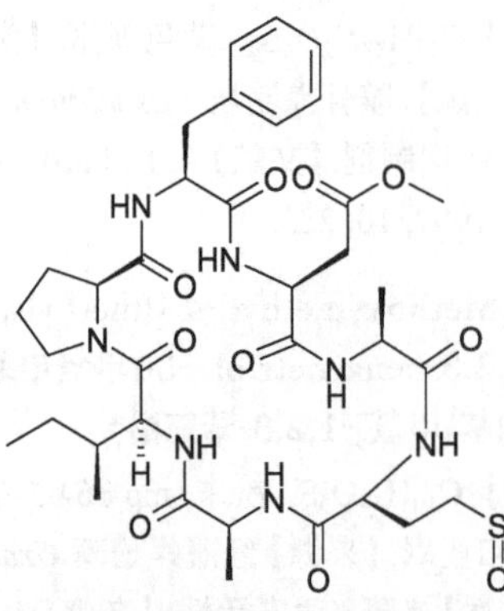

1972　Thiaplakortone A　硫杂扁板海绵酮 A*
【基本信息】$C_{12}H_{11}N_3O_4S$，稳定的橙棕色无定形固体（三氟乙酸盐）.【类型】砜和亚砜.【来源】扁板海绵属 *Plakortis lita* (泰德曼礁，昆士兰，澳大利亚).【活性】杀疟原虫 [DSPF 3D7, IC_{50} = 51nmol/L; DRPFDd2, IC_{50} = 6.6nmol/L; HEK-293, IC_{50} = 3900nmol/L; SI (3D7) = 76, SI (Dd2) = 591].【文献】R. A. Davis, et al. JOC, 2013, 78, 9608.

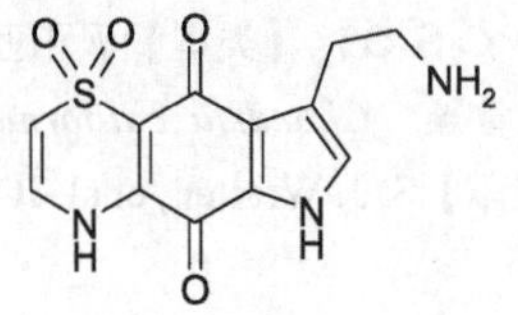

1973　Thiaplakortone B　硫杂扁板海绵酮 B*
【基本信息】$C_{12}H_{13}N_3O_4S$，稳定的橙棕色无定形固体（三氟乙酸盐）.【类型】砜和亚砜.【来源】扁板海绵属 *Plakortis lita* (泰德曼礁，昆士兰，澳大利亚).【活性】杀疟原虫的 (DSPF 3D7, IC_{50} = 650nmol/L; DRPF Dd2, IC_{50} = 92nmol/L; HEK-293, IC_{50} > 40000nmol/L; SI (3D7) > 62, SI (Dd2) > 435).【文献】R. A. Davis, et al. JOC, 2013, 78, 9608.

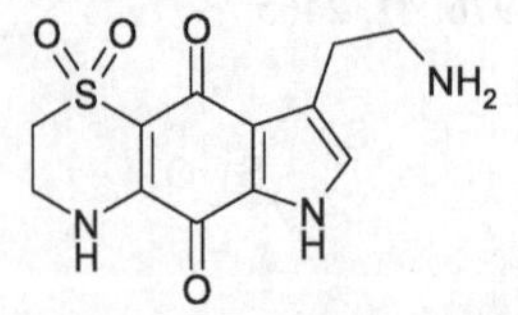

1974　Thiaplakortone C　硫杂扁板海绵酮 C*
【基本信息】$C_{14}H_{13}N_3O_6S$，稳定的橙棕色无定形固体（三氟乙酸盐），$[\alpha]_D^{27}$ = +56°C (c = 0.025, 甲醇), $[\alpha]_D^{25}$ = +129° (c = 0.007, 0.5mol/L 盐酸).【类型】砜和亚砜.【来源】扁板海绵属 *Plakortis lita* (泰德曼礁，昆士兰，澳大利亚).【活性】杀疟原虫的 (DSPF 3D7, IC_{50} = 309nmol/L; DRPF Dd2, IC_{50} = 171nmol/L; HEK-293, IC_{50} > 40000nmol/L; SI (3D7) > 129, SI (Dd2) > 233).【文献】R. A. Davis, et al. JOC, 2013, 78, 9608.

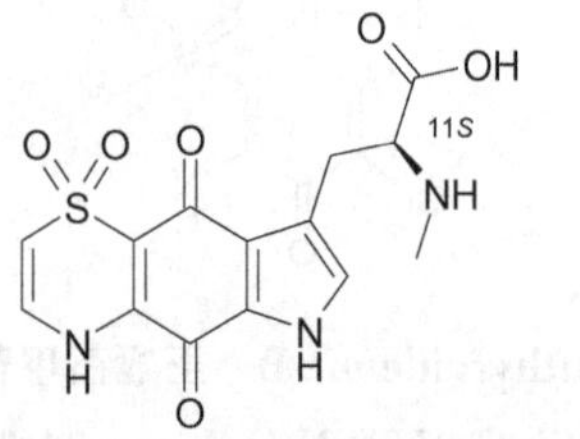

1975　Thiaplakortone D　硫杂扁板海绵酮 D*
【基本信息】$C_{14}H_{13}N_3O_6S$，稳定的橙棕色无定形固体（三氟乙酸盐），$[\alpha]_D^{28}$ = +80°C (c = 0.025, 甲醇), $[\alpha]_D^{25}$ = +143° (c = 0.007, 0.5mol/L 盐酸).【类型】砜和亚砜.【来源】扁板海绵属 *Plakortis lita* (泰德曼礁，昆士兰，澳大利亚).【活性】杀疟原虫的 (DSPF 3D7, IC_{50} = 279nmol/L; DRPF Dd2, IC_{50} = 159nmol/L; HEK-293, IC_{50} > 80000nmol/L; SI (3D7) > 285, SI (Dd2) > 500).【文献】R. A. Davis, et al. JOC, 2013, 78, 9608.

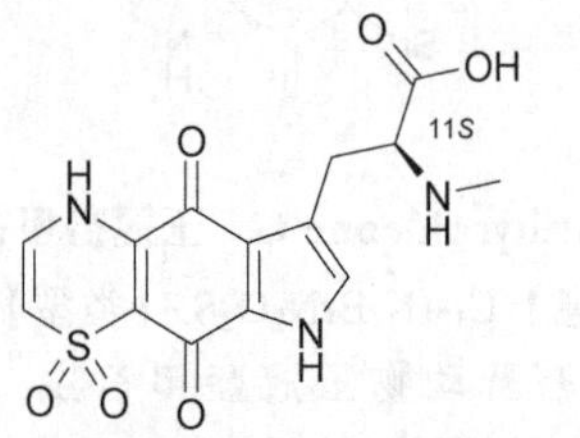

1976　Thiaplidiaquinone A　硫杂普里蒂阿醌 A*
【基本信息】$C_{34}H_{41}NO_6S$.【类型】砜和亚砜.【来源】圆锥形褶胃海鞘* *Aplidium conicum*.【活性】细胞毒（人白血病细胞 JurKat, IC_{50} ≈ 3μmol/L）；活性氧自由基 ROS 诱导剂（人白血病细胞 JurKat, 强烈诱导 ROS 的产生）.【文献】A. Aiello, et al. JMC, 2005, 48, 3410.

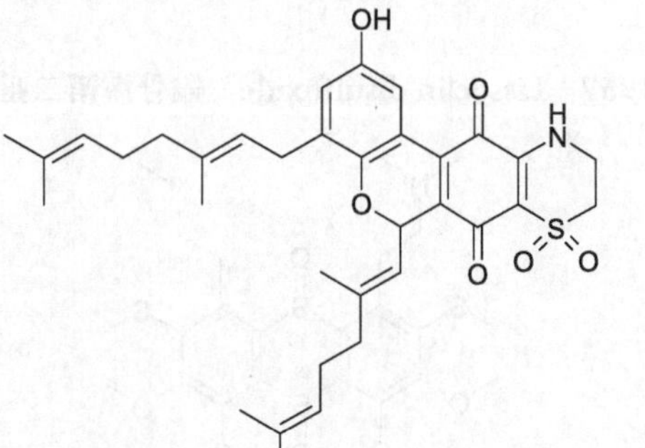

1977 Thiaplidiaquinone B 硫杂普里蒂阿醌 B*
【基本信息】$C_{34}H_{41}NO_6S$.【类型】砜和亚砜.【来源】圆锥形褶胃海鞘* *Aplidium conicum*.【活性】细胞毒 (人白血病细胞 JurKat, $IC_{50} \approx 3\mu mol/L$); 活性氧自由基 ROS 诱导剂 (人白血病细胞 JurKat, 强烈诱导 ROS 的产生).【文献】A. Aiello, et al. JMC, 2005, 48, 3410.

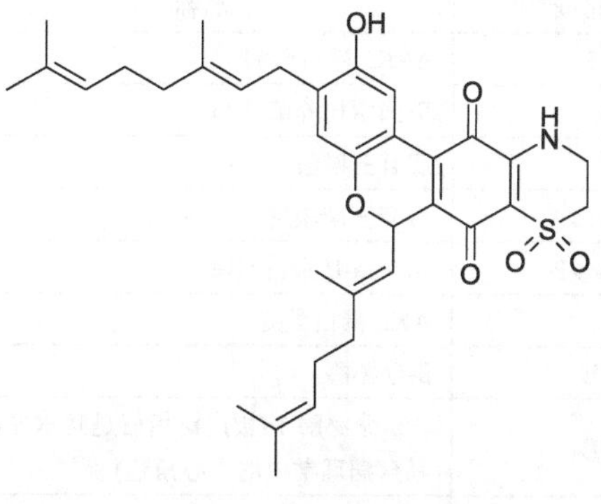

1978 Thiolsulfonate 四硫杂环庚砜*
【别名】1,3,4,6-Tetrathiepane-1,1-dioxide; 1,3,4,6-四硫杂环庚烷-1,1-二氧化物*.【基本信息】$C_3H_6O_2S_4$, mp 154~155°C.【类型】砜和亚砜.【来源】红藻加州软骨藻* *Chondria californica*.【活性】抗生素.【文献】S. J. Wratten, et al. JOC, 1976, 41, 2465.

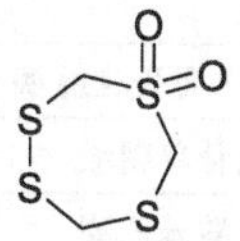

1979 Thiomarinol B 硫代海洋醇 B*
【基本信息】$C_{30}H_{44}N_2O_{11}S_2$, $[\alpha]_D^{25} = +7.7°$ (正丙醇).【类型】砜和亚砜.【来源】海洋细菌交替单胞菌属 *Alteromonas rava*.【活性】抗菌 (革兰氏阳性菌和革兰氏阴性菌).【文献】H. Shiozawa, et al. J. Antibiotics, 1995, 48, 907.

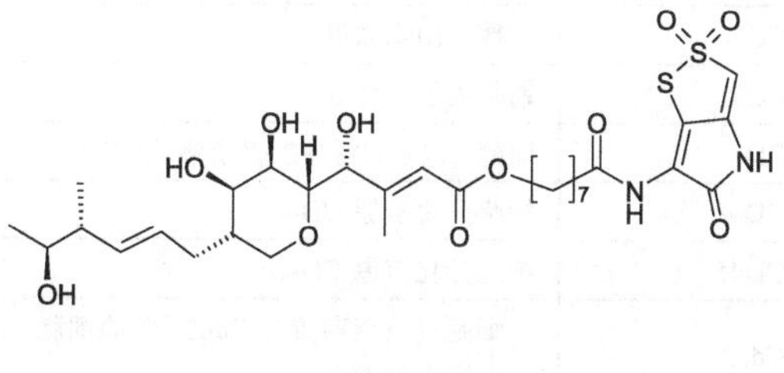

4.5 含砷化合物

1980 Arsenobetaine 砷甜菜碱
【别名】(Carboxymethyl)trimethylarsonium hydroxide inner salt; (羧甲基)三甲基砷氢氧化物内盐*.【基本信息】$C_5H_{11}AsO_2$, 易潮解的晶体. (丙酮/甲醇), mp 204~210°C (分解).【类型】含砷化合物.【来源】岩龙虾 *Panuliris longipes cygnus* (澳大利亚), 以及存在于藻类, 龙虾, 鲨鱼和巨头鲸中.【活性】毒素; LD_{50} (小鼠, orl) = 10000mg/kg.【文献】J. S. Edmonds, et al. Tetrahedron Lett., 1977, 1543.

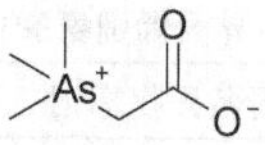

4.6 杂项

1981 Ferrineoaspergillin 铁新曲霉素*
【基本信息】$C_{36}H_{57}FeN_6O_6$.【类型】杂项.【来源】深海真菌曲霉菌属 *Aspergillus* sp. 16-02-1 (沉积物).【活性】细胞毒 (100μg/mL: K562, InRt = 33.6%~43.6%, HL60, InRt = 24.1%~53.3%, HeLa, InRt = 18.8%~45.4%, BGC823, InRt = 36.2%~51.2%); 抗真菌.【文献】X. Chen, et al. Chin. J. Mar. Drugs, 2013, 32, 1 (中文).

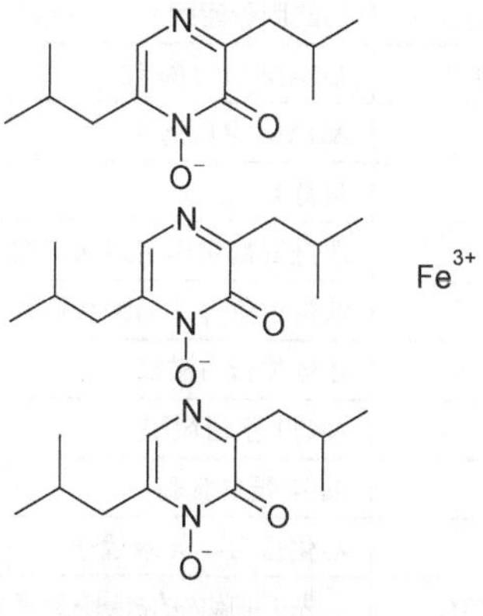

附　　录

附录1　缩略语和符号表

缩写或符号	名称	缩写或符号	名称
[³H]AMPA	[³H]-1-氨基-3-羟基-5-甲基-4-异噁唑丙酸	ARK5	ARK5蛋白激酶
		ATCC	美国型培养菌种集
[³H]CGS-19755	N-甲基-D-天冬氨酸（NMDA）受体拮抗剂	ATP	腺苷三磷酸
		ATPase	腺苷三磷酸酶
[³H]CPDPX	[³H]-1,3-二丙基-8-环戊基黄嘌呤	Aurora-B	Aurora-B蛋白激酶
[³H]DPDPE	阿片样肽	AXL	AXL蛋白激酶
[³H]KA	[³H]-红藻氨酸（海人草酸；2-羧甲基-3-异丙烯脯氨酸）	BACE	β-分泌酶
		BACE1	β-分泌酶1（被广泛相信是阿尔兹海默病病理学中的中心角色）
‡	同名异物标记		
5-FU	氟尿嘧啶	BCG	卡介苗
5-HT	5-羟色胺（血清素）	Bcl-2	细胞存活促进因子
5-HT2A	5-羟色胺2A	BoMC	杂志 Bioorg. Med. Chem. 的进一步缩写
5-HT2C	5-羟色胺2C		
6-MP	6-巯基嘌呤	BoMCL	杂志 Bioorg. Med. Chem. Lett. 的进一步缩写
6-OHDA	6-羟基多巴胺		
AAI	抗氧化剂活性指标（最终DPPH浓度/半数有效浓度 EC_{50}）	bp	沸点
		BV2	神经胶质细胞
ABRCA	耐两性霉素B的白色念珠菌 Candida albicans	c	浓度
		CaMKⅢ	CaMKⅢ蛋白激酶
ABTS⁺	2,2′-连氮-双-(3-乙基苯基噻唑啉-6-磺酸) 阳离子自由基	cAMP	环腺苷单磷酸
		CAPE	咖啡酸苯乙酯
ACAT	酰基辅酶A: 胆固醇酰基转移酶	Caspase-2	胱天蛋白酶-2
ACE	血管紧张素转换酶	Caspase-3	胱天蛋白酶-3
AChE	乙酰胆碱酯酶	Caspase-8	胱天蛋白酶-8
ADAM10	ADAM蛋白酶10	Caspase-9	胱天蛋白酶-9
ADAM9	ADAM蛋白酶9	CB	细胞松弛素B
ADM	阿霉素	CB1	神经受体
AGE	改进的糖化作用终端产物	CB1	中枢类大麻素受体
AIDS	获得性免疫缺陷综合征	CC_{50}	半数细胞毒浓度
AKT	核糖体蛋白激酶	CCR5	趋化因子受体5
AKT1	AKT1蛋白激酶	CD	使酶（诱导）活性加倍所需的浓度
ALK	ALK蛋白激酶	CD-4	细胞分化抗原CD-4
AP-1	活化蛋白-1转录因子	CD45	细胞分化抗原CD45
APOBEC3G	人先天细胞内的抗病毒因子（重组蛋白）	Cdc2	细胞分裂周期蛋白Cdc2，依赖细胞周期蛋白的激酶
aq	水溶液		
ARCA	耐两性霉素的白色念珠菌 Candida albicans	Cdc25	细胞分裂周期蛋白Cdc25，人体的酪氨酸蛋白磷酸酶

缩写或符号	名称	缩写或符号	名称
Cdc25a	细胞分裂周期蛋白 Cdc25a，人体酪氨酸蛋白磷酸酶	Delta	Δ，最敏感细胞株 lg GI$_{50}$ (mol/L) 值和 MG-MID 值之差
Cdc25b	细胞分裂周期蛋白 Cdc25b，人体重组磷酸酶	DGAT	二酰甘油酰基转移酶
		DHFR	二氢叶酸还原酶
CDDP	顺-二胺二氯铂 (顺铂)	DHT	二羟基睾丸素
CDK	细胞周期蛋白依赖激酶	DMSO	二甲亚砜
CDK1	细胞周期蛋白依赖激酶 1	DNA	去氧核糖核酸
CDK2	细胞周期蛋白依赖激酶 2	DPI	二亚苯基碘
CDK4	细胞周期蛋白依赖激酶 4	DPPH	1,1-联苯基-2-间-苦基偕腙肼自由基
CDK4/cyclin D1	在与其活化剂细胞周期蛋白 D1 的复合物中的细胞周期蛋白依赖激酶 4	DRPF	耐药的恶性疟原虫 Plasmodium falciparum
CDK5/p25	细胞周期蛋白依赖激酶 5/p25 蛋白	DRS	耐药的葡萄球菌属细菌 Staphylococcus sp.
CDK7	细胞周期蛋白依赖激酶 7	DSPF	对药物敏感的恶性疟原虫 Plasmodium falciparum
c-erbB-2	c-erbB-2 蛋白激酶		
CETP	胆固醇酯转移蛋白	EBV	爱泼斯坦-巴尔病毒 (Epstein-Barr virus)
cGMP	环鸟苷酸，环鸟苷一磷酸	EC	有效浓度
CGRP	降钙素基因相关蛋白	EC$_{50}$	半数有效浓度
ChAT	胆碱乙酰转移酶	ED$_{50}$	半数有效剂量
CMV	巨细胞病毒	EGF	表皮生长因子
CNS	中枢神经系统	EGFR	表皮生长因子受体
COMPARE	COMPARE 是一种数据分析算法的名称	EL-4	抵抗天然杀手细胞的淋巴肉瘤细胞株
ConA	伴刀豆球蛋白 A	ELISA	和酶相关的免疫吸附试验；细胞有丝分裂率的测定采用的特异性微板免疫分析法
COX-1	环加氧酶-1 (组成型环加氧酶)		
COX-2	环加氧酶-2 (促分裂原诱导性环加氧酶)	EPI	表阿霉素
CPB	杂志 Chem. Pharm. Bull. 的进一步缩写	ERK	细胞外信号调解蛋白激酶
cPLA$_2$	细胞溶质的 85kDa 磷酸酯酶	Erk1	细胞外信号调解蛋白激酶 1
CPT	喜树碱	Erk2	细胞外信号调解蛋白激酶 2
c-Raf	KRAS 肿瘤驱动中最重要的 RAF 亚型	ESBLs	扩展谱 β-内酰胺酶
CRPF	抗氯喹的恶性疟原虫 Plasmodium falciparum	EurJOC	杂志 Eur. J. Org. Chem. 的进一步缩写
		Fab I	Fab I 蛋白
CRPF FcM29	抗氯喹的恶性疟原虫 Plasmodium falciparum FcM29	FAK	黏着斑蛋白激酶
		FBS	牛胎血清
CSF 诱导物	CSF 诱导物	FLT3	FLT3 蛋白质酪氨酸激酶
CSPF	对氯喹敏感的恶性疟原虫 Plasmodium falciparum	Flu	流感病毒
		Flu-A	流感病毒 A
Cyp1A	芳香化酶细胞色素 P450 1A	fMLP/CB	N-甲酰-L-甲硫酰-L-亮氨酰-L-苯丙氨酸/细胞松弛素 B
CYP1A	细胞色素 P450 1A		
CYP450 1A	细胞色素 P450 1A	formyl-Met-Leu-Phe	甲酰-甲硫氨酰-亮氨酰-苯丙氨酸
Cytokines	细胞因子		
d	天	FOXO1a	分叉头框蛋白 1a，是 PTEN 肿瘤抑制基因的下游靶标
D	直径 (mm)		
ddy	ddy 小鼠 (一种自发的人类 IgA 肾病动物模型)	FPT	法尼基蛋白转移酶 (PFT 的抑制作用可能是新的抗癌药物的靶标)

缩写或符号	名称	缩写或符号	名称
FRCA	抗氟康唑的白色念珠菌 Candida albicans	HIV-1-rt	人免疫缺损病毒 1 反转录酶
		HIV-2	人免疫缺损病毒 2
FtsZ	真核生物微管蛋白的结构同系物, 一种鸟苷三磷酸酶	HIV-rt	人免疫缺损病毒反转录酶 (艾滋病毒逆转录酶)
FXR	法尼醇 (胆汁酸) X 受体	HLE	人白细胞弹性蛋白酶
GABA	γ-氨基丁酸	HMG-CoA	3-羟基-3-甲基戊二酰辅酶 A 还原酶
GI_{50}	半数抑制生长浓度	hmn	人
GLUT4	葡萄糖转运蛋白	HNE	人嗜中性粒细胞弹性蛋白酶
GlyR	甘氨酸门控氯离子通道受体	HO·	羟基自由基
gp41	一种 HIV-1 的跨膜蛋白 (重组蛋白)	hRCE	人 Ras 转换酶
gpg	荷兰猪	hPPARd	人过氧化物酶体增殖物激活受体 δ
GPR12	G 蛋白耦合受体 12 (可以是处理多种神经性疾病的重要的分子靶标)	HSV	单纯性疱疹病毒
		HSV-1	单纯性疱疹病毒 1
GRP78	GRP78 分子伴侣	HSV-2	单纯性疱疹病毒 2
GSK3-α	糖原合成激酶-3α	hTopo l	hTopo l 异构酶
GSK3-β	糖原合成激酶-3β	HXB2	HXB2 T 细胞湿热病毒株
GST	谷胱甘肽硫转移酶	IC_{100}	绝对抑制浓度
GTP	鸟嘌呤核苷三磷酸盐	IC_{50}	半数抑制浓度
GU4	白色念珠菌 Candida albicans 敏感的 GU4 株	IC_{90}	90%抑制时的浓度
		ICR	印记对照区小鼠
GU5	白色念珠菌 Candida albicans 敏感的 GU5 株	ID	抑制区直径 (mm)
		ID_{50}	抑制中剂量
h	小时	IDE	胰岛素降解酶
H1N1	H1N1 流感病毒	IDO	吲哚胺双加氧酶
H3N2	H3N2 流感病毒	IFV	流感病毒
HBV	乙型肝炎病毒	IgE	免疫球蛋白 E
HC_{50}	溶血中浓度	IGF1-R	IGF1-R 蛋白激酶
HCMV	人巨细胞病毒	IgM	免疫球蛋白 M
HCV	丙型肝炎病毒	IL-1β	白介素-1β
HD	一种对照化合物, 原始论文 (J. Qin, et al. BoMCL, 2010, 20, 7152) 中无具体说明	IL-2	白介素-2
		IL-4	白介素-4
		IL-5	白介素-5
hdm2	hdm2 癌基因是鼠基因 mdm2 在人的同源基因	IL-6	白介素-6
		IL-8	白介素-8
HDM2	HDM2 蛋白 (主要功能是调节 p53 抑癌基因的活性)	IL-12	白介素-12
		IL-13	白介素-13
HER2	HER2 酪氨酸激酶	IM	免疫调节剂
HF	超敏反应因子	IMP	次黄苷一磷酸
HIF-1	缺氧诱导型因子-1	IMPDH	肌苷单磷酸盐脱氢酶
HIV	人免疫缺损病毒 (艾滋病毒)	IN	整合酶
HIV-1	人免疫缺损病毒 1	iNOS	诱导型氮氧化物合酶
HIV-1 ⅢB	人免疫缺损病毒 1 ⅢB	InRt	抑制率
HIV-1 in	人免疫缺损病毒 1 整合酶	ip	腹膜内注射
HIV-1$_{RF}$	人免疫缺损病毒 1 RF		

缩写或符号	名称	缩写或符号	名称
ipr	腹膜内注射	MDRPF	多重耐药恶性疟原虫 *Plasmodium falciparum*
iv	静脉注射		
ivn	静脉注射	MDRSA	多重耐药金黄色葡萄球菌 *Staphylococcus aureus*
IZ	抑制区 (mm)		
IZD	抑制区直径 (mm)	MDRSP	多重耐药肺炎链球菌
IZR	抑制区半径 (mm)	MEK1 wt	MEK1 wt 蛋白激酶
JACS	杂志 *J. Am. Chem. Soc.* 的进一步缩写	MET wt	MET wt 蛋白激酶
Jak2	Janus 激酶 2	MG-MID	对所有细胞株试验的平均 lg GI$_{50}$ 值 (mol/L)
JCS Perkin Trans. I	杂志 *J. Chem. Soc., Perkin Trans. I* 的进一步缩写	MIA	最小抑制量 (μg/盘)
JMC	杂志 *J. Med. Chem.* 的进一步缩写	MIC	最小抑制浓度
JNK	c-Jun-氨基末端激酶	MIC$_{50}$	抑制 50%的最低浓度
JNP	杂志 *J. Nat. Prod.* 的进一步缩写	MIC$_{80}$	抑制 80%的最低浓度
JOC	杂志 *J. Org. Chem.*的进一步缩写	MIC$_{90}$	抑制 90%的最低浓度
KDR	KDR 蛋白酪氨酸激酶	MID	最低抑制量
KU-812	人嗜碱性粒细胞	min	分钟
L-6	大白鼠骨骼肌肌母细胞	MLD	最低致死剂量
LAV	LAV T 细胞湿热病毒株	MLR	混合淋巴细胞反应
LC$_{50}$	细胞生存 50%时的浓度	MMP	基质金属蛋白酶类
LCV	淋巴细胞生存能力	MMP-2	基质金属蛋白酶-2
LD	致死剂量	MoBY-ORF	分子条形码酵母菌开放阅读框文库方法
LD$_{100}$	100%致死剂量	mp	熔点
LD$_{50}$	50%致死剂量	MPtpA	结核分枝杆菌 *Mycobacterium tuberculosis* 蛋白酪氨酸磷酸酶 A
LD$_{99}$	99%致死剂量		
LDH	乳酸盐脱氢酶	MPtpB	结核分枝杆菌 *Mycobacterium tuberculosis* 蛋白酪氨酸磷酸酶 B
LOX	脂氧合酶		
LPS	脂多糖	MREC	耐甲氧西林的大肠杆菌 (大肠埃希菌) *Escherichia coli*
LTB$_4$	白三烯 B$_4$		
LTC$_4$	白三烯 C$_4$	MRSA	耐甲氧西林的金黄色葡萄球菌 *Staphylococcus aureus*
LY294002	磷脂酰肌醇-3-激酶抑制剂 (抗炎试验中的阳性对照物)		
		MRSE	耐甲氧西林的表皮葡萄球菌 *Staphylococcus epidermidis*
MABA	微平板阿拉马尔蓝试验 (一种抗结核试验)		
		MSK1	应激活化的激酶
MAGI 试验	也叫单生命周期试验, 只反映感染第一轮的情况	MSR	巨噬细胞清除剂受体
		MSSA	对甲氧西林敏感的金黄色葡萄球菌 *Staphylococcus aureus*
MAPKAPK-2	分裂素活化的蛋白激酶-2		
MAPKK	促分裂原活化蛋白激酶激酶	MSSE	对甲氧西林敏感的表皮葡萄球菌 *Staphylococcus epidermidis*
MBC	最低杀菌浓度		
MBC$_{90}$	杀菌 90%的最低浓度	MT	金属硫蛋白
MBEC$_{90}$	杀菌 90%最小生物膜清除计数	MT1-MMP	1 型膜基质金属蛋白酶
MCV	痘病毒 *Molluscum contagiosum*	MT4	含 HIV-1 IIIB 病毒的 MT4 细胞
MDR	对多种药物的抗性	MTT	3-(4,5-二甲基噻唑-2-基)-2,5-二苯基四唑溴化物
MDR1	主要促进者超家族 1; 是白色念珠菌 *Candida albicans* 流出泵的一种类型, 其功能是作为一种氢离子的反向运转体		

续表

缩写或符号	名称	缩写或符号	名称
MTT assay	一种基于四唑比色反应的测量体外抗癌（细胞毒）活性的方法（参见 L. V. Rubinstein, et al. Nat. Cancer Inst., 1990, 82, 1113-1118)	PDE5	磷酸二酯酶 5
		PDGF	血小板导出的生长因子
		PfGSK-3	PfGSK-3 激酶
		Pfnek-1	恶性疟原虫 Plasmodium falciparum 和 NIMA 相关的蛋白激酶
mus	小鼠，鼠		
n	平行试验次数	PfPK5	PfPK5 激酶
nACh	烟碱型乙酰胆碱	PfPK7	PfPK7 激酶
NADH	还原型烟酰胺腺嘌呤二核苷酸（还原型辅酶Ⅰ）	PGE_2	前列腺素 E_2
		P-gp	P-糖蛋白
NDM-1	新德里金属-β-内酰胺酶 1	PHK	原代人角蛋白细胞
NEK2	NEK2 蛋白激酶	PIM1	PIM1 蛋白激酶
NEK6	NEK2 蛋白激酶	PK	蛋白激酶
NF-κB	核转录因子-κB	PKA	蛋白激酶 A
NFRD	NADH-延胡索酸还原酶	PKC	蛋白激酶 C
NGF	神经生长因子	PKC-δ	蛋白激酶 C-δ
NMDA	N-甲基-D-天冬氨酸盐	PKC-ε	蛋白激酶 C-ε
NO$^{\bullet}$	一氧化氮自由基	PKD	PKD 核糖体蛋白
NPR	杂志 Nat. Prod. Rep. 的进一步缩写	PKG	蛋白激酶 G
$O_2^{\bullet-}$	超氧化物自由基	PLA	磷脂酶 A
ONOO$^-$	过氧亚硝酸盐自由基	PLA_2	磷脂酶 A_2
ORAC	氧自由基吸收能力	PLCγ1	PLCγ1 核糖体蛋白
orl	口服	PLK1	PLK1 蛋白激酶
p24	p24 蛋白（一种 24kDa 可溶性视网膜蛋白，新的 EF 手性钙结合蛋白）	PM	杂志 Planta Med. 的进一步缩写
		PMA (= TPA)	佛波醇-12-豆蔻酸酯-13-乙酸酯
p25	p25 蛋白 [1 型人体免疫缺陷病毒（HIV-1）的核心蛋白]	PMNL	人多形核白细胞
		PMNL	人中性粒细胞白细胞
$P2X_7$	胞外核苷酸 P2 嘌呤受体的离子通道受体（结构和功能和其它亚型相比有显著差异，它在多种病理状态下表达上调，$P2X_7$ 受体及其介导的信号通路在中枢神经系统疾病中发挥关键作用，可能成为中枢神经系统疾病的潜在药物靶点，如帕金森病，阿尔茨海默病，肌肉萎缩侧索硬化，抑郁症和失眠等）	PP	蛋白磷酸酶
		PP1	蛋白磷酸酶 PP1
		PP2A	蛋白磷酸酶 PP2A
		pp60^{V-SRC}	pp60^{V-SRC} 酪氨酸激酶
		PPAR	过氧化物酶体磷酸盐活化受体
		PPARγ	过氧化物酶体增殖物激活受体 γ
		PPDK	丙酮酸磷酸双激酶
		PR	PR 蛋白酶
P2Y	另一种类型的嘌呤 G 蛋白偶联受体，包括腺苷受体 P1 和 P2 受体	PRK1	PRK1 蛋白激酶
		PRNG	抗盘尼西林奈瑟氏淋球菌 Neisseria gonorrheae
$P2Y_{11}$	P2Y 八种亚型之一		
P450	细胞色素 P450	PRSP	抗盘尼西林肺炎葡萄球菌 Staphylococcus pneumoniae
p53	抑癌基因（编码抑癌蛋白 p53）		
p56lck	酪氨酸激酶 p56lck	PTEN	PTEN 肿瘤抑制基因（一种已经识别的位于人的染色体 10q23.3 的肿瘤抑制基因）
PAcF	血小板活化因子		
PAF	血小板聚合因子	PTK	蛋白酪氨酸激酶（一类催化 ATP 上 γ-磷酸转移到蛋白酪氨酸残基上的激酶，能催化多种底物蛋白质酪氨酸残基磷酸化，在细胞生长、增殖、分化中具有重要作用）
PARP	多 ADP-核糖聚合酶（一种 DNA 修复酶）		
pD_2 (= pEC_{50})	把最大响应 EC_{50} 值降低 50% 所需要的摩尔浓度的负对数		

缩写或符号	名称	缩写或符号	名称
PTP1B	蛋白酪氨酸磷酸酶 1B (一种处理Ⅱ型糖尿病的靶标)	sp.	物种
PTPB	蛋白酪氨酸磷酸酶 B	spp.	物种 (复数)
PTPS2	蛋白酪氨酸磷酸酶 S2	SR	肌浆内质网
PV-1	小儿麻痹病毒,脊髓灰质炎病毒	SRB	磺酰罗丹明 B 试验
PXR	孕甾烷 X 受体	SRC	SRC 蛋白激酶
QR	醌还原酶	SV40	SV40 病毒
Range	最敏感细胞株和最不敏感细胞株的 lg GI_{50} (mol/L) 的差值范围	Syn.	同义词
		T/C	存活期之比 (处理动物存活时间 T 和对照动物存活时间 C 之比,用百分比表示)
rat	大白鼠	TACE	α-分泌酶 (一种丝氨酸蛋白酶)
rbt	兔	Taq DNA polymerase	来自耐热细菌 Thermus aquaticus 的一种 DNA 聚合酶
RCE	Ras-转换酶		
RI	抗性索引	TBARS	硫代巴比妥酸反应试验
RLAR	大鼠晶状体醛糖还原酶	TC_{50}	50%细胞毒的浓度
RNA	核糖核酸	TEAC	Trolox (奎诺二甲烯酸酯, 6-羟基-2,5,7,8-四甲基色烷-2-羧酸) 当量抗氧化剂能力
ROS	活性氧自由基 (涉及癌、动脉硬化、风湿和衰老的发生)		
RS321	编码为 RS321 的酵母	TGI	100%生长抑制
RSV	呼吸系统多核体病毒	TMV	烟草花叶病毒
RT	逆转录酶	TNF-α	肿瘤坏死因子 α
RU	对 HIV-1 靶标结合力的响应单位,1RU = 1pg/mm²	TPA (= PMA)	佛波醇-12-豆蔻酸酯-13-乙酸酯
		TPK	酪氨酸蛋白激酶
RyR1-FKBP12	RyR1-FKBP12 钙离子通道 (一种约为 2000kDa 的通道蛋白 RyR1 和 12kDa 的免疫亲和蛋白 FKBP12 相关联的四聚的异二聚体通道蛋白)	TRP	瞬时型受体电位阳离子通道
		TRPA1	A1 亚科瞬时型受体电位阳离子通道
		TRPV1	V1 亚科瞬时型受体电位阳离子通道
S6	S6 核糖体蛋白	TRPV1	瞬时型受体电位辣椒素-1 通道
SAK	SAK 蛋白激酶	TRPV3	V3 亚科瞬时型受体电位阳离子通道
SARS	严重急性呼吸系统综合征	TXB_2	凝血噁烷 B_2,血栓素 B_2
SCID	重症联合免疫缺欠	TZM-bl	人免疫缺损病毒 1 中和反应试验中的 TZM-bl 宿主细胞株
ScRt	清除比率		
SF162	SF162 亲巨核细胞的病毒株	USP7	在泛素 C 端水解异构肽键的去泛素化酶 (癌的新靶标)
SI	试验细胞和人脐静脉血管内皮细胞 IC_{50} 值之比	VCAM	血管细胞黏附分子
		VCAM-1	血管细胞黏附分子-1
SI	选择性指数: 细胞毒 CC_{50} 值和靶标 EC_{50} 值之比	VCR	长春新碱
		VEGF	血管内皮细胞生长因子
SI	选择性指数: 细胞毒 CC_{50} 值和靶标 IC_{50} 值之比	VEGF-A	血管内皮细胞生长因子 A
		VEGFR2	酪氨酸激酶 VEGFR2
SI	选择性指数: 细胞毒 CC_{50} 值和靶标 MIC 值之比	VE-PTP	VE-PTP 蛋白磷酸酶
		VGSC	电压控制钠通道
SI	选择性指数: 细胞毒 TC_{50} 值和靶标 IC_{50} 值之比	VHR	VHR 蛋白磷酸酶 (人基因编码的双重底物特异性蛋白酪氨酸磷酸酶)
SIRT2	人 2 型去乙酰化酶 (一种依赖于 NAD^+ 的胞浆蛋白,它和 HDAC6 共存于微管处; 已经表明 SIRT2 在细胞循环周期中对 α-微管蛋白去乙酰化并控制有丝分裂的退出)		
		Vif	HIV-1 的病毒感染因子

续表

缩写或符号	名称	缩写或符号	名称
VP-16	细胞毒实验阳性对照物依托泊苷	VZV	水痘带状疱疹病毒
VRE	耐万古霉素的肠球菌属 Enterococci sp.	WST-8	(2-(2-甲氧基-4-硝基苯基)-3-(4-硝基苯基)-5-(2,4-二硫-苯基)-2H-四唑单钠盐
VREF	耐万古霉素的粪肠球菌 Enterococcus faecium	XTT	3′-[1-(苯基氨羰基)-3,4-四唑鎓双(4-甲氧基-6-硝基苯)磺酸钠
VSE	万古霉素敏感肠球菌属 Enterococci sp.	YU2-V3	YU2-V3 病毒株
VSSC	电压敏感钠通道	YycG/YycF-TCS	植物必需基因 YycG/YycF 双组分系统
VSV	水泡口腔炎病毒		

附录2 癌细胞代码表

(含部分正常细胞代码)

细胞代码	细胞名称	细胞代码	细胞名称
293T	肾上皮细胞	BCA-1	人乳腺癌(细胞)
3T3-L1	鼠成纤维细胞	BEAS2B	正常人肺支气管细胞
3Y1	大鼠成纤维细胞	Bel7402	人肝癌(细胞)
5637	表浅膀胱癌(细胞)	BG02	正常人胚胎干细胞
786-0	人肾癌细胞	BGC823	人胃癌(细胞)
9KB	人表皮鼻咽癌细胞	BOWES	人细胞
A-10	大鼠主动脉细胞	BR1	有DNA修复能力的中国仓鼠卵巢(细胞)
A2058	人黑色素瘤(细胞)		
A278	人卵巢癌(细胞)	BSC	正常猴肾细胞
A2780	人卵巢癌(细胞)	BSC-1	正常非洲绿猴肾细胞
A2780/DDP	人卵巢癌(细胞)	BSY1	乳腺癌(细胞)
A2780/Tax	人卵巢癌(细胞)	BT-483	人乳腺癌(细胞)
A2780CisR	人卵巢癌(细胞)	BT549	人乳腺癌(细胞)
A375	人黑色素瘤(细胞)	BT-549	人乳腺癌(细胞)
A375-S2	人黑色素瘤(细胞)	BXF-1218L	人膀胱癌(细胞)
A431	人表皮癌(细胞)	BXF-T24	人膀胱癌(细胞)
A498	人肾癌(细胞)	BXPC	人胰腺癌(细胞)
A549	人非小细胞肺癌(细胞)	BXPC3	人胰腺癌(细胞)
A549 NSCL	人非小细胞肺癌(细胞)	C26	人结肠癌(细胞)
A549/ATCC	人非小细胞肺癌	C38	鼠结肠腺癌(细胞)
ACC-MESO-1	人恶性胸膜间皮细胞瘤(细胞)	C6	大鼠神经胶质瘤(细胞)
ACHN	人肾癌(细胞)	CA46	人伯基特淋巴瘤(细胞)
AGS	胃腺癌(细胞)	Ca9-22	人牙龈癌(细胞)
AsPC-1	人胰腺癌(细胞)	CaCo-2	人上皮结直肠腺癌(细胞)
B16	小鼠黑色素瘤(细胞)	CAKI-1	人肾癌(细胞)
B16F1	小鼠黑色素瘤(细胞)	Calu	前列腺癌(细胞)
B16-F-10	小鼠黑色素瘤(细胞)	Calu3	非小细胞肺癌(细胞)
BC	人乳腺癌(细胞)	CCRF-CEM	人T细胞急性淋巴细胞白血病(细胞)
BC-1	人乳腺癌(细胞)	CCRF-CEMT	人T细胞急性淋巴细胞白血病(细胞)

细胞代码	细胞名称	细胞代码	细胞名称
CEM	人白血病(细胞)	Fem-X	黑色素瘤(细胞)
CEM-TART	表达 HIV-1 tat 和 rev 的 T 细胞	F1	人羊膜上皮细胞
CFU-GM	人/鼠造血祖细胞	FM3C	鼠乳腺肿瘤(细胞)
CHO	中国仓鼠卵巢(细胞)	G402	人肾成平滑肌瘤
CHO-K1	正常中国仓鼠卵巢细胞的亚克隆	GM7373	牛血管内皮(细胞)
CML K562	慢性骨髓性白血病(细胞)	GR-Ⅲ	恶性腺瘤(细胞)
CNE	人鼻咽癌(细胞)	GXF-251L	人胃癌(细胞)
CNE2	人鼻咽癌(细胞)	H116	人结直肠癌(细胞)
CNS SF295	人脑肿瘤(细胞)	H125	人结直肠癌(细胞)
CNXF-498NL	人恶性胶质瘤(细胞)	H1299	人肺腺癌(细胞)
CNXF-SF268	人恶性胶质瘤(细胞)	H1325	人非小细胞肺癌(细胞)
Colo320	人结直肠癌(细胞)	H1975	人癌(细胞)
Colo357	人结直肠癌(细胞)	H2122	人非小细胞肺癌(细胞)
Colon205	结直肠癌(细胞)	H2887	人非小细胞肺癌(细胞)
Colon250	结直肠癌(细胞)	H441	人肺腺癌(细胞)
Colon26	结直肠癌(细胞)	H460	人肺癌(细胞)
Colon38	鼠结直肠癌(细胞)	H522	人非小细胞肺癌(细胞)
CV-1	猴肾成纤维细胞	H69AR	多重耐药小细胞肺癌(细胞)
CXF-HCT116	人结肠癌(细胞)	H929	人骨髓瘤(细胞)
CXF-HT29	人结肠癌(细胞)	H9c2	大鼠心肌成纤维细胞
DAMB	人乳腺癌(细胞)	HBC4	乳腺癌(细胞)
DG-75	人 B 淋巴细胞	HBC5	乳腺癌(细胞)
DLAT	道尔顿淋巴腹水肿瘤(细胞)	HBL100	乳腺癌(细胞)
DLD-1	人结直肠腺癌(细胞)	HCC2998	人结直肠癌(细胞)
DLDH	人结直肠腺癌(细胞)	HCC366	人非小细胞肺癌(细胞)
DMS114	人肺癌(细胞)	HCC-S102	肝细胞癌(细胞)
DMS273	人小细胞肺癌(细胞)	HCT	人结直肠癌(细胞)
Doay	人成神经管细胞瘤(细胞)	HCT116	人结直肠癌(细胞)
Dox40	人骨髓瘤(细胞)	HCT116/mdr+	超表达 mdr+人结直肠癌(细胞)
DU145	前列腺癌(细胞)	HCT116/topo	耐依托泊苷结直肠癌(细胞)
DU4475	乳腺癌(细胞)	HCT116/VM46	多重耐药结直肠癌(细胞)
E39	人肾癌(细胞)	HCT15	人结直肠癌(细胞)
EAC	埃里希腹水癌(细胞)	HCT29	人结肠腺癌(细胞)
EKVX	人非小细胞肺癌(细胞)	HCT8	人结直肠癌(细胞)
EM9	拓扑异构酶Ⅰ敏感的中国仓鼠卵巢(细胞)	HEK-293	正常人上皮肾细胞
		HEL	人胚胎肺成纤维细胞
EMT-6	鼠肿瘤细胞	HeLa	人子宫颈恶性上皮肿瘤(细胞)
EPC	鲤鱼上皮组织(细胞)	HeLa-APL	人子宫颈上皮癌(细胞)
EVLC-2	使 SV40 大 t 抗原不朽的人脐部静脉细胞	HeLa-S3	人子宫颈上皮癌(细胞)
		Hep2	人肝癌(细胞)
FADU	咽鳞状细胞癌(细胞)	Hep3B	人肝癌
Farage	人淋巴瘤(细胞)	HepA	人肝癌腹水(细胞)

细胞代码	细胞名称	细胞代码	细胞名称
Hepa1c1c7	人肝癌(细胞)	JB6 CI41	小鼠表皮细胞
HepG	人肝癌(细胞)	JB6 P$^+$CI41	小鼠表皮细胞
HepG2	人肝癌(细胞)	JurKat	人白血病(细胞)
HepG3	人肝癌(细胞)	JurKat-T	人T-细胞白血病(细胞)
HepG3B	人肝癌(细胞)	K462	人白血病(细胞)
HEY	人卵巢肿瘤(细胞)	K562	人慢性骨髓性白血病(细胞)
HFF	人包皮成纤维细胞	KB	人鼻咽癌(细胞)
HL60	人早幼粒细胞白血病(细胞)	KB16	人鼻咽癌(细胞)
HL7702	人肝肿瘤(细胞)	KB-3	人表皮样癌(细胞)
HLF	人肺成纤维细胞	KB-3-1	人表皮样癌(细胞)
HM02	人胃腺癌(细胞)	KB-C2	人恶性上皮肿瘤(细胞)
HMEC	人微血管内皮细胞	KB-CV60	人恶性上皮肿瘤(细胞)
HMEC1	人微血管内皮细胞	KBV200	多药耐药性鼻咽癌(细胞)
HNXF-536L	人头颈癌(细胞)	Ketr3	人肾癌(细胞)
HOP-18	人非小细胞肺癌(细胞)	KM12	人结直肠癌(细胞)
HOP-62	人非小细胞肺癌(细胞)	KM20L2	人结直肠癌(细胞)
HOP-92	人非小细胞肺癌(细胞)	KMS34	人骨髓瘤(细胞)
Hs578T	人乳腺癌(细胞)	KU812F	人白血病(细胞)
Hs683	人(细胞)	KV/MDR	耐多重药物的癌(细胞)
HSV-1	良性细胞	KYSE180	人食管癌(细胞)
HT	人淋巴癌(细胞)	KYSE30	人食管癌(细胞)
HT1080	人纤维肉瘤(细胞)	KYSE520	人食管癌(细胞)
HT115	人结直肠癌(细胞)	KYSE70	人食管癌(细胞)
HT29	人结直肠癌(细胞)	L_{1210}	小鼠淋巴细胞白血病(细胞)
HT460	人肿瘤(细胞)	L_{1210}/Dx	耐阿霉素小鼠淋巴细胞白血病(细胞)
HTC116	人急性早幼粒细胞白血病(细胞)	L363	人骨髓瘤(细胞)
HTCLs	人肿瘤(细胞)	L-428	白血病(细胞)
HuCCA-1	人胆管癌(细胞); 人胆管细胞型肝癌(细胞)	L5178	小鼠淋巴肉瘤(细胞)
		L5178Y	小鼠淋巴肉瘤(细胞)
Huh7	人肝癌(细胞)	L-6	大鼠骨骼肌成肌细胞
HUVEC	人脐静脉内皮细胞	L929	小鼠成纤维细胞
HUVECs	人脐静脉内皮细胞	LLC-PK$_1$	猪肾细胞
IC-2^{WT}	鼠细胞株	LMM3	小鼠乳腺腺癌(细胞)
IGR-1	人黑色素瘤(细胞)	LNCaP	人前列腺癌(细胞)
IGROV	人卵巢癌(细胞)	LO2	人肝脏细胞
IGROV1	人卵巢癌(细胞)	LoVo	人结直肠癌(细胞)
IGROV-ET	人卵巢癌(细胞)	LoVo-Dox	人结直肠癌(细胞)
IMR-32	人成神经细胞瘤(细胞)	LOX	人黑色素瘤(细胞)
IMR-90	人双倍体肺成纤维细胞	LOX-IMVI	人黑色素瘤(细胞)
J774	小鼠单核细胞/巨噬细胞(细胞)	LX-1	人肺癌(细胞)
J774.1	小鼠单核细胞/巨噬细胞(细胞)	LXF-1121L	人肺癌(细胞)
J774.A1	小鼠单核细胞/巨噬细胞(细胞)	LXF-289L	人肺癌(细胞)

细胞代码	细胞名称	细胞代码	细胞名称
LXF-526L	人肺癌(细胞)	MEXF-394NL	人黑色素瘤(细胞)
LXF-529L	人肺癌(细胞)	MEXF-462NL	人黑色素瘤(细胞)
LXF-629L	人肺癌(细胞)	MEXF-514L	人黑色素瘤(细胞)
LXFA-629L	肺腺癌(细胞)	MEXF-520L	人黑色素瘤(细胞)
LXF-H460	人肺癌(细胞)	MG63	人骨肉瘤(细胞)
M14	黑色素瘤(细胞)	MGC-803	人癌(细胞)
M16	小鼠结肠腺癌(细胞)	MiaPaCa	人胰腺癌(细胞)
M17	耐阿霉素乳腺癌(细胞)	Mia-PaCa-2	人胰腺癌(细胞)
M17-Adr	耐阿霉素乳腺癌(细胞)	MKN1	人胃癌(细胞)
M21	黑色素瘤(细胞)	MKN28	人胃癌(细胞)
M5076	卵巢肉瘤(细胞)	MKN45	人胃癌(细胞)
MAGI	内含 HIV-1 ⅢB 病毒的 Hela-CD4-LTR-β-gal 指示器细胞	MKN7	人胃癌(细胞)
		MKN74	人胃癌
MALME-3	黑色素瘤(细胞)	MM1S	人骨髓瘤(细胞)
MALME-3M	黑色素瘤(细胞)	Molt3	白血病(细胞)
MAXF-401	人乳腺癌(细胞)	Molt4	人T淋巴细胞白血病(细胞)
MAXF-401NL	人乳腺癌(细胞)	Mono-Mac-6	单核细胞
MAXF-MCF7	人乳腺癌(细胞)	MPM ACC-MESO-1	人恶性胸膜间皮瘤
MCF	人乳腺癌(细胞)	MRC-5	正常的人双倍体胚胎细胞
MCF-10A	人正常乳腺上皮(细胞)	MRC5CV1	猴空泡病毒40转化的人成纤维细胞
MCF12	人食管癌(细胞)	MS-1	小鼠内皮细胞
MCF7	人乳腺癌(细胞)	MX-1	人乳腺癌异种移植物
MCF7 Adr	耐药人乳腺癌(细胞)	N18-RE-105	神经元杂交瘤(细胞)
MCF7/Adr	耐药人乳腺癌(细胞)	N18-T62	小鼠成神经瘤细胞(细胞)
MCF7/ADR-RES	耐药人乳腺癌(细胞)	NAMALWA	白血病(细胞)
MDA231	人乳腺癌(细胞)	NBT-T2 (BRC-1370)	大鼠膀胱上皮细胞
MDA361	人乳腺癌(细胞)	NCI-ADR	人卵巢肉瘤(细胞)
MDA435	人乳腺癌(细胞)	NCI-ADR-Res	人卵巢肉瘤(细胞)
MDA468	人乳腺癌(细胞)	NCI-H187	人小细胞肺癌(细胞)
MDA-MB	人乳腺癌(细胞)	NCI-H226	人非小细胞肺癌(细胞)
MDA-MB-231	人乳腺癌(细胞)	NCI-H23	人非小细胞肺癌(细胞)
MDA-MB-231/ATCC	人乳腺癌(细胞)	NCI-H322M	人非小细胞肺癌(细胞)
MDA-MB-435	人乳腺癌(细胞)	NCI-H446	人肺癌(细胞)
MDA-MB-435s	人乳腺癌(细胞)	NCI-H460	人非小细胞肺癌(细胞)
MDA-MB-468	人乳腺癌(细胞)	NCI-H510	人肺癌(细胞)
MDA-N	人乳腺癌(细胞)	NCI-H522	人非小细胞肺癌(细胞)
MDCK	犬肾细胞	NCI-H69	人肺癌(细胞)
ME180	子宫颈癌(细胞)	NCI-H82	人肺癌(细胞)
MEL28	人黑色素瘤(细胞)	neuro-2a	成神经细胞瘤(细胞)
MES-SA	人子宫(细胞)	NFF	非恶性新生儿包皮成纤维细胞
MES-SA/DX5	人子宫(细胞)	NHDF	正常的人真皮成纤维细胞
MEXF-276L	人黑色素瘤(细胞)	NIH3T3	非转化成纤维细胞

续表

细胞代码	细胞名称	细胞代码	细胞名称
NIH3T3	正常的成纤维细胞	QGY-7701	人肝细胞性肝癌(细胞)
NMuMG	非转化上皮细胞	QGY-7703	人肝癌(细胞)
NOMO-1	人急性骨髓白血病	Raji	人EBV转化的Burkitt淋巴瘤B细胞
NS-1	小鼠细胞	RAW264.7	小鼠巨噬细胞
NSCLC	人支气管和肺非小细胞肺癌	RB	人前列腺癌(细胞)
NSCLC HOP-92	人非小细胞肺癌(细胞)	RBL-2H3	大鼠嗜碱性细胞
NSCLC-L16	人支气管和肺非小细胞肺癌	RF-24	乳头瘤病毒16 E6/E7 无限增殖人脐静脉细胞
NSCLC-N6	人支气管和肺非小细胞肺癌(细胞)		
NSCLC-N6-L16	人支气管和肺非小细胞肺癌	RKO	人结肠癌(细胞)
NUGC-3	人胃癌(细胞)	RKO-E6	人结肠癌(细胞)
OCILY17R	人淋巴瘤(细胞)	RPMI7951	人恶性黑色素瘤(细胞)
OCIMY5	人骨髓瘤(细胞)	RPMI8226	人骨髓瘤(细胞)
OPM2	人骨髓瘤(细胞)	RXF-1781L	肾癌(细胞)
OVCAR-3	卵巢腺癌(细胞)	RXF-393	肾癌(细胞)
OVCAR-4	卵巢腺癌(细胞)	RXF-393NL	肾癌(细胞)
OVCAR-5	卵巢腺癌(细胞)	RXF-486L	肾癌(细胞)
OVCAR-8	卵巢腺癌(细胞)	RXF-631L	肾癌(细胞)
OVXF-1619L	卵巢癌(细胞)	RXF-944L	肾癌(细胞)
OVXF-899L	卵巢癌(细胞)	S_{180}	小鼠肉瘤(细胞)
OVXF-OVCAR3	卵巢癌(细胞)	$S_{180}A$	肉瘤腹水细胞
P_{388}	小鼠淋巴细胞白血病(细胞)	SAS	人口腔癌
P_{388}/ADR	耐阿霉素小鼠淋巴细胞白血病(细胞)	SCHABEL	小鼠淋巴癌(细胞)
P_{388}/Dox	耐阿霉素小鼠淋巴白血病细胞	SF268	人脑癌(细胞)
P_{388}D1	小鼠巨噬细胞	SF295	人脑癌(细胞)
PANC1	人胰腺癌(细胞)	SF539	人脑癌(细胞)
PANC89	胰腺癌(细胞)	SGC7901	人胃癌(细胞)
PAXF-1657L	人胰腺癌(细胞)	SH-SY5Y	人成神经细胞瘤(细胞)
PAXF-PANC1	人胰腺癌(细胞)	SK5-MEL	人黑色素瘤(细胞)
PBMC	正常人周围血单核细胞	SKBR3	人乳腺癌(细胞)
PC12	人肺癌(细胞)	SK-Hep1	人肝癌(细胞)
PC-12	大鼠嗜铬细胞瘤(细胞)(交感神经肿瘤)	SK-MEL-2	人黑色素瘤(细胞)
		SK-MEL-28	人黑色素瘤(细胞)
PC3	人前列腺癌(细胞)	SK-MEL-5	人黑色素瘤(细胞)
PC3M	人前列腺癌(细胞)	SK-MEL-S	人黑色素瘤(细胞)
PC3MM2	人前列腺癌(细胞)	SK-N-SH	成神经细胞瘤(细胞)
PC-9	人肺癌(细胞)	SK-OV-3	卵巢腺癌(细胞)
PRXF-22RV1	人前列腺癌(细胞)	SMMC-7721	人肝癌(细胞)
PRXF-DU145	人前列腺癌(细胞)	SN12C	人肾癌(细胞)
PRXF-LNCAP	人前列腺癌(细胞)	SN12k1	人肾癌(细胞)
PRXF-PC3M	人前列腺癌(细胞)	SNB19	人脑肿瘤(细胞)
PS (= P_{388})	小鼠淋巴细胞白血病P_{388}(细胞)	SNB75	人中枢神经系统癌(细胞)
PV1	良性细胞	SNB78	人脑肿瘤(细胞)
PXF-1752L	间皮细胞癌(细胞)	SNU-C4	人癌(细胞)
QG56	人肺癌(细胞)	SR	白血病(细胞)

续表

细胞代码	细胞名称	细胞代码	细胞名称
St4	胃癌(细胞)	U-87-MG	高加索恶性胶质瘤(细胞)
stromal cell	骨髓基质细胞	U937	人单核细胞白血病(细胞)
SUP-B15	白血病(细胞)	UACC-257	黑色素瘤(细胞)
Sup-T1	T细胞淋巴癌细胞	UACC62	黑色素瘤(细胞)
SW1573	人非小细胞肺癌(细胞)	UO-31	人肾癌(细胞)
SW1736	人甲状腺癌(细胞)	UT7	人白血病(细胞)
SW1990	人胰腺癌(细胞)	UV20	和DNA交联相关的中国仓鼠卵巢(细胞)
SW480	人结直肠癌(细胞)		
SW620	人结直肠癌(细胞)	UXF-1138L	人子宫癌(细胞)
T24	人肝癌(细胞)	V79	中国仓鼠(细胞)
T-24	人膀胱移行细胞癌(细胞)	Vero	绿猴肾肿瘤(细胞)
T47D	人乳腺癌(细胞)	WEHI-164	小鼠纤维肉瘤(细胞)
THP-1	人急性单核细胞白血病(细胞)	WHCO1	人食管癌(细胞)
TK10	人肾癌(细胞)	WHCO5	人食管癌(细胞)
tMDA-MB-231	人乳腺癌(细胞)	WHCO6	人食管癌(细胞)
tsFT210	小鼠癌(细胞)	WI26	人肺成纤维细胞
TSU-Pr1	浸润性膀胱癌(细胞)	WiDr	人结肠腺癌(细胞)
TSU-Pr1-B1	浸润性膀胱癌(细胞)	WMF	人前列腺癌(细胞)
TSU-Pr1-B2	浸润性膀胱癌(细胞)	XF498	人中枢神经系统癌(细胞)
U251	中枢神经系统肿瘤/胶质瘤(细胞)	XRS-6	拓扑异构酶Ⅱ敏感的中国仓鼠卵巢(细胞)
U266	骨髓瘤(细胞)		
U2OS	人骨肉瘤(细胞)	XVS	拓扑异构酶Ⅱ敏感的中国仓鼠卵巢(细胞)
U373	成胶质细胞瘤/星型细胞瘤(细胞)		
U373MG	人脑癌(细胞)	ZR-75-1	人乳腺癌(细胞)

索 引

索引1 化合物中文名称索引

化合物中文名称按汉语拼音排序（包括2183个中文正名及别名，中文正名1979个，中文别名204个），等号（=）后对应的是该化合物在本卷中的唯一代码（1~1981）。化合物名称中表示结构所用的 D-, L-, R-, S-, E-, Z-, O-, N-, C-, H-, cis-, trans-, ent-, epi-, meso-, erythro-, threo-, sec-, seco-, nor-, m-, o-, p-, n-, α-, β-, γ-, δ-, ε-, κ-, ξ-, ψ-, ω-, (+), (−), (±) 等，以及 0, 1, 2, 3, 4, 5, 6, 7, 8, 9 等数字及标点符号（如括号、撇、逗号等）都不参加排序；异、别、正、邻、间、对、移等文字参加排序。标星号（*）的中文名是本书编者命名的（1556个）。

阿泊拉内酯 A* = 654
阿尔比多吡喃酮* = 90
阿尔米兰特酰胺 A* = 1123
阿尔米兰特酰胺 B* = 1124
阿尔米兰特酰胺 C* = 1125
阿夸其林 I* = 1130
阿夸其林 J* = 1131
阿夸他汀 A* = 453
阿雷西霉素 = 923
阿米香豆新 A* = 744
阿米香豆新 B* = 745
阿米香豆新 C* = 746
阿普拉毒素 A = 1721
阿普拉毒素 A 亚砜 = 1722
阿普拉毒素 B = 1723
阿普拉毒素 C = 1724
阿普拉毒素 D = 1725
阿普拉毒素 E = 1726
阿普拉毒素 F = 1727
阿普拉毒素 G = 1728
阿普拉毒素 H = 1729
阿普利啶* = 1441
阿如勾新 A* = 454
阿如勾新 B* = 455
阿如勾新 G* = 456
阿如勾新 H* = 386
阿斯吡喃酮* = 93
阿斯吡喃酮醇* = 94
阿斯尼吡喃酮 A* = 91
阿斯尼吡喃酮 B* = 92
(+)-阿宗嗪* = 956
埃克苏马内酯 A* = 1504
埃克苏马内酯 B* = 1505

艾布-epi-去甲氧基蓝细菌他汀 3* = 1526
艾丽莎美丽海绵林 A* = 1228
艾丽莎美丽海绵林 B* = 1229
艾丽莎美丽海绵林 C* = 1230
艾丽莎美丽海绵林 D* = 1231
艾丽莎美丽海绵林 E* = 1232
艾丽莎美丽海绵林 F* = 1233
艾丽莎美丽海绵林 G* = 1234
艾丽莎美丽海绵林 H* = 1235
艾奇厄宁* = 999
艾撒瑞啶 G* = 1527
艾塔尔酰胺 B* = 1529
安提拉毒素* = 1667
安提拉毒素 B* = 1668
6-氨基-8,9-二甲氧基-N,N-二甲基-7-(甲硫基)苯并五噻吩平* = 1882
3-氨基-3-去氧-D-葡萄糖* = 1843
6-(2-氨乙基)-3,4-二甲氧基苯并三噻烷* = 1869
暗褐髋骨海鞘素 1* = 1909
暗褐髋骨海鞘素 13* = 1917
暗褐髋骨海鞘素 14* = 1918
暗褐髋骨海鞘素 2* = 1910
暗褐髋骨海鞘素 4* = 1911
暗褐髋骨海鞘素 5* = 1912
暗褐髋骨海鞘素 6* = 1913
暗褐髋骨海鞘素 7* = 1914
暗褐髋骨海鞘素 8* = 1915
暗褐髋骨海鞘素 9* = 1916
奥地利砜* = 1961
奥地利丝膜菌红宝* = 876
奥尔岛马来西亚 = 806
奥尔曲霉酮 A* = 806
奥尔曲霉酮 B* = 807

奥尔曲霉酮 E* = 814	碧玉海绵类似内酯 B* = 1531
澳大利亚艾安瑟拉海绵素 A* = 568	碧玉海绵类似内酯 C* = 1532
澳大利亚艾安瑟拉海绵素 B* = 569	碧玉海绵类似内酯 D* = 1533
澳大利亚海绵碱 A* = 1601	碧玉海绵类似内酯 E* = 1534
澳大利亚海绵碱 B* = 1602	碧玉海绵类似内酯 F* = 1535
澳大利亚海绵新 A* = 1094	碧玉海绵类似内酯 G* = 1536
澳大利亚海绵新 B* = 1095	碧玉海绵类似内酯 H* = 1537
澳大利亚海绵新 C* = 1096	碧玉海绵类似内酯 J* = 1538
澳大利亚海绵新 D* = 1097	碧玉海绵类似内酯 K* = 1539
八(二羟苯氧醇) A* = 553	碧玉海绵类似内酯 L* = 1540
巴尔米拉酰胺 A* = 1598	碧玉海绵类似内酯 M* = 1541
巴哈马圆皮海绵素 A* = 1354	碧玉海绵类似内酯 N* = 1542
巴哈马圆皮海绵素 B* = 1355	碧玉海绵类似内酯 O* = 1543
巴拿马柯义巴新 A* = 109	碧玉海绵类似内酯 P* = 1544
巴拿马柯义巴新 B* = 110	21-epi-碧玉海绵类似内酯 P* = 1545
巴拿马柯义巴新 C* = 111	碧玉海绵类似内酯 Q* = 1546
巴拿马柯义巴新 D* = 112	(−)-碧玉海绵类似内酯 R* = 1547
白点星骨海鞘酮* = 881	(+)-碧玉海绵类似内酯 R_1* = 1548
白色侧齿霉酮 I* = 348	碧玉海绵类似内酯 S* = 1549
白雪海绵酰胺 A* = 1374	(+)-碧玉海绵类似内酯 V* = 1550
棒孢霉酮 A* = 457	(+)-碧玉海绵类似内酯 W* = 1551
贝尔酰胺 A* = 1101	(+)-碧玉海绵类似内酯 Z_1* = 1114
背囊血色素 An1* = 1076	(+)-碧玉海绵类似内酯 Z_2* = 1115
背囊血色素 Mm1* = 1077	(+)-碧玉海绵类似内酯 Z_3* = 1116
背囊血色素 Mm2* = 1078	(−)-碧玉海绵类似内酯 Z_4* = 1117
1-苯氨基萘 = 782	碧玉海绵酰胺* = 1530
苯丙二酮 = 308	碧玉海绵酰胺 B* = 1531
苯并吡喃酮 A = 657	碧玉海绵酰胺 C* = 1532
苯并吡喃烯醇 = 658	碧玉海绵酰胺 D* = 1533
苯并二氢吡喃酮衍生物* = 177	碧玉海绵酰胺 E* = 1534
1,2-苯二甲酸 2,12-二乙基-11-甲基十六烷基 2-乙基-11-甲基十六烷基酯 = 321	碧玉海绵酰胺 F* = 1535
	碧玉海绵酰胺 G* = 1536
1,2-苯二甲酸 2-乙基癸基 2-乙基十一烷基酯 = 322	碧玉海绵酰胺 H* = 1537
苯酚衍生物 A = 343	碧玉海绵酰胺 J* = 1538
苯酚衍生物 A 酸 = 270	碧玉海绵酰胺 K* = 1539
N-苯基-1-萘胺 = 782	碧玉海绵酰胺 L* = 1540
比那尔亨* = 1071	碧玉海绵酰胺 M* = 1541
比瑟酮* = 174	碧玉海绵酰胺 N* = 1542
比斯溴酰胺* = 1132	碧玉海绵酰胺 O* = 1543
比通内酯 A* = 95	碧玉海绵酰胺 P* = 1544
比通内酯 B* = 96	21-epi-碧玉海绵酰胺 P* = 1545
比通内酯 C* = 97	碧玉海绵酰胺 Q* = 1546
比通内酯 D* = 98	碧玉海绵酰胺 R* = 1547
比通内酯 E* = 99	碧玉海绵酰胺 S* = 1549
比通内酯 F* = 100	碧玉海绵酰胺 V* = 1550
2-O-α-D-吡喃半乳糖基甘油 = 1851	碧玉海绵酰胺 Z_3* = 1116
碧玉海绵类似内酯* = 1530	碧玉海绵酰胺 Z_4* = 1117

碧玉海绵新*	=	336
扁板海绵呋喃 A*	=	12
扁板海绵酮 G*	=	61
扁板海绵新 B*	=	13
扁板海绵新 D*	=	60
扁板海绵氧化物 A*	=	62
扁板海绵氧化物 B*	=	63
扁海绵他汀 1*	=	1311
扁海绵他汀 2*	=	1312
扁海绵他汀 3*	=	1313
扁海绵他汀 4*	=	1314
扁海绵他汀 5*	=	1315
扁海绵他汀 6*	=	1316
扁海绵他汀 7*	=	1317
扁海绵他汀 8*	=	1318
扁海绵他汀 9*	=	1319
扁海绵他汀 10*	=	1320
扁海绵他汀 11*	=	1321
扁海绵他汀 14*	=	1972
扁海绵他汀 19*	=	1322
2-苄基-5-羟基-6,8-二甲氧基-4H-苯并[g]色烯-4-酮	=	796
6-苄基-4-氧代-4H-吡喃-3-甲酰胺	=	175
变色曲霉碱 A*	=	1055
变色曲霉碱 B*	=	1056
变色曲霉碱 C*	=	1057
变色曲霉碱 D*	=	1058
变色曲霉碱 E*	=	1059
变色曲霉碱 F*	=	1060
变色曲霉碱 G*	=	1061
变色曲霉碱 H*	=	1062
变色曲霉碱 I*	=	1063
变色曲霉碱 J*	=	1064
变色曲霉碱 K*	=	1065
变色曲霉碱 M*	=	1066
变色曲霉碱 N*	=	1067
变色曲霉碱 O*	=	1068
变色曲霉菌酰胺 H*	=	1070
变色曲霉亭*	=	655
α-别红藻氨酸	=	1809
髌骨海鞘毒素 A*	=	1919
髌骨海鞘毒素 B*	=	1920
髌骨海鞘毒素 D*	=	1921
髌骨海鞘毒素 F*	=	1922
髌骨海鞘二亚砜*	=	1967
丙迷嗪 A*	=	1072
丙迷嗪 B*	=	1073
丙迷嗪 C*	=	1074
3-[6-(1-丙烯基)-2H-吡喃-2-基亚基]-2,4-丁二酰亚胺	=	87
3-N-(1Z-丙烯基)-聚色因*	=	1822
波罗的海醇 A*	=	773
波罗的海醇 B*	=	774
波罗的海醇 C*	=	775
波罗的海醇 D*	=	776
波罗的海醇 E*	=	777
波罗的海醇 F*	=	778
波母帕弄肽亭 A*	=	1611
波普柔斯酰胺 A*	=	1612
波普柔斯酰胺 B*	=	1613
(±)-波状网翼藻色原烯醇*	=	659
钵海绵内酯 A*	=	1506
钵海绵内酯 B*	=	1507
钵海绵内酯 C*	=	1508
钵海绵内酯 D*	=	1509
钵海绵内酯 E*	=	1510
钵海绵内酯 F*	=	1511
钵海绵内酯 G*	=	1512
钵海绵内酯 H*	=	1513
博格罗醇 A*	=	1196
(5E)-不分支扁板海绵丁内酯*	=	66
(5E)-不分支扁板海绵丁内酯 A*	=	67
(5Z)-不分支扁板海绵丁内酯 A*	=	68
(5Z)-不分支扁板海绵丁内酯 B*	=	69
(5E)-不分支扁板海绵丁内酯 E*	=	70
不分支扁板海绵酮 A*	=	71
不分支扁板海绵酮 B*	=	72
不分支扁板海绵酮 C*	=	73
不分支扁板海绵酮 D*	=	74
不分支扁板海绵戊内酯 A*	=	160
不分支扁板海绵戊内酯 B*	=	161
布林斯威克酰胺 B*	=	1425
布林斯威克酰胺 C*	=	1426
布洛卡青霉嗪 A (2014)*	=	1872
布洛卡青霉嗪 B (2014)*	=	1873
布洛卡青霉嗪 B (2015)*	=	1018
布洛卡青霉嗪 C (2015)*	=	1019
布洛卡青霉嗪 D (2015)*	=	1020
布洛卡青霉嗪 E (2014)*	=	1874
布洛卡青霉嗪 E (2015)*	=	1021
布洛卡青霉嗪 F (2014)*	=	1875
布若韦安酰胺 F*	=	963
布若韦安酰胺 K*	=	964
布若韦安酰胺 S*	=	965
布若韦安酰胺 W*	=	966
布斯努林*	=	1846

草壳二孢醛*	= 320	锉海绵亭 B*	= 89
侧齿霉酮 B*	= 418	大黄酚	= 888
侧齿霉酮 C*	= 419	大黄素	= 898
侧齿霉酮 D*	= 420	大黄素甲醚	= 912
(±)-侧齿霉酮 E*	= 421	大黄素甲醚-10,10'-cis-二蒽酮*	= 871
(±)-侧齿霉酮 F*	= 422	大黄素甲醚-10,10'-trans-二蒽酮*	= 872
(±)-侧齿霉酮 G*	= 423	单格孢蒽醌*	= 909
侧齿霉酮 H*	= 424	单核细胞凝集素 A*	= 1788
(2β)-侧齿霉酮 H*	= 425	氮杂螺呋喃 A*	= 224
产黄青霉呋喃酮*	= 38	德拉戈马宾*	= 1149
产黄青霉嗪*	= 968	迪迪姆宁 A*	= 1489
产紫青霉醌 B*	= 736	epi-迪迪姆宁 A_1*	= 1490
产紫青霉醌 C*	= 737	迪迪姆宁 B*	= 1491
产紫青霉酯 A*	= 648	迪迪姆宁 C*	= 1492
颤藻林*	= 1099	迪迪姆宁 H*	= 1493
颤藻肽亭 A*	= 1771	迪迪姆宁 M*	= 1493
颤藻肽亭 B*	= 1772	迪迪姆宁 N*	= 1494
颤藻肽亭 C*	= 1773	地衣碱*	= 1819
颤藻肽亭 D*	= 1774	地衣枕酸	= 590
颤藻肽亭 E*	= 1775	蒂壳海绵科岩屑海绵酰胺 A*	= 1582
颤藻肽亭 F*	= 1776	蒂壳海绵科岩屑海绵酰胺 B*	= 1708
颤藻肽亭 J*	= 1777	蒂壳海绵科岩屑海绵酰胺 C*	= 1709
颤藻酰胺 B*	= 1432	蒂壳海绵科岩屑海绵酰胺 D*	= 1710
颤藻酰胺 C*	= 1433	蒂壳海绵科岩屑海绵酰胺 E*	= 1583
颤藻酰胺 Y*	= 1434	蒂壳海绵科岩屑海绵酰胺 F*	= 1584
橙色青霉菌胺*	= 955	蒂壳海绵科岩屑海绵酰胺 G*	= 1585
虫草醇 C*	= 489	蒂壳海绵科岩屑海绵酰胺 H*	= 1586
虫草醇 C'*	= 490	蒂壳海绵帕劳酰胺*	= 1347
虫草醇 E*	= 491	蒂壳海绵肽内酯 I a*	= 1634
虫草七肽 C*	= 1241	蒂壳海绵肽内酯 I b*	= 1635
虫草七肽 E*	= 1242	蒂壳海绵肽内酯 I c*	= 1636
川克酰胺 A*	= 1411	蒂壳海绵肽内酯 I d*	= 1637
唇形科稀有植物醇 A*	= 410	蒂壳海绵肽内酯 I e*	= 1638
唇形科稀有植物醇 B*	= 411	蒂壳海绵肽内酯 I f*	= 1639
唇形科稀有植物醇 C*	= 412	蒂壳海绵肽内酯 II d*	= 1640
12'-次硫酸基赛可拉林*	= 1628	蒂壳海绵肽内酯 III e*	= 1346
刺孢青霉酸 B*	= 75	蒂壳海绵酰胺 A*	= 1341
刺孢青霉酸 D*	= 76	蒂壳海绵酰胺 B*	= 1342
刺螺酰胺 B*	= 1172	蒂壳海绵酰胺 C*	= 1343
刺皮石磺三醇 I*	= 208	蒂壳海绵酰胺 D*	= 1344
刺皮石磺三醇 II*	= 209	蒂壳海绵酰胺 E*	= 1345
枞蝗属水蝗林 A*	= 861	碟状簇骨海鞘内酯*	= 52
枞蝗属水蝗林 B*	= 862	碟状簇骨海鞘酰胺 2*	= 1375
丛赤壳吡喃酮*	= 140	碟状簇骨海鞘酰胺 3*	= 1376
粗枝海绵啶 A*	= 1868	碟状簇骨海鞘酰胺 A*	= 1377
醋纽拉酸	= 1844	碟状簇骨海鞘酰胺 B*	= 1378
锉海绵亭 A*	= 88	碟状簇骨海鞘酰胺 C*	= 1379

碟状簸骨海鞘酰胺 D* = 1380
碟状簸骨海鞘酰胺 E* = 1381
碟状簸骨海鞘酰胺 F* = 1382
碟状簸骨海鞘酰胺 G* = 1383
3-丁基-7-甲氧基苯并呋喃酮* = 635
丁基-异丁基邻苯二甲酸酯 = 324
(+)-丁酸内酯 I = 33
(+)-丁酸内酯 II = 34
(+)-丁酸内酯 III = 35
毒性霉毒素 A = 438
毒性霉毒素 B = 439
毒性霉毒素 C = 440
短柄帚霉酰胺 A* = 1619
短柄帚霉酰胺 B* = 1620
短芽孢杆菌 KMM1364 脂缩酚酸肽 A* = 1672
短芽孢杆菌 KMM1364 脂缩酚酸肽 B* = 1673
短芽孢杆菌 KMM1364 脂缩酚酸肽 C* = 1674
短芽孢杆菌 KMM1364 脂缩酚酸肽 D* = 1675
短芽孢杆菌 KMM1364 脂缩酚酸肽 E* = 1676
短芽孢杆菌 KMM1364 脂缩酚酸肽 F* = 1677
短芽孢杆菌 KMM1364 脂缩酚酸肽 G* = 1678
对三联苯宁* = 580
盾壳霉内酯* = 779
(E)-盾壳霉硬二醇* = 928
(Z)-盾壳霉硬二醇* = 929
盾壳霉硬二酮* = 933
盾壳霉硬内酯* = 927
多板海绵内酯 C* = 59
多变拟青霉菌新 A* = 644
多变拟青霉菌新 B* = 645
多变拟青霉菌新 C* = 646
多果海鞘胺 A* = 1930
多果海鞘胺 B* = 1931
多果海鞘品 = 1931
多棘裂江瑶胺* = 211
多节孢酸 A* = 54
多节孢酸 A 苯酯* = 55
多节孢酸 A 甲酯* = 56
多孔菌吡喃酮 A* = 214
多孔菌吡喃酮 D* = 215
多米尼新* = 1265
多沙掘海绵亭 A* = 1466
鹅掌菜酚 = 550
蛾螺宁 A* = 1846
蛾螺宁 I* = 1845
蛾螺宁 II* = 1847
恩镰孢菌素 B = 1414

恩镰孢菌素 B_4 = 1415
恩镰孢菌素 D = 1415
蒽衍生物 100 = 863
耳形尾海兔吡喃酮 A* = 172
耳形尾海兔吡喃酮 B* = 173
耳形尾海兔内酯* = 1442
耳形尾海兔内酯* = 1501
耳形尾海兔内酯 B* = 1443
耳形尾海兔内酯 C* = 1444
(S)-2,5-二氨基戊酸 = 1808
二苯并[1,4]二噁英-2,4,7,9-四醇 = 546
二噁霉素* = 897
2,2-二甲基-2H-1-苯并吡喃-6-醇 = 662
6,8-二-O-甲基变色曲霉安亭* = 896
4-(1,1-二甲基-2-丙烯基)-2-(3-甲基-2-丁烯基)苯酚 = 264
2-(1,1-二甲基-2-丙烯基)-5-(3-甲基-2-丁烯基)-1,4-对苯醌 = 366
(3Z,6S)-3-{{2-(1,1-二甲基丙-2-烯-1-基)-7-[(2E)-4-羟基-3-甲基丁-2-烯-1-基]-1H-吲哚-3-基}次甲基}-6-甲基哌嗪-2,5-二酮 = 1066
(3Z,6S)-3-{{2-(1,1-二甲基丙-2-烯-1-基)-7-{[3-(羟基甲基)-3-甲基氧化乙烯-2-基]甲基}-1H-吲哚-3-基}次甲基}-6-甲基哌嗪-2,5-二酮 = 1067
(6Z)-6-{[2-(1,1-二甲基丙-2-烯-1-基)-5,7-双(3-甲基丁-2-烯-1-基)-1H-吲哚-3-基]亚甲基}哌嗪-2,3,5-三酮 = 985
9ξ-O-2(2,3-二甲基丁-3-烯基)布若韦安酰胺 Q* = 997
3,9-二甲基二苯并[b,d]呋喃-1,7-二醇 = 392
6-(1,3-二甲基-1,3-己二烯基己二烯基)-4-甲氧基-5-甲基-2H-吡喃-2-酮 = 118
6-(3,5-二甲基-1,3-己二烯基)-4-甲氧基-3-甲基-2H-吡喃-2-酮 = 116
N,N-二甲基-5-(甲硫基)瓦拉新* = 1882
6-(1,3-二甲基-1,3-戊二烯基)-4-甲氧基-5-甲基-2H-吡喃-2-酮 = 117
4-(1,3-二甲基-2-氧代苯基)-3-甲酰-2,6-二羟基苯甲酸 = 320
6,7-二甲氧基-4-苯并三硫唑乙胺* = 1948
8,9-二甲氧基-6-苯并五噻吩平乙胺* = 1947
2,6-二甲氧基-1,4-对苯醌 = 365
3,4-二甲氧基-6-(2′-N,N-二甲氨基乙基)-5-(甲硫基)苯并三噻烷 = 1869
1,3-二甲氧基-6-甲基蒽醌 = 895
1,8-二羟蒽醌 = 889
二羟蒽醌 = 889
(2E,2′Z)-3,3′-(6,6′-二羟二苯基-3,3′-二基)二丙烯酸 = 539
(3S)-(3,5-二羟基苯基)丁基-2-酮 = 339

3,4-二羟基苯甲酸 = 325
2-(4-(3,5-二羟基苯氧基)-3,5-二羟基苯氧基)苯-1,3,5-三酚 = 560
1-(3′,5′-二羟基苯氧基)-7-(2″,4″,6″-三羟基苯氧基)-2,4,9-三羟基二苯并-1,4-二噁英 556
3,4-二羟基苯乙烯基硫酸酯 = 336
2,5-二羟基苄醇 = 292
(2E,4E)-1-(2,6-二羟基-3,5-二甲基-苯基)六(碳)-2,4-二烯-1-酮 = 315
3,3′-二羟基-5,5′-二甲二苯醚 = 505
1,7-二羟基-2,4-二甲氧基-6-甲基蒽醌 = 890
12ξ,13ξ-二羟基伏马毒素 C* = 993
1-(2,4-二羟基-5-甲苯基)-2,4-己二烯-1-酮 = 313
1-(2,4-二羟基-5-甲苯基)-4-己烯-1-酮 = 318
1,8-二羟基-3-甲基蒽醌 = 888
1,4-二羟基-6-甲基蒽醌 = 893
5,7-二羟基-1-甲基-6H-蒽[1,9-bc]噻吩-6-酮* = 936
1,7-二羟基-9-甲基二苯并[b,d]呋喃-3-羧酸 = 391
1,3-二羟基-6-甲基-8-甲氧基蒽醌 = 894
1,7-二羟基-2-甲氧基-3-(3-甲基丁-2-烯基)-9H-呫吨-9-酮 = 413
1,4-二羟基-2-甲氧基-7-甲基蒽醌 = 891
1,8-二羟基-2-甲氧基-6-甲基蒽醌* = 909
1,3-二羟基-6-甲氧基-8-甲基蒽醌 = 892
5,7-二羟基-2-[[1-(4-甲氧基-2-氧代-2H-吡喃-6-基)-2-苯乙基]氨基]-1,4-萘醌 = 126
1,7-二羟基-1,3,5-没药三烯-15-酸 = 358
1,11-二羟基-1,3,5,7E-没药四烯-15-酸 = 348
5,7-二羟基-1-(羟甲基)-6H-蒽[1,9-bc]噻吩-6-酮 = 941
2,4-二羟基-3,5,6-三甲苯甲醛 = 269
(3R,4S)-6,8-二羟基-3,4,5-三甲基异色满-1-酮* = 757
5,7-二羟基-6-氧代-6H-蒽[1,9-bc]噻吩-1-羧酸甲酯 = 942
8,9-二羟基异螺环色腐他汀 A* = 995
二氢阿斯吡喃酮* = 124
3′,4′-二氢感染吡喃酮* = 125
4,5-二氢-2,4-二甲基-3-呋喃甲醛 = 5
15,16-二氢绯红璇星海绵 E* = 252
二氢-3(2H)-呋喃酮 = 10
二氢环蒂克海绵酰胺 A* = 1256
2,3-二氢-1-甲氧基-6-甲基-3-氧代-1H-茚-4-甲醛* = 859
二氢卡内酰胺 A* = 990
二氢科瑞波特灰绿曲霉素 D* = 991
2,3-二氢-2-羟基-2,4-二甲基-5-trans-丙烯基呋喃-3-酮 = 6
(2R)-2,3-二氢-7-羟基-6,8-二甲基-2-[(E)-丙烯基]色烯-4-酮 = 660
2,3-二氢-7-羟基-6-甲基-2-(1-丙烯基)4H-1-苯并吡喃-4-酮 = 661

6,7-二氢-3-(羟基甲基)-6-甲基-4(5H)-苯并呋喃酮* = 626
N-[[3,4-二氢-3S-羟基-2S-甲基-2-(4′R-甲基-3′S-戊烯基)-2H-1-苯并吡喃-6-基]羰基]-苏氨酸 = 1813
6,9-二氢-7-羟基-7-甲基-2-(1-甲基亚乙基)-7H-呋喃并[3,2-h][2]苯并吡喃-3(2H)-酮* = 743
2,3-二氢-5-羟基-8-甲氧基-2,4-二甲基萘[1,2-b]呋喃-6,9-二酮 = 791
3,4-二氢-1,6,7-三甲氧基-N,N-二甲基-8-(甲基二硫)-1H-2-苯并噻喃-5-胺* = 1930
3,4-二氢-3,4,8-三羟基-3-(2-羟丙基)-6-甲氧基-1(2H)-萘酮* = 777
3,4-二氢-3,4,6,8-四羟基-3-甲基-1H-2-苯并吡喃-1-酮* = 756
二氢脱水爪哇镰菌素* = 791
8,9-二氢小舟钵海绵亭* = 989
二氢新灰绿曲霉素 B* = 992
二去氢灰绿曲霉素 B* = 988
二条纹髌骨海鞘烯 A* = 225
二条纹髌骨海鞘烯 B* = 230
二条纹髌骨海鞘酰胺 A* = 225
二条纹髌骨海鞘酰胺 A* = 1361
二条纹髌骨海鞘酰胺 B* = 226
二条纹髌骨海鞘酰胺 B* = 1362
二条纹髌骨海鞘酰胺 C* = 227
二条纹髌骨海鞘酰胺 D* = 228
二条纹髌骨海鞘酰胺 D* = 1363
二条纹髌骨海鞘酰胺 E* = 1364
二条纹髌骨海鞘酰胺 F* = 1365
二条纹髌骨海鞘酰胺 G* = 1366
二条纹髌骨海鞘酰胺 H* = 1367
二条纹髌骨海鞘酰胺 I* = 1368
二条纹髌骨海鞘酰胺 K* = 229
二酮哌嗪二聚体 = 996
二脱水奥尔曲霉酮 C* = 810
4,5-二溴-1,3-苯二酚 = 268
2,6-二溴苯酚 = 262
2,4-二溴苯酚 = 263
2-(2,4-二溴-苯氧基)-3,4,5-三溴苯酚 = 498
3,5-二溴-4-(3′-N,N-二甲氨基丙基氧代)-肉桂酸乙酯 = 340
2,3-二溴-4,5-二羟基苄醇 = 291
3,5-二溴-2-(2,4 二溴苯氧基)-4-甲氧基苯酚 = 493
4,6-二溴-高龙胆酸甲酯 = 338
2-(4,6-二溴-2-甲氧基-苯氧基)-3,5-二溴苯酚 = 496
2-(3,5-二溴-2-甲氧基-苯氧基)-3,4,5-三溴苯甲醚 = 497

2-(3,5-二溴-2-甲氧基-苯氧基)-3-溴苯酚 = 495
4,6-二溴-2-(2′-甲氧基-4′,6′-二溴苯氧基)苯酚 = 494
5,6-二溴间苯二酚 = 268
2,4-二溴-6-氯苯酚 = 261
2,3-二溴-5-氯-6-(2,4-二溴苯氧基)苯酚 = 492
3,5-二溴-1-氰甲基-4-甲氧基-3,5-环己二烯-1,2-二醇 = 331
3,5-二溴 2-(4′,5′,6′-三溴-2′-羟苯氧基)苯酚 = 499
4,6-二溴-2-(4′,5′,6′-三溴-2′-羟苯氧基)苯酚 = 500
4,6-二溴-2-(4′,5′,6′-三溴-2′-羟苯氧基)苯酚-1-甲醚 = 501
5,6-二溴相思子碱 = 1812
2,4-二异戊二烯苯酚 = 265
发光去氧特里达吡酮* = 210
发菌科真菌林 A* = 823
发菌科真菌林 C* = 824
发菌科真菌林 D*‡ = 825
泛醌 45 = 364
放线黄酮苷* = 765
放线菌内酯 A* = 241
菲律宾塔威环酰胺 A* = 1409
菲律宾塔威环酰胺 B* = 1410
绯红漩星海绵 A* = 251
绯红漩星海绵 B* = 252
绯红漩星海绵 D* = 253
绯红漩星海绵 E* = 254
斐济基阿岛霉素 = 944
斐济内酯 A* = 341
斐济烯新* = 219
费林那白僵菌酮 B* = 627
酚酮 = 625
粉断孢毒素 B = 1437
粉断孢卡啶* = 1436
丰加霉素 = 1867
丰塞卡因色素* = 797
丰赛卡曲霉酮 A* = 811
丰赛卡曲霉酮 B* = 812
丰赛卡曲霉酮 C* = 813
丰赛卡曲霉酮 D* = 814
蜂海绵肽亭 A* = 1739
蜂海绵酰胺* = 1517
凤梨毛头藻醇 A* = 274
凤梨毛头藻醇 B* = 275
凤梨毛头藻醇 C* = 276
凤梨毛头藻醇 D* = 277
呋扣呋柔鹅掌菜酚 A* = 552
呋扣双二羟苯氧醇 G* = 551

3-O-(a-D-呋喃核糖基)奎斯汀* = 913
9-$β$-D-呋喃核糖基-9H-嘌呤-6-胺 = 1855
弗氏青兰霉素 A = 900
弗氏青兰霉素 B = 901
辅酶 Q_9 = 364
腐败单格孢色素 A* = 663
腐败单格孢色素 B* = 664
腐败单格孢呫吨酮* = 436
腐败单格孢酰苯* = 388
腐败单格孢新 A* = 433
腐败单格孢新 B* = 434
腐败单格孢新 C* = 435
腐败菌素 E 氯乙醇 = 1435
附球菌酮* = 639
覆盆子酮 = 339
伽格欧他汀 A* = 1789
伽格欧他汀 B* = 1790
伽格欧他汀 C* = 1791
伽格欧肽 A* = 1795
伽格欧肽 B* = 1796
伽格欧肽 C* = 1797
伽格欧肽 D* = 1798
伽格欧特亭 A* = 1792
伽格欧特亭 B* = 1793
伽格欧特亭 C* = 1794
甘露糖胺丙酮酸 = 1844
甘油半乳糖苷 = 1851
橄榄绿双盘海鞘明 K 亚砜* = 1963
高多拉他汀 16* = 1267
高多拉他汀 3* = 1395
高蜡样芽孢杆菌内酯* = 1525
哥耳曼烯酮* = 1003
格拉西他汀 A* = 1202
格拉西他汀 B* = 1203
格拉西他汀 C* = 1204
格拉西肽内酯 A* = 1732
格拉西肽内酯 B* = 1733
格拉西肽内酯 C* = 1734
格拉西肽内酯 D* = 1735
格拉西肽内酯 E* = 1736
格拉西肽内酯 F* = 1737
格拉西肽内酯 G* = 1738
格娄波苏呫吨酮 A* = 426
1-庚基-1,4-二氢-6,8-二羟基-3H-2-苯并吡喃-3-酮* = 692
(E)-6-(1-庚烯基)-2H-吡喃-2-酮 = 131
2-(1-庚烯基)-2,3,4,6,7,8-六氢-6-羟基-5H-1-苯并吡喃-5-酮* =

677
(−)-谷物盾壳霉内酰胺* = 790
关岛皮提脯氨酰胺* = 1609
关岛皮提酯肽 A* = 1603
关岛皮提酯肽 B* = 1604
关岛皮提酯肽 C* = 1605
关岛皮提酯肽 D* = 1606
关岛皮提酯肽 E* = 1607
关岛皮提酯肽 F* = 1608
关岛鞘丝藻酰胺 A* = 1750
关岛鞘丝藻酰胺 B* = 1751
关沟酰胺 A* = 1514
关沟酰胺 B* = 1515
光褶胃海鞘醌 A* = 367
圭新醇* = 459
桂尼酰胺 G* = 1516
哈茨木霉内酯 A* = 47
哈茨木霉内酯 B* = 129
哈茨木霉因* = 788
海滨平 A* = 1045
海放射孢菌酮 B* = 192
海放射孢菌酮 C* = 193
海眉克酸 A* = 184
海绵动物二噁英 A* = 519
海绵动物二噁英 B* = 520
海绵动物二噁英 C* = 521
海绵核苷 = 1865
海绵酰胺 A* = 1278
海绵酰胺 B* = 1279
trans,trans-海绵质角网藻酰胺* = 1369
cis,cis-海绵质角网藻酰胺* = 1370
海牛多辛* = 1858
海泡石海绵酰胺 A* = 1589
海泡石海绵酰胺 B* = 1590
海泡石海绵酰胺 C* = 1591
海泡石海绵酰胺 D* = 1592
海漆酚 D* = 769
海鞘环酰胺* = 1360
海鞘内酯 A* = 248
海鞘内酯 B* = 249
海鞘内酯 C* = 250
海鞘噻酮 A* = 1956
海鞘噻酮 B* = 1957
(−)-海人草酸 = 1814
海天牛吡喃酮 A* = 216
海天牛吡喃酮 B* = 217
海天牛吡喃酮 D* = 218

海天牛酮* = 179
海天牛烯* = 178
海星海燕糖苷 B* = 1852
海燕属海星糖苷 C* = 1853
海燕属海星糖苷 D* = 1854
海洋大环环酯肽 A* = 1599
海洋大环环酯肽 A 4‴-O-α-L-鼠李吡喃糖苷* = 1710
海洋大环环酯肽 B* = 1600
海洋呋喃萘醌新 A* = 792
海洋呋喃萘醌新 C* = 793
海洋呋喃萘醌新 D* = 794
海洋环肽 A* = 1247
海洋隆 A* = 640
海洋隆 B* = 641
海洋隆 C* = 642
海洋萘醌* = 838
海洋岩屑海绵亭 C* = 1133
海洋岩屑海绵亭 F* = 1134
海洋岩屑海绵亭 G* = 1135
海洋岩屑海绵亭 H* = 1136
海洋岩屑海绵亭 I* = 1137
海洋岩屑海绵亭 J* = 1138
海洋岩屑海绵亭 K* = 1139
海洋黏细菌素 A* = 1300
海洋黏细菌素 B* = 1301
海洋真菌呋喃酮* = 629
亥布里吡喃酮* = 758
汉图岛肽亭 A* = 1522
汉图岛肽亭 B* = 1523
汉图岛肽亭 C* = 1524
合米特林* = 1109
合米特林 A* = 1110
合米特林 B* = 1111
合米特林 C* = 1112
核盘曲霉酮 A* = 1330
核盘曲霉酮 B* = 1331
赫科投氯* = 1740
赫利卡斯克内酯 C* = 130
褐藻多酚 DDBT = 560
褐藻多酚代表物三聚体 B = 561
褐藻多酚代表物三聚体 C = 562
褐藻多酚代表物三聚体 D = 563
黑孢吡喃酮 A* = 147
黑孢林 B* = 880
黑曲霉吡喃酮 A* = 804
黑曲霉吡喃酮 C* = 805
黑曲霉菌酮 A* = 798

黑曲霉酮* = 820	花序蕨藻异戊二烯基醇 A* = 346
黑曲霉酮 B* = 818	花序蕨藻异戊二烯基醇 B* = 347
黑曲霉酮 C* = 819	踝节菌酮 A* = 950
黑色链格孢吡喃酮 B* = 144	踝节菌酮 B* = 951
黑色链格孢吡喃酮 D* = 145	环侧鳃酰胺* = 1393
黑色链格孢吡喃酮 E* = 146	环蒂壳海绵酰胺 A* = 1249
红色假交替单胞菌烯酸 A* = 353	环蒂壳海绵酰胺 B* = 1250
红色假交替单胞菌烯酸 B* = 354	环蒂壳海绵酰胺 C* = 1251
红色假交替单胞菌烯酸 C* = 355	环蒂壳海绵酰胺 D* = 1252
红色雷海鞘内酯 A* = 591	环蒂壳海绵酰胺 E* = 1253
红色雷海鞘内酯 B* = 592	环蒂壳海绵酰胺 E_2* = 1254
红色雷海鞘内酯 C* = 593	环蒂壳海绵酰胺 E_3* = 1255
红色雷海鞘内酯 D* = 594	环庚三烯酚酮 = 625
红色雷海鞘内酯 E* = 595	环(D-酪氨酸-D-脯氨酸) = 984
红色雷海鞘内酯 F* = 596	环(L-亮氨酸-L-脯氨酸) = 981
红色雷海鞘内酯 G* = 597	环(亮氨酰脯氨酰) = 981
红色雷海鞘内酯 H* = 598	环(D-脯氨酸-D-苯丙氨酸) = 983
红色雷海鞘内酯 I* = 599	(all-L)-环(脯氨酸-缬氨酸)$_2$ = 1248
红色雷海鞘内酯 K* = 600	(3S,8aS)-环(脯氨酰缬氨酰) = 982
红色雷海鞘内酯 L* = 601	环(2-羟基-脯氨酸-R-亮氨酸) = 975
红色雷海鞘内酯 M* = 602	环(4-羟基-S-脯氨酸-S-色氨酸) = 978
红色雷海鞘内酯 O* = 603	环-(4-S-羟基-R-脯氨酸-R-异亮氨酸) = 976
红色雷海鞘内酯 R* = 64	(3S,7R,8aS)-环(4-羟基脯氨酰亮氨酰) = 977
红色雷海鞘内酯 S* = 65	环-(D-cis-羟脯氨酸-L-苯丙氨酸) = 979
红色散囊菌嗪 A* = 1027	环新酰胺 A* = 1245
红色散囊菌嗪 B* = 1028	环星骨海鞘酰胺* = 1372
红色散囊菌嗪 C* = 1029	环氧乙烷戊(碳)炔 E* = 665
红色散囊菌素* = 865	8,12-环氧-1(10),4(15),7,11-愈创木四烯 = 7
红色散囊菌素 A* = 1030	环(L-异亮氨酸-L-脯氨酸) = 980
红色散囊菌素 B* = 1031	环(异亮酰胺脯酰胺亮酰胺脯胺) = 1246
红色散囊菌素 C* = 1032	9(13)-环圆皮海绵内酯* = 113
红色散囊菌素 D* = 1033	环状半缩醛凹顶藻酮* = 10
红色散囊菌素 E* = 1034	环状加尔弗水螅林 A* = 826
红色散囊菌素 F* = 1035	环状加尔弗水螅林 B* = 827
红色散囊菌素 G* = 1036	环状加尔弗水螅林 C* = 828
红色散囊菌素 H* = 1037	黄白笋顶孢霉素 A* = 1923
红色散囊菌素 I* = 1038	黄白笋顶孢霉素 B* = 1924
红色散囊菌素 J* = 1039	黄柄曲霉新 A* = 46
红色散囊菌素 K* = 1040	黄檀酰胺* = 342
红色散囊菌素 L* = 1041	黄青霉内酯 A* = 149
红色散囊菌素 M* = 1042	黄曲霉毒素 B2b = 650
红色散囊菌素 N* = 1043	黄色真丛柳珊瑚内酯 1* = 43
红色散囊菌素 O* = 1044	黄色真丛柳珊瑚内酯 2* = 44
厚垣镰孢霉醇* = 105	黄色真丛柳珊瑚内酯 3* = 45
花萼圆皮海绵酰胺 A* = 1390	2″-O-磺酸基木犀草素* = 764
花萼圆皮海绵酰胺 B* = 1391	灰绿曲霉黄色素* = 303
花冠菌林* = 636	灰绿曲霉内酯 A* = 925

灰绿曲霉内酯 B* = 926
灰酰苯 A* = 427
秽色海绵林 A* = 564
(+)-秽色海绵宁 1* = 331
鸡冠状散囊菌素 A* = 969
鸡冠状散囊菌素 B* = 970
鸡冠状散囊菌素 F* = 971
畸形沃德霉林 A* = 401
吉罗酚 = 278
吉霉素 A* = 1552
吉霉素 B* = 1553
吉霉素 C* = 1554
吉普卡辛 H* = 1859
吉普卡辛 I* = 1860
棘孢木霉素 A* = 1190
棘孢木霉素 B* = 1191
棘孢木霉素 C* = 1192
棘孢木霉素 D* = 1193
棘孢木霉素 D* = 1194
棘孢木霉素 F* = 1195
棘网海绵砜 A* = 1960
棘网海绵甜菜碱 A* = 1820
3-己基-3,7-二羟基-1(3H)-异苯并呋喃酮* = 636
4-[2-(1-己烯基)-4-甲基苯基]-3-丁烯酸 = 350
加氨热弧菌新 C* = 651
加氨热弧菌新 D* = 652
加尔维斯湾蒽醌 B* = 902
3-甲基胞嘧啶核苷* = 1861
甲基苯基双酮 = 308
(−)-5-甲基蜂蜜曲霉素* = 763
2-O-甲基-4-O-(α-D-呋喃核糖基)-9-去氧散囊菌酮* = 460
O-甲基海绵二噁英 A* = 509
O-甲基海绵二噁英 B* = 510
O-甲基海绵二噁英 C* = 511
N-[14-甲基-3-(13-甲基-4-十四(碳)烯酰基氧)十五烷酰基]甘氨酸* = 1827
8-O-甲基-epi-焦曲二醇* = 697
3-O-甲基镰孢霉红宝* = 855
30-甲基墨绿颤藻毒素 D* = 242
7-甲基囊舌烯 1* = 139
3′-O-甲基去氢异盘尼西内酯* = 461
2-O-甲基-9-去氧散囊菌酮* = 462
N-甲基圣萨尔瓦多酰胺* = 1580
3-O-甲基双苔黑酚* = 491
3-甲基-2′-脱氧胞嘧啶核苷* = 1862
5-O-甲基小穴壳菌酮 A* = 316
1-甲基异鸟嘌呤核苷 = 1858

2-甲基-2-(异戊二烯甲基)-2H-1-苯并吡喃-6-醇* = 658
5-(甲硫基)瓦拉新 A* = 1925
N-甲酰化八肽 RHM3* = 1167
7-甲酰基-3-甲氧基-5-甲基-1-茚酮* = 859
5-甲酰基-6-羟基-2-(3-羟基-1-丁烯基)-7-异戊二烯基苯并二氢吡喃 = 301
(4R*,5R*,9S*,10R*,11Z)-4-甲氧基-9-((二甲氨基)-甲基)-12,15-环氧-11(13)-烯-十氢化萘-16-醇 = 781
4-甲氧基-3-甲基-6-(3-甲基-1,3-己二烯基)-2H-吡喃-2-酮 = 115
4-甲氧基-3-甲基-6-(3-甲基-1,3-戊二烯基)-2H-吡喃-2-酮 = 114
(2′S)-4-甲氧基-3-(2′-甲基-3′-羟基)丙酰基-苯甲酸甲酯 = 328
1-甲氧基-3-甲基-8-羟基蒽醌 = 907
6-甲氧基螺环色腩他汀 B* = 1011
4′-甲氧基曲霉非那明酸酯* = 1815
甲氧基去溴海洋萘醌* = 830
5′-甲氧基沃米他汀* = 197
8-甲氧基-9-氧代-9H-呫吨酮-1,6-二羧酸甲酯 = 414
2-(甲氧甲基)-1,4-苯二酚 = 282
5-(甲氧基)-4-[(甲基磺酰基)甲基]-1,2,3-苯三酚* = 1968
假交替单胞菌亭 A* = 1323
假交替单胞菌亭 B* = 1324
假派若宁 A* = 154
间苯三酚 = 284
1,3,5-间苯三酚 = 284
2-间苯三酚基鹅掌菜酚 = 555
7-间苯三酚基鹅掌菜酚 = 556
间苯三酚基呋扣呋柔鹅掌菜酚 A* = 557
间苯三酚基呋扣呋柔鹅掌菜酚 B* = 558
2-间苯三酚基-6,6′-双鹅掌菜酚 = 554
2,7″-间苯三酚基-6,6′-双鹅掌菜酚 = 559
间座壳内酯 = 638
姜油酮 = 339
交替单胞菌亭 A* = 1439
交替单胞菌菌亭 B* = 1126
胶霉毒素 = 1883
胶霉毒素 G* = 1884
7-epi-焦曲二醇* = 690
焦曲霉欧兰 E* = 631
角网藻酰胺 A* = 1197
角质海绵色原烯醇 A 硫酸酯* = 673
角质海绵色原烯醇 B 硫酸酯* = 674
角质海绵色原烯醇 C 硫酸酯* = 675
角质海绵素 A* = 1848
接柄孢酰胺* = 1666

节球藻毒素	= 1296	开环毛壳鳍鱼林 D*	= 741
节球藻毒素 1	= 1296	14,15-开环弯孢霉菌素	= 317
节球藻林 5*	= 1294	凯氏腔菌酮*	= 780
节球藻肽亭 A*	= 1430	抗生素 1656B	= 1106
节球藻肽亭 B*	= 1431	抗生素 2240A	= 887
金藻烯亭 A*	= 486	抗生素 A 80915A	= 841
金藻烯亭 E*	= 487	抗生素 A 80915C	= 842
金藻烯亭 F*	= 488	抗生素 AGI-B4	= 402
茎点霉吡喃酮 C*	= 152	抗生素 AI 77F	= 747
茎点霉内酯*	= 151	抗生素 B 90063	= 1870
茎点霉嗪 B*	= 1022	抗生素 BE 43472A	= 886
居苔海绵烯 A*	= 522	抗生素 CB104	= 624
居苔海绵烯 B*	= 541	抗生素 DC 45A	= 873
菊花螺新 A*	= 122	抗生素 DC 45B$_1$	= 874
菊花螺新 B*	= 123	抗生素 DC 45B$_2$	= 875
橘霉素	= 691	抗生素 F 12517	= 256
橘霉素 H$_2$	= 267	抗生素 FR 49175	= 961
橘青霉醇 C*	= 703	抗生素 GS 1302-3*	= 784
锯叶草素	= 1810	抗生素 H 668	= 221
聚圆皮海绵酰胺 A*	= 1610	抗生素 IB 01212	= 1440
掘海绵酰胺 A*	= 998	抗生素 JBIR 25	= 1824
(+)-菌核青霉林*	= 738	抗生素 JBIR 97	= 430
(−)-菌核青霉林*	= 739	抗生素 JBIR 98	= 431
咖啡酸酯	= 656	抗生素 JBIR 99	= 432
卡迪内酯 B*	= 583	抗生素 K 26	= 1100
卡迪内酯 E*	= 584	抗生素 KA 7038I	= 1849
卡迪内酯 G*	= 585	抗生素 LL-Z 1276*	= 151
(5E)-卡迪内酯 H*	= 586	抗生素 MC 142	= 461
(5Z)-卡迪内酯 H*	= 587	抗生素 MK 349A	= 1246
卡迪内酯 I*	= 588	抗生素 MKN 003C	= 21
卡尔开吡喃酮*	= 189	抗生素 MS 347B	= 447
卡尔马菲新 A*	= 1102	抗生素 NPI 0047	= 2
卡尔马菲新 B*	= 1103	抗生素 NPI 0052	= 1
卡哈拉内酯 A*	= 1555	抗生素 PM 93135	= 1644
卡哈拉内酯 F*	= 1692	抗生素 PM 94128	= 748
卡哈拉内酯 R*	= 1693	抗生素 RK-F 1010	= 1075
卡鲁瓦素 A*	= 1694	抗生素 SB 236049	= 653
卡鲁瓦素 B*	= 1695	抗生素 SB 236050	= 682
卡鲁瓦素 C*	= 1696	抗生素 SB 238569	= 683
卡鲁瓦素 D*	= 1697	抗生素 SC 2051	= 803
卡鲁瓦素 E*	= 1698	抗生素 Sch 54796	= 953
卡玛宾 A*	= 1140	抗生素 Sg 17-1-4	= 749
卡帕卡西碱 A*	= 1270	抗生素 SM 173A	= 923
卡帕卡西碱 B*	= 1271	抗生素 TUF 95F47*	= 783
卡帕卡西碱 C*	= 1272	抗氧化剂 PAN	= 782
卡帕卡西碱 E*	= 1273	柯义巴岛酰胺 A*	= 1455
开环毛壳鳍鱼林 A*	= 740	科恩酰胺 A	= 1396

科摩罗酰胺 A*	= 1371	拉格酰胺 E*	= 1758
科摩罗酰胺 B*	= 1392	拉格酰胺 F*	= 1759
科瑞波特灰绿曲霉素 D*	= 972	拉格酰胺 G*	= 1760
(−)-科瑞波特灰绿曲霉素 D*	= 973	拉古那吡喃酮 B*	= 135
(+)-科瑞波特灰绿曲霉素 D*	= 974	拉古那酰胺 A*	= 1569
科瑞酰胺 A*	= 1143	拉古那酰胺 B*	= 1570
科瑞酰胺 B*	= 1144	拉古那酰胺 C*	= 1571
科特斯罗新 B*	= 1243	蜡样芽孢杆菌内酯*	= 1453
壳二孢素*	= 687	濑良垣酰胺 A*	= 1621
壳二孢亭*	= 222	濑良垣酰胺 B*	= 1622
壳囊孢酮 B*	= 312	濑良垣酰胺 C*	= 1623
壳囊孢酮 C*	= 692	濑良垣酰胺 D*	= 1624
壳囊孢酮 E*	= 637	濑良垣酰胺 E*	= 1625
可可岛酰胺 A*	= 1239	蓝细菌哈萨林啶 A*	= 1681
可可岛酰胺 B*	= 1240	蓝细菌宁 A*	= 1268
可疑飞氏藻醇 A*	= 481	蓝细菌鞘丝藻酰胺*	= 1447
可疑飞氏藻醇 B*	= 482	蓝细菌酰胺 A*	= 1741
可疑飞氏藻醇 C*	= 483	蓝细菌酰胺 B*	= 1742
克姆坡肽亭 A*	= 1556	蓝细菌酰胺 C*	= 1806
克姆坡肽亭 B*	= 1557	勒胡阿内酯 B*	= 190
肯得二酰亚胺 A*	= 1206	勒胡阿内酯 D*	= 191
扣恩班酰胺*	= 1429	勒胡阿内酯 E*	= 136
扣恩泊酰胺*	= 1429	雷斯青霉亭 A*	= 698
寇西卡酰胺 A_1*	= 1158	雷斯青霉亭 B*	= 699
寇西卡酰胺 A_2*	= 1207	雷斯青霉亭 C*	= 700
寇西卡酰胺 B*	= 1558	雷斯青霉亭 D*	= 701
寇西卡酰胺 F*	= 1559	离於糖酰胺 A*	= 1841
寇西卡酰胺 H*	= 1560	离於糖酰胺 B*	= 1842
枯草杆八叠球菌素 B*	= 752	里氏木霉酮 B*	= 676
库拉赫炔*	= 1799	里氏木霉酮 C*	= 677
库拉赫酰胺*	= 1755	里氏木霉酮 D*	= 678
库娄凯那内酯 1*	= 1561	里氏木霉酰胺*	= 1348
库娄克卡西内酯 1*	= 1562	粒状黏细菌酰胺 A*	= 1454
库娄克卡西内酯 2*	= 1563	镰孢霉吡喃酮*	= 183
库娄姆普那内酯 1*	= 1567	镰孢霉蒽醌*	= 868
库娄姆普那内酯 2*	= 1568	镰孢霉蒽醌 B*	= 866
库娄内酯 1*	= 1564	镰孢霉蒽醌 C*	= 867
库娄内酯 2*	= 1565	镰孢霉红宝*	= 852
库娄内酯 3*	= 1566	镰孢霉萘醌 A*	= 832
库姆辛*	= 1868	镰孢霉萘醌 B*	= 833
奎斯汀 3-α-D-呋喃核糖苷*	= 913	链格孢保瑞醇 K*	= 882
拉格噻唑*	= 1743	链格孢保瑞醇 L*	= 883
拉格酰胺 A*	= 1572	链格孢保瑞醇 P*	= 884
拉格酰胺 B*	= 1573	链格孢保瑞醇 Q*	= 885
拉格酰胺 C*	= 1574	链格孢酰胺*	= 1438
拉格酰胺 D*	= 1756	链格孢新 A*	= 952
拉格酰胺 D 噁唑烷*	= 1757	链霉菌氯酮 A*	= 356

链霉菌氯酮 B*	=	357	卵硫醇 C*	= 1818
亮管藻吡喃酮*	=	185	轮枝孢菌素 A*	= 1951
绫霉素	=	360	轮枝孢菌素 D*	= 1952
硫代谷粒海绵碱 C*	=	1186	罗德里格斯碱 A*	= 1025
硫代海洋醇 A*	=	1942	罗德里格斯碱 B*	= 1026
硫代海洋醇 B*	=	1979	cis-罗洛酰胺 A*	= 1328
硫代海洋醇 C*	=	1943	trans-罗洛酰胺 A*	= 1329
硫代海洋醇 D*	=	1944	罗氏绒扇藻醇*	= 380
硫代海洋醇 F*	=	1945	螺环色脯他汀 A*	= 1046
硫代马林醇 A*	=	1942	螺环色脯他汀 B*	= 1047
硫酸化苯丙烯酸*	=	344	螺环色脯他汀 C*	= 1048
硫杂扁板海绵酮 A*	=	1972	螺环色脯他汀 D*	= 1049
硫杂扁板海绵酮 B*	=	1973	螺环色脯他汀 E*	= 1050
硫杂扁板海绵酮 C*	=	1974	螺环色脯他汀 F*	= 1051
硫杂扁板海绵酮 D*	=	1975	螺缩酮新 A*	= 256
硫杂普里蒂阿醌 A*	=	1976	螺缩酮新 B*	= 257
硫杂普里蒂阿醌 B*	=	1977	螺缩酮新 C*	= 258
瘤状菊海鞘内酯 A*	=	78	螺缩酮新 D*	= 259
瘤状菊海鞘内酯 B*	=	79	螺缩酮新 E*	= 260
2′-epi-瘤状菊海鞘内酯 B*	=	80	螺旋鱼腥藻新*	= 1118
柳珊瑚呋喃*‡	=	7	裸果羽鳃酰胺*	= 1152
六羟基苯氧基二苯并[1,4]二噁英	=	550	裸壳孢呫吨酮 A*	= 415
1,2,3,4,4a,9a-六氢-1,4,8-三羟基-3,4a-二甲基-9H-氧杂蒽-9-酮	=	434	裸壳孢呫吨酮 C*	= 416
			裸壳孢呫吨酮 D*	= 417
1,2,3,4,4a,9a-六氢-1,3,4,8-四羟基-4a,6-二甲基-9H-氧杂蒽-9-酮	=	433	裸壳孢酰胺 A*	= 1502
			裸壳孢酰胺 B*	= 1503
2,3,3′,4,5,5′-六溴-2′,6-二羟基二苯醚	=	507	裸鳃二酰亚胺*	= 1113
龙胆根黄素醇*	=	292	洛洛阿塔亭 A*	= 1274
龙酰胺*	=	1150	洛洛阿塔亭 B*	= 1275
龙酰胺 A*	=	1150	洛洛阿塔亭 C*	= 1276
龙酰胺 E*	=	1151	洛洛阿塔亭 D*	= 1277
娄内克酸 A*	=	350	绿群体海鞘酰胺 B*	= 1079
娄内克酸 B*	=	351	绿色微囊藻啶 A*	= 1765
卢伊希车林 A*	=	1159	绿色微囊藻啶 B*	= 1766
卢伊希车林 B*	=	1160	绿色微囊藻啶 C*	= 1767
卢伊希车林 C*	=	1161	绿色微囊藻啶 D*	= 1768
卢伊希车林 D*	=	1162	绿色微囊藻啶 E*	= 1769
卢伊希车林 E*	=	1163	氯代斯诺新 A*	= 1093
卢伊希车林 F*	=	1164	3-氯-4,5-二羟基苄醇	= 288
卤韦 A*	=	1153	2-氯-6-甲氧甲基-1,4-苯二酚	= 290
卤韦 B*	=	1154	氯龙胆根黄素醇*	= 289
卤韦 C*	=	1155	氯龙胆霉素*	= 363
卤韦 D*	=	1156	氯普鲁兰新 E*	= 1236
卤韦 E*	=	1157	9-氯-8-羟基-8,9-去氧阿斯吡喃酮*	= 108
卤芽孢杆菌林*	=	1680	9-氯-8-羟基-8,9-去氧曲霉内酯*	= 36
卵硫醇 A*	=	1816	8-氯-9-羟基-8,9-去氧曲霉内酯*	= 37
卵硫醇 B*	=	1817	2-氯-6-羟甲基-1,4-苯二酚	= 289

氯氢阿斯吡喃酮 A*	= 106	毛头藻酮 A*	= 273
氯氢阿斯吡喃酮 B*	= 107	霉酚酸	= 643
马勒弗酰胺 D*	= 1166	美丽海绵斯他汀 A*	= 103
马勒弗酰胺 E*	= 1699	米尔酰胺 B*	= 1109
马栗树皮素-4-羧酸乙酯*	= 686	膜海绵他汀 1*	= 1269
马色特内酯 A*	= 1700	膜海绵酰胺 G*	= 1223
马色特内酯 B*	= 1701	膜海绵酰胺 H*	= 1320
马色特内酯 C*	= 1702	摩加夫芽孢杆菌新 A*	= 1800
马色特内酯 D*	= 1703	蘑菇香精	= 1887
马色特内酯 E*	= 1704	莫尔岛霉素 A*	= 1801
马色特内酯 F*	= 1705	莫拉菊花螺吡喃酮 A*	= 194
马色特内酯 G*	= 1706	莫拉菊花螺吡喃酮 C*	= 195
马色特内酯 H*	= 1707	莫拉菊花螺吡喃酮 D*	= 196
马尾藻呋喃*	= 14	莫拉斯酰胺*	= 1770
马尾藻喹诺酸*	= 374	墨绿颤藻毒素 D*	= 243
马西亚肽 A*	= 1403	墨绿颤藻酰胺 A*	= 1804
麦克坦岛酰胺*	= 1010	墨绿颤藻酰胺 B*	= 1805
脉膜藻内酯 A*	= 142	默突坡林*	= 1294
脉膜藻内酯 B*	= 143	木霉碱 A*	= 1187
芒刺等网海绵碱*	= 1821	木霉碱 A_1*	= 1188
毛壳库得林 F*	= 104	木霉碱 B*	= 1189
毛壳派拉宁*	= 301	木霉醌*	= 917
毛壳赛克林酮 A*	= 684	木塔呋喃 H*	= 11
毛壳呫吨酮 A*	= 404	目垂丢酰胺 A*	= 1295
毛壳呫吨酮 B*	= 405	那吡锐丢霉素 A*	= 845
毛壳呫吨酮 C*	= 406	那吡锐丢霉素 B*	= 846
毛壳鳎鱼林 A*	= 709	那吡锐丢霉素 D*	= 847
4′-*epi*-毛壳鳎鱼林 A*	= 710	那吡锐丢霉素 E*	= 848
11-*epi*-毛壳鳎鱼林 A*	= 711	那吡锐丢霉素 F*	= 849
毛壳鳎鱼林 B*	= 712	那开三醇*	= 352
毛壳鳎鱼林 C*	= 713	那卒木酰胺 A*	= 1171
毛壳鳎鱼林 D*	= 714	纳门那霉素*	= 1926
毛壳鳎鱼林 E*	= 715	萘丁美酮	= 339
毛壳鳎鱼林 F*	= 716	囊鳋藻醇 A*	= 281
毛壳鳎鱼林 G*	= 717	囊舌烯 1*	= 114
毛壳鳎鱼林 H*	= 718	囊舌烯 2*	= 115
毛壳鳎鱼林 I*	= 719	囊舌烯 3*	= 116
11-*epi*-毛壳鳎鱼林 I*	= 720	囊舌烯 4*	= 117
毛壳鳎鱼林 J*	= 721	囊舌烯 5*	= 118
毛壳鳎鱼林 K*	= 722	囊舌烯 A*	= 180
毛壳鳎鱼林 L*	= 723	囊舌烯 B*	= 181
毛壳鳎鱼林 N*	= 724	囊舌烯 C*	= 170
毛壳鳎鱼林 O*	= 725	囊藻醇*	= 567
毛壳鳎鱼林 P*	= 726	γ-内孢霉素酮*	= 920
毛壳鳎鱼林 Q*	= 727	δ-内孢霉素酮*	= 921
毛壳鳎鱼林 R*	= 728	拟茎点霉定*	= 783
毛壳鳎鱼林 S*	= 729	拟茎点霉内酯呫吨酮 A*	= 443

拟茎点霉内酯咕吨酮 B*	=	444	念珠藻环肽 A	= 1456
拟茎点霉素 H76C	=	153	念珠藻环肽 B	= 1463
拟盘多毛孢氯化物 C*	=	704	念珠藻环肽 C	= 1470
拟盘多毛孢氯化物 D*	=	705	念珠藻环肽 D	= 1473
拟盘多毛孢醚 A*	=	516	念珠藻素	= 1456
拟盘多毛孢醚 B*	=	517	柠檬霉素 θA*	= 938
拟盘多毛孢内酯*	=	58	柠檬霉素 θB*	= 939
拟盘多毛孢醛 A*	=	772	柠檬糖 A*	= 937
拟盘多毛孢素 A*	=	647	诺托酰胺 C*	= 1012
拟盘多毛孢酮 F*	=	672	诺托酰胺 D*	= 1013
拟青霉螺酮*	=	245	欧必库酰胺 A*	= 1297
拟青霉咕吨酮*	=	441	欧碧燕酰胺*	= 1748
拟小球霉醇*	=	512	欧卡胺 S*	= 1014
黏帚霉砜*	=	1962	欧瑞酰胺*	= 1405
黏帚霉素*	=	1000	欧托酰胺 C*	= 1015
黏帚霉素 A*	=	1001	帕哈约克内酯 A*	= 1298
黏帚霉素 B*	=	1002	帕克巴辛*	= 910
念珠藻环芳 A*	=	620	帕劳环酰胺*	= 1412
念珠藻环芳 B*	=	621	帕劳扣尔罗酰胺*	= 1402
念珠藻环芳 C*	=	622	帕劳噻环酰胺*	= 1384
念珠藻环芳 D*	=	623	帕劳噻环酰胺 B*	= 1385
念珠藻环肽 1	=	1456	帕劳噻环酰胺 E*	= 1413
念珠藻环肽 2	=	1463	帕劳噻环酰胺 F*	= 1386
念珠藻环肽 3	=	1470	帕劳噻环酰胺 G*	= 1387
念珠藻环肽 4	=	1473	帕劳酰胺*	= 1299
念珠藻环肽 16	=	1457	帕尼赛恩 A_2*	= 571
念珠藻环肽 17	=	1458	帕尼赛恩 F_1*	= 572
念珠藻环肽 18	=	1461	哌嗪霉素 A*	= 1786
念珠藻环肽 19	=	1462	哌嗪霉素 B*	= 1787
念珠藻环肽 21	=	1464	派若农辛 A*	= 156
念珠藻环肽 23	=	1465	派若农辛 B*	= 157
念珠藻环肽 24	=	1466	派若农辛 C*	= 158
念珠藻环肽 26	=	1467	潘旦酰胺 B*	= 1785
念珠藻环肽 28	=	1468	盘多毛孢酮*	= 390
念珠藻环肽 29	=	1469	盘尼西内酯*	= 463
念珠藻环肽 30	=	1471	皮刺海绵亭 A*	= 1210
念珠藻环肽 31	=	1472	皮刺海绵亭 B*	= 1211
念珠藻环肽 40	=	1474	皮刺海绵亭 C*	= 1212
念珠藻环肽 43	=	1475	皮壳青霉内酯 A*	= 666
念珠藻环肽 45	=	1476	皮壳青霉内酯 B*	= 667
念珠藻环肽 46	=	1477	5,5'-diepi-$\Delta^3,\Delta^{3'}$-坡坡咯环酮 E*	= 395
念珠藻环肽 49	=	1478	坡坡咯环酮 E*	= 396
念珠藻环肽 50	=	1479	坡瑞克酸 D*	= 397
念珠藻环肽 52	=	1480	坡泰柔西定*	= 155
念珠藻环肽 54	=	1481	珀斯酰胺 B*	= 1302
念珠藻环肽 175	=	1459	珀斯酰胺 C*	= 1303
念珠藻环肽 176	=	1460	珀斯酰胺 D*	= 1304

珀斯酰胺 E* = 1305
珀斯酰胺 F* = 1306
珀斯酰胺 G* = 1307
珀斯酰胺 H* = 1308
珀斯酰胺 I* = 1309
珀斯酰胺 J* = 1310
珀斯酰胺 K* = 1359
[D-脯氨酸 ^{4}]迪迪姆宁 B* = 1614
葡萄孢镰菌素* = 877
葡萄穗霉灰酰苯 B* = 445
普尔文酸* = 590
普鲁兰新 A* = 1325
普鲁兰新 C* = 1326
普鲁兰新 F* = 1327
普通青霉菌醇 A* = 309
普通青霉菌醇 F* = 310
普通青霉菌醇 G* = 311
普通青霉嗜氮酮 A* = 730
普通青霉嗜氮酮 B* = 731
普通青霉嗜氮酮 C* = 732
普通青霉嗜氮酮 D* = 733
普通青霉嗜氮酮 E* = 734
普通青霉嗜氮酮 F* = 735
七叶内酯-4-羧酸乙酯* = 686
栖沙盐水孢菌霉素* = 935
栖沙盐水孢菌酰胺 A* = 1669
栖沙盐水孢菌酰胺 B* = 1670
栖沙盐水孢菌酰胺 C* = 1671
奇异蒂壳海绵定 A* = 1170
前帕劳环酰胺* = 1406
前帕劳噻环酰胺* = 1407
4-羟苯基乙酸甲酯 = 337
4-(3-羟丙基)-5,6-二甲氧二苯基-3,4′-二醇 = 540
6-(2-羟丙基)-3-甲基-2-(1-甲基丙基)-4H-吡喃-4-酮 = 185
p-羟基苯甲醛 = 304
4-羟基苯甲酸 = 326
4-羟基苯乙基-甲基-琥珀酸酯 = 334
4-羟基苯乙基 2-(4-羟基苯基)乙酸盐 = 333
5-[(2S,3R)-3-羟基丁-2-基]-4-甲基苯-1,3-二醇 = 343
2-(7-羟基-3,7-二甲基-2-辛烯基)-1,4-苯二酚 = 279
2-(3-羟基-3,7-二甲基-6-辛烯基)-1,4-苯二酚 = 280
2-羟基-3,5-二甲基-6-(2-丙烯基)-1,4-对苯醌 = 369
N-(3-羟基-2,4-二甲基-4-十二(碳)烯酰胺)-脯氨酸 = 1838
4-羟基-3,5-二甲基-6-(1,3,5,7 四甲基-1,3-癸二烯基)-2H-吡喃-2-酮 = 122
4-羟基-3,5-二甲基-6-(1,3,5,7-四甲基-1-癸烯基)-2H-吡喃-2-

酮 = 148
2-羟基-3,6-二甲基-5-(1-氧代-4-己烯基)-1,4-对苯醌 = 368
1-羟基-4,7-二甲氧基-6-(3-丁酰基)-9H-呫吨-9-酮 = 428
1-羟基-2,4-二甲氧基-7-甲基蒽醌 = 905
9α-羟基二氢去氧葡萄孢镰菌素* = 869
6-羟基蜂蜜曲霉素* = 759
2′ξ-羟基-伏马毒素 B $Δ^{3′}$-同分异构体(1)* = 1004
2′ξ-羟基-伏马毒素 B $Δ^{3′}$-同分异构体(2)* = 1005
9-羟基伏马毒素 C = 1006
12,13-羟基伏马毒素 C = 994
9α-羟基哈娄柔色里尼阿真菌素 A* = 870
2-羟基-2,4,6-环庚三烯-1-酮 = 625
4-羟基-3-(3-甲基丁-2-烯基氧)苯甲酸甲酯 = 329
1-羟基-3-甲基蒽醌* = 910
8-羟基-3-甲基-9-氧代-9H-呫吨-1-羧酸甲酯 = 429
6-羟基-5-甲基枝盘孢菌素* = 760
4-羟基-3-甲氧基-苯基-乙醛酸甲酯 = 332
5-羟基-2-甲氧基苯甲酸 = 327
4-羟基-8-硫酮基环庚[c][1,2]氧杂硫醇-3(8H)-酮 = 624
羟基培斯它娄吡喃酮* = 133
(+)-5-羟基-4-(4-羟基-3-甲氧苯基)-4-(2-咪唑基)-1,2,3-三噻烷* = 1885
(-)-5-羟基-4-(4-羟基-3-甲氧苯基)-4-(2-咪唑基)-1,2,3-三噻烷* = 1886
2-(3-羟基-2-(7-羟基辛酰基)-5-甲氧基苯基)乙酸乙酯 = 316
5-羟基-4-(羟甲基)-2H-吡喃-2-酮 = 132
3-羟基-6′-O-去甲基三联苯曲霉素* = 578
1-羟基-1-去甲拒霉素* = 943
羟基去溴海洋萘醌* = 835
(2S,3S,5R)-5-[(1R)-1-羟基十(碳)-9-烯基]-2-戊基四氢呋喃-3-醇 = 8
(2S,3S,5S)-5-[(1S)-1-羟基十(碳)-9-烯基]-2-戊基四氢呋喃-3-醇 = 9
14-羟基泰雷兹丁* = 1007
3-(羟甲基)-9-甲基二苯并[b,d]呋喃-1,7-二醇 = 393
(Z)-5-(羟甲基)-2-(6′-甲基庚-2′-烯-2′-基)-苯酚 = 349
(S)-2-(2′-羟乙基)-4-甲基-γ-丁内酯 = 49
乔帕普酰胺 A* = 1641
乔帕普酰胺 B* = 1642
乔帕普酰胺 C* = 1643
鞘丝藻属醇 B* = 545
鞘丝藻他汀 1* = 1575
鞘丝藻他汀 10* = 1751
鞘丝藻他汀 2* = 1576
鞘丝藻他汀 4* = 1761

鞘丝藻他汀 5*	= 1762
鞘丝藻他汀 6*	= 1763
鞘丝藻他汀 7*	= 1577
鞘丝藻他汀 8*	= 1764
秦皮乙素-4-羧酸乙酯	= 686
青霉孢子内酯 A*	= 246
青霉孢子内酯 B*	= 247
青霉内酯*	= 57
青霉三羟基蒽酚 A*	= 702
青霉他汀 A*	= 668
青霉他汀 B*	= 669
青霉他汀 C*	= 670
青霉他汀 D*	= 671
青霉他汀 E*	= 860
青霉呫吨酮 A*	= 442
青霉酰苯 B*	= 150
青霉酰苯 C*	= 379
氰肽醇素 954*	= 1752
氰肽醇素 963 A*	= 1753
庆良间酰胺 A*	= 1427
庆良间酰胺 E*	= 1356
庆良间酰胺 F*	= 1397
庆良间酰胺 G*	= 1398
庆良间酰胺 H*	= 1399
庆良间酰胺 J*	= 1400
庆良间酰胺 K*	= 1401
庆良间酰胺 L*	= 1428
庆良间酰胺 M*	= 1357
庆良间酰胺 N*	= 1358
秋茄树倍半木脂素 A*	= 770
秋茄树倍半木脂素 B*	= 771
曲霉醇 A*	= 1824
曲霉毒素 B*	= 403
曲霉黄素 6-O-α-D-呋喃核糖苷*	= 864
曲霉菌内酯*	= 22
曲霉联苯*	= 688
曲霉林*	= 743
曲霉马林 A*	= 750
曲霉马林 B*	= 751
曲霉内酯醇 A*	= 26
曲霉内酯醇 B*	= 27
曲霉内酯醇 C*	= 28
曲霉内酯醇 D*	= 29
曲霉内酯醇 E*	= 30
曲霉内酯醇 F*	= 31
曲霉普尔文酮 E*	= 582
曲霉嗪 A*	= 954
曲霉素 A*	= 691
曲霉肽 C*	= 1216
曲霉酮 A	= 689
曲霉酮内酯醇*	= 25
曲霉烯 A*	= 345
曲霉酰胺 A(1998)*	= 1823
19-去氨基羰基圆皮海绵内酯*	= 119
去甲地衣氧杂蒽酮*	= 437
去甲基艾撒瑞啶 C1*	= 1487
去甲基艾撒瑞啶 G*	= 1488
去甲基辅酶 Q_2	= 367
8-O-去甲基黑曲霉酮*	= 809
8′-O-去甲基黑曲霉酮*	= 809
6′-O-去甲基三联苯曲菌素*	= 577
6-去甲基曳比西林*	= 313
12-去甲基-12-氧代-红色散囊菌灰绿曲霉素 B*	= 985
8′-O-去甲基异黑曲霉酮*	= 808
2-去甲基圆皮海绵内酯*	= 121
去甲稍大鞘丝藻他汀 2*	= 1595
57-去甲稍大鞘丝藻酰胺 C*	= 1596
去甲双溴酰胺*	= 1173
去甲尾海兔素 G*	= 1594
33-去甲氧基蒂壳海绵肽内酯 I e*	= 1483
33-去甲氧基-33-(甲基亚硫酰基)蒂壳海绵肽内酯 I d* = 1482	
去甲氧基稍大鞘丝藻酰胺 C*	= 1486
6-去甲氧基水条藻酮*	= 693
4a-去氯抗生素 A 80915C	= 843
4a-去氯-4,4a-双去氢抗生素 A 80915A	= 844
9-去羟基红色散囊菌酮*	= 458
(E)-去氢阿普拉毒素 A*	= 1731
去氢迪迪姆宁 B*	= 1441
8,9-去氢囊舌烯 C*	= 120
8,9-去氢色脯他汀 A*	= 1011
(R,R)-16,17-去氢双斯扣哈泊定 W*	= 1876
(S,S)-16,17-去氢双斯扣哈泊定 W*	= 1877
去羧基羟基柠檬酮*	= 754
去溴海洋萘醌*	= 829
去溴甲氧基海洋萘醌*	= 830
去溴异髯毛波纹藻醇*	= 399
5′-去氧-5-碘代沙结核菌素*	= 1857
4″-去氧对三联苯宁*	= 576
去氧黄钟花醌*	= 831
去氧菌丝酰胺*	= 987
去氧镰孢霉吡喃酮*	= 182
11-去氧轮枝孢菌素 A*	= 1879
5-去氧葡萄孢镰菌素*	= 879

3″-去氧-6′-O-去甲基秋茄树新 B* ＝ 573
1-去氧如布拉内酯* ＝ 755
22′-去氧噻可拉林* ＝ 1484
去氧稍大鞘丝藻酰胺 D* ＝ 1145
去氧双去硫双(甲硫基)胶霉毒素* ＝ 986
6-去氧-5a,6-双去氢胶霉毒素* ＝ 1878
1-去氧四氢葡萄孢镰菌素* ＝ 867
4″-去氧异对三联苯宁* ＝ 574
4″-去氧异戊二烯基三联苯曲菌素* ＝ 575
去乙酰基赫科投氯* ＝ 1730
12-O-去乙酰拟茎点霉呫吨酮 A* ＝ 407
去乙酰拟茎点霉呫吨酮 B* ＝ 408
去乙酰拟茎点霉呫吨酮 C* ＝ 409
去乙酰微柯林 B* ＝ 1146
(R)-群海绵定 A* ＝ 1955
髯毛波纹藻醇* ＝ 398
染料木黄酮 ＝ 767
热带盐水孢菌酰胺 A* ＝ 1
热带盐水孢菌酰胺 B* ＝ 2
热带盐水孢菌酰胺 K* ＝ 3
日本沙蚕素 ＝ 630
日本长滨酰胺 A* ＝ 1588
日本枝顶孢素* ＝ 484
肉芝软珊瑚苯醌* ＝ 373
肉质蜈蚣藻萨定* ＝ 1811
肉座菌色菌素 A* ＝ 815
肉座菌色菌素 B* ＝ 816
蠕形霉黄酮* ＝ 649
软海绵他汀 1* ＝ 1339
软海绵肽 1* ＝ 1338
软毛星骨海鞘酰胺 A* ＝ 1404
萨林酰胺 A* ＝ 1778
萨林酰胺 B* ＝ 1779
萨林酰胺 C* ＝ 1615
萨林酰胺 D* ＝ 1616
萨林酰胺 E* ＝ 1617
萨氏曲霉宁 A* ＝ 446
萨氏曲霉宁 B* ＝ 447
(ξ)-萨氏曲霉酸* ＝ 358
赛可拉林* ＝ 1644
(3R,4S)-3,4,5-三甲基异苯并二氢吡喃-6,8-二醇* ＝ 708
三联苯曲菌素* ＝ 581
1,2,4-三硫杂环戊烷 ＝ 1947
2,4,4′-三氯-2′-羟二苯醚 ＝ 537
2-O-(2,4,6-三羟苯基)-6,6′-双鹅掌菜酚 ＝ 554
1,3,8-三羟基蒽醌 ＝ 918
2,3,3′-三羟基-5,5′-二甲基二苯醚 ＝ 490

3′,4,4″-三羟基-2′,6′-二甲氧基-p-三联苯 ＝ 542
3′,4,4″-三羟基-2′,5′-二甲氧基-p-对三联苯* ＝ 581
1,3,8-三羟基-6-甲基蒽醌 ＝ 898
2,4,7-三羟基-9-甲基二苯并[b,e]氧杂䓬-6(11H)-酮 ＝ 457
2,4,7-三羟基-9-甲基二苯并[b,e]氧杂䓬-6(11H)-酮 ＝ 458
3,6,8-三羟基-1-甲基呫吨酮 ＝ 437
1,4,7-三羟基-2-甲氧基-6-甲基蒽醌 ＝ 919
1,2,8-三羟基-6-(羟甲基)-9-氧代-9H-呫吨-1-羧酸甲基酯 ＝ 403
4′,5,7-三羟基异黄酮 ＝ 767
2,4,6-三溴苯酚 ＝ 266
2,3,6-三溴-4,5-二羟基苯甲醛 ＝ 307
2,3,6-三溴-4,5-二羟基苄醇 ＝ 297
2,3,6-三溴-4,5-二羟基苄基甲醚 ＝ 298
2,3,4-三溴-6-(3,5-二溴-2-羟苯氧基)苯酚 ＝ 534
3,4,6-三溴-2-(3,5-二溴-2-羟苯氧基)苯酚 ＝ 535
三溴酚 ＝ 266
2,4′,5-三溴-2′,3′,6-三羟基-3,6′-双(羟甲基)二苯醚 ＝ 536
2,2′,3-三溴-3′,4,4′,5-四羟基-6′-乙氧甲基二苯甲烷 ＝ 299
1,2,5-三溴-3-溴氨基-7-溴甲基萘 ＝ 785
2,5,8-三溴-3-溴氨基-7-溴甲基萘 ＝ 786
2,5,6-三溴-3-溴氨基-7-溴甲基萘 ＝ 787
3,5,6-三溴-2-(2′-溴苯氧基)苯酚 ＝ 531
3,4,6-三溴-2-(2′-溴苯氧基)苯酚 ＝ 532
3,4,5-三溴-2-(2′-溴苯氧基)苯酚 ＝ 533
3,5,6-三溴-1-(2′-溴苯氧基)-2-苯甲醚 ＝ 530
三氧杂卡辛 A* ＝ 873
三氧杂卡辛 B* ＝ 874
三氧杂卡辛 C* ＝ 875
桑格散品* ＝ 1720
色列比赛得 A* ＝ 1451
色列比赛得 C* ＝ 1452
色脯他汀 A* ＝ 1053
色脯他汀 B* ＝ 1054
色原烯醇* ＝ 658
沙蚕毒素 ＝ 1927
厦门霉素 C* ＝ 679
厦门霉素 D* ＝ 680
山海绵酰胺 C ＝ 83
山海绵新 A* ＝ 1863
山奈酚-7-葡糖苷 ＝ 766
稍大鞘丝藻拜林 A* ＝ 1744
稍大鞘丝藻拜林 B* ＝ 1745
稍大鞘丝藻拜林 C* ＝ 1746
稍大鞘丝藻拜林 D* ＝ 1747
稍大鞘丝藻拜林 N* ＝ 1807
(−)-稍大鞘丝藻内酯* ＝ 137

稍大鞘丝藻内酯二聚体* = 138
稍大鞘丝藻酰胺 C* = 1578
稍大鞘丝藻酰胺 D* = 1165
砷甜菜碱 = 1981
深海螺旋菌酰胺 A* = 1718
圣萨尔瓦多酰胺* = 1618
圣萨尔瓦多酰胺 A* = 1618
(all-Z)-5-(2,5,8,11-十四(碳)四烯基)-2-呋喃乙酸 = 16
石磺啶* = 1597
石磺三醇 I* = 198
石磺三醇 I A* = 199
石磺三醇 I B* = 200
石磺三醇 I C* = 201
石磺三醇 I D* = 202
石磺三醇 II* = 203
石磺三醇 II A* = 204
石磺三醇 II B* = 205
石磺三醇 II C* = 206
石磺三醇 II D* = 207
石莫呋瑞啶* = 1864
石石基霉素 A* = 1936
石石基霉素 B* = 1937
石石基霉素 C* = 1938
石枝草宁 A* = 508
似龟锉海绵呋喃 A* = 15
嗜松青霉林 A* = 706
嗜松青霉林 B* = 707
束藻他汀 1* = 1181
束藻他汀 3* = 1182
束藻酰胺 A* = 1629
束藻新 A* = 1180
树突柱海蛞蝓烯 A* = 212
树突柱海蛞蝓烯 B* = 213
双苯那霉素* = 1104
6,6′-双鹅掌菜酚 = 544
8,8′-双鹅掌菜酚 = 544
双鹅掌菜酚 = 547
4‴-O-7-双鹅掌菜酚 = 547
双二羟苯氧基棕藻醇* = 549
双(2,3-二溴-4,5-二羟基苄基)醚 = 285
双(2,3-二溴-4,5-二羟基苄基)醚 = 286
双歧杆菌亭 B* = 1127
双歧杆菌亭 S* = 1128
双歧杆菌亭 T* = 1129
双去甲双苔黑酚* = 503
双(去硫)-10a-甲硫基-3a-去氧-3,3a-双去氢胶霉毒素* = 962

双(去硫)双(甲硫基)胶霉毒素* = 961
双(去硫)双-(甲硫基)-5a,6-双去氢胶霉毒素* = 960
5a,6-双去氢胶霉毒素 = 1880
11,11′-双去氧轮枝孢菌素 A* = 1881
5,7-双去氧葡萄孢镰菌素* = 878
7,7′-双三羟甲蒽醌 = 887
2,2′-双三羟甲蒽醌 = 887
1,2-双(2,3,6-三溴-4,5-二羟苯基)乙烷* = 565
双(2,3,6-三溴-4,5-二羟基苄基)醚 = 287
双苔黑酚* = 504
双苔黑酚 D* = 505
双苔黑酚 E* = 506
双戊烯对酚* = 278
双香豆素尼格林* = 685
双(6-溴-2-色胺基)二硫化物* = 1871
双(2-乙基十二烷基)邻苯二甲酸酯 = 323
水黄皮素* = 768
水条藻酮* = 695
丝氨酸球菌萘醌* = 840
丝鳃醇 A* = 223
(−)-丝衣霉酸* = 171
斯皮柔马斯替科松 A* = 464
斯皮柔马斯替科松 B* = 465
斯皮柔马斯替科松 C* = 466
斯皮柔马斯替科松 D* = 467
斯皮柔马斯替科松 E* = 468
斯皮柔马斯替科松 F* = 469
斯皮柔马斯替科松 G* = 470
斯皮柔马斯替科松 H* = 471
斯皮柔马斯替科松 I* = 472
斯皮柔马斯替科松 J* = 473
斯皮柔马斯替科松 K* = 474
斯皮柔马斯替科松 L* = 475
斯皮柔马斯替科松 M* = 476
斯皮柔马斯替科松 N* = 477
斯皮柔马斯替科松 O* = 478
斯氏蒂壳海绵酰胺* = 1340
斯特拉特内酯 A* = 1711
斯特拉特内酯 B* = 1712
斯特拉特内酯 C* = 1713
斯特拉特内酯 D* = 1714
斯特拉特内酯 E* = 1715
斯特拉特内酯 F* = 1716
斯特拉特内酯 G* = 1717
斯特罗姆霉素* = 479
斯特欧吡喃酮* = 156
斯替利萨海绵亭 A* = 1337

斯替利萨海绵酰胺 X* = 1336	(+)-塔尼克利内酯* = 168
四环黏细菌溴化物* = 77	塔西酰胺 A* = 1183
四硫杂环庚砜* = 1978	塔西酰胺 B* = 1184
1,2,4,6-四硫杂环庚烷 = 1941	苔藓蒽噻吩* = 936
1,3,4,6-四硫杂环庚烷-1,1-二氧化物* = 1978	肽脂平 B* = 1802
3′,4,5′,6-四氯-3-(2,4-二氯苯氧基)-2,2′-二羟基联苯 = 481	肽脂平 D* = 1803
	泰雷兹丁* = 1052
2,3,6,8-四羟基-1-甲基占吨酮* = 401	坦均盖德 A* = 1940
1,3,6,8-四羟基-2-(1-甲氧乙基)蒽醌 = 916	坦均盖德 B* = 1941
1,3,6,8-四羟基-2-(1-羟乙基)蒽醌 = 915	坦那根内酯 B* = 1350
四氢链格孢索拉醇 C* = 914	坦桑尼亚酸 A* = 784
四氢葡萄孢镰菌素* = 866	炭黑曲霉酮 A* = 175
四氢沃拉古酰胺 A* = 1633	炭黑曲霉酮 B* = 176
四苔黑素 A* = 529	碳酰胺环芳 A* = 604
四烯醇素 = 53	碳酰胺环芳 B* = 605
3′,5′,6′,6-四溴-2,4-二甲基二苯醚 = 524	碳酰胺环芳 C* = 606
2,3′,4,5′-四溴-2′,6-二甲氧基二苯醚 = 523	碳酰胺环芳 D* = 607
2,2′,4,4′-四溴-6-羟基二苯醚 = 526	碳酰胺环芳 E* = 608
2,3′,4,5′-四溴-2′-羟基二苯醚 = 527	洮萨拉林 C* = 1632
3,3′,5,5′-四溴-2-羟基-2′,6-二甲氧基二苯醚 = 525	淘拉母酰胺* = 1185
2,3′,4,5′-四溴-6-羟基-2′-甲氧基二苯醚 = 528	特涅酸 C* = 330
2,2′,3,3′-四溴-4,4′,5,5′-四羟基二苯甲烷 = 385	特肽亭* = 1075
(4′Z)-叟比西林* = 319	特肽亭 A* = 1119
叟会姆酮 A* = 318	特肽亭 B* = 1120
叟龙酰胺 A* = 1334	惕各酰胺衍生物 A* = 1645
叟龙酰胺 B* = 1335	惕各酰胺衍生物 B* = 1646
叟姆酰胺 A* = 1780	惕各酰胺衍生物 C* = 1647
叟姆酰胺 B* = 1781	天神霉素 A* = 1849
苏本拉海绵酚 B* = 338	天神霉素 B* = 1850
穗状霉酰胺 A* = 1515	菇品肽 1075
穗状霉酰胺 B* = 1514	铁新曲霉素* = 1981
5-羧基蜂蜜曲霉素* = 753	铜锈微囊藻新 101* = 1080
8-羧基-异澳大利亚艾安瑟拉海绵素 A* = 566	铜锈微囊藻新 102A* = 1081
(羧甲基)三甲基砷氢氧化物内盐* = 1981	铜锈微囊藻新 102B* = 1082
缩酚酸肽 1962A* = 1485	铜锈微囊藻新 103A* = 1083
所罗门酰胺 A* = 1626	铜锈微囊藻新 205A* = 1084
索拉那吡喃酮 A* = 162	铜锈微囊藻新 205B* = 1085
索拉那吡喃酮 C* = 163	铜锈微囊藻新 298A* = 1086
索拉那吡喃酮 E* = 164	铜锈微囊藻新 89B* = 1087
7β-索拉那吡喃酮 F* = 165	铜锈微囊藻新 98A* = 1088
索拉那吡喃酮 F* = 166	铜锈微囊藻新 98B* = 1089
索拉那吡喃酮 G* = 167	铜锈微囊藻新 98C* = 1090
它西肽亭 A* = 1782	铜锈微囊藻新 KY608* = 1091
它西肽亭 B* = 1783	铜锈微囊藻新 KY642* = 1092
塔宾曲霉酸酸酐 A* = 81	头卡酰胺 A* = 1121
塔曼达林 A* = 1630	投土酰胺* = 1745
塔曼达林 B* = 1631	土壤青霉醇 A* = 381

土壤青霉醇 B* = 293
土壤青霉醇 C* = 294
土壤青霉醇 D* = 295
土壤青霉醇 E* = 296
土壤青霉醇 F* = 382
土壤青霉醇 G* = 383
土壤青霉醇 H* = 384
土色内酯* = 24
土色曲霉菌内酯 A* = 23
土色曲霉菌内酯 B* = 24
土色曲霉菌肽 A* = 1217
脱氢柠檬糖甲* = 940
脱水富啡酸* = 681
脱水富里酸* = 681
脱水黄腐酸* = 681
脱水黄酸* = 681
脱水镰孢霉红宝* = 851
脱水脱叶青兰霉素 = 850
2′-脱氧腺苷 = 1856
托酚酮 = 625
o-唾液酸 = 1844
瓦拉新* = 1947
瓦拉新 A* = 1948
瓦拉新 B* = 1949
瓦拉新 C* = 1950
外努努酰胺* = 1353
王冠盔甲苔虫酮 A* = 1964
王冠盔甲苔虫酮 B* = 1969
王冠盔甲苔虫酮 C* = 1966
微柯林 A* = 1168
微柯林 B* = 1169
(ADMAdda^5)微囊藻素 LHar = 1213
(ADMAdda^5)微囊藻素 LR = 1214
(D-Asp,ADMAdda^5)微囊藻素 LR = 1215
微囊藻新 SF608* = 1098
韦圭酰胺 A* = 1658
韦茉侯亭* = 87
韦瓦克肽亭 A* = 1660
韦瓦克肽亭 B* = 1661
韦瓦克肽亭 C* = 1662
韦瓦克肽亭 D* = 1663
韦瓦克酰胺 A* = 1659
维那咕吨酮* = 450
维替勒夫酰胺* = 1784
伪蒂壳海绵酰胺 A$_1$* = 1175
伪蒂壳海绵酰胺 A$_2$* = 1176
伪蒂壳海绵酰胺 B$_2$* = 1177

伪蒂壳海绵酰胺 C* = 1178
伪蒂壳海绵酰胺 D* = 1179
伪偏斜曲霉新* = 742
尾海兔素 10 = 1147
尾海兔素 11 = 1495
尾海兔素 12 = 1496
尾海兔素 13 = 1754
尾海兔素 14 = 1679
尾海兔素 15 = 1148
尾海兔素 16 = 1497
尾海兔素 17 = 1498
尾海兔素 3 = 1394
尾海兔素 C = 1825
尾海兔素 D = 1499
尾海兔素 G = 1500
尾海兔素 I = 1373
文图酰胺 A* = 1388
文图酰胺 B* = 1389
沃拉古酰胺 A* = 1651
沃拉古酰胺 B* = 1652
沃拉古酰胺 C* = 1653
沃拉古酰胺 D* = 1654
沃拉古酰胺 E* = 1655
沃拉古酰胺 F* = 1656
沃拉古酰胺 G* = 1657
沃米他汀* = 219
乌龙伽肽亭* = 1648
乌苏里烯 MAA* = 1822
五孔苔虫林 A* = 1928
1,2,3,5,6-五硫杂环庚烷 = 1887
1,3,5,7,10-五羟基-1,9-二甲基-2H-苯并[cd]芘-2,6(1H)-二酮* = 943
1,2,3,6,8-五羟基-7-(1R-甲氧乙基)蒽醌 = 911
2,3′,4,5,5′-五溴-2′,6-二羟基二苯醚 = 513
2,3′,4,4′,5′-五溴-2′-羟基二苯醚 = 514
2,3′,4,5,5′-五溴-2′-羟基-6-甲氧基二苯醚 = 515
2′,5′,6′,5,6-五溴-3′,4′,3,4-四甲氧基二苯甲酮 = 389
2-五异戊二烯基-1,4-苯二酚 = 283
苅酮衍生物斯库列宗酮 A* = 931
苅酮衍生物斯库列宗酮 B* = 932
西特罗尼亚海绵酰胺 A* = 1141
西特罗尼亚海绵酰胺 B* = 1142
细格菌素 = 538
细基格孢醇* = 543
夏威夷本瑙瑙新 A* = 48
夏威夷哈拉瓦蒽醌 A* = 853
夏威夷哈拉瓦蒽醌 B* = 854

夏威夷哈拉瓦蒽醌 C* = 903
夏威夷哈拉瓦蒽醌 D* = 904
腺嘌呤核苷 = 1855
腺嘌呤脱氧核苷 = 1856
肖恩平 A = 1045
小孢霉林 A* = 1289
小孢霉林 B* = 1290
小孢子菌素 A = 1289
小孢子菌素 B = 1290
(−)-小单孢菌属新 A* = 945
小单孢菌属新 B* = 946
(−)-小单孢菌属新 C* = 947
(−)-小单孢菌属新 D* = 948
(−)-小单孢菌属新 E* = 949
小棘波动海绵酰胺* = 1581
小裸囊菌斯他汀 A* = 233
小裸囊菌斯他汀 B* = 234
小裸囊菌斯他汀 C* = 235
小裸囊菌斯他汀 D* = 236
小裸囊菌斯他汀 E* = 237
小裸囊菌斯他汀 I* = 238
小裸囊菌斯他汀 J* = 239
小裸囊菌斯他汀 K* = 240
小球腔菌二酮* = 857
小球腔菌宁 A* = 856
小球腔菌宁烯 A* = 857
小球腔菌素 A* = 1888
小球腔菌素 B* = 1889
小球腔菌素 C* = 1890
小球腔菌素 D* = 1891
小球腔菌素 E* = 1892
小球腔菌素 F* = 1893
小球腔菌素 G* = 1894
小球腔菌素 G_1* = 1895
小球腔菌素 G_2* = 1896
小球腔菌素 H* = 1897
小球腔菌素 I* = 1898
小球腔菌素 J* = 1899
小球腔菌素 K* = 1900
小球腔菌素 K_1* = 1901
小球腔菌素 K_2* = 1902
小球腔菌素 M* = 1903
小球腔菌素 M_1* = 1904
小球腔菌素 N* = 1905
小球腔菌素 N_1* = 1906
小球腔菌素 O* = 1907
小球腔菌素 P* = 1908

小穴壳菌酮 D* = 694
小舟钵海绵亭* = 958
小轴海绵素 A* = 1224
小轴海绵素 B* = 1225
小轴海绵他汀 1* = 1219
小轴海绵他汀 2* = 1220
小轴海绵他汀 3* = 1221
小轴海绵他汀 4* = 1222
小轴海绵他汀 5* = 1223
新海洋萘醌* = 839
新喀里多尼亚岩屑海绵内酯 A* = 1593
新镰孢霉吡喃酮* = 141
新坡头西海绵酰胺 A* = 1208
新坡头西海绵酰胺 B* = 1209
星骨海鞘缩酮 A* = 231
星骨海鞘缩酮 B* = 232
胸腺嘧啶核苷-5′-羧酸* = 1866
溴苯基异噁唑酮小舟钵海绵亭* = 967
5-溴-4,7-二羟基-1-茚酮* = 858
溴甲基厚垣镰孢霉醇 A* = 101
溴甲基厚垣镰孢霉醇 B* = 102
2-(5-溴-2-甲氧基-苯氧基)-3,5-二溴苯酚 = 485
溴假交替单胞菌克娄麦得 A* = 1448
溴氯龙胆霉素 A* = 361
溴氯龙胆霉素 B* = 362
3-溴-4,5-双(2,3-二溴-4,5-二羟基苄基)邻苯二酚 = 377
3-溴-5-[4-(3-溴-4-羟苯基)-2,3-双(硫酸基)-1,3-丁二烯基]-1,2-苯二酚* = 564
2-溴-5-[4-(4-溴-2-羟基-5-甲氧苯基)-2-丁烯基]-1,3-苯二醇* = 567
4-溴翼枝藻内酯* = 32
蕈状海鞘素 K 亚砜* = 1963
芽孢杆菌林 A* = 1291
芽孢杆菌林 B* = 1292
芽孢杆菌林 C* = 1293
芽孢杆菌他汀 1* = 1445
芽孢杆菌他汀 2* = 1446
芽孢杆菌酰胺 A* = 957
(R,Z)-3-亚苄基-6-(羟甲基)-1,4-二甲基-6-(甲硫基)-2,5-哌嗪二酮 = 959
N,N′-亚甲基迪迪姆宁 A* = 1579
亚硫酰基蒂壳海绵肽内酯* = 1627
亚努克酰胺 A* = 1664
亚努克酰胺 B* = 1665
岩屑海绵胺 A* = 1682
岩屑海绵胺 A_1* = 1683
岩屑海绵胺 B* = 1684

岩屑海绵胺 B_1^* = 1685
岩屑海绵胺 C* = 1686
岩屑海绵胺 C_1^* = 1687
岩屑海绵胺 D* = 1688
岩屑海绵胺 D_1^* = 1689
岩屑海绵胺 E* = 1690
岩屑海绵胺 E_1^* = 1691
岩屑海绵亭 A* = 1449
岩屑海绵亭 B* = 1450
盐角草壳二孢内酯 B* = 634
盐水孢菌吡喃酮 A* = 159
盐水孢菌醌 A* = 922
羊海绵他汀 A* = 761
羊海绵他汀 B* = 762
杨属糖苷 = 766
氧柄曲菌素 A* = 438
氧柄曲菌素 B* = 439
氧柄曲菌素 C* = 440
39-氧代二条纹髋骨海鞘酰胺 K* = 244
8-[(2-氧代-3-哌啶基)氨基]-8-氧辛基-5,9-脱水-2,3,8-三去氧-8-(5-羟基-4-甲基-2-己烯基)-3-甲基-DL-丙三氧基-LD-allo-壬(碳)-2-烯酸酯* = 85
1-氧代-1,2,4-三硫杂环戊烷 = 1969
4-氧代-1,2,4-三硫杂环戊烷 = 1970
18-氧代色脯他汀 A* = 1016
13-氧代疣孢青霉原* = 1017
氧代爪哇镰菌素* = 852
13-氧代震颤真菌毒素* = 1017
氧化还原橘霉素* = 306
4,4′-[氧双(亚甲基)]双[3,5,6-三溴-1,2-苯二酚] = 287
氧杂花羟酮酸 I* = 821
氧杂花羟酮酸 II* = 822
氧杂轮藻氨酸(氧杂蒽酸) I* = 821
氧杂轮藻氨酸(氧杂蒽酸) II* = 822
伊豆山海绵酰胺 A* = 1226
伊豆山海绵酰胺 E* = 1227
伊卡替因 B* = 451
伊卡替因 C* = 452
伊利扣那吡喃酮* = 186
5-epi-伊马喹酮 = 371
伊马喹酮* = 370
依夫拉肽亭 Eα* = 1198
依夫拉肽亭 F* = 1199
依夫拉肽亭 G* = 1200
依夫拉肽亭 J* = 1201
1-乙基-4-甲基砜-β-咔啉* = 1963
1-乙基-4-(甲基磺酰基)-9H-吡啶并[3,4-b]吲哚* = 1962

4-(乙烯基磺酰基)-2-丁酮* = 1961
2-[[(1-乙烯基-1,5,9-三甲基-4,8-癸二烯基)磺酰基]乙基]胍* = 1955
(±)-乙酰苯并呋喃酮因* = 632
7-O-乙酰断青霉内酯 C = 480
3-乙酰基-5,7-二羟-1(3H)-异苯并呋喃酮* = 632
3-乙酰基-7-羟基-5-甲氧基-3,4-二甲基-1(3H)-异苯并呋喃酮* = 633
N-乙酰基神经氨酸 = 1844
乙酰苏米开酸* = 4
3-(2-乙酰氧基-4,8-二甲基-3,7-壬(碳)二烯基)苯甲醛 = 300
N-(3-乙酰氧基-2,4-二甲基十二酰基)脯氨酸 = 1839
乙酰氧基流苏顶珠藻内酯 A* = 18
乙酰氧基流苏顶珠藻内酯 B* = 19
乙酰氧基流苏顶珠藻内酯 D* = 20
5-乙氧基-2-甲酰基-3-羟基-4-甲基-苯甲酸乙酯 = 314
异澳大利亚艾安瑟拉海绵素 A* = 570
异碧玉海绵新* = 335
异髋骨海绵毒素 B* = 1919
7-异丙烯基双环[4.2.0]八(碳)-1,3,5-三烯-2,5-二醇 = 271
7-异丙烯基双环[4.2.0]八(碳)-1,3,5-三烯-2,5-二醇-5-β-吡喃葡萄糖苷 = 272
异丁内酯 II* = 50
异二氢金色灰绿曲霉素* = 305
异腐败单格孢酰苯* = 387
异海洋萘醌* = 836
异黑曲霉酮* = 817
异菊花螺酮* = 134
异卡哈拉内酯 F* = 1528
异罗氏绒扇藻醇* = 378
异坡坡咯环酮 E* = 394
异曲霉普尔文酮 E* = 589
异髯毛波纹藻醇* = 400
异嗜色细胞酮XI* = 696
异树突柱海蛞蝓烯 A* = 187
异树突柱海蛞蝓烯 B* = 188
异叟比西林* = 315
异戊二烯基环色脯他汀 B* = 1023
13-O-异戊二烯基-26-羟基疣孢青霉原* = 1024
13-O-异戊二烯基-26-羟基震颤真菌毒素* = 1024
异戊二烯基三联苯曲菌素* = 579
2-异戊二烯-1,4-萘醌* = 831
异枝孢内酯 B* = 51
吲哚汀 B* = 1009
(吲哚-N-异戊二烯基)-色氨酸-缬氨酸 = 1008
(+)-隐翅虫素 = 86
(+)-隐海绵醌 A* = 1954

(+)-隐海绵醌 B* = 1955
瘦青霉酰胺 A* = 1105
瘦青霉酰胺 B* = 1106
瘦青霉酰胺 C* = 1107
瘦青霉酰胺 F* = 1108
(15S,17S)-(−)-硬二醇* = 930
(−)-硬二酮* = 934
硬皮海绵素 A* = 1408
优瑞加尼新 A* = 1266
优提波德 B* = 39
优提波德 C* = 40
优提波德 D* = 41
优提波德 E* = 42
优西酮 A* = 220
尤那霉素 A* = 1649
尤那霉素 C* = 1650
疣孢青霉原 = 1069
疣状青霉菌定* = 169
幼皮海绵素 A* = 1280
幼皮海绵素 B* = 1281
幼皮海绵素 C* = 1282
幼皮海绵素 D* = 1283
幼皮海绵素 E* = 1284
幼皮海绵素 F* = 1285
幼皮海绵素 G* = 1286
幼皮海绵素 H* = 1287
幼皮海绵素 I* = 1288
鱼腥藻肽亭 A* = 1416
鱼腥藻肽亭 B* = 1417
鱼腥藻肽亭 C* = 1418
鱼腥藻肽亭 D* = 1419
鱼腥藻肽亭 G* = 1420
鱼腥藻肽亭 H* = 1421
鱼腥藻肽亭 I* = 1422
鱼腥藻肽亭 J* = 1423
鱼腥藻肽亭 T* = 1424
圆顶蒂壳海绵酰胺 A* = 1244
圆皮海绵内酯 = 127
2-epi-圆皮海绵内酯 = 128
圆皮海绵素 A* = 1257
圆皮海绵素 B* = 1258
圆皮海绵素 C* = 1259
圆皮海绵素 D* = 1260
圆皮海绵素 E* = 1261
圆皮海绵素 F* = 1262
圆皮海绵素 G* = 1263
圆皮海绵素 H* = 1264

圆筒二苯撑环烷烃 A* = 609
圆筒二苯撑环烷烃 A$_1$* = 610
圆筒二苯撑环烷烃 A$_2$* = 611
圆筒二苯撑环烷烃 A$_3$* = 612
圆筒二苯撑环烷烃 A$_4$* = 613
圆筒二苯撑环烷烃 A$_{B4}$* = 614
圆筒二苯撑环烷烃 C* = 615
圆筒二苯撑环烷烃 C$_2$* = 616
圆筒二苯撑环烷烃 C$_4$* = 617
圆筒二苯撑环烷烃 F* = 618
圆筒二苯撑环烷烃 F$_4$* = 619
圆筒嘉宝利* = 302
圆筒软海绵酰胺 A* = 1518
圆筒软海绵酰胺 B* = 1519
圆筒软海绵酰胺 C* = 1520
圆筒软海绵酰胺 D* = 1521
圆筒软海绵酰胺 E* = 1205
圆锥形褶胃海鞘醌 A* = 1958
圆锥形褶胃海鞘醌 B* = 1959
杂色裸壳孢蒽醌* = 899
杂色裸壳孢环氧乙烷* = 359
杂色裸壳孢三醇* = 17
杂色裸壳孢呫吨酮* = 449
黏细菌酰胺 A* = 1587
黏液菌素 = 1719
黏帚霉新 A* = 1237
黏帚霉新 B* = 1238
长喙藻林 A* = 764
长茎绒扇藻醇* = 376
长胸褶胃海鞘苯醌 A* = 372
爪哇镰菌素含 5,8-萘醌结构的互变异构体* = 837
爪状裸壳孢新 A* = 1351
爪状裸壳孢新 B* = 1352
褶柄海鞘酰胺* = 1174
真菌毒素 TMC 256A$_1$ = 800
真菌毒素 TMC 256A$_2$ = 801
真菌毒素 TMC 256C$_2$ = 802
真菌树花林* = 1819
震颤真菌毒素 = 1069
枝顶孢素 A = 271
枝顶孢素 A 5-β-吡喃葡萄糖苷 = 272
直链迪迪姆宁 A* = 1122
直链膜海鞘素 A* = 1122
栉状菊花螺酮* = 148
肿大链霉菌酰胺 A* = 1349
肿瘤酸 A = 1838
肿瘤酸 F = 1839

肿瘤酸 I	=	1840
肿瘤酸乙酯 A	=	1826
胄甲海绵醌*	=	375
柱顶孢霉酰胺 A*	=	1332
柱顶孢霉酰胺 B*	=	1333
紫红孢菌素*	=	877
紫色绣球海绵素 A*	=	1828
紫色绣球海绵素 B*	=	1829
紫色绣球海绵素 C*	=	1830
紫色绣球海绵素 D*	=	1831
紫色绣球海绵素 E*	=	1832
紫色绣球海绵素 F*	=	1833
紫色绣球海绵素 G*	=	1834
紫色绣球海绵素 H*	=	1835
紫色绣球海绵素 I*	=	1836
紫色绣球海绵素 J*	=	1837
棕曲菌素	=	1218
组仙得拉内酯*	=	82
嘴突脐孢亭 A*	=	1932
嘴突脐孢亭 B*	=	1933
嘴突脐孢亭 C*	=	1934
嘴突脐孢亭 D*	=	1935
左旋水苏碱	=	1810

索引 2 化合物英文名称索引

化合物英文名称按英文字母排序（包括英文正名及别名 2192 个，英文正名 1981 个，英文别名 211 个），等号（=）后对应的是化合物在本卷中的唯一代码（从 1~1981）。化合物名称中表示结构所用的 D-、L-、dl、R-、S-、E-、Z-、O-、N-、C-、H-、cis-、trans-、ent-、epi-、meso-、erythro-、threo-、sec-、seco-、nor-、m-、o-、p-、n-、α-、β-、γ-、δ-、ε-、κ-、ζ-、ψ-、ω-、(+)、(−)、(±) 等，以及 0、1、2、3、4、5、6、7、8、9 等数字及标点符号（如括号、撇、逗号等）都不参加排序。

Abietinarin A = 861
Abietinarin B = 862
Accinal A = 772
Aceneuramic acid = 1844
(±)-Acetophthalidin = 632
N-(3-Acetoxy-2,4-dimethyldodecanoyl)proline = 1839
3-(2-Acetoxy-4,8-dimethyl-3,7-nonadienyl)benzaldehyde = 300
Acetoxyfimbrolide A = 18
Acetoxyfimbrolide B = 19
Acetoxyfimbrolide D = 20
Acetylbenzoyl = 308
3-Acetyl-5,7-dihydroxy-1(3H)-isobenzofuranone = 632
3-Acetyl-7-hydroxy-5-methoxy-3,4-dimethyl-1(3H)-isobenzofuranone = 633
N-Acetylneuraminic acid = 1844
7-O-Acetylsecopeni-cillide C = 480
Acetylsumiki's acid = 4
Achillein = 1810
Aciculitin A = 1210
Aciculitin B = 1211
Aciculitin C = 1212
Acremonin A = 271
Acremonin A 5-β-glucopyranoside = 272
Actinoflavoside = 765
Acyclodidemnin A = 1122
Adenine deoxyriboside = 1856
Adenosine = 1855
(ADMAdda^5)Microcystin LHar = 1213
(ADMAdda^5)Microcystin LR = 1214
(+)-Adociaquinone A = 1954
(+)-Adociaquinone B = 1955
(+)-Aeroplysinin 1 = 331
Aeruginosin 101 = 1080
Aeruginosin 102A = 1081
Aeruginosin 102B = 1082
Aeruginosin 103A = 1083
Aeruginosin 205A = 1084
Aeruginosin 205B = 1085
Aeruginosin 298A = 1086
Aeruginosin 89B = 1087
Aeruginosin 98A = 1088
Aeruginosin 98B = 1089
Aeruginosin 98C = 1090
Aeruginosin KY608 = 1091
Aeruginosin KY642 = 1092
Aflatoxin B2b = 650
(R)-Agelasidine A = 1956
AGI-B4 = 425
Albidopyrone = 90
Albopunctatone = 881
α-Allokainic acid = 1809
α-Allokaininic acid = 1809
Almiramide A = 1123
Almiramide B = 1124
Almiramide C = 1125
Altenusin = 538
Alternaramide = 1438
Alternarosin A = 952
Alterobactin A = 1439
Alterobactin B = 1126
Alterporriol K = 882
Alterporriol L = 883
Alterporriol P = 884
Alterporriol Q = 885
Ambigol A = 481
Ambigol B = 482
Ambigol C = 483
Amicoumacin A = 744
Amicoumacin B = 745
Amicoumacin C = 746
3-Amino-3-deoxy-D-glucose = 1843
6-Amino-8,9-dimethoxy-N,N-dimethyl-7-(methylthio)benzopentathiepin = 1882
6-(2-Aminoethyl)-3,4-dimethoxybenzotrithiane = 1869
Ammonificin C = 651
Ammonificin D = 652
Amphibactin B = 1127

Amphibactin S	=	1128	Antibiotics PM 94128	=	748
Amphibactin T	=	1129	Antibiotics RK-F 1010	=	1075
Anabaenopeptin A	=	1416	Antibiotics SB 236049	=	653
Anabaenopeptin B	=	1417	Antibiotics SB 236050	=	682
Anabaenopeptin C	=	1418	Antibiotics SB 238569	=	683
Anabaenopeptin D	=	1419	Antibiotics SC 2051	=	803
Anabaenopeptin G	=	1420	Antibiotics Sch 54796	=	953
Anabaenopeptin H	=	1421	Antibiotics Sg17-1-4	=	749
Anabaenopeptin I	=	1422	Antibiotics SM 173A	=	923
Anabaenopeptin J	=	1423	Antibiotics TUF 95F47	=	783
Anabaenopeptin T	=	1424	Antillatoxin	=	1667
Anhydroexfoliamycin	=	850	Antillatoxin B	=	1668
Anhydrofulvic acid	=	681	Antioxidant PAN	=	782
Anhydrofusarubin	=	851	Aplidine	=	1441
1-Anilinonaphthalene	=	782	Aplysillin A	=	564
Annulin A	=	826	Aplysiopsene C	=	170
Annulin B	=	827	Apralactone A	=	654
Annulin C	=	828	Apratoxin A	=	1721
Anomalin A	=	401	Apratoxin A sulfoxide	=	1722
Anthracene derivative 100	=	863	Apratoxin B	=	1723
Antibiotics 1656B	=	1106	Apratoxin C	=	1724
Antibiotics 2240A	=	887	Apratoxin D	=	1725
Antibiotics A 80915A	=	841	Apratoxin E	=	1726
Antibiotics A 80915C	=	842	Apratoxin F	=	1727
Antibiotics AGI-B4	=	402	Apratoxin G	=	1728
Antibiotics AI 77F	=	747	Apratoxin H	=	1729
Antibiotics B 90063	=	1870	Aquachelin I	=	1130
Antibiotics BE 43472A	=	886	Aquachelin J	=	1131
Antibiotics CB 104	=	624	Aquastatin A	=	453
Antibiotics DC 45A	=	873	Aranciamycin	=	923
Antibiotics DC 45B$_1$	=	874	Arenamide A	=	1669
Antibiotics DC 45B$_2$	=	875	Arenamide B	=	1670
Antibiotics F 12517	=	256	Arenamide C	=	1671
Antibiotics FR 49175	=	961	Arenastatin A	=	1466
Antibiotics GS 1302-3	=	784	Arenjimycin	=	935
Antibiotics H 668	=	221	Arsenobetaine	=	1980
Antibiotics IB 01212	=	1440	Arugosin A	=	454
Antibiotics K 26	=	1100	Arugosin B	=	455
Antibiotics KA 7038I	=	1849	Arugosin G	=	456
Antibiotics LL-Z 1276	=	151	Arugosin H	=	386
Antibiotics MC 142	=	461	Ascidiacyclamide	=	1360
Antibiotics MK 349A	=	1246	Ascidiathiazone A	=	1956
Antibiotics MKN 003C	=	21	Ascidiathiazone B	=	1957
Antibiotics MS 347B	=	447	Ascochital	=	320
Antibiotics NPI 0047	=	2	Ascochitin	=	687
Antibiotics NPI 0052	=	1	Ascochytatin	=	222
Antibiotics PM 93135	=	1644	Ascolactone B	=	634

Asnipyrone A = 91
Asnipyrone B = 92
(D-Asp,*ADMAdda*^{5})Microcystin LR = 1215
Asperbiphenyl = 688
Aspereline A = 1190
Aspereline B = 1191
Aspereline C = 1192
Aspereline D = 1193
Aspereline E = 1194
Aspereline F = 1195
Asperflavin 6-*O*-α-D-ribofuranoside = 864
Aspergilazine A = 954
Aspergillamide A(1998) = 1823
Aspergillipeptide C = 1216
Aspergillitine = 655
Aspergillumarin A = 750
Aspergillumarin B = 751
Aspergillusene A = 345
Aspergillusol A = 1824
Aspergillusone B = 403
Aspergilone A = 689
Aspergiolide A = 925
Aspergiolide B = 926
Asperlactone = 22
Aspernolide A = 23
Aspernolide B = 24
Asperpyrone A = 804
Asperpyrone C = 805
Asperterrestide A = 1217
Aspiketolactonol = 25
Aspilactonol A = 26
Aspilactonol B = 27
Aspilactonol C = 28
Aspilactonol D = 29
Aspilactonol E = 30
Aspilactonol F = 31
Aspochracin = 1218
Aspulvinone E = 582
Aspyrone = 93
Aspyronol = 94
Astebatherioside B = 1852
Astebatherioside C = 1853
Astebatherioside D = 1854
Attenol A = 223
Aurantiamine = 955
Aurasperone A = 806
Aurasperone B = 807

Aurasperone E = 814
Aurilide = 1442
Aurilide B = 1443
Aurilide C = 1444
Auripyrone A = 172
Auripyrone B = 173
7-*epi*-Austdiol = 690
Austrasulfone = 1961
Austrocortinin = 891
Austrocortirubin = 876
Avrainvilleol = 376
Awajanoran = 484
Axinastatin 1 = 1219
Axinastatin 2 = 1220
Axinastatin 3 = 1221
Axinastatin 4 = 1222
Axinastatin 5 = 1223
Axinellin A = 1224
Axinellin B = 1225
Ayamycin = 360
Azaspirofuran A = 224
(+)-Azonazine = 956
Azumamide A = 1226
Azumamide E = 1227
Bacillisporin A = 823
Bacillisporin C = 824
Bacillistatin 1 = 1445
Bacillistatin 2 = 1446
Bacillosporin A = 823
Bacillosporin C = 824
Bacillosporin D‡ = 825
Bacillusamide A = 957
Bacillus pumilus KMM1364 Lipodepsipeptide A = 1672
Bacillus pumilus KMM1364 Lipodepsipeptide B = 1673
Bacillus pumilus KMM1364 Lipodepsipeptide C = 1674
Bacillus pumilus KMM1364 Lipodepsipeptide D = 1675
Bacillus pumilus KMM1364 Lipodepsipeptide E = 1676
Bacillus pumilus KMM1364 Lipodepsipeptide F = 1677
Bacillus pumilus KMM1364 Lipodepsipeptide G = 1678
Bacilosarcin B = 752
Balticol A = 773
Balticol B = 774
Balticol C = 775
Balticol D = 776
Balticol E = 777
Balticol F = 778
Barettin = 958

BDDE = 285
Belamide A = 1101
Benarthin = 1071
1,2-Benzenedicarboxylic acid2-ethyldecyl 2-ethylundecyl ester = 322
1,2-Benzenedicarboxylic acid 2,12-diethyl-11-methylhexadecyl 2-ethyl-11-methylhexadecyl ester = 321
1,3,5-Benzenetriol = 284
2-Benzyl-5-hydroxy-6,8-dimethoxy-4H-benzo[g]chromen-4-one = 796
(R,Z)-3-Benzylidene-6-(hydroxymethyl)-1,4-dimethyl-6-(methylthio)-2,5- piperazinedione = 959
6-Benzyl-4-oxo-4H-pyran-3-carboxamide = 175
Betonicine = 1810
Bicoumanigrin = 685
6,6′-Bieckol = 544
8,8′-Bieckol = 544
4‴-O-7-Bieckol = 547
7,7′-Bihelminthosporin = 887
2,2′-Bihelminthosporin = 887
Bis(6-bromo-2-tryptaminyl) disulfide = 1871
Bis(dethio)bis-(methylthio)-5a,6-didehydrogliotoxin = 960
Bis(dethio)bis(methylthio)gliotoxin = 961
Bis(dethio)-10a-methylthio-3a-deoxy-3,3a-didehydrogliotoxin = 962
Bis(2,3-dibromo-4,5-dihydroxybenzyl) ether = 285
Bis(2,3-dibromo-4,5-dihydroxybenzyl)ether = 286
Bisebromoamide = 1132
Bis(2-ethyldodecyl) phthalate = 323
Bissetone = 174
Bistramide A = 225
Bistramide B = 226
Bistramide C = 227
Bistramide D = 228
Bistramide K = 229
Bistratamide A = 1361
Bistratamide B = 1362
Bistratamide D = 1363
Bistratamide E = 1364
Bistratamide F = 1365
Bistratamide G = 1366
Bistratamide H = 1367
Bistratamide I = 1368
Bistratene A; BST-A = 225
Bistratene B = 230
Bis(2,3,6-tribromo-4,5-dihydroxybenzyl)ether = 287
1,2-Bis(2,3,6-tribromo-4,5-dihydroxyphenyl)ethane = 565

Bitungolide A = 95
Bitungolide B = 96
Bitungolide C = 97
Bitungolide D = 98
Bitungolide E = 99
Bitungolide F = 100
Bogorol A = 1196
Bostrycin = 877
Bouillomide A = 1750
Bouillomide B = 1751
Bouillonamide = 1447
Brevianamide F = 963
Brevianamide K = 964
Brevianamide S = 965
Brevianamide W = 966
Brocazine A = 1872
Brocazine B = 1873
Brocazine E = 1874
Brocazine F = 1875
Bromoalterochromide A = 1448
4-Bromobeckerelide = 32
Bromobenzisoxazolone barettin = 967
3-Bromo-4,5-bis(2,3-dibromo-4,5-dihydroxybenzyl)pyrocatechol = 377
2-Bromo-5-[4-(4-bromo-2-hydroxy-5-methoxyphenyl)-2-butenyl]-1,3-benzenediole = 567
3-Bromo-5-[4-(3-bromo-4-hydroxyphenyl)-2,3-bis(sulfoxy)-1,3-butadienyl]-1,2-benzenediol = 564
Bromochlorogentisylquinone A = 361
Bromochlorogentisylquinone B = 362
5-Bromo-4,7-dihydroxy-1-indanone = 858
Bromol = 266
2-(5-Bromo-2-methoxy-phenoxy)-3,5-dibromophenol = 485
Bromomethylchlamydosporol A = 101
Bromomethylchlamydosporol B = 102
Brunsvicamide B = 1425
Brunsvicamide C = 1426
Bryoanthrathiophene = 936
BST-B = 226
BST-C = 227
BST-D = 228
Buccinulin = 1846
Butyl-isobutylphthalate = 324
3-Butyl-7-methoxyphthalide = 635
(+)-Butyrolactone Ⅰ = 33
(+)-Butyrolactone Ⅱ = 34
(+)-Butyrolactone Ⅲ = 35

(–)-Byssochlamic acid = 171
Cadiolide B = 583
Cadiolide E = 584
Cadiolide G = 585
(5E)-Cadiolide H = 586
(5Z)-Cadiolide H = 587
Cadiolide I = 588
Caffeoylate ester = 656
Callipeltin A = 1449
Callipeltin B = 1450
Callipeltin C = 1133
Callipeltin F = 1134
Callipeltin G = 1135
Callipeltin H = 1136
Callipeltin I = 1137
Callipeltin J = 1138
Callipeltin K = 1139
Callyaerin A = 1228
Callyaerin B = 1229
Callyaerin C = 1230
Callyaerin D = 1231
Callyaerin E = 1232
Callyaerin F = 1233
Callyaerin G = 1234
Callyaerin H = 1235
Callystatin A = 103
Calyxamide A = 1390
Calyxamide B = 1391
Carbamidocyclophane A = 604
Carbamidocyclophane B = 605
Carbamidocyclophane C = 606
Carbamidocyclophane D = 607
Carbamidocyclophane E = 608
Carbonarone A = 175
Carbonarone B = 176
8-Carboxy-isoiantheran A = 566
8-Carboxy-isoiantheran A = 569
5-Carboxymellein = 753
(Carboxymethyl)trimethylarsonium hydroxide inner salt = 1980
Carmabin A = 1140
Carmaphycin A = 1102
Carmaphycin B = 1103
Carnosadine = 1811
Caulerprenylol A = 346
Caulerprenylol B = 347
Celebeside A = 1451

Celebeside C = 1452
trans,trans-Ceratospongamide = 1369
cis,cis-Ceratospongamide = 1370
(–)-Cereoaldomine = 789
(–)-Cereolactam = 790
Cereulide = 1453
Chaetocyclinone A = 684
Chaetomugilin A = 709
4′-epi-Chaetomugilin A = 710
11-epi-Chaetomugilin A = 711
Chaetomugilin B = 712
Chaetomugilin C = 713
Chaetomugilin D = 714
Chaetomugilin E = 715
Chaetomugilin F = 716
Chaetomugilin G = 717
Chaetomugilin H = 718
Chaetomugilin I = 719
11-epi-Chaetomugilin I = 720
Chaetomugilin J = 721
Chaetomugilin K = 722
Chaetomugilin L = 723
Chaetomugilin N = 724
Chaetomugilin O = 725
Chaetomugilin P = 726
Chaetomugilin Q = 727
Chaetomugilin R = 728
Chaetomugilin S = 729
Chaetopyranin = 301
Chaetoquadrin F = 104
Chaetoxanthone A = 404
Chaetoxanthone B = 405
Chaetoxanthone C = 406
Chlamydosporol = 105
3-Chloro-4,5-dihydroxybenzyl alcohol = 288
Chlorodysinosin A = 1093
Chlorogentisyl alcohol = 289
Chlorogentisylquinone = 363
Chlorohydroaspyrone A = 106
Chlorohydroaspyrone B = 107
9-Chloro-8-hydroxy-8,9-deoxyasperlactone = 36
8-Chloro-9-hydroxy-8,9-deoxyasperlactone = 37
9-Chloro-8-hydroxy-8,9-deoxyaspyrone = 108
2-Chloro-6-hydroxymethyl-1,4-benzenediol = 289
2-Chloro-6-methoxymethyl-1,4-benzenediol = 290
Chloropullularin E = 1236
Chondramide A = 1454

Chromanone	=	177		
Chromanone A	=	657		
Chromenol	=	658		
Chrysogenazine	=	968		
Chrysophaentin A	=	486		
Chrysophaentin E	=	487		
Chrysophaentin F	=	488		
Chrysophanol	=	888		
Cillifuranone	=	38		
Citreaglycon A	=	937		
Citreamicin θA	=	938		
Citreamicin θB	=	939		
Citreopyrone	=	156		
Citrinin	=	691		
Citrinin H_2	=	267		
Citronamide A	=	1141		
Citronamide B	=	1142		
Cladiosulfone	=	1961		
Clonostachysin A	=	1237		
Clonostachysin B	=	1238		
Cocosamide A	=	1239		
Cocosamide B	=	1240		
Coenzyme Q_9	=	364		
Coibacin A	=	109		
Coibacin B	=	110		
Coibacin C	=	111		
Coibacin D	=	112		
Coibamide A	=	1455		
Colpol	=	567		
Comazaphilone A	=	730		
Comazaphilone B	=	731		
Comazaphilone C	=	732		
Comazaphilone D	=	733		
Comazaphilone E	=	734		
Comazaphilone F	=	735		
Communol A	=	309		
Communol F	=	310		
Communol G	=	311		
Comoramide A	=	1371		
Comoramide B	=	1392		
Comosone A	=	273		
Comosusol A	=	274		
Comosusol B	=	275		
Comosusol C	=	276		
Comosusol D	=	277		
Conicaquinone A	=	1958		
Conicaquinone B	=	1959		
Coniolactone	=	779		
Coniosclerodiolide	=	927		
(E)-Coniosclerodinol	=	928		
(Z)-Coniosclerodinol	=	929		
Coniosclerodione	=	933		
Cordyheptapeptide C	=	1241		
Cordyheptapeptide E	=	1242		
Cordyol C	=	489		
Cordyol C'	=	490		
Cordyol E	=	491		
Corollosporin	=	636		
Corynesidone A	=	457		
Cotteslosin B	=	1243		
Criamide A	=	1143		
Criamide B	=	1144		
Crispatene	=	178		
Crispatone	=	179		
Cristatumin A	=	969		
Cristatumin B	=	970		
Cristatumin F	=	971		
Crossbyanol B	=	545		
Cryptoechinuline D	=	972		
(−)-Cryptoechinuline D	=	973		
(+)-Cryptoechinuline D	=	974		
Cryptophycin 1	=	1456		
Cryptophycin 16	=	1457		
Cryptophycin 17	=	1458		
Cryptophycin 175	=	1459		
Cryptophycin 176	=	1460		
Cryptophycin 18	=	1461		
Cryptophycin 19	=	1462		
Cryptophycin 2	=	1463		
Cryptophycin 21	=	1464		
Cryptophycin 23	=	1465		
Cryptophycin 24	=	1466		
Cryptophycin 26	=	1467		
Cryptophycin 28	=	1468		
Cryptophycin 29	=	1469		
Cryptophycin 3	=	1470		
Cryptophycin 30	=	1471		
Cryptophycin 31	=	1472		
Cryptophycin 4	=	1473		
Cryptophycin 40	=	1474		
Cryptophycin 43	=	1475		
Cryptophycin 45	=	1476		
Cryptophycin 46	=	1477		
Cryptophycin 49	=	1478		

Cryptophycin 50 = **1479**
Cryptophycin 52 = **1480**
Cryptophycin 54 = **1481**
Cryptophycin A = **1456**
Cryptophycin B = **1463**
Cryptophycin C = **1470**
Cryptophycin D = **1473**
Cupolamide A = **1244**
Cyanopeptolin 954 = **1752**
Cyanopeptolin 963 A = **1753**
Cyclocinamide A = **1245**
Cyclodidemnamide = **1372**
9(13)-Cyclodiscodermolide = **113**
Cycloforskamide = **1393**
Cyclo(2-hydroxy-Pro-R-Leu) = **975**
Cyclo-(4-S-hydroxy-R-proline-R-isoleucine) = **976**
(3S,7R,8aS)-Cyclo(4-hydroxyprolylleucyl) = **977**
Cyclo(4-hydroxy-S-Pro-S-Trp) = **978**
Cyclo(D-cis-Hyp-L-Phe) = **979**
Cyclo(L-Ile-L-Pro) = **980**
Cyclo(isoleucylprolylleucylprolyl) = **1246**
Cyclo(leucylprolyl) = **981**
Cyclo(L-Leu-L-Pro) = **981**
Cyclomarin A = **1247**
(3S,8aS)-Cyclo(prolylvalyl) = **982**
Cyclo(D-Pro-D-Phe) = **983**
(all-L)-Cyclo(Pro-Val)$_2$ = **1248**
Cyclotheonamide A = **1249**
Cyclotheonamide B = **1250**
Cyclotheonamide C = **1251**
Cyclotheonamide D = **1252**
Cyclotheonamide E = **1253**
Cyclotheonamide E$_2$ = **1254**
Cyclotheonamide E$_3$ = **1255**
Cyclo(D-Tyr-D-Pro) = **984**
Cyercene 1 = **114**
Cyercene 2 = **115**
Cyercene 3 = **116**
Cyercene 4 = **117**
Cyercene 5 = **118**
Cyercene A = **180**
Cyercene B = **181**
Cylindrocarpol = **302**
Cylindrocyclophane A = **609**
Cylindrocyclophane A$_1$ = **610**
Cylindrocyclophane A$_2$ = **611**
Cylindrocyclophane A$_3$ = **612**

Cylindrocyclophane A$_4$ = **613**
Cylindrocyclophane A$_{B4}$ = **614**
Cylindrocyclophane C = **615**
Cylindrocyclophane C$_2$ = **616**
Cylindrocyclophane C$_4$ = **617**
Cylindrocyclophane F = **618**
Cylindrocyclophane F$_4$ = **619**
Cymobarbatol = **398**
Cytosporone B = **312**
Cytosporone C = **692**
Cytosporone E = **637**
Dantron = **889**
Deacetylhectochlorin = **1730**
12-O-Deacetylphomoxanthone A = **407**
Deacetylphomoxanthone B = **408**
Deacetylphomoxanthone C = **409**
19-Deaminocarbonyldiscodermolide = **119**
Debromoisocymobarbatol = **399**
Debromomarinone = **829**
Debromomethoxymarinone = **830**
Decarboxyhydroxycitrinone = **754**
4a-Dechloroantibiotics A 80915C = **843**
4a-Dechloro-4,4a-didehydro-antibiotics A 80915A = **844**
(E)-Dehydroapratoxin A = **1731**
Dehydrocitreaglycon A = **940**
Dehydrodidemnin B; Plitidepsin = **1441**
(R,R)-16,17-Dehydrodiscorhabdin W = **1876**
(S,S)-16,17-Dehydrodiscorhabdin W = **1877**
8,9-Dehydrotryprostatin A = **1011**
9-Dehydroxyeurotinone = **458**
8,9-Dehydroxylarone = **120**
33-Demethoxy-33-(methylsulfinyl)theonellapeptolide Id = **1482**
33-Demethoxytheonellapeptolide Ie = **1483**
2-Demethyldiscodermolide = **121**
8′-O-Demethylisonigerone = **808**
8-O-Demethylnigerone = **809**
8′-O-Demethylnigerone = **809**
12-Demethyl-12-oxo-eurotechinulin B = **985**
6-Demethylsorbicillin = **313**
2′-Deoxyadenosine = **1856**
Deoxybisdethiobis(methylthio)gliotoxin = **986**
5-Deoxybostrycin = **879**
3″-Deoxy-6′-O-desmethylcandidusin B = **573**
6-Deoxy-5a,6-didehydrogliotoxin = **1878**
Deoxyfusapyrone = **182**
5′-Deoxy-5-iodotubercidin = **1857**

4″-Deoxyisoterprenin = **574**
Deoxylapachol = **831**
Deoxymajusculamide D = **1145**
Deoxymycelianamide = **987**
4″-Deoxyprenylterphenyllin = **575**
1-Deoxyrubralactone = **755**
4″-Deoxyterprenin = **576**
1-Deoxytetrahydrobostrycin = **867**
22′-Deoxythiocoraline = **1484**
11-Deoxyverticillin A = **1879**
Depsipeptide 1962A = **1485**
Desacetylmicrocolin B = **1146**
6-Desmethoxyhormothamnione = **693**
Desmethoxymajusculamide C = **1486**
Desmethylisaridin C1 = **1487**
Desmethylisaridin G = **1488**
6′-O-Desmethylterphenyllin = **577**
Desmethylubiquinone Q_2 = **367**
Destruxin E chlorohydrin = **1435**
(S)-2,5-Diaminopentanoic acid = **1808**
Dianhydroaurasperone C = **810**
Diaporthelactone = **638**
Dibenarthin = **1104**
Dibenzo[1,4]dioxine-2,4,7,9-tetraol = **546**
5,6-Dibromoabrine = **1812**
4,5-Dibromo-1,3-benzenediol = **268**
2,3-Dibromo-5-chloro-6-(2,4-dibromophenoxy)phenol = **492**
2,4-Dibromo-6-chlorophenol = **260**
3,5-Dibromo-1-cyanomethyl-4-methoxy-3,5-cyclohexadiene-1,2-diol = **331**
3,5-Dibromo-2-(2,4-dibromophenoxy)-4-methoxyphenol = **493**
2,3-Dibromo-4,5-dihydroxybenzyl alcohol = **291**
4,6-Dibromo-homogentisic acid methyl ester = **338**
4,6-Dibromo-2-(2′-methoxy-4′,6′-dibromophenoxy)phenol = **494**
2-(3,5-Dibromo-2-methoxy-phenoxy)-3-bromophenol = **495**
2-(4,6-Dibromo-2-methoxy-phenoxy)-3,5-dibromophenol = **496**
2-(3,5-Dibromo-2-methoxy-phenoxy)-3,4,5-tribromoanisole = **497**
2,6-Dibromophenol = **262**
2,4-Dibromophenol = **263**
2-(2,4-Dibromo-phenoxy)-3,4,5-tribromophenol = **498**
5,6-Dibromoresorcin = **268**
3,5-Dibromo-2-(4′,5′,6′-tribromo-2′-hydroxyphenoxy) phenol = **499**
4,6-Dibromo-2-(4′,5′,6′-tribromo-2′-hydroxyphenoxy) phenol = **500**
4,6-Dibromo-2-(4′,5′,6′-tribromo-2′-hydroxyphenoxy)-phenol-1-methylether = **501**
Dicerandrol A = **410**
Dicerandrol B = **411**
Dicerandrol C = **412**
(±)-Dictyochromenol = **659**
Dictyonamide A = **1197**
Didehydroechinulin B = **988**
5a,6-Didehydrogliotoxin = **1880**
Didemethyl-diorcinol = **503**
Didemnaketal A = **231**
Didemnaketal B = **232**
Didemnin A = **1489**
epi-Didemnin A_1 = **1490**
Didemnin B = **1491**
Didemnin C = **1492**
Didemnin H = **1493**
Didemnin M = **1493**
Didemnin N = **1494**
5,7-Dideoxybostrycin = **878**
11,11′-Dideoxyverticillin A = **1881**
Dieckol = **547**
Diemenensin A = **122**
Diemenensin B = **123**
Dihydroanhydrojavanicin = **791**
Dihydroaspyrone = **124**
8,9-Dihydrobarettin = **989**
Dihydrocarneamide A = **990**
Dihydrocryptoechinulin D = **991**
Dihydrocyclotheonamide A = **1256**
4,5-Dihydro-2,4-dimethyl-3-furancarboxaldehyde = **5**
Dihydro-3(2H)-furanone = **10**
(2R)-2,3-Dihydro-7-hydroxy-6,8-dimethyl-2-[(E)-propenyl]chromen-4-one = **660**
2,3-Dihydro-2-hydroxy-2,4-dimethyl-5-trans-propenylfuran-3-one = **6**
2,3-Dihydro-5-hydroxy-8-methoxy-2,4-dimethylnaphtho[1,2-b]furan-6,9-dione = **791**
6,7-Dihydro-3-(hydroxymethyl)-6-methyl-4(5H)-benzofuranone = **626**
2,3-Dihydro-7-hydroxy-6-methyl-2-(1-propenyl)-4H-1-benzopyran-4-one = **661**
3′,4′-Dihydroinfectopyrone = **125**
2,3-Dihydro-1-methoxy-6-methyl-3-oxo-1H-indene-4-carboxaldehyde = **859**

Dihydroneochinulin B = **992**
15,16-Dihydrospirostrellolide E = **252**
3,4-Dihydro-3,4,6,8-tetrahydroxy-3-methyl-1*H*-2-benzopyran-1-one = **756**
3,4-Dihydro-3,4,8-trihydroxy-3-(2-hydroxypropyl)-6-methoxy-1(2*H*)-naphthalenone = **777**
3,4-Dihydro-1,6,7-trimethoxy-*N*,*N*-dimethyl-8-(methyldithio)-1*H*-2-benzothiopyran-5-amine = **1929**
1,8-Dihydroxyanthraquinone = **889**
3,4-Dihydroxybenzoic acid = **325**
2,5-Dihydroxybenzyl alcohol = **292**
(2*E*,2′*Z*)-3,3′-(6,6′-Dihydroxybiphenyl-3,3′-diyl)diacrylic acid = **539**
1,11-Dihydroxy-1,3,5,7*E*-bisabolatetren-15-oic acid = **348**
1,7-Dihydroxy-1,3,5-bisabolatrien-15-oic acid = **358**
1,7-Dihydroxy-2,4-dimethoxy-6-methylanthraquinone = **890**
3,3′-Dihydroxy-5,5′-dimethyldiphenyl ether = **504**
(2*E*,4*E*)-1-(2,6-Dihydroxy-3,5-dimethyl-phenyl)hexa-2,4-dien-1-one = **315**
12ξ,13ξ-Dihydroxyfumitremorgin C = **993**
5,7-Dihydroxy-1-(hydroxymethyl)-6*H*-anthra[1,9-*bc*]thiophen-6-one = **941**
8,9-Dihydroxyisospirotryprostatin A = **995**
1,4-Dihydroxy-2-methoxy-7-methylanthraquinone = **891**
1,8-Dihydroxy-2-methoxy-6-methylanthraquinone = **909**
1,3-Dihydroxy-6-methoxy-8-methylanthraquinone = **892**
1,7-Dihydroxy-2-methoxy-3-(3-methylbut-2-enyl)-9*H*-xanthen-9-one = **413**
5,7-Dihydroxy-2-[[1-(4-methoxy-2-oxo-2*H*-pyran-6-yl)-2-phenylethyl]amino]-1,4-naphthoquinone = **126**
1,8-Dihydroxy-3-methylanthraquinone = **888**
1,4-Dihydroxy-6-methylanthraquinone = **893**
5,7-Dihydroxy-1-methyl-6*H*-anthra[1,9-*bc*]thiophen-6-one = **936**
1,7-Dihydroxy-9-methyldibenzo[*b*,*d*] furan-3-carboxylic acid = **391**
1,3-Dihydroxy-6-methyl-8-methoxyanthraquinone = **894**
1-(2,4-Dihydroxy-5-methylphenyl)-2,4-hexadien-1-one = **313**
1-(2,4-Dihydroxy-5-methylphenyl)-4-hexen-1-one = **318**
5,7-Dihydroxy-6-oxo-6*H*-anthra[1,9-*bc*]thiophene-1-carboxylic acid, methyl ester = **942**
2-(4-(3,5-Dihydroxyphenoxy)-3,5-dihydroxyphenoxy)benzene-1,3,5-triol = **560**
1-(3′,5′-Dihydroxyphenoxy)-7-(2″,4″,6″-trihydroxyphenoxy)-2,4,9-trihydroxydibenzo-1,4-dioxin = **556**
(3*S*)-(3,5-Dihydroxyphenyl)butan-2-one = **339**
3,4-Dihydroxystyryl sulfate = **336**

2,4-Dihydroxy-3,5,6-trimethylbenzaldehyde = **269**
(3*R*,4*S*)-6,8-Dihydroxy-3,4,5-trimethylisochroman-1-one = **757**
Diketopiperazine dimer = **996**
8,9-Dimethoxy-6-benzopentathiepinethanamine = **1947**
2,6-Dimethoxy-1,4-benzoquinone = **365**
6,7-Dimethoxy-4-benzotrithioleethanamine = **1948**
3,4-Dimethoxy-6-(2′-*N*,*N*-dimethylaminoethyl)-5-(methylthio)benzotrithiane = **1869**
1,3-Dimethoxy-6-methylanthraquinone = **895**
6,8-Di-*O*-methylaverantin = **896**
2,2-Dimethyl-2*H*-1-benzopyran-6-ol = **662**
9ξ-*O*-2(2,3-Dimethylbut-3-enyl)brevianamide Q = **997**
3,9-Dimethyldibenzo[*b*,*d*]furan-1,7-diol = **392**
Dimethyl-2,3′-dimethylosoate = **502**
6-(3,5-Dimethyl-1,3-hexadienyl)-4-methoxy-3-methyl-2*H*-pyran-2-one = **116**
6-(1,3-Dimethyl-1,3-hexadienyl)-4-methoxy-5-methyl-2*H*-pyran-2-one = **118**
Dimethyl 8-methoxy-9-oxo-9*H*-xanthene-1,6-dicarboxylate = **414**
N,*N*-Dimethyl-5-(methylthio)varacin = **1882**
4-(1,3-Dimethyl-2-oxopentyl)-3-formyl-2,6-dihydroxybenzoic acid = **320**
6-(1,3-Dimethyl-1,3-pentadienyl)-4-methoxy-5-methyl-2*H*-pyran-2-one = **117**
(6*Z*)-6-{[2-(1,1-Dimethylprop-2-en-1-yl)-5,7-bis(3-methylbut-2-en-1-yl)-1*H*-indol-3-yl]methylene}piperazine-2,3,5-trione = **985**
(3*Z*,6*S*)-3-{{2-(1,1-Dimethylprop-2-en-1-yl)-7-[(2*E*)-4-hydroxy-3-methylbut-2-en-1-yl]-1*H*-indol-3-yl}methylidene}-6-methylpiperazine-2,5-dione = **1066**
(3*Z*,6*S*)-3-{{2-(1,1-Dimethylprop-2-en-1-yl)-7-{[3-(hydroxymethyl)-3-methyloxiran-2-yl]methyl}-1*H*-indol-3-yl}methylidene}-6-methylpiperazine-2,5-dione = **1067**
2-(1,1-Dimethyl-2-propenyl)-5-(3-methyl-2-butenyl)-1,4-benzoquinone = **366**
4-(1,1-Dimethyl-2-propenyl)-2-(3-methyl-2-butenyl)phenol = **264**
Diorcinol = **504**
Diorcinol D = **505**
Diorcinol E = **506**
Dioxamycin = **897**
Dioxinodehydroeckol = **548**
Diphlorethohydroxycarmalol = **549**
2,4-Diprenylphenol = **265**
Discobahamin A = **1354**
Discobahamin B = **1355**

Discodermin A = **1257**
Discodermin B = **1258**
Discodermin C = **1259**
Discodermin D = **1260**
Discodermin E = **1261**
Discodermin F = **1262**
Discodermin G = **1263**
Discodermin H = **1264**
Discodermolide = **127**
2-*epi*-Discodermolide = **128**
Disermolide = **127**
Dolastatin 10 = **1147**
Dolastatin 11 = **1495**
Dolastatin 12 = **1496**
Dolastatin 13 = **1754**
Dolastatin 14 = **1679**
Dolastatin 15 = **1148**
Dolastatin 16 = **1497**
Dolastatin 17 = **1498**
Dolastatin 3 = **1394**
Dolastatin C = **1825**
Dolastatin D = **1499**
Dolastatin G = **1500**
Dolastatin I = **1373**
Doliculide = **1501**
Dominicin = **1265**
Doridosine = **1858**
Dothiorelone D = **694**
DPHC = **549**
Dragomabin = **1149**
Dragonamide = **1150**
Dragonamide A = **1150**
Dragonamide E = **1151**
Dysamide A = **998**
Dysinosin A = **1094**
Dysinosin B = **1095**
Dysinosin C = **1096**
Dysinosin D = **1097**
Echinobetaine A = **1820**
Echinofuran‡ = **7**
Echinosulfone A = **1960**
Eckol = **550**
Efrapeptin Eα = **1198**
Efrapeptin F = **1199**
Efrapeptin G = **1200**
Efrapeptin J = **1201**
Elisidepsin = **1528**

Emericellamide A = **1502**
Emericellamide B = **1503**
Emerixanthone A = **415**
Emerixanthone C = **416**
Emerixanthone D = **417**
Emodin = **898**
Engyodontiumone B = **418**
Engyodontiumone C = **419**
Engyodontiumone D = **420**
(±)-Engyodontiumone E = **421**
(±)-Engyodontiumone F = **422**
(±)-Engyodontiumone G = **423**
Engyodontiumone H = **424**
(2β)-Engyodontiumone H = **425**
Engyodontiumone I = **348**
Enniatin B = **1414**
Enniatin B$_4$ = **1415**
Enniatin D = **1415**
Eodoglucomide A = **1841**
Eodoglucomide B = **1841**
Epicoccone = **639**
8,12-Epoxy-1(10),4(15),7,11-guaiatetraene = **7**
Erinacean = **1821**
Esculetin-4-carboxylic acid ethyl ester = **686**
4-(Ethenylsulfonyl)-2-butanone = **1961**
2-[[(1-Ethenyl-1,5,9-trimethyl-4,8-decadienyl)sulfonyl]ethyl]
    guanidine = **1955**
Ethyl 3,5-dibromo-4-(3′-*N,N*-dimethylaminopropyloxy)-cinnamate
    = **340**
Ethyl 5-ethoxy-2-formyl-3-hydroxy-4-methylbenzoate = **314**
Ethyl 2-(3-hydroxy-2-(7-hydroxyoctanoyl)-5-methoxyphenyl)
    acetate = **316**
1-Ethyl-4-methylsulfone-β-carboline = **1962**
1-Ethyl-4-(methylsulfonyl)-9*H*-pyrido[3,4-*b*]indole = **1962**
Ethyl tumonoate A = **1826**
Etzionin = **999**
Eudistomin K sulphoxide = **1963**
Eurorubrin = **865**
Euryjanicin A = **1266**
Euthyroideone A = **1964**
Euthyroideone B = **1965**
Euthyroideone C = **1966**
Eutypoid B = **39**
Eutypoid C = **40**
Eutypoid D = **41**
Eutypoid E = **42**
Evariquinone = **899**

Excoecariphenol D = 769
Exumolide A = 1504
Exumolide B = 1505
Felinone B = 627
Fellutamide A = 1105
Fellutamide B = 1106
Fellutamide C = 1107
Fellutamide F = 1108
Ferrineoaspergillin = 1981
N-trans-Feruloyl-3,5-dimethoxytyramine = 342
Fijiensin = 219
Fijiolide A = 341
Flavalactone 1 = 43
Flavalactone 2 = 44
Flavalactone 3 = 45
Flavasperone = 802
Flavipesin A = 46
Flavoglaucin = 303
Floridoside = 1851
Fonsecin = 797
Fonsecinone A = 811
Fonsecinone B = 812
Fonsecinone C = 813
Fonsecinone D = 814
5-Formyl-6-hydroxy-2-(3-hydroxy-1-butenyl)-7-prenylchroman = 301
7-Formyl-3-methoxy-5-methyl-1-indanone = 859
Fradimycin A = 900
Fradimycin B = 901
Fucodiphlorethol G = 551
Fucofuroeckol A = 552
Fusapyrone = 183
Fusaquinone B = 866
Fusaquinone C = 867
Fusaranthraquinone = 868
Fusarnaphthoquinone A = 832
Fusarnaphthoquinone B = 833
Fusarubin = 852
Gageopeptide A = 1795
Gageopeptide B = 1796
Gageopeptide C = 1797
Gageopeptide D = 1798
Gageostatin A = 1789
Gageostatin B = 1790
Gageostatin C = 1791
Gageotetrin A = 1792
Gageotetrin B = 1793

Gageotetrin C = 1794
2-O-α-D-Galactopyranosylglycerol = 1851
Galvaquinone B = 902
Genistein = 767
Gentisyl alcohol = 292
Geodiamolide A = 1506
Geodiamolide B = 1507
Geodiamolide C = 1508
Geodiamolide D = 1509
Geodiamolide E = 1510
Geodiamolide F = 1511
Geodiamolide G = 1512
Geodiamolide H = 1513
Geroquinol = 278
Glabruquinone A = 367
Gliocladride = 1000
Gliocladride A = 1001
Gliocladride B = 1002
Gliotoxin = 1883
Gliotoxin G = 1884
Globosuxanthone A = 426
Golmaenone = 1003
Grassypeptolide A = 1732
Grassypeptolide B = 1733
Grassypeptolide C = 1734
Grassypeptolide D = 1735
Grassypeptolide E = 1736
Grassypeptolide F = 1737
Grassypeptolide G = 1738
Grassystatin A = 1202
Grassystatin B = 1203
Grassystatin C = 1204
Grisephenone A = 427
Griseusin C = 834
Guangomide A = 1514
Guangomide B = 1515
Guineamide G = 1516
Guisinol = 459
Gymnangiamide = 1152
Gymnastatin A = 233
Gymnastatin B = 234
Gymnastatin C = 235
Gymnastatin D = 236
Gymnastatin E = 237
Gymnastatin I = 238
Gymnastatin J = 239
Gymnastatin K = 240
Halawanone A = 853

Halawanone B = 854
Halawanone C = 903
Halawanone D = 904
Haliclamide = 1517
Halicylindramide A = 1518
Halicylindramide B = 1519
Halicylindramide C = 1520
Halicylindramide D = 1521
Halicylindramide E = 1205
Halipeptin A = 1739
Halobacillin = 1680
Halovir A = 1153
Halovir B = 1154
Halovir C = 1155
Halovir D = 1156
Halovir E = 1157
Hantupeptin A = 1522
Hantupeptin B = 1523
Hantupeptin C = 1524
Harzialactone A = 47
Harzialactone B = 129
Hassallidin A = 1681
Hectochlorin = 1740
Helicascolide C = 130
Hemiasterlin = 1109
Hemiasterlin A = 1110
Hemiasterlin B = 1111
Hemiasterlin C = 1112
2-(1-Heptenyl)-2,3,4,6,7,8-hexahydro-6-hydroxy-5H-1-benzopyran-5-one = 677
(E)-6-(1-Heptenyl)-2H-pyran-2-one = 131
1-Heptyl-1,4-dihydro-6,8-dihydroxy-3H-2-benzopyran-3-one = 692
2,3,3′,4,5,5′-Hexabromo-2′,6-dihydroxydiphenyl ether = 508
1,2,3,4,4a,9a-Hexahydro-1,3,4,8-tetrahydroxy-4a,6-dimethyl-9H-xanthen-9-one = 433
1,2,3,4,4a,9a-Hexahydro-1,4,8-trihydroxy-3,4a-dimethyl-9H-xanthen-9-one = 434
Hexahydroxyphenoxydibenzo[1,4]dioxine = 550
4-[2-(1-Hexenyl)-4-methylphenyl]-3-butenoic acid = 350
3-Hexyl-3,7-dihydroxy-1(3H)-isobenzofuranone = 636
Hibiscusamide = 342
Hiburipyranone = 758
Himeic acid A = 184
Hoiamide A = 1741
Hoiamide B = 1742
Hoiamide C = 1806
Homocereulide = 1525

Homodolastatin 16 = 1267
Homodolastatin 3 = 1395
Homophymine A = 1682
Homophymine A_1 = 1683
Homophymine B = 1684
Homophymine B_1 = 1685
Homophymine C = 1686
Homophymine C_1 = 1687
Homophymine D = 1688
Homophymine D_1 = 1689
Homophymine E = 1690
Homophymine E_1 = 1691
Honaucin A = 48
Hormothamnin A = 1268
Hormothamnione = 695
Hyalopyrone = 185
4-Hydroxybenzoic acid = 326
5-[(2S,3R)-3-Hydroxybutan-2-yl]-4-methylbenzene-1,3-diol = 343
2-Hydroxy-2,4,6-cycloheptatrien-1-one = 625
Hydroxydebromomarinone = 835
(2S,3S,5R)-5-[(1R)-1-Hydroxydec-9-enyl]-2-pentyltetrahydrofuran-3-ol = 8
(2S,3S,5S)-5-[(1S)-1-Hydroxydec-9-enyl]-2-pentyltetrahydrofuran-3-ol = 9
3-Hydroxy-6′-O-desmethylterphenyllin = 578
9$α$-Hydroxydihydrodesoxybostrycin = 869
1-Hydroxy-2,4-dimethoxy-7-methylanthraquinone = 905
1-Hydroxy-4,7-dimethoxy-6-(3-oxobutyl)-9H-xanthen-9-one = 428
N-(3-Hydroxy-2,4-dimethyl-4-dodecenoyl)proline = 1838
2-(7-Hydroxy-3,7-dimethyl-2-octenyl)-1,4-benzenediol = 279
2-(3-Hydroxy-3,7-dimethyl-6-octenyl)-1,4-benzenediol = 280
2-Hydroxy-3,6-dimethyl-5-(1-oxo-4-hexenyl)-1,4-benzoquinone = 368
2-Hydroxy-3,5-dimethyl-6-(2-oxopropyl)-1,4-benzoquinone = 369
4-Hydroxy-3,5-dimethyl-6-(1,3,5,7-tetramethyl-1,3-decadienyl)-2H-pyran-2-one = 122
4-Hydroxy-3,5-dimethyl-6-(1,3,5,7-tetramethyl-1-decenyl)-2H-pyran-2-one = 148
(S)-2-(2′-Hydroxyethyl)-4-methyl-$γ$-butyrolactone = 49
2′$ξ$-Hydroxy-fumitremorgin B $Δ^{3'}$-Isomer(1) = 1004
2′$ξ$-Hydroxy-fumitremorgin B $Δ^{3'}$-Isomer(2) = 1005
9-Hydroxyfumitremorgin C = 1006
9-Hydroxyfumitremorgin C = 994
9$α$-Hydroxyhalorosellinia A = 870

(+)-5-Hydroxy-4-(4-hydroxy-3-methoxyphenyl)-4-(2-imidazolyl)-1,2,3-trithiane = **1885**
(−)-5-Hydroxy-4-(4-hydroxy-3-methoxyphenyl)-4-(2-imidazolyl)-1,2,3-trithiane = **1886**
5-Hydroxy-4-(hydroxymethyl)-2H-pyran-2-one = **132**
6-Hydroxymellein = **759**
5-Hydroxy-2-methoxy benzoic acid = **327**
4-Hydroxy-3-methoxyphenylglyoxylic acid methyl ester = **332**
1-Hydroxy-3-methylanthraquinone = **910**
3-(Hydroxymethyl)-9-methyldibenzo[b,d]furan-1,7-diol = **393**
(Z)-5-(Hydroxymethyl)-2-(6′-methylhept-2′-en-2′-yl)-phenol = **349**
8-Hydroxy-3-methyl-9-oxo-9H-xanthene-1-carboxylic acid methyl ester = **429**
6-Hydroxy-5-methylramulosin = **760**
1-Hydroxy-1-norresistomycin = **943**
Hydroxypestalopyrone = **133**
4-Hydroxyphenethyl 2-(4-hydroxyphenyl) acetate = **333**
4-Hydroxyphenethyl methyl succinate = **334**
4-(3-Hydroxypropyl)-5,6-dimethoxybiphenyl-3,4′-diol = **540**
6-(2-Hydroxypropyl)-3-methyl-2-(1-methylpropyl)-4H-pyran-4-one = **185**
14-Hydroxyterezine D = **1007**
4-Hydroxy-8-thioxocyclohept[c][1,2]oxathiol-3(8H)-one = **624**
Hymenamide G = **1223**
Hymenamide H = **1320**
Hymenistatin 1 = **1269**
Hypochromin A = **815**
Hypochromin B = **816**
Iantheran A = **568**
Iantheran B = **569**
Ibu-epi-demethoxylyngbyastatin 3 = **1526**
Ilikonapyrone = **186**
Ilimaquinone = **370**
5-epi-Ilimaquinone = **371**
(Indole-N-isoprenyl)-tryptophan-valine = **1008**
γ-Indomycinone = **920**
δ-Indomycinone = **921**
Indotertine B = **1009**
Irciniastatin A = **761**
Irciniastatin B = **762**
Isaridin G = **1527**
Isoacremine D = **628**
Isoaspulvinone E = **589**
Isobutyrolactone II = **50**

Isochromophilone XI = **696**
Isocladospolide B = **51**
Isocymobarbatol = **400**
Isodihydroauroglaucin = **305**
Isoiantheran A = **570**
Isojaspisin = **335**
Isokahalalide F = **1528**
Isolissoclinotoxin B = **1918**
Isomarinone = **836**
Isomonodictyphenone = **387**
Isonigerone = **817**
Isopectinatone = **134**
Isoplacidene A = **187**
Isoplacidene B = **188**
Isopopolohuanone E = **394**
7-Isopropenylbicyclo[4.2.0]octa-1,3,5-triene-2,5-diol = **271**
7-Isopropenylbicyclo[4.2.0]octa-1,3,5-triene-2,5-diol-5-β-glucopyranoside = **272**
Isorawsonol = **378**
Isorhodoptilometrin-1-methyl ether = **906**
Isosorbicillin = **315**
Istamycin A = **1849**
Istamycin B = **1850**
Itralamide B = **1529**
Janolusimide = **1113**
Jaspamide = **1530**
Jaspamide B = **1531**
Jaspamide C = **1532**
Jaspamide D = **1533**
Jaspamide E = **1534**
Jaspamide F = **1535**
Jaspamide G = **1536**
Jaspamide H = **1537**
Jaspamide J = **1538**
Jaspamide K = **1539**
Jaspamide L = **1540**
Jaspamide M = **1541**
Jaspamide N = **1542**
Jaspamide O = **1543**
Jaspamide P = **1544**
21-epi-Jaspamide P = **1545**
Jaspamide Q = **1546**
Jaspamide R = **1547**
Jaspamide S = **1549**
Jaspamide V = **1550**
Jaspamide Z_3 = **1116**
Jaspamide Z_4 = **1117**

Jaspisin = 336
Jasplakinolide = 1530
Jasplakinolide B = 1531
Jasplakinolide C = 1532
Jasplakinolide D = 1533
Jasplakinolide E = 1534
Jasplakinolide F = 1535
Jasplakinolide G = 1536
Jasplakinolide H = 1537
Jasplakinolide J = 1538
Jasplakinolide K = 1539
Jasplakinolide L = 1540
Jasplakinolide M = 1541
Jasplakinolide N = 1542
Jasplakinolide O = 1543
Jasplakinolide P = 1544
21-*epi*-Jasplakinolide P = 1545
Jasplakinolide Q = 1546
(−)-Jasplakinolide R = 1547
(+)-Jasplakinolide R_1 = 1548
Jasplakinolide S = 1549
(+)-Jasplakinolide V = 1550
(+)-Jasplakinolide W = 1551
(+)-Jasplakinolide Z_1 = 1114
(+)-Jasplakinolide Z_2 = 1115
(+)-Jasplakinolide Z_3 = 1116
(−)-Jasplakinolide Z_4 = 1117
Javanicin tautomeric with 5,8-quinone structure = 837
JBIR 25 = 1824
JBIR 97 = 430
JBIR 98 = 431
JBIR 99 = 432
Jimycin A = 1552
Jimycin B = 1553
Jimycin C = 1554
Kaempferol 7-glucoside = 766
Kahalalide A = 1555
Kahalalide F = 1692
Kahalalide R = 1693
Kailuin A = 1694
Kailuin B = 1695
Kailuin C = 1696
Kailuin D = 1697
Kailuin E = 1698
(−)-Kainic acid = 1814
Kalkipyrone = 189
Kandelisesquilignan A = 770

Kandelisesquilignan B = 771
Kapakahine A = 1270
Kapakahine B = 1271
Kapakahine C = 1272
Kapakahine E = 1273
Karanjapin = 768
Keenamide A = 1396
Keissterralone = 780
Kelletinin A = 1846
Kelletinin I = 1845
Kelletinin II = 1847
Kempopeptin A = 1556
Kempopeptin B = 1557
Kendarimide A = 1206
Keramamide A = 1427
Keramamide E = 1356
Keramamide F = 1397
Keramamide G = 1398
Keramamide H = 1399
Keramamide J = 1400
Keramamide K = 1401
Keramamide L = 1428
Keramamide M = 1357
Keramamide N = 1358
Kiamycin = 944
Kipukasin H = 1859
Kipukasin I = 1860
Konbamide = 1429
Konbanamide = 1429
Kororamide = 1402
Koshikamide A_1 = 1158
Koshikamide A_2 = 1207
Koshikamide B = 1558
Koshikamide F = 1559
Koshikamide H = 1560
Kulokainalide 1 = 1561
Kulokekahilide 1 = 1562
Kulokekahilide 2 = 1563
Kulolide 1 = 1564
Kulolide 2 = 1565
Kulolide 3 = 1566
Kulomoopunalide 1 = 1567
Kulomoopunalide 2 = 1568
Kumusine = 1868
Kurahamide = 1755
Kurahyne = 1799
Lagunamide A = 1569

Lagunamide B	= 1570	Lissoclibadin 7	= 1914
Lagunamide C	= 1571	Lissoclibadin 8	= 1915
Lagunapyrone B	= 135	Lissoclibadin 9	= 1916
Largamide A	= 1572	Lissoclinamide 2	= 1375
Largamide B	= 1573	Lissoclinamide 3	= 1376
Largamide C	= 1574	Lissoclin disulfoxide	= 1967
Largamide D	= 1756	Lissoclinolide	= 52
Largamide D oxazolidine	= 1757	Lissoclinotoxin A	= 1919
Largamide E	= 1758	Lissoclinotoxin B	= 1920
Largamide F	= 1759	Lissoclinotoxin D	= 1921
Largamide G	= 1760	Lissoclinotoxin F	= 1922
Largazole	= 1743	Lithothamnin A	= 508
Laurencione (cyclic hemiacetal form)	= 10	Loihichelin A	= 1159
Lehualide B	= 190	Loihichelin B	= 1160
Lehualide D	= 191	Loihichelin C	= 1161
Lehualide E	= 136	Loihichelin D	= 1162
Lenthionine	= 1887	Loihichelin E	= 1163
Leptosin A	= 1888	Loihichelin F	= 1164
Leptosin B	= 1889	Loloatin A	= 1274
Leptosin C	= 1890	Loloatin B	= 1275
Leptosin D	= 1891	Loloatin C	= 1276
Leptosin E	= 1892	Loloatin D	= 1277
Leptosin F	= 1893	(−)-Lomaiviticin A	= 945
Leptosin G	= 1894	Lomaiviticin B	= 946
Leptosin G_1	= 1895	(−)-Lomaiviticin C	= 947
Leptosin G_2	= 1896	(−)-Lomaiviticin D	= 948
Leptosin H	= 1897	(−)-Lomaiviticin E	= 949
Leptosin I	= 1898	Longithorone A	= 372
Leptosin J	= 1899	Lorneic acid A	= 350
Leptosin K	= 1900	Lorneic acid B	= 351
Leptosin K_1	= 1901	Luteoalbusin A	= 1923
Leptosin K_2	= 1902	Luteoalbusin B	= 1924
Leptosin M	= 1903	Lyngbyabellin A	= 1744
Leptosin M_1	= 1904	Lyngbyabellin B	= 1745
Leptosin N	= 1905	Lyngbyabellin C	= 1746
Leptosin N_1	= 1906	Lyngbyabellin D	= 1747
Leptosin O	= 1907	Lyngbyabellin N	= 1807
Leptosin P	= 1908	Lyngbyastatin 1	= 1575
Leptosphaerodione	= 857	Lyngbyastatin 10	= 1751
Leucamide A	= 1374	Lyngbyastatin 2	= 1576
Lissoclibadin 1	= 1909	Lyngbyastatin 4	= 1761
Lissoclibadin 13	= 1917	Lyngbyastatin 5	= 1762
Lissoclibadin14	= 1918	Lyngbyastatin 6	= 1763
Lissoclibadin 2	= 1910	Lyngbyastatin 7	= 1577
Lissoclibadin 4	= 1911	Lyngbyastatin 8	= 1764
Lissoclibadin 5	= 1912	Mactanamide	= 1010
Lissoclibadin 6	= 1913	Majusculamide C	= 1578

Majusculamide D = 1165
Malevamide D = 1166
Malevamide E = 1699
(−)-Malyngolide = 137
Malyngolide dimer = 138
Marfuraquinocin A = 792
Marfuraquinocin C = 793
Marfuraquinocin D = 794
Marilone A = 640
Marilone B = 641
Marilone C = 642
Marinactinone B = 192
Marinactinone C = 193
Marinisporolide A = 241
Marinone = 838
Marinovir = 1247
Marthiapeptide A = 1403
Massetolide A = 1700
Massetolide B = 1701
Massetolide C = 1702
Massetolide D = 1703
Massetolide E = 1704
Massetolide F = 1705
Massetolide G = 1706
Massetolide H = 1707
Maurapyrone A = 194
Maurapyrone C = 195
Maurapyrone D = 196
Mediterraneol A = 281
4′-Methoxyasperphenamate = 1815
Methoxydebromomarinone = 830
($4R^*,5R^*,9S^*,10R^*,11Z$)-4-Methoxy-9-((dimethylamino)-methyl)-12,15-epoxy-11(13)-en-decahydronaphthalen-16-ol = 781
2-(Methoxymethyl)-1,4-benzenediol = 282
1-Methoxy-3-methyl-8-hydroxyanthraquinone = 907
(2′S)-4-Methoxy-3-(2′-methyl-3′-hydroxy) propionyl-methyl benzoate = 328
4-Methoxy-3-methyl-6-(3-methyl-1,3-hexadienyl)-2H-pyran-2-one = 115
4-Methoxy-3-methyl-6-(3-methyl-1,3-pentadienyl)-2H-pyran-2-one = 114
5-(Methoxymethyl)-4-[(methylsulfonyl)methyl]-1,2,3-benzenetriol = 1969
6-Methoxyspirotryprostatin B = 1011
5′-Methoxyvermistatin = 197
Methyl 4-hydroxyphenylacetate = 337

N-Methylated octapeptide RHM3 = 1167
8-O-Methyl-epi-austdiol = 697
7-Methylcyercene 1 = 139
3-Methylcytidine = 1861
3′-O-Methyldehydroisopenicillide = 461
3-Methyl-2′-deoxycytidine = 1862
2-O-Methyl-9-deoxyeurotinone = 462
3-O-Methyldiorcinol = 491
5-O-Methyldothiorelone A = 316
5,5′-Methylenebisasperflavin = 865
N,N′-Methyleno-didemnin A = 1579
3-O-Methylfusarubin = 855
Methyl 4-hydroxy-3-(3-methylbut-2-enyloxy)benzoate = 329
1-Methylisoguanosine = 1858
(−)-5-Methylmellein = 763
N-[14-Methyl-3-(13-methyl-4-tetradecenoyloxy)pentadecanoyl]glycine = 1827
30-Methyloscillatoxin D = 242
Methyl phenyl diketone = 308
2-Methyl-2-(prenylmethyl)-2H-1-benzopyran-6-ol = 658
6-Methylquinizarin = 893
2-O-Methyl-4-O-(α-D-ribofuranosyl)-9-deoxyeurotinone = 460
N-Methylsansalvamide = 1580
O-Methylspongia dioxin A = 509
O-Methylspongiadioxin B = 510
O-Methylspongiadioxin C = 511
5-(Methylthio)varacin A = 1925
Microcin SF608 = 1098
Microcionamide A = 1278
Microcionamide B = 1279
Microcolin A = 1168
Microcolin B = 1169
Microperfuranane = 53
Microsclerodermin A = 1280
Microsclerodermin B = 1281
Microsclerodermin C = 1282
Microsclerodermin D = 1283
Microsclerodermin E = 1284
Microsclerodermin F = 1285
Microsclerodermin G = 1286
Microsclerodermin H = 1287
Microsclerodermin I = 1288
Microsphaerol = 512
Microspinosamide = 1581
Microsporin A = 1289
Microsporin B = 1290
Microviridin A = 1765

Microviridin B	=	1766		
Microviridin C	=	1767		
Microviridin D	=	1768		
Microviridin E	=	1769		
Milnamide B	=	1109		
Mirabamide A	=	1582		
Mirabamide B	=	1708		
Mirabamide C	=	1709		
Mirabamide D	=	1710		
Mirabamide E	=	1583		
Mirabamide F	=	1584		
Mirabamide G	=	1585		
Mirabamide H	=	1586		
Miraziridine A	=	1170		
Miuraenamide A	=	1587		
Mixirin A	=	1291		
Mixirin B	=	1292		
Mixirin C	=	1293		
MK844-mF10	=	908		
Mojavensin A	=	1800		
Molassamide	=	1770		
Mollamide A	=	1404		
Mollemycin A	=	1801		
Monamphilectine A	=	1788		
Monascidin A	=	691		
Monodictyochrome A	=	663		
Monodictyochrome B	=	664		
Monodictyphenone	=	388		
Monodictyquinone	=	909		
Monodictysin A	=	433		
Monodictysin B	=	434		
Monodictysin C	=	435		
Monodictyxanthone	=	436		
Motuporin	=	1294		
Mutafuran H	=	11		
Mutremdamide A	=	1295		
Mycalamide C	=	83		
Mycalisine A	=	1863		
Mycophenolic acid	=	643		
Nagahamide A	=	1588		
Nakitriol	=	352		
Namenamicin	=	1926		
Napyradiomycin A	=	845		
Napyradiomycin B	=	846		
Napyradiomycin D	=	847		
Napyradiomycin E	=	848		
Napyradiomycin F	=	849		

Nazumamide A	=	1171
N-[[3,4-Dihydro-3S-hydroxy-2S-methyl-2-(4′R-methyl-3′S-pentenyl)-2H-1-benzopyran-6-yl]carbonyl]-threonine	=	1813
Neamphamide A	=	1589
Neamphamide B	=	1590
Neamphamide C	=	1591
Neamphamide D	=	1592
Nectriapyrone A	=	140
Neofusapyrone	=	141
Neomarinone	=	839
Neopetrosiamide A	=	1208
Neopetrosiamide B	=	1209
Neosiphoniamolide A	=	1593
Nereistoxin	=	1927
Neurymenolide A	=	142
Neurymenolide B	=	143
NG 261	=	52
Nigerapyrone B	=	144
Nigerapyrone D	=	145
Nigerapyrone E	=	146
Nigerasperone A	=	798
Nigerasperone B	=	818
Nigerasperone C	=	819
Nigerone	=	820
Nigrosporapyrone A	=	147
Nigrosporin B	=	880
Nobilamide B	=	1172
Nodulapeptin A	=	1430
Nodulapeptin B	=	1431
Nodularin	=	1296
Nodularin 1	=	1296
Nodularin 5	=	1294
Nodulisporacid A	=	54
Nodulisporacid A methyl ester	=	56
Nodulisporacid A phenyl ester	=	55
Norbisebromoamide	=	1173
Nordolastatin G	=	1594
Norlichexanthone	=	437
Norlyngbyastatin 2	=	1595
57-Normajusculamide C	=	1596
Nostocyclophane A	=	620
Nostocyclophane B	=	621
Nostocyclophane C	=	622
Nostocyclophane D	=	623
Notoamide C	=	1012
Notoamide D	=	1013

NSC 646282 = **84**
Obionin A *= **856**
Obioninene = **857**
Obyanamide = **1748**
Octaphlorethol A = **553**
Okaramine S = **1014**
Onchidin = **1597**
Onchitriol I = **198**
Onchitriol I A = **199**
Onchitriol I B = **200**
Onchitriol I C = **201**
Onchitriol I D = **202**
Onchitriol II = **203**
Onchitriol II A = **204**
Onchitriol II B = **205**
Onchitriol II C = **206**
Onchitriol II D = **207**
Orbiculamide A = **1297**
Oriamide = **1405**
Oscillamide B = **1432**
Oscillamide C = **1433**
Oscillamide Y = **1434**
Oscillapeptin A = **1771**
Oscillapeptin B = **1772**
Oscillapeptin C = **1773**
Oscillapeptin D = **1774**
Oscillapeptin E = **1775**
Oscillapeptin F = **1776**
Oscillapeptin J = **1777**
Oscillarin = **1099**
Oscillatoxin D = **243**
Otoamide C = **1015**
Ovothiol A = **1816**
Ovothiol B = **1817**
Ovothiol C = **1818**
Oxirapentyne E = **665**
Oxisterigmatocystin A = **438**
Oxisterigmatocystin B = **439**
Oxisterigmatocystin C = **440**
39-Oxobistramide K = **244**
8-[(2-Oxo-3-piperidinyl)amino]-8-oxooctyl-5,9-anhydro-2,3,
    8-trideoxy-8-(5-hydroxy-4-methyl-2-hexenyl)-3-methyl-
    DL-glycero-LD-*allo*-non-2-enoate = **85**
1-Oxo-1,2,4-trithiolane = **1970**
4-Oxo-1,2,4-trithiolane = **1971**
18-Oxotryprostatin A = **1016**
13-Oxoverruculogen = **1017**

4,4′-[Oxybis(methylene)]bis[3,5,6-tribromo-1,2-benzenediol] = **287**
Oxyjavanicin = **852**
Pachybasin = **910**
Paecilocin A = **644**
Paecilocin B = **645**
Paecilocin C = **646**
Paecilospirone = **245**
Paeciloxanthone = **441**
Pahayokolide A = **1298**
Palauamide = **1299**
Palmyramide A = **1598**
Pandanamide B = **1785**
Panicein A_2 = **571**
Panicein F_1 = **572**
Papuamide A = **1599**
Papuamide A 4‴-O-α-L-rhamnopyranoside = **1710**
Papuamide B = **1600**
Patellamide A = **1377**
Patellamide B = **1378**
Patellamide C = **1379**
Patellamide D = **1380**
Patellamide E = **1381**
Patellamide F = **1382**
Patellamide G = **1383**
Pectinatone = **148**
Pedein A = **1300**
Pedein B = **1301**
(+)-Pederin = **86**
Peneciraistin A = **698**
Peneciraistin B = **699**
Peneciraistin C = **700**
Peneciraistin D = **701**
Penexanthone A = **442**
Penicibrocazine B = **1018**
Penicibrocazine C = **1019**
Penicibrocazine D = **1020**
Penicibrocazine E = **1021**
Penicilactone = **57**
Penicillanthranin A = **702**
Penicillide = **463**
Penicitide A = **149**
Penicitrinol C = **703**
Penilactone A = **666**
Penilactone B = **667**
Peniphenone B = **150**
Peniphenone C = **379**

Penisporolide A = 246
Penisporolide B = 247
Penostatin A = 668
Penostatin B = 669
Penostatin C = 670
Penostatin D = 671
Penostatin E = 860
2,3′,4,5,5′-Pentabromo-2′,6-dihydroxydiphenyl ether = 513
2,3′,4,4′,5′-Pentabromo-2′-hydroxydiphenyl ether = 514
2,3′,4,5,5′-Pentabromo-2′-hydroxy-6-methoxydiphenyl ether = 515
2′,5′,6′,5,6-Pentabromo-3′,4′,3,4-tetramethoxybenzo-phenone = 389
1,3,5,7,10-Pentahydroxy-1,9-dimethyl-2H-benzo[cd]pyrene-2,6(1H)-dione = 943
1,2,3,6,8-Pentahydroxy-7-(1R-methoxyethyl)anthraquinone = 911
Pentaporin A = 1928
2-Pentaprenyl-1,4-benzenediol = 283
1,2,3,5,6-Pentathiacycloheptane = 1887
Peptidolipin B = 1802
Peptidolipin D = 1803
Pergillin = 743
Peroniatriol Ⅰ = 208
Peroniatriol Ⅱ = 209
Perthamide B = 1302
Perthamide C = 1303
Perthamide D = 1304
Perthamide E = 1305
Perthamide F = 1306
Perthamide G = 1307
Perthamide H = 1308
Perthamide I = 1309
Perthamide J = 1310
Perthamide K = 1359
Pestalachloride C = 704
Pestalachloride D = 705
Pestaliopen A = 647
Pestalolide = 58
Pestalone = 390
Pestalotether A = 516
Pestalotether B = 517
Pestalotether C = 518
Pestalotiopsone F = 672
p-Formylphenol = 304
Phakellistatin 1 = 1311
Phakellistatin 2 = 1312
Phakellistatin 3 = 1313
Phakellistatin 4 = 1314
Phakellistatin 5 = 1315
Phakellistatin 6 = 1316
Phakellistatin 7 = 1317
Phakellistatin 8 = 1318
Phakellistatin 9 = 1319
Phakellistatin 10 = 1320
Phakellistatin 11 = 1321
Phakellistatin 14 = 1971
Phakellistatin 19 = 1322
Phenol A = 343
Phenol A acid = 270
N-Phenyl-1-naphthylamin = 782
Phialofurone = 629
2-Phloro-6,6′-bieckol = 554
2-Phloroeckol = 555
7-Phloroeckol = 556
Phlorofucofuroeckol A = 557
Phlorofucofuroeckol B = 558
Phloroglucinol = 284
2,7″-Phloroglucinol-6,6′-bieckol = 559
Phlorotannin DDBT = 560
Phlorotannin representative trimer B = 561
Phlorotannin representative trimer C = 562
Phlorotannin representative trimer D = 563
Phomalactone = 151
Phomapyrone C = 152
Phomazine B = 1022
Phomolactonexanthone A = 443
Phomolactonexanthone B = 444
Phomopsidin = 783
Phomopsis H76C = 153
Phoriospongin A = 1601
Phoriospongin B = 1602
Photodeoxytridachione = 210
p-Hydroxybenzaldehyde = 304
Physcion = 912
Physcion-10,10′-cis-bianthrone = 871
Physcion-10,10′-$trans$-bianthrone = 872
Pinnamine = 211
Pinophilin A = 706
Pinophilin B = 707
Piperazimycin A = 1786
Piperazimycin B = 1787
Pitipeptolide A = 1603
Pitipeptolide B = 1604

Pitipeptolide C = 1605
Pitipeptolide D = 1606
Pitipeptolide E = 1607
Pitipeptolide F = 1608
Pitiprolamide = 1609
Placidene A = 212
Placidene B = 213
Plakilactone C = 59
Plakorfuran A = 12
Plakorsin B = 13
Plakorsin D = 60
Plakortone G = 61
Plakortoxide A = 62
Plakortoxide B = 63
Plicatamide = 1174
Polycarpamine A = 1929
Polycarpamine B = 1930
Polycarpine = 1931
Polydiscamide A = 1610
Polyporapyranone A = 214
Polyporapyranone D = 215
Pompanopeptin A = 1611
5,5'-diepi-$\Delta^3,\Delta^{3'}$-Popolohuanone E = 395
Popolohuanone E = 396
Populnin = 766
Porpoisamide A = 1612
Porpoisamide B = 1613
Porric acid D = 397
Prenylcyclotryprostatin B = 1023
13-O-Prenyl-26-hydroxyverruculogen = 1024
2-Prenyl-1,4-naphthoquinone = 831
Prenylterphenyllin = 579
Preulicyclamide = 1406
Preulithiacyclamide = 1407
[D-Pro^4]Didemnin B = 1614
3-N-(1Z-Propenyl)-palythine = 1822
3-[6-(1-Propenyl)-2H-pyran-2-ylidene]-2,4-pyrrolidinedione = 87
Proximicin A = 1072
Proximicin B = 1073
Proximicin C = 1074
Prunolide A = 248
Prunolide B = 249
Prunolide C = 250
Pseudoalterobactin A = 1323
Pseudoalterobactin B = 1324
Pseudodeflectusin = 742

Pseudopyronine A = 154
Pseudotheonamide A$_1$ = 1175
Pseudotheonamide A$_2$ = 1176
Pseudotheonamide B$_2$ = 1177
Pseudotheonamide C = 1178
Pseudotheonamide D = 1179
Psymberin = 761
Pterocidin = 155
Pullularin A = 1325
Pullularin C = 1326
Pullularin F = 1327
Pulvic acid = 590
Pulvinic acid = 590
Purpurester A = 648
Purpuroine A = 1828
Purpuroine B = 1829
Purpuroine C = 1830
Purpuroine D = 1831
Purpuroine E = 1832
Purpuroine F = 1833
Purpuroine G = 1834
Purpuroine H = 1835
Purpuroine I = 1836
Purpuroine J = 1837
Purpurquinone B = 736
Purpurquinone C = 737
Pygmeine = 1819
Pyrenocine A = 156
Pyrenocine B = 157
Pyrenocine E = 158
Questin 3-α-D-ribofuranoside = 913
Ramalin = 1819
Rawsonol = 380
Redoxcitrinin = 306
Rhodosporin = 877
9-β-D-Ribofuranosyl-9H-purin-6-amin = 1855
3-O-(α-D-Ribofuranosyl)questin = 913
Rodriguesine A = 1025
Rodriguesine B = 1026
cis-Rolloamide A = 1328
trans-Rolloamide A = 1329
Roseocardin = 1436
Roseotoxin B = 1437
Rostratin A = 1932
Rostratin B = 1933
Rostratin C = 1934
Rostratin D = 1935

Rubrenoic acid A	=	353
Rubrenoic acid B	=	354
Rubrenoic acid C	=	355
Rubrolide A	=	591
Rubrolide B	=	592
Rubrolide C	=	593
Rubrolide D	=	594
Rubrolide E	=	595
Rubrolide F	=	596
Rubrolide G	=	597
Rubrolide H	=	598
Rubrolide I	=	599
Rubrolide K	=	600
Rubrolide L	=	601
Rubrolide M	=	602
Rubrolide O	=	603
Rubrolide R	=	64
Rubrolide S	=	65
Rubrumazine A	=	1027
Rubrumazine B	=	1028
Rubrumazine C	=	1029
Rubrumline A	=	1030
Rubrumline B	=	1031
Rubrumline C	=	1032
Rubrumline D	=	1033
Rubrumline E	=	1034
Rubrumline F	=	1035
Rubrumline G	=	1036
Rubrumline H	=	1037
Rubrumline I	=	1038
Rubrumline J	=	1039
Rubrumline K	=	1040
Rubrumline L	=	1041
Rubrumline M	=	1042
Rubrumline N	=	1043
Rubrumline O	=	1044
Sacrochromenol A sulfate	=	673
Sacrochromenol B sulfate	=	674
Sacrochromenol C sulfate	=	675
Salinamide A	=	1778
Salinamide B	=	1779
Salinamide C	=	1615
Salinamide D	=	1616
Salinamide E	=	1617
Salinipyrone A	=	159
Saliniquinone A	=	922
Salinosporamide A	=	1
Salinosporamide B	=	2
Salinosporamide K	=	3
Sansalvamide	=	1618
Sansalvamide A	=	1618
Sarcophytonone	=	373
Sarcotride A	=	1848
Sargafuran	=	14
Sargaquinoic acid	=	374
Scleritodermin A	=	1408
(−)-Scleroderolide	=	799
(15S,17S)-(−)-Sclerodinol	=	930
(−)-Sclerodione	=	934
Sclerotide A	=	1330
Sclerotide B	=	1331
(+)-Sclerotiorin	=	738
(−)-Sclerotiorin	=	739
Scopularide A	=	1619
Scopularide B	=	1620
Sculezonone A	=	931
Sculezonone B	=	932
Scytalidamide A	=	1332
Scytalidamide B	=	1333
Secochaetomugilin A	=	740
Secochaetomugilin D	=	741
14,15-Secocurvularin	=	317
Seragamide A	=	1621
Seragamide B	=	1622
Seragamide C	=	1623
Seragamide D	=	1624
Seragamide E	=	1625
Seriniquinone	=	840
Shimofuridin A	=	1864
Shishijimicin A	=	1936
Shishijimicin B	=	1937
Shishijimicin C	=	1938
Shornephine A	=	1045
o-Sialic acid	=	1844
Simplactone A	=	160
Simplactone B	=	161
(5E)-Simplexolide	=	66
(5E)-Simplexolide A	=	67
(5Z)-Simplexolide A	=	68
(5Z)-Simplexolide B	=	69
(5E)-Simplexolide E	=	70
Simplextone A	=	71
Simplextone B	=	72
Simplextone C	=	73

Simplextone D = 74
Smenoquinone = 375
Sohirnone A = 318
Solanapyrone A = 162
Solanapyrone C = 163
Solanapyrone E = 164
7β-Solanapyrone F = 165
Solanapyrone F = 166
Solanapyrone G = 167
Solomonamide A = 1626
Solonamide A = 1334
Solonamide B = 1335
Somamide A = 1780
Somamide B = 1781
(4′Z)-Sorbicillin = 319
Spicellamide A = 1515
Spicellamide B = 1514
Spiculisporic acid B = 75
Spiculisporic acid D = 76
Spirastrellolide A = 251
Spirastrellolide B = 252
Spirastrellolide D = 253
Spirastrellolide E = 254
Spiroidesin = 1118
Spiromassaritone = 255
Spiromastixone A = 464
Spiromastixone B = 465
Spiromastixone C = 466
Spiromastixone D = 467
Spiromastixone E = 468
Spiromastixone F = 469
Spiromastixone G = 470
Spiromastixone H = 471
Spiromastixone I = 472
Spiromastixone J = 473
Spiromastixone K = 474
Spiromastixone L = 475
Spiromastixone M = 476
Spiromastixone N = 477
Spiromastixone O = 478
Spirotryprostatin A = 1046
Spirotryprostatin B = 1047
Spirotryprostatin C = 1048
Spirotryprostatin D = 1049
Spirotryprostatin E = 1050
Spirotryprostatin F = 1051
Spiroxin A = 256

Spiroxin B = 257
Spiroxin C = 258
Spiroxin D = 259
Spiroxin E = 260
Spongiadioxin A = 519
Spongiadioxin B = 520
Spongiadioxin C = 521
Spongosine = 1865
Stachybogrisephenone B = 445
Stellatolide A = 1711
Stellatolide B = 1712
Stellatolide C = 1713
Stellatolide D = 1714
Stellatolide E = 1715
Stellatolide F = 1716
Stellatolide G = 1717
Strepchloritide A = 356
Strepchloritide B = 357
Stromemycin = 479
Stylissamide X = 1336
Stylissatin A = 1337
Stylopeptide 1 = 1338
Stylostatin 1 = 1339
Subereaphenol B = 338
Sulfated cinnamic acid = 344
Sulfinyltheonellapeptolide = 1627
2″-O-Sulfoglucoluteolin = 764
12′-Sulfoxythiocoraline = 1628
Sungsanpin = 1720
(ξ)-Sydonic acid = 358
Sydowinin A = 446
Sydowinin B = 447
Symplocamide A = 1629
Symplocin A = 1180
Symplostatin 1 = 1181
Symplostatin 3 = 1182
Talaroflavone = 649
Talaromycesone A = 950
Talaromycesone B = 951
Tamandarin A = 1630
Tamandarin B = 1631
TAN-931 = 448
(+)-Tanikolide = 168
Tanjungide A = 1939
Tanjungide B = 1940
Tanzawaic acid A = 784
Tasiamide A = 1183

Tasiamide B	=	1184		
Tasipeptin A	=	1782		
Tasipeptin B	=	1783		
Tauramamide	=	1185		
Tausalarin C	=	1632		
Tawicyclamide A	=	1409		
Tawicyclamide B	=	1410		
Tedarene A	=	522		
Tedarene B	=	541		
Tenellic acid C	=	330		
Terezine D	=	1052		
Terpeptin	=	1075		
Terpeptin A	=	1119		
Terpeptin B	=	1120		
Terphenyllin	=	581		
Terprenin	=	580		
Terrelactone	=	24		
Terrestrol A	=	381		
Terrestrol B	=	293		
Terrestrol C	=	294		
Terrestrol D	=	295		
Terrestrol E	=	296		
Terrestrol F	=	382		
Terrestrol G	=	383		
Terrestrol H	=	384		
Testufuran A	=	15		

2,3′,4,5′-Tetrabromo-2′,6-dimethoxydiphenyl ether = **523**

3′,5′,6′,6-Tetrabromo-2,4-dimethyldiphenyl ether = **524**

3,3′,5,5′-Tetrabromo-2-hydroxy-2′,6-dimethoxydiphenyl ether = **525**

2,2′,4,4′-Tetrabromo-6-hydroxydiphenyl ether = **526**

2,3′,4,5′-Tetrabromo-2′-hydroxydiphenyl ether = **527**

2,3′,4,5′-Tetrabromo-6-hydroxy-2′-methoxydiphenyl ether = **528**

2,2′,3,3′-Tetrabromo-4,4′,5,5′-tetrahydroxydiphenylmethane = **385**

Tetracenoquinocin = **924**

3′,4,5′,6-Tetrachloro-3-(2,4-dichlorophenoxy)-2,2′-biphenyldiol = **481**

Tetracyclic salimabromide = **77**

(all-Z)-5-(2,5,8,11-Tetradecatetraenyl)-2-furanacetic acid = **16**

Tetrahydroaltersolanol C = **914**

Tetrahydrobostrycin = **866**

Tetrahydroveraguamide A = **1633**

1,3,6,8-Tetrahydroxy-2-(1-hydroxyethyl)anthraquinone = **915**

1,3,6,8-Tetrahydroxy-2-(1-methoxyethyl)anthraquinone = **916**

2,3,6,8-Tetrahydroxy-1-methylxanthone = **401**

Tetraorcinol A	=	529
1,2,4,6-Tetrathiepane	=	1941
1,3,4,6-Tetrathiepane-1,1-dioxide	=	1978
Tetrenolin	=	53
Thalassiolin A	=	764
Thalassospiramide A	=	1718
Thelepin	=	630
Theonegramide	=	1340
Theonellamide A	=	1341
Theonellamide B	=	1342
Theonellamide C	=	1343
Theonellamide D	=	1344
Theonellamide E	=	1345
Theonellapeptolide I a	=	1634
Theonellapeptolide I b	=	1635
Theonellapeptolide I c	=	1636
Theonellapeptolide I d	=	1637
Theonellapeptolide I e	=	1638
Theonellapeptolide I f	=	1639
Theonellapeptolide II d	=	1640
Theonellapeptolide III e	=	1346
Theopalauamide	=	1347
Theopapuamide A	=	1641
Theopapuamide B	=	1642
Theopapuamide C	=	1643
Thiaplakortone A	=	1972
Thiaplakortone B	=	1973
Thiaplakortone C	=	1974
Thiaplakortone D	=	1975
Thiaplidiaquinone A	=	1976
Thiaplidiaquinone B	=	1977
Thiochondrilline C	=	1186
Thiocoraline	=	1644
Thiolsulfonate	=	1978
Thiomarinol A	=	1942
Thiomarinol B	=	1979
Thiomarinol C	=	1943
Thiomarinol D	=	1944
Thiomarinol F	=	1945
Thiotropocin	=	624
Thymidine-5′-carboxylic acid	=	1866
Tiglicamide A	=	1645
Tiglicamide B	=	1646
Tiglicamide C	=	1647
TMC 256A$_1$	=	800
TMC 256C$_2$	=	802

TMD 256A$_2$ = **801**
Tokaramide A = **1121**
Tortugamide = **1745**
Toyocamycin = **1867**
TP-1161 = **1749**
Trachycladine A = **1868**
1,2,5-Tribromo-3-bromoamino-7-bromomethylnaphthalene = **785**
2,5,8-Tribromo-3-bromoamino-7-bromomethylnaphthalene = **786**
2,5,6-Tribromo-3-bromoamino-7-bromomethylnaphthalene = **787**
3,5,6-Tribromo-1-(2′-bromophenoxy)-2-benzene methyl ether = **530**
3,5,6-Tribromo-2-(2′-bromophenoxy)phenol = **531**
3,4,6-Tribromo-2-(2′-bromophenoxy)phenol = **532**
3,4,5-Tribromo-2-(2′-bromophenoxy)phenol = **533**
2,3,4-Tribromo-6-(3,5-dibromo-2-hydroxyphenoxy)phenol = **534**
3,4,6-Tribromo-2-(3,5-dibromo-2-hydroxyphenoxy)phenol = **535**
2,3,6-Tribromo-4,5-dihydroxybenzaldehyde = **307**
2,3,6-Tribromo-4,5-dihydroxybenzyl alcohol = **297**
2,3,6-Tribromo-4,5-dihydroxybenzyl methyl ether = **298**
2,4,6-Tribromophenol = **266**
2,2′,3-Tribromo-3′,4,4′,5-tetrahydroxy-6′-ethyloxymethyldiphenylmethane = **299**
2,4′,5-Tribromo-2′,3′,6-trihydroxy-3,6′-bis(hydroxymethyl)-diphenyl ether = **536**
2,4,4′-Trichloro-2′-hydroxydiphenyl ether = **537**
Trichoderide = **1348**
Trichoderin A = **1187**
Trichoderin A$_1$ = **1188**
Trichoderin B = **1189**
Trichodermaquinone = **917**
Trichodermatide B = **676**
Trichodermatide C = **677**
Trichodermatide D = **678**
Trichoharzin = **788**
Tridachiapyrone A = **216**
Tridachiapyrone B = **217**
Tridachiapyrone D = **218**
1,3,8-Trihydroxyanthraquinone = **918**
3′,4,4″-Trihydroxy-2′,6′-dimethoxy-*p*-terphenyl = **542**
3′,4,4″-Trihydroxy-2′,5′-dimethoxy-*p*-terphenyl = **581**
2,3,3′-Trihydroxy-5,5′-dimethyldiphenyl ether = **490**
1,2,8-Trihydroxy-6-(hydroxymethyl)-9-oxo-9*H*-xanthene-1-carboxylic acid methyl ester = **403**
4′,5,7-Trihydroxyisoflavone = **767**
1,4,7-Trihydroxy-2-methoxy-6-methylanthraquinone = **919**
1,3,8-Trihydroxy-6-methylanthraquinone = **898**
2,4,7-Trihydroxy-9-methyldibenz[*b*,*e*]oxepin-6(11*H*)-one = **457**
2,4,7-Trihydroxy-9-methyldibenz[*b*,*e*]oxepin-6(11*H*)-one = **458**
3,6,8-Trihydroxy-1-methylxanthone = **437**
2-*O*-(2,4,6-Trihydroxyphenyl)-6,6′-bieckol = **554**
(3*R*,4*S*)-3,4,5-Trimethylisochroman-6,8-diol = **708**
Trioxacarcin A = **873**
Trioxacarcin B = **874**
Trioxacarcin C = **875**
1,2,4-Trithiolane = **1947**
Tropolone = **625**
Trunkamide A = **1411**
(−)-Trypethelone = **795**
Tryprostatin A = **1053**
Tryprostatin B = **1054**
Tuberatolide A = **78**
Tuberatolide B = **79**
2′-*epi*-Tuberatolide B = **80**
Tubingenoic anhydride A = **81**
Tumescenamide A = **1349**
Tumonoic acid A = **1838**
Tumonoic acid F = **1839**
Tumonoic acid I = **1840**
Tunichrome An1 = **1076**
Tunichrome Mm 1 = **1077**
Tunichrome Mm 2 = **1078**
Turnagainolide B = **1350**
Ubiquinone 45 = **364**
Ulicyclamide = **1412**
Ulithiacyclamide = **1384**
Ulithiacyclamide B = **1385**
Ulithiacyclamide E = **1413**
Ulithiacyclamide F = **1386**
Ulithiacyclamide G = **1387**
Ulocladol = **543**
Ulongapeptin = **1648**
Unguisin A = **1351**
Unguisin B = **1352**
Unnarmicin A = **1649**
Unnarmicin C = **1650**
Ustusorane E = **631**
Usujirene = **1822**

Varacin = 1947		Verrucosidin = 169	
Varacin A = 1948		Verruculogen = 1069	
Varacin B = 1949		Versicamide H = 1070	
Varacin C = 1950		Verticillin A = 1951	
Variecolorin A = 1055		Verticillin D = 1952	
Variecolorin B = 1056		Viequeamide A = 1658	
Variecolorin C = 1057		Vinaxanthone = 450	
Variecolorin D = 1058		Virenamide B = 1079	
Variecolorin E = 1059		Viridamide A = 1804	
Variecolorin F = 1060		Viridamide B = 1805	
Variecolorin G = 1061		Viscosin = 1719	
Variecolorin H = 1062		Vitilevuamide = 1784	
Variecolorin I = 1063		Wainunuamide = 1353	
Variecolorin J = 1064		Wewakamide A = 1659	
Variecolorin K = 1065		Wewakpeptin A = 1660	
Variecolorin M = 1066		Wewakpeptin B = 1661	
Variecolorin N = 1067		Wewakpeptin C = 1662	
Variecolorin O = 1068		Wewakpeptin D = 1663	
Varioxirane = 359		Xanalteric acid I = 821	
Varitriol = 17		Xanalteric acid II = 822	
Varixanthone = 449		Xestin A = 88	
Venturamide A = 1388		Xestin B = 89	
Venturamide B = 1389		Xiamenmycin C = 679	
Veraguamide A = 1651		Xiamenmycin D = 680	
Veraguamide B = 1652		Xylarone = 170	
Veraguamide C = 1653		Yanucamide A = 1664	
Veraguamide D = 1654		Yanucamide B = 1665	
Veraguamide E = 1655		Yicathin B = 451	
Veraguamide F = 1656		Yicathin C = 452	
Veraguamide G = 1657		Yoshinone A = 220	
Vermelhotin = 87		Zooxanthellactone = 82	
Vermistatin = 219		Zygosporamide = 1666	

索引3 化合物分子式索引

本索引按照 Hill 约定顺序制作，在分子式后面，紧接着出现的是所有有关化合物在本卷中的唯一代码。

C_2
$C_2H_4OS_3$ 1969, 1970
$C_2H_4S_3$ 1946
$C_2H_4S_5$ 1887

C_3
$C_3H_6O_2S_4$ 1978
$C_3H_6S_4$ 1942

C_5
$C_5H_8O_3$ 10
$C_5H_{11}AsO_2$ 1980
$C_5H_{11}NS_2$ 1927
$C_5H_{12}N_2O_2$ 1808

C_6
$C_6H_3Br_2ClO$ 261
$C_6H_3Br_3O$ 266
$C_6H_4Br_2O$ 262, 263
$C_6H_4Br_2O_2$ 268
$C_6H_6O_3$ 284
$C_6H_6O_4$ 132
$C_6H_{10}O_3S$ 1961
$C_6H_{12}N_4O_2$ 1811
$C_6H_{13}NO_5$ 1843

C_7
$C_7H_3Br_3O_3$ 307
$C_7H_4BrClO_3$ 361, 362
$C_7H_5Br_3O_3$ 297
$C_7H_5ClO_3$ 363
$C_7H_6Br_2O_3$ 291
$C_7H_6O_2$ 304, 625
$C_7H_6O_3$ 326
$C_7H_6O_4$ 325
$C_7H_7ClO_3$ 288, 289
$C_7H_8O_3$ 292
$C_7H_{10}O_2$ 5
$C_7H_{10}O_3$ 49, 129
$C_7H_{10}O_4$ 57
$C_7H_{11}N_3O_2S$ 1816
$C_7H_{12}O_3$ 160, 161
$C_7H_{13}NO_3$ 1810

C_8
$C_8H_4O_3S_2$ 624
$C_8H_7Br_3O_3$ 298
$C_8H_8O_4$ 327, 365
$C_8H_8O_5$ 4
$C_8H_8O_6S$ 335, 336
$C_8H_9ClO_3$ 290
$C_8H_9NO_4$ 48
$C_8H_9N_5O_3$ 1821
$C_8H_{10}O_3$ 151, 282
$C_8H_{13}N_3O_2S$ 1817
$C_8H_{17}NO_3$ 1820

C_9
$C_9H_7BrO_3$ 858
$C_9H_8Br_2O_4$ 338
$C_9H_8O_2$ 308
$C_9H_8O_5$ 639
$C_9H_8O_6S$ 344
$C_9H_9Br_2NO_3$ 331
$C_9H_{10}O_3$ 337
$C_9H_{11}NO_2S_5$ 1919
$C_9H_{12}O_3$ 6
$C_9H_{12}O_4$ 22, 25, 93, 104
$C_9H_{13}BrO_4$ 32
$C_9H_{13}ClO_4$ 36, 37, 106~108
$C_9H_{14}O_3$ 26
$C_9H_{14}O_4$ 30, 31, 124
$C_9H_{14}O_5$ 27, 28, 174
$C_9H_{15}N_3O_2S$ 1818
$C_9H_{18}O_8$ 1851

C_{10}
$C_{10}H_7Cl_3O_4$ 357
$C_{10}H_8Cl_2O_4$ 356
$C_{10}H_8O_5$ 632
$C_{10}H_{10}O_4$ 310, 759
$C_{10}H_{10}O_5$ 332
$C_{10}H_{10}O_6$ 756
$C_{10}H_{11}NO_2S_5$ 1920
$C_{10}H_{12}N_2O_6$ 1866
$C_{10}H_{12}O_3$ 269, 339, 626
$C_{10}H_{12}O_4$ 38, 133
$C_{10}H_{13}NO_2S_3$ 1948
$C_{10}H_{13}NO_2S_5$ 1947
$C_{10}H_{13}NO_3S_3$ 1949, 1950
$C_{10}H_{13}N_5O_3$ 1856
$C_{10}H_{13}N_5O_4$ 1855
$C_{10}H_{14}O_3$ 152
$C_{10}H_{14}O_6S$ 1968
$C_{10}H_{15}NO_4$ 1809, 1814
$C_{10}H_{15}N_3O_4$ 1862
$C_{10}H_{15}N_3O_5$ 1861
$C_{10}H_{16}N_2O_2$ 982
$C_{10}H_{16}O_5$ 29, 94
$C_{10}H_{17}N_3O_2$ 957

C_{11}
$C_{11}H_6Br_5N$ 785~787
$C_{11}H_7ClO_3$ 215
$C_{11}H_{10}O_4$ 638
$C_{11}H_{10}O_5$ 753, 754
$C_{11}H_{12}BrIO_4$ 20
$C_{11}H_{12}Br_2O_4$ 18, 19
$C_{11}H_{12}O_2$ 271, 662
$C_{11}H_{12}O_3$ 47, 352, 763
$C_{11}H_{12}O_4$ 52, 146, 156, 369, 641
$C_{11}H_{12}O_5$ 255
$C_{11}H_{13}IN_4O_3$ 1857
$C_{11}H_{14}ClN_5O_3$ 1868
$C_{11}H_{14}O_3$ 140
$C_{11}H_{14}O_4$ 311
$C_{11}H_{14}O_5$ 105, 157
$C_{11}H_{15}NO_2S_4$ 1925
$C_{11}H_{15}NO_2S_5$ 1918
$C_{11}H_{15}N_3O_4$ 1819
$C_{11}H_{15}N_5O_5$ 1858, 1865
$C_{11}H_{16}O_3$ 81, 343
$C_{11}H_{16}O_4$ 760
$C_{11}H_{18}N_2O_2$ 980, 981
$C_{11}H_{18}N_2O_3$ 975~977
$C_{11}H_{19}NO_9$ 1844

C_{12}

$C_{12}H_4Br_4O_3$ 519, 520
$C_{12}H_4Br_6O_3$ 507
$C_{12}H_5Br_3O_3$ 521
$C_{12}H_5Br_4ClO_2$ 492
$C_{12}H_5Br_5O_2$ 498, 514
$C_{12}H_5Br_5O_3$ 499, 500, 513, 534, 535
$C_{12}H_6Br_4O_2$ 526, 527, 531~533
$C_{12}H_6N_2O_6S$ 1957
$C_{12}H_7Cl_3O_2$ 537
$C_{12}H_8N_2O_6S$ 1956
$C_{12}H_8O_4$ 590
$C_{12}H_8O_6$ 546
$C_{12}H_{10}O_3$ 503, 772
$C_{12}H_{10}O_4$ 489
$C_{12}H_{10}O_6$ 686
$C_{12}H_{11}BrN_2O_3S$ 1965, 1966
$C_{12}H_{11}NO_3$ 87
$C_{12}H_{11}N_3O_4S$ 1972
$C_{12}H_{11}N_3O_6$ 1072
$C_{12}H_{12}Br_2N_2O_2$ 1812
$C_{12}H_{12}O_3$ 859
$C_{12}H_{12}O_4$ 657
$C_{12}H_{12}O_5$ 690
$C_{12}H_{13}BrN_2O_3S$ 1964
$C_{12}H_{13}BrO_4$ 758
$C_{12}H_{13}N_3O_4S$ 1973
$C_{12}H_{13}N_5O_4$ 1867
$C_{12}H_{14}Br_2O_5$ 102
$C_{12}H_{14}O_3$ 627, 628
$C_{12}H_{14}O_4$ 757
$C_{12}H_{14}O_5$ 774
$C_{12}H_{14}O_6$ 775
$C_{12}H_{15}BrO_5$ 101
$C_{12}H_{16}O_2$ 131
$C_{12}H_{16}O_3$ 708
$C_{12}H_{16}O_4$ 267
$C_{12}H_{16}O_5$ 158, 270
$C_{12}H_{18}O_3$ 130
$C_{12}H_{20}O_2$ 58
$C_{12}H_{20}O_4$ 51

C_{13}

$C_{13}H_6Br_4O_3$ 509, 510
$C_{13}H_7Br_3O_3$ 511
$C_{13}H_7Br_5O_3$ 501, 515
$C_{13}H_8Br_4O_2$ 530
$C_{13}H_8Br_4O_3$ 493, 494, 496, 528
$C_{13}H_8Br_4O_4$ 385
$C_{13}H_9Br_3O_3$ 485, 495
$C_{13}H_{11}NO_3$ 175, 176
$C_{13}H_{12}N_2O_3S_2$ 1878
$C_{13}H_{12}N_2O_4S_2$ 1880
$C_{13}H_{12}O_4$ 214
$C_{13}H_{13}N_5O_3$ 1863
$C_{13}H_{14}N_2O_3S_3$ 1885, 1886
$C_{13}H_{14}N_2O_4S_2$ 1883
$C_{13}H_{14}N_2O_4S_4$ 1884
$C_{13}H_{14}O_3$ 313, 661
$C_{13}H_{14}O_5$ 633, 691, 697
$C_{13}H_{16}BrCl_2NO_3$ 1830
$C_{13}H_{16}Br_2ClNO_3$ 1832
$C_{13}H_{16}Br_2INO_3$ 1831
$C_{13}H_{16}Br_3NO_3$ 1828
$C_{13}H_{16}O_3$ 114, 120, 318, 635
$C_{13}H_{16}O_4$ 306, 329
$C_{13}H_{16}O_5$ 314, 334, 648
$C_{13}H_{16}O_6$ 328
$C_{13}H_{17}Br_2NO_3$ 1829
$C_{13}H_{17}NO_4$ 3
$C_{13}H_{18}O_3$ 170
$C_{13}H_{19}NO_2$ 211
$C_{13}H_{19}NO_2S_3$ 1917
$C_{13}H_{19}NO_2S_4$ 1869
$C_{13}H_{19}NO_2S_6$ 1882
$C_{13}H_{20}N_2O_5$ 1822
$C_{13}H_{20}O_3$ 185
$C_{13}H_{22}O_3$ 21

C_{14}

$C_{14}H_8Br_6O_4$ 565
$C_{14}H_8Br_6O_5$ 287
$C_{14}H_8O_4$ 889
$C_{14}H_8O_5$ 918
$C_{14}H_9Br_3O_3$ 630
$C_{14}H_9Br_5O_2$ 497
$C_{14}H_9NO_6$ 653
$C_{14}H_{10}Br_4O$ 524
$C_{14}H_{10}Br_4O_3$ 523
$C_{14}H_{10}Br_4O_4$ 525
$C_{14}H_{10}Br_4O_5$ 285, 286
$C_{14}H_{10}O_5$ 391, 437
$C_{14}H_{10}O_6$ 401
$C_{14}H_{10}O_7$ 681
$C_{14}H_{11}Br_3O_6$ 536
$C_{14}H_{12}Br_2O_4$ 376
$C_{14}H_{12}O_3$ 392
$C_{14}H_{12}O_4$ 393
$C_{14}H_{12}O_5$ 755
$C_{14}H_{12}O_6$ 649
$C_{14}H_{13}ClO_5$ 293, 295, 382, 383
$C_{14}H_{13}NO_4$ 90
$C_{14}H_{13}N_3O_6S$ 1974, 1975
$C_{14}H_{14}N_2O_2S$ 1962
$C_{14}H_{14}O_3$ 504
$C_{14}H_{14}O_4$ 490
$C_{14}H_{14}O_5$ 294, 296
$C_{14}H_{16}BrN_3O_2S$ 1963
$C_{14}H_{16}N_2O_2$ 983
$C_{14}H_{16}N_2O_3$ 979, 984
$C_{14}H_{16}N_2O_3S$ 962
$C_{14}H_{16}O_3$ 315, 319, 660
$C_{14}H_{16}O_4$ 145, 368, 629, 750
$C_{14}H_{16}O_5$ 773
$C_{14}H_{16}O_6$ 776
$C_{14}H_{17}Cl_2NO_3$ 360
$C_{14}H_{18}O_3$ 115, 117, 139, 181
$C_{14}H_{18}O_4$ 636, 703, 751
$C_{14}H_{18}O_5$ 125
$C_{14}H_{18}O_6$ 777
$C_{14}H_{19}BrINO_3$ 1836
$C_{14}H_{19}I_2NO_3$ 1834
$C_{14}H_{19}NO_3S_3$ 1931
$C_{14}H_{20}Cl_6N_2O_2$ 998

C_{15}

$C_{15}H_{10}O_3$ 910
$C_{15}H_{10}O_4$ 888, 893
$C_{15}H_{10}O_5$ 436, 767, 898
$C_{15}H_{10}O_6$ 452
$C_{15}H_{10}O_7$ 448
$C_{15}H_{12}O_5$ 457, 458, 800
$C_{15}H_{12}O_6$ 387, 388, 397, 851
$C_{15}H_{12}O_7$ 426
$C_{15}H_{12}O_8$ 683
$C_{15}H_{13}NO_2$ 655
$C_{15}H_{14}O_2$ 831
$C_{15}H_{14}O_5$ 791
$C_{15}H_{14}O_6$ 538, 797, 837, 917
$C_{15}H_{14}O_7$ 852
$C_{15}H_{14}O_8$ 682
$C_{15}H_{16}O_3$ 491
$C_{15}H_{16}O_4$ 742, 743
$C_{15}H_{16}O_5$ 384, 687, 833

$C_{15}H_{16}O_6$ 701
$C_{15}H_{16}O_7$ 634
$C_{15}H_{18}N_2O_3S$ 959
$C_{15}H_{18}N_2O_4S_2$ 960
$C_{15}H_{18}O$ 7
$C_{15}H_{18}O_5$ 434
$C_{15}H_{18}O_6$ 320, 433, 778
$C_{15}H_{18}O_7$ 832
$C_{15}H_{19}ClO_2$ 111
$C_{15}H_{20}BrN_2O_2^+$ 1837
$C_{15}H_{20}ClNO_4$ 1
$C_{15}H_{20}N_2O_3S_2$ 986
$C_{15}H_{20}N_2O_4S_2$ 961
$C_{15}H_{20}O_3$ 116, 118, 188, 213
$C_{15}H_{20}O_4$ 348
$C_{15}H_{20}O_5$ 17, 359, 694, 698, 699
$C_{15}H_{21}BrINO_3$ 1835
$C_{15}H_{21}ClO_2$ 112
$C_{15}H_{21}I_2NO_3$ 1833
$C_{15}H_{21}NO_4$ 2
$C_{15}H_{22}O_2$ 345, 349
$C_{15}H_{22}O_4$ 358, 631
$C_{15}H_{22}O_5$ 637
$C_{15}H_{23}NO_3S_3$ 1929
$C_{15}H_{24}O_3$ 60

C_{16}
$C_{16}H_{10}O_3S$ 936
$C_{16}H_{10}O_4S$ 941
$C_{16}H_{11}ClO_6$ 418
$C_{16}H_{12}Br_2O_{11}S_2$ 564
$C_{16}H_{12}O_4$ 907
$C_{16}H_{12}O_5$ 429, 891, 892, 894, 909, 912
$C_{16}H_{12}O_6$ 446, 451, 899, 919
$C_{16}H_{12}O_7$ 447, 915
$C_{16}H_{13}N$ 782
$C_{16}H_{14}O_5$ 462, 801, 802
$C_{16}H_{14}O_6$ 798
$C_{16}H_{14}O_7$ 419, 424, 425, 543
$C_{16}H_{14}O_8$ 403
$C_{16}H_{15}Br_3O_5$ 299
$C_{16}H_{15}ClO_6$ 445, 517
$C_{16}H_{15}NO_5$ 789
$C_{16}H_{16}Br_2N_4O_2S_2$ 1939, 1940
$C_{16}H_{16}O_4$ 333, 795
$C_{16}H_{16}O_6$ 309, 878, 880
$C_{16}H_{16}O_7$ 402, 420, 421, 855, 876, 879
$C_{16}H_{16}O_8$ 422, 423, 877
$C_{16}H_{17}N_3O_2$ 963
$C_{16}H_{17}N_3O_3$ 978
$C_{16}H_{20}Br_2O_2$ 398, 400
$C_{16}H_{20}O_2$ 354~366, 658
$C_{16}H_{20}O_5$ 665
$C_{16}H_{20}O_6$ 54, 435, 914
$C_{16}H_{20}O_7$ 867~869
$C_{16}H_{20}O_8$ 866, 870
$C_{16}H_{21}BrO_2$ 399
$C_{16}H_{21}Br_2NO_3$ 340
$C_{16}H_{22}N_4O_2$ 955
$C_{16}H_{22}O$ 264, 265
$C_{16}H_{22}O_2$ 276, 278, 353
$C_{16}H_{22}O_3$ 180, 187, 212, 274, 275, 644
$C_{16}H_{22}O_4$ 324, 692
$C_{16}H_{22}O_5$ 317
$C_{16}H_{24}O_2$ 273
$C_{16}H_{24}O_3$ 59, 279, 280, 677
$C_{16}H_{24}O_4$ 676, 678
$C_{16}H_{24}O_5$ 277
$C_{16}H_{26}Br_2O_2$ 11
$C_{16}H_{26}O_3$ 154, 192, 193
$C_{16}H_{30}O_3$ 137

C_{17}
$C_{17}H_7Br_4ClO_4$ 592
$C_{17}H_8Br_3ClO_4$ 599
$C_{17}H_8Br_4O_4$ 591
$C_{17}H_9Br_2ClO_4$ 600, 601, 603
$C_{17}H_9Br_4ClO_5$ 598
$C_{17}H_{10}BrClO_4$ 602
$C_{17}H_{10}Br_2N_2O_4S$ 1960
$C_{17}H_{10}Br_2O_4$ 593, 594
$C_{17}H_{10}Br_4O_5$ 597
$C_{17}H_{10}O_5S$ 942
$C_{17}H_{12}O_4$ 595
$C_{17}H_{12}O_5$ 582, 589
$C_{17}H_{13}Br_5O_5$ 389
$C_{17}H_{14}O_3$ 53
$C_{17}H_{14}O_4$ 39, 895
$C_{17}H_{14}O_5$ 40, 41, 905
$C_{17}H_{14}O_6$ 42, 890
$C_{17}H_{14}O_7$ 916
$C_{17}H_{14}O_8$ 911
$C_{17}H_{16}Br_2O_4$ 567
$C_{17}H_{16}O_5$ 779
$C_{17}H_{16}O_8$ 684
$C_{17}H_{17}ClO_6$ 427
$C_{17}H_{17}NO_4$ 790
$C_{17}H_{19}BrN_6O_2$ 958
$C_{17}H_{20}O_5$ 540, 672
$C_{17}H_{20}O_6$ 643
$C_{17}H_{21}BrN_6O_2$ 989
$C_{17}H_{21}NO_3$ 167
$C_{17}H_{21}NO_4$ 165, 166
$C_{17}H_{22}O_2$ 110, 350
$C_{17}H_{22}O_6$ 56
$C_{17}H_{22}O_7$ 272
$C_{17}H_{23}ClO_5$ 728
$C_{17}H_{23}NO_3$ 679
$C_{17}H_{24}O_3$ 351
$C_{17}H_{24}O_4$ 159
$C_{17}H_{25}N_5O_7$ 1071
$C_{17}H_{26}O_5$ 247
$C_{17}H_{26}O_6$ 75
$C_{17}H_{28}O_3$ 62
$C_{17}H_{30}O_3$ 67~70
$C_{17}H_{30}O_4$ 72, 74
$C_{17}H_{32}O_3$ 168
$C_{17}H_{35}N_5O_5$ 1849, 1850

C_{18}
$C_{18}H_8Cl_6O_3$ 481~483
$C_{18}H_{10}O_9$ 548
$C_{18}H_{12}O_9$ 550
$C_{18}H_{14}O_4$ 596
$C_{18}H_{14}O_6$ 539
$C_{18}H_{14}O_7$ 414
$C_{18}H_{16}O_5$ 933, 934
$C_{18}H_{16}O_6$ 50, 219, 799, 906, 927
$C_{18}H_{16}O_7$ 768, 928~930
$C_{18}H_{16}O_8$ 563
$C_{18}H_{16}O_9$ 560~562
$C_{18}H_{17}ClO_8$ 516, 518
$C_{18}H_{18}N_2O_6S_2$ 1873, 1875
$C_{18}H_{18}O_6$ 177, 379
$C_{18}H_{19}NO_4S$ 1958, 1959
$C_{18}H_{20}N_2O_6S_2$ 1874, 1933
$C_{18}H_{20}N_2O_6S_4$ 1935
$C_{18}H_{20}N_2O_9$ 1859, 1860
$C_{18}H_{20}O_6$ 171, 654
$C_{18}H_{22}N_2O_4S_4$ 1921
$C_{18}H_{22}O_4$ 162
$C_{18}H_{22}O_5$ 147

$C_{18}H_{24}N_2O_3S_2$　953
$C_{18}H_{24}N_2O_6S_2$　1932
$C_{18}H_{24}O_4$　164, 367
$C_{18}H_{25}BrO_3$　15
$C_{18}H_{26}O_2$　346, 347, 784
$C_{18}H_{26}O_3$　78
$C_{18}H_{26}O_5$　312
$C_{18}H_{27}NO_{10}$　1853
$C_{18}H_{28}O_4$　645, 646
$C_{18}H_{30}O_2$　61
$C_{18}H_{30}O_3$　63
$C_{18}H_{30}O_4$　73
$C_{18}H_{30}O_5$　246
$C_{18}H_{30}O_6$　76
$C_{18}H_{32}O_3$　66
$C_{18}H_{32}O_4$　71
$C_{18}H_{33}N_3O_2S$　1955
$C_{18}H_{34}O_4$　149

C_{19}
$C_{19}H_{14}O_6$　573
$C_{19}H_{16}Cl_4O_5$　472, 478
$C_{19}H_{16}O_5$　577
$C_{19}H_{16}O_6$　578
$C_{19}H_{16}O_7$　34, 440
$C_{19}H_{17}Cl_3O_5$　469, 471, 477
$C_{19}H_{17}O_5S^-$　541
$C_{19}H_{18}Cl_2O_5$　467, 468, 476
$C_{19}H_{18}O_2$　522
$C_{19}H_{18}O_7$　197
$C_{19}H_{19}ClO_5$　465, 466
$C_{19}H_{19}N_3O_6$　1077
$C_{19}H_{20}N_2O_4$　1010
$C_{19}H_{20}N_2O_7S_2$　1872
$C_{19}H_{20}O_5$　464
$C_{19}H_{20}O_7$　826
$C_{19}H_{20}O_8$　502
$C_{19}H_{21}N_3O_2$　968, 992
$C_{19}H_{21}N_3O_3$　969, 1068
$C_{19}H_{21}N_3O_4$　1003
$C_{19}H_{22}N_2O_5S$　1018
$C_{19}H_{22}O_3$　505
$C_{19}H_{22}O_4$　484, 506, 861, 862
$C_{19}H_{23}N_3O_2$　1044, 1052
$C_{19}H_{23}N_3O_3$　1007, 1039, 1042
$C_{19}H_{24}O_2$　109
$C_{19}H_{24}O_3$　305
$C_{19}H_{24}O_4$　301
$C_{19}H_{24}O_5$　780
$C_{19}H_{25}NO_4$　163
$C_{19}H_{26}O_9$　700
$C_{19}H_{28}O_3$　303
$C_{19}H_{28}O_6$　316
$C_{19}H_{30}O_4$　12
$C_{19}H_{33}NO_4$　1838
$C_{19}H_{33}N_3O_5$　1113
$C_{19}H_{36}O_3$　8, 9

C_{20}
$C_{20}H_8Cl_2O_8$　257
$C_{20}H_8O_4S$　840
$C_{20}H_9ClO_8$　256
$C_{20}H_{10}Cl_2O_8$　260
$C_{20}H_{10}O_7$　258
$C_{20}H_{12}O_7$　259, 821, 822
$C_{20}H_{13}Br_5O_6$　377
$C_{20}H_{14}O_7$　222
$C_{20}H_{16}O_9$　834
$C_{20}H_{18}Cl_4O_5$　473, 475
$C_{20}H_{18}O_3$　863
$C_{20}H_{18}O_4$　944
$C_{20}H_{18}O_5$　413, 542, 581
$C_{20}H_{18}O_6$　405, 428
$C_{20}H_{18}O_7$　404, 693
$C_{20}H_{18}O_8$　438, 439
$C_{20}H_{19}ClO_6$　406
$C_{20}H_{19}Cl_3O_5$　470, 474
$C_{20}H_{19}N_3O_7$　1073
$C_{20}H_{20}Br_2N_4S_2$　1871
$C_{20}H_{20}Br_2O_3$　77
$C_{20}H_{20}O_3$　92
$C_{20}H_{20}O_4$　441
$C_{20}H_{20}O_6$　386
$C_{20}H_{20}O_8$　931
$C_{20}H_{20}O_9$　932
$C_{20}H_{22}N_2O_3S_2$　1022
$C_{20}H_{22}O_7$　828
$C_{20}H_{23}NO_6$　342
$C_{20}H_{23}NO_7$　747
$C_{20}H_{23}N_3O_3$　1062
$C_{20}H_{23}N_3O_4$　1040
$C_{20}H_{24}N_2O_6S_2$　1021
$C_{20}H_{24}N_2O_8S_2$　1934
$C_{20}H_{26}N_2O_6S_2$　1019, 1020
$C_{20}H_{26}N_2O_7$　746
$C_{20}H_{26}O_3$　16, 300
$C_{20}H_{26}O_4$　642
$C_{20}H_{28}N_2O_8$　745
$C_{20}H_{28}O_4$　189
$C_{20}H_{29}N_3O_7$　744
$C_{20}H_{30}O_5$　373
$C_{20}H_{32}N_4O_4$　1248
$C_{20}H_{35}NO_8$　83

C_{21}
$C_{21}H_{14}O_7$　943
$C_{21}H_{18}O_8$　150
$C_{21}H_{20}Cl_2O_5$　704, 705
$C_{21}H_{20}Cl_2O_6$　390
$C_{21}H_{20}O_3$　144
$C_{21}H_{20}O_6$　902
$C_{21}H_{20}O_7$　903
$C_{21}H_{20}O_8$　695, 737
$C_{21}H_{20}O_9$　913
$C_{21}H_{20}O_{10}$　736
$C_{21}H_{20}O_{11}$　766
$C_{21}H_{20}O_{14}S$　764
$C_{21}H_{21}N_3O_2$　964
$C_{21}H_{21}N_3O_3$　1047
$C_{21}H_{22}O_3$　91
$C_{21}H_{22}O_5$　857
$C_{21}H_{22}O_7$　706, 733, 827
$C_{21}H_{22}O_8$　707
$C_{21}H_{22}O_9$　460
$C_{21}H_{23}ClO_5$　738, 739
$C_{21}H_{23}N_3O_2$　966
$C_{21}H_{24}N_6O_4S_2$　1388
$C_{21}H_{24}O_5$　856
$C_{21}H_{24}O_6$　463
$C_{21}H_{24}O_9$　864
$C_{21}H_{25}N_3O_2$　1054
$C_{21}H_{27}N_3O_2$　1008
$C_{21}H_{27}N_3O_3$　1043
$C_{21}H_{28}O_2$　659
$C_{21}H_{28}O_4$　375, 640
$C_{21}H_{29}NO_6$　1813
$C_{21}H_{29}N_5O_9$　1626
$C_{21}H_{30}O_3$　783
$C_{21}H_{32}O_3$　122, 123
$C_{21}H_{32}O_5$　220
$C_{21}H_{34}O_3$　134, 148
$C_{21}H_{34}O_4S$　191
$C_{21}H_{37}NO_4$　1826
$C_{21}H_{37}NO_5$　1839

$C_{21}H_{38}O_3$ 43

C_{22}

$C_{22}H_{17}NO_6S$ 1953, 1954
$C_{22}H_{18}O_5$ 796
$C_{22}H_{18}O_6$ 920
$C_{22}H_{18}O_8$ 685
$C_{22}H_{20}N_4O_6$ 1074
$C_{22}H_{20}O_4$ 64, 65
$C_{22}H_{20}O_9$ 854
$C_{22}H_{20}O_{10}$ 650
$C_{22}H_{21}NO_7$ 224
$C_{22}H_{22}O_5$ 46
$C_{22}H_{22}O_7$ 381, 904
$C_{22}H_{23}N_3O_4$ 1011
$C_{22}H_{24}N_2O_7S_2$ 952
$C_{22}H_{24}N_2O_{10}$ 1824
$C_{22}H_{24}N_6O_2S_2$ 1931
$C_{22}H_{24}O_6$ 55, 461
$C_{22}H_{24}O_7$ 480, 896
$C_{22}H_{24}O_8$ 732, 734, 850
$C_{22}H_{25}N_3O_4$ 1006, 1016, 1046
$C_{22}H_{25}N_3O_5$ 993, 994
$C_{22}H_{25}N_3O_6$ 995, 1051
$C_{22}H_{26}N_6O_5S_2$ 1389
$C_{22}H_{26}O_3$ 571
$C_{22}H_{26}O_7$ 730
$C_{22}H_{26}O_8$ 731, 735
$C_{22}H_{27}ClO_4$ 721
$C_{22}H_{27}ClO_5$ 719, 720, 726
$C_{22}H_{27}N_3O_3$ 1053
$C_{22}H_{28}N_2O_3$ 987
$C_{22}H_{28}N_2O_4$ 1001, 1002
$C_{22}H_{28}O_4$ 572
$C_{22}H_{29}ClO_6$ 727
$C_{22}H_{29}NO_8$ 184
$C_{22}H_{30}N_2O_3$ 1000
$C_{22}H_{30}N_2O_4S_3$ 1911
$C_{22}H_{30}N_2O_4S_4$ 1914
$C_{22}H_{30}O_2$ 82, 670
$C_{22}H_{30}O_3$ 210
$C_{22}H_{30}O_4$ 370, 371
$C_{22}H_{31}NO_6$ 680
$C_{22}H_{32}O_3$ 668, 669, 860
$C_{22}H_{34}N_2O_6$ 748
$C_{22}H_{34}O_3$ 671
$C_{22}H_{35}N_5O_7$ 1348
$C_{22}H_{36}N_4O_4$ 1246
$C_{22}H_{38}O_3$ 13
$C_{22}H_{38}O_5$ 223

C_{23}

$C_{23}H_{16}O_7$ 922
$C_{23}H_{19}Br_2NO_5$ 652
$C_{23}H_{20}BrNO_6$ 651
$C_{23}H_{20}N_4O_3S_2$ 1923
$C_{23}H_{20}N_4O_3S_3$ 1924
$C_{23}H_{21}Cl_3O_5$ 512
$C_{23}H_{21}N_3O_4$ 956
$C_{23}H_{22}O_9$ 853
$C_{23}H_{25}ClO_6$ 459, 716, 725
$C_{23}H_{25}ClO_7$ 713, 724
$C_{23}H_{25}N_3O_3$ 1064
$C_{23}H_{26}O_8$ 330
$C_{23}H_{27}ClO_6$ 714, 729
$C_{23}H_{27}ClO_7$ 709~711
$C_{23}H_{27}N_3O_5$ 1041
$C_{23}H_{27}N_3O_6$ 1078
$C_{23}H_{29}ClO_4$ 723
$C_{23}H_{29}ClO_5$ 722
$C_{23}H_{31}Br_2NO_4$ 238
$C_{23}H_{31}Cl_2NO_4$ 233
$C_{23}H_{34}ClNO_5$ 236, 237
$C_{23}H_{34}O_5$ 302
$C_{23}H_{34}O_6$ 155
$C_{23}H_{36}N_4O_4$ 1218
$C_{23}H_{36}N_6O_5$ 1121

C_{24}

$C_{24}H_{10}Br_6O_6$ 583
$C_{24}H_{11}Br_5O_6$ 584
$C_{24}H_{14}Br_4O_6$ 585
$C_{24}H_{14}O_{11}$ 552
$C_{24}H_{16}O_{12}$ 555, 556
$C_{24}H_{16}O_{13}$ 549
$C_{24}H_{18}O_8$ 656
$C_{24}H_{18}O_{12}$ 551
$C_{24}H_{19}NO_7$ 126
$C_{24}H_{22}O_7$ 921
$C_{24}H_{23}Br_2N_7O_5$ 967
$C_{24}H_{24}O_7$ 23, 33
$C_{24}H_{24}O_8$ 35
$C_{24}H_{26}O_8$ 24
$C_{24}H_{29}ClO_6$ 715, 718
$C_{24}H_{29}ClO_7$ 712, 717
$C_{24}H_{29}Cl_2N_3O_2$ 1056

$C_{24}H_{29}N_3O_2$ 1061
$C_{24}H_{29}N_3O_3$ 1057, 1059, 1066
$C_{24}H_{29}N_3O_4$ 1033, 1067
$C_{24}H_{30}ClN_3O_3$ 1055, 1060
$C_{24}H_{30}Cl_2N_2O_8S_2$ 1746
$C_{24}H_{30}O_6$ 688
$C_{24}H_{31}ClO_7$ 741
$C_{24}H_{31}ClO_8$ 740
$C_{24}H_{31}N_3O_4$ 1028, 1030, 1037
$C_{24}H_{32}N_6O_5S$ 1373
$C_{24}H_{32}O_3$ 142
$C_{24}H_{32}O_4$ 100, 136
$C_{24}H_{32}O_6$ 169
$C_{24}H_{33}N_3O_4$ 1029
$C_{24}H_{34}N_2O_4S_3$ 1913
$C_{24}H_{34}N_2O_4S_4$ 1912
$C_{24}H_{34}N_2O_9$ 749
$C_{24}H_{35}Br_2NO_6$ 239
$C_{24}H_{35}Cl_2NO_5$ 234
$C_{24}H_{35}N_3O_8$ 752
$C_{24}H_{37}Br_2NO_6$ 240
$C_{24}H_{37}Cl_2NO_6$ 235
$C_{24}H_{43}NO_3$ 781

C_{25}

$C_{25}H_{12}Br_6O_7$ 588
$C_{25}H_{16}Br_4O_6$ 586, 587
$C_{25}H_{16}O_9$ 925
$C_{25}H_{24}N_4O_3S_2$ 1891
$C_{25}H_{24}N_4O_3S_3$ 1892
$C_{25}H_{24}N_4O_3S_4$ 1893
$C_{25}H_{26}Cl_2O_5$ 847
$C_{25}H_{26}N_2O_5$ 1045
$C_{25}H_{26}O_4$ 575
$C_{25}H_{26}O_5$ 574, 576, 579
$C_{25}H_{26}O_6$ 580
$C_{25}H_{26}O_9$ 666
$C_{25}H_{27}BrO_5$ 836, 838
$C_{25}H_{27}ClO_6$ 415, 845
$C_{25}H_{28}BrClO_5$ 848
$C_{25}H_{28}O_5$ 829
$C_{25}H_{28}O_6$ 454, 455, 835
$C_{25}H_{28}O_7$ 846
$C_{25}H_{29}ClO_8$ 696
$C_{25}H_{31}N_3O_3$ 1063
$C_{25}H_{31}N_3O_4$ 1034
$C_{25}H_{31}N_5O_7S_3$ 1186
$C_{25}H_{32}Cl_2N_2O_8S_2$ 1730

$C_{25}H_{32}Cl_2O_6$ 849
$C_{25}H_{32}N_6O_4S_2$ 1367
$C_{25}H_{32}N_6O_5S$ 1366
$C_{25}H_{32}O_5$ 217
$C_{25}H_{33}ClO_5$ 95~98
$C_{25}H_{33}N_3O_4$ 1027, 1031, 1038
$C_{25}H_{34}N_3O_8P$ 1100
$C_{25}H_{34}N_6O_4S_2$ 1364
$C_{25}H_{34}N_6O_5S$ 1363
$C_{25}H_{34}O_4$ 99, 178, 216
$C_{25}H_{34}O_5$ 179, 195, 196
$C_{25}H_{34}O_6$ 218
$C_{25}H_{35}N_3O_4$ 1035
$C_{25}H_{36}N_6O_5S$ 1365
$C_{25}H_{36}N_6O_6S$ 1368
$C_{25}H_{38}O_7$ 788
$C_{25}H_{42}N_6O_7$ 1097
$C_{25}H_{42}N_6O_{10}S$ 1096
$C_{25}H_{42}O_3$ 44
$C_{25}H_{45}NO_9$ 86
$C_{25}H_{45}N_3O_6S$ 1102
$C_{25}H_{45}N_3O_7S$ 1103
$C_{25}H_{46}N_2O_7$ 1792
$C_{25}H_{50}O_7$ 1848

C_{26}
$C_{26}H_{16}O_{11}$ 825
$C_{26}H_{18}O_9$ 926
$C_{26}H_{18}O_{10}$ 824
$C_{26}H_{24}O_9$ 924
$C_{26}H_{25}N_3O_{11}$ 1076
$C_{26}H_{26}O_3$ 689
$C_{26}H_{26}O_{11}$ 667
$C_{26}H_{28}O_8$ 449
$C_{26}H_{30}Cl_2O_5$ 844
$C_{26}H_{30}O_6$ 830
$C_{26}H_{31}Cl_3O_5$ 841
$C_{26}H_{31}N_3O_3$ 990
$C_{26}H_{31}N_3O_4$ 1012, 1013, 1015
$C_{26}H_{32}N_4O_5$ 1217
$C_{26}H_{32}O_5$ 792, 839
$C_{26}H_{32}O_6$ 793, 794
$C_{26}H_{33}Cl_3O_6$ 842
$C_{26}H_{33}N_3O_5$ 1032
$C_{26}H_{34}Cl_2O_6$ 843
$C_{26}H_{35}N_3O_5$ 1036
$C_{26}H_{36}N_4O_8$ 1216
$C_{26}H_{36}O_3$ 143
$C_{26}H_{36}O_5$ 194
$C_{26}H_{38}N_2O_4S_5$ 1910, 1922
$C_{26}H_{38}N_2O_6S_4$ 1967
$C_{26}H_{39}N_3O_2$ 1788
$C_{26}H_{40}N_2O_5$ 1517
$C_{26}H_{42}N_4O_3$ 999, 1025
$C_{26}H_{43}ClN_6O_{10}S$ 1093
$C_{26}H_{44}N_6O_{10}S$ 1094

C_{27}
$C_{27}H_{18}O_{10}$ 951
$C_{27}H_{20}O_{10}$ 940
$C_{27}H_{20}O_{11}$ 937
$C_{27}H_{28}O_{12}$ 923
$C_{27}H_{30}O_8$ 417
$C_{27}H_{31}N_3O_7$ 1017
$C_{27}H_{32}N_6O_4S_2$ 1362
$C_{27}H_{32}O_7$ 416
$C_{27}H_{33}ClO_{10}$ 647
$C_{27}H_{33}NO_9$ 765
$C_{27}H_{33}N_3O_3$ 997
$C_{27}H_{33}N_3O_6$ 1004, 1005, 1048
$C_{27}H_{33}N_3O_7$ 1049, 1069
$C_{27}H_{33}N_3O_8$ 1050
$C_{27}H_{34}Cl_2N_2O_9S_2$ 1740
$C_{27}H_{34}N_6O_4S_2$ 1361
$C_{27}H_{34}O_4$ 79, 80
$C_{27}H_{35}N_3O_4$ 1058, 1065
$C_{27}H_{36}O_4$ 14, 374
$C_{27}H_{36}O_5$ 281
$C_{27}H_{38}BrN_3O_6$ 1510
$C_{27}H_{38}ClN_3O_6$ 1511
$C_{27}H_{38}IN_3O_6$ 1509
$C_{27}H_{38}N_4O_6$ 1227
$C_{27}H_{39}BrN_4O_4$ 1117
$C_{27}H_{39}N_5O_5$ 1226
$C_{27}H_{41}IN_2O_6$ 1501
$C_{27}H_{44}N_4O_3$ 1026
$C_{27}H_{44}O_3$ 45
$C_{27}H_{46}O_4$ 88, 89
$C_{27}H_{47}NO_7$ 1840
$C_{27}H_{49}N_5O_7$ 1106
$C_{27}H_{49}N_5O_8$ 1105
$C_{27}H_{51}N_5O_7$ 1107

C_{28}
$C_{28}H_{16}O_8$ 881
$C_{28}H_{16}O_{14}$ 450
$C_{28}H_{20}O_{10}$ 823
$C_{28}H_{22}Br_4O_7$ 378
$C_{28}H_{24}O_{10}$ 702
$C_{28}H_{26}O_5$ 529
$C_{28}H_{29}N_3O_4$ 1070
$C_{28}H_{30}N_4O_6S_2$ 1870
$C_{28}H_{33}N_3O_3$ 985
$C_{28}H_{34}N_4O_3$ 1823
$C_{28}H_{35}N_3O_5$ 1023
$C_{28}H_{36}O_4$ 190
$C_{28}H_{38}IN_3O_7$ 1512
$C_{28}H_{40}BrN_3O_6$ 1507
$C_{28}H_{40}ClN_3O_6$ 1508
$C_{28}H_{40}Cl_2N_4O_7S_2$ 1745
$C_{28}H_{40}IN_3O_6$ 1506
$C_{28}H_{40}IN_3O_7$ 1624
$C_{28}H_{40}N_4O_3$ 1075
$C_{28}H_{40}N_4O_4$ 1119, 1120
$C_{28}H_{40}N_4O_5$ 1289
$C_{28}H_{42}N_4O_4$ 1111
$C_{28}H_{42}N_4O_5$ 1290
$C_{28}H_{43}N_7O_8$ 1171
$C_{28}H_{45}N_3O_5$ 1667
$C_{28}H_{53}N_5O_8$ 1108

C_{29}
$C_{29}H_{24}Br_4O_7$ 380
$C_{29}H_{24}O_{11}$ 950
$C_{29}H_{36}N_6O_6$ 1179
$C_{29}H_{37}N_3O_2$ 988
$C_{29}H_{37}N_3O_3$ 970
$C_{29}H_{37}N_7O_6S$ 1374
$C_{29}H_{38}BrClN_9O_8$ 1245
$C_{29}H_{40}Cl_2N_4O_7S_2$ 1744
$C_{29}H_{40}N_8O_6S_2$ 1394
$C_{29}H_{42}BrN_3O_7$ 1622
$C_{29}H_{42}ClN_3O_7$ 1623
$C_{29}H_{42}IN_3O_6$ 1593
$C_{29}H_{42}IN_3O_7$ 1621
$C_{29}H_{42}IN_3O_8$ 1625
$C_{29}H_{42}N_4O_5S_3$ 1743
$C_{29}H_{44}Cl_2N_6O_6$ 1092
$C_{29}H_{44}Cl_2N_6O_9S$ 1080
$C_{29}H_{44}N_4O_4$ 1110, 1112
$C_{29}H_{44}O_4$ 103
$C_{29}H_{45}BrN_6O_9S$ 1090
$C_{29}H_{45}ClN_6O_6$ 1091
$C_{29}H_{45}ClN_6O_9S$ 1088

$C_{29}H_{46}N_6O_9S$ 1089
$C_{29}H_{51}NO_{12}$ 1842

C_{30}

$C_{30}H_{15}Br_7O_{12}S_2$ 545
$C_{30}H_{17}NO_{10}$ 153
$C_{30}H_{18}O_{10}$ 887
$C_{30}H_{18}O_{14}$ 557, 558
$C_{30}H_{20}O_{11}$ 816
$C_{30}H_{25}NO_{11}$ 938, 939
$C_{30}H_{28}N_6O_4S_4$ 1881
$C_{30}H_{28}N_6O_5S_4$ 1879
$C_{30}H_{28}N_6O_6S_4$ 1951
$C_{30}H_{30}O_{11}$ 663, 664
$C_{30}H_{31}N_7O_3S_4$ 1403
$C_{30}H_{36}O_6$ 456
$C_{30}H_{38}N_4O_2S$ 1079
$C_{30}H_{41}N_5O_6S$ 1748
$C_{30}H_{42}N_8O_6S_2$ 1395
$C_{30}H_{44}N_2O_8S_2$ 1943
$C_{30}H_{44}N_2O_9S_2$ 1942
$C_{30}H_{44}N_2O_{11}S_2$ 1979
$C_{30}H_{44}N_4O_6$ 1350
$C_{30}H_{45}ClN_6O_{10}S$ 1087
$C_{30}H_{45}N_5O_8$ 1485
$C_{30}H_{46}N_4O_4$ 1109
$C_{30}H_{46}O_{19}$ 1854
$C_{30}H_{48}N_6O_6S$ 1396
$C_{30}H_{48}N_6O_7$ 1086
$C_{30}H_{49}N_5O_7$ 1437
$C_{30}H_{50}ClN_5O_8$ 1435
$C_{30}H_{50}N_2O_8$ 84
$C_{30}H_{50}N_2O_9$ 85
$C_{30}H_{52}N_8O_9$ 1170
$C_{30}H_{53}NO_{12}$ 1841

C_{31}

$C_{31}H_{24}O_{10}$ 804, 808~810
$C_{31}H_{26}O_{11}$ 819
$C_{31}H_{36}O_{11}$ 770
$C_{31}H_{42}O_8$ 243
$C_{31}H_{43}N_3O_2$ 971
$C_{31}H_{44}N_2O_9S_2$ 1945
$C_{31}H_{45}NO_{11}$ 762
$C_{31}H_{46}N_2O_9S_2$ 1945
$C_{31}H_{46}N_4O_8$ 1515
$C_{31}H_{46}N_4O_9$ 1514
$C_{31}H_{46}N_6O_9$ 1785

$C_{31}H_{46}O_2$ 283
$C_{31}H_{47}ClN_8O_{10}$ 1786
$C_{31}H_{47}ClN_8O_9$ 1787
$C_{31}H_{47}NO_{11}$ 761
$C_{31}H_{47}N_3O_7$ 1499
$C_{31}H_{48}N_4O_5$ 1334
$C_{31}H_{52}N_6O_{15}S$ 1095
$C_{31}H_{53}N_5O_7$ 1436
$C_{31}H_{54}N_4O_7S$ 1739
$C_{31}H_{55}N_5O_7$ 1502
$C_{31}H_{58}N_8O_{11}$ 1138

C_{32}

$C_{32}H_{18}Br_4O_{12}S_2$ 568, 570
$C_{32}H_{22}Br_4O_{12}S_2$ 569
$C_{32}H_{22}O_{10}$ 885
$C_{32}H_{22}O_{12}$ 803
$C_{32}H_{24}Cl_4O_8$ 486, 488
$C_{32}H_{24}O_{10}$ 886
$C_{32}H_{24}O_{12}$ 815
$C_{32}H_{26}Cl_4O_6$ 487
$C_{32}H_{26}O_8$ 871, 872
$C_{32}H_{26}O_{10}$ 805, 806, 811, 817, 820
$C_{32}H_{26}O_{11}$ 882
$C_{32}H_{26}O_{12}$ 883, 884, 1845
$C_{32}H_{28}O_{11}$ 812~814
$C_{32}H_{30}O_{12}$ 807, 818
$C_{32}H_{32}N_6O_4$ 954
$C_{32}H_{32}N_6O_7S_4$ 1890, 1898, 1899
$C_{32}H_{32}N_6O_7S_5$ 1889, 1896
$C_{32}H_{32}N_6O_7S_6$ 1888, 1895, 1897
$C_{32}H_{32}N_6O_7S_7$ 1894
$C_{32}H_{32}N_6O_8S_4$ 1952
$C_{32}H_{36}N_4O_3$ 1014
$C_{32}H_{38}O_{12}$ 771
$C_{32}H_{41}N_3O_8$ 1024
$C_{32}H_{42}N_8O_6S_4$ 1384
$C_{32}H_{44}N_6O_6$ 1098
$C_{32}H_{44}O_5$ 245
$C_{32}H_{44}O_8$ 242
$C_{32}H_{46}N_8O_8S_4$ 1407
$C_{32}H_{48}O_7$ 186, 198, 203, 208, 209
$C_{32}H_{50}N_4O_6$ 1618
$C_{32}H_{53}NO_8$ 121
$C_{32}H_{54}O_7$ 119
$C_{32}H_{57}N_5O_7$ 1503
$C_{32}H_{57}N_5O_7S$ 1671
$C_{32}H_{60}O_6$ 138

C_{33}

$C_{33}H_{18}Br_4O_{14}S_2$ 566
$C_{33}H_{28}O_{12}$ 430~432
$C_{33}H_{30}O_{12}$ 1847
$C_{33}H_{32}N_2O_5$ 1815
$C_{33}H_{32}O_{10}$ 865
$C_{33}H_{33}NO_{14}$ 935
$C_{33}H_{36}N_6O_7S_2$ 1907, 1908
$C_{33}H_{36}N_6O_8S_2$ 1904
$C_{33}H_{36}N_6O_8S_3$ 1906
$C_{33}H_{36}N_6O_8S_4$ 1903, 1905
$C_{33}H_{39}ClN_2O_8$ 1460
$C_{33}H_{40}N_4O_6$ 1438
$C_{33}H_{41}N_7O_5S_2$ 1375, 1376, 1412
$C_{33}H_{41}N_7O_6S_2$ 1406
$C_{33}H_{44}N_6O_{11}S$ 1081, 1082
$C_{33}H_{45}N_3O_3$ 1009
$C_{33}H_{47}N_3O_5$ 1668
$C_{33}H_{47}N_3O_7$ 1664
$C_{33}H_{47}N_9O_8$ 1252
$C_{33}H_{50}N_4O_6$ 1612, 1613
$C_{33}H_{50}O_7$ 172, 173
$C_{33}H_{52}N_4O_5$ 1335
$C_{33}H_{52}N_4O_6$ 1580
$C_{33}H_{53}NO_7$ 113
$C_{33}H_{55}NO_8$ 127, 128
$C_{33}H_{56}O_4$ 322
$C_{33}H_{57}N_3O_9$ 1414
$C_{33}H_{61}NO_5$ 1827

C_{34}

$C_{34}H_{14}Br_8O_9$ 248
$C_{34}H_{16}Br_6O_9$ 249
$C_{34}H_{22}O_9$ 250
$C_{34}H_{27}Br_5N_4O_{10}$ 508
$C_{34}H_{34}O_{14}$ 408~410, 443, 444
$C_{34}H_{36}N_6O_6S_4$ 1900
$C_{34}H_{36}N_6O_6S_5$ 1901
$C_{34}H_{36}N_6O_6S_6$ 1902
$C_{34}H_{38}Cl_2N_2O_{10}$ 341
$C_{34}H_{39}N_5O_4$ 996
$C_{34}H_{40}Cl_2N_2O_7$ 1476
$C_{34}H_{40}Cl_2N_2O_8$ 1465
$C_{34}H_{41}ClN_2O_7$ 1458, 1462, 1468, 1469, 1478
$C_{34}H_{41}ClN_2O_8$ 1457, 1464, 1474, 1479
$C_{34}H_{41}NO_6S$ 1976, 1977

$C_{34}H_{42}BrN_3O_7$ **1587**
$C_{34}H_{42}N_2O_7$ **1475**
$C_{34}H_{42}N_2O_8$ **1466**
$C_{34}H_{43}N_7O_5S_2$ **1372**
$C_{34}H_{44}IN_3O_7$ **1513**
$C_{34}H_{44}N_4O_{12}$ **1864**
$C_{34}H_{44}N_6O_5$ **1099**
$C_{34}H_{48}N_6O_6S$ **1371**
$C_{34}H_{48}N_{10}O_{13}$ **1104**
$C_{34}H_{49}N_3O_7$ **1665**
$C_{34}H_{50}N_6O_7S$ **1392**
$C_{34}H_{50}O_8$ **204**
$C_{34}H_{52}O_5$ **135**
$C_{34}H_{53}ClN_6O_{12}S$ **1084, 1085**
$C_{34}H_{53}NO_{22}$ **1852**
$C_{34}H_{53}N_5O_7$ **1620, 1670**
$C_{34}H_{54}O_8$ **182**
$C_{34}H_{54}O_9$ **141, 183**
$C_{34}H_{59}N_3O_9$ **1415**

C_{35}
$C_{35}H_{40}N_8O_6S_4$ **1385**
$C_{35}H_{42}Cl_2N_2O_7$ **1459**
$C_{35}H_{42}Cl_2N_2O_8$ **1472**
$C_{35}H_{42}N_8O_7S_4$ **1386, 1387**
$C_{35}H_{43}BrN_4O_6$ **1535, 1537, 1538, 1541**
$C_{35}H_{43}ClN_2O_7$ **1461, 1470, 1477**
$C_{35}H_{43}ClN_2O_8$ **1456, 1481**
$C_{35}H_{43}N_3O_7$ **1118**
$C_{35}H_{44}N_2O_7$ **1473**
$C_{35}H_{44}N_2O_8$ **1463**
$C_{35}H_{44}N_8O_8S_4$ **1413**
$C_{35}H_{45}ClN_2O_8$ **1467, 1471**
$C_{35}H_{46}N_4O_7$ **1543**
$C_{35}H_{47}N_5O_7$ **1243**
$C_{35}H_{48}N_4O_5$ **1101**
$C_{35}H_{48}N_6O_8$ **1083**
$C_{35}H_{49}N_3O_6S_6$ **1916**
$C_{35}H_{50}N_8O_6S_2$ **1377**
$C_{35}H_{52}Cl_2O_6$ **622**
$C_{35}H_{52}N_8O_8S$ **1315**
$C_{35}H_{52}O_8$ **205**
$C_{35}H_{53}N_5O_7$ **1487**
$C_{35}H_{53}N_5O_8$ **1488**
$C_{35}H_{56}N_8O_5$ **1143**
$C_{35}H_{57}N_5O_6$ **1825**
$C_{35}H_{63}N_5O_9$ **1694**

C_{36}
$C_{36}H_{20}Br_2N_6O_4S_2$ **1876, 1877**
$C_{36}H_{22}O_{18}$ **544, 547**
$C_{36}H_{36}O_{15}$ **407, 411, 442**
$C_{36}H_{43}BrN_4O_7$ **1531, 1536, 1551**
$C_{36}H_{43}N_9O_8$ **1251**
$C_{36}H_{44}Br_2N_4O_6$ **1547, 1548**
$C_{36}H_{45}BrN_4O_6$ **1530**
$C_{36}H_{45}BrN_4O_7$ **1532, 1534, 1539, 1540, 1542, 1550**
$C_{36}H_{45}ClN_2O_8$ **1480**
$C_{36}H_{45}N_9O_8$ **1175, 1176, 1178, 1249**
$C_{36}H_{46}N_4O_6$ **1546, 1549**
$C_{36}H_{46}N_4O_7$ **1454**
$C_{36}H_{47}BrN_4O_7$ **1114**
$C_{36}H_{47}N_9O_8$ **1256**
$C_{36}H_{50}N_4O_6$ **1649, 1666**
$C_{36}H_{52}Br_4O_6$ **614**
$C_{36}H_{52}Cl_4O_4$ **619**
$C_{36}H_{52}Cl_4O_5$ **617**
$C_{36}H_{52}Cl_4O_6$ **613**
$C_{36}H_{52}N_8O_5S_3$ **1410**
$C_{36}H_{52}N_8O_6S_2$ **1360**
$C_{36}H_{52}O_5S$ **673**
$C_{36}H_{52}O_9$ **199, 207**
$C_{36}H_{52}O_{12}$ **453**
$C_{36}H_{53}Cl_3O_6$ **612**
$C_{36}H_{53}N_3O_9$ **1598**
$C_{36}H_{53}N_7O_{10}S$ **1971**
$C_{36}H_{53}N_{11}O_{18}$ **1439**
$C_{36}H_{54}Cl_2O_5$ **616**
$C_{36}H_{54}Cl_2O_6$ **611, 623**
$C_{36}H_{54}N_8O_9$ **1339**
$C_{36}H_{55}ClO_6$ **610**
$C_{36}H_{55}N_5O_8$ **1527**
$C_{36}H_{55}N_{11}O_{19}$ **1126**
$C_{36}H_{56}O_4$ **618**
$C_{36}H_{56}O_5$ **615**
$C_{36}H_{56}O_6$ **609**
$C_{36}H_{57}BrN_4O_8$ **1652**
$C_{36}H_{57}FeN_6O_6$ **1981**
$C_{36}H_{57}N_5O_7$ **1619, 1669**
$C_{36}H_{58}N_8O_5$ **1144**
$C_{36}H_{59}N_7O_{10}$ **1152**
$C_{36}H_{62}O_4$ **323**
$C_{36}H_{64}O_{12}$ **221**
$C_{36}H_{65}N_7O_{13}$ **1129**

C_{37}
$C_{37}H_{39}N_7O_8$ **1330, 1331**
$C_{37}H_{45}N_9O_8$ **1177**
$C_{37}H_{46}N_8O_6S_2$ **1379, 1382**
$C_{37}H_{47}BrN_4O_6$ **1533**
$C_{37}H_{47}N_9O_8$ **1250**
$C_{37}H_{48}N_4O_9$ **1544, 1545**
$C_{37}H_{49}BrN_4O_7$ **1115**
$C_{37}H_{51}N_5O_6$ **1149**
$C_{37}H_{54}O_9$ **200, 201**
$C_{37}H_{56}N_8O_7$ **1352**
$C_{37}H_{57}N_5O_5$ **1151**
$C_{37}H_{57}N_5O_8$ **1349**
$C_{37}H_{59}BrN_4O_8$ **1651**
$C_{37}H_{59}N_5O_5$ **1150**
$C_{37}H_{60}N_4O_8$ **1653**
$C_{37}H_{61}N_7O_{13}$ **1452**
$C_{37}H_{62}N_4O_7S_3$ **1806**
$C_{37}H_{62}N_4O_8$ **1657**
$C_{37}H_{62}N_7O_{16}P$ **1451**
$C_{37}H_{63}BrN_4O_8$ **1633**
$C_{37}H_{63}N_5O_7$ **1146**
$C_{37}H_{67}N_5O_9$ **1695, 1696**
$C_{37}H_{68}N_4O_9$ **1795, 1797**

C_{38}
$C_{38}H_{38}O_{13}$ **908**
$C_{38}H_{38}O_{14}$ **901**
$C_{38}H_{38}O_{16}$ **412**
$C_{38}H_{40}O_{15}$ **897**
$C_{38}H_{41}N_3O_5$ **972~974**
$C_{38}H_{43}N_3O_5$ **991**
$C_{38}H_{48}N_8O_6S_2$ **1378, 1380**
$C_{38}H_{48}O_{12}$ **479**
$C_{38}H_{50}BrN_7O_{10}$ **1448**
$C_{38}H_{50}N_8O_7S_2$ **1383**
$C_{38}H_{51}BrN_4O_7$ **1116**
$C_{38}H_{51}N_9O_7$ **1353**
$C_{38}H_{52}N_4O_9$ **1327**
$C_{38}H_{54}Cl_4N_2O_8$ **604**
$C_{38}H_{54}N_4O_6$ **1650**
$C_{38}H_{54}O_{10}$ **206**
$C_{38}H_{55}Cl_2N_3O_{13}S_2$ **1747**
$C_{38}H_{55}Cl_3N_2O_8$ **605**
$C_{38}H_{56}Cl_2N_2O_8$ **606**
$C_{38}H_{56}N_8O_8$ **1219**
$C_{38}H_{57}ClN_2O_8$ **607**
$C_{38}H_{58}Cl_2N_6O_8$ **1529**

$C_{38}H_{58}N_2O_8$ **608**
$C_{38}H_{58}O_{10}$ **241**
$C_{38}H_{61}N_7O_9$ **1422**
$C_{38}H_{62}N_4O_8$ **1568, 1654**
$C_{38}H_{67}N_7O_{13}$ **1128**
$C_{38}H_{69}N_7O_{14}$ **1127**
$C_{38}H_{70}N_4O_8$ **1794**
$C_{38}H_{70}N_4O_9$ **1798**

C_{39}
$C_{39}H_{42}O_{15}$ **900**
$C_{39}H_{50}N_8O_5S_3$ **1409**
$C_{39}H_{50}N_8O_6S_2$ **1381**
$C_{39}H_{57}N_3O_6S_7$ **1910**
$C_{39}H_{58}N_8O_8$ **1220**
$C_{39}H_{59}N_7O_{15}$ **1141, 1142**
$C_{39}H_{62}N_6O_6$ **1124**
$C_{39}H_{64}N_4O_8$ **1567, 1655**
$C_{39}H_{64}N_6O_7$ **1123**
$C_{39}H_{64}N_8O_{14}$ **1588**
$C_{39}H_{65}N_5O_8$ **1169**
$C_{39}H_{65}N_5O_9$ **1168**
$C_{39}H_{69}N_5O_9$ **1697**
$C_{39}H_{71}N_5O_9$ **1698**
$C_{39}H_{72}N_4O_8$ **1793**
$C_{39}H_{72}N_4O_9$ **1796**

C_{40}
$C_{40}H_{32}O_{15}$ **1846**
$C_{40}H_{49}ClN_8O_{12}$ **1283**
$C_{40}H_{53}N_5O_7$ **1505**
$C_{40}H_{54}N_8O_7$ **1351**
$C_{40}H_{57}N_5O_{10}$ **1294**
$C_{40}H_{57}N_5O_6$ **1140**
$C_{40}H_{57}N_7O_{13}S$ **1647**
$C_{40}H_{58}Cl_2N_4O_{11}S_2$ **1807**
$C_{40}H_{58}O_{10}$ **202**
$C_{40}H_{60}N_8O_8$ **1221**
$C_{40}H_{60}N_{10}O_9$ **1255**
$C_{40}H_{61}BrN_8O_9$ **1429**
$C_{40}H_{61}N_7O_8$ **1338**
$C_{40}H_{62}N_6O_9$ **1783**
$C_{40}H_{66}N_2O_8$ **227**
$C_{40}H_{66}N_4O_9$ **1182**
$C_{40}H_{66}N_6O_6$ **1125**
$C_{40}H_{68}N_2O_8$ **225, 244**
$C_{40}H_{68}N_4O_8$ **1166**
$C_{40}H_{70}N_2O_8$ **226, 228, 229**

C_{41}
$C_{41}H_{49}N_7O_6S$ **1369, 1370**
$C_{41}H_{50}ClN_9O_{13}$ **1282**
$C_{41}H_{55}N_5O_7$ **1504**
$C_{41}H_{55}N_5O_9$ **1326**
$C_{41}H_{55}N_7O_9$ **1314**
$C_{41}H_{59}N_7O_9$ **1423**
$C_{41}H_{59}N_7O_{12}$ **1572**
$C_{41}H_{60}N_4O_8$ **1522, 1656**
$C_{41}H_{60}N_8O_{10}$ **1296**
$C_{41}H_{60}N_8O_9$ **1418**
$C_{41}H_{60}N_{10}O_9$ **1417**
$C_{41}H_{60}N_{10}O_9S$ **1432**
$C_{41}H_{60}O_5S$ **674**
$C_{41}H_{61}N_7O_7$ **1328, 1329**
$C_{41}H_{62}N_4O_8$ **1523**
$C_{41}H_{63}N_{11}O_{21}S$ **1323**
$C_{41}H_{63}N_{13}O_{21}S$ **1324**
$C_{41}H_{64}N_4O_8$ **1524**
$C_{41}H_{67}N_5O_9$ **1498**

C_{42}
$C_{42}H_{26}O_{21}$ **554**
$C_{42}H_{40}N_6O_4$ **965**
$C_{42}H_{46}O_5$ **372**
$C_{42}H_{52}O_{20}$ **873**
$C_{42}H_{54}N_8O_9$ **1313**
$C_{42}H_{54}O_6$ **394~396**
$C_{42}H_{54}O_{20}$ **875**
$C_{42}H_{54}O_{21}$ **874**
$C_{42}H_{55}N_5O_7$ **1516**
$C_{42}H_{55}N_7O_{13}S_2$ **1408**
$C_{42}H_{56}N_8O_9$ **1224**
$C_{42}H_{56}N_{10}O_9$ **1254**
$C_{42}H_{57}N_5O_7$ **1239, 1240**
$C_{42}H_{57}N_5O_9$ **1325**
$C_{42}H_{61}N_7O_7S$ **1404**
$C_{42}H_{62}N_8O_8$ **1222**
$C_{42}H_{62}O_{12}S_4$ **1928**
$C_{42}H_{64}Cl_2O_{11}$ **621**
$C_{42}H_{66}N_8O_{11}$ **1553**
$C_{42}H_{67}N_7O_{10}$ **1183**
$C_{42}H_{67}N_{11}O_{14}S$ **1244**
$C_{42}H_{68}N_6O_6S$ **1147**
$C_{42}H_{69}N_5O_{10}$ **1658**
$C_{42}H_{70}N_2O_9$ **230**
$C_{42}H_{72}N_{10}O_{20}$ **1131**
$C_{42}H_{77}N_{13}O_{13}$ **1137**

$C_{42}H_{79}N_{13}O_{14}$ **1134**

C_{43}
$C_{43}H_{53}ClN_8O_{13}$ **1300**
$C_{43}H_{54}N_8O_{13}$ **1301**
$C_{43}H_{56}N_{10}O_{11}S$ **1397, 1398**
$C_{43}H_{57}BrN_{10}O_{12}S$ **1399**
$C_{43}H_{58}ClN_5O_7$ **1236**
$C_{43}H_{58}N_{10}O_9$ **1253**
$C_{43}H_{58}N_{10}O_{11}S$ **1400**
$C_{43}H_{62}N_2O_{14}S_5$ **1926**
$C_{43}H_{62}N_6O_{12}$ **1617**
$C_{43}H_{63}BrN_{10}O_{14}$ **1302**
$C_{43}H_{63}N_5O_9$ **1564, 1606~1608**
$C_{43}H_{63}N_7O_8S$ **1411**
$C_{43}H_{63}N_{11}O_{18}S$ **1307**
$C_{43}H_{64}N_6O_{19}$ **1172**
$C_{43}H_{65}N_5O_7S$ **1726**
$C_{43}H_{65}N_5O_9$ **1145, 1565**
$C_{43}H_{65}N_5O_{10}$ **1165**
$C_{43}H_{67}N_5O_8S$ **1728**
$C_{43}H_{67}N_5O_9$ **1566**
$C_{43}H_{70}N_6O_6S$ **1181**
$C_{43}H_{70}N_8O_7S_2$ **1278, 1279**
$C_{43}H_{72}N_8O_9$ **1265**
$C_{43}H_{73}N_5O_{10}$ **1444**
$C_{43}H_{79}N_7O_8$ **1157**
$C_{43}H_{79}N_7O_9$ **1154, 1156**

C_{44}
$C_{44}H_{55}N_9O_{15}S_2$ **1405**
$C_{44}H_{57}N_7O_9$ **1419**
$C_{44}H_{57}N_7O_{10}$ **1416**
$C_{44}H_{57}N_7O_{12}$ **1646**
$C_{44}H_{58}N_8O_8$ **1266**
$C_{44}H_{60}N_{10}O_{11}S$ **1401**
$C_{44}H_{62}N_8O_{11}$ **1552, 1554**
$C_{44}H_{62}N_{10}O_{15}$ **1310**
$C_{44}H_{63}N_7O_{12}S$ **1431**
$C_{44}H_{63}N_7O_{13}S$ **1430**
$C_{44}H_{65}N_5O_9$ **1603**
$C_{44}H_{65}N_9O_9$ **1185**
$C_{44}H_{65}N_{11}O_{15}$ **1308**
$C_{44}H_{65}N_{11}O_{17}S$ **1304**
$C_{44}H_{65}N_{11}O_{18}S$ **1295, 1303**
$C_{44}H_{67}N_5O_8S$ **1723, 1724**
$C_{44}H_{67}N_5O_9$ **1604**
$C_{44}H_{67}N_5O_{10}$ **1563**

$C_{44}H_{68}N_6O_8$ 1648
$C_{44}H_{69}N_5O_8S$ 1727
$C_{44}H_{69}N_5O_9$ 1605
$C_{44}H_{71}N_5O_{10}S_3$ 1741
$C_{44}H_{72}O_{14}$ 231
$C_{44}H_{73}N_{11}O_{19}$ 1159
$C_{44}H_{75}N_5O_{10}$ 1442, 1443
$C_{44}H_{76}N_{10}O_{21}$ 1130
$C_{44}H_{78}N_{10}O_{11}$ 1191~1193

C_{45}
$C_{45}H_{50}N_4O_{12}S_3$ 1937
$C_{45}H_{50}N_4O_{12}S_4$ 1938
$C_{45}H_{54}N_8O_{12}$ 1286
$C_{45}H_{54}N_8O_{14}$ 1284
$C_{45}H_{56}N_8O_{12}$ 1285
$C_{45}H_{59}N_7O_{10}$ 1434
$C_{45}H_{59}N_7O_{13}$ 1645
$C_{45}H_{61}N_7O_8$ 1311, 1312
$C_{45}H_{61}N_{11}O_{12}S$ 1390, 1391
$C_{45}H_{64}N_8O_{10}$ 1426
$C_{45}H_{64}N_{10}O_{10}S_2$ 1402
$C_{45}H_{64}N_{10}O_{15}$ 1359
$C_{45}H_{67}N_5O_7S$ 1731
$C_{45}H_{67}N_7O_{10}$ 1424
$C_{45}H_{67}N_{11}O_{15}$ 1309
$C_{45}H_{67}N_{11}O_{17}S$ 1306
$C_{45}H_{67}N_{11}O_{18}S$ 1305
$C_{45}H_{68}N_6O_9$ 1148
$C_{45}H_{68}N_{12}O_{14}$ 1292
$C_{45}H_{69}N_5O_8S$ 1721
$C_{45}H_{69}N_5O_9S$ 1722
$C_{45}H_{69}N_5O_{10}$ 1570
$C_{45}H_{71}N_5O_{10}$ 1569
$C_{45}H_{71}N_7O_{10}$ 1782
$C_{45}H_{73}N_5O_{10}S_3$ 1742
$C_{45}H_{77}N_5O_{10}$ 1805
$C_{45}H_{80}N_{10}O_{11}$ 1190
$C_{45}H_{80}N_{10}O_{12}$ 1194
$C_{45}H_{83}N_7O_8$ 1155
$C_{45}H_{83}N_7O_9$ 1153

C_{46}
$C_{46}H_{36}O_{31}$ 769
$C_{46}H_{52}N_4O_{12}S_4$ 1936
$C_{46}H_{56}N_8O_{12}$ 1288
$C_{46}H_{58}N_8O_{12}$ 1287
$C_{46}H_{61}N_7O_{13}$ 1573
$C_{46}H_{62}BrN_9O_{10}$ 1297
$C_{46}H_{62}N_8O_{12}$ 1781
$C_{46}H_{63}ClN_8O_{12}$ 1752
$C_{46}H_{63}N_7O_{12}$ 1754
$C_{46}H_{66}N_8O_8$ 1425
$C_{46}H_{67}N_5O_8$ 1447
$C_{46}H_{67}N_7O_{11}$ 1555
$C_{46}H_{68}O_5S$ 675
$C_{46}H_{69}N_5O_{10}$ 1299
$C_{46}H_{70}N_{10}O_{10}$ 1421
$C_{46}H_{71}BrN_{10}O_{13}$ 1629
$C_{46}H_{71}N_5O_8S$ 1729
$C_{46}H_{73}BrN_8O_{11}$ 1557
$C_{46}H_{73}BrN_{10}O_{12}S$ 1611
$C_{46}H_{73}N_5O_{10}$ 1571
$C_{46}H_{75}N_{11}O_{19}$ 1161
$C_{46}H_{77}N_{11}O_{19}$ 1162
$C_{46}H_{77}N_{11}O_{20}$ 1160
$C_{46}H_{79}N_5O_{10}$ 1804
$C_{46}H_{82}N_{10}O_{11}$ 1195

C_{47}
$C_{47}H_{62}N_8O_7$ 1316
$C_{47}H_{62}N_8O_{15}$ 1281
$C_{47}H_{62}N_8O_{16}$ 1280
$C_{47}H_{63}N_7O_{13}$ 1574
$C_{47}H_{64}N_8O_{12}$ 1764
$C_{47}H_{65}N_9O_{11}$ 1354
$C_{47}H_{68}N_{10}O_{18}S$ 1777
$C_{47}H_{69}N_9O_9$ 1320
$C_{47}H_{70}N_6O_4$ 1497
$C_{47}H_{72}N_8O_9$ 1223, 1269
$C_{47}H_{72}N_{12}O_{14}$ 1293
$C_{47}H_{74}N_{12}O_{14}$ 1450
$C_{47}H_{78}N_6O_7$ 1799

C_{48}
$C_{48}H_{30}O_{23}$ 559
$C_{48}H_{34}O_{24}$ 553
$C_{48}H_{56}N_{10}O_{11}S_6$ 1484
$C_{48}H_{56}N_{10}O_{12}S_6$ 1644
$C_{48}H_{56}N_{10}O_{13}S_6$ 1628
$C_{48}H_{63}N_7O_8$ 1241
$C_{48}H_{66}N_8O_{12}$ 1577
$C_{48}H_{66}N_8O_{13}$ 1770
$C_{48}H_{67}N_7O_{12}S$ 1780
$C_{48}H_{67}N_9O_{11}$ 1355
$C_{48}H_{70}N_6O_{10}$ 1561
$C_{48}H_{72}N_6O_{10}$ 1267
$C_{48}H_{74}Cl_2O_{16}$ 620
$C_{48}H_{74}N_{12}O_{14}$ 1291
$C_{48}H_{75}N_5O_8S$ 1725
$C_{48}H_{75}N_7O_{13}$ 1718
$C_{48}H_{79}N_{11}O_{19}$ 1163
$C_{48}H_{81}N_{11}O_{19}$ 1164
$C_{48}H_{86}O_4$ 321

C_{49}
$C_{49}H_{52}N_8O_6$ 1271
$C_{49}H_{63}ClN_8O_8$ 1428
$C_{49}H_{63}ClN_8O_9$ 1427
$C_{49}H_{63}N_7O_8$ 1337
$C_{49}H_{65}N_7O_9$ 1242
$C_{49}H_{67}BrN_8O_{12}$ 1751
$C_{49}H_{67}N_7O_{11}$ 1420
$C_{49}H_{68}N_8O_{12}$ 1750
$C_{49}H_{68}N_{10}O_{10}$ 1433
$C_{49}H_{69}N_7O_{13}$ 1753
$C_{49}H_{72}N_{10}O_{13}$ 1215
$C_{49}H_{78}N_6O_{12}$ 1489, 1490
$C_{49}H_{78}N_8O_{11}$ 1486
$C_{49}H_{78}N_8O_{12}$ 1596
$C_{49}H_{80}N_6O_{13}$ 1122

C_{50}
$C_{50}H_{47}N_{15}O_{13}S_3$ 1749
$C_{50}H_{67}N_7O_{15}$ 1616
$C_{50}H_{67}N_7O_7$ 1332
$C_{50}H_{67}N_9O_9$ 1225
$C_{50}H_{70}BrN_7O_8S$ 1173
$C_{50}H_{70}N_8O_{13}$ 1556
$C_{50}H_{73}N_5O_{10}$ 1609
$C_{50}H_{74}N_8O_{12}$ 1184
$C_{50}H_{74}N_{10}O_{13}$ 1214
$C_{50}H_{77}N_{13}O_{14}$ 1800
$C_{50}H_{78}N_6O_{12}$ 1579
$C_{50}H_{80}N_8O_{11}$ 1496
$C_{50}H_{80}N_8O_{12}$ 1495, 1578
$C_{50}H_{82}N_8O_{12}$ 1204

C_{51}
$C_{51}H_{69}N_7O_{15}$ 1778
$C_{51}H_{69}N_7O_7$ 1333
$C_{51}H_{69}N_9O_9$ 1322, 1336
$C_{51}H_{70}ClN_7O_{15}$ 1779
$C_{51}H_{72}BrN_7O_8S$ 1132

$C_{51}H_{76}N_8O_{16}S$ **1776**
$C_{51}H_{76}N_{10}O_{13}$ **1213**
$C_{51}H_{80}N_{12}O_{11}S_3$ **1393**
$C_{51}H_{82}N_8O_{11}$ **1526**
$C_{51}H_{82}N_8O_{12}$ **1575**
$C_{51}H_{89}N_7O_{13}$ **1791**
$C_{51}H_{93}N_9O_{11}$ **1167**

C_{52}

$C_{52}H_{73}BrN_{10}O_{15}S$ **1357**
$C_{52}H_{73}N_7O_{14}$ **1615**
$C_{52}H_{76}N_4O_8S_{12}$ **1915**
$C_{52}H_{80}Cl_2O_{17}$ **253**
$C_{52}H_{81}ClO_{17}$ **251**
$C_{52}H_{82}ClN_{11}O_{15}$ **1601**
$C_{52}H_{82}N_6O_{14}$ **1492**
$C_{52}H_{82}O_{17}$ **254**
$C_{52}H_{84}O_{17}$ **252**
$C_{52}H_{85}N_7O_{11}$ **1660**
$C_{52}H_{86}O_{15}$ **232**
$C_{52}H_{89}N_7O_{11}$ **1661**
$C_{52}H_{93}N_7O_{14}$ **1789**

C_{53}

$C_{53}H_{67}N_9O_9$ **1321**
$C_{53}H_{68}N_8O_{15}$ **1762**
$C_{53}H_{68}N_8O_{18}S$ **1761**
$C_{53}H_{74}N_6O_{10}$ **1562**
$C_{53}H_{75}BrN_{10}O_{12}$ **1356**
$C_{53}H_{75}BrN_{10}O_{15}S$ **1358**
$C_{53}H_{83}N_7O_{14}$ **1631**
$C_{53}H_{84}ClN_{11}O_{15}$ **1602**
$C_{53}H_{86}N_8O_{10}$ **1659**
$C_{53}H_{87}N_9O_{10}$ **1237**
$C_{53}H_{93}N_7O_{13}$ **1672, 1673**
$C_{53}H_{93}N_9O_{16}$ **1704**
$C_{53}H_{94}N_8O_{12}$ **1680**
$C_{53}H_{95}N_7O_{14}$ **1790**

C_{54}

$C_{54}H_{56}N_6O_{18}$ **946**
$C_{54}H_{70}N_8O_{18}S$ **1763**
$C_{54}H_{77}N_7O_{17}S$ **1774**
$C_{54}H_{81}N_7O_{11}$ **1662**
$C_{54}H_{81}N_{11}O_{10}$ **1235**
$C_{54}H_{82}O_4$ **364**
$C_{54}H_{85}N_7O_{11}$ **1663**
$C_{54}H_{85}N_7O_{14}$ **1630**

$C_{54}H_{89}N_9O_{10}$ **1238**
$C_{54}H_{95}N_7O_{13}$ **1674, 1675**
$C_{54}H_{95}N_9O_{16}$ **1705, 1719**
$C_{54}H_{100}N_{16}O_{17}$ **1135**

C_{55}

$C_{55}H_{75}N_7O_{17}S$ **1775**
$C_{55}H_{77}N_9O_{10}S_2$ **1733**
$C_{55}H_{77}N_9O_{15}$ **1755**
$C_{55}H_{79}N_7O_{14}$ **1773**
$C_{55}H_{85}N_7O_{15}$ **1494**
$C_{55}H_{92}N_6O_{13}$ **1595**
$C_{55}H_{97}N_7O_{13}$ **1676**
$C_{55}H_{97}N_9O_{16}$ **1700, 1703, 1706**

C_{56}

$C_{56}H_{77}N_7O_{18}S$ **1771**
$C_{56}H_{79}N_9O_{10}S_2$ **1732, 1734**
$C_{56}H_{80}BrN_9O_{16}$ **1757**
$C_{56}H_{82}BrN_9O_{17}$ **1756**
$C_{56}H_{82}ClN_9O_{17}$ **1758**
$C_{56}H_{82}N_8O_{11}$ **1247**
$C_{56}H_{86}N_8O_{13}$ **1180**
$C_{56}H_{88}N_8O_{10}$ **1440**
$C_{56}H_{94}N_6O_{13}$ **1576, 1594**
$C_{56}H_{99}N_7O_{13}$ **1677, 1678**
$C_{56}H_{99}N_9O_{16}$ **1701, 1707**

C_{57}

$C_{57}H_{57}N_9O_8$ **1273**
$C_{57}H_{79}N_7O_{18}S$ **1772**
$C_{57}H_{81}N_9O_{10}S_2$ **1735, 1736**
$C_{57}H_{87}N_7O_{15}$ **1441**
$C_{57}H_{89}N_7O_{15}$ **1491, 1614**
$C_{57}H_{96}N_6O_{13}$ **1500**
$C_{57}H_{96}N_6O_{18}$ **1445, 1446, 1453**
$C_{57}H_{101}N_9O_{16}$ **1702**

C_{58}

$C_{58}H_{72}N_{10}O_{10}$ **1272**
$C_{58}H_{72}N_{10}O_9$ **1270**
$C_{58}H_{83}N_{11}O_{10}$ **1233**
$C_{58}H_{95}N_9O_{16}$ **1202**
$C_{58}H_{98}N_6O_{18}$ **1525**

C_{59}

$C_{59}H_{68}N_{14}O_9$ **1174**
$C_{59}H_{77}N_9O_9S_2$ **1738**
$C_{59}H_{80}BrN_9O_{18}$ **1759**

$C_{59}H_{84}N_{10}O_{11}$ **1317**
$C_{59}H_{92}N_8O_{11}$ **1679**
$C_{59}H_{96}N_8O_{24}$ **1801**
$C_{59}H_{97}N_9O_{16}$ **1203**
$C_{59}H_{107}N_7O_{11}$ **1802**
$C_{59}H_{108}N_{10}O_{12}$ **1189**

C_{60}

$C_{60}H_{79}N_9O_9S_2$ **1737**
$C_{60}H_{82}BrN_9O_{18}$ **1760**
$C_{60}H_{86}N_{10}O_{11}$ **1319**
$C_{60}H_{94}N_8O_{11}$ **1699**
$C_{60}H_{97}N_{11}O_{14}$ **1268**
$C_{60}H_{98}N_6O_{14}$ **1597**
$C_{60}H_{108}N_{10}O_{11}$ **1188**
$C_{60}H_{110}N_{10}O_{12}$ **1187**

C_{61}

$C_{61}H_{86}N_{14}O_{21}$ **1210**
$C_{61}H_{88}N_{10}O_{11}$ **1318**

C_{62}

$C_{62}H_{88}N_{14}O_{21}$ **1211**
$C_{62}H_{99}N_{11}O_{24}$ **1681**

C_{63}

$C_{63}H_{90}N_{14}O_{21}$ **1212**
$C_{63}H_{93}N_{15}O_{13}$ **1230**
$C_{63}H_{108}N_{12}O_{15}$ **1197**
$C_{63}H_{115}N_7O_{11}$ **1803**

C_{65}

$C_{65}H_{84}N_{12}O_{15}$ **1274**
$C_{65}H_{103}N_{13}O_{21}$ **1600**
$C_{65}H_{105}N_{15}O_{22}$ **1712, 1715**
$C_{65}H_{109}N_{13}O_{13}$ **1229**
$C_{65}H_{110}N_{10}O_{16}$ **1455**

C_{66}

$C_{66}H_{95}N_5O_{19}$ **1632**
$C_{66}H_{95}N_{13}O_{12}$ **1232**
$C_{66}H_{100}N_{12}O_{15}$ **1158**
$C_{66}H_{102}ClN_{13}O_{19}$ **1586**
$C_{66}H_{102}ClN_{13}O_{20}$ **1585**
$C_{66}H_{104}ClN_{13}O_{21}$ **1709**
$C_{66}H_{104}N_{14}O_{21}$ **1716**
$C_{66}H_{104}N_{14}O_{22}$ **1717**
$C_{66}H_{105}N_{13}O_{21}$ **1599**
$C_{66}H_{107}N_{15}O_{21}$ **1714**
$C_{66}H_{107}N_{15}O_{22}$ **1711**

$C_{66}H_{109}N_{15}O_{23}$ **1713**

C_{67}
$C_{67}H_{85}N_{13}O_{14}$ **1275**
$C_{67}H_{85}N_{13}O_{15}$ **1277**
$C_{67}H_{102}N_{10}O_{19}$ **1493**
$C_{67}H_{116}N_{18}O_{21}$ **1139**

C_{68}
$C_{68}H_{80}N_{6}O_{24}$ **945**
$C_{68}H_{82}N_{4}O_{24}$ **947**
$C_{68}H_{96}BrN_{17}O_{17}S$ **1205**
$C_{68}H_{105}N_{15}O_{15}$ **1231**
$C_{68}H_{116}N_{18}O_{20}$ **1136, 1449**
$C_{68}H_{118}N_{18}O_{21}$ **1133**
$C_{68}H_{121}N_{13}O_{16}$ **1639**

C_{69}
$C_{69}H_{84}N_{4}O_{24}$ **948**
$C_{69}H_{86}N_{14}O_{14}$ **1276**
$C_{69}H_{87}BrN_{16}O_{22}$ **1343**
$C_{69}H_{91}N_{13}O_{12}$ **1234**
$C_{69}H_{108}N_{14}O_{14}$ **1228**
$C_{69}H_{123}N_{13}O_{16}$ **1634~1636, 1640**
$C_{69}H_{123}N_{13}O_{16}S$ **1627**
$C_{69}H_{123}N_{17}O_{23}$ **1641**

C_{70}
$C_{70}H_{86}N_{4}O_{24}$ **949**
$C_{70}H_{89}BrN_{16}O_{23}$ **1342**
$C_{70}H_{99}BrN_{16}O_{26}^{+}$ **1340**
$C_{70}H_{125}N_{13}O_{15}$ **1483**
$C_{70}H_{125}N_{13}O_{16}$ **1637**
$C_{70}H_{125}N_{13}O_{16}S$ **1482**

C_{71}
$C_{71}H_{118}N_{18}O_{22}$ **1591**
$C_{71}H_{119}N_{19}O_{21}$ **1590**
$C_{71}H_{125}N_{17}O_{23}$ **1643**
$C_{71}H_{125}N_{17}O_{24}$ **1642**
$C_{71}H_{127}N_{13}O_{16}$ **1346, 1638**

C_{72}
$C_{72}H_{105}N_{13}O_{20}$ **1298**

$C_{72}H_{111}ClN_{12}O_{25}$ **1708**
$C_{72}H_{112}ClN_{13}O_{23}$ **1584**
$C_{72}H_{112}ClN_{13}O_{24}$ **1583**
$C_{72}H_{112}N_{16}O_{16}$ **1207**
$C_{72}H_{114}ClN_{13}O_{25}$ **1582**
$C_{72}H_{115}N_{13}O_{25}$ **1710**
$C_{72}H_{121}N_{19}O_{21}$ **1592**
$C_{72}H_{125}N_{15}O_{24}$ **1684**
$C_{72}H_{126}N_{16}O_{23}$ **1685**

C_{73}
$C_{73}H_{100}BrN_{19}O_{20}S$ **1521**
$C_{73}H_{127}N_{15}O_{24}$ **1682**
$C_{73}H_{128}N_{16}O_{23}$ **1683**

C_{74}
$C_{74}H_{95}Br_{2}N_{16}O_{27}^{+}$ **1344**
$C_{74}H_{108}BrN_{19}O_{20}S$ **1610**
$C_{74}H_{129}N_{15}O_{24}$ **1686**
$C_{74}H_{130}N_{16}O_{23}$ **1687**

C_{75}
$C_{75}H_{97}Br_{2}N_{16}O_{28}$ **1345**
$C_{75}H_{109}BrN_{18}O_{22}S$ **1581**
$C_{75}H_{112}N_{20}O_{22}S$ **1260**
$C_{75}H_{124}N_{14}O_{16}$ **1528, 1692**
$C_{75}H_{125}N_{21}O_{23}$ **1589**
$C_{75}H_{131}N_{15}O_{24}$ **1688**
$C_{75}H_{132}N_{16}O_{23}$ **1689**

C_{76}
$C_{76}H_{99}BrN_{16}O_{27}$ **1347**
$C_{76}H_{99}BrN_{16}O_{28}^{+}$ **1341**
$C_{76}H_{114}N_{20}O_{22}S$ **1258, 1259**
$C_{76}H_{116}N_{20}O_{23}S$ **1261**
$C_{76}H_{133}N_{15}O_{24}$ **1690**
$C_{76}H_{134}N_{16}O_{23}$ **1691**

C_{77}
$C_{77}H_{109}N_{17}O_{20}$ **1720**
$C_{77}H_{114}N_{14}O_{21}S$ **1784**
$C_{77}H_{116}N_{20}O_{22}S$ **1257**
$C_{77}H_{116}N_{20}O_{23}S$ **1264**

$C_{77}H_{126}N_{14}O_{17}$ **1693**

C_{78}
$C_{78}H_{109}BrN_{20}O_{22}S$ **1518, 1519**
$C_{78}H_{118}N_{20}O_{22}S$ **1262, 1263**

C_{79}
$C_{79}H_{111}BrN_{20}O_{22}S$ **1520**

C_{80}
$C_{80}H_{142}N_{16}O_{16}$ **1196**

C_{81}
$C_{81}H_{139}N_{18}O_{16}^{+}$ **1201**

C_{82}
$C_{82}H_{100}N_{14}O_{24}$ **1769**
$C_{82}H_{141}N_{18}O_{16}^{+}$ **1199**
$C_{82}H_{142}N_{18}O_{16}$ **1198**

C_{83}
$C_{83}H_{134}N_{14}O_{15}S_{2}$ **1206**
$C_{83}H_{143}N_{18}O_{16}^{+}$ **1200**

C_{84}
$C_{84}H_{106}N_{16}O_{24}$ **1766**
$C_{84}H_{107}N_{17}O_{26}S$ **1768**

C_{85}
$C_{85}H_{100}N_{16}O_{24}$ **1765**
$C_{85}H_{110}N_{16}O_{25}$ **1767**

C_{93}
$C_{93}H_{148}N_{24}O_{27}$ **1559**
$C_{93}H_{150}N_{24}O_{28}$ **1558**

C_{94}
$C_{94}H_{152}N_{24}O_{28}$ **1560**

C_{129}
$C_{129}H_{183}N_{35}O_{39}S_{7}$ **1208, 1209**

索引 4 化合物药理活性索引

按照汉语拼音排序，在药理活性术语中，开头的阿拉伯数字 1, 2, 3,..., 英文字母 A, B, C,...及希腊字母 $\alpha, \beta, \gamma,...$不参加排序。本索引使用了一套格式化的药理活性数据代码，特别对所有类型的癌细胞，详见本书的两个附录"缩写和符号表"及"癌细胞的代码"。请读者注意，代码"细胞毒"代表体外实验结果，而代码"抗肿瘤"表示体内抗癌实验结果。

阿托品拮抗剂　1113
癌细胞中多重抗药调制器　1206
艾滋病毒逆转录酶 HIV-rt 抑制剂　1846
氨基蛋白酶抑制剂　1170
白细胞介素-12 p40 蛋白生成抑制剂, LPS-刺激的骨髓源树突状细胞　1852~1854
白细胞介素-1β 结合抑制剂, 完整的 EL461 细胞　1302
白细胞介素-4 信号转导抑制剂　800
白细胞介素-8 受体抑制剂　1968
半胱氨酸蛋白酶抑制剂　1170
表观遗传调节活性　902
表面活性剂　1698, 1672~1678
表皮生长因子受体 EGFR 抑制剂　331
哺乳动物 DNA 聚合酶抑制剂, 选择性的　706, 707
哺乳动物细胞循环抑制剂　756, 1011, 1046, 1047, 1075
　　tsFT210, 完全阻断细胞周期的 G_2/M 相　632, 1053, 1054
超氧化物阴离子生成抑制剂　784
除 DNA 聚合酶外, 其它真核生物或原核生物聚合酶或其它 DNA 代谢酶抑制剂无活性　649,755
除草剂　151
处理高血氨症和肝脏疾病　1808
雌激素　767
次黄苷一磷酸 IMP 脱氢酶抑制剂, 暗礁鱼　376
刺激抗生素生成　979
刺激植物调整活性　1051
催吐药　1453
大白鼠腹膜内注射 LD_{50}　625
大白鼠口服 LD_{50}　266
代理心搏停止　1856
单胺氧化酶抑制剂　898
胆固醇酰基转移酶 ACAT 抑制剂　1415
胆固醇酯转移蛋白 CETP 抑制剂　799
蛋白 Fab I 抑制剂　537
蛋白激酶 C 抑制剂　1869, 1926
蛋白激酶 Pfnek-1 抑制剂, 恶性疟原虫 Plasmodium falciparum 中和 NIMA 相关的蛋白激酶　338
蛋白激酶抑制剂　1864
　16 种不同的蛋白激酶　401, 437
　　ALK　401, 437

ARK5　401, 437
Aurora-B　401, 437
AXL　401
FAK　401
IGF1-R　401, 437
MET wt　401
NEK2　401
NEK6　401
PIM1　401, 437
PLK1　401
PRK1　401
SRC　401, 437
VEGF-R2　401, 437
蛋白激酶抑制剂　无活性　437
　AKT1　401, 437
　AXL　437
　FAK　437
　MEK1 wt　401, 437
　MET wt　437
　NEK2　437
　NEK6　437
蛋白激酶抑制剂, 用血小板导出的生长因子 PDGF 刺激, 选择性抑制在 NRK 细胞中胞外信号调节蛋白激酶 ERK 的磷酸化作用　1132
蛋白酪氨酸激酶 PTK 抑制剂　1070
蛋白酪氨酸激酶 PTK 抑制剂, Src　383
蛋白酪氨酸磷酸酶 1B (PTP1B) 抑制剂　453, 1438
蛋白酪氨酸磷酸酶 B (PTPB) 抑制剂　90, 1425, 1426
蛋白磷酸酶 1 抑制剂　1294
蛋白磷酸酶 2A 抑制剂　1270
蛋白磷酸酶 PP1 抑制剂, 选择性的　591~598
蛋白磷酸酶 PP2A 抑制剂, 选择性的　591~598
蛋白磷酸酶 PPs 抑制剂　无活性,
　Cdc25a, PTP1B, VHR, MPtpA 和 VE-PTP　320, 634
　VHR, MPtpA (分枝杆菌的蛋白酪氨酸磷酸酶 A) 和 VE-PTP　687
蛋白磷酸酶 PPs 抑制剂, Cdc25a　687
蛋白磷酸酶 PPs 抑制剂, MPtpB (分枝杆菌蛋白酪氨酸磷酸酶 B)　320, 634, 687
蛋白磷酸酶 PPs 抑制剂, PTP1B (分枝杆菌的蛋白酪氨酸磷

酸酶 1B) 687
蛋白磷酸酶 PP 抑制剂 1296, 1432, 1433
蛋白磷酸酶 PP 抑制剂, MPtpB 185
蛋白磷酸酶 PP 抑制剂 无活性, Cdc25a, PTP1B, VHR, MPtpA 和 VE-PTP 185
蛋白磷酸酶 PP 抑制剂, 选择性的 251
蛋白酶 NS3-4A 抑制剂 769
蛋白酶体抑制剂 1
20S-蛋白酶体抑制剂 609~619
20S-蛋白酶体抑制剂, 类似胰凝乳蛋白酶 3
蛋白内切酶抑制剂 336
低急性毒性 537
定居抑制剂 689
毒素 211, 242, 243, 376, 1667, 1980
毒素, 对甲壳纲动物 1777
对多种药物的抗性 MDR 抑制剂 1377~1379
对核糖体蛋白 AKT, PKD, PLCγ1 或 S6 没有作用 1132
对增殖, 迁移和小管生成的抑制效应 803, 816
对植物有毒的 304, 691, 759, 801, 982
多色霉素类抗生素 920, 921
二氢叶酸还原酶 DHFR 抑制剂 572
法尼基蛋白转移酶抑制剂 302
法尼醇 X 受体拮抗剂, 有潜力的 78~80
泛素活化酶抑制剂 184
芳香化酶 Cyp1A 抑制剂 434~436, 388, 433
芳香化酶抑制剂 457, 663, 664
芳香化酶抑制剂, 人重组芳香化酶 (人 Cyp 19 + P450 还原酶) 435
防癌活性, 不依赖锚定的转化试验, 用一种表皮生长因子转化的小鼠 JB6 P+ CI41 细胞 367
防护大脑的 1099
防卫异种信息素, 石磺属 Onchidium verruculatum 186
防止海胆卵受精 1640
防紫外线保护剂 1822
分选酶 A 抑制剂, 金黄色葡萄球菌 Staphylococcus aureus 996
辐射防护剂 278
钙调蛋白拮抗剂 1429
钙通道阻断剂, N 型 1827
钙-腺苷三磷酸酶抑制剂 1427
钙震荡抑制剂 1741, 1742
　新大脑皮层神经元 1838, 1839
　几乎完全抑制 1826
肝脏毒素 1213~1215, 1296, 1430, 1431, 1883
高度有毒的 1658
高潜力的微管动力学抑制剂 1456
谷氨酸盐受体激动剂 1814

谷胱甘肽硫转移酶 GST 抑制剂 657
骨质疏松剂 998
海胆配子抑制剂 336
核糖核酸 RNA 合成酶抑制剂 1943~1945
核糖核酸 RNA 合成抑制剂 695, 1404, 1644
核转录因子-κB 抑制剂 1669~1670
黑色素生物合成抑制剂 140
环加氧酶-2 抑制剂 772
黄嘌呤氧化酶抑制剂, 温和活性 246, 247
混合淋巴细胞反应 MLR 抑制剂, 人双向混合淋巴细胞响应 1168
活性氧自由基 ROS 诱导剂, 人白血病细胞 JurKat, 强烈诱导 ROS 的产生 1976, 1977
肌醇 5-磷酸酶 SHIP1 激活剂 1350
肌动蛋白聚合作用促进剂 1530, 1740, 1745
肌动蛋白组装促进剂, 有潜力的 1730, 1740
肌苷-5'-单磷酸脱氢酶抑制剂 378
肌苷单磷酸脱氢酶 IMPDH 抑制剂 268, 494, 499~501, 515
肌肉收缩剂 1069
肌肉松弛剂 1858, 1865
激酶 EGFR 抑制剂 391~393
激酶抑制剂 1828~1837
　CaMK Ⅲ 1903
　CDK4, 依赖于细胞周期素 1197
　CDK4/细胞周期素 D1 911, 915, 916
　EGFR 911, 915, 916
　PKC-ε 911, 915, 916
　PTK 1904
　对 CDK1 和 CDK2 有高选择性 33
　对处理自身免疫疾病可能有用 543
钾通道激动剂 1871
假弧菌属 Pseudovibrio sp.细菌是甲变形菌纲 Alphaproteobacteria 在海洋环境中最普遍的属之一 1649, 1650
减轻 Ⅱ 型糖尿病, db/db 小鼠模型 547
减少氧化应激, in vivo, 提高肝抗氧化酶的活性, 547
键合到神经肽 Y 的受体 283
降低血压的 1100
降低增长, 致密藤壶*Balanus improvisus 和贻贝 Mytilus edulis, 有潜力作为无毒的基于重金属的涂料抗污剂代替物 958, 989
降血糖
　C57BL/KsJ-db/db 糖尿病小鼠 in vivo, 肝脏脂浓度减少和改善受损的糖耐量 547
　C57BL/KsJ-db/db 糖尿病小鼠 in vivo, 血糖减少, 糖化血红蛋白水平减少 547
　C57BL/KsJ-db/db 糖尿病小鼠 in vivo, 减少葡萄糖-6-磷酸酶和磷酸烯醇丙酮酸羧基激酶的酶活性, 并提高含

糖激酶活性 547
AGE 形成抑制剂 547, 550, 556
PTP1B 抑制剂 284, 287, 298, 307, 389, 524, 547, 548, 550, 556, 557, 565, 785~787
大白鼠肠道麦芽糖酶 285
大白鼠肠道麦芽糖酶和大白鼠肠道蔗糖酶 263, 266, 560
大白鼠肠道蔗糖酶 285
蛋白酪氨酸磷酸酯酶 1B (PTP1B) 抑制剂, 对链脲霉素诱发的糖尿病 Wistar 大白鼠有降血糖效应 286, 299, 377, 385
α-淀粉酶抑制剂 544, 547~552, 556, 557, 560
链脲霉素诱导的糖尿病小鼠 324
链脲佐菌素诱发的糖尿病小鼠, in vivo, 降低餐后血糖水平和延迟饮食中碳水化合物的吸收 547, 549
麦芽糖酶抑制剂 285, 297
二列墨角藻 Fucus distichus 的乙酸乙酯亚级分 22 561~563
酿酒酵母 Saccharomyces cerevisiae 263, 266, 285, 291
α-葡萄糖苷酶抑制剂 284, 285, 297, 324, 544, 546~552, 556, 557
醛糖还原酶抑制剂, 大白鼠眼晶状体醛糖还原酶 RLAR 284, 547, 548, 550, 556, 557
嗜热脂肪芽孢杆菌 Bacillus stearothermophilus 263, 266, 285
胰脂肪酶抑制剂 547, 550, 552, 556
增加葡萄糖摄取, L-6 大白鼠成肌细胞 553
蔗糖酶抑制剂 285, 297
降血脂药 941, 942
焦谷氨酰肽酶抑制剂 1071
接触变应原 367, 278
金属蛋白酶抑制剂 479
金属键合性质, 选择性的 1384
金属-β-内酰胺酶抑制剂
　L-1 的金属 β-内酰胺酶 653, 682, 683
　脆弱拟杆菌 Bacteroides fragilis CfiA 653, 682, 683
　蜡样芽孢杆菌 Bacillus cereus Ⅱ 653, 682, 683
　铜绿假单胞菌 Pseudomonas aeruginosa IMP-1 653, 682, 683
　血管紧张素转化酶 ACE 653, 682, 683
金鱼 LD_{50} 189, 1667
巨噬细胞清除剂受体 MSR 抑制剂 1407
拒食活性 265
　暗礁鱼 376
　鱼类 399
拒食剂 是食草动物的拒食剂 1603
剧烈的皮肤刺激剂 691

菌落形成抑制剂 1922
抗 AD 症临床前试验, GSK3β (糖原合成激酶-3β) 被 JNK (c-Jun-氨基末端激酶) 途径介导, 3xTg-AD 小鼠, GSK3β 抑制 τ 功能紊乱, 磷酸化作用降低 850
抗 AIDS, 体外抗 AIDS OI 病原体 1692
抗 Aβ 肽聚集抑制, Aβ42 装配活性 270
抗 HIV 505, 370
抗 HIV, HIV-1 1642, 1643
抗 HIV 病毒 1581
　HIV-1 融合试验, LAV 亲 T 细胞的病毒菌株 1582, 1709, 1710
　HIV-1 整合酶抑制剂 1395, 1402
　HIV-1 中和反应试验, YU2-V3 病毒菌株 1599, 1583~1586, 1709
　HIV-1 中和反应试验, 宿主 TZM-bl 细胞株 1582, 1709, 1710
　HIV-1 中和反应试验, 宿主 TZM-bl 细胞株, HXB2 亲 T 细胞的病毒菌株 1582, 1709, 1710
　SF162 亲巨噬细胞的病毒菌株 1582, 1709, 1710
　保护细胞不被 HIV 病毒感染 1449
　单轮 HIV-1 中性化试验, SF162 亲巨核细胞的病毒株 1559, 1560
　抑制人 T-类淋巴母细胞被 HIV-1$_{RF}$ 感染 1599, 1600
抗 HIV-1 病毒 331, 1589
　HIV-1 SF162 被膜 1451, 1642
　中性化 HIV-1 单轮感染性试验 1451, 1642
抗 HIV-2 病毒, 水貂肺细胞 HIV-2 1692
抗 HIVs 病毒, 用 HIV-1 ⅢB 菌株感染的 PBMC 细胞做试验 1682
抗癌细胞效应 1101, 1181, 1182, 1202, 1203, 1443, 1455, 1456, 1496, 1556, 1557, 1572~1575, 1577, 1587, 1598, 1611, 1629, 1645~1647, 1667, 1668, 1699, 1721, 1740~1742, 1750, 1751, 1758~1764, 1770, 1784, 1744, 1147, 1530, 1745, 1132
抗白血病 242, 243
抗变应性的褐藻多酚 558
抗病毒 643, 1247, 1708, 1844, 1883, 1963
　Enterovirus-71 427, 445, 437
　H1N1 病毒抑制剂 589
　H3N2 病毒 349, 489, 503
　HSV 病毒 23, 50
　HSV-1 病毒 490, 773~778
　HSV-1 抑制剂, 直接灭活, 有潜力的 1153~1157
　HSV-2 抑制剂, 直接灭活, 有潜力的 1153~1157
　IFV H1N1 病毒 582, 590
　IFV 病毒 448, 490, 648, 736, 737
　SARS-冠状病毒蛋白酶 3CL 686

TMV 病毒　325, 337, 402
单纯性疱疹病毒 Herpes simplex HSV-1　198, 203
痘病毒 MCV 传染性软疣 Molluscum contagiosum　1618
流感 A/WSN/33 病毒　1030~1044
流感 A 病毒/MDCK　774~776, 778
流感 A 病毒 H1N1　954, 1217
流感病毒 H1N1，低细胞毒　33
流感病毒 IFV 病毒　65
疱疹性口炎病毒 Vesicular stomatitis VSV　198, 203
水貂肺细胞 HSV-2　1692
抑制 DNA 病毒生长　1489
抑制 HIV-1 感染　544
抑制 RNA 病毒生长，科萨奇病毒　1489
抑制 RNA 病毒生长，马的鼻病毒 Equine rhinovirus　1489
抑制 RNA 和 DNA 病毒生长　1491, 1492
抑制烟草花叶病毒 TMV 的增殖　688
猪繁殖和呼吸综合征 PRRS 病毒　885, 914
抗痤疮，预防或改善丙酸杆菌痤疮　14
抗代谢物质　576
抗多种抗药性，抗长春花碱 CCRF-CEM 人白血病淋巴细胞　1383, 1386, 1387, 1413
抗恶性细胞增生　227, 603, 642, 1140, 1390, 1391, 1743
　HTCLs　1102, 1103
　KB　899
　NCI-H460　899
　低活性　640
抗肥胖，抑制 3T3-L1 细胞分化成为脂肪细胞，不伴随产生细胞毒　220
抗肥胖药物先导物　220
抗分枝杆菌
　包皮垢分枝杆菌 Mycobacterium smegmatis，对积极生长状态和休眠状态都有作用　1187~1189
　分枝杆菌属 Mycobacterium bacille　935
　结核分枝杆菌 Mycobacterium tuberculosis，对积极生长状态和休眠状态都有作用　1187~1189
　鸟-胞内分枝杆菌 Mycobacterium avium-intracellulare　1700, 1719
　牛型分枝杆菌 Mycobacterium bovis，对积极生长状态和休眠状态都有作用　1187~1189
抗肝炎 C 病毒，HCV　769
抗高血脂药　461
抗骨质疏松症，组织蛋白酶 B 模型　1170
抗寄生虫　229, 226~228
抗减数分裂　738, 739
抗焦虑药　1855
抗结核

MABA 试验，无毒菌株结核分枝杆菌 Mycobacterium tuberculosis H37Ra　1278, 1279
接种体结核分枝杆菌 Mycobacterium tuberculosis　1603~1608
结核分枝杆菌 Mycobacterium tuberculosis　61, 150, 379, 633, 808, 809, 851, 870, 880, 1425, 1426, 1609, 1700, 1719
结核分枝杆菌 Mycobacterium tuberculosis H37Rv　1555, 1692
无活性　142, 143
有潜力的　965
抗菌　14, 22, 105, 123, 264, 289, 340, 365, 410, 453, 487, 488, 490, 504, 636, 745~747, 752, 823~826, 842, 886, 961, 968, 986, 1809, 1819, 1846, 1926, 1955, 1960, 1968
　5 种不同的细菌　484
　DRS 及其它革兰氏阳性病原体　935
　MDRSA　106, 107, 864
　MRSA　106, 107, 142, 143, 261, 312, 390, 486, 538, 545, 583, 637, 702, 732, 733, 821, 845, 846, 851, 852, 864, 869, 876, 917, 922, 950, 951, 1196, 1274~1277, 1502, 1503, 1802, 1803, 1883
　MRSA 12-33　466, 469~473
　MRSA 3089　645
　MRSA ATCC 33591　466, 468~473
　MRSA ATCC43300　937~940
　MRSA SK1　57
　MRSE　793, 794
　MRSE 12-8　466, 468~473
　MSSA　583, 1802, 1803
　MSSE 12-6　466, 468~473
　MSSA 12-28　466, 469~473
　MSSA 15　466, 468~473
　MSSE ATCC 12228　466, 468~473
　MSSA ATCC 29213　466, 468~473
　ORSA 8　1025, 1026
　VREF　142, 143, 390, 486
　白色念珠菌 Candida albicans　626
　白色葡萄球菌 Staphylococcus albus　878
　包括 MRSA　154, 841
　包皮垢分枝杆菌 Mycobacterium smegmatis　137, 1258~1260
　鲍曼静止杆菌 Acinetobacter baumannii ATCC 19606　415, 416
　变形链球菌 Streptococcus mutans 临床分离的 2M7/4　1025, 1026
　表皮葡萄球菌 Staphylococcus epidermidis　491, 829,

950, 951, 1514, 1515, 1815, 1821, 1859, 1860

草分枝杆菌 *Mycobacterium phlei*　779, 795, 928~930, 933

产气肠杆菌 *Enterobacter aerogenes*　24, 311, 539, 310, 309, 650

肠杆菌杆菌 *Enterobacter coli*　310, 311, 458, 480, 512, 539, 650, 704, 705

肠球菌属 *Enterococcus* sp.　1185

大肠杆菌 *Escherichia coli*　52, 309, 358, 403, 424, 425, 441, 449, 626, 795, 866, 874, 878, 896, 909, 952, 964, 997, 1190~1195, 1228, 1229, 1232, 1258~1260, 1276, 1487, 1588, 1786, 1787, 1821

大肠杆菌 *Escherichia coli* ATCC 25922　329, 1025, 1026

大肠杆菌 *Escherichia coli* ATCC 29922　415, 416

大肠杆菌 *Escherichia coli* ATCC 2592218　481, 482

大肠杆菌 *Escherichia coli* K-12 C600 R135　1850

大西洋鲁杰氏菌*Ruegeria atlantica* 海洋细菌　36, 37, 108

短芽孢杆菌 *Brevibacillus brevis* DSM 30　1073

多重耐药肺炎链球菌 *Streptococcus pneumonia* MDRSP ATCC 700673　1445, 1446

多重耐药金黄色葡萄球菌 *Staphylococcus aureus* MDRSA　1883

恶臭假单胞菌 *Pseudomonas putida*　491

反硝化假弧菌 *Pseudovibrio denitrificans* JCM12308　1649, 1650

肺炎克雷伯菌 *Klebsiella pneumonia*　345, 349, 503

肺炎克雷伯菌 *Klebsiella pneumonia* ATCC 13883　415, 416

肺炎链球菌 *Streptococcus pneumoniae* ATCC 6303　1445, 1446

肺炎葡萄球菌 *Staphylococcus pneumonia*　829

粪肠球菌 *Enterococcus faecalis*　449, 647

粪肠球菌 *Enterococcus faecalis* ATCC 29212　415, 416

副溶血弧菌 *Vibrio parahaemolyticus*　491, 704, 705, 878

杆菌属 *Pseudomonas* sp.　1850

革兰氏阳性菌　148, 222, 799, 850, 853~855, 897, 903, 904, 923, 934, 945, 946, 1619, 1620, 1864, 1867

革兰氏阳性菌肺炎链球菌 *Streptococcus pneumonia*　1778, 1779

革兰氏阳性菌和革兰氏阴性菌　360, 584~588, 624, 687, 873, 875, 943, 1795~1798, 1801, 1888, 1944, 1980

革兰氏阳性菌和革兰氏阴性菌，尤其是耐氨基糖苷类抗生素的菌株，产生 AAC3 的组织是例外　1849

革兰氏阳性菌金黄色葡萄球菌 *Staphylococcus aureus* IAM 12544T　1869, 1882

革兰氏阳性菌致热源葡萄球菌 *Staphylococcus pyrogenes*　1778, 1779

革兰氏阴性菌大肠杆菌 *Escherichia coli* IAM 12119T　1869, 1882

海洋细菌大西洋鲁杰氏菌 *Ruegeria atlantica* TUF-D　1869, 1882, 1910, 1911, 1923

缓慢葡萄球菌 *Staphylococcus lentus*　696

几种革兰氏阳性菌　407

假单胞菌属 *Pseudomonas* spp　151

假弧菌属 *Pseudovibrio* sp.MBIC3368　1649, 1650

金黄色葡萄球菌 *Staphylococcus aureus*　4, 46, 75, 76, 106, 107, 122, 397, 449, 459, 491, 504, 539, 607, 608, 702, 744, 750, 751, 792~795, 829, 851~854, 866, 867, 869, 874, 876, 878, 900, 901, 903, 904, 906, 908, 927, 964, 997, 1019, 1020, 1190~1195, 1228, 1229, 1232, 1233, 1351, 1352, 1438, 1482, 1588, 1609, 1786, 1787, 1789~1794, 1821

金黄色葡萄球菌 *Staphylococcus aureus* 和 MRSA　791

金黄色葡萄球菌 *Staphylococcus aureus* ATCC 6538　604~606

金黄色葡萄球菌 *Staphylococcus aureus* ATCC 29213　330, 415, 416, 464~478, 1403

金黄色葡萄球菌 *Staphylococcus aureus* ATCC259223　1025, 1026

金黄色葡萄球菌 *Staphylococcus aureus* ATCC27154　329

金黄色葡萄球菌 *Staphylococcus aureus* DSM 20231　1073

金黄色葡萄球菌 *Staphylococcus aureus* SG 511　645, 646

金黄色葡萄球菌 *Staphylococcus aureus* UST950701-005　937~940

金黄色葡萄球菌 *Staphylococcus aureus* 三种菌株　101, 102

巨大芽孢杆菌 *Bacillus megaterium*　454, 455, 513, 1298

抗盘尼西林肺炎葡萄球菌 *Staphylococcus pneumoniae* PRSP　1274~1277, 1445, 1446

枯草杆菌 *Bacillus subtilis*　4, 46, 122, 148, 317, 320, 348, 358, 394, 395, 403, 424, 425, 449, 504, 626, 650, 655, 696, 732, 734, 744, 750, 751, 838, 853, 854, 874, 878, 903, 904, 906, 909, 952, 1230~1233, 1258~1260, 1298, 1438, 1482, 1610, 1619, 1620, 1786, 1787, 1789~1794, 1845, 1847, 1886, 1948~1950

枯草杆菌 *Bacillus subtilis* 769　937~940

枯草杆菌 *Bacillus subtilis* ATCC 6051　330

枯草杆菌 *Bacillus subtilis* ATCC 6633　481, 482, 1403

枯草杆菌 *Bacillus subtilis* DSM 10　1073

枯草杆菌 *Bacillus subtilis* SCSIO BT01　464~478

蜡样芽孢杆菌 Bacillus cereus 878, 879, 906, 1609
磷发光菌 Photobacterium phosphoreum 331
绿产色链霉菌 Streptomyces viridochromogenes 874
绿产色链霉菌 Streptomyces viridochromogenes Tü57 1786, 1787
鳗弧菌 Vibrio anguillarum 194~196, 491, 704, 705, 878
毛癣菌属 Trichophyton spp 151
米黑毛霉 Mucor miehei 1786, 1787
耐甲氧西林的金黄色葡萄球菌 Staphylococcus aureus MRSA, 三种菌株 1552~1554
耐久肠球菌 Enterococcus durans 1514, 1515
耐万古霉素的肠球菌属 Enterococci sp.VRE 09-9 469, 471~473
耐万古霉素的肠球菌属 Enterococci sp.VRE 12-1 469~473
耐万古霉素的肠球菌属 Enterococci sp.VRE 12-3 469, 471~473
耐万古霉素的肠球菌属 Enterococci sp.VRE ATCC 51299 469, 471~473
耐万古霉素的肠球菌属 Enterococci sp.VRE ATCC 700221 469, 471~473
耐万古霉素的粪肠球菌 Enterococcus faecium VREF 1196, 1274~1277, 1749
酿酒酵母 Saccharomyces cerevisiae 626
酿脓链球菌 Streptococcus pyogenes 137
酿脓链球菌 Streptococcus pyogenes 1445, 1446
牛型分枝杆菌 Mycobacterium bovis 的 Bacille Calmette-Guérin (BCG) 菌株, 选择性的, 用作抗结核的减毒活疫苗 965
热敏突变形枯草杆菌 Bacillus subtilis CNM2000, 活性高于野生菌株 168 222
溶血葡萄球菌 Staphylococcus haemolyticus UST950701-004 937~940
伤寒沙门氏菌 Salmonella typhi 1789~1794
嗜水气单胞菌 Aeromonas hydrophilia 387
嗜水气单胞菌 Aeromonas hydrophila ATCC 7966 415, 416
四联微球菌 Micrococcus tetragenus 878
苏云金芽孢杆菌 Bacillus thuringiensis SCSIO BT01 464~478
苏云金芽孢杆菌 thuringiensis 1403
藤黄色微球菌 Micrococcus luteus 120, 878, 933, 1403, 1482, 1483
藤黄色微球菌 Micrococcus luteus ATCC 9341 481, 482
铜绿假单胞菌 Pseudomonas aeruginosa 539, 627, 1194, 1258~1260, 1331, 1789~1794
铜绿假单胞菌 Pseudomonas aeruginosa 13 1025, 1026
铜绿假单胞菌 Pseudomonas aeruginosa ATCC27853 1025, 1026
铜绿假单胞菌 Pseudomonas aeruginosa P1 1025, 1026
万古霉素敏感肠球菌属 Enterococci sp.VSE 12-5 469, 472, 473, 471
万古霉素敏感肠球菌属 Enterococci sp.VSE ATCC 29212 469, 471~473
魏氏梭状芽孢杆菌*Clostridium welchii 437
细菌 Arthrobacter cristallopoietes 77
香港洛克氏菌 Loktanella hongkongensis 744
洋葱假单胞菌 Burkholderia cepacia 260
一组革兰氏阳性菌 1749
荧光假单胞菌 Pseudomonas fluorescens 733, 734
油菜黄单胞菌 Xanthomonas campestris 38
真菌 Microbotryum violaceum 513
致热源葡萄球菌 Staphylococcus pyrogenes 829
抗菌 无活性
  ESBLs(−) ATCC 25922 466, 468~473
  ESBLs(−)12-14 466, 468~473
  ESBLs(−)12-4 466, 468~473
  ESBLs(−)1515 466, 468~473
  ESBLs(−)7 466, 468~473
  ESBLs(+) ATCC 700603 466, 468~473
  ESBLs(+)12-15 466, 468~473
  ESBLs(+)12-8 466, 468~473
  MDR 副溶血弧菌 Vibrio parahaemolyticus 7001 644~646
  MRSA 124, 147, 692, 730, 731, 734, 735, 822
  MRSA 12-33 468
  MRSA 3089 644, 646
  MSSA 12-28 468
  NDM-1+ ATCC BAA-2146 466, 468~473
  ORSA 108 1025, 1026
  VRE 09-9 466, 470, 468
  VRE 12-1 466, 468
  VRE 12-3 466, 470, 468
  VRE ATCC51299 466, 470, 468
  VRE ATCC700221 466, 470, 468
  VSE 12-5 466, 470, 468
  VSE ATCC29212 466, 470, 468
  白色念珠菌 Candida albicans 255
  包皮垢分枝杆菌 Mycobacterium smegmatis 1482, 1483
  变形链球菌 Streptococcus mutans UA159 1025, 1026
  大肠杆菌 Escherichia coli 969, 1230, 1231, 1233, 1488, 1527, 1963
  大肠杆菌 Escherichia coli ATCC25922 464~478, 1403
  大肠杆菌 Escherichia coli ATCCNTCC861 1025, 1026
  大肠杆菌 Escherichia coli DH5α 1403

大肠杆菌 Escherichia coli K-12 C600 R135　1849
粪肠球菌 Enterococcus faecalis　538
粪肠球菌 Enterococcus faecalis ATCC14506　1025, 1026
革兰氏阳性菌 Staphylococcus pneunoniae　765
革兰氏阳性菌金黄色葡萄球菌 Staphylococcus aureus IAM 12544T　1909, 1910
革兰氏阴性菌大肠杆菌 Escherichia coli IAM 12119T　1909, 1910, 1922
缓慢葡萄球菌 Staphylococcus lentus　1619, 1620
假单胞菌属 Pseudomonas sp.　1849
金黄色葡萄球菌 Staphylococcus aureus　24, 255, 628, 765, 933, 1018, 1230, 1231, 1483
金黄色葡萄球菌 Staphylococcus aureus ATCC 6538　1025, 1026
金黄色葡萄球菌 Staphylococcus aureus ATCC 25923　147
金黄色葡萄球菌 Staphylococcus aureus IAM 12544T　1922
金黄色葡萄球菌 Staphylococcus aureus NBRC 13276　141, 182, 183
金黄色葡萄球菌 Staphylococcus aureus SG 511　644
枯草杆菌 Bacillus subtilis　730, 731, 733, 735, 1228, 1229, 1483, 1963
嗜水气单胞菌 Aeromonas hydrophila subsp. hydrophila ATCC7966　1403
藤黄色微球菌 Micrococcus luteus　480, 765
铜绿假单胞菌 Pseudomonas aeruginosa　24, 730~735, 1609, 1962
铜绿假单胞菌 Pseudomonas aeruginosa ATCC15442　141, 182, 183
血红链球菌 Streptococcus sanguinis ATCC15300　1025, 1026
阴沟肠杆菌 Enterobacter cloacae　538
荧光假单胞菌 Pseudomonas fluorescens　730, 731, 735, 732
远缘链球菌 Streptococcus sobrinus ATCC27607　1025, 1026
抗溃疡　744, 745
抗蓝细菌, 念珠兰细菌 Nostoc Ev-1　1298
抗利什曼原虫　109, 110, 111, 112
　杜氏利什曼原虫 Leishmania donovani　1123~1125, 1151
　杜氏利什曼原虫 Leishmania donovani MHOM-ET-67/L82　404~406
　墨西哥利什曼原虫 Leishmania mexicana　1804, 1805
抗疟疾　142, 1148, 1788
　恶性疟原虫 Plasmodium falciparum　753

恶性疟原虫 Plasmodium falciparum D6　221, 1840
恶性疟原虫 Plasmodium falciparum K1　404~406
恶性疟原虫 Plasmodium falciparum W2　221, 1840
抗疟疾 无活性　143
抗葡萄球菌的　370
抗群游活性, 革兰氏阴性菌铜绿假单胞菌 Pseudomonas aeruginosa PA01　1569~1571
抗生素　18~20, 177, 297, 783, 982, 1280, 1291~1293, 1416~1419, 1780, 1942, 1947, 1970, 1971, 1979
杜氏藻属*Dunaliella sp.绿藻　1504, 1505
革兰氏阳性菌和几种引起有毒水华的甲藻微藻类　331
广谱, 低活性　93
抗微生物　32, 84, 85, 174, 300, 359, 451, 452, 497, 498, 507, 513, 514, 523, 526~528, 888, 898, 912, 1174, 1219, 1257, 1262~1264, 1701~1707, 1828~1837, 1843, 1919, 1920, 1942
抗微生物, 广谱　1841, 1842
抗微藻　1504, 1505
　根腐小球藻 Chlorella sorokiniana　1787
　海洋微藻 Coscinodiskus wailesii　331
　微型原甲藻 Prorocentrum minimum　331
　小球藻 Chlorella vulgaris　1787
抗微藻 无活性, 栅藻属 Scenedesmus subspicatus　1787
抗污剂　21, 344
　藤壶 Balanus amphitrite, 在无毒的浓度　689
　抑制总和草苔虫 Bugula neritina 幼虫发育　963, 1012, 1015
　抑制总和草苔虫 Bugula neritina 幼虫发育, 高活性　1216
抗纤维变性　1813
抗纤维蛋白溶酶抑制剂　554, 544, 557
抗心律失常药　1855
抗血管生成　754, 936
　SV40 大 T-抗原无限增殖化的人脐带静脉细胞 EVLC-2 细胞株　331
　牛动脉内皮细胞 BAEC 细胞株　331
　牛动脉内皮细胞 BAEC 细胞株, 靶标 PA, 效果降低　331
　牛动脉内皮细胞 BAEC 细胞株, 靶标 PAI, 效果升高　331
　牛动脉内皮细胞 BAEC 细胞株, 靶标基质金属蛋白酶-2(MMP-2), 效果降低　331
　人脐带静脉内皮细胞 HUVEC 细胞株　331
　人微血管内皮细胞 HMEC 细胞株　331
　乳头瘤病毒 16 E6/E7 无限增殖化的人脐带静脉细胞 RF-24　331
抗炎　43~45, 109~112, 658, 744, 746, 747, 766, 1099, 1307~1310, 1359, 1615~1617, 1626, 1669, 1739, 1778, 1779, 1810, 1811, 1844, 1858, 1865

in vivo, 小鼠爪水肿模型 1295, 1304
NO 试验, RAW2647 细胞, 低或无细胞毒 1826
大白鼠嗜碱性白血病细胞抑制组胺释放 558
佛波醇酯 (PMA)-诱发的小鼠耳肿试验, 指示海洋环肽
    A 可能是一个药物候选物 1247
减少促炎的 NF-κB, COX-2 和 iNOS 的表达 547
人非胰腺磷脂酶 A_2 抑制剂 1369
人抗银屑病药, 原代人角蛋白细胞 PHK, 剂量相关响应,
    抑制 TNF-a 和 IL-8 的释放 1295
人抗银屑病药效应, PHK 1305, 1306
人抗银屑病药效应, 原代人角蛋白细胞 PHK, 在
    10μmol/L 也有细胞毒 1304
人脐带静脉内皮细胞 HUVEC 细胞株, 靶标 COX-2, 效
    果降低 331
人脐带静脉内皮细胞 HUVEC 细胞株, 靶标 Il-1α, 效果
    降低 331
人脐带静脉内皮细胞 HUVEC 细胞株, 靶标 MCP-1, 效
    果降低 331
人脐带静脉内皮细胞 HUVEC 细胞株, 靶标 MMP-1, 效
    果降低 331
人脐带静脉内皮细胞 HUVEC 细胞株, 靶标 TSP-1, 效果
    降低 331
人中性粒细胞自由基抑制作用, 作用的分子机制: 超氧
    化物阴离子抑制作用 1956, 1957
通过抑制 NF-κB 荧光素酶和产生亚硝酸盐 956
显著抑制 IL-8 的释放 1305
小鼠脾细胞 IL-5 抑制剂 159
小鼠水肿模型, 没有细胞毒 1303
抑制 PMA-诱导的中性粒细胞对微滴定盘的黏附 603
抑制人中性粒细胞游离自由基的释放, 作用的分子机制:
    抑制超氧化物阴离子 366
抑制通过人中性粒细胞生成超氧化物 in vitro, 无短期毒
    性 603
抗炎和化学预防作用 1669, 1670
抗氧化剂 278, 280, 401, 559, 767, 768, 782, 889, 921, 941,
    942, 1819, 1824
ABTS$^{\bullet+}$ 自由基阳离子清除剂 64
DPPH 自由基清除剂 529
DPPH 自由基清除剂 267, 282, 284, 289, 290, 292~297,
    301, 303, 305, 306, 343, 361, 362, 381~384, 460, 462,
    546, 550, 639, 691, 698, 699, 701, 770, 771, 807, 812,
    814, 819, 864, 865, 913, 966, 971, 1003, 1055~1065
$O_2^{\bullet-}$ 自由基清除剂 288
减少 ROS 过量产生 553, 547
硫代巴比妥酸反应性物质 TBARS 试验 271, 272
羟基自由基清除剂, 有潜力的 657
提高抗氧化的谷胱甘肽过氧化物酶 GSH-px, 过氧化氢

酶 CAT 和超氧化物歧化酶 SOD 活性 553
氧自由基吸收能力, 有值得注意的活性 1812
游离自由基清除剂 325
DPPH 自由基 292, 288
NO$^\bullet$ 自由基 292, 288
$O_2^{\bullet-}$ 自由基 292
ONOO$^-$ 自由基 288, 292
保护 N18-RE-105 细胞免受 L-谷氨酸盐毒性 1075
    抗氧化剂 无活性, DPPH 自由基清除剂 1066~1068
抗氧化剂, 有值得注意的活性 656
抗氧化剂, 自由基清除剂 333, 334, 681
抗有丝分裂 251, 1101, 1147, 1466, 1480
抗诱变剂 398, 400, 662
抗藻, 暗色小球藻 Chlorella fusca 386
抗藻, 杜氏藻属绿藻 Dunaliella sp. 163~167
抗真菌 5, 12, 18~20, 22, 66~68, 133, 264, 287, 326, 346,
    347, 624, 630, 681, 783, 855, 981, 999, 1010, 1052, 1281,
    1340, 1347, 1354, 1355, 1740, 1800, 1864, 1919, 1929,
    1930, 1981
    巴斯德酵母 Saccharomyces pastorianus, 指示器组织
    1596
    白菜曲霉菌 Aspergillus brassicae 149
    白粉菌属 Blumeria graminearum 314
    白色念珠菌 Candida albicans 126, 148, 168, 219, 222,
    241, 441, 484, 504, 539, 542, 735, 805, 807, 811, 819,
    909, 952, 1133, 1138, 1139, 1210~1212, 1228, 1229,
    1231, 1232, 1282~1287, 1300, 1301, 1330, 1331, 1347,
    1449, 1692, 1745, 1787, 1886, 1887, 1921, 1947~1950
    白色念珠菌 Candida albicans, 野生型和耐两性霉素 B 的
    ABRCA 菌株 1641~1643
    白色念珠菌 Cundidu albicuns, 有潜力的 1530
    白色念珠菌 Candida albicans ATCC 24433 1134~1137
    病源真菌 1796~1798
    病源真菌 Colletotrichum acutatum 1795
    病源真菌立枯丝核菌 Rhizoctonia solani 1795
    病源真菌葡萄孢菌 Botrytis cinerea 1795
    稻梨孢 Piricularia oryzae 1593
    稻米曲霉 Aspergillus oryzae 1692
    稻瘟霉 Pyricularia oryzae, 高活性和高选择性 1008
    顶囊壳属真菌 Gaeumannomyces graminis 1018, 1020,
    1021
    冻土毛霉菌 Mucor hiemalis IAM 6088 1869, 1882,
    1910, 1922
    粉色面包霉菌 Neurospora crassa, 受影响的菌丝形态学
    81
    黑曲霉菌 Aspergillus niger 149, 417, 957, 1483
    红色毛癣菌 Trichophyton rubrum 696

花药黑粉菌 Ustilago violacea 339
灰色葡萄孢菌 Botrytis cinera 1789~1794
尖孢镰刀菌属 Fusarium oxysporum 329
尖孢镰刀菌属 Fusarium oxysporum f. cubense 414
尖孢炭疽菌 Colletotrichum acutatum 1789~1794, 1796~1798
胶红酵母 Rhodotorula glutinis 1300, 1301
酵母 799, 934
拉曼被孢霉 Mortierella ramanniana 1205, 1518~1521
拉曼被孢霉 Mortierella ramannianus 1258~1260
立枯丝核菌 *Rhizoctonia solani 314, 417, 1787, 1789~1794, 1796~1798
耐两性霉素 B 的白色念珠菌 Candida albicans (ABRCA) 菌株 1641
念珠菌属 Candida spp, 22 个样本 1681
酿酒酵母 Saccharomyces cerevisiae 148, 1298, 1300, 1301
酿酒酵母 Saccharomyces cerevisiae, 贝克酵母 1141, 1142
酿酒酵母 Saccharomyces cerevisiae IAM 1438T 1869, 1882
农业病原菌镰孢霉属 Fusarium sp. 417
盘长孢属 Gloeasporium musae 314, 429
匍匐散囊菌原变种 Eurotium repens 6
葡萄孢菌 Botrytis cinerea 1796~1798
青霉属 Penicillium sp. 417
曲霉属真菌 Aspergillus clavatus F318a 182
石膏样小孢子菌 Microsporum gypseum 852
是发展非细胞毒抗真菌剂的有前途的候选物 1795~1798
霜疫霉属 Peronophthora cichoralearum 429
丝状真菌 738, 739
炭疽菌属 Colletotrichum glocosporioides 429
特异青霉菌 Penicillium notatum 1692
五种细丝状的真菌株 429
细叶长蠕孢霉 Helmintbosporium gramineum 1593
像甜瓜尖孢镰刀菌 Fusariumoxy sporium f.sp.cucumeris 417
小孢子蒲头霉 Mycotypha microspore 386
小麦壳针孢 Septoria tritici 38
新型隐球酵母 Cryptococcus neoformans 852, 1681
新型隐球酵母 Cryptococcus neoformans 和石膏样小孢子 Microsporum gypseum 868
新月弯孢霉 Curvularia lunata 441
须发癣菌 Trichophyton mentagrophytes 394, 395, 1482, 1483, 1692
选择性的 1466
选择性抑制植物病源真菌致病疫霉菌 Phytophthora infestans 684
雪白尖孢镰刀菌 Fusariumoxy sporium f,sp,niveum 417
野生型白色念珠菌 Candida albicans 1641
抑制疫霉属真菌 Phytophthora sp. 1587
疫霉菌属 Phytophthora sojae 314
真菌 Microbotryum violacea 6
真菌 Poralicum CBS 21930 481, 482
真菌生长抑制剂 1593
植物病源真菌 763, 1578
植物病源真菌 Alternaria solani 1190~1195
植物病源真菌稻瘟霉 Pyricularai oryzae 1190~1195
致植物病的真菌黄瓜枝孢霉 Cladosporium cucumerinum 130
终极腐霉 Pythium ultimum 1787
抗真菌 无活性
ABRCA 142, 143
Trichophyton mentagrophytes 1962
白粉菌属 Blumeria graminearum 429
白色念珠菌 Candida albicans 24, 538, 730~735, 780, 1230, 1233, 1288, 1962
白色念珠菌 Candida albicans ATCC 10231 329
白色念珠菌 Candida albicans ATCC 14053 330
白色念珠菌 Candida albicans ATCC 2019 141, 182, 183
白色念珠菌 Candida albicans ATCC 36801(血清类型 A) 1025, 1026
白色念珠菌 Candida albicans NCPF3153 58, 516~518
冻土毛霉菌 Mucor hiemalis IAM 6088 1909
黑曲霉菌 Aspergillus niger 780, 1482
红色毛癣菌 Trichophyton rubrum 780
尖孢镰刀菌 Fusarium oxysporum 429
酿酒酵母 Saccharomyces cerevisiae 1692
酿酒酵母 Saccharomyces cerevisiae IAM 1438T 1909, 1910, 1922
曲霉属真菌 Aspergillus clavatus F318a 141, 183
新型隐球酵母 Cryptococcus neoformans ATCC 90112 58, 516~518
新型隐球酵母 Cryptococcus neoformans 和石膏样小孢子 Microsporum gypseum 833
真菌 Cladzspwum resina 1962
抗支原体 624
抗肿瘤，in vivo 303, 426, 643, 666, 667, 858, 898, 1121, 1226, 1411, 1528, 1744
B16 1147, 1491
ICR 小鼠 S_{180} 1889, 1891
II 期临床试验
2000 年，没有值得注意的活性 1147, 1147

2002 年,FDA 批准为孤儿药　1441
2004 年,用于治疗急性淋巴细胞白血病和多发性骨髓瘤　1441
2004 年　1692
L_{1210}　1491
P_{388}　1491
PS　1147, 1181, 1496
结肠癌,边缘活性　1721
进入临床试验但仅有边缘活性　1480
裸小鼠卵巢恶性上皮肿瘤　256
乳腺癌,无效　1721
治疗学研究,观察忍受人结直肠癌 HCT116 的 SCID 小鼠的疗效　1486
抗肿瘤,对 EGFR 肿瘤细胞有高活性　331
抗肿瘤,组织蛋白酶 B 抑制剂　1121
抗锥虫
　布氏锥虫 Trypanosoma brucei rhodesiense　483
　布氏锥虫 Trypanosoma brucei rhodesiense STIB 900　404~406
　克氏锥虫 Trypanosoma cruzi　1804, 1805
　克氏锥虫 Trypanosoma cruzi Tulahuen C4　404~406
可能确实有治疗纤维变性的潜力　1813
可能通过线粒体途径诱导细胞凋亡　910
可收缩性,豚鼠回肠试验,高活性　1861, 1862
醌还原酶 NAD(P)H 诱导剂,Hepa1c1c7　434~436, 388, 433
醌还原酶 NAD(P)H 诱导剂,培养小鼠 Hepa1c1c7 细胞　663, 664
捆绑键合 DNA,高亲和力双插入反应　1644
酪氨酸蛋白激酶 TPK 抑制剂　283
酪氨酸激酶 p56lck 对 T-细胞活化是必要的　543
酪氨酸激酶 p56lck 抑制剂,基于 ELISA 试验,降低酶活性　543
酪氨酸激酶抑制剂　803, 815, 816
酪氨酸激酶抑制剂,TKp56^{lck}　6, 767
酪氨酸酶抑制剂　131, 1765
勒胡阿内酯类化合物对敏感的酵母细胞有中等毒性,但对野生类型没有毒性,因此它们易受射流泵作用的影响　136
离子载体　1414, 1415, 1634~1636, 1638
两亲性铁载体　1127, 1159~1164
磷酸二酯酶 PDE 抑制剂　803
磷酸酯酶 C 抑制剂　450
磷脂酶 A_2 抑制剂　1257~1260, 1816, 1817
磷脂酶 A_2 抑制剂,蜂毒 PLA_2　1812
流感病毒 IFV H1N1 抑制剂　582, 590
酶类诱导剂,谷胱甘肽硫转移酶　657

酶类诱导剂,环氧化物水解酶　657
酶类诱导剂,涉及致癌物质代谢的酶类　657
美国国家癌症研究所 NCI 的 60 种癌细胞试验,平均 GI_{50} <0.011μmol/L　1
美罗培南抗菌增效剂,脆弱拟杆菌 Bacteroides fragilis 262, 460 和 288,美罗培南作为增效剂　682, 683
美罗培南抗菌增效剂,嗜麦芽寡养单胞菌 Stenotrophomonas maltophilia 511 和铜绿假单胞菌 Pseudomonas aeruginosa 101,美罗培南作为增效剂　682, 683
α2-免疫巨球蛋白抑制剂　544, 550, 554, 555
免疫调节活性　1883
免疫系统活性,经典补体通路激活剂　1851
免疫系统活性,调动钙离子的活动性　566, 570
免疫抑制剂　127, 304, 576, 580, 643, 1634, 1637, 1640, 1718
　MLR 试验　1441, 1489, 1491, 1493
　混合淋巴细胞反应 MLR 试验,淋巴细胞生存能力 LCV　1692
　小鼠,抑制混合淋巴细胞响应和抑制 P_{388}　1168, 1169
灭螺剂　331
　海洋无毛双脐螺*Biomphalaria glabrata　168, 481, 482
木瓜蛋白酶抑制剂　1270
钠/钾-腺苷三磷酸酶 ATPase 抑制剂　568, 569, 673~675, 1634~1636, 1638
钠通道 VGSC 活化剂,小鼠成神经细胞瘤细胞的活化　1741, 1742
内皮素转换酶抑制剂　1870
逆转录酶 RT 抑制剂　1845
鸟苷单磷酸合成酶抑制剂　268, 494, 499~501, 515
凝血酶受体拮抗剂,抑制 [^{125}I]-凝血酶结合到血小板膜　564
凝血酶抑制剂　1081~1083, 1086, 1088, 1089, 1093~1097, 1099, 1171, 1175~1179, 1249~1253, 1256, 1270
凝血酶因子Ⅶa 抑制剂　1094~1097
　丝氨酸蛋白酶　1093
凝血酶因子Ⅹa 抑制剂　1093
皮肤刺激剂　831
葡萄糖-6-磷酸酶抑制剂　582
α-葡萄糖苷酶抑制剂　285, 536, 577, 578, 1824
起疱剂,人和动物的皮肤　86
迁移抑制剂　803, 815, 816
强烈抑制分枝杆菌蛋白酪氨酸磷酸酶 B (MPtpB)　150, 379
强烈诱导活性氧自由基 ROS 的产生　1976, 1977
强心剂　1436
强心镇静剂　1855
3-羟基-3-甲基戊二酰辅酶 A 还原酶 HMG-CoA 抑制剂

380
3α-羟基类固醇脱氢酶抑制剂 246, 247, 834
鞘磷脂酶抑制剂，大白鼠大脑膜 363
亲离子的 P2Y$_{11}$ 受体激动剂 566, 570
轻泻药 888, 898, 912, 889
球肌动蛋白聚合促进剂，Prodan-肌动蛋白试验 1621
驱肠虫剂 1809
驱蠕虫药 1530, 1814, 1928
去氧核糖核酸 DNA 断裂剂，抗肿瘤，抗生素 256~259
去氧核糖核酸 DNA 聚合酶抑制剂 1845
去氧核糖核酸 DNA 聚合酶抑制剂，牛 DNA 聚合酶 a 和 c 931, 932
去氧核糖核酸 Taq DNA 聚合酶抑制剂 804, 811
群体感应系统 agr 抑制剂 1334, 1335
人白细胞弹性蛋白酶 HLE 抑制剂 927
人白细胞弹性蛋白酶抑制剂，选择性的 789, 790
人激酶抑制剂，FLT3 656
人激酶抑制剂，SAK 656
人免疫缺损病毒 HIV-1 蛋白酶抑制剂 231, 232
人免疫缺损病毒 HIV-1 逆转录酶抑制剂 1644
人免疫缺损病毒 HIV-1 整合酶抑制剂 1394
人免疫缺损病毒 HIV 逆转录酶抑制剂 370
人免疫缺损病毒 HIV 整合酶抑制剂 283
人血小板磷酸二酯酶 5 抑制剂，PDE5 350, 351
容易螯合钒 1077, 1078
溶血的 504
铷和钾选择性离子载体 1453
软件 COMPARE 程序建议新的作用机制 709, 713, 716, 719
软件 COMPARE 分析 712, 714, 715
软件 COMPARE 分析结果为正值 1497
杀昆虫剂 174, 806, 1218, 1435, 1530, 1927
杀螨剂 744
杀疟原虫的 1921
　CRPF 881
　CRPF W2 138, 61
　CSPF 881
　CSPF D6 61
　DRPF Dd2 1972~1975
　DSPF 3D7 1972~1975
　DSPF 克隆，极有潜力的 1801
　HEK-293 1972~1975
　MDRPF 克隆，极有潜力的 1801
　被 CRPF94 感染的人 O 型红细胞 87
　伯氏疟原虫 Plasmodium berghei 肝阶段 640
　恶性疟原虫 Plasmodium falciparum 483, 637, 1149, 1388, 1389, 1569~1571, 1804, 1805

恶性疟原虫 Plasmodium falciparum 94 54
恶性疟原虫 Plasmodium falciparum K1 6, 767, 837, 851, 870, 877, 880
恶性疟原虫 Plasmodium falciparum NF 54 6, 767
恶性疟原虫 Plasmodium falciparum W2 1140, 1150
杀线虫剂 1530, 1601, 1602, 1820
　寄生线虫幼虫发育抑制剂，有潜力的和选择性的 8, 9
杀藻剂 1698
　杜氏藻属 Dunaliella sp. 绿藻 165
　海洋原甲藻 Prorocentrum micans，高活性 1695
　绿藻丝藻属 Ulothrix sp. Ev-17 1298
　绿藻小球藻属 Chlorella sp. 2-4 1298
　绿藻衣藻属 Chlamydomonas sp. Ev-29 1298
杀真菌的 1147
膳食化学预防剂，抑制动物模型中肿瘤的发育 325
神经保护，人帕金森病的多巴胺能神经元实验模型 1962
神经毒素 169, 1113, 1667, 1668, 1814, 1871
神经生理学活性，哺乳动物，有潜力的 1809
神经生长因子 NGF 诱导剂 1105, 1106
神经生长因子激动剂 51
神经系统活性，丁酰胆碱酯酶抑制剂 374
生长因子 1822
使体温过低 1865
受精抑制剂，海燕 Asterina pectinifera 336
双重特异性蛋白磷酸酶抑制剂，和 vaccinia H1 有关的 95~100
丝氨酸蛋白酶选择性抑制剂
　弹性蛋白酶 1556, 1572~1574, 1577, 1645~1647, 1750, 1751, 1761~1764, 1770, 1781
　胰蛋白酶 1557, 1611
　胰凝乳蛋白酶 1556, 1577, 1629, 1750, 1751, 1758, 1759~1763, 1770, 1781
丝氨酸蛋白酶选择性抑制剂 无活性
　弹性蛋白酶 1557
　胰蛋白酶 1572~1574, 1577, 1629, 1750, 1751, 1758~1763, 1781
　胰凝乳蛋白酶 1557, 1572~1574
丝氨酸蛋白酶抑制剂 1080, 1084, 1085, 1087~1090, 1170, 1175~1179, 1254~1256, 1768, 1769
　弹性蛋白酶 1756, 1757
　胰凝乳蛋白酶 1756, 1757
损害 DNA 1948
羧肽酶 A 抑制剂 1420~1424
缩氨酸蛋白酶体抑制剂 1102, 1103
弹性蛋白酶抑制剂 1270, 1577, 1761~1763, 1766, 1767, 1771, 1772, 1774, 1775

弹性蛋白酶抑制剂，高活性　1755
弹性蛋白酶诱导剂　1603, 1604
P-糖蛋白抑制剂，MDR 癌细胞　1045
糖化抑制剂　550
糖原合成酶激酶-3β 抑制剂　39~42
提高细胞在亚 G_1 部分的百分数　313, 318
天冬氨酸蛋白酶抑制剂
　　蛋白酶 ADAM9　1202~1204
　　蛋白酶 ADAM10　1202~1204
　　组织蛋白酶 D　1202~1204
　　组织蛋白酶 E　1202~1204
调味料成分　308
铁螯合活性，螯合作用可与去铁胺甲磺酸相比　1104
铁载体　1071, 1104, 1128~1131, 1323, 1324
铁载体，对铁离子有特殊活性　1126, 1439
拓扑异构酶Ⅰ抑制剂　887
拓扑异构酶Ⅱ抑制剂　192, 1903
　　对 A549 人非小细胞肺癌细胞有选择性细胞毒　396
拓扑异构酶选择性抑制剂　991, 1618
微管蛋白聚合抑制剂　1181, 1147
微管蛋白装配的有潜力的促进剂，类似紫杉醇　127
微管聚集抑制剂　245
微管抑制剂　1148
微管组装抑制剂　783, 1466
　　破坏微管主轴　1053, 1054
微丝（F-肌动蛋白）抑制剂　1530, 1535
微丝（F-肌动蛋白）长丝稳定剂，Prodan-肌动蛋白试验，抑制 F-肌动蛋白解聚　1621
蜗牛 LD_{50}　168
无毛双脐螺 *Biomphalaria glabrata* LD_{50}　168
烯酯酰-ACP 还原酶抑制剂　453
细胞保护剂，感染产生抑制剂　1682
细胞存活促进因子 Bcl-2 蛋白抑制剂　492, 493, 534, 535
细胞凋亡，牛动脉内皮细胞 BAEC 细胞株，靶标半胱氨酸天冬氨酸蛋白酶-2, -3, -8, -9，效果升高　331
细胞凋亡，牛动脉内皮细胞 BAEC 细胞株，靶标裂开的 lamin-A，效果升高　331
细胞凋亡，牛动脉内皮细胞 BAEC 细胞株，靶标细胞色素 C，在细胞浆中效果升高　331
细胞凋亡，人脐带静脉内皮细胞 HUVEC 细胞株，靶标 p-Bad，效果升高　331
细胞凋亡诱导剂　651, 652, 1799
细胞毒　34, 35, 82, 155~157, 172, 173, 190, 191, 208, 209, 300, 333, 342, 390, 632, 685, 694, 695, 788, 831, 841~844, 862, 874, 875, 886, 897, 999, 1219, 1222, 1234, 1262~1264, 1268, 1269, 1314, 1315, 1393, 1396, 1405, 1412, 1454, 1498, 1600, 1671, 1864, 1876, 1877,
1954, 1955
12 种癌细胞　142, 143
14 种不同的人癌细胞中，LNCaP, SKBR3, HT29 和 HeLa 细胞的 GI_{50} 在 1.0×10^{-8}mol/L 数量级　1440
25 种不同的癌细胞，$IC_{50} = 0.09\mu g/mL$　255
3Y1　1927, 1937~1939
786-0　1531, 1530, 1534
9KB　693
A-10　1563
A375-S2　749, 987, 1000, 1348
A498　1, 1109, 1110, 1112, 1116, 1220, 1221, 1298, 1316, 1328, 1329, 1513, 1530, 1533, 1538, 1541, 1546, 1548, 1550, 1578
A549　55, 56, 61, 87, 88, 113, 119, 121, 127, 128, 134, 148, 198, 224, 278, 279, 293~296, 301, 312, 368, 369, 371, 381~383, 438~440, 484, 540, 567, 571, 572, 600~602, 700, 713, 714, 716, 719, 748, 863, 871, 872, 879, 925, 926, 988, 1004, 1005, 1007, 1009, 1011, 1016, 1017, 1022, 1050, 1075, 1079, 1108, 1119, 1120, 1150, 1152, 1166, 1186, 1294, 1322, 1371, 1392, 1404, 1484, 1496, 1571, 1610, 1628, 1644, 1682~1692, 1694~1697, 1711~1717, 1743
A549, 100μmol/L　944
A2780　244, 401, 437, 1408
A2780CisR　401, 437
A2780 细胞的细胞循环分析，用 1.3μmol/L 硬皮海绵碱 A 处理 24 小时，产生细胞循环 G_2/M 相的阻断　1408
ACHN　709, 715~713, 716, 719, 1791
AGS　1072~1074
B16　225~229, 1492
B16-F-10　371
BC　1730
BC-1　753
Bel7402　383, 925, 944, 988, 1004, 1005, 1017, 1049
BGC823　29, 328, 1981
BSY1　670, 712~716, 719
BT549　1328, 1329
BXF-1218L　654, 1786
BXF-T24　654, 1786
BXPC3　767, 1223, 1445
C38　1245
C6　900, 901, 908, 1958, 1959
CA46　1740, 1745
Calu3　408, 410, 411, 442, 902
CCRF-CEM　1145, 1165, 1868
CEM　1298, 1384
CEM-TART　1641

CHO-K1　264, 273, 275, 276, 366, 370
CNXF-498NL　1786
CNXF-SF268　654, 1786
Colon26　1453, 1525
Colon205　508, 1109, 1110, 1112, 1152, 1618
Colon250　13
CV-1　567, 1079, 1404, 1692
CXF-HCT116　654, 1786
CXF-HT29　654, 1786
DMS114　670, 713~716, 719
DMS273　713~716, 719, 1456
DNA 交联剂敏感的中国仓鼠卵巢癌 UV20　352
DNA 修复有缺陷的细胞: EM9, XRS-6, UV20 和 BR1　352
DU145　713, 715, 716, 719, 767, 1114, 1116, 1147, 1223, 1328, 1329, 1445, 1446, 1530, 1533, 1538, 1541, 1546, 1548, 1550, 1872~1875
DU4475　142, 143
EAC　219
EPC　1682~1691
F1　604~608
GXF-251L　654, 1786
H125　1198~1201
H2887　902
H460　138, 273, 275, 276, 370, 1152, 1267, 1298, 1443, 1444, 1486, 1598, 1629, 1651, 1658, 1725, 1727, 1728, 1741, 1742, 1826
H69AR　87
HBC4　713, 715, 716, 719
HBC5　712, 713, 715, 716, 719
HCC2998　1, 670, 713, 715, 716, 719
HCC-H102　87
HCC-S102　55, 56
HCT116　1, 2, 71, 72, 135, 367, 408, 410, 411, 442, 713, 715, 716, 719, 830, 835, 836, 839, 845, 847~849, 920, 922, 935, 947~949, 1022, 1070, 1101, 1114~1117, 1210~1212, 1285~1293, 1332, 1333, 1364~1368, 1408, 1451, 1486, 1489, 1491, 1530, 1531, 1533, 1534, 1538, 1541, 1544~1546, 1548~1551, 1558, 1579, 1599, 1612, 1613, 1618, 1641~1643, 1680, 1682~1691, 1708, 1721, 1727, 1743, 1807, 1868, 1879, 1881, 1931~1934, 1947
　阿普拉毒素 F 和阿普拉毒素 G 的混合物　1728
　有潜力的　945
HCT116/VM46 抗多重药物结肠　1408
HCT15　713, 715, 716, 719, 900, 901, 908, 1107, 1108, 1530, 1531, 1534, 1682~1691, 1791, 1848
HCT8　88, 1009, 1571

HEK-293　1529
HeLa　30, 31, 49, 55, 56, 69, 73, 87, 94, 104, 124, 248, 250, 315, 327, 328, 331, 370, 371, 424, 430~432, 744, 749, 760, 923, 937~939, 947~949, 1070, 1229, 1232, 1233, 1440, 1651~1655, 1657, 1721, 1726, 1732~1736, 1799, 1872~1875, 1926, 1936~1938, 1981
　有潜力的　945
　在亚抑制浓度抑制 HeLa 细胞迁移　1336
HeLa-S3　742, 1132, 1373, 1442, 1499~1501, 1594
Hep2　796
HepG2　55, 56, 87, 149, 329, 370, 371, 441, 540, 796, 943, 1072~1074, 1374, 1403, 1627, 1637, 1639, 1682~1691, 1872~1875, 1924, 1925
HEY　1294, 1512
HL60　25~29, 33, 49, 55, 56, 87, 94, 124, 290, 293~295, 313, 328, 331, 370, 371, 383, 384, 438~440, 631, 689, 703, 709, 712~728, 742, 872, 923, 925, 926, 944, 987, 988, 1001, 1002, 1003, 1004, 1007, 1011, 1014, 1017, 1022, 1050, 1070, 1194, 1331, 1455, 1981
　抗恶性细胞增生　1682~1691
HM02　943, 1374
HMEC　301
HNXF-536L　1786
HOP-62　1530, 1531, 1534
HOP-92　1, 1513
Hs578T　1513
HT29　61, 127, 134, 148, 198, 225~229, 273, 275, 278, 279, 370, 371, 540, 567, 571, 599~602, 611~614, 616, 617, 713, 715, 716, 719, 748, 1079, 1146, 1150, 1166, 1240, 1322, 1371, 1392, 1404, 1440, 1530, 1532~1534, 1536, 1539, 1541, 1543, 1603~1605, 1651~1655, 1657, 1682~1692, 1694~1697, 1711~1717, 1721, 1726, 1732~1734
HT1080　331
HT460　367
HTC116　331
HTCLs 细胞　192, 193, 505, 506, 706, 707, 729, 884, 1241, 1242
HuCCA-1　55, 56, 87
Huh7　408, 410, 1374
IC-2^{WT}　1152
IGROV1　1114, 1116, 1530, 1533, 1538, 1541, 1546, 1548, 1550
IMR-32　1146
in vitro and in vivo, HEY　1110, 1111, 1144
in vitro 和 in vivo, LoVo　1144
in vitro 和 in vivo, MCF7　1111, 1144

in vitro 和 *in vivo*, P$_{388}$　1111, 1144
in vitro 和 *in vivo*, U373　1144, 1110
in vitro 和 *in vivo*　1143
in vitro 和 *in vivo*, A549　1144
JurKat-T　1785
K562　28, 30, 31, 64, 65, 69, 73, 94, 328, 401, 437, 629, 947~949, 980, 981, 983, 984, 1014, 1022, 1070, 1152, 1632, 1682~1691, 1981
　有潜力的　945
KB　55, 56, 87, 103, 198~207, 225~227, 413, 481, 482, 620~623, 638, 690, 697, 718~728, 753, 791, 832, 837, 851, 852, 869, 870, 877, 880, 910, 1181, 1183, 1184, 1299, 1356~1358, 1377~1379, 1384, 1385, 1397, 1401, 1428, 1450, 1456~1479, 1481, 1576, 1595, 1648, 1682~1691, 1721, 1723, 1724, 1730, 1731, 1740, 1744~1748, 1782, 1783
KB16　13
KB-3-1　574~576, 579
KBV200　413, 690, 697, 889, 910
KM12　713, 715, 716, 719
KM20L2　767, 1220, 1221, 1223, 1316, 1445, 1446, 1497, 1578
L$_{1210}$　375, 719~728, 1248, 1356~1358, 1375~1379, 1384, 1397, 1401, 1428, 1482, 1483, 1492, 1506~1511, 1637, 1845, 1847, 1910~1919
L$_{1210}$, 例外地　1644
L5178Y　125, 401, 437, 672, 821, 822, 1228~1233, 1235, 1236, 1325~1327, 1546, 1547, 1821, 1953
L-6　404~406
LNCaP　947~949, 1328, 1329, 1440
LNCaP, 有潜力的　945
LoVo　620~623, 1181, 1183, 1294, 1456~1479, 1481, 1576, 1595, 1603, 1604, 1692, 1721, 1723, 1724, 1731, 1744~1746, 1748
LOX　509, 1109, 1112, 1152
LOX-IMVI　1, 713~716, 719, 1114, 1116, 1455, 1530, 1533, 1538, 1541, 1546, 1548, 1550
LXF-289L　654, 1786
LXF-526L　654, 1786
LXF-529L　1786
LXF-629L　654, 1786
LXF-1121L　654, 1786
LXF-H460　654, 1786
M14　1530, 1531, 1534
M17　1456
MALME-3M　1152
MAXF-401　1618

MAXF-401NL　654, 1786
MAXF-MCF7　654, 1786
MCF-10A　410, 411, 442
MCF7　264, 273, 275, 276, 356, 357, 366, 370, 371, 604~608, 640, 670, 689, 700, 713, 716, 719, 767, 791, 832, 837, 851, 852, 869, 870, 876, 877, 880, 882, 883, 1072~1074, 1223, 1278, 1279, 1294, 1328, 1329, 1403, 1445, 1446, 1485, 1497, 1522~1524, 1530~1536, 1538~1541, 1543~1545, 1549, 1603, 1604, 1682~1691, 1693~1697, 1868, 1872~1875, 1923, 1924
MDA231　1328, 1329, 1682~1691
MDA361　1328, 1329
MDA435　1328, 1329, 1682~1691
MDA468　1328, 1329
MDA-MB　88
MDA-MB-231　55, 56, 87, 127, 712, 715, 716, 719, 1114, 1116, 1117, 1322, 1455, 1530, 1533, 1538, 1541, 1546, 1548, 1550, 1551, 1711~1717, 1791
MDA-MB-231, 抑制生长　1743
MDA-MB-231/ATCC　1513
MDA-MB-435　1, 408, 410, 411, 442, 882, 883, 1109, 1112, 1181, 1486, 1497, 1563, 1868
MDA-N　1497, 1868
ME180　1267
MEL28　134, 148, 278, 279, 367, 571, 572, 601, 602, 748, 1150, 1166, 1371, 1392
MEXF-276L　654, 1786
MEXF-394NL　1786
MEXF-462NL　654, 1786
MEXF-514L　1786
MEXF-520L　654, 1786
MGC-803　1022
MiaPaCa　1682~1691
MKN1　670, 713~716, 719
MKN28　709, 713, 714, 716, 719
MKN45　709, 713, 714, 716, 719
MKN7　713~716, 719
MKN74　709, 713~716, 719
Molt4　293~296, 381, 383, 384, 508, 1004, 1005, 1017, 1048~1050, 1152, 1217, 1522~1524
MRC-5　1682~1691
MRC5CV1　225, 230
NBT-T2 (BRC-1370)　1621~1625
NCI 60 种癌细胞选择筛选程序　17, 1382, 1384, 1443, 1497, 1530, 1531, 1534
NCI 60 种癌细胞选择筛选结果, 选择性的　1114, 1116, 1530, 1531, 1533, 1538, 1541, 1546, 1548, 1550

NCI-ADR　　1181
NCI-H187　　1730, 1740
NCI-H226　　1, 713, 715, 716, 719
NCI-H23　　713, 715, 716, 719, 1790, 1791
NCI-H460　　370, 371, 640, 713, 714, 716, 719, 767, 792, 793, 1109, 1110, 1112, 1220, 1221, 1223, 1316, 1403, 1445, 1446, 1455, 1497, 1578, 1660~1663, 1722, 1872~1875, 1923, 1924
NCI-H460, 活性比阿普拉毒素A亚砜高很多　　1729
NCI-H522　　1, 670, 712, 713, 715, 716, 719, 1114, 1116, 1266, 1530, 1533, 1538, 1541, 1546, 1548, 1550
NCI 发展治疗学程序　　1534, 1544, 1545, 1549
NCI 一人剂量60细胞株试验　　1265, 1266
neuro-2a　　1443, 1444, 1447, 1486, 1516, 1660~1663, 1735, 1736, 1741
NIH3T3, 抑制生长　　1743
NMuMG, 抑制生长　　1743
NOMO-1　　331
NSCLC　　902
NSCLC-N6　　225~229, 1224, 1225, 1450, 1517, 1531, 1532
NUGC-3　　742, 1791
OVCAR-3　　1, 508, 670, 712~716, 719, 1109, 1110, 1112, 1152, 1220, 1221, 1316, 1328, 1329, 1530, 1531, 1534, 1578
OVCAR-4　　715, 716, 719, 1513
OVCAR-5　　715, 716, 719
OVCAR-8　　713~716, 719, 1682~1691
OVXF-1619L　　1786
OVXF-899L　　654, 1786
OVXF-OVCAR3　　654, 1786
P_{388}　　16, 55, 56, 83, 87, 127, 219, 225~229, 371, 600, 709, 714, 715, 717, 718, 720, 726, 728, 729, 748, 88, 89, 113, 119, 121, 128, 134, 148, 158, 198, 233~237, 240, 269, 278, 279, 343, 368, 369, 372, 567, 571, 572, 601, 602, 629, 660, 668~671, 708, 712, 713, 716, 719, 721~725, 727, 758, 855, 860, 960~962, 972~974, 1079, 1105, 1106, 1122, 1148, 1158, 1166, 1207, 1223, 1244, 1261, 1270~1273, 1294, 1297, 1311, 1313, 1316~1321, 1338, 1339, 1341~1346, 1394, 1404, 1441, 1445, 1446, 1450, 1453, 1489~1495, 1518~1520, 1525, 1530, 1558, 1561~1571, 1597, 1692, 1867, 1878, 1880, 1884~1886, 1888~1906, 1908, 1926, 1936~1938, 1971
P_{388}, 有潜力的　　238, 239
P_{388}, 有值得注意的活性　　1907
P_{388}/Dox　　225~228
P_{388} 天然样本　　1312

PAXF-1657L　　654, 1786
PAXF-PANC1　　654, 1786
PC12　　1229, 1232, 1233
PC3　　1, 713, 715, 716, 719, 1328, 1329, 1571, 1682~1691, 1791
PC3MM2　　1328, 1329
PRXF-22RV1　　654, 1786
PRXF-DU145　　654, 1786
PRXF-LNCAP　　654, 1786
PRXF-PC3M　　654, 1786
PS (=P_{388})　　178, 179, 216~218, 1394, 1679
PXF-1752L　　654, 1786
reh 淋巴细胞白血病　　1147
RPMI8226　　1530, 1531, 1534
RXF-1781L　　654, 1786
RXF-393　　1, 1666
高选择性的　　1666
RXF-393NL　　1786
RXF-486L　　654, 1786
RXF-631L　　709, 715, 716, 719
RXF-944L　　1786
SF268　　273, 275, 366, 370, 371, 640, 713, 715, 716, 719, 767, 1223, 1403, 1445, 1446, 1513, 1682~1691, 1924, 1925
高选择性的　　1666
SF295　　713, 715, 716, 719
SF295　　1220, 1221, 1316, 1497, 1578
SF539　　713~716, 719
SF539　　1109, 1110, 1112, 1530, 1531, 1534
SGC7901　　1872~1875
SKBR3　　1278, 1279, 1298, 1408, 1440
SK-MEL-2　　1107, 1108, 1618
SK-MEL-5　　1220, 1221, 1497, 1578
SK-MEL-28　　1, 1298
SK-MEL-S　　1316
SK-OV-3　　713, 714, 716, 719, 1108, 1298, 1328, 1329, 1456, 1457~1479, 1481, 1563, 1571, 1682~1691, 1848
SMMC-7721　　301
SNB19　　508, 1152
SNB75　　1, 713, 715, 716, 719, 1455
SNB78　　713, 715, 716, 719
SR　　1265
St4　　713~716, 719
SW1990　　734, 1872~1875
SW480　　1872, 1873
SW620　　315, 900, 901, 908
T24　　225, 230, 1361, 1362
T24 癌细胞, 联合使用[甲基-^{3}H]胸腺嘧啶核苷　　1380

T47D 55, 56, 87, 1001
THP-1 331
U251 713, 715, 716, 719, 1114, 1116, 1298, 1530, 1533, 1538, 1541, 1546, 1548, 1550, 1872~1875
U2OS 1612, 1613, 1721, 1726
U2OS, 抑制生长 1743
U373 1512
U373MG 1294
U-87-MG 1328
U937 421, 424, 425, 987, 994, 1001, 1002, 1006, 1023, 1217
UO-31 1265, 1266, 1513
UXF-1138L 654, 1786
V79 1869, 1882, 1909~1918, 1922
Vero 837, 851, 852, 869, 870, 877, 880, 1124, 1125, 1682~1691
Vero, 中低活性 214, 215
WHCO1 1267
WHCO6 1267
WI26 679, 680
XF498 1107, 1108, 1848
成神经细胞瘤细胞 1514, 1515
低活性 249, 1353, 1398~1400, 1825
对海星卵母细胞的成熟有抑制效应 370, 371
多种肿瘤细胞, 包括几种有药物抗性的细胞 1449
发育中的海胆 Strongylocentrotus intermedius 卵 1448
肺癌和胃癌细胞 1842
肺和结肠癌细胞, 高活性 1102, 1103
感染的 PBMC 细胞 1682
各种细胞株 959
骨髓瘤 Dox40 带或无骨髓基质细胞 442
骨髓瘤 OCIMY5 带或无骨髓基质细胞 442
骨髓瘤 OPM2 带或无骨髓基质细胞 442
骨髓瘤 RPMI8226 带或无骨髓基质细胞 442
海胆 Strongylocentrotus intermedius 受精卵 364
海星卵 1863
几种癌细胞株, 低活性 1243
几种人淋巴瘤细胞 1147
几种人肿瘤细胞 HTCLs 细胞 319, 661
抗病毒/细胞毒性实验, 从非洲绿猴肾细胞导出的 BSC-1 细胞 1965
抗性 HL60 1682~1691
抗性 MCF7 1682~1691
科比特试验, 因地区差<250 地区单位, 无选择性细胞毒活性 1377~1379, 1385, 1406
两种哺乳动物癌细胞株 222
淋巴瘤 Farage 带或无骨髓基质细胞 442

淋巴瘤 HT 带或无骨髓基质细胞 442
淋巴瘤 KU812F 带或无骨髓基质细胞 442
淋巴瘤 Raji 细胞株 638
评估了对 HepG2 细胞株的细胞循环终止抑制作用 370, 371
缺乏 PTEN 的 MDA-MB-468 1922
人白血病细胞 JurKat 1976, 1977
人成淋巴细胞的白血病细胞株 1614
人结肠癌细胞, 低活性 1409, 1410
人原发癌细胞 61
人肿瘤细胞株 1182, 1721
若干肿瘤细胞 945
生物化学感应试验 945, 946
受精海胆卵 281
数种癌细胞 635, 1105, 1106
数种癌细胞, 温和活性 23
拓扑异构酶 I 敏感的中国仓鼠卵巢癌 EM9 352
拓扑异构酶 II 敏感的中国仓鼠卵巢癌 XRS-6 352
微管形成抑制剂 1109
未感染的 PBMC 细胞 1682
无选择性 1377
细胞分裂抑制剂 1863
细胞入侵试验, 抑制 A549 细胞 1720
小鼠成纤维细胞 795
小鼠和人癌细胞生长抑制剂 761, 762
小鼠红细胞 364
小鼠脾脏细胞 504
小鼠异种移植模型, 人卵巢恶性上皮肿瘤 257~260
选择性的 840, 1384
血球计数试验 1727, 1728
药物敏感亲本 KB 细胞 889, 910
一组 24 种癌细胞株 945, 946
一组 36 种癌细胞, 单分子层增殖试验, 平均 IC_{50} = 0130μg/mL, 平均 IC_{70} = 0210μg/mL 1786
一组 36 种人癌细胞株, 平均 IC_{50} = 5.5μg/mL 454, 455
一组 36 种人肿瘤细胞, 平均 IC_{50} = 9.87μmol/L 654
一组 39 种人癌细胞株 238, 239, 1132
一组 39 种人癌细胞株, 选择性的, 平均 $lgGI_{50}$ = -4.10 709, 712~715
一组 39 种人癌细胞株, 39 种都有活性, 平均 $lgGI_{50}$ = -5.15 719
一组 39 种人癌细胞株, 39 种都有活性, 平均 $lgGI_{50}$ = -5.45 716
一组 39 种人癌细胞株, 平均 $lgGI_{50}$ mol/L = -525 1903
一组 NCI 60 种癌细胞 1289, 1290, 1455
一组 NCI 60 种癌细胞, 平均 GI_{50} = 2.3nmol/L 1631
一组 NCI 60 种癌细胞, 中值 GI_{50} = 9.1μmol/L 1666
一组 NCI 癌细胞, GI_{50} = 8.3μmol/L 1580

一组癌细胞, IC$_{50}$ = 2.1~24.4nmol/L　1571
一组癌细胞, 包括人癌细胞和绿猴肾肿瘤 Vero 细胞　1682
一组人 HTCLs 细胞, 有潜力的　1939, 1940
一组人癌细胞, GI$_{50}$ = 0.75~3.4μg/mL, 中等活性　1971
一组人癌细胞株　1247, 1599
胰腺癌　1630
以微管蛋白聚合和超稳定化来抑制细胞增殖, 活性和紫杉醇类似, 但对有紫杉醇抗性的肿瘤有活性　127
抑制细胞增殖　971
用多瘤病毒属 Polyoma sp.病毒转化的 PV$_4$ 培养细胞　1360
游离酸活性高于其甲酯　251, 252
有 DNA 修复能力的中国仓鼠卵巢癌 BR1　352
有效的和非选择性的　1590~1592
有值得注意的活性　280
细胞毒　无活性　53, 456
　A375-S2　676~678
　A549　60, 62, 63, 69, 70, 73, 74, 91, 145, 146, 203, 282, 290, 384, 631, 637, 689, 692, 709, 712, 715, 798, 804~807, 810~814, 818, 819, 972~974, 992, 995, 1048, 1049, 1066~1068, 1107, 1848
　ACC-MESO-1　430~432
　ACHN　712, 1789, 1790, 1792~1794
　Bel7402　60, 62, 63, 69, 70, 73, 74, 175, 176, 282, 290, 293~296, 381, 382, 384, 972~974, 992, 1048, 1050, 1055~1068
　BSY1　709
　C6　332
　C38 和 M16　1744
　Calu3　409, 412, 443, 444
　CCRF-CEM　1
　CHO-K1　274, 277, 976
　Colo320　120, 170
　CX1　1245
　DMS114　709, 712
　DMS273　709, 712
　DU145　1, 146, 709, 712, 714
　EAC　519, 520
　H460　264, 274, 277, 366, 781, 976
　H9c2　332
　HBC4　709, 712, 714
　HBC5　709, 714
　HCC2998　709, 712, 714
　HCT116　409, 412, 443, 444, 709, 712, 714, 1372, 1452, 1560, 1609, 1669, 1670, 1823, 1936
　HCT15　709, 712, 714, 1789, 1790
　HEK-293　1311
　HeLa　60, 62, 63, 70~72, 74, 332, 418~423, 425, 446, 447, 752, 924, 940, 1013, 1497, 1633, 1656
　Hep2　171, 316
　HepG2　144~146, 171, 316, 418~425, 446, 447
　HL60　120, 282, 296, 318, 381, 382, 710, 711, 740, 741, 871, 924, 972~975, 978, 992, 995, 1048, 1049, 1066~1068
　HT29　203, 264, 274, 276, 277, 366, 709, 712, 714, 976, 1239, 1497, 1606~1608, 1633, 1656
　HT29 结肠腺病毒恶性上皮肿瘤 GR-Ⅲ　1298
　Huh7　409, 411, 412, 443, 418~425, 442, 444, 446, 447
　J774A1　1311
　K562　60, 62, 63, 70, 74, 175, 176, 502, 1246
　KB　197, 219, 228, 229, 428, 710, 711, 717, 740, 741, 876, 1406, 1692
　KBV200　197, 428, 888, 890~895, 898, 905, 907, 918, 919
　KM12　709, 712, 714
　L$_{1210}$　120, 170, 711, 717, 718, 740, 741, 861, 1013, 1245
　LOX-IMVI　709, 712
　M17-Adr　1245
　MCF-10A　408, 409, 412, 443, 444
　MCF7　145, 146, 274, 277, 418~425, 446, 447, 642, 709, 712, 714, 715, 781, 976, 1152, 1239, 1240, 1537, 1542, 1605~1609
　MDA-MB-231　146, 709, 713, 714, 1789, 1790
　MDA-MB-435　409, 412, 443, 444
　MDCK　773, 777
　MEL28　61
　MKN1　709, 712
　MKN28　712, 715
　MKN45　712, 715
　MKN7　709, 712
　MKN74　712
　Molt4　282, 290, 382
　NCI 60 种人癌细胞筛选程序　839, 1378, 1618
　NCI-H226　709, 712, 714
　NCI-H23　709, 712, 714, 1789, 1790
　NCI-H460　146, 642, 709, 712, 715, 990
　NCI-H522　709, 714
　neuro-2a　1526, 1742
　NUGC-3　1789, 1790
　OVCAR-3　709
　OVCAR-4　709, 712~714
　OVCAR-5　709, 712~714
　OVCAR-8　709, 712

P_{388}	203, 223, 394, 395, 710, 711, 740, 741, 757, 925, 988, 992, 1065~1068, 1962, 1964~1966
P_{388}/Dox	229
P_{388} 合成样本	1312
PC3	709, 712, 714, 1789, 1790
RBL-2H3	1958, 1959
RXF-631L	712~714
SF268	976
SF268	264, 274, 276, 277, 642, 709, 712, 714, 781
SF295	709, 712, 714
SF539	709, 712
SGC7901	71, 72
SK-MEL-2	1848
SK-OV-3	1107
SK-OV-3	709, 712, 715
SMMC-7721	798, 804~807, 810~814, 818, 819, 985
SNB75	709, 712, 714
SNB78	709, 712, 714
St4	709, 712
SW480	71, 72
SW1990	146, 457, 733, 735
T47D	987, 1002
U251	709, 712, 714
U937	415, 418~420, 422, 423, 446, 447
UT7	1632
Vero	791, 832, 876
WEHI-164	160, 161, 1311

骨髓瘤 H929 带或无骨髓基质细胞　442
骨髓瘤 KMS34 带或无骨髓基质细胞　442
骨髓瘤 L363 带或无骨髓基质细胞　442
骨髓瘤 MM1S 带或无骨髓基质细胞　442
淋巴瘤 OCILY17R 带或无骨髓基质细胞　442
培养的 P_{388} 细胞　47, 129
培养的 RAW 细胞　1669, 1670
前列腺癌 PC3 带或无骨髓基质细胞　442
人结肠癌细胞　1381
乳腺癌 MDA-MB-231 带或无骨髓基质细胞　442
药物敏感亲本 KB 细胞　888, 890~895, 898, 905, 907, 918, 919
细胞毒和抗肿瘤, 人肺癌细胞　1147
细胞毒素　1629, 1951
细胞分化抗原 CD-4 捆绑键合活性　450
细胞分裂抑制剂, 海胆 Strongylocentrotus intermedius 受精卵　510~512, 519~521
细胞分裂抑制剂, 受精海胆卵实验　7
细胞色素 P450 1A (CYP1A) 抑制剂, 无细胞毒活性　388, 433

细胞色素 P450 1A 抑制剂　663, 664
细胞生长和增殖抑制剂, HTCLs 细胞　706, 707
细胞生长抑制剂　729, 761, 762, 792, 793, 1146, 1320, 1321, 1530
PS　1754
蓝细菌铜绿微囊藻 Microcystis aeruginosa　1118
细胞死亡诱导剂, HT1080, 在内质网压力下　1201
细胞微丝断裂, HeLa 细胞微丝断裂试验　1530, 1535
细胞微丝断裂剂　1575
细胞微丝网络的破坏者, 正常成纤维细胞　1744
细胞循环累进抑制剂　1069
细胞抑制剂　1799
细胞增殖抑制剂　679, 680, 1450, 1909~1918
细胞质分裂抑制剂　1575
纤溶酶抑制剂　1089, 1270, 1776
纤维蛋白溶酶抑制剂　554, 555
线粒体介导的细胞凋亡诱导剂, 酿酒酵母 Saccharomyces cerevisiae　877
腺苷三磷酸酶抑制剂, 哺乳动物　453
香味　1887
香味的成分, 海鱼, 软体动物和甲壳类动物　262
小管生成抑制剂　803, 815, 816
小鼠 LD_{50}　519, 520
小鼠 LD_{99}　211
小鼠腹膜内注射 LD_{50}　873~875, 877, 912, 961, 1069, 1113
小鼠和人 V1 亚科瞬时型受体电位辣椒素-1 通道 (TRPV1) 长效拮抗剂, 有效, 疼痛和炎症介质　1172
小鼠急性毒性 LD_{50}　211
小鼠静注 LD_{50}　1850
小鼠口服 LD_{50}　263, 326, 624, 691, 1858, 1867, 1883, 1980
信号素抑制剂　450
信息素, 用于产卵　1816
胸苷酸激酶抑制剂　1866
胸腺嘧啶核苷抑制剂　1866
选择性 5-羟色胺受体, 5-HT_{2C} 受体专有靶标　989
选择性 5-羟色胺受体 5-HT_{2B} 拮抗剂　641
选择性 5-羟色胺-受体配体, 靶标 5-HT_{2A}, 5-HT_{2C} 和 5-HT_4 受体, 和抑郁症有关　958
选择性的金属捆绑键合性质　1377, 1379
选择性积累钒的血色素　1076
选择性抑制效应, 海洋原甲藻 Prorocentrum micans, 对其它微藻和细菌无效应　1237, 1238
血管紧张素转换酶 ACE 抑制剂　1270
血管内皮细胞生长因子 VEGF 诱导的内皮细胞生长抑制剂　402

血管生长抑制剂　153
血小板活化因子 PAcF 抑制剂　953
血小板聚合因子 PAF 诱导的血小板聚集抑制剂　961
血小板聚集抑制剂　325, 1855
严重急性呼吸系统综合征 SARS-冠状病毒蛋白酶 3CL 抑制剂　686
盐水丰年虾 LD_{50}　168, 189, 1369, 1370, 1745, 1868
眼刺激剂, 眼和皮肤　326
氧化还原活性化合物　1816
氧化还原酶刺激剂　1816~1818
药理活性核苷, 引起小鼠肌肉松弛和体温降低, 并阻断多突触和单突触反射　1857
一类新的甾醇结合剂 3β-羟基甾醇　1347
一氧化氮 NO 生成抑制剂, LPS 刺激的巨噬细胞　1337
一氧化氮 NO 生成抑制剂, LPS-诱导的巨噬细胞　522
胰蛋白酶抑制剂　1270, 1175~1179, 1256, 1086, 1088, 1089, 1091, 1092, 1098, 1099, 1776
胰蛋白酶抑制剂, 无活性　1556, 1761, 1770, 1756
胰凝乳蛋白酶抑制剂　1434, 1752, 1753, 1761, 1771~1756
胰凝乳蛋白酶抑制剂, 高活性　1755
胰脏 β-细胞的细胞保护作用, 保护胰脏 β-细胞免受高血糖症的损害　553
乙酰胆碱酯酶抑制剂　11, 441, 573, 950, 951
异亮氨酸转移酶抑制剂　1944~1946
抑制 DNA 合成　920
抑制 GTP-诱导的微管蛋白聚合　1408
抑制 H1N1 病毒的神经氨酸苷酶　589
抑制 LDL 氧化　325
抑制 NO 和 PGE_2 生成, LPS 刺激的 RAW 2647 细胞　1669, 1670
抑制 SV40 病毒的 DNA 复制　1848
抑制 VEGF-A 诱导的内皮细胞催芽 (细胞血管生成试验)　401
抑制 β5 亚单位, 胰凝乳蛋白酶样活性, 酵母束藻 Symploca cerevisiae 20S 蛋白酶体, 高活性　1102, 1103
抑制胆甾醇酯转移蛋白活性　738, 739
抑制多巴胺 D-1 选择性配体和牛纹状体膜的结合　856
抑制分子伴侣 GRP78 的蛋白表达, HT1080 和 MKN74　1201
抑制共生的 thaustroc 杂交聚集裂殖壶菌 Schizochytrium aggregatum 生长　764
抑制过早的有丝分裂　253, 254
抑制海胆胚胎孵化　335
抑制海星发育　1261
抑制海星胚胎发育, 海燕 Asterina pectinifera,　1257~1260
抑制几种预炎细胞因子 NO 生成和表达 (RAW2647 细胞)　48

抑制精子受精能力　504
抑制菌落形成　1869, 1882, 1909~1918
抑制缺氧引起的 VEGF 基因启动子 (Hep3B) 的活化　859
抑制人癌细胞的变形虫样的入侵　1208, 1209
抑制生物发光, 哈维氏弧菌 Vibrio harveyi　48
抑制藤壶幼虫定居　958
抑制细胞色素 P450 1A CYP1A　657
抑制细胞循环
　　降低细胞循环中的 S 阶段并部分阻碍 G 阶段　225~228
　　完全阻断 NSCLC-N6 细胞循环的 G 阶段　229
抑制细菌的　537
抑制血管内皮生长因子 VEGF 分泌　1441
抑制血浆中 α_2-巨球蛋白和 α_2-纤溶酶抑制剂的作用　547
抑制亚麻酸过氧化　639
抑制吲哚胺 2,3-双加氧酶 IDO　826~828
抑制幼虫定居, 致密藤壶*Balanus improvises　967, 989
引起皮炎　365
引起细胞多核化的形成　1621~1625
荧光素酶抑制剂, 抑制 2-脱氧葡萄糖诱导的荧光素酶的表达　1199~1201
影响肌肉收缩的　1437
硬皮海绵碱 A 引起细胞凋亡诱导超过对照物 55 倍　1408
用于处理银屑病和利什曼病　643
用于急性肾移植排斥反应的预防治疗　643
有毒的　1218
　　多种微藻和藻类　485, 495, 496, 525
　　海燕 Asterina pectinifera　1262, 1263
　　静脉注射　1181
　　小鼠　1744
　　盐水丰年虾　10, 530~533, 545, 964, 970, 997, 1024, 1027~1029, 1229, 1232, 1235, 1298, 1369, 1370, 1516, 1522~1524, 1659, 1664, 1665, 1786, 1806
盐水丰年虾 Artemia larvae　371
盐水丰年虾 Artemia salina　373, 481, 482
有剧毒的　211
有气味　262
有潜力的 DNA 损坏剂　945, 946
有丝分裂细胞分裂抑制剂　281
有望成为治疗阿尔茨海默病的潜在方法　1349
诱导 cAMP 的产生, G 蛋白耦合受体 12 (GPR12) 以剂量相关模式使 CHO 和 HEK-293 转染　132
诱导报道基因表达, 在胰岛素降解酶 (IDE) 启动子的控制下　1349
诱导分化活性, K562 细胞进入有核红细胞　370, 371
诱导高尔基膜囊泡形成　370
诱导细胞凋亡, MCF7　1278, 1279
诱导细胞循环的 G_2/M 期阻断, 未指明实验用细胞　1012

诱导阻断细胞循环的 G_2/M 相　　1745
鱼毒　　114~118, 180, 181, 187, 188, 210, 212, 213, 376, 659, 1667, 1668
运动性抑制和溶菌活性, 枯萎病病原体辣椒疫霉菌 *Phytophthora capsici* 的游动孢子　　1793, 1794
有值得注意的活性　　1795~1798
藻毒素　　1296, 1430, 1431
增强心脏功能, 冠状动脉血管扩张剂　　1856
增强心脏功能的　　1437, 1855, 1865
增殖抑制剂　　803, 815, 816
长时间使血压升高　　1858
真核生物 DNA 聚合酶选择性抑制剂　　755
　　X 家族和 Y 家族　　649
真菌毒素　　797, 801, 802, 817, 820, 823~825, 955, 1053, 1437, 1951
真皮毒性　　86
镇痉剂　　1955
镇静剂　　1363
镇咳药　　1844
支气管扩张药　　353~355
脂肪生成促进剂, 前成脂肪细胞分化诱导活性　　15
15-脂氧合酶抑制剂　　268, 494, 499~501, 516
植物毒素　　139, 151, 152, 157, 162, 163, 185, 691, 857, 934
　　对各个品种的香蕉　　219
和树木的真菌疾病有关　　981
植物生长促进剂, 玉米和大麦的支根　　665
植物生长调节剂　　174, 977
植物生长抑制剂　　156, 463, 581, 743
质体醌的抗胆碱酯酶活性　　374
治疗阿尔茨海默病药物的先导化合物　　374

治疗糖尿病药　　553
治疗糖尿病药和抗动脉粥样硬化　　59
致死性, 盐水丰年虾　　1061
致突变的　　365
致肿瘤毒素　　1069
致肿瘤真菌毒素　　993
中枢神经系统镇静剂　　1363, 1865
肿瘤促进活性抑制剂　　1257
肿瘤促进剂　　1296
肿瘤坏死因子 α 诱导的 NF-κB 活化抑制剂　　341
肿瘤抑制基因 PTEN 是一种位于人染色体 10q233 的已经鉴定的肿瘤抑制基因　　1922
转录因子 AP-1 抑制剂　　1737, 1738
紫外 UV-A 防护活性　　1003
阻断细胞循环 G_1 期, 细胞凋亡诱导剂　　1721
阻断依赖于 EGFR 的人乳腺癌细胞 MCF7 和 ZR-75-1 的增殖　　331
阻旋异构　　522, 541
阻止细胞循环的 G_2/M 期　　127
组胺释放抑制剂, 人嗜碱性粒细胞 KU-812　　547
组蛋白甲基转移酶 (HMT) 抑制剂 G9A 无活性　　961, 962
组蛋白甲基转移酶 (HMT) 抑制剂 G9A　　960, 1878, 1880, 1883, 1884
组蛋白去乙酰化酶抑制剂　　1226, 1227, 1289, 1290, 1743
组织蛋白酶 B 抑制剂　　321~323
组织蛋白酶 E 抑制剂, 有潜力的　　1180
组织再生刺激剂　　180
作为弹性蛋白酶抑制剂的 RNA 合成抑制剂　　219

索引5 海洋生物拉丁学名及其成分索引

按拉丁字母顺序列出了本卷中所有海洋生物的拉丁学名名称和中文名称及对应的化学成分的唯一代码。本书规定:对蓝细菌、红藻、绿藻、棕藻、甲藻、金藻、红树、半红树、石珊瑚、兰珊瑚等生物类别,把类别名加在中文名称前面。

A

Abietinaria sp. 水螅纲枞螅属 861, 862
Acanthaster planci 长棘海星 319, 661
Acanthella cavernosa 中空棘头海绵 391~393
Acanthophora spicifera 红藻松节藻科穗状鱼栖苔 654
Acanthus ilicifolius 红树老鼠簕 46, 408~412, 414, 442~444, 1075, 1119, 1120
Aciculites orientalis 岩屑海绵东方皮刺海绵 1210~1212
Acremonium persicinum 海洋导出的真菌枝顶孢属 1241, 1242
Acremonium sp. 海洋导出的真菌枝顶孢属 271, 272, 302, 1167, 1198~1200
Acremonium sp. AWA16-1 海洋导出的真菌枝顶孢属 484
Acropora sp. 石珊瑚鹿角珊瑚属 352
Acrostalagmus luteoalbus SCSIO F457 深海真菌黄白笋顶孢霉 1923, 1924
Acrostichum aureum 红树金黄色卤蕨 954, 1014
Actinomyces sp. CNB-984 海洋导出的放线菌 135
Adocia sp. 隐海绵属 1953, 1954
Aegiceras corniculatum 红树桐花树 823, 824, 882, 883, 912
Agarum cribrosum 棕藻孔叶藻 986, 1883
Agelas clathrodes 克拉色群海绵 1955
Agelas nakamurai 群海绵属 1955
Agelas sp. 群海绵属 1955
Aiolochroia crassa 海绵 Aplysinidae 科 331
Alexandrium excavatum 亚历山大甲藻属 1822
Alsidium helminthochorton 红藻松节藻科 1814
Alternaria niger 红树导出的真菌黑色链格孢 91, 92, 144~146
Alternaria raphani 海洋导出的真菌链格孢属 952
Alternaria sp. 海洋导出的真菌链格孢属 397, 882~885, 912
Alternaria sp. JCM92 红树导出的真菌链格孢属 538, 821, 822
Alternaria sp. SF-5016 海洋导出的真菌链格孢属 1438
Alternaria sp. ZJ-2008023 海洋导出的真菌链格孢属 914
Alternaria tenuis Sg17-1 海洋导出的真菌链格孢属 745, 747, 749

Alteromonas luteoviolacea 海洋细菌藤黄紫交替单胞菌 1126, 1439
Alteromonas rava 海洋细菌交替单孢菌属 1942~1945, 1979
Alteromonas rubra 海洋细菌红色假交替单胞菌 353~355
Alteromonas sp. 海洋导出的细菌交替单胞菌属 84, 85
Amaroucium multiplicatum 海洋导出的原脊索动物 280
Ampelomyces sp. 海洋导出的真菌白粉寄生菌属 289
Anabaena flos-aquae NRC52517 蓝细菌水华鱼腥藻 1416, 1417
Anabaena sp. 202A2 蓝细菌鱼腥藻属 1419
Anabaena sp. 90 蓝细菌鱼腥藻属 1416, 1418
Anabaena spiroides 蓝细菌螺旋鱼腥藻 1118
Analipus japonicus 棕藻萱藻科 Scytosiphonaceae 1071, 1104
Anisodoris nobilis 软体动物裸鳃目海牛亚目海柠檬 1858
Annella sp. 柳珊瑚海扇 57, 147, 326, 403, 702, 832, 833, 851, 876, 917, 953
Anthocidaris crassispina 棘皮动物门真海胆亚纲长海胆科紫海胆 75, 76, 888, 898, 909, 957
Aphanizomenon flos-aquae 蓝细菌水华束丝藻 1422
Aphanizomenon flos-aquae NIES 81 蓝细菌水华束丝藻 1423
Apiospora montagnei 海洋真菌梨孢假壳属 401
Aplidium albicans 褶胃海鞘属 1441
Aplidium californicum 褶胃海鞘属 662
Aplidium conicum 圆锥形褶胃海鞘 1958, 1959, 1976, 1977
Aplidium constellatum 褶胃海鞘属 658
Aplidium fuscum 褶胃海鞘属 1866
Aplidium glabrum 光褶胃海鞘 367
Aplidium longithorax 长胸褶胃海鞘 372
Aplidium multiplicatum 褶胃海鞘属 1864
Aplidium savignyi 褶胃海鞘属 278, 280
Aplidium sp. 褶胃海鞘属 278, 279, 1885, 1956, 1957
Aplysia pulmonica 软体动物网纹海兔 1394
Aplysina aerophoba 秒色海绵属 911, 915, 916
Aplysina aerophoba [Syn. *Verongia aerophoba*] 秒色海绵属 331
Aplysina archeri 烟管秒色海绵 331
Aplysina fistularis fulva 秒色海绵属 564

Aplysiopsis formosa 软体动物门腹足纲囊舌目叶鳃螺科 120, 170

Arthrinium sacchari 海洋导出的真菌糖节菱孢 754

Arthrinium sp. 海洋导出的真菌节菱孢属 401, 437

Ascidia nigra 黑海鞘 1076

Ascochyta salicorniae 海洋导出的亚隔孢壳科盐角草壳二孢真菌 6, 185, 320, 634, 687, 767

Ascochyta sp. NGB4 海洋导出的亚隔孢壳科壳二孢属真菌 222

Aspergillus aculeatus CRI323-04 海洋导出的真菌曲霉菌属 1824

Aspergillus candidus 深海真菌曲霉菌属 542, 576, 581

Aspergillus candidus IF10 海洋导出的真菌曲霉菌属 574, 575, 579

Aspergillus carbonarius WZ-4-11 海洋导出的真菌炭黑曲霉 175, 176, 797, 800~802, 808, 809, 817, 820

Aspergillus effuses H1-1 红树导出的真菌曲霉菌属 972~974, 988, 991, 992

Aspergillus elegans 海洋导出的真菌曲霉菌属 1815

Aspergillus flavipes AIL8 红树导出的真菌黄柄曲霉 46

Aspergillus flavus 092008 红树导出的真菌黄曲霉 650

Aspergillus flavus C-F-3 海洋导出的真菌黄曲霉 132

Aspergillus fumigatus 海洋导出的真菌烟曲霉菌 224, 961, 995, 1006, 1017, 1023, 1048~1051, 1054, 1069

Aspergillus fumigatus BM939 海洋导出的真菌烟曲霉菌 1046, 1047, 1053

Aspergillus fumigatus YK-7 海洋导出的真菌烟曲霉菌 994

Aspergillus glaucus 海洋导出的真菌灰绿曲霉 871, 872

Aspergillus glaucus HB1-119 海洋导出的真菌灰绿曲霉 925, 926

Aspergillus insuetus 海洋导出的真菌曲霉菌属 955

Aspergillus insulicola 海洋导出的真菌海岛曲霉菌 956

Aspergillus niger 海洋导出的真菌黑曲霉菌 685

Aspergillus niger EN-13 海洋导出的真菌黑曲霉菌 126, 798, 804~807, 810~814, 818, 819

Aspergillus niger JV-33-48 海洋导出的真菌黑曲霉菌 804, 805

Aspergillus niger TC 1629 海洋导出的真菌黑曲霉菌 800

Aspergillus ostianus 01F313 海洋导出的真菌曲霉菌属 124

Aspergillus ostianus TUF 01F313 海洋导出的真菌曲霉菌属 36, 37, 108

Aspergillus parasiticus 海洋导出的真菌寄生曲霉 288, 292

Aspergillus pseudodeflectus 海洋导出的真菌伪偏斜曲霉 742

Aspergillus sclerotiorum PT06-1 海洋导出的真菌核盘曲霉 1330, 1331

Aspergillus sclerotiorum sp. 080903f04 海洋导出的真菌核盘曲霉 1218

Aspergillus sp. 海洋导出的真菌曲霉菌属 184, 632, 689, 750, 751, 867, 877, 1003, 1010, 1012, 1013, 1075, 1216, 1823

Aspergillus sp. 05F16 海洋导出的真菌曲霉菌属 866

Aspergillus sp. 16-02-1 海洋导出的真菌曲霉菌属 25~31, 49, 94, 104, 124, 328, 1981

Aspergillus sp. B-F-2 海洋导出的真菌曲霉菌属 502

Aspergillus sp. CMB-M081F 海洋导出的真菌曲霉菌属 1045

Aspergillus sp. CXCTD-06-6a 海洋导出的真菌曲霉菌属 327

Aspergillus sp. HDf2 海洋导出的真菌曲霉菌属 75, 76

Aspergillus sp. KY52178 海洋导出的真菌曲霉菌属 447

Aspergillus sp. MF-93 海洋导出的真菌曲霉菌属 688

Aspergillus sp. SCSIOW3 海洋导出的真菌曲霉菌属 270

Aspergillus sp. W-6 海洋导出的真菌曲霉菌属 1075, 1119, 1120

Aspergillus sp. XS-20090066 海洋导出的真菌曲霉菌属 491

Aspergillus sydowi 海洋导出的真菌萨氏曲霉菌 224, 358, 446, 447

Aspergillus sydowi PFW1-13 海洋导出的真菌萨氏曲霉菌 993, 1007, 1011, 1016, 1046, 1052, 1069

Aspergillus sydowi YH11-2 海洋导出的真菌萨氏曲霉菌 269, 343, 660, 708, 757

Aspergillus sydowii 海洋导出的真菌萨氏曲霉菌 403

Aspergillus sydowii ZSDS1-F6 海洋导出的真菌萨氏曲霉菌 345, 349, 489, 490, 503, 504

Aspergillus taichungensis ZHN-7-07 海洋导出的真菌曲霉菌属 954, 1014

Aspergillus terreus 海洋导出的真菌土色曲霉菌 24, 589

Aspergillus terreus 95F-1 真菌土色曲霉菌 1075

Aspergillus terreus GWQ-48 红树导出的真菌土色曲霉菌 582, 590

Aspergillus terreus OUCMDZ-1925 海洋导出的真菌土色曲霉菌 64, 65

Aspergillus terreus PT06-2 海洋导出的真菌土色曲霉菌 23, 24, 33~35, 759

Aspergillus terreus SCSGAF016 海洋导出的真菌土色曲霉菌 1217

Aspergillus terreus SCSGAF0162 海洋导出的真菌土色曲霉菌 23, 50

Aspergillus tubingensis OY907 海洋导出的真菌塔宾曲霉 81

Aspergillus unguis 海洋导出的真菌裸壳孢属 459

Aspergillus ustus 094102 红树导出的真菌焦曲霉 631, 743

Aspergillus varians 海洋导出的真菌曲霉菌属 289, 292
Aspergillus versicolor 海洋导出的真菌变色曲霉菌 964, 965, 997, 1107, 1108, 1055~1060, 1062~1065
Aspergillus versicolor 深海真菌变色曲霉菌 438~440, 504~507, 529, 655, 742, 906
Aspergillus versicolor ATCC 9577 海洋导出的真菌变色曲霉菌 1858, 1859
Aspergillus versicolor CXCTD-06-6a 深海真菌变色曲霉菌 964, 966
Aspergillus versicolor EN-7 海洋导出的真菌变色曲霉菌 896
Aspergillus versicolor HDN08-60 海洋导出的真菌变色曲霉菌 1070
Aspergillus versicolor MST-MF495 海洋导出的真菌变色曲霉菌 1243
Aspergillus versicolor ZBY-3 深海真菌变色曲霉菌 980, 981, 983, 984
Aspergillus wentii 海洋导出的真菌曲霉菌属 451, 452
Aspergillus westerdijkiae DFFSCS013 深海真菌曲霉菌属 963, 1015
Asterias rubens 海星红海盘车 1844
Asterina bather 海燕属海星 1852~1854
Auletta cf. *constricta* 笛海绵属 1530
Auletta sp. 笛海绵属 1112
Auletta sp. 02137 笛海绵属 1530, 1531, 1534, 1535, 1544, 1545, 1549
Aureobasidium pullulans 海洋导出的真菌短梗霉属 979
Avicennia marina 红树马鞭草科海榄雌 91, 92, 144~146, 413, 428
Avrainvillea longicaulis 绿藻长茎绒扇藻 376, 1879, 1881
Avrainvillea rawsonii 绿藻罗氏绒扇藻 378, 380
Avrainvillea sp. 绿藻绒扇藻属 1580
Axinella carteri 卡特里小轴海绵 1224, 1225, 1269
Axinella cf. *carteri* 卡特里小轴海绵 1222, 1223
Axinella cf. *corrugata* 皱褶小轴海绵 686
Axinella damicornis 鹿角杯型小轴海绵 685
Axinella sp. 小轴海绵属 1219~1221

B

Bacillus cereus SCRC-4h1-2 海洋导出的细菌蜡样芽孢杆菌 1453, 1525
Bacillus licheniformis 海洋导出的细菌地衣芽孢杆菌 1841, 1842
Bacillus mojavensis 海洋导出的细菌摩加夫芽孢杆菌 1800
Bacillus pumilus 海洋导出的细菌短芽孢杆菌 744, 745, 747
Bacillus pumilus KMM 1364 海洋导出的细菌短芽孢杆菌 1672~1678
Bacillus silvestris 海洋导出的细菌林芽孢杆菌 1445
Bacillus sp. 海洋细菌芽孢杆菌属 748, 957, 1350, 1843
Bacillus sp. CND-914 海洋细菌芽孢杆菌属 1680
Bacillus sp. MIX-62 海洋导出的细菌芽孢杆菌属 1291~1293
Bacillus subtilis 海洋导出的细菌枯草芽孢杆菌（模式种）枯草杆菌 1789~1798
Bacillus subtilis B1779 海洋导出的细菌枯草芽孢杆菌（模式种）枯草杆菌 744~747, 752
Bacillus subtilis TP-B0611 海洋导出的细菌枯草芽孢杆菌（模式种）枯草杆菌 752
Balanoglossus biminiensis 半索动物柱头虫属 262
Balanoglossus cornosus 半索动物肉质柱头虫 263
Bartalinia robillardoides LF550 海洋真菌顶多毛孢属 696
Beauveria bassiana 海洋导出的真菌白僵菌 426, 889
Beauveria felina 海洋导出的真菌费林那白僵菌 1435~1437
Beauveria felina EN-135 海洋导出的真菌费林那白僵菌 627, 1487, 1488, 1527
Beckerella subcostatum 红藻亚肋翼枝藻 32
Bionectria ochroleuca 红树导出的真菌淡色生赤壳 1236, 1325~1327, 1952
Blastobacter sp. SANK 71894 海洋细菌芽生杆菌属 1870
Blennothrix cantharidosmum 蓝细菌颤藻 Oscillatoriaceae 科 1838~1840
Boodlea composita 绿藻布氏藻 304
Botryllus sp. 菊海鞘属 583
Botryllus tuberatus 瘤状菊海鞘 78~80
Botrytis sp. 海洋导出的真菌葡萄孢属 131
Brevibacillus laterosporus 海洋导出的细菌短芽孢杆菌属 1185
Brevibacillus laterosporus PNG-276 海洋导出的细菌短芽孢杆菌属 1196
Briareum polyanthes 多花环西柏柳珊瑚 174
Bruguiera gymnorrhiza 红树木榄 461, 463, 540, 631, 743, 750, 751
Bruguiera sexangula var. *rhynchopetala* 红树海莲木榄变种 365
Bryopsis pennata 绿藻羽状羽藻 1528
Bryopsis sp. 绿藻羽藻属 1555, 1692
Buccinulum corneum 软体动物门腹足纲前鳃亚纲蛾螺科 1846
Bugula sp. 苔藓动物多室草苔虫属 1289, 1290
Bursatella leachii 软体动物海兔科海兔 1730, 1740

C

Calliostoma canaliculatum 软体动物门腹足纲前鳃亚纲(海蜗牛)具沟丽口螺 1871
Callipelta sp. 岩屑海绵 Neopeltidae 科 1133, 1449, 1450
Callyspongia aerizusa 艾丽莎美丽海绵 4, 1228~1235
Callyspongia bilamellata 二片状美丽海绵 1601, 1602
Callyspongia flammea 美丽海绵属 640~642
Callyspongia truncata 截型美丽海绵 103
Callyspongia vaginalis 叶鞘美丽海绵 5
Calyx cf. *podatypa* 花萼海绵属 981, 982
Carpophyllum maschalcoarpum 棕藻马尾藻科 549
Carteriospongia foliascens [Syn. *Phyllospongia foliascens*] 卡特海绵属 508, 514, 523
Cassiopea xamachana 钵水母纲根口目仙女水母属 1615~1617, 1778, 1779
Caulerpa racemosa 绿藻总状花序蕨藻 346, 347
Caulerpa sp. 绿藻蕨藻属 1435
Caulobacter sp. PK654 海洋导出的细菌柄杆菌属 624
Centroceras clavulatum 红藻纵胞藻 1814
Ceratodictyon spongiosum 红藻角网藻 1197, 1369, 1370
Chaetomium funicola TCF 6040 真菌毛壳属 653, 682, 683
Chaetomium globosum 海洋导出的真菌毛壳属 301, 720, 726~729
Chaetomium globosum OUPS-T106B-6 海洋导出的真菌毛壳属 709~712, 714~719, 721~725, 740, 741
Chaetomium sp. 海洋导出的真菌毛壳属 404, 405
Chaetomium sp. Gö 100/2 海洋导出的真菌毛壳属 684
Chlamys hastata 软体动物双壳纲扇贝科锦海扇蛤属扇贝 1817
Chondria californica 红藻加州软骨藻 1887, 1941, 1946, 1969, 1970, 1978
Chondrilla caribensis f. *caribensis* 岩屑海绵谷粒海绵属 1186, 1484, 1628, 1644
Chondromyces crocatus Cmc5 粒状黏细菌属 1454
Chondromyces pediculatus 海洋黏细菌 1300, 1301
Chrysophaeum taylori 金藻纲 Chrysophyceae 486~488, 693, 695
Citronia astra 掘海绵科 Dysideidae 海绵 1141, 1142
Cladiella australis 澳大利亚短足软珊瑚 1961
Cladiella sp. 短足软珊瑚属 529
Cladosporium cladosporioides sp. TF-0380 真菌枝孢属 51
Cladosporium herbarum 海洋导出的真菌枝孢属 4
Clonostachys rogersoniana HJK9 海洋导出的真菌黏帚霉属 1237, 1238
Clonostachys sp. ESNA-A009 海洋导出的真菌粘帚霉属 1440

Codium decorticatum 绿藻松藻属 1808
Codium fragile 绿藻刺松藻 760, 763
Collocalia mucoid 黏液金丝燕 1844
Colpomenia sinuosa 棕藻囊藻 126, 567
Comantheria briareus 棘皮动物门海百合纲羽星目羽星属 800
Coniothyrium cereal 海洋导出的真菌盾壳霉属 799, 934
Coniothyrium cereale 海洋导出的真菌谷物盾壳霉 779, 789, 790, 795, 927~930, 933
Coniothyrium sp. 海洋导出的真菌盾壳霉属 339
cordyceps sp. BCC1861 真菌虫草属 490
Corollospora maritima 海洋导出的海壳真菌科花冠菌属 636
Corynespora cassiicola L36 海洋导出的真菌多主棒孢霉 457
Cosmospora sp. SF-5060 海洋导出的真菌赤壳属 453
Cribricellina cribraria 苔藓动物极精筛胞苔虫 1962
Cribrochalina olemda 海绵 Niphatidae 科 1270~1273
Curvularia eschscholzii 海洋导出的真菌弯孢霉属 130
Curvularia sp. 768 海洋导出的真菌弯孢霉属 654
Cyerce cristallina 软体动物门腹足纲囊舌目叶鳃螺科 114~118, 180, 181
Cylindrospermum licheniforme ATCC 29204 蓝细菌念珠藻科地衣形筒孢藻 609, 615
Cylindrospermum licheniforme ATCC 29412 蓝细菌念珠藻科地衣形筒孢藻 618
Cymbastela sp. 小轴海绵科海绵 1110, 1111, 1143, 1144, 1506~1512, 1530
Cymopolia barbata 绿藻髯毛波纹藻 398~400
Cystodytes dellechiajei 海鞘 Polycitoridae 科 1248
Cystoseira mediterranea 棕藻囊链藻属 281
Cytophaga sp. 海洋细菌噬细胞菌属 1827
Cytospora sp. 真菌壳囊孢属 312, 637

D

Dactylospongia elegans 青甲海绵亚科 Thorectinae 海绵 370, 371
Dakaria subovoidea 苔藓动物裸唇纲血苔虫属 889, 941, 942
Daldinia eschscholzii KT32 海洋微生物光轮层碳壳菌 130
Darwinella rosacea 似蔷薇达尔文海绵 84, 85
Dasychalina cyathina 松指海绵属 1855, 1856
Delisea fimbriata 红藻钥藻科 Bonnemaisoniaceae 流苏顶珠藻 18~20
Dendrilla sp. 枝骨海绵属 745, 747
Dendryphiella salina 海洋导出的真菌小树状霉属 365
Diaporthe sp. HLY2 海洋导出的真菌间座壳属 638

Diazona cf. *formosa* 海鞘 Diazonidae 科 **1939, 1940**
Dichotella gemmacea 灯芯柳珊瑚 **689**
Dichothrix utahensis 蓝细菌双须藻属 **1770**
Dictyonella incisa 缺刻网架海绵 **16**
Dictyopteris undulata 棕藻波状网翼藻 **659**
Didemnum albopunctatum 白点星骨海鞘 **881**
Didemnum cucculiferum 星骨海鞘属 **1784**
Didemnum molle 软毛星骨海鞘 **1371, 1372, 1392, 1404**
Didemnum proliferum 多育星骨海鞘 **1926, 1936~1938**
Didemnum rodriguesi 星骨海鞘属 **999**
Didemnum sp. 星骨海鞘属 **231, 232, 1025, 1026, 1630, 1631**
Digenea simplex 红藻海人草 **1809, 1814**
Diplosoma virens 星骨海鞘科绿如群体海鞘 **1079**
Discodermia calyx 岩屑海绵花萼圆皮海绵 **1390, 1391**
Discodermia dissoluta 岩屑海绵圆皮海绵属 **127**
Discodermia kiiensis 岩屑海绵圆皮海绵属 **1257~1264**
Discodermia sp. 岩屑海绵圆皮海绵属 **113, 119, 121, 128, 1354, 1355, 1610**
Dolabella auricularia 软体动物耳形尾海兔 **172, 173, 1147, 1148, 1373, 1394, 1442, 1495~1499, 1501, 1578, 1679, 1754, 1825**
Dothiorella sp. 红树导出的真菌小穴壳菌属 **694**
Dysidea arenaria 多沙掘海绵 **1466**
Dysidea chlorea 掘海绵属 **527**
Dysidea dendyi 掘海绵属 **509~513, 519~521**
Dysidea fragilis 易碎掘海绵 **998**
Dysidea granulosa 颗粒状掘海绵 **492, 493**
Dysidea herbacea 拟草掘海绵 **497, 498, 507, 513, 514, 523, 526~528, 530~533**
Dysidea sp. 掘海绵属 **268, 394~396, 494, 499~501, 515, 1093, 1822**
Dysidea spp. 掘海绵属 **528**

E

Echinodictyum sp. 棘网海绵属 **1820, 1960**
Echinogorgia praelonga 刺柳珊瑚属 **7**
Ecionemia acervus 拟裸海绵属 **1711~1717**
Ecklonia cava 棕藻腔昆布 **544, 547, 551, 556, 557, 559**
Ecklonia kurome 棕藻昆布 **544, 547, 550, 554, 555, 557**
Ecklonia maxima 棕藻最大昆布 **284, 546, 548, 550**
Ecklonia stolonifera 棕藻匍匐茎昆布 **284, 547, 548, 550, 556, 557**
Ecteinascidia turbinata 海鞘 Perophoridae 科 **935**
Ectyoplasia ferox 海绵 Raspailiinae 亚科 **339, 1514, 1515**
Eisenia arborea 棕藻羽叶藻属 **544, 548, 550, 558**
Eisenia bicyclis 棕藻二环羽叶藻 **284, 547, 548, 550, 552, 556, 557**

Elysia crispata [Syn. *Tridachia crispate*] 软体动物门腹足纲囊舌目海天牛属 **178, 179, 216~218**
Elysia grandifolia 软体动物门腹足纲囊舌目海天牛属 **1693**
Elysia rufescens 软体动物门腹足纲囊舌目海天牛属 **1555, 1692**
Elysia timida 软体动物门腹足纲囊舌目海天牛属 **210**
Emericella nidulans var. *acristata* 海洋导出的真菌裸壳孢属 **53, 386, 454~456**
Emericella sp. CNL-878 海洋导出的真菌裸壳孢属 **1502, 1503**
Emericella sp. SCSIO 05240 深海真菌裸壳孢属 **415~417**
Emericella unguis 海洋导出的真菌爪状裸壳孢 **459, 1351, 1352**
Emericella variecolor 海洋导出的真菌杂色裸壳孢 **359, 479, 899**
Emericella variecolor M75-2 海洋导出的真菌杂色裸壳孢 **17, 449**
Encyothalia cliftonii 棕藻西澳大利亚棕藻 **265**
Engyodontium album DFFSCS021 深海真菌共附生白色侧齿霉 **348, 358, 403, 418~425, 446, 447, 490, 505**
Enhygromxya salina 海洋黏细菌 **77**
Enteromorpha intestinalis 绿藻肠浒苔 **668~671, 860, 1808**
Enteromorpha sp. 绿藻浒苔属 **779, 789, 790, 795, 927~929, 933**
Enteromorpha tubulosa 绿藻管浒苔 **132**
Epicoccum sp. 海洋导出的真菌附球菌属 **4, 639**
Epipolasis sp. 外轴海绵属 **251, 252**
Ercolania funerea 软体动物门腹足纲囊舌目叶鳃属 **139, 181**
Euplexaura flava 黄色真丛柳珊瑚 **43~45**
Eurotium cristatum EN-220 海洋导出的真菌鸡冠状散囊菌 **969~971**
Eurotium rubrum 红树导出的真菌红色散囊菌 **458, 460, 462, 865, 913, 985, 1030~1044, 1061**
Eurotium rubrum MA-150 红树导出的真菌红色散囊菌 **1027~1029**
Eurypon laughlini 宽体海绵属 **1265, 1328, 1329**
Euthyroides episcopalis 苔藓动物王冠盔甲苔虫 **1964, 1965, 1966**
Evasterias troschelii 海星特氏真海盘车 **1816**
Excoecaria agallocha 红树像沉香的海漆 **153, 316, 491, 769, 796**
Exophiala sp. 海洋导出的真菌外瓶霉属 **22, 93, 106, 107, 809**
Exserohilum rostratum 海洋导出的真菌嘴突脐孢 **1932~1935**

F

Fascaplysinopsis sp. 肾甲海绵亚科 Thorectinae 海绵 1632
Fenestraspongia sp. 肾甲海绵亚科 Thorectinae 海绵 371
Fischerella ambigua 蓝细菌可疑飞氏藻 481~483
Fucus distichus 棕藻二列墨角藻 561~563
Fucus sp. 棕藻墨角藻属 177
Fucus vesiculosus 棕藻墨角藻属 639
Fusarium sp. 海洋导出的真菌镰孢霉属 1618
Fusarium sp. CNL-619 海洋导出的真菌镰孢霉属 1580
Fusarium sp. FH-146 海洋导出的真菌镰孢霉属 141, 182, 183
Fusarium sp. O5F13 海洋导出的真菌镰孢霉属 877
Fusarium sp. PSU-F135 海洋导出的真菌镰孢霉属 791, 851
Fusarium sp. PSU-F14 海洋导出的真菌镰孢霉属 876, 877
Fusarium sp. ZH-210 红树导出的真菌镰孢霉属 866, 867
Fusarium spp. 海洋导出的真菌镰孢霉属 832, 833, 851, 876
Fusarium spp. PSU-F135 海洋导出的真菌镰孢霉属 837, 852, 855
Fusarium spp. PSU-F14 海洋导出的真菌镰孢霉属 868~870, 880
Fusarium tricinctum 海洋导出的真菌三隔镰孢霉 101, 102, 105

G

Garveia annulata 水螅纲软水母亚纲环状加尔弗螅 826~828
Geodia barretti 小舟钵海绵 958, 967, 989, 1861, 1862
Geodia cydonium 温榈钵海绵 401, 437
Geodia sp. 钵海绵属 1506, 1507, 1513
Gliocladium sp. 海洋导出的真菌黏帚霉属 987, 1000~1002
Gliocladium sp. YUP08 海洋导出的真菌黏帚霉属 987
Gloiopeitis tenax 红藻鹿角海萝 289, 292, 361, 362
Gracilaria sp. 红藻江蓠属 130
Grateloupia carnosa 红藻肉质蜈蚣藻 1811
Grateloupia elliptica 红藻椭圆形蜈蚣藻 263, 266
Grateloupia elliptica and many marine algae 红藻椭圆形蜈蚣藻和许多海洋藻类 263
Grateloupia filicina 红藻蜈蚣藻 1968
Guignardia sp. 4382 红树导出的真菌球座菌属 197, 219, 888~895, 898, 905, 907, 910, 918, 919
Gymnangium vegae 水螅纲软水母亚纲裸果羽螅 1152
Gymnascella dankaliensis 海洋导出的真菌小裸囊菌属 233~240
Gymnogongrus flabelliformis 红藻扇形叉枝藻 451, 452

H

Halichondria cylindrata 圆筒软海绵 1205, 1518~1521
Halichondria japonica 日本软海绵 233~237
Halichondria okadai 冈田软海绵 47, 129
Halichondria panicea 面包软海绵 106, 107
Haliclona sp. 蜂海绵属 923, 924, 1206, 1517, 1739
Haliclona sp. (order Haptosclerida, family Chalinidae) 蜂海绵属(Haptosclerida 目, Chalinidae 科) 1517
Haliclona valliculata 蜂海绵属 479, 899
Halimeda monile 绿藻念珠状仙掌藻 163, 165~167
Halimeda opuntia 绿藻仙掌藻 906
Halimeda spp. 绿藻仙掌藻属 300
Halocynthia aurantium 芋海鞘科海鞘 1672~1678
Halocynthia roretzi 芋海鞘科海鞘 1982
Halodule wrightii 百合超目泽泻目海神草科二药藻属海草 1618
Halomonas meridiana 海洋导出的细菌南方盐单胞菌 1130, 1131
Halomonas sp. LOB-5 海洋细菌盐单胞菌属 1159~1164
Halorosellinia oceanica BCC5149 海洋导出的真菌炭角菌科 633, 753
Halorosellinia sp. 1403 红树导出的内生真菌炭角菌科 888~895, 898, 905, 907, 910, 918, 919
Halosarpheia sp. 732 红树导出的海壳科真菌海球菌属 1414, 1415
Hassallia sp. 蓝细菌 Tolypothrichaceae 科 1681
Hemiasterella minor 海绵 Hemiasterellidae 科 1109, 1530
Hibiscus tiliaceus 半红树黄槿 342, 458, 460, 462, 650, 865, 913, 985, 1061
Hippocampus Kuda 脊椎动物门海龙科海马亚科海马 321~323
Hippospongia metachromia 马海绵属 370
Hippospongia sp. 马海绵属 370, 371
Homophymia sp. 岩屑海绵 Neopeltidae 科同形虫属 1682~1691
Hormothamnion enteromorphoides 蓝细菌念珠藻目 Nostocales 念珠藻科 Nostocacea 水条藻属 1268
Hormothamnion enteromorphoides [syn. *Hydrocoryne enteromorphoides*] 蓝细菌念珠藻目 Nostocales 念珠藻科 Nostocacea 水条藻属 695
Hyalosiphonia caespitosa 红藻亮管藻 131
Hyatella spp. 格形海绵属 370
Hymeniacidon hauraki 膜海绵属 16
Hymeniacidon sp. 膜海绵属 1269, 1311, 1788
Hyphomycetes sp. CR28109 海洋导出的真菌丝孢菌属 1824
Hypnea valendiae 红藻沙菜属 1857
Hypocrea vinosa AY380904 海洋导出的真菌 803, 815, 816
Hypoxylon spp. 海洋导出的真菌碳团菌属 753

Hypsistozoa fasmeriana 海鞘 Holozoidae 科 **1886**
Hyrtios sp. 冲绳海绵 **371, 1812**

I

Ianthella quadrangulata 小紫海绵属 **566, 570**
Ianthella sp. 小紫海绵属 **331, 568, 569, 1514, 1515**
Iotrochota purpurea 紫色绣球海绵 **1828~1837**
Ircinia cf. *ramosa* 树枝羊海绵 **761, 762**
Ircinia sp. 羊海绵属 **283, 1253**
Ircinia spinosula 羊海绵属 **673**
Iridaea laminaroides 红藻银杏藻属 **1851**
Isaria felina 海洋导出的真菌猫棒束孢 **665**
Ishige foliacea 棕藻叶状铁钉菜 **553**
Ishige okamurae 棕藻铁钉菜 **549**
Isodictya erinacea 芒刺等网海绵 **1821**

J

Janolus cristatus 软体动物裸鳃目 **1113**
Jaspis johnstoni 碧玉海绵属 **1530, 1867**
Jaspis sp. 碧玉海绵属 **335, 336, 1530**
Jaspis splendens 光亮碧玉海绵 **1114~1117, 1530~1544, 1546~1548, 1550, 1551**
Jaspis splendens 00101 光亮碧玉海绵 **1535**
Jaspis spp. 碧玉海绵属 **1867**

K

Kandelia candel 红树秋茄树 **197, 219, 246, 247, 330, 573, 577, 578, 690, 697, 834, 1485**
Kandelia obovata 红树倒卵圆形秋茄树 **770, 771**
Keissleriella sp. YS4108 海洋导出的真菌凯氏腔菌属 **780**
Kelletia kelletii 软体动物门腹足纲前鳃亚纲蛾螺科蛾螺 **1845, 1847**
Kirschsteiniothelia maritima 海洋导出的真菌环盾壳属 **320**

L

Laguncularia racemosa 红树总状花序假红树 **656**
Lamellodysidea chlorea 掘海绵科 Dysideidae 海绵 **1095~1097**
Lamellodysidea herbacea 掘海绵科 Dysideidae 海绵 **534, 535**
Lamellomorpha strongylata 海绵 Vulcanellidae 科 **1346**
Laminaria japonica 棕藻海带 **324**
Landsburgia quercifolia 棕藻 Sargassaceae 科 **831**
Latrunculia magnifica 宏伟寇海绵 **1810**
Latrunculia sp. 寇海绵属 **1134~1139, 1449, 1450**
Latrunculia wellingtonensis 惠灵顿寇海绵 **1876, 1877**

Laurencia pinnatifida 红藻凹顶藻属 **1851**
Laurencia similis 红藻相似凹顶藻 **389, 524, 785~787**
Laurencia sp. 红藻凹顶藻属 **149**
Laurencia spectabilis 红藻醒目凹顶藻 **10**
Lenormandia prolifera 红藻松节藻科 **291**
Leptolyngbya crossbyana 蓝细菌 Leptolyngbyoideae 亚科蓝细菌 **48, 545**
Leptolyngbya sp. 蓝细菌 Leptolyngbyoideae 亚科蓝细菌 **220, 1455, 1496, 1526, 1735, 1736**
Leptosphaeria obiones 海洋导出的真菌小球腔菌属 **856**
Leptosphaeria oraemaris 海洋导出的真菌小球腔菌属 **857**
Leptosphaeria sp. 海洋导出的真菌小球腔菌属 **1891~1893**
Leptosphaeria sp. KTC 727 海洋导出的真菌小球腔菌属 **633**
Leptosphaeria sp. OUPS-4 海洋导出的真菌小球腔菌属 **1888~1890, 1894~1906**
Leptosphaeria sp. OUPS-N80 海洋导出的真菌小球腔菌属 **1907, 1908**
Leucetta microraphis 钙质海绵白雪海绵属 **1374**
Leucostoma persoonii 红树导出的真菌珀松白孔座壳 **312, 637, 692**
Lichina pygmaea 海洋导出的地衣 **1819**
Lissoclinum bistratum 二条纹簇骨海鞘 **225~230, 1361~1368**
Lissoclinum cf. *badium* 暗褐簇骨海鞘 **1909~1918**
Lissoclinum japonicum 日本簇骨海鞘 **1869, 1882**
Lissoclinum patella 碟状簇骨海鞘 **52, 1375~1387, 1406, 1407, 1409, 1410, 1412, 1413**
Lissoclinum perforatum 穿孔簇骨海鞘 **1919, 1920**
Lissoclinum sp. 簇骨海鞘属 **1411, 1921, 1925, 1967**
Lissoclinum vareau 簇骨海鞘属 **1947**
Lithothamnion fragilissimum 红藻石枝草属 **508**
Littorina sp. 软体动物前鳃 **1453, 1525**
Loligo vulgaris 头足类动物鱿鱼 **1816**
Lomentaria catenata 红藻链状节荚藻 **303, 305, 691, 864**
Lumbriconereis heteropoda 环节动物多毛纲蠕虫 **1927**
Lumnitzera racemosa 红树总状花序榄李 **333, 334**
Lyngbya bouillonii 蓝细菌鞘丝藻属 **1726~1728, 1750, 1751**
Lyngbya cf. *confervoides* 蓝细菌丝状鞘丝藻 **1756, 1757**
Lyngbya cf. *polychroa* 蓝细菌多色鞘丝藻 **1146, 1168**
Lyngbya confervoides 蓝细菌丝状鞘丝藻 **1202~1204, 1572~1574, 1574, 1611, 1645~1647, 1732~1734, 1748, 1756, 1757, 1761, 1762**
Lyngbya majuscula 蓝细菌稍大鞘丝藻 **137, 138, 168,**

189, 242, 859, 1123~1125, 1140, 1145, 1149~1151, 1165, 1168, 1169, 1239, 1240, 1267, 1394, 1395, 1402, 1443, 1444, 1486, 1495, 1496, 1500, 1516, 1522~1524, 1529, 1569~1571, 1575, 1576, 1578, 1594~1596, 1598, 1603~1609, 1664, 1665, 1667, 1668, 1721, 1725, 1737, 1738, 1740, 1741, 1744, 1745, 1780, 1781, 1806, 1838

Lyngbya semiplena 蓝细菌半丰满鞘丝藻 1659~1663, 1750, 1751, 1764

Lyngbya sordida 蓝细菌暗鞘丝藻 1725

Lyngbya sp. 蓝细菌鞘丝藻属 1132, 1173, 1298, 1299, 1556, 1557, 1587, 1612, 1613, 1648, 1723, 1724, 1731, 1746, 1747, 1755, 1799

Lyngbya sp. [Syn. *Moorea* sp.] 蓝细菌鞘丝藻属 1755, 1799

Lyngbya sp. nov. 蓝细菌鞘丝藻属新种 1298

Lyngbya spp. 蓝细菌鞘丝藻属 1577, 1762, 1763

M

Marinactinospora thermotolerans 海洋导出的细菌耐高温海放射孢菌 192, 193

Marinactinospora thermotolerans SCSIO 00652 海洋导出的细菌耐高温海放射孢菌 1403

Marinispora sp. CNQ-140 海洋导出的放线菌 241

Mastocarpus stellatus 红藻育叶藻科 Phyllophoraceae 1851

Melitodes squamata 柳珊瑚鳞海底柏 1216

Micrococcus luteus 海洋导出的细菌藤黄微球菌（模式种）537

Microcystis aeruginosa 蓝细菌铜绿微囊藻 1080, 1087

Microcystis aeruginosa NEIS 102 蓝细菌铜绿微囊藻 1081

Microcystis aeruginosa NIES-298 蓝细菌铜绿微囊藻 1086, 1766, 1767

Microcystis aeruginosa NIES98 蓝细菌铜绿微囊藻 1088~1090

Microcystis aeruginosa NIVA Cya 43 蓝细菌铜绿微囊藻 1752

Microcystis sp. 蓝细菌微囊藻属 1098

Microcystis sp. IL-323 蓝细菌微囊藻属 1091, 1092

Microcystis sp. PCC 7806 蓝细菌微囊藻属 1753

Microcystis viridis 蓝细菌绿色微囊藻 1765

Microcystis viridis NEIS 102 蓝细菌绿色微囊藻 1082, 1083

Micromonospora lomaivitiensis LL-37I366 海洋导出的细菌小单孢菌属 945, 946

Micromonospora sp. L-13-ACM2-092 海洋细菌小单孢菌属 1644

Microscleroderma sp. 岩屑海绵幼皮海绵属 1280~1288

Microsphaeropsis olivacea 海洋导出的真菌拟小球霉属 543

Microsphaeropsis sp. 海洋导出的真菌拟小球霉属 911, 915, 916

Microsphaeropsis sp. 7820 海洋导出的真菌拟小球霉属 512

Microsporum cf. *gypseum* 海洋导出的真菌小孢霉属 1289, 1290

Microsporum sp. 海洋导出的真菌小孢霉属 303, 305, 691, 864

Molgula manhattensis 曼哈顿皮海鞘 1077, 1078

Monodictys putredinis 海洋导出的真菌腐败单格孢 435, 663, 664

Monodictys putredinis 187/195 15 I 海洋导出的真菌腐败单格孢 388, 433, 434, 436

Monodictys sp. 海洋导出的真菌单格孢属 888, 898, 909

Moorea bouillonii 蓝细菌博罗尼鞘丝藻 1447, 1807

Moorea producens 蓝细菌鞘丝藻属 1722, 1729

Moorea sp. [Syn. *Lyngbya* sp.] 蓝细菌鞘丝藻属 1755, 1799

Mugil cephalus 海洋导出的真菌烟曲霉菌 224, 709~712, 714~717, 720, 726~729, 740, 741

Muricella abnormalis 小尖柳珊瑚属 309

Mycale adhaerens 黏附山海绵 758

Mycale cecilia 山海绵属 788

Mycale izuensis 伊豆山海绵 1226, 1227

Mycale sp. 山海绵属 1218, 1863

Myceliophthora lutea 海洋导出的真菌毁丝霉属 628

Mytilus coruscus 贻贝属 931, 932

Mytilus edulis 蓝贻贝 1012, 1013

Myxilla incrustans 外套黏海绵 543

N

Neamphius huxleyi 海泡石海绵 Thoosidae 科 1589~1592

Nemopilema nomurai 钵水母纲根口目根口水母科水母属 644~646

Neopetrosia sp. 石海棉科 Petrosiidae 海绵 1208, 1209

Neosartorya fischeri 1008F1 海洋导出的真菌费氏新萨托菌 325, 402

Neosiphonia superstes 岩屑海绵 Rhodomelaceae 科 1593

Neurymenia fraxinifolia 红藻脉膜藻 142, 143

Nigrospora sp. 海洋导出的真菌黑孢属 879

Nigrospora sp. 1403 海洋导出的真菌黑孢属 878

Nigrospora sp. PSU-F12 海洋导出的真菌黑孢属 326, 953

Nigrospora sp. PSU-F18 海洋导出的真菌黑孢属 147, 151, 162

Nigrospora sp. PSU-F5 海洋导出的真菌黑孢属 133

Nocardia sp. 海洋导出的放线菌诺卡氏放线菌属 1802, 1803

Nocardia sp. ALAA 2000　海洋导出的放线菌诺卡氏放线菌属　360

Nocardia sp. KMM 3749　海洋导出的放线菌诺卡氏放线菌属　364

Nocardiopsis sp.　海洋导出的放线菌拟诺卡氏放线菌属　1246, 1749

Nocardiopsis sp. CNS-653　海洋导出的放线菌拟诺卡氏放线菌属　341

Nodularia spumigena　蓝细菌泡沫节球藻　1296

Nodularia spumigena AV1　蓝细菌泡沫节球藻　1430, 1431

Nodulisporium sp. CRI247-01　海洋导出的真菌多节孢属　87

Nodulisporium sp. CRIF 1　海洋导出的真菌多节孢属　54~56

Nostoc linckia UTEX B1932　蓝细菌林氏念珠藻　620~623

Nostoc sp. 152　蓝细菌念珠藻属　1213~1215

Nostoc sp. ATCC 53789　蓝细菌念珠藻属　1460, 1466, 1469

Nostoc sp. CAVN 10　蓝细菌念珠藻属　604~608

Nostoc sp. GSV 224　蓝细菌念珠藻属　1456~1459, 1461~1465, 1467, 1468, 1470~1479, 1481

Nostoc sp. UIC 10022A　蓝细菌念珠藻属　609~619

Nostoc spp.　蓝细菌念珠藻属　1456

Notheia anomala　棕藻 Notheiaceae 科　8, 9

O

Occurs in algae, lobsters, sharks and dogfishes etc.　存在于藻类，龙虾，鲨鱼和巨头鲸中　1980

Occurs in eggs, milk, colostrum, submaxillary mucin and meconium　存在于蛋类，奶类，初乳，颌下腺粘蛋白和胎便中　1844

Occurs in higher plants　存在于高等植物中　325

Occurs in lichens, e.g. *Parmelia* spp., and higher plants　存在于地衣一类，例如梅花衣属 *Parmelia* spp.和高等植物中　912

Occurs in marine algae, fishes, molluscs and crustaceans, such as green alga Ulva lactuca　存在于海洋藻类，鱼类，软体动物和甲壳动物中，例如绿藻石莼 *Ulva lactuca*　262

Occurs in molluscs and crustaceans　存在于软体动物和甲壳动物中　263

Occurs in plants　存在于植物中　766, 888

Occurs in terrestrial and marine fungi　存在于陆地和海洋的真菌中　1883

Occurs widely in nature　存在于自然界　1855

Oceanibulbus indolifex HEL-4　海洋导出的细菌产吲哚海洋葱头状菌(模式种)　308

Odonthalia corymbifera　红藻松节藻科　285, 291, 536

Odonthalia spp.　红藻松节藻科　291

Onchidium sp.　软体动物腹足纲缩眼目石璜属　198~207, 1597

Onchidium verraculatum　软体动物腹足纲缩眼目石璜属　186

Oscillatoria agardhii　蓝细菌阿氏颤藻　1434

Oscillatoria agardhii [Syn. *Planktothrix agardhii*] NIES 595　蓝细菌阿氏颤藻　1420

Oscillatoria agardhii B2 83　蓝细菌阿氏颤藻　1099

Oscillatoria agardhii NIES 204　蓝细菌阿氏颤藻　1417, 1768, 1769, 1771, 1772

Oscillatoria agardhii NIES 205　蓝细菌阿氏颤藻　1084, 1085, 1773~1775

Oscillatoria agardhii NIES 26　蓝细菌阿氏颤藻　1768, 1769

Oscillatoria agardhii NIES 595　蓝细菌阿氏颤藻　1420, 1421

Oscillatoria agardhii NIES 596　蓝细菌阿氏颤藻　1776

Oscillatoria margaritifera　蓝细菌珠点颤藻　1651~1653, 1826

Oscillatoria nigroviridis　蓝细菌墨绿颤藻　242, 243

Oscillatoria nigroviridis OSC3L　蓝细菌墨绿颤藻　1804, 1805

Oscillatoria sp.　蓝细菌颤藻属　109~112, 1388, 1389, 1572~1574, 1756, 1758~1760

Oscillatoria spongeliae　蓝细菌颤藻属　527

P

Padina australis　棕藻南方团扇藻　260, 979

Paecilomyces lilacinus　海洋导出的真菌淡紫拟青霉　152

Paecilomyces sp.　海洋导出的真菌拟青霉属　245

Paecilomyces sp. Tree1-7　红树导出的真菌拟青霉属　441

Paecilomyces variotii　海洋导出的真菌多变拟青霉菌　644~646

Paecilomyces variotii EN-291　海洋导出的真菌多变拟青霉菌　990

Paederus fuscipes　昆虫毒隐翅虫　86

Palmaria palmata　红藻掌叶第三腕板　1822

Palythoa sp.　六放珊瑚亚纲沙群海葵属　977

Panuliris longipes cygnus　岩龙虾　1980

Paracentrotus lividus　棘皮动物门真海胆亚纲海胆亚目拟下海胆属　1816, 1818

Paraliomyxa miuraensis SMH-27-4　黏细菌　1587

Penicillium afacidum　海洋导出的真菌青霉属　681

Penicillium aurantiogriseum　海洋导出的真菌黄灰青霉　169

Penicillium brefeldianum SD-273　海洋导出的真菌青霉属

1024

Penicillium brocae MA-231　海洋导出的真菌布洛卡青霉　1018~1021, 1872~1875

Penicillium chermesinum　红树导出的产黄青霉真菌　573, 577, 578

Penicillium chrysogenum　海洋导出的产黄青霉真菌　38, 968

Penicillium chrysogenum QEN-24S　海洋导出的产黄霉真菌　149

Penicillium citrinum　海洋导出的真菌橘青霉　702, 703, 784

Penicillium commune 518　海洋导出的真菌普通青霉菌　309~311

Penicillium commune QSD-17　海洋导出的真菌普通青霉菌　730~735

Penicillium crustosum PRB-2　深海真菌皮壳青霉　666, 667

Penicillium dipodomyicola　海洋真菌青霉属　150, 379

Penicillium expansum　红树导出的真菌扩展青霉　491

Penicillium fellutanum　海洋导出的真菌瘿青霉　1105, 1106

Penicillium glabrum　海洋导出的真菌青霉属　450

Penicillium griseofulvum　深海真菌黄灰青霉　988, 1066~1068

Penicillium griseofulvum Y19-07　红树导出的真菌黄灰青霉　333, 334

Penicillium multicolor　真菌青霉属　738, 739

Penicillium oxalicum 0312f1　海洋真菌青霉属　337

Penicillium pinophilum　海洋导出的真菌嗜松青霉　706, 707

Penicillium purpurogenum　海洋导出的真菌紫青霉菌　461

Penicillium purpurogenum JS03-21　耐酸真菌紫青霉　448, 648, 736, 737

Penicillium raistrickii　海洋导出的真菌雷斯青霉　698~701

Penicillium sclerotiorum　真菌核青霉　738, 739

Penicillium sp.　海洋导出的真菌青霉属　39~42, 461, 463, 657, 931, 932

Penicillium sp. BM923　海洋导出的真菌青霉属　756

Penicillium sp. CNC-350　海洋导出的真菌青霉属　1879, 1881, 1951

Penicillium sp. GT200261505　红树导出的真菌青霉属　834

Penicillium sp. HKI GT20022605　红树导出的真菌青霉属　246, 247

Penicillium sp. JMF034　深海真菌青霉属　960~962, 1878, 1880, 1884

Penicillium sp. JP-1　红树导出的真菌青霉属　823, 824

Penicillium sp. M207142　海洋导出的真菌青霉属　315

Penicillium sp. MA-37　红树导出的真菌青霉属　387, 480

Penicillium sp. MFA446　海洋导出的真菌青霉属　267, 306, 343

Penicillium sp. OUPS-79　海洋导出的真菌青霉属　668~671, 860

Penicillium sp. PSU-F44　海洋导出的真菌青霉属　57

Penicillium sp. ZZF 32　红树导出的真菌青霉属　414

Penicillium terrestre　海洋导出的真菌青霉属　282, 290, 293~296, 368, 369, 381~384

Penicillium thomi　红树导出的真菌青霉属　540

Penicillium waksmanii　海洋导出的真菌青霉属　156, 157

Penicillium waksmanii OUPS-N133　海洋导出的真菌青霉属　158

Pentapora fascialis　苔藓动物筋膜五孔苔虫　1928

Perithalia capillaris　棕藻 Sporochnaceae 科　264, 366

Perithalia caudata　棕藻 Sporochnaceae 科　264

Peronia peronia　软体动物腹足纲缩眼目刺皮石鳖　208, 209

Pestalotia sp.　海洋导出的真菌盘多毛孢属　390

Pestalotiopsis sp.　红树导出的真菌盘拟多毛孢属　58, 304, 516~518, 647

Pestalotiopsis sp. JCM2A4　红树导出的真菌拟盘多毛孢属　672

Pestalotiopsis sp. ZJ-2009-7-6　海洋导出的真菌拟盘多毛孢属　704, 705

Pestalotiopsis vaccinii　海洋真菌拟盘多毛孢属　772

Petriella sp. TUBS 7961　海洋导出的真菌彼得壳属　125

Petrosaspongia metachromia　青甲海绵亚科 Thorectinae 海绵　370

Petrosia ficiformis　无花果状石海绵　955

Petrosia sp.　石海绵属　1107, 1108, 1848

Phaeobacter gallaciensis DSM17395　海洋导出的细菌加利西亚暗棕色杆菌（模式种）　625

Phakellia carteri　卡特里扁海绵　1312, 1313

Phakellia costata　中脉扁海绵　1311, 1314~1321, 1338

Phakellia sp.　扁海绵属　1322, 1971

Phialocephala sp.　海洋导出的真菌　629

Philinopsis speciosa　软体动物头足目拟海牛科　1561~1568

Phoma herbarum　海洋导出的真菌茎点霉属　289, 292, 361, 362

Phoma sp. OUCMDZ-1847　红树导出的真菌茎点霉属　1022

Phomopsis sp.　红树导出的真菌拟茎点霉属　407~413, 428, 442~444, 783

Phomopsis sp. hzla01-1　海洋导出的真菌拟茎点霉属　626

Phomopsis sp. ZSU-H26　红树导出的真菌拟茎点霉属　796

Phomopsis sp. ZSU-H76　红树导出的真菌拟茎点霉属　153, 316

Phoriospongia spp.　海绵 Chondropsidae 科　1601, 1602

Phormidium gracile　蓝细菌席藻属　1741, 1806

Phormidium spp.　蓝细菌席藻属　1181

Phoronopsis viridis　帚虫动物门帚虫纲帚虫科哈氏领帚虫　261, 266

Photobacterium sp. MBIC06485　海洋导出的细菌发光杆菌属　1649, 1650

Phyllospongia dendyi　叶海绵属　485, 495, 496, 525

Phyllospongia foliascens　叶海绵属　507, 513, 523

Phyllospongia foliascens [Syn. *Carteriospongia foliascens*]　叶海绵属　508, 514, 523

Pinctada martensii　大珠母贝（一种牡蛎）　1800

Pinna attenuata　细长裂江瑶　223

Pinna muricata　多棘裂江瑶　211

Placida dendritica　软体动物门腹足纲囊舌目树突柱海蛞蝓　187, 188, 212, 213

Placobranchus ocellatus　软体动物腹足纲囊舌目海天牛科　210

Plakinastrella mamillaris　多板海绵科 Plakinidae 海绵　59

Plakortis lita　扁板海绵属　1972~1975

Plakortis simplex　不分支扁板海绵　12, 13, 60, 62, 63, 66~74, 160, 161

Plakortis sp.　扁板海绵属　61, 136, 190, 191

Plakortis sp. (subclass Homoscleromorpha, order Homoscleromorphida, famiily Plakinidae)　扁板海绵属(Homoscleromorpha 亚纲, Homoscleromorphida 目, Plakinidae 科)　61

Planktothrix agardhii　蓝细菌浮丝藻属　1432

Planktothrix agardhii [Syn. *Oscillatoria agardhii*] NIES 595　蓝细菌浮丝藻属[Syn. 蓝细菌阿氏颤藻]　1420

Planktothrix agardhii HUB011　蓝细菌浮丝藻属　1417

Planktothrix rubescens　蓝细菌浮丝藻属　1432, 1433, 1777

Platynereis dumerilii　多毛纲沙蚕科阔沙蚕属　1816

Pleurobranchus forskalii　软体动物侧鳃科侧鳃属　1393, 1396

Plocamium cartilagineum　红藻软骨状海头红　1851

Poecillastra wondoensis　杂星海绵属　336

Polyandrocarpa zorritensis　精囊海鞘属　332

Polycarpa aurata　金点多果海鞘　1931

Polycarpa auzata　金点多果海鞘　1929, 1930

Polycarpa clavata　棍棒状多果海鞘　1931

Polycitor sp.　多节海鞘属　1947~1950

Polyfibrospongia australis　多丝海绵属　370

Polyopes lancifolia　红藻海柏属　285

Polyporales sp.　海洋导出的真菌多孔菌目　214, 215

Polysiphonia elongata　红藻多管藻属　297

Polysiphonia lanosa　红藻多管藻属　297

Polysiphonia spp.　红藻多管藻属　291

Polysiphonia urceolata　红藻多管藻　301

Polysyncraton lithostrotum　星骨海鞘科海鞘　1784, 1926

Pongamia pinnata　半红树水黄皮　768

Porteresia coarctata　红树　968

Prochloron sp.　原绿菌属　1361, 1362, 1822

Prosuberites laughlini　原皮海绵属　1265, 1266

Psammaplysilla purpurea　紫色沙肉海绵　331

Psammocinia aff. *bulbosa*　海绵 Irciniidae 科　761, 1245

Psammocinia sp.　海绵 Irciniidae 科　1245

Pseudallescheria sp.　海洋导出的真菌假霉样真菌属　1883

Pseudallescheria sp. MFB165　海洋导出的真菌假霉样真菌属　961, 986

Pseudaxinella sp.　似轴海绵属　1219

Pseudaxinyssa sp.　假海绵科海绵　1219, 1508~1511

Pseudoalteromonas luteoviolacea　海洋导出的细菌假交替单胞菌属　260, 979

Pseudoalteromonas maricaloris KMM 636　海洋导出的细菌假交替单胞菌属　1448

Pseudoalteromonas sp. KP20-4　海洋导出的细菌假交替单胞菌属　1323, 1324

Pseudoceratina crassa　肥厚类角海绵　340

Pseudoceratina purpurea　紫色类角海绵　430~432

Pseudoceratina sp.　类角海绵属　338

Pseudodistoma antinboja　伪二气孔海鞘属 Pseudodistomidae 科　583, 584

Pseudomonas fluorescens　海洋细菌荧光假单胞菌　1700

Pseudomonas sp.　海洋导出的细菌假单胞菌属　1700, 1719

Pseudomonas sp. F92S91　海洋细菌假单胞菌属　154

Pseudomonas sp. MK90e85 and MK91CC8　海洋导出的细菌假单胞菌属　1701~1707

Ptilocaulis trachys　小轴海绵科海绵　1578

Ptychodera flava laysanica　半索动物柱头虫变种　266

Ptychodera sp.　半索动物翅翼柱头虫属　263

R

Ramalina terebrata　海洋导出的真菌树花属　1819

Reniera mucosa　黏滑矶海绵　571, 572

Rhizophora mucronata　红树红茄冬　304, 407, 647, 672

Rhizopora apiculata　红树鸡笼笞　58, 516~518

Rhizopora mangle　红树美国红树　312, 637, 692

Rhodomela confervoides　红藻疏松丝状体松节藻　286, 299, 377, 385

Rhodomela larix　红藻落叶松节藻　385

Rhodomela spp. 红藻松节藻属 285, 291
Rhodomela subfusca 红藻松节藻 297
Ritterella rubra 红色雷海鞘 591~598
Ritterella sigillinoides 雷海鞘属 1963
Rivularia sp. 蓝细菌胶须藻属 1658
Rosenvingea sp. 棕藻萱藻 Scytosiphonaceae 科 390

S

Salegentibacter sp. T436 海洋导出的细菌需盐杆菌属 365

Salinispora arenicola 海洋导出的放线菌栖沙盐水孢菌（模式种） 935, 1502, 1503

Salinispora arenicola CNS-205 海洋导出的放线菌栖沙盐水孢菌（模式种） 1247

Salinispora arenicola CNS-325 海洋导出的放线菌栖沙盐水孢菌（模式种） 922

Salinispora arenicola CNT-088 海洋导出的细菌栖沙盐水孢菌（模式种） 1669~1671

Salinispora pacifica 海洋导出的放线菌太平洋盐水孢菌 3, 947~949

Salinispora pacifica CNS-237 海洋导出的放线菌太平洋盐水孢菌 159

Salinispora tropica CNB-392 海洋导出的放线菌热带盐水孢菌 1, 2

Sarcophyton crassocaule 微厚肉芝软珊瑚 373
Sarcophyton sp. 肉芝软珊瑚属 884, 914, 1815
Sarcophyton sp. ZJ-2008003 肉芝软珊瑚属 885
Sarcotragus sp. 角质海绵属 1848
Sarcotragus spinulosus 多刺角质海绵 673~675
Sargassum macrocarpum 棕藻大果马尾藻 14
Sargassum patens 棕藻展枝马尾藻 560
Sargassum ringgoldianum 棕藻马尾藻属 101, 102, 105, 158
Sargassum serratifolium 棕藻锯齿形叶马尾藻 374
Sargassum sp. 棕藻马尾藻属 1010, 1075
Sargassum thunbergii 棕藻鼠尾藻 896, 964, 969, 970, 971, 997
Sargassum tortile 棕藻易扭转马尾藻 1888~1908
Scenedesmus sp. 绿藻栅藻属 982
Schizothrix calcicola 蓝细菌钙生裂须藻 242, 243, 1495, 1496, 1575, 1838
Schizothrix sp. 蓝细菌裂须藻属 1664, 1665, 1780, 1781
Scleritoderma nodosum 岩屑海绵有节硬皮海绵 1408
Scopulariopsis brevicaulis 海洋导出的真菌短柄帚霉属 1619, 1620
Scytalidium sp. 海洋导出的真菌柱顶孢霉属 1153~1157, 1332, 1333, 1504, 1505

Serinicoccus sp. 海洋细菌丝氨酸球菌属 840
Sidonops microspinosa 小棘波动海绵 1581
Sigmadocia symbiotica 共生卷隐海绵 1369, 1370
Siliquariaspongia mirabilis 岩屑海绵蒂壳海绵科 1451, 1452, 1582, 1641~1643, 1708~1710
Sinularia kavarattiensis 短指软珊瑚属 24
Sinularia sp. 短指软珊瑚属 781, 1051
Siphonaria diemenensis 软体动物菊花螺属 122, 123
Siphonaria grisea 软体动物灰菊花螺 148
Siphonaria maura 软体动物门腹足纲莫拉菊花螺 194~196
Siphonaria pectinata 软体动物栉状菊花螺 134, 148
Siphonochalina sp. 管指海绵属 1112
Smenospongia sp. 青甲海绵亚科 Thorectinae 海绵 375, 1812
Smenospongia spp. 青甲海绵亚科 Thorectinae 海绵 370
Sonneratia caseolaris 红树海桑 1236, 1325~1327, 1953
Spicaria elegans KLA-03 海洋导出的真菌曲丽霉属 539
Spicellum roseum 海洋真菌粉红穗状霉 1514, 1515
Spirastrella coccinea 绯红璇星海绵 251~254
Spirastrella vagabunda 游荡璇星海绵 317
Spiromastix sp. MCCC 3A00308 深海真菌 Spiromastigaceae 科 464~478
Spongia sp. 角骨海绵属 283, 370
Spongosorites sp. 丘海绵属 996
Sporochnus comosus 棕藻毛头藻属 264, 273~277, 366
Sporochnus pedunculatus 棕藻毛头藻属 264
Stachybotrys sp. HH1 ZSDS1F1-2 海绵导出的真菌葡萄穗霉属 427, 437, 445
Stachylidium sp. 海洋导出的真菌指轮枝孢属 640~642
Stagonospora spp. 真菌壳多胞菌属 857
Stelleta calvosa 星芒海绵属 1583~1586, 1709
Stelletta sp. 星芒海绵属 302, 976
Stemphylium radicinum 真菌匍柄霉属 6
Stichopus japonicus 日本刺参 995, 1004, 1005, 1017, 1048~1050
Streptomyces caelestis 海洋导出的链霉菌 937~940
Streptomyces chibaensis AUBN1/7 海洋导出的链霉菌 943
Streptomyces exfoliates 海洋导出的脱叶链霉菌 850
Streptomyces fradiae PTZ00025 海洋导出的弗氏链霉菌 897, 900, 901, 908
Streptomyces fungicidicus 海洋导出的链霉菌真菌链霉菌 1867
Streptomyces hygroscopicus TP-A0451 海洋导出的吸水链霉菌 155
Streptomyces niveus 海洋导出的链霉菌属 792~794
Streptomyces sp. 海洋导出的链霉菌属 155, 356, 357, 765, 863, 920, 921, 923, 924, 975, 978, 1071, 1104, 1172,

1552~1554, 1720, 1785, 1801, 1867
Streptomyces sp. Act8015　海洋导出的链霉菌属　1786, 1787
Streptomyces sp. B8300　海洋导出的链霉菌属　921
Streptomyces sp. B8335　海洋导出的链霉菌属　782
Streptomyces sp. B8652　海洋导出的链霉菌属　873~875
Streptomyces sp. BD-18T　海洋导出的链霉菌属　853, 854, 903, 904
Streptomyces sp. CHQ-64　海洋导出的链霉菌属　1009
Streptomyces sp. CNB-091　海洋导出的链霉菌属　1615~1617, 1778, 1779
Streptomyces sp. CNB-982　海洋导出的链霉菌属　1247
Streptomyces sp. CNH-070　海洋导出的链霉菌属　849
Streptomyces sp. CNQ-329　海洋导出的链霉菌属　845~848
Streptomyces sp. CNQ-593　海洋导出的链霉菌属　1786, 1787
Streptomyces sp. H668　海洋导出的链霉菌属　221
Streptomyces sp. M02750　海洋导出的链霉菌属　21
Streptomyces sp. M268　海洋导出的链霉菌属　944
Streptomyces sp. N1-78-1　海洋导出的链霉菌属　886
Streptomyces sp. NPS-554　海洋导出的链霉菌属　350, 351
Streptomyces sp. NTK 227　海洋导出的链霉菌属　90
Streptomyces spinoverrucosus　海洋导出的链霉菌属　902
Streptomyces sundarbansensis　海洋导出的链霉菌属　177
Streptomyces tenjimariensis　海洋导出的链霉菌属　1849, 1850
Streptomyces toyocaensis　海洋导出的链霉菌丰加链霉菌　1867
Streptomyces tumescens　海洋导出的肿大链霉菌　1349
Streptomyces xanthophaeus　海洋导出的链霉菌属　1071
Streptomyces xiamenensis　海洋导出的链霉菌厦门链霉菌　679, 680, 1813
Strongylocentrotus purpuratus　棘皮动物门真海胆亚纲海胆亚目球海胆科着紫色球海胆　1818
Styela plicata　褶柄海鞘　1174, 1982
Stylinos sp.　柱海绵属　83
Stylissa flabelliformis　海绵 Scopalinidae 科　1223
Stylissa massa　海绵 Scopalinidae 科　1337
Stylissa sp.　海绵 Scopalinidae 科　1336
Stylotella aurantium　软海绵科海绵　1311, 1338, 1353
Stylotella sp.　软海绵科海绵　140, 1338, 1339
Suberea mollis　海绵 Aplysinellidae 科　338
Suberea sp.　海绵 Aplysinellidae 科　338
Suberites domuncula　寄居蟹皮海绵　125
Suberites japonicas　日本皮海绵　1621~1625
Symbiodinium spp.　甲藻共生藻属　82

Symphyocladia latiuscula　红藻鸭毛藻　285, 287, 297, 298, 307, 565
Symploca cf. *hydnoides*　蓝细菌藓状束藻　1497, 1633, 1651~1657
Symploca hydnoides　蓝细菌藓状束藻　1166, 1181
Symploca laeteviridis　蓝细菌束藻属　1679, 1699
Symploca sp.　蓝细菌束藻属　1101~1103, 1180, 1183, 1184, 1629, 1743
Symploca sp. NIH304　蓝细菌束藻属　1782, 1783
Symploca sp. VP452　蓝细菌束藻属　1182
Symploca sp. VP642　蓝细菌束藻属　1147
Synechocystis sp.　蓝细菌集胞藻属　352
Synoicum blochmanni　海鞘 Polyclinidae 科　591~593, 595, 599~602
Synoicum globosum　海鞘 Polyclinidae 科　595, 596
Synoicum prunum　海鞘 Polyclinidae 科　248, 249, 250, 591
Synoicum sp.　海鞘 Polyclinidae 科　585~588, 603
Synthetic　合成的　1480

T

Talaromyces bacillisporus SBE-14　红树导出的真菌发菌科踝节菌属　823~825
Talaromyces sp.　红树导出的真菌发菌科踝节菌属　690
Talaromyces sp. LF458　海洋真菌发菌科踝节菌属　950, 951
Talaromyces sp. SBE-14　红树导出的真菌发菌科踝节菌属　330
Talaromyces sp. ZH-154　红树导出的真菌发菌科踝节菌属　697
Tedania digitata　小指苔海绵　1858
Tedania ignis　居苔海绵　522, 541, 981, 982
Terrestrial and marine-derived *Aspergillus terreus*　陆地和海洋导出的真菌土色曲霉菌　33
Terrestrial and marine-derived fungus *Aspergillus sydowi*　陆地和海洋导出的真菌萨氏曲霉菌　358
Terrestrial *Aspergillus* sp. Y80118　陆地真菌曲霉菌属　402
Terrestrial *Dicerandra frutescens*　陆地上濒临灭绝的唇形科稀有植物　410~412
Terrestrial fungi　陆地真菌　1808
Terrestrial fungi *Ascochyta* spp.　陆地真菌 Didymellaceae 科壳二孢属真菌　687
Terrestrial fungi *Aspergillus ochraceus*, *Streptomyces gancidicus*, *Candida albicans*, *Guignardia laricina* and *Ceratocystis* spp.　陆地真菌赭曲霉菌，白假丝酵母白色念珠菌和另外四种真菌　981
Terrestrial fungi *Aspergillus* spp.　陆地真菌曲霉属　93, 802, 806, 807

Terrestrial fungi *Colletotrichum gloeosporioides* and *Gliocladium deliquescens* 陆地真菌 961

Terrestrial fungi *Cortinarius* spp. 陆地真菌丝膜菌属 891

Terrestrial fungi *Fusarium acuminatum* and *Fusarium chlamydosporum* 陆地真菌镰孢霉属和厚垣镰孢霉 105

Terrestrial fungi *Gremmeniella abietina* and *Roesleria hypogeal* 陆地真菌 934

Terrestrial fungi *Penicillium aurantiogriseum* var. *aurantiogriseum* and *Penicillium aurantiogriseum* var. *neoechinulatum* 陆地真菌橙色青霉菌橙色变种和橙色青霉菌变种 955

Terrestrial fungi *Penicillium* spp. 陆地真菌青霉属 643

Terrestrial fungi *Penicillium* spp., *Aspergillus caespitosus*, *Aspergillus fumigatus* 陆地真菌青霉菌属、曲霉属和烟曲霉菌 1069

Terrestrial fungi *Penicillium verrucosum* var. *cyclopium* and *Penicillium variabile* 陆地真菌疣状青霉菌和青霉属 169

Terrestrial fungi *Rhizoctonia solani* and *Rosellinia necatrix* 陆地真菌立枯丝核菌和 *Rosellinia necatrix* 982

Terrestrial fungi toadstools *Cortinarius* toadstools and *Dermocybe splendid* 陆地真菌伞丝膜菌和灿烂皮盖伞菌 876

Terrestrial fungus *Aspergillus amstelodam* 陆地真菌曲霉菌属 973

Terrestrial fungus *Aspergillus candidus* 陆地真菌曲霉菌属 580, 581

Terrestrial fungus *Aspergillus carbonarius* 陆地真菌曲霉属 811

Terrestrial fungus *Aspergillus fonsecaeus* 陆地真菌丰赛卡曲霉 811~813

Terrestrial fungus *Aspergillus fonsecaeus* and *Aspergillus niger* 陆地真菌丰赛卡曲霉和黑曲霉菌 814

Terrestrial fungus *Aspergillus niger* 陆地真菌黑曲霉菌 810, 817, 820

Terrestrial fungus *Aspergillus ochraceus* 陆地真菌赭曲霉菌 124

Terrestrial fungus *Aspergillus terreus* 陆地真菌土色曲霉菌 582

Terrestrial fungus *Aspergillus ustus* 陆地真焦曲霉菌 743

Terrestrial fungus *Chaetomium globosum* 陆地真菌毛壳属 709, 714

Terrestrial fungus *Epicoccum purpurascens* MYC 1097 陆地真菌附球菌属 639

Terrestrial fungus *Gliocladium catenulatum* 陆地真菌 1952

Terrestrial fungus *Gremmeniella abietina* 陆地真菌松树枯梢病菌 799

Terrestrial fungus *Penicillium* sp. 陆地真菌青霉属 442

Terrestrial fungus *Phomopsis longicolla* 陆地真菌拟茎点霉属 410~412

Terrestrial fungus *Phomopsis* sp. PSU-D15 陆地真菌拟茎点霉属 408

Terrestrial fungus *Talaromyces flavus* 陆地真菌黄色蠕形霉 649

Terrestrial lichens 陆地地衣 590

Terrestrial mushroom *Lentinus edodes* 陆地蘑菇 1887, 1941

Terrestrial plant pea *Pisum sativum* 陆地植物豌豆种子 743

Terrestrial plant *Rubia cordifolia* 陆地植物 893

Terrestrial plants 陆地植物 898

Terrestrial plants *Aspergillus niger* in infected mango fruits and peanuts 陆地植物（感染芒果果实和花生的真菌黑曲霉菌） 802

Terrestrial plants in free state 陆地植物（游离态） 1808

Terrestrial plants, family Leguminosae spp. and Papilionoideae spp. 陆地植物豆科和蝶形花科 767

Terrestrial plants, *Rheum palmatum*, *Xyris semifuscata*, *Cinchona ledgeriana* and *Pyrrhalta luteola* 陆地植物四种 889

Terrestrial streptomycetes *Streptomyces echinatus* and *Streptomyces chromofuscus* 陆地上的链霉菌 923

Terrestrial streptomycetes *Streptomyces ochraceus* and *Streptomyces bottropensis* 陆地上的链霉菌 873~875

Terrestrial unidentified fungus 陆地上未鉴定的真菌 1325, 1326

Terrestrial unidentified plant 未鉴定的陆地植物 426

Tethya aurantium 甘橘荔枝海绵 38, 696, 1619, 1620

Thalassia hemprichii 绿藻长喙藻属 214, 215

Thalassia testudinum 绿藻长喙藻属 764

Thalassospira sp. CNJ-328 海洋细菌深海螺旋菌属 1718

Thalysias abietina 格海绵属 1278, 1279

Thelepus setosus 环节动物蠕虫 630

Theonella aff. *mirabilis* 岩屑海绵奇异蒂壳海绵 1121, 1170

Theonella cf. *swinhoei* 岩屑海绵斯氏蒂壳海绵 95~100

Theonella cupola 岩屑海绵圆顶蒂壳海绵 1244, 1295, 1559

Theonella mirabilis 岩屑海绵蒂壳海绵属 1599, 1600

Theonella sp. 岩屑海绵蒂壳海绵属 1158, 1171, 1207, 1249, 1254, 1255, 1282~1284, 1297, 1302, 1341~1345, 1356~1358, 1397~1401, 1405, 1427~1429, 1482, 1483, 1558, 1637

Theonella spp. 岩屑海绵蒂壳海绵属 1599, 1600

Theonella swinhoei 岩屑海绵斯氏蒂壳海绵 1175~1179, 1250~1253, 1256, 1294, 1303~1310, 1340, 1347, 1359,

1559, 1560, 1588, 1599, 1600, 1626, 1627, 1634~1641

Theonella swinhoei ssp. *swinhoei* 岩屑海绵斯氏蒂壳海绵亚种 1295

Theonella swinhoei ssp. *verrucosa* 岩屑海绵斯氏蒂壳海绵有疣变种 1295

Thermovibrio ammonificans 海洋导出的细菌加氨热弧菌 651, 652

Thespesia populnea 红树桐棉（杨叶肖槿） 766

Tolypocladium sp. AMB18 海洋导出的真菌弯颈霉属 1201

Tolypothrix sp. 蓝细菌单歧藻属 189

Tolypothrix sp. 蓝细菌单歧藻属 1140

Trachycladus laevispirulifer 粗枝海绵属 1868

Trichoderma asperellum Y19-07 海洋导出的真菌棘孢木霉 1190~1195

Trichoderma aureoviride PSU-F95 海洋导出的真菌黄绿木霉 917

Trichoderma harzianum 海洋导出的真菌哈茨木霉 788

Trichoderma harzianum OUPS-N115 海洋导出的真菌哈茨木霉 47, 129

Trichoderma reesei 海洋导出的真菌里氏木霉 1348

Trichoderma reesei 海洋导出的真菌里氏木霉 676~678

Trichoderma sp. 海洋导出的真菌木霉属 319, 661

Trichoderma sp. 05F148 海洋导出的真菌木霉属 1187~1189

Trichoderma sp. f-13 海洋导出的真菌木霉属 313, 318

Tridachia crispata [Syn. *Elysia crispata*] 软体动物门腹足纲囊舌目海天牛属 178, 179, 216~218

Trididemnum cyanophorum 膜海鞘属 1491, 1493, 1494, 1614

Trididemnum cyclops 膜海鞘属 225, 228, 244

Trididemnum orbiculatum 膜海鞘属 1802, 1803

Trididemnum solidum 实心膜海鞘 1122, 1441, 1489~1491, 1494, 1579

Trididemnum sp. 膜海鞘属 1489, 1492

Trididemnum spp. 膜海鞘属 1492

Tritirachium sp. 海洋导出的真菌麦轴梗霉属 430~432

Tychonema sp. 蓝细菌席藻亚科 1425, 1426

U

Ulocladium botrytis 海洋导出的真菌细基格孢 5, 543

Ulva fasciata 绿藻裂片石莼 706, 707

Ulva lactate 绿藻石莼属 266

Ulva lactuca 绿藻石莼 1808

Ulva pertusa 绿藻孔石莼 267, 306, 343

Ulva sp. 绿藻石莼属 6, 185, 320, 634, 657, 687, 767

Unidentified actinomycete K-26 未鉴定的放线菌 1100

Unidentified alga 未鉴定的海藻 404, 405, 749, 867, 877

Unidentified algae 未鉴定的海藻 649, 755

Unidentified ascidian 未鉴 1360, 1384, 1922

Unidentified cyanobacterium 未鉴定的蓝细菌 1148, 1424, 1666

Unidentified cyanobacterium PNG-4-28-06-1 未鉴定的蓝细菌 1742

Unidentified fish 未鉴定的鱼类 1105, 1106

Unidentified fungus 001314c 未鉴定的真菌 1514, 1515

Unidentified fungus IFM 52672 未鉴定的真菌 87

Unidentified gorgonian 未鉴定的柳珊瑚 310, 311

Unidentified green alga 未鉴定的绿藻 386, 454, 455

Unidentified jellyfish 未鉴定的水母 459

Unidentified jellyfish 未鉴定的水母 1351, 1352

Unidentified mangrove 未鉴定的红树 441, 582, 589, 590, 783, 866, 867

Unidentified mangrove 未鉴定的红树 972~974, 988, 992, 1414, 1415

Unidentified mangrove-derived fungi 1839 and dz17 未鉴定的红树导出的真菌 Nos. 1839 和 dz17 753

Unidentified mangrove-derived fungus 未鉴定的红树导出的真菌 329

Unidentified mangrove-derived fungus 1962 未鉴定的红树导出的真菌 1962 1485

Unidentified mangrove-derived fungus 2240 未鉴定的红树导出的真菌 2240 887

Unidentified mangrove-derived fungus 2526 未鉴定的红树导出的真菌 2526 912

Unidentified mangrove-derived fungus CRIF2 (order Pleosporales) 未鉴定的红树导出的腔菌目真菌 CRIF2 959

Unidentified mangrove-derived fungus k38 未鉴定的红树导出的真菌 k38 171

Unidentified marine alga 未鉴定的海洋藻类 684

Unidentified marine fungi E33 and K38 未鉴定的海洋真菌 E33 和 K38 429

Unidentified marine fungi E33 and K38 未鉴定的海洋真菌 E33 和 K38 310, 311, 314

Unidentified marine fungus 未鉴定的海洋真菌 164, 739

Unidentified marine fungus (order Pleosporales) 未鉴定的 Pleosporales 目海洋真菌 358

Unidentified marine fungus M-3 (phylum Ascomycota) 未鉴定的子囊菌门海洋真菌 M-3 1008

Unidentified marine origin 未鉴定的海洋生物 626

Unidentified marine tube worm 未鉴定的海洋蠕虫 1719

Unidentified marine-derived actinomycete CNB-632 未鉴定的海洋导出的放线菌 CNB-632 829, 838

Unidentified marine-derived actinomycete CNH-099 未鉴定的海洋导出的放线菌 CNH-099 830, 835, 836, 838,

839

Unidentified marine-derived actinomycete CNQ-525 未鉴定的海洋导出的放线菌 CNQ-525 841~844

Unidentified marine-derived bacterium A108 未鉴定的海洋导出的细菌 A108 977

Unidentified marine-derived bacterium BH-107 未鉴定的海洋导出的细菌 BH-107 1694~1697

Unidentified marine-derived bacterium closely related to *Photobacterium alotolerans* 未鉴定的海洋导出的接近发光杆菌属的细菌 1334, 1335

Unidentified marine-derived bacterium MK-PNG-276A 未鉴定的海洋导出的细菌 MK-PNG-276A 1274~1277

Unidentified marine-derived fungus 未鉴定的海洋导出的真菌 140, 163, 167, 363, 649, 755, 773~778

Unidentified marine-derived fungus (phylum Ascomycota, order Pleosporales) 未鉴定的海洋导出的子囊菌门腔菌目真菌 773~778

Unidentified marine-derived fungus 951014 未鉴定的海洋导出的真菌 951014 317

Unidentified marine-derived fungus CNC-159 未鉴定的海洋导出的真菌 CNC-159 165, 166

Unidentified marine-derived fungus CRIF2 (order Pleosporales) 未鉴定的海洋导出的腔菌目真菌 CRIF2 635

Unidentified marine-derived fungus I96S215 未鉴定的海洋导出的真菌 I96S215 52

Unidentified marine-derived fungus K063 未鉴定的海洋导出的真菌 K063 1197

Unidentified marine-derived fungus LL-37H248 未鉴定的海洋导出的真菌 LL-37H248 255~259

Unidentified mollusc 未鉴定的软体动物 459

Unidentified mollusc 未鉴定的软体动物 1172, 1351, 1352

Unidentified mussel 未鉴定的贻贝 1334, 1335

Unidentified Pacific Ocean crab 未鉴定的太平洋蟹 1445, 1446

Unidentified red alga and marine tube worm 未鉴定的红藻和海洋管虫 1701~1707

Unidentified sea anemone 未鉴定的海葵 878, 879

Unidentified shell-less mollusc 未鉴定的无壳软体动物 1147

Unidentified soft coral 未鉴定的软珊瑚 255~259, 356, 357, 704, 705

Unidentified sponge 未鉴定的海绵 36, 37, 52, 108, 124, 426, 635, 754, 858, 889

Unidentified sponge 未鉴定的海绵 959, 979, 1187~1189, 1237, 1238, 1440

Unidentified sponge (family Dysideidae) 未鉴定的掘海绵科海绵 1094

Unidentified sponge (order Hadromerida, family Tethyidae) 未鉴定的韧海绵目 Tethyidae 科海绵 1865

Urechis unicinctus 环节动物(匙虫) 888

V

various terrestrial and marine 存在于各种海洋和陆地的细菌中 1700

Verongia aerophoba [Syn. *Aplysina aerophoba*] 真海绵属 331

Verongula rigida 海绵 Aplysinidae 科 331

Verrucosispora maris AB-18-032 海洋导出的细菌疣孢菌属 1072~1074

Verrucosispora sp. 海洋导出的细菌疣孢菌属 1186, 1484, 1628, 1644

Vibrio sp. 海洋导出的细菌弧菌属 1128, 1129, 1695, 1698

Vibrio sp. G1363 海洋导出的细菌弧菌属 1698

Vibrio sp. R-10 海洋细菌弧菌属 1127

W

Wardomyces anomalus 海洋真菌畸形沃德霉 401, 437

Watersipora subtorquata 苔藓动物裸唇纲 889, 936

X

Xestospongia exigua 小锉海绵 655, 742

Xestospongia sp. 锉海绵属 88, 89, 537

Xestospongia testudinaria 似龟锉海绵 11, 15

Z

Zoanthus sp. 六放珊瑚亚纲棕绿纽扣珊瑚 998

Zostera marina 海洋大叶藻 344

Zygosporium masonii 海洋导出的真菌接柄孢属 1666

索引6 海洋生物中-拉（英）捆绑名称及成分索引

按汉语拼音排序列出了本卷中所有海洋生物的中文名称和拉丁文名称捆绑，随后给出其化学成分的唯一代码。本书规定：对蓝细菌、红藻、绿藻、棕藻、甲藻、金藻、红树、半红树、石珊瑚、兰珊瑚等生物类别，把类别名加在中文名称前面。

艾丽莎美丽海绵 *Callyspongia aerizusa* 4, 1228~1235
暗褐簇骨海鞘 *Lissoclinum* cf. *badium* 1909~1918
澳大利亚短足软珊瑚 *Cladiella australis* 1961
白点星骨海鞘 *Didemnum albopunctatum* 881
百合超目泽泻目海神草科二药藻属海草 *Halodule wrightii* 1618
半红树黄槿 *Hibiscus tiliaceus* 342, 458, 460, 462, 650, 865, 913, 985, 1061
半红树水黄皮 *Pongamia pinnata* 768
半索动物翅翼柱头虫属 *Ptychodera* sp. 263
半索动物肉质柱头虫 *Balanoglossus cornosus* 263
半索动物柱头虫变种 *Ptychodera flava laysanica* 266
半索动物柱头虫属 *Balanoglossus biminiensis* 262
碧玉海绵属 *Jaspis johnstoni* 1530, 1867
碧玉海绵属 *Jaspis* sp. 335, 336, 1530
碧玉海绵属 *Jaspis* spp. 1867
扁板海绵属 *Plakortis lita* 1972~1975
扁板海绵属 *Plakortis* sp. 61, 136, 190, 191
扁板海绵(Homoscleromorpha 亚纲, Homosclerophorida 目, Plakinidae 科) *Plakortis* sp. (subclass Homoscleromorpha, order Homosclerophorida, famiily Plakinidae) 61
扁海绵属 *Phakellia* sp. 1322, 1971
簇骨海鞘属 *Lissoclinum* sp. 1411, 1921, 1925, 1967
簇骨海鞘属 *Lissoclinum vareau* 1947
钵海绵属 *Geodia* sp. 1506, 1507, 1513
钵水母纲根口目根口水母科水母属 *Nemopilema nomurai* 644~646
钵水母纲根口目仙女水母属 *Cassiopea xamachana* 1615~1617, 1778, 1779
不分支扁板海绵 *Plakortis simplex* 12, 13, 60, 62, 63, 66~74, 160, 161
冲绳海绵 *Hyrtios* sp. 371, 1812
穿孔簇骨海鞘 *Lissoclinum perforatum* 1919, 1920
刺柳珊瑚属 *Echinogorgia praelonga* 7
粗枝海绵属 *Trachycladus laevispirulifer* 1868
存在于蛋类、奶类，初乳，颌下腺黏蛋白和胎便中 Occurs in eggs, milk, colostrum, submaxillary mucin and meconium 1844
存在于地衣一类，例如梅花衣属 *Parmelia* spp., 和高等植物中 Occurs in lichens, e.g. *Parmelia* spp., and higher plants 912
存在于高等植物中 Occurs in higher plants 325
存在于各种海洋和陆地的细菌中 various terrestrial and marine 1700
存在于海洋藻类，鱼类，软体动物和甲壳动物中，例如绿藻石莼 *Ulva lactuca* Occurs in marine algae, fishes, molluscs and crustaceans, such as green alga *Ulva lactuca* 261
存在于陆地和海洋的真菌中 Occurs in terrestrial and marine fungi 1883
存在于软体动物和甲壳动物中 Occurs in molluscs and crustaceans 263
存在于藻类，龙虾，鲨鱼和巨头鲸中 Occurs in algae, lobsters, sharks and dogfishes etc. 1980
存在于植物中 Occurs in plants 766, 888
存在于自然界 Occurs widely in nature 1855
锉海绵属 *Xestospongia* sp. 88, 89, 537
大珠母贝 *Pinctada martensii* 1800
灯芯柳珊瑚 *Dichotella gemmacea* 689
笛海绵属 *Auletta* cf. *constricta* 1530
笛海绵属 *Auletta* sp. 1112
笛海绵属 *Auletta* sp. 02137 1530, 1531, 1534, 1535, 1544, 1545, 1549
碟状簇骨海鞘 *Lissoclinum patella* 52, 1375, 1387, 1406, 1407, 1409, 1410, 1412, 1413
短指软珊瑚属 *Sinularia kavarattiensis* 24
短指软珊瑚属 *Sinularia* sp. 781, 1051
短足软珊瑚属 *Cladiella* sp. 529
多板海绵科 Plakinidae 海绵 *Plakinastrella mamillaris* 59
多刺角质海绵 *Sarcotragus spinulosus* 673~675
多花环西柏柳珊瑚 *Briareum polyanthes* 174
多棘裂江瑶 *Pinna muricata* 211
多节海鞘属 *Polycitor* sp. 1947~1950
多毛纲沙蚕科阔沙蚕属 *Platynereis dumerilii* 1816
多沙掘海绵 *Dysidea arenaria* 1466
多丝海绵属 *Polyfibrospongia australis* 370
多育星骨海鞘 *Didemnum proliferum* 1926, 1936~1938
二片状美丽海绵 *Callyspongia bilamellata* 1601, 1602
二条纹簇骨海鞘 *Lissoclinum bistratum* 225~230, 1361~1368
绯红璇星海绵 *Spirastrella coccinea* 251~254
肥厚类角海绵 *Pseudoceratina crassa* 340

蜂海绵属 *Haliclona* sp. 923, 924, 1206, 1517, 1739
蜂海绵属 *Haliclona valliculata* 479, 899
蜂海绵属 (Haptoslerida 目, Chalinidae 科) *Haliclona* sp. (order Haptosclerida, family Chalinidae) 1517
钙质海绵白雪海绵属 *Leucetta microraphis* 1374
柑橘荔枝海绵 *Tethya aurantium* 38, 696, 1619, 1620
冈田软海绵 *Halichondria okadai* 47, 129
格海绵属 *Thalysias abietina* 1278, 1279
格形海绵属 *Hyatella* spp. 370
共生卷隐海绵 *Sigmadocia symbiotica* 1369, 1370
管指海绵属 *Siphonochalina* sp. 1112
光亮碧玉海绵 *Jaspis splendens* 1114~1117, 1530~1544, 1546~1548, 1550, 1551
光亮碧玉海绵 *Jaspis splendens* 00101 1535
光褶胃海鞘 *Aplidium glabrum* 367
棍棒状多果海鞘 *Polycarpa clavata* 1931
海绵 Aplysinellidae 科 *Suberea mollis* 338
海绵 Aplysinellidae 科 *Suberea* sp. 338
海绵 Aplysinidae 科 *Aiolochroia crassa* 331
海绵 Aplysinidae 科 *Verongula rigida* 331
海绵 Chondropsidae 科 *Phoriospongia* spp. 1601, 1602
海绵 Hemiasterellidae 科 *Hemiasterella minor* 1109, 1530
海绵 Irciniidae 科 *Psammocinia* aff. *bulbosa* 761, 1245
海绵 Irciniidae 科 *Psammocinia* sp. 1245
海绵 Niphatidae 科 *Cribrochalina olemda* 1270~1273
海绵 Raspailiinae 亚科 *Ectyoplasia ferox* 339, 1514, 1515
海绵 Scopalinidae 科 *Stylissa flabelliformis* 1223
海绵 Scopalinidae 科 *Stylissa massa* 1337
海绵 Scopalinidae 科 *Stylissa* sp. 1336
海绵 Vulcanellidae 科 *Lamellomorpha strongylata* 1346
海绵导出的真菌葡萄穗霉属 *Stachybotrys* sp. HH1 ZSDS1F1-2 427, 437, 445
海泡石海绵 Thoosidae 科 *Neamphius huxleyi* 1589~1592
海鞘 Diazonidae 科 *Diazona* cf. *formosa* 1939, 1940
海鞘 Holozoidae 科 *Hypsistozoa fasmeriana* 1886
海鞘 Perophoridae 科 *Ecteinascidia turbinata* 935
海鞘 Polycitoridae 科 *Cystodytes dellechiajei* 1248
海鞘 Polyclinidae 科 *Synoicum blochmanni* 591~593, 595, 599~602
海鞘 Polyclinidae 科 *Synoicum globosum* 595, 596
海鞘 Polyclinidae 科 *Synoicum prunum* 248~250, 591
海鞘 Polyclinidae 科 *Synoicum* sp. 585~588, 603
海星红海盘车 *Asterias rubens* 1844
海星特氏真海盘车 *Evasterias troschelii* 1816
海燕海星 *Asterina bather* 1852~1854
海洋大叶藻 *Zostera marina* 344
海洋导出的产黄青霉真菌 *Penicillium chrysogenum* 38, 968
海洋导出的产黄青霉真菌 *Penicillium chrysogenum* QEN-24S 149
海洋导出的地衣 *Lichina pygmaea* 1819
海洋导出的放线菌 *Actinomyces* sp. CNB-984 135
海洋导出的放线菌 *Marinispora* sp. CNQ-140 241
海洋导出的放线菌拟诺卡氏放线菌属 *Nocardiopsis* sp. 1246, 1749
海洋导出的放线菌拟诺卡氏放线菌属 *Nocardiopsis* sp. CNS-653 341
海洋导出的放线菌诺卡氏放线菌属 *Nocardia* sp. 1802, 1803
海洋导出的放线菌诺卡氏放线菌属 *Nocardia* sp. ALAA 2000 360
海洋导出的放线菌诺卡氏放线菌属 *Nocardia* sp. KMM 3749 364
海洋导出的放线菌栖沙盐水孢菌（模式种）*Salinispora arenicola* 935, 1502, 1503
海洋导出的放线菌栖沙盐水孢菌（模式种）*Salinispora arenicola* CNS-205 1247
海洋导出的放线菌栖沙盐水孢菌（模式种）*Salinispora arenicola* CNS-325 922
海洋导出的放线菌热带盐水孢菌 *Salinispora tropica* CNB-392 1, 2
海洋导出的放线菌太平洋盐水孢菌 *Salinispora pacifica* 3, 947~949
海洋导出的放线菌太平洋盐水孢菌 *Salinispora pacifica* CNS-237 159
海洋导出的弗氏链霉菌 *Streptomyces fradiae* PTZ00025 897, 900, 901, 908
海洋导出的海壳真菌科花冠菌属 *Corollospora maritima* 636
海洋导出的链霉菌 *Streptomyces caelestis* 937~940
海洋导出的链霉菌 *Streptomyces chibaensis* AUBN1/7 943
海洋导出的链霉菌丰加链霉菌 *Streptomyces toyocaensis* 1867
海洋导出的链霉菌厦门链霉菌 *Streptomyces xiamenensis* 679, 680, 1813
海洋导出的链霉菌 *Streptomyces niveus* 792~794
海洋导出的链霉菌属 *Streptomyces* sp. 155, 356, 357, 765, 863, 920, 921, 923, 924, 975, 978, 1071, 1104, 1172, 1552~1554, 1720, 1785, 1801, 1867
海洋导出的链霉菌属 *Streptomyces* sp. Act8015 1786, 1787
海洋导出的链霉菌属 *Streptomyces* sp. B8300 921
海洋导出的链霉菌属 *Streptomyces* sp. B8335 782
海洋导出的链霉菌属 *Streptomyces* sp. B8652 873~875

海洋导出的链霉菌属 *Streptomyces* sp. BD-18T 853, 854, 903, 904
海洋导出的链霉菌属 *Streptomyces* sp. CHQ-64 1009
海洋导出的链霉菌属 *Streptomyces* sp. CNB-091 1615~1617, 1778, 1779
海洋导出的链霉菌属 *Streptomyces* sp. CNB-982 1247
海洋导出的链霉菌属 *Streptomyces* sp. CNH-070 849
海洋导出的链霉菌属 *Streptomyces* sp. CNQ-329 845~848
海洋导出的链霉菌属 *Streptomyces* sp. CNQ-593 1786, 1787
海洋导出的链霉菌属 *Streptomyces* sp. H668 221
海洋导出的链霉菌属 *Streptomyces* sp. M02750 21
海洋导出的链霉菌属 *Streptomyces* sp. M268 944
海洋导出的链霉菌属 *Streptomyces* sp. N1-78-1 886
海洋导出的链霉菌属 *Streptomyces* sp. NPS-554 350, 351
海洋导出的链霉菌属 *Streptomyces* sp. NTK 227 90
海洋导出的链霉菌属 *Streptomyces spinoverrucosus* 902
海洋导出的链霉菌属 *Streptomyces sundarbansensis* 177
海洋导出的链霉菌属 *Streptomyces tenjimariensis* 1849, 1850
海洋导出的链霉菌属 *Streptomyces xanthophaeus* 1071
海洋导出的链霉菌真菌链霉菌 *Streptomyces fungicidicus* 1867
海洋导出的脱叶链霉菌 *Streptomyces exfoliates* 850
海洋导出的吸水链霉菌 *Streptomyces hygroscopicus* TP-A0451 155
海洋导出的细菌柄杆菌属 *Caulobacter* sp. PK654 624
海洋导出的细菌产吲哚海洋葱头状菌（模式种）*Oceanibulbus indolifex* HEL-4 308
海洋导出的细菌地衣芽孢杆菌 *Bacillus licheniformis* 1841, 1842
海洋导出的细菌短芽孢杆菌 *Bacillus pumilus* 744, 745, 747
海洋导出的细菌短芽孢杆菌 *Bacillus pumilus* KMM 1364 1672~1678
海洋导出的细菌短芽孢杆菌属 *Brevibacillus laterosporus* 1185
海洋导出的细菌短芽孢杆菌属 *Brevibacillus laterosporus* PNG-276 1196
海洋导出的细菌发光杆菌属 *Photobacterium* sp. MBIC06485 1649, 1650
海洋导出的细菌弧菌属 *Vibrio* sp. 1128, 1129, 1695, 1698
海洋导出的细菌弧菌属 *Vibrio* sp. G1363 1698
海洋导出的细菌加氨热弧菌 *Thermovibrio ammonificans* 651, 652
海洋导出的细菌加利西亚暗棕色杆菌（模式种）*Phaeobacter gallaciensis* DSM17395 625
海洋导出的细菌假单胞菌属 *Pseudomonas* sp. 1700, 1719
海洋导出的细菌假单胞菌属 *Pseudomonas* sp. MK90e85 and MK91CC8 1701~1707
海洋导出的细菌假交替单胞菌属 *Pseudoalteromonas luteoviolacea* 260, 979
海洋导出的细菌假交替单胞菌属 *Pseudoalteromonas maricaloris* KMM 636 1448
海洋导出的细菌假交替单胞菌属 *Pseudoalteromonas* sp. KP20-4 1323, 1324
海洋导出的细菌交替单胞菌属 *Alteromonas* sp. 84, 85
海洋导出的细菌枯草芽孢杆菌（模式种）枯草杆菌 *Bacillus subtilis* 1789~1798
海洋导出的细菌枯草芽孢杆菌（模式种）枯草杆菌 *Bacillus subtilis* B1779 744~747, 752
海洋导出的细菌枯草芽孢杆菌(模式种) 枯草杆菌 *Bacillus subtilis* TP-B0611 752
海洋导出的细菌蜡样芽孢杆菌 *Bacillus cereus* SCRC-4h1-2 1453, 1525
海洋导出的细菌林芽孢杆菌 *Bacillus silvestris* 1445
海洋导出的细菌摩加夫芽孢杆菌 *Bacillus mojavensis* 1800
海洋导出的细菌耐高温海放射胞菌 *Marinactinospora thermotolerans* 192, 193
海洋导出的细菌耐高温海放射胞菌 *Marinactinospora thermotolerans* SCSIO 00652 1403
海洋导出的细菌南方盐单胞菌 *Halomonas meridiana* 1130, 1131
海洋导出的细菌栖沙盐水孢菌（模式种）*Salinispora arenicola* CNT-088 1669~1671
海洋导出的细菌藤黄微球菌（模式种）*Micrococcus luteus* 537
海洋导出的细菌小单孢菌属 *Micromonospora lomaivitiensis* LL-37I366 945, 946
海洋导出的细菌需盐杆菌属 *Salegentibacter* sp. T436 365
海洋导出的细菌芽孢杆菌属 *Bacillus* sp. MIX-62 1291~1293
海洋导出的细菌疣孢菌属 *Verrucosispora maris* AB-18-032 1072~1074
海洋导出的细菌疣孢菌属 *Verrucosispora* sp. 1186, 1484, 1628, 1644
海洋导出的亚隔孢壳科壳二孢属真菌 *Ascochyta* sp. NGB4 222
海洋导出的亚隔孢壳科盐角草壳二孢真菌 *Ascochyta salicorniae* 6, 185, 320, 634, 687, 767
海洋导出的原脊索动物 *Amaroucium multiplicatum* 280

海洋导出的真菌 *Hypocrea vinosa* AY380904 803, 815, 816

海洋导出的真菌 *Phialocephala* sp. 629

海洋导出的真菌白粉寄生菌属 *Ampelomyces* sp. 289

海洋导出的真菌白僵菌 *Beauveria bassiana* 426, 889

海洋导出的真菌彼得壳属 *Petriella* sp. TUBS 7961 125

海洋导出的真菌变色曲霉菌 *Aspergillus versicolor* 964, 965, 997, 1107, 1108, 1055~1060, 1062~1065

海洋导出的真菌变色曲霉菌 *Aspergillus versicolor* ATCC 9577 1859, 1860

海洋导出的真菌变色曲霉菌 *Aspergillus versicolor* EN-7 896

海洋导出的真菌变色曲霉菌 *Aspergillus versicolor* HDN08-60 1070

海洋导出的真菌变色曲霉菌 *Aspergillus versicolor* MST-MF495 1243

海洋导出的真菌布洛卡青霉 *Penicillium brocae* MA-231 1018~1021, 1872~1875

海洋导出的真菌赤壳属 *Cosmospora* sp. SF-5060 453

海洋导出的真菌单格孢属 *Monodictys* sp. 888, 898, 909

海洋导出的真菌淡紫拟青霉 *Paecilomyces lilacinus* 152

海洋导出的真菌短柄帚霉属 *Scopulariopsis brevicaulis* 1619, 1620

海洋导出的真菌短梗霉属 *Aureobasidium pullulans* 979

海洋导出的真菌盾壳霉属 *Coniothyrium cereal* 799, 934

海洋导出的真菌盾壳霉属 *Coniothyrium* sp. 339

海洋导出的真菌多变拟青霉菌 *Paecilomyces variotii* 644~646

海洋导出的真菌多变拟青霉菌 *Paecilomyces variotii* EN-291 990

海洋导出的真菌多节孢属 *Nodulisporium* sp. CRI247-01 87

海洋导出的真菌多节孢属 *Nodulisporium* sp. CRIF 1 54~56

海洋导出的真菌多孔菌目 *Polyporales* sp. 214, 215

海洋导出的真菌多主棒孢霉 *Corynespora cassiicola* L36 457

海洋导出的真菌费林那白僵菌 *Beauveria felina* 1435~1437

海洋导出的真菌费林那白僵菌 *Beauveria felina* EN-135 627, 1487, 1488, 1527

海洋导出的真菌费氏新萨托菌 *Neosartorya fischeri* 1008F1 325, 402

海洋导出的真菌腐败单格孢 *Monodictys putredinis* 435, 663, 664

海洋导出的真菌腐败单格孢 *Monodictys putredinis* 187/195 15 I 388, 433, 434, 436

海洋导出的真菌附球菌属 *Epicoccum* sp. 4, 639

海洋导出的真菌谷物盾壳霉 *Coniothyrium cereale* 779, 789, 790, 795, 927~930, 933

海洋导出的真菌哈茨木霉 *Trichoderma harzianum* 788

海洋导出的真菌哈茨木霉 *Trichoderma harzianum* OUPS-N115 47, 129

海洋导出的真菌海岛曲霉菌 *Aspergillus insulicola* 956

海洋导出的真菌核盘曲霉 *Aspergillus sclerotiorum* PT06-1 1330, 1331

海洋导出的真菌核盘曲霉 *Aspergillus sclerotiorum* sp. 080903f04 1218

海洋导出的真菌黑孢属 *Nigrospora* sp. 879

海洋导出的真菌黑孢属 *Nigrospora* sp. 1403 878

海洋导出的真菌黑孢属 *Nigrospora* sp. PSU-F12 326, 953

海洋导出的真菌黑孢属 *Nigrospora* sp. PSU-F18 147, 151, 162

海洋导出的真菌黑孢属 *Nigrospora* sp. PSU-F5 133

海洋导出的真菌黑曲霉菌 *Aspergillus niger* 685

海洋导出的真菌黑曲霉菌 *Aspergillus niger* EN-13 126, 798, 804~807, 810~814, 818, 819

海洋导出的真菌黑曲霉菌 *Aspergillus niger* JV-33-48 804, 805

海洋导出的真菌黑曲霉菌 *Aspergillus niger* TC 1629 800

海洋导出的真菌环盾壳属 *Kirschsteiniothelia maritima* 320

海洋导出的真菌黄灰青霉 *Penicillium aurantiogriseum* 169

海洋导出的真菌黄绿木霉 *Trichoderma aureoviride* PSU-F95 917

海洋导出的真菌黄曲霉 *Aspergillus flavus* C-F-3 132

海洋导出的真菌灰绿青霉 *Aspergillus glaucus* 871, 872

海洋导出的真菌灰绿曲霉 *Aspergillus glaucus* HB1-119 925, 926

海洋导出的真菌毁丝霉属 *Myceliophthora lutea* 628

海洋导出的真菌鸡冠状散囊菌 *Eurotium cristatum* EN-220 969~971

海洋导出的真菌棘孢木霉 *Trichoderma asperellum* Y19-07 1190~1195

海洋导出的真菌寄生曲霉 *Aspergillus parasiticus* 288, 292

海洋导出的真菌假霉样真菌属 *Pseudallescheria* sp. 1883

海洋导出的真菌假霉样真菌属 *Pseudallescheria* sp. MFB165 961, 986

海洋导出的真菌间座壳属 *Diaporthe* sp. HLY2 638

海洋导出的真菌接柄孢属 *Zygosporium masonii* 1666

海洋导出的真菌节菱孢属 *Arthrinium* sp. 401, 437

海洋导出的真菌茎点霉属 *Phoma herbarum* 289, 292, 361, 362

海洋导出的真菌橘青霉 *Penicillium citrinum* 702, 703, 784

海洋导出的真菌凯氏腔菌属 *Keissleriella* sp. YS4108 780

海洋导出的真菌雷斯青霉 *Penicillium raistrickii* 698~701

海洋导出的真菌里氏木霉 *Trichoderma reesei* **1348**
海洋导出的真菌里氏木霉 *Trichoderma reesei* **676~678**
海洋导出的真菌镰孢霉属 *Fusarium* sp. **1618**
海洋导出的真菌镰孢霉属 *Fusarium* sp. CNL-619 **1580**
海洋导出的真菌镰孢霉属 *Fusarium* sp. FH-146 **141, 182, 183**
海洋导出的真菌镰孢霉属 *Fusarium* sp. O5F13 **877**
海洋导出的真菌镰孢霉属 *Fusarium* sp. PSU-F135 **791, 851**
海洋导出的真菌镰孢霉属 *Fusarium* sp. PSU-F14 **876, 877**
海洋导出的真菌镰孢霉属 *Fusarium* spp. **832, 833, 851, 876**
海洋导出的真菌镰孢霉属 *Fusarium* spp. PSU-F135 **837, 852, 855**
海洋导出的真菌镰孢霉属 *Fusarium* spp. PSU-F14 **868~870, 880**
海洋导出的真菌链格孢属 *Alternaria raphani* **952**
海洋导出的真菌链格孢属 *Alternaria* sp. **397, 882~885, 912**
海洋导出的真菌链格孢属 *Alternaria* sp. SF-5016 **1438**
海洋导出的真菌链格孢属 *Alternaria* sp. ZJ-2008003 **914**
海洋导出的真菌链格孢属 *Alternaria tenuis* Sg17-1 **745, 747, 749**
海洋导出的真菌裸壳孢属 *Aspergillus unguis* **459**
海洋导出的真菌裸壳孢属 *Emericella nidulans* var. *acristata* **53, 386, 454, 455**
海洋导出的真菌裸壳孢属 *Emericella* sp. CNL-878 **1502, 1503**
海洋导出的真菌麦轴梗霉属 *Tritirachium* sp. **430~432**
海洋导出的真菌猫棒束孢 *Isaria felina* **665**
海洋导出的真菌毛壳属 *Chaetomium globosum* **301, 720, 726~729**
海洋导出的真菌毛壳属 *Chaetomium globosum* OUPS-T106B-6 **709~712, 714~719, 721~725, 740, 741**
海洋导出的真菌毛壳属 *Chaetomium* sp. **404, 405**
海洋导出的真菌毛壳属 *Chaetomium* sp. Gö 100/2 **684**
海洋导出的真菌木霉属 *Trichoderma* sp. **319, 661**
海洋导出的真菌木霉属 *Trichoderma* sp. 05F148 **1187~1189**
海洋导出的真菌木霉属 *Trichoderma* sp. f-13 **313, 318**
海洋导出的真菌拟茎点霉属 *Phomopsis* sp. hzla01-1 **626**
海洋导出的真菌拟盘多毛孢属 *Pestalotiopsis* sp. ZJ-2009-7-6 **704, 705**
海洋导出的真菌拟青霉属 *Paecilomyces* sp. **245**
海洋导出的真菌拟小球霉属 *Microsphaeropsis olivacea* **543**
海洋导出的真菌拟小球霉属 *Microsphaeropsis* sp. **911, 915, 916**
海洋导出的真菌拟小球霉属 *Microsphaeropsis* sp. 7820 **513**
海洋导出的真菌黏帚霉属 *Clonostachys rogersoniana* HJK9 **1237, 1238**
海洋导出的真菌黏帚霉属 *Clonostachys* sp. ESNA-A009 **1440**
海洋导出的真菌黏帚霉属 *Gliocladium* sp. **987, 1000~1002**
海洋导出的真菌黏帚霉属 *Gliocladium* sp. YUP08 **987**
海洋导出的真菌盘多毛孢属 *Pestalotia* sp. **390**
海洋导出的真菌葡萄孢属 *Botrytis* sp. **131**
海洋导出的真菌普通青霉菌 *Penicillium commune* **518 309~311**
海洋导出的真菌普通青霉菌 *Penicillium commune* QSD-17 **730~735**
海洋导出的真菌青霉属 *Penicillium afacidum* **681**
海洋导出的真菌青霉属 *Penicillium brefeldianum* SD-273 **1024**
海洋导出的真菌青霉属 *Penicillium glabrum* **450**
海洋导出的真菌青霉属 *Penicillium* sp. **39~42, 461, 463, 657, 931, 932**
海洋导出的真菌青霉属 *Penicillium* sp. BM923 **756**
海洋导出的真菌青霉属 *Penicillium* sp. CNC-350 **1879, 1881, 1951**
海洋导出的真菌青霉属 *Penicillium* sp. M207142 **315**
海洋导出的真菌青霉属 *Penicillium* sp. MFA446 **267, 306, 343**
海洋导出的真菌青霉属 *Penicillium* sp. OUPS-79 **668~671, 860**
海洋导出的真菌青霉属 *Penicillium* sp. PSU-F44 **57**
海洋导出的真菌青霉属 *Penicillium terrestre* **282, 290, 293~296, 368, 369, 381~384**
海洋导出的真菌青霉属 *Penicillium waksmanii* **156, 157**
海洋导出的真菌青霉属 *Penicillium waksmanii* OUPS-N133 **158**
海洋导出的真菌曲丽穗霉 *Spicaria elegans* KLA-03 **539**
海洋导出的真菌曲霉菌属 *Aspergillus aculeatus* CRI323-04 **1824**
海洋导出的真菌曲霉菌属 *Aspergillus candidus* IF10 **574, 575, 579**
海洋导出的真菌曲霉菌属 *Aspergillus elegans* **1815**
海洋导出的真菌曲霉菌属 *Aspergillus ostianus* 01F313 **124**
海洋导出的真菌曲霉菌属 *Aspergillus ostianus* TUF 01F313 **36, 37, 108**
海洋导出的真菌曲霉菌属 *Aspergillus* sp. **184, 632, 689,**

750, 751, 867, 877, 1003, 1010, 1012, 1013, 1075, 1216, 1823

海洋导出的真菌曲霉菌属 *Aspergillus* sp. 05F16 866

海洋导出的真菌曲霉菌属 *Aspergillus* sp. 16-02-1 25~31, 49, 94, 104, 124, 328, 1981

海洋导出的真菌曲霉菌属 *Aspergillus* sp. B-F-2 502

海洋导出的真菌曲霉菌属 *Aspergillus* sp. CMB-M081F 1045

海洋导出的真菌曲霉菌属 *Aspergillus* sp. CXCTD-06-6a 327

海洋导出的真菌曲霉菌属 *Aspergillus* sp. HDf2 75, 76

海洋导出的真菌曲霉菌属 *Aspergillus* sp. KY52178 447

海洋导出的真菌曲霉菌属 *Aspergillus* sp. MF-93 688

海洋导出的真菌曲霉菌属 *Aspergillus* sp. SCSIOW3 270

海洋导出的真菌曲霉菌属 *Aspergillus* sp. W-6 1075, 1119, 1120

海洋导出的真菌曲霉菌属 *Aspergillus* sp. XS-20090066 491

海洋导出的真菌曲霉菌属 *Aspergillus taichungensis* ZHN-7-07 954, 1014

海洋导出的真菌曲霉菌属 *Aspergillus varians* 289, 292

海洋导出的真菌曲霉菌属 *Aspergillus wentii* 451, 452

海洋导出的真菌曲霉属 *Aspergillus insuetus* 955

海洋导出的真菌萨氏曲霉菌 *Aspergillus sydowi* 224, 358, 446, 447

海洋导出的真菌萨氏曲霉菌 *Aspergillus sydowi* PFW1-13 993, 1007, 1011, 1016, 1046, 1052, 1069

海洋导出的真菌萨氏曲霉菌 *Aspergillus sydowi* YH11-2 269, 343, 660, 708, 757

海洋导出的真菌萨氏曲霉菌 *Aspergillus sydowii* 403

海洋导出的真菌萨氏曲霉菌 *Aspergillus sydowii* ZSDS1-F6 345, 349, 489, 490, 503, 504

海洋导出的真菌三隔镰孢霉 *Fusarium tricinctum* 101, 102, 105

海洋导出的真菌嗜松青霉 *Penicillium pinophilum* 706, 707

海洋导出的真菌树花属 *Ramalina terebrata* 1819

海洋导出的真菌丝孢菌属 *Hyphomycetes* sp. CR28109 1824

海洋导出的真菌塔宾曲霉 *Aspergillus tubingensis* OY907 81

海洋导出的真菌炭黑曲霉 *Aspergillus carbonarius* WZ-4-11 175, 176, 797, 800~802, 808, 809, 817, 820

海洋导出的真菌炭角菌科 *Halorosellinia oceanica* BCC5149 633, 753

海洋导出的真菌炭团菌属 *Hypoxylon* spp. 753

海洋导出的真菌糖节菱孢 *Arthrinium sacchari* 754

海洋导出的真菌土色曲霉菌 *Aspergillus terreus* 24, 589

海洋导出的真菌土色曲霉菌 *Aspergillus terreus* OUCMDZ-1925 64, 65

海洋导出的真菌土色曲霉菌 *Aspergillus terreus* PT06-2 23, 24, 33~35, 759

海洋导出的真菌土色曲霉菌 *Aspergillus terreus* SCSGAF016 1217

海洋导出的真菌土色曲霉菌 *Aspergillus terreus* SCSGAF0162 23, 50

海洋导出的真菌外瓶霉属 *Exophiala* sp. 22, 93, 106, 107, 809

海洋导出的真菌弯孢霉属 *Curvularia eschscholzii* 130

海洋导出的真菌弯孢霉属 *Curvularia* sp. 768 654

海洋导出的真菌弯颈霉属 *Tolypocladium* sp. AMB18 1201

海洋导出的真菌伪偏斜曲霉 *Aspergillus pseudodeflectus* 742

海洋导出的真菌细基格孢 *Ulocladium botrytis* 5, 543

海洋导出的真菌小孢霉属 *Microsporum* cf. *gypseum* 1289, 1290

海洋导出的真菌小孢霉属 *Microsporum* sp. 303, 305, 691, 864

海洋导出的真菌小裸囊菌属 *Gymnascella dankaliensis* 233~240

海洋导出的真菌小球腔菌属 *Leptosphaeria obiones* 856

海洋导出的真菌小球腔菌属 *Leptosphaeria oraemaris* 857

海洋导出的真菌小球腔菌属 *Leptosphaeria* sp. 1891~1893

海洋导出的真菌小球腔菌属 *Leptosphaeria* sp. KTC 727 633

海洋导出的真菌小球腔菌属 *Leptosphaeria* sp. OUPS-4 1888~1890, 1894~1906

海洋导出的真菌小球腔菌属 *Leptosphaeria* sp. OUPS-N80 1907, 1908

海洋导出的真菌小树状霉属 *Dendryphiella salina* 365

海洋导出的真菌烟曲霉菌 *Aspergillus fumigatus* 224, 961, 995, 1004~1006, 1017, 1023, 1048~1051, 1054, 1069

海洋导出的真菌烟曲霉菌 *Aspergillus fumigatus* BM939 1046, 1047, 1053

海洋导出的真菌烟曲霉菌 *Aspergillus fumigatus* YK-7 994

海洋导出的真菌烟曲霉菌 *Mugil cephalus* 224, 709~712, 714~717, 720, 726~729, 740, 741

海洋导出的真菌瘦青霉 *Penicillium fellutanum* 1105, 1106

海洋导出的真菌杂色裸壳孢 *Emericella variecolor* 359,

479, 899
海洋导出的真菌杂色裸壳孢 Emericella variecolor M75-2 17, 449
海洋导出的真菌爪状裸壳孢 Emericella unguis 459, 1351, 1352
海洋导出的真菌枝孢属 Cladosporium herbarum 4
海洋导出的真菌枝顶孢属 Acremonium persicinum 1241, 1242
海洋导出的真菌枝顶孢属 Acremonium sp. 271, 272, 302, 1167, 1198~1200
海洋导出的真菌枝顶孢属 Acremonium sp. AWA16-1 484
海洋导出的真菌指轮枝孢属 Stachylidium sp. 640~642
海洋导出的真菌柱顶孢霉属 Scytalidium sp. 1153~1157, 1332, 1333, 1504, 1505
海洋导出的真菌紫青霉菌 Penicillium purpurogenum 461
海洋导出的真菌嘴突脐孢 Exserohilum rostratum 1932~1935
海洋导出的肿大链霉菌 Streptomyces tumescens 1349
海洋微生物光轮层碳壳菌 Daldinia eschscholzii KT32 130
海洋细菌红色假交替单胞菌 Alteromonas rubra 353~355
海洋细菌弧菌属 Vibrio sp. R-10 1127
海洋细菌假单胞菌属 Pseudomonas sp. F92S91 154
海洋细菌交替单胞菌属 Alteromonas rava 1942~1945, 1979
海洋细菌深海螺旋菌属 Thalassospira sp. CNJ-328 1718
海洋细菌噬细胞菌属 Cytophaga sp. 1827
海洋细菌丝氨酸球菌属 Serinicoccus sp. 840
海洋细菌藤黄紫交替单胞菌 Alteromonas luteoviolacea 1126, 1439
海洋细菌小单孢菌属 Micromonospora sp. L-13-ACM2-092 1644
海洋细菌芽孢杆菌属 Bacillus sp. 748, 957, 1350, 1843
海洋细菌芽孢杆菌属 Bacillus sp. CND-914 1680
海洋细菌芽生杆菌属 Blastobacter sp. SANK 71894 1870
海洋细菌盐单胞菌属 Halomonas sp. LOB-5 1159~1164
海洋细菌荧光假单胞菌 Pseudomonas fluorescens 1700
海洋粘细菌 Chondromyces pediculatus 1300, 1301
海洋粘细菌 Enhygromxya salina 77
海洋真菌顶多毛孢属 Bartalinia robillardoides LF550 696
海洋真菌发菌科踝节菌属 Talaromyces sp. LF458 950, 951
海洋真菌粉红穗状霉 Spicellum roseum 1514, 1515
海洋真菌畸形沃德霉 Wardomyces anomalus 401, 437
海洋真菌梨孢假壳属 Apiospora montagnei 401
海洋真菌拟盘多毛孢属 Pestalotiopsis vaccinii 772
海洋真菌青霉属 Penicillium dipodomyicola 150, 379
海洋真菌青霉属 Penicillium oxalicum 0312f1 337

合成的 Synthetic 1480
黑海鞘 Ascidia nigra 1076
红色雷海鞘 Ritterella rubra 591~598
红树 Porteresia coarctata 968
红树导出的产黄青霉真菌 Penicillium chermesinum 573, 577, 578
红树导出的海壳科真菌海球菌属 Halosarpheia sp. 732 1414, 1415
红树导出的内生真菌炭角菌科 Halorosellinia sp. 1403 888~895, 898, 905, 907, 910, 918, 919
红树导出的真菌淡色生赤壳 Bionectria ochroleuca 1236, 1325~1327, 1952
红树导出的真菌发菌科踝节菌 Talaromyces bacillisporus SBE-14 823~825
红树导出的真菌发菌科踝节菌属 Talaromyces sp. 690
红树导出的真菌发菌科踝节菌属 Talaromyces sp. SBE-14 330
红树导出的真菌发菌科踝节菌属 Talaromyces sp. ZH-154 697
红树导出的真菌黑色链格孢 Alternaria niger 91, 92, 144~146
红树导出的真菌红色散囊菌 Eurotium rubrum 458, 460, 462, 865, 913, 985, 1030~1044, 1061
红树导出的真菌红色散囊菌 Eurotium rubrum MA-150 1027~1029
红树导出的真菌黄柄曲霉 Aspergillus flavipes AIL8 46
红树导出的真菌黄灰青霉 Penicillium griseofulvum Y19-07 333, 334
红树导出的真菌黄曲霉 Aspergillus flavus 092008 650
红树导出的真菌焦曲霉 Aspergillus ustus 094102 631, 743
红树导出的真菌茎点霉属 Phoma sp. OUCMDZ-1847 1022
红树导出的真菌扩展青霉 Penicillium expansum 491
红树导出的真菌镰孢霉属 Fusarium sp. ZH-210 866, 867
红树导出的真菌链格孢属 Alternaria sp. JCM92 538, 821, 822
红树导出的真菌拟茎点霉属 Phomopsis sp. 407~413, 428, 442~444, 783
红树导出的真菌拟茎点霉属 Phomopsis sp. ZSU-H26 796
红树导出的真菌拟茎点霉属 Phomopsis sp. ZSU-H76 153, 316
红树导出的真菌拟盘多毛孢属 Pestalotiopsis sp. JCM2A4 672
红树导出的真菌拟青霉属 Paecilomyces sp. Tree1-7 441

红树导出的真菌盘拟多毛孢属 Pestalotiopsis sp. 58, 304, 516~518, 647

红树导出的真菌珀松白孔座壳 Leucostoma persoonii 312, 637, 692

红树导出的真菌青霉属 Penicillium sp. GT200261505 834

红树导出的真菌青霉属 Penicillium sp. HKI GT20022605 246, 247

红树导出的真菌青霉属 Penicillium sp. JP-1 823, 824

红树导出的真菌青霉属 Penicillium sp. MA-37 387, 480

红树导出的真菌青霉属 Penicillium sp. ZZF 32 414

红树导出的真菌青霉属 Penicillium thomi 540

红树导出的真菌球座菌属 Guignardia sp. 4382 197, 219, 888~895, 898, 905, 907, 910, 918, 919

红树导出的真菌曲霉菌属 Aspergillus effuses H1-1 972~974, 988, 991, 992

红树导出的真菌土色曲霉菌 Aspergillus terreus GWQ-48 582, 590

红树导出的真菌小穴壳菌属 Dothiorella sp. 694

红树倒卵圆形秋茄树 Kandelia obovata 770, 771

红树海莲木榄变种 Bruguiera sexangula var. rhynchopetala 365

红树海桑 Sonneratia caseolaris 1236, 1325~1327, 1953

红树红茄冬 Rhizophora mucronata 304, 407, 647, 672

红树鸡笼笞 Rhizopora apiculata 58, 517~518

红树金黄色卤蕨 Acrostichum aureum 954, 1014

红树老鼠簕 Acanthus ilicifolius 46, 408~412, 414, 442~444, 1075, 1119, 1120

红树马鞭草科海榄雌 Avicennia marina 91, 92, 144~146, 413, 428

红树美国红树 Rhizopora mangle 312, 637, 692

红树木榄 Bruguiera gymnorrhiza 461, 463, 540, 631, 743, 750, 751

红树秋茄树 Kandelia candel 197, 219, 246, 247, 330, 573, 577, 578, 690, 697, 834, 1485

红树桐花树 Aegiceras corniculatum 823, 824, 882, 883, 912

红树桐棉(杨叶肖槿) Thespesia populnea 766

红树像沉香的海漆 Excoecaria agallocha 153, 316, 491, 769, 796

红树总状花序假红树 Laguncularia racemosa 656

红树总状花序榄李 Lumnitzera racemosa 333, 334

红藻凹顶藻属 Laurencia pinnatifida 1851

红藻凹顶藻属 Laurencia sp. 149

红藻多管藻 Polysiphonia urceolata 301

红藻多管藻属 Polysiphonia elongata 297

红藻多管藻属 Polysiphonia lanosa 297

红藻多管藻属 Polysiphonia spp. 291

红藻海柏属 Polyopes lancifolia 285

红藻海人草 Digenea simplex 1809, 1814

红藻加州软骨藻 Chondria californica 1887, 1941, 1946, 1969, 1970, 1978

红藻江蓠属 Gracilaria sp. 130

红藻角网藻 Ceratodictyon spongiosum 1197, 1369, 1370

红藻链状节荚藻 Lomentaria catenata 303, 305, 691, 864

红藻亮管藻 Hyalosiphonia caespitosa 131

红藻鹿角海萝 Gloiopeitis tenax 289, 292, 361, 362

红藻落叶松节藻 Rhodomela larix 385

红藻脉膜藻 Neurymenia fraxinifolia 142, 143

红藻肉质蜈蚣藻 Grateloupia carnosa 1811

红藻软骨状海头红 Plocamium cartilagineum 1851

红藻沙菜属 Hypnea valendiae 1857

红藻扇形叉枝藻 Gymnogongrus flabelliformis 451, 452

红藻石枝草属 Lithothamnion fragilissimum 509

红藻疏松丝状体松节藻 Rhodomela confervoides 286, 299, 377, 385

红藻松节藻 Rhodomela subfusca 297

红藻松节藻科 Alsidium helminthochorton 1814

红藻松节藻科 Lenormandia prolifera 291

红藻松节藻科 Odonthalia corymbifera 285, 291, 536

红藻松节藻科 Odonthalia spp. 291

红藻松节藻科穗状鱼栖苔 Acanthophora spicifera 654

红藻松节藻属 Rhodomela spp. 285, 291

红藻椭圆形蜈蚣藻 Grateloupia elliptica 263, 266

红藻椭圆形蜈蚣藻和许多海洋藻类 Grateloupia elliptica and many marine algae 263

红藻蜈蚣藻 Grateloupia filicina 1968

红藻相似凹顶藻 Laurencia similis 389, 524, 785~787

红藻醒目凹顶藻 Laurencia spectabilis 10

红藻鸭毛藻 Symphyocladia latiuscula 285, 287, 297, 298, 307, 565

红藻亚肋翼枝藻 Beckerella subcostatum 32

红藻钥藻科 Bonnemaisoniaceae 流苏顶珠藻 Delisea fimbriata 18~20

红藻银杏藻属 Iridaea laminaroides 1851

红藻育叶藻科 Phyllophoraceae Mastocarpus stellatus 1851

红藻掌叶第三腕板 Palmaria palmata 1822

红藻纵胞藻 Centroceras clavulatum 1814

宏伟寇海绵 Latruncula magnifica 1810

花萼海绵属 Calyx cf. podatypa 981, 982

环节动物(匙虫) Urechis unicinctus 888

环节动物多毛纲蠕虫 Lumbriconereis heteropoda 1927

环节动物蠕虫 Thelepus setosus 630

黄色真丛柳珊瑚 Euplexaura flava 43~45

秒色海绵属　Aplysina aerophoba　**911, 915, 916**
秒色海绵属　Aplysina aerophoba [Syn. Verongia aerophoba] **331**
秒色海绵属　Aplysina fistularis fulva　**564**
惠灵顿寇海绵　Latrunculia wellingtonensis　**1876, 1877**
棘皮动物门海百合纲羽星目羽星属　Comantheria briareus　**800**
棘皮动物门真海胆亚纲海胆亚目拟下海胆属　Paracentrotus lividus　**1816, 1818**
棘皮动物门真海胆亚纲海胆亚目球海胆科着紫色球海胆　Strongylocentrotus purpuratus　**1818**
棘皮动物门真海胆亚纲长海胆科紫海胆　Anthocidaris crassispina　**75, 76, 888, 898, 909, 957**
棘网海绵属　Echinodictyum sp.　**1820, 1961**
脊椎动物门海龙科海马亚科海马　Hippocampus Kuda　**321~323**
寄居蟹皮海绵　Suberites domuncula　**125**
甲藻共生藻属　Symbiodinium spp.　**82**
假海绵科海绵　Pseudaxinyssa sp.　**1219, 1508~1511**
角骨海绵属　Spongia sp.　**283, 370**
角质海绵属　Sarcotragus sp.　**1848**
截型美丽海绵　Callyspongia truncata　**103**
金点多果海鞘　Polycarpa auzata　**1929~1931**
金藻纲　Chrysophyceae　Chrysophaeum taylori　**486~488, 693, 695**
精囊海鞘属　Polyandrocarpa zorritensis　**332**
居苔海绵　Tedania ignis　**522, 541, 981, 982**
菊海鞘属　Botryllus sp.　**583**
掘绵科 Dysideidae 海绵　Citronia astra　**1141, 1142**
掘海绵科 Dysideidae 海绵　Lamellodysidea chlorea　**1095~1097**
掘海绵科 Dysideidae 海绵　Lamellodysidea herbacea　**534, 535**
掘海绵属　Dysidea chlorea　**527**
掘海绵属　Dysidea dendyi　**510~512, 519~521**
掘海绵属　Dysidea sp.　**268, 394~396, 494, 499~501, 516, 1093, 1822**
掘海绵属　Dysidea spp.　**528**
卡特海绵属　Carteriospongia foliascens [Syn. Phyllospongia foliascens]　**508, 514, 523**
卡特里扁海绵　Phakellia carteri　**1312, 1313**
卡特里小轴海绵　Axinella carteri　**1224, 1225, 1269**
卡特里小轴海绵　Axinella cf. carteri　**1222, 1223**
颗粒状掘海绵　Dysidea granulosa　**492, 493**
克拉色群海绵　Agelas clathrodes　**1956**
寇海绵属　Latrunculia sp.　**1134~1139, 1449, 1450**
宽体海绵属　Eurypon laughlini　**1265, 1328, 1329**

昆虫毒隐翅虫　Paederus fuscipes　**86**
蓝细菌　Leptolyngbyoideae 亚科蓝细菌　Leptolyngbya crossbyana　**48, 545**
蓝细菌 Leptolyngbyoideae 亚科蓝细菌　Leptolyngbya sp.　**220, 1455, 1496, 1526, 1735, 1736**
蓝细菌 Tolypothrichaceae 科　Hassallia sp.　**1681**
蓝细菌阿氏颤藻　Oscillatoria agardhii　**1434**
蓝细菌阿氏颤藻　Oscillatoria agardhii [Syn. Planktothrix agardhii] NIES 595　**1420**
蓝细菌阿氏颤藻　Oscillatoria agardhii B2 83　**1099**
蓝细菌阿氏颤藻　Oscillatoria agardhii NIES 204　**1417, 1768, 1769, 1771, 1772**
蓝细菌阿氏颤藻　Oscillatoria agardhii NIES 205　**1084, 1085, 1773~1775**
蓝细菌阿氏颤藻　Oscillatoria agardhii NIES 26　**1768, 1769**
蓝细菌阿氏颤藻　Oscillatoria agardhii NIES 595　**1420, 1421**
蓝细菌阿氏颤藻　Oscillatoria agardhii NIES 596　**1776**
蓝细菌暗鞘丝藻　Lyngbya sordida　**1725**
蓝细菌半丰满鞘丝藻　Lyngbya semiplena　**1659~1663, 1750, 1751, 1764**
蓝细菌博罗尼鞘丝藻　Moorea bouillonii　**1447, 1807**
蓝细菌颤藻　Oscillatoriaceae 科　Blennothrix cantharidosmum　**1838~1840**
蓝细菌颤藻属　Oscillatoria sp.　**109~112, 1388, 1389, 1572~1574, 1756, 1758~1760**
蓝细菌颤藻属　Oscillatoria spongeliae　**527**
蓝细菌单歧藻属　Tolypothrix sp.　**189**
蓝细菌单歧藻属　Tolypothrix sp.　**1140**
蓝细菌多色鞘丝藻　Lyngbya cf. polychroa　**1146, 1168**
蓝细菌浮丝藻属　Planktothrix agardhii　**1432**
蓝细菌浮丝藻属　Planktothrix agardhii HUB011　**1417**
蓝细菌浮丝藻属　Planktothrix rubescens　**1432, 1433, 1777**
蓝细菌浮丝藻属 [Syn. 蓝细菌阿氏颤藻]　Planktothrix agardhii [Syn. Oscillatoria agardhii] NIES 595　**1420**
蓝细菌钙生裂须藻　Schizothrix calcicola　**242, 243, 1495, 1496, 1575, 1838**
蓝细菌集胞藻属　Synechocystis sp.　**352**
蓝细菌胶须藻属　Rivularia sp.　**1658**
蓝细菌可疑飞氏藻　Fischerella ambigua　**481~483**
蓝细菌裂须藻属　Schizothrix sp.　**1664, 1665, 1780, 1781**
蓝细菌林氏念珠藻　Nostoc linckia UTEX B1932　**620~623**
蓝细菌螺旋鱼腥藻　Anabaena spiroides　**1118**
蓝细菌绿色微囊藻　Microcystis viridis　**1765**

蓝细菌绿色微囊藻　*Microcystis viridis* NEIS 102　**1082, 1083**

蓝细菌墨绿颤藻　*Oscillatoria nigroviridis*　**242, 243**

蓝细菌墨绿颤藻　*Oscillatoria nigroviridis* OSC3L　**1804, 1805**

蓝细菌念珠藻科地衣形筒孢藻　*Cylindrospermum licheniforme* ATCC 29204　**609, 615**

蓝细菌念珠藻科地衣形筒孢藻　*Cylindrospermum licheniforme* ATCC 29412　**618**

蓝细菌念珠藻目 Nostocales 念珠藻科 Nostocacea 水条藻属　*Hormothamnion enteromorphoides*　**1268**

蓝细菌念珠藻目 Nostocales 念珠藻科 Nostocacea 水条藻属　*Hormothamnion enteromorphoides* [syn. *Hydrocoryne enteromorphoides*]　**695**

蓝细菌念珠藻属　*Nostoc* sp. 152　**1213~1215**

蓝细菌念珠藻属　*Nostoc* sp. ATCC 53789　**1460, 1466, 1469**

蓝细菌念珠藻属　*Nostoc* sp. CAVN 10　**604~608**

蓝细菌念珠藻属　*Nostoc* sp. GSV 224　**1456~1459, 1461~1468, 1470~1479, 1481**

蓝细菌念珠藻属　*Nostoc* sp. UIC 10022A　**609~619**

蓝细菌念珠藻属　*Nostoc* spp.　**1456**

蓝细菌泡沫节球藻　*Nodularia spumigena*　**1296**

蓝细菌泡沫节球藻　*Nodularia spumigena* AV1　**1430, 1431**

蓝细菌鞘丝藻属　*Lyngbya bouillonii*　**1726~1728, 1750, 1751**

蓝细菌鞘丝藻属　*Lyngbya* sp.　**1132, 1173, 1298, 1299, 1556, 1557, 1587, 1612, 1613, 1648, 1723, 1724, 1731, 1746, 1747, 1755, 1799**

蓝细菌鞘丝藻属　*Lyngbya* sp. [Syn. *Moorea* sp.]　**1755, 1799**

蓝细菌鞘丝藻属　*Lyngbya* spp.　**1577, 1762, 1763**

蓝细菌鞘丝藻属　*Moorea producens*　**1722, 1729**

蓝细菌鞘丝藻属　*Moorea* sp. [Syn. *Lyngbya* sp.]　**1755, 1799**

蓝细菌鞘丝藻属新种　*Lyngbya* sp. nov.　**1298**

蓝细菌稍大鞘丝藻　*Lyngbya majuscula*　**137, 138, 168, 189, 242, 859, 1123~1125, 1140, 1145, 1149~1151, 1165, 1168, 1169, 1239, 1240, 1267, 1394, 1395, 1402, 1443, 1444, 1486, 1495, 1496, 1500, 1516, 1522~1524, 1529, 1569~1571, 1575, 1576, 1578, 1594~1596, 1598, 1603~1609, 1664, 1665, 1667, 1668, 1721, 1725, 1737, 1738, 1740, 1741, 1744, 1745, 1780, 1781, 1806, 1838**

蓝细菌束藻属　*Symploca laeteviridis*　**1679, 1699**

蓝细菌束藻属　*Symploca* sp.　**1101~1103, 1180, 1183, 1184, 1629, 1743**

蓝细菌束藻属　*Symploca* sp. NIH304　**1782, 1783**

蓝细菌束藻属　*Symploca* sp. VP452　**1182**

蓝细菌束藻属　*Symploca* sp. VP642　**1147**

蓝细菌双须藻属　*Dichothrix utahensis*　**1770**

蓝细菌水华束丝藻　*Aphanizomenon flos-aquae*　**1422**

蓝细菌水华束丝藻　*Aphanizomenon flos-aquae* NIES 81　**1423**

蓝细菌水华鱼腥藻　*Anabaena flos-aquae* NRC52517　**1416, 1417**

蓝细菌丝状鞘丝藻　*Lyngbya* cf. *confervoides*　**1756, 1757**

蓝细菌丝状鞘丝藻　*Lyngbya confervoides*　**1202~1204, 1572~1574, 1611, 1645~1647, 1732~1734, 1748, 1756, 1757, 1761, 1762**

蓝细菌铜绿微囊藻　*Microcystis aeruginosa*　**1080, 1087**

蓝细菌铜绿微囊藻　*Microcystis aeruginosa* NEIS 102　**1081**

蓝细菌铜绿微囊藻　*Microcystis aeruginosa* NIES-298　**1086, 1766, 1767**

蓝细菌铜绿微囊藻　*Microcystis aeruginosa* NIES98　**1088, 1089, 1090**

蓝细菌铜绿微囊藻　*Microcystis aeruginosa* NIVA Cya 43　**1752**

蓝细菌微囊藻属　*Microcystis* sp.　**1098**

蓝细菌微囊藻属　*Microcystis* sp. IL-323　**1091, 1092**

蓝细菌微囊藻属　*Microcystis* sp. PCC 7806　**1753**

蓝细菌席藻属　*Phormidium gracile*　**1741, 1806**

蓝细菌席藻属　*Phormidium* spp.　**1181**

蓝细菌席藻亚科　*Tychonema* sp.　**1425, 1426**

蓝细菌藓状束藻　*Symploca* cf. *hydnoides*　**1497, 1633, 1651~1657**

蓝细菌藓状束藻　*Symploca hydnoides*　**1166, 1181**

蓝细菌鱼腥藻属　*Anabaena* sp. 202A2　**1419**

蓝细菌鱼腥藻属　*Anabaena* sp. 90　**1416, 1418**

蓝细菌珠点颤藻　*Oscillatoria margaritifera*　**1651~1653, 1826**

蓝贻贝　*Mytilus edulis*　**1012, 1013**

雷海鞘属　*Ritterella sigillinoides*　**1963**

类角海绵属　*Pseudoceratina* sp.　**338**

粒状黏细菌属　*Chondromyces crocatus* Cmc5　**1454**

瘤状菊海鞘　*Botryllus tuberatus*　**78, 79, 80**

柳珊瑚海扇　*Annella* sp.　**57, 147, 326, 403, 702, 832, 833, 851, 876, 917, 953**

柳珊瑚鳞海底柏　*Melitodes squamata*　**1216**

六放珊瑚亚纲沙群海葵属　*Palythoa* sp.　**977**

六放珊瑚亚纲棕绿纽扣珊瑚　*Zoanthus* sp.　**998**

陆地地衣　Terrestrial lichens　**590**

陆地和海洋导出的真菌萨氏曲霉菌　Terrestrial and marine-derived fungus *Aspergillus sydowi*　**358**

陆地和海洋导出的真菌土色曲霉菌　Terrestrial and

marine-derived *Aspergillus terreus* 33

陆地蘑菇 Terrestrial mushroom *Lentinus edodes* 1887, 1941

陆地上濒临灭绝的唇形科稀有植物 Terrestrial *dicerandra frutescens* 410~412

陆地上的链霉菌 Terrestrial streptomycetes *Streptomyces echinatus* and *Streptomyces chromofuscus* 923

陆地上的链霉菌 Terrestrial streptomycetes *Streptomyces ochraceus* and *Streptomyces bottropensis* 873~875

陆地上未鉴定的真菌 Terrestrial unidentified fungus 1325, 1326

陆地真焦曲霉菌 Terrestrial fungus *Aspergillus ustus* 743

陆地真菌 Terrestrial fungi 1808

陆地真菌 Terrestrial fungi *Colletotrichum gloeosporioides* and *Gliocladium deliquescens* 961

陆地真菌 Terrestrial fungi *Gremmeniella abietina* and *Roesleria hypogeal* 934

陆地真菌 Terrestrial fungus *Gliocladium catenulatum* 1953

陆地真菌 Didymellaceae 科壳二孢属真菌 Terrestrial fungi *Ascochyta* spp. 687

陆地真菌橙色青霉菌橙色变种和橙色青霉菌变种 Terrestrial fungi *Penicillium aurantiogriseum* var. *aurantiogriseum* and *Penicillium aurantiogriseum* var. *neoechinulatum* 955

陆地真菌丰赛卡曲霉 Terrestrial fungus *Aspergillus fonsecaeus* 811~813

陆地真菌丰赛卡曲霉和黑曲霉菌 Terrestrial fungus *Aspergillus fonsecaeus* and *Aspergillus niger* 814

陆地真菌附球菌属 Terrestrial fungus *Epicoccum purpurascens* MYC 1097 639

陆地真菌黑曲霉菌 Terrestrial fungus *Aspergillus niger* 810, 817, 820

陆地真菌黄色蠕形霉 Terrestrial fungus *Talaromyces flavus* 649

陆地真菌立枯丝核菌和 *Rosellinia necatrix* Terrestrial fungi *Rhizoctonia solani* and *Rosellinia necatrix* 982

陆地真菌镰孢霉属和厚垣镰孢霉 Terrestrial fungi *Fusarium acuminatum* and *Fusarium chlamydosporum* 105

陆地真菌毛壳属 Terrestrial fungus *Chaetomium globosum* 709, 714

陆地真菌拟茎点霉属 Terrestrial fungus *Phomopsis longicolla* 410~412

陆地真菌拟茎点霉属 Terrestrial fungus *Phomopsis* sp. PSU-D15 408

陆地真菌青霉菌属,曲霉属和烟曲霉菌 Terrestrial fungi *Penicillium* spp., *Aspergillus caespitosus*, *Aspergillus fumigatus* 1069

陆地真菌青霉属 Terrestrial fungi *Penicillium* spp. 643

陆地真菌青霉属 Terrestrial fungus *Penicillium* sp. 442

陆地真菌曲霉菌属 Terrestrial *Aspergillus* sp. Y80118 402

陆地真菌曲霉菌属 Terrestrial fungus *Aspergillus amstelodam* 973

陆地真菌曲霉菌属 Terrestrial fungus *Aspergillus candidus* 580, 581

陆地真菌曲霉属 Terrestrial fungi *Aspergillus* spp. 93, 802, 806, 807

陆地真菌曲霉属 Terrestrial fungus *Aspergillus carbonarius* 811

陆地真菌伞丝膜菌和灿烂皮盖伞菌 Terrestrial fungi toadstools *Cortinarius* toadstools and *Dermocybe splendid* 876

陆地真菌丝膜菌属 Terrestrial fungi *Cortinarius* spp. 891

陆地真菌松树枯梢病菌 Terrestrial fungus *Gremmeniella abietina* 799

陆地真菌土色曲霉菌 Terrestrial fungus *Aspergillus terreus* 582

陆地真菌疣状青霉菌和青霉属 Terrestrial fungi *Penicillium verrucosum* var. *cyclopium* and *Penicillium variabile* 169

陆地真菌赭曲霉菌 Terrestrial fungus *Aspergillus ochraceus* 124

陆地真菌赭曲霉菌,白假丝酵母白色念珠菌和另外四种真菌 Terrestrial fungi *Aspergillus ochraceus*, *Streptomyces gancidicus*, *Candida albicans*, *Guignardia laricina* and *Ceratocystis* spp. 981

陆地植物 Terrestrial plant *Rubia cordifolia* 893

陆地植物 Terrestrial plants 898

陆地植物(感染芒果果实和花生的真菌黑曲霉菌) Terrestrial plants *Aspergillus niger* in infected mango fruits and peanuts 802

陆地植物(游离态) Terrestrial plants in free state 1808

陆地植物豆科和蝶形花科 Terrestrial plants, family Leguminosae spp. and Papilionoideae spp. 767

陆地植物四种 Terrestrial plants, *Rheum palmatum*, *Xyris semifuscata*, *Cinchona ledgeriana* and *Pyrrhalta luteola* 889

陆地植物豌豆种子 Terrestrial plant pea *Pisum sativum* 743

鹿角杯型小轴海绵 *Axinella damicornis* 685

绿藻布氏藻 *Boodlea composita* 304

绿藻肠浒苔 *Enteromorpha intestinalis* 668~671, 860, 1808

绿藻刺松藻 *Codium fragile* 760, 763

绿藻管浒苔 *Enteromorpha tubulosa* 132

绿藻浒苔属 *Enteromorpha* sp. 779, 789, 790, 795, 927~929, 933

绿藻蕨藻属　*Caulerpa* sp.　**1435**
绿藻孔石莼　*Ulva pertusa*　**267, 306, 343**
绿藻裂片石莼　*Ulva fasciata*　**706, 707**
绿藻罗氏绒扇藻　*Avrainvillea rawsonii*　**378, 380**
绿藻念珠状仙掌藻　*Halimeda monile*　**163, 165~167**
绿藻髯毛波纹藻　*Cymopolia barbata*　**398~400**
绿藻绒扇藻属　*Avrainvillea* sp.　**1580**
绿藻石莼　*Ulva lactuca*　**1808**
绿藻石莼属　*Ulva lactate*　**266**
绿藻石莼属　*Ulva* sp.　**6, 185, 320, 634, 657, 687, 767**
绿藻松藻属　*Codium decorticatum*　**1808**
绿藻仙掌藻　*Halimeda opuntia*　**906**
绿藻仙掌藻属　*Halimeda* spp.　**300**
绿藻羽藻属　*Bryopsis* sp.　**1555, 1692**
绿藻羽状羽藻　*Bryopsis pennata*　**1528**
绿藻栅藻属　*Scenedesmus* sp.　**982**
绿藻长喙藻属　*Thalassia hemprichii*　**214, 215**
绿藻长喙藻属　*Thalassia testudinum*　**764**
绿藻长茎绒扇藻　*Avrainvillea longicaulis*　**376, 1879, 1881**
绿藻总状花序蕨藻　*Caulerpa racemosa*　**346, 347**
马海绵属　*Hippospongia metachromia*　**370**
马海绵属　*Hippospongia* sp.　**370, 371**
曼哈顿皮海鞘　*Molgula manhattensis*　**1077, 1078**
芒刺等网海绵　*Isodictya erinacea*　**1821**
美丽海绵属　*Callyspongia flammea*　**640~642**
面包软海绵　*Halichondria panicea*　**106, 107**
膜海绵属　*Hymeniacidon hauraki*　**16**
膜海绵属　*Hymeniacidon* sp.　**1269, 1311, 1788**
膜海鞘属　*Trididemnum cyanophorum*　**1491, 1493, 1494, 1614**
膜海鞘属　*Trididemnum cyclops*　**225, 228, 244**
膜海鞘属　*Trididemnum orbiculatum*　**1802, 1803**
膜海鞘属　*Trididemnum* sp.　**1489, 1492**
膜海鞘属　*Trididemnum* spp.　**1492**
耐酸真菌紫青霉　*Penicillium purpurogenum* JS03-21　**448, 648, 736, 737**
拟草掘海绵　*Dysidea herbacea*　**497, 498, 507, 513, 514, 523, 526~528, 530~533**
拟裸海绵属　*Ecionemia acervus*　**1711~1717**
黏附山海绵　*Mycale adhaerens*　**758**
黏滑矶海绵　*Reniera mucosa*　**571, 572**
黏细菌　*Paraliomyxa miuraensis* SMH-27-4　**1587**
黏液金丝燕　*Collocalia mucoid*　**1844**
丘海绵属　*Spongosorites* sp.　**996**
缺刻网架海绵　*Dictyonella incisa*　**16**
群海绵属　*Agelas nakamurai*　**1955**
群海绵属　*Agelas* sp.　**1955**

日本膜骨海鞘　*Lissoclinum japonicum*　**1869, 1882**
日本刺参　*Stichopus japonicus*　**995, 1004, 1005, 1017, 1048~1050**
日本皮海绵　*Suberites japonicas*　**1621~1625**
日本软海绵　*Halichondria japonica*　**233~237**
肉芝软珊瑚属　*Sarcophyton* sp.　**884, 914, 1815**
肉芝软珊瑚属　*Sarcophyton* sp. ZJ-2008003　**885**
软海绵科海绵　*Stylotella aurantium*　**1311, 1338, 1353**
软海绵科海绵　*Stylotella* sp.　**140, 1338, 1339**
软毛星骨海鞘　*Didemnum molle*　**1371, 1372, 1392, 1404**
软体动物侧鳃科侧鳃属　*Pleurobranchus forskalii*　**1393, 1396**
软体动物耳形尾海兔　*Dolabella auricularia*　**172, 173, 1147, 1148, 1373, 1394, 1442, 1495~1499, 1501, 1578, 1679, 1754, 1825**
软体动物腹足纲缩眼目刺皮石磺　*Peronia peronia*　**208, 209**
软体动物腹足纲缩眼目石磺属　*Onchidium* sp.　**198~207, 1597**
软体动物腹足纲缩眼目石磺属　*Onchidium verraculatum*　**186**
软体动物海兔科海兔　*Bursatella leachii*　**1730, 1740**
软体动物灰菊花螺　*Siphonaria grisea*　**148**
软体动物菊花螺属　*Siphonaria diemenensis*　**122, 123**
软体动物裸鳃目　*Janolus cristatus*　**1113**
软体动物裸鳃目海牛亚目海柠檬　*Anisodoris nobilis*　**1858**
软体动物门腹足纲莫拉菊花螺　*Siphonaria maura*　**194~196**
软体动物门腹足纲囊舌目海天牛科　*Placobranchus ocellatus*　**210**
软体动物门腹足纲囊舌目海天牛属　*Elysia crispata* [Syn. *Tridachia crispate*]　**178, 179, 216~218**
软体动物门腹足纲囊舌目海天牛属　*Elysia grandifolia*　**1693**
软体动物门腹足纲囊舌目海天牛属　*Elysia rufescens*　**1555, 1692**
软体动物门腹足纲囊舌目海天牛属　*Elysia timida*　**210**
软体动物门腹足纲囊舌目海天牛属　*Tridachia crispata* [Syn. *Elysia crispata*)　**178, 179, 216~218**
软体动物门腹足纲囊舌目树突柱海蛞蝓　*Placida dendritica*　**187, 188, 212, 213**
软体动物门腹足纲囊舌目叶鳃螺科　*Aplysiopsis formosa*　**120, 170**
软体动物门腹足纲囊舌目叶鳃螺科　*Cyerce cristallina*　**114~118, 180, 181**
软体动物门腹足纲囊舌目叶鳃属　*Ercolania funerea*　**139, 181**
软体动物门腹足纲前鳃亚纲（海蜗牛）具沟丽口螺　*Calliostoma canaliculatum*　**1871**

软体动物门腹足纲前鳃亚纲蛾螺科 *Buccinulum corneum* 1846

软体动物门腹足纲前鳃亚纲蛾螺科蛾螺 *Kelletia kelletii* 1845, 1847

软体动物前鳃 *Littorina* sp. 1453, 1525

软体动物双壳纲扇贝科锦海扇蛤属扇贝 *Chlamys hastata* 1817

软体动物头足目拟海牛科 *Philinopsis speciosa* 1561~1568

软体动物网纹海兔 *Aplysia pulmonica* 1394

软体动物栉状菊花螺 *Siphonaria pectinata* 134, 148

山海绵属 *Mycale cecilia* 788

山海绵属 *Mycale* sp. 1218, 1863

深海真菌 Spiromastigaceae 科 *Spiromastix* sp. MCCC 3A00308 464~478

深海真菌变色曲霉菌 *Aspergillus versicolor* 438~440, 504~507, 529, 655, 742, 906

深海真菌变色曲霉菌 *Aspergillus versicolor* CXCTD-06-6a 964, 966

深海真菌变色曲霉菌 *Aspergillus versicolor* ZBY-3 980, 981, 983, 984

深海真菌共附生白色侧齿霉 *Engyodontium album* DFFSCS021 348, 358, 403, 418~425, 446, 447, 490, 505

深海真菌黄白笋顶孢霉 *Acrostalagmus luteoalbus* SCSIO F457 1923, 1924

深海真菌黄灰青霉 *Penicillium griseofulvum* 988, 1066~1068

深海真菌裸壳孢属 *Emericella* sp. SCSIO 05240 415~417

深海真菌皮壳青霉 *Penicillium crustosum* PRB-2 666, 667

深海真菌青霉属 *Penicillium* sp. JMF034 960~962, 1878, 1880, 1884, 1885

深海真菌曲霉菌属 *Aspergillus candidus* 542, 576, 581

深海真菌曲霉菌属 *Aspergillus westerdijkiae* DFFSCS013 963, 1015

石海绵属 *Petrosia* sp. 1107, 1108, 1848

石海绵科 Petrosiidae 海绵 *Neopetrosia* sp. 1208, 1209

石珊瑚鹿角珊瑚属 *Acropora* sp. 352

实心膜海鞘 *Trididemnum solidum* 1122, 1441, 1489~1491, 1494, 1579

似龟锉海绵 *Xestospongia testudinaria* 11, 15

似蔷薇达尔文海绵 *Darwinella rosacea* 84, 85

似轴海绵属 *Pseudaxinella* sp. 1219

树枝羊海绵 *Ircinia* cf. *ramosa* 761, 762

水螅纲枞螅属 *Abietinaria* sp. 861, 862

水螅纲软水母亚纲环状加尔弗螅 *Garveia annulata* 826~828

水螅纲软水母亚纲裸果羽螅 *Gymnangium vegae* 1152

松指海绵属 *Dasychalina cyathina* 1855, 1856

苔藓动物多室草苔虫属 *Bugula* sp. 1289, 1290

苔藓动物极精筛胞苔虫 *Cribricellina cribraria* 1963

苔藓动物筋膜五孔苔虫 *Pentapora fascialis* 1929

苔藓动物裸唇纲 *Watersipora subtorquata* 889, 936

苔藓动物裸唇纲血苔虫属 *Dakaria subovoidea* 889, 941, 942

苔藓动物王冠盔甲苔虫 *Euthyroides episcopalis* 1965~1967

头足类动物鱿鱼 *Loligo vulgaris* 1816

外套粘海绵 *Myxilla incrustans* 543

外轴海绵属 *Epipolasis* sp. 251, 252

微厚肉芝软珊瑚 *Sarcophyton crassocaule* 373

伪二孔海鞘属 Pseudodistomidae 科 *Pseudodistoma antinboja* 583, 584

未鉴定的 Pleosporales 目海洋真菌 Unidentified marine fungus (order Pleosporales) 358

未鉴定的放线菌 Unidentified actinomycete K-26 1100

未鉴定的海葵 Unidentified sea anemone 878, 879

未鉴定的海绵 Unidentified sponge 36, 37, 52, 108, 124, 426, 635, 754, 858, 889

未鉴定的海绵 Unidentified sponge 959, 979, 1187~1189, 1237, 1238, 1440

未鉴定的海鞘种类 Unidentified ascidian 1360, 1384, 1923

未鉴定的海洋导出的放线菌 CNB-632 Unidentified marine-derived actinomycete CNB-632 829, 838

未鉴定的海洋导出的放线菌 CNH-099 Unidentified marine-derived actinomycete CNH-099 830, 835, 836, 838, 839

未鉴定的海洋导出的放线菌 CNQ-525 Unidentified marine-derived actinomycete CNQ-525 841~844

未鉴定的海洋导出的接近发光杆菌属的细菌 Unidentified marine-derived bacterium closely related to *Photobacterium alotolerans* 1334, 1335

未鉴定的海洋导出的腔菌目真菌 CRIF2 Unidentified marine-derived fungus CRIF2 (order Pleosporales) 635

未鉴定的海洋导出的细菌 A108 Unidentified marine-derived bacterium A108 977

未鉴定的海洋导出的细菌 BH-107 Unidentified marine-derived bacterium BH-107 1694~1697

未鉴定的海洋导出的细菌 MK-PNG-276A Unidentified marine-derived bacterium MK-PNG-276A 1274~1277

未鉴定的海洋导出的真菌 Unidentified marine-derived fungus 140, 163, 167, 363, 649, 755, 773~778

未鉴定的海洋导出的真菌 951014 Unidentified marine-derived fungus 951014 317

未鉴定的海洋导出的真菌 CNC-159 Unidentified marine-derived fungus CNC-159 165, 166

未鉴定的海洋导出的真菌 I96S215 Unidentified marine-

derived fungus I96S215 52
未鉴定的海洋导出的真菌 K063   Unidentified marine-derived fungus K063 1197
未鉴定的海洋导出的真菌 LL-37H248   Unidentified marine-derived fungus LL-37H248 256~250
未鉴定的海洋导出的子囊菌门腔菌目真菌   Unidentified marine-derived fungus (phylum Ascomycota, order Pleosporales) 773~778
未鉴定的海洋蠕虫   Unidentified marine tube worm 1719
未鉴定的海洋生物   Unidentified marine origin 626
未鉴定的海洋藻类   Unidentified marine alga 684
未鉴定的海洋真菌   Unidentified marine fungus 164, 739
未鉴定的海洋真菌 E33 和 K38   Unidentified marine fungi E33 and K38 429
未鉴定的海洋真菌 E33 和 K38   Unidentified marine fungi E33 and K38 310, 311, 314
未鉴定的海藻   Unidentified alga 404, 405, 749, 867, 877
未鉴定的海藻   Unidentified algae 649, 755
未鉴定的红树   Unidentified mangrove 441, 582, 589, 590, 783, 866, 867
未鉴定的红树   Unidentified mangrove 972~974, 988, 992, 1414, 1415
未鉴定的红树导出的腔菌目真菌 CRIF2   Unidentified mangrove-derived fungus CRIF2 (order Pleosporales) 959
未鉴定的红树导出的真菌   Unidentified mangrove-derived fungus 329
未鉴定的红树导出的真菌 1962   Unidentified mangrove-derived fungus 1962 1485
未鉴定的红树导出的真菌 2240   Unidentified mangrove-derived fungus 2240 887
未鉴定的红树导出的真菌 2526   Unidentified mangrove-derived fungus 2526 912
未鉴定的红树导出的真菌 k38   Unidentified mangrove-derived fungus k38 171
未鉴定的红树导出的真菌 Nos. 1839 和 dz17   Unidentified mangrove-derived fungi 1839 and dz17 753
未鉴定的红藻和海洋管虫   Unidentified red alga and marine tube worm 1701~1707
未鉴定的摇海绵科海绵   Unidentified sponge (family Dysideidae) 1094
未鉴定的蓝细菌   Unidentified cyanobacterium 1148, 1424, 1666
未鉴定的蓝细菌   Unidentified cyanobacterium PNG-4-28-06-1 1742
未鉴定的柳珊瑚   Unidentified gorgonian 310, 311
未鉴定的陆地植物   Terrestrial unidentified plant 426

未鉴定的绿藻   Unidentified green alga 386, 454, 455
未鉴定的韧海绵目 Tethyidae 科海绵   Unidentified sponge (order Hadromerida, family Tethyidae) 1865
未鉴定的软珊瑚   Unidentified soft coral 255~259, 356, 357, 704, 705
未鉴定的软体动物   Unidentified mollusc 459
未鉴定的软体动物   Unidentified mollusc 1172, 1351, 1352
未鉴定的水母   Unidentified jellyfish 459
未鉴定的水母   Unidentified jellyfish 1351, 1352
未鉴定的太平洋蟹   Unidentified Pacific Ocean crab 1445, 1446
未鉴定的无壳软体动物   Unidentified shell-less mollusc 1147
未鉴定的贻贝   Unidentified mussel 1334, 1335
未鉴定的鱼类   Unidentified fish 1105, 1106
未鉴定的真菌   Unidentified fungus 001314c 1514, 1515
未鉴定的真菌   Unidentified fungus IFM 52672 87
未鉴定的子囊菌门海洋真菌 M-3   Unidentified marine fungus M-3 (phylum Ascomycota) 1008
温桲钵海绵   Geodia cydonium 401, 437
无花果状石海绵   Petrosia ficiformis 955
细长裂江瑶   Pinna attenuata 223
小锉海绵   Xestospongia exigua 655, 742
小棘波动海绵   Sidonops microspinosa 1581
小尖柳珊瑚属   Muricella abnormalis 309
小指苔海绵   Tedania digitata 1858
小舟钵海绵   Geodia barretti 958, 967, 989, 1861, 1862
小轴海绵科海绵   Cymbastela sp. 1110, 1111, 1143, 1144, 1506~1512, 1530
小轴海绵科海绵   Ptilocaulis trachys 1578
小轴海绵属   Axinella sp. 1219~1221
小紫海绵属   Ianthella quadrangulata 566, 570
小紫海绵属   Ianthella sp. 331, 568, 569, 1514, 1515
星骨海鞘科海鞘   Polysyncraton lithostrotum 1784, 1927
星骨海鞘科绿如群体海鞘   Diplosoma virens 1079
星骨海鞘属   Didemnum cucculiferum 1784
星骨海鞘属   Didemnum rodriguesi 999
星骨海鞘属   Didemnum sp. 231, 232, 1025, 1026, 1630, 1631
星芒海绵属   Stelleta calvosa 1583~1586, 1709
星芒海绵属   Stelletta sp. 302, 976
亚历山大甲藻属   Alexandrium excavatum 1822
烟管秒色海绵   Aplysina archeri 331
岩龙虾   Panuliris longipes cygnus 1981
岩屑海绵 Neopeltidae 科   Callipelta sp. 1133, 1449, 1450
岩屑海绵 Neopeltidae 科同形虫属   Homophymia sp. 1682~

1691
岩屑海绵 Rhodomelaceae 科　Neosiphonia superstes　1593
岩屑海绵蒂壳海绵科　Siliquariaspongia mirabilis　1451, 1452, 1582, 1641~1643, 1708~1710
岩屑海绵蒂壳海绵属　Theonella mirabilis　1599, 1600
岩屑海绵蒂壳海绵属　Theonella sp.　1158, 1171, 1207, 1249, 1254, 1255, 1282~1284, 1297, 1302, 1341~1345, 1356~1358, 1397~1401, 1405, 1427~1429, 1482, 1483, 1558, 1637
岩屑海绵蒂壳海绵属　Theonella spp.　1599, 1600
岩屑海绵东方皮刺海绵　Aciculites orientalis　1210~1212
岩屑海绵谷粒海绵属　Chondrilla caribensis f. caribensis　1186, 1484, 1628, 1644
岩屑海绵花萼圆皮海绵　Discodermia calyx　1390, 1391
岩屑海绵奇异蒂壳海绵　Theonella aff. mirabilis　1121, 1170
岩屑海绵斯氏蒂壳海绵　Theonella cf. swinhoei　95~100
岩屑海绵斯氏蒂壳海绵　Theonella swinhoei　1175~1179, 1250~1253, 1256, 1294, 1303~1310, 1340, 1347, 1359, 1559, 1560, 1588, 1599, 1600, 1626, 1627, 1634, 1635~1641
岩屑海绵斯氏蒂壳海绵亚种　Theonella swinhoei ssp. swinhoei　1295
岩屑海绵斯氏蒂壳海绵有疣变种　Theonella swinhoei ssp. verrucosa　1295
岩屑海绵有节硬皮海绵　Scleritoderma nodosum　1408
岩屑海绵幼皮海绵属　Microscleroderma sp.　1280~1288
岩屑海绵圆顶蒂壳海绵　Theonella cupola　1244, 1295, 1559
岩屑海绵圆皮海绵属　Discodermia dissoluta　127
岩屑海绵圆皮海绵属　Discodermia kiiensis　1257~1264
岩屑海绵圆皮海绵属　Discodermia sp.　113, 119, 121, 128, 1354, 1355, 1610
羊海绵属　Ircinia sp.　283, 1253
羊海绵属　Ircinia spinosula　673
叶海绵属　Phyllospongia dendyi　485, 495, 496, 525
叶海绵属　Phyllospongia foliascens　507, 514, 523
叶海绵属　Phyllospongia foliascens [Syn. Carteriospongia foliascens]　507, 513, 523
叶鞘美丽海绵　Callyspongia vaginalis　5
伊豆山海绵　Mycale izuensis　1226, 1227
贻贝属　Mytilus coruscus　931, 932
易碎掘海绵　Dysidea fragilis　998
隐海绵属　Adocia sp.　1954, 1955
游荡璇星海绵　Spirastrella vagabunda　317
芋海鞘科海鞘　Halocynthia aurantium　1672~1678
芋海鞘科海鞘　Halocynthia roretzi　1982

原绿菌属　Prochloron sp.　1361, 1362, 1822
原皮海绵属　Prosuberites laughlini　1265, 1266
圆筒软海绵　Halichondria cylindrata　1205, 1518~1521
圆锥形褶胃海鞘　Aplidium conicum　1958, 1959, 1976, 1977
杂星海绵　Poecillastra wondoensis　336
长棘海星　Acanthaster planci　319, 661
长胸褶胃海鞘　Aplidium longithorax　372
褶柄海鞘　Styela plicata　1174, 1982
褶胃海鞘属　Aplidium albicans　1441
褶胃海鞘属　Aplidium californicum　662
褶胃海鞘属　Aplidium constellatum　658
褶胃海鞘属　Aplidium fuscum　1866
褶胃海鞘属　Aplidium multiplicatum　1864
褶胃海鞘属　Aplidium savignyi　278, 280
褶胃海鞘属　Aplidium sp.　278, 279, 1885, 1956, 1957
真海绵属　Verongia aerophoba [Syn. Aplysina aerophoba]　331
真菌虫草　cordyceps sp. BCC1861　490
真菌核青霉　Penicillium sclerotiorum　738, 739
真菌壳多胞菌属　Stagonospora spp.　857
真菌壳囊孢属　Cytospora sp.　312, 637
真菌毛壳属　Chaetomium funicola TCF 6040　653, 682, 683
真菌匐柄霉属　Stemphylium radicinum　6
真菌青霉属　Penicillium multicolor　738, 739
真菌土色曲霉菌　Aspergillus terreus 95F-1　1075
真菌枝孢属　Cladosporium cladosporioides sp. TF-0380　51
枝骨海绵属　Dendrilla sp.　745, 747
中空棘头海绵　Acanthella cavernosa　391~393
中脉扁海绵　Phakellia costata　1311, 1314~1321, 1338
肯甲海绵亚科 Thorectinae 海绵　Dactylospongia elegans　370, 371
肯甲海绵亚科 Thorectinae 海绵　Fascaplysinopsis sp.　1632
肯甲海绵亚科 Thorectinae 海绵　Fenestraspongia sp.　371
肯甲海绵亚科 Thorectinae 海绵　Petrosaspongia metachromia　370
肯甲海绵亚科 Thorectinae 海绵　Smenospongia sp.　375, 1812
肯甲海绵亚科 Thorectinae 海绵　Smenospongia spp.　370
皱褶小轴海绵　Axinella cf. corrugata　686
帚虫动物门帚虫纲帚虫科哈氏领帚虫　Phoronopsis viridis　262, 266
柱海绵属　Stylinos sp.　83
紫色类角海绵　Pseudoceratina purpurea　430~432
紫色沙肉海绵　Psammaplysilla purpurea　331
紫色绣球海绵　Iotrochota purpurea　1828~1837

棕藻 Notheiaceae 科　*Notheia anomala*　8, 9
棕藻 Sargassaceae 科　*Landsburgia quercifolia*　831
棕藻 Sporochnaceae 科　*Perithalia capillaris*　264, 366
棕藻 Sporochnaceae 科　*Perithalia caudata*　264
棕藻波状网翼藻　*Dictyopteris undulata*　659
棕藻大果马尾藻　*Sargassum macrocarpum*　14
棕藻二环羽叶藻　*Eisenia bicyclis*　284, 547, 548, 550, 552, 556, 557
棕藻二列墨角藻　*Fucus distichus*　561~563
棕藻海带　*Laminaria japonica*　324
棕藻锯齿形叶马尾藻　*Sargassum serratifolium*　374
棕藻孔叶藻　*Agarum cribrosum*　986, 1883
棕藻昆布　*Ecklonia kurome*　544, 547, 550, 554, 555, 557
棕藻马尾藻科　*Carpophyllum maschalcoarpum*　549
棕藻马尾藻属　*Sargassum ringgoldianum*　101, 102, 105, 158
棕藻马尾藻属　*Sargassum* sp.　1010, 1075
棕藻毛头藻属　*Sporochnus comosus*　264, 273~277, 366
棕藻毛头藻属　*Sporochnus pedunculatus*　264
棕藻墨角藻属　*Fucus* sp.　177
棕藻墨角藻属　*Fucus vesiculosus*　639
棕藻南方团扇藻　*Padina australis*　260, 979
棕藻囊链藻属　*Cystoseira mediterranea*　281
棕藻囊藻　*Colpomenia sinuosa*　126, 567
棕藻匍匐茎昆布　*Ecklonia stolonifera*　284, 547, 548, 550, 556, 557
棕藻腔昆布　*Ecklonia cava*　544, 547, 551, 556, 557, 559
棕藻鼠尾藻　*Sargassum thunbergii*　896, 964, 969~971, 997
棕藻铁钉菜　*Ishige okamurae*　549
棕藻西澳大利亚棕藻　*Encyothalia cliftonii*　265
棕藻萱藻 Scytosiphonaceae 科　*Rosenvingea* sp.　390
棕藻萱藻科 Scytosiphonaceae　*Analipus japonicus*　1071, 1104
棕藻叶状铁钉菜　*Ishige foliacea*　553
棕藻易扭转马尾藻　*Sargassum tortile*　1888~1908
棕藻羽叶藻属　*Eisenia arborea*　544, 548, 550, 558
棕藻展枝马尾藻　*Sargassum patens*　560
棕藻最大昆布　*Ecklonia maxima*　284, 546, 548, 550

索引 7 化合物取样地理位置索引

本索引的建立是编著者统计天然产物生物来源取样地理位置的一项新的尝试，此项工作过去没有人系统地做过，读者使用本索引可以方便地查找在某一地理位置处发现的全部天然产物化合物，并可进一步通过浏览本索引，从而在统计的意义上知道世界上哪些地方是研究和发现新天然产物的热点地区。

本卷中有 1187 个化合物有取样地理位置信息，分别属于 287 个取样地理位置，这些地理位置都分别归入：亚洲，大洋洲，欧洲，非洲，美洲，太平洋，大西洋，以及南北极地区 8 个区域，在每一区域内，按汉语拼音顺序列出全部相关地理位置的详细文本，而相关化合物的代码序列紧跟其后。

亚洲

朝鲜半岛水域　　21, 106, 107, 131, 267, 302, 303, 305, 306, 343, 691, 864, 986, 1438, 1789, 1790~1798, 1848, 1883
菲律宾　　1010, 1210~1212, 1282~1284, 1340, 1372, 1409, 1410, 1922
菲律宾，奥兰格岛西北边，宿务　　1408
菲律宾，宿务　　1172
韩国
　济州岛　　553, 559, 1107, 1108, 1720
　丽水，巨文岛　　101, 102, 105
　南海岸　　644~646
　庆尚南道，统营市　　78~80, 583, 584
　楸子岛　　585~588
　统营市，石宝泉　　289, 292, 361, 362
红海　　567, 744~747, 752
　红海沉船蓝蓟花号失事处　　1526, 1735, 1736
　那部科红树林区，亚克巴湾　　1722, 1729
黄海　　506, 507
马尔代夫　　1223
马来西亚，古达　　1530
马来西亚，马来西亚东海岸　　1530
日本
　奄美大岛，吐卡拉列岛外海　　1170
　冲绳　　7, 211, 352, 815, 816, 931, 932, 979, 1132, 1197, 1244, 1269, 1311, 1356~1401, 1429, 1482, 1483, 1637, 1640, 1695, 1698, 1864
　濑良垣岛　　1621~1625
　那加鲁岛　　251, 252
　庆连间群岛外海　　1428
　石岖岛　　1075, 1393
　石岖岛，樱花古驰　　430~432
　西表岛　　426, 889
　大槌町　　155
　东京，江户川区，葛西分区　　706, 707
　宫崎骏港　　350, 351
　静冈，阿塔米温泉　　754
　骏河湾　　960~962, 1878, 1880, 1884, 1885
　靠近长滨市，上甑岛　　1588
　鹿儿岛，下甑岛外海　　1207, 1558
　千叶县，大山市　　923, 924
　日本水域　　14, 103, 141, 182, 183, 335, 336, 484, 574~576, 579, 649, 755, 760, 763, 888, 889, 898, 909, 941, 942, 1121, 1158, 1175~1179, 1201, 1205, 1218, 1251, 1252, 1254~1256, 1261~1264, 1341~1345, 1373, 1440, 1501, 1518~1521, 1870
　日本外海　　756
　胜浦湾　　224, 709~712, 714~717, 720, 726~729
　式根岛　　1390, 1391
　室兰港口，查拉苏奈海滩　　1071, 1104
　长崎，志津海岸　　957
　日本海　　1948~1950
沙特阿拉伯，吉达市　　937~940
泰国　　57, 326, 635, 753, 953, 959
　甲米府，皮皮岛，通塞湾　　1824
　具体位置未说明　　214, 215
　攀牙府，斯米兰群岛　　147, 702, 917
　沙敦府　　58, 516~518
　素叻他尼府　　403
　素叻他尼府，叠石岛　　832, 833, 851, 876
新加坡　　1381
　贝萨尔汉图岛　　1523, 1524, 1569~1571
印度，果阿，Chorao 岛　　968
印度尼西亚　　130, 867, 877, 1244, 1369, 1370
　安汶岛　　1228~1233, 1235
　巴厘，孟嘉干岛　　655
　北苏拉威西　　1627, 1637, 1639
　比亚克　　1336
　孟加锡　　1530
　南苏拉威西海岸　　130
　苏拉威西　　1581
　苏拉威西岛，比通港外沿蓝碧海峡　　95~100
　苏拉威西岛岸外　　1451, 1452, 1642, 1643
　万鸦老　　1916~1919

西苏门答腊　530~533
雅加达，穆阿拉红溪　407
印度水域　24
印度-太平洋　268, 317, 494, 499~501, 516, 537
印度洋　1148, 1394, 1495, 1496
越南　665
　海防，猫吧岛　1852~1854
中国　987, 993, 1000, 1007, 1011, 1016, 1052, 1069, 1348
　渤海　169, 397, 965
　渤海湾　975, 978
　东海　251, 252
　福建　313, 582, 589, 590, 972~974, 988, 991, 992, 1813
　　兰奇岛　703
　　平潭岛　451, 452, 964, 997
　　莆田海盐场　1330, 1331
　　泉州湾　688
　广东　882, 883, 912
　　湛江海岸　346, 347
　　珠海, 淇澳岛　690, 697
　广西, 涠洲岛　149, 356, 357, 879, 1800
　广西, 涠洲珊瑚礁　884, 885, 914, 1815
　海南　408~412, 442~444, 458, 461, 463, 647, 672, 865, 985, 1061, 1236, 1325~1327, 1952
　　儋州　309
　　东寨，南海海岸　428
　　东寨港　91, 92, 144~146, 413
　　临高　529
　　凌水湾　373
　　琼海市　75, 76
　　三亚　11, 1216, 1828~1837
　　三亚国家珊瑚礁自然保护区　319, 661
　　文昌　631, 650
　　永兴岛　12, 60, 62, 63, 66~74
　黄海，靠近射阳港　780
　黄海，苏岩礁　1841, 1842
　辽宁，营口　1006, 1023
　南海，广东　573, 577, 578
　山东，渤海湾　698~701
　山东，胶州湾　224, 863
　山东，青岛　896, 944
　山东，威海，乳山　987, 1001, 1002
　台湾南部　1961
　台湾水域　13, 441
　香港　330, 891, 893, 910, 1485
　云南，鹭江红壤地区　448, 648, 736, 737
　浙江，西门岛　770, 771
　中国海盐场　952

中国水域　126, 132, 153, 223, 246, 247, 282, 290, 293~296, 301, 304, 316, 318, 329, 381~384, 414, 460, 462, 502, 540, 676~678, 743, 749, 769, 796, 797, 800~802, 808, 809, 817, 820, 823, 824, 834, 913, 925, 926, 995, 1004, 1005, 1017, 1048~1050, 1075, 1119, 1120
南海　171, 192, 193, 197, 219, 689, 730~735, 750, 751, 792~794, 912, 963, 1015, 1241~1403, 1923, 1924
南海开放航道　415~417

大洋洲

澳大利亚　122, 123, 248~250, 265, 283, 370, 497, 507, 513, 523, 528, 566, 568, 570, 591, 1045, 1094~1097, 1243, 1302, 1374, 1517, 1858, 1980
　波拿巴群岛，贾米森礁　976
　大堡礁　569, 1404, 1921
　大堡礁，鲍登礁　781
　大堡礁，斯温群岛　881
　昆士兰，格拉夫顿角米伦礁　1590~1592
　昆士兰，肖岛　264, 273~277, 366
　西北澳大利亚　1376, 1382, 1384
　悉尼，熊岛　640~642
巴布亚新几内亚　1110, 1111, 1143, 1144, 1245, 1294, 1338, 1339, 1443, 1444, 1497, 1498, 1512, 1514, 1515, 1599~1663, 1741, 1918
　阿罗塔乌湾　1516
　伽洛斯暗礁　1742
　靠近鸽子岛的礁壁　1806
　洛洛阿塔岛　1337
　洛洛阿塔岛群礁海外　1274~1277
　米尔恩湾　492, 493, 1408
　米尔恩湾岸外　1641
　帕达那那华　1785
　韦瓦克湾　1659
　新不列颠岛　1447
斐济　3, 59, 226~229, 391~393, 523, 1353, 1664, 1665, 1780
　克洛沃湾　1116, 1117, 1550
　纳塞瑟　1552~1554
　塔芙妮岛　142, 143
　维提岛　534, 535
　星盘堡暗礁　1671
昆士兰
　罗达礁　1384
　南莫尔岛　1801
　日光礁　1141, 1142
　泰德曼礁　1972~1975
　托雷斯海峡群岛　1583~1586, 1709

密克罗尼西亚联邦
  波纳佩岛　36, 37, 108, 124, 396, 783, 1270~1272, 1383, 1386, 1387, 1413, 1925
  那马岛，东南部楚克潟湖　1582, 1708~1710
  丘克州　1931
  特鲁克　1953, 1954
  特鲁克岛　1311, 1314~1321, 1338
  雅浦岛　245
南澳大利亚　8, 9, 1961
帕劳　231, 232, 370, 371, 485, 495, 496, 498, 507, 513, 514, 523, 525~527, 922, 1220, 1221, 1299, 1311, 1347, 1395, 1402, 1407, 1558, 1648, 1723, 1724, 1782, 1783, 1869
  大断层　1349
  灯塔礁，帕劳群岛　509
  恩哥的如阿克礁　1737, 1738
  木垂母丢暗礁　1295, 1559
  西卡罗林岛　1955
  小断层岸外，克罗尔　1285~1288
所罗门群岛　1307~1310, 1359
  马兰他岛西海岸　1305, 1306
  旺乌努岛　1303, 1626
  旺乌努岛堡礁　1304
汤加，埃瓦岛，大洋洲　136
瓦努阿图　338, 1224, 1225, 1517, 1531, 1532, 1541~1543
西澳大利亚　1868, 1931
  澳大利亚西北海岸　519
新西兰　16, 394, 395, 765, 1346, 1885, 1886, 1956, 1957, 1962, 1964~1966
  惠灵顿　1876, 1877

欧洲

北海　39~42
德国
  北海海岸　6, 39, 185, 320, 634, 687, 767
  波罗的海，波罗的海海岸　773~778
  波罗的海，费马恩岛　779, 789, 790, 795, 927~929, 933
  普雷罗岛　77
地中海　16, 125, 139, 210, 386, 454, 455, 911, 915, 916, 955, 1441, 1619, 1620
瓜德罗普岛（法属）　1494, 1614
克罗地亚，亚得里亚海，里姆斯基海峡　38
挪威
  科斯特峡湾，瑞典西海岸北部　958, 989
  苏拉海脊　958, 989
  特隆赫姆峡湾　1749
葡萄牙，亚速尔群岛　120, 170
西班牙　278, 279, 599~602

加的斯　134, 148
希腊，希腊水域　404~406
意大利，地中海，塔兰托湾　332
意大利，亚得里亚海意大利海岸　401, 437

非洲

阿尔及利亚，贝贾亚港　177
埃及
  红海，赫尔格达　338
  南西奈，拉斯穆罕默德　906
  苏伊士运河　657
科摩罗群岛　1220~1222, 1312, 1313
科摩罗群岛，马约特潟湖　1371, 1392
肯尼亚　1267
马达加斯加　168, 244, 1267, 1711~1717
  塔莱尔薪金湾　1632
莫桑比克　1347
南非　1405
南非，阿尔哥亚湾　595, 596

美洲

巴哈马
  埃克苏马群岛　1504, 1505
  巴哈马盐湖　891, 893, 910
  大巴哈马岛，大巴哈马岛外海，加勒比海　127
  大巴哈马岛，情人礁　935
  加勒比海　113, 119, 121, 128, 390, 1354, 1355
  情人礁　522, 541
  圣萨尔瓦多群岛　1180
  小圣萨尔瓦多岛　1441, 1489, 1579, 1618
  盐湖　1823
巴拿马　1101, 1140, 1149, 1150, 1388, 1389
  阿福拉岛　1651~1653
  博卡斯德尔托罗，加勒比海　1123~1125
  科伊巴岛国家公园　109~112, 138, 1455
巴西　1630, 1631
  巴西外海　1435
  巴伊亚州　1025, 1026
波多黎各　695, 1268, 1668
  阿瓜迪拉　1265, 1266
  别克斯岛，奇瓦海滩　1658
  莫纳岛　1788
多米尼加，罗洛头　1328, 1329
哥斯达黎加　442
格林纳达，中美洲　1529
加勒比海　160, 161, 982, 1122, 1490, 1492, 1494, 1514, 1515, 1580, 1879, 1881

库拉索岛　　189, 1102, 1103, 1140, 1667
加拿大，不列颠哥伦比亚　　1701~1707
　　坦那根海湾　　1350
加拿大，温哥华岛　　256~259
美国，阿拉斯加　　561~563
　　其尔卡特河　　1867
美国，得克萨斯，特里尼蒂湾，加尔维斯顿　　902
美国，俄勒冈州　　10
美国，佛罗里达　　1577, 1743, 1762
　　布劳沃德县，劳德代尔堡　　1572, 1573, 1574
　　德赖托图格斯群岛国家公园　　1668, 1744, 1745
　　佛罗里达礁　　399, 1186, 1484, 1612, 1613, 1615~1617, 1628, 1644, 1732~1734, 1778, 1779, 1802, 1803
　　佛罗里达湿地　　312, 637, 692
　　好莱坞市　　1146
　　劳德代尔堡，埃弗格雷斯港入口　　1572~1574, 1757
　　绿茵礁岛和基拉戈　　1202~1204
美国，关岛　　269, 343, 654, 660, 708, 757, 859, 1500, 1575, 1576, 1594, 1595, 1605~1608, 1721, 1723, 1724, 1744, 1745, 1750, 1751
　　巴尔米拉环礁　　1726
　　科科斯潟湖　　1239, 1240
　　皮提湾弹洞　　1603, 1604, 1609
　　图梦海湾　　1750, 1751
　　西蒂湾　　1497, 1633, 1651~1657
美国，加利福尼亚　　1858
　　巴悌喹投斯潟湖，北圣地亚哥　　830, 835, 836, 838, 839
　　拉霍亚　　241
　　南加利福尼亚　　135
　　南加利福尼亚，圣芭芭拉盆地　　1128~1131
　　圣埃利约潟湖，恩西尼塔斯湿地　　849
　　圣地亚哥　　845~848
　　圣地亚哥，使命湾　　1247
美国，美国农业部农业研究服务处　　947~949
美国，圣地亚哥，圣地亚哥湾　　1174
美国，维尔京群岛　　1289, 1290
美国，夏威夷　　260, 956, 979, 1561~1568, 1692
　　火奴鲁鲁礁　　48, 545
　　罗希海底火山　　1159~1164

毛伊岛外海　　1666
墨西哥，加利福尼亚湾　　1680
墨西哥湾，潟湖　　921
特立尼达　　1513
特立尼达和多巴哥，鲁斯特湾，西印度群岛　　1506, 1507
委内瑞拉　　459, 1169
牙买加　　61
智利，克永港，奇洛埃岛　　1445, 1446

太平洋

巴尔米拉环礁，中太平洋　　1727, 1728
东北太平洋　　826~828
东太平洋　　629, 679, 680
东太平洋隆起，东太平洋热液喷口　　651, 652
俄罗斯，萨哈林湾，鄂霍次克海　　504
千岛群岛，国后岛　　1051
千岛群岛，新知岛，鄂霍次克海　　364
热带太平洋　　1334, 1335
太平洋　　1246
太平洋，马绍尔群岛，拉利克群岛的埃内韦塔克礁　　1578
瓦胡岛　　853, 854, 903, 904
瓦胡岛，卡鲁瓦海滩　　1694~1697
西南太平洋劳盆地，劳盆地深海热液喷口　　25~31, 49, 94, 104, 124
新喀里多尼亚（法属）　　199~202, 204~207, 226~229, 283, 1133, 1280, 1281, 1449, 1593, 1597, 1683~1691
　　新喀里多尼亚（法属）东岸外浅水域　　1682
　　新喀里多尼亚海岸外　　1450
中太平洋，巴尔米拉环礁　　1598
中太平洋，斯特朗岛，巴尔米拉环礁　　1807

大西洋

南大西洋　　464~478

南北极地区

北极，靠近北极　　1291~1293
南极地区　　1190~1195, 1821
南极地区，南冰洋　　666, 667